本书得到国家自然科学基金专项项目"面向碳中和的中国经济转型模式构建研究"（72140001）资助。

U0155483

应对气候变化与低碳经济发展研究

史　丹　等◎著

Studies on Tackling Climate Change and Low-carbon Economic Development

经济管理出版社

ECONOMY & MANAGEMENT PUBLISHING HOUSE

图书在版编目（CIP）数据

应对气候变化与低碳经济发展研究/史丹等著. —北京：经济管理出版社，2023.10
ISBN 978-7-5096-9400-8

Ⅰ.①应…　Ⅱ.①史…　Ⅲ.①气候变化—关系—低碳经济—经济发展—研究—中国　Ⅳ.①P467
②F124.5

中国国家版本馆 CIP 数据核字（2023）第 204948 号

责任编辑：胡　茜
助理编辑：杜羽茜　等
责任印制：许　艳
责任校对：王淑卿　蔡晓臻

出版发行：经济管理出版社
　　　　　（北京市海淀区北蜂窝 8 号中雅大厦 A 座 11 层　100038）
网　　址：www.E-mp.com.cn
电　　话：（010）51915602
印　　刷：唐山昊达印刷有限公司
经　　销：新华书店
开　　本：787mm×1092mm/16
印　　张：41
字　　数：947 千字
版　　次：2024 年 4 月第 1 版　　2024 年 4 月第 1 次印刷
书　　号：ISBN 978-7-5096-9400-8
定　　价：128.00 元

序　言

在全球气候变化背景下，绿色低碳发展已成为"世界语言"。实现碳达峰、碳中和是以习近平同志为核心的党中央统筹国内国际两个大局作出的重大战略决策。党的二十大报告明确指出，"实现碳达峰碳中和是一场广泛而深刻的经济社会系统性变革""推动经济社会发展绿色化、低碳化是实现高质量发展的关键环节"。因此，聚焦于应对气候变化与低碳经济发展主题，从产业结构调整、低碳生活引导、碳金融创新、碳市场建设、构建清洁低碳安全高效的能源体系、绿色低碳技术创新等多维度开展深度探讨具有重要的理论价值与现实意义。

针对应对气候变化与低碳经济发展的热点重点问题，本书在文献学习的基础上，立足于积极稳妥推进碳达峰、碳中和的战略目标，从国内外气候变化经济学与绿色低碳发展的研究评述切入，在剖析气候治理对全球经济格局、产业分工与组织演变的影响基础上，对"双碳"目标下我国经济结构调整、低碳消费需求培育、碳金融产品创新与投资策略、气候保险、构建清洁低碳安全高效的能源体系、低碳供应链管理、碳市场建设、绿色技术创新、低碳城市建设试点等方面展开了全方位研究，为站在人与自然和谐共生的高度谋划发展、推进绿色低碳发展提供理论与决策支撑。

本书对气候变化与低碳经济发展这一重大理论与现实问题进行了系统梳理和深入研究。全书共包括十六章：第一章是气候变化经济学研究进展与方法评述，系统梳理了国内外学者近年来关注的焦点与热点。第二章从目标研判、特征事实、影响因素与政策工具四个方面对中国绿色低碳发展相关文献进行梳理，并展望了未来研究方向。第三章、第四章基于全球视角，分别探讨了气候治理对全球经济格局、全球产业分工及组织演变的影响，最终落脚于中国本身，提出相应对策。第五章重点分析了"双碳"目标下我国经济结构调整和发展路径。第六章着重于碳中和的需求侧管理，探究居民低碳消费行为现状及存在的问题，剖析了低碳消费需求对生产端技术创新的影响机理，进而提出研究启示。第七章从碳金融产品视角为碳金融市场发展和完善提供经验证据和系统分析，以期为优化我国碳金融产品创新与投资策略提供政策启示。第八章在实证检验气候风险对巨灾经济损失的影响与金融保险发展的调节效应基础上，结合我国气候保险发展现状提出政策建议。第九章通过分析新型气象预测技术与风电系统的耦合关系，实现高质量预测方法合理嵌入系统，提供可再生能源利用效率。第十章在探讨了不同供应链权力结构以及不同制造商绿色技术研发合作模式下供应链成员的决策变化基础上，提出一种改进的两部定价契约，以协调低碳供应链的绿色技术投入及定价决策。第十一章从国际视角和中国视角综合度量了碳价格和能源价格的关联性及关联机制,并考察了极端事件下碳市场和能源市场之间的风险传染性。第十二章在系统梳理国内外碳市场发展现状的基础上,实证考察了碳市场对中国绿色全要素能源效率的影响及作用机制。第十三章实证研究了命令控制型和市场激励型环境规制政策对企业绿色创新的影响及作用机制。第十四章、第十五章聚焦于清洁低碳安全高效能源体系构建,分别对能源行业的水资源—碳排放—经济效益耦合影响、产业链低碳化协同进行了深度剖析。第十六章则选择低碳城市建设试点,实证考察其对制造企业能源消耗强度的影响及内在机制。

本书坚持理论研究与政策研究相结合、全球视角与中国国情相结合、宏观与微观相结合,比较系统地讨论了应对气候变化与低碳经济发展的前沿与热点问题,为推进我国绿色低碳发展提供决策参考,有助于气候变化经济学和产业经济学领域的学者、行业主管部门以及普通读者更加客观、全面地了解实现碳达峰、碳中和所需要的经济社会系统性变革。

本书是中国社会科学院工业经济研究所与南京信息工程大学联合共建的气候经济与低碳产业研究院的成果,是国家自然科学基金专项项目"面向碳中和的中国经济转型模式构建研究"(72140001)的中间成果。本书各章的研究选题由中国社会科学院工业经济研究所所长史丹研究员设计,部分章的执笔人采取了公开招标的形式,由中国社会科学院工业经济研究所、南京信息工程大学、国家应对气候变化战略研究和国际合作中心、中央财经大学、厦门大学、中南财经政法大学、东北财经大学、南京财经大学等机构的学者合作完成。本书各章初稿在南京举行的气候变化与经济发展论坛上做了报告,专家进行了点评,史丹所长对书稿的形成提出了修改意见。

促进学科融合创新是中国社会科学院工业经济研究所与南京信息工程大学合力建设气候经济与低碳产业研究院的初衷,这一想法得到南京信息工程大学校长李北群教授的大力支持,并拨付经费支持气候经济与低碳产业研究院的建设。南京财经大学乔均教授参与组织气候经济与低碳产业研究院举办的一系列活动,南京财经大学邱玉琢教授、中国社会科学院李鹏飞研究员对气候经济与低碳产业研究院的组建和研究项目的招标付出了辛苦劳动,中国社会科学院工业经济研究所陈素梅副研究员对书稿的组织付出了辛苦劳动。特此鸣谢上述单位和专家。

目　录

第一章　气候变化经济学研究进展与方法评述

史丹　王飞[*]

摘　要： 气候变化作为全球公认的科学事实，已经成为人们当前及未来很长一段时间内关注的重要议题。从经济学属性来看，气候变化问题主要体现为外部性效应和全球公共物品特性，分析气候变化问题的经济学特征，发挥经济学在解决气候变化问题中的重要作用就成为了气候变化经济学的使命和担当。自20世纪90年代诞生起，气候变化经济学即成为了国际经济最前沿的研究领域之一。气候变化经济学研究除包含气候变化的社会经济后果、气候变化减缓与适应、气候变化治理等传统议题外，近年来清洁能源、碳减排与全球温控目标的达成吸引了全球学者的共同关注，而随着气候变化问题的全球性特征日益凸显，损失、损害与气候不公正，历史归因与责任分担等成为了当前全球研究者们新的关注点。同时，对气候变化研究方法创新和评估模型修正的讨论亦是学者们关注的焦点。气候变化经济学研究方法趋于系统化、多样化、复杂化和实时化，为气候变化政策评估与问题解决提供了更加科学有力的经验支撑。总之，气候变化经济学因其研究对象的全球性和问题的重要性，成为了经济学研究最前沿和最重要的领域之一，正在迅速成长为具有高度交叉性和综合性的新兴学科。

关键词： 气候变化的经济学特征；气候变化经济后果；气候变化减缓与适应；气候变化治理；气候变化经济学研究方法

一、气候变化与气候变化经济学

（一）气候变化的科学事实及气候变化经济学的角色担当

气候变化（Climate Change，CC）指除在类似时期内所观测到的气候的自然变异之外，由人类活动直接或间接地改变全球大气组成所导致的气候改变，其主要表现为温度升高、天气变化、冰川融化和海平面上升等特征（Schuurmans，2021）。当前，地球表面平均温度已经较19世纪末上升了1.1℃，随着温度的上升，与之相关的干旱、热浪、火灾、洪水、飓风、风暴潮等自然灾害频发（Stern，2022）。在工业革命之前，火山爆发、森林火灾和地震活动等自然灾害被认为是温室气体的重要来源（Murshed，

　＊ 作者简介：史丹，中国社会科学院工业经济研究所所长、研究员、博士生导师；王飞，中国社会科学院工业经济研究所在读博士后。

2020；Hussain et al.，2020；Murshed，2022）。但随着工业革命的开始，全球气候问题被放大了。

目前，人类活动被认为是气候变化的主要原因（Karami，2012）。除工业革命以外，其他人类活动还包括过度农业作业及其引致的基于燃料的机械化、农业残留物燃烧、森林砍伐和国内国际运输等（Huang et al.，2016）。此外，由于发展中国家能源生产主要来源于化石燃料，其能源消耗已经显著提高了温室气体水平（Usman and Balsalobre-Lorente，2022；Abbass et al.，2021）。可见，全球气候变化的科学事实及其严重后果不容忽视。近年来，联合国政府间气候变化专门委员会（IPCC）发布的一系列报告显示，气候变化比我们预期的更快、更强烈，情况持续恶化（Stern，2022）。其最新的第六次评估报告更是清楚地表明，如果想要将温度保持在能控制极端风险的水平，我们将面临巨大的时间压力。气候变化关乎人类生存和发展，是当前及未来相当长的一段时期内的一个全球性重要议题。

从经济学属性来看，气候变化问题主要体现为外部性效应和全球公共物品特征。全球气候变暖主要由温室气体过度排放导致，而温室气体排放具有显著的外部效应；气候本身是典型的全球公共物品，如何在提供该类物品的同时防止温室气体排放"公地悲剧"和气候治理"搭便车"行为就成为亟待解决的问题。此外，气候变化还涉及权益、发展、制度、风险和社会选择等传统经济学问题（薄凡等，2017）。气候变化经济学强调气候变化的经济学特征以及经济学在理解和解决气候问题方面的作用，重点关注气候变化及其治理的社会经济效应、不同气候政策的比较等（段红霞，2009）。但即使仅从经济学的角度来看，气候变化问题对传统经济学的研究边界和分析范式都提出了严峻的挑战。

气候变化的巨大风险要求对经济学进行快速和根本性变革，其重点是紧急和大规模的行动以及该行动的逻辑。在这个过程中，我们必须避免试图将气候变化这个巨大的非标准挑战强加到主流经济学的一个狭窄和标准的框架中。正如 Stern（2022）所指出的："气候变化经济学的研究主题如此丰富，且必须付诸实践，但我们必须创造更多东西。这项任务需要我们涵盖整个学科专业知识，甚至需要与其他学科合作，现在是经济学和经济学家该努力的时候了。"我们需要理解和阐释科学问题，然后围绕核心问题和挑战，整理、发展和应用经济学。

（二）气候变化经济学的学科起源与发展脉络

气候变化经济学的起点可以追溯到阿尔弗雷德·马歇尔（Alfred Marshall）和阿瑟·庇古（Arthur Pigu）的一系列重要贡献。Marshall（1890）指出边际私人成本和边际社会成本之间存在差异，Pigu（1920）则主张征收一种使两者相等的税，以纠正外部性。随后 Coase（1960）强调通过产权分配和建立市场等制度安排进行外部性交易，而 Pearce 等（1989）撰写的《绿色经济蓝图》（*Blueprint for a green economy*）提出了如何实施庇古的思想。这些都为气候变化经济学的建立奠定了重要的理论基础。1988 年，联合国政府间气候变化专门委员会成立，气候变化开始成为政策讨论中的一个重要话题。Nordhaus（1982）在 "How fast should we graze the global commons？" 一文中开始运用经济学理论与分析方法研究气候问题，标志着气候变化经济学的诞生。

进入 20 世纪 90 年代，气候变化问题成为国际经济学中最前沿的研究课题之一。Nordhaus（1991）发表在 *Economic Journal* 上的 "To slow or not to slow：The economics of the greenhouse effect" 一文构建了气候经济学的第一个综合评估模型，他运用标准的经济学工具分析了气候变化对潜在增长路径的影响，而后这一方法迅速演变为气候经济学研究的主流工具。Cline（1992）出版了 *The economics of global warming* 一书，这些都是对气候经济学发展早期的宝贵贡献，也是这一时期被最为广泛引用的标志性论著。2006 年，著名经济学家 Stern 在其主持发布的 "The economics of climate change：The stern review" 中首次提出 "气候变化经济学" 一词，标志着这一学科的最终形成。21 世纪初起，由于全球范围气候异常现象日趋频发和多个国际组织的积极推动，气候变化引发了经济学学界和世界公众的普遍关注。

（三）气候变化经济学的学科特点与研究范畴

气候变化经济学是研究气候变化背景下维系和提升气候生产力的理论、制度、机制、方法和政策的学科体系。开展气候变化经济学研究的根本目的是为气候变化提供经济学理论支撑和实证分析支持，并为该问题的解决提供规范的政策分析工具与指导性结论。尽管气候变化经济学与环境经济学、福利经济学和公共选择理论等在研究对象和研究方法上存在一定的相似之处（段红霞，2009），但与大部分经济学工作并不相同，气候变化经济学分析必须基于公共政策经济学的动态方法，它是一种由问题逻辑推动的经济学（Stern，2022）。

从研究主题来看，气候变化经济学研究涉及金融、伦理、环境、福利和法律等多个领域（潘家华，2013）。气候变化是自然科学问题，更是政治和经济问题。因而，气候变化经济学具有显著的交叉性和集成性特征（薄凡等，2017）。此外，在保护全球气候资源的同时，如何更好地促进国家、地区和代际之间的公平、正义、发展成为气候变化经济学研究的重要议题，反映出该学科相对于主流经济学更加注重公平、正义原则，以及与伦理学联系更加密切的特点（段红霞，2009；孙耀华、仲伟周，2013）。

二、有关气候变化社会经济后果的研究

气候变化涉及全球性的政府间复杂调整，其对生态、环境、社会政治和经济等各方面均有广泛影响（Adger et al.，2005；Leal Filho et al.，2021；Feliciano et al.，2022）。当前，气候变化已对全球农业生产、公众健康、林业和旅游资源及经济活动等构成了严重威胁（Abbass et al.，2022）。

（一）农业脆弱性加剧

农业部门释放了全球 30%~40% 的温室气体，因而成为导致气候变暖并受到其显著影响的重要部门（Mishra et al.，2021；Ortiz et al.，2021；Thornton and Lipper，2014）。许多对农业生产力具有重要影响的环境气候因素（Pautasso et al.，2012），受到了诸如洪水、森林火灾和干旱等极端气候事件的影响，因而导致农业部门脆弱性逐渐加剧。作为经济体系的重要组成部分，农业脆弱性加剧影响整体经济发展并可能损害家庭福

利，这在发展中国家表现得尤为突出。

气候变化导致潜在农作物产量持续下降。根据《柳叶刀倒计时人群健康与气候变化报告（2021）》，2021 年所有被追踪的主要作物成熟时间均有所减少，相较于 1981~2010 年的平均潜在作物产量，玉米减少了 6.0%，冬小麦减少了 3.0%，大豆减少了 5.4%，水稻减少了 1.8%。诸多研究已经证实气温上升对小麦产量具有显著负向影响（Lobell and Field，2007；García et al.，2015；Ortiz et al.，2021），同样受到影响的还有玉米产量（Edreira and Otegui，2013；Otegui and Bonhomme，1998），而水稻则主要受夜间高温的影响（Tebaldi et al.，2006；Hatfield et al.，2011；Lobell and Gourdji，2012；Qasim et al.，2020）。上述研究显示，气候变化主要通过影响光合作用和呼吸作用强度、作物花期与授粉质量以及生长周期等途径对作物产量产生作用。

除了作物产量下降，气候变化还引致了粮食质量下降、粮食价格上涨以及粮食分配系统不足，进一步加剧了全球粮食安全危机（Abbass et al.，2022）。2019 年，全球气候变化导致的粮食短缺大约波及了 20 亿人，这对全球脆弱性和营养不良人群的影响尤为突出。由于食物和水供应受到气候变化的严重影响（Ortiz et al.，2021；Rosenzweig et al.，2014），农业衰退损害了农民的生活质量，成为了贫困的重要来源（Godfray et al.，2010），进一步强化了农村妇女因受教育程度较低、社会地位下降和收入减少所带来的弱势地位（Botreau and Cohen，2020）。

此外，气候变化引起的极端天气还破坏了作物的完整性（Chaudhary et al.，2011），如斯巴达的寒冷和极端迷雾导致槟榔叶掉落和变色（Rosenzweig et al.，2001）、柠檬叶挤压（Pautasso et al.，2012）和菠萝的根腐病等（Vedwan and Rhoades，2001）。在应对气候变化的破坏性影响时，一些短期和长期的管理方法是管理关键需求，各种研究（Chaudhary et al.，2011；Pautasso et al.，2012）已经证明，改善作物多样性可以使其更好地适应气候变化。

（二）公众健康状况恶化

《柳叶刀倒计时人群健康与气候变化报告（2021）》强调气候变化通过天气、生态系统和人类系统威胁人类健康和福祉。它会增加人类对极端事件的暴露程度、改变传染性疾病传播的环境适应性、增加人口迁移、破坏人们的生计和心理健康（IPCC，2014；Watts et al.，2021；Hayward and Ayeb-Karlsson，2021；Kelman et al.，2021）。

高温暴露会对人类健康造成严重危害。Song 等（2017）的研究表明，极端高温会增加心血管、脑血管和呼吸系统疾病以及全因死亡的风险。高温通过降低人们锻炼的频率、持续时间和心理意愿对健康产生影响（Heaney et al.，2019；An et al.，2020；Nazarian et al.，2021）。需要指出的是，在高温下即便只进行少量的体育锻炼也会带来健康风险（Andrews et al.，2018）。随着气候变化和人口老龄化的加速，即使在低排放情景下，极端高温对人群的健康危害也可能会持续增加，但如果能够实现 1.5℃ 的温控目标，将会有显著的健康收益（Chen et al.，2022）。

与气候变化相关的极端天气构成了全球心理健康的重要威胁。气候变化带来的心理健康问题主要表现为情感状态改变以及与心理健康状况相关的住院和自杀增加等

(Hayward and Ayeb-Karlsson，2021；Kelman et al.，2021；Burke et al.，2015)。就影响机制来看，气候变化增加了人们在公共场合时的焦虑、痛苦和其他与精神相关的问题，且频繁暴露于地质灾害与极端气候灾害还会导致创伤障碍并发展为慢性心理功能障碍。此外，气候灾害引起的基础设施破坏也是受害者社区压力增加和心理健康问题加剧的重要原因(Ogden，2018)。然而，由于不同地区和不同文化对心理健康的定义方式、承认程度和治疗方法各不相同(Gopalkrishnan，2018)，如何科学评估气候变化对公众心理健康的影响将是未来学者们面临的重要问题。

气候变化还改变了传染性疾病的全球分布(Caminade et al.，2019)。气候变化带来的环境变化可能有利于某些微生物致病菌株的生存和传播，从而增加各种疾病发生的可能性，最近的一个例子就是新型冠状病毒暴发引发的肺炎和急性呼吸系统并发症(Cui et al.，2021；Song et al.，2021)。当前，气候变化与全球性流动和城市化一起，已成为传染性疾病传播的主要驱动因素(Iwamura et al.，2020)。此外，气候变化带来的海平面上升，会导致当前居住在海平面以上不足5米地区的5.696亿人面临包括出现传染病在内的多种风险的增加(Vineis et al.，2011；Dvorak et al.，2018)。Ryan等(2019)更是指出，气候变化甚至可能会引起其他新兴或重新出现的虫媒病毒传播。总之，气温上升、虫媒疾病暴发、健康问题及季节性和生活方式的变化将持续存在(Hussain et al.，2018)。

（三）生物多样性缺失

气候变化被视为物种消失的最快原因，其严重影响了全球生物多样性。多种研究表明大规模的物种动态与各种气候事件密切相关(Manes et al.，2021；Ortiz et al.，2021)，气候变化导致的物种灭绝在文献中被广泛提及。一个不容忽视的事实是，气候变化正在改变海洋、淡水和陆地地区生物的相容性栖息地，影响着生态系统的完整性，如物种相对丰度、范围和活动时间的变化等(Bates et al.，2014)。气候变化使得生物栖息地联动性和小气候获取不足，加剧了气候变暖和生物极端热浪暴露风险，如气候变暖导致全球红树林范围扩大，改变了碳封存率(Cavanaugh et al.，2014)，进而导致了生物物种的消失。此外，由自然资源（如水）短缺带来的气候变化将会引起冰川融化和气温上升，并进而导致植物灭绝(Mihiretu et al.，2021)，沿海生态系统也正处于被破坏的边缘(Perera et al.，2018)。

此外，气候变化引致的物种重新分布可能会恶化碳储存和生态系统净生产力。生物多样性容易受到与气候变化相关的其他方面如气温上升、干旱和入侵性害虫物种等方面的影响。例如，气温上升带来了浮游生物群落组成的变化，这种改变最终导致了生物碳回收的变化(Kohfeld et al.，2005)，这被视为更新世冰期和间冰期之间二氧化碳差异的主要贡献者。

（四）森林、旅游等自然资源耗损加快

森林是世界气候的全球调节者(FAO，2018)，在全球碳氮循环方面发挥着不可或缺的作用(Rehman et al.，2021；Reichstein and Carvalhais，2019)。因此，森林生态会影响微观和宏观气候(Ellison et al.，2019)，反过来，气候变暖通过影响温度和降水模式等对森林生长和生产力产生影响。气候变化会对森林生态系统结构、功能和健康产生影响（Zhang et al.，2017），也会产生诸如森林火灾、干旱和虫害暴发等破坏性后果（EPA，2018），随之而来的是依赖森林的社区也会受到气候变化的严重影响。森林是全世界约 1 亿人的基本生计资源，对其具有相对较高依赖性的人群更是高达 6.35 亿人（The World Bank，2008）；而依赖农林业的社区有 1 亿人，其中 260 万土著居民完全依靠森林及其产品维持生命（Sunderlin et al.，2005）。例如，在整个非洲大陆，超过 2/3 的居民依靠森林资源和林地获得赡养费，如食物、薪柴和放牧（Wasiq and Ahmad，2004），这些人的生活受到气候干扰的强烈影响，使他们的生活更加艰难（Brown et al.，2014）。

由于严重依赖当地的自然资源，旅游业也成为受到气候变化显著影响的重要领域（Gössling et al.，2012；Hall et al.，2015）。气候变化引起的天气模式的巨大变化将最终给旅游目的地所在地区经济带来巨大挑战（Bujosa et al.，2015）。IPCC 的报告表明，全球旅游业正在面临滑雪季缩短、滑雪场地消失和旅游目的地气候变暖的急剧变化。此外，多项研究显示，当前诸多旅游景点如沿海地区、岛屿和滑雪胜地将遭受气候变化的影响（Neuvonen et al.，2015）。值得注意的是，行政管理能力对于旅游业应对气候变化危机至关重要，它可以增强旅游目的地的韧性能力（Füssel and Hildén，2014）。同样，如果缺乏足够的经济社会资本，高需求的旅游目的地将会迅速走向脆弱边缘。

（五）社会生产力下降

在全球变暖的大背景下，除农业外，工业、贸易、劳动等经济部门也不同程度地受到了气候变化的影响，社会整体生产力损失明显。既有研究从不同角度出发，考察了气温上升对工业产出或经济增长（Chen and Yang，2019；金刚等，2020）、国际贸易（Li et al.，2015）、劳动生产率或全要素生产率（Zhang et al.，2017）等方面的影响。研究结果一致认为，气候变化带来的平均气温上升对上述经济变量均呈负面影响。

进一步地，杨璐等（2020）研究发现气温变化与工业产出之间为非线性关系：夏季气温升高会降低工业产出，冬季温度升高则会增加工业产出。总体来看，温度的季节性变化对工业产出的影响仍然是不利的，高温除了会降低工业企业的全要素生产率之外，还会通过降低固定资产总值、投资以及创新能力等途径间接地影响其产出。气候变化带来的高温会对人们的劳动能力产生影响（Baylis，2020），高温暴露可能会通过减少劳动时间、降低劳动生产率影响生产，且对工作量较大、年轻且工龄较短的员工影响更为显著（王春超、林芊芊，2021）。尽管高温暴露对劳动能力的影响无性别差异，但职业差异可能导致性别差异，如构成建筑业主要劳动力的男性和生计严重依赖当地自然资源的农村地区女性，其劳动能力更容易受到气候变化的影响（ILO，2017，2019，2021）。

（六）自然灾害频发

在过去的十年中，全球平均每年约有 60 万人死于自然灾害（Wiranata and Simbolon，2021）。气候灾害有时候会带来毁灭性的影响，例如 1983～1985 年埃塞俄比亚的饥荒和干旱、2008 年缅甸的"纳尔吉斯"气旋以及近几年流行的 COVID-19 等，这些灾害导致的全球死亡人数超过 20 万。气候变化带来的干热环境还增加了野火风险，并加剧了由此带来的损害（Abatzoglou et al.，2019）。尽管低频、高危的自然灾害不可预防，但其带来的生命损失可以预防。历史研究表明，早期灾害预警、更加稳健的基础设施、应急准备和响应计划可以大大减少全球灾害死亡人数。与其他人群相比，低收入人群更加容易受到灾害影响，因此，改善这些地区的生存条件、设施和响应服务对于未来减少自然灾害死亡人数至关重要。与沿海地区相比，内陆地区更加容易受到气温上升的影响（Dimri et al.，2018；Goes et al.，2020；Mannig et al.，2018；Schuurmans，2021）。从全球层面来看，基础设施缺乏和适应能力不足对应对气候灾害的影响最大。除此之外，环境知识缺乏、消费行为过时、激励机制不足、法律体系不完善和政府承诺缺失加剧了公众对气候问题的担忧（Abbass et al.，2022）。

（七）损失、损害与气候不公正

损失和损害指的是因气候变化带来的经济和物质成本，而这种损失和损害在全球、地区乃至人群层面存在明显的异质性。从全球层面来看，较多的研究认为气候变化的负面效应主要存在于欠发达地区而非发达地区，即气候变化的经济后果具有"亲贫"特征（金刚等，2020）。如非洲国家的温室气体排放量是最低的，但非洲大陆是世界上许多气候最脆弱国家的所在地。气候变化已经使全球经济损失了数万亿美元，而热带地区的低收入国家首当其冲。1992~2013 年，由于人类活动引起的全球变暖全球经济损失了 5 万亿~29 万亿美元，这种影响在低收入的热带国家最为严重，导致其国民收入平均减少了 6.7%，而高收入国家平均只减少了 1.5%。为了应对气候变化，这些国家——其中许多国家是世界上最贫穷的国家——将不得不投资建设如海堤、气候智能型农业和更能抵御高温和极端风暴的基础设施。这也导致自 1995 年以来损失和损害的赔偿一直是联合国气候会议谈判的一个长期悬而未决的问题，且在将损失和损害的财务机制纳入国际气候协议方面进展甚微。

当然，也有学者提出了迥然不同的意见。Burke 等（2015）采用全球 166 个国家长达 50 年的生产率数据进行验证后，认为气候变化造成的生产率损失在富裕国家和贫穷国家之间并没有显著差异，气候变化经济后果的"亲贫"效应并不存在。相反，富裕地区为应对气候变化付出了巨大的能源消耗与污染排放成本，很可能会影响气候变化对富裕地区的经济后果（Li et al.，2018）。金刚等（2020）以日气温变化对绿色经济效率的影响效应评估了气候变化的经济后果，发现气温变动对绿色经济效率的负面影响仅存在于发达城市，在欠发达城市并不显著。气候变化通过影响劳动生产率、节能减排效率和地方政府环境规制执行力度等途径产生了"劫富"式的经济后果，而其"亲贫"效应并未得到验证。从城市层面支持了 Burke 等（2015）和 Li 等（2018）的研究结论。

更微观一些，气候变化对不同人群的影响也有显著差别。如全球气候变化带来的农业衰退和粮食危机强化了营养不良人群、农村妇女等弱势人群的不利地位（FAO，2018；Botreau and Cohen，2020）。与一般人群相比，极端高温对 65 岁以上老人、城市人口、健康状况不良人群（Basu and Samet，2002；Kovats and Hajat，2008；Li et al.，

2015）以及难以获取降温机制和医疗保健等资源的边缘化人群影响更加严重（Bassil and Cole，2010；Schmeltz et al.，2016；Hansen et al.，2013；Chambers，2020），且高温引致的冷却需求和空调成本上升正在扩大能源贫困差距（Randazzo et al.，2020；Mastrucci et al.，2019）。此外，依赖农林业的社区由于其生计、文化和精神联系以及社会生态联系更容易受到气候变化的影响（Rahman and Alam，2016）。气候变化对不同人群的差异化影响进一步加剧了社会不公正。

三、有关气候减缓方面的研究

适当的缓解措施可以帮助决策机构制定有效的政策，以减轻气候变化的后果（Abbass et al.，2022）。当前，环境规制与污染减排、碳减排与全球温控目标达成、能源系统转型与清洁能源使用构成了气候减缓措施研究的主要内容。

（一）环境规制与污染减排

环境规制被证实是减少温室气体排放、减缓气候变化的重要手段（Zhao et al.，2022）。经济学界对环境规制、污染排放和经济增长关系的关注最初始于 20 世纪 90 年代提出的环境库兹涅茨曲线（Environment Kuznets Curve，EKC）理论，此后众多学者致力于从不同层面验证 EKC 的存在性，但并未得到一致性结论（沈坤荣等，2017）。大多数研究认为环境规制措施可以改变 EKC 的形状和拐点位置，减少污染损害，提升环境承载力（张红凤等，2009；黄茂兴、林寿富，2013）。其对污染的抑制效应主要通过以下两种机制实现：一是激励企业通过研发创新促进生产效率提升，即"波特假说"，该理论在一些研究中已经被证实（Hamamoto，2006；Lanoie et al.，2008）。二是淘汰技术水平较低的高污染企业（Deily and Gray，1991；Jefferson et al.，2013）。当前，环境规制的污染抑制进而对气候变化的影响研究已拓展至环境政策评估及比较、地区间政策互动与政策协同等领域。

环境规制政策种类繁多、演变迅速，各项环境政策的评估与选择一直是学术界和实务界关注的焦点。一是环境垂直管理。与属地管理相比，环境垂直管理虽然未能提高地方政府的环境治理投入，但促进了地方污染企业的绿色投资，弱化了"地方规制偏向"，提升了环境规制强度，并改善了地区环境质量（韩超等，2021）。二是环境立法。单纯的环境立法并不能显著地抑制当地污染排放，环境立法的改善效果主要取决于执法力度和当地污染是否严重（包群等，2013），但这不代表书面法律不重要。相反，实施严格且适宜的环境管制可以实现提高环境质量和生产率增长的"双赢"（李树、陈刚，2013）。亦即，高强度的执法力度是保障环境立法发挥资源配置作用的关键（盛丹、李蕾蕾，2018）。三是环保税征收。渐进递增的动态环境税政策纠正能源的过度使用，激励企业绿色技术创新（刘金科、肖翊阳，2022；Tchórzewska et al.，2022），促进经济增长与污染降低的双重红利，并实现社会福利最大化（范庆泉等，2016）。而如果实行渐进递增的环保税与政府补偿率的组合政策，更有利于调动社会参与生态保护的积极性和发挥环境规制政策的协调性，实现在经济增长和环境改善基础上收入分配格局改善的"三重红利"（范庆泉，2018）。四是排污权交易制度。排污染交易能有效降低单位地区生产总值能耗和污染排放强度，促进企业绿色创新和绿色全要素生产率提升，推动制造业绿色转型，且该效应在执法力度更高的地区、资源衰退型城市以及生产率较低、污染排放较强的企业更加显著（任胜钢等，2019；史丹、李少林，2020；齐绍洲等；2018；万攀兵等，2021）。五是环保督察制度。与区域环保督察制度因中心权力受限和执行机制缺乏导致的环境治理效果欠佳不同（陈晓红等，2020），中央环保督察制度能够显著抑制主要空气污染物的本地和邻近地区排放，其抑制效应具有较强的地区异质性和长期性特征（王岭等，2019；邓辉等，2021）。六是两控区环境规制。作为基于地区的规制政策，两控区环境规制通过淘汰效率较低的高污染企业（Hering and Ponce，2014；盛丹、张国峰，2019）、提升企业生产率（史贝贝等，2017）和产业转换率（韩超、桑瑞聪，2018），实现了环境友好和企业发展的"双赢"，且该政策红利具有政策执行时间和城市规模上的边际递增效应。此外，自然资产离任审计制度、环保目标责任制分别能够通过扭转官员 GDP 导向晋升模式痼疾（黄溶冰等，2019）和缓解对绿色创新活动的扭曲（陶锋等，2021），改善大气污染治理，带来空气质量的长期持续性改善。在特定环境政策的评估与选择上，全世文和黄波（2016）指出，应将空气质量作为一个整体考虑，避免因只关注某一种或几种空气污染物带来的嵌入效应，导致评估结果出现偏误。

地区间环境规制的策略性互动与交互效应引发了人们对于政策协同的思考。"污染避难所效应"是对环境规制地区间交互影响的最初描述，亦即在本地增强环境规制时，企业可以通过将生产转移到规制强度较低的其他地区以降低成本（Keller and Levinson，2002；List et al.，2003），针对该效应，一些学者在国家层面获得了其存在的经验证据（朱平芳等，2011；陆旸，2011），但部分学者却持相反观点，认为其并不存在（Xing and Kolstad，2002；Javorcik and Wei，2004；傅京燕、李丽莎，2010）。此外，一些文献则转而寻找行政区域内的污染转移证据（张文彬等，2010；Duvivier and Xiong，2013；Cai et al.，2016；沈坤荣等，2017）。近年来，地区间的污染排放竞争趋于缓和，同时环保投入的"竞争向上"效应逐渐强化，使各级政府逐渐意识到污染的联防联控应由市级过渡到省级联合，促进了区域联合和协同治理机制的达成（金刚、沈坤荣，2018；胡艺等，2019；胡志高等，2019；李倩等，2022）。除了地区互动以外，减排治污等环境政策与资本市场的联动也是学者们关注的焦点。方颖和郭俊杰（2018）研究认为，我国环境信息披露政策在金融市场途径上基本是失效的，这与环境违法成本较低、投资者环保意识不足有关。但目前中国资本市场对环境政策信号的消极反应已经发生改变，绿色政策能够有效提升企业股票价格（王宇哲、赵静，2018；陈艳莹等，2022），与资本市场能够形成有效联动，从而推动制造业绿色转型，改善环境治理效果。

（二）碳减排与全球温控目标达成

应对气候变化问题的关键是减少温室气体排放，根源在于从经济体系的输入和输出端减少碳排放，实现经济低碳发展（姜国刚，2012）。当前，碳减排研究已经涉及碳减排驱动因素、碳减排政策评估和碳减排目标比较等诸多研究主题。

碳排放强度被证明与经济发展方式、经济结构、技术创新、经济集聚、投资规模、国际贸易和土地使用变化等因素相关。经济发展方式被认为是碳排放强度显著下降的主要原因（张友国，2010），其中技术进步尤其是低碳绿色技术创新是碳减排的根本性驱动力（张伟等，2013；邵帅等，2022），而经济集聚对碳排放影响的研究结论具有较大争议。一部分学者认为，集聚抑制了企业全要素能源效率改进，并通过负外部性强化了污染排放，不利于碳减排（张可、汪东芳，2014；张平淡、屠西伟，2022）。另一部分学者认为，经济集聚对节能减排呈现出先抑制后促进的非线性影响（林伯强、谭睿鹏，2019），短期内产业集聚可能成为污染排放治理的"阻力"（王兵、聂欣，2016），但当经济集聚达到一定的水平后，可能同时表现出节能和减排的"双重效应"，其中能源强度是重要的中介变量（张伟、吴文元，2011；邵帅等，2019）。还有少数学者提出，经济集聚对碳排放的影响取决于集聚模式，亦即不同的集聚模式对企业减排具有差异性的影响（沈能等，2014；苏丹妮、盛斌，2021）。包括产业结构、要素结构和能源结构在内的经济结构优化调整对地区碳排放绩效总体上产生了"结构红利"（邵帅等，2022），迥然于既有研究（杨丽莎等，2019；张友国，2010）经济结构的碳减排效应不显著，甚至导致碳排放强度上升的结论。制造业是中国的支柱产业和碳排放大户，邵帅等（2017）研究发现投资规模是导致制造业碳排放增加的首要因素，而投资碳强度和产出碳强度则是引致碳减排的关键因素。除此之外，国际贸易中碳关税导致的碳泄漏现象（林伯强、李爱军，2012；杨曦、彭水军，2017）、中间产品内涵能源消耗（刘增明等，2021）和土地使用排放（Hong et al.，2022）等也是碳排放强度的重要影响因素。

　　碳减排手段主要有三种：行政管制、碳配额及相应的交易市场和以碳税为代表的价格机制，对不同政策工具的评估和比较是当前气候变化经济研究的重要组成部分。一是命令型政策。一般认为命令型工具更有利于节能减排技术创新，且对创新程度较高的发明专利效应更加显著（王班班、齐绍洲，2016），而以用能权交易为代表的市场型政策存在外溢性，能够带来较高的平均经济能力和节能效果，但部分行业的平均节能潜力会被挤出（张宁、张维洁，2019）。二是规模依赖型政策。以"千家企业节能行动"和《万家企业节能低碳行动实施方案》为代表的规模依赖型节能政策虽然能够显著抑制企业直接碳排放，提升出口企业竞争力，但其带来的行业均衡价格调整将会引起行业内碳泄漏（陆菁等，2022；康志勇等，2018）。三是碳市场建设及其稳定机制。汤维祺等（2016）研究认为相较于强度减排目标，建立碳市场不仅能够有效降低"污染天堂"效应，还能够提高中西部工业化转型地区的经济增长。目前中国碳排放交易市场中的二氧化碳"影子价格"偏高，行业间存在较大的碳排放权交易空间（蒋伟杰、张少华，2018）。此外，目前我国碳市场减排作用主要依靠政府行政干预，市场机制的碳减排效应有限，碳市场变动容易受到宏观经济周期和企业非理性交易的影响。未来全国碳市场将发展成为基于强度和总量双重属性的混合型碳市场，实行数量机制和价格机制相结合、市场机制和行政干预协同作用的策略，以价量联动和价格稳定机制稳定碳配额价格的巨大波动（魏立佳等，2018；张希良等，2021；吴茵茵等，2021）。四是碳税政策。如果在征收碳税的同时减少所得税，能够实现减少碳排放与增加就业的双重红利（陆旸，2011），且研究表明在考虑了社会影响力、舆论稳定性和收入不平等因素后，碳税始终比绩效标准获得更多的公众支持（Konc et al.，2022），但目前我国征收碳税对就业和产出的影响并不显著。

2.0℃和1.5℃温控目标下碳减排差异是当前全球学者关注的重点问题。既有研究主要围绕目标可达成性（Chakra et al.，2018）、减排路径选择（Riahi et al.，2017）、政策成本评估和收益分析（Jordan et al.，2013；Duan et al.，2019）等主题。在2015年《巴黎协定》中，各国同意减少排放以将全球变暖控制在2.0℃以下。但Nieto等（2018）的研究指出，《巴黎协定》过度依赖外部资金支持，当前的单边主义和融资机制将引起政策与全球气候目标之间的错配，继而导致国家自主贡献（NDC）控排方案目标最终无效。最新数据显示，当前全球平均气温已较19世纪末上升了1.1℃（Stern，2022），若考虑其他自然因素的波动性影响，实际升温水平很可能已超过这一数值（Otto et al.，2015）。那么，即使各国的NDC目标均如期达成，21世纪末全球平均气温依然会上升2.6℃~3.1℃（Raftery et al.，2017）。如果想要保证全球变暖低于2.0℃，这意味着全球约30%的石油储量、50%的天然气储量和80%以上的煤炭储量应保持未使用状态（McGlade and Ekins，2015），仅可用以代表全球闲置资产和可用碳，但在对气候政策影响的预期发生合理变化的情况下，上游石油和天然气行业作为全球搁浅资产意味着巨大的利润损失（超过1万亿美元）和金融市场风险（Curtin et al.，2019；Leaton et al.，2021）。可见，2.0℃的温控目标难以达到。

与2.0℃温控目标相比，1.5℃的战略调整毫无疑问意味着更多的收益，如海平面上升幅度减缓、平均热浪天数下降和植被缩减速率下降等，但这要求更快速的减排行动和更高的经济代价，这使得许多学者对其达成的前景并不乐观（Raftery et al.，2017；Kriegler et al.，2018）。IPCC（2018）估算，到21世纪末将全球变暖限制在1.5℃的碳预算为420亿吨二氧化碳，然而，世界排名前200的化石燃料公司持有的储量的潜在碳排放量至少为1541亿吨二氧化碳（Ranger，2013），全球化石燃料资源中所含的碳估计约为11000亿吨二氧化碳（McGlade and Ekins，2015），远远超过了世界实现《巴黎协定》目标所能使用的最大值。Trout等（2022）研究显示，保持在1.5℃的碳预算范围内（50%的概率）意味着将近40%的化石燃料"已开发储量"未被开采，这可能不仅需要政府和企业停止许可和开发新的油田和矿井，而且还需尽早地退出大部分已经开发的油田和矿井。与升温幅度限制在2.0℃和1.5℃目标相适应，各国到2030年的化石燃料生产计划仍然可能会分别超过排放量的50%和120%。目前，世界各能源公司的业务战略各不相同，且战略未能达到缓解转型风险的要求（WBCSD and WRI，2021）。为了使化石能源公司的净零排放承诺与气候目标相一致，它们应该以总排放量而不是排放强度为基础，考虑温室气体议定书的排放量（Stockholm Environment Institute et al.，2021），并根据公司的全部股权份额对活动进行核算（ILO，2019；Coffin，2020）。随着投资者和金融监管机构对气候风险审查的增加，那些能够更好地理解系统性风险、制定远低于2.0℃（最好是1.5℃）中期目标和投资战略的公司在未来几年可能会变得更有韧性（Watts et al.，2021）。

（三）能源系统转型与清洁能源使用

能源系统中的化石燃料燃烧是温室气体排放的最大单一来源，其全球份额为65%。因此，在一个全面的政策框架下，实现从煤炭到可再生能源的快速转变至关重要，这不仅能够减少排放和消除与煤炭开采和燃烧有关的其他有害污染物（Hendryx et al.，2020），还有利于经济和就业福利（Abbass et al.，2021）。人们相信，如果不进行能源系统转型，《巴黎协定》的目标承诺将会备受质疑（Murshed，2020；Zhao et al.，2022）。为此，各国政府可以通过在《巴黎协定》规定的气候义务中宣布其化石能源生产意图来增加开放性（Abbass et al.，2021）。既有研究主要围绕能源效率提升、新能源技术发展、清洁能源使用与低碳绿色发展等问题展开。

能源效率差异在全球尺度上普遍存在，学者们对其产生的原因和发展趋势进行了大量研究。对中国而言，尽管近年来中国工业行业能源效率整体处于上升趋势（林伯强、刘泓汛，2015；刘华军等，2022），但我国能源系统尚未实现由低效率向高效率的转型（李兰冰，2015），且存在显著的能源效率地区差异。在对中国能源效率地区差异的变动趋势上，既有研究尚未取得一致性意见。较多研究（魏楚、沈满洪，2007；史丹等，2008；李兰冰，2015）认为我国区域能源效率差异不断扩大，不存在收敛趋势，未出现"追赶效应"与"协调发展"。其中，全要素生产率、资本—能源比率和劳动—能源比率是中国能源效率地区差异的主要贡献性因素，且全要素生产率差异和产业结构的影响在逐渐增加，成为中国能源效率地区差异的主要来源（魏楚、沈满洪，2007；史丹等，2008）。但另一部分学者认为中国能源效率差异扩大仅存在于省际层面，在区域层面总体是趋于收敛的（魏楚、沈满洪，2007；齐绍洲、李锴，2010）。在更为微观的细分行业层面，陈钊和陈乔伊（2019）研究发现，企业间依然持续存在着巨大的能源效率异质性，其甚至超过了资本生产效率、劳动生产率和全要素生产率等维度的异质性，而企业规模和区域差异是影响企业能源效率的最主要原因。能源效率地区差异意味着我国能源系统在宏观层面尚存较大改进空间，通过提高能源效率降低能源消费的思路在我国是总体可行的，但在能源政策制定上仍需要注意能源回弹效应，促使能效提高的潜在节能效果最大程度地实现（邵帅等，2013；胡秋阳，2014）。当前，我国正处在能源革命的重要时间窗口，我们应立足"富煤、贫油、少气"的基本国情（韩建国，2016），需要加快能源价格机制和体制改革，释放制度红利提升全要素能源效率（史丹、李少林，2020；张希良等，2022；刘华军等，2022），以支持中国低碳清洁转型，实现能源结构的"软着陆"（林伯强，2018；范英、衣博文，2021），加快能源强国建设。

大量研究显示，当前可再生清洁能源技术进步迅速且成本锐减。在过去15年左右的时间里，已经出现了一系列低排放技术，这些新的、更清洁的技术的成本正在迅速下降，并可能继续下降（Systemiq，2020；ETC，2021）。就市场而言，电力行业的新技术已经过了临界点，其他技术也似乎正在接近临界点（Systemiq，2020）。许多电动汽车技术现在有接近于化石燃料技术的成本竞争力（Stern，2022）。在没有碳价格或补贴的情况下，低碳技术已经在与化石燃料替代品竞争。随着锂电池价格的持续下降，预计到2024年电动汽车将达到与内燃机汽车的标价平价（ETC，2021），并且在运行和运营成本方面具有很大的相对优势。2020年，在占世界GDP 70%以上的国家，太阳能/风能是最便宜的新发电方式（Bloomberg NEF，2020）。预计可再生能源技术的成本将继续下降（Systemiq，2020）。到2030年，低碳解决方案可以快速扩展，具有竞争力，并降低占排放量90%的部门的排放量（Systemiq，2020）。新技术的崛起正在加速并朝着主导方向发展，并可能成为第二十六届《联合国气候变化框架公约》缔约方会议（COP26）的《格拉斯哥世界领导人突破性议程》的核心（Stern，2022）。对中国而言，Ge等（2023）指出水电因其巨大的隐含碳排放成为中国实现能源转型的关键产业，而特高压输电和清洁能源发电等新兴技术能够提升全局福利水平，但可能造成能源供应区居民的福利下降。因此，应推进相应的福利补偿制度（段巍等，2022），同时积极发挥车网融合模式在随机性用电需求和波动性发电供应结构性矛盾中的消纳作用（马少超、范英，2022），推动低碳清洁能源体系的建立。

在可再生能源体系构建过程中，政府政策在确定可再生能源技术投资强度和激励创新中发挥着最重要的作用。政策工具应该旨在降低可再生能源成本，同时增加清洁能源在国家能源系统中的比例。与可再生能源供应商签订长期合同、增加政府承诺和控制以及制定长期目标等均有助于发展中国家在其能源部门部署可再生能源技术（Abbass et al.，2022）。需要指出的是，在实现全球减排目标，建立清洁能源体系的过程中，人们对于搁浅的化石燃料资产风险依然认识不够。Semieniuk等（2022）通过追踪一个由180万家公司组成的全球股权网络，分析43439个石油和天然气生产资产的股权风险后发现，大部分的市场风险落在私人投资者身上，绝大部分是在经合组织国家，包括养老基金和金融市场的大量风险。因此，作为化石燃料经济的持续支持者和搁浅资产的潜在拥有者，富国的利益相关者在如何管理石油和天然气生产的转型中有着重大的利益。值得注意的是，在全球温控目标下，未来的能源系统具有严格的碳约束、低化石燃料需求、高资本成本和碳密集型储备等特征，会增加资产闲置风险（Curtin et al.，2019），并给其所有者和行业利益相关者带来严重的财务后果（Leaton et al.，2021）。

四、有关气候变化适应性方面的研究

适应性措施是应对气候变化的关键因素。从某种程度上来说，适应性措施可以减少温室气体排放，其已成为经济和环境关注的关键问题。

（一）基于自然的解决方案

在过去几十年中，世界面临着气候变化的重大问题，适应这些影响是经济和社会发展的必要条件。为了适应和减轻气候变化，需要在国际层面制定政策和战略（Hussain et al.，2020）。图1-1为目前关于气候变化的部门影响以及全球适应和缓解措施的研究清单。一般认为，农业、工业、林业、运输和土地利用是适应和缓解政策的主要部门（Waheed et al.，2021），而基于自然的解决方案是农林部门最主要的适应方式。

例如，针对气候变化对农业部门带来的影响，可以通过延长种植季节（Bonacci，2019）、引入作物新品种（Akkari and Bryant，2016）、改善管理和投入要素（Barua and Valenzuela，2018）等方式减缓气候变化给农业部门带来的影响。在应对气候变化的破坏性影响时，各种研究（Patz et al.，2005；Chaudhary et al.，2011；Pautasso et al.，2012）已经证明，改善作物多样性可以使其更好地适应气候变化。根据联合国环境规划署（UNEP）与世界自然保护联盟（IUCN）于2021年11月联合发布的评估报告《基于自然的气候变化减缓解决方案》，至2050年，基于自然2050年可贡献逾100亿吨年减排量，其中约62%的贡献来自与森林有关的自然解决方案，约24%来自草原和农田的解决方案，10%来自泥炭地的其他解决方案，其余4%来自在沿海和海洋生态系统中实施的解决办法。

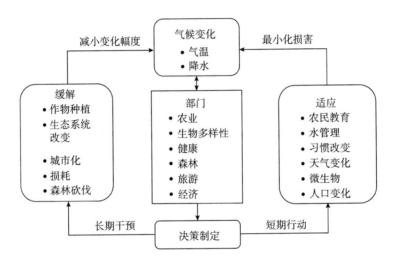

图1-1　气候变化全球适应与缓解措施研究清单

资料来源：Abbass K，Qasim M Z，Song H，et al. A review of the global climate change impacts，adaptation，and sustainable mitigation measures [J]. Environmental Science and Pollution Research，2022，29（28）：42539-42559.

（二）经济低碳转型与消费者减排行为

《京都议定书》促使形成了低碳经济理念（鲍健强等，2008）。2006年，著名经济学家尼古拉斯·斯特恩牵头撰写了有关气候变化经济学的《斯特恩报告》。这份报告指出，低碳经济是一种涵盖低碳产业、低碳技术等内容的新兴经济形态，使人类的生产方式、价值观念等均发生了颠覆性的变化，其主要表现为能源效率的提升、能源结构的优化以及消费行为的理性化，是转变经济增长方式、培育国家新的竞争优势的重要路径（厉以宁等，2017）。针对中国情境，陈诗一（2012）通过构建低碳转型进程的动态评估指数对我国低碳经济转型进行了评估，认为我国近年来已经迎来了经济向低碳绿色转型的重要时机。我国工业也已经开启了低碳工业化新阶段，低碳经济发展提高了经济增长质量，但当前尚且处于不稳定的初期转型阶段，中国低碳工业化总体上仍然与发达国家有差距（史丹，2018；邬彩霞，2021）。为此，我国需要在产业结构升级、能源结构优化、要素市场完善、绿色创新突破、城市化集约推进、区域间协调合作等方面做出努力（邵帅等，2022），并发挥大数据在经济、技术和政策领域的协同作用，才能有效推动低碳转型发展（许宪春等，2019）。作为经济低碳转型在微观层面上的体现，消费者碳减排行为受到低碳心理意识、个体实施成本、社会参照规范和制度技术情境等因素的影响（王建明、王俊豪，2011；王建明，2013），其中环境情感尤其是正面环境情感对消费者碳减排行为的影响更大（王建明，2015）。为此，政府应该加强对公众的引导和管制，促进其消费行为向低碳模式转变。

（三）低碳城市与轨道交通建设

城市是温室气体排放的主要来源，城市化对二氧化碳排放总量有正向影响（Tian et al.，2023），且城市人口占世界人口的一半以上（预计到2050年将增加到70%），因而城市是实施低碳发展政策的核心，在引导当地适应气候变化方面发挥着关键作用。

低碳城市建设能够通过抑制企业排污、促进工业结构升级等渠道显著降低空气污染（宋弘等，2019），激励企业尤其是高碳行业中的企业进行绿色技术创新（徐佳、崔静波，2020），并通过产出效应和要素替代效应两种机制显著提升企业的就业水平（王锋、葛星，2022）。更为重要的是，低碳城市建设的资金支出远远小于其可能带来的收益，这意味着低碳城市建设本身有助于实现污染防治，能够稳定居民就业，推动经济高质量发展（宋弘等，2019；王锋、葛星，2022）。另外，研究显示智慧城市建设能够通过创新驱动有效降低城市环境污染，并且该效应具有显著的规模和特征异质性，亦即智慧城市减污降排的效果会随着城市规模的扩大而增强，其中人力资本在智慧城市减污效应释放中发挥的作用最大（石大千等，2018）。反过来，城市生态建设有利于吸引劳动力流入，生态文明建设对劳动力决策的作用更加明显，政府可以借此在"招才引智"竞争中开辟一条新路径（张海峰等，2019）。因此，在城市低碳建设中，应当注重发挥人力、金融和信息等高端要素的重要作用，并且充分考虑城市发展的地区性差异，避免统一的减碳路径带来低碳发展负担（石大千等，2018）。此外，城市生态建设还会受到土地城市化率的显著影响，应在城市低碳化建设中注意实施建设用地减量化和指标跨区域交易等政策（王镝、唐茂钢，2019）。城市是中国环境的主要污染源，气候变暖背景下的中国城市需要更加严格的污染管理以实现清洁空气目标（Wang et al.，2022）。因此，促进城市走低碳化发展模式也必须成为中国低碳发展的重要目标（厉以宁等，2017）。

兴建轨道交通被认为是解决当前城市拥堵的一项有效措施，强有力的经验证明轨道交通具有显著的减排效应。轨道交通通过出租车出行等公路客运的替代机制和产业结构调整机制促进了城市的碳减排，且这一效应具有显著的城市规模递增特征，亦即城市规模越大，轨道交通的碳减排效应越显著，这一结论对城市市内轨道和高铁网络均成立（梁若冰、席鹏辉，2016；李建明、罗能生，2020；Yan and Park，2023）。进一步的研究显示，当前城市轨道交通仍未达到最优规模，存在较大的引入和运营改进空间；轨道交通对城市的碳减排效应除了与城市规模有关以外，还与自身开通里程和开通年份存在时间和规模上的累积效应，表现出明显的网络正外部性。此外，城市公交系统运营效率提升也能够显著降低能耗，减少污染排放。因此，城市建设应注意完善公共交通规划，加强轨道交通基础设施建设，并制定政策引导客货运在铁路和公路上实现平衡。

五、有关气候治理方面的研究

（一）历史归因与责任分担

量化哪些国家对人为变暖的经济影响负有责任，是气候治理和损害赔偿要求的前提。然而，对于寻求法律补偿的国家来说，归咎于个别排放者的变暖经济损失的规模并不清楚，这就削弱了它们在气候责任索赔中的地位。从排放到全球温室气体浓度，从温室气体浓度到全球温度变化，从全球温度变化到国家层面的温度变化，从国家层面的温度变化到经济损失，每一步都存在不确定性，为排放者提供了合理的拒绝损害赔偿的机会。这也是 1995 年以来国际气候损害赔偿谈判一直存在和国际气候协议收效甚微的关键原因。Callahan 和 Mankin（2022）研究发现自 1990 年以来，五大排放国（美国、中国、俄罗斯、巴西和印度）共同造成了 6 万亿美元的变暖收入损失，相当于每年全球国内生产总值的 11%。然而，排放者对气候变暖影响的分配是非常不平等的：高收入、高排放的国家使自己受益，同时损害了低收入、低排放国家的利益。这意味着历史上气候变暖的原因和后果中蕴含着气候不平等。彭水军等（2016）基于 WIOD 数据和 MRIO 模型对各个国家和地区的碳排放责任进行了综合评估和比较分析，发现美国、欧盟和日本的消费侧排放责任显著高于生产侧排放责任，而中国、印度和俄罗斯则刚好相反，存在突出的"南北国家碳排放转移"问题。因此，现行国际气候制度没有考虑贸易的转移排放和消费者责任，而仅依据领地排放来核算各国的排放责任，这既不利于减排效率也有失公平。与传统的领地排放指标相比，各种责任分担方案均提高了美国、欧盟、日本等主要发达经济体的排放责任，大部分分担方案降低了中国、印度、俄罗斯、印度尼西亚等发展中经济体的排放责任，但各种责任分担方案的实践还面临着诸多重大挑战。

（二）气候金融与绿色信贷

气候金融主要关注金融市场在应对全球气候变化中的重要角色以及气候变化减缓活动中的金融风险控制等问题。当前关于气候变化与国际金融的研究总体还处于碎片化状态。在应对气候变化的行动中，特别是能源系统转型过程中，全球化石能源资产闲置蕴含着巨大的风险（Curtin et al.，2019），且大部分市场风险落在经合组织国家的私人投资者身上，其中全球搁置资产风险 15% 以上的国际净转移给了经合组织国家的投资者（Semieniuk et al.，2022），这可能会给其所有者和行业利益相关者带来严重的财务后果（Leaton et al.，2021）。因此，作为化石燃料经济的持续支持者和搁浅资产的潜在拥有者，富国的利益相关者在如何管理石油和天然气生产的转型中有着重大的利益。金融机构在投资性质和规模方面的运作、监管和"去风险"活动，将在气候行动中发挥核心作用（Dikau et al.，2021；Robins et al.，2021）。

金融体制效率改善能够弥补企业规模效率造成的损失，促进实体经济长期增长

（刘贯春等，2017）。绿色信贷作为绿色金融的重要组成和创新手段，被证实能够通过提高企业资本成本、促进企业绿色创新和改善企业环境社会责任等途径改善企业环境绩效（王馨、王营，2021；斯丽娟、曹昊煜，2022），推进企业绿色低碳转型和社会生态文明建设（苏冬蔚、连莉莉，2018）。但绿色信贷政策对具有不同特征的企业影响存在差异性，其中位于环境规制强度较高的地区、绿色信贷限制行业和高管教育背景较好的企业更容易受到绿色信贷的影响（王馨、王营，2021；斯丽娟、曹昊煜，2022）。此外，绿色投资能够通过提高高碳行业公司资本成本刺激公司减少碳排放，且在与环境税的组合使用的情况下，公共融资方式较单独使用时更能激励制造业和矿业企业采取高端清洁生产技术（Tchórzewska et al.，2022）。发展绿色金融是金融资源的行业流向、支持清洁技术改造的重要手段，是合理承担环境责任支持经济增长质量提升的重要手段，也是中国金融机构未来发展的重要方向（刘锡良、文书洋，2019）。

（三）公众支持与政府参与

公众支持与政治参与对实现《巴黎协定》目标至关重要（UN Environment Programme，2020）。2007~2020 年，健康和气候变化的原始研究增加了 11 倍，主要由人类发展指数非常高的国家的科学家推动（Watts et al.，2021）。这意味着当前社会公众对气候变化的关注度大大增加。首先，报纸是公众关注气候变化的重要媒介，其通过影响读者和更广泛的政治议程塑造公众对气候变化的理解（UN Environment Programme，2020）。其次，社会不公平现象深深地影响着公共和政治参与（Watts et al.，2021）。科学资料在塑造公众和政治参与健康和气候变化方面起着至关重要的作用（Mesgari et al.，2015；Molek-Kozakowska，2018）。如果要停止全球气温的上升，政府领导层需要强有力的近期政策支持（UN Environment Programme，2020）。Moore 等（2022）指出，气候政策的雄心和有效性对于决定温室气体排放的影响至关重要，而公众对气候变化的看法、缓解技术的成本和有效性以及政治机构的反应能力在解释气候政策产生的排放路径的变化方面尤其关键。但当前公众对严厉气候政策的支持还很薄弱，公众舆论通过多种方式影响有效气候政策的可行性，包括大选、直接投票表决以及社会运动，一项政策只有在公众对当前设计的支持超过一个临界阈值时才能实施（Konc et al.，2022）。

六、气候变化经济学研究方法评述

（一）气候变化经济学研究方法的演进脉络

气候变化经济学的研究方法体系起始于诺德豪斯提出的气候变化综合评估模型（Integrated Assessment Models，IAMs）。此后，IAMs 迅速演变为从经济学角度分析气候变化的主流工具，甚至连本来专注自然科学领域的 IPCC 也逐步吸收了诺德豪斯的分析思想（魏一鸣等，2013）。IAMs 发展迅速且呈现出多元化趋势，十几年时间里就出现了 20 多个不同版本，比较重要的有 MERGE 模型（Manne et al.，1995）、DICE 模型（Nordhaus，1994）、RICE 模型（Nordhaus and Yang，1996）、FUND 模型（Tol，1997）和 PAGE 模型（Hope，1993）。2001 年，形势的发展还催生出了一个名为 *Integrated*

Assessment Journal 的新期刊，这意味着气候变化经济学形成了独立的方法体系。

IPCC 发布的第三次评估报告将分析气候问题的模型区分为两类：政策优化模型（Policy Optimization Model，POM）和政策评估模型（Policy Evaluation Model，PEM）。20 世纪 90 年代以来，随着国际社会对气候问题的日益重视，气候政策的各种经济分析方法和模型也迎来了发展高峰，除了著名的 DICE 模型、FUND 模型和 PAGE 模型外，新的经济政策优化模型和政策评估模型也相继被开发出来，如 Bosetti 等（2006）、Bosetti 和 Frankel（2009）的世界诱导技术进步（World Induced Technical Change Hybrid，WITCH）综合模型。这些早期的 IAMs 经济分析模块基本上都是根据经典经济增长文献，采用传统的概念和分析工具建立起来的，在模型假设和参数设置上存在一些固有的缺陷。

（二）标准气候变化综合评估模型的主要不足

标准的 IAMs 通常具有以下基本特征：单一潜在增长模式；排放取决于产出；累计排放导致温度升高和变化，并且可以通过产生成本来减少排放。这些文献在当前气候变化经济学研究中占据主导地位，其中大部分结论具有误导性：气候损害低得令人难以置信，而行动成本高得令人咋舌，且受制于收益递减。例如，DICE 模型的最新版本估计，如果全球气温上升 6℃，损失为当前 GDP 的 8.5%（Nordhaus，2017）。如果这是合理的，那么就没有什么理由担心气候会变暖达到 6℃。即使运气不好，大概在 100 年里达到这个温度，但在适度的经济增长下，GDP 损失不到 10 个百分点，相对于翻了一番多的 GDP 来说意义不大（Stern，2022）。但 6℃ 的气温上升可能会非常危险，我们可能看到大规模死亡、数十亿人移民以及世界各地因为淹没、荒漠化、风暴潮和极端天气事件导致大片地区变得不适合居住，或者是由于高温持续时间太长，以至于人类无法在户外生存。

现有的 IAMs 在分析以下两个问题时存在明显不足：一是巨大风险处理，可能涉及大规模生命损失；二是风险的应对，这将涉及整个复杂经济体的根本性结构变化，以上两个点构成了气候经济政策的核心。IAMs 在分析气候变化问题上的缺陷可能与其无法超越静态外部性方法有关。第一，其未将一系列的市场失灵和市场缺失纳入其中，这些与温室气体排放非常相关且超出了温室气体的外部性。第二，在温控目标下，碳价格的选择侧重与其他政策的联合应用，以实现激励总体的目标，并尽可能地占据经济优势，但这种价格并不像庇古税那样仅是社会边际成本。第三，在那些行动滞后风险较大，并且规模报酬、固定成本和不确定不断增加的关键行业，标准和法规可以减少不确定性并帮助降低成本（Weitzman，1974）。第四，许多生产者、消费者、城市和国家均已意识到采取行动的义务，并非仅关注自己的消费。第五，气候保护实践的主要挑战是如何促进合作和共同行动，这就提出了一系列关于相互支持的机构和行动的重要问题。上述五个问题共同构成了关于风险、价值、动态和合作分析的重大挑战，而现有的单一温室气体、市场失灵、狭隘的庇古模型已难以满足这一需求（Stern，2022）。

（三）气候变化评估模型的模型修正与参数改进

大多数标准的 IAMs 还体现了规模报酬递减和减排边际成本增加，以及适度的技术进步假设。这是有问题的，诸多研究表明当前世界规模报酬呈增加趋势，且技术变革和更新迅速，随着对清洁技术的投资和创新，太阳能、电动汽车、电池和 LED 的成本急剧下降（Systemiq，2020；ETC，2021；Ives et al.，2021），但由于规模收益递减和技术进步适度假设的存在，IAMs 夸大了气候行动成本。此外，它还扭曲了政策理论，特别是当规模报酬递增时，政策理论要复杂得多。这些模型假设严重扭曲或忽略了关键问题，可能会损害政策分析对有关讨论作出贡献的能力，这一点至关重要。在存在极端风险的情况下，基于期望效用的最大化社会福利函数无法通过调整函数形式和模型参数进行纠正。气候变化导致生命本身面临巨大的风险，但这种可能涉及数以亿计人死亡的影响不容易被标准社会福利函数捕捉。目前，大多数 IAMs（以及更广泛的IAMs）都使用了这种标准化的社会福利函数，其涉及单个福利函数的加总和集合。正如 Weitzman（2009，2012）所指出的，标准方法很快就会遭遇效用函数负无穷的问题，它可以通过设定效用边界等形式进行随意"修正"，但模型结果对这种界限极为敏感，因此经验和道德基础不再稳固。可见，标准化 IAMs 方法已与当前的气候变化行动实践相脱离。除此之外，IAMs 方法在生产函数建模方面也存在一些问题。正如我们所看到的，政策问题涉及短时间内对能源、交通、城市和土地等复杂系统产生的快速和重要的影响，而简单的减排成本函数无法反映快速变化、收益递增和快速创新等方面，仅仅能体现生产方面的均衡。因此，在处理气候变化挑战的核心问题上，我们可能需要IAMs，但它不应该是中心方法。

Stern 和 Stiglitz（2022）进一步研究 IAMs 需要改进的地方，并得到结论：标准IAMs 未能为我们提供一个设计和评估经济转型所需的广泛政策集合的统一框架。具体地，第一类：IAMs 未能解决且需要替代方案的问题。①深度不确定性的假设，其中结果及其概率无法完全描述；②未能处理极端风险（不同于深度不确定的厚尾分布），其中预期效用未被定义；③内生性偏好，其中固定效用的福利函数未被定义。第二类：已经取得部分进展但需要进一步处理的问题。①代际分配、既得利益与政治经济学；②气候损害函数（通常影响巨大且不可逆）、非线性与复杂反馈效应、临界点产生。第三类：IAMs 可以解决但难度极大的问题。①假设政府重新分配收入的能力没有任何限制；②忽略了温室气体排放外部性之外的多重和重大市场失灵；③没有考虑必要的重大系统性变化，狭隘地侧重于边际分析；④对技术变革采取狭隘、简单和保守的方法。

Dietz 和 Stern（2015）研究表明，如果对 DICE 模型进行修改，纳入气候问题的三个基本要素，即增长的内生性、损害函数的凸性和气候风险—最佳策略将包含强有力的控制。Hänsel 等（2020）证明通过调整 DICE 模型的参数，以反映关于经济损害函数和气候科学的最新研究结果，以及 Drupp 等（2018）提出的关于纯时间偏好率和边际效用弹性的建议，能够使经济上的"最佳"气候政策路径符合联合国气候目标。Schumacher（2018）已经证明了股票权重如何导致气候变化造成的全球损害明显高于未经修正的 IAMs 输出结果。Moore 和 Diaz（2015）的研究表明，在 DICE 模型中考虑温度对 GDP 增长率的影响会产生最佳气候政策，将全球温度变化稳定在 2℃ 以下。IAMs 中的适应性显示建模表明，联合实施缓解和适应能够改善福利（De Bruin et al.，2009；

Bosello et al., 2010）。Carleton 和 Hsiang（2016）与 Ciscar 等（2019）等的工作有助于更好地校准损害函数，气候和社会临界点也已被纳入 IAMs（Cai et al., 2016；Grubler et al., 2018；Yumashev et al., 2019）。此外，全新的 IAMs 方法正在开发中，如分析 IAMs（Karp et al., 2017；Hassler et al., 2018）和基于代理的 IAMs（Lamperti et al., 2018；Czupryna et al., 2020）。

气候变化经济学面临的另一个挑战是贴现，这不仅是 IAMs 的问题，而且是制定解决重大跨期问题的方法时出现的一个关键问题。在 Stern（2022）看来，关于气候变化的贴现讨论有些薄弱，而且往往没有很好的基本理论基础。重要的是要关注贴现，这涉及相对于现在的未来成本、收益和寿命的相对估值。不幸的是，经济学家（和其他人）跳到"贴现率"的速度太快了，贴现率构成了贴现中的一个衍生概念，而不是中心概念。在这种情况下，贴现要考虑的重要概念是社会贴现因素。相对于外生的纯时间贴现率，Stern（2014a，2014b，2015，2022）基于社会福利函数提出了一个内生性的社会贴现率概念，并指出在资本市场中寻找与社会贴现相关的道德观念毫无意义，因为资本市场不反映合乎道德的社会决策，仅体现了对风险的期望和观点，且涉及多种缺陷。

目前，我国在发展气候变化经济学模型分析方法方面明显落后于欧美发达国家。大多数发达国家都采用本国数据建立了自己的气候综合评价模型，并用于指导制定国家气候政策和应对气候变化的国际谈判。我国对于气候变化的自然科学问题已经具备了一定的科学积累，但是在经济分析和影响评估方面的研究却相对薄弱。我国应该适应评估方法近实时量化的发展趋势，积极开发和建立气候变化经济分析方法和模型，根据实际情况校准获得关键的参数和数据，评估减缓气候变化所带来的经济成本和收益，从而为我国的气候变化政策制定和实施提供科学性的方法支撑。

参考文献

［1］Abatzoglou J T, Williams A P, Barbero R. Global emergence of anthropogenic climate change in fire weather indices ［J］. Geophysical Research Letters, 2019, 46（1）: 326-336.

［2］Abbass K, Song H, Khan F, et al. Fresh insight through the VAR approach to investigate the effects of fiscal policy on environmental pollution in Pakistan ［J］. Environmental Science and Pollution Research, 2021, 29（16）: 1-14.

［3］Abbass K, Qasim M Z, Song H, Murshed M, Mahmood H, Younis I. A review of the global climate change impacts, adaptation, and sustainable mitigation measures ［J］. Environmental Science and Pollution Research, 2022, 29（28）: 42539-42559.

［4］Abelt K, McLafferty S. Green streets: Urban green and birth outcomes ［J］. International Journal of Environmental Research and Public Health, 2017, 14（7）:771.

［5］Acemoglu D, Aghion P, Bursztyn L, et al. The environment and directed technical change ［J］. American Economic Review, 2012, 102（1）: 131-166.

［6］ Adger W N, Arnell N W, Tompkins E L. Successful adaptation to climate change across scales ［J］. Global Environment Chang, 2005, 15 (2): 77-86.

［7］ Akkari C, Bryant C R. The co-construction approach as approach to developing adaptation strategies in the face of climate change and variability: A conceptual framework ［J］. Agricultural Research, 2016, 5 (2): 162-173.

［8］ An R, Shen J, Li Y, et al. Projecting the influence of global warming on physical activity patterns: A systematic review ［J］. Current Obesity Reports, 2020, 9 (4): 550-561.

［9］ Andrews O, Le Quéré C, Kjellstrom T, et al. Implications for workability and survivability in populations exposed to extreme heat under climate change: A modelling study ［J］. The Lancet Planetary Health, 2018, 2 (12): 540-547.

［10］ Aronson M F, Lepczyk C A, Evans K L, et al. Biodiversity in the city: Key challenges for urban green space management ［J］. Frontiers in Ecology and the Environment, 2017, 15 (4): 189-196.

［11］ Ayeb-Karlsson S, Kniveton D, Cannon T. Trapped in the prison of the mind: Notions of climate-induced (im) mobility decision-making and wellbeing from an urban informal settlement in Bangladesh ［J］. Palgrave Communications, 2020 (1): 1-15.

［12］ Bakker A M R, Wong T E, Ruckert K L, et al. Sea-level projections representing the deeply uncertain contribution of the west Antarctic ice sheet ［J］. Scientific Reports, 2017, 7: 3880.

［13］ Barua S, Valenzuela E. Climate change impacts on global agricultural trade patterns: Evidence from the past 50 years ［R］. Proceedings of the Sixth International Conference on Sustainable Development, 2018.

［14］ Bassil K L, Cole D C. Effectiveness of public health interventions in reducing morbidity and mortality during heat episodes: A structured review ［J］. International Journal of Environment Research and Public Health, 2010, 7 (3): 991-1001.

［15］ Basu R, Samet J M. Relation between elevated ambient temperature and mortality: A review of the epidemiologic evidence ［J］. Epidemiologic Reviews, 2002, 24 (2): 190-202.

［16］ Bates A E, Pecl G T, Frusher S, et al. Defining and observing stages of climate-mediated range shifts in marine systems ［J］. Global Environmental Change, 2014, 26: 27-38.

［17］ Baylis P. Temperature and temperament: Evidence from Twitter ［J］. Journal of Public Economics, 2020, 184: 104161.

［18］ Birol F. The future of cooling: Opportunities for energy-efficient air conditioning ［R］. Paris: International Energy Agency, 2018.

［19］ Bloomberg N E F. New energy outlook 2020 ［M］. New York: Bloomberg N E

F, 2020.

［20］Bonacci O. Air temperature and precipitation analyses on a small mediterranean island: The case of the remote island of Lastovo (Adriatic Sea, Croatia) ［J］. Acta Hydrotechnica, 2019, 32 (57): 135-150.

［21］Bosello F, Carraro C, De Cian E. Climate policy and the optimal balance between mitigation, adaptation and unavoided damage ［J］. Climate Change Economics, 2010, 1 (2): 71-92.

［22］Bosetti V, Carraro C, Galeotti M. The dynamics of carbon and energy intensity in a model of endogenous technical change ［J］. The Energy Journal, 2006, 27 (Special issue): 191-206.

［23］Bosetti V, Frankel J A. Global climate policy architecture and political feasibility: Specific formulas and emission targets to attain 460 ppm CO_2 concentrations ［R］. Cambridge, MA: National Bureau of Economic Research, 2009.

［24］Botreau H, Cohen M J. Gender inequality and food insecurity: A dozen years after the food price crisis, rural women still bear the brunt of poverty and hunger ［J］. Advances in food security and sustainability, 2020 (5): 53-117.

［25］Brown H C P, Smit B, Somorin O A, et al. Climate change and forest communities: Prospects for building institutional adaptive capacity in the Congo Basin forests ［J］. AMBIO, 2014, 43 (6): 759-769.

［26］Bujosa A, Riera A, Torres C M. Valuing tourism demand attributes to guide climate change adaptation measures efficiently: The case of the Spanish domestic travel market ［J］. Tourism Management, 2015, 47: 233-239.

［27］Burke M, Hsiang S M, Miguel E. Global non-linear effect of temperature on economic Production ［J］. Nature, 2015 (527): 235-239.

［28］Cai Y, Lenton T M, Lontzek T S. Risk of multiple interacting tipping points should encourage rapid CO_2 emission reduction ［J］. Nature Climate Change, 2016, 6 (5): 520-525.

［29］Callahan C W, Mankin J S. National attribution of historical climate damages ［J］. Climatic Change, 2022, 172: 40.

［30］Caminade C, McIntyre K M, Jones A E. Impact of recent and future climate change on vector-borne diseases ［J］. Annals of the New York Academy of Sciences, 2019, 1436 (1): 157-173.

［31］Carleton T A, Hsiang S M. Social and economic impacts of climate ［J］. Science, 2016, 353 (6304): 1112.

［32］Cavanaugh K C, Kellner J R, Forde A J, et al. Poleward expansion of mangroves is a threshold response to decreased frequency of extreme cold events ［J］. Proceedings of the National Academy of Sciences of the United States of America, 2014, 111 (2): 723-727.

［33］Chakra M A, Bumann S, Schenk H, Oschlies A, Traulsen A. Immediate action is the best strategy when facing uncertain climate change ［J］. Nature Communications, 2018, 9: 2566.

［34］Chambers J. Global and cross-country analysis of exposure of vulnerable populations to heatwaves from 1980 to 2018 ［J］. Climatic Change, 2020, 163 (1): 539-558.

［35］Chaudhary P, Rai S, Wangdi S, et al. Consistency of local perceptions of climate change in the kangchenjunga himalaya landscape ［J］. Current Science, 2011, 101: 504-513.

［36］Chen H, Zhao L, Cheng L, et al. Projections of heatwave-attributable mortality under climate change and future population scenarios in China ［J］. The Lancet Regional Health -Western Pacific, 2022: 28: 100582.

［37］Chen X, Yang L. Temperature and industrial output: Firm -level evidence from China ［J］. Journal of Environmental Economics and Management, 2019 (95): 257-274.

［38］Ciscar J C, Rising J, Kopp R E, Feyen L. Assessing future climate change impacts in the EU and the USA: Insights and lessons from two continental-scale projects ［J］. Environmental Research Letters, 2019, 14 (8): 084010.

［39］Cline W R. The economics of global warming ［M］. Washington D. C.: Institute for International Economics, 1992.

［40］Coase, R. The problem of social cost ［J］. The Journal of Law and Economics, 1960, 3: 1-44.

［41］Coffin M. Absolute impact: Why oil majors' climate ambitions fall short of Paris limits ［EB/OL］. ［2020-07-24］. Carbon Tracker, https://carbontracker. org/reports/absolute-impact/.

［42］Cui W, Ouyang T, Qiu Y, et al. Literature review of the implications of exercise rehabilitation strategies for SARS patients on the recovery of COVID-19 patients ［J］. Healthcare, 2021, 9 (5): 590.

［43］Curtin J, McInerney C, ÓGallachóir B, et al. Quantifying stranding risk for fossil fuel assets and implications for renewable energy investment: A review of the literature ［J］. Renewable & Sustainable Energy Reviews, 2019, 116: 109402.

［44］Czupryna M, Franzke C, Hokamp S, et al. An agent-based approach to integrated assessment modelling of climate change ［J］. Journal of Artificial Societies and Social Simulation, 2020, 23 (3): 7.

［45］Dannenberg A L, Frumkin H, Hess J J, et al. Managed retreat as a strategy for climate change adaptation in small communities: Public health implications ［J］. Climatic Change, 2019, 153: 1-14.

［46］De Bruin K C, Dellink R B, Tol R S J. AD-DICE: An implementation of adaptation in the DICE model ［J］. Climatic Chang, 2009, 95 (1): 63-81.

［47］Deily M E, Gray W B. Enforcement of pollution regulations in a declining industry ［J］. Journal of Environmental Economics and Management, 1991, 21 (3): 260-274.

［48］Dietz S, Stern N. Endogenous growth, convexity of damage and climate risk: How nordhaus' framework supports deep cuts in carbon emissions ［J］. The Economic Journal, 2015, 125 (583): 574-620.

［49］Dikau S, Robins N, Volz U. Climate-neutral central banking: How the european system of central banks can support the transition to net-zero ［R］. London: Grantham Research Institute on Climate Change and the Environment, London School of Economics and Political Science, and Centre for Sustainable Finance, 2021.

［50］Dimri A P, Kumar D, Choudhary A, et al. Future changes over the Himalayas: Mean temperature ［J］. Global and Planet Change, 2018, 162: 235-251.

［51］Dosio A, Mentaschi L, Fischer E M, et al. Extreme heat waves under 1.5℃ and 2℃ global warming ［J］. Environmental Research Letters, 2018, 13 (5): 054006.

［52］Drupp M A, Freeman M C, Groom B, et al. Discounting disentangled ［J］. American Economic Journal: Economic Policy, 2018, 10 (4): 109-134.

［53］Duan H B, Zhang G P, Wang S Y, Fan Y. Robust climate change research: A review on multi-model analysis ［J］. Environmental Research Letters, 2019, 14: 033001.

［54］Duvivier C, Xiong H. Transboundary pollution in China: A study of polluting firms' location choices in Hebei Province ［J］. Environment and Development Economics, 2013, 18 (4): 459-483.

［55］Dvorak A C, Solo-Gabriele H M, Galletti A, et al. Possible impacts of sea level rise on disease transmission and potential adaptation strategies, a review ［J］. Journal Environmental Manage, 2018, 217: 951-968.

［56］Dyer C. Air pollution from road traffic contributed to girl's death from asthma, coroner concludes ［J］. BMJ, 2020, 371: m4902.

［57］Edreira J R, Otegui M E. Heat stress in temperate and tropical maize hybrids: A novel approach for assessing sources of kernel loss in field conditions ［J］. Field Crops Research, 2013, 142: 58-67.

［58］Ellison D, Morris C E, Locatelli B, et al. Trees, forests and water: Cool insights for a hot world ［J］. Global Environmental Change, 2019, 43: 51-61.

［59］ETC. Making clean electrification possible: 30 Years to electrify the global economy ［R］. London: The Energy Transitions Commission, 2021.

［60］European Commission. Revision of the ambient air quality directives ［EB/OL］. ［2021-05-18］. https: //ec. europa. eu/environment/air/quality/revision_ of_ the_ aaq_ directives. htm.

［61］FAO. The state of the world's forests 2018: Forest pathways to sustainable development ［R］. Rome: FAO 2018.

［62］Feliciano D, Recha J, Ambaw G, MacSween K, Solomon D, Wollenberg E. Assessment of agricultural emissions, climate change mitigation and adaptation practices in Ethiopia ［J］. Climate Policy, 2022, 22 (4): 1-18.

［63］Ferreira J J, Fernandes C I, Ferreira F A. Technology transfer, climate change mitigation, and environmental patent impact on sustainability and economic growth: A comparison of European countries ［J］. Technological Forecasting and Social Change, 2020, 150: 119770.

［64］Food and Agriculture Organization. The state of food security and nutrition in the world ［R］. Rome: Food and Agriculture Organization, 2020.

［65］Füssel H M, Hildén M. How is uncertainty addressed in the knowledge base for national adaptation planning? ［M］//Lourenço T C, Rorisco A, Groot A, et al. Adapting to an Uncertain Climate. Berlin: Springer, 2014.

［66］Gambhir A, Ganguly G, Mittal S. Climate change mitigation scenario databases should incorporate more non-IAM pathways ［J］. JOULE, 2022, 12 (6): 2663-2667.

［67］García G A, Dreccer M F, Miralles D J, et al. High night temperatures during grain number determination reduce wheat and barley grain yield: A field study ［J］. Global Change Biology, 2015, 21 (11): 4153-4164.

［68］Gascon M, Triguero-Mas M, Martínez D, et al. Residential green spaces and mortality: A systematic review ［J］. Environmental International, 2016, 86: 60-67.

［69］Ge Z, Geng Y, Wei W, et al. Embodied carbon emissions induced by the construction of hydropower infrastructure in China ［J］. Energy Policy, 2023, 173: 113404.

［70］Gleditsch N P. This time is different! Or is it? NeoMalthusians and environmental optimists in the age of climate change ［J］. Journal of Peace Research, 2021, 58 (1).

［71］Godfray H C J, Beddington J R, Crute I R, et al. Food security: The challenge of feeding 9 billion people ［J］. Science, 2010, 327 (5967): 812-818.

［72］Goes S, Hasterok D, Schutt D L, et al. Continental lithospheric temperatures: A review ［J］. Physics of the Earth and Planetary Interiors, 2020, 306: 106509.

［73］Gopalkrishnan N. Cultural diversity and mental health: Considerations for policy and practice ［J］. Frontiers Public Health, 2018, 6: 179.

［74］Gourdji S M, Sibley A M, Lobell D B. Global crop exposure to critical high temperatures in the reproductive period: Historical trends and future projections ［J］. Environmental Research Letters, 2013, 8 (2): 024041.

［75］Grubler A, Wilson C, Bento N, et al. A low energy demand scenario for meeting the 1.5℃ target and sustainable development goals without negative emission technologies ［J］. Nature Energy, 2018, 3 (6): 515-527.

［76］Gössling S, Scott D, Hall C M, et al. Consumer behaviour and demand response of tourists to climate change ［J］. Annals of Tourism Research, 2012, 39 (1): 36-58.

［77］ Hall C M, Amelung B, Cohen S, et al. On climate change skepticism and denial in tourism ［J］. Journal of Sustainable Tourism, 2015, 23 (1): 4–25.

［78］ Hamamoto M. Environmental regulation and the productivity of japanese manufacturing industries ［J］. Resource and Energy Economics, 2006, 28 (4): 299–312.

［79］ Hamilton I, Kennard H, McGushin A, et al. The public health implications of the Paris Agreement: A modelling study ［J］. The Lancet Planetary Health, 2021, 5 (2): e74–e83.

［80］ Hansen A, Bi L, Saniotis A, et al. Vulnerability to extreme heat and climate change: Is ethnicity a factor? ［J］. Global Health Action, 2013, 6 (1): 21364.

［81］ Hassler J, Krusell P, Olovsson C, et al. Integrated assessment in a multi–region world with multiple energy sources and endogenous technical change ［R］. Working Paper, IIES, Sveriges Riksbank and HIS, 2018.

［82］ Hatfield J L, Boote K J, Kimball B, et al. Climate impacts on agriculture: Implications for crop production ［J］. Agronomy Journal, 2011, 103 (2): 351–370.

［83］ Hayward G, Ayeb–Karlsson S. "Seeing with empty eyes": A systems approach to understand climate change and mental health in Bangladesh ［J］. Climate Change, 2021, 165 (1–2): 1–30.

［84］ Heaney A K, Carrión D, Burkart K, et al. Climate change and physical activity: Estimated impacts of ambient temperatures on bikeshare usage in New York City ［J］. Environmental Health Perspectives, 2019, 127 (3): 037002.

［85］ Hendryx M, Zullig K J, Luo J. Impacts of coal use on health ［J］. Annual Review of Public Health, 2020, 41: 397–415.

［86］ Hering L and Poncet S. Environmental policy and exports: Evidence from Chinese cities ［J］. Journal of Environmental Economics and Management, 2014, 68 (2): 296–318.

［87］ Hong C, Zhao H, Qin Yue, et al. Land–use emissions embodied in international trade ［J］. Science, 2022, 376 (6593): 597–603.

［88］ Hope C, Anderson J, Wenman P. Policy analysis of the greenhouse effect: An application of the PAGE model ［J］. Energy Policy, 1993, 21 (3): 327–338.

［89］ Hospers L, Smallcombe J W, Morris N B, et al. Electric fans: A potential stay–at–home cooling strategy during the COVID–19 pandemic this summer? ［J］. Science of the Total Environment, 2020, 747: 141180.

［90］ Huang W, Gao Q–X, Cao G–L, Ma Z–Y, Zhang W–D, Chao Q–C. Effect of urban symbiosis development in China on GHG emissions reduction ［J］. Adv Clim Chang Res, 2016, 7 (4): 247–252

［91］ Hussain M, Butt A R, Uzma F, et al. A comprehensive review of climate change impacts, adaptation, and mitigation on environmental and natural calamities in Pakistan ［J］. Environment Monitoring and Assessment, 2020, 192 (1): 1–20.

［92］Hussain M, Liu G, Yousaf B, et al. Regional and sectoral assessment on climate-change in Pakistan: Social norms and indigenous perceptions on climate-change adaptation and mitigation in relation to global context ［J］. Journal of Cleaner Production, 2018, 200: 791-808.

［93］Hänsel M C, Drupp M A, Johansson D J, et al. Climate economics support for the UN climate targets ［J］. Nature Climate Change, 2020, 10 (8): 781-789.

［94］ILO. Employment statistics 2020 ［EB/OL］. ［2021-05-05］. https: //ilostat. ilo. org/topics/employment/.

［95］ILO. Indigenous peoples and climate change: From victims to change agents through decent work ［R］. Geneva: International Labour Organization, 2017.

［96］ILO. Working on a warmer planet: The impact of heat stress on labour productivity and decent work ［R］. Geneva: International Labour Organization, 2019.

［97］International Energy Agency. Transport ［EB/OL］. ［2021-04-14］. https: // www. iea. org/topics/transport.

［98］International Labour Organization. Working on a warmer planet: The impact of heat stress on labour productivity and decent work ［R］. Geneva: International Labour Organization, 2019.

［99］IPCC. Climate change 2014: Impacts, adaptation, and vulnerability ［R］. Cambridge: Cambridge University Press, 2014.

［100］IPCC. Climate Change 2021: The physical science basis. contribution of working group i to the sixth assessment report of the intergovernmental panel on climate change ［M］. Cambridge: Cambridge University Press, 2021.

［101］IPCC. Global warming of 1. 5℃: An IPCC special report on the impacts of global warming of 1. 5℃ above pre-industrial levels and related global greenhouse gas emission pathways, in the context of strengthening the global response to the threat of climate change ［R］. Geneva: World Meteorological Organization, 2018.

［102］Ives M C, Righetti L, Schiele J, et al. A new perspective on decarbonising the global energy system ［R］. Oxford: Smith School of Enterprise and the Environment, University of Oxford, 2021.

［103］Iwamura T, Guzman-Holst A, Murray K A. Accelerating invasion potential of disease vector Aedes aegypti under climate change ［J］. Nature Communications, 2020, 11: 2130.

［104］Javorcik B S, Wei S J. Pollution havens and foreign direct investment: Dirty secret or popular myth? ［J］. Journal of Economic Analysis and Policy, 2004, 4 (2).

［105］Jefferson G H, Tanaka S, Yin W. Environmental regulation and industrial performance: Evidence from unexpected externalities in China ［R］. Available at SSRN, 2013: 2216220.

[106] Jordan A, Rayner T, Schroeder H, Adger N, Anderson K, Bows A, Whitmarsh L. Going beyond two degrees? The risks and opportunities of alternative options [J]. Climate Policy, 2013, 13 (6): 751-769.

[107] Karami E. Climate change, resilience and poverty in the developing world [C]. The Culture, 2012 Politics and Climate Change Conference, 2012.

[108] Kardan O, Gozdyra P, Misic B, et al. Neighborhood greenspace and health in a large urban center [J]. Sciences Reports, 2015, 5: 11610.

[109] Karp L, Ekel I, Iho A, et al. Provision of a public good with altruistic overlapping generations and many tribes [J]. Economic Journal, 2017, 127 (607): 2641-2664.

[110] Keller W, Levinson A. Pollution abatement costs and foreign direct investment inflows to U. S. states [J]. Review of Economics and Statistics, 2002, 84 (4): 691-703.

[111] Kelman I, Ayeb-Karlsson S, Rose-Clarke K, et al. A review of mental health and wellbeing under climate change in small island developing states (SIDS) [J]. Environment Research Letters, 2021, 16 (3): 033007.

[112] Kirezci E, Young I R, Ranasinghe R, et al. Projections of global-scale extreme sea levels and resulting episodic coastal flooding over the 21st century [J]. Sciences Reports, 2020, 10 (1): 11629.

[113] Kohfeld K E, Le Quéré C, Harrison S P, et al. Role of marine biology in glacial-interglacial CO_2 cycles [J]. Science, 2005, 308 (5718): 74-78.

[114] Konc T, Drews S, Savin I, et al. Co-dynamics of climate policy stringency and public support [J]. Global Environmental Change, 2022, 74: 102528.

[115] Kovats R S, Hajat S. Heat stress and public health: A critical review [J]. Annual Review of Public Health, 2008, 29: 41-55.

[116] Kriegler E, Luderer G, Bauer N, Baumstark L, et al. Pathways limiting warming to 1.5℃: A tale of turning around in no time? [J]. Philosophical Transactions of the Royal Society A, 2018, 376: 20160457.

[117] Kärkkäinen L, Lehtonen H, Helin J, et al. Evaluation of policy instruments for supporting greenhouse gas mitigation efforts in agricultural and urban land use [J]. Land Use Policy, 2020, 99: 104991.

[118] Lamperti F, Dosi G, Napoletano M, et al. Faraway so close: Coupled climate and economic dynamics in an agent-based integrated assessment model [J]. Ecological Economics, 2018, 150: 315-339.

[119] Lanoie P, Patry M, Lajeunesse R, Lanoie P, Patry M, Lajeunesse R. Environmental regulation and productivity: Testing the porter hypothesis [J]. Journal of Productivity Analysis, 2008, 30 (2): 121-128.

[120] Le Bars D, Drijfhout S, de Vries H. A high-end sea level rise probabilistic projection including rapid Antarctic ice sheet mass loss [J]. Environmental Research Letters,

2017, 12（4）: 044013.

[121] Leal Filho W, Azeiteiro UM, Balogun AL, Setti AFF, Mucova SA, Ayal D, Oguge NO. The infuence of ecosystems services depletion to climate change adaptation efforts in Africa [J]. Sci Total Environ, 2021: 146414.

[122] Leaton J, Fulton M, Spedding P, et al. The MYM2 trillion stranded assets danger zone: How fossil fuel firms risk destroying investor returns [EB/OL]. [2021-04-20]. Carbon Tracker Initiative, https://carbontracker.org/reports/stranded - assets - danger - zone/.

[123] Li J, Yang L, Long H. Climatic impacts on energy consumption: Intensive and extensive margins [J]. Energy Economics, 2018（71）: 332-343.

[124] Li M, Gu S, Bi P, et al. Heat waves and morbidity: Current knowledge and further direction-a comprehensive literature review [J]. Internatianal Jaurnal of Environment Research and Public Health, 2015, 12（5）: 5256-5283.

[125] List J A, McH one W W, Millimet D L. Effects of air quality regulation on the destination choice of relocating plants [J]. Oxford Economic Papers, 2003, 55（4）: 657-678.

[126] Lobell D B, Field C B. Global scale climate: Crop yield relationships and the impacts of recent warming [J]. Environmental Research Letters, 2007, 2（1）: 014002.

[127] Lobell D B, Gourdji S M. The influence of climate change on global crop productivity [J]. Plant Physiology, 2012, 160（4）: 1686-1697.

[128] Manes S, Costello M J, Beckett H, et al. Endemism increases species' climate change risk in areas of global biodiversity importance [J]. Biological Conservation, 2021, 257: 109070.

[129] Manne A, Mendelsohn R, Richels R. MERGE: A model for evaluating regional and global effects of GHG reduction policies [J]. Energy Policy, 1995, 23（1）: 17-34.

[130] Mannig B, Pollinger F, Gafurov A, et al. Impacts of climate change in Central Asia [J]. Encyclopedia of the Anthropocene, 2018（2）: 195-203.

[131] Marshall A. Principles of economics [M]. London: Macmillan, 1890.

[132] Mastrucci A, Byers E, Pachauri S, et al. Improving the SDG energy poverty targets: Residential cooling needs in the global south [J]. Energy and Buildings, 2019, 186: 405-415.

[133] McGlade C, Ekins P. The geographical distribution of fossil fuels unused when limiting global warming to 2℃ [J]. Nature, 2015, 517（7533）: 187-190.

[134] Melet A, Meyssignac B, Almar R, et al. Under-estimated wave contribution to coastal sea-level rise [J]. Nature Climate Change, 2018, 8: 234-239.

[135] Mercure J F, et al. Edwardsand Jorge E. ViñualesStranded fossil - fuel assets translate to major losses for investors in advanced economies [J]. Nature Climate Chang,

2022, 12: 532-538.

[136] Mesgari M, Okoli C, Mehdi M, et al. "The sum of all human knowledge": A systematic review of scholarly research on the content of Wikipedia [J]. Journal of the Association for Infarmation Sciences and Technology, 2015, 66 (2): 219-245.

[137] Mihiretu A, Okoyo E N, Lemma T. Awareness of climate change and its associated risks jointly explain context-specific adaptation in the Arid-tropics [J]. SN Social Sciences, 2021, 1 (2): 1-18.

[138] Millward-Hopkins J, Oswald Y. Reducing global inequality to secure human wellbeing and climate safety: A modelling study [J]. The Lancet Planetary Health, 2023, 7 (2): e147-e154.

[139] Mishra A, Bruno E, Zilberman D. Compound natural and human disasters: Managing drought and COVID-19 to sustain global agriculture and food sectors [J]. Sciences of the Environment, 2021, 754: 142210.

[140] Mitchell R, Popham F. Effect of exposure to natural environment on health inequalities: An observational population study [J]. Lancet, 2008, 372 (9650): 1655-1660.

[141] Molek-Kozakowska K. Popularity-driven science journalism and climate change: A critical discourse analysis of the unsaid [J]. Discourse Context & Media, 2018, 21: 73-81.

[142] Moore F C, Diaz D B. Temperature impacts on economic growth warrant stringent mitigation policy [J]. Nature Climate Change, 2015, 5 (2): 127-131.

[143] Moore F C, Lacasse K, Mach K J, et al. Determinants of emissions pathways in the coupled climate-social system [J]. Nature, 2022, 603: 103-111.

[144] Murray C J L, Aravkin A Y, Zheng P, et al. Global burden of 87 risk factors in 204 countries and territories, 1990-2019: A systematic analysis for the Global Burden of Disease Study 2019 [J]. Lancet, 2020, 396: 1223-1249.

[145] Murshed M. An empirical analysis of the non-linear impacts of ICT-trade openness on renewable energy transition, energy efficiency, clean cooking fuel access and environmental sustainability in South Asia [J]. Environmental Sciences and Pollution Research, 2020, 27 (29): 36254-36281.

[146] Murshed M. Pathways to clean cooking fuel transition in low and middle income Sub-Saharan African countries: The relevance of improving energy use efciency [J]. Sustainable Production and Consumption, 2022, 30: 396-412.

[147] Naddaf M. Climate change is costing trillions: And low-income countries are paying the Price [J]. Nature, 2022, 11.

[148] Nazarian N, Liu S, Kohler M, et al. Project coolbit: Can your watch predict heat stress and thermal comfort sensation? [J]. Environment Research Letters, 2021, 16

（3）：034031.

［149］Neuvonen M, Sievänen T, Fronzek S, et al. Vulnerability of cross-country skiing to climate change in Finland: An interactive mapping tool ［J］. Journal of Outdoor Recreation and Tourism, 2015, 11: 64-79.

［150］Nieto J, Carpintero O & Miguel L J. Less Than 2℃? An Economic-environmental Evaluation of the Paris Agreement ［J］. Ecological Economics, 2018, 146: 69-84.

［151］Nordhaus W D, Yang Z. A regional dynamic general-equilibrium model of alternative climate-change strategies ［J］. The American Economic Review, 1996, 86 (4): 741-765.

［152］Nordhaus W D. Expert opinion on climatic change ［J］. American Scientist, 1994, 82 (1): 45-51.

［153］Nordhaus W. Social cost of carbon in DICE model ［J］. Proceedings of the National Academy of Sciences, 2017, 114 (7): 1518-1523.

［154］Nordhaus, W. How Fast Should We Graze the Global Commons? ［J］. American Economic Review, 1982, 72 (2): 242-246.

［155］Nordhaus, W. To slow or not to slow: The economics of the greenhouse effect ［J］. Economic Journal, 1991, 101 (407): 920-937.

［156］Ode Sang Å, Knez I, Gunnarsson B, et al. The effects of naturalness, gender, and age on how urban green space is perceived and used ［J］. Ubran Forestry & Urban Greening, 2016, 18: 268-276.

［157］Ogden L E. Climate change, pathogens, and people: The challenges of monitoring a moving target ［J］. Bioscience, 2018, 68 (10): 733-739.

［158］Ortiz A M D, Outhwaite C L, Dalin C, et al. A review of the interactions between biodiversity, agriculture, climate change, and international trade: Research and policy priorities ［J］. One Earth, 2021, 4 (1): 88-101.

［159］Otegui M A E, Bonhomme R. Grain yield components in maize: I. Ear growth and kernel set ［J］. Field Crops Research, 1998, 56 (3): 247-256.

［160］Otto F E L, Frame D J, Otto A Allen M R. Embracing uncertainty in climate change policy ［J］. Nature Climate Change, 2015, 5: 917-920.

［161］Pautasso M, Döring T F, Garbelotto M, et al. Impacts of climate change on plant diseases-opinions and trends ［J］. European Journal of Plant Pathology, 2012, 133 (1): 295-313.

［162］Pearce D W, Markandya A, Barbier E B. Blueprint for a green economy ［M］. London: Earthscan, 1989.

［163］Perera K, De Silva K, Amarasinghe M. Potential impact of predicted sea level rise on carbon sink function of mangrove ecosystems with special reference to Negombo estuary, Sri Lanka ［J］. Global and Planetary Change, 2018, 161: 162-171.

［164］Pigou A C. The economics of welfare［M］. London: Macmillan, 1920.

［165］Pörtner H, Roberts D, Masson-Delmotte V, et al. IPCC Special Report on the ocean and cryosphere in a changing climate［J］. Geneva: Intergovernmental Panel on Climate Change, 2019.

［166］Qasim M Z, Hammad H M, Abbas F, et al. The potential applications of picotechnology in biomedical and environmental sciences［J］. Environmental Sciences and Polluticm Research, 2020, 27 (1): 133-142.

［167］Raftery A E, Zimmer A, Frierson D M W, Startz R, Liu P. Less than 2℃ warming by 2100 unlikely［J］. Nature Climate Change, 2017, 7: 637-641.

［168］Rahman K M A, Zhang D. Analyzing the level of accessibility of public urban green spaces to different socially vulnerable groups of people［J］. Sustainability, 2018, 10 (11): 3917.

［169］Rahman M, Alam K. Forest dependent indigenous communities' perception and adaptation to climate change through local knowledge in the protected area—a Bangladesh case study［J］. Climate, 2016, 4 (1): 12.

［170］Randazzo T, De Cian E, Mistry M N. Air conditioning and electricity expenditure: The role of climate in temperate countries［J］. Economic Modelling, 2020, 90: 273-287.

［171］Ranger L. Unburnable carbon 2013: Wasted capital and stranded assets about the grantham research institute on［J］. Management of Environmental Quality, 2013, 24 (5): 1-40.

［172］Rehman A, Ma H, Ahmad M, et al. Towards environmental Sustainability: Devolving the influence of carbon dioxide emission to population growth, climate change, Forestry, livestock and crops production in Pakistan［J］. Ecological Indicators, 2021, 125: 107460.

［173］Reichstein M, Carvalhais N. Aspects of forest biomass in the earth system: Its role and major unknowns［J］. Surveys in Geophysics, 2019, 40 (4): 693-707.

［174］Rennert K, Errickson F, Prest B C, et al. Comprehensive evidence implies a higher social cost of CO_2［J］. Nature, 2022, 610: 687-692.

［175］Riahi K, van Vuuren D P, Kriegler E, et al. The shared socioeconomic pathways and their energy, land use and greenhouse gas emissions implications: An overview［J］. Global Environmental Change, 2017, 42: 153-168.

［176］Richardson E A, Mitchell R. Gender differences in relationships between urban green space and health in the United Kingdom［J］. Social Sciences and Medicine, 2010, 71 (3): 568-575.

［177］Ritchie H, Roser M. Natural disasters［R］. Our World in Data, 2014.

［178］Robins N, Dikau S, Volz U. Net-zero central banking: A new phase in greening the financial system [R]. London: Grantham Research Institute on Climate Change and the Environment and Centre for Climate Change Economics and Policy, London School of Economics and Political Science, 2021.

[179] Romanello Marina, et al. The 2021 report of the Lancet Countdown on health and climate change: Code red for a healthy future [J]. The Lancet, 2021, 398 (10311): 1619-1662.

[180] Rosenzweig C, Elliott J, Deryng D, et al. Assessing agricultural risks of climate change in the 21st century in a global gridded crop model intercomparison [J]. Proceedings of the National Academy of Sciences, 2014, 111 (9): 3268-3273.

[181] Rosenzweig C, Iglesius A, Yang X B, et al. Climate change and extreme weather events—implications for food production, plant diseases, and pests [J]. Global Change and Human Health, 2001, 2: 90-104.

[182] Ryan S J, Carlson C J, Mordecai E A, et al. Global expansion and redistribution of Aedes—borne virus transmission risk with climate change [J]. PLoS Neglected Tropical Disease, 2019, 13 (3): e0007213.

[183] Salamanca F, Georgescu M, Mahalov A, et al. Anthropogenic heating of the urban environment due to air conditioning [J]. Journal of Geophysical Research Atmospheres, 2014, 119 (10): 5949-5965.

[184] Schipperijn J, Ekholm O, Stigsdotter U K, et al. Landscape and urban planning factors influencing the use of green space: Results from a danish national representative survey [J]. Landscape and Urban Planning, 2010, 95 (3): 130-137.

[185] Schlenker W, Roberts M J. Nonlinear temperature efects indicate severe damages to US crop yields under climate change [J]. Proc Natl Acad Sci, 2009, 106 (37): 15594-15598.

[186] Schleussner C, Lissner T, Fischer E M, Wohland Perrette M, Golly A, et al. Differential Climate Impacts for Policy relevant Limits to Global Warming: The Case of 1.5℃ and 2℃ [J]. Earth System Dynamics, 2016, 7: 327-351.

[187] Schmeltz M T, Petkova E P, Gamble J L. Economic burden of hospitalizations for heat-related illnesses in the United States, 2001-2010 [J]. International Journal of Environment Research and Public Health, 2016, 13 (9): 894.

[188] Schumacher I. The aggregation dilemma in climate change policy evaluation [J]. Climate Change Economics, 2018, 9 (3): 1-20.

[189] Schuurmans C. The world heat budget: Expected changes climate change [M]. Florida: CRC Press, 2021.

[190] Schütte S, Gemenne F, Zaman M, et al. Connecting planetary health, climate change, and migration [J]. Lancet Planet Health, 2018, 2: e58-e59.

[191] Sharifi A, Khavarian-Garmsir A R. The COVID-19 pandemic: Impacts on cities

and major lessons for urban planning, design, and management [J]. Sciences of the Total Environmental, 2020, 749: 142391.

[192] Smit B, Burton I, Klein R J, et al. An anatomy of adaptation to climate change and variability [M]//Kane S M, Yohe G W. Societal adaptation to climate variability and change. Berlin: Springer, 2000.

[193] Song X, Wang S, Hu Y, et al. Impact of ambient temperature on morbidity and mortality: An overview of reviews [J]. Science of The Total Environment, 2017, 586: 241-254.

[194] Song Y, Fan H, Tang X, et al. The effects of severe acute respiratory syndrome coronavirus 2 (SARS-CoV-2) on ischemic stroke and the possible underlying mechanisms [J]. The Internaticmal Journal of Neuroscience, 2021 (9): 1-20.

[195] Stern N, A time for action on climate change and a time for change in economics [J]. The Economic Journal, 2022, 132 (644): 1259-1289.

[196] Stern N, Stiglitz J E, Taylor C. The economics of immense risk, urgent action and radical change: Towards new approaches to the economics of climate change [J]. Journal of Economic Methodology, 2022, 29 (3): 181-216.

[197] Stern N, Stiglitz J E. Report of the high-level commission on carbon prices [R]. Washington, D. C.: The World Bank, 2017.

[198] Stern N. Ethics, equity and the economics of climate change Paper 1: Science and philosophy [J]. Economics and Philosophy, 2014, 30 (3): 397-444.

[199] Stern N. Ethics, equity and the economics of climate change Paper 2: Economics and politics [J]. Economics and Philosophy, 2014, 30 (3): 445-501.

[200] Stern N. why are we waiting? the logic, urgency and promise of tackling climate change [M]. Cambridge, MA: MIT Press, 2015.

[201] Stockholm Environment Institute, International Institute for Sustainable Development, Overseas Development Institute, et al. The production gap report: 2020 special report. [EB/OL]. [2020-12-02]. https://productiongap. org/wpcontent/uploads/2020/12/PGR 2020_ FullRprt_web. pdf.

[202] Sunderlin W D, Angelsen A, Belcher B, et al. Livelihoods, forests, and conservation in developing countries: An overview [J]. World Development, 2005, 33 (9): 1383-1402.

[203] Systemiq. The Paris Effect-COP26 Edition: How tipping points can accelerate and deliver a prosperous net zero economy [R]. London: Systemiq, 2021.

[204] Systemiq. The paris effect: How the climate agreement is reshaping the global economy [M]. London: Systemiq, 2020.

[205] Tchórzewska K B, Garcia-Quevedo J, Martinez-Ros E. The heterogeneous effects of environmental taxation on green technologies [J]. Research Policy, 2022, 51

（7）：104541.

［206］Tebaldi C，Hayhoe K，Arblaster J M，et al. Going to the extremes［J］. Climatic Change，2006，79（3-4）：185-211.

［207］The World Bank. Forests sourcebook：Practical guidance for sustaining forests in development cooperation［R］. Washington C. ：The World Bank，2008.

［208］Thornton P K，Lipper L. How does climate change alter agricultural strategies to support food security?［J/OL］. International Food Policy Research Instute，2014. DOI：10. 2139/ssrn. 2423763.

［209］Tian Z，Hu A，Chen Y，et al. Local officials' tenure and CO_2 emissions in China［J］. Energy Policy，2023，173：113394.

［210］Tol R S J. A decision-analytic treatise of the enhanced Greenhouse effect［D］. Amsterdam，The Netherlands：Vrije Universiteit，1997.

［211］UN Environment Programme. Emissions gap report 2020［EB/OL］.［2020-12-09］. https：//www. unep. org/emissions-gap-report-2020.

［212］Usman M，Balsalobre-Lorente D. Environmental concern in the era of industrialization：Can fnancial development，renewable energy and natural resources alleviate some load?［J］. Energy Policy，2022，162：112780.

［213］Vedwan N，Rhoades R E. Climate change in the Western Himalayas of India：A study of local perception and response［J］. Climate Research，2001，19（2）：109-117.

［214］Vineis P，Chan Q，Khan A. Climate change impacts on water salinity and health［J］. Journal Epidemiol Global Health，2011（1）：5-10.

［215］Wagner K R H. Designing insurance for climate change［J］. Nature Climate Change，2022，12（12）：1070-1072.

［216］Waheed A，Fischer T B，Khan M I. Climate change policy coherence across policies，plans，and strategies in pakistan：Implications for the China-pakistan economic corridor plan［J］. Environment Management，2021，67（5）：793-810.

［217］Waite M，Cohen E，Torbey H，et al. Global trends in urban electricity demands for cooling and heating［J］. Energy，2017，127：786-802.

［218］Wang R，et al. Stringent emission controls are needed to reach clean air targets for cities in china under a warming climate［J］. Environmental Science & Technology，2022，56（16）：11199-11211.

［219］Wasiq M，Ahmad M. Sustaining forests：A development strategy［R］. Washington D. C. ：The World Bank，2004.

［220］Watts N，Amann M，Arnell N，et al. The 2020 report of the lancet countdown on health and climate change：Responding to converging crises［J］. Lancet，2021，397（10269）：129-170.

［221］WBCSD，WRI. Greenhouse gas protocol：A corporate accounting and reporting standard ［EB/OL］. https：//ghgprotocol. org/sites/default/files/standards/ghg-protocol-revised. pdf.

［222］Weitzman M L. GHG targets as insurance against catastrophic climate damages ［J］. Journal of Public Economic Theory, 2012, 14 (2)：221-244.

［223］Weitzman M L. On modeling and interpreting the economics of catastrophic climate change ［J］. Review of Economics and Statistics, 2009, 91 (1)：1-19.

［224］Weitzman M L. Prices vs. quantities ［J］. The Review of Economic Studies, 1974, 41 (4)：477-491.

［225］Winkelmann R, Donges J F, Smith E K, et al. Social tipping processes towards climate action：A conceptual framework ［J］. Ecological Economics, 2022, 192：107242.

［226］Wiranata I J, Simbolon K. Increasing awareness capacity of disaster potential as a support to achieve sustainable development goal (sdg) 13 in lampung province ［J］. Jurnal Pir：Power in International Relations, 2021, 5 (2)：129-146.

［227］Xie W, Huang J, Wang J, et al. Climate change impacts on China's agriculture：The responses from market and trade ［J］. China Economic Review, 2020, 62：101256.

［228］Xing Y, Kolstad C D. Do Lax Environmental Regulations Attract Foreign Investment? ［J］. Environmental and Resource Economics, 2002, 21 (1)：1-22.

［229］Yan Z, Park S Y. Does high-speed rail reduce local CO_2 emissions in China? A counterfactual approach ［J］. Energy Policy, 2023, 173：113371.

［230］Yumashev D, Hope C, Schaefer K, et al. Climate policy implications of nonlinear decline of arctic land permafrost and other cryosphere elements ［J］. Nature Communications, 2019, 10 (1)：1900.

［231］Zhang M, Liu N, Harper R, et al. A global review on hydrological responses to forest change across multiple spatial scales：Importance of scale, climate, forest type and hydrological regime ［J］. Journal of Hydrology, 2017, 546：44-59.

［232］Zhao J, Sinha A, Inuwa N, et al. Does structural transformation in economy impact inequality in renewable energy productivity? Implications for sustainable development ［J］. Renewable Energy, 2022, 189：853-864.

［233］安崇义, 唐跃军. 排放权交易机制下企业碳减排的决策模型研究 ［J］. 经济研究, 2012, 47 (8)：45-58.

［234］包群, 邵敏, 杨大利. 环境管制抑制了污染排放吗? ［J］. 经济研究, 2013, 48 (12)：42-54.

［235］鲍健强, 苗阳, 陈锋. 低碳经济：人类经济发展方式的新变革 ［J］. 中国工业经济, 2008 (4)：8.

［236］薄凡, 庄贵阳, 禹湘, 等. 气候变化经济学学科建设及全球气候治理——首届气候变化经济学学术研讨会综述 ［J］. 经济研究, 2017, 52 (10)：200-203.

［237］曹军新, 姚斌. 碳减排与金融稳定：基于银行信贷视角的分析 ［J］. 中国

工业经济，2014（9）：97-108.

［238］陈林，万攀兵.《京都议定书》及其清洁发展机制的减排效应：基于中国参与全球环境治理微观项目数据的分析［J］. 经济研究，2019，54（3）：55-71.

［239］陈诗一，陈登科. 雾霾污染、政府治理与经济高质量发展［J］. 经济研究，2018，53（2）：20-34.

［240］陈诗一，林伯强. 中国能源环境与气候变化经济学研究现状及展望：首届中国能源环境与气候变化经济学者论坛综述［J］. 经济研究，2019，54（7）：203-208.

［241］陈诗一，祁毓."双碳"目标约束下应对气候变化的中长期财政政策研究［J］. 中国工业经济，2022（5）：5-23.

［242］陈诗一. 节能减排与中国工业的双赢发展：2009-2049［J］. 经济研究，2010，45（3）：129-143.

［243］陈诗一. 能源消耗、二氧化碳排放与中国工业的可持续发展［J］. 经济研究，2009，44（4）：41-55.

［244］陈诗一. 中国的绿色工业革命：基于环境全要素生产率视角的解释（1980—2008）［J］. 经济研究，2010，45（11）：21-34+58.

［245］陈诗一. 中国各地区低碳经济转型进程评估［J］. 经济研究，2012，47（8）：32-44.

［246］陈晓红，蔡思佳，汪阳洁. 我国生态环境监管体系的制度变迁逻辑与启示［J］. 管理世界，2020，36（11）：12.

［247］陈艳莹，于千惠，刘经珂. 绿色产业政策能与资本市场有效"联动"吗——来自绿色工厂评定的证据［J］. 中国工业经济，2022（12）：19.

［248］陈媛媛，李坤望. 中国工业行业 SO_2 排放强度因素分解及其影响因素：基于 FDI 产业前后向联系的分析［J］. 管理世界，2010（3）：14-21.

［249］陈钊，陈乔伊. 中国企业能源利用效率：异质性、影响因素及政策含义［J］. 中国工业经济，2019（12）：78-95.

［250］邓辉，甘天琦，涂正革. 大气环境治理的中国道路——基于中央环保督察制度的探索［J］. 经济学（季刊），2021（5）：24.

［251］邓慧慧，杨露鑫. 雾霾治理、地方竞争与工业绿色转型［J］. 中国工业经济，2019（10）：118-136.

［252］邓忠奇，高廷帆，庞瑞芝，等. 企业"被动合谋"现象研究："双碳"目标下环境规制的福利效应分析［J］. 中国工业经济，2022（7）：122-140.

［253］董直庆，王辉. 环境规制的"本地—邻地"绿色技术进步效应［J］. 中国工业经济，2019（1）：100-118.

［254］杜莉，李锴. 气候变化与能源战略管理：第七届中国能源资源开发利用战略学术研讨会暨第四届能源经济与管理学术年会综述［J］. 经济研究，2013，48（12）：151-155.

［255］杜龙政，赵云辉，陶克涛，等. 环境规制、治理转型对绿色竞争力提升的

复合效应：基于中国工业的经验证据 [J]. 经济研究，2019，54（10）：106-120.

[256] 段红霞. 气候变化经济学和气候政策 [J]. 经济学家，2009（8）：8.

[257] 段宏波，汪寿阳. 中国的挑战：全球温控目标从 2℃ 到 1.5℃ 的战略调整 [J]. 管理世界，2019，35（10）：50-63.

[258] 段巍，王明，吴福象. 能源结构、特高压输电与中国产业布局演变 [J]. 中国工业经济，2022（5）：62-80.

[259] 范庆泉，周县华，张同斌. 动态环境税外部性、污染累积路径与长期经济增长：兼论环境税的开征时点选择问题 [J]. 经济研究，2016，51（8）：116-128.

[260] 范庆泉. 环境规制、收入分配失衡与政府补偿机制 [J]. 经济研究，2018，53（5）：14-27.

[261] 范英，衣博文. 能源转型的规律、驱动机制与中国路径 [J]. 管理世界，2021，37（8）：95-105.

[262] 范子英，赵仁杰. 法治强化能够促进污染治理吗？：来自环保法庭设立的证据 [J]. 经济研究，2019，54（3）：21-37.

[263] 方小玲. 污染治理中文本规范和实践规范分离的生态环境分析 [J]. 管理世界，2014（6）：184-185.

[264] 方颖，郭俊杰. 中国环境信息披露政策是否有效：基于资本市场反应的研究 [J]. 经济研究，2018，53（10）：158-174.

[265] 傅京燕，代玉婷. 碳交易市场链接的成本与福利分析：基于 MAC 曲线的实证研究 [J]. 中国工业经济，2015（9）：84-98.

[266] 傅京燕，李丽莎. 环境规制、要素禀赋与产业国际竞争力的实证研究：基于中国制造业的面板数据 [J]. 管理世界，2010（10）：87-98.

[267] 顾一帆，吴玉锋，穆献中，等. 原生资源与再生资源的耦合配置 [J]. 中国工业经济，2016（5）：22-39.

[268] 国务院发展研究中心课题组，刘世锦，张永生，宣晓伟. 国内温室气体减排：基本框架设计 [J]. 管理世界，2011（10）：1-9.

[269] 国务院发展研究中心课题组，张玉台，刘世锦，等. 二氧化碳国别排放账户：应对气候变化和实现绿色增长的治理框架 [J]. 经济研究，2011，46（12）：4-17+31.

[270] 国务院发展研究中心课题组. 全球温室气体减排：理论框架和解决方案 [J]. 经济研究，2009，44（3）：4-13.

[271] 韩超，胡浩然. 清洁生产标准规制如何动态影响全要素生产率：剔除其他政策干扰的准自然实验分析 [J]. 中国工业经济，2015（5）：70-82.

[272] 韩超，桑瑞聪. 环境规制约束下的企业产品转换与产品质量提升 [J]. 中国工业经济，2018（2）：43-62.

[273] 韩超，孙晓琳，李静. 环境规制垂直管理改革的减排效应——来自地级市环保系统改革的证据 [J]. 经济学（季刊)，2021，21（1）：335-360.

[274] 韩超, 张伟广, 冯展斌. 环境规制如何"去"资源错配: 基于中国首次约束性污染控制的分析 [J]. 中国工业经济, 2017 (4): 115-134.

[275] 韩建国. 能源结构调整"软着陆"的路径探析: 发展煤炭清洁利用、破解能源困局、践行能源革命 [J]. 管理世界, 2016 (2): 3-7.

[276] 贺立龙, 朱方明, 陈中伟. 企业环境责任界定与测评: 环境资源配置的视角 [J]. 管理世界, 2014 (3): 180-181.

[277] 胡鞍钢, 郑云峰, 高宇宁. 中国高耗能行业真实全要素生产率研究 (1995-2010): 基于投入产出的视角 [J]. 中国工业经济, 2015 (5): 44-56.

[278] 胡剑锋, 朱剑秋. 水污染治理及其政策工具的有效性: 以温州市平阳县水头制革基地为例 [J]. 管理世界, 2008 (5): 77-84.

[279] 胡秋阳. 回弹效应与能源效率政策的重点产业选择 [J]. 经济研究, 2014, 49 (2): 128-140.

[280] 胡艺, 张晓卫, 李静. 出口贸易、地理特征与空气污染 [J]. 中国工业经济, 2019 (9): 98-116.

[281] 胡志高, 李光勤, 曹建华. 环境规制视角下的区域大气污染联合治理: 分区方案设计、协同状态评价及影响因素分析 [J]. 中国工业经济, 2019 (5): 24-42.

[282] 黄建欢, 杨晓光, 胡毅. 资源、环境和经济的协调度和不协调来源: 基于CREE-EIE分析框架 [J]. 中国工业经济, 2014 (7): 17-30.

[283] 黄茂兴, 林寿富. 污染损害、环境管理与经济可持续增长: 基于五部门内生经济增长模型的分析 [J]. 经济研究, 2013, 48 (12): 30-41.

[284] 黄溶冰, 赵谦, 王丽艳. 自然资源资产离任审计与空气污染防治: "和谐锦标赛"还是"环保资格赛" [J]. 中国工业经济, 2019 (10): 23-41.

[285] 姜春海, 宋志永, 冯泽. 雾霾治理及其经济社会效应: 基于"禁煤区"政策的可计算一般均衡分析 [J]. 中国工业经济, 2017 (9): 44-62.

[286] 姜国刚. 碳减排的社会经济福利分析 [J]. 管理世界, 2012 (10): 174-175.

[287] 姜子昂, 张华林, 于智博, 等. 天然气利用对我国低碳经济发展的贡献分析 [J]. 管理世界, 2011 (1): 168-169.

[288] 蒋伟杰, 张少华. 中国工业二氧化碳影子价格的稳健估计与减排政策 [J]. 管理世界, 2018, 34 (7): 32-49.

[289] 金刚, 沈坤荣, 孙雨亭. 气候变化的经济后果真的"亲贫"吗 [J]. 中国工业经济, 2020 (9): 42-60.

[290] 金刚, 沈坤荣. 以邻为壑还是以邻为伴? ——环境规制执行互动与城市生产率增长 [J]. 管理世界, 2018, 34 (12): 43-55.

[291] 靳玮, 王弟海, 张林. 碳中和背景下的中国经济低碳转型: 特征事实与机制分析 [J]. 经济研究, 2022, 57 (12): 87-103.

[292] 康志勇, 张宁, 汤学良, 等. "减碳"政策制约了中国企业出口吗 [J]. 中

国工业经济，2018（9）：117-135.

［293］柯学．大灾难可以减少消费者的多样化寻求行为：一个基于恐怖管理理论的研究［J］．管理世界，2009（11）：122-129+188.

［294］匡远凤，彭代彦．中国环境生产效率与环境全要素生产率分析［J］．经济研究，2012，47（7）：62-74.

［295］李超，李涵．空气污染对企业库存的影响：基于我国制造业企业数据的实证研究［J］．管理世界，2017（8）：95-105.

［296］李虹，董亮，谢明华．取消燃气和电力补贴对我国居民生活的影响［J］．经济研究，2011，46（2）：100-112.

［297］李虹，邹庆．环境规制、资源禀赋与城市产业转型研究：基于资源型城市与非资源型城市的对比分析［J］．经济研究，2018，53（11）：182-198.

［298］李华强，范春梅，贾建民，等．突发性灾害中的公众风险感知与应急管理：以5·12汶川地震为例［J］．管理世界，2009（6）：52-60.

［299］李建明，罗能生．高铁开通改善了城市空气污染水平吗？［J］．经济学（季刊），2020（4）：20.

［300］李静，杨娜，陶璐．跨境河流污染的"边界效应"与减排政策效果研究：基于重点断面水质监测周数据的检验［J］．中国工业经济，2015（3）：31-43.

［301］李兰冰．中国能源绩效的动态演化、地区差距与成因识别：基于一种新型全要素能源生产率变动指标［J］．管理世界，2015（11）：40-52.

［302］李蕾蕾，盛丹．地方环境立法与中国制造业的行业资源配置效率优化［J］．中国工业经济，2018（7）：136-154.

［303］李明，张亦然．空气污染的移民效应：基于来华留学生高校—城市选择的研究［J］．经济研究，2019，54（6）：168-182.

［304］李鹏，张俊飚，颜廷武．农业废弃物循环利用参与主体的合作博弈及协同创新绩效研究：基于DEA-HR模型的16省份农业废弃物基质化数据验证［J］．管理世界，2014（1）：90-104.

［305］李倩，陈晓光，郭士祺，郁芸君．大气污染协同治理的理论机制与经验证据［J］．经济研究，2022（2）：144-159.

［306］李树，陈刚．环境管制与生产率增长：以APPCL2000的修订为例［J］．经济研究，2013，48（1）：17-31.

［307］李卫兵，张凯霞．空气污染对企业生产率的影响：来自中国工业企业的证据［J］．管理世界，2019，35（10）：95-112+119.

［308］李兴，刘自敏，杨丹，等．电力市场效率评估与碳市场价格设计：基于电碳市场关联视角下的传导率估计［J］．中国工业经济，2022（1）：132-150.

［309］李永友，沈坤荣．我国污染控制政策的减排效果：基于省际工业污染数据的实证分析［J］．管理世界，2008（7）：7-17.

［310］李真．进口真实碳福利视角下的中国贸易碳减排研究：基于非竞争型投入

产出模型［J］.中国工业经济，2014（12）：18-30.

［311］厉以宁，朱善利，罗来军，等.低碳发展作为宏观经济目标的理论探讨：基于中国情形［J］.管理世界，2017（6）：1-8.

［312］梁若冰，席鹏辉.轨道交通对空气污染的异质性影响：基于RDID方法的经验研究［J］.中国工业经济，2016（3）：83-98.

［313］林伯强，杜之利.中国城市车辆耗能与公共交通效率研究［J］.经济研究，2018，53（6）：142-156.

［314］林伯强，蒋竺均.中国二氧化碳的环境库兹涅茨曲线预测及影响因素分析［J］.管理世界，2009（4）：27-36.

［315］林伯强，李爱军.碳关税的合理性何在？［J］.经济研究，2012，47（11）：118-127.

［316］林伯强，刘泓汛.对外贸易是否有利于提高能源环境效率：以中国工业行业为例［J］.经济研究，2015，50（9）：127-141.

［317］林伯强，孙传旺，姚昕.中国经济变革与能源和环境政策：首届中国能源与环境经济学者论坛综述［J］.经济研究，2017，52（9）：198-203.

［318］林伯强，谭睿鹏.中国经济集聚与绿色经济效率［J］.经济研究，2019，54（2）：119-132.

［319］林伯强，王锋.能源价格上涨对中国一般价格水平的影响［J］.经济研究，2009，44（12）：66-79+150.

［320］林伯强.能源革命促进中国清洁低碳发展的"攻关期"和"窗口期"［J］.中国工业经济，2018（6）：15-23.

［321］林伯强.能源经济学视角的科学发展观的理论探索：评《节能减排、结构调整与工业发展方式转变研究》［J］.经济研究，2012，47（3）：154-159.

［322］刘凤良，吕志华.经济增长框架下的最优环境税及其配套政策研究：基于中国数据的模拟运算［J］.管理世界，2009（6）：40-51.

［323］刘贯春，张军，丰超.金融体制改革与经济效率提升：来自省级面板数据的经验分析［J］.管理世界，2017（6）：9-22.

［324］刘华军，刘传明，孙亚男.中国能源消费的空间关联网络结构特征及其效应研究［J］.中国工业经济，2015（5）：83-95.

［325］刘华军，石印，郭立祥，等.新时代的中国能源革命：历程、成就与展望［J］.管理世界，2022，38（7）：6-24.

［326］刘金科，肖翊阳.中国环境保护税与绿色创新：杠杆效应还是挤出效应？［J］.经济研究，2022，57（1）.

［327］刘厉兵，汪洋.自然灾害、多源比较优势与产业层次贸易流动：基于新李嘉图理论视角［J］.管理世界，2011（12）：172-173.

［328］刘凌波，丁慧平.乡镇工业环境保护中的地方政府行为分析［J］.管理世界，2007（11）：150-151.

[329] 刘瑞翔，安同良．资源环境约束下中国经济增长绩效变化趋势与因素分析：基于一种新型生产率指数构建与分解方法的研究 [J]．经济研究，2012，47（11）：34-47．

[330] 刘伟辉，陈国生，王连球，等．城市生态环境制约城市竞争力的机理分析：以湖南省为例 [J]．管理世界，2012（2）：179-180．

[331] 刘锡良，文书洋．中国的金融机构应当承担环境责任吗？——基本事实、理论模型与实证检验 [J]．经济研究，2019，54（3）：38-54．

[332] 刘增明，黄晓勇，李梦洋．中间产品国际贸易内涵能源的核算与国际比较 [J]．管理世界，2021，37（12）：109-128．

[333] 陆菁，鄢云，黄先海．规模依赖型节能政策的碳泄漏效应研究 [J]．中国工业经济，2022（9）：64-82．

[334] 陆旸．环境规制影响了污染密集型商品的贸易比较优势吗？[J]．经济研究，2009，44（4）：28-40．

[335] 陆旸．中国的绿色政策与就业：存在双重红利吗？[J]．经济研究，2011，46（7）：42-54．

[336] 吕越，张昊天，薛进军，等．税收激励会促进企业污染减排吗——来自增值税转型改革的经验证据 [J]．中国工业经济，2023（2）：112-130．

[337] 罗良文，雷鹏飞，张万里．立足国内，放眼国际，聚力共促低碳经济发展：首届低碳经济论坛（武汉）综述 [J]．经济研究，2015，50（11）：187-192．

[338] 罗勇根，杨金玉，陈世强．空气污染、人力资本流动与创新活力：基于个体专利发明的经验证据 [J]．中国工业经济，2019（10）：99-117．

[339] 罗知，李浩然．“大气十条”政策的实施对空气质量的影响 [J]．中国工业经济，2018（9）：136-154．

[340] 马丽梅，张晓．中国雾霾污染的空间效应及经济、能源结构影响 [J]．中国工业经济，2014（4）：19-31．

[341] 马少超，范英．能源系统低碳转型中的挑战与机遇：车网融合消纳可再生能源 [J]．管理世界，2022，38（5）：209-220+239．

[342] 毛振华，王健，毛宗福，等．加快发展中国特色的健康经济学 [J]．管理世界，2020，36（2）：17-26+58+215．

[343] 攀兵，杨冕，陈林．环境技术标准何以影响中国制造业绿色转型：基于技术改造的视角 [J]．中国工业经济，2021（9）：118-136．

[344] 彭水军，张文城，卫瑞．碳排放的国家责任核算方案 [J]．经济研究，2016，51（3）：137-150．

[345] 齐绍洲，李锴．区域部门经济增长与能源强度差异收敛分析 [J]．经济研究，2010，45（2）：109-122．

[346] 齐绍洲，林屾，崔静波．环境权益交易市场能否诱发绿色创新？——基于我国上市公司绿色专利数据的证据 [J]．经济研究，2018，53（12）：129-143．

［347］祁毓，陈建伟，李万新，等．生态环境治理、经济发展与公共服务供给：来自国家重点生态功能区及其转移支付的准实验证据［J］．管理世界，2019，35（1）：115-134+227-228.

［348］祁毓，卢洪友，徐彦坤．中国环境分权体制改革研究：制度变迁、数量测算与效应评估［J］．中国工业经济，2014（1）：31-43.

［349］祁毓，卢洪友．污染、健康与不平等：跨越"环境健康贫困"陷阱［J］．管理世界，2015（9）：32-51.

［350］钱浩祺，吴力波，任飞州．从"鞭打快牛"到效率驱动：中国区域间碳排放权分配机制研究［J］．经济研究，2019，54（3）：86-102.

［351］全世文，黄波．环境政策效益评估中的嵌入效应：以北京市雾霾和沙尘治理政策为例［J］．中国工业经济，2016（8）：23-39.

［352］任胜钢，郑晶晶，刘东华，等．排污权交易机制是否提高了企业全要素生产率：来自中国上市公司的证据［J］．中国工业经济，2019（5）：5-23.

［353］任泽平．能源价格波动对中国物价水平的潜在与实际影响［J］．经济研究，2012，47（8）：59-69+92.

［354］邵帅，范美婷，杨莉莉．经济结构调整、绿色技术进步与中国低碳转型发展——基于总体技术前沿和空间溢出效应视角的经验考察［J］．管理世界，2022，38（2）：46-69+4-10.

［355］邵帅，李欣，曹建华，等．中国雾霾污染治理的经济政策选择：基于空间溢出效应的视角［J］．经济研究，2016，51（9）：73-88.

［356］邵帅，杨莉莉，黄涛．能源回弹效应的理论模型与中国经验［J］．经济研究，2013，48（2）：96-109.

［357］邵帅，杨莉莉．自然资源丰裕、资源产业依赖与中国区域经济增长［J］．管理世界，2010（9）：26-44.

［358］邵帅，张可，豆建民．经济集聚的节能减排效应：理论与中国经验［J］．管理世界，2019，35（1）：36-60+226.

［359］邵帅，张曦，赵兴荣．中国制造业碳排放的经验分解与达峰路径：广义迪氏指数分解和动态情景分析［J］．中国工业经济，2017（3）：44-63.

［360］佘廉，曹兴信．我国灾害应急能力建设的基本思考［J］．管理世界，2012（7）：176-177.

［361］沈坤荣，金刚，方娴．环境规制引起了污染就近转移吗？［J］．经济研究，2017，52（5）：44-59.

［362］沈能，王群伟，赵增耀．贸易关联、空间集聚与碳排放：新经济地理学的分析［J］．管理世界，2014（1）：176-177.

［363］沈永建，于双丽，蒋德权．空气质量改善能降低企业劳动力成本吗？［J］．管理世界，2019，35（6）：161-178+195-196.

［364］盛丹，李蕾蕾．地区环境立法是否会促进企业出口［J］．世界经济，2018

（11）：24.

　　［365］盛丹，张国峰．两控区环境管制与企业全要素生产率增长［J］．管理世界，2019，35（2）：24-42+198.

　　［366］师博，沈坤荣．政府干预、经济集聚与能源效率［J］．管理世界，2013（10）：6-18+187.

　　［367］石大千，丁海，卫平，等．智慧城市建设能否降低环境污染［J］．中国工业经济，2018（6）：117-135.

　　［368］石庆玲，郭峰，陈诗一．雾霾治理中的"政治性蓝天"：来自中国地方"两会"的证据［J］．中国工业经济，2016（5）：40-56.

　　［369］史贝贝，冯晨，康蓉．环境信息披露与外商直接投资结构优化［J］．中国工业经济，2019（4）：98-116.

　　［370］史贝贝，冯晨，张妍，等．环境规制红利的边际递增效应［J］．中国工业经济，2017（12）：40-58.

　　［371］史丹，李少林．排污权交易制度与能源利用效率：对地级及以上城市的测度与实证［J］．中国工业经济，2020（9）：5-23.

　　［372］史丹，王俊杰．基于生态足迹的中国生态压力与生态效率测度与评价［J］．中国工业经济，2016（5）：5-21.

　　［373］史丹，吴利学，傅晓霞，等．中国能源效率地区差异及其成因研究：基于随机前沿生产函数的方差分解［J］．管理世界，2008（2）：35-43.

　　［374］史丹．《能源与环境绩效测度理论及方法》评介［J］．中国工业经济，2022（5）：封2.

　　［375］史丹．绿色发展与全球工业化的新阶段：中国的进展与比较［J］．中国工业经济，2018（10）：5-18.

　　［376］斯丽娟，曹昊煜．绿色信贷政策能够改善企业环境社会责任吗：基于外部约束和内部关注的视角［J］．中国工业经济，2022（4）：137-155.

　　［377］宋弘，孙雅洁，陈登科．政府空气污染治理效应评估：来自中国"低碳城市"建设的经验研究［J］．管理世界，2019，35（6）：95-108+195.

　　［378］宋马林，王舒鸿．环境规制、技术进步与经济增长［J］．经济研究，2013，48（3）：122-134.

　　［379］宋马林，王舒鸿．环境库兹涅茨曲线的中国"拐点"：基于分省数据的实证分析［J］．管理世界，2011（10）：168-169.

　　［380］苏丹妮，盛斌．产业集聚，集聚外部性与企业减排——来自中国的微观新证据［J］．经济学（季刊），2021（5）：24.

　　［381］苏冬蔚，连莉莉．绿色信贷是否影响重污染企业的投融资行为？［J］．金融研究，2018（12）：123-137.

　　［382］孙传旺，罗源，姚昕．交通基础设施与城市空气污染：来自中国的经验证据［J］．经济研究，2019，54（8）：136-151.

［383］孙伟增，张晓楠，郑思齐．空气污染与劳动力的空间流动：基于流动人口就业选址行为的研究［J］．经济研究，2019，54（11）：102-117.

［384］孙学敏，王杰．环境规制对中国企业规模分布的影响［J］．中国工业经济，2014（12）：44-56.

［385］孙耀华，仲伟周．全球气候变化、温室气体减排与公平正义发展——基于经济学视角的分析［J］．经济社会体制比较，2013（5）：11.

［386］汤维祺，吴力波，钱浩祺．从"污染天堂"到绿色增长：区域间高耗能产业转移的调控机制研究［J］．经济研究，2016，51（6）：58-70.

［387］陶锋，赵锦瑜，周浩．环境规制实现了绿色技术创新的"增量提质"吗：来自环保目标责任制的证据［J］．中国工业经济，2021（2）：136-154.

［388］童健，刘伟，薛景．环境规制、要素投入结构与工业行业转型升级［J］．经济研究，2016，51（7）：43-57.

［389］涂建明，李晓玉，郭章翠．低碳经济背景下嵌入全面预算体系的企业碳预算构想［J］．中国工业经济，2014（3）：147-160.

［390］涂正革．环境、资源与工业增长的协调性［J］．经济研究，2008，43（2）：93-105.

［391］万攀兵，杨冕，陈林．环境技术标准何以影响中国制造业绿色转型——基于技术改造的视角［J］．中国工业经济，2021（9）：118-136.

［392］王班班，莫琼辉，钱浩祺．地方环境政策创新的扩散模式与实施效果：基于河长制政策扩散的微观实证［J］．中国工业经济，2020（8）：99-117.

［393］王班班，齐绍洲．市场型和命令型政策工具的节能减排技术创新效应：基于中国工业行业专利数据的实证［J］．中国工业经济，2016（6）：91-108.

［394］王兵，刘光天．节能减排与中国绿色经济增长：基于全要素生产率的视角［J］．中国工业经济，2015（5）：57-69.

［395］王兵，聂欣．产业集聚与环境治理：助力还是阻力——来自开发区设立准自然实验的证据［J］．中国工业经济，2016（12）：75-89.

［396］王昌海．农户生态保护态度：新发现与政策启示［J］．管理世界，2014（11）：70-79.

［397］王昌海．中国自然保护区给予周边社区了什么？——基于1998～2014年陕西、四川和甘肃三省农户调查数据［J］．管理世界，2017（3）：63-75.

［398］王春超，林芊芊．恶劣天气如何影响劳动生产率？——基于快递业劳动者的适应行为研究［J］．经济学（季刊），2021，20（3）：22.

［399］王镝，唐茂钢．土地城市化如何影响生态环境质量？——基于动态最优化和空间自适应半参数模型的分析［J］．经济研究，2019，54（3）：72-85.

［400］王锋，葛星．低碳转型冲击就业吗：来自低碳城市试点的经验证据［J］．中国工业经济，2022（5）：81-99.

［401］王建明，王俊豪．公众低碳消费模式的影响因素模型与政府管制政策：基

于扎根理论的一个探索性研究 [J]. 管理世界, 2011 (4): 58-68.

[402] 王建明. 环境情感的维度结构及其对消费碳减排行为的影响: 情感—行为的双因素理论假说及其验证 [J]. 管理世界, 2015 (12): 82-95.

[403] 王建明. 资源节约意识对资源节约行为的影响: 中国文化背景下一个交互效应和调节效应模型 [J]. 管理世界, 2013 (8): 77-90+100.

[404] 王杰, 刘斌. 环境规制与企业全要素生产率: 基于中国工业企业数据的经验分析 [J]. 中国工业经济, 2014 (3): 44-56.

[405] 王林辉, 王辉, 董直庆. 经济增长和环境质量相容性政策条件: 环境技术进步方向视角下的政策偏向效应检验 [J]. 管理世界, 2020, 36 (3): 39-60.

[406] 王岭, 刘相锋, 熊艳. 中央环保督察与空气污染治理: 基于地级城市微观面板数据的实证分析 [J]. 中国工业经济, 2019 (10): 5-22.

[407] 王书斌, 徐盈之. 环境规制与雾霾脱钩效应: 基于企业投资偏好的视角 [J]. 中国工业经济, 2015 (4): 18-30.

[408] 王文举, 李峰. 中国工业碳减排成熟度研究 [J]. 中国工业经济, 2015 (8): 20-34.

[409] 王馨, 王营. 绿色信贷政策增进绿色创新研究 [J]. 管理世界, 2021, 37 (6): 173-188+11.

[410] 王宇哲, 赵静. "用钱投票": 公众环境关注度对不同产业资产价格的影响 [J]. 管理世界, 2018, 34 (9): 46-57.

[411] 魏楚, 沈满洪. 能源效率及其影响因素: 基于 DEA 的实证分析 [J]. 管理世界, 2007 (8): 66-76.

[412] 魏立佳, 彭妍, 刘潇. 碳市场的稳定机制: 一项实验经济学研究 [J]. 中国工业经济, 2018 (4): 174-192.

[413] 魏一鸣, 米志付, 张皓. 气候变化综合评估模型研究新进展 [J]. 系统工程理论与实践, 2013, 33 (8): 1905-1915.

[414] 邬彩霞. 中国低碳经济发展的协同效应研究 [J]. 管理世界, 2021, 37 (8): 105-117.

[415] 吴利学. 中国能源效率波动: 理论解释、数值模拟及政策含义 [J]. 经济研究, 2009, 44 (5): 130-142+160.

[416] 吴茵茵, 齐杰, 鲜琴, 等. 中国碳市场的碳减排效应研究: 基于市场机制与行政干预的协同作用视角 [J]. 中国工业经济, 2021 (8): 114-132.

[417] 武红. 中国省域碳减排: 时空格局、演变机理及政策建议: 基于空间计量经济学的理论与方法 [J]. 管理世界, 2015 (11): 3-10.

[418] 席鹏辉, 梁若冰. 油价变动对空气污染的影响: 以机动车使用为传导途径 [J]. 中国工业经济, 2015 (10): 100-114.

[419] 谢伦裕, 张晓兵, 孙传旺, 等. 中国清洁低碳转型的能源环境政策选择: 第二届中国能源与环境经济学者论坛综述 [J]. 经济研究, 2018, 53 (7): 198-202.

［420］邢斐，何欢浪．贸易自由化、纵向关联市场与战略性环境政策：环境税对发展绿色贸易的意义［J］．经济研究，2011，46（5）：111-125.

［421］徐斌，陈宇芳，沈小波．清洁能源发展、二氧化碳减排与区域经济增长［J］．经济研究，2019，54（7）：188-202.

［422］徐承红．低碳经济与中国经济发展之路［J］．管理世界，2010（7）：171-172.

［423］徐佳，崔静波．低碳城市和企业绿色技术创新［J］．中国工业经济，2020（12）：178-196.

［424］徐君，高厚宾，王育红．生态文明视域下资源型城市低碳转型战略框架及路径设计［J］．管理世界，2014（6）：178-179.

［425］许宪春，任雪，常子豪．大数据与绿色发展［J］．中国工业经济，2019（4）：5-22.

［426］杨莉莎，朱俊鹏，贾智杰．中国碳减排实现的影响因素和当前挑战：基于技术进步的视角［J］．经济研究，2019，54（11）：118-132.

［427］杨璐，史京晔，陈晓光．温度变化对中国工业生产的影响及其机制分析［J］．经济学（季刊），2020（5）：22.

［428］杨冕，王恩泽，叶初升．环境管理体系认证与中国制造业企业出口"增量提质"［J］．中国工业经济，2022（6）：155-173.

［429］杨冕，徐江川，杨福霞．能源价格、资本能效与中国工业部门碳达峰路径［J］．经济研究，2022（12）：69-86.

［430］杨顺顺．中国工业部门碳排放转移评价及预测研究［J］．中国工业经济，2015（6）：55-67.

［431］杨曦，彭水军．碳关税可以有效解决碳泄漏和竞争力问题吗？——基于异质性企业贸易模型的分析［J］．经济研究，2017，52（5）：60-74.

［432］姚毓春，范欣，张舒婷．资源富集地区：资源禀赋与区域经济增长［J］．管理世界，2014（7）：172-173.

［433］尹新哲，任玉珑，杨红．基于林地资源、劳动力供给与环境约束框架下的农业与旅游业耦合产业分析［J］．管理世界，2009（11）：172-173.

［434］于亚卓，张惠琳，张平淡．非对称性环境规制的标尺现象及其机制研究［J］．管理世界，2021，37（9）：134-147.

［435］原毅军，谢荣辉．环境规制的产业结构调整效应研究：基于中国省际面板数据的实证检验［J］．中国工业经济，2014（8）：57-69.

［436］张海峰，林细细，梁若冰，等．城市生态文明建设与新一代劳动力流动：劳动力资源竞争的新视角［J］．中国工业经济，2019（4）：81-97.

［437］张红凤，周峰，杨慧，等．环境保护与经济发展双赢的规制绩效实证分析［J］．经济研究，2009，44（3）：14-26+67.

［438］张华．地区间环境规制的策略互动研究：对环境规制非完全执行普遍性的

解释［J］.中国工业经济，2016（7）：74-90.

　　［439］张捷，赵秀娟.碳减排目标下的广东省产业结构优化研究：基于投入产出模型和多目标规划模型的模拟分析［J］.中国工业经济，2015（6）：68-80.

　　［440］张可，汪东芳，周海燕.地区间环保投入与污染排放的内生策略互动［J］.中国工业经济，2016（2）：68-82.

　　［441］张可，汪东芳.经济集聚与环境污染的交互影响及空间溢出［J］.中国工业经济，2014（6）：70-82.

　　［442］张宁，张维洁.中国用能权交易可以获得经济红利与节能减排的双赢吗？［J］.经济研究，2019，54（1）：165-181.

　　［443］张平淡，屠西伟.制造业集聚、技术进步与企业全要素能源效率［J］.中国工业经济，2022（7）：103-121.

　　［444］张琦，郑瑶，孔东民.地区环境治理压力、高管经历与企业环保投资：一项基于《环境空气质量标准（2012）》的准自然实验［J］.经济研究，2019，54（6）：183-198.

　　［445］张琦，郑瑶，孔东民.地区环境治理压力、高管经历与企业环保投资——一项基于《环境空气质量标准（2012）》的准自然实验［J］.经济研究，2019，54（6）：183-198.

　　［446］张为付，李逢春，胡雅蓓.中国 CO_2 排放的省际转移与减排责任度量研究［J］.中国工业经济，2014（3）：57-69.

　　［447］张伟，吴文元.基于环境绩效的长三角都市圈全要素能源效率研究［J］.经济研究，2011，46（10）：95-109.

　　［448］张伟，朱启贵，李汉文.能源使用、碳排放与我国全要素碳减排效率［J］.经济研究，2013，48（10）：138-150.

　　［449］张文彬，张理芃，张可云.中国环境规制强度省际竞争形态及其演变：基于两区制空间 Durbin 固定效应模型的分析［J］.管理世界，2010（12）：34-44.

　　［450］张希良，黄晓丹，张达，等.碳中和目标下的能源经济转型路径与政策研究［J］.管理世界，2022，38（1）：35-66.

　　［451］张希良，张达，余润心.中国特色全国碳市场设计理论与实践［J］.管理世界，2021，37（8）：80-95.

　　［452］张艳磊，秦芳，吴昱."可持续发展"还是"以污染换增长"：基于中国工业企业销售增长模式的分析［J］.中国工业经济，2015（2）：89-101.

　　［453］张友国，郑玉歆.碳强度约束的宏观效应和结构效应［J］.中国工业经济，2014（6）：57-69.

　　［454］张友国.经济发展方式变化对中国碳排放强度的影响［J］.经济研究，2010，45（4）：120-133.

　　［455］张友国.碳排放视角下的区域间贸易模式：污染避难所与要素禀赋［J］.中国工业经济，2015（8）：5-19.

［456］张征宇，朱平芳．地方环境支出的实证研究［J］．经济研究，2010，45（5）：82-94.

［457］周海燕，吴宏，陈福中．异质性能源消耗与区域经济增长的实证研究［J］．管理世界，2011（10）：174-175.

［458］周蓉，王成，徐铁，王丹．绿色经济与低碳转型：市场导向的绿色低碳发展国际研讨会综述［J］．经济研究，2014，49（11）：184-188.

［459］周沂，郭琪，邹冬寒．环境规制与企业产品结构优化策略：来自多产品出口企业的经验证据［J］．中国工业经济，2022（6）：117-135.

［460］朱鹏．基于循环经济理论框架的生态文化旅游发展机制研究：以大湘西区域为例［J］．管理世界，2014（6）：180-181.

［461］朱平芳，张征宇，姜国麟．FDI与环境规制：基于地方分权视角的实证研究［J］．经济研究，2011，46（6）：133-145.

［462］朱英明，杨连盛，吕慧君，等．资源短缺、环境损害及其产业集聚效果研究：基于21世纪我国省级工业集聚的实证分析［J］．管理世界，2012（11）：28-44.

［463］祝树金，李江，张谦，等．环境信息公开、成本冲击与企业产品质量调整［J］．中国工业经济，2022（3）：76-94.

［464］卓志，段胜．防减灾投资支出、灾害控制与经济增长：经济学解析与中国实证［J］．管理世界，2012（4）：1-8+32.

第二章　中国绿色低碳发展的目标研判、特征事实与影响因素分析

史丹　史可寒[*]

摘　要： 气候变化背景下，绿色低碳发展已成为"世界语言"，探索中国绿色低碳发展道路对实现经济高质量发展和在全球气候治理中保持战略主动具有重要意义。本章从目标研判、特征事实、影响因素与政策工具效果四个方面对中国绿色低碳发展相关文献进行了梳理。现有研究指出，在减碳目标方面，中国需要在现有基础上加快绿色技术创新、加大减碳政策力度，以确保在 2030 年前实现碳达峰，并充分挖掘绿色投资消费潜力，缓解碳约束趋紧对经济产生的负面冲击。在经济转型方面，经济增长与碳排放实现"速度脱钩"，但未实现"数量脱钩"，需要警惕"速度脱钩"可能引起的管控放松。在影响因素方面，人口、经济、技术和能源等要素的作用机制复杂且存在较强的区域异质性，在制度设计时应当因地制宜。在政策工具方面，一是要提高碳市场定价效率，增强碳市场的有效性；二是要尽快开展碳税试点工作，形成对碳市场的有益补充，同时应对欧美国家"碳关税"等贸易保护措施。最后，本章在现有研究基础上，对未来的研究方向进行了展望。

关键词： 绿色低碳；目标研判；特征事实；影响因素

一、引言

　　绿色低碳发展是中国积极参与全球气候治理的具体行动，是贯彻新发展理念的必然要求，是践行习近平生态文明思想的重要内容。党的十八大以来，党中央始终保持加强生态文明建设的战略定力，采取一系列有力措施，持续推进绿色低碳发展。党的十九大报告明确指出"加快生态文明体制改革，建设美丽中国"，提出"建立绿色生产和消费的法律制度和政策导向""建立健全绿色低碳循环发展的经济体系"等一系列推进生态文明建设的指导性意见。在党的二十大报告中，习近平总书记再次强调推动绿色发展，促进人与自然和谐共生。党的十八大以来，中国绿色低碳转型发展取得了历史性的巨大成就，以年均 3% 的能源消费增速支撑了年均 6.6% 的经济增长，单位国内生产总值能耗下降 26.4%，单位国内生产总值二氧化碳排放量下降 34%，累计减少碳

---

　　* 作者简介：史丹，中国社会科学院工业经济研究所所长、研究员、博士生导师；史可寒，中国社会科学院工业经济研究所助理研究员。

排放 29.4 亿吨[①]。伴随着实践的发展，有关中国绿色低碳发展的理论和实证研究不断丰富，研究方向和重点也不断演化，积累了许多可供指导实践的研究成果。2020 年 9 月，中国明确提出 2030 年"碳达峰"与 2060 年"碳中和"目标。在新的碳约束条件下，回顾、总结相关研究成果与研究进展，对研判中国绿色低碳发展水平，积极稳妥推进绿色经济发展具有重要意义。

二、中国绿色低碳发展的目标研判与经济影响

1995 年，可持续发展被中共中央作为国家发展的重大战略正式提出并付诸实践，强调经济发展不应以牺牲资源环境为代价，并于 2006 年在"十一五"规划中首次以量化形式提出节能减排目标。此后，中国不断强化自主贡献目标，以最大努力提高应对气候变化力度。与世界上其他国家普遍采用碳排放总量控制制度不同，中国以碳排放强度控制为主，这使得"双碳"目标下中国经济发展的剩余碳排放空间不够清晰。因此，回答"二氧化碳将在何时达峰、在何种水平达峰"对于推进中国绿色低碳发展至关重要。

（一）关于碳达峰时间与峰值的研究

根据世界主要发达经济体的历史经验，二氧化碳排放强度、人均排放量和排放总量通常会先后呈现倒"U"形变化趋势（国务院发展研究中心，2011）。以此为基础，学者们采用情景分析法、环境库兹涅茨曲线分析法、资源最优配置动态均衡分析法以及投入产出模型分析法等方法，对中国二氧化碳排放峰值的时间、水平进行了深入研究（许广月，2019）。以 2030 年实现碳达峰为时间界限，可将现有文献划分为悲观派、谨慎派和乐观派三类。

悲观派认为中国二氧化碳排放无法在 2030 年前实现达峰。姜克隽等（2009）基于情景分析指出，若不采取气候变化对策，中国二氧化碳排放将于 2040 年达到 129.37 亿吨的峰值水平，依靠政策约束可将峰值降低至 88.30 亿吨，但需要更长的达峰时间（2050 年），想要在 2030 年实现碳达峰则需要中国在低碳技术方面处于世界领先地位，并确保大规模应用。渠慎宁和郭朝先（2010）设计了 8 种情景模式并利用 STIRPAT 模型对中国碳排放进行了预测，以 2021 年宏观数据为准，对照论文中对人口增速、经济增速和技术进步的参数设定，中国将在 2035 年至 2042 年实现碳达峰，峰值水平范围为 91.78 亿吨至 116.18 亿吨。岳超等（2010）以中国实际碳排放强度变化为依据，对不同碳达峰研究预测结果的合理性进行了探讨，指出中国二氧化碳排放的最佳可能峰值年为 2035 年，二氧化碳排放总量峰值为 161.48 亿吨，人均二氧化碳排放峰值为 11.01 吨。朱永彬等（2009）采用环境库兹涅茨曲线预测中国二氧化碳排放的拐点将出现在 2040 年，峰值为 140.77 亿吨。

谨慎派认为中国二氧化碳排放将在 2030 年实现达峰。柴麒敏和徐华清（2015）指出，"十五五"末期是中国实现碳达峰的较好机会窗口，在保障经济低碳转型平稳实现

---

① 资料来源：党的二十大新闻中心第五场记者招待会。

的基础上，二氧化碳排放峰值将达到 120 亿吨，人均碳排放量为 8.5 吨。Zhang 等（2016）基于碳市场建设情况，推断中国将于 2030 年达到二氧化碳排放峰值 100 亿吨。清华大学气候变化与可持续发展研究院基于 2030 年国家自主贡献目标，测算出中国将于 2025 年进入碳排放峰值平台期，并于 2030 年实现稳定达峰（项目综合报告编写组等，2020）。此外，联合国开发计划署、国际能源署和美国劳伦斯伯克利国家实验室等国际研究机构的研究结果也支持了该论断（International Energy Agency，2010；United Nations Development Program，2009；Zhou et al.，2010）。

乐观派认为中国二氧化碳排放将早于 2030 年实现达峰。Mi 等（2016）从行业层面评估了降碳对中国经济增长的影响，指出由于降碳会促进教育等行业增长，因此即使中国经济增速保持在 5% 以上，也仍可能使二氧化碳排放在 2026 年达到 112 亿吨的峰值。林伯强和李江龙（2015）从能源结构角度模拟了中国二氧化碳排放量变化趋势，发现即使在一般环境治理强度下，中国二氧化碳排放也能够在 2028 年达到峰值 132 亿吨，而能源结构转型进展的加快则可能使碳达峰时间提前至 2023 年。史丹和李鹏（2021）分析了政策力度对中国二氧化碳排放的影响，指出保持现有政策基础，中国总体上能够于 2030 年前实现碳达峰，峰值约为 120 亿吨，加强对高耗能行业的管控力度可将达峰时间提前至 2028 年，峰值降低至 107 亿吨。

对绿色技术进步和政策力度的预期不同是导致上述观点差异的主要原因。悲观派学者通常以发达国家的历史经验数据作为预测中国碳排放演化的参数标准，推算出的达峰年份多集中在 2040 年左右。发达国家实现碳达峰均是完成工业化、城市化进程的自然结果，而中国仍处于工业化、城市化进程之中，碳排放治理面临的要求更高，这些研究表明中国要确保在 2030 年实现碳达峰必须付出高于世界平均水平的努力。谨慎派学者大多以现阶段中国绿色技术进步速度和政策力度为参数标准，认为中国基本能在 2030 年实现碳达峰，这些研究证明了碳达峰目标的合理性。乐观派学者对中国减排前景预期积极，认为政府可以通过一系列政策或措施加快绿色技术进步，使碳排放强度降幅保持在较高水平，从而保障在 2028 年左右实现碳达峰，这些研究证明了技术进步对于实现碳达峰目标的重要作用，为今后相关政策举措的制定和实施提供了着力点。

（二）碳达峰时间对经济增长的影响

工业经济时代，经济发展的突出特征是高排放。从"十三五"时期的数据来看，中国人均国内生产总值增长对二氧化碳排放增加的贡献率高达 289.2%（吴晓华等，2022），经济发展与碳排放之间仍然存在较强的相关性。尽管中国已进入工业化后期，对高碳排放产品的需求减缓，但中国式现代化的实现仍需要一定时期较为强劲的经济增长，短期内二氧化碳与经济增长的强相关性仍将继续保持。因此，在讨论碳达峰时间与峰值的同时，应当将其对经济的影响一同纳入探讨范围。从现有文献来看，学者们对碳达峰经济影响存在两种相反的观点，一种观点认为碳达峰时间越早，经济增长受到的负面影响越大。例如，Wang 和 Zou（2014）通过构建可计算一般均衡模型，测算出 2025 年碳达峰将造成比 2030 年碳达峰多 5.27% 的国内生产总值损失幅度。刘宇等（2014）基于动态 GTAP-E 模型测算发现，2025 年碳达峰对中国经济增速的累计负面冲击分别比 2030 年、2040 年碳达峰高出 6.1% 和 12.2%，并进一步指出能源及其下游行业受到的冲击最大。段宏波和汪寿阳（2019）基于中国能源—经济—环境系统集成模型分析了全球温控目标调整对中国经济的长期影响，同样得出减排目标越严格，经济损失越大的结论。进一步地，鲁传一和陈文颖（2021）采用动态可计算一般均衡模型分析了不同达峰年份对宏观经济产生差异影响的原因，结果发现碳达峰时间提前会加速二氧化碳排放的"影子价格"上升，进而对经济系统的影响幅度增大。在该思路下，莫建雷等（2018）基于中国能源环境经济系统模型分析了减碳政策的经济成本，指出碳定价和非化石能源补贴的混合政策可以将实现碳达峰的经济成本降低 0.7% ~ 1.2%。另一种观点则认为，碳达峰时间越早，经济增长受到的刺激力度越大。例如，王勇等（2017）构建包含气候保护在内的四部门可计算一般均衡模型，对 2025 年、2030 年和 2035 年碳达峰对中国宏观经济的影响进行了测算，发现达峰年份越早，居民和企业的收入、储蓄、消费、投资，以及进出口和国内生产总值增长幅度越高。

两种观点体现了对减排成本与收益的评估差异。不利于经济增长的观点主要基于要素成本上升的考虑，即碳达峰时间提前意味着能源约束和碳排放约束趋紧，能源使用成本和碳排放成本的增加会产生价格替代效应，从而降低需求和产出，对经济增长产生消极影响。有利于经济增长的观点主要考虑了低碳发展带来的新需求和新投资，即碳达峰时间提前意味着在低碳领域的投入更多，投资增加可以创造更大规模的就业和新的消费点，刺激需求和产出的增加，进而对经济增长产生积极影响。

（三）总体性评价

综上所述，学者对中国二氧化碳排放在什么时间达峰、在什么水平达峰进行了科学研判，比较了不同达峰年对应的峰值水平以及其对经济发展的影响，为中国生态文明建设和经济高质量发展提供了清晰的碳排放约束框架。尽管上述文献的观点存在争论，但作为碳达峰对经济发展影响和风险的前瞻性分析，这些成果对于权衡好"双碳"目标与经济发展之间的关系，帮助中国经济增长穿越"环境高山"提供了重要参考。上述研究不足之处在于，对转型过程中可能遇到的风险问题对国家能源与经济安全的影响分析较少，对碳中和目标实现的相关分析和预测也比较少见。未来要对降碳成本收益进行全面的评估，并结合风险分析对成本和收益赋予不同权重，增加分析情景，以便于更全面地考虑应对风险的预案和稳定经济增长的政策措施。同时，需要将对碳达峰问题的探讨进一步向碳中和目标延伸，体现碳达峰对碳中和目标实现的基础作用，为碳达峰向碳中和平稳过渡和顺利接续提供依据和保障。

三、中国绿色低碳发展的特征事实分析

（一）经济增长与碳排放的关系

经济增长与碳排放的关系同环境污染的关系是一致的。根据环境库兹涅茨曲线假说，环境污染会随着经济的发展经历先恶化再改善的过程（Grossman and Krueger，1995）。以此为基础，经济合作与发展组织（OECD）提出脱钩理论，将上述过程中经济增长与碳排放之间的正相关关系逐渐弱化甚至消失的现象定义为碳排放脱钩。此后，

脱钩理论成为学术界评价经济增长"去污染化""去碳化"进程的一项重要工具。以环境库兹涅茨曲线假说和脱钩理论为基本框架,学者们采用脱钩指数法、Tapio 弹性系数法、Kuznets 曲线模型、IPAT 方程等方法,刻画了中国经济增长与碳排放之间的关系变化趋势。

对照发达国家和地区工业化进程的历史经验,目前中国正处于环境库兹涅茨曲线拐点到来的关键阶段(何建坤,2013)。对于拐点是否已经出现,学者们产生了不同的看法。一部分学者依据"速度标准"认为中国经济增长已经与碳排放脱钩。例如,石建屏等(2021)采用 Tapio 模型计算了中国经济增长的碳排放脱钩指数,结果显示经济增长与碳排放整体呈现由扩张负脱钩和增长连接向弱脱钩状态转换的趋势,低碳发展整体向好。另一部分学者认为脱钩的本质是在二氧化碳排放保持不变或逐年减少的情况下,经济保持持续增长,因此应当从"数量标准"的角度进行分析。例如,刘志红和曹俊文(2017)采用以 IPAT 方程为基础推导出的 IGT 和 IeGTX 方程探讨了中国经济增长的碳排放"数量脱钩"水平,发现两者主要处于增长连接和扩张负脱钩状态。盛业旭等(2015)进一步分析了两种脱钩标准的环境影响,指出"速度标准"和"数量标准"下的脱钩状态分别对应 Kuznets 曲线拐点的左右两端,在拐点左侧的"速度脱钩"状态下,碳排放量的增长趋势随着经济增长逐渐放缓,此时尽管碳排放强度在不断降低,但排放总量仍然在不断增加,经济增长仍以消耗环境资源为代价;在拐点右侧的"数量脱钩"状态下,碳排放总量随着经济增长逐渐下降,经济发展不再伴随着环境资源的消耗,两者实现真正意义上的脱钩。由此得到的启示是中国目前正处于穿越"环境高山"的关键节点,忽视"数量脱钩"可能会误判经济增长与资源环境从"两难境地"到"双赢区间"的转换,对经济高质量发展产生不利影响。

学者们还从省域、县域层面分析了地区间二氧化碳排放与经济增长的脱钩关系。区域研究结果整体上支持了经济增长与碳排放呈脱钩趋势的结论,同时发现碳排放脱钩在空间上表现出明显的分异特征。从现状来看,各省份的产业结构在不同程度上得到了优化升级,缩小了地区间的经济差距,但也使得二氧化碳排放差距逐年增加,除宁夏和新疆外,其他省份经济增长与碳排放的关系正在由扩张连接状态和负弱脱钩状态向不稳定的弱脱钩状态过渡(韩梦瑶等,2021)。从未来趋势来看,能源强度的降低和研发能力的提升为碳排放脱钩提供了动力,除宁夏和新疆外,其余省份将于 2026~2032 年达到强脱钩状态(吕靖烨、李珏,2022)。宁夏和新疆的问题在于发展方式仍比较粗放,因此绿色低碳发展进程较为缓慢。从空间特征来看,中国北方地区仍以粗放式发展为主,碳排放热点范围近年来持续扩大,碳排放密度也逐年提高;南方地区则正在向集约式发展转型,碳排放热点范围不断缩小,排放密度逐渐增大(Cai et al.,2018)。整体来看,中国南方地区碳排放脱钩情况优于北方地区,东部地区优于西部地区(张赫等,2022)。这可能是经济增长模式、资源禀赋、产业结构、技术水平等多重因素差异导致的结果。在经济高速增长的早期阶段,中国东部、南部沿海地区依靠对外开放引进了先进生产技术,有效降低了碳排放强度,此后随着经济发展由速度向质量转变,以及产业结构的优化升级,东南沿海地区碳排放得到进一步控制,而中部地区受限于产业结构不完善，以及区域辐射能力不足，导致碳排放控制效果并不理想，西北地区由于资源储量丰富，长期以资源开采为主要经济增长方式，导致碳排放未能得到有效控制。重点区域方面，京津冀地区得益于节能减排技术的进步和产业结构的优化升级较早实现了经济增长与碳排放脱钩（陈欢等，2016），但核心城市对周边地区的带动作用不明显，区域内部差异较大（赵玉焕等，2017）。长三角地区脱钩状态整体存在较大波动，这是由于长三角地区产业结构持续优化，但地区内部能源结构差异较大，多数城市能源结构不合理现象严重，两者不能互相兼容，导致脱钩改善出现反复（郭炳南等，2017）。因此，在中国绿色低碳发展的推进过程中，应当注重产业结构与能源结构相互适应，通过推动产业与能源转型协同融合，共同支撑低碳经济。

产业是绿色低碳发展的一个重要领域，学术界以工业部门为重点，对包括农业、服务业在内的产业碳排放变化趋势进行了总结与分析。工业是中国二氧化碳排放最主要的来源部门，也是对碳排放脱钩贡献最低的产业（Wang and Jiang，2019）。过去二十年，中国工业碳排放量呈倒"U"形变化趋势，部门整体增加值与碳排放量之间的脱钩趋势越来越明显（何洋洋、魏振香，2021）。与中国经济增长碳排放脱钩的整体趋势不同，工业领域的"数量脱钩"状态要优于"速度脱钩"状态，这主要得益于清洁能源在工业领域的推广和产业结构的优化（Hua et al.，2023）。除此之外，资本和劳动投入的产出弹性也是影响工业碳排放脱钩的重要因素之一（袁伟彦等，2022）。要素产出弹性的降低会导致该要素投入量的减少，从而降低由该要素使用引起的碳排放增加。这也导致不同要素投入结构的行业之间低碳转型进程差别明显。例如，采矿业和电热燃水业比制造业改善明显（何洋洋、魏振香，2021；袁伟彦等，2022），劳动密集型行业比资源密集型和资本密集型行业改善明显（方佳敏、林基，2015）。农业是除工业外的第二大碳源。据生态环境部测算，中国农业领域每年直接排放的二氧化碳占总排放量比重约为11%[①]，如果将与农业有关的间接用能也计算在内，这一比例将接近1/3（张晓萱等，2019）。从碳排放变化趋势看，中国农业大致经历了平稳增长（1961~1978年）、快速增长（1979~1996年）和趋于平稳达峰（1997~2019年）三个阶段（王学婷、张俊飚，2022）。据测算，中国农业已于2015年实现碳达峰，峰值为0.91亿吨，并且正以年均6.39%的降幅不断向碳中和迈进（黄晓慧、杨飞，2022）。从碳排放脱钩关系看，中国农业经济增长与碳排放基本实现脱钩，各省份基本处于弱脱钩和强脱钩状态，且在空间格局上呈现强脱钩替代弱脱钩的趋势（张丽琼、何婷婷，2022）。从脱钩驱动因素看，产值比重降低是农业碳排放脱钩的主要因素，能源强度降低也起到了一定的积极作用（Zhao et al.，2017）。除碳排放问题外，中国农业绿色低碳发展的另一个重要问题是对非二氧化碳温室气体排放的控制。与其他产业不同，农业生产过程中排放的甲烷和氧化亚氮等非二氧化碳温室气体占据了相当一部分比重。根据IPCC发布的第六次评估报告，过去十年中，甲烷成为排放增幅最大的温室气体（The Working Group Ⅲ，2022）。如何降低非二氧化碳温室气体排放将成为未来农业领

_____

[①]　资料来源：《中华人民共和国气候变化第三次国家信息通报》。

域绿色低碳发展的关键内容。服务业是中国二氧化碳排放较低的部门，相关讨论较少，但随着服务经济的比重越来越高，由其产生的碳排放量也变得不可忽视（王凯等，2016）。目前，中国服务业碳排放正处于快速增长阶段，年均增幅超过20%，脱钩发展并不理想（Gan et al.，2022）。有研究指出，中国服务业减排空间主要存在于投入结构、能源结构和需求结构三个方面（Yu et al.，2022）。其中，需求结构是服务业区别于其他产业的一项特殊碳排放影响因素。服务业作为最终需求产品具有高碳化特征，这意味着推动服务业绿色低碳发展需要从需求侧入手，通过降低高碳需求引导产业绿色转型。

（二）能源结构与碳排放的关系

能源低碳转型是经济绿色发展的另一重要领域（黄群慧，2022）。中国是煤炭资源大国，煤炭在化石能源资源储量中的比重超过94%，经过长期发展，中国能源供应格局由以煤炭为主体，向煤、油、气、电、核、新能源和可再生能源全面发展转变（谢克昌等，2017）。2020年中国煤炭消费占比56.8%，较1978年下降了13.9%，石油消费比重稳定在18%左右，清洁能源消费比重从1978年的6.6%上升至2020年的24.3%，煤炭仍占据主体能源地位，但能源结构整体呈现出清洁化转型趋势。中国能源绿色转型的可行路径是学者们关心的核心命题，可总结为两个方向：一是通过"去煤化"加速能源结构绿色转型；二是推进煤炭清洁高效利用（韩建国，2016）。

目前全球化石燃料开发储量已超过1.5℃温控目标碳预算范围近40%，迫切需要各国政府降低化石燃料供应（Trout et al.，2022）。中国作为世界上最大的能源生产国和消费国，化石能源消费比重接近85%，去煤压力巨大。学者们从能源结构变化趋势、清洁化石能源安全风险和新能源发展制约因素分析了"去煤化"路径面临的机遇和挑战。何则等（2018）利用指数分解法和Tapio弹性脱钩指数，分析了1953~2014年各类能源消费与经济增长的脱钩关系，结果表明中国经济增长对煤炭的依赖性正在降低，能源结构转型的窗口期已经到来。但是从中国基本国情来看，无论是发展石油、天然气等清洁化石能源还是新能源都存在一些问题。在清洁化石能源方面，以天然气为例，2020年全国天然气产量为2076亿立方米，消费量约为3200亿立方米，大量需求缺口需要依靠进口补齐。预计到2030年，全国天然气需求量将增加至5000亿~6000亿立方米，对外依存度将超过60%，远远高于50%的警戒线。在大国博弈背景下，中国天然气进口的外部环境可能恶化，能源安全存在风险（韩建国，2016）。新能源方面，推动其进入市场需要政府进行直接或间接的价格补贴（马丽梅等，2020）。2016年，水电、生物质发电、风电以及光伏发电的成本分别为煤电的1.2~18倍，与此对应的高额补贴虽使新能源产业在短时间内实现了快速发展，但也给政府带来了巨大的财政压力。据粗略估算，截至2021年底，国内新能源补贴资金缺口已接近4000亿元。研究指出，补贴资金缺口的存在会导致传统能源向新能源过渡陷入往复波动，不利于能源结构转型（柴瑞瑞、李纲，2022）。另外，新能源补贴还可能加剧生产企业在低技术水平上的市场竞争，对新能源技术创新产生不利冲击（孙传旺、占妍泓，2023）。高额的补贴会引发风电、光伏发电的投资冲动，促发行业寻租行为（北京大学国家发展研究院能源安全与国家发展研究中心、中国人民大学经济学院能源经济系联合课题组，2018），并且在储能技术落后以及电力系统调节能力不足的前提下，风电、光伏发电的爆发式增长会加剧"弃风弃光"问题的产生（王国法等，2023）。根据国家能源局公布的数据，2022年新增风电光伏发电量占全国新增发电量的55%以上，平均弃风弃光率分别为3.5%和1.8%，风能、光能资源丰富的三北地区弃风弃光率分别达到8.6%~10.5%和1.4%~19.5%。消纳能力不足成为制约新能源发展的顽疾。关于如何提升新能源消纳能力，学术界从两个方向进行了讨论。第一个方向是建设外送通道。学者们认为电力调度是储能技术制约下保障新能源供给稳定性的唯一办法，但目前国内具有灵活调节能力的电源不足20%，省际壁垒约束下省内电力市场的新能源消纳空间更加有限，因此必须建立更大区域范围的电力市场，打通新能源外送通道，才能从根本上消除新能源产能局部过剩的现象（王国法等，2023；北京大学国家发展研究院能源安全与国家发展研究中心、中国人民大学经济学院能源经济系联合课题组，2018）。第二个方向是加快技术突破。这包括两个方面：一是提升电力系统调峰技术，如改造燃煤机组，优化相邻电网互联互通等（周天舒等，2022）；二是发展大功率电池和储能技术（王国法等，2023）。近年来，压缩空气储能、氢储能、铅蓄电池、锂离子电池等新型储能技术不断涌现。除锂离子电池储能领域外，中国在其他储能领域均与世界先进水平仍存在较大差距（王超等，2022）。中国应当发挥产业链优势，尽快补齐储能技术短板（郭彤荔，2019），并建立储能参与辅助服务市场机制，促进储能技术规模化应用（涂强等，2020）。

煤炭清洁高效利用方面，相关学术探讨主要包括利用现状分析，制约因素分析以及清洁高效利用对策建议等。张绍强（2016）分析了中国煤炭消费存在的核心问题，指出消费区域和时段过度集中、清洁化技术推广力度不足是导致大气污染的重要原因。李小炯（2019）进一步指出清洁技术难以推广的两大原因分别是核心技术依赖进口和资金支持力度不够，此外还认为限煤政策在一定程度上挤压了煤炭清洁发展的空间。对此，李珂（2020）提出应从煤炭提质加工技术、燃煤发电技术、煤炭深加工技术着手，提高煤炭清洁高效利用技术自主创新竞争力。么时曾和贾秋晨（2022）提出应进一步丰富金融产品，降低中小企业贷款难度，增强银行支持煤炭清洁高效利用的能力，充分发挥金融支持作用。此外，高天明和张艳（2018）基于各类煤炭利用方式终端能效以及相应污染物排放系数的计算，对各类终端服务的煤炭利用方式提出了改进建议，如供暖方式由煤炭直接燃烧改为煤电—空气源热泵供暖，炊事、照明和交通领域推广煤电使用等。综上所述，现阶段煤炭利用效率低、污染大主要与煤炭直接燃烧的利用方式以及由此衍生的治污管理问题有关，推进煤炭清洁高效利用的关键点在于加快煤炭利用方式变革和清洁技术创新。

（三）低碳改革重点领域的国际比较

中国与美国、欧盟、日本等发达国家和地区近年来相继发布了具体的碳中和行动战略，对未来低碳改革的重点领域进行了规划。例如，中国在《2030年前碳达峰行动方案》中，对能源、工业、建筑业、交通运输业等十个领域做出了重点任务安排。法国在"国家低碳战略"法令中,对农业、工业、建筑业和交通业减排设置了具体目标(France Ministry for the Ecological and Solidary Transition, 2020)。英国在《绿色工业革命十点计划》和《能源白皮书》中,以电力系统为核心,制定了工业、交通业的减排计划(HM Government, 2021a, 2021b)。日本在《2050年碳中和绿色增长战略》中,以能源系统电气化为主线,制定了电力系统的发展及其在农业、制造业、建筑业、交通业、通信业等领域的应用规划(Japan Ministry of Economy, Trade and Industry, 2021)。美国在"净零"温室气体排放的长期战略中同样以能源系统转型为主线,制定了电力系统、交通运输、采掘业和建筑业的转型方案(United States Department of State, 2021)。可以看出,以电力系统为核心的工业、建筑业和交通业是未来全球低碳改革的重点领域,基于此,本部分围绕这些代表性行业,对比了中国与国际绿色低碳发展水平和政策机制差异。

1. 电力系统

电力是能源转型的中心环节,是中国实现"双碳"目标的关键所在。从发电量来看,根据《中国电气化年度发展报告(2021)》公布的数据,2020年中国非化石能源发电量占比33.7%,较2019年提高1.4%(中国电力企业联合会,2021)。其他发达国家和地区,如日本2020年非化石能源发电占比23.7%,较2019年提高5.7%;欧盟2020年非化石能源发电占比38%,较2019年提高3.4%;美国2020年非化石能源发电占比41.9%,较2019年上升2.9%。从占比数额看,中国电力行业低碳发展已达到世界中等水平,但从比重变化趋势来看,中国非化石能源发电占比增速显著低于日本、欧盟和美国,未来同发达国家和地区之间的差距可能被进一步拉大。

从发电量结构来看,中国最大的非化石能源电力来源是水能(46.3%),剩下依次为风能(22.7%)、核能(14.1%)、太阳能(11.3%)和生物质能(5.7%)。日本非化石能源电力结构以太阳能发电和水电为主,分别占比33.3%和32.9%,其余依次为核电16.5%、生物质能发电12.2%、风电3.8%以及地热发电1.3%。欧盟非化石能源发电中,核电占比39.7%,其他可再生能源发电占比60.9%。美国非化石能源电力中,核电占比47%、风电占比20%、水电占比17.4%,生物质能及其他可再生能源发电占比15.5%。上述数据显示,核电已经成为美国、欧盟等能源转型居领先地位国家和地区的主要非化石能源,与它们相比,中国核电占比明显偏低。

美国与欧盟绿色电力产业的快速发展得益于财政补贴、配额管理以及颁发绿色证书等一系列产业政策的支持。从这些国家的实践经验来看,激励政策是施用最广、效果最好的政策。因此,中国未来在推进能源转型的过程中,不仅要重视新型电力系统的构建,而且应当强调产业政策的制定,尤其是利用激励政策提高非化石能源发电在终端用能中的比重,进一步加快电气化发展,通过市场机制加快清洁能源对化石能源的替代。在清洁能源方面,中国也应借鉴英国和日本的经验,加快制定关于核能发展和利用的相关举措,以顺应全球能源清洁低碳转型的必然趋势。

2. 工业

工业绿色低碳转型,是推动中国绿色低碳发展的重要突破口。据国际能源署公布的数据，2020年中国工业领域排放二氧化碳59.7亿吨，约占全国二氧化碳排放总量的83.2%，远高于美国、英国、法国等发达国家18%左右和世界平均40.8%的工业碳排放比例。经计算[①]，2020年中国工业二氧化碳排放强度为10.7吨/万美元，美国、英国、法国、日本等已完成工业化的国家分别为1.9吨/万美元、0.6吨/万美元、1.1吨/万美元、1.2吨/万美元。尽管多年来中国出台一系列举措推进工业节能降碳，工业二氧化碳排放强度较1990年下降了86.4%，但仍与世界先进水平存在较大差距。

从美国、日本、欧盟等发达国家和地区的工业低碳发展战略行动来看，提升电气化水平是未来工业绿色低碳转型的主要路径（European Commission，2021；Japan Ministry of Economy，Trade and Industry，2021；United States Department of Energy，2022）。但中国目前尚未实现工业化，产业结构层次有待提高，一定程度上制约了电气化改造。2021年，中国高技术制造业、装备制造业占工业增加值比重分别为15.1%和33.7%，工业部门整体电气化率为26.2%，四大高载能行业电气化率仅为17.8%。

参考美国、日本、欧盟等发达国家和地区产业发展的实践经验，中国应当加大财政政策、税收政策和信贷政策力度，充分发挥市场机制，促进物质资本由高耗能、高排放的落后产业向绿色低碳的新兴产业转移，深度调整产业结构。同时，提高技术创新投入力度，加快低碳技术创新及工业推广应用，鼓励清洁发电项目建设，推进工业电气化，并通过数字化转型赋能工业绿色低碳发展。

3. 建筑业

建筑业也是高能耗、高排放部门之一，据联合国环境规划署公布的数据，2021年全球建筑行业能源需求比重超过34%，二氧化碳排放接近37%。建筑业的快速发展对1.5℃全球温控目标的实现提出了新的挑战。根据《中国建筑能耗研究报告（2021）》公布的数据，中国建筑业能耗和二氧化碳排放增长趋势明显，"十三五"期间年均增速分别为4.3%和2.7%。2019年中国建筑行业上下游能源消耗总量达到22.33亿吨标准煤，占全国能耗总量的50.6%，排放二氧化碳49.97亿吨，占全国排放总量的50.6%（中国建筑节能协会能耗统计专委会，2021），而美国、日本和德国建筑业碳排放占比分别为39.64%、42.5%和41.1%。

发达国家的经验为中国建筑业绿色低碳转型提供了一个完整框架。首先，通过立法将低碳理念融入整个建筑业发展过程。其次，建立系统化的低碳建筑设计标准。再次，制定多元化的补贴政策。最后，形成特色推广机制。过去，中国在建筑业低碳转型方面存在立法保障力度不足、低碳标准涵盖范围不够全面、政策支持不够完善以及推广制度缺失等问题。但随着《"十四五"建筑节能与绿色建筑发展规划》的发布，以及《绿色建筑评价标准》《建筑节能与可再生能源利用通用规范》等一系列建筑行业政策举措的不断更新、出台，中国对于建筑业绿色低碳转型的要求更加明确，标准也更加严格。同时，各省份先后出台了包括财政补贴、费用减免、金融支持在内的一系列配套激励政策，形成了立体的建筑业绿色低碳发展政策体系，保障了国家规划与

---

① 计算所用的工业增加值数据来源于世界银行公开数据，工业二氧化碳排放量数据来源于国际能源署。

地方发展的衔接落地，有效提高了建设绿色建筑的积极性。

4. 交通运输

中国正在从交通大国迈向交通强国，近年来由交通运输领域产生的二氧化碳排放始终保持增长势头。根据国际能源署公布的数据，2020年中国交通运输二氧化碳排放量为10.12亿吨，占全国二氧化碳排放总量的14.1%，较2000年提升了近5个百分点。美国和欧盟地区由于交通运输领域已实现碳达峰，碳排放比重分别稳定在18%和11%左右。

美国与欧盟在碳中和战略行动中对交通领域的任务计划体现了其低碳发展的基本思路。第一，注重绿色交通顶层设计和统筹协调。第二，加快交通运输领域能源改革。第三，推进运输结构优化调整。第四，倡导大众绿色出行。中国自2021年先后出台了《绿色交通"十四五"发展规划》《"十四五"现代综合交通运输体系发展规划》《绿色交通标准体系（2022年）》，不仅完善了绿色交通顶层设计，并且针对基础设施空间布局、运输结构优化调整、清洁能源利用推广、绿色技术创新支撑、低碳发展监管评估等多个方面做出了重点任务安排，围绕财政政策和宣贯培训强化保障措施，同时从污染防治、过程控制和循环利用三个层面制定了详细的行业绿色标准，中国交通运输绿色低碳发展正向着国际标杆迈进。

（四）总体性评价

综上所述，关于中国绿色低碳发展的特征事实，学术界围绕经济增长与碳排放的脱钩关系、能源清洁低碳转型的可行路径进行了较为全面的分析研判，为实现碳达峰、碳中和目标，推进中国绿色低碳发展提供了现实参照。

但是，从脱钩关系的研究重点来看，学术界对于"数量脱钩"的探讨还不充分，尤其缺少对"数量脱钩"的区域分解和行业分解研究。相关研究已经证明"数量脱钩"是经济增长从"两难境地"转向"双赢区间"的重要表现，过度强调"速度脱钩"可能会造成对经济低碳转型阶段的误判，从而对经济增长或环境目标的实现产生负面影响（盛业旭等，2015）。未来首先需要针对"数量脱钩"展开重点研究，尤其是对重点区域和全部省域的分解研究，确定各个地区在降碳过程中的贡献，分析地区差异的产生原因，为"双碳"目标落实提供重要基础。其次聚焦低碳改革的重点领域，关注电气化技术应用等国际前沿问题和居民生活低碳化等热点问题，统筹国内国际两个大局，兼顾生产与生活绿色低碳发展。

能源低碳转型方面，第一，应适当丰富前瞻性研究。现有成果的研究重点集中在各类能源消费与经济增长和碳排放的历史相关分析，对过去能源消费和能源结构的总体变化情况进行了充分总结，但关于未来能源结构以及各种能源类型的需求预测成果数量较少。今后应就如何科学预测未来一段时期内各类能源，尤其是清洁能源的消费需求展开进一步讨论，通过分区域和分行业研究，为"双碳"目标下碳排放总量控制目标与能源消费总量控制目标合理衔接提供保障，为能耗双控目标任务分解提供依据。第二，应在新能源领域继续深化。新能源是中国能源转型的主攻方向。现有研究理清了补贴政策下新能源产业资源配置的基本逻辑，揭示了行政命令与市场机制之间的矛盾，同时提出了缓解种种矛盾的宏观方向。但多数研究结论缺少实质性措施，可操作性较低，难以应用于新能源发展相关问题的具体实践指导。新能源发展的国际经验显示，无论是技术开发还是制度设计都需要根据实际情况差异而采取不同措施（李少林、陈满满，2018），尤其对于国土面积广阔且地形复杂的中国来说更需要因地制宜。因此，应当增加新能源发展相关案例研究，强化理论来源的实践基础，增强研究成果的实践指导能力。

四、中国绿色低碳发展的影响因素与政策工具效果

（一）影响因素

明晰影响中国绿色低碳发展的主要因素，找准推动经济低碳转型的着力点，对于加快实现"双碳"目标意义重大。日本学者 Kaya（1989）通过简单的数学形式，将人口、经济、技术、能源与二氧化碳排放量之间建立起了联系，形成了分析低碳发展影响因素的基本框架。后来学者们不断对 Kaya 恒等式进行拓展，先后提出 IPAT 模型、STIRPAT 模型、对数平均迪氏指数法（LMDI）以及广义迪氏指数分解法（GDIM）等方法，围绕对上述四种影响因素进行更广泛的讨论。

人口因素涉及方面较多，大致可分为人口数量和人口结构两类，分别包括人口规模、人口密度、家庭规模，以及年龄结构和城乡结构。研究表明，各类人口因素之间存在相互作用，但除城乡结构外，这种相互作用不会改变其他各因素本身的影响方向。具体地，人口规模下降、人口密度提升、家庭规模缩小以及人口老龄化程度加深均具有显著的减碳效应（Yi et al.，2021；Zhou and Liu，2016；孙悦，2022；王睿等，2021）。但由于调节作用的存在，减碳效应会产生影响程度上的异质性。例如，人口密度提升产生的减碳效应会随着人口规模的增加而减弱（Yi et al.，2021），人口规模的减碳效应也会受到收入因素的影响（Zhou and Liu，2016），家庭规模及年龄结构的权重大小又与家庭生命周期有关（孙悦，2022）。城乡结构是一个较为特殊的因素，其对碳排放的影响主要通过居民消费体现（王睿等，2021）。中国城乡居民消费受到二元经济结构影响，在消费水平、消费结构和消费方式上存在明显差别（潘家华、张丽峰，2011），这使得城镇化率与城市碳排放量之间呈现倒"U"形的非线性关系（Huang and Matsumoto，2021）。由此带来的启示是，从社会层面推动降碳减排应当根据城市发展的不同阶段合理控制人口规模、优化人口结构，同时要注意加强社会面的动态监测，保持降碳减排工作落脚点与现状相契合。

在经济因素方面，学者们普遍认为经济活动是直接引起碳排放增加的主要行为（Khan et al.，2020；付华等，2021），并且会产生空间溢出效应影响其他地区（赵巧芝等，2018）。学者们围绕经济活动的要素基础、产业体系的形成机制和经济发展的优化方向三个重点内容，对绿色低碳发展的经济因素进行了系统分析，形成了三个主要观点：第一，资源丰度是影响经济活动碳排放量的基础。Wang 等（2019）利用 Tobit 模型分析了资源禀赋对碳排放效率的影响，结果发现两者存在显著的负相关关系。资源丰富地区容易形成经济发展对资源消耗的路径依赖，同时降低产业升级和发展方式转

变动力,阻碍绿色低碳发展。第二,产业分工是造成经济活动碳排放量差异的主要机制。向仙虹和孙慧(2020)采用 Dagum 基尼系数分解法,基于地区资源禀赋讨论了产业分工对碳排放的损益偏离,发现资源禀赋是造成地区间碳排放差异的根本原因之一,而产业分工则是差异形成的主要途径。第三,产业升级是降低经济活动二氧化碳排放的重要途径。研究表明,中国碳排放强度与三次产业的相关性存在明显差异,其中第二产业与碳排放强度关联度最大,第三产业次之,第一产业最小(李健、周慧,2012)。调整产业结构一方面可以降低高碳产业比重,另一方面可以促进产业技术水平提升,从而降低碳排放强度(陈雪梅、周斌,2022)。

技术创新是一把"双刃剑",一方面可以通过提升能源利用效率降低碳排放,另一方面又会因效率的提升而增加能源消耗,导致碳排放增加(金培振等,2014)。如何破解"杰文斯困局"成为学术界关注的重点问题,现有成果提供了一个重要思路,即增强技术创新与绿色低碳发展的适配性。例如,Wang 等(2012)从供给适配性角度分析了技术创新与碳排放之间的因果关系,发现化石燃料技术专利的增加会提高碳排放量,而无碳能源技术专利的增加会降低碳排放量。卢娜等(2019)从现状适配性角度分析了技术创新对碳排放的影响,指出中国现有生产技术和生产体系与突破性低碳技术创新的适配性较差,多数省份低碳技术创新水平偏低,突破性低碳技术创新动力不足,导致技术创新的减碳效应不能充分发挥。林善浪等(2013)的研究结果也表明,现阶段技术创新的减碳效应不明显,且存在区域异质性,这一方面与现有技术结构有关,另一方面与地区所处发展阶段有关。

能源消耗是引起二氧化碳排放增加的直接原因,也是经济活动产生二氧化碳的基础。研究指出,能源消耗是现阶段除经济增长外的第二大增碳因素(Nawaz et al., 2021),但随着经济的不断发展,经济因素对碳排放的影响将逐渐减弱,能源将成为碳排放的主要驱动因素(Armeanu et al., 2021),因此"能源革命"将承担重要的战略使命。总结现有成果可以发现,通过"能源革命"推动经济绿色低碳转型可以从能源结构、能源强度和能源效率三个角度切入。从排放来源看,不可再生能源消耗增加了碳排放,而可再生能源的消耗降低了碳排放(Li and Haneklaus,2022)。但由于不可再生能源的消耗规模远高于可再生资源,因此可再生资源的减碳效应并不明显(Nawaz et al., 2021)。从变化趋势看,能源结构的优化和能源强度的降低对中国碳排放增长放缓具有重要作用(Guan et al., 2018)。从脱钩关系看,能效技术的引进与革新极大地提高了能源效率,放大了能源价格对碳排放的抑制效应,推动了中国经济增长与能源消费脱钩(查建平等,2011;武晓利等,2022)。因此,加快能源结构优化,并在此基础上进一步降低能源强度,提高能源效率,将是未来能源领域绿色低碳转型的主要方向。需要注意的是,可再生能源的减碳效应显现在长期,而化石燃料的增碳效应在短期和长期均会存在(Li et al., 2022),因此"能源革命"的短期吸引力可能受此影响而降低(Nawaz et al., 2021),充分发挥政府投资引导和政策支持作用对于充分发挥"能源革命"减碳效应至关重要(刘自敏、张娅,2022)。

(二)政策因素与政策工具影响

党的十八大以来,党和政府出台了一系列发展规划、实施方案和指导意见,不断强化绿色低碳发展的顶层设计，并通过深化体制机制改革，完善绿色低碳相关政策工具，进一步发挥了市场机制对推动经济绿色低碳转型的作用。关于绿色低碳发展，中国现已形成以命令控制型手段为主，市场激励型手段与命令控制型手段并重的政策工具框架（张国兴等，2014）。其中，以碳市场、碳税为典型代表的市场激励型手段受到学术界的广泛关注。

1. 碳市场

碳市场是利用市场交易机制对碳排放外部成本进行定价的方法之一，其思路是将外部成本内部化来解决市场失灵问题。碳排放权交易源于科斯定理，通过设定各控排企业碳排放配额，界定碳排放权的初始产权，再通过市场机制引导企业根据自身碳排放需求对碳排放权进行交易，达到矫正环境外部性的目的，实现碳排放资源配置效率的帕累托改进。

2021年12月31日，全国碳排放权交易市场第一个履约周期顺利结束。作为推动中国绿色低碳发展的一项重大制度创新，在长期运行中仍将面临一些挑战。现有研究总结并分析了第一个履约周期暴露出的一些问题。第一，市场活跃度偏低。截至2021年底，全国碳排放权交易市场累计交易量为1.79亿吨，总成交金额76.84亿元，换手率约为3%，而全球碳市场交易最为活跃的欧盟碳市场初期换手率为4.09%，两者差距较为明显（王科、李思阳，2022）。有研究认为，提高市场活跃度，应当从丰富碳排放权交易方式入手，构建期权或期货交易，开发碳金融产品（陈星星，2022）。第二，市场有效性不足。有研究指出，中国碳市场尚未达到弱式有效水平，市场信息无法通过交易反映到价格中（马跃、冯连勇，2022），这使得碳市场无法通过激励机制发挥减排效应（张晗、孟佶贤，2022），导致碳市场交易的"潮汐现象"突出。第三，市场机制作用不明显。有研究表明，尽管全国碳市场的建立促进了企业绿色转型，但并非由于市场机制的引导，而是因为部分企业拥有强大的成本转嫁能力，借助碳市场进行绿色转型时，可以将碳成本转嫁给消费者并从中获利（苏涛永等，2022）。解决上述问题的核心在于提高碳定价效率，只有当碳价格具有经济效率时，碳市场才能通过市场机制产生减排效应（张晗、孟佶贤，2022）。此外，碳市场作为一种政策性市场，应当加强政府行政管控，合理分配碳排放配额，保障市场运行初期的减排效果（王雪峰、廖泽芳，2022）。

2. 碳税

碳税是将碳排放外部性内部化的另一种方法，基于庇古税"污染付费和治理受益"的基本逻辑来实现。碳税与碳市场的核心区别在于碳价的确定方式不同，碳市场通过对碳排放进行总量控制，由市场决定不同减排目标下的碳价，属于数量手段。碳税由政府直接对碳排放的外部性成本进行定价，属于价格手段。尽管目前中国尚未征收碳税，但关于碳税开征的理论探讨由来已久。

从中国现行税制来看，碳排放调控主要依靠消费税、车辆购置税、资源税、车船税、环境保护税、可再生能源电价附加和船舶吨税（白彦锋、李泳禧，2022）。文献指出，现有税制存在征收范围局限、税率偏低、未实行差别税率以及缺少专门针对碳减排目标的碳税等不足，难以满足税制"绿色化"的要求（张莉、马蔡琛，2021）。据估算，由碳税变动引起的碳排放变化比重达到28.6%（郑国洪，2017），充分说明在绿色发展背景下，中国现行税收政策存在较大的调整空间。鲁书伶和白彦锋（2021）总结了碳税实践的国际经验，从碳税政策模式和税制要素两个方面提供了设计中国碳税政策的基本框架。在该框架下，学者们争论的焦点集中在计征方式的选择。以碳排放量为依据的计征方式是碳税制度的未来趋势（李桃，2022），但对监测能力和技术水平要求较高，对于移动排放源的实时监控难度更大（刘琦，2022）。以化石燃料消耗量折算二氧化碳排放量的计征方式虽然技术要求和实施成本相对较低，但不利于激励企业低碳技术创新（刘磊等，2022）。其他税制要素设计方面，学者们的观点较为统一，例如，认为应当在碳税开征初期选择较低的税率水平，之后循序渐进提高税率，避免因减排成本过高降低企业减排投资积极性（陈旭东等，2022；李桃，2022；刘磊等，2022；刘琦，2022）；鼓励采用差异化、分阶段的碳税结构，以便能够更好地适应不同领域不同时段的减排诉求（陈旭东等，2022；刘琦，2022）；建议碳税收入纳入一般预算管理，减轻碳税对经济的负面影响，同时避免锁定效应和权力寻租（刘磊等，2022；刘琦，2022）；配套税收优惠政策，降低碳税负担，发挥激励作用（陈旭东等，2022；刘磊等，2022；刘琦，2022）。

3. 碳关税

碳关税是一个争议较大的议题。由于国际贸易的存在，部分商品消费的碳排放最终会体现在与生产地不同的地区（Hong et al.，2022）。因此，欧盟自2007年便开始倡导推行碳关税政策，提出对未征收国内碳税或能源税的高耗能产品进口征收二氧化碳排放特别关税，以实现碳税的边境税收调节（Veel，2009）。但这既违反了WTO的非歧视原则，也不符合《联合国气候变化框架公约》和《巴黎协定》共同但有区别的责任原则和国家自主决定贡献的制度安排（任亚楠等，2022）。目前，欧盟已正式通过碳边境调节机制（Carbon Border Adjustment Mechanism，CBAM）立法。美国、日本、加拿大等国也对实施碳关税政策进行了一系列尝试，这些国家在碳关税问题上的合流将冲击应对气候变化挑战的全球合作框架（龙凤等，2022）。对于中国而言，一方面经济贸易可能受到相应冲击，另一方面可能倒逼相关企业转型，加快绿色低碳发展。研究表明，当欧盟、所有发达国家和中国所有贸易伙伴分别征收碳关税时，中国工业产品出口将损失0.6%、2.7%和6.4%（任亚楠等，2022）。对此，有学者指出中国应当率先布局，在国内层面支持鼓励相关企业低碳技术研发创新，推行碳税试点，健全碳市场，调整出口市场结构；在国际层面强化气候外交，加强国际合作，积极参与碳关税等国际气候治理议题的规则制定（蓝庆新、段云鹏，2022）。

（三）总体性评价

综上所述，学术界围绕人口、经济、技术、能源四个方面对碳排放影响因素及作用机制进行了较为系统的研究，并对政策工具的设计与成效进行了分析评价，为中国绿色低碳发展提供了着力点。但是从现有研究的结论看，各类影响因素的作用效果存在明显的区域异质性和行业异质性。在区域视角上，现有文献多数是对全国层面以及东、中、西三大地区层面的讨论，此类结果可能无法为省域层面的低碳转型实践提供科学合理的参考依据。在行业视角上，除对全行业的分析外，多数探讨集中在工业领域，对于农业、服务业的关注较少，这样的成果结构对于建立绿色低碳循环产业体系的支撑力度较弱。因此，未来应加强对区域分解和行业分解的碳排放影响因素及作用机制研究，为推进"双碳"目标的分解和落实提供保障。

在碳市场方面，学术界缺少对如何科学设定碳配额总量以及如何完善配额调整机制的讨论。现有研究已经表明配额政策是碳市场发挥约束机制的核心政策（张晗、孟佶贤，2022），并且指出由于信息不对称，政府在碳配额总量设定及分配时不能充分掌握外部信息（马跃、冯连勇，2022），导致碳配额总量设定不够科学、配额投放灵活性较差等问题产生（王科、李思阳，2022）。未来应针对碳排放核算体系的完善展开进一步研究，为碳配额总量设定提供基础支撑，并对碳市场相关制度与机制设计进行深入探讨，为降低碳市场信息不对称、提高市场有效性提供方案。

五、总结与研究展望

（一）总结

本章基于已有文献，对中国绿色低碳发展的目标研判、特征事实与关键因素进行了分析，得到以下主要结论：

第一，中国能否在 2030 年前实现碳达峰，关键在于绿色技术进步速度和减碳政策力度。以现阶段两项指标的参数水平为准，中国碳排放能够在 2030 年达峰。多数研究结果表明，中国必须付出高于世界平均水平的努力才能确保在 2030 年前实现碳达峰目标，峰值范围预计为 107 亿~132 亿吨。

第二，碳达峰目标实现的时间越早，对经济增长的负面冲击越大。把握好绿色低碳发展带来的新需求，是降低碳排放约束对国民经济造成负面影响的重要行动方向。深入挖掘绿色投资消费兴奋点，对缓解高碳投资萎缩引起的经济下滑具有重要意义。

第三，碳排放脱钩不仅是回答"是与否"的问题，其意义在于为指导资源环境管控提供参考。研究显示，中国经济增长与碳排放之间整体上已初步实现"速度脱钩"，但尚未实现"数量脱钩"。中国经济正处于穿越"环境高山"的关键节点，需要警惕"速度脱钩"论断可能引起的管控放松，避免阻碍经济增长由"两难境地"转向"双赢区间"。此外，碳排放脱钩存在明显的区域异质性和行业异质性，在制定地方政策、产业政策时不应一概而论。

第四，中国能源结构整体呈现清洁化转型趋势，但转型过程中存在诸多问题。中国"富煤贫油少气"的国情决定了能源转型必须坚持"去煤化"与"煤炭清洁高效利用""两条腿走路"。新能源是推动"去煤化"的重要着力点，但高供给低消纳的矛盾制约了其成为"去煤化"后的能源主体。研究认为提升新能源消纳能力的关键一是在于扩大电力市场范围，二是在于寻求储能技术突破。煤炭清洁高效利用是发挥煤炭兜底保障作用的重要举措，关键在于加快煤炭利用方式变革。

第五，影响中国绿色低碳发展的因素多样且作用机制复杂。现有文献主要涉及人口、经济、技术、能源四个方面。其中，人口因素影响的异质性较强，对比各类研究发现异质性与样本区域的经济社会发展特征有关。在经济因素方面，以资源禀赋为基础的产业分工和相关生产活动是导致各地碳排放不同程度增加的主要原因，降碳减污应从产业布局入手，积极推动产业结构优化升级。技术因素的影响存在"双刃效应"，一方面技术进步通过提高能源利用效率产生减碳效应，另一方面能源利用效率提升又会增加能源消耗产生增碳效应，需要重视可能存在的杰文斯悖论。能源因素是绿色低碳发展的基础因素，优化能源结构、降低能源强度、提升能源利用效率是降低碳排放最直接的途径。

第六，中国已形成市场激励型手段与命令控制型手段并用的绿色低碳发展政策工具框架。除总量控制式的行政命令手段，中国政府越来越重视市场的作用。全国碳市场是利用市场机制矫正环境外部性的一项重大制度创新，是推动绿色低碳发展的核心政策工具之一。目前中国碳市场发展存在企业参与意愿不强、市场活跃度不高、市场机制主导地位不突出等问题，应当丰富碳排放权交易方式，适度增加政府干预以增强碳市场流动性，并推动全国碳市场主流化，通过提高碳定价效率提升碳市场有效性。此外，碳税是对全国碳市场的有益补充，也是应对欧美国家碳关税政策的基础，现有成果已对中国碳税政策进行了较为完善的设计，应尽快推行碳税试点。

（二）研究展望

相关研究成果为中国推进绿色低碳发展提供了清晰的约束框架，对碳排放脱钩、能源转型问题进行了较为全面的研判，分析了影响绿色发展的因素和相关政策工具的实施成效，为推动中国绿色低碳发展提供了基础和方向。基于现有文献的研究脉络，结合中国绿色低碳发展的目标要求，未来研究应向以下三个方向拓展：

第一，关注绿色低碳发展过程中存在的风险问题。学术界对于碳排放约束下的经济增长与能源结构转变等问题的争论，说明经济转型和能源转型过程中可能遇到风险问题。但目前关于转型过程中的风险研究较少，尤其缺少基于风险评估的成本收益分析，无法为相关部门出台风险应对预案和稳定经济增长政策措施提供合理依据。未来需对转型过程中可能遇到的风险问题进行更深入更充分的讨论，建立风险评价标准，对成本和收益赋不同权重，增加情景分析在成本收益预测中的应用，为外部环境变化可能对中国经济运行和能源安全造成的冲击做出预警。

第二，强化绿色低碳发展的区域和行业分解研究。目前关于经济转型和能源转型的研究主要集中在宏观层面，缺少区域层面的讨论。仅有的区域性研究集中在经济发达的京津冀和长三角地区，以及能源丰富的三北地区，缺乏将不同省域置于同一分析框架下的研究。难以通过对比分析提供绿色低碳发展任务分配的区域分解依据。产业层面的研究为解释经济转型与能源转型的区域异质性提供了路径基础，未来可结合区域层面的研究，深入分析各省份绿色低碳发展过程中所需承担的责任以及改革的重点领域。此外，应聚焦低碳改革的重点领域，关注电气化技术应用等国际前沿问题和居民生活低碳化等热点问题，统筹国内国际两个大局，兼顾生产与生活绿色低碳发展。

第三，深化碳排放权交易市场设计与过程机制研究。碳排放权交易的目的是向市场主体释放价格信号,通过市场机制引导企业降碳减污。现有研究分析了目前中国碳市场运行过程中存在的问题,但研究重点集中在政策干预对碳市场的影响,缺少对碳交易机制如何影响控排企业行为的研究。一方面,厘清碳交易机制对控排企业行为的影响和机理,有利于刻画控排企业实施减排行为的倾向性特征,对于提高碳市场活跃性和有效性具有重要意义。另一方面,碳市场是服务于国家绿色低碳发展目标的政策性市场,必须立足于国情特征,未来应在现有研究基础上,进一步深化政策干预与碳市场建设协同发展研究,强化市场设计。

参考文献

[1] Armeanu D S, Joldes C C, Gherghina S C, et al. Understanding the multidimensional linkages among renewable energy, pollution, economic growth and urbanization in contemporary economies: Quantitative assessments across different Income countries' groups [J]. Renewable and Sustainable Energy Reviews, 2021, 142: 110818.

[2] Cai B, Wang X, Huang G, et al. Spatiotemporal changes of China's carbon emissions [J]. Geophysical Research Letters, 2018, 45 (16): 8536-8546.

[3] European Commission. European green deal: Commission proposes transformation of EU economy and society to meet climate ambitions [R]. Brussels: European Commission, 2021.

[4] France Ministry for the Ecological and Solidary Transition. National low carbon strategy [R]. Paris: France Ministry for the Ecological and Solidary Transition, 2020.

[5] Gan, C, et al. Decoupling relationship between carbon emission and economic development in the service sector: Case of 30 provinces in China [J]. Environmental Science and Pollution Research, 2022, 29 (42): 63846-63858.

[6] Grossman G M, Krueger A B. Economic growth and the environment [J]. The Quarterly Journal of Economics, 1995, 110 (2): 353-377.

[7] Guan D, Meng J, Reiner D M, et al. Structural decline in China's CO_2 emissions through transitions in industry and energy systems [J]. Nature Geoscience, 2018, 11 (8): 551-555.

[8] HM Government. The energy white paper: Powering our net zero future [Z]. London: HM Government, 2021.

[9] HM Government. The ten point plan for a green industrial revolution [Z]. London: HM Government, 2021.

[10] Hong C P, Zhao H Y, Qin Y, et al. Land-use emissions embodied in international trade [J]. Science, 2022, 376 (6593): 597-603.

[11] Hua J, et al. Driving effect of decoupling provincial industrial economic growth and industrial carbon emissions in China [J]. International Journal of Environmental Research and Public Health, 2023, 20 (1): 145.

〔12〕Huang Y, Matsumoto K. Drivers of the change in carbon dioxide emissions under the progress of urbanization in 30 provinces in China: A decomposition analysis 〔J〕. Journal of Cleaner Production, 2021, 322: 29000.

〔13〕International Energy Agency. Energy technology perspectives 2010 〔R〕. Paris: OECD, 2010.

〔14〕Japan Ministry of Economy, Trade and Industry. Green growth strategy through achieving carbon neutrality in 2050 〔R〕. Tokyo: Japan Ministry of Economy, Trade and Industry, 2021.

〔15〕Kaya Y. Impact of carbon dioxide emission on GNP growth: Interprelation of proposed scenarios 〔M〕. Paris, Presentation to the Energy and Industry Subgroup, Response Strategies Working Group, IPCC, 1989: 1-25.

〔16〕Khan Z, Ali S, Umar M, et al. Consumption-based carbon emissions and International trade in G7 countries: The role of environmental innovation and renewable energy 〔J〕. Science of The Total Environment, 2020, 730: 138945.

〔17〕Li B, Haneklaus N. The role of clean energy, fossil fuel consumption and trade openness for carbon neutrality in China 〔J〕. Energy Reports, 2022, 8: 1090-1098.

〔18〕Li Y, et al. Green energy investment, renewable energy consumption, and carbon neutrality in China 〔J〕. Frontiers in Environmental Science, 2022, 10.

〔19〕Mi Z, Wei Y M, Wang B. Socioeconomic impact assessment of China's CO_2 emissions peak prior to 2030 〔J〕. Journal of Cleaner Production, 2016, 42: 2227-2236.

〔20〕Nawaz M A, Hussian M S, Kamran H W, et al. Trilemma association of energy consumption, carbon emission, and economic growth of BRICS and OECD regions: Quantile regression estimation 〔J〕. Environmental Science and Pollution Research, 2021, 28 (13): 16014-16028.

〔21〕The Working Group Ⅲ. Climate change 2022: Mitigation of climate change 〔R〕. Geneva: IPCC, 2022.

〔22〕Trout K, Muttitt G, Lafleur D, et al. Existing fossil fuel extraction would warm the world beyond 1.5℃ 〔J〕. Environmental Research Letters, 2022, 17: 64010.

〔23〕United Nations Development Program. China human development report: China and a sustainable future—Towards a low carbon economy and society 〔M〕. Beijing: China Translation and Publishing Corporation, 2009: 47-73.

〔24〕United States Department of Energy. DOE industrial decarbonization roadmap 〔R〕. Washington D.C.: DOE, 2022.

〔25〕United States Department of State. The long-term strategy of the United States-pathways to net-zero greenhouse gas emissions by 2050 〔R〕. Washington D.C.: United States Department of State, 2021.

〔26〕Veel P E. Carbon tariffs and the WTO: An evaluation of feasible policies 〔J〕.

Journal of International Economic Law, 2009, 12 (3): 749-800.

［27］Wang K, Wu M, Sun Y, et al. Resource abundance, industrial structure, and regional carbon emissions efficiency in China ［J］. Resources Policy, 2019, 60: 203-214.

［28］Wang Q, Jiang R. Is China's economic growth decoupled from carbon emissions? ［J］. Journal of Cleaner Production, 2019, 225: 1194-1208.

［29］Wang Y, Zou L. The economic impact of emission peaking control policies and China's sustainable development ［J］. Advances in Climate Change Research, 2014, 5 (4): 162-168.

［30］Wang Z, Yang Z, Zhang Y, et al. Energy technology patents-CO_2 emissions nexus: An empirical analysis from China ［J］. Energy Policy, 2012, 42: 248-260.

［31］Yi Y, Wang Y, Li Y, et al. Impact of urban density on carbon emissions in China ［J］. Applied Economics, 2021, 53 (53): 6153-6165.

［32］Yu J, Yu Y, Jiang T. Structural factors influencing energy carbon emissions in China's service industry: An input-output perspective ［J］. Environmental Science and Pollution Research, 2022, 29 (32): 49361-49372.

［33］Zhang X, Karplus V J, Qi T, et al. Carbon emissions in China: How far can new efforts bend the curve? ［J］. Energy Economics, 2016, 54: 388-395.

［34］Zhao X, Zhang X, Li N, et al. Decoupling economic growth from carbon dioxide emissions in China: A sectoral factor decomposition analysis ［J］. Journal of Cleaner Production, 2017, 142: 3500-3516.

［35］Zhou N, Fridley D, McNeil M, et al. China's energy and carbon emissions outlook to 2050 ［R］. Office of Scientific and Technical Information, 2011.

［36］Zhou Y, Liu Y. Does population have a larger impact on carbon dioxide emissions than income? evidence from a cross-regional panel analysis in China ［J］. Applied Energy, 2016, 180: 800-809.

［37］白彦锋, 李泳禧. 财税政策与能源绿色低碳转型: 回顾与展望 ［J］. 财政监督, 2022 (14): 28-35.

［38］北京大学国家发展研究院能源安全与国家发展研究中心, 中国人民大学经济学院能源经济系联合课题组. 关于中国风电和光伏发电补贴缺口和大比例弃电问题的研究 ［J］. 国际经济评论, 2018 (4): 6+67-85.

［39］查建平, 唐方方, 傅浩. 中国能源消费、碳排放与工业经济增长: 一个脱钩理论视角的实证分析 ［J］. 当代经济科学, 2011 (6): 81-89+125.

［40］柴麒敏, 徐华清. 基于 IAMC 模型的中国碳排放峰值目标实现路径研究 ［J］. 中国人口·资源与环境, 2015 (6): 37-46.

［41］柴瑞瑞, 李纲. 可再生清洁能源与传统能源清洁利用: 发电企业能源结构转型的演化博弈模型 ［J］. 系统工程理论与实践, 2022 (1): 184-197.

［42］陈欢, 朱清源, 辛路. 京津冀地区经济增长与能源碳排放关系研究: 基于脱

钩理论的应用分析 [J]. 价格理论与实践, 2016 (12): 180-183.

[43] 陈星星. 中国碳排放权交易市场: 成效、现实与策略 [J]. 东南学术, 2022 (4): 167-177.

[44] 陈旭东, 鹿洪源, 王涵. 国外碳税最新进展及对我国的启示 [J]. 国际税收, 2022 (2): 59-65.

[45] 陈雪梅, 周斌. 产业结构升级对分部门碳排放的时变影响 [J]. 技术经济与管理研究, 2022 (6): 123-128.

[46] 段宏波, 汪寿阳. 中国的挑战: 全球温控目标从 2℃ 到 1.5℃ 的战略调整 [J]. 管理世界, 2019 (10): 50-63.

[47] 方佳敏, 林基. 中国工业行业经济增长与二氧化碳排放的脱钩效应: 基于工业行业数据的经验证据 [J]. 科技管理研究, 2015 (20): 243-248.

[48] 付华, 李国平, 朱婷. 中国制造业行业碳排放: 行业差异与驱动因素分解 [J]. 改革, 2021 (5): 38-52.

[49] 高天明, 张艳. 中国煤炭资源高效清洁利用路径研究 [J]. 煤炭科学技术, 2018 (7): 157-164.

[50] 郭炳南, 林基, 刘堂发. 长三角地区二氧化碳排放与经济增长脱钩关系的实证研究 [J]. 生态经济, 2017 (4): 25-29.

[51] 郭彤荔. 我国清洁能源现状及发展路径思考 [J]. 中国国土资源经济, 2019 (4): 39-42.

[52] 国务院发展研究中心. 二氧化碳排放变化的一般规律 [R]. 北京: 国务院发展研究中心, 2011.

[53] 韩建国. 能源结构调整 “软着陆” 的路径探析: 发展煤炭清洁利用、破解能源困局、践行能源革命 [J]. 管理世界, 2016 (2): 3-7.

[54] 韩梦瑶, 刘卫东, 谢漪甜, 等. 中国省域碳排放的区域差异及脱钩趋势演变 [J]. 资源科学, 2021 (4): 710-721.

[55] 何建坤. CO_2 排放峰值分析: 中国的减排目标与对策 [J]. 中国人口·资源与环境, 2013 (12): 206-213.

[56] 何洋洋, 魏振香. 工业碳排放与经济增长的关系: 基于速度脱钩和数量脱钩的实证研究 [J]. 湖南师范大学 (自然科学学报), 2021 (5): 15-29.

[57] 何则, 杨宇, 宋周莺, 等. 中国能源消费与经济增长的相互演进态势及驱动因素 [J]. 地理研究, 2018 (8): 1528-1540.

[58] 黄群慧. 新时代中国经济发展的历史性成就与规律性认识 [J]. 当代中国史研究, 2022 (5): 23-35.

[59] 黄晓慧, 杨飞. 碳达峰背景下中国农业碳排放测算及其时空动态演变 [J]. 江苏农业科学, 2022 (14): 232-239.

[60] 姜克隽, 胡秀莲, 庄幸, 等. 中国 2050 年低碳情景和低碳发展之路 [J]. 中外能源, 2009 (6): 1-7.

［61］金培振，张亚斌，彭星．技术进步在二氧化碳减排中的双刃效应：基于中国工业35个行业的经验证据［J］．科学学研究，2014（5）：706-716.

［62］蓝庆新，段云鹏．碳关税的实质、影响及我国应对之策［J］．行政管理改革，2022（1）：37-44.

［63］李健，周慧．中国碳排放强度与产业结构的关联分析［J］．中国人口·资源与环境，2012（1）：7-14.

［64］李珂．我国煤炭资源清洁高效利用现状及对策建议［J］．内蒙古煤炭经济，2020（15）：175-176.

［65］李少林，陈满满．中国清洁能源与绿色发展：实践探索、国际借鉴与政策优化［J］．价格理论与实践，2018（4）：56-59.

［66］李桃．我国碳税政策设计与实施的国际经验借鉴［J］．税务研究，2022（5）：86-90.

［67］李小炯．我国煤炭资源清洁高效利用现状及对策建议［J］．煤炭经济研究，2019，39（1）：71-75.

［68］林伯强，李江龙．环境治理约束下的中国能源结构转变：基于煤炭和二氧化碳峰值的分析［J］．中国社会科学，2015（9）：84-107.

［69］林善浪，张作雄，刘国平．技术创新、空间集聚与区域碳生产率［J］．中国人口·资源与环境，2013（5）：36-45.

［70］刘磊，张永强，周千惠．政策协同视角下对我国征收碳税的政策建议［J］．税务研究，2022（3）：121-126.

［71］刘琦．"双碳"目标下碳税开征的理论基础与制度构建［J］．华中科技大学学报（社会科学版），2022（2）：108-116.

［72］刘宇，蔡松锋，张其仔．2025年、2030年和2040年中国二氧化碳排放达峰的经济影响：基于动态GTAP-E模型［J］．管理评论，2014（12）：3-9.

［73］刘志红，曹俊文．碳排放强度与经济增长的关系：基于数量脱钩的实证研究［J］．经济问题探索，2017（11）：141-147.

［74］刘自敏，张娅．中国碳排放的时空跃迁特征、影响因素与达峰路径设计［J］．西南大学学报（社会科学版），2022（6）：99-112.

［75］龙凤，董战峰，毕粉粉，等．欧盟碳边境调节机制的影响与应对分析［J］．中国环境管理，2022（2）：43-48.

［76］卢娜，王为东，王淼，等．突破性低碳技术创新与碳排放：直接影响与空间溢出［J］．中国人口·资源与环境，2019（5）：30-39.

［77］鲁传一，陈文颖．中国提前碳达峰情景及其宏观经济影响［J］．环境经济研究，2021（1）：10-30+200.

［78］鲁书伶，白彦锋．碳税国际实践及其对我国2030年前实现"碳达峰"目标的启示［J］．国际税收，2021（12）：21-28.

［79］吕靖烨，李珏．中国各省份碳排放脱钩效应、驱动因素及预测研究［J］．环

境科学与技术，2022（2）：210-220.

［80］马丽梅，史丹，高志远．国家能源转型的价格机制：兼论新冠疫情下的可再生能源发展［J］．人文杂志，2020（7）：104-116.

［81］马跃，冯连勇．中国试点碳排放权交易市场有效性分析［J］．运筹与管理，2022（8）：195-202.

［82］么时曾，贾秋晨．金融支持煤炭清洁高效利用情况的调查与思考：以双鸭山市为例［J］．黑龙江金融，2022（7）：38-40.

［83］莫建雷，段宏波，范英，等．《巴黎协定》中我国能源和气候政策目标：综合评估与政策选择［J］．经济研究，2018（9）：168-181.

［84］潘家华，张丽峰．我国碳生产率区域差异性研究［J］．中国工业经济，2011（5）：47-57.

［85］渠慎宁，郭朝先．基于STIRPAT模型的中国碳排放峰值预测研究［J］．中国人口·资源与环境，2010（12）：10-15.

［86］任亚楠，田金平，陈吕军．中国工业产品出口贸易及碳关税影响研究［J］．中国环境管理，2022（6）：100-109.

［87］盛业旭，欧名豪，刘琼．资源环境脱钩测度方法："速度脱钩"还是"数量脱钩"？［J］．中国人口·资源与环境，2015（3）：99-103.

［88］石建屏，李新，罗珊，等．中国低碳经济发展的时空特征及驱动因子研究［J］．环境科学与技术，2021（1）：228-236.

［89］史丹，李鹏．"双碳"目标下工业碳排放结构模拟与政策冲击［J］．改革，2021（12）：30-44.

［90］苏涛永，孟丽，张金涛．中国碳市场试点与企业绿色转型：作用效果与机理分析［J］．研究与发展管理，2022（4）：81-96.

［91］孙传旺，占妍泓．电价补贴对新能源制造业企业技术创新的影响：来自风电和光伏装备制造业的证据［J］．数量经济技术经济研究，2023（2）：158-180.

［92］孙悦．家庭碳排放及其影响因素研究：基于家庭生命周期视角的实证分析［J］．人口学刊，2022（5）：86-98.

［93］涂强，莫建雷，范英．中国可再生能源政策演化、效果评估与未来展望［J］．中国人口·资源与环境，2020（3）：29-36.

［94］王超，孙福全，许晔．碳中和背景下全球关键清洁能源技术发展现状［J/OL］．科学学研究：1-17［2023-08-18］．https：//doi.org/10.16192/j.cnki.1003-2053.20220824.001.

［95］王国法，刘合，王丹丹，等．新形势下我国能源高质量发展与能源安全［J］．中国科学院院刊，2023（1）：23-37.

［96］王凯，肖燕，刘浩龙，等．中国服务业CO_2排放的时空特征与EKC检验［J］．环境科学研究，2016（2）：306-314.

［97］王科，李思阳．中国碳市场回顾与展望（2022）［J］．北京理工大学学报

（社会科学版），2022（2）：33-42.

　　［98］王睿，张赫，强文丽，等.基于城镇化的中国县级城市碳排放空间分布特征及影响因素［J］.地理科学进展，2021（12）：1999-2010.

　　［99］王学婷，张俊飚.双碳战略目标下农业绿色低碳发展的基本路径与制度构建［J］.中国生态农业学报（中英文），2022（4）：516-526.

　　［100］王雪峰，廖泽芳.市场机制、政府干预与碳市场减排效应研究［J］.干旱区资源与环境，2022（8）：9-17.

　　［101］王勇，王恩东，毕莹.不同情景下碳排放达峰对中国经济的影响：基于CGE模型的分析［J］.资源科学，2017（10）：1896-1908.

　　［102］吴晓华，郭春丽，易信，等.“双碳”目标下中国经济社会发展研究［J］.宏观经济研究，2022（5）：5-21.

　　［103］武晓利，王丹，晁江锋.能源使用效率、经济增长与生态环境质量：基于包含碳排放的DSGE模型数值分析［J］.技术经济与管理研究，2022（10）：28-33.

　　［104］向仙虹，孙慧.资源禀赋、产业分工与碳排放损益偏离［J］.管理评论，2020（12）：86-100.

　　［105］项目综合报告编写组，何建坤，解振华，等.《中国长期低碳发展战略与转型路径研究》综合报告［J］.中国人口·资源与环境，2020（11）：1-25.

　　［106］谢克昌.推动能源生产和消费革命战略研究［M］.北京：科学出版社，2017.

　　［107］许广月.中国二氧化碳排放峰值研究述评［J］.重庆工商大学学报（社会科学版），2019（4）：11-24.

　　［108］袁伟彦，方柳莉，罗明.中国工业碳排放驱动因素及其脱钩效应：基于时变参数C-D生产函数的分解和测算［J］.资源科学，2022（7）：1422-1434.

　　［109］岳超，王少鹏，朱江玲，等.2050年中国碳排放量的情景预测：碳排放与社会发展Ⅳ［J］.北京大学学报（自然科学版），2010（4）：517-524.

　　［110］张国兴，高秀林，汪应洛，等.中国节能减排政策的测量、协同与演变：基于1978-2013年政策数据的研究［J］.中国人口·资源与环境，2014（12）：62-73.

　　［111］张晗，孟佶贤.激励约束视角下中国碳市场的碳减排效应［J］.资源科学，2022（9）：1759-1771.

　　［112］张赫，黄雅哲，王睿，等.中国县域碳排放脱钩关系及其时空特征演变［J］.资源科学，2022（4）：744-755.

　　［113］张莉，马蔡琛.碳达峰、碳中和目标下的绿色税制优化研究［J］.税务研究，2021（8）：12-17.

　　［114］张丽琼，何婷婷.1997-2018年中国农业碳排放的时空演进与脱钩效应：基于空间和分布动态法的实证研究［J］.云南农业大学学报（社会科学版），2022（1）：78-90.

　　［115］张绍强.中国煤炭清洁高效利用的实践与展望［J］.科技导报，2016

（17）：56-63.

[116] 张晓萱，秦耀辰，吴乐英，等．农业温室气体排放研究进展 [J]．河南大学学报（自然科学版），2019（6）：649-662+713.

[117] 赵巧芝，闫庆友，赵海蕊．中国省域碳排放的空间特征及影响因素 [J]．北京理工大学学报（社会科学版），2018（1）：9-16.

[118] 赵玉焕，孔翠婷，李浩．京津冀地区经济增长与碳排放脱钩研究 [J]．中国能源，2017（6）：20-26+15.

[119] 郑国洪．中国税收政策调整的低碳发展效应研究 [J]．财政研究，2017（7）：102-112.

[120] 中国电力企业联合会．中国电气化年度发展报告（2021）[R]．北京：中电联电力发展研究院，2021.

[121] 中国建筑节能协会能耗统计专委会．中国建筑能耗与碳排放研究报告（2021）[R]．2021.

[122] 周天舒，迟东训，艾明晔．双碳背景下可再生能源面临的挑战及对策建议 [J]．宏观经济管理，2022（7）：59-65.

[123] 朱永彬，王铮，庞丽，等．基于经济模拟的中国能源消费与碳排放高峰预测 [J]．地理学报，2009（8）：935-944.

第三章　气候变化和气候治理对全球经济格局影响及我国对策研究

刘长松[*]

摘　要： 随着全球气候危机加剧，局部地区突破气候临界点的风险显著增加，这将对自然生态系统和人类社会发展造成灾难性后果，进而对全球经济产生破坏性影响，短期内极端天气事件突发频发会造成生产力下降、基础设施受损和供应链中断，长期内会改变比较优势、造成全球产业链价值链重新调整。发达国家采取的气候治理政策将产生外溢效应和全球影响。2021 年美国拜登政府一上任就宣布重返《巴黎协定》，2022 年通过的《通胀削减法案》为新能源行业提供补贴将有利于带动美国新能源产业发展，从而降低对国外清洁能源产业链供应链的依赖。2019 年欧盟"绿色新政"明确了到 2050 实现碳中和目标的路线图，2021 年 "Fit for 55" "一揽子"气候计划提出了12 项关键性政策举措，在全球范围内造成巨大影响，尤其是碳边境调节机制（CBAM）引发极大争议。中国作为全球碳排放量最大的国家，面临的国际减排压力不断加大，国内正在积极推进"双碳"目标落实，但相关政策的实施面临一系列不确定因素，一方面气候变化对经济发展造成的风险挑战日益深化，政策实施的经济社会代价较高，另一方面发达国家气候政策的溢出效应显著，对中国贸易出口形成了"碳壁垒"，部分产业链、创新链、价值链甚至面临"脱钩"的风险。面对复杂严峻的国内外形势，需要贯彻落实党的二十大精神，统筹发展与安全，加快推进经济社会发展的系统性转型，协同推进降碳、减污、扩绿、增长，推进生态优先、节约集约、绿色低碳发展，推动建立绿色低碳高质量的现代化经济体系。一是从政策制定、政策实施、政策评估、政策优化等方面持续完善"双碳"政策体系，积极稳妥地推进政策实施；二是加快发展绿色低碳产业，努力确保粮食、能源、重要产业链供应链安全；三是积极推动贸易领域的绿色低碳转型，提升中国贸易的国际竞争力，突破"碳壁垒"；四是加强国际合作，积极应对全球气候治理与经济贸易体系变革，为相关行业落实"双碳"目标塑造良好的外部环境，为实现人与自然和谐共生的中国式现代化提供有力保障。

关键词： 气候变化；气候治理；经济影响；对策研究

联合国政府间气候变化专门委员会（IPCC）第六次气候变化科学评估报告结论再次证实，全球变暖进程仍在加快，如果保持目前的温度上升速度，将很快突破《巴黎

---

* 作者简介：刘长松，国家应对气候变化战略研究和国际合作中心副研究员。

应对气候变化与低碳经济发展研究

协定》提出的1.5℃温升阈值。随着全球气候危机加剧，局部地区突破"气候临界点"的风险在显著增加。目前全球16个气候临界点已有9个被激活，未来很可能引发连锁反应，对自然生态系统和人类社会发展造成灾难性后果。气候变化将对全球经济产生破坏性影响，重塑世界各国的经济发展前景。短期内极端天气事件导致生产力下降、基础设施受损和供应链中断，长期内会改变比较优势、造成全球产业链价值链重新调整。应对气候变化政策的外溢效应显著，已扩散到全球产业链和国际贸易领域。欧盟、美国等加快制定并实施以应对气候变化为重点的新贸易政策，强调构建安全可靠的清洁能源供应链产业链，对国际贸易与投资布局产生深远影响，将引发全球范围内产业链供应链布局的重新调整与配置。各国在确保产业链供应链安全的同时，加快推动构建绿色低碳贸易体系，推动实现以碳减排目标为核心重构贸易价值链成为全球贸易领域的新动向，全球贸易体系与贸易规则面临重大变革。

目前，中国正在加快落实"双碳"目标，"双碳""1+N"政策体系基本建立，各领域重点工作有序推进，碳达峰、碳中和工作取得良好开局，但政策实施也面临着一些不确定因素。从外部环境看，全球气候治理体系持续变革，中国面临的减排与转型压力增大，尤其是七国集团（G7）提出的《七国集团气候俱乐部声明》，更是将减排压力直指排放大国，中国首当其冲。国际航空、国际航海等行业性减排进程加快也将对中国相关行业发展构成硬约束，美国、欧盟制定的气候变化与绿色贸易政策很可能针对中国出口形成"碳壁垒"，一些国家推动构建安全可靠的清洁能源产业链供应链甚至会对中国造成产业链、创新链"脱钩"的风险。对此，一方面要积极应对气候变化对经济发展造成的风险挑战，另一方面也要积极防范国外气候政策产生的溢出效应，为经济高质量发展提供有力保障。从内部环境看，气候变化的不利影响导致海岸洪水、风暴潮、海岸侵蚀和海水倒灌等灾害频发，水资源、粮食、能源、生态、经济、城市化、基础设施等领域受气候变化的不利影响日益突出，严重威胁到中国人口稠密、海拔较低、经济发达的沿海城市，中国经济持续增长面临的不确定性因素增加，需要加快推动低碳发展转型与气候韧性发展，提高经济体系应对气候变化风险挑战的韧性能力。从政策实施看，随着"双碳"政策深入实施，风能、太阳能、储能、氢能等新能源产业实现跨越式发展，能源低碳转型步伐加快，绿色金融与碳市场深入推进，推动碳排放强度持续下降，但在落实"双碳"目标过程中也面临一定挑战：一是"双碳"融资缺口较大；二是政策"碎片化"特征显著；三是政策实施的经济社会代价较高，能源安全保障难度加大。为此，需要认真贯彻落实党的二十大精神，坚持系统观念，统筹产业结构调整、污染治理、生态保护与应对气候变化，协同推进降碳、减污、扩绿、增长，推进生态优先、节约集约、绿色低碳发展。积极稳妥推进"双碳"工作，统筹发展与安全，持续完善"双碳"政策体系，从政策制定、政策实施、政策评估、政策优化等全流程建立系统有效的"1+N"政策体系，提升政策实施的科学化、精准化与系统化。加快建立完善的"双碳"监督评价考核体系，强化"双碳"目标的科技创新和产业支撑体系，积极参与并引领全球气候治理，加强国际合作有效应对绿色低碳贸易壁垒，为实现人与自然和谐共生的中国式现代化提供有力保障。

一、气候变化和气候治理对全球经济格局的影响

随着气候变化持续加快，突破气候临界点的风险在显著增加，气候变化风险具有"级联"效应，会影响到大气圈、水圈、冰冻圈、陆地生物圈等多个圈层，对地球系统和人类社会带来系统性风险。短期内气候变化的物理破坏影响到国际贸易，造成供应链中断与贸易成本上升，危及脆弱地区和行业发展。长期会改变比较优势、破坏全球产业链价值链，对国际贸易与投资产生深远影响。气候风险跨越不同行业、区域、国家之间的边界，风险具有扩散性和传递性，属于系统性、复合型风险，会影响经济增长的可持续性，气候变化风险的"级联"效应给经济社会发展带来严峻挑战，威胁到全球供应链产业链的稳定运行。气候变化的不利影响日益深化，对自然系统与人类发展造成严重威胁。全球气候治理事关各国经济、政治、发展权益等核心利益，对科技、贸易、经济、金融、社会、安全等领域产生一系列关联性影响和外溢效应，各国在气候谈判中的立场与政策诉求差异很大，导致国际气候谈判进展缓慢。气候谈判中南北对立、集团化的特征突出，全球气候治理容易遭遇政治困境，气候谈判达成共识的难度很大。美国、欧盟等都在采取积极政策措施确保绿色低碳清洁能源供应链产业链安全，确保获取绿色低碳清洁能源产业链所需材料的稳定供应。全球主要国家的气候政策外溢效应显著，已加速扩散到全球产业链和国际贸易领域。欧盟、美国等加快制定并实施以应对气候变化为重点的新贸易政策，强调确保产业链供应链安全，将引发全球范围内的产业链供应链重新布局，对国际贸易与投资格局产生深远影响。全球贸易体系与贸易规则面临重大变革，加快构建绿色低碳贸易体系，推动以碳减排为核心目标重构贸易价值链成为全球贸易领域的新动向，构建安全可靠的清洁能源供应链产业链成为发达国家重要的政策导向。

（一）气候变化对全球经济格局的影响

气候变化导致极端天气事件增多增强，洪涝与干旱加剧、生态环境恶化、水资源短缺等一系列重大不利后果，给农业生产、能源供应、工业发展、基础设施、城市运行等造成重大冲击，对经济社会发展产生系统性的不利影响。联合国政府间气候变化专门委员会（IPCC）第六次气候变化科学评估报告结论证实，全球变暖进程仍在加快，随着全球气候危机加剧，自然生态系统和人类社会发展造成严重的不利影响，局部地区突破气候临界点的风险在显著增加。

1. 全球气温上升加快，突破气候临界点的风险增加

IPCC第六次评估报告第一工作组报告《气候变化2021：自然科学基础》指出，相对于1850～1900年，2001～2020年平均的全球地表温度升高了0.99℃，2011～2020年平均的全球地表温度已经上升约1.09℃，如图3-1所示。世界气象组织（WMO）发布的《2022年全球气候状况》指出，2013～2022年10年平均气温估计比工业化前高出1.14℃，如果按照目前的温度上升速度，将很快突破《巴黎协定》提出的1.5℃温升阈值。2022年极端热浪、干旱和洪水影响到全球数百万人受灾，经济损失高达数十亿美元。海平面上升速度再创新高，自1993年以来，海平面上升速率翻了一番，自2020年

1月以来,海平面已上升了将近10毫米。冰川融化程度刷新历史纪录,整个阿尔卑斯山平均冰厚度损失为3~4米,格陵兰冰盖连续26年出现质量损失。极端天气事件日益增多,给经济社会发展造成的损失日益加重。

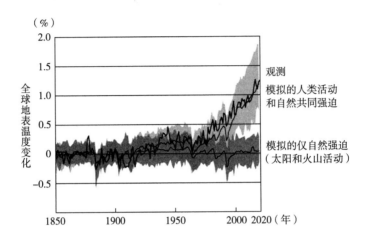

图3-1 1850~2020年全球地表温度相对于1850~1900年观测到的变化

资料来源:IPCC第六次气候变化科学评估报告。

气候变化风险的"级联"效应凸显,如果全球温度上升突破气候临界点,将对自然生态系统功能造成不可逆的破坏,生物多样性减少,引发诸多系统效应,如物理气候与生态系统级联效应,导致风险急速增强并放大,给人类社会生存与发展构成严重威胁。根据经济合作与发展组织(OECD)的评估报告,气候变暖会触发16个气候临界点进而引发诸多系统效应(包括北极海冰、格陵兰冰盖、西伯利亚冻土层等),目前已有9个被激活,如表3-1所示。即使将全球温升控制在1.5℃~2℃范围内,仍将有6个气候临界点被突破,包括格陵兰和西南极冰盖崩塌、低纬度珊瑚礁死亡和大范围的永久冻土突然解冻。突破气候系统临界点可能会导致区域或全球范围内气候在发生剧变,对地球系统产生重大影响,引发连锁反应,导致潜在的灾难性后果。随着时间的推移,气候临界点还会对社会经济和自然生态系统产生级联效应,给人类社会适应能力构成巨大挑战(OECD,2022)。

表3-1 温度阈值和临界点的不确定性范围

影响范围	类型	临界点	温度阈值	
			中心估计(℃)	范围(℃)
全球	冰冻圈	格陵兰冰盖崩塌	1.5	0.8~3
全球	冰冻圈	西南极冰盖崩塌	1.5	1~3
全球	海洋大气循环	拉布拉多海对流崩溃/SPG对流崩溃	1.8	1.1~3.8
全球	冰冻圈	东南极冰下盆地崩塌	3	2~6

影响范围	类型	临界点	温度阈值	
			中心估计（℃）	范围（℃）
全球	生物圈	亚马逊雨林枯死	3.5	2~6
全球	冰冻圈	北方永久冻土崩塌	4	3~6
全球	海洋大气循环	AMOC崩溃	4	1.4~8
全球	冰冻圈	北极冬季海冰崩塌	6.3	4.5~8.7
全球	冰冻圈	东南极冰盖崩塌	7.5	5~10
区域	生物圈	低纬度珊瑚礁死亡	1.5	1~2
区域	冰冻圈	北方永久冻土突然解冻	1.5	1~2.3
区域	冰冻圈	巴伦支海冰突然消失	1.6	1.5~1.7
区域	冰冻圈	山地冰川消失	2	1.5~3
区域	生物圈	萨赫勒绿化	2.8	2~3.5
区域	生物圈	北方森林南部死亡	4	1.4~5
区域	生物圈	北方森林北部扩张	4	1.5~7.2

资料来源：McKay等（2022）和Lee（2021）。

IPCC科学评估报告强调提高气候行动的减排雄心是应对气候临界点风险的关键。在减缓气候变化方面，气候临界点的存在意味着必须将全球温升限制在1.5℃以内，需要各国继续提升减排力度，加快推进气候韧性发展与科技创新，在气候政策制定与相关决策过程中要充分考虑气候临界点问题，仅仅到21世纪中叶实现净零排放目标是不够的，近期内还要显著提升2030年国家自主贡献（NDCs）目标，加强相关行业的减排行动。

为避免超越气候临界点，需要加快构建气候韧性社会。转型适应对韧性建设和应对跨越临界点的潜在严重影响十分重要。转型适应是指人类系统和自然系统的基本特征发生变化，从而提高这些系统应对潜在危险的能力。需要采取严格措施来减少气候变化的不利影响，尽管有些措施短期内会扰乱当前经济和社会活动，但从长远来看有利于维护人类福祉和地球健康，避免中长期出现重大损失。加强科技研发与技术创新更好地监测气候系统风险，制定并实施管控跨越气候临界点风险的政策措施。加强远程观测设备、高计算能力等气候系统监测系统建设，监测气候临界点风险的时空演变。碳移除技术可在将升温幅度限制在1.5℃方面发挥关键作用。

2. 气候变化的不利影响日益深化，对自然生态系统与人类社会发展构成严重威胁

气候变化造成严重的自然灾害与不利影响，如果不能及时有效应对，就会造成巨大损失与不安全因素。气候变化导致海平面上升、生态环境恶化、台风肆虐、热浪频袭、旱涝频发等，影响粮食安全、水资源安全、能源安全、生态安全、公共卫生安全等，加剧地缘政治紧张局势，弱化部分地区或国家的治理能力，造成气候难民问题，引发暴力冲突。气候变化影响安全的路径表现为"气候变化—自然灾害—人类系统—

不安全因素"的循环过程（见图3-2）。气候变化加剧自然灾害问题，自然灾害的应对能力取决于人类社会的韧性及经济社会的响应能力。若不能有效应对气候变化，就会形成不安全的驱动因素，造成资源竞争加剧、社会关系紧张、人群健康受损、基础设施与生计资源被破坏、气候难民增加等，进而导致部分国家治理失败，进一步加剧气候变化。

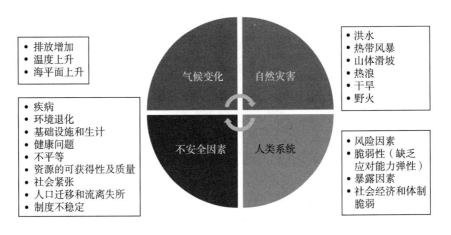

图3-2　气候安全的概念框架

资料来源：刘长松. 气候安全的作用机制、风险评估与治理路径［J］. 阅江学刊，2022，14（2）：46-60.

　　当前气候变化的速度和严重程度远超过预估水平，气候危机带来的风险影响到大气圈、水圈、冰冻圈、陆地生物圈等多个圈层，给地球系统带来系统性风险。全球温升一旦突破临界点，气候灾害发生频率和强度将大幅上升，生态平衡受到破坏，危及动植物生存，造成生物多样性锐减，对人类社会生存与发展造成严重挑战。2022年3月，IPCC发布了第六次评估报告第二工作组报告《气候变化2022：影响、适应和脆弱性》，指出气候变化是21世纪全球最重大的发展与安全威胁，全球有33亿~36亿人生活在气候变化高度脆弱的地区，如果全球升温幅度超过1.5℃，将对部分地区和生态系统造成不可逆的破坏性影响，引发粮食短缺、能源危机、水资源匮乏、气候难民、基础设施受损以及政府治理能力下降等问题。《IPCC全球升温1.5℃特别报告》指出，随着气温继续升高，世界面临的安全风险与安全威胁将显著增加：第一，全球热点地区与不稳定地区将面临更大的安全挑战；第二，海平面上升使沿海居民和小岛屿国家面临生死存亡的威胁；第三，北极海冰融化与海平面上升将改变安全环境，引发新一轮地缘政治竞争；第四，粮食、水和人体健康安全等风险将增加脆弱国家和冲突区域面临的风险；第五，应当限制和规范应对气候变化相关技术的应用；第六，各个行业面临的气候风险与不利影响将更为显著。

　　气候变化与其他全球性风险因素叠加，进一步加剧了全球经济发展面临的挑战。2022年4月，IPCC发布了第六次评估报告第三工作组报告《气候变化2022：减缓气候变化》，报告显示2010~2019年全球温室气体年平均排放量处于人类历史上最高水平，

2019 年排放量达到 590 亿吨，比 2010 年全球排放量增加了 12%，过去 10 年平均每年增长 1.3%。如果这种排放增长趋势得不到有效控制，未来全球气候变化引发的不利影响将加剧，海平面上升、极端气候灾害事件频发等，全人类将面临严重的气候灾难。世界经济论坛发布的《2022 年全球风险报告》强调，气候变化导致国家分裂、社会分化，气候行动失败将是全球未来十年可能面临的最严重风险。尽管俄乌冲突爆发导致国际社会更加注重传统安全领域，但对气候变化问题的关注度并没有下降。《2022 年慕尼黑安全报告》指出，世界各国日益受到极端天气事件的冲击，德国、加拿大洪水泛滥，西伯利亚、希腊和印度出现大面积野火，美国和巴西的高温干旱，气候变化造成的不利影响日益严峻，未来几十年内将不断加剧。联合国秘书长古特雷斯表示，这份报告是向人类发出的红色警报。

气候变化对全球经济产生破坏性影响，重塑世界各国的经济发展前景。温度升高、海平面上升和频繁发生的极端天气事件导致生产力下降、基础设施受损和供应链中断等极端情形出现，对全球经济增长构成重大威胁。农业和旅游业容易受到气候变化的不利影响，制造业发展受制于气候灾害引发的全球价值链中断。气候变化通过造成贸易成本上升、改变比较优势和重塑全球价值链来影响国际贸易。短期内，气候变化的物理破坏影响到国际贸易，容易造成供应链中断与贸易成本上升，危及脆弱地区和行业发展。长期内，气候变化会改变比较优势、破坏全球产业链价值链，对国际贸易与投资产生深远影响。评估结果表明，全球平均温度上升 1℃ 可能会导致发展中国家出口贸易年均增长率下降 2.0%~5.7%，因此需要加快推动全球向低碳经济转型。总体来看，气候变化影响的广度和深度均远大于其他单一类型风险，气候风险跨越不同行业、区域、国家之间的边界，风险具有扩散性和传递性，属于系统性、复合型风险，会影响经济增长的可持续性，气候变化风险的"级联"效应给经济社会发展带来系统性风险，威胁到全球供应链产业链的稳定运行。

（二）气候治理对全球经济格局的影响

自 20 世纪 90 年代以来，经过 30 多年的发展历程，联合国气候变化多边进程通过谈判形成了《联合国气候变化框架公约》《京都议定书》《巴黎协定》等重要文件。其中，《联合国气候变化框架公约》奠定了全球气候治理体系的基本框架，《京都议定书》《巴黎协定》是全球应对气候变化进程的重要里程碑。除了《联合国气候变化框架公约》框架下的国际气候谈判机制，也包括公约外应对气候变化机制，如主要经济体能源与气候论坛（MEF）、七国集团（G7）、二十国集团（G20）、亚太经济合作组织（APEC）、国际海事组织（IMO）、国际民用航空组织（ICAO）等国际组织也积极参与气候变化议题，通过集团共同立场或国际组织决议对《联合国气候变化框架公约》框架下的气候变化相关机制产生影响。

当前，全球气候治理格局从"自上而下"的《京都议定书》模式转向"自下而上"的《巴黎协定》模式。近年来，随着越来越多的国家提出碳中和目标，全球气候治理进入新阶段，跨国公司、城市等非国家行为体积极参与，为全球应对气候变化行动注入了重要推动力。与此同时，碳市场交易机制不断完善，绿色生产、供应链、金融、技术等领域的创新发展也为全球气候治理提供了重要支撑。

气候治理事关经济、安全和发展权益等一系列国家核心利益，国际气候谈判中的联盟政治特征明显，导致气候谈判达成共识的难度很大。国际气候谈判中出现了多元化的联盟格局和国家集团，其中欧盟（EU）、伞形集团（Umbrella Gracp）和"77国集团+中国"（"G77+中国"）是三个关键的谈判联盟。"G77+中国"联盟内部成员根据不同议题进一步分化成许多国家集团，包括基础四国（BASIC）、立场相近发展中国家（LMDC）、拉美独立国家联盟（AILAC）、非洲国家（AGN）、小岛国联盟（AOSIS）、最不发达国家（LDCs）和石油生产国（OPEC）等。不同的联盟格局与国家集团相互协调谈判立场，对气候谈判成果与走向产生深刻影响。小国、弱国甚至边缘国家都可能针对具体问题发挥影响力甚至成为领导者，如小岛国联盟（AOSIS）呼吁各国强化气候行动以挽救其国家面临的生死存亡问题，在国际气候谈判中受到了各方的巨大关注，并占据道德制高点。气候变化框架公约采用协商一致的原则达成协议，相当于赋予了每个联盟、每个国家都可以行使"否决"权来维护国家利益，没有任何一个国家或联盟能够完全主宰整个谈判过程或主导所有问题，容易导致多边气候谈判进程陷入僵局。联盟集团的网络化发展增加了气候谈判的复杂性和不确定性，无法以绝对力量主导形成实质性成果。

当前，全球气候治理的外溢效应凸显，对科技、贸易、经济、金融、社会、安全等领域产生一系列关联性影响，需要合理的制度安排与政策协调来加强气候治理相关领域的协同治理。从气候变化的科技应对看，气候治理涉及绿色低碳能源技术、气候风险监测预警等技术开发和应用；从气候变化的安全应对看，气候变化导致气候难民与气候冲突等严重的安全威胁，给国家安全和国际安全造成了严重挑战；从气候变化的经济应对看，全球碳市场、碳关税等相关措施的引入将极大地改变全球经济与贸易规则。

气候治理事关各国经济、政治、发展权益等核心利益，各国的谈判立场与政策诉求差异很大，导致国际气候谈判进展缓慢。最近几年谈判主要围绕制定《巴黎协定》的实施细则进行。2021年11月，在英国格拉斯哥举行的《联合国气候变化框架公约》第二十六次缔约方大会（COP26）谈判议题主要集中在《巴黎协定》第六条涉及的市场机制，形成了《格拉斯哥领导人关于森林和土地使用的宣言》《全球甲烷减排承诺》《中美关于在21世纪20年代强化气候行动的格拉斯哥联合宣言》等成果，格拉斯哥气候大会多个谈判议题陷入僵局，未能针对碳市场的核算、收益分配、碳关税等关键问题取得进展。美国、欧盟和中国等在碳边境调节等措施方面分歧较大，"化石燃料补贴"和"退煤"议题进展缓慢。气候资金方面，发展中国家强调发达国家落实承诺的气候资金，而发达国家承诺的1000亿美元气候资金一直没有兑现，针对最不发达国家和小岛屿国家的气候变化特别援助也未落实（于宏源、李坤海，2022）。

2022年12月，《联合国气候变化框架公约》第二十七次缔约方大会（COP27）正式通过建立损失和损害基金，以支持对脆弱发展中国家因气候变化造成的损失损害进行资金补偿。从总体上看，气候谈判朝着气候正义迈出了重要一步，小岛屿国家联盟表示损失和损害协议是一项历史性的成果，有利于帮助气候脆弱国家在遭受气候灾害后获取重建所需的资金援助，提升应对气候危机能力，但在提高减排雄心方面未能取得进展。过去20多年，发达国家愿意提供绿色气候基金，却不愿设立损失与损害基金。

针对联合国气候变化公约谈判进程遭遇的困境，为弥补全球减排缺口，七国集团（G7）提出成立全球"气候俱乐部"的设想，推动全球气候治理体系变革。2022年6月28日，七国集团首脑峰会通过了《七国集团气候俱乐部声明》，声称将在2022年底前建立一个符合国际规则的开放、合作的国际气候俱乐部，引发国际社会的广泛关注。据介绍，该俱乐部将向所有《巴黎协定》签署国开放，以减少温室气体排放为目标，同时助力实现工业向气候友好型工业转型。借助能源伙伴关系，七国集团希望为相对贫困的国家向气候友好型经济转型过程中，提供专业知识和资金帮助。德国总理朔尔茨表示，七国集团以减少对俄罗斯石油和天然气的依赖为明确目标，并促进可再生能源发展和气候保护。

（三）应对气候变化重塑全球经贸规制

为应对气候危机，《巴黎协定》提出将21世纪全球变暖限制在1.5℃以内，这意味着到2030年温室气体排放需要减排大约50%，到2050年实现净零排放。气候变化与贸易政策、产业政策日益融合，向低碳经济转型需要转变贸易模式。2020年全球新冠疫情暴发后，G20通过了一系列绿色低碳经济刺激计划，通过加快可再生能源发展、提高建筑物能源效率和投资电气化交通系统等来减少全球温室气体排放。应对气候变化需要全球经济大转型，在全球范围内推动技术和结构变革，重塑世界能源生产、制造产品和农业生产等。贸易在推动全球经济低碳转型方面具有重要作用，绿色贸易成为国际贸易的重要发展趋势。IPCC第六次评估报告第三工作组报告《气候变化2022：减缓气候变化》提出，贸易有助于各国加快运用减缓技术和政策，但也可能会限制各国采用贸易相关气候政策的能力。世界贸易组织（WTO）强调，贸易推动碳密集型产业增长和运输环节的碳排放，是全球碳排放增长的重要推动力之一。为发挥贸易在应对气候变化方面的积极作用，应实现深度减排需要加快低碳技术部署应用，解决低碳产品与技术出口面临的贸易壁垒问题。推动贸易脱碳需要加强国际合作，建立有效的碳排放测量和核证体系，提高生产和运输环节的碳效率，提升全球价值链和产业链的环境可持续性。

在各国积极推动碳中和发展战略的大背景下，贸易结构和贸易方式正在发生深刻的系统性变革，绿色贸易成为国际贸易发展的重要方向，发布"碳足迹"声明、开展碳核查、认证碳标签等逐步成为国际通行做法，碳标签成为国际贸易中的"绿色通行证"，出口企业将面临更严格的产品碳排放要求。贸易领域的绿色低碳转型加速，国际贸易中的绿色规则正在逐渐从"软性倡导"向"硬性约束"转变，突出表现为全球供应链产业链脱碳进程加快，跨国公司加快推动构建绿色低碳供应链价值链。随着全球产业链脱碳进程加快与碳减排约束强化，产业链上下游企业与出口企业将面临更严格的出口能耗标准和碳排放要求，很可能演变成为新型绿色贸易壁垒。绿色低碳新产业、新技术、新标准促进全球产业重新布局，推动贸易结构变革与转型升级，国际贸易中绿色低碳产品和服务需求增加，高耗能、高碳排放行业相关贸易比重持续下降，制造业也要顺应绿色贸易发展的新要求，加快绿色低碳技术升级，通过提高生产率促进节能减排，打造新的贸易竞争新优势（袁佳、廖欣瑞，2022），推动贸易结构从以加工制造贸易为主向知识服务贸易为主的结构性转变。当前，全球贸易绿色化发展趋势加快，能源贸易格局面临重构，环境服务有望成为服务贸易新的增长点。据 WTO 预测，到2040 年服务贸易占全球贸易的比重将达到 33%以上，环境相关服务占环保行业的产值将超过 65%。随着制造业服务化、低碳化发展进程加快，制造业需要加快工艺升级、能效提升以及采用低碳技术服务实现节能降耗，涵盖生产、流通与消费全生命周期的绿色低碳管理和技术服务业将迎来巨大发展机遇，通过为企业提供碳排放数据管理、碳中和咨询、碳资产管理等绿色咨询服务促进相关产业链脱碳，具有巨大发展潜力。产业数字化赋能传统产业低碳转型，物流与供应链的数字化融合推动形成绿色低碳、高效稳定的新型生产与物流组织形态，有助于提升全球供应链资源整合与组织协同水平，进而带动全球供应链产业链脱碳。

企业能否达成碳中和目标，产品是否满足碳排放标准成为市场准入的重要前置条件。绿色贸易源于国际环境与贸易议题，伴随着国际环境、气候与可持续发展议程不断推进，低碳经济蓬勃发展，绿色贸易的概念内涵在实践中不断拓展，绿色贸易壁垒从传统注重生态环境问题，向更加注重应对气候变化问题、发展低碳经济转变。部分国家为谋取贸易竞争优势，通常会采取多种形式的绿色贸易壁垒，绿色贸易壁垒作为技术性贸易壁垒，具有合法性、广泛性、不平衡性以及隐蔽性等特点。总体上看，绿色贸易会造成生产成本上升、治理规则重构、贸易摩擦加剧等新的挑战，但也会倒逼出口贸易结构优化、推动产业转型进程加快。当前全球不协调、碎片化的碳定价政策可能导致世界贸易体系的震荡和各国之间的紧张关系，危及全球经济的绿色低碳转型，有必要加强全球碳定价领域的国际合作与政策协调，加快推动向低碳经济转型，转变贸易发展模式。当前，各国积极推动全球供应链脱碳，在市场准入、产品排放标准等方面采取的限制性措施容易形成新型绿色贸易壁垒。国际航空、航海减碳尚未纳入各国应对气候自主贡献目标范围，需要加强国际合作，发挥绿色技术创新的核心作用，扩大发展中国家对减排资源和技术的获取能力。

（四）主要国家气候政策最新动向

1. 美国重返《巴黎协定》

2021 年，美国拜登政府一上任就宣布重返《巴黎协定》，力图主导全球应对气候变化合作。一是重塑美国气候治理领导权。签署《关于应对国内外气候危机的行政命令》，任命国务卿克里担任美国第一位气候问题总统特使，采取前所未有的行动应对气候危机，召开全球首脑会议，推动主要碳排放大国领导人做出更有雄心的气候承诺。签署了约 1000 亿美元基础设施法案，用于支持电网建设、公共交通和清洁能源。接受《蒙特利尔议定书》的《基加利修正案》，以遏制碳氢氟化合物排放增长势头；对油气运营商制定严格的甲烷污染排放限值；禁止在公共土地和水域颁发新的油气开发许可证。通过加强实施《清洁空气法案》，制定严格的燃油经济性标准，确保新销售的轻型和中型车辆温室气体 100% 零排放，逐步提高重型车辆的电气化比重。2022 年 12 月，美国总统拜登在第 27 届联合国气候变化大会（COP27）上宣布数项倡议，以提升美国应对气候危机的领导力，促进全球提高气候行动承诺。

二是加大针对清洁能源技术研发投资，促进成本下降和商业化应用。建立专注于解决气候问题的跨领域和跨部门研究机构"气候高级研究计划署"（Advanced Research Projects Agency-Climate，ARPA-C），加大对生物液体燃料（如沼气、燃料乙醇、生物柴油等）的研发投入。拜登政府计划投资 4000 亿美元支持清洁能源技术创新，主要包括：①限制航空业碳排放，为飞机研制新型可持续燃料，优化创新飞机和空中交通管制技术；②加快碳捕集、利用和封存（CCUS）技术的开发和部署，提高对 CCUS 项目的税收优惠；③研究核能应用中安全性、废料处理及环境影响等问题；④加大对"前沿"零碳技术的投资，如小型模块化反应堆、核聚变和绿氢等；⑤通过发展电池储能、下一代建筑材料、可再生能源、氢能和先进核能，并确保这些新技术产品在美国制造，大幅降低关键清洁能源技术成本，迅速将其商业化应用，实现美国清洁能源技术在全球领导地位。

三是不断完善基础设施建设。拜登政府计划投资 1.6 亿美元打造现代化基础设施，具体包括：①重建美国公共服务基础设施（包括道路、桥梁、绿地、水系统、电网、通用宽带等）；②不断完善电动汽车全产业建设，加强零部件、原材料以及充电桩等本土制造能力建设，加快电动汽车的部署；③完善绿色低碳公共交通体系建设，通过改善零排放公共交通工具、公交线路的便利性以及安装慢性交通基础设施，减少民众通勤时间与碳足迹；④在电力部门，到 2035 年实现电力部门净零排放；⑤在建筑部门，加大建筑物升级改造，改善建筑物能源效率，实现到 2035 年将美国建筑物碳足迹减少 50%；⑥在农业部门，加快推动气候智慧型农业建设，推广应用更好的绿色低碳农业技术。

从图 3-3 可以看出美国不同政府时期能源与气候政策变化的趋势，近期气候政策更是频繁进行调整，既对美国国内政治经济产生影响，也对全球气候治理增添了不确定性。2022 年 6 月 30 日，美国最高法院裁定美国环保署（EPA）无权根据《清洁空气法案》过多限制化石能源电厂的温室气体排放；紧接着 8 月 7 日、12 日，美国参众两院正式通过了《通胀削减法案》，这是史上最大的清洁能源和气候投资法案。《通胀削减法案》带来了美国有史以来针对气候领域的最大投资计划，使清洁能源、清洁制造等相关产业迎来前所未有的机遇。《通胀削减法案》支出主要用于气候投资，共计 3690 亿美元，占总支出的 84%。据统计，该法案从能源、制造、环境、交通、农业和水资源六大产业入手分类统计了各部分的投资总额和占比，其中能源行业占据投资总额的 64%，是气候投资的重点（见图 3-4）。

《通胀削减法案》内容主要涉及以下五大方面：

（1）降低能源成本。该法案为消费者提供一系列激励措施，以降低高昂的能源成本，实现缩减开支。例如，法案直接鼓励消费者购买节能和电力设备、清洁车辆和屋顶太阳能，促进家庭绿色节能消费与投资，其中很大一部分资金流向低收入家庭和贫困社区。

能源政策宽松自由
能源内政举措：
• 防止石油进口对国内石油产业形成冲击
能源外交举措：
• 保障盟国石油安全，建立世界霸权地位

强调政策干预，强化能源安全
能源内政举措：
• 调整能源结构
• 实施节能政策，能源供需矛盾逐步缓解
能源外交举措：
• 成立了国际能源署
• 制定最低价保护政策，促进国内石油产业发展，保障国家能源安全

兼顾市场机制与政府调节，推动能源独立
能源内政举措：
• 致力于降低美国能源对外依存度
• 增加国内能源供给，实现能源供应多元化
• 推进节能减排技术发展
政策差异：
• 化石能源与清洁能源发展权重
• 单边主义与多边合作发展主张

20世纪40～60年代　　20世纪70～90年代　　21世纪以来

奥巴马（民主党）时期
• 能源内政举措：
 −提出了美国能源新政
 −汽车节能减排计划
 −美国联邦政府创新战略，将新能源作为创新战略实施的突破口
• 能源外交举措：
 −推动《巴黎协定》
• 对全球及中国影响：
 −促进清洁能源技术创新
 −削弱国际油价上涨动力
 −中国面临的国际减排压力增加

特朗普（共和党）时期
• 能源内政举措：
 −发布美国优先能源计划
 −鼓励化石能源生产
 −大规模勘探开发国内油气资源技术能源外交举措
• 能源外交举措：
 −建立国际−能源主导地位
 −摆脱从石油检出国组织或敌对国家进口能源
 −退出《巴黎协定》
• 对全球及中国影响：
 −促进本国化石能源生产与出口
 −刺激全球煤炭产业，打压全球原油价格
 −有利于中国把握全球气候治理主动权

拜登（民主党）时期
• 能源内政举措：
 −制定清洁能源革命计划
 −消除化石燃料补贴
 −清洁能源技术创新
 −2035年实现100%清洁能源电力
• 能源外交举措：
 −重新加入《巴黎协定》
 −宣布美国2050年实现碳中和
• 对全球及中国影响：
 −全球化石能源市场疲软，促进清洁能源技术与新能源未来发展
 −扩大国际能源领域多边合作
 −中国新能源技术发展和应对气候变化将持续承压

图3-3　美国不同政府时期能源与气候政策变化趋势

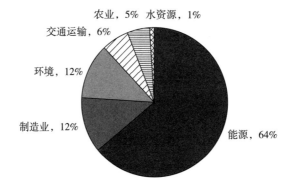

图3-4　《通胀削减法案》气候投资支出结构

（2）保障美国能源安全和国内制造业。该法案支持能源可靠性和清洁能源生产，力图减少对中国的依赖，确保向绿色经济的过渡时为美国人创造大量的就业机会。法案中超过600亿美元用于支持本土清洁能源和运输技术的供应链的清洁能源设施建设。

针对制造业的激励措施将有助于降低清洁能源和清洁汽车的成本，缓解供应链瓶颈，从而缓解通胀，降低未来价格冲击的风险。

（3）推动经济脱碳化。该法案通过对各行业实施差异化的应对气候变化政策，旨在大幅减少电力生产、交通、工业制造、建筑和农业等领域的碳排放，包括为各州公用事业单位和企业提供税收抵免和拨款支持，从而加快清洁能源技术开发应用。

（4）维护社区公平。该法案包括超过 600 亿美元的环境公平优先事项，更侧重于社区、家庭的能源清洁化，将投资重点放在贫困落后的社区，确保贫困社区能够享受绿色发展的好处。

（5）支持农林业韧性建设。该法案通过投资于农民和林地所有者，使其成为气候解决方案的一部分。投资主要用于保护森林、城市绿植和沿海栖息地，以发展农村社区的清洁能源，肯定了农业生产者和林地所有者在气候解决方案中的核心作用，确保农村能够更好地适应快速变化的气候。

从《通胀削减法案》的主要支出结构看，通过为新能源产业提供直接补贴带动美国新能源产业发展成为一大亮点。法案对购买电动车的消费者、选用新能源的家庭、电动车及绿色能源的工厂提供直接补贴，有利于从需求端刺激新能源产业的发展，扩大市场份额，为能源结构转型提供动力。《通胀削减法案》关于新能源汽车和光伏产业的补贴均限定车辆组件来自美国或者与美国存在自由贸易协定的国家。法案在对企业提供生产补助的同时要求企业的生产工厂及原材料采购均位于美国国内，因此该政策能够刺激美国供应链回流，提升美国电池生产、汽车装配和能源生产等行业的竞争力，减少对国外供应链的依赖程度。当前美国在锂电池、光伏核心零件的产能较为薄弱，短期内无法满足自给自足的要求，因此中国、日本、韩国等国的原材料制造商将通过在美国投资建厂的方式争取优惠，带动产业发展。

美国《通胀削减法案》发布后在全球范围内产生了广泛影响，多数国家出于自身利益对该法案持消极态度。欧盟称该法案破坏了美欧之间的"公平竞争"环境并将考虑采取报复性措施。日本和韩国出于产业链空心化和技术外流考量，也对该法案表示反对。由于中国在新能源产业链布局具有绝对优势，短期内《通胀削减法案》对中国的影响有限。目前美国汽车制造商的绝大多数矿物、组件和电池均来自中国。统计显示，2021 年美国从中国进口 49.8 亿美元锂电池，约占中国锂电池出口额的 18%。受该法案影响，美国车企对于中国锂电池的进口需求可能放缓，从而刺激美国铁和磷酸盐等原材料生产，但美国难以在短期内超越中国花费 7~10 年建立起完备的基础设施和产业链，因此该法案短期内对中国影响有限。

2. 欧盟《绿色新政》塑造全球绿色贸易规则

2019 年 12 月，欧盟委员会发布《欧洲绿色协议》（以下简称"绿色新政"），提出在 2050 年前实现碳中和的目标，为农林业、建筑、能源、航空、海运、交通和工业等领域制定了详细的减排路线图和保障措施。2021 年 7 月，欧盟委员会公布了名为"Fit for 55"（"减碳 55%"）的"一揽子"气候计划，提出了包括能源、工业、交通、建筑等 12 项更积极的系列举措，承诺在 2030 年底温室气体排放量较 1990 年减少 55%

的目标。这是欧盟目前最重要的低碳发展政策，2020年12月欧盟已经向《联合国气候变化框架公约》通报这一目标，作为欧盟对实现《巴黎协定》的有力支撑。欧盟通过气候和能源立法，推动温室气体排放量已经比1990年下降了24%，同期欧盟经济增长约60%，立法框架为制定"一揽子"计划提供了重要基础。

如图3-5所示，欧盟委员会通过的"Fit for 55""一揽子"气候计划，主要包括12项政策举措，不仅涉及能源、运输、制造、航空、航运、农业等相关产业以及欧盟的贸易伙伴，也将影响到一般消费者，对弱势家庭与微型企业也将带来一定冲击，对相关产业在全球范围内产生广泛影响。

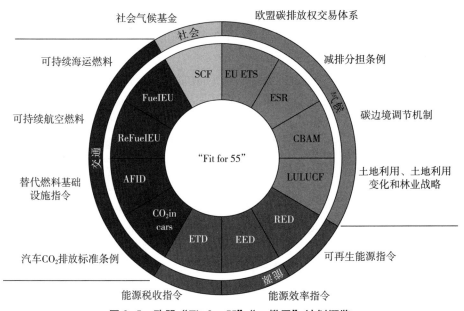

图3-5 欧盟"Fit for 55""一揽子"计划概览

（1）欧盟碳排放权交易体系（EU ETS）。欧盟对碳排放交易体系的修订包括以下五大主要方面：一是与2005年相比，新的排放权交易体系中的碳排放上限将逐年降低，到2030年，排放量预计将减少43%。二是免费配额的大幅减少将显著提升碳价及各行业企业在欧盟碳交易体系的成本，总量限额的线性折减系数（LRF）将从原来的每年2.2%提升到4.2%，同时一次性减少总量配额1.17亿单位（allowances）。三是燃料供应商负责监测和汇报投放市场燃料规模，至2026年单独制定新的针对燃料的碳排放交易体系。四是至2027年，逐步取消航空业免费碳排放配额，新的体系规定往返欧洲经济区以外国家的欧盟航空公司的碳排放将与CORSIA（国际航空业碳抵换及减量计划）保持一致，当欧洲经济区以外航班的碳排放量超过2019年水平时，必须购买相应的碳信用抵消。五是扩大欧盟碳排放交易体系范围，将碳定价覆盖至建筑供暖和道路交通行业，并首度将海运碳排放纳入碳排放交易体系。总体上看，此次碳排放交易体系修订导致企业碳排放上限将更严格、年减排幅度逐步提高、企业碳排放成本增加。

（2）减排分担条例（ESR）。为实现减排目标，2009 年欧盟颁布了温室气体《减排分担决议》，作为欧盟内部自上而下且具有一定法律约束力的统一减排框架。在"Fit for 55"计划中修订的《减排分担条例》（Effort Sharing Regulation，ESR）与欧盟碳排放交易体系更好融合，将创建一个真正的年度排放分配市场。在《减排分担条例》框架下，与 2005 年水平相比，至 2030 年总排放量减少至少 40%（原减排目标为 29%），各成员国减排目标将从 10% 提升至 50%，同样将覆盖建筑和交通行业。为每个成员国设定年度排放量配额，并在 2030 年之前逐步减少配额。确保所有成员国以公平公正的方式为欧盟气候行动做出贡献，通过确保人均 GDP 较高的成员国有更高的减排目标来平衡各成员国在节能减排上的贡献程度。从影响上看，修订的《减排分担条例》赋予成员国采取国家行动解决建筑业、交通运输业、农业等行业以及小企业碳排放问题的权力，使各个成员国都能为欧盟气候行动做出贡献。

（3）碳边境调节机制（CBAM）。欧盟认为在贸易全球化背景下，与欧盟碳排放标准不一致的国家将产生"碳泄漏"风险。2019 年 12 月，欧盟委员会在"绿色新政"中正式提出"碳边境调整机制"（Carbon Border Adjustment Mechanism，CBAM），通过对生产过程中碳排放量不符合欧盟标准的进口商品征收关税（即"碳边境税"）的方式，以避免碳泄漏，维护欧盟气候政策的完整性与有效性，同时还可以保护欧盟企业的竞争力。

在此次"Fit for 55"计划中，欧盟公布了碳边境关税政策立法提案，正式启动立法进程，这是全球首个碳边境税。碳边境调整机制分阶段实施，2023~2025 年作为试点阶段，涵盖电力、钢铁、水泥、铝和化肥五个领域，进口商只需要报告进口产品数量及其相应的碳含量，欧盟在此期间不征收任何费用。2026 年前，欧盟将评估考虑是否将纳入新的领域。自 2026 年 1 月 1 日起，欧盟将正式开始征收碳边境税，碳边境调节机制计划全面实施。欧盟将逐年降低境内钢铁、水泥等高碳生产企业免费配额，欧盟进口商在进口特定领域的产品时，需参照欧盟排放交易体系的碳排放价格，缴费购买相应的碳含量交易许可，至 2035 年将完全取消免费配额。为避免双重征税，对于国外生产者已经承担的碳排放成本，可扣减进口产品在生产国已实际支付的碳价。

自欧盟提出碳关税后，在全球范围内引发了巨大争议，在公平性和合法性等方面遭受质疑。从政策影响范围来看，欧盟碳边境调节机制可能对中国、俄罗斯、土耳其、英国等国家影响较大。目前中国碳价水平与欧盟碳价格存在较大差距，以煤为主的能源结构与生产技术水平导致产品生产过程碳排放较高，短期内会增加出口企业的竞争压力，但长期来看，随着中国加速推进碳中和进程，欧盟碳边境调节机制的影响将会逐步减弱。同时，碳边境调节机制或将在一定程度上推动中国碳配额价格的提升。

（4）土地利用、土地利用变化及林业战略（LULUCF）。修订的《土地利用、土地利用变化和农林业战略》，提议将农业纳入土地利用、土地利用变化和林业战略条例。设定至 2030 年通过自然碳汇实现 3.1 亿吨固碳量，并制定在欧洲范围内种植 30 亿棵树的林业战略。至 2035 年实现土地利用和农林业碳中和，意味着二氧化碳零排放的农业将完全消除来自肥料和养殖碳排放，并通过增加木制品使用替代化石基材料，以促进生物质行业发展。从影响上看，通过增加使用木制品替代化石基材料，促进生物基行业增长，同时可以探索通过向农民和林农支付奖励或通过培育私有碳市场的新商业模式。

（5）可再生能源指令（RED）。《可再生能源指令》（Renewable Energy Directive，RED）设定了更高的目标，即 2030 年可再生能源占比需达到 40%。建筑行业中可再生能源的比例至少达到 49%，且每年持续提升新目标将推动对建筑领域的投资；交通领域温室气体排放强度降低 13%，工业领域的可再生能源应用每年增加 1.1 个百分点，这些新目标将强化交通和工业领域对绿色氢的需求。该项计划还专门推广可再生燃料以实现温室气体减排，为降低包括国际航空和海运燃料在内的交通领域碳排放强度设定了 13% 的目标。将先进生物燃料的目标水平提高到交通领域能源消耗的 2.2%，并为该行业的氢和氢基合成燃料设定了 2.6% 的目标。从影响来看，逐年提升可再生能源使用比例目标将推动建筑领域及可再生能源大量投资，工业与交通行业中绿色氢的市场需求也将得到较大提升。

（6）能源效率指令（EED）。2012 年，为促进提升成员国在能源链各阶段的能源使用效率，达到欧盟制定的 2020 年节约一次能源 20% 的非强制性目标，欧盟 27 个成员国正式通过欧盟能源效率指令（Energy Efficiency Directive，EED），规定了住宅能源效率、智能电表、家庭能源管理、商业部门的能源审计、公共建筑改造、区域供暖和需求响应等内容。2018 年，欧盟再次对能效指令进行修订，设定了欧盟到 2030 年能效提升 32.5% 的不具约束力的目标，成员国每年实现能效节约需达到 0.8%。

在 "Fit for 55" 计划中，欧洲再次通过了新的能源效率法案，体现了欧盟的减排雄心。为了实现到 2030 年欧盟的净排放量从 1990 年的水平减少 55% 的整体目标，新的能源效率指令要求 2024～2030 年所有成员国每年的节能义务达到 1.5%（目前为 0.8%），公共部门每年节能达到 1.7%，每年至少翻新各级公共行政部门拥有的建筑物总建筑面积 3%；同时，到 2030 年，一次能源消费和最终能源消费效率应分别提升 36% 和 39%。此外，本次修订的能源效率指令将能效第一原则纳入欧盟法律，使其在应用层面成为整个欧盟必须履行的法律义务。

从预算角度看，目前欧洲能源效率每年面临着约 1650 亿欧元的投资缺口，各国在执行能源效率政策方面缺乏资金，往往通过附加税的方式提高能源费率，也在一定程度上增加了民众负担。因此，此次提议要求提高能效指令将着眼于解决贫困家庭所面临的能源价格上涨来缓解涉及数百万欧盟公民的能源贫困问题，公共事业部门与燃料供应商必须携手行动对有需要的群体给予特殊关照，新成立的气候社会基金将为此提供直接财政支持。

（7）能源税指令（ETD）。21 世纪初期，出于形成欧洲整体能源安全战略与维护欧洲统一市场公平竞争的需要，2003 年，欧盟在正式颁布了能源税指令（Energy Taxation Directive，ETD），将能源税征收范围在矿物油的基础上扩大至煤、天然气和电力等能源产品，设定了统一的最低税率，又规定了差别税率、授予成员国减免税、过渡期等措施，赋予了成员国一定的自由度。然而，在能源税指令实施过程中也存在多方面障碍，如各成员国拥有独立的税收主权，导致欧盟在能源税领域的介入不够充分，同时，由于欧盟能源对进口依赖程度高，使得欧盟能源税指令实施受到欧盟以外因素的影响。

"Fit for 55"计划是欧盟继 2003 年后首次对能源税收指令进行改革，在课税范围、税率结构、减免税政策等多个方面进行修订。在能源税征收范围方面，逐步取消欧盟在航空业、航运业对化石燃料的免税政策，将海运、航空、渔船、家庭供暖、电力供应所使用的化石燃料重新纳入课税范围，并设定最低税率。同时，允许对汽车燃料、取暖燃料和电力征收不同的最低税率，推广使用环保能源。例如，传统化石燃料在用作汽车燃料时，将采用较高费率（即 10.75 欧元/GJ）进行征税；在电力行业各个应用领域中使用先进的可持续生物质燃料和非生物质的可再生燃料（如绿氢），可按照最低的最低费率（即 0.15 欧元/GJ）进行征税。此外，欧盟还取消了国家相关的减免税政策。

从此项改革的影响来看，新能源税政策的实施除了更加利于推广使用绿色环保能源外，减免税政策的取消还有助于减少各国能源税竞争的不利影响，为企业发展带来更多的政策稳定性，降低合规成本。但是，课税范围变化也会对航空、海运等行业带来较大挑战。

（8）汽车 CO_2 碳排放标准条例（CO_2 in Cars）。早期，交通行业温室气体排放量约占欧盟温室气体总排放量的 1/5，欧盟十分关注交通行业碳排放问题，在 2009 年前，欧盟与汽车制造商签订《自愿协议》规定了新车平均排放标准，但在实际中难以有效执行。因此，2009~2014 年，欧盟对重型车辆与轻型车辆二氧化碳排放量进行监管与立法，于 2019 年相继出台了《重型汽车二氧化碳排放标准》《2019/631 文件》，明确了欧盟对汽车及货车碳排放目标：到 2025 年，汽车及货车碳排放量均下降 15%；到 2030 年，汽车及货车碳排放量分别下降 37.5%和 31%。

为了加速向"零碳交通"过渡，在"Fit for 55"计划中，欧盟制定了更为严格的汽车和货车碳排放标准，计划到 2030 年，汽车和货车的排放量较 2021 年将分别下降 55%和 50%，到 2035 年仅销售零排放汽车和货车，实现"零碳运输"。由于此次目标调整幅度较大，各大传统汽车制造商面临巨大压力，因此欧盟也提出如果汽车制造商难以在 2035 年达成目标，可考虑将目标达成时间推迟至 2040 年。从影响来看，欧盟加强汽车和货车排放管控的举措将加快零排放和低排放汽车的生产和销售；同时，也为汽车行业对零排放技术创新与加大充电和加油基础设施的投资提供了明确的信号。

（9）替代燃料基础设施指令（AFID）。随着欧盟对交通行业碳排放管控力度加强，制定了明确的汽车行业碳排放目标，将刺激市场对新能源汽车的需求，因此替代燃料基础设施的建设成为实现交通行业碳排放目标的重要保障与支撑。2014 年欧盟公布了《替代燃料基础设施指令》（Alternative Fuels Infrastructure Directive，AFID），旨在推动加氢站及压缩天然气（CNG）和液化天然气（LNG）等清洁燃料基础设施建设，实现清洁出行目标。

在"Fit for 55"计划中，欧盟进一步修正了替代燃料基础设施指令，要求欧盟成员国扩大充电站设点，并根据零碳新车销售状况调整，以确保车辆在整个欧洲驾驶过程中都能充分地为车辆充电或加油。在基础设施建设方面，指令也提出了具体要求，即在主要高速公路上每 60 公里设置充电站，每 150 公里设置加氢站，目标到 2030 年将有 350 万个新充电站，到 2050 年将有 1630 万个新充电站。此项指令修正的影响在于，一方面，将为长期的汽车及低碳燃料技术研发投资提供保障；另一方面，也向市场发出低排放和零排放汽车需求的积极信号。

（10）可持续航空燃料（ReFuelEu）。与传统航空燃料相比，可持续航空燃料可减少 80% 的排放。欧盟在"绿色新政"中将可持续替代燃料（SAF）作为减少航空业对气候影响的关键手段。在"Fit for 55"计划中，欧盟启动了可持续燃料航空计划（ReFuelEu Aviation Intiatine），要求燃料供应商在欧盟持续提高可持续航空燃油使用比例，力争在 2025 年将其占航空燃料比重提升至 2% 以上，到 2050 年提升至 63% 以上；同时，要求供应商在 2030~2050 年纳入 E-燃料，力争 2030 年达到 0.7%，2050 年达到 28%。此外，引入适用于欧盟内部航班所用航空燃料的最低税率，以刺激使用更可持续的航空燃料，并鼓励航空公司使用效率更高、污染更少的飞机。可持续燃料航空计划的影响在于，通过建议在全欧盟采用统一可持续航空燃料规则，并适用于所有燃料供应商和航空公司，有利于创造公平的竞争环境，同时，提升可持续代替燃料的市场需求，拉动相关技术发展与产业投资。但客观来看，航空业对化石能源依赖性高，"脱碳"难度较大，目前可持续替代燃料（SAF）成本远高于传统燃料，对于利润微薄的航空业来说，航空业降碳仍有较长的路要走。

（11）可持续海运燃料（FuelEu）。在"Fit for 55"计划中，欧盟可持续海运燃料海事倡议（FuelEu Maritime Initiative）将通过对船舶使用燃料的温室气体含量设定限制，以刺激停靠欧洲港口的船只采用可持续燃料和零排放技术。从 2025 年开始，欧盟将开始逐步提高海运燃料温室气体减排目标，即 2025 年为 2%、2030 年为 6%、2035 年为 13%、2040 年为 26%、2045 年为 59%、2050 年为 75%。从影响来看，可持续海运燃料倡议将刺激可持续海洋燃料和零排放发展，包括液体生物燃料、电子液体、脱碳气体（包括生物 LNG 和电子气体）、脱碳氢和脱碳氢衍生燃料等。

（12）社会气候基金（SCF）。虽然从长期来看，欧盟气候政策带来的收益高于成本，但短期内可能会对社会弱势群体造成冲击。为了解决低收入家庭可能面临的能源贫困问题，实现社会公平转型，需要制定配套的支持措施。欧盟委员会设立 1444 亿欧元的社会气候基金（Social Climate Fund，SCF），这些资金将在 2025~2032 年为受到气候政策影响的弱势群体、中低收入家庭、交通工具使用者以及中小企业提供支持。评估发现，目前该基金规模尚不足以抵消气候政策对消费者的不利影响。

3. 气候政策的影响已外溢至全球产业链和国际贸易领域

从全球主要国家的政策实践看，积极制定并实施以应对气候变化为重点的新贸易政策，通过制定补贴政策加大对清洁能源行业支持，大力发展绿色低碳行业，逐步退出高碳排放行业。以推动构建绿色低碳贸易体系、推动碳减排为核心目标重构贸易价值链成为全球贸易领域的新动向，全球贸易体系与贸易规则将面临重大变革。

当前，主要国家积极应对气候变化，加快构建安全可靠的清洁能源供应链产业链，对国际贸易与投资产生深远影响。美国、欧盟都在确保获取绿色低碳清洁能源产业链所需材料的稳定供应，采取更多政策措施确保绿色低碳清洁能源供应链产业链安全。美国拜登政府通过《通胀削减法案》，计划投入 3690 亿美元，通过政策支持鼓励美国生产清洁能源技术，为购买美国制造的清洁汽车的消费者提供税收抵免，以及为太阳能和风能设备建造新工厂。通过为清洁能源设备和汽车提供新税收抵免支持电池、绿色氢能、钢铁和其他行业新投资，目的是未来减少对中国相关产品出口的依赖。

欧盟的"绿色新政"也采取了类似措施，单方面制定的碳关税等气候政策引发了较大争议，积极推动绿色能源行业制定补贴计划。2022 年 12 月，欧盟对某些进口商品征收新的碳关税达成初步协议，从而向以应对气候变化为重点的新贸易政策迈出了重要一步。欧盟采取的碳边境调节机制，将适用于所有未能采取严格措施减少温室气体排放的国家的产品。尽管欧盟认为相关政策符合全球贸易规则，但事实上也是对欧盟企业竞争力的保护，以确保欧盟企业不会因为碳排放问题在国际市场竞争中处于劣势。欧盟也在针对绿色能源行业制定补贴计划，2023 年 2 月，欧盟推出了《绿色协议工业计划》，为绿色低碳行业给予庞大的补贴，旨在利用"一揽子"绿色产业支持政策，简化和调整激励措施，通过放宽对国家援助的限制，鼓励资金流向欧盟清洁技术，为欧盟提升"净零"排放技术和产品制造能力提供有利的环境，用以对冲美国《通胀削减法案》的影响。

二、气候变化和气候治理对中国经济发展的影响

中国是受气候变化不利影响较为严重的国家，2022 年 10 月，世界银行发布《中国国别气候与发展报告》，强调气候变化的不利影响导致海岸洪水、风暴潮、海岸侵蚀和海水倒灌等灾害频发，严重威胁着中国人口稠密、海拔较低、经济发达的沿海城市，需要加快推动低碳发展转型与气候韧性发展。全球气候治理体系持续变革，中国面临的减排与转型压力增大。国际航空、航海等行业性减排加快将对中国相关行业发展或构成硬约束，各国制定的气候变化与绿色贸易政策很可能针对中国出口形成"碳壁垒"，一些国家推动构建安全可靠的清洁能源产业链供应链也会对中国造成产业链"脱钩"的风险。对此，一方面要积极应对气候变化对经济发展造成的风险挑战，另一方面也要积极防范国外气候政策产生的溢出效应，为经济高质量发展提供有力保障。

（一）气候变化对中国经济发展的影响

气候变化引发的自然灾害与经济社会损失日趋严重。海平面上升将给沿海城市发展造成气候安全威胁。不同领域受到的气候变化不利影响不同，水资源、粮食、能源、生态、经济、城市化、基础设施等领域受气候变化的不利影响突出。不同区域面临的气候灾害类型不同，极端天气气候事件突发频发，南方地区夏季持续性高温干旱天气；沿海地区容易受到风暴潮、台风破坏；北方地区暴雨、洪涝及其造成的城市内涝等次生灾害；西部地区强降雨引发的地质灾害等风险。

1. 水资源领域

受气候变化影响，我国洪涝和干旱问题日趋严重，生产生活所需的淡水资源更加

短缺。20世纪中叶以来，受气候变化影响，我国东部主要河流径流量有不同程度的减少，海河和黄河径流量减幅更高达50%。冰川退缩加剧了青藏高原江河源区径流量变化的不稳定性。我国北方地区水资源供需矛盾加剧，南方地区则出现区域性甚至流域性缺水现象。在未来气候持续变暖背景下，水资源数量将进一步减少，水质降低、旱涝灾害更加频繁，淡水资源供给利用的风险会显著增加[①]。

2. 粮食领域

农业是气候敏感型行业，气候变化造成农作物产量下降，加剧降水区域分布的不均衡性，影响农业生产与粮食安全。气候变化加剧了农业气象灾害，主要表现为干旱、洪涝、高温和低温灾害频率和强度的变化。中国农业气象灾害类型多样，其中对农业生产影响范围最广、影响面积最大，且发生频率最高的是干旱灾害。

3. 能源领域

气候变化与能源利用密切相关，化石能源的大量消耗是温室气体排放的主要来源，通过提高能源效率、发展可再生能源、清洁能源生产等是各国应对气候变化的主要政策举措。气候变化对能源体系的安全供应产生影响，化石能源的生产、运输、贸易与基础设施受气候条件影响大。此外，气候变化及气候极端事件严重影响到能源系统的正常运行，尤其是水电、风电、光伏发电等可再生能源的利用高度依赖于气候要素及其稳定性，容易给电力系统的安全性与稳定性造成挑战，甚至可能发生大面积停电。随着"双碳"目标的深入实施，可再生能源比例日益提高，未来电力系统面临的不稳定性风险增加，如何保障电力的安全供应及价格稳定面临较大挑战，政策实施过程中出现的限电限产也会引发能源供应安全问题等。

4. 生态领域

气候变化对我国自然生态系统带来严重不利影响，气候变化加剧脆弱地区的生态变化，对主要地区的生态系统结构和功能产生不利影响。植被带分布北移，生物入侵增多，陆地生态系统稳定性下降；沿海海平面上升趋势高于全球平均水平，海洋灾害趋频趋强，海洋和海岸带生态系统受到严重威胁。气候变化加大生态系统退化风险，造成海洋和海岸生态系统、沿海生态系统、陆地生态系统功能受损、遭受损失，气候变化导致生物多样性锐减、物种灭绝，如果温度上升3℃，20%～30%的陆地物种会濒临灭绝。

5. 经济领域

高温、干旱、洪水、降水变化和极端气候事件引发产业链供应链中断风险。气候变化对金融部门影响较大，直接影响是造成保险损失增加并降低风险的可保性，造成资产大幅贬值以及大量化石能源资产"搁浅"的风险，削弱金融系统的整体稳定性。气候变化造成气候贫困与气候移民，成为生态脆弱地区贫困人口脱贫后返贫的主要原因，贫困人群的生计资源难以维持，气候脆弱地区将面临更严重的灾害风险，受灾地

① 李威、李潇潇，许红梅. 气候变化与水资源安全［EB/OL］.［2020－03－18］. https：//www.cma.gov.cn/2011xzt/2020zt/20200323/2020032307/202003/t20200318_549083.html.

区人口承载力急剧下降，导致气候移民增多。

6. 城市化领域

城市频繁遭受极端天气事件不利影响，与城市地质条件叠加，产生了一系列次生灾害，对城市安全运行造成重大挑战。快速的城市化进程与气候变化影响叠加，导致基础设施在极端气候灾害面前十分脆弱，城市水灾与内涝频发，交通运输、电力系统、供水、供暖、排水等基础设施在极端天气条件下难以正常运行。城市化进程快速发展，暴雨致灾频繁，损失严重。极端天气事件给中国经济社会发展和人民群众生命财产安全造成了巨大损失，如果不采取有效的应对措施，未来损失可能进一步增加。沿海城市及海岸带安全问题，海平面长期持续上升对沿海经济发达地区造成重大威胁。海平面上升和河流洪灾将威胁中国的农业、基础设施和人民生命安全。中国的广州、上海可能遭遇海平面上升带来的严重损害和经济损失。经济合作与发展组织（OECD）对全球沿海城市的气候风险评估结果显示，2050年全球遭受气候变化影响最严重的20个城市中，中国的广州、香港、上海、天津、宁波和青岛6个城市都属于高风险城市。城市群和特大城市成为受气候变化影响的极端脆弱区，未来遭受的经济损失可能进一步扩大，而城市应对气候风险的能力还很薄弱，城市管理方面也需要加强。

7. 基础设施领域

气候变化导致气温升高、降水强度增强、冰川融化、海平面上升、极端天气增加等，加大了电网、高铁、三峡大坝、南水北调工程、黄河流域重大水利水电工程等重大工程未来安全运行面临的风险挑战。多年冻土退化导致青藏铁路地基承载力下降，大风、雷电、低温冰雪、雾霾等极端天气增加威胁到高铁运行安全，气候变化造成水资源时空分布不均问题更加突出。

（二）全球气候治理对中国经济发展的影响

全球气候治理体系持续变革，中国面临的国际减排压力增大。全球气候治理由《京都议定书》"自上而下"的减排模式转向《巴黎协定》"自下而上"的国家自主贡献模式，这种减排方式的灵活性较高，优势是有利于提高各国的参与率，劣势是缺乏国际法律约束力，最终导致整体减排力度不足。联合国环境规划署（UNEP）《2022年排放差距报告》指出，各国的最新减排承诺仅能使2030年全球的温室气体排放量减少不到1%，到21世纪末全球气温可能升高2.8℃。实现2℃目标需要减排30%，实现1.5℃目标需要减排45%。为提升全球减排力度，国际社会积极推动全球气候治理体系变革，2021年联合国气候变化框架公约第二十六次大会（COP26）通过了《格拉斯哥气候公约》，完成《巴黎协定》实施细则谈判，通过了全球碳市场框架细则，作出逐步减少煤炭使用的全球承诺。2022年6月，七国集团峰会通过了《七国集团气候俱乐部声明》，主要针对排放大国施加压力，中国将面临更大的减排压力。欧盟为推动全球提高减排力度避免"碳泄漏"制定了碳关税方案，2023年4月，欧盟理事会投票通过了碳边境调节机制（CBAM）。在经过近两年的多方谈判后，碳边境调节机制（CBAM）走完了整个立法程序，已正式通过。碳边境调节机制（CBAM）将于2023年10月启动、2026年正式实施，2034年全面运行。2023年10月1日至2025年12月31日为过渡期，首批纳入的行业包括水泥、钢铁、电力、铝和化肥，在此期间，这些行业仅需要履行报告义务，即每年需提交进口产品隐含的碳排放数据，而不需要为此缴纳费用。

（三）国际行业性减排加快对中国相关行业发展或构成硬约束

国际航空、国际航海碳排放等不纳入各国应对气候变化国家自主贡献范围，因此国际民航组织（ICAO）、国际海事组织（IMO）推动行业性减排。尽管受疫情影响，国际民航组织仍按时启动了国际航空碳抵消和减排计划（CORSIA）试点阶段（2021~2023年），第一阶段（2024~2026年）仍然是自愿参与，第二阶段（2027~2035年）CORSIA对所有占全球航空活动0.5%以上的国际民航组织缔约国具有约束力。截至2022年10月，已有118个国家承诺参与CORSIA试点①。中国是民航大国，民航业处于快速发展阶段，面临的减排压力较大，未来为完成减排目标很可能付出较高代价。2018年，国际海事组织（IMO）发布了航运温室气体减排初步战略，提出到2030年全球海运单位运输活动的二氧化碳排放平均排放量与2008年相比至少降低40%，并努力争取到2050年降低70%。国际海运温室气体排放量尽快达到峰值，到2050年温室气体年度总排放量与2008年相比至少减少50%，努力实现与《巴黎协定》目标一致的减排路径逐步消除海运温室气体排放。2021年6月，国际海事组织（IMO）海上环境保护委员会（MEPC）第76届会议通过了《防污公约》附则Ⅵ关于降低国际航运碳强度的修正案，旨在从技术和营运两个方面同时提高船舶能效，降低碳强度水平。短期措施包括推出现有船舶能效指数（EEXI），年度营运碳强度指标（CII）评级以及船舶能效管理计划（SEEMP）。要求自2023年1月1日起，所有适用船舶既要满足技术能效要求，又要满足营运能效要求。2023将修订减排战略，很可能提出2050年航运净零排放的减排目标。中国是航运大国，2020年海运进出口量占全球国际海运量的32.5%，航运业实现零排放目标要付出更大代价。2022年10月，欧盟就"2035年起欧盟市场所有在售乘用车和轻型商用车二氧化碳排放量为零"的计划达成一致，相当于从2035年起禁售燃油车，将对中国汽车出口行业发展构成重大挑战。

在"自下而上"的全球气候治理体系中，企业等非国家行为体的作用日益上升，跨国公司、各国企业积极开展碳中和行动。我国面临来自国家、行业、企业等不同层面的多重减排压力，需要更好发挥"以外促内"的作用，将国际气候谈判中的减排压力切实转化为国内绿色低碳发展转型的动力。

（四）各国气候变化与绿色贸易政策的溢出效应

各国采取的应对气候变化政策会产生溢出效应，如行业性碳减排标准、产品碳标签市场准入、主要排放行业参与碳交易、低碳技术与低碳绿色贸易标准等或将显著提升中国产品的出口成本。中国作为全球制造大国与第一贸易大国，需要密切关注全球主要国家的气候政策对出口行业造成的不利影响，针对这些新型隐蔽的绿色贸易壁垒，提出有针对性的应对措施。

---

① 资料来源：Carbon Offsetting and Reduction Scheme for International Ariation（CORSIA）（https：//www.icao. int/environmental-protection/CORSIA/Pages/default. aspx）。

从全球层面看，欧盟、美国等主要国家和地区采取的绿色贸易政策、市场准入限制、行业减排要求、科技领域的脱钩性措施等对我国绿色低碳产业的发展与绿色技术国际合作亦造成不利影响，全球产业链供应链受地缘冲突、疫情影响、大国博弈与逆全球化等不利因素的叠加影响，引发全球经济通胀高企、增长疲软、复苏乏力，导致绿色贸易保护主义抬头，国际绿色贸易壁垒增多，中国外向型经济的发展不可避免会受到冲击。美国在2022年8月通过的《通胀削减法案》中对享受税收抵免的电动车电池的关键原材料来源地和国产化率作出明确要求，如果不能满足相关要求，将不能享受财政部的税收优惠措施。欧盟碳关税以及国际行业性减排要求将导致中国出口行业面临的减排压力日益加大，传统出口贸易受到较大冲击，可能导致钢铁、水泥、化肥、铝等相关科技含量低、成本敏感度高、可替代性强的出口行业发展空间受到挤压，如果应对不及时、不充分，会造成风险外溢，恶化就业形势和社会稳定，危及部分地区、行业发展。中国作为全球第一大油气进口国，要按照国际能源转型和应对气候变化的要求，研究提出协同推进"双碳"目标与能源安全、经济发展的政策措施，实现应对气候变化与经济社会发展的协同增效。

　　在全球发展绿色贸易的大潮下，中国作为世界第二大经济体和第一大货物贸易国，外贸发展迎来前所未有的机遇和挑战。2020年中国提出了碳达峰、碳中和目标，对外贸易必须围绕经济社会发展全面绿色转型以及落实"双碳"目标制定政策体系。从贸易结构看，积极推动环境产品贸易有利于深化应对气候变化国际合作，也是推动落实"双碳"目标的重要途径。从产业基础看，中国可再生能源以及清洁能源设备制造行业的国际竞争力不断增强，推动绿色贸易与环境产品贸易持续快速增长。"双碳"目标的提出对传统产业的发展转型提出了更高要求，为绿色产业的发展创造了新机遇。中国积极推动经济社会发展绿色转型，绿色贸易规模持续增长，从2012年的7934.2亿美元增长至2021年的11610.9亿美元，10年间贸易规模增长了146.3%；环境产品进出口规模不断扩大，年均增长率为4.3%。中国在全球绿色贸易总额中的占比呈逐年扩大趋势，从2012年的9.9%提高至2021年的14.6%，2021年中国超过欧盟成为全球第一大绿色贸易经济体，中国是世界第一大环保科技类产品进出口国，进出口额达8752.3亿美元，同比增长23.6%，全球占比达到17.6%[①]。

　　中国可再生能源产业以及新能源产业设备制造具有较强的国际竞争力。随着可再生能源产业迅速发展，以电动汽车、光伏产品、锂电池为代表的中国高技术、高附加值绿色产品出口成为新增长点。2022年，中国电动汽车出口增长131.8%，光伏产品增长67.8%，锂电池增长86.7%[②]。从出口规模看，中国新能源产品出口具有成为"稳外贸"主打产品的潜力。目前，中国风电、光伏发电等清洁能源设备生产规模位居世界第一，多晶硅、硅片、电池和组件占全球产量的70%以上。加快新能源产品国际贸易

　　① 商务部研究院绿色经贸合作研究中心．中国绿色贸易发展报告（2022）［M］．北京：中国商务出版社，2022.

　　② 国务院新闻办发布会介绍2022年商务工作及运行情况［EB/OL］．［2023-02-03］．http：//www.gov.cn/xinwen/2023-02/03/content_5739888.htm.

发展有利于促进中国的绿色低碳转型，推动实现全球经济的"绿色复苏"，同时也有利于加快贸易方式转型升级，通过深化绿色贸易国际合作、推动环境产品贸易发展助力实现"双碳"目标。

（五）主要国家推动构建安全可靠的清洁能源产业链供应链

当前，新能源发展所需要的稀土、钴、硅等关键矿物原材料日益成为地缘政治博弈的焦点。积极稳妥推进落实"双碳"目标，保障能源安全和国家安全，加快构建自主可控、安全可靠的清洁能源产业链供应链非常关键。国际可持续发展研究所（IISD）通过对太阳能、风能、电动车及储能使用的 14 种关键稀缺原材料的全球分布进行评估，发现关键金属矿产的地理集中度明显高于石油，且供应能力非常有限，导致全球能源低碳转型面临严峻挑战（杨宇等，2022）。2022 年 10 月，国际能源署（IEA）在《保障清洁能源技术供应链》报告中进一步强调，实现碳中和将重新定义全球能源安全，清洁能源供应链很大程度上依赖于铜、锂、镍、钴和稀土元素等关键矿物的供应，电动车电池和太阳能组件面临的供应链供应中断风险较高。当前全球清洁能源供应链高度集中，中国在电动汽车电池的下游供应链占据主导地位，全球约 75% 的电芯产能、70% 的正极产能和 85% 的负极产能、50% 以上的锂、钴和石墨原材料加工。主要国家围绕新能源技术、新能源基础设施和新能源关键稀缺原材料的博弈日益激烈，针对构建绿色低碳产业链供应链的战略竞争已拉开序幕。鉴于当前紧张的地缘政治形势、大宗商品价格上涨和供应瓶颈，需要扩大清洁能源领域的投资，加快技术创新，加强在清洁能源供应链产业链的国际合作，提高供应链的多样化程度，降低清洁能源供应链的中断风险和脆弱性。

三、落实"双碳"目标促进中国气候治理与治理体系现代化的对策建议

2020 年 9 月，习近平主席在第 75 届联合国大会上提出我国 2030 年前实现碳达峰、2060 年前实现碳中和目标。实现碳达峰、碳中和是党中央统筹两个大局作出的重大战略决策，也是推动我国高质量发展的内在要求。实现"双碳"目标需要经济社会进行系统性变革，把"双碳"工作纳入生态文明建设整体布局和经济社会发展全局，加快构建绿色低碳循环发展的经济体系，协同推进降碳、减污、扩绿、增长，建立涵盖多主体、多部门、跨领域的气候变化治理机制，促进气候治理能力与治理体系现代化。结合全球气候变化的新形势，提出全球气候治理的中国方案，为构建公平合理、合作共赢的全球治理体系做出中国贡献，提升中国在全球气候治理领域的领导力和话语权。

（一）加强气候变化科学研究，夯实气候治理政策的科学基础

针对气候变化造成的自然生态风险与经济社会风险进一步加强科学研究。对于自然生态风险，需要高度关注气候风险点与关键气候风险驱动因素识别，建立气候风险评估框架与评价指标体系，全面加强对资源竞争、经济安全、社会稳定等关键性气候风险的定量化评估，系统分析评估国家、区域以及城市等不同层级面临的气候安全风险，提升气候安全风险监测预警和科技支撑能力，研究提出有针对性、可操作性强的气候风险管理方案。对于经济社会风险，需要全面评价气候变化对中国经济发展的影

响，构建气候风险综合评价体系，评估识别生态系统、水资源、能源、社会经济系统等重点领域的关键气候风险点、风险阈值与风险传导路径，研究识别受影响的主要行业、主要地区及脆弱人群，提出加快气候适应型社会建设的政策措施，最大程度降低气候变化与灾害风险造成的经济社会发展损失。

（二）"双碳"政策实施取得积极进展，但也面临一定挑战

2021年5月，中央层面成立了碳达峰碳中和工作领导小组，提出加快建立"1+N"政策体系。2021年10月，《中共中央　国务院关于完整准确全面贯彻新发展理念做好碳达峰碳中和工作的意见》（以下简称《意见》）和《2030年前碳达峰行动方案》（以下简称《方案》）相继发布，这两个重要文件共同构成"双碳""1+N"政策体系的顶层设计，明确了碳达峰碳中和工作的时间表、路线图、施工图。《意见》坚持系统观念，提出了10个方面31项重点任务；《方案》对推进碳达峰工作作出总体部署，提出了碳达峰十大行动。此后，各相关部门相继发布了能源、工业、交通运输、城乡建设、农业农村等分领域分行业碳达峰实施方案，以及科技支撑、能源保障、碳汇能力、财政支持政策、标准计量体系、统计核算、人才培养等保障方案，这一系列文件共同构成碳达峰碳中和的"1+N"政策体系（见表3-2）。

表3-2　已发布的碳达峰碳中和"1+N"政策体系

	文件名称	发布时间
顶层设计	《中共中央　国务院关于完整准确全面贯彻新发展理念做好碳达峰碳中和工作的意见》	2021年10月
	《2030年前碳达峰行动方案》	2021年10月
重点领域实施方案	《关于完善能源绿色低碳转型体制机制和政策措施的意见》	2022年1月
	《促进绿色消费实施方案》	2022年1月
	《城乡建设领域碳达峰实施方案》	2022年6月
	《农业农村减排固碳实施方案》	2022年6月
	《减污降碳协同增效实施方案》	2022年6月
	《工业领域碳达峰实施方案》	2022年7月
保障方案	《加强碳达峰碳中和高等教育人才培养体系建设工作方案》	2022年4月
	《财政支持做好碳达峰碳中和工作的意见》	2022年5月
	《科技支撑碳达峰碳中和实施方案》	2022年6月
	《关于加快建立统一规范的碳排放统计核算体系实施方案》	2022年8月
	《建立健全碳达峰碳中和标准计量体系实施方案》	2022年11月

资料来源：笔者根据相关资料整理。

目前，"双碳""1+N"政策体系已基本建立，各领域重点工作有序推进，碳达峰、碳中和工作取得良好开局。在各地区、各部门、各行业的共同努力下，碳达峰十大行动顺利推进，能源转型与产业结构调整加快，新能源汽车、光伏、风电等产业迅速发

展，绿色金融与碳市场深入推进，推动碳排放强度持续下降，"双碳"政策实施取得积极成效。风能、太阳能、储能、氢能等新能源产业实现跨越式发展，能源低碳转型步伐加速。2021 年非化石能源发电装机容量首次超过煤电，截至 2021 年底，中国可再生能源发电累计装机达到 10.63 亿千瓦，占总发电装机容量的 44.8%，其中，水电、风电、太阳能发电装机均超过 3 亿千瓦，生物质发电装机 3798 万千瓦[①]，水电、风电、光伏发电、生物质发电装机规模稳居世界第一。可再生能源成为我国发电新增装机的主体。2022 年上半年，中国可再生能源发电新增装机 5475 万千瓦，占全国新增发电装机的 80%。十年来，我国能源结构与产业结构实现了"双优化"，推动碳排放强度持续下降。产业结构调整"退二进三"效果显著，第三产业增加值比重由 2012 年的 45.5%上升到 2021 年的 53.3%，受疫情影响服务业占比略有回落，与 2018 年持平。能源结构加快向清洁低碳转变。煤炭消费占比从 2012 年的 68.5%下降至 2021 年的 56.0%，仍处于主体地位。2021 年，中国单位国内生产总值（GDP）二氧化碳排放比 2020 年降低3.8%，与 2005 年相比累计下降 50.8%。

绿色低碳新兴产业快速发展。推动落实"双碳"目标，绿色低碳产业迎来了巨大的发展机遇。通过行业整合、并购重组、延伸产业链，加快布局多晶硅、光伏组件、风能、储能、锂电池等新能源关键原材料、关键技术及关键产业链，中国已形成了比较完备的新能源技术研发和装备制造产业链，7 家风电整机制造企业位列全球前十，光伏产业产量占全球总量的 70%以上。新能源汽车行业飞速发展，从上游的电池原材料，到中游的电池企业，再到下游的新能源汽车制造，都产生了全球领先的企业。2021 年新能源汽车销量超过 350 万辆，市场占有率由 2020 年的 5.4%上升至 13.4%，同比增长 1.6 倍，连续 7 年位居全球第一。2020 年 10 月，国务院办公厅印发《新能源汽车产业发展规划（2021—2035 年）》，各地也制定出台新能源汽车消费的支持政策，预计未来新能源汽车行业仍将高速发展。"十四五"期间，数字经济将成为主要的经济形态和发展方向，5G、数据中心、人工智能、工业互联网及物联网等新型基础设施成为各地规划投资建设的热点，但新型基础设施快速发展导致的高耗能问题日益凸显。根据我国生态环境部环境规划院统计测算，2021 年国内数据中心机架规模达到 543.6 万架，同比增长 27%，据测算，到 2030 年数据中心用电量将达到 4000 亿千瓦时，约占全社会用电量的 3.7%。

绿色金融体系不断完善，国家碳排放权交易市场运行平稳。随着"双碳"战略的深入实施，绿色金融与碳市场迎来了巨大的发展机遇。2016 年，中国人民银行等七部委联合发布《关于构建绿色金融体系的指导意见》。2017 年，国务院决定在浙江、江西、广东、贵州、新疆 5 省（区）建设绿色金融改革创新试验区。2020 年，生态环境部等部委印发《关于促进应对气候变化投融资的指导意见》。2021 年，中国人民银行推出碳减排支持工具；生态环境部等部门联合发布《关于开展气候投融资试点工作的通知》。2022 年，银保监会制定发布《银行业保险业绿色金融指引》，绿色金融政策体

---

① 生态环境部.中国应对气候变化的政策与行动 2022 年度报告［R］.北京：生态环境部，2022.

系逐步完善。

目前，我国已基本形成了多层次、多种类的绿色金融产品和市场体系。其中，绿色信贷是最主要的融资渠道。中国人民银行数据显示，截至 2022 年 6 月末，中国本外币绿色贷款余额达 19.55 万亿元，同比增长 40.4%，绿色信贷存量规模位居世界第一，绿色信贷资金主要用于基础设施升级、清洁能源和节能环保产业。我国绿色债券发行时间较晚，近年来发行规模保持稳定增长。根据中国银行间交易商协会数据，截至 2021 年上半年末，中国境内外绿色债券累计发行规模突破 1.73 万亿元，居世界第二位，绿色保险迅速增长。根据中国保险业协会数据，2020 年我国绿色保险保额达到 18.33 万亿元，同比增长 24.9%，绿色保险赔付金额 213.57 亿元，同比增长 11.6%。[①]保险资金也在加大绿色投资力度。

碳金融成为绿色金融体系的重要组成部分。自 2011 年起，北京、天津、上海、重庆、广东、湖北、深圳 7 省市先后启动碳排放权交易试点工作。截至 2021 年 9 月 30 日，7 个试点碳市场累计配额成交量 4.95 亿吨二氧化碳当量，成交额约 119.78 亿元。2021 年 7 月 16 日，全国碳排放权交易市场正式启动，纳入发电行业重点排放单位 2162 家，覆盖约 45 亿吨二氧化碳排放量，是全球规模最大的碳市场。截至 2022 年 10 月 21 日，全国碳市场配额累计成交量约 1.96 亿吨，累计成交额 85.8 亿元。"十四五"期间，预计将有更多高能耗行业纳入，交易主体和需求更趋多元化，碳市场规模和流动性将大幅提高，碳金融具有广阔的发展前景。

ESG（环境、社会和公司治理）投资与绿色基金蓬勃发展。在监管部门的政策推动下，银行保险机构更加关注 ESG 风险，机构投资者开展 ESG 投资，绿色基金产品迅速发展。企业加快绿色发展转型，通过加强负责任投资、ESG 风险管理与信息披露，实现 ESG 绩效与长期收益共赢。2020 年 7 月，财政部、生态环境部和上海市政府共同发起设立国家绿色发展基金，首期资金规模 885 亿元，通过加大绿色产业投资，发挥国家对绿色投资的引导作用。与实现"双碳"目标及经济社会绿色低碳转型的投资需求相比，绿色金融与碳交易具有巨大的发展潜力（刘长松，2022a）。

在落实"双碳"目标过程中，也面临一定挑战。一是落实"双碳"目标面临的融资缺口较大。落实"双碳"目标，需加快电力、工业、交通、建筑等重点排放部门的脱碳化进程。电力部门需要扩大太阳能、风能和储能投资，促进可再生能源消纳。工业部门通过化解过剩产能、发展循环经济、提高能源效率和电气化水平可在短期内降低排放，长期需要通过绿氢与碳捕集、使用和储存（CCUS）等技术创新实现深度脱碳。交通部门需要针对大容量公共交通、电气化以及低碳燃料等加大投资，持续提高燃料和能源效率，促进交通运输结构转变。建筑部门通过电气化、区域清洁供热和提高能源效率减少碳排放。加大针对基于自然的解决方案（NbS）如碳吸收、碳封存、负排放等技术的投资，抵消其他部门难以削减的排放实现碳中和，同时抵御洪水、干旱

---

① 汇丰银行，21 世纪资本研究院．中国绿色金融发展报告 2021：中国金融业推动碳达峰碳中和目标路线研究（2021）［EB/OL］.［2022-04-29］. https：//www. business. hsbc. com. cn/-/media/media/china/pdf/campaigns/hsbc-21cbh-green-finance-report. pdf? download＝1.

和海平面上升的不利影响。实现经济体的脱碳化进程与碳中和目标需要针对绿色基础设施和技术研发与应用进行大规模投资。世界银行的模型预测结果表明，为实现中国 2060 年前碳中和目标，仅电力和交通领域需要 14 万亿~17 万亿美元的新增投资，主要用于绿色基础设施建设和科技研发投资（World Bank Group，2022）。目前，中国的绿色金融体系难以满足绿色低碳发展转型的资金需求，需要加快金融创新，吸引社会资本充分参与，加大对重点行业减排和气候韧性投资，进一步拓展全国碳市场，从电力行业逐步扩展到钢铁、水泥等其他高碳排放行业，发展碳抵消市场，建立完善的企业碳排放核算体系等，积极运用碳金融等市场机制来弥补绿色低碳发展转型的融资缺口。

二是"双碳"政策体系的"碎片化"特征明显，尚未形成政策合力。总体上"双碳"政策体系初步建立，政策的"碎片化"特征明显，政策之间的协调性与衔接度有待提高，政策措施的宏观性强、可操作性差，很大程度上导致政策执行主体难以采取有效的行动，可能会削弱政策实施的有效性，制约了形成政策合力。当前我国"双碳"政策落实中存在的问题是由多方面因素造成的，既有"双碳"政策本身存在的不足所致，也有政策执行中普遍存在的"上有政策、下有对策"的政策博弈因素，缺乏完善的政策监督评价考核体系也会助长此现象，未来仍需持续完善政策体系。

（三）不断完善双碳"1+N"政策体系，积极稳妥推进政策实施

党的二十大报告指出，要立足我国能源资源禀赋，坚持先立后破，有计划分步骤实施碳达峰行动，积极稳妥推进碳达峰碳中和，对下一步推动碳达峰碳中和工作提出了明确要求。高质量推进"双碳"目标落实，需要认真贯彻落实党的二十大精神，坚持系统观念，统筹产业结构调整、污染治理、生态保护、应对气候变化，协同推进降碳、减污、扩绿、增长，推进生态优先、节约集约、绿色低碳发展。从政策制定、政策实施、政策评估、政策优化等全流程建立系统有效的"1+N"政策体系，提升政策实施的科学化、精准化与系统化。积极稳妥推进"双碳"工作，统筹发展与安全，持续完善"双碳"政策体系，加快建立完善的"双碳"监督评价考核体系，强化支撑"双碳"目标的科技创新和产业体系，积极参与应对气候变化全球治理，加强国际合作有效应对绿色低碳贸易壁垒，为实现中国式现代化提供有力保障。

一是统筹兼顾"双碳"目标、能源安全和公正转型，推动完善"双碳"政策体系。政策制定方面，统筹兼顾"双碳"目标、能源安全和高质量发展，提高政策措施的针对性、有效性与可实施性，加强相关部门、相关行业的政策衔接与统筹协调，推动形成政策合力。最大限度发挥"双碳"政策与气候适应、公正转型等政策领域的协同配置，通过更广泛的结构性和市场化改革为气候政策行动提供助力。发动社会各界加大绿色低碳投资，加快推动低碳技术创新和示范应用，促进气候适应基础设施和社会安全网建设，增强城乡地区的气候韧性发展能力，有效应对实现"双碳"目标可能遇到的风险挑战。统筹实现"双碳"目标与能源安全保障，中期需要加快节能与化石能源替代，减少油气对外依存度是保障能源安全的关键。长期随着以新能源为主体的新型电力系统逐步建立，风电、光伏在能源系统中所占的比例大幅提高，电动汽车保有量规模庞大，维护能源安全关键在于确保能源系统的稳定供应，需要保留适当比例、

清洁高效的煤电、气电为能源系统提供灵活的调峰服务，有效应对极端气候事件等"黑天鹅"事件对能源系统造成的不利冲击，为维护能源安全保驾护航，同时结合碳捕集、利用和封存（CCUS）、碳移除技术的应用推动实现能源部门碳中和。

二是因地制宜、积极稳妥推进"双碳"政策实施。实现"双碳"目标是一场广泛而深刻的经济社会系统性变革，需要加快转变发展方式，将经济增长从投资主导转向消费驱动，更多依靠创新驱动实现内涵型增长，减少短期经济增长与长期气候目标之间的冲突。兼顾地区发展不平衡的现实，结合区域发展阶段、能源资源禀赋、科技创新能力、产业结构等方面的差异，不搞"一刀切""齐步走"，因地制宜制定"双碳"实施方案，有计划分步骤实施碳达峰行动。推动地方层面更加精准施策，提高管理的科学化和精细化水平，完善能源消耗总量和强度调控，逐步转向碳排放总量和强度"双控"制度，加强化石能源消费控制，推进对煤炭的减量替代。

（四）大力发展绿色低碳产业，确保粮食、能源、重要产业链供应链安全

一是坚持先立后破。大力发展绿色低碳产业，确保粮食、能源资源、重要产业链供应链安全。推动"双碳"不是简单退出化石能源，而是要构建多能互补的现代化新型能源体系。持续优化产业结构，严格控制"两高"项目，大力推动发展绿色低碳产业，加快培育绿色低碳新增长点，推动实现后疫情时代经济的绿色复苏。

二是加快打造自主可控、安全可靠的清洁能源产业链，把发展清洁能源产业与推进高质量发展有机结合起来，加快绿氢、储能、智能电网、碳捕集、利用与封存（CCUS）等新技术的科技创新及商业化应用，解决新能源规模化发展面临的瓶颈问题。大力发展数字经济，促进数字经济与绿色低碳发展的深度融合，推动工业、交通、建筑等部门的数字化、智能化和低碳化发展。加快构建绿色低碳交通体系，加大公共充电设施、加氢站等低碳交通基础设施建设投资。推动构建低碳智慧农业，充分发挥自然生态系统的固碳效益，加快构建支撑实现"双碳"目标的产业体系。

三是强化创新驱动。当前，全球能源体系正在发生深刻变革，新一轮科技革命和产业变革方兴未艾，我国要抓住当前的战略机遇期，围绕落实"双碳"目标，加快实施科技创新，针对风电、光伏等产业"大而不强"的发展现状，加快推进关键技术和装备攻关，统筹推进"补短板"和"锻长板"，为建设新型电力系统和能源转型提供有力支撑。通过绿色低碳技术创新，延长清洁能源产业链条，推动制造业高端化、智能化、绿色化发展，打造一批具有国际竞争力的产业集群，深度融入国际产业链、供应链，推动中国制造业迈向全球价值链中高端。

（五）多措并举积极突破"碳壁垒"，提升中国贸易的国际竞争力

加强针对中国进出口贸易的统计分析、风险评估与监测预警，系统应对绿色低碳政策壁垒。加快建立绿色低碳贸易壁垒的风险监测与预警机制，跟踪评估、及时应对欧盟碳关税等对我国出口行业造成的风险与影响，推动国内发展方式、产业结构、产品结构和技术创新升级，加快构建碳中和产业链、供应链与价值链，最大限度降低对中国经济社会发展造成的不利影响。推动制定更严格的对外投融资绿色低碳标准，提升中国绿色低碳产业的国际竞争力，破解中国出口贸易和对外投资面临的"碳壁垒"。

一是加大绿色贸易政策支持，促进贸易转型升级。建立健全绿色贸易政策体系，通过政策引领支持贸易转型升级。积极落实绿色低碳产业支持政策，引导产业结构优化升级，运用差别化出口关税和出口退税政策等促进贸易结构优化，严格控制"两高一资"加工贸易产业发展，取消"两高"产品出口退税。鼓励绿色低碳产品出口，大力发展服务贸易、数字贸易，提高服务贸易所占比重。贸易方式方面，鼓励加工贸易转型升级和梯度转移，推动向产业链价值链高端迈进，推动加工贸易由"以量为主"向"以质取胜"转变，支持外贸企业开展产品全生命周期绿色转型。加强国际合作，与主要贸易伙伴共同制定绿色贸易规则，不断完善绿色贸易进出口政策，促进绿色低碳产品和服务贸易，推动贸易模式的绿色低碳转型。

　　二是支持绿色产品碳标签认证，提升绿色产业链供应链的可持续性。推动完善碳标签制度和碳核查体系，将绿色产品和碳标签纳入企业认证标准管理体系。支持出口贸易企业开展碳标签认证，建立外贸产品全生命周期碳足迹追踪体系，推动外贸企业实现生产、加工和运输过程低碳化。加快绿色贸易市场主体建设，推动构建绿色技术支撑体系和供应链，支持企业采用国际先进标准进行绿色设计和制造，鼓励企业进行国际权威性绿色低碳产品认证，推动高技术、高附加值的产品和服务出口。

　　三是加强国际合作与碳定价政策协调，推动实现公正的低碳转型。在贸易产品碳排放核算、减少交通运输碳排放、提高全球供应链的可持续性等方面加强国际合作，国际社会共同努力减少贸易碳排放。推进国际碳定价面临的主要挑战是"搭便车"问题以及减排成本的公正分担，需要在政策实施过程中针对国际碳定价政策进行协调，既要体现差异性，也要保持合理的价格水平，为企业和消费者低碳转型提供动力。针对贸易施加不合理的限制性措施会阻碍全球应对气候变化进程，各国需要进一步扩大低碳产品和服务贸易的市场准入，推动实现经济体系的低碳转型，加强贸易政策、绿色低碳补贴与碳定价等领域的政策协调，确保实现公正的低碳转型。

　　四是强化绿色贸易领域风险研判，建立监测预警机制。加大绿色贸易领域的风险分析研判，科学设置绿色贸易风险评估机制，建立绿色贸易壁垒预警机制，加强对绿色贸易相关行业进出口数据监测预警，不断拓展风险防控覆盖范围。加强绿色贸易政策与进出口政策、产业政策的衔接，引导企业合理配置产能，防止产能过剩和低水平重复建设。加强绿色贸易体系建设，增强绿色低碳产业链供应链自主安全可控能力，积极应对能源安全、粮食安全、经济安全等各种风险挑战。

　　五是加强国际经贸合作，努力提升国际绿色贸易体系中的话语权。不断完善绿色贸易标准和法规建设，积极参与国际碳标签评价体系、碳关税等规则标准，数字贸易、服务贸易等新兴领域国际经贸规则制定，加强国际合作提升绿色贸易国际规则制定领域的话语权。持续跟踪世界贸易组织（WTO）、《全面与进步跨太平洋伙伴关系协定》（CPTPP）等国际经贸协定中环境产品降税谈判，运用关税等政策工具维护我国相关行业和企业的发展利益。深度参与世界海关组织（WCO）《协调制度》修订，为我国新能源汽车、光伏等产品出口创造更有利的国际贸易环境。充分利用WTO争端解决机制，积极参与国际绿色贸易壁垒谈判，加强与广大发展中国家合作，共同应对发达国家的绿色贸易保护措施。加快绿色"一带一路"建设和南南合作，推动产业结构调整，增加绿色低碳贸易比重。

六是开展试点建设，积极探索绿色贸易的实现路径与政策措施。优先选择发展基础好的自贸区、国家级经济开发区、外贸转型升级基地等代表性地区试点建设绿色贸易体系，探索建立现代环境治理体系，开展绿色贸易政策试点与绿色贸易治理机制，加大针对绿色低碳技术创新的绿色金融支持，促进产业体系升级，扎实推动绿色低碳高质量发展。完善绿色贸易法律与标准体系，培养专业人才，加强绿色贸易风险应对，通过国际合作积极参与绿色贸易规则制定。推动建立统一规范的绿色进出口标准、认证、标识及统计体系，支持企业开展绿色产品与碳中和认证。不断完善国内碳排放权交易体系，推动制定与国际碳市场链接和交易机制，不断提高中国在国际碳市场的话语权与影响力。探索开展国家绿色贸易发展示范区建设，打造高水平、高标准、高层次的国际低碳规则对接先行区和绿色贸易促进平台（商务部研究院，2022），在满足国内绿色低碳产品市场需求的同时，不断提升中国绿色贸易产品在国际市场上的竞争力，充分发挥贸易转型升级对经济高质量发展以及实现人与自然和谐共生的现代化的重要支撑作用。

七是引导企业提升绿色技术自主创新能力，提升贸易国际竞争力。企业是科技创新的主体，需要加强绿色技术创新能力，推动绿色产品升级，持续提升中国绿色产品附加值与科技水平，提升企业国际市场竞争力以及在全球价值链中的竞争优势。支持出口产品开展国际绿色产品权威认证，获得国际市场准入机会，以更好满足新兴市场和发达国家的绿色产品需求。推动建立支持绿色创新的企业文化，通过实施绿色营销、跨国经营战略以及绿色流通策略等，规避可能面临的绿色贸易壁垒，最大限度地降低对贸易出口发展的不利冲击。加快打造自主可控、安全可靠的绿色低碳产业链供应链，为可再生能源产业发展与能源转型提供贸易保障，有效应对绿色贸易挑战。

（六）加强国际合作，积极应对全球气候治理与经济贸易体系变革

坚持《联合国气候变化框架公约》以及公平、"共同但有区别的责任"和各自能力原则，推动构建公平合理、合作共赢的全球气候治理体系。积极参与引领联合国气候变化多边进程，以及国际航空、航海等行业性减排行动计划制订，发挥积极建设性作用。加强国际合作交流，一方面，加强同发达国家的合作交流，加强与美国、欧盟等国家和地区在市场准入、碳排放标准、气候政策制定等方面合作交流，为"双碳"政策实施塑造良好的外部环境；另一方面，加强同发展中国家的合作交流，以巩固中国在国际气候谈判中的战略依托。充分发挥庞大的国内市场、工业实力以及不断增长的国际贸易，加快推进绿色"一带一路"建设，积极开展应对气候变化南南合作，帮助发展中国家提高气候适应能力。不断提升国内绿色低碳认证标准，积极推动与国际标准接轨。加快推进绿色低碳认证领域的国际合作，建立互认机制，引导国内相关行业企业开展碳中和国际权威认证，获取进入世界市场的绿色通行证。积极推进国内碳市场与国际碳市场链接，在制度体系、市场管理、配套设施等方面加强与国际碳市场接轨，不断提升中国的国际碳定价能力。

参考文献

［1］Armstrong McKay, David I, et al. Exceeding 1.5℃ global warming could trigger multiple climate tipping points［J］. Science, 2022, 377: 6611.

［2］ICAO 官网。

［3］Lee J Y, Marotzke J, Bala G, et al. Climate change 2021: The physical science basis. Contribution of working group Ⅰ to the sixth assessment report of the intergovernmental panel on climate change［M］. Cambridge University Press, 2021.

［4］OECD. Climate tipping points: Insights for effective policy action［R］. Paris: OECD Publishing, 2022.

［5］World Bank Group. China country climate and development report. CCDR series［R］. Washington D. C.: World Bank Group, 2022.

［6］国务院新闻办发布会介绍 2022 年商务工作及运行情况［EB/OL］.［2023-02-03］. http: //www. gov. cn/xinwen/2023-02/03/content_5739888. htm.

［7］刘长松. 积极稳妥推进碳达峰碳中和政策实施［J］. 鄱阳湖学刊, 2022 (6): 5-18.

［8］刘长松. 气候安全的作用机制、风险评估与治理路径［J］. 阅江学刊, 2022, 14 (2): 46-60.

［9］商务部研究院. 中国绿色贸易发展报告（2022）［M］. 北京: 中国商务出版社, 2022.

［10］生态环境部. 中国应对气候变化的政策与行动 2022 年度报告［R］. 北京: 生态环境部, 2022.

［11］杨宇, 夏四友, 钱肖颖. 能源转型的地缘政治研究［J］. 地理学报, 2022, 77 (8): 2050-2066.

［12］于宏源, 李坤海. 全球气候治理的混合格局和中国参与［J］. 欧洲研究, 2022, 40 (1): 64-84.

［13］袁佳, 廖欣瑞. 供应链脱碳对国际经贸格局和治理体系的影响研究［J］. 金融纵横, 2022 (9): 18-23.

第四章　碳中和目标下全球
产业分工与组织演变

张伟广[*]

摘　要：中国实施碳中和、碳达峰的"双碳"战略目标，不仅是低碳经济和高质量发展的必然要求，而且是积极参与国际竞争和推动新发展格局形成的重要抓手。本章重点考察全球主要经济体碳中和目标制定与执行过程中对全球产业分工及产业组织演变的影响表现、动因机制及趋势特征，最终落脚于中国本身，通过分析我国的优劣势并进一步探索"双碳"目标有效推进的可行路径。研究发现：①碳中和是世界经济社会发展的必然趋势，全球主要经济体都在推动碳中和目标实施，不同的政策工具贯彻各自的战略目标。主要经济体对碳中和目标的态度及执行成效存在很大的差异，发达国家进程较快，但人均碳排放量仍高于发展中国家。②碳中和目标执行对全球产业分工的影响表现在国家产业竞争优势重构、全球产业分工格局地位重组、跨国企业生产组织形式演变等方面。碳贸易规则的变化、碳贸易壁垒的加强和碳排放与污染的跨国转移问题对国家产业竞争优势重构带来一定转变；产业结构转型与新兴产业发展、全球产业链分工格局的重塑和全球价值链分工地位的"锁定"深刻影响了全球产业分工格局重组；跨国企业在碳中和目标下出现洼地选择变化、产业链调整与政府需求响应、技术创新与新兴市场重视以及企业形态向集约化、专业化和集聚化转变的生产形式演变。③公众意识觉醒与政府政策引导、数字经济的推动作用、技术创新的双面性和碳边境调节税等政策环境、技术变革以及碳税工具成为碳中和目标下全球产业分工与组织演变的重要推动力。④碳中和目标下全球产业分工出现新的演变趋势，包括低碳技术创新成为主要驱动力、产业链向低碳方向升级、碳市场的建立和发展、碳中和税和贸易壁垒的增加；碳中和目标下全球产业组织的演变呈现低碳产业集聚协同化、低碳主体信息共享化、低碳交易市场全球化、国际贸易方式数字化的特征。⑤中国实现碳中和目标具有国际产业分工与国内经济转型目标一致、可再生能源成本及规模优势、政策体系完善且富有成效的优势基础，面临全球碳中和执行与产业分工组织演变的挑战时，有较多可行应对之策和完善空间。本章研究结论为中国有效推进"双碳"目标、构建新发展格局提供理论参考。

关键词：碳中和；产业分工；产业组织演变

---

　* 作者简介：张伟广，东北财经大学经济学院副教授，中国社会科学院工业经济研究所应用经济学博士后。

2020 年 9 月 22 日，在第 75 届联合国大会一般性辩论上，习近平主席宣布中国将在 2030 年前实现碳达峰，2060 年前实现碳中和，这是中国首次明确提出"双碳"的具体目标。2020 年 10 月，中共中央、国务院发布《关于完整准确全面贯彻新发展理念、做好碳达峰碳中和工作的意见》，具体阐述了实现"双碳"目标的路径和措施。落实"双碳"目标，促进中国能源结构优化，减少对传统化石能源的依赖，不仅是推动中国国内产业高质量绿色可持续发展的必然要求，而且是中国积极参与国际竞争与合作、攀升全球价值链、提高产业链韧性与安全的重要抓手。

当今世界正处于百年未有之大变局，在全球竞争格局重塑背景下，国际社会低碳环境约束和中国国内经济社会高质量发展的要求不断提高，全球主要经济体纷纷制定并实施碳中和政策，以贯彻其参与全球竞争中的战略目标，这必然对全球产业分工与组织形式带来一定的影响，其中公众观念转变、数字经济发展、技术创新等因素成为重要推动力。

因此，在对全球主要经济体的碳中和目标进行综合评判和规律把握的基础上，分析碳中和目标对全球产业分工的影响效应与驱动因素，进而考察碳中和目标下全球产业分工对产业组织形式的影响及其演变趋势和特征，最终服务于中国如何应对冲击、适应性融入，对进一步落实"双碳"目标与产业转型升级、国际经贸合作、全球价值链攀升等相融合具有重要的现实意义。

一、全球主要经济体碳中和目标与碳排放的特征事实

本部分首先对碳中和目标的提出由来、目标要求、政策演进进行综合评判，归纳其战略目标进行对比分析，其次结合全球主要经济体碳排放数据，对其碳中和目标的执行成效与特征规律进行探究，以明晰全球国家碳中和政策目标与实践现状。

（一）碳中和目标的提出由来

早在 19 世纪时，科学家们就发现了地球的特别，与太阳系的其他星球相比，地球的表面存在着一个大气层，这个大气层具有一定温室效应。气候的变化对维持一切生物的生存环境、气体、大气、空气流动等方面都有很大的影响，然而自工业革命以来，人类对各种温室气体的排放加剧，尤其是二氧化碳的浓度极大提高，进而使得地球气温上升，破坏了地球固有的内部平衡，使地球生态系统安全面临一定威胁。

20 世纪 90 年代，欧洲环保人士提出了"碳中和"的概念，随后这一概念逐步受到各个国家政府的重视。将"碳中和"作为全球应对气候变化的一项具体行动明确提出，最早可以追溯到 1992 年里约联合国环境与发展大会上达成的《联合国气候变化框架公约》，该公约的目的是通过减少温室气体排放，防止危险的人为行动干扰气候系统，并减缓对全球生态系统的不可逆损害。

为了进一步推动全球减排行动，2015 年 12 月，联合国气候变化大会通过了《巴黎协定》。该协定旨在将全球气温上升幅度控制在 2℃以下，要求各方提交自己的国家自主贡献（NDCs），并将其汇总起来作为全球减排的贡献。在此过程中，越来越多的国家开始考虑采取碳中和的方式应对气候变化，为全球碳中和目标的制定和实现奠定了

基础。

碳中和是指将碳排放减至零或负值，即通过减少二氧化碳等温室气体的排放量来实现碳平衡。碳中和要求和倡导企业、团体、个人在一段时期内，对自己的碳排放量进行测算，并通过植树造林、碳捕捉、碳储存等手段来消除碳排放，以达到"零排放"的目的。

（二）主要经济体碳中和政策与战略目标演进

在分析碳中和目标执行过程中，在研究各国、各大跨国公司政策和战略的调整对全球产业分工与组织演变的影响之前，有必要梳理归纳全球主要经济体碳中和的政策与战略目标演进，具体如表4-1所示。

表4-1 全球主要经济体碳中和政策与目标演进

主要经济体	提出时间	法案及协议	战略目标及政策工具
欧盟	2005年	欧盟碳排放交易体系（EU ETS）	规划成为全球第一个大规模碳排放交易体系
	2007年	《2020年气候和能源政策框架》	包括将温室气体排放量在2020年减少20%和提高可再生能源在总能源消费中的占比至20%的目标
	2011年	"2020年能源路线图"	旨在制定到2050年实现减排80%~95%的长期战略
	2014年	《2030年气候与能源政策框架》	在2030年之前将温室气体排放量削减至比1990年水平减少40%，并保证新能源在欧盟能源结构中至少占27%
	2019年	《欧洲绿色协议》	旨在通过投资和创新实现到2050年欧盟的净零碳排放目标，并将可持续发展置于欧洲经济增长的中心
	2020年	《欧洲气候法》	将净零碳排放目标写入法律，并要求在2030年将温室气体排放量比1990年水平减少至少55%，并于2050年实现净零碳排放
美国	2009年	奥巴马政府公告	提出到2020年温室气体排放总量比2005年降低17%的目标
	2015年	奥巴马政府公告	宣布到2025年将温室气体排放总量比2005年降低26%~28%
	2017年6月	特朗普政府退出《巴黎协定》	放松了环保法规；在碳中和目标上反复摇摆
	2021年2月	拜登政府重新加入《巴黎协定》	提出到2030年温室气体排放量比2005年减少50%~52%；宣布将于2050年前实现碳中和目标，通过减排、碳汇和技术创新等手段实现；在国内推行多项减排政策，包括加强监管和执法、推广可再生能源和低碳交通工具、减少化石燃料的使用等
英国	2008年	《气候变化法案》	确立了英国的减排目标，要在2050年将温室气体排放量在1990年基础上减少80%
	2019年	《2019年气候变化法案》	将减排目标由80%提高至100%，即到2050年实现温室气体"净零排放"
	2020年	《绿色工业革命十点计划》和《能源白皮书：赋能净零排放未来》	加速氢能和产业合作、推进海上风电、绿色建筑、零排放车辆等措施，以推进碳中和目标；通过高达2.3亿吨的二氧化碳减排量，在2032年前减少能源、工业和建筑领域的碳排放

主要经济体	提出时间	法案及协议	战略目标及政策工具
德国	2010 年	"能源概念"	提出到 2050 年，能源供应要达到 100% 的可再生能源，并将温室气体排放量减少 80%~95% 的目标
	2014 年	《可再生能源法》	旨在支持可再生能源的发展，推动德国能源转型
	2019 年	《德国联邦气候保护法》	通过立法确定德国到 2030 年温室气体排放比 1990 年减少 55%，到 2050 年实现净零排放的中长期减排目标，且目标只能提高，不能降低
	2019 年	《气候行动计划 2030》	将减排总目标在建筑与住房、能源、工业、建筑、运输、农林六大部门进行了目标分解，规定了各部门的减排措施、减排目标调整、减排效果定期评估的法律机制
法国	2014 年	《能源转型法》	旨在促进可再生能源的发展和使用，同时实现能源效率的提高和碳排放的减少
	2020 年	"低碳城市" 计划	旨在通过城市规划、公共交通、能源等方面的改善，实现城市碳排放的大幅减少
澳大利亚	2007 年	实施碳排放交易计划	计划于 2010 年开始实施，但因政治原因未能落实
	2011 年	碳定价机制	通过对企业的碳排放征税来鼓励减排，该机制于 2012 年开始实施
	2015 年	"2020 年减排目标计划"	通过拍卖碳减排配额来促进减排
	2020 年	"气候变化政策文件"	承诺将在 2050 年实现碳的净零排放
日本	2016 年	《气候变化对策推进法》	规定 2030 年时温室气体排放量在 2013 年的基础上减排 26%；设立了气候变化对策特别措施基金等政策工具，并实施了碳税和排放交易制度
	2018 年	《能源基本计划》	提出到 2030 年实现电力领域碳排放量减少 22% 的目标，并明确了支持可再生能源、能源效率提高等政策措施
	2020 年	"绿色增长战略"	宣布到 2050 年实现碳中和的目标，明确通过技术创新和绿色投资的方式推进低碳社会转型建设
韩国	2020 年 9 月	联合国大会发言	将在 2050 年前实现低碳社会的目标
	2020 年 11 月	"绿色产业新政策"	建设更多的可再生能源发电设施、支持电动汽车发展、提高建筑能源效率等
	2021 年 8 月	《碳中和与绿色增长法》	要求政府到 2030 年将温室气体排放量在 2018 年的水平上减少 35% 或更多；设立碳中和特别基金，用于资助可再生能源、碳捕获和储存等领域的研究和发展

续表

主要经济体	提出时间	法案及协议	战略目标及政策工具
中国	2007年	《中国应对气候变化国家方案》	明确了中国应对气候变化的指导思想、原则与目标，以及对相关政策和措施提出整体性意见
	2007年	《国民经济和社会发展第十一个五年规划纲要》	提出"十一五"期间单位国内生产总值能耗下降20%，二氧化碳排放强度下降10%的目标； 到2020年新能源在一次能源消费总量中的比重要达到15%
	2011年	《关于开展碳排放权交易试点工作的通知》和《"十二五"控制温室气体排放工作方案》	将北京市、天津市、上海市、重庆市、广东省、湖南省、深圳市七地作为开展碳排放权交易的试点地区； 明确提出探索"建立自愿减排交易机制""开展碳排放权交易试点""加强碳排放交易支撑体系建设"三项重点工作
	2020年9月	习近平总书记在第七十五届联合国大会上的讲话	中国将提高国家自主贡献力度，采取更加有力的政策和措施，二氧化碳排放力争于2030年达到峰值，努力争取2060年实现碳中和
	2021年2月	《关于加快建立健全绿色低碳循环发展经济体系的指导意见》	提出了要加快推进碳市场建设，建立碳交易制度，实现碳排放权交易等； 推进碳税立法工作，探索建立排放权交易市场和碳税征收等制度
	2021年10月	《关于完整准确全面贯彻新发展理念做好碳达峰碳中和工作的意见》	作为碳达峰碳中和"1+N"政策体系中的"1"，《意见》为碳达峰碳中和这项重大工作进行了系统谋划、总体部署
	2021年10月	《2030年前碳达峰行动方案》	提出到2025年，非化石能源消费比重达到20%左右，单位国内生产总值能源消耗比2020年下降13.5%，单位国内生产总值二氧化碳排放比2020年下降18%，为实现碳达峰奠定坚实基础。到2030年，非化石能源消费比重达到25%左右，单位国内生产总值二氧化碳排放比2005年下降65%以上，顺利实现2030年前碳达峰目标

梳理全球主要经济体碳中和政策与目标演进，可以大体归纳为以下几个阶段：

（1）初期阶段（2005年至21世纪10年代初）：此时全球对关注气候的变化主要集中在《京都议定书》的执行和后续谈判，各国的政策目标主要是减缓温室气体排放的增长。此时，只有一些北欧国家提出了比较积极的碳中和目标，大多数国家没有明确的碳中和计划。

（2）探索阶段（21世纪10年代中期）：随着气候变化的影响越来越显著，全球对碳中和的关注度逐渐提高。21世纪10年代中期，一些国家开始提出碳中和目标，如欧盟的"2050碳中和"目标。此时，各国的碳中和目标主要停留在政策层面，缺乏具体的落实措施。

（3）实践阶段（21世纪10年代末至20年代初）：随着气候变化的加剧，越来越多的国家开始将碳中和目标落实到具体的政策措施中。例如，欧盟于2020年提出《欧洲气候法》将净零碳排放目标写入法律，并要求在2030年将温室气体排放量比1990年水平减少至少55%，并于2050年实现净零碳排放。此时，各国开始采取具体措施加速实现碳中和目标，如加大对可再生能源的投资、推广电动汽车等。

（4）推广阶段（21世纪20年代中期至后期）：目前，越来越多的国家加入碳中和的行列，碳中和逐渐成为全球能源转型的主要方向。各国在碳中和方面的投入也越来越大，如欧盟计划在未来7年内投资1万亿欧元用于推动碳中和。此时，各国将会进一步完善碳中和的政策框架，以加速实现碳中和目标。

（三）碳中和目标执行成效的国际比较

世界各国（地区）对碳中和目标的态度及执行成效存在很大差异。一方面，一些国家（地区）已经明确了碳中和目标，并制定了相关政策措施，积极推进碳中和进程，如中国、欧盟、英国等。这些国家（地区）已经采取了具体的行动来实现碳中和目标，如加强可再生能源的开发、建立碳交易市场、加强节能减排等。另一方面，一些国家（地区）的碳中和进程相对滞后，或者甚至未采取具体的行动。例如，美国此前退出了《巴黎协定》，虽然现在重新加入，并提出了碳中和目标，但具体实施情况仍需观察；俄罗斯虽然也提出了碳中和目标，但其实现难度较大。此外，一些发展中国家由于经济、技术等方面的限制，碳中和进程也存在困难。

从国际比较来看，欧洲在碳中和进程中处于领先地位，如德国、法国等国家在可再生能源、节能减排等方面投入较多。中国在碳中和目标的实现方面也取得了显著进展，如加快可再生能源的开发和利用，建设碳交易市场等。而美国在碳中和目标的执行方面尚需加强，包括加大投资力度、建立碳排放市场等。总的来说，各国的碳中和进程面临着不同的挑战和机遇，需要加强合作，共同应对全球气候变化的挑战。

欧盟在2019年提出了在2050年实现碳中和的目标，并制定了《欧洲绿色协议》，以推动能源转型和应对气候变化。根据欧洲环境局发布的数据，欧盟的二氧化碳排放量在2019年比1990年下降了24%，但仍需要持续推进措施，以实现碳中和目标。

德国大力推广可再生能源和改善能源效率等措施，制定了从2005年到2019年的温室气体排放量减少40%的阶段目标，2019年可再生能源占总电力消耗的比例已经超过了40%，同时碳排放量也已经减少了35%，并计划在2030年将碳排放量减少比例上升到65%。此外，德国的能源效率也得到了大幅提高，2019年的能源效率比2005年提高了17.1%。与此同时，德国也在大力推进氢能源的开发和利用，计划到2050年将绿色氢的产量增加到90吉瓦时，并且建立相关的基础设施。

根据日本能源经济研究所发布的数据，日本的二氧化碳排放量在2019年比2005年下降了14%。此外，根据日本政府2021年发布的数据，到2020年底，日本可再生能源的占比为18.3%，该比例已经接近日本政府设定的计划于2030年达到的22%~24%目标。

中国在2014年提出了"控制总量、强化结构、促进节能"的能源战略目标，根据国家统计局发布的数据，2019年中国的二氧化碳排放量达到10.17亿吨，2020年中国的二氧化碳排放量下降了1.7%，虽然总量上是全球最高的，但考虑到经济发展阶段和人均二氧化碳排放量，中国在碳中和的推进和执行中取得了较好的成效。此外，中国政府已经采取了一系列措施，包括扩大清洁能源的使用、推动节能减排、优化能源结构等，以实现碳中和目标。

近年来，美国在执行碳中和政策上表现出了摇摆不定的态势。在奥巴马政府时期，美国曾推出多项碳减排政策，包括《清洁电力计划》等，旨在实现美国的碳中和目标。但随着特朗普政府的上台，这些政策受到了打压甚至是撤销。特朗普政府还推出了一系列支持化石能源的政策，并表示退出《巴黎协定》。随着拜登政府的上任，美国在碳中和方面的政策又发生了重大转变。拜登政府制定了一系列计划和政策，旨在推进美国的碳中和目标。其中，包括重返《巴黎协定》、推进电动汽车和可再生能源等绿色技术的发展，以及提高工业生产的能效等。然而，虽然拜登政府在碳中和方面采取了积极的措施，但是美国的碳中和政策仍然存在着一些不确定性。例如，在美国政治局势不稳定的情况下，碳中和政策可能面临政治反弹和政策调整的风险。此外，美国仍有一些州和企业对碳减排政策持反对态度，这可能会影响政策的推行和实施效果。根据美国能源信息管理局发布的数据，2020年美国的能源相关排放量下降了10.3%，其中天然气和煤炭产生的二氧化碳排放分别下降了9.2%和19.1%。虽然这些数据表明美国在减少能源排放方面取得了一些进展，但仍需更多的努力来实现碳中和的目标。

俄罗斯在碳中和方面的执行成效相对较弱。根据国际能源署（IEA）2021年发布的报告，俄罗斯的二氧化碳排放量在2020年达到了14.32亿吨，是全球第四大温室气体排放国家。俄罗斯政府在2020年宣布了"碳化战略"，计划到2050年实现净零排放，并逐步实现清洁能源的比例提高。然而，俄罗斯在实践中还面临一些挑战，如俄罗斯的经济高度依赖化石燃料生产和出口，减少碳排放可能会对俄罗斯经济带来不利影响。

（四）主要经济体碳排放的演进特征

1970~2021年全球主要经济体化石二氧化碳排放量的演进如图4-1所示。由图4-1可以发现，以欧美为代表的发达国家工业化起步早、产业成熟，已经经历过了国家工业发展道路上必经的"先污染、后治理"的阶段，在2004年之前，美国、部分成员国

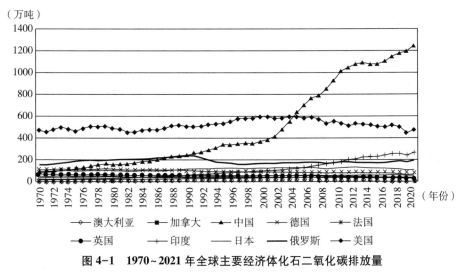

图4-1　1970~2021年全球主要经济体化石二氧化碳排放量

资料来源：欧盟联合会—全球大气研究排放数据库。

二氧化碳排放量领先全球，分别位于第一、第二位，在工业实现碳达峰之后呈现逐渐递减趋势。这一方面与欧美发达国家工业体系成熟，进入下一发展阶段有关；另一方面是因为发达国家将国内一些相对落后、高耗能、高污染的产能转移到发展中国家，进而降低了本国化石能源消耗与污染排放。

此外，从图4-1还可以看到，中国在2004年以前化石二氧化碳排放量以递增的比率缓慢增长，且总量始终低于欧盟成员国和美国；在2004年之后，中国化石二氧化碳排放量以递增的比率增长，超过了欧盟成员国和美国，并呈快速上升趋势；在2013年之后，中国二氧化碳排放量增长速度放缓。这一阶段变化趋势与中国的工业化发展阶段高度相关。

从表4-2给出的1971~2021年全球主要经济体人均化石二氧化碳排放量的变化来看，2021年中国人均碳排放量远远低于美国、俄罗斯、加拿大、韩国等国家，高于德国和日本两个国家，这与前文所梳理的德国和日本碳中和执行成效显著相印证，相关成功经验值得全球主要经济体参考学习。

表4-2　1971~2021年全球主要经济体人均化石二氧化碳排放量　单位：吨/人

主要经济体	1971年	1981年	1991年	2001年	2011年	2021年
中国	0.46	1.1	2.08	3.42	6.58	9.83
美国	22.19	21.41	20.44	20.57	18.24	16.34
俄罗斯	12.68	16.08	13.05	10.85	12.03	11.16
日本	7.79	8.7	9.81	9.64	8.2	7.06
德国	11.47	12.43	11.23	9.21	8.03	7.01
加拿大	16.72	17.22	16.05	17.52	15.16	14.54
韩国	0.71	2.24	5.77	9.91	12.89	11.55
沙特阿拉伯	4.14	12.56	15.83	16.16	16.74	17.23

资料来源：欧盟联合会—全球大气研究排放数据库。

二、碳中和目标执行对全球产业分工与组织形式的影响表现

本部分主要探究碳中和目标执行对全球产业分工的影响表现，分别从国家产业竞争优势重构、全球产业分工格局地位重组、跨国企业生产组织形式演变角度，考察碳中和目标执行对全球国家层面、产业层面和企业层面的影响表现。

（一）国家产业竞争优势重构

1. 碳贸易规则的变化

全球贸易规则的制定权往往掌握在发达国家手中，国家的贸易越发达、经济等综合国力越强大，其国际话语权越高，随着世界各国对全球产业链融入和价值链地位的关注程度逐渐加深，全球贸易规则也逐渐成为发达国家维护其国际贸易话语权的重要工具。在"不平等"的全球价值链分工体系下，许多国际话语权较低的发展中国家由

于处于全球价值链的下游，更容易受到话语权较高且位于价值链上游和"链主"位置的发达国家的相关贸易规则的影响。

具体到碳中和目标执行过程中，国家间产业竞争优势面临重构的挑战与机遇，换言之，无论是具有传统优势的发达国家，还是新兴的发展中国家，都需要正视和尊重国际碳贸易规则的变化，具体包括以下几个方面：

（1）碳市场的发展：越来越多的国家和地区开始建立碳排放权交易市场，以达到减少温室气体排放的目标。这些市场一般包括碳排放权配额的发放、交易、监管和执行等方面。其中，欧盟的碳市场规模最大，其次是中国和韩国。碳市场的发展将提高相关国家在碳中和目标下的竞争力，对国家产业竞争优势的重构有积极影响。

（2）碳关税的引入：一些国家开始考虑对进口的高碳产品征收碳关税，以保护本国环境和产业。例如，欧盟自 2023 年起将对进口的一些高碳产品征收碳关税，包括钢铁、水泥、铝和化肥等产品；2022 年美国国会提出了《清洁竞争法案》，该法案将于 2024 年开始对美国同类产品的每个行业设定碳排放基准线，不论是美国本土产品还是进口产品，如果产品的碳含量超过基准线，则对超出部分征收 55 美元/吨的碳税。

（3）碳足迹的计算：越来越多的国家开始计算企业的碳足迹，并将其作为重要的评估指标。企业需要通过减少温室气体排放来降低其碳足迹，以提高其在国际市场上的竞争力。产品碳足迹标准正在成为发达国家征收碳关税的计量工具，产品碳足迹核算已在沃尔玛、乐购、可口可乐、百事可乐、宜家、百安居、达能公司等多家企业产品上得到应用。

（4）贸易协定中的碳条款：一些贸易协定中开始包含碳条款，以确保贸易不会对环境和气候造成不良影响。例如，欧盟与加拿大和新西兰签署的自由贸易协定中包含了环境和气候方面的条款，瑞典与荷兰相互开放碳市场，允许两国之间的碳配额交易。

2. 碳贸易壁垒的加强

在碳中和目标下，一些国家开始加强贸易壁垒，以保护本国企业和产业的竞争力。这些壁垒可以是直接的关税和配额限制，也可以是间接的要求企业遵守更严格的环境和碳排放标准，以及在产品的生命周期中计算碳排放量和环境影响。此外，一些国家也开始考虑实行碳关税调整机制，即在进口产品的关税上加上一定的碳排放成本，以减少进口产品的碳排放量，并鼓励国内的生产和消费更加环保和低碳。

这些贸易壁垒的加强对于全球贸易和经济增长带来了一定的影响。一方面，这可能会增加贸易摩擦和争端的可能性，导致国际贸易的减少，进而阻碍全球经济的发展。另一方面，一些国家可能会因为实行了更严格的环境和碳排放标准，而在技术和产业上获得优势和竞争力，从而推动本国产业的发展和转型。因此，如何平衡环境保护和经济发展之间的关系，制定公平且可持续的贸易政策和规则，成为各国在碳中和目标下面临的重要挑战。

部分发达国家将"碳关税""边境税"作为设置贸易壁垒的工具。例如，2021 年欧盟宣布将在 2023 年推出碳边境税，该政策旨在惩罚进口的高碳产品，并提高欧洲制造商的竞争力，这项政策的具体细节尚未最终确定，但预计将对一些出口国造成负面影响。美国在 2020 年对进口的钢铁、铝等碳排放密集型的产品征收二氧化碳排放的"碳关税",这一贸易保护措施的实施使进口国在减少本国污染排放的同时,降低发展中国家通过资源和污染密集型出口的获利能力,冲击发展中国家的外贸,进一步抑制发展中国家的发展速度,降低其在碳排放规制较低的比较优势,削弱了其产业的国际竞争力。

3. 碳排放与污染的跨国转移问题

在碳中和目标的背景下,发达国家为了减少国内的碳排放量,可能会采取一些措施,如推广清洁能源技术、提高能效、限制高碳排放的工业和交通等,这些措施会增加相关产业的生产成本,对产业造成冲击,进而导致一些发达国家选择更低成本且快速的方式,出现将碳排放和污染向其他国家转移的现象,如将"洋垃圾"出口到东南亚等发展中国家。

同时,一些发达国家也可能将高污染、高碳排放的生产制造产业转移至发展中国家,以降低其本国的碳排放量,这种行为也被称为"碳足迹外包"或"碳排放转移"。例如,许多欧洲国家已经将一些高污染的工业部门转移至亚洲和非洲国家,以降低其国内的碳排放量。然而,这样的做法可能会导致发展中国家的碳排放量上升,加剧全球的碳排放问题,并可能对这些国家的环境和公共健康造成负面影响。

因此,需要全球范围内的碳中和行动,在避免加强贸易壁垒的同时,也需要建立更加公平的贸易制度,避免碳排放和污染的跨国或跨区域转移。

(二) 全球产业分工格局地位重组

1. 国家内产业结构转型与新兴产业发展

国家经济体在制定与落实碳中和目标时,需要大力发展清洁能源等低碳产业,加强环保监管,推进节能减排等措施,加速本国一些传统产业的淘汰,推动产业结构的转型升级。

随着碳中和目标的实施,清洁能源、新能源汽车、节能环保等新兴产业逐渐得到重视和扶持,就国家内部而言,新兴产业在国内制造业的比重逐渐增加,同时也有利于国家参与全球产业竞争和产业分工。发展中国家加大对新兴产业的研发和投资,有利于争取在这些新领域获得更多的竞争优势,甚至在某些领域实现"弯道超车"。我国作为全球最大的发展中国家,在新能源经济蓬勃发展的时代背景下,中国已形成较为完备的可再生能源技术产业体系,包括水电、低风速风电、光伏发电等领域。2020 年,中国可再生能源开发利用规模达到 6.8 亿吨标准煤,相当于替代煤炭近 10 亿吨,减少二氧化碳、二氧化硫和氮氧化物排放量分别约达 17.9 亿吨、86.4 万吨和 79.8 万吨。同时,中国新能源汽车 2020 年销量达到 136.7 万辆,连续六年销量居全球第一。

此外,碳中和目标执行对新能源行业的发展产生积极的影响,碳中和目标意味着减少化石燃料的使用,这将推动可再生能源的需求增加,可以预计新能源行业在未来将会有更多的机会。而新能源技术的不断发展和普及,也使得碳中和目标的实现更加可能。例如,太阳能、风能和水能等技术的成本在过去几年已经大大降低,这意味着更多的企业和消费者能够采用这些技术,同时也有更多的机会推动这些技术的发展。

碳中和目标也推动了创新，政府和企业投入更多的资源来研究和开发新的技术，如新型电池技术、人造光合作用等，这些技术的研究成果将会帮助推动新能源行业的进一步发展。

2. 全球产业链分工格局的重塑

近年来，在全球金融危机、新冠疫情等多重冲击下，美国以及西方等发达国家重新认识到产业空心化问题严重不利于实体经济的发展，因此纷纷制定计划和政策推动制造业回迁。例如，美国先后制定"制造业回流计划""美国优先计划"等，推动制造业加速回流，降低对外依赖度，发展本国实体经济，以更好应对全球外部环境不稳定的冲击。

与此同时，在碳中和目标的实施下，由于制造业的碳排放量较多，在发达国家进行污染治理以及生产的人工等成本较高，使得各国除了加强在较高价值低污染的产业链"本土化"建设外，也有更多元化的选择。为实现本国碳中和目标，发达国家向碳中和目标较宽松的发展中国家转移碳排放和污染较多的产业或生产环节，以规避本国较为严格的碳中和风险，并将污染较多的产品外包或进口，发展中国家也由此成为"污染避难所"。美国 2016 年制造的塑料垃圾中只有不到 10% 被回收，大量垃圾被运往发展中国家，而且这一具有"污染避难所"及产业链上游对下游"剥削"性质的做法已持续 30 多年。据美国媒体报道，2020 年美国与肯尼亚进行贸易协议谈判，美方提出投资肯尼亚垃圾回收处理产业，要求肯尼亚放松对塑料制品生产消费和跨境贸易的限制，即在事实上允许美国把塑料垃圾出口至肯尼亚。

对较早完成工业化的发达国家而言，东南亚等发展中国家拥有劳动力成本和关税较低等成本优势，制造业高污染劳动密集型环节向东南亚等地区外溢，而低污染的高端制造业制造环节在发达国家制造业回流政策的鼓励下向本国回缩，进一步加快调整本国优势产业链的全球布局，加速推动优势产业回流，打造以一些发达国家为中心的区域产业链体系。而从另一方面来讲，越来越多发展中国家为实现长期碳减排以及碳中和目标，也逐渐增强了碳排放的约束，在逐步摆脱"低端锁定"的同时减少了对发达国家制造业等高碳产业的承接，这会使发达国家及发展中国家的国际产业链条缩短，产业链及供应链区域化程度加深。

此外，在全球贸易外部环境较不稳定的情况下，供应链较长且分工复杂的电子制造等产业链风险较大，除了直接进行产业回流，更多的发达国家和发展中国家的相关企业更倾向于将其部分生产环节转向于分散布局在多个区域或国家，并制定一些可替代的计划，对国内应急供应链备份，甚至缩短相关的产业链长，推进国内外双循环，特别是加强国内循环，这种多元弹性的产业布局也成为各国提高产业链韧性的新选择。

3. 全球价值链分工地位的"锁定"

随着碳中和目标的实施，对于产品生产造成的污染更加重视，污染环节的生产由谁承担就成为一大关键点，而同时具体分工模式在很大程度上取决于一国在产业价值链中的位置，处于价值链上游位置的国家或企业对于选择的主导权更多。

处于产业价值链条上游位置的大多是发达国家，其则更倾向于生产低污染的技术密集型产品，而主要处于链条下游的发展中国家由于其技术水平的限制则只能"倾向"生产污染较大的低端产品。在技术落后且一些高端技术被封锁等情况下，发展中国家对于提升其在全球产业分工中的地位困难重重。

全球价值链分工的演进过程中，机会和地位的不平等矛盾突出且有加剧的势态，这种"不平等"主要表现在要素禀赋较差、地缘位置劣势的发展中国家，在国际价值链分工中处于中低端，并逐渐被边缘化，攀升本国在全球价值链地位的机会更趋减少。因此，越来越多的新兴发展中国家推进鼓励本国人才创造的政策，中高端制造业发展迅速，持续推进低碳等新技术的创新，逐渐向全球产业价值链的中高端迈进，全球价值链分工向地位更平等的目标发展。

但与此同时，以美国为代表的发达国家便会感到其在全球价值链的"主导"地位受到"威胁"和"挑战"，因而希望通过重塑全球产业分工格局来强化自己的优势地位，限制新兴发展中国家产业的发展。在全球碳中和目标的实施下，虽然发展中国家对环境的规制比发达国家宽松，但是由于其低碳先进生产技术低于发达国家，相关技术的发展还较薄弱，因此在不同程度上使其在要素禀赋和出口成本的比较优势相对降低，使得其在中高端价值链的竞争优势进一步被削弱，一些发展中国家就只能继续发挥其在劳动力等要素禀赋上的优势，从而被"低端锁定"只能生产低附加值产品，使得全球价值链中的"不平等"问题进一步加剧，加大了发达国家与发展中国家在全球价值链中的地位差距。

碳中和目标执行对发展中国家全球价值链攀升既带来威胁，也带来一定的机遇。由于发达国家想要通过"污染转移"来降低本土碳排放，因此便可能有更多跨国公司在东南亚等发展中国家成立公司，发展中国家通过跨国公司的一些技术外溢、对先进管理方式的学习，从而提升本国的创新和管理的社会环境，进而本身的一些竞争力也有所提升，对于其提升在全球价值链中的地位有积极影响。

（三）跨国企业生产组织形式演变

1. 洼地选择的变化

在传统的产业布局中，跨国公司会寻求低成本、低税收和宽松政策等条件优越的洼地，这些地区通常不太注重环境保护。随着全球环境保护意识的提高和碳中和目标的实施，环保成为一个全球性的关注点。因此，跨国公司在选择生产基地时，越来越倾向于选择那些环保意识较强的地区。这样一来，跨国公司不仅可以满足消费者对环保的要求，还可以避免在未来碳排放限制的政策下受到限制。

此外，碳中和目标的实施将改变市场需求，消费者和投资者将更加关注企业的环境和社会责任，对环境友好型和可持续发展的产品和服务更加青睐。企业需要适应市场需求的变化，加强品牌建设和形象塑造，提高企业的社会责任和环保形象，增强品牌的市场竞争力。

2. 产业链的调整与政府需求的响应

在碳中和目标的推动下，跨国公司需要对其产业链进行重新调整，借助技术手段和创新，通过改善供应链、产品设计和生产过程等方面来降低碳排放，因此需要对产业链进行重新调整，优化产业链中的每个环节，从而实现碳中和目标。例如，更多地使用可再生能源和高效能源，优化生产流程和物流，减少废物和污染物排放等。在这个过程中，跨国公司还需要加强与供应商和客户的合作，确保产业链上每个环节都能实现碳中和。

碳中和目标实施需要政策的支持和引导，政府需求和政策环境的变化将对企业产生影响。政府可能会出台更多的低碳政策和支持措施，比如技术研发的减税优惠或补贴支持等，以鼓励企业减少碳排放以及推广低碳产品和技术。

实现碳中和目标需要企业更多地承担，企业需要采取更加积极的行动来减少碳排放和保护环境。企业在生产和经营过程中，可能会更加注重环境保护和可持续发展，制定新的可持续的战略目标，以实现长期的低碳经济发展目标。同时，为了实现碳中和目标，跨国企业可能会积极参与碳交易和碳市场，以获得碳减排的奖励和收益。

3. 技术创新与新兴市场的重视

在碳中和目标约束下，企业尤其是跨国企业需要优化生产工艺和制造流程，采用更加低碳的生产方式和技术，如采用节能技术和环保材料、改进产品设计等，以降低碳排放和节约能源。针对市场需求的变化，企业需要不断改进和优化现有的生产技术，寻找新的低碳技术和产品，以满足市场的需求，同时提高企业的竞争力。如能效管理系统这类涉及建筑智能化、工业自动化、数据采集分析等多个技术领域的新技术，通过智能化系统集成来实现在管理上节能以及绿色用能，增强企业的综合竞争力，在碳中和目标约束下，能效管理系统中大热的电气化与数字化方向也将迎来巨大发展机遇，是各企业未来布局的重点。

跨国公司在碳中和目标下更加重视创新与技术合作，如苹果与高通、英特尔等公司合作开展芯片研发，推动其产品的创新和性能提升。此外，许多跨国公司在新兴市场设立研发中心，以加强技术创新和了解当地市场，如微软在中国设立了亚洲研发中心、谷歌母公司 Alphabet 旗下致力于孵化新技术和创新的 X 实验室等。

随着碳中和目标的实施，一些新兴市场也开始崭露头角。跨国公司需要关注这些市场，并对其进行战略布局，以便在未来的竞争中占据优势地位。例如，一些新兴市场可能在可再生能源、电动汽车、智能制造等领域拥有较为优越的发展条件，跨国公司可以将其业务扩展到这些领域，并通过技术和品牌优势快速占据市场份额。

4. 企业形态向集约化、专业化和集聚化转变

为了实现碳中和目标，企业可能会需要采用更加集约化和专业化的生产形态。例如，一些企业可能会采用更加集中化的生产方式，以减少碳排放，或者专注于某些特定领域，以提高能源利用效率和减少碳排放。根据麦肯锡公司的报告，全球跨国企业正处于加快数字化转型的阶段，以提高碳中和目标下生产组织的效率和竞争力。例如，德国汽车制造商宝马公司采用物联网和大数据分析技术来优化生产流程和提升车辆性能。

实现碳中和目标需要企业采用更加低碳的生产方式和技术，这可能会导致某些产业的集聚发生变化。例如，一些传统高碳排放的行业可能会遇到更大的困难，而一些

新兴低碳产业可能会得到更多的支持和发展机会。

三、碳中和目标下全球产业分工与组织演变的动因解析

本部分着重对碳中和目标下全球产业分工与组织演变的动因进行多维解析，从公众意识觉醒与政府引导、数字经济的推动、技术创新的双面性和碳税工具角度，考察碳中和目标下全球产业分工与组织演变的过程与机理，具体如图4-2所示。

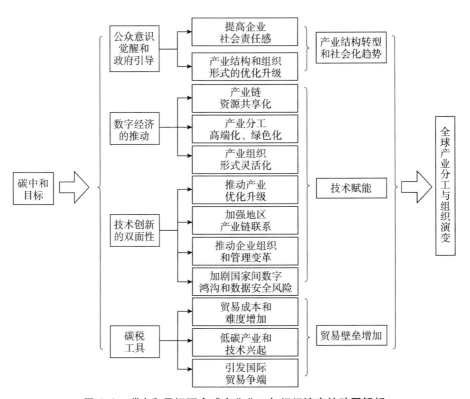

图4-2　碳中和目标下全球产业分工与组织演变的动因解析

（一）公众绿色意识觉醒与政府政策引导

随着环境问题的不断凸显，公众对环保问题的关注度逐渐提高，消费者对企业的环保行为要求也日益严格。政府也在积极推动环保和低碳发展，出台了一系列环保和碳减排政策，为企业提供政策支持和激励，推动产业结构的转型和优化。

中华环保联合会副主席、中央网信办数字化绿色化协同转型发展专家委员会委员杜少中在第二届中国数字碳中和高峰论坛上首次提出了"碳减排数字账本"，这是针对每位公民个人的数字化与绿色化协同转型发展的典型产品。研究表明，消费领域的碳排放量约占碳排放总量的53%，因此设置个人的碳减排数字账本，是一项必要且直接有效的举措。在大数据与互联网的背景下，公众的衣、食、住、行等跨平台行为所贡献的碳减排量都会被精准测量与记录。例如，骑行5公里的共享单车，碳账本会获得

243.5克的碳减排量；为新能源汽车充60度电，碳账本将获得27千克的碳减排量；外卖下单时选择无需餐具，则会获得45.72克碳减排量。这些看似微小的记录，会在日常生活中潜移默化地加速公众的绿色意识觉醒。

公众绿色意识觉醒又进一步对企业的环保行为提出了更高要求。企业需要更多地关注环境保护，推动低碳、循环和绿色经济的发展。在产品设计、生产过程、运输和包装等方面，企业需要更多考虑环境保护的因素，推动绿色供应链的建设。同时，企业还需要增强社会责任感，承担起引领社会碳减排的重任。目前，"碳足迹"已成为衡量企业行为对环境影响的一种通用工具，帮助企业找到科学透明的碳减排路径。以可口可乐公司为例，在2018年底，该公司宣布将其足迹减少21%，2020年将"手中的饮料"的碳足迹与2010年的基准相比降低25%。

同时，政府政策引导对产业结构和组织形式的调整和优化也具有重要作用。例如，欧盟提出了扩大碳交易市场、停售燃油车、扩大可再生能源占比、设立碳边境税等多项全新法案；美国通过《重建更好未来法案》(Build Back Better Act，BBBA)，对新能源汽车推出更高的税收抵免和补贴额度等。各国政府出台的环保和碳减排政策可以有效引导企业进行技术创新和结构调整，推动产业结构的优化和转型。同时，政府还可以通过优惠税收、财政支持等手段，鼓励和支持企业进行环保和低碳发展，为企业提供稳定的政策环境，促进企业的长期发展。

因此，人类环保意识的提高与政府低碳化政策引导，是碳中和目标实施的先决条件，通过产业结构调整、技术创新和转移、政策协调和合作，推动着全球产业分工与组织演变。

（1）随着公众对环保和碳减排意识的增强，消费者和投资者越来越注重环境、社会和治理方面的要求，企业需要不断调整和升级自身的产业结构和经营模式，以满足市场需求。政府也会通过各种政策手段，如减税、补贴、排污权交易等，引导企业逐步转向低碳、环保的方向。这种调整可能会导致某些传统产业的衰退，但也会促进新兴产业的兴起，推动全球产业分工的转型升级。

（2）公众意识觉醒和政府政策引导会促进技术创新和转移，推动绿色、低碳技术的研发和应用。企业需要加强技术创新和研发投入，不断提高产品和服务的环保性和能效性，同时也需要进行技术转移和合作，加强跨国合作和交流，共同应对全球环保挑战。技术创新和转移可能会带来新的产业机会和优势，同时也会对产业分工和组织演变产生重要的影响。

（3）碳中和目标的实施需要各国政府之间进行协调与合作，制定共同的减排目标和措施，建立全球碳市场和碳交易机制，促进全球碳减排的协同效应。这种政策协调和合作会影响各国之间的产业分工和组织演变，促进全球产业链的协同发展和优化调整。

总的来说，公众意识觉醒和政府政策引导对全球产业分工和组织演变产生着积极的影响。这种影响可以推动企业进行技术创新和结构调整，促进低碳、循环和绿色经济的发展，从而推动产业结构的优化和转型。同时，这种影响还可以提高企业的社会责任感和品牌形象，增强企业的竞争力。一些规模较大的企业甚至将社会责任直接体现在了企业的发展战略中，如腾讯公司在 2021 年进行的第四次战略升级，将"推动可持续社会价值创新"纳入公司的核心战略之中，设立了可持续社会价值事业部，并将投入 500 亿元用于可持续社会价值创新，这就是希望更好地平衡企业效益与社会责任之间的关系，实现两者的双赢。

（二）数字经济的推动作用

数字经济对全球产业分工与组织演变有着显著的影响。2021 年，全球 47 个主要经济体的数字经济增加值规模达到 38.1 万亿美元，同比名义增长 15.6%，占 GDP 比重为45.0%，已经成为推动未来全球经济增长的主要驱动力量。数字经济是指以数字技术为基础，以信息和数据为核心资源的经济形态。它涵盖了数字化的生产、流通、交换和消费等各个环节，并且带来了全新的商业模式和组织形式。数字技术在助力全球应对气候变化进程中扮演着重要角色。Xiang 等（2022）研究表明，数字经济对中国区域低碳、包容性增长具有显著的倒"U"形影响。有学者研究得到其拐点为 0.3081，并且发现大部分观测值落在倒"U"形的左侧。数字技术正在与能源电力、工业、交通、建筑等重点碳排放领域深度融合，提升能源与资源的使用效率，实现生产效率与碳效率的双提升，数字化正成为各国实现碳中和的重要技术路径，对于数字技术的投入也在不断增加。截至 2020 年 12 月，英国政府已向包括虚拟技术在内的沉浸式新技术研发投入 3300 万英镑，向数字安全软件开发和商业示范投入 7000 万英镑，向下一代人工智能服务等投入 2000 万英镑的研发经费。欧盟委员会也计划向"数字欧洲计划"投资 19.8亿欧元，集中在 AI、云数据空间、量子通信基础设施、高级数字技术以及数字技术在整个经济和社会中的广泛应用等领域。

1. 促进全球产业链的低碳转型

数字技术的应用，特别是云计算、大数据、物联网等技术，使得全球范围内的企业可以共享信息和资源，加强合作，从而实现全球范围内的资源配置和产业分工。Li和 Wang（2022）研究发现，从长期来看，绿色技术进步和产业结构升级是影响地方碳排放的主导路径，产业结构升级的积极示范和技术溢出效应长期驱动着数字经济对碳排放的溢出效应，加速促进全球产业链低碳转型。在全球制造业产业链中，一些发达国家和地区拥有高端技术和研发能力，而一些发展中国家和地区拥有便宜的劳动力和原材料，数字技术的应用可以降低交易成本和信息的不对称，帮助这些国家和地区在全球产业链中快速且较准确地找到各自的定位。

碳中和减排政策的实施将会加速全球产业链向低碳方向转型，同时也会导致传统制造业在高成本地区的产能下降。这将导致制造业的区域分布发生变化，一些高成本地区的企业可能会转向数字化、智能化制造业或其他低碳行业。

2. 推动全球产业分工高端化和绿色化

随着工业互联网技术的发展和应用，传统制造业正在向数字化、智能化方向转型。这种转型不仅可以提高生产效率，还能大幅降低碳排放量。通过数字技术和信息化手段，可以实现资源的精细化管理和优化配置，降低资源的消耗和浪费。

在碳中和目标下，数字经济融合"数字化"和"绿色化"，促进高端制造业和绿色产业的发展。戴翔和杨双至（2022）实证研究发现，数字赋能能够促进企业绿色化转型，而且会通过产业链对上下游企业绿色化转型产生积极的外溢效应，该效应主要通过规模效应和技术效应两个机制实现，而且依托国外数字来源实现的数字赋能对制造业绿色化转型影响更大。由于数字化和智能化制造业具有高附加值、低碳排放的特点，能够满足全球市场对高品质和环保产品的需求，同时也有助于降低碳排放量，因此数字经济会促进绿色产业的发展，进而加速了全球产业分工向低碳方向的转型。

3. 推动企业组织形式的变革

数字技术的应用，特别是云计算、人工智能、区块链等技术，使得企业可以实现更加灵活、高效、精细化的生产组织和管理。数字技术的应用也为企业创新提供了更多的可能性，通过开发新的数字化产品和服务，企业可以开辟新的市场和业务领域，实现企业转型升级。

数字化的商业模式，如共享经济、平台经济等，使得企业可以采取全新的商业策略和组织形式。数字化的平台企业可以通过互联网连接消费者和供应商，实现去中心化的交易和服务，从而实现规模化经营和盈利。

此外，数字经济也在推动企业组织形式的变革。数字化和智能化制造业的发展，使得企业在生产组织和供应链管理方面具有更高的灵活性和创新性，同时也带来了更高的合作需求和合作方式的多样性。在碳中和目标下，企业将需要更加紧密的合作和协作，以降低碳排放量，数字经济则提供了更好的技术和平台，以促进企业间的合作。

与此同时，数字革命会同时带来组织与生产形式的分散化和一体化两种相反的作用力。一方面，数字技术降低交易成本，包括搜索、通信和监控成本，提升市场合同的回报率，促使公司更多地依赖外包。同时，数字科技降低贸易成本、管理成本，增强企业对分散于各地供应链的管理能力，可进一步促进国际分工和产业链拉长。另一方面，数字科技也有利于垂直一体化的发展，典型的例子是特斯拉的智能汽车生产。与传统汽车行业以发动机等为核心部件不同，智能汽车行业以操作系统等软件为核心，硬件上也更多地依赖芯片、传感器、控制器等新型部件。为打造核心竞争力，智能汽车厂商的自主研发比例更高；同时，数字化降低了企业内部的沟通成本，使得垂直一体化在管理层面更加可行。一些行业的生态系统发生了改变，如半导体行业出现了从技术向用户的转变，而软件和平台企业借助数据收集和分析对终端用户的需求有更深的理解，这使得它们涉足更上游的芯片设计环节以提供更合适的解决方案。

（三）技术创新的双面性

根据"波特假说"，碳中和目标的执行会显著促进企业改进技术，有利于产业专业化分工。一个国家在全球产业链和价值链中的地位与其科技创新能力和水平联系紧密。发展中国家在碳中和目标下，积极推进低碳等新技术创新的政策，加强对人才的引进和培养，或是通过跨国公司的先进技术外溢和学习使得发展中国家在不断提升国内良好创新社会环境的情况下，可能转变为新技术领跑者，改变长期处于价值链中低端的"困境"，突破发达国家的"技术封锁"对其的"低端锁定"，以期在绿色生产方面有先动优势和更强的竞争力，使其产品不断升级，保持长期的竞争力。通过技术创新提升出口产品的国内增加值，有利于企业所处的国家或地区在相应产业的全球产业链和价值链地位的上升。林学军和官玉霞（2019）以各制造业某年引进国外技术经费与消化吸收经费之和来衡量技术引进总支出，将技术引进的总支出与行业的主营业务收入的比重表示中国制造业引进国外技术的强度，并基于产品附加值角度的总出口贸易分解模式，提出了测算一国某产业在 GVC 所处国际分工地位的具体指标，实证分析发现技术引进强度与产业的全球价值链分工地位提升呈现正相关，由此可见技术引进以及相关知识的溢出对于一国的全球产业链和价值链地位提升有正向作用。

发达国家对创新成果的保护政策以及在重振制造业战略等政策的支持下，对高新技术、智能、电子、信息、数字等"创新要素"高度重视，在这种较长期的良好社会创新环境下，发达国家的整体技术水平明显高于发展中国家。在碳中和目标下，科技创新也成为一个重要的稀缺战略性要素，这类新要素的领先对于美国等发达国家维护其核心利益有十分重要的意义。为了推进碳中和的目标，发展中国家的技术创新还需要来自发达国家的援助，但发达国家对于其专利技术的保护是十分严格的，一些发达国家可能通过技术上的领先地位，强化对其他发展中国家知识和技术的封锁，通过贸易"断供"等手段，造成发展中国家技术"卡脖子"、竞争优势低等问题。正如当前美国对中国华为的芯片制裁事件以及对中国发起的技术排挤战等经贸摩擦，美国利用其在国际贸易中一些技术和地位的主导权，使华为的芯片生产代工厂等受到影响，造成华为芯片产量短缺，对中国的高新技术的高速发展形成一定阻碍。

要素密集特征差异性也意味着技术等高端要素密集型产业和产品的生产环节专用性程度加深，这虽然有利于产品附加值的增加，但也意味着发展中国家进入中高端价值链的技术、要素等各方面"门槛"提高。例如，随着信息时代的发展，数字技术的发展进一步扩大了发达国家的优势，发达国家的数字技术水平显著高于发展中国家，其可以通过领先的数字技术使得传统的空间物理成本、管理和组织成本大幅降低，并显著降低信息不完全和不对称程度，而数字技术作为一个新的要素也可能使得各国和企业的比较优势改变，发达国家将通过领先的数字技术扩大自身在全球价值链上游的比较优势，并可能通过先动优势占据部分价值链下游市场，加剧发展中国家在全球价值链下游产业的竞争，这使得发展中国家向全球价值链中高端攀升的优势下降、困难重重，而在原本占优的低端价值链中的竞争更激烈，其被"低端锁定"的风险也进一步加大，从而落入被"双重挤压"的困境中。

1. 技术创新的正向作用

在碳中和目标背景下，技术创新可以推动企业的转型升级，实现低碳生活和生产方式的变革，同时也带来了产业分工和组织形式的变革。

首先，技术创新推动了全球产业分工的重组。随着技术的发展和全球化的加速，不同国家和地区之间的产业分工越发明显。在这一背景下，技术创新对产业分工的重组起到了重要作用。一方面，新技术的涌现和应用推动了传统产业的优化和升级，同时也推动了新兴产业的形成和发展。张倩肖等（2019）利用 1996~2016 年中国宏观经济数据，基于协同理论构建了技术创新与产业升级协同演进的评价模型，测算了技术创新与产业升级的协同度，并采用 TVP-VAR 模型进一步检验了技术创新与产业升级协同关系的动态特征，发现技术创新推动了产业结构高度化，其推动作用呈现由弱趋强的演化轨迹。另一方面，技术的快速转移和应用也使得不同地区的产业链更加密切地联系在一起，形成了更为复杂和多元的产业分工模式。刘斌和潘彤（2020）以专利申请数量衡量一国的创新产出和以研发投入衡量创新投入这两个视角度量一国技术创新水平，并通过引入人工智能与这两个指标的交互项，实证分析得到人工智能提升了一国行业全球价值链参与程度与分工地位的结论，且该促进效用主要通过降低贸易成本、促进技术创新、优化资源配置得以实现，而且人工智能对劳动力配置效率促进作用要明显高于资本配置效率。

其次，技术创新也影响了企业的组织形式和管理模式。传统的企业组织形式主要是以制造业为核心的集中化模式，但是随着技术创新和数字化的发展，企业开始借助互联网和信息技术进行去中心化和网络化组织，形成了更加开放和灵活的组织形式。此外，技术的发展也推动了企业管理模式的变革，如基于数据的管理和智能化决策，以及全球范围内的协同合作等。

因此，技术创新在推动产业链向高端化和低碳化方向转型、促进跨国企业的技术合作和转型以及促进新兴产业成长发展方面，具有正向的积极作用，是碳中和目标下推动全球产业分工和组织演变的重要动力之一。

2. 技术创新的负向作用

技术创新对全球产业分工和组织演变的影响是双重的，既带来了新的机遇，也带来了新的挑战，主要体现在减少就业机会、加深数字鸿沟、增加资源消耗、带来数据隐私等安全风险，以及可能引起社会道德问题。

具体而言，技术创新可能会导致某些岗位的自动化，从而减少相关的工作机会，尤其是在劳动密集型产业中；技术创新的引入可能会加剧数字鸿沟，即在不同国家、地区、群体之间数字技术应用和普及的不平等现象加剧；虽然技术创新可以提高资源利用效率，但是某些新技术的研发、生产和应用可能需要大量的能源和材料，从而增加资源的消耗和环境负担；技术创新的应用需要收集和处理大量的数据，可能会引发数据隐私等安全风险，如个人隐私泄露、网络攻击等；此外，某些技术创新可能对社会产生深远的影响，如人工智能和机器学习可能会影响就业、隐私、安全等多方面的问题，而生物技术和基因编辑甚至可能会引发伦理和道德方面的争议。

以数字化技术为例，无形资产在数字经济中的重要地位日益强化，附加值分布向"微笑曲线"的两端，即研发设计与售后营销转移，中端的制造环节由于融合服务内容的应用而延长了工序，"微笑曲线"中心部分扁平程度加深。自动化技术的应用也将削弱发展中经济体低劳动力成本的竞争优势，进而可能导致制造阶段回流发达经济体。张辉等（2022）研究发现，2010~2014 年，机器人投资与离岸外包增长之间存在负相关关系，由此造成许多以劳动密集型为比较优势的发展中国家优势进一步下降，使其与发达国家的差距进一步增加。

（四）碳边境调节机制

近几年，欧盟出台了碳边界调整机制，即碳关税，这是一种由主权国家或区域对进口高能耗产品进口征收的二氧化碳排放特别关税。就其征税目标而言，欧盟碳边境调节机制（CBAM）是指在国际贸易中对进口商品征收碳排放的税收，以达到保护国内环境和产业的目的，也称碳边境税或碳关税。碳边境调节税的实施对全球产业分工与组织演变产生了一定的影响。

CBAM 覆盖欧洲碳市场中的电力、钢铁、水泥、铝和化肥五个领域，涉及相关原材料产品生成过程中直接碳排放，其中对中国而言影响最大的是钢铁和铝行业。表 4-3 给出了基于 CBAM，中国钢铁和铝出口欧盟受影响情况预测，大致估算得到钢铁受影响贸易额达到 160.86 亿元人民币，铝的出口受影响贸易额为 90.6 亿元人民币，而两个行业每年为此支付的碳关税分别为 26 亿~28 亿元、20 亿~23 亿元人民币，碳关税占价格比重高达 11%~33%。

表 4-3　中国钢铁和铝行业出口欧盟受 CBAM 影响情况预测

行业	受影响贸易额（亿元人民币）	碳关税（亿元人民币）	单位税负（元人民币/吨）	碳关税占价格比重（%）
钢铁	160.86	26~28	652~690	11~12
铝	90.6	20~23	4295~4909	29~33

虽然从中欧贸易总量来看，CBAM 涉及的产品贸易额的比重相对较小，产生的影响暂时有限，但是基于我国对欧盟出口产品 2015~2019 年的数据，如果 CBAM 覆盖欧盟碳市场下所有行业，我国出口欧盟的受影响的贸易额将占出口欧盟总额的 12%，大约为 427.5 亿美元（约 2757 亿元人民币）。

1. 增加国际贸易的成本和难度

由于不同国家的碳排放标准不同，对于国际贸易中的商品，需要对其碳排放进行测算和评估，这将增加贸易的成本和难度。因此，一些企业可能会选择在国内生产和销售，以避免 CBAM 的影响，从而导致全球产业分工和组织形式的变化。

碳税的纳税人，主要是指在不符合排放标准的国家，将其能源消耗品输出至其他国家时，其发货人、收货人或货主。从实施的角度看，产品要拿到 CBAM 的碳排放量证明才能进入欧洲市场，企业可以通过购买 CBAM 的证书或者缴纳关税的方式实现。在这种情况下，出口国的企业面临着一个抉择：在企业内部实现碳达峰、碳中和，减少碳排放量，从而减少碳税；增加出口产品的价格，包括二氧化碳的关税；不涨价，不降价，因为涨价会使得产品的竞争力大打折扣，利润也会大打折扣。

企业都是追求利益最大化的，因此在这些选择中，企业往往还是会选择提升一定的产品价格，尽可能降低碳税带来的影响，所以 CBAM 的实施将使出口国的商品价格增加，从而降低该国商品的竞争力，进而影响该国的出口贸易；此外，CBAM 的实施将使进口国的商品价格增加，从而降低该国的进口需求，进而影响该国的进口贸易。

2. 促进一些低碳产业和技术的兴起

一些国家可能会在征收碳关税的同时，推动本国的低碳产业和技术的发展，以增强自己的竞争力。这可能会促使一些企业加快技术创新和产品升级，以适应新的市场需求。

为了避免受到碳关税的影响，企业将不得不采取更加低碳的生产方式，促进低碳技术的研发与应用。从企业内部的观点出发，力求提高技术水平，减少二氧化碳排放量，既是一个面对碳边境调节税的很好的解决方案，也是企业长期可持续发展的一个选择，在全球范围内，它还能促进一个良性的碳中和、碳达峰循环。同时，也会有一些企业选择利用外商直接投资设立跨国企业，以获得更大的市场份额。

以中国为例，中国钢铁生产过程中的碳强度相对于欧盟本土钢铁更高，CBAM 的推出将削弱中国钢铁相较于欧盟本土钢铁的价格竞争力。但中国的钢铁生产过程碳强度若优于欧盟进口钢铁的其他来源国，则 CBAM 的推出反而有助于提升中国在欧盟市场上的相对出口竞争力。从 2020 年的情况来看，欧盟前七大钢铁进口来源地是俄罗斯、英国、中国、土耳其、乌克兰、韩国和印度，合计占欧盟钢铁进口市场的 66.5%。2020 年俄罗斯长流程钢铁的平均碳强度为 2.2 吨二氧化碳/吨钢，土耳其为 2 吨二氧化碳/吨钢，乌克兰为 2.2 吨二氧化碳/吨钢，韩国为 1.8 吨二氧化碳/吨钢，印度为 2.7 吨二氧化碳/吨钢。因此，在生产钢铁的碳强度方面，中国虽不及欧盟和韩国，但与其他主要的钢铁出口国相比具备一定的优势。CBAM 的实施虽然会在一定程度上削弱中国钢铁相对欧盟和韩国的价格竞争力，但也会提升中国相对于俄罗斯、乌克兰等国的价格竞争力。随着中国能源结构转型和绿色低碳发展的深化推进，中国的钢铁企业会更加有动力，积极优化工艺流程并应用节能降碳技术，长期来看将重塑中国出口产品的低碳竞争力，并巩固现有的贸易比较优势。

3. 引发国际间的贸易争端和不稳定

由于不同国家的碳排放标准不同，碳关税可能会引起贸易争端和不公平贸易的问题。发达国家为保护本国产业、实现"公平贸易"，可能会对进口的产品、服务等设置较高标准的环保要求，倒逼这些国家达到其环保标准和低碳要求。这可能会对全球产业分工和组织形式产生负面影响，增加风险和不确定性，发达国家对某些进口产品征收碳关税，使得向发达国家进口相关产品的发展中国家产品的竞争力相对下降，利润空间也相应下降，而那些严重依赖高碳产品出口发展经济的发展中国家将受到更大的冲击，这便容易让发展中国家感觉贸易向不公平的方向倾斜，也就容易产生严重的贸易摩擦和扭曲。

此外，为了避免受到碳关税的影响，企业可能会将受碳关税影响的产品的生产基地向进口国转移，从而促进产业的区域化。

四、碳中和目标下全球产业分工与组织演变的趋势特征

在碳中和目标实施前，全球产业分工和组织形式主要以国际贸易和投资为主导，跨国公司利用成本优势和资源禀赋在全球范围内设置生产基地，并通过全球供应链网

络组织生产和分工。而一些发展中国家和地区的劳动力也具有成本低廉的优势，积极参与全球贸易。

在碳中和目标的实施过程中，给全球产业分工和组织形式带来了一些新的变革。首先，碳中和目标使得环保和能源效率成为企业考虑的重要因素，这促使企业重新审视其生产和参与供应链的方式，以减少碳排放和资源浪费。其次，许多国家和地区开始采取政策和措施来推动碳中和目标的实现，包括税收优惠、补贴和减排标准等，这些政策将会对企业的生产组织和产业布局产生影响。一些企业需要改变其生产方式和产品组合，以适应新的政策环境。此外，碳中和目标的实施也会带动新的产业和技术的兴起，如新能源、新材料和节能环保技术等。

本部分在前文分析碳中和目标执行全球产业分工与组织形式的影响表现与动因解析的基础上，侧重总结全球产业分工的演变趋势与全球产业组织的演变特征。

（一）碳中和目标下全球产业分工的演变趋势

1. 技术创新成为低碳发展的主要驱动力

碳中和目标的实现需要大量的低碳技术创新和应用，因此在全球范围内，低碳技术创新成为推动产业分工和组织演变的主要驱动力。企业和国家加大对低碳技术研发的投入，积极推广低碳技术的应用，以实现减排目标。

随着数字经济的快速发展和人工智能技术的不断突破，智能制造将逐渐普及和应用于全球制造业。智能制造将推动制造业向高质量、高效率、低能耗、低碳排放的方向发展，推动全球产业链的分工和组织形式的变革。

随着数字技术的不断成熟，数字化的使用场景和规模不断扩大，数字贸易通过降低交易成本，利用其平台经济和治理便利的优势在传统贸易的基础上进行升级，进一步扩大竞争优势，从而使得其在全球产业链和价值链中的竞争力提升，全球产业分工也就相应有所变化。美国等发达国家已逐步建立产业数字化转型的战略，发展中国家也正在逐步完善数字化的相关基础设施和技术，全球产业链数字化转型成为重要发展趋势。

2. 产业链向低碳方向升级

在碳中和目标的推动下，各个国家和地区开始加速产业升级和转型，促进传统产业向低碳方向升级，推动新兴产业的发展。全球产业链向低碳方向升级，出现了许多新的产业和业态。随着碳中和目标的实施，各国都在加大对低碳产业的投资和支持，推动低碳技术的研发和应用，促进低碳产业的发展。低碳产业包括可再生能源、新能源汽车、清洁能源技术等，这些领域的发展将对全球产业链的分工和组织形式产生重要影响。

在全球贸易外部环境不稳定的背景下，对于部分易受突发事件影响、产业链较长且分工复杂的汽车产业链等，相关企业将其部分环节逐渐转向于分散布局在多个环境规制较低、成本较低区域或国家，并制定实施一些备用和替代的计划方案，加强国内国外双循环，并逐渐转为主要依靠国内循环的方向，降低对外依存度，通过更加多元化弹性布局，增强其产业链的安全和韧性。

3. 多层次低碳交易市场的发展与演化

随着碳中和目标的推进，全球范围内的碳市场开始建立和发展。碳市场将成为推动产业分工和组织演变的重要手段。碳交易和碳税等政策工具的推广，将会促进全球低碳产业链和价值链的形成和发展。

需要注意的是，碳中和目标的实施，将加强对碳排放的管控，有可能会促使制造业本地化趋势加强，以减少能源消耗和碳排放。同时，各国政府将会加强对本土产业的支持，鼓励本土制造业的发展。在中美贸易摩擦、新冠疫情等多重冲击下，各国尤其是发达国家发现本土制造业空心化问题严重，产业链的安全和稳定受到较大威胁，所以纷纷制定"制造业回流"的相关政策，并且在碳中和目标下，主要推进低污染的优势高新技术制造业回归本土，使其进一步加强对领先产业链"链主"地位的掌控，相关跨国企业也会尽可能缩短产业链条，实现纵向一体化。

4. 绿色贸易壁垒下的防范保护主义

为了实现碳中和目标，一些国家可能会推出碳中和税或者采取贸易壁垒等措施，以减少进口高碳排放产品的数量。贸易政策的改变以及贸易环境的不稳定，让许多国家通过号召低碳高科技产业回流本国等措施使得相关产业链"本土化"，或者通过将其部分生产环节分散布局在多个区域或国家，充分发挥区域间的集聚效应，使得相关产业链"区域化"，进而提升产业链的韧性，但也可能会引发贸易争端和经济摩擦。

随着贸易保护主义的抬头以及对环境规制的加强，发展中国家在全球产业分工中处于劣势，主要生产全球价值链下游污染较大的低端产业，为了更好实现向全球价值链中上游攀升的目标，发展中国家逐步加强与周边各国的合作，发挥区域间的规模优势和集聚优势，如我国充分发挥"一带一路"倡议优势，打通货物流通的渠道，充分利用区域内各国的产业链优势，补长各国产业链的"短板"，完善区域内的全产业链。

此外，随着碳中和目标的实施，一些跨国公司可能会重新调整其产业组织形式，以适应新的低碳环境。例如，一些跨国公司可能会加强本地化投资，推动本土供应链的建立，以减少碳排放。同时，一些跨国公司也可能会加强对技术和知识产权的保护，以应对碳中和税和贸易壁垒等新的挑战。

（二）碳中和目标下全球产业组织的演变特征

碳中和目标下全球产业组织的演变特征如图 4-3 所示。

图 4-3 碳中和目标下全球产业组织的演变特征

1. 低碳产业集聚协同化

各国为了实现"碳中和"目标，在对产业链进行整合、技术进一步扩散下逐渐形成了产业协同集聚的态势。在低碳目标下，在各国政府的支持和帮助下新能源企业基础设施不断完善，新能源产业实现了集聚效应，从而实现各国降低减排成本的目标，提高其核心竞争力。

发展低碳化与绿色经济，不仅要加大投资力度，还要大力利用清洁能源和科技。为了在全球范围内实现低碳经济的突破，各国逐步走向低碳生产、市场和技术的协同发展，从机制设计、产业链整合、技术扩散等角度，建立区域低碳产业的协同创新机制，推动全球绿色产业健康发展，促进产业集群效应的形成，进而提高企业的规模报酬率，形成积极的正外部化，扩大技术外溢性，利于企业节约发展成本，增强核心竞争力。产业集群的协同作用能够在一定程度上发挥空间的外溢作用，从而增强环境的减排效果，并实现区域产业结构的优化。

2. 低碳主体信息共享化

企业在碳中和目标下需要实现绿色生产和供应链管理，优化产品设计和生产过程，降低碳排放和资源浪费，保护环境。绿色供应链管理可以从源头上降低碳排放，同时也能够减少企业的成本和风险，提高企业的竞争力，实现区域合作和低碳经济信息共享将成为各国乃至全球实现低碳目标的重要趋势。

在后疫情时期，各地区之间的交流越来越多。2020年，瑞士与欧盟建立了一个碳交易系统，这将允许瑞士的公司在瑞士的碳排放交易系统中得到碳配额减免；英国考虑在"脱欧"之后建立自己的碳贸易系统，并把它和欧洲的碳贸易系统联系起来；美国区域温室气体行动计划（Regional Greenhause Gas Inituatine，RGGI）已经把新泽西州、弗吉尼亚州包括在内，宾夕法尼亚州正在考虑将其列入该计划。此外，《赫尔辛基原则》（通过制定财政政策和配置公共财政资金来驱动国家气候行动）自启动以来，已有50多个国家加入该原则并承诺共同应对气候危机。

3. 碳交易市场由区域化趋向全球化

目前，碳交易市场正处于区域化的大进程中，随着碳中和目标的实施，越来越多的国家和地区开始推行碳排放市场，交易规模和范围逐渐扩大，交易机制逐步完善，监管和标准也更加规范化，推动着碳交易市场范围的进一步扩大。欧盟碳排放交易市场是目前全球建立最早的碳市场，目前拥有最完善和成熟的内部交易体系，欧盟碳排放交易机制本身就是一个存在多链接口的跨区域碳排放交易市场，因此其非常注重区域化碳交易市场的开拓。例如，欧盟碳排放交易市场（EU ETS）与中韩跨区域多边合作，欧盟碳排放交易市场并非欧盟境内唯一运行的碳排放交易市场，英国、挪威、瑞士等国都有相对独立的碳排放权交易机制并与欧盟碳排放交易市场联通。其中，瑞士和欧盟的碳排放交易制度采用了"双向联结"的模式，对碳排放总量、覆盖范围、配额登记和竞拍等环节都建立了统一的基础标准，并对各自的排放配额进行了认可，实现了配额在注册制度间的互相转移。在此基础上，还分别指定了各自的代表，组建了联合委员会对《碳排放交易协议》进行了监督，推动了该协议的有效实施。

欧盟碳排放交易机制也十分重视与中国、韩国的跨洲际合作。以中国为例，在欧洲联盟的支持下，"中欧碳市场对话合作系统"（EU-China Emission Trading System）旨在促进中欧双方更好地理解对方的碳市场，并通过与欧盟碳排放交易市场的交流，协助中国实现国内碳市场的形成，并促进与欧盟碳排放交易市场的相互交流。相对于欧盟碳排放交易市场"自下而上"的模式，中国"自上而下"的模式可以为欧洲碳交易系统的建设提供借鉴，也将成为欧盟未来的发展趋势。

此外，东北亚地区也在积极探索构建区域间的碳汇交易体系。日本于 2010 年就与韩国举行了一次关于建立"碳排放交易体系"的政府间协商，将"碳排放交易"作为一项国家发展的重大策略。日本经贸部于 2021 年 8 月表示，将于 2022~2023 年推出全国示范的碳信贷额度交易，促进碳排放的货币化。这个市场也将对东盟成员国敞开大门，而且还打算吸收更多的欧美成员国。由此可见，碳交易市场区域间合作程度逐渐加深，参与的国家和地区逐渐增多，呈现全球化的趋势。

未来，碳交易市场的全球化趋势只会越来越明显，各国之间的碳交易也会逐渐增多，碳市场正在从区域性走向全球化。首先，碳减排成本较高的发达国家试图通过国际贸易和碳交易市场等将减排成本转嫁给其他国家，通过市场机制逃避气候责任；而减排成本较低的发展中国家则希望通过出售减排指标获得碳资金，使各国更有动机加入全球的碳减排交易市场中。其次，在全球化趋势的裹挟下，各区域市场会通过各国政府、跨国企业等达成各种协议条约，形成更完善的折算交易机制，使得彼此的碳交易市场相互关联与整合，加之数字经济快速发展和低碳技术的日益成熟推动了全球能源结构的变革，进一步加速了碳交易市场的全球化趋势，更有助于形成统一的、流动性更强、流通效率和减排效果更好的全球化碳交易市场。

4. 国际贸易方式数字化

数字贸易与数字技术的应用，不但减少了传统的贸易费用，也使更多的服务产品能够参与到全球范围内的分工与贸易，成为全球产业链发展的新动力和推动力。数字贸易是一种新型的交易技术，它极大地减少了传统空间实体的花费。

在碳中和目标实施前，数字贸易平台的应用尚未得到广泛推广，而随着碳市场的发展，越来越多的数字贸易平台被应用于碳排放权的交易和管理，为碳交易市场的高效运转提供了支撑。此外，碳交易需要大量的数据支持，包括碳排放数据、能源消费数据、环境监测数据等。在碳中和目标实施前，由于数据收集和处理技术有限，数据共享和交换比较困难。而在实施碳中和目标后，由于各国都需要遵守碳减排目标，数据共享的意识得到了加强，各国之间的数据交换也更加顺畅，这有助于推动低碳技术的创新和推广。

碳中和目标实施后，低碳技术的需求量和市场规模都将进一步扩大，电子商务成为推广低碳技术和产品的一种有效途径。通过电子商务平台，企业可以更加便捷地获取低碳技术和产品的信息，推广和销售低碳产品也更加方便。此外，电子商务平台还可以促进不同国家和地区之间的贸易，促进全球低碳交易市场的发展。

五、碳中和目标下中国应对全球产业分工与组织演变的优劣势与对策研究

在分析全球主要经济体对碳中和的政策演进和战略目标，并从多角度综合研究了碳中和目标对全球产业分工与组织形式的影响表现、动因解析与趋势特征的基础上，有必要从现实实践出发，找准中国在全球碳中和目标执行与产业分工组织演变中的地位，明晰我国的优势基础并继续保持，准确把握我国所面临的挑战与冲击，并探索出适合中国"强基础""补短板"，积极参与国际竞争与碳中和目标执行的可行路径，为构建"双循环"新发展格局提供理论支撑和经验证据。

（一）中国实现碳中和目标的优势基础

为更有效地实现我国碳中和目标，首先需要明确我国的现有优势。在国际产业分工与组织形式演变的趋势下，我国制定实施了一系列碳中和政策，在可再生能源开发等方面我国已经拥有了较好的碳减排基础（见图4-4）。

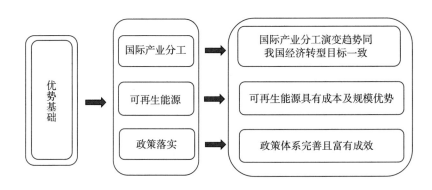

图4-4　我国实现碳中和目标现有的优势基础

1. 国际产业分工演变趋势同我国经济转型目标一致

据统计，我国2022年前三季度共实现87.03万亿元的经济总量，其中第三产业贡献了46.53万亿元，占比为53.46%，在带动国内经济快速发展的同时，要立足国际，逐步提高我国第三产业在国际分工中的地位。

在碳中和的大背景下，各国纷纷做出政策宣誓、法律规定、提交联合国自主减排承诺等回应，且美国等西方发达国家与俄罗斯等部分发展中国家的承诺时间均集中在2040~2050年，因此可以预测，随着大多国家实现碳中和时间的提前，至少在2050年后，我国第三产业在国际市场上面临的竞争压力将减少，第三产业GDP全球份额随之提高，国际分工的地位也将随之上升，而第二产业的分工地位则是先上升后下降，这与中国预期参与国际产业分工地位的演变趋势是一致的，能更好地帮助我国实现有效的产业转型与稳定的经济发展。

2. 可再生能源具有成本及规模优势

截至2022年初，中国的可再生能源总装机容量已经超过1.15亿千瓦，其中水电、

风电、光伏发电的装机容量分别为3.2亿千瓦、3.8亿千瓦、2.4亿千瓦。2021年，中国新增可再生能源装机容量超过1.2亿千瓦，其中风电和光伏发电分别增加了47.3万千瓦和87.3万千瓦。此外，中国还在积极发展生物质能、地热能等可再生能源领域。

就成本优势而言，中国具有丰富的劳动力资源和土地资源，并在制造业和能源领域积累了丰富的经验和技术。随着技术的不断发展和政策支持的完善，中国可再生能源的生产成本逐年下降。例如，在风电领域，中国已经成为全球最大的风电装机国家，其风电发电成本已经与传统能源相当，甚至有时候更低。此外，中国的太阳能电池生产成本也已经降至全球最低水平之一。

就规模优势而言，中国的能源需求量巨大，因此需要大量的能源供应。而可再生能源的使用正逐渐成为满足这一需求的主要手段之一。中国近年来不断加大对可再生能源的支持和投资，加快可再生能源和新能源的技术开发与积累，这将在一定程度上帮助我国摆脱"低端锁定"，改变全球价值链的分工格局，提升我国在全球价值链上的地位。

3. 政策体系完善且富有成效

在顶层设计上，中国提出双碳"1+N"政策体系，对不同行业做了细分，明确了具体的时间表、路线图，事实证明已经取得明显进展。例如，我国正在逐步减少对煤炭资源的依赖，煤炭在能源消费中占比逐年下降，从2015年占比63.8%下降到2021年的56%。

为推动可再生能源发展和促进节能降碳，中国在实施碳中和目标的过程中，将推动可再生能源发展成为未来的主要能源来源，并通过节能降碳等措施来减少温室气体排放。中国在2019年可再生能源装机容量增长超过30吉瓦，占全球增长的近50%。在大力推进可再生能源发展的同时，中国也在推进能源存储、节能、智能电网等相关产业的发展，调整优化产业结构升级。

（二）中国面临全球碳中和执行与产业分工组织演变的挑战

在发挥优势的同时，也必须认识到我国碳减排过程中存在的先天不足、技术短板以及所面临的复杂国际形势等情况，以便明确定位、针对性改进（见图4-5）。

1. 碳减排幅度强、期限短、难度大

中国作为发展中国家，相较于发达国家，经济的发展受到碳中和目标的影响更大。首先，从碳达峰时点到实现碳中和目标，美国用了43年，欧盟用了71年，许多发达国家早已经过了环境库兹涅茨曲线的拐点，因而碳中和目标对其经济发展制约较小。而且发达国家已基本实现工业化，产业结构转型比较彻底，许多高碳排放的产业转移到了发展中国家。而由于科技及技术水平，人力资源素质及管理水平，禀赋及资本积累等条件限制，发展中国家的劳动生产率水平较低，对重工业以及碳消费依赖较大，难以通过产业转移来减碳。也就是说，即使放宽碳中和目标的实现时间，我国受到的经济冲击也不容小觑，更何况中国只给了自己30年的时间。其次，发展中国家人口基数大，城市化的进程正处于不断加速推进和发展阶段，而城市化要消耗大量的碳密集型产品，这些都会显著增加碳排放。因此，发展中国家会有更高的碳排放预期，碳减排

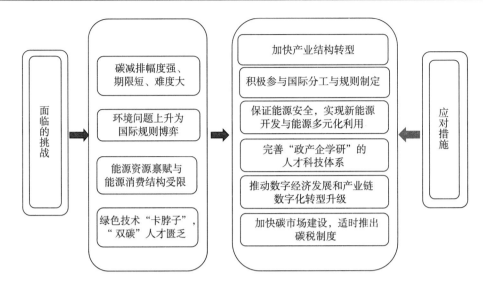

图 4-5　我国实现碳中和目标所面临的挑战及应对措施

幅度之大、期限之少，给我国顺利实现碳中和目标带来了极大挑战。

2. 环境问题上升为国际规则博弈

目前大多数国家的碳中和承诺还只是停留在政治目标的层面，在技术、政策等方面还缺乏有效的支撑。如果更多国家最终没有参与到碳中和行动中，尤其是美国、印度等排放大国，那么全球非对称的减排政策可能造成严重的碳排放跨境转移，即以中国为首的碳中和承诺国尤其是发展中国家，在努力减少本国大量碳排放的同时，还需要应对较大的碳泄漏问题，尽量避免沦为发达国家的"污染避难所"。与此同时，面对环境问题逐渐上升至严峻的国际政治问题，全球贸易保护抬头，发达国家挑起明争暗斗，中国要更严肃对待这场博弈，以期互利共赢。

3. 能源资源禀赋与能源消费结构受限

首先，中国的能源资源禀赋并非很优越。虽然中国的能源储量较大，但是能源资源的分布不均衡，加之能源的获取成本较高，使得中国的能源资源利用率较低。此外，中国的可再生能源资源的开发利用也还存在一些困难，比如太阳能和风能的开发利用受地域、季节等因素的影响较大，而生物质能、地热能等可再生能源的开发利用技术仍需要进一步提高。

其次，中国的能源消费结构也存在限制。由于中国的工业化进程相对较晚，能源密集型产业在中国占比较高，而清洁能源的发展相对滞后，这导致了中国的能源消费结构比较偏重化石能源，而清洁能源的占比较低，这也使得中国在实现碳中和目标方面面临一定的困难。

此外，考虑到当前严峻的国际局势，全球能源价格飙升，欧洲国家持续面临"油气荒"，这对高度依赖油气进口的我国来讲更是雪上加霜。我国对于新能源等的开发还处于探索、试错阶段，能源汽车、可再生能源相关行业对国外供应链关键资源存在依赖风险，钴、镍等稀有金属生产和储备面临"短板"，如何在确保能源安全供应的同时，顺利实现能源替换转型，是当下中国实现碳中和目标过程中必然要解决的困难。

4. 绿色技术"卡脖子"，"双碳"人才匮乏

在碳中和的背景下，我国虽然在技术创新方面已取得了较大的进步，但与欧美等发达国家相比，我国在绿色低碳发展核心技术、大幅度减碳降碳技术等方面还存在一定的差距。

目前，我国能源成本较高，而绿色技术研发周期长、投入资金大且新能源开发基础设施不完善、各企业又保持原有传统能源消费惯性、绿色转型动力不足，使绿色技术创新市场有限，许多领域面临着技术"卡脖子"难题。

推动绿色技术发展，更重要的是"双碳"人才培育及人才流动问题。目前我国缺乏绿色技术创新的专业人才和跨界复合型人才，以及我国能源分布西多东少，北多南少，大多位于经济欠发达地区，而行业内还未形成完善的绿色技术创新薪酬激励体系，高层次人才不断流出，"双碳"人才匮乏。

（三）中国应对碳中和目标下全球产业分工与组织演变的可行路径

通过前文分析，中国在迈向碳中和目标的过程中挑战和机遇并存，需要积极应对。对外要寻找合作伙伴、参与制定国际法规则，与发达国家实现互利共赢；对内应构建起兼具引导性、开放性、可操作性的多层次、全方位、多维度、由上而下的制度体系，宏观上立足于产业转型与能源安全，微观上着重人才培养、绿色技术创新，政策上推动数字经济和碳市场建设，具体有如下六个方面建议：

1. 加快产业结构转型

一方面，调整各产业比重，为符合中国未来国际产业分工地位的变化趋势，我国可以从生产端主动约束第二产业的生产规模，增加第三产业规模，推动产业结构升级，同时还要考量碳生产率比较优势，兼顾产业区域分工。另一方面，降低各产业的碳排放强度，对于那些对经济增长有强大推动力但又属于能源密集型和排放密集型的工业部门，要着力改进低碳材料和生产工艺，促进产业链和产业位置的重新设计，发展可持续生产系统。

2. 积极参与国际分工与规则制定

碳中和背景下的大国博弈更为隐蔽与激烈，中国身在其中，要进一步追踪并分析其他国家在国际碳中和行动中的反应，包括其所作承诺与实施路径的一致性，以及对全球气候治理可能造成的影响，防范别国战略对中国实现碳中和目标造成的潜在风险，以便及时确定与调整中国在未来气候政策和国际社会中的定位和角色。

此外，要应对上升为国际政治经济层面的碳泄漏问题，发达国家以邻为壑，还将碳关税等边境措施作为贸易保护的手段，我国需要积极应对，研究出能与之相抗衡的解决碳转移排放的具体措施。加快构建完善的碳认证体系，助力"双碳"目标实现，争取国际竞争主动。同时，中国也可以在"一带一路"沿线国家及其他发展中国家之间寻找气候合作的机会，并发挥主导作用呼吁各国共同应对发达国家转移来的"洋垃圾"，积极参与双边与多边环境规则和贸易规则的制定，提高国际地位与国际话语权，

为更多发展中国家发声，参与制定更完善规范的国际法规则，主动参与走向碳中和经济的国际贸易规则的制定，并根据碳中和下的新贸易逻辑改革国内相关"减碳"机制，构建具有成本效益的国内减碳机制，培育碳中和时代的工业竞争力，明确"共同但有区别的责任"，争取在与发达国家的博弈中实现互利双赢。

3. 保证能源安全，实现新能源开发与能源多元化利用

"能源的饭碗必须端在自己手里"，能源是国家经济发展的命脉，而我国的先天禀赋又决定了我国以煤为主的能源结构，因此在产业转型过程中，步子不能迈得太大，迫切追求"从黑到绿"，必须充分认识到煤炭在我国能源消费中的主体地位，要在国际形势如此严峻的时刻保证能源安全，必须能保证煤炭的持续稳定供应。

同时，还需要意识到"减碳"并不等同于"减煤"，要把煤炭的清洁高效利用作为重要抓手，利用碳捕集利用与封存技术（CCUS）等，在利用好煤炭发展经济的同时尽量做到"减碳"。但是从长远眼光来看，我国仍应逐渐降低对化石能源的使用，加大对风光资源及氢能等可再生能源的利用。

积极发展风能、太阳能、水能、生物质能等可再生能源，目前中国可再生能源装机容量位居世界第一；加强核能、天然气、油气田等清洁能源开发利用，同时推广电动汽车、光伏发电等清洁能源的应用；积极推动能源转型，从传统化石能源向新能源和清洁能源转型；同时，促进能源消费结构调整，降低化石能源的比重，提高新能源和清洁能源的比重。

4. 完善"政产企学研"的人才科技体系

传统能源行业转型，绿色技术作为创新驱动，不能缺少的关键因素便是专业人才。可以发展"政产学研"体系，政府主导并涵盖产业园区、相关企业、学校与科研机构，互相协作，共同引领我国低碳发展。

政府可以形成合理的绿色技术创新激励机制，有效联合各个部门：厘清政府和市场的关系，在着重发挥市场机制的同时减少市场失灵，有为、有序、有效地促进产业园区的产业链重构及产业优化转型；鼓励企业改变耗费传统能源的惯性思维，积极进行技术优化与绿色创新，并培养员工的绿色创新意识，推动企业绿色可持续发展；扶持科研院校开展绿色技术相关研究，形成绿色技术创新项目孵化器；引导一些普通院校改变传统教学观念，开展职业技术培训，教研组根据传统能源产业转型特点，调整学科设置，尤其要理论与实践结合，引导学生深入企业，培育出行业发展需要的"双碳"人才；通过适当的优惠政策和专项补贴，减少人才流出我国能源丰富但经济欠发达的地区。

5. 推动数字经济发展和产业链数字化转型升级

随着低碳的不断推进，数字化也成为此过程中一个重要的发展趋势。中国应该继续高度注重数字基础设施普及化和优质化，聚焦加快5G、光纤、工业互联网等建设和普及，推动信息基础设施持续升级。同时，应聚焦重塑数字经济产业链核心竞争力，加速推进数字产业链本地化和多元化。

同时，研发投入是数字革命不断深化和巩固的重要源泉，数字化转型升级仅依靠

政府是远远不够的，相关企业的创新意识和持续研发投入也不可或缺。因此，我国应继续采取多种形式鼓励支持企业研发投入、加快科技创新步伐，提升企业对数字经济在全球产业链竞争中重要驱动力量的认识，让其有更充足的动力自主更新、提升其数字化水平。通过各企业的共同努力，推动全国的数字经济发展以及产业链数字化的转型升级。

6. 加快碳市场建设，适时推出碳税制度

全国碳市场自 2021 年正式运行以来已有两年，但是在法制基础建设、数据治理完善、行业参与者扩容和配额有偿分配等方面仍有待推进。完善碳交易机制对面临 CBAM 减排压力的企业提前做好准备有积极影响。建立更活跃的碳市场，逐步推行配额有偿分配，使得碳价能够通过"看不见的手"更好地反映市场供需，提升企业的节能减排意识，并让企业能够将碳价内化为其生产经营成本，将碳关税的收入留在国内。

此外，通过推动企业完善碳排放数据的监测、报送与核查（MRV）机制，不仅能为配额分配提供科学依据，同时也为企业应对 CBAM 中可能出现的排放数据争议提供支持，降低企业的 CBAM 税负。在推进碳市场建设的同时，适时推出碳税，两者互为补充，在促进企业减排的同时也能避免未能被我国碳市场覆盖的行业在产品出口中被加征碳关税。为我国相关企业能够在未来面临 CBAM 等低碳贸易政策中有更多的竞争优势以及主动权。

参考文献

［1］Chen B，Zhang H，Li W，et al. Research on provincial carbon quota allocation under the background of carbon neutralization ［J］. Energy Reports，2022（8）：903-915.

［2］Kong F，Wang Y. How to understand carbon neutrality in the context of climate change？ with special reference to China ［J］. Sustainable Environment，2022，8（1）：2062824.

［3］Li Q. The view of technological innovation in coal industry under the vision of carbon neutralization ［J］. International Journal of Coal Science & Technology，2021，8（6）：1197-1207.

［4］Li Z，Wang J. The dynamic impact of digital economy on carbon emission reduction：Evidence city-level empirical data in China ［J］. Journal of Cleaner Production，2022（351）：131570.

［5］Murakami S，Shimizu K，Tokoro C，et al. Role of resource circularity in carbon neutrality ［J］. Sustainability，2022，14（24）：16408.

［6］Pan Y，Dong F. Factor substitution and development path of the new energy market in the BRICS countries under carbon neutrality：Inspirations from developed European countries ［J］. Applied Energy，2023（331）：120442.

［7］Wang B，Yu J，Wu R. Achieving carbon neutrality in China：Legal and policy perspectives ［J］. Frontiers in Environmental Science，2022（10）：2436.

［8］Xiang X，Yang G，Sun H．The impact of the digital economy on low-carbon，in-clusive growth：Promoting or restraining［J］．Sustainability，2022，14（12）：7187.

［9］Yang W，Min Z，Yang M，et al．Exploration of the implementation of carbon neu-tralization in the field of natural resources under the background of sustainable development：An overview［J］．International Journal of Environmental Research and Public Health，2022，19（21）：14109.

［10］Zhang C，Wang Z，Luo H．Spatio-temporal variations，spatial spillover，and driving factors of carbon emission efficiency in RCEP members under the background of carbon neutrality［J］．Environmental Science and Pollution Research，2023，30（13）：36485-36501.

［11］戴翔，杨双至．数字赋能、数字投入来源与制造业绿色化转型［J］．中国工业经济，2022，414（9）：83-101.

［12］戴翔，张雨．全球价值链重构趋势下中国面临的挑战、机遇及对策［J］．中国经济学人（英文版），2021，16（5）：132-158.

［13］顾高翔，吴静．经济一体化背景下实现碳中和目标对全球经济及中国参与国际产业分工的影响研究［J］．环境保护，2021，49（17）：49-56.

［14］郭滕达，魏世杰，李希义．构建市场导向的绿色技术创新体系：问题与建议［J］．自然辩证法研究，2019，35（7）：46-50.

［15］何宇．数字经济发展与全球价值链重构：基于要素禀赋异质性视角［J］．阅江学刊，2023（3）：92-98+174.

［16］江小涓，孟丽君．内循环为主、外循环赋能与更高水平双循环：国际经验与中国实践［J］．管理世界，2021，37（1）：1-19.

［17］金碚．网络信息技术深刻重塑产业组织形态：新冠疫情后的经济空间格局演变态势［J］．社会科学战线，2021，315（9）：80-86.

［18］李晓华．产业组织结构演变趋势与产业转型升级［J］．开发研究，2017，193（6）：35-40.

［19］林学军，官玉霞．以全球创新链提升中国制造业全球价值链分工地位研究［J］．当代经济管理，2019，41（11）：25-32.

［20］刘彬生，王晓丹．传统能源企业绿色技术创新现状及对策研究［J］．商业经济，2022（10）：105-106+119.

［21］刘斌，潘彤．人工智能对制造业价值链分工的影响效应研究［J］．数量经济技术经济研究，2020，37（10）：24-44.

［22］刘海霞，徐静．新发展格局下我国实现"碳中和"的挑战与路径［J］．延边大学学报（社会科学版），2022，55（2）：82-89.

［23］刘洪愧，赵文霞，邓曲恒．数字贸易背景下全球产业链变革的理论分析［J］．云南社会科学，2022，248（4）：111-121.

［24］刘志彪，姚志勇，吴乐珍．巩固中国在全球产业链重组过程中的分工地位研

究 [J]．经济学家，2020，263（11）：51-57．

[25] 刘志彪．产业链安全：内在逻辑、实践挑战与战略取向 [J]．清华金融评论，2022，107（10）：45-47．

[26] 孟国碧．碳泄漏：发达国家与发展中国家的规则博弈与战略思考 [J]．当代法学，2017，31（4）：38-49．

[27] 王丛．碳中和背景下中国城市绿色转型的内涵与路径 [J]．对外经贸，2022（10）：33-35．

[28] 王亚君，魏龙．产业组织演变动力的多视角分析 [J]．武汉理工大学学报（社会科学版），2013，26（1）：9-14．

[29] 武汉大学国家发展战略研究院课题组．中国实施绿色低碳转型和实现碳中和目标的路径选择 [J]．中国软科学，2022（10）：1-12．

[30] 徐建伟．全球产业链分工格局新变化及对我国的影响 [J]．宏观经济管理，2022，464（6）：22-29．

[31] 徐丽杰．中国城市化对碳排放的动态影响关系研究 [J]．科技管理研究，2014，34（17）：226-230．

[32] 杨继军，艾玮炜，范兆娟．数字经济赋能全球产业链供应链分工的场景、治理与应对 [J]．经济学家，2022，285（9）：49-58．

[33] 张辉，吴尚，陈昱．全球价值链重构：趋势、动力及中国应对 [J]．北京交通大学学报（社会科学版），2022，21（4）：54-67．

[34] 张倩肖，冯雷，钱伟．技术创新与产业升级协同关系：内在机理与实证检验 [J]．人文杂志，2019，280（8）：65-75．

[35] 张雅欣，罗荟霖，王灿．碳中和行动的国际趋势分析 [J]．气候变化研究进展，2021，17（1）：88-97．

[36] 赵家章，丁国宁，郭龙飞．中美高新技术产业全球价值链分工地位和竞争力研究 [J]．首都经济贸易大学学报，2022，24（2）：15-26．

第五章 "双碳"目标与我国经济结构调整和发展路径研究

郭朝先　惠炜　方澳　胡雨朦　刘艳红　刘芳　苗雨菲

许婷婷　王钰雯[*]

摘　要： "双碳"目标的提出为我国进一步加速产业能源结构调整优化、转变经济发展路径、全方位推进经济绿色低碳转型带来新的要求与发展契机。基于文献梳理，对 2008~2019 年中国碳排放的产业能源特征进行分析，并应用 LMDI 方法就 Kaya 恒等式对我国碳排放情况进行分解。结果表明，预测我国分别于 2057 年、2059 年实现窄口径、全口径碳中和。STIRPAT 模型结果验证，产业结构升级能在不同程度上降低碳排放量；构建双向固定效应模型，结果验证数字经济发展通过促进产业结构升级促进了碳减排。基于以上结论，提出以下发展路径：进一步打造新型绿色产业、提升能源使用效率；促进传统产业转型升级、新兴产业绿色发展；着力完善创新政策体系、创新能源减排技术、开发碳捕获、利用与封存技术；充分发挥数字经济引领作用、产业结构升级中介作用。

关键词： "双碳"目标；产业能源结构转型；分解预测；实证检验；路径转变

当前，我国以煤为主的能源结构"高碳化"问题十分突出，钢铁、有色金属、建材、石化、化工、电力等高耗能、高排放行业占比还比较大，能源结构和产业结构亟待调整优化。与此同时，风能、太阳能、核能等非化石能源蓬勃发展，电气化、数字化正在快速推进，为我国能源结构调整和产业结构优化提供了难得的历史性机遇。在此背景下，我国向国际社会做出了"二氧化碳排放力争 2030 年前达到峰值、努力争取 2060 年前实现碳中和"的"双碳"目标承诺。"双碳"目标的提出，既对我国未来经济社会发展提出了挑战，也为全方位推进经济绿色低碳转型带来了新的契机，更进一步加速了我国能源结构和产业结构调整优化的进程。"双碳"目标绝不是"为降碳而降碳"，而是化碳排放约束为经济结构调整的驱动力，进一步带来我国经济发展方式路径的转变。经济结构调整是我国在控制碳排放规模的同时保证经济增长和提升产业竞争力、实现"双碳"目标的关键策略选择。基于此，本章进行"双碳"目标与我国经济

＊ 作者简介：郭朝先，中国社会科学院工业经济研究所研究员、产业组织研究室主任；惠炜，中国社会科学院工业经济研究所助理研究员；方澳，中国社会科学院大学博士研究生；胡雨朦，中国社会科学院大学博士研究生；刘艳红，中国社会科学院大学副教授；刘芳，河北师范大学商学院讲师；苗雨菲，中国社会科学院大学博士研究生；许婷婷，中国社会科学院大学硕士研究生；王钰雯，中国社会科学院大学博士研究生。

结构调整和发展路径研究。

一、文献综述

（一）产业结构与碳排放文献梳理

"碳排放与产业结构"的关系研究主要涉及两个核心概念，分别是"产业结构"和"碳排放"，不同的研究对于这两个概念，也采用不同的界定方法和代表指标。

关于碳排放概念的使用，一般指的是温室气体排放量，即碳排放规模（或总量），然而根据研究的需要，还会采用碳排放的直接关系指标作为替代，如碳排放强度、碳生产率、碳排放效率、碳排放绩效等。碳排放总量计算的是排放并扩散到大气中二氧化碳的总质量（关雎文等，2022），一般根据联合国气候变化专门委员会（IPCC）提供的碳排放方法进行估算，计算的地域范围可以为行业、地域、国家等（曹军文等，2021）。碳排放强度是碳排放总量的衍生指标，即创造单位 GDP 所需要的碳排放量，反映经济发展与碳排放之间的关系（郭茹等，2022）。碳排放效率是一种考虑了碳排放生产技术的环境效率，环境效率被定义为考虑污染排放等非期望产出的经济单位的实际产出和潜在产出的比值，主要通过使用随机前沿分析（SFA）和数据包络分析（DEA）等方法构建生产前沿面测算得出（周五七、聂鸣，2012；吴贤荣等，2014）。碳排放绩效是一种相对综合性的衡量指标，将碳排放视作经济发展、能源消费、生产要素等多个因素共同作用的结果，常用的计算方法有局部要素指数法，即计算碳排放与 GDP 的比值，这与碳排放强度指标是一致的，还可以采用全要素指数法计算，即多种生产要素投入与碳排放产出的关系。

根据产业经济学的知识，产业结构一般指的是农业、工业、服务业三次产业在一国经济中所占的比重，在探索产业结构与碳排放之间关系的研究中，产业结构一般被构造的产业指标所替代。由于工业领域是碳排放的主要来源，因此很多研究直接使用第二产业产值在地区生产总值中的占比来替代产业结构（曹广喜、张力，2022）；有些研究为了兼顾其他产业的碳排放，会再增加第一产业、第三产业在地区 GDP 中的占比（马伟波等，2022；潘晨等，2023）。在三次产业占比基础上，还可以构造产业结构升级指数来衡量地区所处的产业升级阶段，计算方法也很多样，如非农产业的比重、第三产业与第二产业产值的比重、高新技术产业比重，或者根据三产权重构建综合性指标等。产业结构合理化指标，用于衡量产业间的聚合质量，既反映产业之间协调程度，还反映资源有效利用程度（查道中、祁鹏，2022）。

1. 产业结构变动对碳排放的影响

在关于碳排放相关的研究中，产业结构已经在理论推导和实证检验中，被视作碳排放的重要影响因素，而关于产业结构与碳排放的研究，则主要集中在两个方面：一是将产业结构看作碳排放的影响因素之一，混合分析产业结构与其他影响因素对碳排放的影响效应；二是着重研究产业结构对碳排放的影响路径和影响效果。

一类研究认为产业结构不是碳排放的唯一影响因素，而是和其他因素一起共同影响温室气体的排放，而且随着研究的深入，很多研究成果显示产业结构对碳排放的影响效果存在明显的异质性。

潘晨等（2023）、郭朝先（2010）、Zhang 等（2017）研究人员采用 SDA、LMDI 等结构分解法，按照产业结构、技术、经济总量等方面将某一地域范围内的碳排放分解，可以证实产业结构影响温室气体排放，因此产业机构调整可以有效抑制碳排放。佟昕等（2015）、李强等（2017）、陈燕和（2022）、曹俊文和张钰玲（2022）等采用 STIR-PAT 模型来分析碳排放的驱动因素，分析对象多数为中国所有省份或某一城市群，产业结构对于碳排放的作用方向和影响效果表现出异质性，如中国低排放、中排放省份的碳排放主要受到产业结构（第二产业占比）的正向影响，而高排放省份则不明显（陈燕和，2022）。曹俊文和张钰玲（2022）根据弹性系数、碳强度将中国各省划分为六种类型，产业机构对第 2 型低碳低增长省份的影响是负的，且效果不显著，对其他类型省份都带来正向作用，且效果显著。很多研究选择合适的回归模型分析碳排放的驱动力量，吴健生等（2023）采用多尺度加权回归模型，发现第二产业占比对 339 个地级及以上城市碳排放的正向影响均显著，且影响强度由南向北递增；地理学的地理加权回归（GWR）方法，是传统回归模型的扩展，可以从空间视角探查碳排放的区域差异。张仁杰等（2020）发现第二产业增加值占比与碳排放呈明显正相关关系，且显著性从西南向东北方向逐渐降低；马伟波等（2022）联合运用时空地理加权回归（GTWR）方法和随机森林（RF）方法，发现长江三角洲中的上海、嘉兴、温州等城市受第二产业增加值占比的正向驱动显著，而滁州、扬州、南京等城市受第三产业增加值占比的负向驱动更为显著。李炎丽等（2011）、王永哲和马立平（2016）使用灰色关联分析研究某省碳排放的影响因素，发现碳排放与产业结构（或产业特征）具有显著的关联度，优化产业结构是碳减排的重要举措之一；杨振和李泽浩（2022）在使用灰色面板关联模型分析中部地区碳排放与经济增长的脱钩现象时，发现产业结构仅是人口规模、城镇化率、能源结构之后的第四位影响因素，且因各省份具体经济条件和发展水平不同而呈现出差异化特征。查道中和祁鹏（2022）构建空间杜宾模型，纳入更多的影响因素分析中国 30 个省份的碳排放情况，发现第二产业产值的增加必然会增加碳排放的总量，但第三产业占比增加、产业结构合理化同样拉高了碳排放的总量。

近期的国内外研究，倾向于采用不同的技术手段，更精准地计算碳排放影响因素的影响效应，其中包括产业结构的影响方向和影响效果，然而产业结构对碳排放的影响路径和逻辑的相关研究和理论分析十分有限。吴健生等（2023）和 Dong 等（2018）认为相关分析的（默认）前提为，相较于农业、第三产业，工业部门是能源消耗的主体，特别是其中的高耗能行业，而能源消耗越多就意味着更多的碳排放。基于此，偏高的工业占比和以矿产和能源行业为主的产业类型，必然推动整个社会的能源消耗，不利于碳排放绩效的改善（王少剑等，2022；杨振、李泽浩，2022）。张毅等（2014）认为同期的技术进步、单位能耗降低会在一定程度上带来碳排放水平的降低，但不会改变该总体趋势。

潘晨等（2023）从这一逻辑出发，认为产业结构调整会有效改善碳排放，但结构优化与能效提高、生产技术改进、需求结构调整等紧密相关,是一项系统性工程,而调整产业结构除了降低高碳产业部门外,还可以升级产业内部生产环节,由碳排高的环节转向碳排低的环节。

另一类研究则是肯定产业结构对碳排放的重要影响,而且我国正在经历产业结构调整,以及国际产业转移,因此很多研究试图厘清产业结构对碳排放的影响效应。回归模型常用于探索产业结构对碳排放的作用,产业结构变化是碳排放增长的重要驱动因素(谭飞燕、张雯,2011)。陈雪梅和周斌(2022)使用包含随机因素的因子增广时变参数向量自回归模型(TVP-SV-FAVAR),显示产业结构升级会通过产业相对比重的变化和产业技术水平提升两个渠道降低碳排放强度,这种降碳作用对中等碳排放部门最显著,低碳部门次之,高碳部门影响最小;龚新蜀等(2022)采用回归分析,进一步分析产业集聚会影响碳排放,实证结果证实第一产业集聚、第二产业集聚会促进碳排放,而第三产业集聚会抑制碳排放。赵玉焕等(2022)使用空间杜宾模型,同样得出产业结构升级有助于碳减排的结论,并进一步细化,产业结构的减碳作用在中、东部地区效果显著,在西部地区不显著,而且能源消耗和技术创新在产业结构升级影响碳排放的路径中发挥部分中介作用。汪克亮和张福琴(2022)联合使用固定效应模型、分位数回归模型、空间杜宾模型,证明产业结构调整与碳排放之间存在着双向作用,特别是分析了碳排放会阻碍产业结构的高级化、合理化进程,在东、中、西部地区间存在明显的异质性,而且这种阻碍作用也对周边地区产生溢出效应。然而,王雨馨(2022)最新的研究中,采用灰色关联度分析产业发展与中部六省碳排放之间的关系,发现尽管第二产业在绝对量上对碳排放的影响显著,但总体上看,第一产业的发展和碳排放的关联度最大,且这种作用在各省之间存在差异。

相较于多种因素对碳排放的混合研究,产业结构单一因素对碳排放的影响研究更加聚焦,且在影响效果(效应)的计算之外,还进一步阐释产业结构对碳排放的影响路径。首先,与混合因素分析一致,根据能源消耗、碳排放规模的测算,工业是三次产业内高能耗、高排放的产业,类似地,工业领域内也存在能源消耗大的行业,如能源行业、材料行业等,农业领域内肉类、高脂肪类产品的消费碳排放高。因此,逆向操作必然会导致碳排放总规模的减少,即降低工业占比、减少能源行业、材料行业等的布局等(Jiang et al.,2022;Yu et al.,2023)。其次,产业合理化或者优化的过程,会在不同程度上有效减少碳排放,这是因为产业合理化的过程会总体上提高产业内部的效率,包括能源使用、企业运作等很多环节的改善,必然会在总体上减少碳排放,但这类分析相对粗放,没有继续深入(Zhao et al.,2022;Li,2022)。与此类似,很多研究发现产业转移、产业企业再定位也会有效降碳排放规模、强度,这是因为这种地理位置的合理化选择,实现了资源的优化配置、效率的提升,也是一种产业结构优化的过程(Song et al.,2022;Yu et al.,2022;Lin et al.,2023)。最后,产业结构对碳排放的影响是依托中介得以实现的,即依托中介工具作用于能源消费和碳排放,技术创新、人力资本提升、数字经济应用等,都是产业结构升级的路径和手段,而这些可以有效提升企业生产、管理效率，间接作用于能源消费，最终实现减少碳排放的目的（赵玉焕等，2022；Chen et al.，2022；Zhong et al.，2022；Zhao et al.，2022）。

2. 工业内部结构调整对碳排放的影响研究

在绝大多数研究中，工业是碳排放的主要源头，特别是中国的工业结构与碳排放总体存在较强的关联效应（牛鸿蕾，2014），因此工业内部结构的调整会在很大程度上影响碳排放总量和碳排放强度。

牛鸿蕾（2014）使用灰色关联模型，将工业内部细化为与碳排放关联度高的行业（金属冶炼及压延加工业，采矿业，电力、燃气及水的生产和供应业，化学工业等），和关联度不高的行业（纺织业、食品制造及烟草加工业等传统轻工业，以及通信设备、计算机及其他电子设备制造业和仪器仪表及文化、办公用机械制造业等先进制造业），并将前者看作是结构调整的重点，提出各行业部门要合理扩张，分清调整的主次和先后顺序。王玉和杜宏巍（2017）将工业结构调整因素定义为工业总规模、能源消费强度、工业技术进步三种，并以河北为例，提出工业结构调整需要做到：淘汰工业产业中的落后产能；大力发展低碳技术，提高能源使用效率；不断改善能源消费结构。李国平和吕爽（2023）也提出了相应的调整方向。

3. 碳减排政策倒逼产业结构调整

经济结构影响碳排放的同时，碳减排相关政策的推出也会倒逼产业结构做出相应的调整，以适应政策要求。

李锴和齐绍洲（2020）将碳减排政策分为直接管制手段、财税手段、排放权交易三大类，中国碳减排政策实践主要应用的是节能目标、新能源补贴和碳市场，这些政策有效推动了碳减排，但影响效应存在差异性，节能目标政策更能显著推动工业结构低碳化调整，新能源补贴效果存在区域性和滞后性，碳市场表现不显著，而且政策间的协同效应低，处于"单打独斗"的局面。吴滨和高洪玮（2021）也印证了政策的作用，指出能耗"双控"目标，不仅对排放总量产生直接约束，还对能源消费强度实现有效控制，倒逼产业结构转型升级，从而对碳减排产生长期促进效应。

4. 产业结构对碳排放的作用机理

根据国内外相关文献的梳理，整理出产业结构对碳减排的作用机理，该作用可以总结为总量效应、比例效应、技术效应、能源结构效应，且这种四种效应彼此融通，共同作用于碳排放。

总量效应，即使用"逆风向行事"原则，针对性地减少高碳排的产业或行业。根据前文的文献梳理，最直接的碳减排思路就是，在三次产业中，工业是碳排放的主要来源，那么减少工业生产就必然会实现总量碳减排的目的。这一思路在行业内部同样适用，如工业中的电力供应部门、能源行业等，具有高能耗、高排放的特征，因此减少这些部门的生产，也可以减少工业的总量碳排。这种思路也在指导着碳减排实践，如中国在工业领域推进淘汰落后产能，逐步减少高能耗的工业部门、工业企业，实现碳减排的目的；还有，跨地域、跨国家的产业转移，将高碳排的产业转移出本区，也就实现了碳排放由本区转移至其他区域。同时,该思路也在一定程度上指导着"比例效应""技术效应"的实践。

比例效应,即通过调整产业结构、行业内部结构的方法,提高碳排放效率的同时,实现碳排放减少的目的。这种比例效应的发挥分为两种:低端的比例效应,是通过减少高碳排的产业、增加低碳排的产业实现产业结构的调整,从而实现碳排放的减少,这种产业结构调整的实践也比较普遍,如降低工业的 GDP 占比,增加农业、服务业的 GDP 占比,等等;高端的比例效应,则是基于各产业部门的特征(如产业间的协同、聚合特征等),将整体产业结构向合理化、高级化的方向进行调整,提高整个产业的效率,从而实现能源、资源利用效率的提升,最终实现碳减排。

技术效应,即依靠生产技术、管理技术等科技进步,实现行业生产效率的提高,进一步提高能源利用效率、降低碳排放。技术作为一种作用于产业结构的重要工具,它不仅包括直接的碳减排技术的应用,还包括整体技术水平的提升、原有技术改进、新技术的引入、新管理系统的推广等内容,这些技术应能有效提升企业的生产、管理效率,间接带动能源配置、能源使用效率的提升。从实现逻辑来看,技术效应可以实现产业结构的升级、优化,其实就是高端结构效应的一种类型。

能源结构效应,即能源结构自身的调整、优化,在降低能源碳排放的同时,实现产业的碳减排。能源在产业结构中具有特殊性:一方面,能源结构是产业结构的组成部分,因此能源结构的调整、优化,可以通过总量效应、比例效应,实现碳减排的目的;另一方面,能源又是所有产业的动力来源,增加能源构成中的清洁能源比例,提升能源生产效率、利用效率等,就可以提高各产业部门使用能源时的效率,减少碳排放总量。

这四种效应并不是独立发挥作用,而是彼此协同、共同作用于碳减排,使其目标得以实现。这种协同作用表现在:总量效应的实现过程,会带来产业结构的调整,降低高碳排的产业比例;技术效应的实现,其实就是产业结构优化、合理化的一种手段,同时技术效应还可以通过作用于能源结构发挥作用;能源结构效应既是结构效应的组成部分,同时能源结构的调整、优化,还会通过能源的使用直接减少碳排放总量,带来总量效应。

(二)能源结构与碳排放文献梳理

1. 能源结构对碳减排的影响研究

作为世界上最大的碳排放国家,2021 年中国的二氧化碳排放量超过 119 亿吨[①],其中能源活动的排放量占比接近九成。因此,能源行业是中国碳排放的主要来源,同时也是经济绿色低碳转型发展的中心环节和碳减排的核心。2023 年 3 月 5 日,政府工作报告提出能源发展主要预期目标:单位国内生产总值能耗和主要污染物排放量继续下降,重点控制化石能源消费,生态环境质量稳定改善。因此,优化能源结构对实现经

---

① 参见 https://www.iea.org/。

济高质量发展和"双碳"目标起到重要作用。

能源结构指能源总生产量或总消费量中各类一次能源、二次能源的构成及其比例关系（陈心中，1984）。杨英明等（2019）等总结了我国能源结构的特点是以煤炭为主、能源效率低等。SUN 等（2018）提出能源消费结构合理性测度模型，认为我国各省能源配置效率低下，各省能源消费结构不合理。方行明等（2019）发现我国存在对不可再生能源路径依赖、能源供给结构逐渐倚重国外等问题。

学者们普遍认为能耗强度、产业结构、城镇化水平、经济发展水平等因素对能源消费结构产生主要影响，其中经济发展水平与能源消费结构起到了双向影响作用（柳亚琴，2022）。并且，能源结构对碳排放存在直接的影响或者通过中介效应影响碳排放。从目前的研究来看，普遍认为能源结构主要通过提升能源强度、清洁能源替代、改变产业结构、发展绿色金融对碳排放产生影响。

孙蒙等（2023）基于空间计量模型对与碳排放有密切关系的相关因素进行了分析，通过构建 MBA-BP 模型并结合情景分析法得出对中国碳排放量影响最大的是能源结构的结论。能源结构对本地呈现出强负效应，对外也有着显著的溢出效应。国涓等（2009）运用面板数据的协整分析与误差修正模型发现重工业产值比重和能源消费结构对各区域能源消费强度的长期影响差异较大，高增长高能耗地区往往意味着高碳排放（国涓等，2009）。吴茂坤（2022）认为能源结构调整方向主要是优化能源消费结构并实现节能减排。张丽峰（2011）则认为产业结构决定了产业能源消费结构。随着产业结构的不断调整，产业能源消费结构也发生了相应的变化。第二产业仍然是我国主要的能源消耗者。要想实现可持续发展战略，必须逐步降低第二产业能源消耗量。汪克亮和张福琴（2022）认为能源结构在碳排放与产业结构升级之间产生中介影响，即碳排放不利于能源结构的改善从而对产业结构高级化与合理化升级产生了阻碍作用。余一枫和刘慧宏（2022）发展绿色金融与改善能源结构都能够有效抑制碳排放，绿色金融可以通过调整能源结构从而降低碳排放，研发资本投入在绿色金融与能源结构、碳排放之间起到了调节作用。中国绿色金融发展指标呈现波动式增长，能源结构逐年优化；绿色金融发展通过融资规模的中介效应和技术进步的调节效应对能源结构优化产生正向影响，其中融资规模的中介效应具有显著的区域异质性（庞加兰等，2023）。

也有部分学者认为能源结构对碳排放的直接影响并不显著。王韶华等（2015）认为能源结构对低碳经济的直接影响并不明显，主要通过能源总量、GDP 等对低碳经济产生间接影响。何立华等（2015）则运用情景预测、马尔可夫链模型与多元回归组合预测模型测算 2013~2020 年的一次能源消费量并预测了山东省能源消费结构的变化趋势，表明在相同的经济增速下，能源结构调整幅度越大，碳强度"下降幅度"越大，能源结构优化对碳强度目标的"贡献潜力"也越高；在相同的能源结构调整幅度下，经济增速越低，碳强度"下降幅度"越小，但是能源结构优化对碳强度目标的"贡献潜力"越高。程叶青等（2013）采用空间自相关分析方法和空间面板计量模型，从中国省级数据研究发现，1997~2010 年中国的碳排放强度总体上呈逐年下降的态势。

2. "双碳"目标促进能源结构调整与升级研究

自 2020 年 9 月中国政府明确提出 2030 年"碳达峰"与 2060 年"碳中和"目标后，中国将采取更加有力的政策和措施推动经济朝着低碳化方向转型，倒逼能源结构升级。

汪克亮和张福琴（2022）发现碳排放越高也意味着更高的能源强度，碳排放增加阻碍了能源强度的下降这一作用机制得到了有效验证，即碳排放能够显著提高能源强度进而不利于产业结构的高级化与合理化发展。Shahiduzzaman 等（2015）基于 LMDI 法的分析框架，对 1978~2010 年澳大利亚能源结构中以煤炭为代表的非清洁能源使用份额下降和能源结构得到优化的原因展开了分析，发现能源效率是能源结构优化的最主要影响因素。因此，稳步加大清洁新能源的大规模利用，加快促进清洁能源对化石能源的替代，逐步提高清洁能源在能源体系中的占比备受推崇（舟丹，2022）。近年来，我国大力发展风能、太阳能等可再生能源发电，化石能源占一次能源消费总量的比例稳步下降，在世界主要能源消费国家中处于中等以上水平，且具有丰富的风能太阳能资源和已具备良好的开发能力与条件，在碳达峰与碳中和战略目标强化的能源、电力发展政策引导下，一次能源清洁化率的提升速度和潜力可观。李辉等（2022）采用一次能源清洁化率、化石能源清洁利用率和电能占终端能源消费率这三个指标来表征能源消费结构，研究表明碳交易政策可以显著提升地区能源消费结构低碳化水平且作用效果逐年增强。叶青海等（2023）选取 2009~2020 年煤炭减量化相关指标，采用等方差加权法构造煤炭减量化使用压力指数，通过时序变化和 ARIMA 模型分析发现，伴随"双碳"目标的深度推进，经济高质量发展的同时对煤炭的依赖程度会逐步降低，煤炭减量化压力波动会有序降低。

同时，"双碳"目标也驱使了绿色金融领域的发展。绿色金融能够影响能源消费与需求，促进替代能源与可再生能源的研发使用，推动产业结构调整，改善能源结构（孙浦阳等，2011）。绿色金融逐步加大对可再生能源和清洁技术等可持续性行业的投资，在资源配置方面对经济的转型调整起到了一定的促进作用（国务院发展研究中心"绿化中国金融体系"课题组等，2016）。

（三）既有研究评述

自 2000 年以来，我国单位 GDP 能耗已下降 35% 以上，经济增长对能源消费的依赖性已显示出趋弱态势，仍然偏重的产业结构还有较大的优化空间，随着工业尤其是高能耗重工业、低端制造业等比重的逐渐降低，我国总体能源生产率不断提升（李辉等，2022），能源结构不断优化，产业结构逐步实现升级。

通过对产业结构与碳排放关系的梳理，发现相较于多种因素对碳排放的混合研究，产业结构单一因素对碳排放的影响研究更加聚焦，在影响效果（效应）的计算之外，产业结构对碳排放的影响是依托中介得以实现的，即依托中介工具作用于能源消费和碳排放，技术创新、人力资本提升、数字经济应用等，从而实现产业结构升级，有效提升企业生产、管理效率，间接作用于能源消费，最终实现减少碳排放的目的。此外，产业合理化或者优化的过程确实是有效减少碳排放的途径。

通过对能源结构与碳排放关系的梳理，发现能源结构对碳排放存在直接的影响或者通过中介效应影响碳排放。从目前的研究来看，普遍认为能源结构主要通过提升能源强度、清洁能源替代、改变产业结构、发展绿色金融对碳排放产生影响。另外，还有研究认为能源结构在碳排放与产业结构升级之间产生中介影响，即碳排放不利于能源结构的改善从而对产业结构高级化与合理化升级产生了阻碍作用。

"双碳"目标的提出对产业结构升级、能源结构优化都产生了倒逼机制，但是相关的理论框架、影响效应测度、不同减排政策间的协同效应的定量分析仍有较大的研究空间。目前的定量分析大多使用传统计量经济模型进行回归分析，忽略了产业结构、能源结构与碳减排间可能存在的双向因果关系，在一定程度上会导致估计结果具有较大误差。一方面，在研究路径上，产业结构、能源结构与碳减排间的关系是多路径、多维度的，目前还没有形成一个系统的理论框架来阐释这一问题；另一方面，随着数字经济的发展，碳减排存在新的时代特征，目前数字化与"双碳"目标实现之间的关系刻画仍有不足。

二、现状分析

2020 年，我国向国际社会做出了二氧化碳排放力争 2030 年前达到峰值、努力争取 2060 年前实现碳中和的"双碳"目标承诺，对我国未来经济社会发展提出了挑战，也为全方位推进经济绿色低碳转型带来了新的契机，更进一步加速了我国能源结构和产业结构调整优化进程。作为全球温室气体排放量最大的国家，中国的碳排放问题一直是国内外学者关注的热点，本部分内容基于对中国碳排放问题研究的整理，探讨现有研究的不足之处。此后，根据历年《中国统计年鉴》及 CEADs 中国碳核算数据库数据对自 2008 年以来的中国碳排放情况以及产业能源特征进行分析，并使用 LMDI 方法分解碳排放变动因素。

（一）中国碳排放情况及产业能源特征

根据 CEADs 中国碳核算数据库数据，总体上，中国碳排放总量自 2008 年以来持续增高，并由 2008 年的 67.61 亿吨增长至 2019 年的 97.95 亿吨，年均增长率为 3.43%。自 2013 年开始，全国碳排放量持续两年出现下降，分别减少 8295.35 万吨、19777.88 万吨，但在此后再次回升，2018 年、2019 年连续两年创新高。在碳排放强度方面，以不变价格 GDP 计算的碳排放强度从 2008 年的 2.15 吨/万元起一直降低到 2019 年的 1.27 吨/万元，下降了 40.9%。人均碳排放趋势与碳排放总量基本一致，由 2008 年的 5.09 吨/人增长到 2013 年的 6.97 吨/人的相对高点后回落，2017 年出现回升，2019 年达到 6.95 吨/人（见图 5-1）。

在碳排放产业分布上，制造业与电力、热力、燃气及水生产和供应业合计贡献了约 83% 的碳排放量。2008 年，制造业，电力、热力、燃气及水生产和供应业，交通运输、仓储和邮政业，采矿业的碳排放量占比分别为 43.32%、39.80%、6.43%、2.21%，

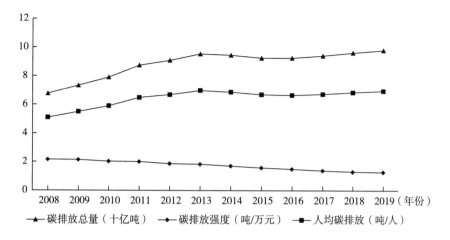

图 5-1　2008～2019 年中国碳排放总量及碳排放强度情况

分列前四（不含其他，后同）。到 2019 年，碳排放产业分布格局没有大的变动，电力、热力、燃气及水生产和供应业跃升为碳排放量最高的产业，制造业位居第二，前四类产业占比分别为 47.44%、35.84%、7.48%、1.25%（见图 5-2）。

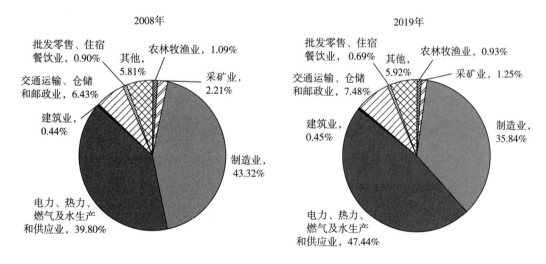

图 5-2　2008 年与 2019 年中国碳排放总量的产业分布情况

在碳排放能源分布上，主要考察原煤、洗精煤、其他洗煤、型煤、焦炭、焦炉煤气、焦炭制气、原油、汽油、煤油、柴油、燃料油、液化石油气、炼油厂天然气、天然气 15 类，剩余所有能源归总于其他能源产品及热力过程排放条目。其中，原煤、焦炭、焦炭制气、柴油、天然气、汽油是主要的碳排放来源。2008 年，原煤、焦炭、柴油、焦炭制气、汽油、天然气分别贡献了 57.27%、12.95%、6.18%、3.87%、2.65% 和 2.20% 的碳排放总量，加总约 85%。到 2019 年，能源分布格局没有大的变动，上述六种能源占比分别为 50.15%、13.20%、4.68%、7.61%、4.06% 和 4.36%。具体来看，原煤作为消费量最大的能源，碳排放量占比降低了约 7%（见图 5-3），焦炭制气、天然气的比重显著增长，碳排放量占比增加了 3.74% 和 2.16%。此外，汽油比重略有上升，柴油有所下降。

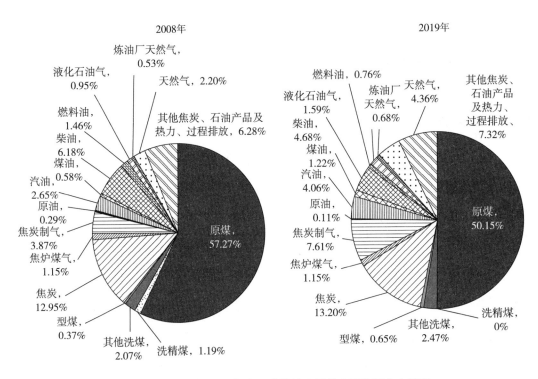

图 5-3　2008 年与 2019 年中国碳排放总量的主要能源分布情况

根据上述产业分布与主要能源分布情况，选取制造业，电力、热力、燃气及水生产和供应业，交通运输、仓储和邮政业，采矿业作为四大重点产业，原煤、焦炭、焦炭制气、柴油、天然气、汽油作为六大重点能源，分析 2008～2019 年碳排放的产业能源特征（见表 5-1）。

表 5-1　中国 2008～2019 年重点产业重点能源碳排放情况

	碳排放量	原煤	焦炭	焦炭制气	柴油	天然气	汽油	总计
制造业	2008 年（万吨）	102559.10	86512.96	21095.12	4634.83	4678.56	1406.34	292903.78
	占比（%）	35.01	29.54	7.20	1.58	1.60	0.48	100.00
	2019 年（万吨）	53654.97	128034.22	53692.77	2054.31	8276.37	553.79	351092.17
	占比（%）	15.28	36.47	15.29	0.59	2.36	0.16	100.00
	年均增幅（%）	-5.72	3.63	8.86	-7.13	5.32	-8.12	1.66

续表

碳排放量		原煤	焦炭	焦炭制气	柴油	天然气	汽油	总计
电力、热力、燃气及水生产和供应业	2008 年（万吨）	251933.33	28.88	4078.95	536.75	2319.10	80.86	269094.85
	占比（%）	93.62	0.01	1.52	0.20	0.86	0.03	100.00
	2019 年（万吨）	413672.62	321.86	20293.00	189.00	11749.55	72.13	464658.82
	占比（%）	89.03	0.07	4.37	0.04	2.53	0.02	100.00
	年均增幅（%）	4.61	24.51	15.70	-9.05	15.89	-1.03	5.09
交通运输、仓储和邮政业	2008 年（万吨）	930.27	0.83	1.67	24742.23	1364.72	9044.90	43484.52
	占比（%）	2.14	0.00	0.00	56.90	3.14	20.80	100.00
	2019 年（万吨）	385.49	1.04	0.00	30527.68	5933.79	18277.29	73247.93
	占比（%）	0.53	0.00	0.00	41.68	8.10	24.95	100.00
	年均增幅（%）	-7.70	1.99	-100.00	1.93	14.29	6.60	4.85
采矿业	2008 年（万吨）	7493.81	604.40	108.04	1487.63	1989.46	192.28	14933.64
	占比（%）	50.18	4.05	0.72	9.96	13.32	1.29	100.00
	2019 年（万吨）	3659.34	598.27	282.11	1439.42	3172.53	51.06	12216.02
	占比（%）	29.96	4.90	2.31	11.78	25.97	0.42	100.00
	年均增幅（%）	-6.31	-0.09	9.12	-0.30	4.33	-11.36	-1.81

制造业产生的碳排放量由 2008 年的 292903.78 万吨增长至 2019 年 351092.17 万吨，年均增长率为 1.66%，低于碳排放总量增速，占比由 43.32%降至 35.84%。近十年间，制造业从产生碳排放量最大的产业变为第二位。在制造业使用不同能源所产生的碳排放中，原煤排放占比由 35.01%降至 15.28%；焦炭排放由 29.54%增长至 36.47%；焦炭制气排放增长较大，由 7.20%增至 15.29%；柴油、汽油排放由 1.58%、0.48%降低至 0.59%、0.16%，但由于产业体量巨大，仍分别产生了 2054.31 万吨、553.79 万吨的碳排放；天然气 2019 年产生的碳排放为 8276.37 万吨，占制造业碳排放总量比重为 2.36%，较 2008 年提升 0.76 个百分点。

电力、热力、燃气及水生产和供应业也是一大碳排放来源，排放量由 2008 年的 269094.85 万吨增长至 2019 年的 464658.82 万吨，年均增长率为 5.09%，高于碳排放总量增速，占比由 39.80%增至 47.44%。在该行业使用不同能源所产生的碳排放中，原煤排放占比约 90%，2008 年的 251933.33 万吨，行业占比达到 93.62%，2019 年的 413672.62 万吨，行业占比达到 89.03%；除原煤之外，使用焦炭制气和天然气产生的碳排放量大幅提高，由 4078.95 万吨、2319.10 万吨增至 20293.00 万吨和 11749.55 万吨，增幅分别达到 15.70%与 15.89%；柴油排放量规模在百万吨级别，焦炭、汽油在十万吨级别。该行业使用柴油、汽油产生的排放量大幅减少，使用原煤、焦炭、焦炭制气与天然气产生的排放量则大幅提高。

交通运输、仓储和邮政业碳排放量由 43484.52 万吨增长至 73247.93 万吨，年均增长率为 4.85%，略高于碳排总量增速，占比由 6.43%增至 7.48%，为第三大碳排放产业。该行业不同于其他三个产业,其以油类能源消费为主,排放量排前的分别是柴油、汽油。其中,柴油排放由 2008 年的 24742.23 万吨增长至 2019 年的 30527.68 万吨,占比却由 56.90%降至 41.68%,减少 15.22 个百分点;汽油排放由 9044.90 万吨增长至 18277.29 万吨,占比由 20.80%升至 24.95%。除油类能源以外,原煤排放年均降幅 7.70%,2019 年占比仅 0.53%;天然气排放由 1364.72 万吨增长至 5933.79 万吨,占比由 3.14%升至 8.10%,年增幅达到 14.29%;焦炭、焦炭制气所产生的排放基本可以忽略。

采矿业碳排放量出现减少,2008 年为 14933.64 万吨,2019 年为 12216.02 万吨,年均减幅 1.81%,在总量中占比由 2.21%下降至 1.25%。在采矿业使用不同能源所产生的碳排放中,原煤占到绝大部分,由 2008 年的 7493.81 万吨减少至 2019 年的 3659.34 万吨,较 2008 年下降约 20 个百分点;柴油、焦炭排放总体变化不大;汽油排放年均降幅 11.36%,但总量占比较小;焦炭制气排放增长明显,2019 年达到 282.11 万吨,年均增幅达 9.12%;天然气排放有显著增长,2019 年达到 3172.53 万吨,占比由 13.32%增长为 25.97%。

综上所述,2008~2019 年,中国碳排放总量出现上升、回落后上升的趋势,2019 年碳排放总量创新高。以不变价格计算碳排放强度稳步下降,2019 年为 1.27 吨/万元。在产业特征上,制造业,电力、热力、燃气及水生产和供应业,交通运输、仓储和邮政业,采矿业为碳排放量最大的四个产业,合计占比近 90%以上。在主要能源特征上,原煤、焦炭、焦炭制气、柴油、汽油、天然气贡献了约 85%的碳排放。在重点排放行业中,制造业的原煤、柴油、汽油排放显著减少,而焦炭、焦炭制气、天然气排放明显增长;原煤、焦炭制气、天然气是电力、热力、燃气及水生产和供应业的主要排放能源;交通运输、仓储和邮政业的柴油、汽油、天然气排放增加较为明显,原煤排放大幅减少;采矿业除天然气、焦炭制气排放仍在增长外,其他能源排放都有所减少,原煤减少幅度较大。

(二) 基于 Kaya 恒等式的中国碳排放因素分解

Kaya 恒等式由日本学者 Yoichi Kaya(1990)提出,被广泛地用于评估对污染排放造成影响的因素。利用 Kaya 恒等式对我国碳排放进行分析,将碳排放变动因素分解为经济总量效应、产业结构变动效应、能源利用效率效应和能源消费结构变动效应:

$$C = \sum_{ij} C_{ij} = \sum_{ij} Q \times \frac{Q_i}{Q} \times \frac{E_i}{Q_i} \times \frac{E_{ij}}{E_i} \times \frac{C_{ij}}{E_{ij}} = \sum_{ij} QS_iI_iM_{ij}U_{ij}$$

其中,i 表示产业部门,j 表示能源种类;C 表示 CO_2 排放总量,C_{ij} 表示 i 产业消耗 j 种能源的 CO_2 排放量;Q 和 Q_i 分别表示经济总量和 i 产业增加值;E、E_i、E_{ij} 分别表示能源消耗总量、i 产业的能源消费总量、i 产业对 j 种能源的消费量;在等式右侧代数式中,S_i 表示 i 产业增加值所占经济总量比重;I_i 表示 i 产业能源消费强度;M_{ij} 表示 j 种能源在 i 产业中所占的比重;U_{ij} 表示 i 产业中消费 j 种能源的 CO_2 排放系数。

LMDI(Logarithmic Mean Divisia Index)方法,即对数平均迪氏指数分解法,被广泛用于环境经济定量分析研究中。在碳排放因素分解中,LMDI 方法将排放分解为各因素的作用,定量分析因素变动对排放量变动的影响,适合分解含有较少因素的、包含时间序列的数据样本。同时, LMDI 方法有效解决了分解中的剩余问题和数据 0 值负值问题, 使得该方法可以用于绝大多数情形的分析。

由此, 碳排放量差值可分解为经济规模扩张、产业结构变动、能源消耗强度、能源结构变动和碳排放系数变动对总排放水平的影响。即:

$$\Delta C_{tot} = C_t - C_0 = \Delta C_{act} + \Delta C_{str} + \Delta C_{int} + \Delta C_{mix} + \Delta C_{emf}$$

采用 LMDI 方法对恒等式进行分解, 并使用"分析极限"处理 0 值问题, 即使用任意小的数代替 0 值不改变分解结果。有:

$$\Delta C_{act} = \sum_{ij} \frac{(C_{ij}^t - C_{ij}^0)}{(\ln C_{ij}^t - \ln C_{ij}^0)} \times \ln\left(\frac{Q^t}{Q^0}\right)$$

$$\Delta C_{str} = \sum_{ij} \frac{(C_{ij}^t - C_{ij}^0)}{(\ln C_{ij}^t - \ln C_{ij}^0)} \times \ln\left(\frac{S_i^t}{S_i^0}\right)$$

$$\Delta C_{int} = \sum_{ij} \frac{(C_{ij}^t - C_{ij}^0)}{(\ln C_{ij}^t - \ln C_{ij}^0)} \times \ln\left(\frac{I_i^t}{I_i^0}\right)$$

$$\Delta C_{mix} = \sum_{ij} \frac{(C_{ij}^t - C_{ij}^0)}{(\ln C_{ij}^t - \ln C_{ij}^0)} \times \ln\left(\frac{M_{ij}^t}{M_{ij}^0}\right)$$

$$\Delta C_{emf} = \sum_{ij} \frac{(C_{ij}^t - C_{ij}^0)}{(\ln C_{ij}^t - \ln C_{ij}^0)} \times \ln\left(\frac{U_{ij}^t}{U_{ij}^0}\right)$$

基于历年《中国统计年鉴》及 CEADs 中国碳核算数据库 2008～2019 年的生产总值、产业增加值、各产业各能源消费数据以及折算系数, 对中国 2008～2019 年的碳排放情况进行 LMDI 分解。其中, 产业分为农林牧渔业, 采矿业, 制造业, 电力、热力、燃气及水生产和供应业, 建筑业, 交通运输、仓储和邮政业, 批发零售和餐饮业, 其他行业(包括居民生活等)共八个分类; 能源包括原煤、洗精煤、其他洗煤、型煤、焦炭、焦炉煤气、焦炭制气、原油、汽油、煤油、柴油、燃料油、液化石油气、炼油厂天然气、天然气 15 类。参考联合国政府间气候变化专门委员会(IPCC)的碳排放清单法, 将各能源碳排放量数据通过碳排放系数以及折标准煤系数折算得到能源消费量数据。其中, CEADs 囊括了其他焦化产品、其他石油产品排放以及过程排放数据, 由于缺乏此类折算系数, 无法折算为能源消费量参与分解计算, 因此主要采用可折算的15 类能源数据进行 LMDI 分解(见表 5-2)。

表 5-2 中国 2008～2019 年碳排放增长量的因素分解情况

能源种类	折标准煤系数 (千克标准煤/千克或立方米)	碳排放系数 (千克二氧化碳/千克标准煤)
原煤(Raw Coal)	0.7143	0.7559
洗精煤(Cleaned Coal)	0.9	0.7559
其他洗煤(Other Washed Coal)	0.2857	0.7559
型煤(Briquettes)	0.4286	0.7559

能源种类	折标准煤系数 （千克标准煤/千克或立方米）	碳排放系数 （千克二氧化碳/千克标准煤）
焦炭（Coke）	0.9714	0.855
焦炉煤气（Coke Oven Gas）	0.5714	0.3548
焦炭制气（Other Gas）	0.5571	0.3548
原油（Crude Oil）	1.4286	0.5857
汽油（Gasoline）	1.4714	0.5538
煤油（Kerosene）	1.4714	0.5714
柴油（Diesel Oil）	1.4571	0.5921
燃料油（Fuel Oil）	1.4286	0.6185
液化石油气（LPG）	1.7143	0.5042
炼油厂天然气（Refinery Gas）	1.5714	0.4602
天然气（Natural Gas）	1.1000	0.4483

资料来源：历年《中国能源统计年鉴》（附录：各种能源折标准煤参考系数）、《IPCC 2006 年国家温室气体清单指南》。

生产总值及行业增加值数据根据价格系数统一为 2008 年不变价。假定碳排放系数保持不变，即 $\Delta C_{emf}=0$。分解结果如表 5-3 所示。

表 5-3　中国 2008~2019 年碳排放增长量的因素分解情况

时间（年）	碳排放增长的因素分解（数量）				
	经济总量效应 （百万吨）	产业结构效应 （百万吨）	能源消费强度效应 （百万吨）	能源消费结构效应 （百万吨）	合计 （百万吨）
2008~2009	587	-194	115	-10	498
2009~2010	927	-127	-291	-13	497
2010~2011	860	-196	148	-38	774
2011~2012	886	431	-1017	18	318
2012~2013	612	-198	49	-79	384
2013~2014	515	-391	-168	-61	-105
2014~2015	463	-329	-267	-29	-162
2015~2016	509	143	-605	-60	-12
2016~2017	799	115	-692	-51	170
2017~2018	696	83	-346	-168	264
2018~2019	378	-143	-62	-59	115
2008~2013	3808	-347	-885	-104	2472
2013~2019	3402	-536	-2153	-443	270
2008~2019	6646	-779	-2681	-445	2742

碳排放增长的因素分解（贡献率）				
时间（年）	经济总量效应 （%）	产业结构效应 （%）	能源消费强度效应 （%）	能源消费结构效应 （%）	合计 （%）
2008~2009	117.7	-38.9	23.1	-2.0	100
2009~2010	186.7	-25.6	-58.6	-2.5	100
2010~2011	111.1	-25.3	19.1	-4.9	100
2011~2012	278.6	135.5	-319.8	5.7	100
2012~2013	159.2	-51.6	12.8	-20.4	100
2013~2014	-489.9	371.7	160.1	58.2	100
2014~2015	-286.0	203.0	164.8	18.2	100
2015~2016	-4092.4	-1144.7	4857.8	479.3	100
2016~2017	469.1	67.4	-406.4	-30.1	100
2017~2018	263.2	31.2	-131.0	-63.5	100
2018~2019	329.9	-124.5	-54.2	-51.2	100
2008~2013	154.1	-14.0	-35.8	-4.2	100
2013~2019	1260.2	-198.6	-797.5	-164.1	100
2008~2019	242.4	-28.4	-97.8	-16.2	100

根据 LMDI 分解结果，总体上 2008~2019 年中国碳排放增长 27.42 亿吨（未计算其他焦化产品、其他石油产品排放以及过程排放数据，故少于如图 5-1 所示的 30.34 亿吨增量），其中经济总量效应 66.46 亿吨，产业结构效应-7.79 亿吨，能源消费强度效应-26.81 亿吨，能源消费结构效应-4.45 亿吨，其对碳排放增长的贡献度分别为 242.4%、-28.4%、-97.8%、-16.2%。以 2013 年为界，2008~2013 年碳排放增长 24.72 亿吨，总量增长、产业结构、能源消费强度、能源消费结构效应分别为 38.08 亿吨、-3.47 亿吨、-8.85 亿吨、-1.04 亿吨，贡献度为 154.1%、-14.0%、-35.8%、-4.2%；2013~2019 年碳排放增长 2.70 亿吨，总量增长、产业结构、能源消费强度、能源消费结构效应分别为 34.02 亿吨、-5.36 亿吨、-21.53 亿吨、-4.43 亿吨，贡献度为 1260.2%、-198.6%、-797.5%、-164.1%（见表 5-3）。

分年度看，自 2008 年以来，2013~2016 年碳排放总量为负数，其他都为正增长。经济总量效应在所有年份中都是促进碳排放增长的主导因素，最高贡献过 9.27 亿吨（2009~2010 年）。产业结构效应在 2011 年、2015 年、2016 年、2017 年四个年份中对碳排放起到正向促进作用，自 2015 年以后，产业结构效应稳定下降，自 2018 年以后呈现为碳减排效应，且继续增强，产业结构的"低碳化"转型成效明显；能源消费强度效应在大部分年份都减少了碳排放，在个别年份减排 10.17 亿吨，是碳减排的主要来源，自 2012 年后，能源消费强度始终呈现碳减排作用；能源消费结构效应仅在 2011 年促进了碳排放增长，此后一直是碳减排的重要来源，且减排效果逐渐增长，能源消费结构整体趋于"低碳化"。

从分解结果来看，中国碳排放与经济发展水平提高密切相关。2016 年后，经济总量效应的碳排放贡献正在逐步减弱，产业结构效应、能源消费结构效应逐渐成为碳减排的主要来源，而能源消费强度的碳减排效应有所减弱。中国以煤为主要能源的能源结构短期内难以明显改变，但显而易见的是，近十年以来通过优化能源结构、推动新能源技术发展促进碳减排的效果十分突出，能源结构方面具有巨大的减排潜力。

三、中国碳排放前景预测分析

（一）前期研究综述

"双碳"目标提出后，围绕中国碳排放的影响因素、实现路径及预测的相关研究再次掀起热潮。从理论、实证与研究方法三个层面对近年文献进行梳理。

理论研究方面，欧阳志远等（2021）认为，当前实现生态目标面临艰巨挑战，应从减排与增汇两个方面入手，综合考虑能源效率、能源结构、产业结构，推动技术经济制度系统全面实现绿色低碳转型；张友国和白羽洁（2021）在回顾国际社会"双碳"目标实施路径的区域差异基础上，认为中国各省份碳排放也存在差异性显著的问题，应根据碳排放驱动因素及变化趋势因地制宜选择适合本地的双碳目标实现路径，融入国家低碳转型进程；平新乔等（2020）通过对比各省份与各行业碳排放强度发现，大多数省份和大多数行业的碳排放强度已经降到同等发展程度的发展中国家水平，有的甚至接近先进发达国家水平，因此"十四五"期间，应重点关注电力行业与北方八个高排放省份；包思勤（2021）针对能源资源型地区内蒙古的地域特征，强调调整优化产业结构在推动经济社会绿色转型中的关键作用，并提出在"双碳"背景下，要因地制宜建设"两个基地"、深化供给侧结构性改革、紧扣产业链供应链部署创新链等实现路径。

实证研究方面，碳排放、因素分解、产业结构转型等领域研究较为丰富。史丹和李鹏（2021）通过构建动态多区域可计算一般均衡模型，模拟工业碳排放结构对"双碳"目标的贡献及实现路径，研究表明，实现"双碳"目标不仅要依靠能源、效率和技术进步，还需要碳税和碳排放交易等市场化工具，在强政策情景下，工业整体将于2029 年实现碳达峰，2060 年相对于 2020 年碳排放下降 61%，且高耗能行业纳入碳排放交易市场能增强这一效应，各区域间呈明显分化趋势；郭朝先（2012）构建了一个基于经济总量、经济结构、能源利用效率、能源消费结构、碳排放系数的碳排放恒等式，运用 LMDI 分解技术对中国 1996～2009 年的碳排放从产业层面进行分解，并具体分析产业结构变动对碳排放的影响，估算到 2020 年产业结构变动将减少 CO_2 排放 5 亿吨左右；王锋等（2010）运用对数平均 Divisia 指数分解法，将能源消费的二氧化碳排放增长率分解为人均 GDP、交通工具数量、经济结构等 11 种因素并分别进行研究；李健和周慧（2012）运用灰色关联分析方法，选用 2001～2008 年全国及 28 个主要省域的碳排放总量、三次产业比重、单位 GDP 碳排放量数据，研究了我国碳排放强度与第一产业、第二产业和第三产业之间的关联性；孙攀等（2018）基于面板数据模型，从合理化、高级化两个方面分析得出产业结构合理化、高级化均对碳减排起到积极影响且存在空间溢出效应的结论，提出加强省域间合作、增加科研投入、重点发展服务业等政策建议；葛立宇等（2022）研究了数字经济产业结构与碳排放三者间的关系，认为数字经济能够显著促进城市碳减排，这一影响具有倒"U"形特征，而产业结构升级是这一作用的重要中介机制，能够促进倒"U"形拐点提前形成。

研究方法上，针对碳排放的影响因素，基于因素分解的解析研究方法得到广泛应用，主要包括结构分析法和指数分析法。其中，Ang 和 Zhang（2000）以及 Ang（2004）对不同的指数分解方法进行了对比，结果表明，LMDI 方法通过了 Fisher 理想指数三项合意性检验，整体上优于其他方法，成为近年来这一研究领域重要的技术分析工具，被许多学者采用。当然，解析研究方法也存在一定局限性，如产业结构与碳排放之间可能存在技术溢出等二次关系难以纳入分解模型。因此，一些学者使用多元计量分析对碳排放影响因素进行检验。彭水军等（2015）采用 MRIO 模型测算了中国生产侧和消费侧碳排放量，并通过 SDA 方法考察了生产侧和消费侧碳排放增长的影响因素，发现生产侧碳排放明显高于消费侧，且存在"发达国家消费""中国污染"特征，提出降低国内生产部门碳排放，进而抑制中国碳排放的实施路径；付华等（2021）采用 LMDI 方法通过分阶段及分行业分解，分析了 2000~2017 年中国制造业 28 个子行业的碳排放及影响因素，研究发现，近年来中国制造业能源消费和碳排放增速趋缓，能源结构日趋优化，提高黑色金属冶炼和压延加工业等高排放强度行业的能源效率，是未来制造业碳减排的关键所在；程叶青等（2013）基于联合国政府间气候变化专门委员会（IPCC）提供的方法估算了全国各省碳排放强度并运用空间自相关分析方法和空间面板计量模型，探索得出碳排放强度总体逐年下降、具有明显空间集聚性的时空特征及其主要影响因素，提出提高能源利用效率、优化能源结构、产业结构、走低碳城市道路等减排路径；朱欢等（2020）基于新结构经济学理论，考虑要素禀赋结构的差异性，运用联立方程模型探究经济增长对能源结构转型和二氧化碳排放的影响，表明经济增长达到一定水平能够释放能源结构转型和二氧化碳减排的双重红利。

近年来，有关碳达峰、碳中和的研究呈现快速增长态势，一部分文献重在考察碳减排的影响因素，如技术创新、产业结构调整、能源结构调整等，还有一部分文献重在考察碳减排目标对经济社会发展的倒逼作用。已有文献从不同视角采用不同方法分析了碳排放的时空特征及影响因素，相关研究普遍认为，推进碳减排，需要从技术、结构、发展模式、政策体系等多方面深入探索，为"双碳"目标的实现和绿色经济的发展提供了有益参考。总体来看，当前研究仍存在以下不足：①产业结构与碳减排间的关系是多路径、多维度的，目前还没有形成一个系统的理论框架来阐释这一问题；②针对碳达峰、碳中和两阶段目标实现的定量研究仍有不足，且忽略了产业结构与碳减排间可能存在的双向因果关系，使用传统计量经济模型进行回归分析，在一定程度上会导致估计结果具有较大误差；③对碳税、碳排放权交易等工具的考察相对单一，缺乏多种政策组合的分析和探讨；④数字经济下的碳减排存在新的时代特征，目前数字化与"双碳"目标实现之间的关系刻画仍有不足。

（二）基于 LMDI 方法的中国碳排放预测

从图 5-1 看，碳排放总量以及人均碳排量自 2013 年达到相对高位后，一直处于波动状态，而以不变 GDP 计算的碳排放强度则持续下降。从产业结构看，电力、热力、燃气及水生产和供应业，交通运输、仓储和邮政业的排放比重上升，而制造业、采矿业及其他行业比重有所下降。从能源结构看，煤炭、原油、柴油、燃料油排放贡献度在下降，焦炭、天然气、汽油、煤油排放比例有所上升。LMDI 因素分解的结果印证了这一点，2008~2013 年，每年碳排放增量都维持在 3 亿~7 亿吨，而 2013 年之后碳排放增量迅速降低并进入负值区间，2016 年后恢复正增长，但增量仅为 1 亿~2 亿吨，可以认为，这与我国重视实体经济、避免经济"脱虚向实"采取的举措有关，尽管近年来碳排放量继续增多，但排放增幅已迅速降低，远远小于 2013 年之前的水准。

根据 2008~2019 年共 11 年的分解数据，对经济总量效应、产业结构效应、能源消费强度效应、能源消费结构效应的结果进行预测。基本的预测思路是，2008~2013 年，经济总量、产业结构、能源消费强度、能源消费结构对碳排放增量的年均贡献值为 7.62 亿吨、-0.69 亿吨、-1.77 亿吨、-0.21 亿吨；但在 2013~2019 年，年均贡献值变为 5.66 亿吨、-0.89 亿吨、-3.59 亿吨、-0.74 亿吨，从而推断：①可以预计经济总量继续增长导致的碳排放增量仍将是未来碳排放增加的重要因素，但随着中国经济由高速发展阶段转为高质量发展阶段，该部分增量将以缓慢速度减少（将该降速设置为 x）；②产业结构效应涉及经济结构的转变，碳减排贡献水平基本不会剧烈变化，当前的产业结构绿色化趋势将使该部分减排效果增强，但产业结构不会一直绿色化转型下去，当产业结构完成绿色化转型后，以现有标准统计的碳减排效果将达到一个极限值（将该极限值设置为 y）；③上述两个阶段之间能源消费强度的碳减排效应提升了 1 倍左右，随着中国推动实体经济高质量发展，推进新型工业化建设，化石能源消费强度的减弱将在一个相当长的时间范围内持续充当碳减排的主力（将该减排强度设置为基本保持）；④能源消费结构方面，有学者实证发现煤炭占能源消费总量的比例每降低 1 个百分点，单位 GDP 能耗会下降 0.421 个百分点（张寅浩，2022），即该部分碳减排贡献值与清洁能源使用情况相关，世界平均水平及已经碳排放达峰的国家煤炭消费占比均在 30%以下（李辉等，2022），而中国煤炭消费占比 2019 年为 53.26%，仍有极大的减排空间，该部分也将成为未来我国碳减排的主要贡献来源（将该减排极限设置为 2060 年达到碳中和国家平均水平）。

经济总量碳排放降速 x 设置为每十年下降 20%；产业结构效应极限值 y 设置为在 2040 年左右达到当前水平的 1.5 倍，此后逐年下降；能源消费强度设置为基本维持；能源消费结构效应设置为碳减排效应逐渐增强，2060 年达到碳中和国家平均水平。预测测算结果如表 5-4 所示，以十年为一个时间段，经济总量效应分别为 5168 万吨、4135 万吨、3308 万吨、2646 万吨；产业结构效应为-765 万吨、-956 万吨、-574 万吨、-319 万吨，从起初年均减排约 7600 百万吨，到 2040 年时年均减排 9000 余万吨达到后期年均 3000 万吨左右，产业结构基本完成绿色化转型；能源消费强度效应基本维持-3252 万吨，能源消费结构效应为-1250 万吨、-2008 万吨、-2765 万吨、-3523 万吨，两者是碳减排的主要贡献者。

表5-4 中国 2020~2060 年碳排放增量的预测

时间（年）	经济总量效应 （百万吨）	产业结构效应 （百万吨）	能源消费强度效应 （百万吨）	能源消费结构效应 （百万吨）	合计 （百万吨）
2020~2029	5168	−765	−3252	−1250	−98
2030~2039	4135	−956	−3252	−2008	−2081
2040~2049	3308	−574	−3252	−2765	−3283
2050~2059	2646	−319	−3252	−3523	−4447
时间（年）	经济总量效应 （%）	产业结构效应 （%）	能源消费强度效应 （%）	能源消费结构效应 （%）	合计 （%）
2020~2029	−5256.16	777.93	3306.97	1271.26	100
2030~2039	−198.70	45.95	156.27	96.48	100
2040~2049	−100.76	17.48	99.05	84.23	100
2050~2059	−59.50	7.17	73.12	79.22	100

在上述设置预测参数情况下，中国将在 2057 年实现不含其他能源及过程排放的窄口径碳中和，在 2059 年实现全口径的碳中和（见图 5-4 和图 5-5）。若要在保持经济增速的同时，如期实现碳中和目标，中国还需要在打造新型绿色产业、提升能源使用效率与减少能源排放的技术创新、新型绿色能源的开发利用、碳捕获、利用与封存技术等领域投入更多力量。

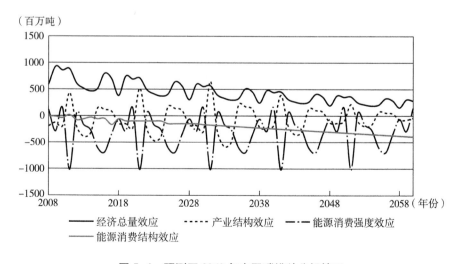

图 5-4 预测至 2060 年中国碳排放分解情况

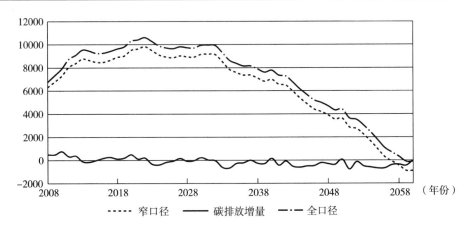

图 5-5　预测至 2060 年中国碳排放总量

四、产业结构变动对碳减排影响分析

2015 年，国际社会达成《巴黎协定》，提出 21 世纪末全球平均气温上升应控制在工业革命前的 2℃以内，并努力将其控制在 1.5℃以内，要求全社会在 21 世纪中后期实现碳中和。《巴黎协定》的出台标志着全球气候治理进入了前所未有的阶段。2020 年 9 月，习近平主席在第 75 届联合国大会一般性辩论上提出中国二氧化碳排放力争于 2030 年前达到峰值，努力争取 2060 年前实现碳中和，这一目标以《巴黎协定》中的长期温度控制目标为指导，将中国未来经济发展方向与绿色低碳发展、能源转型相结合。2020 年 12 月，中国宣布了到 2030 年要实现的一系列具体控制目标，包括碳排放强度、非化石能源在一次能源消费中的比例和森林存量等具体指标。2021 年 10 月，国务院发布了《2030 年前碳达峰行动方案》，为"十四五"规划和"十五五"规划提出了更具体的指标。

作为世界上最大的新兴经济体，自改革开放以来，中国基本实现了工业化。2022 年上半年，我国工业生产持续恢复，工业增加值同比增长 3.3%，拉动经济增长 1.1%，其中制造业增加值同比增加 2.8%，占 GDP 比重 28.8%，同比增长 0.7%；全国规模以上工业企业实现利润总额 4270.22 亿元，同比增长 1%；规模以上工业企业实现营业收入 65.41 万亿元，同比增长 9.1%。但是，仍然存在发展不平衡、不充分的问题。工业增长正在放缓，所占比例正在下降。存在"过早的去工业化"和"过早的产业结构"，存在外部需求疲软、人口红利消退和高科技被"卡住"的风险。未来，为了实现全面工业化和保持经济增长，我国碳排放规模将在一定时期内持续增长。欧美等西方发达国家在完成工业化和实现碳达峰后，提出碳中和的目标，然而在碳排放达到峰值后长期处于自然下降的过程中，实现碳中和目标的时间更长。相较而言，中国要实现碳中和面临着更大的困难与挑战。

2023 年 3 月，李克强总理在政府工作报告中指出，要"推动发展方式绿色转型。深入推进环境污染防治。加强城乡环境基础设施建设，持续实施重要生态系统保护和修复重大工程。推进煤炭清洁高效利用和技术研发，加快建设新型能源体系。完善支持绿色发展的政策，发展循环经济，推进资源节约集约利用，推动重点领域节能降碳，持续打好蓝天、碧水、净土保卫战"，同时要加快传统产业数字化转型，着力提升高端化、智能化、绿色化水平。因此，在当前数字经济快速发展的过程中，随着产业结构的转型升级，识别碳排放因素并预测排放量、考察产业结构转型升级对碳排放的影响对于实现双碳目标、推动我国转型时期经济持续增长至关重要。

本章利用 STIRPAT 模型（Stochastic Impacts by Regression on Population，Affluence and Technology）对影响碳排放的因素进行测算，STIRPAT 模型即可拓展随机性的环境影响评估模型。基本模型一般为：

$$\ln(Carb_t) = \alpha + \beta\ln(Popu_t) + \gamma\ln(Eco_t) + \delta\ln(Tech_t) + \varepsilon_t$$

其中，$Carb_t$ 为碳排放情况，用碳排放量与碳排放强度衡量；$Popu_t$ 为人口总量，用总人口数量衡量；Eco_t 为经济发展状况，用人均 GDP 衡量；$Tech_t$ 为技术发展程度，用 R&D 投入衡量；α 为常数项，β、γ、δ 为 $Popu_t$、Eco_t、$Tech_t$ 的系数，ε_t 为残差项。实证结果如表 5-5 列（1）所示。

$$\ln(Carb_t) = -7.9260 + 0.2596\ln(Popu_t) + 0.1300\ln(Eco_t) - 0.9519\ln(Tech_t) + \varepsilon_t$$

根据环境库兹涅茨曲线（EKC），为了考察经济发展程度与碳排放是否呈非线性变化趋势，解释变量中增加经济发展程度的二次项，对上述模型进行扩展，具体如下：

$$\ln(Carb_t) = \alpha + \beta\ln(Popu_t) + \gamma\ln(Eco_t) + \delta(\ln(Eco_t)^2) + \theta\ln(Tech_t) + \eta\ln(En_t) + \varepsilon_t$$

其中，$\ln(Eco_t)^2$ 为经济发展程度的二次项，$\ln(En_t)$ 为能源消费情况，用煤炭占能源消费量比重衡量。如果 $\ln(Eco_t)$ 的系数显著为正，而 $\ln(Eco_t)^2$ 的系数显著为负，则证明 EKC 成立。上述模型的实证结果如表 5-5 列（2）所示。

$$\ln(Carb_t) = -4.5787 + 0.5435\ln(Popu_t) + 0.2136\ln(Eco_t) - 0.1958(\ln(Eco_t)^2) -$$
$$0.0759\ln(Tech_t) - 0.3758\ln(En_t) + \varepsilon_t$$

表 5-5 基于时间序列数据的基准回归

变量	（1）	（2）
lnpop	0.2596*** （2.15）	0.5435*** （19.58）
lnpgdp	0.1300** （2.08）	0.2136*** （31.91）
lnpgdp²		-0.1958*** （28.84）
lnrd	-0.9519*** （2.08）	-0.0759*** （7.39）
lnenvir		-0.3758*** （27.99）

续表

变量	(1)	(2)
常数项	−7.9260***	−4.5787***
	(−17.68)	(−18.33)
R²	0.8523	0.9352
观测值	30	30

注：①括号内为 t 值；②***、**和*分别代表通过 1%、5%和 10%显著性水平的检验。

（一）产业结构变迁趋势

通常来说，随着经济发展，产业结构逐渐从以第一产业为主导转向以第二产业为主导，进而转向以第三产业为主导。根据干春晖等（2011）的研究，用产业结构高级化衡量产业结构变迁。产业结构高级化（ISO）是指产业结构的升级，用各省市三产增加值和二产增加值的比值来衡量。

本章采用三次指数平均算法，利用 1978~2021 年第二产业增加值和第三产业增加值的时间序列数据进行预测。由于时间序列数据一般具有一定的周期性、波动性与趋势性，可使用三次指数平均算法进行预测。三次指数平均算法将数据序列分为三部分，趋势、周期以及波动，采用这一方法能够对数据进行综合分析，实现动态变化，滤除短期因素，从而准确预测数据的趋势以及变化规律。

假定时间 t 的第二产业增加值为 Ind_t，时间 t 的第二产业增加值预测值为 $\widehat{Ind_t}$，则时间 $t+1$ 的第二产业增加值的一次指数平滑预测数 $\widehat{Ind_{t+1}}$ 为：

$$\widehat{Ind_{t+1}} = \alpha Ind_t + (1-\alpha)\widehat{Ind_t}$$

其中，$0 \le \alpha \le 1$。

在此基础上重复进行指数平滑，得到三次指数平滑预测值，三次指数平滑预测模型为：

$$\widehat{Ind_{t+1}} = a_t + b_t T + c_t T^2$$

其中，

$$a_t = 3\widehat{Ind_t^{(1)}} - 3\widehat{Ind_t^{(2)}} + \widehat{Ind_t^{(3)}}$$

$$b_t = \frac{\alpha}{2(1-\alpha)^2}\left[(6-5\alpha)\widehat{Ind_t^{(1)}} - 2(5-4\alpha)\widehat{Ind_t^{(2)}} + (4-3\alpha)\widehat{Ind_t^{(3)}}\right]$$

$$c_t = \frac{\alpha^2}{2(1-\alpha)^2}\left(\widehat{Ind_t^{(1)}} - 2\widehat{Ind_t^{(2)}} + \widehat{Ind_t^{(3)}}\right)$$

第三产业增加值预测同理。根据预测，2022~2060 年，第二产业增加值、第三产业增加值以及产业结构高级化指标预测结果如表 5-6 所示。第二产业增加值、第三产业增加值、产业结构高级化均呈现出增长的态势，产业结构高级化指数增速呈现先增后减的趋势（见图 5-6）。

表5-6 2022~2060年第二产业、第三产业增加值及产业结构高级化指标预测

年份	第二产业增加值（亿元）	第三产业增加值（亿元）	产业结构高级化（%）
2022	462823	657191.1	1.419962
2025	540660.2	810370.4	1.498853
2030	670389.1	1065669	1.589628
2035	800117.9	1320968	1.650967
2040	929846.7	1576267	1.69519
2045	1059576	1831566	1.728585
2050	1189304	2086865	1.754694
2055	1319033	2342164	1.775667
2060	1448762	2597463	1.792884

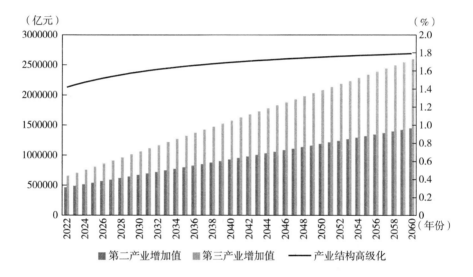

图5-6 2022~2060年第二产业、第三产业增加值及产业结构高级化指标预测

（二）产业结构变动对碳排放的影响预测

产业结构变迁能够影响经济增长方式，从而对碳排放产生影响。依托大数据、物联网、云计算、人工智能等新兴技术产生的数字经济，以智能化、网络化、平台化为特征，利用数据要素的投入实现经济高质量发展，缓解生产要素扭曲，降低市场分割，促进产业结构转型升级，赋能产品创新、提升资源配置效率与生产效率，降低能源使用量，减少碳排放量。本部分从不同发展阶段实证分析产业结构高级化对碳排放的影响。

1. 变量设定

（1）被解释变量。碳排放量：以煤炭、原油、天然气等一次能源消费数据基础，根据IPCC2006计算方法，计算我国30个省、自治区和直辖市（不包含西藏自治区及

港澳台地区）的排放量，并对其进行预测。碳排放强度：每万元 GDP 所排放的碳
（吨）。当前并未有权威部门公开发布全国各省份的碳排量数据，因此参照陈飞和诸大
建（2015）的研究，城市碳排放计算公式表述为：

$$C = P \times \frac{GDP}{P} \times \frac{E}{GDP} \times \frac{CO_2}{E}$$

其中，P 代表区域内常住人口总数；$\frac{GDP}{P}$ 代表人均 GDP；$\frac{E}{GDP}$ 代表单位 GDP 能耗；
$\frac{CO_2}{E}$ 代表碳排放与能耗的转换比，该转换比为 2.46 吨二氧化碳/吨标准煤。

（2）核心解释变量。产业结构高级化（ISO），用各省市三产增加值和二产增加值
的比值指标来衡量。

（3）控制变量。为了更加准确地预测产业结构升级对碳排放的影响，需要有效控
制其他影响因素。根据已有文献，本章选取的控制变量有：①人均地区生产总值（pg-
dp），用地区国民生产总值与年末常住人口的比值。②人口规模（pop），用地区年末常
住人口数来衡量。③能源结构（estr），用煤炭消费量占全部能源消费量的比重来衡量。
④技术创新（rd），从投入和产出两个方面进行评价，投入层面是研发经费支出占地区
国民生产总值的比重作为代理变量（rd_prop），产出层面则使用专利的授权数量
（pat）作为评价指标。⑤对外依存度（fdi），用实际利用外商直接投资额占地区生产总
值的比重衡量。⑥环境规制（envir），用工业污染治理投资额占地区生产总值的比重
衡量。

2. 模型设定

为了深入分析产业结构变迁对碳排放的影响，构建以碳排放量与碳排放强度为被
解释变量，产业结构变迁为核心解释变量，同时包括重要控制变量的实证模型，即：

$$\ln C = \alpha + \beta_{11} \ln ISO_{it} + \beta_{12} \ln X_{it} + \theta_i + \delta_t + \varepsilon_{it}$$

$$\ln I = \alpha + \beta_{21} \ln ISO_{it} + \beta_{22} \ln X_{it} + \theta_i + \delta_t + \varepsilon_{it}$$

其中，C 代表碳排放量，I 代表碳排放强度，ISO_{it} 代表产业结构高级化，X_{it} 代表
一系列重要的控制变量；α 代表常数项；β 代表解释变量与控制变量的系数；i 和 t 分
别代表地区与年份；θ_i 和 δ_t 分别代表个体固定效应与时间固定效应；ε_{it} 代表随机误差
项。为了避免异方差和时间趋势因素对模型的影响，均对变量进行对数处理。

3. 数据来源及描述性统计分析

本部分的实证数据依据 2005~2019 年我国省份面板数据，并在此基础上预测形成
2005~2030 年、2005~2060 年的面板数据，实证分析产业结构升级对碳排放的影响，
由于相关数据不全，剔除西藏、香港、澳门、台湾。本部分被解释变量数据由课题组
成员自行测算与预测得到，解释变量与控制变量的原始数据来自历年《中国统计年鉴》
《中国能源统计年鉴》《中国科技统计年鉴》以及各省市统计年鉴。2005~2019 年变量
的描述性分析如表 5-7 所示。

表 5-7 2005~2019 年变量的描述性分析

变量名称	均值	标准差	最小值	最大值
lnC	10.2768	0.7685	7.3939	11.9285
lnI	0.5391	0.5405	-0.6717	1.7355
lnISO	1.1743	0.6500	0.5271	5.2340
lnpgdp	-7.9581	0.6499	-9.8310	-6.4118
lnpop	8.1793	0.7476	6.2971	9.3519
lnestr	0.4289	0.15530	0.0121	0.7601
lnrd_prop	10.5260	1.4529	6.0936	13.6019
lnrd_pat	10.0966	1.3939	6.2186	13.1757
lnfdi	-5.8877	0.8057	-7.6001	-4.1126
lnenvir	-6.9822	0.8439	-10.7894	-4.5068

4. 实证结果

根据上述回归模型,本章利用面板分析方法分析产业转型升级对碳排放量的影响,实证结果如表 5-8 所示。表 5-8 的列(1)至列(2)显示的是 2005~2030 年的实证结果,列(3)至列(4)显示的是 2005~2060 年的实证结果。研究发现,产业结构升级能在不同程度上降低碳排放量。

表 5-8 产业转型升级对碳排放量的实证分析

变量	2005~2030 年		2005~2060 年	
	(1)	(2)	(3)	(4)
lnISO	-0.0927***	-0.0184*	-0.0930***	-0.1540***
	(0.0481)	(0.0103)	(0.01894)	(0.0141)
lnpgdp		0.0537***		0.0213***
		(0.0113)		(0.0026)
lnpop		0.3310*		0.0237***
		(0.1690)		(0.0037)
lnestr		0.0234***		0.1103***
		(0.094)		(0.0311)
lnrd_prop		-0.1383		-0.0844
		(0.1285)		(0.0603)
lnrd_pat		-1.1001***		-1.0343***
		(0.1287)		(0.2617)
lnfdi		-0.1123		-0.1739***
		(0.0779)		(0.0376)

变量	2005~2030 年		2005~2060 年	
	（1）	（2）	（3）	（4）
lnenvir		-1.2171***		-1.1262***
		(0.1595)		(0.3890)
常数项	1.3328***	-4.9394***	1.5183***	-4.2756***
	(0.4994)	(1.3502)	(0.1997)	(1.6729)
R^2	0.0593	0.4372	0.1035	0.5827
观测值	780	780	1680	1680

注：①括号内的数值为标准误；②***、**和*分别代表通过1%、5%和10%显著性水平的检验。

2005~2030 年的基准实证结果如下：

$\ln C = 1.3328 - 0.0927 \ln ISO_{it} + \varepsilon_{it}$

纳入控制变量的实证结果如下：

$\ln C = -4.9394 - 0.0184 \ln ISO_{it} + 0.0537 \ln PGDP_{it} + 0.3310 \ln POP_{it} + 0.0234 \ln ESTR_{it} -$
$0.1383 \ln RD_{PROP_{it}} - 1.1001 \ln RD_{PAT_{it}} - 0.1123 \ln FDI_{it} - 1.2171 \ln ENVIR_{it} + \varepsilon_{it}$

2005~2060 年的基准实证结果如下：

$\ln C = 1.5183 - 0.0930 \ln ISO_{it} + \varepsilon_{it}$

纳入控制变量的实证结果如下：

$\ln C = -4.2756 - 0.1540 \ln ISO_{it} + 0.0213 \ln PGDP_{it} + 0.0237 \ln POP_{it} + 0.1103 \ln ESTR_{it} -$
$0.0844 \ln RD_{PROP_{it}} - 1.0343 \ln RD_{PAT_{it}} - 0.1739 \ln FDI_{it} - 1.1262 \ln ENVIR_{it} + \varepsilon_{it}$

本章利用面板分析方法分析产业转型升级对碳排放强度的影响，实证结果如表5-9所示。表5-9的列（1）至列（2）显示的是2005~2030年的实证结果，列（3）至列（4）显示的是2005~2060年的实证结果。研究发现，产业结构升级能在不同程度上降低碳排放强度。

2005~2030 年的基准实证结果如下：

$\ln I = 0.3676 - 0.0519 \ln ISO_{it} + \varepsilon_{it}$

纳入控制变量的实证结果如下：

$\ln I = -3.9400 - 0.0295 \ln ISO_{it} + 0.3248 \ln PGDP_{it} + 0.1508 \ln POP_{it} + 0.2665 \ln ESTR_{it} -$
$0.2878 \ln RD_{PROP_{it}} - 0.6815 \ln RD_{PAT_{it}} - 0.1317 \ln FDI_{it} - 0.0156 \ln ENVIR_{it} + \varepsilon_{it}$

2005~2060 年的基准实证结果如下：

$\ln I = 0.4984 - 0.0590 \ln ISO_{it} + \varepsilon_{it}$

纳入控制变量的实证结果如下：

$\ln I = -3.8118 - 0.0334 \ln ISO_{it} + 0.2538 \ln PGDP_{it} + 0.0550 \ln POP_{it} + 0.2270 \ln ESTR_{it} -$
$0.2210 \ln RD_{PROP_{it}} - 0.7358 \ln RD_{PAT_{it}} - 0.1202 \ln FDI_{it} - 0.0875 + \varepsilon_{it}$

表 5-9 产业转型升级对碳排放强度的实证分析

变量	2005~2030 年		2005~2060 年	
	（1）	（2）	（3）	（4）
lnISO	−0.0519 ***	−0.0295 **	−0.0590 ***	−0.0334 **
	（0.0154）	（0.0140）	（0.0134）	（0.0146）
lnpgdp		0.3248 ***		0.2538 *
		（0.0698）		（0.1174）
lnpop		0.1508 *		0.0550 *
		（0.0853）		（0.0302）
lnestr		0.2665 **		0.2270 *
		（0.1021）		（0.1230）
lnrd_prop		−0.2878		−0.2210 *
		（0.1944）		（0.1251）
lnrd_pat		−0.6815 **		−0.7358 *
		（0.2776）		（0.3943）
lnfdi		−0.1317		−0.1202
		（0.0889）		（0.0745）
lnenvir		−0.0156		−0.0875 **
		（0.0242）		（0.0388）
常数项	0.3676 ***	−3.9400 **	0.4984 ***	−3.8118 ***
	（0.0307）	（1.4941）	（0.0307）	（0.0307）
R^2	0.2513	0.5933	0.2472	0.4856
观测值	780	780	1680	1680

注：①括号内的数值为标准误；②***、**和*分别代表通过1%、5%和10%显著性水平的检验。

（三）小结

第一，发展绿色低碳产业，为2030年前碳达峰、2060年前碳中和奠定基础。绿色制造对实现我国新时代生态文明建设具有重要意义，但绿色制造与绿色创新具有短期高成本性与长期高回报性。在环境规制政策较弱的情况下，不能满足激励政策对企业创新的激励作用；在环境规制政策过强的情况下，会迫使企业转移生产，向环境规制相对松弛的地区转移。

第二，促进传统产业转型升级、新兴产业绿色发展，为我国制造业的绿色可持续发展提供思路。发达国家推出重振制造业"再工业化"战略，将对我国基础和实力薄弱的高端制造业造成新的冲击，新兴国家和一些发展中国家利用低成本优势，成为中低端制造业新的转移方向，我国制造业面临发达国家蓄势占优、新兴经济体追赶比拼、绿色发展约束的三重挑战。促进传统产业转型升级，增强产业核心竞争力，应对新一轮科技革命和产业变革的机遇与挑战，实现制造业的绿色可持续发展。

第三，完善创新政策体系，为产业转型升级提供基础。要发展绿色制造，要更加注重绿色技术创新，要提升绿色创新能力，就必须加强绿色制造、绿色创新系统协调发展的顶层设计，不能简单依靠绿色创新投入规模驱动的粗放型发展，而应该加强制造业绿色创新质量提升、效益提高的内涵发展，提升制造业绿色创新系统的整体绩效水平。

五、数字经济发展对碳排放影响的实证分析

"双碳"目标的提出，是我国新发展阶段全面贯彻"绿水青山就是金山银山"新发展理念的必然之举，优化产业结构、转变生产方式、促进产业绿色低碳转型是当前经济和产业高质量发展的主旋律。

新一轮科技革命和产业变革在全球深入发展，以云计算、大数据、物联网、人工智能等先进数字技术为基础的数字经济蓬勃发展，逐渐衍生出"新产业、新业态、新模式、新技术"四新经济，成为全球经济增长的重要驱动力。世界各国纷纷出台长期数字化发展战略，大力加快发展数字经济，力求抢跑数字化赛道，赢得未来经济发展和国际竞争的主动权。2023年2月，中共中央、国务院印发了《数字中国建设整体布局规划》，强调了加快数字中国建设的重要意义和深远影响。

在此背景下，数字经济发展逐渐成为产业间的"润滑剂"，数字产业化和产业数字化作为数字经济的重要内涵：一方面，数字经济发展不断催生出新产业、新业态、新模式，推动着产业结构向高级化转型升级；另一方面，数字经济本身自带"平台化"属性特征，促使不同产业之间的有效经济联系得到了前所未有的增强。与此同时，数字经济与实体经济和传统产业融合发展，生产要素流动性增强、在产业之间的配置更加高效合理，新兴数字产业的不断涌现与传统产业的数字化转型过程必然会带来产业结构的新一轮调整。因此，基于前文文献综述与现实经验证据，本章有理由推测，数字经济发展、产业结构变动和碳排放水平必然存在着密不可分的关系。数字经济发展和产业数字化短时间内真的能够带来产业结构升级调整吗？能够抑制碳排放吗？如果确实存在显著的抑制效应，数字经济发展和碳排放水平变化之间是通过什么路径机制发生联系的？为了厘清三者之间的关系以及进一步验证数字化和绿色化协同发展的可行性，本部分将数字经济、产业结构、碳排放水平三者纳入同一个研究框架中进行分析，并提出以下四条假设在后文实证分析中逐一进行验证：

H1：数字经济发展能够抑制碳排放水平提升。

H2：数字经济发展能够带来产业结构升级转型。

H3：产业结构升级能够抑制碳排放水平提升。

H4：产业结构升级是数字经济赋能碳排放水平降低的重要路径。

（一）模型设计

首先，考察数字经济发展与碳排放水平之间的关系，本章构建地区和时间双向固定效应计量模型：

$$C_{it} = \alpha_0 + \alpha_1 DI_{it} + \alpha_2 X_{it} + \mu_i + \vartheta_t + \varepsilon_{it} \tag{5-1}$$

其中，i 和 t 分别代表省份和年份；C 代表碳排放水平；DI 代表数字经济发展水平；X 代表本章选取的一系列控制变量，涉及经济发展、对外开放、城镇化、能源消费等影响地区碳排放水平变化的因素；μ_i 和 ϑ_t 代表不可观测的地区固定效应和时间固定效应，ε_{it} 代表随机误差项。其中，α_1 是本章重点关注的核心结果，如果 α_1 显著小于零，那么 H1 将得到验证，即数字经济发展能够显著抑制碳排放水平的提升。

其次，考察产业结构变动与碳排放水平之间的关系，同样构建地区和时间的双向固定效应回归模型：

$$C_{it} = \rho_0 + \rho_1 IS_{it} + \rho_2 X_{it} + \mu_i + \vartheta_t + \varepsilon_{it} \tag{5-2}$$

模型（2）中，IS 代表产业结构变量，其余变量含义同式（5-1）。本章将重点关注 ρ_1 的正负性和显著性，验证 H2 中所述的产业结构对于碳排放水平变化的影响。

最后，考察数字经济、产业结构与碳排放水平三者之间的关系，基于前文假设，根据 Baron 和 Kenny（1986）提出的中介效应模型，使用温忠麟和叶宝娟（2014）提出的逐步检验回归系数方法，进一步探讨产业结构作为机制变量在数字经济发展影响碳排放水平变化过程中的传导作用。

$$IS_{it} = \beta_0 + \beta_1 DI_{it} + \beta_2 X_{it} + \mu_i + \vartheta_t + \varepsilon_{it} \tag{5-3}$$

$$C_{it} = \gamma_0 + \gamma_1 DI_{it} + \gamma_2 IS_{it} + \gamma_3 X_{it} + \mu_i + \vartheta_t + \varepsilon_{it} \tag{5-4}$$

其中，IS 代表产业结构变量，其余变量含义同式（5-1）和式（5-2）。如果式（5-3）中的回归系数 β_1 显著为正，那么表明数字经济发展会带来产业结构升级，即验证了 H3；如果式（5-4）中的回归系数 γ_1 显著为负，那么表明数字经济发展通过促进产业结构升级来抑制碳排放水平，即验证了 H4。

（二）变量设定

1. 被解释变量：碳排放水平（CI）

常见的衡量碳排放水平的指标为碳排放量和碳强度两种。

一是碳排放量，本章所指均为直接碳排放量，即以煤炭、焦炭、原油、天然气等一次能源消费数据基础，根据《IPCC 2006 年国家温室气体排放清单指南》计算方法计算得出，具体与前文保持一致，此处不再赘述。

二是碳排放强度，$\dfrac{co_2}{GDP}$，即单位 GDP 的二氧化碳排放量。

考虑将碳排放进行分解：

$$co_2 = P \times \frac{GDP}{P} \times \frac{co_2}{GDP}$$

两边取对数：

$$co_2' = P' \times \frac{GDP}{P} \times \frac{co_2}{GDP} + P \times \left(\frac{GDP}{P}\right)' \times \frac{co_2}{GDP} + P \times \frac{GDP}{P} \times \left(\frac{co_2}{GDP}\right)'$$

即：

$$co_2' = P' \times \frac{co_2}{P} + \left(\frac{GDP}{P}\right)' \times \frac{P \times co_2}{GDP} + GDP \times \left(\frac{co_2}{GDP}\right)'$$

在"双碳"目标背景下，若想要实现 2030 年前碳达峰之后碳排放水平下降，则必须实现 $co_2' \leq 0$，那么在 $\frac{co_2}{P} > 0$、$\frac{P \times co_2}{GDP} > 0$、$GDP > 0$，以及人口正增长 $P' > 0$、人均 GDP 正增长 $\left(\frac{GDP}{P}\right)' > 0$ 的前提下，需要 $\left(\frac{co_2}{GDP}\right)' \leq 0$。

通过以上分析不难看出，碳强度指标的变化直接影响着"双碳"目标实现的顺利与否，因此，为了本章能够更好预测碳排放水平变化情形和预判"双碳"目标的实现路径，本部分将被解释变量碳排放水平（CI）定义为碳排放强度。

此外，为全面探讨数字经济发展对于碳排放水平的影响，本部分还使用制造业行业层面数据进一步印证，其中涉及的制造业碳排放强度（CI_manufacture）使用单位制造业增加值所产生的碳排放量来衡量。

2. 解释变量：数字经济发展水平（DI）

随着数字经济发展不断深入，国内外众多科研机构、学者都尝试采用不同方法测度数字经济规模和发展水平，结合本国国情及省级层面的数据可获得性，参考葛和平和吴福象（2021）、黎新伍等（2022）最新研究成果，本部分从数字基础设施、发展潜力、应用能力、发展环境等方面选取指标，标准化后使用主成分分析法量化得到各省份数字经济发展水平（DI），评估 30 个省份在 2011~2020 年数字经济发展情况。表5-10 列示了通过主成分分析法构建数字经济发展水平指数（DI）涉及的相关指标和各自权重。

表 5-10　数字经济发展水平指数构建

数字经济发展指标	权重
普惠金融指数	0.6716
信息传输、计算机服务和软件业就业人数（万人）	0.1896
互联网宽带接入用户数（万户）	0.0865
移动电话用户数（万人）	0.0358
电信业务收入（万元）	0.0166

表 5-11 列示了 30 个省份在本章研究区间内部分年份数字经济发展水平指数情况。

表 5-11　2011~2020 年部分年份数字经济发展水平指数（DI）

省份	2011 年	2015 年	2020 年	省份	2011 年	2015 年	2020 年
北京	0.672	0.769	0.892	河南	0.492	0.554	0.655
天津	0.541	0.585	0.710	湖北	0.513	0.569	0.663
河北	0.516	0.567	0.664	湖南	0.501	0.550	0.650
山西	0.517	0.578	0.665	广东	0.562	0.626	0.713

续表

省份	2011 年	2015 年	2020 年	省份	2011 年	2015 年	2020 年
内蒙古	0.540	0.582	0.675	广西	0.501	0.553	0.660
辽宁	0.544	0.598	0.676	海南	0.521	0.582	0.686
吉林	0.531	0.585	0.660	重庆	0.510	0.576	0.679
黑龙江	0.511	0.578	0.666	四川	0.504	0.580	0.681
上海	0.583	0.663	0.811	贵州	0.496	0.548	0.659
江苏	0.539	0.609	0.710	云南	0.497	0.555	0.658
浙江	0.566	0.637	0.741	西藏	0.495	0.553	0.655
安徽	0.497	0.555	0.657	陕西	0.533	0.587	0.694
福建	0.547	0.607	0.693	甘肃	0.497	0.555	0.665
江西	0.492	0.552	0.643	青海	0.523	0.567	0.672
山东	0.518	0.581	0.660	宁夏	0.519	0.570	0.684

资料来源：作者自测。

3. 机制变量

（1）产业结构变量（IS）。本部分使用各省份第三产业增加值和第二产业增加值之比来衡量产业结构升级程度，根据克拉克定理，随着经济发展和人均国民收入水平提升，国民收入和劳动力的相对比重会依次从第一产业转移到第二、第三产业，该比重越高，认为产业结构升级程度越高。

（2）制造业内部结构变量（IS_manu）。使用各地区高耗能制造业细分行业（包括化学原料及化学制品制造业、黑色金属冶炼及压延加工业、有色金属冶炼及压延加工业、非金属矿物制品业、石油加工炼焦及核燃料加工业）增加值占制造业总增加值的比重来衡量，该指标是负向指标，该比重越低，一般来说认为制造业更加低碳、清洁、绿色。

4. 控制变量

为更精准地评估数字经济发展、产业结构变动与碳排放之间的关系，有效控制其他因素的影响，在查阅相关文献资料的基础上，本部分选取经济发展、能源结构、技术创新、对外开放、环境规制等方面指标：①经济增长（pgdp），采用人均地区生产总值来衡量，即地区国民生产总值与年末常住人口的比值；②能源结构（estr），采用煤炭消费量占全部能源消费量的比重来衡量；③技术创新（pat），采用地区每万人发明专利申请量作为代理变量；④对外开放（fdi），使用地区外商投资额占地区生产总值的比重来衡量；⑤环境规制（gov），采用工业污染治理投资额占地区生产总值的比重来衡量。

为减小异方差对模型回归的影响，本章对被解释变量碳排放强度（CI、CI_manu）和经济增长（pgdp）、技术创新（pat）等控制变量做对数化处理，表5-12为所涉及变量的描述性统计结果。

表 5-12　主要变量描述性统计结果

变量类型	变量名称	均值	标准差	最小值	中位数	最大值
解释变量	DI	0.60	0.066	0.4916936	0.5862607	0.8916935
被解释变量	CI	5.05	0.765	2.993882	4.996453	7.103456
	CI_manu	3.77	0.862	1.00987	3.753544	5.442421
机制变量	IS	1.32	0.714	0.6381	1.17105	4.894
	IS_manu	0.39	0.175	0.0952466	0.3511951	0.7772898
控制变量	pgdp	10.79	0.435	9.907679	10.74547	11.94015
	estr	0.39	0.148	0.0071068	0.4027337	0.6867665
	fdi	1.92	1.517	0	1.668781	7.95938
	gov	0.11	0.108	0.0009038	0.0806218	0.9919698
	pat	-0.02	1.092	-2.093925	-0.1772469	3.363766

（三）实证分析

本章使用 2011~2019 年我国 30 个省份（考虑到数据可获得性，不包含西藏、香港、澳门、台湾）的面板数据，通过计量实证分析方法来探讨数字经济发展、产业结构变动与碳排放水平之间的关系。

1. 数字经济发展与碳排放

本部分探讨数字经济发展与碳排放之间的关系，依据模型（1），控制地区固定效应和时间固定效应，进行拟合回归分析，结果如表 5-13 所示。

表 5-13　数字经济发展对碳排放影响的回归

变量	(1) CI	(2) CI	(3) CI_manu	(4) CI_manu
DI	-7.1260*** (1.3988)	-6.1330*** (1.0962)	-8.0069*** (1.9859)	-7.1856*** (1.7989)
pgdp		-1.4683*** (0.2130)		-1.2355*** (0.2816)
estr		0.7317*** (0.2133)		0.8913** (0.3723)
pat		-0.0156 (0.0435)		-0.0052 (0.0800)
fdi		-0.0072 (0.0116)		-0.0473** (0.0190)
gov		-0.2623*** (0.0887)		-0.2462* (0.1451)

变量	(1)	(2)	(3)	(4)
	CI	CI	CI_manu	CI_manu
观测数	267	267	270	267
R^2	0.9735	0.9833	0.9580	0.9668

注：①括号内的数值为标准误；②***、**和*分别代表通过1%、5%和10%显著性水平的检验。

根据表5-13的模型回归结果，发现模型整体拟合优度较好，无论控制变量加入与否，核心解释变量数字经济发展指数（DI）的估计系数始终显著为负，表明数字经济发展确实显著抑制了地区碳排放强度的提升，列（3）至列（4）结果表明抑制作用在制造业产业层面同样存在，且相较于地区总体来看，这种抑制作用更加明显，核心解释变量DI前的系数绝对值更大（验证了H1）。数字经济发展有利于碳排放量的降低和减少由于经济高速发展而对生态环境造成的负面影响。此外，还需关注的是，回归中代表经济发展水平的人均地区生产总值前的系数一直显著为负，这与常识似乎不符，尝试分析该现象背后的原因：本章研究区间为2011~2020年，此时绿色发展、可持续发展理念已经逐渐深入人心，我国经济发展方式开始从粗放型、单一型向集约型、环境友好型转变，根据EKC曲线规律，从长期来看经济发展与碳排放之间的关系将呈现倒"U"形，已有研究也证实了中国碳排放EKC曲线的存在（林伯强等，2009；许广月，2010；Dong et al.，2018；施锦芳、吴学艳，2017），那么本部分合理探讨在本章研究区间内已经开始进入倒"U"形曲线的右半段。其余控制变量的回归系数表现大体符合预期，如能源结构的系数始终显著为正且数值较大，表明煤炭等非清洁能源占比越高，越加剧碳排放，未来提升清洁能源在能源消费中的占比应是降低碳排放水平的重要一步。

2. 产业结构与碳排放

为了验证产业结构变量与碳排放之间的关系，本部分根据模型（2）进行回归估计，结果如表5-14所示。列（1）回归结果展示了地区总体产业结构变化对地区碳排放水平的影响，表明我国产业结构向高级化转型的过程促进了地区碳排放水平的降低；列（2）结果展示了制造业内部结构变化对于制造业碳排放水平的影响，表明随着重污染行业占比下降，制造业内部产业结构逐渐走向绿色化、清洁化，制造业碳排放水平随之下降（验证了H2）。

表5-14 产业结构变动对碳排放影响的回归

变量	(1) CI	(2) CI_manu
IS	−0.2609***	
	(0.0777)	
pgdp	−1.7105***	−1.2929***
	(0.2298)	(0.2768)

变量	(1) CI	(2) CI_manu
estr	0.7946*** (0.2314)	0.6474 (0.4209)
pat	−0.0620 (0.0535)	−0.0209 (0.0806)
fdi	−0.0032 (0.0114)	−0.0363* (0.0193)
gov	−0.1773** (0.0868)	−0.2025 (0.1524)
IS_manu		1.0456* (0.6225)
观测数	267	267
R²	0.9818	0.9671

注：①括号内的数值为标准误；②***、**和*分别代表通过1%、5%和10%显著性水平的检验。

剖析产业结构变动对碳排放产生影响的作用原理，可得出以下结论：一是能源需求层面，各产业本身有十分明显的能源需求差异，不同产业能源消耗和碳排放系数多有不同，一般来说第一、第二产业中高能耗、高排放行业较多，第三产业中则多数为低能耗、低排放产业，而产业结构高级化意味着第三产业占比会日渐增大，由此可知，总体能耗和排放自然随之下降。二是能源消费层面，产业升级能够带来能源消费结构的后续升级，大规模清洁能源逐渐进入市场并在生产生活中广泛应用，一步步完成对传统不可再生能源的替代，这能够有效降低能源消耗和碳排放。三是要素配置层面，产业结构可以被当作市场经济投入和产出的"环境控制器"，产业结构升级不仅能够促进产业内部、更能促进产业之间生产要素的自由流动，缩短资本、劳动、技术要素流向企业的路径，减少过程中的能源消耗和碳排放，从而提升整个经济体的资源能源配置效率，在此基础上实现经济绿色低碳转型。

3. 机制分析：数字经济发展、产业结构变动与碳排放研究框架

进一步地，使用逐步回归法检验模型（3）和模型（4），分析数字经济发展是否能够通过影响产业结构变动而对碳排放水平产生影响，表5-15列出了机制检验结果。由于篇幅限制，表5-15中并未列出控制变量回归系数。

表5-15列（1）、列（3）分别展示了数字经济发展水平对地区碳排放水平和制造业碳排放水平影响的基准回归结果，在此基础上，列（2）至列（6）检验了产业结构和制造业内部结构变动在这种影响中的机制作用。列（2）、列（5）结果显示，DI前的系数在1%的显著性水平上分别显著为正和显著为负，说明数字经济发展水平越高，对地区产业结构升级和对制造业内部结构升级的推动作用越大。列（3）、列（6）结果

显示,在回归中考虑了产业结构的影响之后,DI 依然与地区碳排放强度和制造业碳排放强度具有显著的负向关系,同时产业结构变量(IS)、制造业内部结构变量(IS_manu)指标前的系数分别显著为负和显著为正,进一步印证了数字经济发展通过促进产业结构升级而实现了对碳排放的抑制作用,产业结构转型升级是数字经济赋能地区和产业绿色低碳发展的重要路径之一,至此,H3、H4 均得到验证。

表 5-15 数字经济发展、产业结构变动与碳排放之间关系的回归

变量	(1)	(2)	(3)	(4)	(5)	(6)
	CI	IS	CI	CI_manu	IS_manu	CI_manu
DI	−6.1330***	5.1341***	−5.3837***	−7.1856***	−1.0353**	−6.4908***
	(1.0962)	(1.0042)	(1.1296)	(1.7989)	(0.5207)	(1.9645)
IS			−0.1415**			
			(0.0705)			
IS_manu						0.9558*
						(0.5416)
控制变量	控制	控制	控制	控制	控制	控制
地区固定效应	控制	控制	控制	控制	控制	控制
时间固定效应	控制	控制	控制	控制	控制	控制
观测数	267	297	267	267	297	267
R^2	0.9833	0.9819	0.9836	0.9668	0.9339	0.9693

注:①括号内的数值为标准误;②***、**和*分别代表通过1%、5%和10%显著性水平的检验。

此外,本部分还使用 Bootstrap 有放回抽样检验方法对机制的直接效应和间接效应进行检验,温忠麟和叶宝娟(2014)研究认为 Bootstrap 与其他中介效应检验方法相比具有较高的统计效力,结果显示,Bootstrap_BS1、Bootstrap_BS2 的置信区间结果都不包含 0,在经济整体层面和制造业行业层面均显著拒绝原假设,进一步有力地验证了机制存在。

(四)研究结论

本部分研究在参考前人文献和总结经验事实的基础之上,提出了四条关于数字经济发展、产业结构变动与碳排放之间关系的假设,通过双向固定效应模型、中介效应模型等计量分析方法一一进行验证,详细论证了数字经济发展对于产业结构升级和绿色低碳转型的重要作用,明晰了"双碳"目标背景下产业结构调整和数字化、绿色化融合发展的紧迫性。主要结论如下:

(1)数字经济发展对碳排放存在显著的抑制作用,且这种作用效果在地区层面和制造业行业层面同样显著。数字经济是降低碳排放水平、实现经济绿色转型的重要引擎,发挥好数字经济的赋能作用对于未来产业绿色发展和达成"双碳"目标至关重要。

（2）产业结构升级对碳排放同样存在抑制效果，且这种作用效果在地区和制造业行业层面同样显著。尽管并没有数字经济发展的抑制作用明显，但产业结构升级对于碳排放的作用效果是负向且显著的，本章从能源需求、能源消费和要素配置三个层面分析了产业结构变动对碳排放的影响。

（3）数字经济发展不仅能直接影响碳减排，还会通过促进产业结构和制造业内部结构升级带来地区和行业层面碳排放水平的降低。本部分在将数字经济发展、产业结构变动、碳排放同时纳入一个分析框架之后，通过中介效应模型进行机制检验，结果发现，产业结构可以说是数字经济发展和"双碳"目标之间的"桥梁"，即数字经济发展通过促进产业结构升级促进碳减排，产业结构可以与数字经济发展形成合力，共同助力地区和行业层面顺利实现"双碳"目标。

相应地，政策启示如下：

（1）充分发挥数字经济的引领作用。积极推进数字基础设施建设、加快数字网络技术应用等，构建全行业的碳排放全流程数字化管理体系，助力实现经济数字化绿色化协同发展和数字碳中和。

（2）发挥产业结构升级的中介作用。加速数字经济与实体经济深度融合，将数字技术充分融入传统工业生产过程中。一方面，不断鼓励发展环境友好的新产业、新业态、新模式；另一方面，利用数字技术为传统高耗能行业提供行之有效的绿色解决方案，向其注入新动能，不断将低端产业高端化，优化产业布局，促进产业间协调发展，最终实现"双碳"目标和经济绿色低碳转型与可持续发展。

参考文献

［1］Ang B W，Zhang F Q. A survey of index decomposition analysis in energy and environmental studies［J］. Energy，2000，25（12）：1149-1176.

［2］Ang B W. Decomposition analysis for policy making in energy：Which is the preferred method［J］. Energy Policy，2004，32（9）：1131-1139.

［3］Baron R M，Kenny D A. The moderator-mediator variable distinction in social psychological research：Conceptual，strategic，and statistical considerations［J］. Chapman and Hall，1986，51（6）：1173-1182.

［4］Dong F，Yu B，Hadachin T，et al. Drivers of carbon emission intensity change in China［J］. Resources，Conservation and Recycling，2018（129）：187-201.

［5］Jiang M，An H，Gao X. Adjusting the global industrial structure for minimizing global carbon emissions：A network-based multi-objective optimization approach［J］. Science of The Total Environment，2022（829）：154653.

［6］Li Y. Path-breaking industrial development reduces carbon emissions：Evidence from Chinese Provinces，1999-2011［J］. Energy Policy，2022（167）：113046.

［7］Lin B，Guan C. Evaluation and determinants of total unified efficiency of China's manufacturing sector under the carbon neutrality target［J］. Energy Economics，2023，119（5）.

［8］Shahiduzzaman M, Layton A, Alam K. Decomposition of energy-related CO_2 emissions in Australia：Challenges and policy implications ［J］. Economic Analysis and Policy, 2015（45）：100-111.

［9］Shuxing C, Denglong D, et al. Digital economy, industrial structure, and carbon emissions：An empirical study based on a provincial panel data set from China ［J］. Chinese Journal of Population, Resources and Environment, 2022（20）：316-323.

［10］Song C, Zhang Z, Xu W, et al. The spatial effect of industrial transfer on carbon emissions under firm location decision：A carbon neutrality perspective ［J］. Journal of Environmental Management, 2023（330）：117139.

［11］Sun J, Li G, Wang Z. Optimizing China's energy consumption structure under energy and carbon constraints ［J］. Structural Change and Economic Dynamics, 2018, 47（12）：57-72.

［12］Yu Y, Zhang N. Does industrial transfer policy mitigate carbon emissions? Evidence from a quasi-natural experiment in China ［J］. Journal of Environmental Management, 2022（307）：114526.

［13］Yu Z, Jiang S, Cheshmehzangi A, et al. Agricultural restructuring for reducing carbon emissions from residents' dietary consumption in China ［J］. Journal of Cleaner Production, 2023（387）：135948.

［14］Zhang J, Shen J, Xu L, et al. The CO_2 emission reduction path towards carbon neutrality in the Chinese steel industry：A review ［J］. Environmental Impact Assessment Review, 2023（99）：107017.

［15］Zhang Q, Yang J, Sun Z, et al. Analyzing the impact factors of energy-related CO_2 emissions in China：What can spatial panel regressions tell us? ［J］. Journal of Cleaner Production, 2017（16）：1085-1093.

［16］Zhangqi Z, Zhuli C, Lingyun H, et al. Technological innovation, industrial structural change and carbon emission transferring via trade——An agent-based modeling approach ［J］. Technovation, 2022（10）：102350.

［17］Zhao J, Jiang Q, Dong X, et al. How does industrial structure adjustment reduce CO_2 emissions? Spatial and mediation effects analysis for China ［J］. Energy Economics, 2022（105）：105704.

［18］包思勤. "双碳"背景下内蒙古产业结构战略性调整思路探讨 ［J］. 内蒙古社会科学, 2021, 42（5）：199-206.

［19］曹广喜, 张力. 碳达峰目标下江苏省重点行业碳排放量的影响因素分析及趋势预测 ［J］. 阅江学刊, 2022, 14（1）：129-140+175.

［20］曹军文, 郑云, 张文强, 等. 能源互联网推动下的氢能发展 ［J］. 清华大学学报（自然科学版）, 2021, 61（4）：302-311.

［21］曹俊文, 张钰玲. 中国省域碳排放特征与碳减排路径研究 ［J］. 生态经济,

2022, 38 (8)：13-19.

[22] 查道中，祁鹏．中国区域碳排放的影响因素及其空间溢出效应分析 [J]．淮北师范大学学报（哲学社会科学版），2022，43 (4)：37-42+97.

[23] 陈心中．能源基础知识 [M]．北京：能源出版社，1984.

[24] 陈雪梅，周斌．产业结构升级对分部门碳排放的时变影响 [J]．技术经济与管理研究，2022 (6)：123-128.

[25] 陈燕和．我国省域碳排放绩效差异及影响因素研究——基于非期望产出的SBM 模型及 Malmquist 指数分解 [J]．海南金融，2022 (9)：42-57.

[26] 程叶青，王哲野，张守志，等．中国能源消费碳排放强度及其影响因素的空间计量 [J]．地理学报，2013，68 (10)：1418-1431.

[27] 方行明，何春丽，张蓓．世界能源演进路径与中国能源结构的转型 [J]．政治经济学评论，2019，10 (2)：178-201.

[28] 付华，李国平，朱婷．中国制造业行业碳排放：行业差异与驱动因素分解 [J]．改革，2021 (5)：38-52.

[29] 干春晖，郑若谷，余典范．中国产业结构变迁对经济增长和波动的影响 [J]．经济研究，2011，46 (5)：4-16+31.

[30] 葛和平，吴福象．数字经济赋能经济高质量发展：理论机制与经验证据 [J]．南京社会科学，2021 (1)：10.

[31] 葛立宇，莫龙炯，黄念兵．数字经济发展、产业结构升级与城市碳排放 [J]．现代财经（天津财经大学学报），2022 (10)：20-37.

[32] 龚新蜀，夏钰，侯敬媛，等．产业集聚与碳排放：促进还是抑制？——基于中国省级层面的经验证据 [J]．新疆农垦经济，2022 (3)：71-78.

[33] 关睢文，周琪，毛保华．碳排放控制的国际比较及经验借鉴 [J]．交通运输系统工程与信息，2022，22 (6)：281-290.

[34] 郭朝先．产业结构变动对中国碳排放的影响 [J]．中国人口·资源与环境，2012，22 (7)：15-20.

[35] 郭朝先．中国二氧化碳排放增长因素分析——基于SDA 分解技术 [J]．中国工业经济，2010 (12)：47-56.

[36] 郭朝先．中国碳排放因素分解：基于LMDI 分解技术 [J]．中国人口·资源与环境，2010，20 (12)：4-9.

[37] 郭茹，田博文，吕爽．基于SBM 模型的区域碳排放效率评估研究 [J]．能源环境保护，2022，36 (5)：13-17.

[38] 国涓，王玲，孙平．中国区域能源消费强度的影响因素分析 [J]．资源科学，2009，31 (2)：205-213.

[39] 国务院发展研究中心"绿化中国金融体系"课题组，张承惠，谢孟哲，等．发展中国绿色金融的逻辑与框架 [J]．金融论坛，2016，21 (2)：17-28.

[40] 何立华，杨盼，蒙雁琳，等．能源结构优化对低碳山东的贡献潜力 [J]．中

国人口·资源与环境, 2015, 25 (6): 89-97.

[41] 黎新伍, 黎宁, 谢云飞. 数字经济, 制造业集聚与碳生产率 [J]. 中南财经政法大学学报, 2022 (6): 131-145.

[42] 李国平, 吕爽. 京津冀跨域治理和协同发展的重大政策实践 [J]. 经济地理, 2023, 43 (1): 26-33.

[43] 李辉, 庞博, 朱法华, 等. 碳减排背景下我国与世界主要能源消费国能源消费结构与模式对比 [J]. 环境科学, 2022, 43 (11): 5294-5304.

[44] 李健, 周慧. 中国碳排放强度与产业结构的关联分析 [J]. 中国人口·资源与环境, 2012, 22 (1): 7-14.

[45] 李锴, 齐绍洲. 碳减排政策与工业结构低碳升级 [J]. 暨南大学学报 (哲学社会科学版), 2020, 42 (12): 102-116.

[46] 李强, 左静娴. 基于 STIRPAT 模型的长江经济带碳排放峰值预测研究 [J]. 东北农业大学学报 (社会科学版), 2017, 15 (5): 53-58.

[47] 李炎丽, 梁浩, 梁保松. 河南省碳排放因素分解及关联分析 [J]. 河南农业大学学报, 2011, 45 (5): 605-610.

[48] 林伯强, 蒋竺均. 中国二氧化碳的环境库兹涅茨曲线预测及影响因素分析 [J]. 管理世界, 2009 (4): 10.

[49] 柳亚琴, 孙薇, 朱治双. 碳市场对能源结构低碳转型的影响及作用路径 [J]. 中国环境科学, 2022, 42 (9): 4369-4379.

[50] 马伟波, 赵立君, 王楠, 等. 长三角城市群减污降碳驱动因素研究 [J]. 生态与农村环境学报, 2022, 38 (10): 1273-1281.

[51] 牛鸿蕾. 中国工业结构调整对碳排放的关联效应测算分析 [J]. 工业技术经济, 2014, 33 (2): 22-31.

[52] 欧阳志远, 史作廷, 石敏俊, 等. "碳达峰碳中和": 挑战与对策 [J]. 河北经贸大学学报, 2021, 42 (5): 1-11.

[53] 潘晨, 李善同, 何建武, 等. 考虑省际贸易结构的中国碳排放变化的驱动因素分析 [J]. 管理评论, 2023, 35 (1): 3-15.

[54] 庞加兰, 王薇, 袁翠翠. 双碳目标下绿色金融的能源结构优化效应研究 [J]. 金融经济学研究, 2023, 38 (1): 129-145.

[55] 彭水军, 张文城, 孙传旺. 中国生产侧和消费侧碳排放量测算及影响因素研究 [J]. 经济研究, 2015, 50 (1): 168-182.

[56] 平新乔, 郑梦圆, 曹和平. 中国碳排放强度变化趋势与 "十四五" 时期碳减排政策优化 [J]. 改革, 2020 (11): 37-52.

[57] 全国绿色工厂推进联盟等. 绿色制造标准化白皮书 2019 [EB/OL]. [2019-10-28]. http://www.cesi.cn/201910/5703.html.

[58] 施锦芳, 吴学艳. 中日经济增长与碳排放关系比较——基于 EKC 曲线理论的实证分析 [J]. 现代日本经济, 2017 (1): 14.

［59］史丹，李鹏．"双碳"目标下工业碳排放结构模拟与政策冲击［J］．改革，2021（12）：30-44.

［60］孙蒙，李长云，邢振方，等．碳中和目标下中国碳排放关键影响因素分析及情景预测［EB/OL］．［2023-02-23］．https：//kns.cnki.net/kcms2/article/abstract？v=3uoqIhG8C45S0n9fL2suRadTyEVl2pW9UrhTDCdPD669CjSZCpCUE9g3YhJAIBRo61DYqMKfB5oQz07Rvh6qkAqYIDal9eky&uniplatform=NZKPT.

［61］孙攀，吴玉鸣，鲍曙明．产业结构变迁对碳减排的影响研究——空间计量经济模型实证［J］．经济经纬，2018，35（2）：93-98.

［62］孙浦阳，王雅楠，岑燕．金融发展影响能源消费结构吗？——跨国经验分析［J］．南开经济研究，2011（2）：28-41.

［63］谭飞燕，张雯．中国产业结构变动的碳排放效应分析——基于省际数据的实证研究［J］．经济问题，2011（9）：32-35.

［64］陶锋，赵锦瑜，周浩．环境规制实现了绿色技术创新的"增量提质"吗——来自环保目标责任制的证据［J］．中国工业经济，2021（2）：136-154.

［65］佟昕，陈凯，李刚．中国碳排放影响因素分析和趋势预测——基于STIRPAT和GM（1，1）模型的实证研究［J］．东北大学学报（自然科学版），2015，36（2）：297-300.

［66］汪克亮，张福琴．碳排放与产业结构升级——基于能源消费视角的检验［J］．东方论坛，2022（2）：39-52.

［67］王锋，吴丽华，杨超．中国经济发展中碳排放增长的驱动因素研究［J］．经济研究，2010，45（2）：123-136.

［68］王韶华，于维洋，张伟．我国能源结构对低碳经济的作用关系及作用机理探讨［J］．中国科技论坛，2015（1）：119-124.

［69］王少剑，王泽宏，方创琳．中国城市碳排放绩效的演变特征及驱动因素［J］．中国科学：地球科学，2022，52（8）：1613-1626.

［70］王永哲，马立平．吉林省能源消费碳排放相关影响因素分析及预测——基于灰色关联分析和GM（1，1）模型［J］．生态经济，2016，32（11）：65-70.

［71］王雨馨．中部六省产业结构与碳排放的关联性分析［J］．科技创业月刊，2022，35（3）：86-89.

［72］王玉，杜宏巍．河北省工业结构调整对碳排放的影响分析［J］．商业经济研究，2017（10）：200-202.

［73］温忠麟，叶宝娟．有调节的中介模型检验方法：竞争还是替补？［J］．心理学报，2014，46（5）：714-726.

［74］吴滨，高洪玮．能耗"双控"政策的碳减排效应分析［J］．中国能源，2021，43（6）：39-45.

［75］吴健生，何海珊，胡甜．地表温度"源—汇"景观贡献度的影响因素分析［J］．地理学报，2022，77（1）：51-65.

［76］吴健生，晋雪茹，王晗，等.中国碳排放及影响因素的市域尺度分析［J］.环境科学，2023，44（5）.

［77］吴茂坤.居民能源消费结构演变对碳达峰的影响分析［J］.环渤海经济瞭望，2022，338（11）：171-173.

［78］吴贤荣，张俊飚，田云，等.中国省域农业碳排放：测算、效率变动及影响因素研究——基于 DEA-Malmquist 指数分解方法与 Tobit 模型运用［J］.资源科学，2014，36（1）：129-138.

［79］许广月，宋德勇.中国碳排放环境库兹涅茨曲线的实证研究——基于省域面板数据［J］.中国工业经济，2010（5）：11.

［80］杨英明，孙建东，李全生.我国能源结构优化研究现状及展望［J］.煤炭工程，2019，51（2）：149-153.

［81］杨振，李泽浩.中部地区碳排放测度及其驱动因素动态特征研究［J］.生态经济，2022，38（5）：13-20.

［82］叶青海，楚鸿健，张慧莹，等."双碳"目标下我国煤炭减量化使用的压力指数测度研究［J］.工业技术经济，2023，42（3）：43-53.

［83］余一枫，刘慧宏.绿色金融对碳排放的影响研究——基于可调节的中介效应［J］.科技与经济，2022，35（4）：101-105.

［84］曾玲玲，叶甜甜.绿色金融能否提高绿色全要素生产率？［J］.北京邮电大学学报（社会科学版），2021，23（1）：69-79.

［85］张丽峰.我国产业结构、能源结构和碳排放关系研究［J］.干旱区资源与环境，2011，25（5）：1-7.

［86］张仁杰，董会忠，韩沅刚，等.能源消费碳排放的影响因素及空间相关性分析［J］.山东理工大学学报（自然科学版），2020，34（1）：33-39.

［87］张毅，张恒奇，欧阳斌，等.绿色低碳交通与产业结构的关联分析及能源强度的趋势预测［J］.中国人口·资源与环境，2014，24（S3）：5-9.

［88］张寅浩.能源消费强度的区域差异及其影响因素分析［J］.宏观经济研究，2022，287（10）：129-142.

［89］张友国，白羽洁.区域差异化"双碳"目标的实现路径［J］.改革，2021（11）：1-18.

［90］赵玉焕，钱之凌，徐鑫.碳达峰和碳中和背景下中国产业结构升级对碳排放的影响研究［J］.经济问题探索，2022（3）：87-105.

［91］中国人民大学国家发展与战略研究院，中国人民大学首都发展与战略研究院.绿色之路——中国经济绿色发展报告［EB/OL］.［2019-06-06］.http：//nads.ruc.edu.cn/zkcg/ndyjbg/1159db9aa97d4abdbefaadbbaa30987c.htm.

［92］舟丹.以能源结构转型推动我国实现"碳中和"［J］.中外能源，2022，27（4）：61.

［93］周五七，聂鸣．中国工业碳排放效率的区域差异研究——基于非参数前沿的实证分析［J］．数量经济技术经济研究，2012，29（9）：58-70+161．

［94］朱欢，郑洁，赵秋运，等．经济增长、能源结构转型与二氧化碳排放——基于面板数据的经验分析［J］．经济与管理研究，2020，41（11）：19-34．

第六章 基于需求侧的低碳转型

陈素梅　张润泽　赵健烽[*]

摘　要：低碳发展是中国经济转型升级的重要方向，也是实现碳达峰碳中和目标、建设人与自然和谐共生的现代化的应有之义。社会各界大多从行业、技术等供给侧视角展开深度探讨，需求侧的低碳转型方案未得到足够重视。为此，本章首先采用问卷调查的方式重点分析了个体低碳消费行为的现状及存在的问题。调查发现，大多数居民认识到碳中和的重要性，也愿意为其改变现有消费习惯、承担额外的成本，但低碳消费的"知"与"行"尚未合一；较全面地识别了低碳购买使用和回收再利用等不同低碳消费实践领域中的制约因素，为将公众低碳消费主观意愿转化为实践提供信息参考。其次，本章基于需求引致创新的视角，选取新能源汽车行业理论剖析了低碳消费需求对技术创新的影响机理。研究发现，在市场培育期，公共消费需求通过技术检验机制、技术展示机制、事前补贴机制促进技术成熟化；在市场成长期，私人需求快速增长，通过内部规模经济、外部规模经济、逃离竞争、资源集聚等市场规模效应加速企业创新，同时以多样化和品质化为特征的高质量需求成为技术创新和迭代的重要压力来源。最后，基于上述讨论，本章提出如下政策启示：加强宣传教育，提升低碳消费意识；立足消费实践，推动供给系统变革，精准引导低碳购买及使用；完善基础设施建设，提升公众主观认知度，积极引导产品再循环再利用；分阶段创造低碳消费需求引致技术创新的制度环境和基础设施，使需求侧对创新的拉动作用得到最大的释放。

关键词：需求侧；低碳转型；技术创新

气候变化是人类面临的重大而紧迫的全球性挑战。联合国环境规划署（2020）指出，如果延续疫情前的经济模式，到21世纪末，全球气温升高3℃以上，远远超出《巴黎协定》所达成的温升幅度低于2℃并且努力争取控制在1.5℃以内的远景目标。[①]2020年，中国政府明确提出2030年前碳达峰、2060年前碳中和的目标，为倒逼经济高质量发展提供了抓手，也展现了大国责任担当，为全球应对气候变化提振雄心。党的二十大报告中明确提出"中国式现代化是人与自然和谐共生的现代化"，并将"广泛形成绿色生产生活方式，碳排放达峰后稳中有降"列为2035年基本实现社会主义现代化

　＊ 作者简介：陈素梅，中国社会科学院工业经济研究所副研究员；张润泽，中国社会科学院大学应用经济学院硕士研究生；赵健烽，中国社会科学院大学应用经济学院硕士研究生。
　① UN Environmental Programme. Emissions gap report 2020［EB/OL］.［2020-12-09］. https：//www.unep.org/emissions-gap-report-2020.

的重要目标。因此，整个经济社会系统的绿色低碳转型迫在眉睫。当下，对绿色低碳转型的思考更多的是从行业、技术等供给侧角度出发，重点关注供给侧低碳转型的潜力及其实现路径。供给和需求作为构成经济系统的两个方面，具有同等重要性。从供给侧推进低碳转型能够快速找到有效抓手，针对企业行为采用财税制度、生产标准、技术创新、限制产能、行政处罚等手段。尽管如此，生产的最终目的是消费，碳排放的最终根源也在于消费，基于消费侧的低碳转型则是更为持久和长远的减碳动力。然而，基于需求侧的低碳转型方案却未得到足够重视（刘文玲等，2022）。

以钢铁行业为例，从其发展历程来看，需求持续增长是从未实现控产能政策初衷[①]的根本原因，也是其合理性饱受质疑的主要原因。以最近一次，也是最为严格的一次钢铁产能调控政策为例，"十三五"期间我国制定了严禁新增粗钢产能、压减粗钢产能1亿~1.5亿吨的目标，但粗钢产量却不降反增。根据中国钢协与统计局数据，2020年我国粗钢产量为10.53亿吨，与2015年的8.03亿吨相比增长了31%。实际需求的增长则是拉动产量增长的主要原因。其中，桥梁、隧道、地下工程的占比显著提升使基础设施建设工程中用钢强度显著增加，混凝土预制件的推广使商品住宅建设中用钢强度显著提升，钢结构件的推广使商业办公类建筑项目中用钢强度显著提升，以及风能、光伏、水能为代表的清洁能源建设项目占比的快速增加也使用钢强度显著提升。这意味着需求端的变化是未来钢铁行业碳达峰、碳减排工作中所面临的最大的不确定因素。倘若在需求量继续增长的情形下严控产能会带来钢材价格的急剧上升，不但会大幅加重各类工程项目的建筑成本，还会增加下游造船、集装箱、机械制造、汽车、家电、金属制品等行业的成本，尤其是在国民经济总体消费需求增长放缓的情形下，甚至可能会对这些行业的生存发展及相关就业带来较严重的冲击。因此，在钢铁行业碳达峰碳减排行动中，应高度关注需求侧的变化及需求侧政策的应用。

在以国内大循环为主体、国内国际双循环相互促进的新发展格局下，推进消费升级是大趋势。在2020年底中国全面消除绝对贫困后，减贫重心转向减缓相对贫困，消费增长空间依然很大（陈素梅、何凌云，2020）。伴随中低等收入群体规模扩大，消费结构逐渐从生存型向发展型、享受型转变，消费模式可能会呈现资源化、重污染化的特征。因此，从需求侧出发探讨绿色低碳转型至关重要，但此类减排实践仍未形成整体和清晰的认识（Liu et al.，2011）。相比供给侧的低碳管理，需求侧解决方案通常要纳入与"人"这一消费行为主体相关的社会规范、个体价值观等社会心理性因素，进而难以类似技术减排路径进行量化分析。鉴于需求牵引供给，基于需求侧的低碳管理既要深入探讨消费行为的绿色低碳转型，又要深度分析消费需求牵引下的生产侧绿色

---

① 2021年4月，国家发展改革委与工业和信息化部就2021年钢铁去产能"回头看"、粗钢产量压减等工作进行研究部署，明确提出确保实现2021年全国粗钢产量同比下降。2021年10月24日，国务院印发的《2030年前碳达峰行动方案》中明确指出，为推动钢铁行业碳达峰，要求"严格执行产能置换，严禁新增产能""以京津冀及周边地区为重点，继续压减钢铁产能"。即将公布的《钢铁行业碳达峰及降碳行动方案》，同样将严控产能作为一项关键性举措。无论是《2030年前碳达峰行动方案》，还是《钢铁行业碳达峰及降碳行动方案》，均是从供给端着手，控制供给与减少生产中的排放，但是缺乏需求端的考虑。

低碳（Creutzig et al.，2016）。基于此，本章首先采用问卷调查方式重点分析了个体低碳消费行为现状及存在的问题；其次从需求引致创新的视角出发，选取代表性行业以案例分析的方式理论剖析低碳消费需求对生产端技术创新的影响机理；最后综合上述讨论提出本章启示，为面向碳中和的需求侧解决方案提供参考。

一、低碳消费的现状及存在的问题

近年来，中国政府采取公共宣传、财政补贴等政策积极促进公众绿色低碳消费。阿里研究院统计，根据"吃穿用住行"五大场景的绿色生活方式定义，2022 年天猫绿色人群渗透率已达到 16%。不过，2022 年由国家发展改革委等部门联合印发的《促进绿色消费实施方案》中指出，绿色消费需求仍待激发和释放，一些领域依然存在浪费和不合理消费，促进绿色消费的长效机制尚需完善，绿色消费对经济高质量发展的支撑作用有待进一步提升。因此，及时摸清中国居民消费行为低碳转型的现实状况，梳理剖析出存在的问题，对于形成绿色低碳生活方式、实现碳达峰碳中和目标而言具有至关重要的意义。

现有关于低碳消费的研究已有不少，但主要集中在低碳消费的外延和内涵（庄贵阳，2019；刘文龙、吉蓉蓉，2019）、行为特征（Stern，1992；Allcott，2011；Lesic et al.，2018；Graziano et al.，2019）、影响因素（Blasch et al.，2017；周宏春，2020）以及政策手段有效性分析（Dinner et al.，2011；Allcott and Kessler，2019；刘文玲等，2022）等方面。也有部分研究基于历史数据或问卷调查的角度分析中国绿色低碳消费现状，例如，俞海等（2020）基于政府官方统计历史数据分析了中国绿色消费状况和趋势；齐绍洲等（2019）采用问卷调查的方式分析了中国公众碳中和支付意愿以及影响因素。然而，从全周期全链条的角度出发，广义的低碳消费包括低碳购买、低碳使用、回收再利用三个方面，倡导日常生活中产品使用的减量化、再循环、再利用。目前有关低碳活动全过程的社会公众调查研究鲜有，但正是当前促进生活方式绿色低碳转型升级的重要因素。因此，本章将从低碳购买、低碳使用、回收再利用三个方面选择代表性行为开展线上问卷调查，为引导消费行为低碳转型提供信息支撑。

（一）调查问卷样本介绍

本章采用网上发放调查问卷的方式对包容性绿色发展跟踪调查（IGDS）数据库群体进行问卷调查，覆盖全国东部、中部、西部地区 31 个省份。本问卷自 2021 年 9 月 16 日开始，截至 2022 年 4 月 4 日共收到有效反馈样本 418 份。其中，高校老师群体占比为 29%；企业受访群体占 22%；高校学生群体占 19%；政府机关及其下属机构的受访群体占 17%；金融机构从业人员占 6%；咨询公司从业人员占 2%；来自社科院系统的受访人员占 3%；另有 2% 的受访人员来自党校系统（见图 6-1）。

就调查样本年龄分布而言，年龄构成以中青年为主。其中，本次调查问卷中 18 岁以下的有 6 人，占比 1.44%；18~25 岁的有 65 人，占比 15.55%；26~30 岁的有 50 人，占比 11.96%；31~40 岁的有 142 人，占比 33.97%；41~50 岁的有 95 人，占比

22.73%；51~60岁的有55人，占比13.16%；60岁以上的仅有5人，占比1.2%（见图6-2）。其中男性人数为253人，占比60.53%；女性人数为165人，占比39.47%。

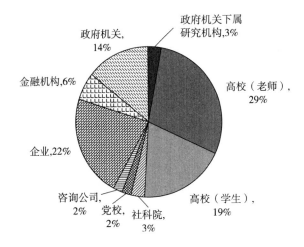

图6-1　受访者职业分布

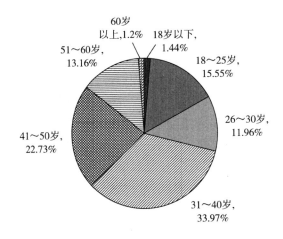

图6-2　受访者年龄分布

　　从调查样本学历分布来看，总体文化程度较高。本次调查问卷中初中及以下学历的人数和高中学历的人数同为12人，占比分别为2.87%；中专及大专学历的人数为29人，占比为6.94%；大学本科学历的人数为128人，占比为30.62%；硕士学历的人数为148人，占比为35.41%；博士学历的人数为89人，占比为21.29%（见图6-3）。
　　本问卷设计遵循了"低碳认知—低碳实践意愿—低碳消费行为"的顺序构成从知识到行动的内在逻辑。从问卷内容来看，本次调查的问卷设计主要包括四个部分：①被调查者的基本信息，包括性别、年龄、常住城市、受教育程度、职业等。②对碳

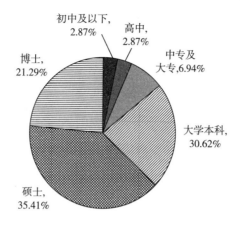

图 6-3　受访者学历分布

中和目标的认知状况，如社会公众对气候变化的关心程度、对碳中和的支付意愿以及愿不愿意为此改变消费习惯等。③从低碳购买使用和回收再利用两个维度设计代表性低碳消费行为的现状以及存在问题，如低碳购买使用维度选择了绿色用品消费、新能源汽车、绿色电力消费，回收再利用选择了闲置物品购买和垃圾分类投放两类行为。④社会公众对 2060 年前中国实现碳中和目标有没有信心、中美生活模式哪个更低碳环保以及如何防止激进的碳减排等问题的看法。

（二）社会公众的低碳消费态度

根据行为计划理论，人的行为是经过深思熟虑计划的结果，而态度是人对特定行为所持有的积极或消极、正面或负面的认知倾向，进而成为影响低碳消费行为的内在动因（Ajzen，1991）。Hines 等（1987）认为，在环境素养模式中环保态度越积极，居民采取亲环境行为的可能性越大。由于"2060 年前碳中和"目标是 2020 年中国政府向国际社会的承诺，也是构建人类命运共同体的历史使命，但也是需要全社会成员共同参与的新命题。社会公众对碳中和目标的看法怎么样、愿不愿意承担成本以及愿不愿意付诸实践行动等问题成为促进需求侧低碳转型升级的出发点，这也成为本次问卷调查的重要内容之一。

1. 低碳认知状况

碳中和概念最初是由环保人士针对全球气候变化危机提出的一个概念。如今，碳中和目标成为世界主要发达国家以及部分发展中国家的共同目标。实现碳中和愿景，需要全民主动积极参与。首要前提是社会公众要具备深厚的低碳素养，能够对气候变化危机和碳中和目标有着正确的认知和判断。

经过问卷调查可知，大多数居民关心气候变化问题，也关心下一代的生存环境。当提及居民对气候变化的关注程度时，有 37% 的受访者表示非常关心，54% 的受访者表示比较关心，另有 7% 的受访者谈不上关心不关心，仅有 1% 的受访者表示完全不关心（见图 6-4）。当询问人们是否会关心下一代成长的生态环境时，经调查问卷研究发现有 57.89% 的受访者表示非常关心，35.89% 的受访者表示比较关心，另有 4.55% 的受访者表示说不上关心不关心，仅有 1.68% 的受访者表示不关心（见图6-5）。这意味着社会公众对气候变化的认知基础已初步形成。

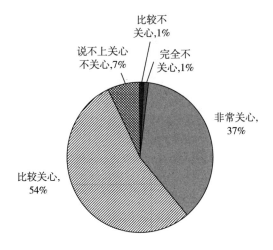

图 6-4　受访者对气候变化的关心程度

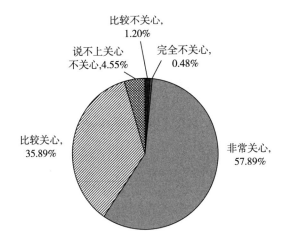

图 6-5　受访者对下一代生存环境的关心程度

进一步分析发现，大多数受访者认识到实现碳中和目标的重要性。如图6-6所示，84.45% 的受访者认为碳中和实现对工作生活质量重要，12.20% 的人认为说不上重要不重要，其余 3.35% 的人认为不重要。由此可见，目前绝大多数居民认识到碳中和愿景的重要意义，这反映出近两年中国政府有关碳中和知识的公益宣传取得了显著成效。

2. 低碳实践意愿

为了有效促进低碳消费，仅有碳中和关注度是远远不够的，还需要具备改变现有消费习惯的主观意愿。随着社会公众对气候变化和碳中和愿景关注度的高涨，愿不愿

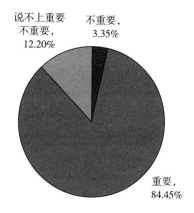

图6-6 受访者对实现碳中和重要性的认知程度

意改变现有生活消费模式？以及愿意为低碳环保承担的成本有多大？成为掌握社会公众低碳消费转型现实状况必不可少的内容。

经调查，近九成的受访者表示愿意为实现碳中和目标而改变消费习惯。其中，87.80%的受访者愿意改变消费习惯，9.81的受访者表示说不上愿意不愿意，其余2.39%的受访者表示不愿意（见图6-7）。相比普通产品，绿色产品呈现出一定程度的溢价现状。据阿里研究院计算，平均绿色溢价达到33%。其中，绿色住宅家具平均溢价超过60%，节能生活电器平均溢价超过50%，绿色食品溢价29%。低碳消费支付意愿能够衡量社会公众对绿色低碳生活方式的承担程度（刘文玲等，2022）。据问卷调查统计，如图6-8所示，为了实现碳中和目标，40%的受访者愿意支付可支配收入的1%，26%、12%、2%的受访者分别愿意支付其收入的5%、10%、20%，2%的受访者愿意支付收入的30%或更高，还有18%的受访者不愿意支付。经加权平均计算得出，受访者为实现碳中和支付的成本占总收入的比重为3.90%。按照2021年中国人均可支配收入35100元估算，公众愿意每年为实现碳中和支付1369元，平均到每个月大约为114元。

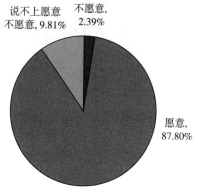

图6-7 受访者为实现碳中和而改变消费习惯的意愿

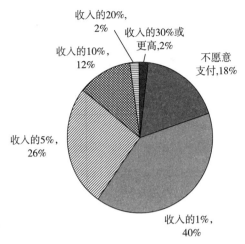

图6-8 受访者对碳中和的支付意愿

若与雾霾治理相比，46.65%的受访者表示实现碳中和的支付意愿更低些，37.56%的受访者认为两者大体相当，9.81%的受访者表示为碳中和实现的支付意愿更高些（见图6-9）。相对而言，社会公众对雾霾污染具有更强烈的风险感知，自PM2.5爆表事件后其一直高度关注雾霾指数，且从视觉、生理感官、心理情绪等方面产生直观的即时反映，而全球变暖往往会造成局部地区极端异常天气、海平面上升、动植物灭绝等严重灾难，公众对此灾难性风险的感知性和危害性不够及时强烈。这是造成46.65%的受访者为碳中和的支付意愿低于雾霾治理的主要原因。为了实现人与自然和谐共生的现代化，应对气候变化需要与治理污染放在同等重要位置。因此，中国政府应及时、准确、生动地向社会公众做好应对全球气候变化、节能降碳、低碳消费等方面的公益宣传。

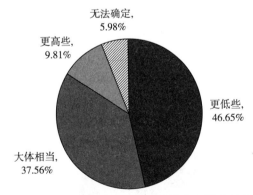

图6-9 与雾霾治理相比受访者对碳中和的支付意愿

(三) 社会公众的低碳消费实践

从上文分析可知，中国全面促进低碳消费已具备了良好的认知基础。大多数受访者意识到碳中和目标的重要性，也愿意为其而改变现有消费习惯、承担额外的成本，但购买绿色低碳产品、实施绿色低碳消费行为的比例却相对偏低。据阿里研究院统计，

2015 年绿色消费者占阿里零售平台总体消费者的 16.2%；据京东大数据研究统计，2017 年绿色消费覆盖人群占比约 22%（刘文玲等，2022）。这种"知"和"行"未能完全合一，两者之间仍存在巨大的差距，难以真正实现公众的绿色低碳消费转型。现行政策制度更多地关注公众主观环境意识的提升，如何将强有力的公众主观意愿有效转化为低碳消费实践，这是当前政府无法回避且亟待解决的问题。那么，制约公众参与低碳消费实践的主要因素有哪些？只有对症下药，才有可能有效解决低碳消费的"知行合一"难题。

为此，本部分将基于消费全过程视角，从低碳购买使用和回收再利用两个维度剖析代表性低碳消费行为的现状以及存在问题。其中，在低碳购买使用维度上，选择了绿色低碳用品消费、新能源汽车、绿色电力消费；在回收再利用维度上，选择了闲置物品交易和垃圾分类投放两类行为。

1. 绿色低碳产品消费

绿色低碳产品消费关系到日常生活家电、家具、日常生活用品的选购，每位消费者都会参与其中。尽管近年来在生态文明建设的推动下，中国低碳消费已取得较大进展，愿意购买绿色产品的消费者越来越多，如 2019 年天猫商城上的绿色消费者超过了 3.8 亿人，相较于 2015 年增长约 5.8 倍（刘侃莹、李巍，2022）。正如上文所提到的，绿色消费者在所有消费者中的比重远低于 30%。这说明绿色低碳产品购买从"知"到"行"的转化中存在一些无法忽视的阻碍因素。

经调查，制约绿色低碳产品购买的主要因素包括产品价格较高、减碳贡献不详、绿色低碳标识不明显等。其中，如图 6-10 所示，有 61.96% 的受访者认为绿色低碳产品购买的主要制约因素是其价格较高；有 49.28% 的受访者认为绿色低碳产品购买的主要制约因素为减碳贡献量不详，没有动力购买；有 49.04% 的受访者认为制约绿色低碳产品购买的因素为绿色低碳标识不明显；还有 36.12% 的受访者认为制约绿色低碳产品购买的因素为购买渠道不畅。

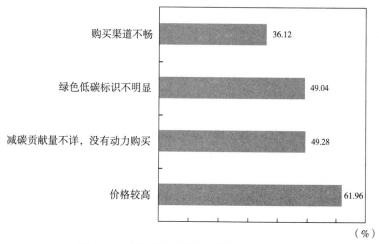

图 6-10 制约绿色低碳产品购买的主要因素

实际上，绿色低碳产品溢价是学界公认的客观事实。只有不断创新绿色低碳产品技术，改进相关生产工艺技术，降低生产成本，或者推广初期采取消费补贴措施，才能将绿色低碳产品价格降低到大众可以接受的水平。但从成本收益角度来看，额外承担了绿色低碳溢价会带来多大的减碳收益是影响理性消费者行为的关键因素。但从目前调查来看，社会公众大约愿意每月为碳中和承担 114 元的成本，但由于购买绿色低碳产品所获得的减碳收益是不可知的，即绿色产品减碳贡献量不详，这会大大降低消费者购买绿色产品的动力。因此，通过碳监测与评价绿色产品从生产到使用的全过程，测算出绿色产品全生命周期的碳减排贡献量，进而以碳标签的形式标注在产品包装上，为消费者选购绿色低碳产品提供信息支撑。此外，由于目前绿色低碳产品标识鱼龙混杂，较为模糊，大多数消费者难以通过标识形式真正辨别产品的绿色属性，这需要进一步规范绿色低碳标识认定管理，拓宽绿色低碳标识形式，如可采用二维码形式，使用户可以获得产品的能源效率、环境影响参数等指标，让能源环境影响可视化。

2. 新能源汽车购买

交通运输是消费端能源消耗和温室气体排放的主要来源之一。根据国际能源署（IEA）的统计数据，2020 年中国交通运输行业碳排放量占总碳排放量的 8.88%，而公路运输碳排放量占整个交通运输领域的 80% 以上。目前，中国是世界上汽车保有量最多的国家，截至 2022 年汽车保有量超过 3.12 亿辆，占世界总量的 22%。这说明交通领域低碳排放或零碳排放的压力是巨大的。从技术创新角度而言，区别于传统内燃机车，实现消费端低碳或零碳排放的新能源汽车有可能改变整个交通部门过度依赖油品、较高碳排放量的面貌。因此，积极推进新能源汽车技术研发与市场推广成为国内外低碳发展战略的重要组成部分。尽管中国新能源汽车市场已进入规模化快速发展新阶段，2021 年中国新能源汽车市场占有率达到 13.4%，高于 2020 年 8 个百分点。其中，纯电动汽车销量达 291.6 万辆，同比增长 1.6 倍，但从消费终端来看仍面临不少制约因素。

问卷调查显示，在受访者看来，制约纯电动汽车推广的主要因素有充电桩等配套设施不完善、行驶里程受限。如图 6-11 所示，有 82.06% 的受访者认为制约纯电动汽车推广的首要因素为充电桩等配套设施不完善，如个人电桩安装困难、使用公共电桩伴随而来的有服务费及停车费等费用；75.92% 的受访者认为纯电动汽车行驶里程受限，如新能源汽车冬季续航难，里程缩减一半等；55.74% 的受访者认为纯电动汽车存在安全隐患，如电池安全问题，线路松动造成短路而引发起火等；39.95% 的受访者认为从全生命周期来看，中国以火电为主的现实国情使得纯电动汽车并不具有减碳效益；还有 18.66% 的受访者认为社会同伴对纯电动汽车的认可度不高，无法炫耀；另有 0.48% 的受访者认为以上因素都不是制约纯电动汽车推广的因素。

基于上述剖析，应精准施策，着力促进纯电动汽车消费需求。首先，大力推进充电基础设施建设，及时解决充电难题，为发展新能源汽车产业、促进绿色低碳交通提供重要保障。尽管充电桩等新型基础设施建设近年来正在持续推进中，但目前来看充电基础设施市场缺口仍较大，仍是制约消费者购买电动汽车的最主要因素。"节假日高速充电难""高速服务区一桩难求"等恰恰反映了充电基础设施建设仍显滞后，需求缺

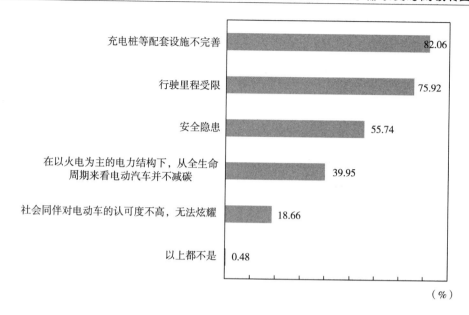

图 6-11　制约纯电动汽车推广的主要因素

口亟须填补。其次，加快技术创新与研发，推进硬件层技术创新和软件层算法优化，延长纯电动汽车续航里程，这是解决电动汽车市场推广痛点的重要措施。再次，消除纯电动汽车的安全隐患，同样需要关键核心技术创新的强有力支撑，如加强高安全的固态动力电池技术研发及产业化。最后，加强纯电动汽车节能环保的评价与宣传力度，让消费者了解认可到纯电动汽车的节能环保、智能舒适等特性，不断提升社会公众对电动汽车的认可度。

3. 绿色电力消费

一直以来，中国资源禀赋是"富煤、缺油、少气"，改变以煤炭为主的能源消费结构成为碳中和道路上最大的挑战。正因如此，开发风能、水能以及太阳能等零碳能源，清零化石能源成为实现碳中和的关键（潘家华等，2021）。单纯依靠以企业为主体的零碳能源开发路径来实现碳中和目标是必须的，但还要构建以家庭为单位的自给自足式零碳能源综合体，进而最大限度地开发零碳能源，提升能源利用效率。其中，居民住宅屋顶安装太阳能光伏板，实现用电自给自足或点对点自主交易，成为分布式清洁能源消费的典型应用场景。

受访者认为，目前，首先制约住宅屋顶安装光伏板的主要因素是前期投入成本过高、回收周期太长，其次是申请安装程序烦琐、执行机制不畅通，此外还存在宣传不到位、减碳贡献量不详、部分类型屋顶不适合安装等。其中，如图 6-12 所示，69.14%的受访者认为制约分布式清洁能源普及推广的因素为其前期投入成本过高，回本周期太长；有66.27%的受访者认为申请安装程序烦琐，施工安装、并网发电、电费支付等执行不畅；有60.77%的受访者表示宣传不到位，公众不信任此项措施，不清楚其成本收益；有49.76%的受访者认为属于公共区域的高层屋顶，安装光伏板需经所有住户同意；有 43.30% 的受访者认为部分类型屋顶不适合安装光伏发电组件；有 30.86% 的受访者认为光伏补贴退坡后，上网电价便宜；还有 26.79% 的受访者认为制约其普及推广的因素为社会公众不清楚此类行为的减碳贡献量。

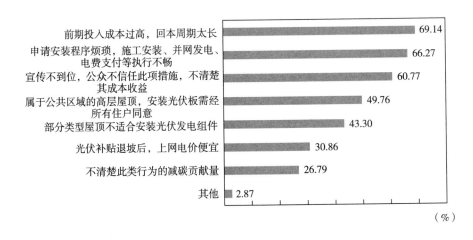

图 6-12　制约屋顶安装太阳能光伏板的因素

总的来说，目前社会公众普遍认为安装光伏板前期投入成本过高，这需要充分发挥绿色金融的引导作用，通过绿色信贷减轻居民前期购置成本，助力绿色电力消费。简化光伏板安装程序，优化施工安装、并网发电、电费支付等执行程序，提升惠民服务效率。加大分布式能源的宣传力度，一户一方案式地估算成本与收益，运用大数据手段评估此类行为的减碳贡献量，提升社会公众对太阳能发电的认知程度和认可程度。此外，还需要注意的是，客观公正地评估太阳能光伏发电的适用范围，不可"一刀切"式地盲目推广。

4. 闲置物品交易

构建废旧物资循环利用体系是实现可持续发展、生态文明转型的重要手段，对于资源节约集约利用、保障国家资源安全具有重要意义。2021 年 7 月 1 日，国家发展改革委在印发的《"十四五"循环经济发展规划》中提出，要构建废旧物资循环利用体系，建设资源循环型社会，规范发展二手商品市场成为重要抓手。那么，当下中国二手商品交易情况怎么样？面临什么样的制约因素？

经调查，81.82% 的受访者参加过二手商品交易，其中表示"总是参加"的不足一成。这意味着二手商品交易群体较为庞大，但交易活跃度仍有待提升。其中，有 10.29% 的受访者经常参加二手商品买卖交易，有 64.35% 的受访者有时参加二手商品买卖交易，另有 18.18% 的受访者从不参加二手商品买卖交易（见图 6-13）。随着"互联网+二手"模式的发展，二手商品线上交易越来越活跃。据阿里研究院统计，截至 2021 年 6 月，闲鱼移动月活用户突破 1 亿人，用户数超过 3 亿人，其中 90 后年轻用户占比超过 60%。但从此次调查来看，二手商品交易市场还处于初级阶段，面临着不少问题，但有较大的升级空间。

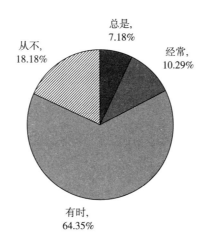

图 6-13 受访者是否参加二手商品买卖交易

从调查结果来看，制约二手商品交易的首要因素是其质量难以保障，其次是交易平台覆盖面较小，此外还有不了解二手商品的减碳贡献、二手商品未获得社会认可等因素。其中，有78.71%的受访者认为制约二手商品交易的首要因素为二手商品质量无法保障；有55.74%的受访者认为缺少线下二手商品循环平台；有47.13%的受访者认为现有二手商品交易平台主要集中在大城市线上，尚未覆盖农村以及老年群体；有39.71%的受访者认为不了解二手商品的减碳贡献；有30.38%的受访者认为二手商品尚未得到社会的认可，怕丢面子；有23.92%的受访者认为二手商品的价格未达到人们的心理预期，不够便宜（见图6-14）。

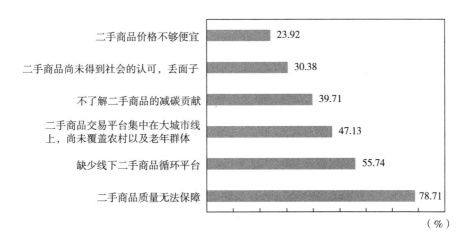

图 6-14 制约二手商品交易的主要因素

基于上述分析，为了促进二手商品交易规范健康发展，推进废旧物资循环利用、提高资源利用效率，首当其冲需要做的是完善二手商品质量保障体系，建设二手商品质量验证平台，让买方买得放心、用得放心；完善二手商品交易的循环平台建设，并进行宣传使其可以惠及农村地区；加大多渠道、多样式宣传力度，增强社会公众对闲置物品交易的低碳效益认知，促使其自发地开展闲置物品的交易。

5. 垃圾分类投放

生活垃圾分类投放已成为国内外可持续资源管理的重要内容。在垃圾产生的源头，居民将其分类收集、分类投放，不仅可以有效降低垃圾处理成本，而且还能提高垃圾回收利用率，有助于建立生产与生活系统绿色循环链接，促进再生资源循环化利用、有效降低碳排放。中国自20世纪90年代开始就一直在探索生活垃圾"前端减量分类"的有效路径，并投入了大量的人力、物力（廖茂林，2020）。那么，目前生活垃圾分类的现状是怎么样的呢？面临着什么样的制约因素呢？

从调查结果来看，仅有27.51%的受访者总是实施垃圾分类，同时，31.34%的受访者经常实施垃圾分类，37.56%的受访者有时进行垃圾分类投放，还有3.59%的受访者表示从来不进行垃圾分类投放（见图6-15）。该调查结果与之前研究的发现类似（邓俊等，2013），说明近年来我国垃圾分类实践依然进展缓慢。

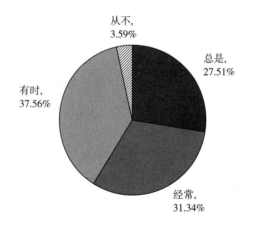

图6-15 受访者实施垃圾分类情况

进一步分析发现，垃圾分类投放的首要制约因素是缺少分类投放设施；其次是"分类后垃圾在处理、回收和循环利用过程中管理不透明，无法确认是否再次混杂"；最后还有"缺乏垃圾分类知识"等。如图6-16所示，71.77%的受访者认为垃圾分类投放设施不完善，如垃圾桶分类单一、垃圾分类设施不足等，这种客观环境的约束使有较强垃圾分类倾向的公众无法顺利实施分类行为。63.16%的受访者表示由于分类后垃圾在处理、回收和循环利用过程中的管理不透明，无法确认是否再次混杂；55.26%的受访者认为社区同伴参与垃圾分类的积极性不高，个人努力是无用功。这分别反映了社会公众对垃圾分类有效管理以及他人垃圾分类信任感的问题，进而降低其对实施分类行为结果的良好预期。58.37%的受访者表示不清楚生活垃圾的所属类别，缺乏垃圾分类相关知识。这属于行动主体软实力的不足，使得即使有垃圾分类设施也无法正确分类垃圾进行投放。46.17%的受访者表示缺乏垃圾分类的强制性惩罚措施，这需要生活垃圾分类管理政策法规进一步完善。还有33.97%的受访者表示不清楚垃圾分类的减碳贡献量。

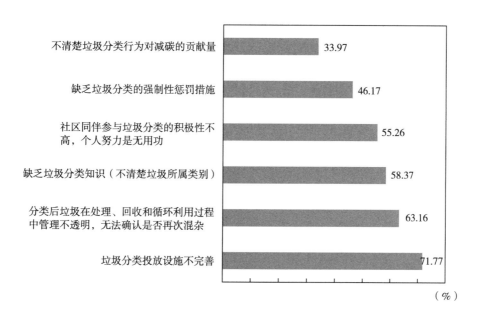

图 6-16　制约垃圾分类投放的主要因素

　　综上所述，受有限的客观软硬件条件和主观认知态度影响，垃圾分类投放普及之路漫长，任重而道远。从客观硬件条件来说，要完善基础设施建设，增设垃圾分类设施、合理布置摆放地点等，为垃圾分类行为提供便利的基础设施条件。从客观软环境来说，为增强社会公众对垃圾分类管理的信任感，应优化改进垃圾分类处理管理体制，加强垃圾分类处理实践教育宣传活动，面向社会公众定期开放参观，让垃圾分类、处理、回收和循环利用过程透明化、公开化；同时，应加强社区内部垃圾分类宣传教育，树立榜样典型，发挥示范作用，增强社会公众对他人实施垃圾分类行为的信任感。从主观认知态度来说，为提升公众的垃圾类别辨识和投放能力，培训社区工作人员或志愿者，采用多样化宣传活动提高居民垃圾分类知识素养；同时，科学测算每个家庭每日垃圾分类行为的减碳贡献量，以生动形象的公共宣传方式展现给社会公众，提升公众对垃圾分类行为低碳贡献的科学认知，这也是打造垃圾分类长效机制的必要条件。

　　（四）进一步拓展分析

　　1. 环境权益维护

　　以个人环境意识为核心的非正式环境管制（如维护公共环境权益）在绿色低碳发展中发挥着越来越重要的作用（陈素梅、李钢，2020）。一旦发现污染环境、危害生态的事件，社会公众有责任和义务来劝阻、制止或通知相关部门进行整改整治，这种环境权益维护是公共环境保护行为、实现可持续发展的重要内容。由于减污和降碳具有高度协同关系，维护公共环境权益也成为所倡导的低碳生活方式之一。

为了解社会公众对环境权益维护的情况，本章在问卷调查中设置询问了"公众是否劝阻、制止或通过 12369 平台等手段举报破坏生态环境的行为"这一问题。经汇总发现，48.56% 的受访者表示从来没有维护过公共环境权益，41.87% 的受访者表示有时维护，5.98% 的受访者表示经常维护，还有 3.59% 的受访者表示总是维护（见图 6-17）。这说明公众维护环境权益的意识较为淡薄，民间环保力量亟须培育壮大。为此，加强宣传教育，广泛吸引公众参与和监督环境治理，增强公众维护自身环境权益意识，形成政府和公众共同治理环境的合力。

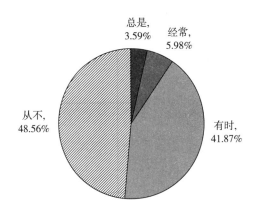

图 6-17 受访者对环境权益维护的现状

2. 生活模式的中美对比

随着经济发展和城市化进程加速，中国居民生活水平得到了极大的提升。尽管如此，中国是发展中国家，中美两国之间的人均 GDP 差距仍较大。根据世界银行统计，2021 年中国人均 GDP 为 1.25 万美元，而美国人均 GDP 为 6.9 万美元。而且，中美之间的人均碳排放量也存在较大差距。根据国际能源署统计，2020 年美国人均碳排放量是中国的 1.8 倍。那么，社会公众是怎么看待中美生活模式差异的呢？哪个更可持续？

经调查，过半受访者认为中国现阶段生活模式相对于美国而言更可持续，这与客观事实基本相符。需要注意的是，随着城市化进程的推进和人均 GDP 水平的上升，中国居民生活模式有可能会向以高耗能高排放为特征的美国生活模式转变，需要引起高度警惕和重视。仅有 11.48% 的受访者认为美国生活模式更可持续。剩下 36.84% 的受访者对此表示无法确定，这可能是由于社会公众对美国生活模式的特征没有清晰的了解（见图 6-18）。

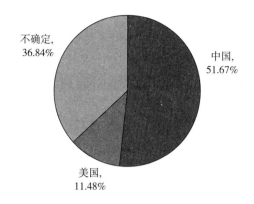

图 6-18　受访者对"中美生活模式哪个更可持续"的看法

3. 防止激进碳减排的应对措施

作为全球碳排放量最大的国家，中国在尚不富裕的发展阶段作出碳中和承诺，就需要承担沉重的碳减排压力。尤其是碳排放尚未达峰（石敏俊，2022），其减排力度需远远高于碳排放已达峰的发达国家。由于需求侧低碳转型不易找到有效抓手，不可能一蹴而就，相对而言供给侧的低碳转型压力更大。在经济下行压力加大的情况下，更不能为了碳减排而限制经济发展。实现碳中和目标是渐进和复杂的过程，如何避免各地供给侧激进式碳减排呢？

从调查结果来看，为避免地方供给侧激进式碳减排，分行业制定绿色低碳生产认定标准，不能"一刀切"式去产能、控产能，这是目前为止最为公认的应对政策；其次，还要完善生态补偿、工人救助再就业等配套措施，完善全国碳排放交易市场建设、发挥绿色金融引导以及加强中央政府的顶层规划，并且对碳减排过程中碳排放量在一定范围内正常波动有科学认知。如图 6-19 所示，针对防止过于激进的碳减排，每条措施都受到过半数以上的受访者认同。

根据上述调查发现，社会公众对于防止供给侧激进碳减排方式有着较为一致的观点。其一，"一刀切"式去产能、控产能尽管落地执行便捷，但反而导致减排成本偏高，直接影响行业供需关系甚至对下游行业造成严重冲击。完善分行业绿色低碳产品标准体系建设，以标准体系倒逼和引导企业转型升级，才能真正实现协同推进降碳、减污、增长。其二，协同处理好碳减排与社会公平的关系，这是在绿色低碳发展中社会公众非常关注的问题。在推进产业结构高端化绿色化过程中，高碳行业淘汰落后产能和化解过剩产能势必会引起工人失业问题；在优化京津冀、长三角、粤港澳大湾区等重点区域绿色低碳布局中，在明确各地区减污降碳协同治理的权责关系的同时，完善生态补偿机制，确保调动生态保护提供方的积极性。这些较高的政策成本使得社会公众呼吁政府注重工人救助再就业、生态补偿等补偿性措施。其三，社会公众认为政府应采用碳交易和绿色金融等市场化手段促进绿色低碳转型。碳市场将排放权分配给企业，并允许市场参与者自发以低于自身减排成本的价格购买排放权，在实现社会减排成本最小化的同时，达到控制碳排放总量的目标；将更多的金融资源配置到低碳领域，

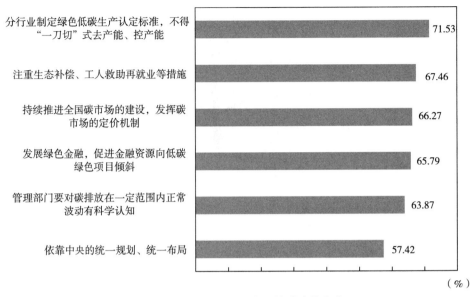

图6-19 如何防止过于激进的碳减排方式

提升绿色金融对减碳降污的支撑能力。其四，政府管理部门需要对碳排放在一定范围内正常波动有科学认知。我国碳排放量处于波动式上升的高位平台期，但增幅持续缩小。[1] 这与发达国家碳排放量历史演变趋势一致，碳排放存在一个长时间的高位平台期，在这一阶段增长不显著、波动不明显，属于多峰凸起，而不是单一的峰值（潘家华，2021）。由于市场、价格、社会需求、自然条件等因素都是波动的，短期内出现反弹是正常现象。关键要看长远态势，碳排放的潜能是否释放，不能有波动就"一刀切"，而是要从深层次上，明确化石能源消费和减缓碳排放的进程。其五，习近平总书记强调，"双碳"目标是从全国来看的，哪里减，哪里清零，哪里还能保留，甚至哪里要作为保能源的措施还要增加，都要从全国角度来衡量。考虑到中国各区域、各行业、各能源结构的差异性，碳减排应坚持"全国一盘棋"，需要中央政府的统一规划和统一布局。

二、低碳消费需求对技术创新的影响——以新能源汽车产业为例

创新活动不是突然发生的，而是技术、市场、制度等系统要素共同演化的长期、动态过程。其中，"需求引致创新"的论断无论在理论模型上还是相关实证研究中均得到相关证实（熊鸿儒等，2013）。从本质上来看，技术主要受市场利益的驱动而不断创新、更迭（Romer，1990）。大规模市场需求，短期内会提升研发预期收益，从需求侧拉动技术创新；长期来看，通过改善创新基础设施和基于产业集群的微观创新环境，提高技术创新的动力和效率，从供给侧推动技术创新（范红忠，2007）。欧阳峣和汤凌霄（2017）认为，中国自改革开放以后，深化制度改革，通过充分发挥市场需求规模

---

① 尽管我国2013年已达到碳排放的峰值91.67亿吨，但之后经历波动式上升，2020年达到97.17亿吨；从变化幅度来看，近4年增幅持续缩小，2020年增幅仅0.01%。

对技术创新的拉动作用，带动技术革新突飞猛进。

随着居民收入水平的提高，消费者对生活品质的重视越来越高，市场需求质量对技术创新的激励作用也日渐凸显。在全球绿色复苏的大背景下，绿色低碳市场需求必然会影响企业技术创新方向。在 20 世纪 80 年代末 90 年代初，由于社会公众担心造纸产品和废水中含有二噁英，加上政府严格监管，促使造纸漂白技术的进步，大大减少了制浆过程中氯的使用。Popp 等（2011）采用加拿大、芬兰、日本、瑞典、美国五国的造纸专利数据研究发现，实质性的技术创新发生在政府监管到位之前，来自消费者减少纸张氯含量的压力推动了部分企业的第一轮创新。

受能源资源约束和减污降碳环保压力的影响，新能源汽车产业成为世界主要国家低碳转型的主要途径，也是新一轮国际竞争的战略制高点。中国新能源汽车产业尽管比发达国家相比起步晚，但近年来弯道超车，销售规模快速增长。据统计，中国新能源汽车销售量从 2012 年的 1.28 万辆上升到 2021 年的 352.1 万辆，年均增长 86.7%。其中，其销售量连续 7 年位居全球第一，2021 年全球新能源汽车销售量约 675 万辆，中国市场约占 52%。目前，中国建立了上下游贯通的完整新能源汽车产业体系，突破了电池、电机、电控等关键技术，其中动力电池技术全球领先。为了揭示这些核心领域技术突破的背后机理，倘若仅仅从新技术生产供给的角度是远远不够的，必须转向一国新技术的市场需求对新技术生产的决定性影响。正如 Li 等（2016）所指出的，中国巨大的市场需求规模为新能源汽车产业的创新发展提供了强大的内生动力。为此，本部分选择新能源汽车产业作为典型案例，深入剖析低碳消费需求驱动技术创新的作用机理，以期为充分发挥超大规模市场优势、促进低碳战略性新兴产业高质量发展提供创新动力。①

（一）市场发展阶段划分

回顾中国新能源汽车产业发展史，2001 年是 863 计划"节能与新能源汽车"重大科技转型的启动年份，确定了混合动力汽车、纯电动汽车、燃料电池汽车"三纵"，能源动力总成控制系统、电机及其控制系统、电池及其管理系统"三横"的总体研发布局，持续致力于基础技术研发；2009 年是新能源汽车从研发向产业化市场化迈进的标志性年份，《汽车产业调整和振兴规划》提出了明确的新能源汽车近期产业化目标。因此，本章选取 2009 年至今的时间段来分析新能源汽车产业市场需求发展历程。整体来看，此产业市场需求发展具有显著的阶段性特征，大体经历了两个阶段，即"市场培育期"和"市场成长期"（见表 6-1）。

表 6-1　中国新能源汽车产业市场发展阶段

阶段	特征	代表性事件
市场培育期（2009~2012 年）	公共需求率先增长且规模较大，私人需求形成最晚且规模较小；市场需求总规模不大	2009 年实行"十城千辆工程"，在 25 个城市的公共服务领域开展电动汽车运营

---

① 通常创新分为产品创新、过程创新和商业模式创新。由于本章重点分析市场需求对创新的牵引作用，故将重点放在需求对产品创新的影响。

阶段	特征	代表性事件
市场成长期 （2013 年至今）	公共需求经持续增长后趋于饱和，私人需求开始超越公共需求且呈爆发式增长；市场需求总规模大，且具有多样化趋势	2013 年分批推出 88 个新能源汽车推广示范城市；2016 年购置补贴开始"退坡"；2019 年购置补贴再次"退坡"

1. 市场培育期

2009~2012 年，新能源汽车产业市场发展处于培育期，以政府采购和商业运营批量采购引致的市场公共需求率先发展为主要特征，对私人需求有着示范引导作用。2009 年 1 月，财政部、科技部联合发布《关于开展节能与新能源汽车示范推广试点工作的通知》，鼓励在公务、公交、环卫、出租和邮政等公共服务领域推广使用节能与新能源汽车，政府将对推广使用的单位购买给予补助。2009 年，科技部和财政部共同启动"十城千辆"节能与新能源汽车示范推广应用工程（以下简称"十城千辆工程"），决定在 3 年内，每年发展 10 个城市，每个城市在公交、出租、公务、市政、邮政等领域推出 1000 辆新能源汽车开展示范运行，力争到 2012 年使全国新能源汽车的运营规模占到汽车市场份额的 10%。其中，享受示范推广补助资金的新能源汽车必须已纳入《节能与新能源汽车示范推广应用工程推荐车型目录》。这些扶持政策很大程度上提升了本土企业的市场竞争优势。

在此阶段，中国政府主要依托于"十城千辆工程"，通过消费性补贴和充电设施建设等方式引导公共服务领域新能源汽车推广，市场需求整体规模不大。从变化趋势来看，包括政府采购和商业运营在内的公共需求率先形成，但达到一定规模后增幅放缓，而私人需求则需要更长时间才能形成且规模不大。据统计，2009~2012 年 25 个示范城市累计推广各类示范新能源汽车 27432 辆，其中私人购买量仅 4400 辆。如图 6-20 所示，2012 年新能源汽车推广量中公共需求占比 83%，私人需求仅占比 17%。

2. 市场成长期

2013 年至今，新能源汽车产业市场需求正处于快速发展的成长阶段。如图 6-20 所示，公共需求经历持续增长后趋于饱和，而私人需求开始超越公共需求且呈现爆发式增长，成为该阶段主要的市场需求。2013 年，中国政府将新能源汽车示范推广城市扩大到 88 个，采用新能源汽车购置税减免、消费补贴、不限行不限购等多种激励政策，促进新能源汽车由前期的少数城市公共领域示范向更多城市私人领域推广，激发社会公众对新能源汽车的购买及使用。2013 年推广城市共推广应用新能源汽车 1.67 万辆，其中公交车占 28.2%。2015 年中国新能源汽车产量 34.05 万辆，销量 33.11 万辆，产销量首次位居世界第一，市场占有率达 1.3%，首次突破 1% 大关（见图 6-21）。2016 年，新能源汽车"补贴退坡"计划开始实施，这意味着新能源汽车产业开始由以政策扶持为主向以市场驱动为主转变；2018 年续航 300 公里以下的纯电动车型补贴标准下调；2019 年，政府将新能源汽车补贴标准整体减少 50%，续航低于 250 公里取消补贴，将原有的五档补贴改为两档；2022 年 9 月 26 日，财政部、税务总局、工业和信息化部

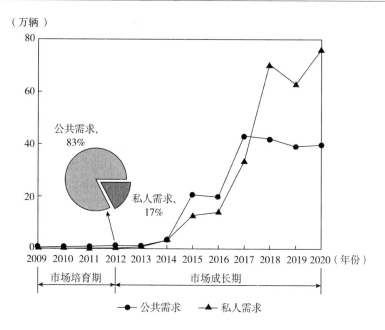

图6-20 新能源汽车两类需求发展概况

注：公共需求主要包括电动环卫车、公务车及其他专用车、大中型客车、轻型客车、载货车和出租车等；私人需求主要包括私人车及其他。

资料来源：《节能与新能源汽车年鉴》（2010~2021年）。

联合发文，明确将新能源汽车免征车辆购置税政策延续实施至2023年底。政策着力点主要集中在充电建设运营、推动基础设施建设等，完善新能源汽车使用环境。

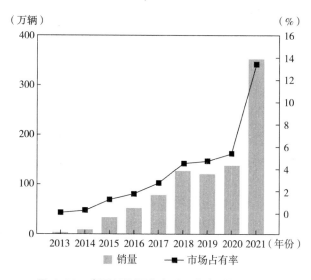

图6-21 我国新能源汽车乘用车车型级别分布

资料来源：根据乘用车市场信息联席会报告整理得来。

随着环境污染形势日趋严峻以及碳达峰碳中和目标的提出，社会公众绿色低碳消费意识逐步提升。新能源汽车使用环境也在逐步改善。尽管其购置补贴不断退坡，但市场认可度仍大幅上升，市场占有率不断攀升。如图 6-21 所示，2013 年中国新能源汽车市场占有率约 0.1%，经过持续上升，2019 年首次突破 5%，达到 5.4%，2021 年首次突破 10%，达到 13.4%，而且此阶段消费需求呈现多样化趋势。如图 6-22 所示，高低两端车型占据新能源汽车市场的主导地位。2021 年，中国 A00 级（微小型乘用车）新能源轿车销量占比为 30.1%，在所有新能源汽车车型级别中最高；以 B 级（中档车）和 C 级（高档车）轿车为代表的高端车型销量占比达 33.1%，与 2018 年相比提升 25.8 个百分点；A 级（紧凑型乘用车）轿车销量占比 29.5%，与 2018 年相比下跌 13.3 个百分点。实际上，以五菱宏光 MINI EV、奇瑞 eQ、长安奔奔 EV 等为代表的 A00 级新能源汽车车型，性价比较高，能够有效满足个人代步需求。以特斯拉（Model 3）、比亚迪汉、小鹏 P7、理想 ONE、蔚来 ES6 等为代表的 B 级以上车型，续航里程长，智能化水平高，市场认可度迅速上升。

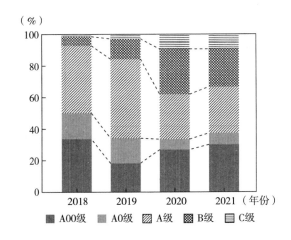

图 6-22　我国新能源汽车销量情况

资料来源：中国汽车工业协会。

总的来说，中国新能源汽车产业市场发展经历了市场培育期和市场成长期两个阶段。不同阶段中市场需求具有显著的差异性，其牵引技术创新的作用机理必然也会存在区别。

（二）市场培育期需求对技术创新的影响

一项新产品的市场化过程，往往会面临着劣于主流成熟产品的技术不确定性、社会公众认知不足导致的需求不确定性（Baer et al.，1977）以及高昂研发支出带来的创新风险等挑战。为应对这些障碍，政府部门在早期的新能源汽车产业发展过程中采取了公共领域示范推广模式，带动了以政府采购需求和商业运营需求为代表的公共领域市场需求，继而降低了新能源汽车技术的潜在风险、促进了技术扩散和成熟化。理论上，公共领域市场需求对早期新能源汽车技术创新和技术扩散发挥了重要作用。归纳起来，其作用机理主要有三个方面（见图6-23）：一是"检验"机制，通过公共领域示范推广，检验新产品的技术可靠性和配套设施兼容性，改进技术漏洞，促进产业链上下游协同创新；二是"展示"机制，增强社会公众和投资者对新产品相对优势和发展前景的充分认知，吸引资本投入，强化开放创新；三是"事前补贴"机制，政府事前明确能够享受补贴的新产品类型及技术标准，相当于以事前补贴的形式降低新能源汽车技术创新的市场风险，减轻研发成本压力。

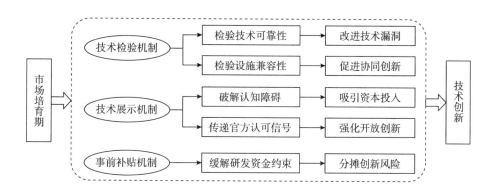

图6-23 市场培育期需求对技术创新的影响机制

1. 技术检验机制

作为刚脱离实验室的新技术产品，新能源汽车亟须经过大量的安全性、稳定性与可靠性实践测试后，才能进一步优化提升，进而实现市场化和产业化。尤其是动力电池的安全性、续航里程焦虑、使用寿命以及充电效率等技术障碍一直是电动汽车领域研究的焦点问题，也成为限制私人领域市场需求的重要原因。在新能源汽车产业发展早期，公共领域示范推广模式为解决上述技术障碍发挥了重要作用，促进企业有针对性地创新。

一方面，公共服务领域消费需求有助于充分检验新能源汽车技术的性能和质量。大范围、高强度的公共服务领域使用能够担负起"性能测试"任务，提供不同应用场景下各种技术故障的案例，经过厂商收集整理并分析相关信息，有针对性地及时优化改进技术漏洞，为后续大规模市场投放奠定基础。同时，随着电动环卫车、公务车、公交车、出租车等公共服务领域用户规模的扩大，车企能够获得大样本的用户驾驶体验等信息反馈，精准化解决产品痛点，细化产品定位，从需求侧牵引新能源汽车产业技术创新（李明珊等，2022）。纯电动汽车续航里程短、电池寿命短、安全事故频发等信息反馈促进了动力电池能量密度和安全保障技术进步。

另一方面，公共服务领域消费需求能够检验新能源汽车配套设施的完备性和兼容性。对于消费者而言，新能源汽车使用的便利程度依赖于能源补给基础设施的建设。在产业发展早期，从公共服务领域消费需求入手，检验出充电接口缺乏统一的标准、充电设施与纯电动汽车之间的匹配问题、充电时间长等配套设施问题，使充电便利性极为低下。这为后续统一规范充电接口和通信协议、提升充电效率积累了宝贵经验，为充电设施技术创新提供了方向性指导。同时，这也突出了新能源汽车厂商与下游充电设施设备运营商之间互动协作的重要性，为后续建立新能源汽车产业链协同创新生态奠定了基础。例如，2010 年由国家电网公司牵头，联合八恺电气、苏州金龙客车、万向电动汽车有限公司、南车时代电动汽车公司、比克国际（天津）有限公司、天空能源（洛阳）有限公司等多家新能源汽车领域知名企业，组成了一个电动汽车行业的快换联盟，致力于实现电动汽车充电电池箱的标准化。[①]

2. 技术展示机制

在新能源汽车作为一种新产品进入市场初期，社会公众和投资者对其技术特性和发展前景认知不足，必然会限制新能源汽车的潜在市场需求以及相关企业融资能力。通常来说，技术创新需要大量的外部资金支持，尤其是创新投资的高风险特征使企业获取创新投资的难度较大（Czarnitzki and Hottenrott，2010）。一旦新能源汽车产业整体上面临严峻的融资约束，行业创新发展也会步履维艰。在新能源汽车产业发展初期，公共领域消费需求能够将新能源汽车直观地展示给社会公众和投资者，并会传递出新能源汽车作为战略性新兴行业受到官方认可的积极信号，利好新能源汽车行业的前景预期，进而提升融资能力，带动行业创新发展。

一方面，公共消费需求为新能源汽车产品相关信息宣传提供了重要载体，有助于破解社会认知障碍，吸引社会资本投入。通过将新能源汽车引入政府采购和商业运营等公共服务领域，使消费者和投资者能够在无须承担其购置成本的前提下充分且便捷地体验到新产品，进一步促进社会公众对新能源汽车低能耗、零排放、使用费用少等的认知，破解供需双方和投融资双方信息不对称难题。在市场培育期（2009～2012年），中国在 25 个示范城市的公共服务领域共推广 23032 辆新能源汽车，占新能源汽车总销售量的 84%。[②] 据百度指数统计，2009 年是新能源汽车市场启动的年份，关键词"新能源汽车"搜索指数均值为 389，2012 年上升至 1035，增长了 1.7 倍。这反映了社会公众在百度网页搜索新能源汽车相关信息的频次大大增长，关注热度大大提升。尤其是在能源资源和环境压力加大的情况下，这种社会公众认知障碍的解决能够扩大新能源汽车的潜在市场需求规模，利好行业前景预期，有助于企业为技术研发获得更多的信贷资金。

另一方面，公共消费需求能够传递出新能源汽车行业受到官方认可的发展风向，强化企业融资能力，促进在开放合作中提升创新能力。2009～2012 年，中央和地方政府投入数百亿元推进"十城千辆工程"示范运行，向社会明晰了政府支持新能源汽车行业发展的态度，展示了大力推广普及新能源汽车的决心。这有助于坚定投资者对新能源汽车发展市场前景的预期，降低上下游产业链相关行业的融资约束，促进企业在

---

① 参见《节能与新能源汽车年鉴（2011）》。
② 参见《节能与新能源汽车年鉴（2013）》。

开放合作中提升自身创新水平。越来越多的外资企业开始看好中国新能源汽车市场前景，大多采用与国内大型整车厂联合研发的方式来开拓中国市场。例如，2010年上海汽车集团与美国AI23公司合资成立上海捷新动力电池系统有限公司，开展电池系统的联合开发、制造和销售；同年，全球最资深的传统汽车发明者奔驰与中国电动汽车技术先锋比亚迪合资成立深圳比亚迪戴姆勒新技术有限公司，从事中国市场新能源电动车、电力传动系统、车用动力电池等研发业务，2012年推出新能源汽车品牌腾势（DENZA）①。也有部分外资企业收购中国中小型整车厂以获取电动汽车生产资质和分销渠道，如2010年美国电动车企业ZAP收购浙江永源汽车有限公司51%的股权，其中由永源提供整车平台和分销渠道，ZAP公司负责电动技术开发、匹配测试和零部件采购。②

3. 事前补贴机制

在新老技术交替的过程中，由于新技术创新活动的高风险性，研发前景和结果的不确定性导致企业缺乏进行科技创新的动力。新能源汽车产业研发活动具有高投入、长周期与高风险的特征，尤其是在产业发展初期，企业往往会面临较高的技术创新失败风险和成本。公共消费需求能够以事前补贴的形式缓解企业资金约束压力，促进研发创新活动（刘丰云等，2021）。企业技术创新的启动和推进需要较多的资金来维持，而在新能源汽车还没有获得市场认可或还处于市场化初期时，示范推广单位采取招标方式择优采购补贴目录中的新能源汽车车型，并指定新能源汽车车型、数量、价格及售后服务等，进而对具有创新潜能的企业技术研发活动进行了事前补贴，提前购买其产品或技术，降低企业自身投入的研发成本，同时为企业分摊了创新风险。这种公共领域消费需求能够为企业技术创新提供有力的物质条件，使企业有信心、有动力、有条件进行实质性的创新。

以宇通客车股份有限公司（以下简称"宇通客车"）为例，其新能源产品主要集中在公交车领域。2009~2012年，宇通客车已取得29个混合动力客车公告、6个纯电动客车公告，已在全国30多个城市和地区示范运行新能源客车累计超过2500台，累计运行里程超过1.5亿公里，推广数量、推广范围和市场占有率都位居全国第一，营业收入累计超22亿元。其中，2010年宇通客车营业收入达2.10亿元，同比2009年增长571%；2012年宇通客车营业收入高达16.15亿元，同比2011年增长351%。这为宇通客车的新能源汽车前沿技术持续研发积累了巨大的财力、物力和人力。截至2013年底，宇通客车已形成以14名博士、46名硕士为核心的160余人研发团队，申请国家专利181项，专利内容涉及动力系统匹配、控制策略开发、电机、电池和电附件等，同比2011年38项专利申请增长了376%③。

（三）市场成长期需求对技术创新的影响

经过多年的技术积累和市场培育、公众绿色出行意识培养以及不限行不限购等牌

---

① 参见《节能与新能源汽车年鉴（2011）》。
② 参见 https://www.pcauto.com.cn/news/changshang/1007/1202865.html。
③ 参见2010~2014年《节能与新能源汽车年鉴》。

照红利释放,消费者对新能源汽车的认可度显著提高,产品竞争力明显增强。尽管自2016年以来中国政府开始实施补贴退坡计划,但新能源汽车私人需求规模快速增长,且其潜在消费者较为"挑剔",需求变得更加多样化、智能化,为技术创新提供了强有力的牵引作用。2021年,中国企业在新能源汽车领域所获的相关专利超过3万件,占全球专利总数的70%。总结起来,此阶段消费者需求主要通过需求规模效应和需求质量效应引致新能源汽车产业技术创新(见图6-24)。

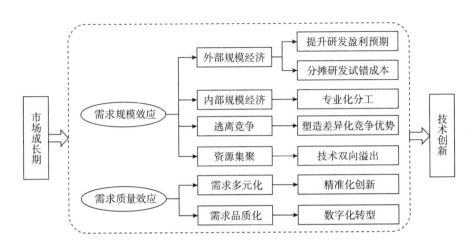

图6-24 市场成长期需求对技术创新的影响机制

1. 需求规模效应

私人需求规模的快速增长能够加速新能源汽车产业的技术创新。这种需求规模效应主要表现在:其一是基于企业对资源的充分有效利用、组织和经营形成的"内部规模经济";其二是依赖于多个企业之间的分工和协作而形成的"外部规模经济";其三是通过改变企业竞争环境影响企业创新的"逃离竞争效应";其四是通过优质资源集聚形成的"技术溢出效应"。

(1)内部规模经济效应。

市场需求规模扩大能够分摊企业研发成本,提高研发盈利的预期水平,激发企业创新动力。新能源汽车产业研发投资具有高风险、高投入、回报周期长的显著特点,其前期固定研发投入成本较高,但产出边际成本较低。例如,纯电动汽车新款研发成本很高,但多制造出一辆新车的成本较低。因此,为了覆盖前期高昂的固定研发成本实现盈利,需要足够大的市场需求规模。从纺织机到蒸汽机再到内燃机的发明和使用,历次工业革命的经验证明,关键性重大技术突破都发生在拥有大规模市场需求的经济体内。正如Judd(1985)指出,销售规模和可营利性的预期刺激了研发投入。当新能源汽车产业具有巨大的市场需求前景时,企业会基于利润最大化原则作出加大研发投入的生产决策,进而加快技术创新速度,推动企业向价值链高端迈进。

大规模市场需求能够分摊企业创新研发所需试错成本,有效降低研发风险,激励企业创新研发投入。新能源汽车产业作为新技术产品，面临着创新失败带来的高风险成本。由于私人需求的快速增长态势，企业会拥有更大的生存发展和创新试错空间，进而提升其研发创新的积极性。因此，中国市场足够大的体量、足够多的消费者群体的需求，为新能源汽车产业动力技术路线多样化提供了合适的生长空间。在电动化大方向的引领下，纯电动驱动、油电式混动、插电式混动、增程式混动、氢燃料电池等动力技术都有自身的市场需求，进而使技术持续迭代创新。其中，增程式混动技术是中国特色的新能源汽车演进路线，有效减缓了消费者的续航里程焦虑。

（2）外部规模经济效应。

更大市场规模能够促进专业化分工，有助于实现斯密式分工促进技术进步的结果。根据斯密定律，市场规模大小决定了社会分工精密程度。市场规模越大，劳动分工会越精细，创新效率也会提高（范红忠，2007）。根据马歇尔规模经济学理论，专业化分工形成不同的产业细分领域，企业在自身所处的领域深耕，不断促进技术进化、迭代、升级，形成企业的核心竞争力。

在快速攀升的新能源汽车市场需求带动下，其零部件相关产业分工逐渐专业化，促使零部件企业围绕某项技术、某一生产环节或者某个细分市场深耕，不断突破关键性技术创新，成为细分领域的"隐形冠军"。其中，宁德时代新能源科技股份有限公司（以下简称"宁德时代"）成立于2011年，专注于新能源汽车动力电池系统、锂电池材料和储备系统的研发、生产和销售，已成为新能源汽车动力电池领域的"隐形冠军"。根据韩国市场研究机构 SNE Research 的数据，2021年宁德时代在动力电池的全球装机量达96.7GWh，市场占有率为32.6%，连续五年位居全球第一。

回顾宁德时代的发展历程，由大规模市场需求带来的专业化分工成为企业技术创新的重要驱动力。2011年中国政府部门将使用外资动力电池的产品剔除出新能源汽车的补贴目录，很大程度上降低了松下、LG在内的外资动力电池公司的竞争优势，间接提升了国产动力电池的市场需求，从而为专注动力电池制造的宁德时代带来了重大发展机遇。面对快速攀升的新能源汽车市场需求，宁德时代为抢占动力电池市场份额，专注聚焦于动力电池产品性能、续航和高安全性等技术短板，持续加大研发投入，强化技术创新。2016年宁德时代研发支出达11.3亿元，2021年上升到77亿元，2022年前三个季度上升至106亿元。经过九年的细分市场深耕，截至2020年12月底，宁德时代共拥有境内外专利3317项，正在申请的境内外专利合计3454项，已形成包括高能量密度的三元高镍电池和高性价比的磷酸铁锂电池在内的产品体系，正全面推进钠离子、M3P电池、凝聚态、无钴电池、全固态、无稀有金属电池等电池技术布局。

（3）逃离竞争效应。

市场需求规模的扩大往往会吸引大量企业的进入，加剧市场竞争，倒逼企业加大研发投入、促进技术创新，从而"逃离竞争"。由于中国具有新能源汽车产业的大国市场，潜在私人需求空间大，能够吸引国内外企业相继进入，进而压低车企的产品价格，加剧产业内企业与产品的优胜劣汰。但是竞争的本质不是价格的竞争，而是创新的竞争（熊彼特，1999）。激烈的同业竞争能够给企业提供足够的压力来增加对高级生产要素和研发活动的投资，从而有利于推进企业的创新活动（迈克尔·波特，1997）。

如图 6-26 所示，新能源汽车相关企业注册量从 2016 年的 1.78 万家直线上升至 2021 年的 16.82 万家，增长了 8 倍之多。以特斯拉为代表的世界一流新能源汽车进入中国市场，销量一路高歌猛进，持续降价进而压低高端纯电动汽车市场价格，强化了市场竞争程度。根据中国汽车工业协会统计，2020 年中国自主品牌新能源汽车市场占有率从 2016 年的 99% 下降到 2020 年 6 月的 66%，不到 4 年时间降幅高达 33%（张厚明，2021）。

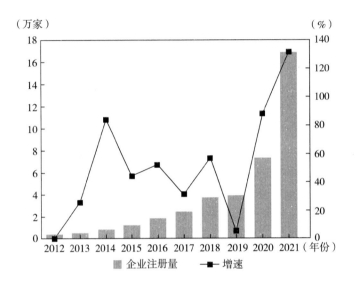

图 6-25　近十年中国新能源汽车相关企业注册量及增速

资料来源：企查查。

此外，传统车企和科技公司也开始大规模进入，加剧了市场竞争。包括一汽、长安、广汽、吉利等在内的传统车企，以及三一重卡、福田汽车等老牌商用车企业，也开始在新能源商用车领域进行深度布局。例如，一汽解放宣布将在新能源领域投资 300 亿元，2035 年新能源整车销量力争达到 50 万辆；福田汽车旗下的智蓝汽车则表示，将在研发与测试投入 60 亿元，产业链及营销服务体系投入 120 亿元，到 2025 年成为中国新能源商用车第一品牌；百度与吉利成立合资智能汽车公司；小米造车传闻屡次传出。

（4）资源集聚效应。

巨大的市场需求空间有利于国内外优质资源的集聚，增强企业间的互动协作，促进信息、技术、人才等要素的积累，进而产生水平和垂直技术溢出效应，提高技术创新的动力和效率。其中，水平技术外溢是指外国专利对本土同行业内竞争企业在技术创新上的示范、刺激与推动效应；垂直技术外溢是指外国专利对本土上下游关联行业内企业在技术进步上所产生的示范、援助与带动效应（刘霞等，2021）。倘若企业间协作关系处于中心—外围结构的依附竞合关系时，技术溢出属于单项溢出，而随着拉拢效应和追赶效应，竞合关系朝着依附、渐进、共生的顺序发展，进而技术溢出演化为双向溢出（王曙光、梁爽，2022）。

作为全球最大的汽车消费国，中国具有巨大的新能源汽车市场需求潜力。这吸引了以特斯拉为代表的世界一流新能源汽车进入国内市场，在加剧市场竞争的同时还会带来优质资源集聚效应。其中，特斯拉在上海工厂的建成投产，为中国新能源汽车产业发展带来了研发、制造等多维度的技术外溢。从同行业视角来看，特斯拉通过软件和智能重新定义了汽车，打造出聚焦用户体验的电动智能产品，在北京和上海建立了基于中国本土化需求的设计研发中心，并至今已开放 300 多项新能源汽车相关专利。同时特斯拉将传统的经销商模式转变为"直营+数字化"模式，消除了信息鸿沟，提升了消费者的购车和售后体验。这种产品技术理念和商业模式变革加速了中国整个汽车产业向智能化电动化转型。从上下游产业链视角来看，特斯拉上海超级工厂投产促进了中国新能源汽车产业链的完善和技术进步。2021 年上海超级工厂年产值高达 47 万台，几乎占据特斯拉全球总产量的一半。作为特斯拉全球最主要的生产基地，特斯拉上海超级工厂零部件本土化率已经超过 95%以上，并在长江三角洲地区组建"四小时供货圈"，带动了中国电动汽车产业链生态的整体发展，促进了电池、电机、电池正负极材料等产业的发展。

当企业间竞合关系由依附型演化为共生型时，技术溢出效应不再是单向的外援带动，而是双向的共享一体化与互利共赢，实现协同创新。宁德时代成立于 2011 年，2012 年获得真正意义上的第一个大订单，成为宝马集团大中华地区唯一的动力电池供应商，为了扶持合作伙伴快速成长，宝马不仅派出了高级别工程师入驻宁德，更提供了多达 800 页的动力电池生产标准，使宁德时代打通了动力电池研发、设计、开发、认证、测试的全流程[①]。这意味着宝马集团为宁德时代早期技术积累带来了外溢效应。随着持续高强度的技术研发，宁德时代已成为动力电池使用量连续五年位列全球第一的动力电池制造商。2022 年第四季度，宁德时代将基于新型电池材料研发的 M3P 电池供应给国产特斯拉 Model Y，其能量密度达 210Wh/kg，较磷酸铁锂电池提升约 15%，成本与磷酸铁锂电池相当，低于三元锂电池。这为搭载 M3P 电池的特斯拉汽车大幅提升续航里程带来了逆向溢出效应，实现了协同创新。此外，奔驰入股孚能科技、大众入股国轩高科，协同研发动力电池；海信集团与蔚来在车用空调、整车热管理系统、智能交通、车路协同、新型显示及多媒体技术产品等新能源汽车领域开展多产业、全方位的战略合作，这均体现了新能源汽车产业领域企业间的共生型竞合关系，带来显著的双向溢出效应。

2. 需求质量效应

通常，一国市场规模会因收入水平大幅度提升而发生显著变化，但在短期内对于企业而言是一个难以改变的外生变量（林毅夫、付才辉，2022）。企业只能基于市场导向根据所处国家的具体市场需求条件来制定竞争策略。当在位企业数量多且充分市场

---

① 参见节点财经报道。

竞争时，"以价换量"的粗放型获利模式难以为继。"内行而挑剔的客户"成为推动企业不断进行研发创新的最重要的市场需求因素（迈克尔·波特，2002）。近年来，中国中等收入群体规模的持续扩大催生出大量高品质需求，低收入群体收入水平的不断上升增强了其消费能力，使新能源汽车产业的市场需求变得更加多元化、个性化和品质化，进而持续拉动新能源汽车产业工艺升级、产品升级以及功能升级。

一方面，消费者对新能源汽车的需求呈现多元化和个性化的特征，这要求车企技术研发从产品为中心逐步走向以用户为中心。新能源汽车产业的需求市场类别越发精细化，其目标消费群体在安全性、可靠性、连接性、便利性、性价比等方面有着极为鲜明的消费需求特征。这要求车企不能像市场培育期满足政府采购和商业运营指定车型需求那样"闭门造车"，而应该主动分析和挖掘目标群体的高质量需求，进行精准性技术创新，才能获得竞争优势。为满足中等收入群体的中高水平需求，以特斯拉 Model 3、比亚迪汉、蔚来 ES6/ES8、理想 ONE 等为代表的 B 级以上车型着重于续航里程、动力性能、智能驾驶、安全性等方面的技术突破；为满足农村和城市居民通勤或短途代步出行的消费需求，以宏光 MINI EV 为代表的新 A00 级车型着重于紧凑化、个性化、性价比等方面的技术创新。

另一方面，消费者的品质化需求加速新能源汽车产业与数字经济的深度融合。随着中等收入群体规模的扩大，越来越多的消费者开始更加注重个性化的产品与服务和以人为本的消费体验，新能源汽车不再仅仅是简单的交通工具。在数字经济时代，大多中高等收入群体已熟悉数字化的生活方式，对新能源汽车产业的智能化、网联化等方面的要求越来越高，使汽车芯片和操作系统成为新能源汽车行业竞争的"新高地"。例如，为了满足用户对互联互通的需求并实现在旅行、工作和日常生活等不同场景之间的连接，新能源汽车企业正在不断改进升级智能座舱设计，实现在不同的移动设备之间建立高速连接通道。又如，为提升用户安全高效的驾驶需求，应对复杂开放的道路场景，提升车辆识别认知能力，自动驾驶技术成为智能网联汽车的核心关键技术（乔英俊等，2022）。大众、博世等知名企业不断加快先进的操作系统等新技术的研发应用，推动新能源汽车向智能化转变；华为在智能汽车领域致力于提供软硬件系统集成服务，布局智能驾驶、智能座舱、智能车云、智能电动领域，2022 年与 100 家以上的国内外生态伙伴进行深度合作；百度阿波罗推出了"乐高式"汽车智能化解决方案。

（四）进一步理论归纳

需求引致创新理论发展至今已经形成了一定程度的理论体系。一般而言，技术创新的根本动机在于企业研发投入相比于不投入而言的利润差（Gilbert，2006）。从需求牵引角度来看，这类激励作用依赖于市场发展阶段、市场需求特征、创新特征等多种因素的影响。由于需求侧低碳转型是一个循序渐进引导培养低碳生活方式的过程，难以实现如生产侧严格排污标准般的立竿见影。因此，对于低碳新兴产业而言，消费需求具有显著的动态性特征，已成为低碳需求对技术创新影响分析中不可忽略的重要因素。更重要的是，为了将低碳消费需求从潜在变成实在，进而使实在消费需求对技术创新的拉动作用得到最大的释放，需要将硬的基础设施和软的制度环境随着产业发展和技术升级而不断完善。

在低碳新兴产业发展初期其市场需求空间比较小，倘若政府对其本土企业新产品采取示范推广措施，率先形成一定规模的公共消费需求，对早期本土企业技术扩散和成熟化起到至关重要的作用。通过公共领域示范推广新产品能够检验新产品的技术可靠性和配套基础设施的兼容性和完备性，优化改进技术漏洞，促进产业链协同创新；向社会公众和投资者展现绿色低碳新产品的相对优势和发展前景，强化企业融资能力，促进在开放合作中提升创新能力；政府采购和商业运营采购新产品相当于事前补贴，能够有效降低企业技术创新的市场风险，减轻研发成本压力。值得注意的是，如果后发国家具备了潜在的需求空间但尚未具备相应的比较优势与发达国家竞争时，后发国家若将其市场向发达国家开放，那么发达国家将会占据其狭小的市场，而后发国家最终位于产业链的低端（孙军，2008）。因此，在低碳新兴产业发展初期，在以公共消费需求鼓励本土企业技术创新、完善配套基础设施的同时，采取政策保护本国市场是非常有必要的。

随着低碳新兴产业技术逐步成熟、基础设施逐渐完善以及公众绿色低碳意识增强，该产业将从需求培育期进入需求成长期，私人市场需求空间快速增长。庞大的本土市场需求容量能够培育出本土企业的高级要素发展的能力，成为持续拉动技术创新的重要动力。需求空间大，能够分摊企业研发成本和创新试错成本，提升研发预期收益，降低研发市场风险，进而激励企业研发投入，形成内部规模经济效应；能够推进专业化分工，聚焦细分领域实现关键技术创新，形成外部规模经济效应。但这还远远达不到需求牵引技术创新的充分条件。市场竞争的本质是创新的竞争。如果市场竞争程度不够，或者进入市场门槛过高，即使面对巨大的市场需求规模，企业往往会致力于寻租、投机、套利活动，实行"以价换量"模式满足低水平需求，进而严重制约了需求对创新的拉动作用。因此，对于后发国家而言，随着技术的积累，本土企业具备能够与发达国家竞争的比较优势时，只有开放、竞争的市场才能将市场需求规模优势转化成拉动创新的竞争优势。通过放开外资准入，改变企业竞争环境、加速企业创新，以逃离竞争；通过全球优质资源集聚改善微观创新环境，对同行业和上下游产业链分别产生水平和垂直技术溢出效应，且随着拉拢效应和追赶效应，企业间协作关系演化成共生型时，这种溢出效应演化为双向溢出，实现协同创新。

此外，现有国内外研究大多从理论和实证均证实，一国市场需求空间在很大程度上决定了其产业研发投入水平和技术创新能力。这是大国市场需求规模具有技术创新比较优势的重要理论前提。但不容忽视的是，对于微观企业而言，短期内需求规模是难以改变的外生变量。仅依靠市场需求规模优势进行竞争，企业往往会陷于"跑马圈地"式的低层次产品市场恶性竞争。当低碳新兴产业发展到一定阶段后，挑剔型消费者需求成为企业技术创新和技术迭代的压力来源和重要方向。伴随消费升级，以多样化、个性化、高品质为特征的高质量需求内含强大的技术升级动力，促使企业技术研发以人的需求为导向进行定制化生产、针对性创新、数字化转型升级。

三、总结与启示

从目前中国低碳消费现状来看，大多数居民认识到碳中和目标的重要性，也愿意为其改变现有消费习惯并承担额外的成本，已初步具备较好的低碳消费认知。不过，近一半受访者表示为实现碳中和的支付意愿要比治理雾霾的低，而且事实上低碳消费行为实践比例却不高，知行尚未合一。如何将公众低碳消费主观意愿转化为实践，成为当前政府需要面对且亟待解决的问题。本章通过选择典型行为深度调研后发现：①在低碳购买使用维度上，制约绿色产品购买的主要因素包括绿色产品价格较高、减碳贡献不详、绿色标识不明显等；制约纯电动汽车推广的主要因素有充电桩等配套设施不完善、行驶里程受限。制约住宅屋顶安装光伏板的主要因素是前期投入成本过高、回收周期太长，申请安装程序烦琐、执行机制不畅通，减碳贡献量不详等。②在回收再利用维度上，制约二手商品交易的主要因素有其质量难以保障、交易平台覆盖面较小、减碳贡献不详、未获得同伴认可等。制约垃圾分类投放的主要因素有缺少分类投放设施，"分类后垃圾在处理、回收和循环利用过程中管理不透明，无法确认是否再次混杂"，缺乏垃圾分类知识等。③进一步拓展分析发现，公众维护环境权益的意识较为淡薄，民间环保力量亟须培育壮大；过半受访者认为相比美国，中国现阶段生活模式更加可持续。

为了最大程度地发挥低碳消费需求对技术创新的牵引作用，需要将制度环境和基础设施随着产业发展和技术升级而不断完善。本章选择新能源汽车产业作为典型案例进行剖析，研究发现：①在低碳新兴产业发展初期，通过示范推广其新产品率先培育出一定规模的公共消费需求，能够检验其技术可靠性和配套基础设施的兼容性和完备性，优化改进技术漏洞，促进产业链协同创新；向社会公众和投资者展现其新产品的相对优势和发展前景，强化企业融资能力，促进在开放合作中提升创新能力；政府采购和商业运营采购其新产品，相当于事前补贴，能够有效降低企业技术创新的市场风险，减轻研发成本压力。②随着技术成熟化、基础设施完善以及公众低碳意识增强，该产业进入需求成长期，公共消费趋于饱和，私人需求快速增长。需求空间大，有助于分摊企业研发成本和创新试错成本，提升研发预期收益，进而激励企业研发投入，形成内部规模经济效应；能够推进专业化分工，聚焦细分领域实现关键技术创新，形成外部规模经济效应。更为重要的是，对于后发国家而言，随着技术积累，本土企业具备能够与发达国家竞争的比较优势时，只有开放竞争的市场才能改变企业竞争环境、加速企业创新，吸引全球优质资源集聚释放技术溢出效应，才能真正将市场需求规模优势转化成刺激创新的竞争优势。此外，以多样化、个性化、品质化为特征的高质量需求成为技术创新和迭代的重要压力来源。

基于上述分析，为进一步从需求侧促进低碳转型，推动实现高质量发展和人与自然和谐共生，需要多措并举，充分认识形成低碳生活方式的重要性、紧迫性、艰巨性，积极引导低碳消费模式，并要完善低碳消费需求引致创新的软硬条件，最终形成需求牵引供给、供给创造需求的更高水平动态平衡。

其一，加强宣传教育，提升低碳消费意识。这是引导低碳消费模式的基础性工作。鉴于近五成受访者表示为实现碳中和的支付意愿低于雾霾治理，这要求政府在全社会开展生态文明建设宣传教育中将应对气候变化与雾霾治理放在同等重要的位置，及时、准确、生动地向社会公众提供更多的全球气候变化、碳中和愿景、低碳消费以及低碳生活方式等知识信息，引导培育低碳消费价值观。系统全面地编写低碳消费行为手册，覆盖低碳购买、使用及回收再利用的全过程，用以指导低碳消费行为实践。只有社会公众具备了良好的低碳消费意识，才有可能将意识转化为实践，真正实现消费购买行为的低碳转型。

其二，立足消费实践，推动供给系统变革，精准引导低碳购买及使用。消费端的低碳转型离不开产品供给系统而孤立地发生。培育低碳消费模式，必须立足低碳消费实践现状，对症下药，通过扩大有效供给、规范产品市场、财政金融引导等手段倒逼产品供给的变化，以高质量供给创造低碳消费需求。例如，为促进绿色低碳用品消费，通过不断的技术创新或者初期消费补贴，降低其溢价水平；开展全生命周期的碳监测与评价，公开标出其碳减排贡献量，提升低碳消费者选购动力；规范绿色低碳标识认定管理，尽快改变现有标识鱼龙混杂、较为模糊的现状，拓展绿色低碳标识形式。为促进纯电动汽车消费需求，适度超前开展充电基础设施建设，避免充电难的发生；推进硬件层技术创新和软件层算法优化，延长纯电动汽车续航里程；加强高安全的固态动力电池技术研发及产业化，降低电池安全隐患。为进一步促进分布式能源的应用，鼓励居民安装太阳能光伏发电板，应加大绿色金融引导作用，减轻居民前期购置成本；简化光伏板安装程序，优化施工安装、并网发电、电费支付等执行程序，提升惠民服务效率；一户一方案，提供针对性的成本收益预估方案和减碳贡献量，提升居民对光伏发电的认知水平；需要注意的是，光伏发电具备一定的适用范围，不可"一刀切"式盲目推广。

其三，完善基础设施建设，提升公众主观认知度，积极引导产品再循环再利用。产品回收再利用是循环经济发展、促进资源节约集约利用的重要内容。面对中国当前废旧物资循环利用和垃圾分类投放现状，需要基础设施硬环境和认知态度软环境与之相配套，相互加强配合，来促进产品回收再利用。为促进二手商品交易规范健康发展，建设二手商品质量验证平台，完善质量保障体系；健全二手商品交易循环平台建设，拓宽覆盖范围，使其惠及农村地区以及老年人群体；量化代表性闲置物品交易的减碳贡献量，并以客观形象的方式加大宣传，提升公众对闲置物品交易的低碳贡献认知，促进其自发参与二手闲置商品交易。为深入推广垃圾分类投放，增设垃圾分类投放设施，合理布置摆放地点；面向社会公众定期开放垃圾分类处理实践教育基地，让垃圾分类、处理、回收和循环利用过程透明化、公开化；客观测算并宣传垃圾分类行为的减碳贡献量，增强公众主观能动性；加强社区内部垃圾分类宣传教育，提高居民垃圾分类知识素养，并树立榜样典型，示范带动他人垃圾分类。

其四，分阶段创造低碳消费需求引致技术创新的制度环境和基础设施，使需求侧对创新的拉动作用得到最大的释放。引导低碳消费转型不能一蹴而就，需要循序渐进，进而造成其消费需求的动态性特征。对于具备潜在需求空间的低碳新兴产业而言，与之配套的制度环境和基础设施应随着需求阶段的演变而不断完善。一是在市场培育期，新产品市场需求空间比较小，政府应采取公共领域示范推广模式刺激本土企业技术扩散和成熟化。以公共消费需求检验新产品的技术可靠性和基础设施的兼容性和完备性，向公众展现新产品的发展前景，并降低新产品技术更迭的市场风险。同时，尤其是对于后发国家而言，政府非常有必要在产业发展初期采取措施保护本国市场，为需求驱动本土创新提供机制保障。二是在市场成长期，私人需求空间快速增长，政府应着重建立开放竞争市场机制，优化消费环境，完善配套基础设施建设，以需求规模效应和需求质量效应促进企业技术创新。政府加大配套基础设施建设，旨在将私人低碳消费需求从潜在转变为实在。当本土企业具备能够与发达国家竞争的比较优势时，深化体制机制改革，构建高标准市场体系，以统一开放、公平有序的市场竞争环境倒逼企业加速创新，聚集全球优质资源实现协同创新，从而将市场需求规模效应转变成拉动创新的竞争优势。同时，营造良好的消费环境，加强产品质量监管，畅通消费维权渠道，完善消费维权法律法规，增强消费者高质量诉求转化为企业创新的动力。

参考文献

［1］Ajzen I. The theory of planned behavior ［J］. Organizational Behavior and Human Decision Processes, 1991, 50 (2): 179-211.

［2］Allcott H. Consumers' perceptions and misperceptions of energy costs ［J］. American Economic Review, 2011, 101 (3): 98-104.

［3］Baer W S, Johnson L L, Merrow E W. Government-sponsored demonstrations of new technologies ［J］. Science, 1977, 196 (4293): 950-957.

［4］Blasch J, Boogen N, Filippini M, et al. Explaining electricity demand and the role of energy and investment literacy on end-use efficiency of swiss households ［J］. Energy Economics, 2017, 68 (S1): 89-102.

［5］Creutzig F, Fernandez B, Haberl H. Beyond technology: Demand-side solutions for climate change mitigation ［J］. Annual Review of Environment and Resources, 2016 (41): 173-198.

［6］Czarnitzki D, Hottenrott H. R&D investment and financing constraints of small and medium-sized firms ［J］. Small Business Economics, 2011, 36 (1): 65-83.

［7］Dinner I, Johnson E J, Goldstein D G, et al. Partitioning default effects: Why people choose not to choose ［J］. Journal of experimental psychology, 2011, 17 (4): 332-341.

［8］Gilbert R. Looking for Mr. Schumpeter: Where are we in the competition-innovation debate? ［J］. Innovation Policy and the Economy, 2006 (6): 159-215.

［9］Graziano M, Fiaschetti M, Atkinson-Palombo C. Peer effects in the adoption of solar energy technologies in the united states: An urban case study ［J］. Energy Research & Social Science, 2019（48）：75-84.

［10］Hall B H, Lerner J. The financing of R&D and innovation［J］. Handbook of the Economics of Innovation, 2010（1）：609-639.

［11］Hines J M, Hungerford H R, Tomera A N. Analysis and synthesis of research on responsible environmental behavior：A meta-analysis［J］. The Journal of Environmental Education, 1987, 18（2）：1-8.

［12］Hunt A, Judd B Kessler. The welfare effects of nudges：A case study of energy use social comparisons［J］. American Economic Journal：Applied Economics, 2019, 11（1）：236-276.

［13］Judd K L. On the performance of patents［J］. Econometrica, 1985, 53（3）：567-585.

［14］Lesic V, Bruine D B W, Davis M C, et al. Consumers' perceptions of energy use and energy savings：A literature review［J］. Environmental Research Letters, 2018, 13（3）：30-43.

［15］Li W, Long R, Chen H. Consumers' evaluation of national new energy vehicle policy in China：An analysis based on a four paradigm model［J］. Energy Policy, 2016（99）：33-41.

［16］Liu L C, Wu G, Wang J N, et al. China's carbon emissions from urban and rural households during 1992-2007［J］. Journal of Cleaner Production, 2011（19）：1754-1762.

［17］Popp D, Hafner T, Johnstone N. Environmental policy vs public pressure：Innovation and diffusion of alternative bleaching technologies in the pulp industry［J］. Research Policy, 2011, 40（9）：1253-1268.

［18］Romer P M. Capital, labor, and productivity［C］//Brookings Papers on Economic Activity, Microeconomics. Washington：The Brookings Institution, 1990：337-367.

［19］Stern P C. What psychology knows about energy conservation［J］. American Psychologist, 1992, 47（10）：1224-1234.

［20］［美］迈克尔·波特. 国家竞争优势［M］. 李明轩, 邱如美译. 北京：华夏出版社, 2002.

［21］［美］迈克尔·波特. 竞争优势［M］. 陈小悦译. 北京：华夏出版社, 1997.

［22］［美］约瑟夫·熊彼特. 资本主义、社会主义与民主［M］. 吴良健译. 北京：商务印书馆, 1999.

［23］陈素梅, 何凌云. 相对贫困减缓、环境保护与健康保障的协同推进研究［J］. 中国工业经济, 2020（10）：62-80.

［24］陈素梅, 李钢. 环境管制对产业升级影响研究进展［J］. 当代经济管理, 2020, 42（4）：49-56.

［25］邓俊, 徐琬莹, 周传斌. 北京市社区生活垃圾分类收集实效调查及其长效管

理机制研究 [J]. 环境科学, 2013, 34 (1)：395-400.

[26] 范红忠. 有效需求规模假说、研发投入与国家自主创新能力 [J]. 经济研究, 2007 (3)：33-44.

[27] 李明珊, 孙晓华, 唐卓伟, 等. "示范推广"模式带动了市场需求吗——来自电动汽车产业的实证研究 [J]. 南开经济研究, 2022, 223 (1)：3-21.

[28] 廖茂林. 社区融合对北京市居民生活垃圾分类行为的影响机制研究 [J]. 中国人口·资源与环境, 2020, 30 (5)：118-126.

[29] 林毅夫, 付才辉. 比较优势与竞争优势：新结构经济学的视角 [J]. 经济研究, 2022, 57 (5)：23-33.

[30] 刘丰云, 沈亦凡, 何凌云. 补贴时点对新能源研发创新的影响与区域差异 [J]. 中国人口·资源与环境, 2021, 31 (1)：57-67.

[31] 刘侃莹, 李巍. 基于消费者偏好差异的绿色产品行为定价策略比较 [EB/OL]. [2022-07-27]. https：//kns. cnki. net/kcms2/article/abstract? v = 3uoqIhG8C 45S0n9fL2suRadTyEVl2pW9UrhTDCdPD67s_ kBxcpWeySN5tOV121fY2Yv1CMGnr1KAV_ Kp WAnwJdw4x5hUVRZY&uniplatform = NZKPT.

[32] 刘文玲, 杜琛仪, 肖舒文. 实践与供给：面向碳中和的需求侧解决方案 [J]. 中国环境管理, 2022, 14 (1)：22-30.

[33] 刘文龙, 吉蓉蓉. 低碳意识和低碳生活方式对低碳消费意愿的影响 [J]. 生态经济, 2019, 35 (8)：40-45+103.

[34] 刘霞, 张天硕, 曲如晓. 外国在华专利与中国企业出口行为——基于同行业和跨行业视角的理论与实证分析 [J]. 经济评论, 2021 (5)：118-135.

[35] 欧阳峣, 汤凌霄. 大国创新道路的经济学解析 [J]. 经济研究, 2017, 52 (9)：11-23.

[36] 潘家华, 廖茂林, 陈素梅. 碳中和：中国能走多快? [J]. 改革, 2021 (7)：1-13.

[37] 潘家华. 中国碳中和的时间进程与战略路径 [J]. 财经智库, 2021 (4)：42-66+141.

[38] 齐绍洲, 柳典, 李锴, 等. 公众愿意为碳排放付费吗? ——基于"碳中和"支付意愿影响因素的研究 [J]. 中国人口·资源与环境, 2019, 29 (10)：124-134.

[39] 乔英俊, 赵世佳, 伍晨波, 等. "双碳"目标下我国汽车产业低碳发展战略研究 [J]. 中国软科学, 2022 (6)：31-40.

[40] 石敏俊. "双碳"目标下减污降碳协同治理的政策思考——以京津冀地区为例 [J]. 国家治理, 2022 (14)：49-54.

[41] 孙军. 需求因素、技术创新与产业结构演变 [J]. 南开经济研究, 2008 (5)：58-71.

[42] 王曙光, 梁爽. 产业园区双向外溢、跨区域大协作与系统动态平衡新格局 [J]. 新视野, 2022 (5)：112-120.

［43］熊鸿儒，吴贵生，王毅．基于市场轨道的创新路径研究——以苹果公司为例［J］．科学学与科学技术管理，2013（7）：122-129.

［44］俞海，王勇，李继峰，等．中国"十四五"绿色消费衡量指标体系构建与战略展望［J］．中国环境管理，2020，12（6）：73-81.

［45］张厚明．我国新能源汽车市场复苏态势及推进策略［J］．经济纵横，2021（10）：70-76.

［46］周宏春．绿色消费的社会治理体系研究［J］．中国环境管理，2020，12（1）：31-36.

［47］庄贵阳．低碳消费的概念辨识及政策框架［J］．人民论坛·学术前沿，2019（2）：47-53.

第七章　碳金融产品创新与投资策略研究

孙传旺　许帅[*]

摘　要： 积极应对气候变化，坚定走绿色低碳发展之路是人类面临的共同事业。中国的生态文明建设进程不断迈向新阶段，应对全球气候变化已经被融入到国家经济社会发展的中长期规划中，加快推进绿色低碳发展，主动控制温室气体排放。与此同时，中国在全球碳减排的问题上坚持共同且有区别的责任原则、各自能力原则和公平原则，积极主动地参与到应对全球气候变化的国际协商和谈判。进入新时代，我国明确指出中国可持续发展的内在要求必然需要同世界各国携手应对全球气候变化，低碳发展是我国经济社会发展过程中的重中之重，不仅事关生态文明建设的重要途径，还是我国经济社会发展的重大战略。作为"双碳"目标实施过程中的关键部署环节之一，碳金融市场是解决碳排放外部性问题的重要手段，通过将二氧化碳等温室气体的排放权作为商品进行交易，能够在控制减排总量的同时实现成本最小化。2021年7月，全国统一的碳交易市场正式开放，在此之前，我国已在全国范围内的七个地区陆续开展了碳排放权交易试点工作。目前全国碳市场仍处于发展的初始阶段，如何完善市场机制设计、制定市场进一步发展方向、创新碳金融产品以及引导社会碳排放权获取从无偿到有偿的改变对于未来发展十分关键。在"新常态"这一历史阶段下，使碳金融产品的价格能够真实反映其价值度量以提高市场效率与减排成效，既是公众及政府关注的重点也是我国碳市场发展面临的重要问题。基于此，本章试图在全球气候变化的大背景下，在绿色发展理念的框架下，以碳金融产品创新和投资策略为研究核心，以碳金融市场及其基础性、衍生性产品为研究切入点，分别从碳金融市场和碳金融产品展开研究，基于国际碳金融市场的发展历程、碳金融产品的具体概况，结合理论分析、文献研究、案例分析等方法，从碳金融产品视角为碳金融市场发展和完善提供经验证据和系统分析，以期为我国优化碳金融产品创新与投资策略提供相应的政策建议与启示。

关键词： 碳金融市场；衍生性碳金融产品；碳排放权配额；碳金融产品设计

---

[*] 作者简介：孙传旺，厦门大学中国能源经济研究中心教授、博士生导师；许帅，厦门大学台湾研究院区域经济学博士研究生。

一、绪论

（一）研究背景

"双碳"战略的实施离不开金融体系的支持，进一步完善碳金融系统，特别是创新碳金融产品和探究碳减排投资策略，在实现"双碳"目标这一场广泛而深刻的变革中显得尤为重要。碳金融系统在一定程度上将依托于现有绿色金融市场框架。在解决过往粗放集约型发展模式的过程中，绿色金融通过投融资约束引导社会资源在行业及企业间再次分配，实现资源的高效利用，温室气体减排同样离不开碳金融系统的金融资本助力。

碳金融系统需要巨量、长期和较高不确定性的投资（朱民等，2022）。据清华大学气候与可持续发展研究院2020年测算，在2℃和1.5℃情景下，我国实现碳中和所需的投资额分别为127.24万亿元和174.38万亿元。据国际可再生能源署（IRENA）估计，2050年之前我国可再生能源投资需求有可能达到283万亿元，与目前的投资规模相比，仍存在巨大缺口。

实现碳中和目标需要个人、企业与政府的共同努力，目前碳排放权交易市场主要以发电行业为主，现有碳资产的交易渠道与碳金融产品难以匹配社会投融资需求。基于碳排放权的碳金融基础性产品是我国碳金融市场上交易的主流产品，衍生性碳金融产品较为缺乏，而创新性碳金融产品的需求在市场上较大，尤其是对于投资者而言。因此亟须对现有碳金融系统加以完善和改进，以创新碳金融产品，深入分析碳减排投资策略，通过科学的优化设计引导社会资源在行业及企业间再次分配，加强资源再配置效应，充分发挥金融市场活水作用，为面向低碳的高质量发展赋能添力。

（二）国内外研究现状

1. 碳金融市场的相关研究

目前各国碳金融市场发展处于不同水平（Mohsin et al.，2020），部分国家已经完成了碳交易市场建设，但在架构上存在较大差异，其中欧盟排放权交易市场采用的是配额型—排放交易机制，依据"限额与交易"原则运作（Raphael and Antoine，2016），而美国的芝加哥气候交易所采用自愿参与形式运营（Poudyal et al.，2012），中国碳交易市场也采用的是配额型机制，但市场开放伊始，目前专业人员、法律规制等方面都较为缺乏（Zhou and Li，2019），还有很大发展潜力。

（1）碳金融的内涵。在实现碳中和目标进程中，碳金融将发挥关键作用。碳金融市场具有将减排成本转化为收益、资源转型融资和气候风险转移的功能。从宏观角度来看，碳金融可以通过投融资活动为低收入发展中国家创收，为推进可持续发展进程提供资金（Max et al.，2018）。在中观层面，碳金融的发展有利于碳价确定，碳定价机制又成为低碳及碳吸收技术创新和产业结构优化的驱动力（张希良等，2022）。从微观层面分析，在碳金融从政府指导到市场自发运行的发展历程中，将使企业在绿色化、低碳化转型方面受益（王广宇，2021）；此外，碳中和贷款有更低的信贷违约风险，让金融机构贷款损失处于较低水平，形成良好的资产结构（Umar et al.，2021）。

（2）碳交易市场的效率和风险。Daskalakis 和 Markellos（2008）、Montagnoli 和 Vries（2010）运用序列相关分析法和方差比率分析的实证方法，分别对欧盟不同阶段的市场有效性进行检验，认为欧盟碳市场在第一阶段尚未达到弱式有效，在第二阶段达到了弱式有效。王倩和王硕（2014）对北京、天津、上海、深圳四个试点市场的有效性进行研究，使用方差比率法（VR）对各个市场的有效性状态开展了实证研究，结果表明只有上海市场达到了弱式有效状态，市场流动性与投机性对碳市场的有效性状态产生了重要影响。An 等（2020）使用基于 Wild Bootstrap 的方差比检验得到湖北碳市场弱式有效的结论，类似的研究还有 Guo 等（2021）基于有效市场假说和多重分形市场假说对我国碳市场效率分别进行检验，得到多重分析趋势检验更适合我国碳市场的结论（Fan et al.，2021）。GARCH 模型应用也较为广泛，如吕靖烨等（2018）采用 GARCH 模型对湖北碳市场进行研究，结果表明湖北市场处于非弱式有效。还有些学者基于 DEA 方法衡量碳市场的配置效率（Dong et al.，2019；Zhang et al.，2020）。

碳市场是个复杂的市场体系，其运行过程中风险无处不在（Larson and Parks，1999）。高令（2018）认为碳金融资产存在系统性信用风险、泡沫风险以及碳金融创新的资产证券化风险等。对于我国的碳金融市场，王遥和王文涛（2014）分析了碳交易市场的风险，指出目前市场供给风险、机制设计风险、违规操作风险是主要的风险来源。还有学者提出了关于碳市场风险的度量方法。Markowitz（1959）考察了收益的不确定性，认为其是风险的重要来源，并提出通过收益的方差或者标准差进行度量。

（3）碳金融市场的流动性。Liski（2001）基于碳排放的总量控制与交易模型比较不同配额分配量产生的交易成本差异，对比具有摩擦的金融市场，碳市场的配额发放收紧不会提高其交易成本，因此不会抑制碳市场的流动性。Frino 等（2010）对欧盟碳市场的碳期货交易进行分析，发现碳期货交易的存在会显著提高碳市场的流动性，碳衍生品的存在带动了配额现货市场的价格发现功能。Zhao 等（2016）认为制度设计的各个方面包括配额总量和分配方法、交易规则、交易成本等都会对其产生影响。Munnings 等（2016）以三个试点市场为例，认为其他气候政策的补贴作用减少了企业在碳市场交易的需求，并且碳市场纳入的企业对碳市场交易不熟悉也会增加交易的成本。傅京燕等（2017）在构建非流动性比率衡量碳市场流动性后，选取 CCER 抵消机制、配额发放量以及参与主体范围三个要素对碳市场流动性的影响进行实证检验和机理分析。

2. 碳金融产品创新的相关研究

（1）碳排放权配额分配。碳配额初始分配机制将直接影响参与者分担的减排成本，是影响碳市场接受度和效率的关键环节。初始分配方式分为免费分配和有偿分配。免费分配是碳市场建立初期最常使用的分配方式，提高了企业的接受度并降低了企业负担，但存在降低市场流动性和有效性等缺点（Hahn and Noll，1982；Hahn and Stavins，2011）。因此，有偿分配被认为是提高碳市场分配效率的有效方法。有偿分配包括固定价格方式和拍卖方式。Cramton 和 Kerr（2002）认为拍卖为企业技术创新提供了更大的激励，并能减少在配额分配上的政治争议，是实现有效减排的最优方式。Alvarez 和 André（2016）认为在二级市场为非竞争市场以及存在垄断势力情况下，拍卖机制比免费机制更加有效。Alvarez 等（2019）通过理论模型讨论了在私人价值下固定价格拍卖作为污染企业排放许可分配机制的有效性。Benz 等（2010）针对碳排放配额拍卖中卖出价格为统一定价还是歧视性定价等方面对市场出清价格的影响进行了论述和分析。Dormady 和 Healy（2019）通过实验比较了委托拍卖与均一价格拍卖，结果表明委托拍卖会导致更高的拍卖出清价格，分配效率低下。

（2）碳金融产品的价格影响因素。通过梳理相关文献，碳金融产品交易的价格主要受到政策调整、能源供需变化等影响因素的冲击。Holtsmark 和 Mæstad（2002）使用数值模型模拟了不同的交易政策制度下碳排放权交易的价格变化。还有一些学者在分析欧盟政策调整如何影响碳价时，发现影响碳价的能力较强的往往是与碳排放配额密切相关的政策（Miclaus et al.，2008；Fan et al.，2021）。Alberola 等（2008）使用欧盟碳市场的每日交易数据，探索能源基本面变化对欧盟碳市场上碳交易价格的影响。Kim 和 Koo（2010）分别从短期和长期的角度研究能源价格的冲击对碳价格的影响，研究结果表明能源价格变化在长期和短期的影响不同。邹亚生和魏薇（2013）基于因果检验对欧盟碳期货价格进行分析，结果表明工业生产指数会对碳金融产品的价格产生影响。

（3）碳金融产品的联动性。许多研究都证明了碳交易产品之间存在一定的联动性，碳配额市场和自愿碳市场以及碳现货市场和碳衍生品市场之间会相互影响。欧盟碳市场主要包括两大交易品种，即碳排放配额（EUA）和核证减排量（CER），并同时存在碳配额和核证减排量的现货和期货市场。大量学者基于 EUA 与 CER 市场及其现货期货市场间的联动机制进行研究。黄明皓等（2010）运用 SVAR 模型研究了 CER 市场和 EUA 市场的联动效应，得到两市场间是动态稳定的结论；Philip 和 Shi（2015）使用格兰杰因果检验和回归检验的方法，对现货市场于期货市场间的溢出效应进行了分析，研究结果表明在配额提交日前后，期货价格与现货价格发挥主导功能的地位发生了变化，同时期货市场与现货市场间溢出效应的方向也发生了转变。然而，在 Nazifi（2013）的研究中并未发现两市场间的联动效应。胡根华等（2015）使用规则藤 Copula 模型发现同一 EUA 期货的不同到期日合约之间具有相依性。Daskalakis 等（2009）对欧盟碳排放交易体系（EU-ETS）内的三个重要碳排放配额市场进行了研究，发现禁止在欧盟 ETS 的不同阶段之间储存排放配额对期货定价具有重大影响。Alberola 等（2008）使用 GARCH 模型、内生突破测试和滚动窗口估计，发现期权市场的引入有助于降低欧盟 ETS 的波动水平。

3. 碳金融产品投资的相关研究

对于碳金融市场投资的相关研究相对较少，主要是基于绿色金融产品投资，如一些文献从 ESG（Environmental、Social and Governance）投资的角度进行研究。Cooperman（2013）简要概括了公司和非营利组织在绿色金融领域的发展，并指出金融领域对公司的 ESG 披露不够重视。Yang（2021）探究了提高企业环境绩效这一机制对社会资金投资的影响，使用第三方 ESG 评分，发现绿色股票会对冲与气候有关的灾害，有助于绿化。一些学者认为 ESG 投资可以通过降低风险来获取收益。Hoepner 等（2018）

发现 ESG 的参与，特别是环境投入，有助于降低下行风险。Riedl 和 Smeets（2017）利用调查数据进行的研究也直接表明，对社会负责的投资者对投资 ESG 基金有着非金钱性的偏好。Zerbib（2019）表明绿色债券的价格往往更高，收益率更低，这意味着投资者对绿色债券的偏好更高。邱牧远和殷红（2019）发现企业的 ESG 披露能降低其融资成本。ESG 投资理论研究主要集中于 ESG 偏好不确定性和评级不确定性。Pástor 等（2021）从理论上将 ESG 偏好和气候冲击对投资者 ESG 偏好的影响纳入资产定价模型，并推导出均衡收益和投资者持有量。结果表明，ESG 偏好推动投资者持有绿色资产组合，并导致绿色（棕色）股票的负（正）Alpha。对于我国的 ESG 评级，中国工商银行从绿色发展（李晓西等，2014）及绿色投资（Huang and Lei，2020）两个维度构建 ESG 绿色评级体系作为内部评级体系的重要补充（张红力等，2017）。

（三）研究思路与内容安排

1. 研究思路

本章以碳金融产品创新和投资策略为研究核心，以碳金融市场及其基础性、衍生产品为研究切入点，具体研究内容可分为六个部分。其中，第一、第二部分是背景分析，为整个项目提供研究视角和理论基础；第三、第四、第五部分分别从碳金融市场和碳金融产品展开研究，基于国际碳金融市场的发展历程、碳金融产品的具体概况，结合理论分析、文献研究、案例分析等方法，从碳金融产品视角为碳金融市场发展和完善提供经验证据和系统分析；第六部分为优化碳金融产品创新与投资策略的政策建议与启示。

2. 内容安排

本章主要基于外部性理论、科斯定理和环境金融等相关理论，对碳金融市场的产生和内涵进行分析，运用理论分析和文献研究等方法和工具对碳金融市场上的基础性产品和衍生产品开展研究。通过对碳金融市场进行梳理，厘清碳金融产品的交易主体，分析碳金融产品的供需情况，为我国建立丰富多元的碳金融产品体系和更加完善、壮大的碳金融市场提供参考和借鉴。主要的内容安排如下：

第一部分，绪论。主要由四部分内容组成，首先分析了本章开展的主要背景和研究意义，其次对国内外碳金融市场、碳金融产品等方面的相关研究进行梳理，再次对研究开展的具体思路和研究内容进行阐述，最后对研究开展过程中使用的方法进行了介绍，并对可能的创新之处进行了论述。

第二部分，碳金融产品创新与投资的相关理论基础。这一部分主要由三大块组成，分别是外部性理论、科斯定理、环境金融。主要对温室气体排放等环境外部性、大气环境这一公共商品的产权原理、环境金融的发展进行了梳理，以期为更好构建碳金融市场和创新碳金融产品提供重要理论基础。

第三部分，碳金融产品的交易市场。主要从三个方面进行展开，第一个方面是碳金融产品交易市场的起源与定义，主要梳理了碳金融市场的发展过程以及相关定义；第二个方面是碳金融市场的分类，主要可以分为配额型与项目型、自愿型与强制型、一级市场与二级市场；第三个方面是碳金融市场发展趋势及投资潜力，对碳金融市场的发展趋势以及未来的投资潜力进行了分析。

第四部分，碳金融产品的市场化分析。从概念内涵、产品设计到产品分类和供给需求，本部分内容主要分为四项，首先是对碳金融产品的概念明晰、对碳金融产品内涵进行分析；其次是碳金融产品的设计，分别从产品设计的原则、目标和具体思路进行展开；再次是对碳金融产品的类型进行整理，大致可以分为碳市场交易工具、碳市场融资工具以及碳市场支持工具三个类别；最后从碳金融产品的供给和需求以及影响因素进行展开。

第五部分，我国碳金融产品创新与投资的路径分析。主要是对我国碳金融产品的发展情况及存在问题进行分析。首先，对我国碳金融市场和碳金融产品的基本情况进行梳理；其次，对我国碳金融产品的实施要求进行了分析，按照碳金融市场交易工具、融资工具、支持工具进行整理；最后，从市场需求、产品标准、价格机制、法律监督、市场准入等方面对我国碳金融产品发展存在的问题进行论述。

第六部分，优化我国碳金融产品创新与投资策略的政策建议。根据前文对我国碳金融市场和碳金融产品的情况进行梳理，本部分针对我国碳金融产品发展过程中存在的问题，面向我国碳金融发展的具体实际，提出相对应的优化措施和建议。

（四）研究方法与创新之处

1. 研究方法

本章在分析过程中涉及的研究方法包括以下三种：

（1）文献研究法。作为社会科学领域中较为常见的研究方法，同时也是最为基础的方法，文献研究法通过对国内外相关研究文献进行梳理，可以掌握研究的现状和基本情况。本章基于对国内外碳金融相关研究文献的整理和阅读，根据实际需求对碳金融相关领域的研究进行系统梳理和归纳总结，按照梳理总结得到的研究现状以及碳金融市场或碳金融产品的相关经验，进而为中国碳金融产品创新和实践提供参考。

（2）理论分析法。本章基于环境外部性、环境金融等相关的经济学理论，从温室气体排放的外部性特征展开，使用产权交易等相关的制度经济学理论对二氧化碳等温室气体排放的外部性内化的解决措施和相关逻辑进行阐释，明确了社会减排成本最小的优化条件是产权界定清晰。在环境金融理论中，重点分析了金融在促进环境保护的过程中如何协调资源配置，有效推动经济社会发展和环境保护。

（3）比较分析法。在对国际碳金融市场和碳金融产品的梳理过程中，以欧盟、美国等起步较早的市场为研究对象，探究其交易市场的形成、碳金融产品的开发设计过程，归纳总结先进经验。同时基于中国碳金融市场和碳金融产品发展实际，找出存在的问题，挖掘可以优化改进的具体环节，为中国构建更加系统、高效、活跃的碳金融市场以及丰富多元的碳金融产品体系。

2. 创新之处

本章在实际的开展过程中，可能的创新之处大致有以下几点：第一，在理论上，本章基于当前碳金融市场机制和相关金融产品设计，探究碳金融产品创新与发展，为中国碳金融产品优化和市场建设提供了理论参考；第二，在实践上，本章从碳金融产品的基本内涵、设计原则以及碳金融产品的供需等多层次进行梳理，对我国碳金融市场进行分析，基本厘清了我国碳金融产品的发展现状和困境，进一步拓宽了碳金融领域的研究思路；第三，在应用方面，本章的研究为碳金融体系评估提供了有效参考，研究结果为开发创新性碳金融产品、优化碳金融产品投融资提出了切实可行的建议；第四，本章从整体把握碳金融市场产品体系的内涵，有利于深刻理解我国碳金融布局，为构建碳金融产品体系提供理论借鉴与分析。

二、碳金融产品创新与投资的相关理论基础

（一）外部性理论

外部性理论起源于英国经济学家阿尔弗雷德·马歇尔提出的外部经济理论。1890年，阿尔弗雷德·马歇尔出版了一本经济学经典著作——《经济学原理》，在书中首次提出了外部经济的概念。在分析生产要素与企业产出的关系时，阿尔弗雷德·马歇尔将工业组织列为与资本、劳动以及土地相当的一种重要生产要素。同时对内部经济与外部经济进行了明确阐述，产品的总产量增加通常会增大企业的生产经营规模，进而增加其所有的内部经济；同时，总产量的增加能够花费比原来更小比例的劳动和支出进行产品生产，增加其获得的外部经济。[①] 产品的生产规模增加产生的经济效应由外部经济和内部经济两部分共同组成。随后，阿尔弗雷德·马歇尔的学生阿瑟·庇古在外部经济理论的基础上进一步使用经济学方法研究外部性问题，并基于福利经济学的视角对外部性进行了解释，还运用外部性理论对环境污染进行分析和阐释。

外部性是某一行为主体的社会经济活动对其他主体产生了积极或消极的效应，但此影响效应没有体现为活动行为主体的成本或效益。与此同时，该行为使受到行为影响的其他经济主体被动地接受了成本或收益，这种被动的接受并未收到与成本相当的效益或支付与收益相匹配的成本。根据经济行为的结果，外部性可以分为正外部性和负外部性。经济行为产生积极正面的影响即为正外部性，某一行为主体开展的经济活动使其他主体获得效益，但受益主体并未支付任何成本代价。经济行为产生消极负面的影响即为负外部性，某一行为主体开展的经济活动使其他主体受到损害，但造成损害的主体并未支付任何成本代价。

碳排放具有明显的外部性特征。大气一直以来被视为公共物品，即消费和使用大气并不会对其他消费者造成影响，具有全球范围的非竞争性和非排他性。消费者对大气的使用不管是增加或者减少，整个社会都无须支付额外成本，同时也不能阻止其他消费者对大气的使用。对于全人类而言，洁净的大气环境具有突出的正外部性，而大量二氧化碳等温室气体的排放，导致了温室效应，造成严重的气候影响。碳排放主体在进行经济活动的过程中免费向大气排放温室气体，对社会环境造成了污染和破坏，但并未对此进行补偿，同时全球其他人需要忍受因温室效应而产生的气候影响，这就导致了严重的负外部性问题。政府需要从制度设计上规范这种边际个人成本和边际社

---

① ［英］阿尔弗雷德·马歇尔. 经济学原理（上卷）［M］. 廉运杰等译. 北京：商务印书馆，2005：328.

会成本，提高社会福利水平。

外部性特征是碳排放的突出特点，碳排放产生的外部环境成本需要被合理体现，而不是免费获取。根据外部性理论的基础框架体系，将外部成本内化是一种不错的解决办法，可以在排放主体的经济成本中加入外部环境成本，这也为碳金融市场活动提供了理论基础。

（二）科斯定理

科斯定理主要是关于产权确定与交易成本的阐释，认为产权安排对交易成本具有重要影响。最初新古典经济学将交易活动的成本视为零，而科斯在阐述企业性质时，使用交易费这一概念解释市场资源配置，认为节省交易成本是企业存在的基础。[①] 科斯于1960年在论述社会成本问题时，将交易费用由经济领域推向全社会，交易成本得到更加深入的解释。交易成本不仅包括交易过程中议价和维护交易活动进行的一系列费用，还将产权界定的相关支出也纳入了进来。根据科斯第一定理，当产权明确、交易可以自由进行以及交易成本足够低时，初始产权的分配就不会影响资源的配置效率，并且在市场上可以达到有效率的最优结果。但是在科斯第二定理中，认为交易成本的影响较大，当成本不能被视为零或忽略不计的时候，则资源取决于产权的确定，资源的配置效率也将发生改变，通过改变产权安排可以优化社会效率和资源分配。在动态调整产权安排的时候，可以找到最优的配置结果。同时，科斯第三定理对产权安排有了更清晰的认识，也对成本进行了更深入的阐释。第三定理不仅认为产权安排本身也具有成本代价，而且交易成本在交易过程中是难以避免的，当交易成本降至最低时，就达到了最优结果。交易成本和产权确定是科斯定理最核心的元素。美国经济学家奥利弗·威廉姆森在科斯的基础上对交易成本开展了更加深入的研究，认为交易费用由事前交易和事后交易两部分过程构成，对交易的全过程进行了规范，并提出了机会主义、资产专用性和有限理性以及计划成本、监督成本等各种交易成本。[②] 在交易过程中，信息获取需要成本，议价过程也会产生成本，监督交易执行也需要付出一定成本，所以交易成本不存在或者十分小的假设在实际交易中不能成立。恰恰相反，这些过程的交易成本在一定程度上是十分昂贵的，对交易活动的进行影响巨大。

大气是一种典型的公共物品，具有突出的非竞争性和非排他性特点。根据科斯定理，大气中温室气体排放的外部性问题需要以产权明晰为前提，从产权和交易成本的视角可以找出外部性的根源在于产权不确定。在对排放权进行明确界定后，二氧化碳等温室气体排放导致的外部性问题才能被正确分析和合理解决。1960年，科斯在研究社会成本问题时，从外部性产生根源的视角提出了如何解决外部性问题的一整套完整方案，而可交易的排放权由美国经济学家戴尔斯在1968年研究污染与资源价格时首次提出，认为排污权进行市场化交易的行为取决于经济活动行为主体，当交易双方都将排放权当作一种稀缺资源的时候，这一产权交易就可以发生。[③] 随后有经济学家对排放

① 马洪，孙尚清. 西方新制度经济学［M］. 北京：中国发展出版社，1996：7.

② ［美］奥利弗·威廉姆森. 资本主义经济制度［M］. 段毅才，王伟译. 北京：商务印书馆，2002：70-72.

③ Dales J H. Pollution，Property and Prices［M］. Toronto：University of Toronto Press，1968.

权交易进行了更为深入的研究，使用理论模型对排放权交易进行分析，研究排污产生的负外部性问题可以使用市场交易来解决，其中产权确定是解决排污负外部性的核心所在。[①] 由于在实际情况中，科斯第一定理的假设是不能成立的，交易成本在现实经济活动中会普遍存在，并且对经济活动影响较大，因而分析碳排放的外部性问题主要以科斯第二和第三定理为基础。

在排放行为不具有成本的情形下，生产企业需要实现利润最大化，此时企业没有任何动力进行减排，只会采取"搭便车"的策略，但在排放权被社会明确界定和承认的情况下，生产企业需要在生产和减排之间进行权衡。根据企业发展实际，可以选择在市场上通过交易获取排放权，或者有些企业排放权富余也可以对外出售。此时，排放权成为了一种新的稀缺资源，借助市场的运转机制有效解决资源配置效率与减排的协调。总的来说，碳排放权是市场上一种特殊的交易商品，交易主体可以在交易框架下找寻最低的排放成本代价，进而达到减排的目的。从最核心的层面来看，碳排放权交易实质上是一种产权的市场化交易。科斯定理为这种市场交易提供了最核心的理论基础，在进行碳排放权市场化交易的过程中，不仅解决了外部性问题，还保证了市场主体的利益不被侵犯，巧妙地应用市场手段实现了最优减排路径。

（三）环境金融

环境金融起源于20世纪80年代，属于环境经济学范畴，也被称为可持续金融。在世界环境与发展委员会对外发布的《我们共同的未来》报告中首次提出了可持续发展的理念，这是环境金融发展的一个重要节点，具有里程碑意义。此后，联合国环境署发表的《银行界关于环境可持续发展的声明》进一步对金融发展的新模式展开阐述，表明环境问题已经成为金融领域的一个重要影响因素，是金融领域在面对环境恶化和气候问题时对传统金融的扩展，也是金融领域发展的重要方向。金融活动开展过程中需要具备生态环境以及物种多样性等环境保护意识，将环境保护的理念引入金融领域，环境金融理论主张金融活动应该在全球气候变化的背景下更多地关注环境保护和社会经济的可持续发展，为相关经济活动以及其行为主体提供完备的资金支持。

环境金融的关键在于发挥金融在资源配置上的优势，基于多种金融工具支持环境保护和污染控制的相关经济活动开展，最终达到社会经济发展和环境保护相平衡的可持续发展。具体而言，环境金融是通过依靠金融市场来更好地助推解决环境问题，在金融活动的过程中，金融机构根据研究、评估环境风险与收益等一系列系统的识别，进而开发设计出与之相匹配的创新型金融产品。在平衡环境保护和经济发展的过程中，提供关键的金融工具以及完善的金融平台。[②] 环境金融是在金融领域的企业社会责任的基础上不断发展而来，最初企业社会责任是指社会经济系统中的金融中介机构，不能只以盈利作为其经营目标，作为社会经济体系中重要的资金流通渠道，应该将环境影响评估纳入到金融活动的过程中，充分、合理地评估金融项目的开展对环境的影响。

① Montgomer D. Markets in Licenses and Efficient Pollution Control Programs ［J］. Journal of Economic Theory，1972（5）.

② 林伯强，黄光晓. 能源金融 ［M］. 北京：清华大学出版社，2011：285.

通过一系列的金融产品创新、金融服务创新、金融机制创新，构建出环境友好的资金流通渠道，进而助力环境问题的解决。企业需要在谋求经济效益的同时更加关注环境保护等相关社会责任。作为环境金融的重要实践，赤道原则是应用环境金融理论的典型方案。赤道原则最初是荷兰一家银行与国际金融公司在制定贷款准则时，明确指出金融中介机构在开展项目融资时应该综合评估项目开展的社会环境影响，依托金融市场充分发挥金融服务资金配置的功能优势，促进项目实施过程中的社会环境保护。此后，花旗银行和巴克莱银行等多个银行共同制定了这一项准则，对金融项目按照可能产生的环境影响进行分类，并且综合考虑融资对象存在的环境问题，有针对性地拟定环境管理与项目实施的方案计划，以此来管控金融活动开展过程中的环境风险。同时，根据项目的环境评估对信息披露进行检测，赤道原则将环境影响嵌入到贷款融资等金融活动中，已经发展成为国际金融活动的重要标准。

三、碳金融产品的交易市场

（一）碳金融产品交易市场的起源与定义

1. 碳金融产品交易市场的起源

碳金融产品交易市场的起源可以追溯到两份重要的国际协议，一份是《联合国气候变化框架公约》（以下简称《公约》），另一份是《京都议定书》。其中《京都议定书》实质上是 1992 年《联合国气候变化框架公约》的补充条款。这两份协议的主要目的是应对全球气候变化的威胁，减少二氧化碳等温室气体的排放，减缓全球气候变化，促进全球的可持续发展。在《公约》中，世界各国共同制定了减少 50% 的温室气体排放的目标。在《京都议定书》中，进一步对控制温室气体排放作了规范，明确指出要实现 2012 年的温室气体排放量比 1990 年下降 5.2%，规定了一些主要发达国家和地区的减排目标，如欧盟和美国分别下降 8%、7%，日本与加拿大分别下降 6%[①]。

同时，《京都议定书》提出了国际排放交易机制（IET）、联合履约机制（JI）、清洁发展机制（CDM）三种灵活的减排机制。在这三种减排机制下，二氧化碳等温室气体的减排量转变成为重要的交易商品。各缔约国在不同的碳排放约束下，基于自身发展需求，可以灵活使用这三种减排机制来进行相应调整。例如，某缔约国的减排限额严重影响经济发展或者成本过高，就可以向其他国家购买排放权来有效缓解发展约束。联合履约机制（JI）是承诺减排的各缔约国之间基于项目实施产生的减排单位，通过转让出售或购买这些减排单位来完成交易，达到缓解发展约束和实现减排的目标。国际排放交易机制（IET）是指承诺减排的各国政府通过交易的手段在缔约国之间相互购买或出售碳减排限额。清洁发展机制（CDM）代表的是发达国家与发展中国家开展国家间的合作，包括以资金、技术等方面的支持和援助形式共同进行温室气体减排的项目实施与合作，在过程中所获得的一定数额减排量通过核实认证之后就可以用于国家承诺减排目标的履约。这三种灵活的减排机制为全球实现二氧化碳等温室气体减排开

---

① 郭日生，彭斯震 . 碳市场［M］. 北京：科学出版社，2010：18.

辟了一个高效可行的渠道。

随着全球气候变化造成的威胁日益加剧，以减少温室气体排放应对全球气候变化的可持续发展方式得到了世界各国的广泛认同，各国纷纷加入碳减排的队伍中，制定相应的减排计划与法律条文。在《公约》和《京都议定书》的基础上，以清洁发展机制（CDM）等有效的减排手段，碳金融市场逐渐发展成为优化资源配置、促进二氧化碳等温室气体减排、减缓气候变化的重要途径。

2. 碳金融产品交易市场的定义

碳金融产品交易市场主要可以分为狭义的碳金融产品交易市场和广义的碳金融产品交易市场两种，其中狭义的碳金融产品交易市场主要是指各缔约国根据国际公约和协议依法购买或出售温室气体排放权相关单位指标，而进行市场化交易的标准市场。或者可以简单认为是各种开展碳排放权交易的平台、渠道以及场所。[①] 在这个市场上，各交易主体根据减排的实际情况可以选择购买或出售碳排放配额等碳金融产品。广义的碳金融产品交易市场在狭义的基础上，不仅纳入碳排放权配额及其衍生品交易的金融活动，包括中间服务和投融资等过程，还将与碳交易市场密切联系的绿色能源和节能减排项目的投融资市场也纳入进来。[②]

在《京都议定书》的减排体系下，以国际法规形式对世界主要发达国家的温室气体排放进行约束。联合履约机制（JI）、国际排放交易机制（IET）、清洁发展机制（CDM）三种灵活减排机制的共同作用，可以有效促进各缔约国实现减排目标，同时催生碳排放权配额的金融交易市场。其中，交易市场主要是由两个方面构成：一是基于交易所等交易平台开展排放配额的转让交易，包括发展出的一些期货与期权等碳金融衍生品；二是以开展减排项目为标的的交易，并逐渐发展成为碳基金、碳保险等碳金融工具。碳金融市场可以简单视为金融化的碳市场，包括一系列涉及温室气体减排的相关金融活动。

（二）碳金融产品交易市场的分类

1. 配额型与项目型的碳金融产品交易

配额型碳金融产品交易市场，主要是指管理者（大多是政府）根据碳市场实际情况，按照一定原则和标准对碳排放权配额进行分配，获得配额的企业主体可以在市场上进行自由交易。配额型碳金融市场的原理是总量控制，对碳排放权配额总量进行限制，使碳配额成为一种稀缺资源，进而形成相对应的价值和价格。通过向市场发放允许企业主体在特定时间范围内排放二氧化碳等温室气体的凭证，该凭证可以在市场上自由交易，受到法律保护和交易双方承认。一般以高耗能和高污染的企业为主。市场价格同样遵循供需原理，当碳配额的需求与供给不一致时，交易价格发生波动变化。配额型的碳市场主要集中在欧美发达国家，比较典型的有欧盟碳排放交易市场体系（见表7-1）与美国基于芝加哥气候交易所的交易市场。

---

① 郭福春. 中国发展低碳经济的金融支持研究［M］. 北京：中国金融出版社，2012：45.
② 王遥. 碳金融全球视野与中国布局［M］. 北京：中国经济出版社，2010：30.

表 7-1　欧盟碳交易相关平台发展概况

交易所	地点	成立时间	交易产品
欧洲气候交易所（ECX）	从阿姆斯特丹迁到伦敦	2004 年	电力、能源、农业、金属、碳排放权等产品
欧洲能源交易所（EEX）	莱比锡	2002 年	电力、能源、环境、金属、农产品现货和期货
Bluenext 环境交易所	巴黎	2007 年	碳现货合约
Climex 交易所	阿姆斯特丹	2001 年	能源、电力及环境产品
北欧电力库（Nord Pool）	奥斯陆	1993 年	电力、能源、环境衍生品
奥地利能源交易所（EXAA）	维也纳	2001 年	电力、能源、环境产品
绿色交易所（GreenX）	伦敦	2008 年	碳排放权期货及期权
伦敦能源经纪商协会（LEBA）	伦敦	2003 年	天然气、煤气以及各类排放量合约

资料来源：根据公开资料整理所得。

项目型碳金融产品交易市场，主要是指通过碳减排的相关项目实施、建设以及运营产生一定数额的碳排放减少量，这些减少量经由相关认证机构核查后可以作为碳信用额的交易凭证。在不同机制下，其交易标的物也不一样。在联合履约机制下，其交易标的物是减排单位（ERU）；在清洁发展机制下，其交易标的物是核证单位（CER）；在自愿减排机制下，其交易标的物是自愿碳减排量（VER）。将这些交易凭证作为商品在市场上进行自由出售，主要交易对象包括有减排限制的高污染企业、投资者或个人，交易价格由市场上的参与主体博弈决定。项目型的碳金融市场主要分布在澳大利亚、日本以及印度，典型的市场有：日本碳排放交易综合市场、新南威尔士州温室气体减排体系以及印度碳金融交易市场等。

比较配额型碳金融市场和项目型碳金融市场，各有优势和不足。两者在原理和交易过程中存在差异，但可以互为补充，共同助力二氧化碳等温室气体减排。配额型碳金融市场是在政府监管和约束下运行，市场参与者的活跃度相对较高，同时由于市场内自由交易，碳排放权的价值发现功能也可以充分发挥和体现，但因为碳排放权配额的最终来源是政府的初始分配，配额的总量分配额度难以做到恰到好处，分配难度较大，不仅需要公平，还要考虑合理的配额初始数量，对政府和社会的金融服务要求较高。项目型碳金融市场主要是将发达国家与发达国家、发展中国家与发达国家的碳减排行动联系起来，搭建国际协作交流平台。不仅能为发达国家的碳减排成本下降提供助力，还能为发展中国家带来碳减排相关技术和资金，可以有效促进全球碳金融交易和碳减排实践，但由于金融市场的价差矛盾，对发展中国家的碳减排权益、市场定价能力以及市场竞争力产生了损害。

2. 自愿型与强制型的碳金融产品交易

从强制程度来看，根据减排要求的不同，碳金融产品交易市场可以分为自愿型与强制型。其中，"强制型"是指以碳配额为基础的碳金融产品交易市场类型，政府根据地区或企业的历史排放或者基准排放等相关标准进行分派配额，主要特点是通过行政摊派。政府等相关行政机构设定减排总量，再将排放配额下发到企业等各个排放主体，通过强制执行的方式对超出排放配额的排放主体进行行政处罚，想要获取更多的排放配额则需要通过碳金融产品交易来进行购买。当前强制型的碳金融产品交易市场在世界范围内占据主体地位，影响力和规模都比较大。

与"强制型"相对立的是"自愿型"，这类碳金融产品交易市场主要是自发形成的，排放主体自愿参与。自愿型的碳金融产品交易市场是排放主体出于需要树立正面形象或是承担社会责任的目的，相对比较有弹性。虽然规模和影响较小，但对社会低碳意识培育和强制型市场建设的意义十分重大。当前，北美是自愿型的碳金融产品交易市场的主要区域，亚洲和拉美的规模相对较小。

3. 一级市场与二级市场的碳金融产品交易

金融市场分为一级市场和二级市场，碳金融市场根据结构可以分为一级碳金融市场和二级碳金融市场。在不同级别的市场中碳金融产品的功能不一样，在一级市场上，主要是以碳配额的发放为主，属于发行市场，是发行分配载体。在二级市场上，主要以基础性和衍生性碳金融产品的交易为主（见表7-2）。

表 7-2　一级市场与二级市场

市场类型	范围	主要内容
一级市场	碳配额的免费分配和拍卖、温室气体减排项目开发	对排放权的分配，从碳配额的视角来看，当前主要的碳配额分配方式有：免费分配、有偿出售。其中有偿出售可以分为固定价格出售、拍卖和混合出售三种。从减排项目的视角来看，主要是对减排项目的核定和登记，中间包括测算、监测、管理等
二级市场	以碳配额和减排项目为基础，进行各种碳金融产品交易	二级市场是在一级市场的基础上，以碳配额和温室气体减排项目为核心，基础性和衍生性碳金融产品在这里完成大规模的交易流通

(三) 碳金融产品交易市场的发展趋势及投资潜力

1. 碳金融产品交易市场的发展趋势

纳入覆盖行业更广泛，交易规模不断壮大。从世界各国的行动举措和碳排放交易市场来看，美国的芝加哥交易所覆盖范围极为广阔，涵盖电力、航空和交通等多个行业（见图7-1）。2012年，在联合国"里约+20"地球峰会上英国对外宣布，规定在伦敦证券交易所注册的1800家企业的碳排放情况都需要在其盈利报告中向社会公布。2015年1月，韩国也正式启动了碳排放交易市场。2020年，韩国的碳排放交易所又对排放权的分配方式做了调整，通过建立排放权有偿分配制度，取消了原来无偿分配给企业的排放权额度，将排放企业免费获得的排放权调整为有偿拍卖，与此同时引进了商业银行等政策性银行参与到碳金融产品的交易中，有效提升了碳金融产品交易市场的活跃程度。英国伦敦交易所的会员单位，包括摩根士丹利、巴克莱、汇丰等诸多知名银行以及欧洲的主要能源企业。央行研究局调查数据显示，全球碳金融市场每年交易规模超过600亿美元。

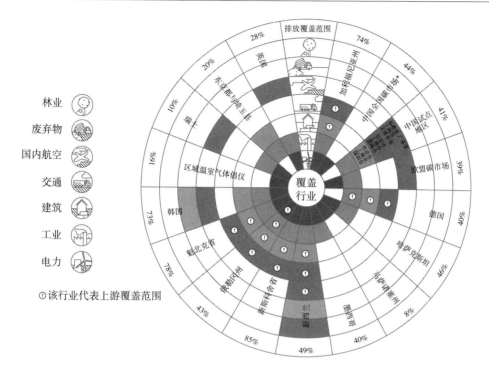

图 7-1 全球主要碳交易体系碳排放行业覆盖

资料来源：ICAP. Emissions Trading Worldwide：ICAP Status Report 2022［R］. 2022.

碳金融产品持续创新，市场流通产品不断丰富。由于碳排放权的出现，碳排放配额与碳减排信用交易等金融属性的交易产品也出现在交易市场上。目前国际上流通的主要碳金融交易工具有碳远期、碳期权、碳期货以及碳证券等。例如，汇丰银行与富国银行通过发放绿色信用卡，向居民消费者提供减少碳排放的鼓励。韩国的光州商业银行在 2008 年推行"碳银行"计划，以日常节约的能源与可供消费的债券进行兑换。英国伦敦交易中心的产品交易涵盖了碳期货、碳现货、碳远期等多种碳金融产品。在欧洲碳交易市场上，商业银行开发碳金融期货合约工具向企业提供套期保值的中介服务。荷兰也有一些金融机构开发了碳交易中介业务，面向企业提供碳采购代理、融资担保等服务，甚至还有一些商业银行从事碳金融交易服务平台的开发。

碳定价机制成为各国政府控制二氧化碳排放的有效手段。温室气体排放的外部性特征导致控排过程难以有效进行，基于环境经济学的视角，可以将二氧化碳减排的负外部性内部化，从而达到有效改善全球经济社会福利的目的。以"谁污染谁付费"为基本原则，进而确定排放主体需要为排放权力进行付费，这一过程就是碳定价的基本原理。根据世界银行《2020 年碳定价现状与趋势》报告，截至 2020 年 4 月，全球共有97 个国家自主贡献中对碳定价机制进行了阐述，同时全球一些国家和地区计划实施碳定价政策，主要包括欧盟、日本、中国、加拿大以及加州等国家或地区。与此同时，未来碳排放密集型产品由于碳关税的发展将在国际贸易中竞争压力剧增，这也导致国家甚至企业主体纷纷考虑采取碳定价机制，以此来规避相应的市场风险。2021年全球主要碳市场中碳配额的价格动态如图7-2所示。

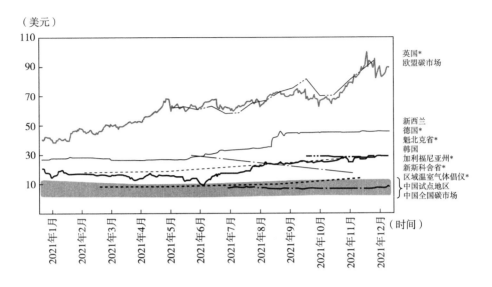

图7-2 2021年全球主要碳市场中碳配额的价格动态

注：有＊表示一级市场价格；无＊表示二级市场价格。

资料来源：ICAP. Emissions Trading Worldwide；ICAP Status Report 2022 ［R］. 2022.

2. 碳金融产品交易市场的投资潜力

近年来，全球气候变化引起的海平面上升、极端天气以及生物多样性下降等诸多问题已经严重影响到世界经济社会的可持续发展，世界各国对于减缓全球气候变化，尤其是碳减排的投融资问题的关注日益上升。当前全球主要经济体都已经作出了"碳中和"的承诺，还有上百个国家正在考虑设定国家的净零排放目标与提高国家碳减排的自主贡献目标。同时，各国政府也正积极采取相应措施来激励、引导资本逐渐向绿色产业转型以及低碳投资服务。

中国的"3060"碳达峰碳中和目标，既是机遇也是挑战。在中国实现2060碳中和目标的进程中，碳减排所带来的碳金融产品交易将会呈现出巨大的潜在价值与投资潜力。绿色低碳转型与全国碳市场建设都对碳金融发展提出了相应要求，在亟须进行绿色低碳转型的行业，如交通、能源、建筑、制造以及化工等重点行业，也在推出有针对性的绿色低碳战略和参与碳交易市场的行动举措。围绕碳排放权交易的相关金融产品创新发展的态势极为可观。根据清华大学气候与可持续发展研究院2020年的测算，我国实现碳中和的过程中所蕴含的投资潜力巨大，将达到上百万亿元，在2℃的减排情景下，我国所需的投资额为127.24万亿元，而在1.5℃情景下，这一投资额将会达到174.38万亿元。根据国际可再生能源署（IRENA）的估计结果，2050年之前我国可再生能源投资需求将达到283万亿元，与目前的投资规模相比，仍存在巨大缺口。在

"双碳"目标下，碳金融市场投融资活动需要有效推进能源革命和产业优化升级，实现经济效益与应对气候变化目标协同发展，因而发展潜力巨大。

四、碳金融产品的市场化分析

（一）碳金融产品的概念与内涵

1. 碳金融产品的概念明晰

碳金融产品指的是依托碳配额及项目减排量两种基础碳资产开发出来的各类金融工具，不同的功能，碳金融产品不同。在碳金融市场中，碳金融产品就如同一般的金融产品一样，成为具有金融属性的资产，交易双方可以自由买卖碳金融产品。碳金融市场存在的基础也在于碳金融产品，没有丰富多元的碳金融产品谱系，碳金融市场也难以运行。

2022 年 4 月，中国证券监督管理委员会对外发布了《碳金融产品》金融行业标准（JR/T 0244—2022）。这份文件对碳金融产品进行了准确清晰的界定。碳金融产品以碳排放权交易为重要基础，服务对象主要是增加碳汇或减少温室气体排放的商业行为活动，同时指出了活动载体是以碳配额和碳信用作为重要媒介。

2. 碳金融产品的主要内涵

碳金融产品不仅具有普通市场上一般产品的属性，还因为其特殊的设计开发逻辑拥有自身独特的属性。碳金融产品是金融体系下独特的时代产物，主要是为了应对全球气候变化和解决温室气体减排的问题。由于其服务对象的特殊性，碳金融产品还具有以下几种属性：

（1）明显的自然属性。首先，碳金融产品的开发是围绕温室气体这一自然事物，通过将碳排放权界定为一种可交易的商品，进而赋予相应的金融属性。其次，碳金融产品所服务的经济行为活动与自然界中的气候变化、生物多样性以及森林、海洋等具有碳汇能力的自然生态系统关系密切，碳金融产品的市场化交易对这些自然主体也会产生深远影响。

（2）高度的全球化属性。碳金融产品的设计核心是温室气体减排。温室气体排放是全球范围内而非某一地区或国家，同时温室气体具有较强的流动性，并非在排放来源地一处堆积。不管是从温室气体的产生还是所造成的影响，都具有高度的全球化属性。与此同时，碳金融产品解决全球温室气体排放问题也非一国或一处区域所能实现的，需要世界各国共同携手应对。碳金融产品与减排责任高度相关，碳中和目标已经将未来的发展权和温室气体减排连接在一起，碳金融产品交易也将成为国际发展权的一部分。

（3）衍生出的商品属性。碳金融产品作为一种非实体的金融资产具备了一般商品的基本属性。从碳金融产品被开发出来的那一刻，就已经成为了碳金融市场上交易的商品，交易双方可以进行自由买卖。进一步而言，碳金融产品的价值来源也十分清晰，企业进行减排的成本就形成了碳金融产品的价值，还反映出碳金融产品交易各方的社会生产关系。同时，碳金融产品的使用价值则来源于其背后所代表的权益，可以用来交易也可以使用后获得相应经济社会效用。

（二）碳金融产品的市场化设计

1. 碳金融产品市场化设计的目标

碳金融产品的服务对象是温室气体减排和增加碳汇的经济活动，其开发设计不同于一般的金融产品，需要在金融资本和低碳绿色之间建立紧密联系。通过市场化手段为相关低碳技术项目进行融资，有效助力温室气体减排。合理的市场化设计对碳金融产品的交易和碳减排十分关键。

总体来看，碳金融产品设计的目标聚焦于低碳经济发展与环境保护：其一，碳金融产品要将生态观念纳入产品设计内涵，强化可持续发展和生态效益在企业和金融机构发展过程中的地位，促使其发展路径更加集约低碳。其二，在碳金融市场上，金融资本的流动导向需要向低碳技术、低碳项目、低碳产业进行聚集，碳金融产品的市场化设计才能体现出激励、引导作用。通过碳金融产品的市场化设计，引导传统产业向低碳化转型，进一步培育新型低碳产业。其三，在碳金融产品的市场化设计中需要体现价格发现能力，既要体现金融产品本身价值，还要涵盖绿色附加值。碳金融产品在市场上流通，动态调节环境效益。

具体来看，碳金融产品的设计目标主要包括：为低碳项目融资、激发公众的低碳行为意识、为低碳经济发展项目提供规避金融风险的金融管理工具以及促进低碳环保相关技术创新。首先，碳金融产品的市场化设计需要在一般金融产品的基础上，强化经济转型的促进作用。通过碳金融产品的流通、交易，推动经济社会向绿色低碳转型，转变高投入、高排放的传统经济发展方式，进而逐步向低碳化、集约型的经济模式发展。其次，碳金融产品的市场化设计不能仅停留在虚拟资产上，应该结合经济社会发展实际，与新能源、碳汇等绿色项目有机结合。以项目建设和交易的形式，在市场上实现资源配置与环境保护的动态优化。此外，碳金融产品的市场化设计还需要考虑面向消费者和投资机构，如碳金融理财、碳金融投资项目等都可以成为碳金融产品的内容，在市场化交易的过程中，无形之中强化了公众的环保意识和低碳理念。最后，碳金融产品还需要具备激发低碳技术创新的功能，充分反映出社会减排成本，推动社会进行低碳减排等相关技术的研发。

2. 碳金融产品市场化设计的基本思路

碳金融产品设计需要锚定基本目标，在具体的市场化设计层面，以"碳"为核心，围绕温室气体减排设计出系统多元的创新性碳金融产品，尤其是衍生性碳金融产品，进一步扩大碳金融产品交易的参与主体，将金融机构和个人投资者等主体尽可能地纳入碳金融产品的交易中来。这不仅有助于丰富碳金融市场的活跃度，还尽可能地在社会中树立了良好的低碳行为意识和环保理念。

（1）既要有针对性又需要具备多样性。碳金融产品的市场化设计需要综合考虑投资机构、个人投资者、企业、政府以及其他中介服务机构等参与主体的特征，从满足多元交易需求的基础上出发，根据不同参与主体的不同实际需求开发设计出具有较强针对性的碳金融产品。同时开发设计出丰富多元的碳金融产品谱系，可以为市场参与主体在交易过程中提供多样化的碳金融产品选择，降低投资的系统性风险。一方面，对于普通客户群体，其特点是经济支付能力相对较弱且交易数额较少，在设计碳金融产品时可重点考虑低风险的小额碳金融产品，如碳信用卡、碳积分等产品；另一方面，针对一些实力较强的主体，如企业巨头、大型商业银行等。这些主体的经济购买能力强，承担社会责任和树立正面形象的需求较高，可以结合其投资需求和投资特点设计投资类、资产管理类以及保险类等规模较大、高风险高收益的碳金融产品。

（2）既要有营利性还要兼具社会性。碳金融产品的市场化设计不能完全基于公益性质进行开发，营利性的碳金融产品可以在碳金融市场上自由流通，追逐利润的投资机构和金融资本极大地促进了碳金融产品的流动性。与此同时，碳金融产品的设计只考虑营利性，将获取利润作为唯一目的则失去了碳金融产品的"初心"，应把推动社会温室气体减排和经济发展绿色转型作为根本目的，实现人与自然和谐共处以及人类社会经济可持续发展。碳金融产品的市场化设计要具备营利性还要兼具社会性，引导碳金融市场参与主体在追求利润的过程中，承担社会责任，培育低碳环保意识，将经济效益和社会效益有机统一起来。因此，碳金融产品市场化设计既要考虑营利性还要考虑社会性。

（3）既需要市场还需要政府。碳金融产品作为一种市场上流通的商品，具备一般的商品属性，缺乏市场流通、交易，碳金融产品很难发挥其固有功能，甚至可能发展成为一种负担。碳金融产品是借助市场机制的力量，实现资源优化配置和温室气体减排外部性问题的产物，离开了市场，自然难以为继。同时，更重要的是，政府是碳金融产品存在的一个重要现实基础，没有政府对碳排放权进行界定，将碳排放权规定为一种可交易的产权，碳金融产品就失去了存在的基础，不能在市场上成为一种稀缺资源。

（三）碳金融产品创新与投资的主要产品类型

1. 碳金融市场交易工具

除碳现货外，碳交易工具还包括碳远期、碳期货、碳掉期、碳期权以及碳资产证券化和指数化的碳交易产品。多种类交易工具有助于丰富碳金融市场上的产品交易，进一步活跃碳金融市场。同时，丰富多元的交易工具有助于降低投资者的风险，实现套期保值。具体如表7-3所示。

表7-3 碳金融市场交易工具

交易工具	内容
碳期货	碳期货是以碳排放权配额及项目减排量等现货合约为标的物的合约
碳期权	买方向卖方支付一定数额权利金后，拥有在约定期内或到期日以一定价格出售或购买一定数量标的物的权利
碳远期	买卖双方以合约的方式，约定在未来某一时期以确定价格买卖一定数量的配额或项目减排量，可帮助碳排放权买卖双方提前锁定碳收益或碳成本

交易工具	内容
碳掉期	按提前协商的价格进行交易，并在将来的一个约定时间进行再次交易。再次交易时是一种反向的，买方变成了卖方
碳基金	指为参与减排项目或碳市场投资而设立的基金
碳债券	指政府、企业为筹集碳减排项目资金发行的债券

资料来源：根据公开资料整理所得。

2. 碳金融市场融资工具

碳市场的融资工具可以为碳资产创造估值和变现的途径，有助于推动企业融资渠道多元化，具体如表 7-4 所示。

表 7-4　碳金融市场融资工具

融资工具	内容
碳质押	以碳配额等碳金融资产作为融资的保证，将这些碳资产进行质押来获得资金
碳回购	碳回购是指先出售再按提前协商的价格进行回购的融资方式，主要是以碳配额等碳金融资产作为基础的载体
碳托管	碳托管是指将碳金融产品等碳资产交给专业的管理机构，以达到保值增值的目的

资料来源：根据公开资料整理所得。

3. 碳金融市场支持工具

碳支持工具及相关服务可以为交易各方了解碳市场走向提供信息来源与信息基础，同时为管理碳资产提供风险管理工具和市场增信手段，主要包括碳指数、碳保险两类，具体如表 7-5 所示。

表 7-5　碳金融市场支持工具

支持工具	内容
碳指数	碳指数是一种市场指标，可以作为观察碳金融市场的重要工具。根据碳指数的趋势或走向，可以判断碳金融市场的情况。同时，还可以作为相关碳金融产品开发设计的重要依据
碳保险	碳保险主要是为了规避风险，通过购买交易碳保险，来对减排项目进行更好的风险把控，有助于增强减排项目开发投资双方的信心。作为一种担保工具可以大大降低违约风险和投资风险

资料来源：根据公开资料整理所得。

五、我国碳金融产品创新与投资的路径分析

（一）我国碳金融市场与产品的发展概况

1. 我国碳金融市场的发展现状

自"十二五"以来，为应对愈发严峻的环境挑战，我国积极推动碳排放权交易试

点开展，推进全国碳排放权交易体系建设。在实际推动过程中，我国一直采取政策先行，自上而下引导碳金融市场的建设。2016 年中国人民银行、财政部、国家发展改革委等部门联合印发《关于构建绿色金融体系的指导意见》，其中明确指出需完善环境权益交易市场、丰富融资工具：一方面促进建立全国统一的碳排放权交易市场和有国际影响力的碳定价中心，有序发展碳远期、碳掉期、碳期权等碳金融产品和衍生工具；另一方面基于碳排放权等环境权益的融资工具，拓宽企业融资渠道，发展环境权益回购、保理、托管等金融产品，不断壮大碳金融市场。

2011 年中国碳市场试点工作启动，首批交易试点地区主要包括北京、天津、上海、重庆、湖北、广州及深圳 7 个区域。2016 年底，四川和福建被纳入碳市场试点地区，中国试点地区增加至 9 个。全国碳市场于 2021 年 7 月 16 日分别在北京、上海、武汉三座城市同时启动（见表 7-6）。上海是全国碳市场的交易中心，武汉是碳配额登记系统所在地，企业交易发生在上海，碳配额账户登记注册则是在武汉。两地形成全国碳交易市场的重要中心线，有效支撑着全国碳配额交易体系。2022 年 3 月，《中共中央　国务院关于加快建设全国统一大市场的意见》进一步指出，要培育发展全国统一的生态环境市场，明确建设全国统一的碳排放权交易市场是打造统一的要素和资源市场的重要内容。全国碳市场开启一年以来，总体运行平稳，成交额持续攀升，截至 2022 年 7 月 15 日，我国碳市场的累计交易额为 84.92 亿元，交易碳排放配额累计成交量 1.94 亿吨。在第一个履约周期，我国碳交易市场囊括了 2162 家重点排放单位，这些排放企业交易主体同属于发电行业，交易大约覆盖 45 亿吨二氧化碳排放量，我国成为了全球最大的碳市场。

表 7-6　我国碳排放权交易市场分布情况

交易市场区域	碳排放配额注册登记机构	交易场所	开市时间
北京	北京市气候中心	北京绿色交易所	2013 年
上海	上海信息中心	上海环境能源交易所	2013 年
深圳	深圳市注册登记簿系统	深圳排放权交易所	2013 年
天津	天津排放权交易所	天津排放权交易所	2013 年
广州	广州碳排放权交易所	广州碳排放权交易所	2013 年
重庆	重庆碳排放权交易所	重庆碳排放权交易所	2014 年
湖北	湖北碳排放权交易中心	湖北碳排放权交易中心	2014 年
四川	—	四川联合环境交易所	2016 年
福建	福建省生态环境信息中心	海峡股权交易中心	2016 年
全国	湖北碳排放权交易中心	上海环境能源交易所	2021 年
海南	海南国际碳排放权交易中心	海南国际碳排放权交易中心	2022 年

资料来源：根据公开资料整理所得。

2. 我国碳金融产品的发展现状

早在 2011 年，北京、天津、上海、重庆、湖北、广州和深圳 7 个试点为满足多样化的市场交易需求，陆续对创新性碳金融产品进行了开发，具体情况如表 7-7 所示。

表7-7　我国碳金融产品相关业务开展情况

交易场所	碳金融产品业务类型
北京	碳排放权交易、碳配额回购融资、碳配额场外掉期交易、碳配额质押融资、碳配额场外期权交易
上海	碳排放权交易、上海碳配额远期、碳信托、碳基金
深圳	碳排放权交易、碳资产质押融资、境内外碳资产回购式融资、碳债券、碳配额托管、绿色结构性存款、碳基金
天津	碳排放权交易
广州	碳排放权交易、配额抵押融资、配额回购融资、配额远期交易、CCER远期交易、配额托管
重庆	碳排放权交易
湖北	碳排放权交易、碳资产质押融资、碳债券、碳资产托管、碳排放配额回购融资、碳金融结构性存款
四川	碳远期、碳排放配额回购、碳资产质押融资、碳债券、碳基金
福建	碳排放权交易、碳排放权约定购回、碳排放配额质押
全国	碳排放权交易、碳配额抵押融资、碳配额回购融资、碳资产质押融资

资料来源：根据公开资料整理所得。

随着"双碳"行动的不断推进，从相关支持政策出台到颁布行业标准，我国碳金融产品开发使用的进程不断加快，但目前我国碳金融产品还处于开发初期阶段，未能形成规模化交易和使用，主要以试点探索为主。2020年7月15日，国家绿色发展基金股份有限公司正式揭牌运营，这是由财政部、生态环境部等共同发起设立的，第一期筹集资金的规模高达885亿元。2021年，厦门碳中和低碳发展基金成立，并设立全国首个"蓝碳基金"。2021年7月，宝武碳中和股权投资基金正式成立，该基金是我国目前规模最大的碳中和主题基金。2022年6月，绿地金创集团宣布设立碳中和投资基金，在对外公告中，该基金规模为100亿元，主要投资方向为碳中和科技领域。与此同时，绿地集团在贵州省设立低碳交易中心。2022年8月5日，以"碳惠天府"减排项目为基础的100万元碳权质押贷款成功落地成都，这是四川省内第一笔碳权质押贷款，交易双方为兴业银行成都分行与成都兴城资本管理公司。

总体而言，当前我国碳金融产品主要是基于碳排放权的相关基础产品，碳期货、碳期权、碳远期、碳掉期等衍生性金融产品还较少，处于开发交易的初期阶段，碳金融产品的规模化、常态化交易还有待改善。

3. 我国碳金融产品创新与投资的相关政策梳理

作为国际气候治理的积极参与者、实践者，中国积极承担国际碳减排责任，不断推进温室气体减排实践，将国际承诺逐步落实到政策体系的构建与实施。目前，我国碳金融产品的相关政策主要基于碳达峰碳中和"1+N"政策体系框架，逐步出台与碳金融产品密切相关的具体措施、方案和规范等。2022年4月15日，证监会对外发布了《碳金融产品》行业标准，明确指出碳金融产品的相关分类、实施要求，为金融机构开发碳金融产品提供针对性指引，帮助金融机构识别、运用和管理碳金融产品，引导社会资本进入绿色领域，支持绿色低碳发展。

与碳金融产品密切相关的系列政策可以从 2011 年开始梳理，国家发展改革委于 2011 年发布的《关于开展碳排放权交易试点工作的通知》中批准七个省份开展碳排放交易试点工作，开启我国碳市场建设探索。2011~2016 年陆续发布了《"十二五"控制温室气体排放工作方案》《碳排放权交易管理暂行办法》《"十三五"控制温室气体排放工作方案》等方案措施，这些重要政策的出台为碳市场的发展奠定了基础。2017 年 12 月 18 日，《国家发展改革委印发〈全国碳排放权交易市场建设方案（发电行业）〉的通知》强调建立碳排放权交易市场，是利用市场机制控制温室气体排放的重大举措。2020 年 12 月生态环境部审议通过《碳排放权交易管理办法（试行）》，对碳市场建设的责任部门、气体覆盖范围、行业范围、碳交易主体、碳配额方式等作出规定，标志着我国全国性碳交易市场建设的开启。2021 年，生态环境部分别发布了针对碳排放权登记、交易以及结算管理的三项文件，进一步完善了碳市场的运行规则。

由于具体的碳金融产品相关政策还不多，且目前主要以绿色金融产品为主，因而对绿色金融产品的相关政策进行大致梳理，可以为碳金融产品的开发、创新提供借鉴（见表 7-8）。

表 7-8 我国绿色金融产品相关政策梳理

时间	政策名称	发布主体	主要内容
2019 年 1 月	《中共中央 国务院关于支持河北雄安新区全面深化改革和扩大开放的指导意见》	中共中央、国务院	在绿色金融领域，创新产品和服务，积极发展衍生品，支持在雄安设立绿色金融产品交易中心
2019 年 1 月	《全面推进北京市服务业扩大开放综合试点工作方案》	国务院	积极开展以相关权益为基础的绿色交易，创新绿色金融工具，推动绿色金融发展
2019 年 2 月	《粤港澳大湾区发展规划纲要》	中共中央、国务院	支持香港打造大湾区绿色金融中心，建设国际认可的绿色债券认证机构
2019 年 12 月	《中国银保监会关于推动银行业和保险业高质量发展的指导意见》	银保监会	鼓励银行业金融机构设立绿色金融事业部，提升绿色金融专业服务能力和风险防控能力
2020 年 7 月	《国家发展改革委办公厅关于组织开展绿色产业示范基地建设的通知》	国家发展改革委	大力发展绿色债券和绿色信贷，积极进行金融创新，支持绿色产业建设示范基地
2021 年 2 月	《国务院关于加快建立健全绿色低碳循环发展经济体系的指导意见》	国务院	对绿色标准体系开展认证，完善相关监测统计，培育绿色金融相关市场机制，推动绿色金融发展
2021 年 5 月	《银行业金融机构绿色金融评价方案》	中国人民银行	绿色金融评价定量指标包括绿色金融业务总额占比、绿色金融业务总额份额占比、绿色金融业务总额同比增速、绿色金融业务风险总额占比 4 项
2017 年 9 月	《关于构建首都绿色金融体系的实施办法》	北京市	加强银行业绿色金融创新发展，鼓励银行在信贷规模、财务、人力、风险容忍度等方面对绿色金融给予大力支持，加快建立绿色信贷授信制度，开辟绿色信贷审批专项通道

时间	政策名称	发布主体	主要内容
2020 年 1 月	《天津市 2020 年政府工作报告》	天津市	大力发展绿色金融，创新推广更多管用好用的金融产品
2021 年 4 月	《河北省人民政府关于建立健全绿色低碳循环发展经济体系的实施意见》	河北省	大力发展绿色金融。开展绿色信贷业绩评价，完善绿色金融激励约束机制
2021 年 4 月	《2021 年常州市深入打好污染防治攻坚战工作方案》	江苏省常州市	健全气候投融资机制，积极探索绿色金融和碳金融服务创新
2020 年 3 月	《芜湖市生态环境局关于优化生态环境服务助力高质量发展的若干意见》	安徽省芜湖市	联合金融机构推行"环保贷"等绿色金融产品，完善绿色金融服务政策，提升企业绿色发展能力
2020 年 12 月	《中共江西省委江西省人民政府关于构建更加完善的要素市场化配置体制机制的实施意见》	江西省	提到要积极推进绿色金融改革创新，推广绿色金融创新产品
2021 年 3 月	《青岛市国民经济和社会发展第十四个五年规划和 2035 年远景目标纲要》	山东省青岛市	发展绿色金融，设立绿色发展基金，构建绿色技术创新体系
2021 年 4 月	《驻马店市国民经济和社会发展第十四个五年规划和 2035 年远景目标纲要》	河南省驻马店市	以各类环境权益为基础，积极发展绿色金融产品
2019 年 12 月	《湖南省人民政府办公厅关于全面推动矿业绿色发展的若干意见》	湖南省	探索绿色金融支持。鼓励银行业金融机构研发支持矿业绿色发展的特色信贷产品，在环境恢复治理、重金属污染防治、资源循环利用、精深加工和高新产品研发等领域加大资金支持
2021 年 4 月	《国家城乡融合发展试验区广东广清接合片区实施方案》	广东省	依托广州市绿色金融改革创新试验区完善绿色金融体系，创新推广绿色金融产品
2021 年 1 月	《省委办公厅省政府办公厅印发关于构建现代环境治理体系的指导意见》	四川省	落实绿色金融政策，将环境信用作为企业信贷、发行绿色债券的重要参考
2021 年 1 月	《中共云南省委、云南省人民政府关于构建更加完善的要素市场化配置体制机制的实施意见》	云南省	支持银行保险机构创新绿色金融产品，提升绿色金融专业服务能力
2020 年 2 月	《甘肃省绿色制造体系建设评价管理实施细则》	甘肃省	将省级绿色制造体系单位优先推荐给相关金融机构，争取绿色金融产品支持

资料来源：根据公开资料整理所得。

（二）我国碳金融产品创新与投资的实施要求

1. **碳金融市场融资工具的实施流程**

（1）碳资产抵质押融资。碳资产抵质押融资流程主要包括申请受理、尽职调查、质押物价值评估、碳资产质押融资合同签订及碳资产质押登记、贷后管理等流程，具体如表7-9所示。

表7-9 碳资产抵质押融资实施流程

序号	流程步骤	具体要求
1	碳资产抵质押贷款申请	由借款人向符合相关规定要求的金融机构提出书面碳资产抵质押融资贷款申请。借款人及其抵质押碳资产必须符合金融机构、抵质押登记机构以及行业主管部门设立的准入规定
2	贷款项目评估筛选	贷款人对借款人进行前期核查评估
3	尽职调查	贷款人应根据其内部管理规范和程序，对借款人开展尽职调查。借款人通过碳资产抵质押融资所获资金原则上用于企业减排项目建设运维、技术改造升级、购买更新环保设施等活动，不应从事股本权益性和有价证券投资
4	贷款审批	贷款人应根据其内部管理规范和程序，对碳资产抵质押融资贷款项目审批资料进行核实评估，并按规定权限报批后做出审批决定
5	签订贷款合同	通过贷款审批后，借贷双方签订碳资产抵质押贷款合同。贷款额度根据贷款企业实际情况确定
6	抵质押登记	借款人应在登记机构办理碳资产抵质押登记手续并向行业主管部门进行备案
7	贷款发放	贷款人需按借款合同规定如期发放贷款，借款人需确保资金实际用途与合同约定用途一致
8	贷后管理	贷款人应对借款人执行合同情况及借款人经营情况持续开展评估，监督借款人资金使用情况和还款情况
9	贷款归还及抵质押物解押	借款人在完全清偿贷款合同债务后，同贷款人向登记机构提出解除碳资产抵质押登记申请，办理解押手续。借款人未能按时清偿债务时，贷款人可按照有关规定或约定的方式对抵质押物进行处置，所获资金用于偿还贷款人全部本息及相关费用

资料来源：根据《碳金融产品》金融行业标准整理。

（2）碳资产回购。碳资产回购是碳资产的持有者向资金提供机构出售碳资产，并约定在一定期限后按照约定价格购回所售碳资产以获得短期资金融通的合约，总体可分为协议签订、协议备案、交易结算和回购四部分，具体流程要求如表7-10所示。

表7-10 碳资产回购实施流程

序号	流程步骤	具体要求
1	协议签订	回购交易参与人通过签订具有法律效力的书面协议、互联网协议或符合国家监管机构规定的其他方式进行申报和回购交易
2	协议备案	回购交易参与方将已签订的回购协议提交至交易所备案
3	交易结算	回购交易参与方提交回购交易申报信息后，由交易所完成碳配额或碳信用划转及资金结算
4	回购	正回购方以约定价格在回购交易日从逆回购方购回总量相等的碳配额或碳信用。回购日价格的浮动范围应按照交易所规定执行

资料来源：根据《碳金融产品》金融行业标准整理。

（3）碳资产托管。碳资产托管是指碳资产持有主体将其持有的碳资产委托给经碳排放权交易中心审核的、具有托管业务资质的会员进行集中管理并代为交易的碳资产管理方式。申请托管资格、开展托管交易、解冻托管账户为重点环节，有关碳资产托管的实施流程如表 7-11 所示。

表 7-11　碳资产托管实施流程

序号	流程步骤	具体要求
1	申请托管资格	开展碳资产托管业务的托管方是以自身名义对委托方所托管的碳资产进行集中管理和交易的企业法人或者其他经济组织，需向符合相关规定要求的交易所申请备案
2	开设托管账户	托管方应在交易所开设专用的托管账户，并独立于已有的自营账户
3	签订托管协议及备案	委托方应签署由交易所提供的风险揭示书，以及与托管方协商签订托管协议，并提交至交易所备案
4	缴纳保证金	托管协议经交易所备案后，托管方应按照交易所规定，在规定交易日内向交易所缴纳初始业务保证金
5	开展托管交易	委托方通过交易系统将托管配额或碳信用转入托管方账户。委托方不应要求托管方托管委托方的资金。托管期限内，交易所冻结托管账户的资金和碳资产转出功能
6	解冻托管账户	托管业务到期后，由托管方和委托方共同向交易所申请解除托管账户的资金和碳资产转出限制。需提前解冻的，由托管方和委托方共同向交易所提出申请，交易所审核通过后执行解冻操作
7	托管资产分配	托管账户解冻后，交易所根据交易双方约定对账户所有资产进行分配
8	托管账户处置	账户资产分配结束后，交易所对托管账户予以冻结或注销

资料来源：根据《碳金融产品》金融行业标准整理。

2. 碳金融市场交易工具的实施流程

（1）碳远期。碳远期交易包含开设账户、签订协议、备案提交、交割等环节，要重点关注到期日交割相关要求，具体实施过程如表 7-12 所示。

表 7-12　碳远期交易实施流程

序号	流程步骤	具体要求
1	开立交易和结算账户	碳远期交易参与人应具有自营、托管或公益业务资质，并在符合相关规定要求的交易所及交易所或清算机构指定的结算银行开立交易账户和资金结算账户
2	签订交易协议	碳远期交易双方通过签订具有法律效力的书面协议、互联网协议或符合国家监管机构规定的其他方式进行指令委托下单交易
3	协议备案和数据提交	交易双方提交签订的远期合约至交易所进行备案或将交易双方达成的远期交易成交数据提交至清算机构
4	到期日交割	碳远期合约交割日前，交易所或清算机构应在指定交易日内通过书面、网络或符合国家监管机构规定的其他方式向交易参与人发出清算交割提示，明确交易资金和交割标的，并对参与人的盈亏、保证金、手续费等款项进行结算
5	申请延迟或取消交割	碳远期交易参与人应按交易所规定，在交割日前向交易所提出申请，经批准后可延迟交割或取消交割

资料来源：根据《碳金融产品》金融行业标准整理。

（2）碳借贷实施流程。碳借贷实施流程需注意设立专用科目、保证金缴纳及碳资产划转等特殊环节，具体交易步骤如表7-13所示。

表7-13 碳资产借贷实施流程

序号	流程步骤	具体要求
1	签订碳资产借贷合同	碳资产借贷由纳入碳配额管理的企业或符合相关规定要求的机构和个人自行磋商并签订由交易所提供标准格式的碳资产借贷合同
2	合同备案	碳借贷双方按交易所规定提交碳资产借贷交易申请材料，并提交至交易所进行备案
3	设立专用科目	碳借贷双方在注册登记系统和交易系统中设立碳借贷专用资产科目和专用资金科目
4	保证金缴纳及碳资产划转	碳资产借入方在交易所规定工作日内按相关规定向其碳借贷专用资金科目内存入一定比例的初始保证金，碳资产借出方在交易所规定工作日内将应借出的碳资产从注册登记系统管理科目划入碳借贷专用碳资产科目
5	到期日交易申请	碳借贷期限到期日前（含到期日），交易双方共同向交易所提交申请，交易所收到申请后按双方约定的日期暂停碳资产借入方碳借贷专用科目内的碳资产交易
6	返还碳资产和约定收益	交易双方约定的碳借贷期满后，由碳资产借入方向借出方返还碳资产并支付约定收益

资料来源：根据《碳金融产品》金融行业标准整理。

3. 碳金融市场支持工具的实施流程

在碳市场支持工具中，以碳保险为例，碳保险实施流程和普通保险大致相同，但要注重对低碳项目审查、核保及碳资产的评估，其具体实施流程如表7-14所示。

表7-14 碳保险实施流程

序号	流程步骤	具体要求
1	提出参保申请	由纳入碳配额管理的企业、拥有碳配额的企业或者其他经济组织向符合规定要求的保险公司提出参保申请
2	项目审查、核保以及碳资产评估	保险公司进行项目审查核保，并由具备资质的独立第三方评估机构对碳资产进行评估，保险公司依评估结果和实际情况设定保险期限和保险额度
3	签订保险合同	碳保险业务投保人与保险公司签订碳保险合同
4	缴纳保险费	碳保险业务投保人向保险公司支付保险费
5	保险承保	在保险期内，若碳保险业务投保方的参保项目产生风险，经保险公司核实后，对投保方进行相应赔偿；保险期内投保方未发生损失的，保险条款自动失效

资料来源：根据《碳金融产品》金融行业标准整理。

（三）我国碳金融产品创新与投资发展过程中存在的问题

1. 碳金融产品种类单一，难以满足多元化市场需求

由于我国碳金融市场起步较晚、开放程度不高，大多数企业和金融机构对碳金融

业务的交易规则、运作模式以及政策法规等缺乏深度了解。市场上相关碳金融产品的种类较为单一，主要是以碳排放权为基础的现货交易。碳期货、碳债券、碳基金、碳资产抵质押融资等相关金融产品虽然陆续出现，但从发行量和交易量的规模与影响来看，与我国庞大的经济体量、多元化的碳市场需求极其不配套。经济发展转型目标与多元市场需求要求我国亟须创新碳金融产品，以满足碳金融市场发展，进而推动形成市场化减排。

2. 碳金融产品标准仍需进一步完善落实

目前我国碳排放交易体系还处于试点阶段，碳金融产品交易尚未完全普及。试点市场之间由于区域差异，在试点政策、交易门槛、交易价格、交易产品、覆盖范围、执行力度等多个层面存在差别，市场标准亟须完善。尽管我国已经发布了《碳金融产品》金融行业标准（JR/T 0244—2022），对一系列碳金融产品的定义、分类、具体实施流程进行标准化明晰，但产品标准化程度不高、创新产品可复制性不强等问题仍然存在。

3. 市场准入限制尚未放开，金融机构参与度不高

从市场准入来看，目前我国的碳金融产品交易主要发生在试点地区，其余非试点地区的碳金融产品交易体系还处于开发搭建初期。尽管全国碳排放权交易市场已经建立，但碳金融产品交易同样存在一定限制，如碳排放权交易仅将电力等高排放行业纳入交易市场，行业覆盖面较窄；市场参与主体较为单一，主要以履约控排企业为主，中小银行、信托公司、基金公司等专业化投资群体关于碳金融的交易规则、操作模式、开发流程的经验还不成熟，大多持谨慎态度。此外，若考虑行政干预因素，金融机构的真实参与意愿明显偏低。这将导致市场缺乏中长期资金进入，不利于碳金融产品发展与投资。

4. 价格发现功能不健全，碳金融产品价值未合理体现

当前我国碳金融市场价格未能充分体现供需关系和反映减排成本。例如，碳排放交易市场，碳价主要取决于配额的总量，而配额分配的宽松程度较难把握。同时，碳资产概念接受程度不高、企业主动参与度较低以及交易流通性不强的现象较为普遍，严重影响了碳金融产品的预期价值。同时由于履约机制的存在，容易出现企业履约期交易与非履约期交易起伏变化明显的潮汐现象，导致价格机制难以反映出长期供需关系与真实减排成本。在其他碳金融产品的交易过程中，同样也存在价格发现功能发挥受阻、市场调节作用弱的现象，碳金融产品的真实价值难以得到合理体现。

5. 碳金融产品创新与投资交易成本高，产品交易不活跃

我国碳金融市场处于摸索的初级阶段，相关法律法规等一系列制度体系都还不够完善。对于碳金融产品这一类新型金融产品的交易，法律监督体系不健全意味着政策风险与较大的不确定性，将大幅增加金融机构的风险决策成本，并蔓延传递到碳金融产品的交易与创新。其中，核查体系和信息披露不完善导致现有碳金融市场上产品交易的寻租行为产生、信息不对称等问题缺乏有效解决途径，进而严重影响产品交易活跃度和市场活力。

六、优化我国碳金融产品创新与投资策略的政策建议

目前我国正处于深入推进碳金融市场建设的关键时期，亟须大力发展丰富多元的碳金融产品谱系。积极发挥政府作用，从市场供需、平台建设、标准完善和制度保障等多个方面采取有力措施，加快推动我国碳金融产品创新与投资的发展。

（一）引导金融机构创新衍生性碳金融产品

碳市场的规模化发展离不开碳金融产品，创新基础性碳金融产品和衍生性碳金融产品有助于推动市场繁荣。目前我国的碳金融产品交易严重受限于基于碳配额的现货交易，对于碳远期、碳掉期等其他衍生性碳金融产品的创新明显不足。尽管在我国的试点地区，已经有了相关碳金融产品创新的探索性尝试，出现了碳汇保险、碳基金以及碳排放权抵质押贷款等系列碳金融产品，但规模都相对较小而示范性比较强。总体而言，我国碳金融市场的发展还属于初级阶段，碳金融产品过于单一，难以满足市场化需求，金融机构也不太容易介入开展中介服务与开发，这对我国碳金融市场的流动性和活跃度产生了较大影响。

在我国碳排放权交易市场的基础上，不断加大政策扶持力度，以税收激励、资金倾斜、优化审批等优惠政策积极引导银行、基金公司等金融机构创新和推广碳金融产品，鼓励重点发展碳期货、碳债券、碳远期、碳金融结构性存款等衍生性碳金融产品，进一步丰富碳金融市场产品交易内容，壮大包括碳金融交易工具、碳金融支持工具、碳金融融资工具等在内的多元碳金融产品体系。

（二）强化碳金融产品核查监管标准的落实

从市场核查监管的角度而言，我国碳金融产品的交易存在较大的上升潜力。缺乏清晰的行业标准、信息披露制度、核查体系以及惩罚机制，碳金融市场就难以平稳运行。在政府政策层面，需加快制定碳金融产品发展的保障举措及完善相关法律监督体系。进一步加强相关领域的知识产权保护，加快明晰交易中介和从事碳金融产品研究与分析的第三方服务机构的法律授权，为碳金融产品创新主体提供有效保障。同时对于碳金融产品的核查、监管，政府也未形成强有力的规范标准，造成市场参与者在获取碳金融市场和碳金融产品相关信息时，形成信息不对称，无形中提高了碳金融产品交易和投资风险。

当前地方政府应以证监会发布的《碳金融产品》为指导性纲领文件，积极推进碳金融产品标准体系建设，强化碳金融市场推广与落实的主体责任。各地区可以将这一纲领性文件作为指导框架，努力探索碳金融产品实施要求，结合当地发展特色协调推广落实碳金融产品标准，提高碳金融产品标准化程度，增强创新产品的可复制性，推动碳金融产品创新、交易有序进行，为将来协调发展好充满活力的全国碳金融市场做好技术准备。

（三）有序扩充碳金融产品交易的参与主体

碳金融产品的交易活跃度不高的一个重要原因在于参与碳金融产品交易的主体偏少，相应的市场准入机制需要优化调整。目前我国碳交易市场以电力行业为主体，还

有一些其他行业、企业的排放占比较高但没有被纳入交易范围。对于未纳入交易范围的企业，由于减排成本的存在，很难主动参与到碳金融产品的交易中来，主动交易意愿偏低，大多数企业是为了完成履约；从其他主体来分析，如金融机构投资者、个人投资者很难参与到碳金融产品的交易中，这主要是因为我国碳金融产品还未对金融机构、个人投资者以及碳金融产品的中介服务企业开放。

从目前参与碳金融市场产品交易的主体来看，应进一步明确市场准入机制，逐步放开门槛限制，适当扩充碳排放权交易市场行业覆盖范围。同时，在保证碳金融产品交易稳定运行的基础上，尽可能多地将证券公司、信托企业、中小银行等潜在主体纳入到碳金融产品的交易主体中来（见图7-3），增加碳金融市场的流动性，进一步提升碳金融产品交易的主体参与度。

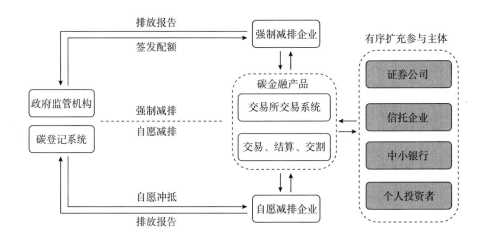

图7-3 有序扩充碳金融产品交易的参与主体

（四）进一步完善碳金融产品价格发现机制

当前我国碳金融产品的价格发现功能略显残缺，相比国际市场碳价，中国碳价运行处于低位，企业减排的成本和收益在碳价格上不能有效体现。政府应积极引导强化市场主体对于市场化减排的意义、方式以及内容的认识，提高碳金融产品的预期价值。同时，加快畅通碳金融产品市场的价格对供需关系的合理反映渠道。例如，对于碳配额分配制度，各试点地区的配额分配较为宽松，碳排放企业对配额等碳金融产品获取的需求不高，完成履约的难度较小。配额的稀缺性由于配额总量的设定方式导致难以有效体现，导致碳价偏低，加上履约机制的存在，导致价格难以反映长期供需关系，应进一步探究实施和推广拍卖、固定价格出售等有偿分配方式，实现产品价格合理反映碳金融产品真实价值，推动完善价格发现机制（见图7-4）。

（五）加快探索建设碳金融产品的服务平台

对于碳金融产品创新、交易和投资的参与主体而言，目前碳金融产品的业务规则和模型较为复杂，企业和金融机构的开发部署成本较高。从企业、个人等参与主体的

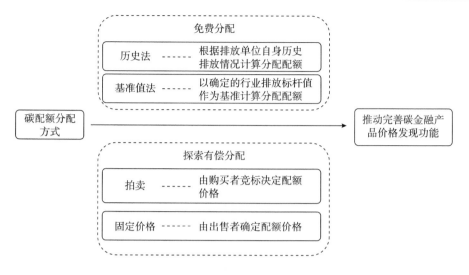

图 7-4 完善碳金融产品价格发现机制

视角来看，由于碳金融产品的金融属性较强，非金融领域的参与主体对碳金融产品的相关定价和管理能力较弱。同时，碳资产的交易策略和风险管控措施也相对缺乏，碳金融产品的交易投资成本较高。通过探索建设碳金融产品服务平台，可以大幅度降低碳金融产品的交易成本，进而有效促进碳金融产品的多元化创新和投资交易的活跃度。进一步探索建设碳金融产品服务平台，同时明晰碳金融产品交易的中介机构与平台的法律授权，为碳金融产品创新的主体以及相关平台建设提供有效保障和基础服务；加快建设跨部门的监管协调机制，从技术评估、交易体系、市场服务等重要环节出发，优化核查体系和信息披露制度、规范产品市场交易规则，进一步完善碳金融市场产品服务平台建设，为加快碳金融市场产品创新项目的示范、推广与应用创造有利条件，从而有效激活碳金融市场服务，提升碳金融产品交易活跃度。

参考文献

［1］Alberola E，Chevallier J，Chèze B. Price drivers and structural breaks in European carbon prices 2005-2007［J］. Energy Policy，2008（36）：787-797.

［2］Alvarez F，André F J. Auctioning emission permits with market power［J］. The Journal of Economic Analysis and Policy，2016，16（4）：1-28.

［3］Alvarez F，Mazón C，André F J. Assigning pollution permits：Are uniform auctions efficient?［J］. Economic Theory，2019，67（1）：211-248.

［4］An S，Li B，Song D，et al. Green credit financing versus trade credit financing in a supply chain with carbon emission limits［J］. European Journal of Operational Research，2021，292（1）：125-142.

［5］Benz E，Löschel A，Sturm B. Auctioning of CO_2 emission allowances in phase 3 of the EU emissions trading scheme［J］. Climate Policy，2010，10（6）：705-718.

　　［6］ Cooperman E S. The greening of finance: A brief overview. International review of accounting ［J］. Journal of Banking & Finance, 2013, 5 (1): 47-65.

　　［7］ Cramton P, Kerr S. Tradeable carbon permit auctions: How and why to auction not grandfather ［J］. Energy Policy, 2020, 30 (4): 333-345.

　　［8］ Dales J H. Pollution, property and prices ［M］. Toronto: University of Toronto Press, 1968.

　　［9］ Daskalakis G, Markellos R. Are the European carbon markets efficient? ［J］. Review of Futures Markets, 2008 (17): 103-128.

　　［10］ Daskalakis G, Psychoyios D, Markellos R N. Modeling CO_2 emission allowance prices and derivatives: Evidence from the European trading scheme ［J］. Journal of Banking & Finance, 2009, 33 (7): 1230-1241.

　　［11］ Dong F, Dai Y, Zhang S, et al. Can a carbon emission trading scheme generate the Porter effect? Evidence from pilot areas in China ［J］. Science of the Total Environment, 2019 (653): 565-577.

　　［12］ Dormady N, Healy P. The consignment mechanism in carbon markets: A laboratory investigation ［J］. Journal of Commodity Markets, 2019 (14): 51-65.

　　［13］ Fan H, Peng Y, Wang H, et al. Greening through finance? ［J］ Journal of Development Economics, 2021 (152): 102683.

　　［14］ Frino A, Kruk J, Lepone A. Liquidity and transaction costs in the European carbon futures market ［J］. Journal of Derivatives & Hedge Funds, 2010, 16 (2): 100-115.

　　［15］ Guo H C, Liu L, Huang G H, et al. A system dynamics approach for regional environmental planning and management: A study for the Lake Erhai Basin ［J］. Journal of Environmental Management, 2001, 61 (1): 93-111.

　　［16］ Hahn R W, Stavins R N. The effect of allowance allocations on cap-and-trade system performance ［J］. The Journal of Law & Economics, 2011, 54 (4): S267-S294.

　　［17］ Hahn R W, Noll R. Designing an efficient permits market ［C］//Cass G R (Ed.). Implementing tradeable permits for sulfur oxide emissions: A case study in the South Coast Air Basin. Environmental quality laboratory of the california institute of technology, 1982: 102-134.

　　［18］ Holtsmark B, Mæstad O. Emission trading under the kyoto protocol effects on fossil fuel markets under alternative regimes ［J］. Energy Policy, 2002, 30 (3): 207-218.

　　［19］ Huang L, Lei Z. How environmental regulation affect corporate green investment: Evidence from China ［J］. Journal of Cleaner Production, 2020, 279 (1): 123560.

　　［20］ Kim H S, Koo W W. Factors affecting the carbon allowance market in the US ［J］. Energy Policy, 2010, 38 (4): 1879-1884.

　　［21］ Larson D F, Parks P. Risks, lessons learned, and secondary markets for greenhouse gas reductions ［R］. Policy Research Working Paper Series, 1999: 2090.

[22] Liski M. Thin versus thick CO_2 market [J]. Journal of Environmental Economics and Management, 2001, 41 (3): 295-311.

[23] Markowitz H M. Portfolio selection: Efficient diversification of investment [J]. The Journal of Finance, 1959, 15 (3): 253-260.

[24] Max F, Kai L, Michael J, et al. Mobilizing domestic resources for the agenda 2030 via carbon pricing [J]. Nature Sustainability, 2018, 1 (7): 350-357.

[25] Miclaus P G, Lupu R, Dumitrescu S A, et al. Testing the efficiency of the European carbon futures market using the event-study methodology [J]. International Journal of Energy and Environment, 2008 (2): 121-128.

[26] Mohsin M, Taghizadeh Hesary F, Panthamit N, et al. Developing low carbon finance index: Evidence from developed and developing economies [J]. Finance Research Letters, 2020 (43): 101520.

[27] Montagnoli A, Vries F P D. Carbon trading thickness and market efficiency [J]. Energy Economics, 2010, 32 (6): 1331-1336.

[28] Montgomer David. Markets in licenses and efficient pollution control programs [J]. Journal of Economic Theory, 1972, 5 (3): 395-418.

[29] Munnings C, Morgenstern R D, Wang Z, et al. Assessing the design of three carbon trading pilot programs in China [J]. Energy Policy, 2016 (96): 688-699.

[30] Nazifi F. Modelling the price spread between EUA and CER carbon prices [J]. Energy Policy, 2013 (56): 434-445.

[31] Pástor L', Stambaugh R F, Taylor L A. Sustainable investing in equilibrium [J]. Journal of Financial Economics, 2021, 142 (2): 550-571.

[32] Philip D, Shi Y. Impact of allowance submissions in European carbon emission markets [J]. International Review of Financial Analysis, 2015 (40): 27-37.

[33] Poudyal N C, Siry J P, Bowker J M. Stake holders' engagement in promoting sustainable development: Businesses and urban forest carbon [J]. Business Strategy and the Environment, 2012, 21 (3): 157-169.

[34] Raphael C, Antoine D. Environmental policy and directed technological change: Evidence from the european carbon market [J]. The Review of Economics and Statistics, 2016, 98 (1): 173-191.

[35] Riedl A, Smeets P. Why do investors hold socially responsible mutual funds? [J]. The Journal of Finance, 2017, 72 (6): 2505-2550.

[36] Umar M, Ji X, Mirza N, et al. Carbon neutrality, bank lending, and credit risk: Evidence from the Eurozone [J]. Journal of Environmental Management, 2021 (296): 113156.

[37] Yang B. Explaining greenium in a macro finance integrated assessment model [J]. SSRN Electronic Journal, 2021.

［38］ Zerbib O D. The effect of pro-environmental preferences on bond prices：Evidence from green bonds ［J］. Journal of Banking & Finance，2019（98）：39-60.

［39］ Zhao X G，Jiang G W，Nie D，et al. How to improve the market efficiency of carbon trading：A perspective of China ［J］. Renewable and Sustainable Energy Reviews，2016（59）：1229-1245.

［40］ Zhou K，Li Y W. Carbon finance and carbon market in China：Progress and challenges ［J］. Journal of Cleaner Production，2019（214）：536-549.

［41］［英］阿尔弗雷德·马歇尔. 经济学原理（上卷）［M］. 廉运杰等译. 北京：商务印书馆，2005：328.

［42］傅京燕，章扬帆，谢子雄. 制度设计影响了碳市场流动性吗——基于中国试点地区的研究 ［J］. 财贸经济，2017（8）：129-143.

［43］高令. 碳金融交易风险形成的原因与管控研究——以欧盟为例 ［J］. 宏观经济研究，2018（2）：104-111+125.

［44］郭福春. 中国发展低碳经济的金融支持研究 ［M］. 北京：中国金融出版社，2012：45.

［45］郭日生，彭斯震. 碳市场 ［M］. 北京：科学出版社，2010：18.

［46］胡根华，吴恒煜，邱甲贤. 碳排放权市场结构相依特征研究：规则藤方法 ［J］. 中国人口·资源与环境，2015（5）：44-52.

［47］黄明皓，李永宁，肖翔. 国际碳排放交易市场的有效性研究——基于 CER 期货市场的价格发现和联动效应分析 ［J］. 财贸经济，2010（11）：131-137.

［48］李晓西，刘一萌，宋涛. 人类绿色发展指数的测算 ［J］. 中国社会科学，2014（6）：69-95+207-208.

［49］林伯强，黄光晓. 能源金融 ［M］. 北京：清华大学出版社，2011：285.

［50］吕靖烨，曹铭，吴旷，等. 湖北碳排放权市场有效性的实证分析 ［J］. 系统工程，2008，36（11）：8.

［51］马洪，孙尚清. 西方新制度经济学 ［M］. 北京：中国发展出版社，1996：7.

［52］邱牧远，殷红. 生态文明建设背景下企业 ESG 表现与融资成本 ［J］. 数量经济技术经济研究，2019，36（3）：108-123.

［53］王广宇. 零碳金融：碳中和的发展转型 ［M］. 北京：中译出版社，2021.

［54］王倩，王硕. 中国碳排放权交易市场的有效性研究 ［J］. 社会科学辑刊，2014（6）：7.

［55］王遥，王文涛. 碳金融市场的风险识别和监管体系设计 ［J］. 中国人口·资源与环境，2014，24（3）：25-31.

［56］王遥. 碳金融全球视野与中国布局 ［M］. 北京：中国经济出版社，2010：30.

［57］［美］奥利弗·威廉姆森. 资本主义经济制度 ［M］. 段毅才，王伟译. 北京：商务印书馆，2002：70-72.

［58］张红力，周月秋，殷红，等 . ESG 绿色评级及绿色指数研究［J］. 金融论坛，2017，22（9）：3-14.

［59］张希良，黄晓丹，张达，等 . 碳中和目标下的能源经济转型路径与政策研究［J］. 管理世界，2022，38（1）：35-66.

［60］朱民，潘柳，张娓婉 . 财政支持金融：构建全球领先的中国零碳金融系统［J］. 财政研究，2022（2）：18-28.

［61］邹亚生，魏薇 . 碳排放核证减排量（CER）现货价格影响因素研究［J］. 金融研究，2013（10）：142-153.

第八章　气候风险与减灾金融保险研究

孙光林　李沂芸　孙予恬　程庭威[*]

摘　要： 全球变暖导致气候极端事件频发，对我国经济社会发展构成严重威胁，并造成巨大的经济损失。利用保险应对气候风险已经成为世界各国的共识，保险能够发挥风险补偿和损害治理的功能，能够在一定程度上降低气候风险引发的经济损失。基于我国 2011~2019 年 31 个省份（不含香港、澳门、台湾）的面板数据，实证检验了气候风险对巨灾经济损失的影响与金融保险发展的调节效应。研究发现：气候风险对巨灾经济损失具有显著正向影响，气候风险会增大巨灾经济损失规模，且雨涝、台风、高温对巨灾经济损失均具有显著正向影响。调节效应结果表明，保险密度在气候风险影响巨灾经济损失过程中发挥负向调节效应，保险深度的调节效应不显著。异质效应表明，气候风险对低收入地区巨灾经济损失的影响最大，中等收入次之，高收入地区最小。我国政府救助挤占了部分气候风险的保险需求，且收入约束和社会整体风险意识不足导致市场存在的气候保险潜在需求没有转化为现实需求。气候风险的显著特征是低概率与高风险，其目标市场难以确定，导致气候保险产品的经营成本较高，这会影响保险公司的稳定经营。同时，保险公司开展气候保险业务缺乏法律保障，政府职能发挥不充分等也限制了气候保险市场的发展。因此，面对气候风险引发的极端天气事件，我国亟待转变单一的灾害损失补偿方式，构建现代保险制度体系，提高风险管理的制度化、规范化和科学化水平，提升民众参与气候保险的积极性以及相关保险公司经营的稳定性。

关键词： 气候风险；保险发展；保险需求；巨灾经济损失

一、问题提出

受人类活动和自然因素的共同影响，全球变暖现象持续，极端天气气候事件如暴雨洪涝、高温干旱、低温冷害、热带气旋、强对流、沙尘等呈现增多增强的趋势。《中国气候变化蓝皮书（2022）》显示：我国属于全球气候变化敏感区，地表平均气温、沿海海平面等多项气候变化指标均打破了已有观测纪录，同时气候相关灾害的数量和频率也在不断增加，对我国经济和社会财富构成了严重威胁。2000~2021 年，因气象

＊ 作者简介：孙光林，南京财经大学金融学院副教授；李沂芸，南京财经大学金融学院在读硕士研究生；孙予恬，南京财经大学金融学院在读硕士研究生；程庭威，南京财经大学金融学院在读硕士研究生。

灾害及其引发的次生地质灾害年均造成全国 3 亿人次受灾，直接经济损失 2897 亿元。全球变暖以及频发的气候灾害推动着气候保险的发展。《巴黎协定》强调保险作为一种金融工具，具有分散风险的功能，能够在一定程度上弥补气候灾害引发的居民经济损失，在应对气候风险过程中发挥着重要作用。

近年来，我国持续推进保险产品创新发展，包括碳保险、绿色资源类保险、巨灾保险等多种气候保险险种。气候保险提高了易受灾地区应对气候灾害的能力，有利于降低气候变化风险对居民财产和人身安全造成的损失。2013 年，党的十八届三中全会提出要完善保险经济补偿机制，建立巨灾保险制度。2014 年，国务院颁布《国务院关于加快发展现代保险服务业的若干意见》，该文件中明确提出要完善保险经济补偿机制，提高保险在灾害救助中的参与度，建立巨灾保险制度。2014 年，巨灾保险开始在各个省（市）试点运行，将台风、暴雨、洪涝等多种气候自然灾害纳入保障范围。党的十九大报告提出要提高各地区的防灾减灾救灾能力，打造共建共治共享的社会治理格局，提高灾害治理的社会化、法治化、智能化、专业化水平。2021 年 5 月，国际保险监督官协会（IAIS）与可持续保险论坛（SIF）联合发布《关于保险业气候相关风险监管的应用文件》，该文件是首个由全球保险业标准制定机构发布的保险业气候风险监管文件。2021 年 11 月 29 日，中国气象局与国家发展改革委联合印发《全国气象发展"十四五"规划》，提出要建设服务于金融保险的气象系统，为台风、洪涝、干旱等巨灾保险以及农业保险等提供气象服务，同时创新保险产品，发展天气指数保险和气候投融资新产品，健全气象金融保险标准。党的二十大报告指出，提高防灾减灾救灾和重大突发公共事件处置保障能力，加强国家区域应急力量建设。保险业与生俱来的损失补偿与风险管理功能，一直是人类社会发展和社会保障的安全卫士。因此，保险行业应该运用自身的风险管理特长在气候风险转移和风险补偿等方面发挥重要作用。

在实践中，面对气候风险，我国救灾工作长期依靠中央财政转移支付和地方财政部门扶持两种方式进行，导致气候风险受灾个体对政府财政补助产生依赖效应，对自身购买气候保险持有消极态度。在此背景下，气候灾害风险所引发的严重后果不仅会给中央和地方政府财政带来沉重负担，还会阻碍灾后复原重建等任务的及时推进。目前，我国气候保险市场面临着有效需求不足，难以满足大数法则、道德风险等突出问题。同时，我国再保险市场发展缓慢，市场主体缺乏，无法有效分散风险，在风险分担方面，相关保险存在管理机制不完善、法律制度缺失等问题，这在一定程度上制约了我国气候保险市场的发展。因此，面对我国日益频发的气候灾害现象，亟待转变单一的灾害损失补偿方式，构建现代气候保险制度体系，提高气候风险管理的制度化、规范化和科学化水平。

二、文献综述

（一）关于气候风险的定义与特征

国内外文献尚未对气候风险定义形成统一的认识。狭义的气候风险是指不确定的气候变化对经济系统造成损失的概率，是一种宏观金融风险（李志刚，2021；Lin and

Wu，2022）。广义的气候风险认为风险来源于气候变化，以及气候变化引起的温度变化（Miller and Swann，2016），是气候变化对自然及人类生态系统造成的全球性、普遍性、长期性的不确定性影响，会对社会、经济和自然生态系统造成复杂、长期且普遍的破坏（Hultman et al.，2010）。有学者指出气候风险的研究重点应是气候变化造成的后果、发生巨灾的可能性及应对措施，包括在适应性选择基础之上进行的风险评估（Neil et al.，2018）。总体来看，气候风险是一种宏观风险，是指气候变化对于自然及人类生态系统带来的全球性的、普遍性的、长期性的不确定影响（李志刚，2021），既包括暴风雨、低温冰冻等极端天气，同时也涵盖了全球变暖等长期气候变化引起的连锁反应（于孝建、梁柏淇，2020）。

气候风险与传统金融风险主要存在以下不同点：一是复杂性，气候变化产生的影响十分复杂，往往分散在不同地区且存在各自的特殊性（张文娟、杨措，2022；于孝建、梁柏淇，2020）。二是不确定性，气候风险会影响自然、经济等多个方面，增加经济社会发展的不确定性。现阶段，对气候风险的量化缺少权威性的测度工具和方法，在气候风险事件发生时，气候风险的规模、位置以及影响均充满不确定性，而在尾部事件、临界点以及多米诺骨牌效应的影响下，这种不确定性带来的影响会更加显著（Monasterolo，2020；许光清等，2020）。三是非线性，气候风险的量化计算并不服从正态分布，其发生的概率不能单纯依靠历史数据进行推断（Monasterolo，2020）。除此之外，气候风险还具有全球性、长期性等特点，需要全方位、多角度地进行综合审视及计量。

（二）关于气候风险与经济社会关系的相关研究

1. 气候风险对经济的影响

已有研究从宏观与微观两个层面分析了气候风险对经济发展的影响。宏观层次上主要研究了气候风险对就业、总供求和经济增长等的影响。在就业方面，部分文献认为气候风险会减少劳动力，同时增加摩擦性和结构性失业。首先，气候风险的增加会对劳动者的生命安全造成威胁，致使劳动者出现伤残、疾病等，进而使劳动者无法正常就业。其次，在双碳目标背景下，为了改善气候状况，未来产业结构和能源结构改革势必会淘汰高耗能、高污染产业，从而造成结构性失业；另外，气候风险导致的贫困加剧、生活成本和压力增加也会在一定程度上加剧摩擦性失业（高睿等，2022）。在总供求方面，气候风险所引发的公共卫生安全事件会显著影响商品或服务需求，影响多个产业部门的供给，如农业生产易受气候变化风险的影响，各种极端天气往往会给农业生产带来难以弥补的损失，严重时会出现粮食供给短缺（尹朝静、高雪，2022），同时，为了改善气候环境所实行的限制温室气体排放等政策也会对化石能源价格产生永久性冲击（王信等，2020）；在经济增长方面，据测算，若2100年全球温度上升3.7℃，全球GDP增长将减少23%（Burke et al.，2015），即使当前能够顺利实施与气候变化相关的应对措施，也会使低收入国家GDP减少9%（IMF，2019）。部分学者着重分析了气候风险引发的极端自然灾害对经济发展造成的不利影响（Cavallo et al.，2013；张帅等，2022）。例如，丁宇刚和孙祁祥（2022）对气候风险与农业经济发展之间的关系进行研究，发现气候风险越高的区域，农业经济发展越慢，同时农业保险能够缓解气候风险对农业经济的不利影响。

在微观层面上，已有研究集中讨论了气候风险对农户和企业等造成的影响（高雪等，2021；侯玲玲等，2016）。郑沃林等（2022）基于"气候风险—行为能力—保险决策"的理论逻辑框架，认为气候风险会提升农户购买农业保险的意愿，且前期产量损失在上述过程中具有正向的调节效应。对企业方面的影响大多侧重于气候风险对企业经营及决策所施加的负面影响，已有研究认为气候风险可以激励企业管理者承担更多的风险并对企业绩效和经济增长带来不利影响（John et al.，2008）。一方面，与气候相关的天气事件，如热浪、洪水和风暴等，在一定程度上会加大公司的盈利波动，使公司更倾向于保有现金并减少股息支付（Huang et al.，2018），同时极端气候也会损坏企业的固定资产，扰乱企业的正常生产经营（Xu et al.，2022）。另一方面，企业在规避气候风险的过程中会有额外的经济损失，如美国公司的借款成本与干旱之间有显著的正相关性（Huynh et al.，2020；Javadi and Masum，2021）；在受到气候风险影响时，企业会减少研发投资（Baker and Adu-Bonnah，2008），碳排放严重的企业更容易面临财务困境，导致杠杆率下降（Nguyen et al.，2020）。

2. 气候风险对金融的影响

气候风险会影响整个金融体系的稳定性（Francois，2020），有可能会成为下一轮系统性金融危机的诱因（Bolton and Kacperczyk，2021）。如果忽视气候风险和金融风险之间的相互作用，可能会降低资源配置效率，导致资金不能流向经济社会受影响范围大但抗灾能力不足的部门（Monasterolo，2020）。气候风险影响金融的渠道主要有两种：一是物理风险，二是转型风险（Grippa et al.，2019）。也有文献指出现阶段影响金融稳定的渠道有物理风险、转型风险和责任风险（Brunnermeier and Cheridito，2019）。

从物理风险角度来看，气候变化导致的自然灾害可能会使银行贷款抵押品的价值遭受损失，并会通过影响银行的融资渠道抑制市场流动性。在灾害冲击下，银行的放贷行为会更加谨慎，会进一步压缩市场信贷流通资金规模，家庭与企业融资会面临更为困难的窘境，银行信贷违约率会进一步上升，从而造成社会经济的恶性循环（陈国进等，2021）。除银行业以外，诸多金融机构也会受到气候风险的影响。由于各种自然灾害的存在，保险公司赔付的可能性增加，赔付的金额也有所上升，而保险公司自身也会因为气候风险的影响而被迫增加管理费用。极端气候事件还会使实际发生的偿付情况与预计之间存在偏差，导致保险公司面临一定的定价风险（谭林、高佳琳，2020）。

从转型风险渠道角度来说，转型风险是金融机构等为适应政策或法规的变化，对碳密集型和低碳资产等重新估值时所造成的经济和金融损失，其中包括技术冲击（如可再生能源成本的迅速下降和性能的迅速提高）、政策及监管冲击（如碳税以及监管政策的更改，以及金融参与者对气候相关政策的预期转变等）（Monasterolo，2020）。转型风险的影响更多的表现在长期性方面：一方面，转型风险导致的资产搁浅在很大程度上会影响金融的稳定性；另一方面，已经存在的商业模式也会由于减排减碳而被迫转变经营模式，这一过程不仅会增加企业的经营成本，也会影响企业的盈利，甚至会使现有的金融资产遭受贬值（陈国进等，2021）。

（三）关于气候风险与保险的相关研究

1. 气候风险对保险业的影响

气候变化风险会严重影响保险业的发展（Mills，2015），与气候变化有关的保险与责任认定已经成为各国制定气候政策和进行相关谈判的关键问题之一。气候变化导致的极端天气事件会对保险标的、保险公司的承保和投资业务产生一定影响，并造成直接或间接的经济损失。在承保损失方面，直接损失包括财产保险业务和人身保险业务的损失。若温度上升1℃，保险公司要将农作物保险的费率提高22%才可以弥补温度变化带来的损失（Tack et al.，2018）。日均气温升高也会导致人类死亡率增加以及健康状况恶化，提高人身保险业务的赔付率（Deschenes and Greenstone，2011）。间接损失包括气候风险造成的粮食安全、农业、政治风险等领域的赔付损失（Benfield，2011）。在投资损失方面，极端天气会影响投资者的情绪，造成资产价格的非理性波动。

气候变化导致的转型风险是指在各类监管政策和技术进步等因素的影响下，企业绿色低碳转型过程中对保险业造成的影响。在承保业务方面，高碳行业会减少保险需求，从而影响保险公司的负债规模，但这种影响较为有限。在投资业务损失方面，企业绿色低碳转型会导致高碳企业资产贬值，持有这些资产的保险企业会遭受经济损失（Prudential Regulation Authority and Bank of England，2015）。气候变化导致的责任风险是指当事人在遭受气候变化风险产生损失时，要求应当承担责任的主体进行赔偿，主要出现在责任保险业务方面（PRA and Bank of England，2015）。

2. 保险机构应对气候风险的相关措施

气候相关保险具体可分为天气指数保险和巨灾保险。天气指数保险主要用于农业领域，将一个或几个气候条件对作物的损害程度指数化，指数达到一定水平时就可以获得赔偿。相比天气指数保险，巨灾保险可以应对更多类型的气候风险。从业务角度来说，保险机构通过承保不同的保险品种，发挥不同险种之间的低相关或负相关性，从而保证保险品种的多样化。从地域角度来说，全球再保险公司可从本地保险公司转移的自然灾害风险中形成一个全球投资组合，从而降低来自某个特定区域的索赔权重。从时间角度来说，保险公司会在气候平稳期即气候灾害事件较少的年份积累一些准备金或储备利润，以便在气候灾害事件频发的年份支付索赔（Wu，2020）。同时，在金融市场发展到一定程度之后，衍生出如气候风险债券、气候风险衍生品等创新型金融工具，保险公司能够将气候风险证券化，将部分风险转移到资本市场，从而更进一步地将保险市场与资本市场联系起来。在实践中，传统财产险或意外险均可以使用保险相关证券将相关风险部分或者全部转移到资本市场，而保险公司通过发行证券（如卡特彼勒债券）使部分索赔转由资本市场承担（Braun，2017）。对于气候保险，由于再保险公司能以较低的成本筹集资金提供保险，保险公司会通过向再保险公司分担气候风险带来的巨灾损失（McAneney et al.，2016）。

三、气候风险与保险发展现状

（一）气候风险现状分析

1. 气候风险发展趋势

如图 8-1 所示，根据全球灾害数据平台提供的数据显示，我国在 2000～2021 年的受灾频率呈现出明显的下降趋势。2021 年受灾总频次为 17 次，相比 2020 年有所上升，但是显著低于 2010～2021 年的平均受灾次数。

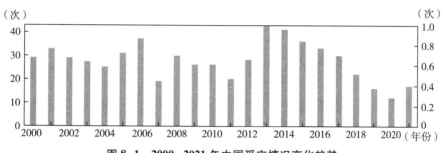

图 8-1　2000～2021 年中国受灾情况变化趋势

资料来源：全球灾害数据平台。

我国的自然灾害类型包括气象灾害、地质地震灾害、海洋灾害、生物灾害以及森林和草原火灾等，共计超过 100 种。在过去的数十年间，除火山喷发外，几乎所有类型的自然灾害都在我国发生过，包括地震、台风、洪水、干旱和沙尘暴、风暴潮、滑坡和泥石流、冰雹、寒潮、高温热浪、病虫鼠害、森林和草原火灾以及赤潮等。根据图 8-2 中各自然灾害所占比重可知，在我国所有已发生的自然灾害中，热带风暴、洪涝以及地震发生的频率相较于其他灾害偏高，其中热带风暴占比 33.78%，洪涝占比

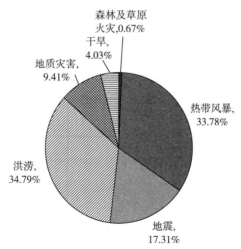

图 8-2　2000～2021 年各自然灾害所占比例

资料来源：全球灾害数据平台。

34.79%，地震占比 17.31%。由于受地理位置的影响，我国极易受到季风天气导致的气象灾害的影响，每年大约有 7 个热带气旋袭击东部沿海地区，区域性和局部性的干旱事件也时有发生。与此同时，我国位于亚欧板块、太平洋板块和印度洋板块的交汇处，构造运动持续活跃，这也导致了中国大陆性地震频发，占全球破坏性大陆地震的 1/3。除此之外，我国还是个多山国家，因此，各种气候灾害连带导致的山体滑坡及泥石流事件也造成了较大的损失。

长江流域已经出现了明显的"暖干化"趋势，气候灾害种类趋于复杂化，中下游地区暴雨、洪涝事件频发，台风登陆的强度也明显增大，同时江汉、江南西部、四川盆地和云贵高原的高温天气呈现多发、早发、重发等特点，这也导致这些地区出现干旱事件的可能性明显增大。除了单一灾害事件，复合型灾害事件如暴雨洪涝导致的山体滑坡等在未来也会明显增多。四川盆地、四川西部以及长江中下游地区的极端强降雨天气更加频繁，导致未来长江流域极有可能遭遇洪水甚至特大洪水事件。

全球频繁的气候变化已经导致我国自然灾害的发生频率及成灾强度呈现出明显的增强趋势，发生超强台风及强降雨的可能性与日俱增，河流洪水及山洪发生的可能性也进一步增大。除此之外，随着气候变化，干旱及热浪也会变得更加频繁，由极端气候引发的地质灾害也会更加严重。与此同时，由于人口增长、经济发展、城市化进程加快以及区域间贸易一体化的推进，未来我国所面临的气候灾害甚至可能发展为全球性的危险事件。

基于此，本章采用国家气候中心与财新智库联合发布的中国气候风险指数对气候风险进行量化，该指数由干旱指数、雨涝指数、台风指数、高温指数以及低温冰冻指数共同构成。其中，干旱指数的构成包括标准化降水指数（SPI），以及在此基础上计算而来的单日及月度干旱指数和各个气象站点对干旱的反应权重等。雨涝指数主要以单站日降水量以及各个月份对于雨涝的权重比为计算指标。台风指数主要是以每日最大风速为风因子，每日降水量为雨因子以及各因子的权重比进行计算。高温指数是以单日最高最低温度以及其连续天数为计算指标。低温冰冻指数是以每月连续 5 天的平均气温及标准差和各个气象站点地理位置对低温冰冻的权重等为计算指标。

2. 气候风险引发的巨灾经济损失

从图 8-3 可知，我国 2001~2021 年气候风险所引发的直接经济损失呈现明显的下降趋势，其中 2021 年我国气候风险引发的直接经济损失为 3340.2 亿元，仅高于 2018 年，是 2001 年以来的次低值，较 2001~2020 年均值下降 49.1%。

从图 8-4 可知，我国 2001~2021 年气候风险引发的直接经济损失占 GDP 比重同样呈现明显的下降趋势，其中 2021 年我国直接经济损失占 GDP 比重为 0.29%，仅高于 2018 年，是 2001 年以来的次低值，较 2001~2020 年均值下降 64.9%。另外，根据全球灾害数据平台统计，在所列的灾害中，洪涝及地质灾害造成的直接经济损失占比最大，为 32.85%，其次是旱灾，占比为 24.27%；风雹造成的直接经济损失占比为 8.22%，低温冰冻及雪灾占比为 7.56%，台风占比为 6.18%，其他灾害（如沙尘暴及地震）占比 20.88%。与此同时，洪涝与地质灾害导致的失踪死亡人数最多，占比为 59.9%，风雹次之，为 24.43%。

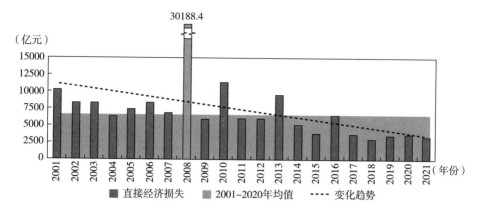

图 8-3　2001~2021 年中国直接经济损失变化趋势

资料来源：2021 年全球自然灾害评估报告。

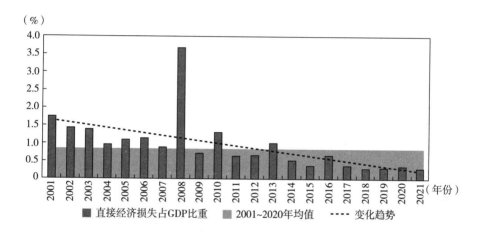

图 8-4　2001~2021 年中国直接经济损失占 GDP 比重变化趋势

资料来源：2021 年全球自然灾害评估报告。

根据我国目前的情况推演，若不对现有的气候变化加以干涉，到 21 世纪末期，气候变化对我国造成的直接经济损失占 GDP 比重将高达 7.5%。假设全球气温上升 3℃ 的背景下，至 2070 年，气候变化造成的风险可能会对我国造成 180 万亿元的经济损失，其中服务业、制造业、建筑业、运输业、零售业及旅游业都会在很大程度上被影响，而这些产业在我国经济中的产出占比高达 90%；假设对气候变化进行控制，即全球气温上升 1.5℃ 的背景之下，到 2070 年，这一控制行为会给我国经济带来约 116 万亿元的收益。

（二）保险发展现状分析

从全国保险密度和保险深度来看，各地区的保险密度及深度均呈现稳步上升的趋势，且都明显表现出东高西低的阶梯状空间分布特征。2014 年国务院发布的《国务院关于加快发展现代保险服务业的若干意见》提出，预计到 2020 年，保险深度达到 5%，保险密度达到 3500 元/人。从数据来看，保险业发展未达到预期，保险深度和保险密度与此前设定的目标均有一定距离。

1. 保险密度

如图 8-5 所示，至 2021 年，我国保险密度（保费收入/总人口）为 3180.00 元/人，而东部地区 2021 年的平均保险密度达 4516.52 元/人，相比较之下，中部及西部地区 2021 年的平均保险密度分别为 2723.92 元/人、2095.52 元/人，仅为东部地区的一半左右。其原因可能是东部地区的经济发展迅速、居民受教育程度高，承保意愿也更强，故而保险发展也更加迅速。与此同时，东部地区聚集众多超一线城市，如上海 2021 年的保险密度达 7446.58 元/人，而北京的保险密度更是高达 10689.37 元/人，这些超一线城市的保险密度也明显拉动了东部地区整体保险密度水平。

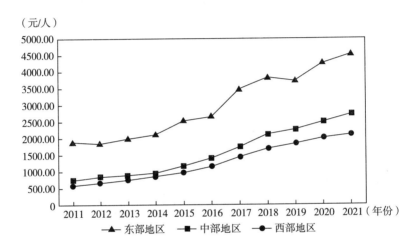

图 8-5　2011~2021 年各地区保险密度变化趋势

资料来源：2011~2021 年《中国保险年鉴》。

2. 保险深度

对于保险深度（保费收入/国内生产总值），2021 年，全国保险深度为 3.9%。从 2011~2021 年的保险深度变化趋势可以看出，虽然中、西、东部地区之间的差异没有保险密度那么明显，但是整体上东部地区的保险深度仍然高于中、西部地区。在 2017 年前，东部地区的保险深度一直高于中、西部地区，直到 2018 年才出现明显的下降趋势。中西部地区在 2015~2018 年出现了明显的上升趋势，甚至中部地区在 2018 年超过了东部地区的保险深度，可见中、西部地区的保险尚有长足的发展空间，未来我国保险业空间集聚可能会由"低—低"模式向"高—高"模式逐渐演化（见图 8-6）。

3. 气候保险发展现状

2008 年汶川地震后，原中国保监会等相关政府机构和研究机构对于气候保险展开深入研究并报与国务院和国家减灾委，提出建立巨灾保险制度和农业巨灾风险分散机制、城乡居民住房地震保险制度。2013 年，原中国保监会批复在云南、深圳开展地震

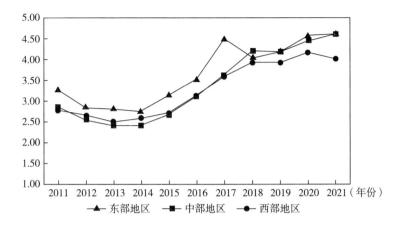

图 8-6 2011~2021 年各地区保险深度变化趋势

资料来源：2011~2021 年《中国保险年鉴》。

巨灾保险试点。此后，各地开始探索适合当地的气候风险应对方案，四川、云南、深圳和宁波等地开始启动气候保险试点。2016 年，北京、上海、深圳等多地城乡居民住宅地震巨灾保险开始出单，至 2016 年下半年，广东已在湛江等 10 个地市试点气候指数保险，涵盖台风、强降雨、地震三类重大自然灾害。至 2018 年，气候保险快速发展，气候保险有关试点的保费规模已经超过 6 亿元，全国城乡居民住宅地震巨灾保险保费规模也突破人民币 2000 万元。

我国逐渐形成以政府为主导、市场主体多方共同参与的气候保险体系。政府负责相关制度、法律以及政策制定等方面的工作。同时在市场化的分摊机制下，投保人、保险公司、气候保险专项准备金、政府财政及其他紧急资金逐层承担气候风险带来的损失，从而将气候风险进一步地分散。以 2021 年河南郑州特大暴雨案例来分析，截至 2021 年 8 月 25 日，河南保险业共接到理赔报案 51.32 万件，初步估损 124.04 亿元。虽然与发达国家保险赔付占自然灾害全部经济损失 30% 左右的比例而言尚有差距，但是此次灾害的赔付已经远超 2008 年汶川大地震、2012 年北京暴雨以及 2019 年利奇马台风的赔付比例。

与此同时，由于我国地域宽广，幅员辽阔，各个地区无论是经济发展还是保险需求都有显著差异，因此，自 2013 年《中共中央关于全面深化改革若干重大问题的决定》提出要完善保险补偿机制、建立气候保险制度以来，各地保险业就开始根据当地的实际情况进行试点，之后将承保范围逐渐扩展到海啸、台风、暴雨、内涝等自然风险。

目前全国性及地方性气候保险产品有：全国性地震巨灾保险、四川省地震巨灾保险、云南省大理州政策性农房地震保险、宁波市巨灾保险、深圳市巨灾保险以及广东省巨灾保险，其中除了云南省及广东省的巨灾保险理赔方式是兼有损失补偿型和指数型之外，其他所列巨灾保险均为损失补偿型的理赔方式（见表 8-1）。

表 8-1 全国性及地方性巨灾保险产品理赔方式

名称	承保触发	理赔方式	损失分摊机制
全国性地震巨灾保险	达到国家建筑质量要求的建筑物及室内附属陈设为主要标的物，以破坏性地震及其引发的火灾、爆炸、海啸、泥石流及山体滑坡等次生灾害为主要保险责任	损失补偿型	一方面，将全国范围内可能发生的地震灾害损失控制在一定额度内，以确保保险公司、再保险公司以及各种专项准备金可以逐层覆盖损失；另一方面，对地震频发的高风险地区实行保险销售限额管理，避免在遭遇特大地震灾害后，赔款额度超过可筹集到的资金总额
宁波市（浙江省）巨灾保险	险情触发条件为发生台风、龙卷风、暴雨、暴雪、洪水、强热带风暴及其引发的次生灾害并造成家庭财产损失超 2000 户，或造成人员伤亡超 3 人以上	损失补偿型	巨灾损失分摊分为三层：当赔偿金额小于等于 3 亿元时，由保险公司承担风险；当赔偿金额大于 3 亿元时，启动巨灾基金进行相应的补偿，也鼓励居民自主购买其他商业性巨灾保险以增强保障程度
深圳市（广东省）巨灾保险	险情触发条件为暴雨、暴风、台风、龙卷风、洪水、内涝、海啸等 15 种灾害及其引发的次生灾害	损失补偿型	其巨灾损失分摊分为三层：首先，由政府进行有关巨灾救助保险；其次，建立巨灾基金，在政府巨灾救助保险的赔付限额之上对居民进行人身伤亡救助；最后，也鼓励居民个人购买巨灾保险
广东省巨灾保险	主要考虑的是台风以及洪涝情况。其中，以台风路径点进入台风巨灾框且达到受灾阈值或者任意有效观测站点的最大降雨量达到受灾阈值	指数型	未写明

四、实证结果分析

（一）研究假说

气候变化会造成温度和降水变化、洋流异常、季风变化、冰川融化和海平面上升等，导致海水入侵、湿地退化、水质污染等，对生态安全、粮食安全、生产环境、疾病传播、自然资源等均有一定的影响，主要通过产生物理风险和转型风险造成巨灾经济损失。

首先，气候风险表现为一系列自然因素的变化，形成极端天气事件（如雨涝、干旱、台风、高温和低温冷冻等），从而引发一系列自然灾害。由气候变化风险引发的自然灾害会直接造成人员伤亡、增加经济财产损失、增加灾害救援支出，其中人员伤亡的经济损失具体表现在人员直接伤亡的财产补偿损失和丧葬费用、伤残人员的医疗保险赔偿和医疗救助、误工费、生活救济成本增加等（陈国进等，2021）。财产损失包括两部分：直接财产经济损失和间接财产经济损失。直接财产经济损失包括固定资产以及流动资产损坏报废，损害抵押品价值、农作物受灾、断水断气断电造成的经济损失、失火和交通堵塞等（陈国进等，2021；汪军能等，2022）。间接经济财产损失包括合同违约损失、生产活动缩减、失调、减缓和停顿造成的经济损失、社会福利的减少、收入水平下降、商品价格上升等（Debelle，2019）。灾害救援的经济损失包括救灾投入、事故罚款赔偿、财政储备减少，社会救济和社会福利等公益金的减少。其次，自然因素的变化还会给农业、社会发展等带来影响。长期气候变化对农业的影响随着区域、农作物、碳肥效应的不同而有所不同，但会降低劳动力以及肥料利用效率，降低农业生产效率，间接造成经济损失（尹朝静、高雪，2022）。从社会发展角度而言，气候风险导致的结构性失业及摩擦性失业会对劳动者及其家人的生活造成一定的经济威胁。最后，社会不同经济主体（如监管者、消费者、农户、投资者等）为适应气候变化会改变自身行为偏好，给经济带来损失。转型风险会影响资产价值评估，增加企业运营成本、降低其盈利水平，减少企业价值（陈国进等，2021），增加违约风险，从而造成严重的经济损失（谭林、高佳琳，2020）。因此，基于以上理论分析，本章提出第 1 个研究假说：

H1：气候风险对巨灾经济损失有正向影响。

为缓解气候变化风险，实现我国"双碳"目标，低碳转型是首要方法。利用金融工具应对气候变化风险已经成为世界各国的共识，金融作为实体经济的血液，为经济转型提供必要的服务与支持、确保经济平稳健康发展是其基本职能。金融发展可以促进绿色产业发展，缓解企业融资压力，金融部门可以通过确定和识别金融领域与气候变化相关风险因素、为私营部门投资与气候变化有关的新技术提供资金支持，从而在应对气候变化过程中发挥重要作用。然而，由于我国金融发展尚存在较多不足之处，缺乏对气候变化造成的金融风险的管理监督和约束，存在金融机构意识薄弱和信息不透明等问题，金融发展可能在应对气候风险过程中的作用还未发挥出来。因此，基于以上理论分析，本章提出第 2 个研究假说：

H2：气候风险影响巨灾经济损失过程中金融发展的调节效应不显著。

在应对气候变化风险与巨灾损失方面，保险密度的提升表现为保险业务的发展和保险意识的提高，有效缓解气候相关保险需求不足问题，有利于受气候变化影响者充分利用保险损失补偿和减灾治理的职能，降低由于气候变化风险增大而导致的巨灾经济损失。在损失补偿方面，提高保险密度可以增加受气候变化影响者对气候相关保险产品的需求程度和利用程度，分散气候变化风险，将其受灾损失和应对转型风险付出的经济成本进行社会化分散，用相对小的支出换取对大额不确定经济损失的赔付，降低巨灾经济损失（陈秉正等，2019）。在现有社会保障机制不足以提供充分补偿资金情况下，巨灾保险和小额保险的补偿作用可以随着保险密度的提高得到进一步发挥，特别是发挥对中低收入群体保障的补偿作用。

在减灾治理方面，提高保险密度，可以通过提高被保险人的保险意识来影响被保险人行为，使受害人和潜在加害人（如温室气体排放者）采取灾害减损措施，从源头减少气候巨灾经济损失。例如，长期进行碳排放会导致气候变化，受碳排放导致的气候变化损害者有权享有对碳排放者的侵权损害补偿，提高碳排放者的保险意识，可以增加其购买绿色责任保险的动机。提高保险密度也可以通过保险业务的发展，如保险公司会增加绿色投资、发展气候巨灾减灾新技术、补充合同设计（限制条款、免赔额、共同赔付和责任免除条款等）等，有效控制道德风险，限制被保险人的受损行为，成为政府治理的有效补充和支持，减少巨灾经济损失（何启豪，2022）。因此，基于以上理论分析，本章提出第 3 个研究假说：

H3：气候风险影响巨灾经济损失过程中保险密度的负向调节效应显著。

保险深度反映保险业在社会经济中的地位，取决于经济与保险发展速度。提高保险深度说明保险业在社会经济中的作用上升，能够有效缓解气候保险供给不足问题。保险公司发展碳排放保险、森林保险、环境责任保险、生态保险、天气指数保险等多种创新性险种，做出多层次、不同费率的保险产品，能提高气候风险应对险种的针对性和多样性，从而有效分散气候风险。保险市场存在的逆向选择问题会导致投保意愿呈现出区域异质性的现象，统一的保险产品无法完全发挥分散风险的作用，随着保险深度的提高，保险公司因地制宜发展保险产品，可以在一定程度上缓解保险市场逆向选择带来的负面影响，提高巨灾保险等气候相关保险的供给水平，通过保险损失补偿和减灾治理机制降低巨灾经济损失。

然而，保险产品开发所依赖的"大数法则"要求聚合大量的同质风险才能达到风险分散和获取盈利的目标。由于我国幅员辽阔，地区间气候差异大，灾害种类多样，气候相关保险产品难以在全国范围内有效推广，而且气候风险一旦发生，同一地区的风险损失快速积累，各风险单位关联性强，这为保险公司确定目标市场带来极大的困难。气候变化导致的巨灾具有"低概率，高损失"特征，一旦发生，保险公司将面临巨大的赔付额，保险公司需要通过再保险市场分散风险，这将进一步压缩巨灾保险产品的利润空间，风险附加费用在很大程度上会提高巨灾保险的保费价格。因此，当前我国保险市场发展水平较低，发展气候相关保险的经营成本过高和企业的利润最大化发展目标相矛盾，企业对于相关业务持谨慎态度。同时，由于我国缺乏行业经验和相关技术支持，保险公司很难对"低概率，高损失"的巨灾风险进行合理定价，而且受限于不同地区经济发展水平，价格接受程度不同，这些因素的叠加无疑降低了气候相关保险的供给水平。因此，保险深度在一定程度上反映了该地区的风险防范能力，我国有关气候相关保险的风险分散机制尚未建立，目标市场模糊、经营成本较高、存在技术限制等原因导致气候相关保险供给不足，气候保险无法有效起到分散风险和弥补损失的作用。因此，基于以上理论分析，本章提出 2 个对立性假说：

H4a：保险深度在气候风险影响巨灾经济损失的过程中负向调节效应显著。

H4b：保险深度在气候风险影响巨灾经济损失的过程中负向调节效应不显著。

（二）研究设计

1. 模型构建

为检验 H1，建立以下模型：

$$Y_{it} = \beta_0 + \beta_1 index_{it} + \beta_2 control_{it} + \mu_i + \varepsilon_{it} \tag{1}$$

其中，被解释变量 Y_{it} 表示第 i 个省份第 t 年的巨灾直接损失；$index_{it}$ 表示第 i 个省市第 t 年的气候变化风险指标，此指标包括气候风险指数及其五个维度：雨涝指数、干旱指数、台风指数、高温指数和低温冰冻指数；$control_{it}$ 表示控制变量，包括人均 GDP、人口自然增长率、每十万人受高等教育人口、环保处罚案件数；μ_i 表示省份固定效应，用来控制不可观测的因素；ε_{it} 为随机扰动项。

为检验 H2，在基准回归模型（1）中加入调节变量金融发展 FD 和核心解释变量的交乘项。其他变量及符号与模型（1）一致。

$$Y_{it}=\beta_0+\beta_1 index_{it}+\beta_2 control_{it}+\beta_3 FD_{i,t}+\beta_4 FD_{i,t}\times index_{it}+\mu_i+\varepsilon_{it} \tag{2}$$

为检验 H3 和 H4，在基准回归模型中加入调节变量和核心解释变量的交乘项，建立模型（3）。

$$Y_{it}=\beta_0+\beta_1 index_{it}+\beta_2 control_{it}+\beta_3 INS_{i,t}+\beta_4 INS_{i,t}\times index_{it}+\mu_i+\varepsilon_{it} \tag{3}$$

其中，$INS_{i,t}$ 表示第 i 个省份第 t 年的保险发展情况，此指标包括保险发展的两个维度：保险密度、保险深度。其他变量及符号与模型（1）一致。

2. 数据来源

本章选取我国 31 个省份（不含香港、澳门、台湾）2011～2019 年的面板数据研究气候风险对巨灾经济损失的影响及金融保险发展在其中的调节效应。其中，保险密度和保险深度数据来源于中国银行保险监督管理委员会官方网站和各期《中国保险年鉴》，金融机构各项存贷款余额、人均 GDP、人均可支配收入、灾害直接经济损失、受高等教育人数和人口自然增长率等数据来源于国家统计局和各省市统计年鉴，环保处罚案件数据来源于北大法宝，气候风险及雨涝指数等分指标数据来源于各年份《中国气候指数报告》和《中国气候变化蓝皮书》。

3. 变量说明

（1）被解释变量：巨灾经济损失。

巨灾造成的经济财产损失包括原生灾害和次生灾害造成的直接经济损失和灾后生产消费的缩减、停缓等造成的经济损失，而救援损失包括救援投入的人力资源和财产、灾后为恢复生产力和环境投入的社会财富。本章主要考虑的是气候变化引发的巨灾所造成的财产层面的经济损失，因此用灾害造成的直接经济损失来衡量巨灾经济损失。

（2）核心解释变量：气候风险。

本章选取国家气候中心和财新智库联合发布的气候风险指数来衡量气候风险，其由雨涝指数、干旱指数、台风指数、高温指数和低温冰冻指数构建而成。该指数根据历史气候数据确定极端天气和气候事件造成灾害的阈值，对气候风险进行综合量化评价。

（3）调节变量：金融保险发展。

金融发展体现在金融机构数量的增加、金融资产数量和种类的增加、经济发展对金融的依赖度提高以及金融结构的优化。本章使用各省份当期金融相关比率表示该地区的金融发展水平，金融相关比率=该省市区当期金融机构的存贷款余额/GDP。

本章从保险密度和保险深度两个维度衡量保险发展，保险深度使用该省份保费收入与 GDP 的比值衡量，反映保险业在社会经济中的地位，保险深度发展水平取决于该省份的经济发展和保险发展速度；保险密度使用该省份常住人口的平均保费来衡量，保险密度=保费收入/年末常住人口，反映该省份保险业务的发展程度和保险意识的强弱。

（4）控制变量。

为了使回归结果更加稳健，本章选取以下控制变量：人均 GDP，使用人均 GDP 衡量经济发展水平。人口自然增长率，该指标代表人口暴露性，区域内人口数量越多，巨灾造成的人员损失和经济损失越大。高等教育水平，使用每十万人受高等教育人口数表示。环保处罚，使用环保处罚案件数表示。

本章主要变量设定如表8-2所示，描述性统计如表8-3所示。

表8-2　主要变量设定及说明

变量类型	变量名	变量含义
因变量	巨灾经济损失	巨灾直接经济损失额取对数值
自变量	气候风险指数	根据历史气候数据确定极端天气和气候事件造成灾害的阈值，与社会经济和灾害损失数据结合起来，对气候灾害风险进行综合量化评价
	雨涝指数	以日降水量为基础计算降雨内涝指数
	干旱指数	构建一个干旱指数表示一个地区干旱的综合强度
	台风指数	基于不同程度的风雨覆盖面积的加权平均值
	高温指数	根据日最高温度、日最低温度和持续时间定义高温指数
	低温冰冻指数	考虑了温度变化和5日内的降雪天数构建的指数
控制变量	人均GDP	该地区生产总值与常住人口的比值的对数值
	人口自然增长率	该地区当年人口自然增加数（出生人数减死亡人数）与平均人数之比
	每十万人受高等教育人口	每十万人口高等学校平均在校生数
	环保处罚案件数	该地区当年的环保处罚案件数量
调节变量	金融发展指数	该地区当年所有金融机构的存贷款数量/该地区当年GDP
	保险深度	该地区保费收入与该地区GDP的比值
	保险密度	该地区保费收入与常住人口数的比值的对数值

表8-3　变量描述性统计

变量名	样本值	均值	标准差	最小值	最大值
巨灾经济损失	279	4.014005	1.49669	0	7.092241
气候风险指数	279	6.006667	2.780688	2.33	9.7
雨涝指数	279	4.976239	2.352221	0.76	9.53
干旱指数	279	2.654907	2.506098	0.925	8.95
台风指数	279	4.631759	2.873766	0.015	8.48
高温指数	279	5.377835	3.208958	0.076667	10
低温冰冻指数	279	1.492685	1.246439	0.16	4.09
保险密度	279	7.338211	0.652503	5.525453	9.23669
保险深度	278	3.407451	1.885016	0.296075	21.23058
金融发展	279	3.242144	1.200489	1.52816	8.131033
人均GDP	279	10.79766	0.436885	9.705829	12.00896

续表

变量名	样本值	均值	标准差	最小值	最大值
人口自然增长率	279	5.294767	2.848031	-1.01	11.47
每十万人受高等教育人口	279	2557.996	802.0789	1082	5613
环保处罚案件数	279	773.7814	1828.14	0	17106

（三）回归结果分析

1. 基准回归结果分析

对于使用何种计量模型进行实证研究，经 Hausman 检验以后发现，采用固定效应模型进行估计更为科学。表 8-4 给出了本章基准回归结果。由表 8-4 中列（1）可知，气候风险的系数值为 0.063，在 1% 的置信水平上显著为正，说明气候变化风险对巨灾经济损失有正向显著影响，提高气候风险水平会通过引发自然灾害、影响农业和社会发展、诱发转型风险等导致经济损失。因此，H1 得到验证。

表 8-4 基准回归结果

变量	（1）	（2）	（3）	（4）	（5）	（6）
气候风险	0.063*** (3.30)					
雨涝		0.080*** (3.50)				
干旱			-0.027 (-1.00)			
台风				0.078*** (3.73)		
高温					0.041** (2.26)	
冰冻						0.061 (1.00)
控制变量	是	是	是	是	是	是
样本数	279	279	279	279	279	279

注：*、**、***分别表示在 10%、5%、1% 的水平下显著，括号中为 t 值。下表同。

表 8-4 中列（2）、列（4）、列（5）分别表示雨涝、台风和高温气候风险对巨灾经济损失的影响，其系数值依次为 0.080、0.078 和 0.041，均在置信水平上显著为正，说明雨涝、台风和高温对巨灾经济损失有显著正向影响。雨涝和台风会造成极端降雨，导致基础设施破坏、水土流失、泥石流等，会增加巨灾经济损失。与此同时，高温气候风险也会直接造成巨灾经济损失。由表 8-4 中列（3）、列（6）可知，干旱和冰冻气候风险对巨灾经济损失的影响不显著。

2. 调节效应回归结果

（1）金融发展的调节效应。

表8-5给出了金融发展的调节效应回归结果。表8-5中列（1）表示金融发展在气候变化风险影响巨灾经济损失过程中发挥的调节效应，列（2）~列（6）分别表示金融发展对雨涝、干旱、台风、高温、低温影响巨灾经济损失过程中发挥的调节效应。由表8-5中列（6）可知，金融发展在冰冻气候风险影响巨灾经济损失过程中发挥正向调节效应，在10%水平下显著，然而，在其他气候风险影响巨灾经济损失过程中的调节效应不显著。可能的原因是：我国缺乏针对气候变化造成的金融风险的管理监督和约束体制机制，金融机构应对气候风险的意识不足，金融发展未能有效发挥作用以缓解气候风险造成的经济损失。

表 8-5　金融发展调节效应回归结果

变量	（1）	（2）	（3）	（4）	（5）	（6）
气候风险	0.069 *** (3.52)					
气候风险× 金融发展	-0.067 (-1.39)					
雨涝		0.078 *** (3.17)				
雨涝× 金融发展		0.016 (0.31)				
干旱			-0.025 (-0.61)			
干旱× 金融发展			-0.005 (-0.08)			
台风				0.078 *** (3.72)		
台风× 金融发展				0.025 (0.60)		
高温					0.043 ** (2.24)	
高温× 金融发展					-0.016 (-0.40)	
冰冻						0.146 ** (2.03)
冰冻× 金融发展						0.217 * (1.94)
金融发展	0.111 (0.83)	0.017 (0.12)	0.058 (0.39)	0.142 (1.06)	0.085 (0.63)	0.239 (1.57)

续表

变量	（1）	（2）	（3）	（4）	（5）	（6）
常系数	17.304***	14.730***	15.832***	10.990***	12.454***	11.132**
	(4.62)	(4.11)	(3.66)	(2.96)	(3.26)	(2.40)
控制变量	已控制	已控制	已控制	已控制	已控制	已控制
样本数	279	279	279	279	279	279

（2）保险密度的调节效应。

表8-6给出了保险密度的调节效应回归结果。由表8-6中列（1）可知，气候风险的系数为0.071，在1%的置信水平上显著为正，气候风险与保险密度交互项系数值为-0.098，在10%的置信水平上显著为负，说明保险密度对气候变化风险和巨灾直接损失关系的调节效应负向显著。这表明通过发展巨灾保险及其他气候相关保险市场，提高保险业务的发展程度和社会整体巨灾风险及保险意识，能够有效降低巨灾及其他气候相关保险需求不足的问题，通过保险弥补损失和减灾治理的职能，从而降低气候变化风险导致的巨灾经济损失。因此，H3得到验证。表8-6中列（2）~列（6）的回归结果表明，雨涝、干旱、台风、高温与保险密度交互项不显著，表明保险密度对上述气候风险与巨灾经济损失的调节效应不显著。可能的原因是巨灾保险产品定价困难且目标市场难以确定、存在道德风险和逆向选择、巨灾保险技术限制等问题，导致我国相关保险产品供给不足，巨灾保险对气候变化导致的风险分散功能无法得到充分发挥。

表8-6　保险密度调节效应回归结果

变量	（1）	（2）	（3）	（4）	（5）	（6）
气候风险	0.071***					
	(3.64)					
气候风险×保险密度	-0.098*					
	(-1.78)					
雨涝		0.088***				
		(3.54)				
雨涝×保险密度		-0.039				
		(-0.62)				
干旱			-0.001			
			(-0.02)			
干旱×保险密度			0.054			
			(0.53)			
台风				0.078***		
				(3.69)		
台风×保险密度				0.006		
				(0.12)		

变量	(1)	(2)	(3)	(4)	(5)	(6)
高温					0.049** (2.45)	
高温× 保险密度					-0.045 (-0.91)	
冰冻						0.186** (2.45)
冰冻× 保险密度						0.406 (2.99)
保险密度	-0.174 (-0.85)	-0.132 (-0.64)	-0.027 (-0.10)	0.025 (0.12)	-0.055 (-0.267)	0.084 (0.39)
常系数	14.244*** (3.71)	14.092*** (3.54)	14.488*** (3.14)	9.866** (2.46)	11.549*** (2.94)	9.191** (1.99)
控制变量	已控制	已控制	已控制	已控制	已控制	已控制
样本数	279	279	279	279	279	279

（3）保险深度的调节效应。

表8-7给出了保险深度的调节效应回归结果。表8-7中列（1）是气候风险与保险密度的交互回归结果，列（2）~列（6）依次是雨涝、干旱、台风、高温和冰冻风险与保险密度交互回归结果，结果表明，上述气候风险与保险密度的交互效应回归结果均不显著。可能的原因是：巨灾风险损失往往表现为高度的时空关联性，损失会在灾后累计。保险作为一种金融工具，具有分散风险的功能，能够在一定程度上弥补居民的巨灾经济损失，提高保险深度有利于缓解我国气候相关保险供给不足问题，在应对气候变化风险中应该发挥巨大作用。然而，由于巨灾保险定价困难、社会整体气候风险意识不足等问题导致对巨灾保险的需求不足，造成巨灾保险没有很好地起到分散风险和弥补损失的作用。与此同时，保险深度反映风险防范能力，我国有关巨灾保险的风险分散机制尚未建立，目标市场模糊、经营成本高、存在技术限制等原因导致巨灾保险供给不足，造成保险深度对气候变化风险和巨灾损失关系的调节效应不显著。因此，H4b得到验证。

表8-7　保险深度调节效应回归结果

变量	(1)	(2)	(3)	(4)	(5)	(6)
气候风险	0.063*** (3.28)					
气候风险× 保险深度	-0.012 (-0.61)					

续表

变量	(1)	(2)	(3)	(4)	(5)	(6)
雨涝		0.081*** (3.47)				
雨涝× 保险深度		-0.003 (-0.13)				
干旱			-0.034 (-0.81)			
干旱× 保险深度			-0.001 (-0.04)			
台风				0.078*** (3.68)		
台风× 保险深度				-0.005 (-0.30)		
高温					0.045** (2.39)	
高温× 保险深度					-0.023 (-1.38)	
冰冻						0.08 (1.20)
冰冻× 保险深度						0.059 (1.12)
保险深度	-0.022 (-0.69)	-0.021 (-0.61)	-0.030 (-0.51)	-0.003 (-0.06)	-0.021 (-0.66)	-0.025 (-0.61)
常系数	15.398*** (4.37)	14.426*** (4.17)	16.139*** (3.68)	9.714*** (2.73)	11.134*** (3.12)	10.305** (2.22)
控制变量	已控制	已控制	已控制	已控制	已控制	已控制
样本数	278	278	278	278	278	278

3. 异质效果回归结果

增加人均可支配收入可以提高居民对金融服务和保险产品的购买能力，不同收入水平地区气候变化风险提高造成的巨灾损失是否具有异质性？为此，本章依据2011~2019年全体居民人均可支配收入的平均值，将31个省份分为低人均可支配收入水平、中等人均可支配收入水平、高人均可支配收入水平三类，进一步考察全体居民人均可支配收入对其影响和调节效应是否存在异质性。

（1）气候风险对不同人均可支配收入地区巨灾经济损失的影响。

表8-8给出了不同收入水平下气候风险对巨灾经济损失的异质性。由表8-8中列（1）可知，气候风险对低收入组巨灾经济损失的影响在1%的置信水平上显著为正，系数值为0.085。由表8-8中列（2）和列（3）可知，气候风险对中等收入和高收入组

巨灾经济损失影响的系数值分别为 0.053 和 0.048，均在 5% 的水平下显著。经过列
（1）~列（3）对比可知，气候风险对低收入组造成的巨灾经济损失最大，中等收入组
次之，高收入组最小。

表 8-8　不同收入地区气候风险变化对巨灾经济损失的影响

变量	(1)	(2)	(3)
	低收入	中等收入	高收入
气候风险	0.085***	0.053**	0.048**
	(3.59)	(2.28)	(2.12)
常系数	14.580***	16.268***	13.286***
	(3.30)	(3.85)	(3.08)
控制变量	已控制	已控制	已控制

（2）金融发展对不同人均可支配收入地区气候风险和巨灾损失关系的调节效应。

表 8-9 给出了不同收入水平下金融发展的调节效应。由表 8-9 中列（1）~列（3）
可知，金融发展对中等人均可支配收入地区的气候变化风险和巨灾直接损失关系的调
节效应显著，金融发展有利于降低中等人均可支配收入水平地区因气候风险提高而增
加的经济损失。金融发展对低、高人均可支配收入地区的气候风险和巨灾经济损失关
系的调节效应不显著。人均可支配收入水平低的地区金融服务门槛高，居民购买金融
产品防范风险的能力弱，金融机构意识薄弱、信息不透明等问题导致金融市场分散风
险的能力没有得到充分发挥。

表 8-9　不同收入水平地区金融发展的调节效应

变量	(1)	(2)	(3)
	低收入	中等收入	高收入
气候风险	0.092***	0.063***	0.053**
	(3.72)	(2.64)	(2.24)
气候风险×金融发展	-0.057	-0.095*	-0.034
	(-0.84)	(-1.70)	(-0.61)
金融发展	-0.062	0.105	0.27
	(-0.33)	(0.69)	(1.62)
常系数	15.524***	18.680***	17.171***
	(3.33)	(4.16)	(3.48)
控制变量	已控制	已控制	已控制

（3）保险深度对不同人均可支配收入地区气候风险和巨灾损失关系的调节效应。

表 8-10 给出了不同收入水平下保险深度的调节效应。由表 8-10 中列（1）~列

（3）可知，在低收入组、中等收入组和高收入组中保险深度和气候风险的调节效应系数值为负，但均不显著，表明保险深度对不同人均可支配收入水平地区气候风险和巨灾经济损失关系的调节效应不显著。可能的原因是：保险深度反映该地区风险防范能力，但是我国大多数地区有关巨灾保险的风险分散机制尚未建立，对气候变化的风险防范能力弱，保险深度并不能有效减少巨灾经济损失。

表 8-10 不同收入水平地区保险深度的调节效应

变量	（1）	（2）	（3）
	低收入	中等收入	高收入
气候风险	0.086***	0.052**	0.049**
	(3.56)	(2.21)	(2.15)
气候风险×保险密度	-0.003	-0.004	-0.027
	(-0.15)	(-0.13)	(-1.12)
保险深度	-0.025	-0.006	-0.032
	(-0.73)	(-0.14)	(-0.78)
常系数	14.728***	16.184***	13.509***
	(3.25)	(3.77)	(3.09)
控制变量	已控制	已控制	已控制

（4）保险密度对不同人均可支配收入地区气候风险和巨灾损失关系的调节效应。

表 8-11 给出了不同收入水平下保险密度的调节效应。由表 8-11 中列（1）和列（3）可知，高收入组和低收入组中气候风险与保险密度的交互效应为负，但不显著，这表明保险密度对高、低人均可支配收入水平组气候变化风险和巨灾经济损失关系的调节效应不显著。可能的原因是：低人均可支配收入地区对保险产品的购买能力较低，提高保险意识与保险业务发展水平不能有效提高居民对巨灾保险的需求水平，而高人均可支配收入水平地区也存在相关保险产品供给不足问题，巨灾保险对气候变化风险导致的分散风险和损失弥补作用无法得到充分发挥。由表 8-11 中列（2）可知，气候风险和保险密度的交互效应显著为负，在 10% 的置信水平上显著，这表明保险密度对中等人均可支配收入水平地区气候变化风险和巨灾经济损失关系的调节效应负向显著，说明在中等收入组可以通过提高保险业务发展水平和保险意识，增加对气候相关保险产品的需求，从而更好地发挥保险产品分散风险和弥补损失的职能，降低巨灾经济损失。

表 8-11 不同收入水平地区保险密度的调节效应

变量	（1）	（2）	（3）
	低收入	中等收入	高收入
气候风险	0.096***	0.065***	0.052**
	(3.88)	(2.71)	(2.25)

续表

变量	（1）	（2）	（3）
	低收入	中等收入	高收入
气候风险×保险密度	−0.088 （−1.26）	−0.136* （−1.88）	−0.072 （−1.11）
保险密度	−0.245 （−1.09）	−0.198 （−0.77）	−0.018 （−0.06）
常系数	13.237*** （2.82）	15.434*** （3.37）	13.390** （2.46）
控制变量	已控制	已控制	已控制

4. 稳健性检验

本章采用指标替代、增加控制变量和更改模型三种方法进行稳健性检验。首先，采用巨灾直接经济损失/GDP 的对数值代替原本的巨灾直接经济损失来度量，考察气候风险对巨灾经济损失的影响，回归结果如表 8-12 中列（1）所示，气候风险的系数值为 0.063，在 1% 的置信水平上显著。其次，用财政支出/GDP 表示政府支出规模，用医疗机构床位数表示该地区的防御灾害打击能力，增加政府支出规模、防御灾害打击能力两个控制变量，回归结果如表 8-12 中列（2）所示，气候风险的系数值为 0.064，仍然在 1% 的置信水平上显著。最后，改变计量回归模型，使用动态面板系统 GMM 方法进行估计，以减少内生性问题造成的估计偏误，回归结果如表 8-12 中列（3）所示，气候风险的系数值仍然在 1% 的置信水平上显著为正，再次说明本章回归结果的稳健性。

表 8-12　稳健性检验

变量	（1）	（2）	（3）
气候风险	0.063*** （3.15）	0.064*** （3.276）	0.055*** （3.522）
常系数	27.508*** （7.58）	16.610*** （4.08）	21.985*** （2.54）
AR（2）			0.2796
Sargan			0.3524
控制变量	已控制	已控制	已控制

五、金融保险应对气候风险存在的不足

我国气候保险市场发展较为缓慢，市场供需不足，政府职能发挥不充分等会阻碍气候保险的发展。根据国际经验来看，自然灾害导致的商业保险赔付金额占灾害直接

经济损失的比例为 30%~40%，而根据统计数据，我国重大灾害中保险赔款占直接经济损失的比例与国外发达国家相去甚远。

（一）气候保险需求不足

从风险防护和防灾救灾角度来看，市场对气候保险有巨大的潜在需求，但是这些潜在需求并没有转化为现实需求，导致气候保险的市场需求严重不足，严重阻碍了气候保险市场的发展。

1. 居民对政府防灾减灾的依赖心理造成气候保险需求不足

"慈善危害"是指个体因为对政府、慈善机构等外界群体的依赖，而对自身购买保险等防灾减灾措施采取消极态度，从而减少主动性防灾减灾行为。长期以来，我国政府承担着防灾减灾工作的主要任务，通过财政拨款缓解受灾地区人民的物质和精神损失，同时发动社会各界的力量协助灾区进行重建，使居民对政府产生了依赖心理。政府慈善救助减少了居民自发性的风险防范行为，在财政兜底的支持下，风险地区的居民即使不购买气候保险，在气候灾害结束后，仍可以得到政府的救助和补偿，而购买气候保险还需要居民额外支出保费。因此，居民对政府防灾减灾的依赖心理造成了气候保险需求不足的现象。同时，需求端的不足会反馈到供给端，保险公司缺乏开展气候保险业务的动力，进而影响气候保险的供给。

2. 收入约束降低了气候保险的消费需求

气候保险的投保人员大致可以分为两类：其一是位于灾害频发地区的相关企业，其二是容易受到气候灾害冲击的农业人员。相较而言，气候保险价格对于农民的投保影响更大。农业是维持我国发展的重要动力，却极易受到气候灾害的冲击，因此农民对于气候保险存在巨大的潜在需求。农业属于"靠天吃饭"的产业，同时农村社会保障体系还未完全建立，这就决定了农民收入低，同时其未来收入不确定性也较高。只有当保险公司实行风险定价时，才会从经济上激励被保险人采取手段来降低保费。然而，这对生活在灾害频发地区且预算有限的低收入居民来说是个难题。在有限的收入中，还需要对未来的生活费、医疗、子女教育等跨期消费进行合理规划，收入支配的约束性大，从而限制了农民对气候保险产品的购买力，降低了气候保险的需求。另外，保险产品在定价时需要综合考虑预定预付率、预定投资回报率、附加费用和风险附加费，而气候风险的特征是"低概率，高损失"。一旦发生气候风险，保险公司将会面临巨额赔付，同时气候风险不满足"大数法则"，这加剧了保险公司的经营风险。因此，保险公司会通过增加风险附加费提升利润并提高经营稳定性，但这也会直接拉高气候保险的价格，高昂的保费进一步限制了农民的消费需求。综合来看，高保费和低收入限制了气候保险的需求。

3. 社会整体气候风险意识不足

气候保险产品投保率较低的一个重要原因是居民气候风险意识低，面对低概率的气候风险抱有侥幸心理。首先，根据卡尼曼的前景理论，在确定的收益和"赌一把"之间，人们往往会赋予确定性较大的权重，降低自己的风险指数，选择确定的收益；但是在预期损失的情况下，人们会产生冒险赌一把的冲动。气候风险概率低但造成的损失巨大，人们出于短期经济效益的考虑，更偏向于选择一种"无为状态"，即出于侥幸心理，认为这些灾害不会直接发生在自己身上，拒绝投保气候保险来降低未来的损失。其次，我国的防灾减灾工作主要是政府作为风险的第一承担者，对政府的过度依赖降低了居民对气候风险的防范意识，进而减少了气候保险产品的需求。最后，我国居民长久以来对于保险公司持有不信任心理，加之政府在开展气候保险业务时，并没有针对性地普及气候风险和风险防范的相关知识，居民对于气候保险产品仍然存在错误认知。

（二）气候保险供给不足

我国保险市场发展缓慢，市场主体缺乏，抑制了气候保险险种的开发。气候种类多样，地区差异明显，无法开发普适性保险产品，限制了保险公司的盈利空间。加之技术、数据等限制，保险公司对于开展气候保险业务持谨慎态度，从而造成气候保险市场供给不足。

1. 目标市场难以确定

保险公司开展气候保险业务首先需要确定产品的目标市场，其次根据目标市场消费者的偏好和接受能力进行相关气候保险产品的设计开发。保险产品开发所依赖的"大数法则"则要求聚合大量的同质风险，市场要有足够多的投保人，这样才能达到风险分散的目标，而气候保险不满足大数法则，目标市场难以确定，导致产品供给不足。

首先，我国幅员辽阔，地区之间气候差异大，灾害种类多样，这导致单一气候保险产品无法适应各地的特殊情况，从而无法大面积推广。我国的气候保险总体覆盖面也十分有限，不仅先行进行试点的城市都是经济较为发达的地区，且西部地区以及农村地区对于气候保险的推广远不及经济发达地区。其次，虽然如车险、家财险、企财险、工程险、运输险等财产责任保险类别中的大多数险种都对于气象灾害有一定的承保，但是保险险种如洪水保险、台风保险的设定却不全面，气候保险的有关技术也尚不成熟。保险公司无法开发具有普适性的气候保险产品，缺乏足够的投保人，使保险公司的盈利空间小，经营风险大。同时，我国地区间经济发展水平不相同，居民收入不平衡，对于气候保险产品的价格接受区间也不相同。如何确定适合不同地区的气候保险价格，是保险公司开发产品时面临的另一个难题。

2. 气候保险产品经营成本高

首先，我国气候种类丰富，气候灾害的种类也随之不同，如果保险公司开发普适性的气候保险产品，会存在推广困难的问题。如果根据不同地域有针对性地开发气候产品，则需要保险公司投入大量的人力物力财力进行数据收集，这无疑提高了保险产品的成本，进而会增加保费，同样不利于产品推广。其次，保险公司在承保相应的气候风险后，为了公司的获利目标，需要尽可能地降低赔付概率和损失额度，这就需要保险公司进行灾前防灾减灾知识的宣传，并通过相应的措施降低气候灾害造成的损失。例如，山东德州的棉花雹灾保险，保险公司承保后，专门为投保较为集中的地区居民购买了防雹高射炮，以减少雹灾发生的可能性，降低雹灾造成的损失，这无形中又增加了保险公司经营气候灾害业务的成本。最后，因为气候灾害发生时间短、受损范围大、受灾个体多样性等特点，导致保险公司需要先进的理赔工具和经验丰富的理赔人员支持灾后理赔服务，额外增加了气候保险的经营成本。由于气候风险类型多样，地区差异较大，居民的投保意愿差异较大，但气候风险的发生会对整个区域造成冲击，区域内的各风险单位都会受到相同的冲击，具有非独立性，这会导致损失在同一个区域迅速积累，保险企业将会面临巨额赔付，很容易威胁到企业的稳定经营。随着我国现代企业制度的建立，保险公司已经全面实行企业化经营，其最终目标是利润最大化，但是在我国当前保险市场的发展水平下，气候保险的经营成本过高和企业的发展目标相矛盾，企业出于追逐利润和长久发展的目标，并不会选择经营气候保险产品，造成市场供给不足。

3. 技术限制导致气候保险供给不足

在气象灾害风险评估中，保险费率和准备金的精算往往是基于历史气象记录、历史气象事件和数据的时空精度计算出来的，技术限制将严重制约致灾因子概率分布的估算精度，进而对风险评估结果的可靠性和稳定性产生较大影响，特别是出险次数少但又影响巨大的极端气候灾害事件，其评估结果往往会更不稳定。我国气象观测站的分布密度过低，气象数据的准确性和针对性不高，严重影响了保险模型的准确性；同时由于缺乏行业经验和相关技术支持，保险公司很难对"低概率，高损失"的气候风险进行合理的定价，而且不同地区的经济发展水平、价格接受程度不同，这些因素的叠加无疑为保险公司厘定费率和开发气候保险产品造成了诸多困难。

（三）保险公司经营气候保险产品面临的威胁

气候风险由于其"低概率，高损失"的特点，对保险公司的偿付能力提出了很大的挑战，单一的保险公司难以单独承担如此高的风险，因此需要通过再保险来分散风险，但我国再保险市场发展缓慢，缺乏市场主体，无法有效分散风险。同时气候风险不满足大数法则，市场存在逆向选择和道德风险，这些因素都对保险公司的稳定经营产生威胁。

1. 气候保险的风险分散机制尚未建立

气候保险之间有较强的相关性，一旦气候风险发生，保险公司将面临巨额赔付，这对于其偿付能力是很大的挑战，容易威胁保险公司的经营稳定。再保险是转移和分散风险的有效方式，可将风险控制在合理范围之内，避免商业保险公司过度损失，但是我国再保险市场发展存在很多问题，风险无法有效分散，这给保险公司的经营造成了极大的威胁。首先，我国再保险市场发展时间较短，缺乏相应的法律法规和完善的监管制度规范再保险市场的运行。其次，我国气候再保险市场主体缺乏，目前只有中国再保险集团一家承担巨灾再保险，难以满足日益增长的气候风险再保险的需求。最后，相较于资本市场，气候保险和再保险对于风险的承担能力远远不够，但是我国资本市场参与者数量较少，发展不够完善，风险证券化和其他有关的气候风险衍生工具在我国的发展受到很大的限制，这从另一个角度制约了再保险市场的发展。最后，保险市场和再保险市场相互依存，当气候风险从保险市场转移到再保险市场时，如果再保险市场无法承担这种冲击，就会造成市场崩溃。有效风险分散渠道的缺乏，抑制了气候保险业务的开展。

2. 市场存在逆向选择和道德风险

首先，气候风险和一般风险一样，存在逆向选择问题。逆向选择是指市场交易双方因为信息不对称，造成拥有更多信息的一方利用信息优势使自己获得更多的利益，而使另一方受损。在气候保险中，身处灾害发生更频繁地区的居民对于保险的需求远远高于其他地区，其遭受气候风险的可能性也更大，这种人为主观的差别投保无法发挥保险分散风险的作用，保险企业承保气候风险也面临着更大的风险。其次，气候保险可能存在道德风险。我国灾后救助一直由政府财政兜底，社会各方援助，这就导致风险地区的居民防范风险意识较低，在投保气候风险后，居民在有保险兜底的情况下可能做出风险更高的行为，或者减少主动性防范风险行为，将会提高气候保险赔付的概率，高额赔付率将会威胁保险公司的稳定经营。

3. 气候风险可保性差

首先，理想的风险可保条件是：存在大量独立同分布的风险单位；风险发生具有随机性、偶然性、意外性；风险损失可以测算。但是气候风险具有发生概率低，造成损失大，风险单位不独立的特点。在巨灾事故中，风险损失往往表现出时间和空间的高度关联性，标的损失也会在灾后迅速累积。同时由于气候灾害种类多，致灾因子交错复杂，并且伴随次生灾害，影响面广，造成的经济损失往往难以度量。由此来看，巨灾风险并不完全符合可保条件，经营风险较大。其次，我国是自然灾害频发的国家，每年气候灾害都会造成几百亿元的经济损失，远远超过保险公司的偿付能力，气候灾害一旦发生，对于保险市场的偿付能力是巨大的考验。同时，我国气候保险市场起步较晚，缺乏相应的行业经验和技术支持，保险公司开发气候保险业务往往需要投入大量的资源，这会直接增加营业成本。

六、政策建议

（一）提升民众参与气候保险的积极性

1. 培养公众的风险意识

公众投保意愿和投保能力决定了社会对气候保险的需求，而社会公众的投保意愿很大一部分取决于其对气候风险及其损失程度的了解程度、侥幸程度、政府灾后投资导致的"慈善危害"问题等。提高公众的风险意识有利于增加社会公众对气候保险的需求。政府、社会组织和保险公司等相关机构可以定期开展群众性活动，进行气候风险和风险防范相关知识的普及教育，厘清气候保险的风险分散和损失弥补的职能。定期向社会发布气候风险损失报告，向公众揭示气候风险的危害，使社会各群体可以全面了解气候变化风险及其导致的社会经济损失，提高民众的风险意识。对于高风险地区可开展防灾救灾演练，举办气候风险知识讲座，逐步提高民众对于风险的认识水平。对于其他市场主体，需要提高能源市场和交通市场等气候风险敏感行业主体的市场参与意识，提高各金融机构的气候风险意识，主动优化其应对气候相关风险的动机。

2. 探索气候保险保费补贴机制

政府通过补贴保费的方式完全承担气候风险，通过强制参保可以提高保险的覆盖率和社会居民的风险意识，但是考虑到财政压力和法理基础等，该模式并不是现阶段风险分配的最优模式。在目前的社会经济环境下，政府应该通过保费补贴的方式承担部分气候风险。为了提高社会公众的整体投保能力，让低收入人群能够负担得起保费，政府应该制定相关政策，为气候变化敏感和气候灾害频发地区、较低收入水平地区的个体和企业提供气候保险等气候相关保险的专项保费补贴，为设计气候保险的保险公司提供一定的经济补贴来降低气候保险的价格。在自然灾害高发区、高风险区、贫困区、重大战略实施区、特色产业区开展自然风险评估和风险区划，推动灾害风险评估的标准化、制度化并进行应用推广。

（二）发挥政府的职能作用

1. 完善法律保障体系

我国气候保险法律体系尚不完善，更多的是针对特定灾害的法律，保障范围有限且片面，气候保险的发展离不开法律的支持，政府应该根据我国的气候保险试点经验，并结合国外的气候保险立法体系，制定并完善我国的气候保险法律体系，从而为气候保险制度的建设提供法律支持。发展保险市场不仅需要完善基础性的法律法规，还需要完善一些专业性的法律法规，如市场准入和退出准则、经营范围、行为规范、服务对象、财务监管、风险控制和监管主体职责等。提高气候保险产品设计的非经济成本，需要将保险产品制定和生态环境保护的政策结合起来，在考虑到与生态系统相互作用的基础上，使保险产品的成本从经济成本向环境科学和社会科学进行延伸。

2. 加强政府部门的监管

我国气候保险市场起步较晚，发展不够完善，诸如逆向选择、道德风险等可能导致市场秩序的紊乱。建立全方位、深层次的金融监督体系，提高金融监督管理部门的行政权力，加强对气候保险市场发展的管理和监督。设立专职监管机构，尽快设立和完善再保险监管部门，解决再保险市场发展过程中面临的问题，推动我国气候再保险市场发展。针对不同的灾害类型可以制定不同的监管政策，对气候保险的各项流程和细节进行明确的规定并予以规范。加强政府对市场部门的监管，充分发挥政府在其中的统筹协调作用，推动政府补助气候保险与市场化的保险模式并行。

（三）加强气候风险管理

1. 建立统一协调的气候风险管理体系

我国缺乏对气候风险进行统一协调管理的负责机构，各个部门平时也缺乏沟通和协调，在救灾过程中甚至出现职能重叠与职能盲区的现象，给救灾工作带来了不利影响。建立健全气候风险管理体系，设立一个对气候风险管理进行统筹规划的政府机构，统筹灾害救助中不同部门的工作，加强部门间合作，提高风险管理效率。建立一个专业化的气候保险体系，将个体到银行等存贷款机构，保险公司到再保险公司和其他资本衍生品市场，以及包括一些网络公司在内的其他保险参与主体都囊括在这个专业化体系中。

2. 保证气候保险发展的技术支持

气象数据系统是气候保险发展完善的首要条件，政府应当增加气候观测站建设，对气候风险测量技术的研发提供资金支持，加强气候保险管理数据库建设。气候风险地图可以将气候风险和损失更直观地展示给普通居民，从而有效促进居民购买气候保险。保险公司也可以依据气候风险地图设计分区域、多层次、不同费率的保险产品，提高气候保险供给。在技术供应方面，政府还可以制定相关政策来推动大数据、人工智能和无人机等技术的创新与发展，为气候保险发展提供技术支撑。政府通过鼓励保险公司与第三方机构如绿色产业等的技术合作，助力保险行业数字化发展，提高保险公司对气候变化等相关数据的监测能力，提高风险应对水平。

3. 重视气候保险发展的人才培养与国际交流

积极从巨灾保险等气候相关保险发展较为成熟的国家引进具备相关理论知识和实践经验的人才，对我国保险从业人员进行气候风险知识的培训，提高我国保险从业人员的执业水平，建立一个可以适应气候变化的高素质专业人才队伍。积极开展气候风险管理领域的国际交流合作，积极借鉴吸取其他国家气候风险管理方面的经验和教训，把握国际气候风险管理领域的新动向。加强与国际知名风险管理机构如瑞士再保险、慕尼黑再保险等合作，提升国内气候风险管理水平，促进气候保险市场发展。

（四）完善气候保险风险分散机制

1. 发展气候再保险市场

气候风险的特点是小概率和高损失，并不是传统意义上理想的可保风险。气候灾害一旦发生，集中赔付可能会影响保险公司的稳定经营，其特殊性决定了气候保险制度离不开再保险市场、资本市场的支持，需要借助多层次风险分散机制化解气候风险带来的冲击。目前国内气候保险市场缺乏相应的风险分散机制，因此可以先开放再保险市场，引进资金实力雄厚的国际知名再保险公司，加强与国际公司的业务合作，增强国内保险市场的风险承担能力，从而提高气候保险的可保性。同时学习其先进的保险理念和管理技术，为我国再保险市场注入活力，积极培育国内的再保险公司，逐步建设体系完备的再保险市场。

2. 创造风险证券化的条件

气候风险证券化同再保险一样，都是对风险的二次分散，通过资本市场蓄水池的作用，在时间和空间两个维度上进行风险分散。推进气候风险证券化：一方面需要加快完善资本市场发展，创造良好的外部环境；另一方面要建立信息披露制度与完善资信评级机构，为资本市场健康发展提供辅助条件。气候风险证券化发展并不是一蹴而就的，先要培养良好的风险证券化载体，促进气候风险债券、气候风险期货和气候风险期权等衍生品的发展，逐步实现巨灾证券化的目标，到条件成熟时，成立气候风险保险基金，稳步推动气候保险市场的健康发展。

（五）增强商业保险公司的经营稳定

1. 增加气候保险的自然灾害产品

从目前我国气候保险试点省份来看，气候保险主要以台风保险为主，其他灾害类型的保险品种开发基本还处于空白。相对单一的气候保险险种并不能涵盖所有的气候风险，也不能满足居民对气候保险的需求。因此，商业保险公司应该逐步将病虫鼠害、火灾、泥石流等气候保险纳入自然灾害险种。鼓励保险业继续提供创新的保险产品和服务。在进一步发展气候保险的基础上，发展碳排放保险、森林保险、环境责任保险和生态保险等绿色保险，完善绿色保险体系。保险公司应该在明确气候保险具体范围的同时，根据当地气候变化的特点，重新确定气候保险的保险费率。改进现有险种，通过提高保费或缴费水平来弥补一部分风险，同时，保险公司要加强气候保险分析模型的自主创新与研发，更好地对气候风险进行模拟与压力测试，防范保险公司在遭遇气候变化风险过程中可能会面临的系统性金融风险。

2. 因地制宜发展保险产品

保险公司的营业机构一般都设置在市区，远离风险地区，居民投保气候保险的程序较为烦琐。由于气候保险的特点，保险公司应该逐步加强风险地区和农村地区的网点建设，同时根据农村地区的特点，保险公司可以发展农村营销服务网点和代理人队伍，深入基层办理气候保险，提高气候保险的承保率，从而促进巨灾保险的繁荣发展。

保险市场存在的逆向选择问题导致投保意愿呈现出区域异质性的现象，统一的保险产品无法发挥分散风险的作用，因此保险公司在设计气候相关保险产品时，需要根据不同地区的实际气候条件、历史受灾频率和经济损失合理制定保险费率相关条款，因地制宜发展保险产品。这种方法可以在一定程度上缓解逆向选择问题带来的负面影响，发挥气候保险分散风险的职能。在地区保险试点方面，以区域为保险计量单位计算保费相较于以个体农户为单位更加容易推行，同一区域内的个体缴纳相同比例的保费并获得同等比例的赔偿金，不同区域由于气候风险对产量的影响不同从而个体的保险费率不同。因此，可以选择有特殊气象因素或保险发展有代表性的地区先行试点，逐步发现问题并进行改进，进而推广到类似地区。在险种试点方面，各个地区可以根据自己的气候条件、灾害发生情况和历史数据确定试点的险种。

参考文献

［1］Adger W N, Lain B, Swenja S. Advances in risk assessment for climate change adaptation policy［J］. Philosophical Transactions. Series A, Mathematical, Physical and Engineering Sciences, 2018, 376（2121）: 20180.

［2］Benfield A. Thailand floods event recap report, 2011［R/OL］. https: //dokumen. tips/documents/2011-thailand-floods-event-recap-report-aon. html?page=2.

［3］Baker E, Adu-Bonnah K. Investment in risky R&D programs in the face of climate uncertainty［J］. Energy Economics, 2008, 30（2）: 465-486.

［4］Braun A. Evolution or revolution? How solvency II will change the balance between reinsurance and ILS. Journal of insurance regulator, 2017, 36（4）: 1-26.

［5］Brunnermeier M K, Cheridito P. Measuring and allocating systemic risk［J］. Risks, 2019, 7（2）: 1-19.

［6］Bolton P, Kocperczyk M. Do investors care about carbon risk?［J］. Journal of Financial Economics, 2021, 142（2）: 517-549.

［7］Burke M，Hsiang S M，Miguel E. Global non-linear effect of temperature on economic production［J］. Nature，2015（527）：235-239.

［8］Cavallo E，Galiani S，Noy I，et al. Catastrophic natural disasters and economic growth［J］. Review of Economics & Statistics，2013，95（5）：1549-1561.

［9］De Galhau F V. Central banking and financial stability in the age of climate change［J］. The Green Swan，2020.

［10］Deschenes O，Greenstone M. Climate change，mortality，and adaptation：Evidence from annual fluctuations in weather in the US［J］. American Economic Journal：Applied Economic，2011，3（4）：152-185.

［11］Mendelsohn R，Neumann J E. The Impact of climate change on the United States economy［M］. Cambridge UK：Cambridge University Press，1999.

［12］Francois V. The green swan，Central banking and financial stability in the age of climate change［Z］. 2020：1-115.

［13］Grippa P，et al. The climate change and financial risk：Central banks and financial regulators are staring to factors in climate change［J］. Finance and Development，2019（56）：26-29.

［14］Huang H H，Kerstein J，Wang C. The impact of climate risk on firm performance and financing choices：An international comparison［J］. Journal of International Business Studies，2018，49（5）：633-656.

［15］Hultman N E，Hassenzahl D M，Rayner S. Annual review of environment and resources［J］. Climate Risk，2010（35）：283-303.

［16］Huynh D T，Nguyen H T，Truong C. Climate risk：The price of drought［J］. Journal of Corporate Finance，2020（65）：1-47.

［17］Krogstrup S，Oman W. Macroeconomic and financial policies for climate change mitigation：A review of the literature［EB/OL］.［2019-12-04］. https：//www. imf. org/en/Publications/WP/Issues/2019/09/04/Macroeconomic-and-Financial-Policies-for-Climate-Change-Mitigation-A-Review-of-the-Literature-48612.

［18］Javadi S，Masum A A. The impact of climate change on the cost of bank loans［J］. Journal of Corporate Finance，2021（69）：1-28.

［19］John K，Litoo L，Yeung B. Corporate governance and risk-taking［J］. Journal of Finance，2008，63（4）：1979-1728.

［20］Kong F，Sun S. Better understanding insurance mechanism in dealing with climate change risk，with special reference to China［J］. International Journal of Environmental Research and Public Health，2021，18（6）：2996.

［21］Lin B Q，Wu N. Climate risk disclosure and stock price crash risk：The case of China［J］. International Review of Economics & Finance，2022（83）：21-34.

［22］McAneney J，McAneney D，Musulin R，et al. Government-sponsored natural disaster insurance pools：A view from down-under［J］. International Journal of Disaster Risk Reduction，2016（15）：1-9.

［23］Miller A，Swann S. Climate change and financial sector：A time of risk and opportunity［J］. Social Science Electronic Publishing，2016（29）.

［24］Mills E. Insurance in a climate of change［J］. Science，2005（309）：1040-1041.

［25］Monasterolo I. Climate change and the financial system［J］. Annual Review of Resource Economics，2020（12）：299-320.

［26］Müller B，Johnson L，Kreuer D. Maladaptive outcomes of climate insurance in agriculture［J］. Global Environmental Change，2017（46）：23-33.

［27］Nguyen J H，Phan H V. Carbon risk and corporate capital structure［J］. Journal of Corporate Finance，2020（64）：1-21.

［28］Prudential Regulation Authority（PRA），Bank of England. The impact of climate change on the UK insurance sector［J］. A Climate Change Adaptation，2015.

［29］Tack J，Coble K，Barnett B. Warming temperatures will likely induce higher premium rates and government outlays for the U. S. crop insurance program［J］. Agricultural Economics，2018（49）：635-647.

［30］Wang Y J，Song L C，Ye D X，et al. Construction and application of a climate risk index for China［J］. Journal of Meteorological Research，2018（32）：937-948.

［31］Wu Y C. Equilibrium in natural catastrophe insurance market under disaster-resistant technologies，financial innovations and government interventions［J］. Insurance Mathematics & Economics，2020（95）：116-128.

［32］Wu Y C，Yang M J. The effectiveness of asset，liability，and equity hedging against the catastrophe risk：The cases of winter storms in north America and Europe［J］. European Financial Management，2018，24（5）：893-918.

［33］Xu W D，Gao X，Xu H. Does global climate risk encourage companies to take more risks？［J］. Research in International Business and Finance，2022（61）：1-19.

［34］陈秉正，吴绍荣，梁荣. 保险在应对气候变化风险中的作用［J］. 环境保护，2019，47（24）：20-25.

［35］陈国进，郭珺莹，赵向琴. 气候金融研究进展［J］. 经济学动态，2021（8）：131-145.

［36］丁宇刚，孙祁祥. 气候风险对中国农业经济发展的影响——异质性及机制分析［J］. 金融研究，2022，507（9）：111-131.

［37］冯爱青，岳溪柳，巢清尘，等. 中国气候变化风险与碳达峰、碳中和目标下的绿色保险应对［J］. 环境保护，2021，49（8）：20-24.

［38］高睿，王营，曹廷求. 气候变化与宏观金融风险——来自全球 58 个代表性国家的证据［J］. 南开经济研究，2022（3）：3-20.

［39］高雪，李谷成，尹朝静．气候变化下的农户适应性行为及其对粮食单产的影响［J］．中国农业大学学报［J］，2021，26（3）：240-248.

［40］侯玲玲，王金霞，黄季焜．不同收入水平的农民对极端干旱事件的感知及其对适应措施采用的影响——基于全国9省农户大规模调查的实证分析［J］．农业技术经济，2016，259（11）：24-33.

［41］何启豪，"双碳"背景下保险应对气候变化风险作用分析［J］．上海保险，2022（1）：7-9.

［42］李志刚．气候风险与商业银行风险管理［J］．中国金融，2021（17）：68-70.

［43］谭林，高佳琳．气候变化风险对金融体系的作用机理及对策研究［J］．金融发展研究，2020（3）：13-20

［44］王信，杨娉，张薇薇．将气候变化相关风险纳入央行政策框架的争论和国际实践［J］．清华金融评论，2020（9）：21-25.

［45］汪军能，秦年秀，姜彤．气候变化对城市、住区和关键基础设施的影响与适应［J］．气候变化研究进展，2022，18（4）．

［46］吴施美，郑新业，安子栋．气候治理与短期经济波动：气候变化奥肯定律［J］．经济学动态，2022（4）：49-66.

［47］许光清，陈晓玉，刘海博，等．气候保险的概念、理论及在中国的发展建议［J］．气候变化研究进展，2020，16（3）：373-382.

［48］于孝建，梁柏淇．商业银行气候相关金融风险与管理研究［J］．南方金融，2020（10）：3-12.

［49］尹朝静，高雪．纳入气候因素的中国农业全要素生产率再测算［J］．中南财经政法大学学报，2022（1）：110-122.

［50］张文娟，杨措．气候相关金融风险与中央银行的政策应对：文献综述［J］．青海金融，2022（6）：26-33.

［51］张帅，陆利平，张兴敏，等．金融系统气候风险的评估、定价与政策应对：基于文献的评述［J］．金融评论，2022，14（1）：99-120+124.

［52］郑沃林，胡新艳，罗必良．气候风险对农户购买农业保险的影响及其异质性［J］．统计与信息论坛，2021，36（8）：66-74.

［53］赵小凡，齐晔，李嘉慧．气候变化风险评估体系的国际经验以及对我国的启示［J］．环境保护，2021，49（8）：39-42.

［54］曾小艳，郭兴旭．气候变化、农业风险与天气指数保险创新［J］．农村经济与科技，2017，28（15）：209-212.

第九章　气象预测技术与新型电力系统优化耦合模型研究

王聚杰[*]

摘　要： 进入 21 世纪，能源和环保逐渐成为全球性热点问题，建设清洁低碳的能源体系是我国新一轮能源革命的核心目标，以风力发电为代表的新能源发展迅猛。由于风能资源的波动性和间歇性，以及发电设备的低抗扰性和弱支撑性，大规模新能源发电并网给电力系统的规划、运行、控制等方面带来巨大挑战。气象条件是影响风能资源转化为电能的关键因素，及时掌握未来的气象信息是准确预测发电功率和电网负荷的前提，也是辅助电力系统合理安排新能源发电和实现资源高效利用的基础。本章旨在分析气象预测技术与风电系统的耦合关系，提出新颖有效的预测方法，实现高质量预测方法合理嵌入系统，从而提升可再生能源的利用效率。

关键词： 气象预测；风力发电；预测技术；混合模型

一、引言

（一）研究背景及意义

能源是人类社会文明进步和攸关国计民生的重要物质基础。在获取和利用传统化石能源的过程中会不可避免地产生大量的污染物，这会进一步造成环境污染和气候恶化（Balat et al.，2007）。进入 21 世纪以来，为有效解决经济发展、能源需求和环境治理之间的矛盾，全球碳中和的目标被提出，一场全球范围内的可再生能源大变革正在进行（Millot and Maïzi，2021）。

可再生能源主要指风能、太阳能和水能等非化石能源，其分布广泛、取之不尽、用之不竭（Moriarty and Honnery，2012）。现阶段，可再生能源作为能源革命的核心，可以有效替代化石能源，降低中国能源对外依存度，保障国家能源安全，对拉动战略性新兴产业技术进步具有重要意义。国际能源署（IEA）发布的报告《全球能源回顾：2021 年二氧化碳排放》显示，2021 年可再生能源贡献了全球一半以上的电力增长，其中风力发电创下最高可再生能源增长量，较 2020 年约增长了 275TWh。国际可再生能源署（IRENA）发布的报告《2022 年可再生能源装机数据》显示，2021 年全球可再生能源装机量共增加了 257GW，其中新增风电和光伏装机量占全球新增可再生能源装机

　＊　作者简介：王聚杰，南京信息工程大学管理工程学院教授，博士生导师。

总量的88%。我国高度重视可再生能源的开发与利用，为此制定了一系列政策，旨在推动可再生能源革命，调整能源结构，并加速向绿色低碳方向转型。2022年国家发展改革委印发的《"十四五"现代能源体系规划》明确提出了全面推进风电和太阳能发电大规模开发和高质量发展、推动电力系统向适应大规模高比例新能源方向演进、加快西部清洁能源基地建设等一系列重大举措。

风能被认为是目前技术较为成熟，经济性不断提高，具有极强竞争力的可再生能源之一（吕鑫等，2020）。中国风能资源丰富，发展潜力巨大，可开发的储量约为10亿千瓦时。自2010年以来，中国风力发电装机容量位列世界第一。在"双碳"目标引导下，风能正逐渐从补充能源转变为替代能源，成为中国实现碳中和目标的主力能源（Yuan and Xi，2019）。随着风电产业的高速发展，我国风电并网容量持续高速增长，风电渗透率不断提高。由于风能资源的间歇性、随机性和波动性，以及发电设备的低抗扰性和弱支撑性，大规模新能源发电并网给电力系统的规划、运行、控制等方面带来巨大挑战（Sabzehgar et al.，2020）。现阶段我国电力网络调度运行机制不健全，难以适应大规模可再生能源正常并网消纳的要求，这导致部分地区出现严重弃风现象（王永生，2021）。

风电预测是解决弃风现象和提高电力网络调度运行能力的有效方案。准确的风电预测有助于风场选址规划、风能资源评估、检修计划调整和发电计划实时调控等，为风力发电运维提供有效的支持（Wang et al.，2022）。其中，气象条件是影响风能资源转化为电能的关键因素，及时掌握未来的气象信息是准确预测发电功率和电网负荷的前提，也是辅助电力系统合理安排新能源发电和实现资源高效利用的基础。在本研究中，将研究新型气象预测技术，分析其与风电系统的耦合关系，实现高质量预测方法合理嵌入系统，提高可再生能源利用效率。

（二）研究现状

1. 风电预测方法

（1）按照预测的对象划分。

风电预测可按预测对象分为直接预测和间接预测，两者的最终目标通常均是预测特定风力发电涡轮机或风电场产生的风能（薛禹胜等，2015）。直接预测方法直接对历史风机功率或风电场功率进行建模预测，数据源自于对风力发电设备的功率信息的直接测量。间接预测方法则考虑预测区域和邻近区域的各种气象因素，包括风速、风向、温度和气压等，提取不同数据中的相关特征以实现对风速的多元预测，进而借助风功率转化曲线间接实现风电功率预测（Young and Ribal，2019）。相关研究表明，间接预测更加简单和准确，气象数据更加丰富且容易获取。同时，随着气象数据输入类别的增加，模型的预测精度仍有进一步的提高空间（Yu et al.，2022；Amjady et al.，2011；Salcedo-Sanz et al.，2009）。

（2）按照预测的时间尺度划分。

风电预测可按时间尺度分为中长期预测、短期预测和超短期预测。如表9-1所示，中长期预测常以"年""月"或"周"为预测单位，其对预测精度要求不高，用于风场选址规划、风能资源评估、生产计划和检修计划等。短期预测通常指日度预测，预测未来 3 天内的风电输出功率，时间分辨率不低于 15 分钟，主要用于生产调度、机组组合优化和电力系统调峰等。超短期预测通常预测未来 0~4 小时的风电输出功率，时间分辨率不小于 15 分钟，主要用于风机实时控制、经济负荷调度和旋转备用等。短期和超短期风电预测可以为电力网络的平稳运行和调度提供有效的决策信息，辅助电力系统实现资源的高效利用。

表 9-1 风电预测的时间尺度及其应用

类型	时间尺度	应用
中长期预测	年、月、周	风场选址、风能资源评估、检修计划、生产计划
短期预测	三天	生产调度、机组组合优化、电力系统调峰
超短期预测	0~4 小时	风机实时控制、经济负荷调度、旋转备用

（3）按照预测的范围划分。

风电预测可按范围划分为单风机预测、风电场预测、风电集群预测。其中，单风电机预测主要是针对风电场中某单个的风力发电机，精准预测每一台风力发电机的输出功率，有助于把握所有风电机的出力变化，避免风电穿透功率过高而影响电网的稳定运行。风电场预测则是将某一风电场的所有风力发电机看作一个整体，对整体的功率进行预测。风电集群预测则是从区域的角度，对风电场区域集群出力的变化规律进行预测。

2. 风电预测研究现状

近数十年来，国内外大量研究者致力于风电预测技术的研究，提出了新颖有效的算法和模型。从技术上来看，现有的风电预测模型可以概括为四种类型：物理方法、统计模型、人工智能模型和混合模型。

物理方法主要为计算流体力学（CFD）和数值天气预报模型（NWP）等（Bessac et al.，2018；Shuku et al.，2022）。它依赖于利用温度、风向、湿度等各种气象数据来推断风场，构建复杂的大气物理方程，以实现对一地区的长期风速预测（Castorrini et al.，2021）。Flay 等（2019）基于 CFD 在复杂地形模拟并构建了风速预测模型。Cassola 和 Burlando（2012）将卡尔曼滤波和 NWP 模型结合，找出最佳的风速和风力的预报配置。然而，较高的计算复杂度和高质量数据缺失等问题给扩展物理方法以进行短期预测施加了阻碍。因此，物理方法更适用于在中长期时间尺度对风速波动趋势进行评估。

相较于物理方法，统计模型通过从历史数据中识别潜在关系或模式，来实现对未来数据的演化趋势的推断和预测。典型的统计模型包括自回归滑动平均模型（AR-MA）、差分整合移动平均自回归模型（ARIMA）和广义自回归条件异方差模型（GARCH）等。ARMA 模型在风速短期预测中非常流行，并在实证研究中被证明是有效的（Erdem and Shi，2011）。ARIMA 作为 ARMA 模型的推广，有效提升了其预测性能（Wang et al.，2012）。Kavasseri 和 Seetharaman（2009）利用 ARIMA 模型捕获风速数据中的短程相关性，并提出了一种分数型的 ARIMA 模型来提高模型在进行下一小时风速预测时的适用性。Liu 等（2011）使用 ARMA-GARCH-M 组合模型对不同测量高度的平均风速数据进行建模预测。实验发现该模型可以实现对风速的有效预测，但随着测量高度的增加，风速数据的波动性增大，模型预测效果也逐渐变差。统计模型相较于物理方法更容易实现，更加经济，计算资源和时间消耗也更少。但受限于严格的统计假设，统计模型难以有效地处理非线性非平稳数据，并且对数据中的异常值极其敏感，这也限制了统计模型在短期风速预测中的预测性能和稳定性（Zhang et al.，2022）。

随着计算机硬件技术不断迭代和算法架构的持续演变，人工智能算法理论得到重视，在医药、工程和金融等非线性问题领域得到了充分的应用，如污染物预测（Dai et al.，2022）、能源供应预测（Wang et al.，2022）等。人工智能模型可以通过提取输入变量和输出变量间的潜在关系，建立复杂的非线性映射关系。典型的人工智能模型包括人工神经网络（ANN）（Zhang et al.，2020）、卷积神经网络（CNN）（Videl and Kristjanpoller，2020）、长短期记忆神经网络（LSTM）（Cao et al.，2019）等。Tealab 等（2017）使用 ANN 预测非线性时间序列，并证明 ANN 的非线性预测能力优于 ARMA。Guo 等（2011）基于反向传播神经网络（BPNN）预测了未来一年的日平均风速。Wang 等（2017）利用 CNN 来识别风电功率数据中的非线性和不确定性。人工智能模型综合利用了统计学、数学等多学科的研究成果，对非线性风速时间序列进行预测时能有效地识别其中的非线性特征，具有良好的鲁棒性。

虽然人工智能模型具有良好的预测性能，但目前其还没有明确的机制来处理风速时间序列的非平稳性。为了解决这个问题，研究者提出了分解集成方法。分解集成模型通过将原始时间序列分解成相对简单平滑的子序列，有效降低预测难度，并构建预测模型对其进行预测并集成得到最终预测结果。常用的数据分解算法包括经验模态分解（EMD）、小波变换（WT）和变分模态分解（VMD）等。WT 可以从时域和频域角度对非稳态信号实现分解。但 WT 需要针对目标数据集，选择特定的小波基函数和分解尺度，同时其选择方法缺少严谨的指导理论（Liu et al.，2022）。在应用 VMD 算法时也会遇到类似的问题，因为 VMD 的分解性能极其依赖人为选取的分解尺度。考虑到 WT 和 VMD 的固有缺陷，数据驱动的 EMD 算法是更优的选择，其可以自适应地分解任何非平稳时间序列。Zhang 等（2022）使用 EMD 分解水质时间序列以捕获其数据模式，并使用 LSTM 对未来水质进行预测。实验结果表明，基于 EMD-LSTM 的水质预测相较于传统的化学反应检测法更清洁且可持续，具有良好的准确性。但 EMD 也易出现端点效应和模态混叠等问题（Seyrek et al.，2022）。除分解集成方法外，研究者还提出了组合模型的研究思路，即将一种或几种模型算法组合使用，弱化各自的缺点，强化各自的优势从而提高风电预测精度。Liu 等（2020）提取出风速序列中的主导趋势，控制其中的噪声干扰，并综合五种预测模型来构建进行风速预测的组合模型。Ko 等（2021）将残差网络和双向长短期记忆神经网络相连接，构建了一个深度残差网络以增强风能数据的峰值预测能力。目前，融合各类算法构建的混合风电预测模型受到研究者的广泛关注，有助于融合每种单一方法的优势以更全面地刻画风速数据特征，预测精度相较于传统方法有所提高，是风电功率短期预测的主要发展方向之一。

（三）主要研究内容和组织结构

作为可再生能源，风能在我国资源丰富，其正处于快速发展阶段。然而，风能资源具有波动性和间歇性等特点。由于发电设备在抗扰性和支撑性方面的不足，使得大规模新能源发电并网对电力系统的规划、运行、控制等方面提出了极大的挑战。气象资源随机波动是制约新能源消纳的关键因素，对气象资源的准确预测可以为风电功率预测和电网调度提供技术支持。为了解决风电预测这一难题，本章重点开展以下工作：

（1）调研新型风电系统结构，模拟风电功率系统生产环境，对气象预测技术与风电系统的耦合关系进行分析，挖掘系统中预测方法的应用环境，分析气象信息和预测技术的局限性。

（2）调查气象数据的基本信息，分析多尺度预测环境中的数据规范，总结数据转换准则。开发适用于风电预测的数据预处理技术以提高数据质量，构建规格统一但数量差异的样本库。

（3）根据预测时间尺度和实际需求开发基于深度学习的预测范式。清晰划分系统的功能模块，减少预测模型的冗余关系，提高风电预测精度。评估各类预测方法的精度和有效性，确保模型具有适应不同样本库的鲁棒性。

（4）匹配风电系统的应用环境，将高质量预测方法合理嵌入风电系统，提高可再生能源利用效率。

基于以上研究内容，本文共分为5个部分，具体结构如下：

第一部分，"双碳"目标下风电预测研究绪论。本部分主要介绍本章的研究背景和现实意义，梳理国内外风电预测领域的研究现状，说明本章的研究内容。

第二部分，风电预测相关理论及技术。本部分对所涉及的风电预测的基础理论和相关技术进行了简要梳理，包括风能基础理论、风力发电原理、风电数据处理技术、风电预测模型和风电预测流程，为后文研究提供支撑。

第三部分，基于自适应分解去噪和多尺度重构的深度融合预测框架。本部分提出基于自适应分解和智能去噪的数据预处理算法，基于多尺度分析的特征重构方法，提出了一种适用于风速数据的深度融合风速预测模型，设计非线性集成预测方法。

第四部分，基于联合特征分量贡献和判别深度学习的风速预测集成范式。本部分提出了一种新的基于联合特征贡献的建模范式，改进了传统的分解集成学习方法，克服了传统预测模型结构复杂度高、计算时效性差的缺点，并将预测模型嵌入风电系统的应用环境。

第五部分，结论与展望。本部分对本章研究内容进行总结，对未来的工作进行了展望。

二、风电预测相关理论及技术

风是由于太阳辐射使地表温度不均匀、大气压力分布不均匀导致空气在大气压力的作用下流动的一种自然现象。风速的变化受多重因素的影响，包括空气温度、湿度、大气压强的强度和方向、地理环境、时间和季节等。这些因素变化快速且难以预测，使得风具有间歇性和随机性等复杂特征，如温度或压力的突然变化会导致风速快速增加或降低，地形或障碍物使风的方向和速度发生变化，从而导致风的间歇性。在对风电功率展开预测研究之前，首先需要认识风的形成机制，了解风力发电过程和风能特性，以便对风能资源的复杂特征进行分析。

（一）风能基础理论

风能作为可再生能源，是太阳能的一种转换形式，是用之不竭的能源。作为一种空气运动产生的自然现象，风常指风向和风速组成的运动分量，部分研究者认为风由平均风和脉冲风两部分组成。平均风是指一段时间内的平均风速和风向，而脉冲风是指风速或风向的突然变化。然而，更常见的是将这些变化称为阵风。流体力学中常通过如下公式计算气流的动能：

$$E = \frac{1}{2}mv^2 = \frac{1}{2}\rho Vv^3 = \frac{1}{2}\rho Sv^3 \tag{9-1}$$

其中，风的动能用 E 表示，空气的密度为 S，单位时间内体积为 V 的空气垂直从截面面积为 S 的截面中流过，流过的空气质量为 $m = \rho V$。从式（9-1）可以发现，风能与空气流速 v 的立方成正比。

风能密度是给定区域中存在的风能的量度。通常以瓦特/平方米（w/m²）为单位进行测量。风能密度通常由多个因素确定，包括风速、空气密度和用于将风能转换成电能的风力涡轮机或其他设备的效率。风能密度是风能系统设计和运行中的一个重要因素，因为它决定了给定区域可产生的电量，更高的风能密度通常代表更大的风力发电量。风能密度可以通过如下公式进行计算：

$$W = \frac{1}{2}\rho v^3 \tag{9-2}$$

其中，W 为风能密度（w/m²），空气密度（kg/m³）为 ρ，风速（m/s）为 v。

受地形地势变化和地面障碍物阻挡，或气温和空气密度差异，气流流经地表会产生湍流。在空气动力学中，湍流通常指短期内（小于10min）的风速随机波动。湍流是一种复杂随机过程，难以用简单的方程来拟合表达，研究者常通过统计规律来分析湍流。其中，湍流强度是对湍流整体的水平度量，对风电场生产和调度具有重要影响。湍流强度通过以下公式计算：

$$\Lambda_T = \frac{\sigma}{\bar{v}} \tag{9-3}$$

其中，Λ_T 为湍流强度，$\bar{v}$ 为平均风速，σ 为风速标准差。

（二）风力发电原理

风力发电是利用风力发电机或其他设备将风能转化为机械能和电能的过程。简要来说，风力发电机中的涡轮叶片被设计成一定角度以捕捉风，推动叶片转动涡轮机使风能转换为机械能。涡轮机与发电机相连，发电机将涡轮机的机械能进一步转化为电能。风机采集风能的基本公式为：

$$P = \frac{1}{2}\rho v^3 S\eta \tag{9-4}$$

其中，ρ 为空气密度（kg/m³），v 为指定高度的风速（m/s），S 为涡轮叶片的扫风面积（m²），η 为风能利用系数，表示用于将风能转换成电能的风力涡轮机或其他设备的效率。其理论极限为 $\eta_{max} = 0.5926$，通常被称为吉尔伯特极限系数或贝兹因数。在实际风力发电生产过程中，风电机的理论风能利用系数 η 通常处于 0.4~0.5（葛阳鸣，2019）。

风力发电机通常由涡轮叶片、传动系统、风速计、塔架、偏航装置、液压系统、刹车装置和发电机等结构组成。简单的风电转换系统无法处理实际生产中具有间歇性和随机波动性的风能。若将不稳定的风电直接并入电网系统，则严重威胁了电力系统的安全稳定运行。因此，风力发电机内部添加了相互配合的复杂结构以应对频繁变化的风能，例如，风速计对风速进行实时监测，偏航装置通过识别风向来调整涡轮叶片朝向，刹车装置根据策略控制风机的运转与停机等。

风电机制造厂商在风机出厂前，按一定的设计标准制定了静态理论风电功率曲线，用来表示风速与风电输出功率之间的理论关系。简单来说，即风力发电机可以在不同风速条件下调整至不同的运行状态。如表 9-2 所示，当风速大于切入风速 3m/s 时风机开始工作；当风速处于运行风速范围内时，风电机达到额定输出功率，此时其输出功率保持稳定；当风速大于切出风速 25m/s 时，超过风电机最大设计负载，风电机停机以保护设备（梁耀光，2016）。因此，依据静态理论风电功率曲线，在已知实际风速时便可以对其风电输出功率进行估算。

表 9-2　不同风速下风电机的运行状态

风速	风电机状态
小于3m/s	涡轮叶片停转
大于3m/s，小于14m/s	涡轮叶片转动，风电机发电
大于14m/s，小于25m/s	涡轮叶片转动，风电机保持在额定功率附近发电
大于25m/s	风电机停机

此外，根据风力发电机风轮轴的空间位置，风电机可分为水平轴式风电机和垂直轴式风电机；按涡轮叶片的工作原理，风电机可分为阻力型风电机和升力型风电机；按涡轮叶片叶尖线速度与风速之比，风电机可分为高速风电机、中速风电机和低速风电机；按涡轮叶片数量，风电机可分为单叶片、双叶片、三叶片、四叶片和多叶片式风电机；按风机容量大小，中国将其分为微型（1kW 以下）、小型（1~10kW）、中型（10~100kW）、大型（100~1000kW）和巨型（1000kW 以上）风电机。

（三）风电数据处理技术

研究者进行风电预测时，通常使用测风塔数据、风电机 SCADA 系统的采集数据等气象数据。测风塔采集器拥有冗余设置，一般来说数据可以实现相互校验，无须复杂的清洗过程。但在风电场的日常运行过程中，因设备故障、机组停机、信号干扰或计划检修等情况，SCADA 系统采集到的数据可能存在异常点或缺失问题。因此，原始的气象数据无法直接用于预测模型的训练与测试。研究者需要参考风电场规范和分析数据特征，利用各种技术对其进行异常值检查和缺失值插补等数据处理工作。常见的数据处理技术包括三个方面：数据合理性检验技术、数据清洗技术和数据标准化技术。风电数据处理流程如图 9-1 所示。

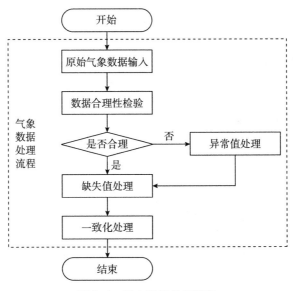

图 9-1 风电数据处理流程

1. 数据合理性检验技术

根据 GB/T 18710-2002 标准规定，风电数据的合理性检验包括数据范围检验、相关性检验、趋势检验等（王有禄等，2009）。

（1）数据范围检验。

根据 GB/T 18710-2002 标准规定，不同类型的风电数据都拥有合理的取值范围，超过指定合理范围的数据即为不合理数据，不合理数据一般是设备异常故障引起的。部分风电数据的合理取值范围如表 9-3 所示。

表 9-3 部分风电数据合理性范围

特征	合理范围
平均风速（m/s）	[0, 40)
平均风向（°）	[0, 360)
平均温度（℃）	[-50, 50]
平均气压（kPa）	[60, 106]

（2）相关性检验。

根据 GB/T 18710—2002 标准规定，不同高度的测风塔所测得的风速理论上存在一定的差异，同时也存在着潜在的相关性联系，这体现在不同测量高度风速的差具有合理的取值范围。测风塔在不同测量高度下平均风速差的合理范围如表 9-4 所示。

表 9-4　部分风电数据相关性联系

特征	合理风速差范围（m/s）
30m 与 10m	2
50m 与 10m	4
70m 与 10m	6
30m 与 50m	2
30m 与 70m	4
50m 与 70m	2

（3）趋势检验。

风电数据虽然具有间歇性和波动性，但其数据变化通常都有一定的整体趋势可寻，较少出现大范围的数据突变情况。部分数据变化趋势的合理范围如表 9-5 所示。

表 9-5　部分风电数据变化趋势

特征	合理范围
小时平均风速	小于 6m/s
小时平均气压	小于 1.0kPa
小时平均温度	小于 5℃

2. 数据清洗技术

在对风电数据完成合理性检验后，需要进一步开展数据清洗工作，主要包括异常值校正和缺失值处理这两方面。

（1）数据异常值校正。

对于不符合风电数据合理性的历史数据应当选择合适的方法进行校正，包括直接剔除和数值修正等方法。例如，对于远高于合理值的风速数据，可能是因为风速传感器异常导致的记录错误，可以直接剔除或者使用平均值修正法；对于远小于零的风电功率数据，可能是因为风速低于切入风速，风力无法驱动风电机运转，同时风力发电机内部元器件消耗电力导致的异常记录。对于该类异常值，应当将负功率数据修正为零值。

（2）数据缺失值处理。

处理缺失值的方法主要有两类，一类是将缺失数据直接删除。如果风电功率缺失值出现在数据的开头或结尾，可以直接删除，不会影响数据的完整性。但如果缺失值大量分布在数据的中间，通常不宜直接删除。这是因为风电功率历史数据常具有前后依存关系，直接删除缺失值不仅可能会破坏其中的时序依赖关系，还可能破坏模型输入值和输出值的非线性关系（周小晖，2022）。第二类处理方法包括零值补全法、统计插值法、核密度插值法、回归插值法等插值方法。从风力发电原理可知，一般在风速低于切入风速、风电机低于启动阈值时零值将连续出现。因此，零值补全法通常不用于风电功率数据。统计插值一般包含前值插值、后值插值和均值插值。但风电功率数据常出现大量连续缺失值，这使得前后插值方法无法使用。同时，均值差值会降低风电功率数据，并破坏原有的数据分布，无法被有效地使用。一般的风电数据使用的插值方法包括核密度插值法、回归插值法、Hermite 插值法、三次样条插值法等（邵海见，2016）。本章中使用回归插值法寻找样本数据间的非线性或线性关系，通过构建回归模型填补缺失数值。不失一般性地，基于统计概率的核密度插值法和三次样条插值法等算法也可以用于风电场缺失数据的修正。

3. 数据标准化技术

在完成数据合理性检验和数据清洗后，风电数据中的异常值被合理修正，缺失值得到有效处理。此时风电数据格式统一，满足统计分析和建模的需求。但在建模预测前还需要对数据进行标准化处理，加速模型的收敛，减少模型的训练时间。常用的两种数据标准化技术分别为 Min-Max 标准化和 Z-score 标准化。

（1）Min-Max 标准化。

Min-Max 标准化又称线性函数归一化或离差标准化，其通过简单的线性变化，可以将原始数据映射到固定的［0，1］区间中。Min-Max 标准化的转换函数如下所示：

$$x' = \frac{x - \min(x)}{\max(x) - \min(x)} \tag{9-5}$$

其中，x' 表示转换后的数据，x 为原始数据，$\max(x)$ 代表原始数据的最大值，$\min(x)$ 代表原始数据的最小值。Min-Max 标准化是应用广泛且操作最简便的数据标准化方法，在规范数据范围和统一量纲的同时，有效地保留了原有的数据结构。但当数据存在极大值或极小值时，标准化后的值将接近 0 或 1，数据的区分度较小。同时，$\max(x)$ 和 $\min(x)$ 会随着新数据的加入而变化，需要重新计算标准化结果。

（2）Z-score 标准化。

Z-score 标准化又称零均值标准化或标准差标准化，可以有效地去除数据量纲。经过标准化的数据将符合均值为 0、标准差为 1 的标准正态分布。Z-score 标准化的转换函数如下所示：

$$x' = \frac{x - \bar{x}}{\sigma} \tag{9-6}$$

其中，x' 表示转换后的数据，x 为原始数据，$\bar{x}$ 代表原始数据的均值，σ 代表原始数据的标准差。作为一种中心化方法，Z-score 标准化后的数据分布将发生变化，这会改变数据的原有结构，其更适用于近似服从正态分布的原始数据。

（四）风电预测模型

基于不同的研究理论和思路，现有的风电预测模型大致可分为四类：物理方法、统计方法、人工智能方法和混合方法。

1. 物理方法

机理驱动的物理方法一般以风电场背景数据和NWP数据为输入信息，并需要根据实际风电场的地形地貌对风电机轮毂高度处风速进行估算。物理模型涉及流体力学、微观气象学和热力学等基础原理，数学建模方程求解包含水汽方程、热量方程和动量方程等，同时还涉及地形地貌参数化、运动轨迹和复杂气流参数求解等技术。物理方法的一般建模流程如图9-2所示。

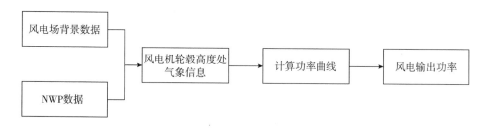

图9-2 物理方法一般建模流程

物理方法依赖于高分辨率且精细化的数值天气预报模式和准确的地形地理背景数据，可以得到定点、定量、准确的风速预测输出信息。因此，物理方法适用于复杂地形条件的风电场，且不依赖历史数据便可计算出预测结果。同时，物理模型也存在许多不足：①需要大量且精确的NWP数据和风电场背景数据信息，数据的质量影响着预测结果；②相关风电数据的水平分辨率一般较低，一般仅能预测一定区域的输出功率，而难以提供精细化的局部预测；③求解的过程中计算复杂度高且计算量大，依靠并需要消耗大量的高性能计算资源。同时，中国不同地区的气候地理条件复杂且差异性较大，高分辨率NWP数据获取较为困难。因此，物理方法一般并不适用于风电预测。

2. 统计方法

统计方法通过识别历史数据中时间和空间相关的潜在关系，建立映射关系来实现预测。与物理方法不同，统计方法不需要考虑风速形成的物理过程，而是通过风电历史数据来分析建模。常用的统计方法包含回归分析法、时间序列分析法和卡尔曼滤波法等。

（1）回归分析法。

回归分析法基于统计原理，研究并确定自变量（影响因素）和因变量（预测值）之间的相关关系。建立回归方程并拟合数据，获得一个良好的函数表达式，加以外推用于预测因变量的未来变化。回归分析法常见的有线性回归分析和多项式回归分析。

线性回归是一种确定两种或两种以上变量之间相互依赖关系的回归分析法。通常来讲，线性回归均可以通过最小二乘法计算其最佳方程，其一般拟合公式为：

$$y = \beta_0 + \beta_1 x_1 + \beta_2 x_2 + \cdots + \beta_i x_i + \varepsilon, \quad i = 1, 2, \cdots, n \tag{9-7}$$

其中，y为因变量，β_0为截距项，x_i为自变量，β_i为回归系数，ε为误差项。

多项式回归为自变量指数大于 1 的回归，其拟合效果一般优于线性回归，同时也更易出现过拟合或欠拟合的问题，其简单拟合公式如下所示：

$$y = ax^2 + b \tag{9-8}$$

其中，a 为回归系数，b 为截距项。

（2）时间序列分析法。

时间序列分析法通过分析连续时间序列的变化趋势和时序依赖关系，对未来发展趋势进行预测。时间序列分析法将时间序列分为平稳序列和非平稳序列，平稳序列是均值和方差不随时间系统变化的序列。平稳序列模型包含自回归（Auto Regressive，AR）模型、滑动平均（Moving Average，MA）模型等，非平稳序列模型包含差分整合移动平均自回归（ARIMA）模型和广义自回归条件异方差（GARCH）模型等。时间序列分析一般流程如图 9-3 所示。

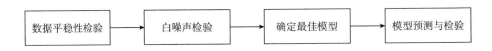

图 9-3　时间序列分析一般流程

时间序列分析法在风电数据预测领域已经得到了广泛的研究。Chang 等（2010）利用 AR 和 ARIMA 构建了线性的风速预测模型，实验证明了时间序列分析法应用于风电场风速预测的可行性和有效性。Kavasseri 和 Seetharaman（2009）改进了 ARIMA 模型，提出了 f-ARIMA 模型，并将其用于北达科他州的风电场，实现了提前一天的风速预测。Erdem 等（2014）构建两个独立的 ARMA-GARCH 模型同时拟合风速的均值和方差。Liu 等（2011）将 ARMA 模型和 GARCH 模型相结合，对不同测量高度的小时平均风速数据进行了建模。时间序列分析法可以实现风电数据的有效预测，但不同的时间序列分析法都有各自的适用情况，针对不同类型的数据需要单独选择、验证和评估，同时难以有效处理非线性数据。

（3）卡尔曼滤波法。

卡尔曼滤波法又称状态空间法，是一种高效的自回归滤波器，是解决动态时间序列预测建模的有效技术。卡尔曼滤波可以从历史数据中估计时序信号过去和现在的状态。就实现形式而言，卡尔曼滤波法本质上是一种递推算法，每个递推周期对被估计量的计算可以分为两个过程：时间更新与量测更新。时间更新过程的结果是由前一时刻的量测更新结果和卡尔曼滤波器的先验信息决定。量测更新结果是在时间更新的基础上实时根据获得的量测值来确定。

在实际应用中，卡尔曼滤波法无需大量的历史时间序列数据，并可以通过新加入的观测数据对模型参数进行实时更新，可有效地提高模型预测精度。张楷楷和燕萍（2016）利用卡尔曼滤波法对电力负荷序列进行了预测，实验证明当数据较多时卡尔曼滤波法的预测精度优于时间序列分析法。Hua 等（2017）提出基于 WRF 和卡尔曼滤波的混合模型来降低风速预测模型的偏差，有效提高了风速的预测精度。因此，卡尔曼滤波法可以适用于风电数据的预测问题。

3. 人工智能方法

随着大数据和机器学习的兴起，具有非线性学习能力的人工智能方法逐渐应用于时间序列的预测研究中。人工智能方法通过构造非线性映射弥补了统计方法的不足，具有更强的鲁棒性和预测准确性，并在短期预测中具有良好的性能（Wang et al., 2022）。现在，人工智能方法已经被广泛应用于多个预测领域，如污染物预测、金融预测和电力预测等。其中，具有代表性的人工智能方法主要有：

人工神经网络（ANN）是一种误差反向传播的前馈神经网络，它由一系列人工神经单元组成，各神经元之间用带可变权重的有向弧连接。人工神经网络通过对输入信息反复学习并计算学习过程中产生的误差，将其反向传播至网络各层以逐步调整神经元的连接权值和阈值。人工神经网络在处理模糊数据和非线性数据等方面相较于统计方法具有显著优势，适用于结构复杂和信息模糊的系统（王玉，2021）。

卷积神经网络（CNN）主要用于图像识别领域。卷积神经网络是一类包含卷积计算且具有深度结构的前馈神经网络的统称。Alexander Waibel 于 1987 年提出了第一个卷积神经网络——时间延迟网络。卷积神经网络包含卷积层、池化层和全连接层，这使得卷积神经网络可以有效处理类似网络结构的数据，如图像数据和时间序列数据。卷积层通过卷积算法计算输入矩阵和滤波器的点积，目的是提取输入矩阵的数值特征。池化层用于计算过程中的矩阵降维，其目的是提取关键信息，提高训练效率，降低神经网络复杂度和过拟合风险。

长短期记忆神经网络（LSTM）。Elman 提出的循环神经网络（RNN）被认为是最适合序列预测建模问题的一种人工智能方法。RNN 可以在每个输入时间步之间递归地建立时序依赖关系，这适用于具有时间连续性的风速预测问题。然而，RNN 可能遇到梯度消失和梯度爆炸等收敛问题。为了解决这个问题，长短记忆神经网络于 1997 年被提出。LSTM 包含输入门、遗忘门和输出门，可以对时序依赖关系进行记忆或遗忘。

4. 混合方法

如今，随着风速数据集的时间分辨率变高，风速数据的复杂度也随之增加。尽管数据预处理技术的加入可以有效地提高模型的预测精度，但基本的人工智能方法可能不足以应对复杂的风速数据。研究者提出了形式各异的解决方案，这些预测方法大致可分为分解集成和组合加权这两种，简要流程如图 9-4 所示。

分解集成方法遵循着"简化复杂序列"的原则，将复杂时间序列分解成简单的分量，构建模型来拟合分解分量以降低学习难度，最后集成学习结果以完成预测（Xu et al., 2022）。它的工作通常分为三个部分：信号分解、分量拟合和集成。例如，Zhang 等（2021）使用 VMD 分解算法将原始风速序列分解为 9 个分量，分别构建模型进行预测，并利用多目标优化算法得到最佳集成结果。Zhang 等（2020）利用奇异谱分析（SSA）分解风速数据，并将其分为主要部分和次要部分，且将分解分量的预测结果相加得到风速预测值。

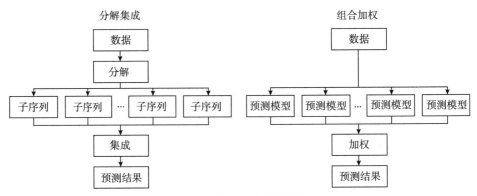

图 9-4 混合方法简要框架

组合加权方法为相同的数据分别构建不同的模型并同时进行预测，利用加权策略将不同模型的预测结果集成，得到最终的预测结果。组合加权方法可以有效融合不同模型的优势，具有较强的鲁棒性。例如，Wang 等（2021）使用修正的指数平滑法、BPNN 和支持向量回归（SVR）分别进行风速序列预测，再将预测加权得到最终预测结果。Ouyang 等（2017）使用格兰杰因果关系检验选择有效的多源气象数据，为筛选后的各变量分别建立风力发电量预测模型，并将单变量模型预测结果加权组合得到最终预测值。

（五）风电预测流程

综上所述，风电预测主要包括以下流程：

（1）数据收集。

该部分需要调研风电功率系统生产环节，调查气象数据基本信息，对风电场生产调度环节进行仿真操作，收集 NWP 数据、风电机 SCADA 检测数据和测风塔数据等原始风电气象数据。

（2）数据预处理。

研究查阅风电行业规范文件和国内外高质量期刊等梳理数据要求，进行数据观察、数据筛选、数据转换、数据完整性检验、数据清洗等工作，提高数据质量，使数据尽可能反映真实特征。以数学和统计原理为基础，进行数据融合和数据标准化等工作，方便计算机处理。结合所设计的模型要求，分割数据集使其形成适合的模型输入。

（3）模型构建与优化。

基于研究提出的算法理论构建预测模型，并使用处理后的数据集训练模型，优化模型，当模型评价结果符合预测后，输出预测结果。

（4）风电系统嵌入。

开发并实现高质量的预测技术后，将预测方法合理嵌入风电系统中，为风电系统的调度和平稳运行提供预测信息支撑，提高可再生能源的利用率。

（六）本部分小结

本部分对本章所涉及的风电预测的基础理论和相关技术进行了简要说明。首先，分析了风能原理及风力发电原理，分析了气象预测技术和风电系统的耦合关系，为后文构建风速预测模型奠定基础。其次，介绍了常用的风电数据处理技术，包括数据合理性检验技术、数据清洗技术和数据标准化技术，为后文仿真实验提供了理论基础。然后，对第一部分研究现状中所述的风电预测技术进行了脉络梳理，并简要介绍了各类模型的原理和特点。最后，提出了一般的风电预测流程。

三、基于自适应分解去噪和多尺度重构的深度融合预测框架

本部分提出了一种新颖的分解集成的建模范式，从数据预处理和特征学习角度出发，提高了常规分解集成方法的预测性能。在信号分解阶段，本章提出了基于自适应分解与智能降噪数据预处理技术。在自适应数据分解的基础上，智能识别分解分量中的高噪声分量并进行降噪处理。这有效地降低了噪声信号对预测模型的负面影响，并保留了更多数据中的有效特征。接着，设计了基于多尺度熵的特征重构算法，从不同尺度评估不同分量的复杂度，实现相似分量的重构，以提高模型的计算效率。从特征学习的角度提出了适用风速预测的深度融合模型，融合了卷积神经网络、长短期记忆神经网络和注意力机制的优势，赋予其强大的特征提取与时序预测能力。深度融合模型可以更全面地刻画风速数据的特征并获得更高的预测精度。最后，随机森林被用于将各重构分量的预测结果非线性集成。本章使用福建省、上海市和浙江省风电场的三组真实数据集进行仿真实验，并设计了多组对比实验来验证所提出模型的预测性能，并证明该模型的优越性和可行性。

（一）基于自适应分解和智能去噪的数据预处理技术

风速时间序列是由多频多幅的特征序列组成的一种混合时间序列。基于分解集成的混合模型常采用信号分解方法对数据进行预处理，其中 EMD 分解算法是信号分解算法中的代表性算法。EMD 算法是一种数据驱动的分解算法，其最大优点是可以自适应地、完整地分离非平稳序列中包含的所有特征分量。EMD 分解得到的每个分量均包含了原始风速序列在不同时间尺度上的局部特征信息。相较于小波分解算法，EMD 的分解效果不会受到分解水平和小波基函数选择的影响，但它也存在端点效应和模态混叠等缺陷（Zhang et al.，2017）。针对 EMD 的固有缺陷，研究者们提出了一系列相关的算法。其中，带自适应噪声的完全集成经验模态分解（Complete Ensemble Empirical Mode Decomposition with Adaptive Noise，CEEMDAN）是 EMD 算法的最新成果，它通过将自适应白噪声添加到原始信号中，不仅减少了端点效应和模态混叠问题，也几乎消除了重构误差。

为了降低模型的预测难度，本章提出先使用 CEEMDAN 对非线性非平稳风速时间序列进行自适应分解，将其分解成数个特征分量。首先，初始化并构造 k 次均值为 0 的高斯白噪声信号，并将其添加入原始风速序列 $x(t)$ 得到预处理序列 $x_i(t)$。

$$x_i(t) = \delta z_i(t) + x(t)，i = 1，2，\cdots，k \tag{9-9}$$

其中，δ 代表添加白噪声的幅值，$z_i(t)$ 为满足正态分布的高斯白噪声。然后，使用 EMD 算法对 $x_i(t)$ 进行分解。分解后可以得到第一个本征模态函数（Intrinsic Mode Function，IMF）分量 $IMF_1^i(t)$，CEEMDAN 分解的第一个 $IMF_1(t)$ 为其均值，同时计算第一阶段的残差分量 $r_1(t)$。

$$IMF_1(t) = \frac{1}{k} \sum_{i=1}^{k} IMF_1^i(t) \tag{9-10}$$

$$r_1(t) = x(t) - IMF_1(t) \tag{9-11}$$

然后，对剩余的信号继续加入高斯白噪声，并继续进行 EMD 分解。其中，EMD_j 表示通过 EMD 分解得到的第 j 个分量，$IMF_j(t)$ 代表 CEEMDAN 分解得到的第 j 个 IMF。而 δ_{j-1} 是第 $k-1$ 阶段加入残差分量的噪声幅值，$r_j(t)$ 表示第 j 阶段的残差分量。

$$IMF_j(t) = \frac{1}{k} \sum_{i=1}^{k} EMD_1(r_{j-1}(t) - \delta_{j-1} EMD_{j-1}(r_i(t))) \tag{9-12}$$

$$r_j(t) = r_{j-1}(t) - IMF_j(t) \tag{9-13}$$

重复上述步骤直到剩余信号不能再被 EMD 分解，此时分解完成。最后，风速时间序列 $x(t)$ 被分解得到 n 个 IMF 分量和一个残差分量 $r(t)$，$r(t)$ 为趋势项，代表信号的平均趋势。

$$x(t) = \sum_{i}^{n} IMF_i(t) + r(t) \tag{9-14}$$

受气候环境、地理地貌和测量设施等影响，风速时间序列中不可避免地包含复杂随机噪声，具体表现为小幅度的随机波动（Yu et al.，2022）。噪声会对模型的预测过程产生干扰，从而限制了模型的预测性能和鲁棒性，因此风速时间序列数据进行去噪是必要的。通过自适应分解，原始风速序列被分解为更加简单的特征分量，将 IMF 分量依据频率的大小排列成 nj 阶，其中高频分量的阶数较小，而低频分量的阶数较大。分解得到的 IMF 分量中，噪声主要集中在信号的高频部分，高频分量的本质特征被小幅随机波动的噪声掩盖使其难以预测，而噪声含量较低的低频分量则更加简单平稳。由于低频分量的噪声含量较低，对其进行去噪处理可能会过多地损失其中的有效特征。而经过降噪处理的高频分量，可以使其信号曲线更加平滑，更容易进行预测。

为了更好地降低噪声信号对风速预测的影响并保留更多有效特征，本章在自适应分解的基础上提出智能去噪策略。最大信息系数（MIC）被证明是挖掘两个变量中线性和非线性关系的最成熟有效的方法之一。同时 MIC 具有通用性和公平性，对于不同数据分布和不同函数依赖，MIC 均能有效地衡量（Gu et al.，2021）。此外，研究者更希望分解量中可以包含与风速波动趋势相关的有效信息，而过多的噪声信号则会对风速波动趋势的预测产生错误的干扰（Yu et al.，2022）。因此在本章中，不同的 IMF 分量与风速趋势分量的 MIC 值被认为是分解分量所包含的特征对风速波动趋势预测的贡献。MIC 越低则该 IMF 对风速预测的贡献越低，其包含的噪声信号越高。对于数据集 $D = \{U = r(t)，V = IMF_i(t)\}$，$i = 1，2，\cdots，n$，MIC 算法首先计算风速趋势分量 U 和其他分解分量 V 的互信息大小。

$$I[U; V] = \sum_{x(t) \in U} \sum_{IMF_i(t) \in V} p(r(t)，IMF_i(t)) \log \frac{p(r(t)，IMF_i(t))}{p(r(t))p(IMF_i(t))} \tag{9-15}$$

其中，$p(r(t)，IMF_i(t))$ 是变量 U 和 V 的联合概率密度，$p(r(t))$ 和 $p(IMF_i(t))$ 是变量 U 和 V 的边缘概率密度。则变量 U 和 V 的 MIC 值被定义为：

$$MIC[U; V] = \max\left\{\frac{I[U; V]}{\log 2^{\min(|a|,|b|)}}\right\} \tag{9-16}$$

其中，a 和 b 是数据集 D 在 x 轴和 y 轴方向上网格化的格子个数，且 $|a| \cdot |b| < B$，$B = N^{0.6}$，N 为样本数量。MIC 的值范围在 $0 \sim 1$，越接近 1 则相关程度越高。参考以往研究，本章以 0.6 为阈值，若 MIC 小于 0.6，则该 IMF 与趋势分量 $r(t)$ 弱相关，其含有较多的噪声，即为高噪声分量（Zhang et al.，2022；Lyu et al.，2017）；若 MIC 大于 0.6，则为信号主导分量。通过该策略，风速分解分量中的低噪声分量被智能识别并保留，而高噪声分量则通过 Savitzky-Golay 滤波拟合算法进行降噪处理。

Savitzky-Golay 滤波拟合算法是基于局域多项式最小二乘拟合的滤波算法，被广泛应用于时间序列去噪，在过滤噪声的同时可以保持时间序列的形状和宽度不变（Chen et al.，2004；Javed et al.，2016）。令中心 $n = 0$，共 $2m+1$ 个样本的数据 $x(n)$ 作为输入数据，构建一个多项式 $p(n)$ 对其进行拟合，其中 $N(N < 2m+1)$ 为多项式的幂。

$$p(n) = \sum_{k=0}^{N} a_k g n^k \tag{9-17}$$

通过计算得到最小二乘拟合残差 ε_N，并要求 ε_N 计算取得最小值。

$$\varepsilon_N = \sum_{n=-M}^{M} (p(n) - x(n))^2 = \sum_{n=-M}^{M} \left(\sum_{k=0}^{N} a_k n^k - x(n)\right)^2 \tag{9-18}$$

最终，噪声分量通过 Savitzky-Golay 滤波拟合算法计算得到去噪分量。

$$p(n) = \sum_{n=-M}^{M} h(m)x(n-m) \quad \text{or} \quad p(n) = \sum_{m=n-M}^{n+M} h(m)x(n-m) \tag{9-19}$$

本章提出的基于自适应分解和智能去噪的数据预处理算法在自适应分解风速时间序列的基础上，实现高噪声分量的智能识别与降噪，最大限度地保留了数据的有效特征，有效地降低噪声对风速预测的干扰，提高预测的准确性和稳定性。自适应分解和智能去噪数据预处理算法的伪代码如下所示。

算法 1：自适应分解和智能去噪数据预处理算法

输入：原始风速数据 $x(t)$

1. 使用 CEEMDAN 分解 $x(t)$ 来获得 n 个分解分量 $IMF(t)$ 和趋势分量 $r(t)$
2. **FOR EACH** $i = 1:n$ DO
3. 计算分量 $IMF_i(t)$ 和趋势分量 $r(t)$ 的 MIC 值
4. **IF** MIC > 0.6 **THEN**
5. $IMF_i(t)$ 是一个低噪声分量，被保留并不作降噪处理
6. **ELIF** MIC < 0.6 **THEN**
7. $IMF_i(t)$ 是一个高噪声分量，对其进行降噪处理
8. 使用 SG 算法进行降噪处理得到 $IMF_i^{denoise}(t)$
9. **END**
10. **Return** 低噪声分量，降噪分量和趋势分量

（二）基于多尺度分析的特征重构算法

基于自适应分解和智能去噪的数据预处理算法降低了风速时间序列的非平稳性，

分解获得更加平稳的特征分量，降低噪声的负面影响，提高数据的可预测性。然而，不同的特征分量中可能具有相似的复杂性和规律性，对所有分量构建预测模型将降低计算效率。为了进一步降低模型计算的复杂度，本章使用多尺度熵（Multiscale Entropy，MSEn）算法来量化不同尺度下模态分量的复杂程度。熵代表随机变量的复杂性或不确定性的平均水平。近似熵、样本熵的等熵类算法作为一种非线性数据分析技术，可以有效地量化时间序列的复杂性和规律性（Wu et al.，2013）。但近似熵和样本熵只能从单一尺度下对时间序列进行评估（Wu et al.，2014）。多尺度熵基于样本熵，在不确定尺度下提供了额外的分析视角，动态分析时间序列的演化过程。多尺度熵的值越高，该时间序列在设定尺度下的复杂度越高。给定风速时间序列 $X = \{x_1, x_2, \cdots, x_n\}$，它的多尺度熵通过以下步骤计算。

首先，对长度为 n 的时间序列 X 进行粗粒化，给定嵌入位数 m，相似容限 r，得到新的粗粒化序列 $x^{(\tau)}$。其中，τ 为尺度因子，第 τ 个尺度下粗粒化序列的长度为 n/τ。当 τ 为 1 时粗粒化时间序列为未处理的原始风速时间序列。

$$x_j^{(\tau)} = \frac{1}{\tau} \sum_{i=(j-1)\tau+1}^{j\tau} x(i), \ 1 \leqslant j \leqslant \frac{n}{\tau} \qquad (9-20)$$

其次，计算每一个粗粒化序列的样本熵值，样本熵的具体计算方法可以在相关文献中查阅（Chang et al.，2010）。通过计算可以得到 τ 个样本熵的值，即为时间序列 X 的多尺度熵值。计算不同尺度下模态分量的多尺度熵并求其均值，可以得到该模态分量的平均多尺度熵。

最后，将具有相似的平均多尺度熵的模态分量重构，得到新的重构分量后再进行预测，这有效地降低了预测模型构建的复杂度并提高了其计算效率。

（三）数据特征驱动的深度融合模型

针对风速预测，本章开发了一个新颖的深度融合模型（Deep Fusion Model）来深度刻画风速数据特征以实现准确预测。下面对深度融合模型的主要结构进行详细展示：

1. 一维卷积神经网络

Lecun 等（1998）提出的卷积神经网络（CNN）一般由卷积层、池化层和全连接层组成，可以通过局部连接、权值共享等方法提取数据的局部特征。更具体地，当应用于时间序列预测时，CNN 可以通过卷积操作，捕获历史数据间的局部相关性。1D 卷积层不仅具有较少的训练参数，还可以有效地表达数据的高级特征。卷积层是 CNN 进行特征提取的关键结构。通过设计合适尺寸的卷积核对感受野内的信息进行卷积操作，使得 CNN 可以有效地捕获数据之间的局部关系，更抽象地表达原始数据。通常在卷积层后添加一个池化层对卷积数据施行下采样操作，在保留强特征的同时去除弱特征，同时减少模型参数数量（Abdeljaber et al.，2017）。本章提出使用一维卷积层（1D-CNN）抽取原始数据中的高级特征并减少训练参数，挖掘时间序列中的局部相关性，将处理后的特征作为整体传入 LSTM 网络进行预测。

2. 长短期记忆神经网络

1997 年，Hochreiter 和 Schmidhuber（1997）开发了一种被广泛应用于时间序列预测的长短期记忆神经网络（LSTM）。LSTM 包含存储单元、输入门、遗忘门和输出门。通过门函数，LSTM 可以从风速时间序列中挖掘间隔和延迟等潜在时序的变化规律。LSTM 的主要网络结构如下所示。

$$\begin{cases} f_t = \sigma_{sigmoid}(w_f x_t + v_f x_{t-1} + b_f) \\ i_t = \sigma_{sigmoid}(w_i x_t + v_i h_{t-1} + b_i) \\ o_t = \sigma_{sigmoid}(w_o x_t + v_o h_{t-1} + b_o) \\ \tilde{c}_t = \sigma_{tanh}(w_c x_t + v_c h_{t-1} + b_c) \\ c_t = f_t \times c_{t-1} + i_t \times \tilde{c}_t \\ h_t = o_t \times \sigma_{tanh}(c_t) \end{cases} \tag{9-21}$$

其中，f_t、i_t 和 o_t 分别代表遗忘门、输入门和输出门。$\tilde{c}_t$ 为计算时刻状态，c 是存储单元，h_t 为 LSTM 神经元的输出向量。$\sigma_{sigmoid}$ 和 σ_{tanh} 分别是 sigmoid 激活函数和 tanh 激活函数。在常规的 LSTM 中，h_t 将继续通过全连接层等步骤获得最终预测值 p_t。

LSTM 能够通过门函数来控制历史时间序列之间的信息传递，具有强大的时间序列预测能力。理论上时间步长越长，可以提取的信息越多。但当时间步长超出一定长度时，LSTM 容易出现长期记忆丢失和梯度弥散等问题。本章通过引入 1D-CNN 结构，去除干扰信息并从原始数据中提取高级特征后再输入 LSTM，解决梯度弥散问题，实现保留更长更有效的记忆信息以提高预测的准确性。

3. 注意力机制

注意力机制（Attentional Mechanism）通过模拟人脑注意力分配机制，突出重要信息并抑制无关信息以实现资源的高效分配。因此，注意力机制可以通过分析历史时刻序列对当前时刻预测的影响，自适应地分配权值，增强关键特征的权值。注意力机制的结构如图 9-5 所示。在本章提出的深度融合模型中，注意力机制专注对预测产生强贡献的输入特征，在空间上通过权值映射为 LSTM 的输出分配不同的权值，从而提高模型计算效率和预测性能。

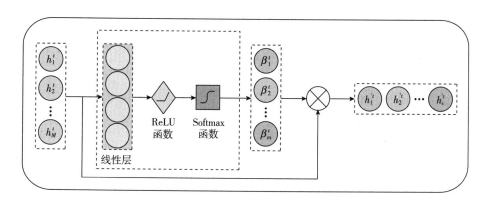

图 9-5 注意力机制的结构

令 $h_t = [h_{1,t}, h_{2,t}, \cdots, h_{m,t}]$ 表示 t 时刻时 LSTM 隐藏层的状态，m 表示时间序列窗口长度，则 t 时刻的时序注意力权重向量为：

$$l_t = \mathrm{ReLu}(Wh_t + b) \tag{9-22}$$

其中，$\mathrm{ReLU}(\cdot)$ 为激活函数，W 和 b 分别为权重矩阵和偏置向量。$l_t = [l_{1,t}, l_{2,t}, \cdots, l_{k,t}]$ 代表各时间的注意力权重，利用 softmax 函数对各时间注意力权重进行归一化，得到权重 β_t。

$$\beta_{t,\varsigma} = \frac{\exp(l_{t,\varsigma})}{\sum_{j=1}^{k} l_{t,j}} \tag{9-23}$$

其中，$\beta_t = [\beta_{t,1}, \beta_{t,2}, \cdots, \beta_{t,\varsigma}, \cdots, \beta_{t,k}]$ 为在第 ς 时刻的注意力权重。与相应历史时刻的隐藏层状态进行加权，得到最终的综合时序信息状态 h_h^*。

4. 深度融合模型

综上所述，本章提出了一种针对风速时间序列的深度融合模型，模型的整体结构展示在图 9-6 中。通过滑动窗口构建模型的输入数据，即使用前几个时间步的历史数据对下一个时间步进行预测。更具体地，为预处理后的风速时间序列设定滑动窗口 t，令前 t 个时间步的数据作为输入变量，第 $t+1$ 个时间步的数据作为输出变量。

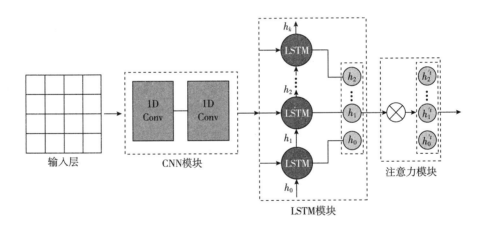

图 9-6　深度融合模型简要结构

CNN 模块由两层 1D 卷积网络堆叠而成，第一层被用于从历史时间序列中提取局部特征，第二层被用于挖掘不同特征之间的深层关联。堆叠的 1D 卷积网络可以从原始数据中逐层抽取特征的更抽象表示。

其次，通过 CNN 模块输出的特征作为多层 LSTM 网络的输入，可以缓解 LSTM 因时间步长可能导致的记忆丢失和梯度弥散等问题。此外，多层 LSTM 网络虽然可以提高预测准确性，但同时也增加了模型过拟合的风险。因此，本章引入了一种正则化技术，即 dropout 技术，来抑制过拟合问题。最后，LSTM 的输出信息被注入时序注意力机制中。通过注意力机制，能够提高重要时序特征对模型预测的影响，抑制非重要特征的干扰。这使深度融合模型具有区分时序特征重要程度的能力，更全面地刻画时序数据特征。基于以上机制，本章提出的深度融合模型可以实现更准确的风速预测。

此外，现有的分解集成方法虽然取得了较好的预测性能，但现有研究中常使用的集成方法也存在一定的不合理性。研究中通常直接将子序列预测结果相加进行集成，集成模型局限于线性形式。这忽视了分解子序列之间的非线性关系，并不适用于所有情况，一定程度上将降低模型的预测性能。随机森林（RF）是在 Bagging 算法上改进的，其通过组合一系列决策树以获得最终集成输出。随机森林的计算主要包括两个步骤。首先，基于 Bagging 抽样技术，从训练集中抽取 K 个具有一定重复性的训练子集，为每一棵树生成一个训练集。其次，从总特征中随机抽取部分特征进行训练，生成 K 个决策树，从而形成随机森林，这提高了模型的鲁棒性。由于非线性集成学习可以获得比线性方法更小的误差和鲁棒性，本章将使用随机森林对分量预测结果进行非线性集成，以提高模型的预测性能和泛化能力。

（四）仿真实验与讨论

在这一部分，对所提出的混合框架的各部分的优越性进行了验证，提出一些基准模型，借助真实数据集进行仿真实验，并引入同一研究领域的优秀成果进行对比分析，来突出该框架的预测性能和鲁棒性。

1. 数据收集

本章选择来自福建省、上海市和浙江省的风电场的三组实测风速数据为样本风速时间序列，用于评估短期风速预测模型的有效性。三组数据均收集于 2021 年 1 月 1 日 0 点 0 分至 31 日 23 点 45 分，每组风速数据均为 2976 个数据点，采样周期为 15 分钟。每组风速数据的前 80% 作为训练集（Training Set），后 20% 作为测试集（Test Set）。如图 9-7 所示，不同地区的风速时间序列具有较大的差异。此外，还展示了各数据的统计信息，包括平均值、最大值、最小值等。

为了有效地评估提出的混合模型和比较模型，采用多个评估指标对模型的预测性能进行综合评估。这些指标分别为平均绝对误差（MAE）、均方根误差（RMSE）、平均绝对误差（MAPE）和纳什—萨特克利夫效率（NSE）。其中，NSE 常被用于在水文气象领域验证模型的性能。NSE 越接近 1，则预测模型的可信度和预测性能更佳；如果 NSE 小于 0，则该预测模型不可信。表 9-6 展示了评估指标的计算公式，其中，$x(t)$ 表示观察值，$\hat{x}(t)$ 表示预测值，L 表示序列长度。

表 9-6　模型性能评估指标

评估指标	公式
MAE	$MAE = \dfrac{1}{L} \sum_{t=1}^{L} \left| x(t) - \hat{x}(t) \right|$
RMSE	$RMSE = \sqrt{\dfrac{1}{L} \cdot \sum_{t=1}^{L} (\hat{x}(t) - x(t)^2)}$

续表

评估指标	公式
MAPE	$MAPE = \dfrac{1}{L} \sum_{t=1}^{L} \left| \dfrac{\hat{x}(t) - x(t)}{x(t)} \right| \times 100\%$
NSE	$NSE = 1 - \dfrac{\sum_{t=1}^{L} (x(t) - \hat{x}(t))^2}{\sum_{t=1}^{L} (x(t) - \bar{x}(t))^2}$

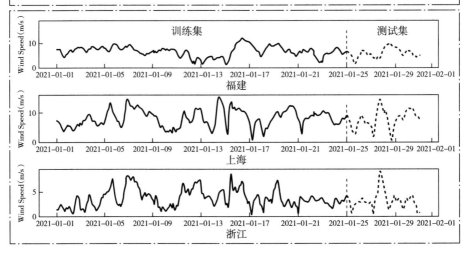

	福建	上海	浙江
样本量	2976	2976	2976
平均值	6.58	8.09	3.48
标准差	2.06	2.92	1.87
最小值	1.44	0.63	0.09
25%	5.14	5.96	2.12
50%	6.77	8.05	3.17
75%	7.85	10.25	4.38
最大值	12.11	15.49	9.41

图 9-7　风速实验数据描述

2. 仿真模拟

为了验证本章提出的混合模型在风速预测中的普适性和优越性，设计四组实验。首先，实验一旨在展示自适应分解与智能降噪方法对提高模型预测性能的有效性。为了证明多尺度重构方法对降低计算复杂度的有效性，本章设计了实验二。在实三中，将常规的预测模型与本章提出的深度融合模型进行了比较，证明了深度融合模型的优越性。最后，通过将线性集成方法和非线性集成方法进行比较，建立了实验四。

（1）实验一：自适应数据分解和去噪性能。

以福建的风速数据为例，首先风速时间序列被 CEEMDAN 分解成 9 个分量。然后将所有分量由高至低进行排序，最后一个是趋势分量。其中前四阶分量的 MIC 小于0.6，因此认为这前四阶分量与趋势分量相关程度低，为高噪声分量。福建的分量的分类结果展示在图 9-8（a），表 9-7 展示了各分量的 MIC 值。确认高噪声分量后，使用SG 算法对其进行去噪，去噪结果展示在图 9-8（b）中。

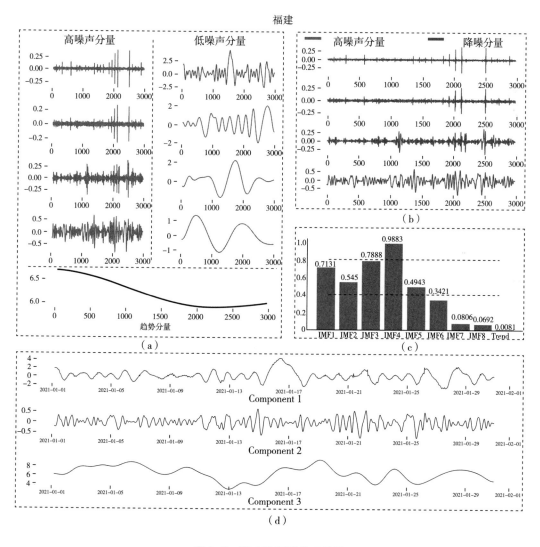

图 9-8　福建数据预处理结果

表 9-7 分解分量的 MIC 值

仿真数据	IMF1	IMF2	IMF3	IMF4	IMF5	IMF6	IMF7	IMF8	趋势项
福建	0.092	0.094	0.210	0.551	0.836	0.805	0.806	0.841	1
上海	0.099	0.096	0.252	0.596	0.778	0.826	0.810	0.828	1
浙江	0.089	0.092	0.275	0.586	0.912	0.962	0.912	0.971	1

为了验证自适应分解与去噪策略的有效性，本章以 LSTM 作为预测模型，设计了三组对比试验。这三个模型分别是 LSTM、CEEMDAN-LSTM 和 CEEMDAN-MIC-SG，比较结果如表 9-8 所示，其中包括该模型的计算时间。以福建为例，通过 LSTM 和 CEEMDAN-LSTM 的比较，可以验证分解集成策略对风速预测精度带来的提升，其 MAPE 降低了 29.49%。虽然分解策略使各分量更加平滑和可预测，但对所有分量进行建模也导致计算时间增长了 450%。CEEMDAN-AFNR-LSTM 引入了自适应噪声处理方法，对高噪声分量进行去噪处理，降低其对预测的负面影响。这使得其预测性能较 CEEMDAN-LSTM 小幅提升，同时去除噪声的影响使预测模型更快地收敛，计算时间也小幅度降低。总体而言，基于 CEEMDAN-MIC-SG 的数据预处理算法可以有效提高模型的预测性能。

表 9-8 自适应数据分解与去噪的仿真对比实验

数据	仿真模型	MAE	RMSE	MAPE	NSE	仿真时间
福建	LSTM	0.7311	0.8972	12.7123	0.7411	0.82 分钟
	CEEMDAN-LSTM	0.5623	0.6345	8.9633	0.8051	4.46 分钟
	CEEMDAN-MIC-SG-LSTM	0.5082	0.5912	7.8123	0.8522	4.21 分钟
上海	LSTM	0.8112	0.9821	14.4312	0.7042	1.17 分钟
	CEEMDAN-LSTM	0.7531	0.8291	11.1983	0.7512	5.96 分钟
	CEEMDAN-MIC-SG-LSTM	0.6601	0.7442	9.2932	0.8112	5.53 分钟
浙江	LSTM	0.7588	0.9021	12.9917	0.7201	0.86 分钟
	CEEMDAN-LSTM	0.6754	0.7212	10.9842	0.7922	4.32 分钟
	CEEMDAN-MIC-SG-LSTM	0.5821	0.6228	9.0166	0.8263	4.18 分钟

（2）实验二：多尺度数据重构的性能。

由实验一可知，CEEMDAN-MIC-SG 方法虽然可以有效地提高预测性能，但也同时带来了计算复杂度的增加。因此，该混合模型的第二阶段，使用多尺度熵方法，从不同的尺度评价分量的平均复杂度。其中，MSEn 的嵌入维数 $m=2$，相似容限 $r=0.15$，尺度因子选择 1~10。以福建为例，表 9-9 展示了部分尺度下各分量的 MSEn 值，随着尺度的增加，部分分量的复杂度也逐渐增加，另一部分逐渐减小。对所有尺度下的 MSEn 值求平均值，如图 9-8（c）所示，将 MSEn 值大于 0.8 的分量，小于 0.4 的分量和在 0.8~0.4 的分量进行重构。所有分量被重构成三个分量，如图 9-8（d）所示。上海和浙江的实验结果在图 9-9 和图 9-10 中展示。

表 9-9　分解分量的多尺度熵值

尺度因子	IMF1	IMF2	IMF3	IMF4	IMF5	IMF6	IMF7	IMF8	趋势项
1	1.42	1.10	0.53	0.44	0.12	0.05	0.01	0.01	0.001
2	1.22	0.99	0.69	0.59	0.29	0.12	0.26	0.02	0.002
3	0.97	0.82	0.89	0.67	0.43	0.19	0.04	0.03	0.004
…	…	…	…	…	…	…	…	…	…
8	0.36	0.28	0.68	1.30	0.62	0.52	0.14	0.12	0.013
9	0.31	0.22	0.64	1.48	0.65	0.53	0.15	0.13	0.014

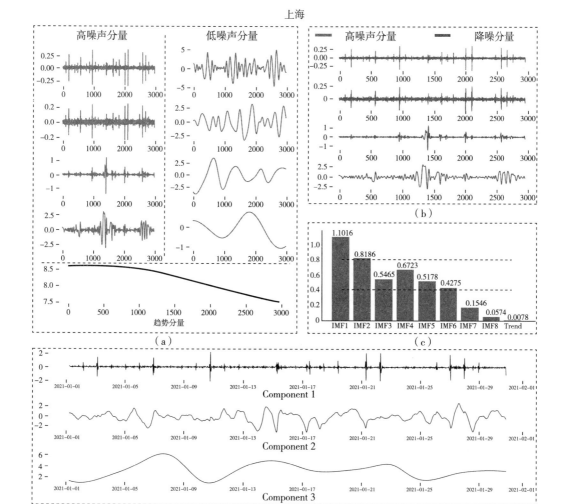

图 9-9　上海数据预处理结果

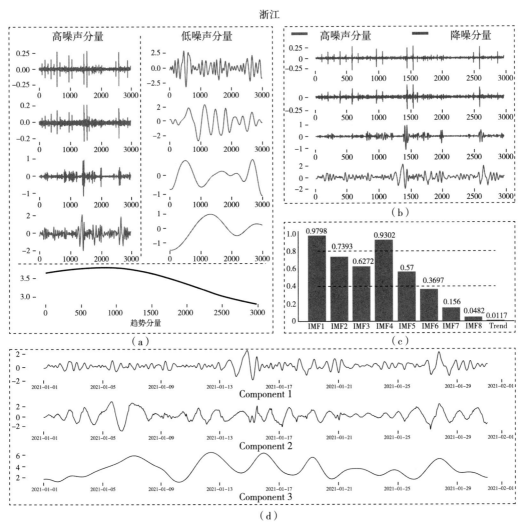

图 9-10　浙江数据预处理结果

为了验证多尺度重构方法可以有效降低计算复杂度，使用 CEEMDAN-MIC-SG-LSTM 和 CEEMDAN-MIC-SG-MSEn-LSTM 进行对比。如表 9-10 所示，CEEMDAN-MIC-SG-MSEn-LSTM 在不同数据集的计算时间均有显著降低，最大降低近 53.42%，同时其预测性能仅发生了小幅度波动。这证明了多尺度重构策略在保持良好的预测性能的基础上，可以有效地降低计算消耗，减少模型的计算时间。

表 9-10　多尺度数据重构的对比仿真实验

数据	仿真模型	MAE	RMSE	MAPE	NSE	仿真时间
福建	CEEMDAN-MIC-SG-LSTM	0.5082	0.5912	7.8123	0.8522	4.21 分钟
	CEEMDAN-MIC-SG-MSEn-LSTM	0.4813	0.5666	7.7680	0.8601	2.04 分钟

数据	仿真模型	MAE	RMSE	MAPE	NSE	仿真时间
上海	CEEMDAN-MIC-SG-LSTM	0.6601	0.7442	9.2932	0.8112	5.53 分钟
	CEEMDAN-MIC-SG-MSEn-LSTM	0.6923	0.7729	9.5723	0.8009	2.56 分钟
浙江	CEEMDAN-MIC-SG-LSTM	0.5821	0.6228	9.0166	0.8263	4.18 分钟
	CEEMDAN-MIC-SG-MSEn-LSTM	0.5966	0.6491	9.3713	0.8023	2.14 分钟

（3）实验三：深度融合模型的性能。

为了验证深度融合模型优于单个预测模型，将深度融合模型与三个单独的预测模型进行了比较。如表 9-11 所示，深度融合模型在所有数据集中获得了最佳预测性能。在三个单一模型中，CNN 的预测性能最差。作为 RNN 的变体，LSTM 的预测性能在所有三个数据集上都高于 RNN，但 LSTM 也具有更高的计算复杂性。以福建为例，本章提出的深度融合模型的 MAE、RMSE 和 MAPE 分别比 CEEMDAN-MIC-SG-MSEn-LSTM 高 50.25%、38.98% 和 51.22%。结果表明，深度融合模型综合了多种模型的优点，显著提高了模型的预测性能。

表 9-11 深度融合模型对比仿真实验

数据	仿真模型	MAE	RMSE	MAPE	NSE	仿真时间
福建	CEEMDAN-MIC-SG-MSEn-CNN	0.6125	0.7024	9.7942	0.7731	2.41 分钟
	CEEMDAN-MIC-SG-MSEn-RNN	0.5594	0.6211	8.8314	0.8102	1.85 分钟
	CEEMDAN-MIC-SG-MSEn-LSTM	0.4813	0.5666	7.7680	0.8601	2.04 分钟
	CEEMDAN-MIC-SG-MSEn-Deep fusion	0.2394	0.3457	3.7892	0.9336	8.38 分钟
上海	CEEMDAN-MIC-SG-MSEn-CNN	0.7612	0.8741	12.4345	0.7324	5.32 分钟
	CEEMDAN-MIC-SG-MSEn-RNN	0.7108	0.7981	10.0344	0.7963	2.43 分钟
	CEEMDAN-MIC-SG-MSEn-LSTM	0.6923	0.7729	9.5723	0.8009	2.56 分钟
	CEEMDAN-MIC-SG-MSEn-Deep fusion	0.1456	0.2784	3.5030	0.9398	14.16 分钟
浙江	CEEMDAN-MIC-SG-MSEn-CNN	0.7033	0.8226	11.5532	0.7423	4.11 分钟
	CEEMDAN-MIC-SG-MSEn-RNN	0.6652	0.7121	10.8472	0.7998	1.96 分钟
	CEEMDAN-MIC-SG-MSEn-LSTM	0.5966	0.6491	9.3713	0.8023	2.14 分钟
	CEEMDAN-MIC-SG-MSEn-Deep fusion	0.3461	0.4933	6.6773	0.9114	8.29 分钟

（4）实验四：非线性集成模型的性能。

本章使用随机森林将各分量的预测结果非线性集成，以提高模型的预测性能，最终风速预测结果展示在图9-11中。实验结果表明，本章提出的混合模型可以有效预测风速的变化趋势，并具有良好的预测性能。如表9-12所示，比较了线性集成策略和非线性集成对最终预测性能的影响。很明显，非线性集成结果在所有数据集上均优于线性集成。线性集成虽然在福建省和上海市的数据表现良好，但在浙江省的预测性能较差。在浙江省数据集中，非线性集成的MAE、RMSE和MAPE分别较线性集成降低了46.97%、58.18%和57.78%。这进一步证明了非线性集成在风速预测领域具有更优的泛化性能和鲁棒性。

表 9-12　非线性集成模型对比仿真实验

数据	仿真模型	MAE	RMSE	MAPE	NSE	仿真时间（分钟）
福建	CEEMDAN-MIC-SG-MSEn-Deep fusion	0.2394	0.3457	3.7892	0.9336	8.38
	CEEMDAN-MIC-SG-MSEn-Deep fusion-RF	0.0894	0.1169	1.6726	0.9959	8.48
上海	CEEMDAN-MIC-SG-MSEn-Deep fusion	0.1456	0.2784	3.5030	0.9398	14.16
	CEEMDAN-MIC-SG-MSEn-Deep fusion-RF	0.0772	0.1164	1.4793	0.9986	14.30
浙江	CEEMDAN-MIC-SG-MSEn-Deep fusion	0.3461	0.4933	6.6773	0.9114	8.29
	CEEMDAN-MIC-SG-MSEn-Deep fusion-RF	0.0441	0.0679	2.3856	0.9985	8.38

3. 对比实验

为了进一步验证短期风速预测框架的优越性，本章参考同一研究领域的优秀研究成果，开发了四个比较模型，评估了每个模型的预测性能、计算时间及其对不同数据集的适用性。

如图9-11和表9-13所示，实验结果证明，这四个比较模型都可以有效地进行短期风速预测。显然，所提出的框架的预测性能优于所有比较模型。其中，EMD-PSO-SVR具有最差的预测性能，仅在福建数据集中实现了良好的预测精度。VMD-GA-ANN在福建和上海数据集中获得了更好的预测性能，但在浙江数据集中表现不佳。因此，这四组比较模型是风速预测的有效工具，但预测的稳定性较差，难以在不同数据集上保持稳定的预测性能。相反，所提出的框架在所有数据集上保持良好的预测性能。此外，多尺度重建技术的引入降低了所提出框架的计算复杂性，这使得该混合模型的计算时间低于福建和浙江数据集的VMD-GA-ANN和EMD-VMD-CN-LSTM。在福建和浙江数据集上，所提出的混合模型的计算时间分别比EMD-VMD-CN-LSTM低33.12%和47.46%。总之，所提出的短期风速预测框架在预测性能和稳定性方面优于竞争对手，是短期风速预测的有效工具。

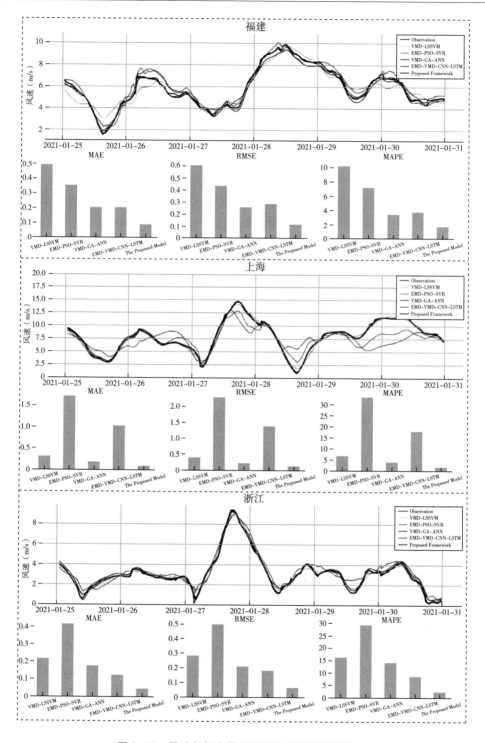

图 9-11 风速数据集的预测结果和性能评估结果

表9-13 基准模型对比实验

对比模型	数据	MAE	RMSE	MAPE	NSE	仿真时间
VMD-LSSVM[1]	福建	0.4937	0.6052	10.2354	0.8939	0.8分钟
	上海	0.3011	0.3843	6.6050	0.9841	0.8分钟
	浙江	0.2168	0.2817	16.2129	0.9752	0.8分钟
EMD-PSO-SVR[2]	福建	0.3563	0.4316	7.1210	0.9461	4.51分钟
	上海	1.6954	2.2925	33.1382	0.4349	4.93分钟
	浙江	0.4159	0.4983	29.4050	0.9224	5.66分钟
VMD-GA-ANN[3]	福建	0.2079	0.2559	3.4110	0.9810	10.41分钟
	上海	0.1804	0.2147	3.5925	0.9950	9.82分钟
	浙江	0.1761	0.2079	13.911	0.9864	11.14分钟
EMD-VMD-CNN-LSTM[4]	福建	0.2081	0.2866	3.8007	0.9761	12.59分钟
	上海	1.0202	1.3805	17.8815	0.7942	12.12分钟
	浙江	0.1225	0.1828	8.4379	0.9895	15.95分钟
The proposed framework	福建	0.0894	0.1169	1.6726	0.9959	8.48分钟
	上海	0.0772	0.1164	1.4793	0.9986	14.3分钟
	浙江	0.0441	0.0679	2.3856	0.9985	8.38分钟

（五）小结

本章提出了一种新的短期风速预测范式，以实现可靠和有效的短期风速预报。具体而言，基于自适应分解和智能降噪数据预处理算法、多尺度特征分量重构、深度融合模型和非线性集成，开发了一种新的用于短期风速预测的混合框架。基于福建、上海和浙江的风速数据进行了实证研究，实验表明，所提出的框架比所有比较模型具有更好的预测性能。此外，还设置了多种对比仿真实验，以验证所提出的框架在不同层次上的优越性。

所提出的框架的预测性能和稳定性主要归因于四个优点：第一，自适应分解和智能降噪的数据预处理算法基于CEEMDAN对数据的有效分解，实现了高噪声分量的智能识别和降噪，成功地抑制了噪声信号对风速预测的负面影响。第二，MSEn评估不同尺度下分解分量的复杂性，重构相似复杂性分量提高了计算效率。第三，深度融合模型有效地融合了不同网络的能力，以提高预测模型的预测精度和预测稳定性。在深度

① Zhang Y, Li R. Short term wind energy prediction model based on data decomposition and optimized LSSVM [J]. Sustainable Energy Technologies and Assessments, 2022 (52): 102025.

② Wang X, Wang Y. A Hybrid Model of EMD and PSO-SVR for Short-Term Load Forecasting in Residential Quarters [J]. Mathematical Problems in Engineering, 2016 (2016): 1-10.

③ Zhang Y, Pan G, Chen B, et al. Short-term wind speed prediction model based on GA-ANN improved by VMD [J]. Renewable Energy, 2020 (156): 1373-1388.

④ Yin H, Ou Z, Huang S, et al. A cascaded deep learning wind power prediction approach based on a two-layer of mode decomposition [J]. Energy, 2019 (189): 116316.

融合模型中，每个模块各司其职，从风速数据中提取复杂表示，更充分地描述风速特征，融合每个模块的优势来实现更准确的预测。第四，使用随机森林算法对预测结果进行非线性积分，使预测模型具有更好的鲁棒性和泛化性能。总之，该短期风速预测框架具有优异的预测性能和预测稳定性，是一种具有发展前途的风速预测工具，对工程应用具有重要意义。

四、基于联合特征分量贡献和判别深度学习的风速预测集成范式

本部分提出了一种新的基于联合特征贡献的建模范式，全面改进了分解集成学习方法的原有体系结构。该模型具有特征分量智能构造和判别学习的能力，克服了传统预测模型结构复杂度高、计算时效性差的缺点。在信号分解阶段，本章提出一种新的联合特征分量重构方法，将改进的互信息（MI）方法与贪婪算法（GA）相结合，用于计算和优化特征分量组合的贡献。该方法同时考虑了各特征分量对原始信号的贡献和特征分量之间的相关性，从而简化了后续预测模型的结构。创造性地提出了一种基于并行思想的判别学习神经网络结构。根据联合特征分量对原始序列的贡献来创建对应输入接口，实现了不同复杂结构预测模型的并行运算，提高了模型的运算效率。最后，根据模型的输出，设计了风力发电机控制策略，保证了风电机控制系统的安全性和稳定性。为了验证该范式的有效性，本章采用新疆风电场的三个数据集进行实证检验。

（一）基于联合互信息的数据分解与特征构造算法

风速时间序列是由多频率、多振幅特征序列组成的混合时间序列。为了降低预测模型的预测难度，本章首先采用 CEEMDAN 将风速时间序列 $x(t)$ 分解成不同特征分量（模态分量），即得到 n 个 IMF 分量和一个残差分量 $r(t)$，实现数据的多尺度模态分离。

$$x(t) = \sum_{i}^{n} IMF_i(t) + r(t) \tag{9-24}$$

由于风速数据量大，信号分解算法分离的模态分量太多，使用相同的预测方法拟合模态分量将增加预测模型的负担。互信息（Mutual Information，MI）方法可以区分模态分量与原始风速时间序列的关联度，为选择合适的预测模型提供支持。互信息是一种信息度量，能够表示由于另一个随机变量的确定而降低的随机变量的不确定性（Li et al.，2015）。随机变量 X 和 Y 之间的互信息计算如下所示：

$$I(X; Y) = \sum_{x \in X} \sum_{y \in Y} p(x, y) \log_2 \frac{p(x, y)}{p(x)p(y)} \tag{9-25}$$

其中，$p(*)$ 代表概率。

但是，互信息方法在测量原始风速时间序列对每个模态分量的依赖性时，没有充分考虑分量之间的相关性。因此，本章引入互信息链式规则来度量原始风速时间序列对联合特征分量的依赖性。互信息链式规则描述了多元随机变量和目标随机变量之间的相关量：

$$I(X_1, X_2, X_3, \cdots, X_n; Y) = H(X_1, X_2, X_3, \cdots, X_n) - H(X_1, X_2, X_3, \cdots, X_n | Y)$$
$$= H(X_1, X_2, X_3, \cdots, X_n) - H(X_1, X_2, X_3, \cdots, X_n, Y) + H(Y) \tag{9-26}$$

其中，$H(*)$ 代表信息熵：

$$H(X_1,\ X_2,\ \cdots,\ X_i) = -\sum_{x_1}\cdots\sum_{x_i} p(x_1,\ \cdots,\ x_i)\log_2\left[p(x_1,\ \cdots,\ x_i)\right] \qquad (9\text{-}27)$$

在本章中，原始风速序列对模态分量的依赖性被认为是特征分量对原始风速序列预测的贡献。首先，计算原始序列与所有特征分量的互信息值，其中互信息值最大的特征分量被筛选出来。然后，将所挑选的特征分量与所有剩余特征分量依次构成联合特征分量，并根据链式规则分别计算其与原始风速序列的互信息值大小，选择其中互信息值最大的联合特征分量组合。通过这种迭代，对原始风速序列预测具有较大贡献值的特征分量将被逐渐筛选出来。这种筛选机制与贪婪算法的策略类似，贪婪算法在解决问题时总是做出在当前看来是最好的选择。换言之，在不考虑全局优化的情况下，该算法在一定意义上获得了局部最优解。它通过局部优化来寻找最佳的联合特征模态分量，与全局优化相比，极大地节省了计算时间。本章将这种方法称为联合互信息（J-MI）算法。

随着特征分量的不断被筛选，J-MI 值也在不断增大，这表明原始风速序列的不确定性在逐渐减小，但并不总是呈上升趋势。当联合特征分量的累积达到临界点时，下一次添加的特征分量不会降低原序列的不确定性，即互信息值是收敛的。同时，判断所选择的特征分量是原始风速序列预测的高贡献联合特征分量，其他分量是原始风速序列预测的低贡献联合特征分量。

此外，研究发现 CEEMDAN 获得的特征分量在相邻数据点上有非常轻微的差异，即极端位置值的差异，但这并不影响特征的趋势。J-MI 方法利用数值出现的概率来判断贡献的程度，微小的差异会降低趋势的判别精度。因此，为了更准确地描述特征的趋势，本章使用近似分量作为 J-MI 的输入数据。用 T 分布曲线来拟合特征分量的数值分布，研究获得适当的组并对每组数据进行平均。数据逼近提高了互信息方法的效率，最大限度地保持了原始数据的趋势。基于联合互信息的数据分解与特征重构算法的伪代码如下所示。

算法 2：基于贪婪算法的 J-MI 方法

输入：特征分量和原始序列的训练数据集

1. FOR 遍历所有特征分量：
2. IF 第一次遍历特征分量
3. 计算特征分量和原始序列的 MI 值
4. 搜索最大 MI 值和相应的特征分量
5. 存储最大 MI 值和相应的特征分量
6. ELSE
7. 删除特征分量中 MI 值最大的分量
8. 计算原始序列上的最优特征组合和残差特征的 J-MI 值
9. 搜索并存储最大 MI 值和对应的特征分量
10. END
11. 搜索与最大 J-MI 值的第一次出现相对应的最佳特征分量
12. 删除分量组合中最好的特征分量，并保存其余特征分量
13. Return 最佳特征分量和剩余分量

（二）基于判别学习神经网络的非平稳风速预测算法

传统的分解集成方法的预测过程是通过同一种神经网络对每个分解特征分量逐个建模学习，并在最后一步对预测结果进行集成。这种方法工作量大且预测效率低。此外，还有部分学者将所有特征分量输入到神经网络中，在该模型进行特征拟合的同时，还担任着集成的工作，如图 9-12 中的结构 2 所示。然而，这种方法没有考虑到每个特征的复杂性和特征之间的复杂关系，尽管模型的运行效率略有提高，但预测复杂度仍然很大。因此，在分析了两种分解集成预测方法的缺点后，本章提出了一种新颖的多输入神经网络预测结构。

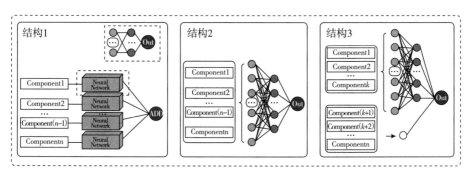

图 9-12　分解集成方法常见的预测结构

考虑到特征分量的不同，在预测结构中引入了不同复杂度的网络，以充分利用特征分量中的有效信息。这种预测网络不仅降低了算法的复杂度，而且减少了运行时间。该网络在本章中被称为判别学习神经网络（DLNN），如图 9-12 中的结构 3。该网络为特征分量提供两个接口，并通过 J-MI 方法计算的对原始风速时间序列的不同贡献来接收它们。高贡献度的模态分量组合被认为包含更复杂、更有效的信息。因此，该组合的特征拟合和集成可以在具有更多神经元和层数的复杂网络中完成。相反，贡献度低的特征分量组合将使用神经元和层数较少的简单网络。DLNN 通过简化模型的局部结构降低了预测模型的复杂度，并且简化的部分不会降低模型的预测精度，因为该部分学习了不太重要的特征。因此，DLNN 可以有效地减少预测模型的训练时间，并保证预测精度。

同时，LSTM 作为 RNN 的一种变体，拥有更多的单元来控制信息向存储单元的传输，适用于非线性时间序列的处理和预测。双向长短期记忆神经网络（BiLSTM）是双向学习的代表，它可以获得更完整的信息，这种训练过程可以捕捉双向的特征。在复杂网络中使用 BiLSTM，可以最大化神经元的记忆容量，并完全保留特征分量和原始时间序列之间的滞后相关性。此外，为了抑制过拟合或欠拟合现象，本章在训练过程中还加入了早停机制（ES），通过监测验证集的损失值来保证泛化性能。当训练开始时，训练数据被分成训练集和验证集。在每次迭代之后，获得测试误差，以记录迄今为止验证集的最佳精度。随着迭代次数的增加，如果在验证集上发现测试错误增加，训练就会停止，以精度最高的测试集的权重作为网络的最终参数。在这项研究中，当损失停止减少持续 N 次时，算法强制停止训练，因为继续训练将产生过拟合现象。此外，本章研究还设置了基本迭代次数，以防止因早停机制过早工作而导致的欠拟合现象。最后，通过在最佳精度下保持权重和偏差，进一步提高了模型质量。

（三）基于风速预测的风力发电机运行控制算法

风速波动对风力发电机的工作寿命有很大影响，本章将风速预测模型嵌入电力系统中，应用于风力发电机组的预警问题。具体来说，本章对大多数风力发电机组的基本运行参数进行了研究，基于准确的风速预测结果，设计了风力发电机组控制模块，以确保风力发电机组的正常运行，将理论研究转化为实际应用。在该模块中，当用预测方法计算出预测值时，模型根据运行参数和当前运行状态向汽轮机发出下一步的工作指令。值得注意的是，风力发电机的三个重要参数分别是切入风速、运行风速和切出风速。以新疆金风科技股份有限公司在新疆生产使用的风力发电机为例，其相关基础运行参数如表9-14所示。

表9-14　风力发电机基础参数

制造商	风力发电机组	切入风速（m/s）	运行风速（m/s）	切出风速（m/s）
金风科技	GW165-5.2MW	3	（3，24）	24
	GW165-5.6MW	3	（3，24）	24
	GW165-5.6MW	3	（3，24）	24
	GW175-8.0MW	3	（3，25）	25
	GW184-6.45MW	3	（3，21）	21

如果风速小于切入风速，则需要额外的能量来启动风力发电机，会造成能源浪费。如果风速大于切出风速，并且风力发电机继续转动，将超出风力发电机运行负荷而可能增加其损坏的风险。在这种情况下，嵌入模型来计算风速预测值并将其发送到控制系统。同时，控制系统检查风力发电机当前的运行状态。当预测值低于切入风速时，系统关闭发电装置以降低功耗。当预测值大于切入风速且小于切出风速时，系统启动涡轮机发电。当预测值大于切出风速时，系统将发出紧急指令，风力发电机将制动并停止工作。

（四）仿真实验与讨论

在这一部分，对所建立的模型的综合性能进行了验证。借助数据集直观地演示了所提出模型的仿真过程，并使用了一些基准模型，通过对预测结果的对比分析来突出该模型优越的预测能力。

1. 数据收集

新疆风能资源极其丰富，是我国风能资源最丰富的地区。理论上估计，新疆全年可提供27673亿千瓦时的风电。本章选取了新疆三个风电场的三个采样周期为15分钟的风速时间序列数据集，如图9-13所示。数据集1和数据集2的采样时间均为2020年6月1日0点0分至2021年5月31日23点45分，数据集3的采样时间为2020年5月1日0点0分至2021年4月30日23点45分。同时，引入了新疆金风科技股份有限公司生产的风力涡轮机的一些信息，以建立评估标准，具体如表9-14所示。

本章以数据集1为例来执行模型操作过程，这样可以更清楚地显示模型的细节。数据清理是为提供高质量数据输入做准备的重要步骤。在图9-13中，很容易看出三个数据集包含不同数量的异常值，因此本章对不合理值进行处理。处理规则简要如下：

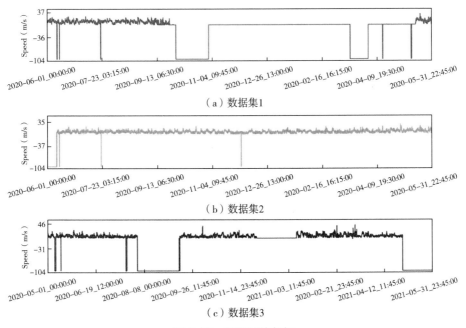

（a）数据集1

（b）数据集2

（c）数据集3

图 9-13　新疆风速数据

（1）根据风速的自然特征和 GB/T 18710—2002 标准，去除数据集中包含的负值和极大的值。

（2）根据风速的随机性和波动性，研究认为相同的值不会长时间连续出现。因此，当连续出现 5 次相同的值时，该数据段将被丢弃。

表 9-15 具体描述了处理后风速时间序列的统计特征，具有很强的代表性，可以显著检验模型的适用性。如图 9-14 所示，对数据集 1 进行可视化以清晰地展示数据清理的作用。在本章中，数据的质量通过有效数据量、数据值范围（最大值和最小值）、平均值、中位数和标准差来衡量。首先，数据集 1 的有效数据最少，数据集 2 的有效数据最多。不同数量的数据可以检测模型的承载能力和运行时间。其次，数据取值范围涵盖了风力发电机运行的三个阈值，三个数据集的最大值具有明显差异，可以全面监测模型的突发事件预警能力。最后，三个数据集的离差度量也有很大不同，数据集 2 的数据量最大，但标准差最小，而数据集 1 则呈现相反的情况。离散度和数据值范围可以度量数据波动的程度，验证了模型对数据的预测能力。典型评价指标可以从多个方面比较不同预测模型的性能，表 9-6 列出了评价指标的详细信息和公式。

表 9-15　新疆数据集统计信息

仿真数据	有效数据量	最大值	最小值	中位数	均值	标准差
数据集 1	12302	31.21	0.0005	9.9256	9.611	4.450
数据集 2	34096	29.95	0.0011	7.1431	7.448	3.544
数据集 3	26576	40.07	0.0694	6.0575	6.987	4.126

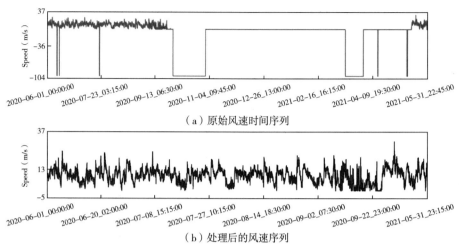

（a）原始风速时间序列

（b）处理后的风速序列

图 9-14 数据集 1 的数据清理结果

2. 仿真模拟

（1）联合特征分量构建。

利用 CEEMDAN 自适应地将处理后的风速时间序列分解成 N 个特征分量。通过频率分布直方图描述了原始风速序列和每个特征分量的数值分布，当数值分布接近 T 分布密度曲线时，便可得到最佳组。分解后的 IMFs 和原始数据一致近似于每组上限和下限的平均值，并且它们在最大程度上保留了趋势和细微差异。

接着，利用 J-MI 方法将所有特征分量自动识别为高贡献联合特征分量和低贡献联合特征分量。在数据组合的联合互信息值的计算过程中，贪婪算法帮助原始风速序列锁定残差分量中贡献最大的分量。当贡献值不增加时，该算法完成联合特征分量的构造。同时，表 9-16 列出了数据集 1 的 J-MI 值和特征类别，粗体字体是组合分量的分水岭，从左到分水岭的分量构成高贡献联合特征分量，从分水岭到右的分量构成低贡献联合特征分量。

表 9-16 数据集 1 中 J-MI 的贡献值和分量

维度	1	2	3	4	5	6	7	8	9	10	11	12
贡献值	0.436	1.911	3.664	4.589	4.784	4.812	4.814	4.815	4.815	4.815	4.815	4.815
添加最佳分量	8	9	3	1	2	4	5	6	7	10	11	12

图 9-15 描述了联合特征分量的近似处理和智能构造，可以清楚地看到，大部分贡献值较高的特征分量具有与原始序列相似的波动性和明显的短期特征，而风速序列的长期趋势与短期预测的相关性较低，贡献值较低。图 9-16 展示了在连续寻找分量时贡献值的增量。当特征分量构建工作开始时，新添加的分量的贡献增量逐渐增加，并且大于单个分量对原始风速序列的贡献，也就是说，联合特征分量的贡献值远高于单个分量的贡献。这表明该联合特征分量的构造是正确的选择。该方法发现了特征成分之间的内在关系所产生的协同效应，从而证明了该方法的科学性。

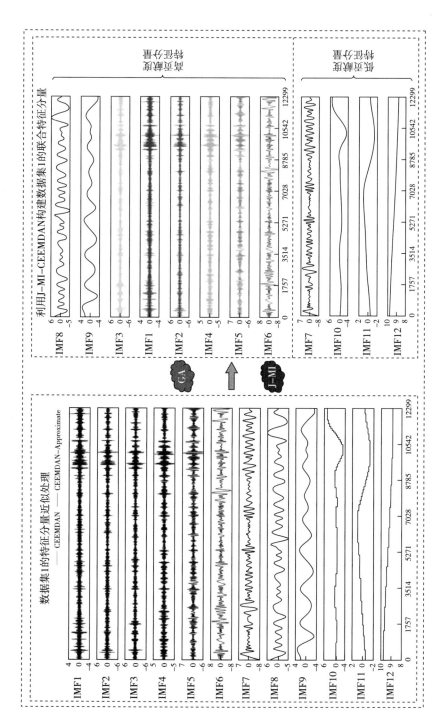

图9-15　数据集1的特征分量近似处理和联合特征分量智能构造

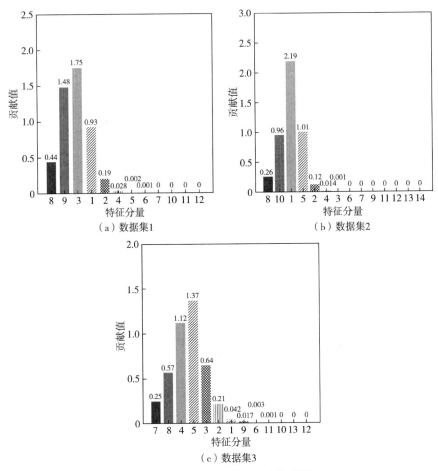

图 9-16 J-MI 分量的贡献值增量

当特征分量构建工作即将结束时，新添加分量的贡献度增量逐渐减小到 0，换句话说，联合特征分量的贡献程度逐渐收敛。结果表明，信号分解算法不能正确地分离原始序列中包含的特征，并且这些分量与原始序列之间的关系被疏远。此外，本章不会丢弃在联合特征分量中没有贡献的分量，因为每一个分解分量包含的信息都可以在一定程度上减少原始风速序列的不确定性。因此，在本章中它们被保留作为低贡献特征分量，来最大限度地保持特征分量与原始风速序列之间的关系。

（2）仿真预测。

高贡献联合特征分量被输入到 DLNN 的复杂网络模块中，低贡献联合特征分量通过另一个通道连接到高贡献联合特征分量的学习结果，最后通过全连接层集成完成预测。DLNN 的网络结构细节如下：在复杂网络模块中，两个隐藏层分别使用 200 个和 100 个神经元。引入 Sigmoid 函数作为激活函数，最后采用全连接层输出数据。研究中采用了动态学习率和 Huber 损失函数，在 200 次迭代的基础上使用了早停机制，批大小为 100。详细信息如图 9-17 所示。图 9-18 显示了三个数据集的预测和误差结果，可以清晰地看出该模型成功地拟合了不同数据量的波动趋势。

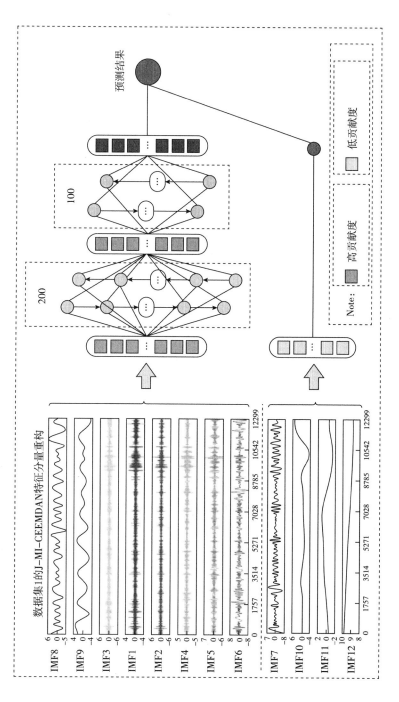

图 9-17 数据集 1 的判别学习网络结构

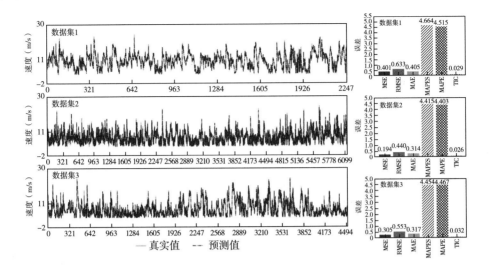

图 9-18　三个数据集的预测结果

（3）风力发电机运行控制建议。

本章使用金风科技有限公司制造的风力发电机参数，为了进行分类，切入风速是所有风电机参数的平均值，切出风速是所有风电机参数的最大值。根据两个输入判别器对预测值进行分类，并计算分类精度。分类精度的评估公式如下所示：

$$True = \frac{N_{\hat{y}_t}}{N_{y_t}}, \quad \hat{y}_t, \ y_t \in C_i \tag{9-28}$$

$$Error = \frac{N_{\hat{y}_t}}{N_{y_t}}, \quad \hat{y}_t \in C_i, \ y_t \in C_{j \, or \, k} \tag{9-29}$$

其中，N_* 表示属于同一分类的风速值的数目。$\hat{y}_t$ 是预测值，y_t 是真值，i、j 和 k 分别代表匹配的切入速度、运行速度和切出速度。

图 9-19 显示了三个数据集的预测分类结果。其中，极端风速的预测是准确的。当未来风速值低于切入风速时，在近 90% 的情况下该模型能够给出准确的评估，大大减少了风力发电机无功率造成的能量损失。当未来风速值高于切出风速时，模型在数据集 1 和数据集 3 上具有优秀的性能，它可以完全避免超出运行负荷时过高的转速导致的风力发电机损坏。值得一提的是，数据集 2 中的模型精度稍差，研究发现数据集 2 的离散度在风速值分布中很小，这表明数据集 2 所在风电场区域的风较小，因此大值样本的训练不足，导致精度降低。此外，该模型还准确预测了风力发电机以额定功率运行时的运行风速，从而实现最大限度地将风力资源转化为电力。

3. 对比实验

在本部分中，为了突出所提出的模型的预测能力，设计了一些基准模型。这些模型从不同的角度验证了所提出模型的优越性。此外，还选取了近年来一些论文中提出的优秀模型，比较了这些模型的应用能力。表 9-17 描述了这些模型的结构和参数。

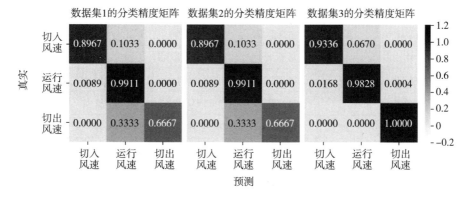

图9-19　三个数据集的分类预测结果

表9-17　基准模型的预测过程描述

模型	描述
Random Forest	参数是默认的
SVR	参数 C=100，gamma=0.1
BPNN	有一个隐藏层和20个神经元
BiLSTM	隐藏层是两层，分别有200个和100个神经元
CEEMDAN-BiLSTM	通过 CEEMDAN 对速度序列进行分解，将所有特征分量输入到 BiLSTM 模型中，所有分量采用相同的模型
CEEMDAN-J-MI-DLNN	在使用相同模型的基础上，将 ES 机制引入到预测模型中，以防止过拟合
EMD-SVR-LASSO-ADD[①]	通过 EMD 分解速度序列，通过 LASSO 回归学习最低频率分量，其余分量逐个输入 SVR 模型，并将所有学习结果相加
VMD-CovLSTM-Error[②]	通过 EMD 分解速度序列，将其逐个输入到 CovLSTM 模型中，并在下一步拟合预测误差，最后将预测结果和误差相加
WT-CNN-ADD[③]	用小波变换分解风速序列，将所有分量逐个输入 CNN 模型，并将预测结果相加

　　基于不同的评价指标和运行时间，本章对所提模型的预测性能、模块设计优势和实际应用能力进行了深入分析。具体来说，表9-18、表9-19和表9-20分别显示了所有模型的分类精度、预测精度和运行时间。此外，图9-20至图9-24展示了不同模型的预测值和实际值之间的偏差。根据这些数据，可以得出以下结论：

　　① Wang T. A combined model for short-term wind speed forecasting based on empirical mode decomposition, feature selection, support vector regression and cross-validated lasso [J]. PeerJ Computer Science, 2021 (7): e732.

　　② Sun Z, Zhao M. Short-term wind power forecasting based on VMD decomposition, ConvLSTM networks and error analysis [J]. IEEE Access, 2020 (8): 134422-134434.

　　③ Peng X, Li Y, Dong L, et al. Short-term wind power prediction based on wavelet feature arrangement and convolutional neural networks deep learning [J]. IEEE Transactions on Industry Applications, 2021, 57 (6): 6375-6384.

表 9-18　三个数据集预测结果的分类精度

预测模型	仿真数据	切入风速	运行风速	切出风速
CEEMDAN-J-MI-ES-DLNN	数据集 1	0.91534	0.99295	1.00000
	数据集 2	0.89672	0.99114	0.66667
	数据集 3	0.93296	0.98281	1.00000
Random Forest	数据集 1	0.71958	0.98369	0.00000
	数据集 2	0.71639	0.98292	0.66667
	数据集 3	0.79888	0.97171	0.33333
SVR	数据集 1	0.00000	0.99295	1.00000
	数据集 2	0.00000	0.99678	0.66667
	数据集 3	0.00000	0.99761	0.33333
BPNN	数据集 1	0.77778	0.98634	1.00000
	数据集 2	0.75738	0.97937	0.00000
	数据集 3	0.77793	0.98128	0.33333
BiLSTM	数据集 1	0.66667	0.99251	1.00000
	数据集 2	0.74590	0.98018	0.66667
	数据集 3	0.67458	0.99042	0.33333
CEEMDAN-BiLSTM	数据集 1	0.86772	0.99074	1.00000
	数据集 2	0.85082	0.99130	0.33333
	数据集 3	0.87430	0.99173	1.00000
CEEMDAN-J-MI-DLNN	数据集 1	0.82011	0.99559	0.00000
	数据集 2	0.88852	0.99049	0.33333
	数据集 3	0.85335	0.99325	0.66667
EMD-SVR-LASSO-ADD	数据集 1	0.01058	0.99956	0.00000
	数据集 2	0.00000	1.00000	0.00000
	数据集 3	0.11313	0.99674	0.00000
VMD-CovLSTM-Error	数据集 1	0.72487	0.98325	0.00000
	数据集 2	0.73770	0.98114	0.66667
	数据集 3	0.80028	0.97280	0.33333
WT-CNN-ADD	数据集 1	0.78307	0.98810	1.00000
	数据集 2	0.72623	0.98243	0.66667
	数据集 3	0.78771	0.98020	0.33333

表 9-19　三个数据集的预测精度

预测模型	仿真数据	MSE	RMSE	MAE	MAPE
CEEMDAN-J-MI-ES-DLNN	数据集 1	0.40054	0.63288	0.40522	4.66402
	数据集 2	0.19396	0.44041	0.31434	4.41503
	数据集 3	0.30535	0.55258	0.31680	4.45385
Random Forest	数据集 1	1.38959	1.17881	0.78511	8.71714
	数据集 2	0.86562	0.93039	0.67898	9.33172
	数据集 3	1.15984	1.07696	0.65570	9.30768
SVR	数据集 1	4.99098	2.23405	1.90879	20.31010
	数据集 2	2.90292	1.70380	1.40722	18.54068
	数据集 3	4.22590	2.05570	1.66415	23.65005
BPNN	数据集 1	1.45824	1.20757	0.82771	8.61480
	数据集 2	0.73686	0.85840	0.61297	8.29468
	数据集 3	0.96343	0.98155	0.57299	8.20355
BiLSTM	数据集 1	1.22003	1.10455	0.72336	8.13755
	数据集 2	0.75724	0.87019	0.62548	8.53732
	数据集 3	0.97403	0.98693	0.60682	9.10557
CEEMDAN-BiLSTM	数据集 1	0.47893	0.69205	0.44411	4.98991
	数据集 2	0.24981	0.49981	0.33703	4.72890
	数据集 3	0.39194	0.62605	0.34424	4.81986
CEEMDAN-J-MI-DLNN	数据集 1	0.43902	0.66259	0.42498	4.94139
	数据集 2	0.21941	0.46841	0.32308	4.46749
	数据集 3	0.33653	0.58011	0.32900	4.74481
EMD-SVR-LASSO-ADD	数据集 1	3.89478	1.97352	1.53823	18.18150
	数据集 2	5.39020	2.32168	1.76806	24.52305
	数据集 3	5.42702	2.32960	1.75971	24.76542
VMD-CovLSTM-Error	数据集 1	1.30396	1.14191	0.82177	9.13166
	数据集 2	0.86944	0.93244	0.71019	9.82460
	数据集 3	1.16159	1.07777	0.71858	10.10559
WT-CNN-ADD	数据集 1	1.18460	1.08839	0.69199	7.64425
	数据集 2	0.72928	0.85398	0.61283	8.44961
	数据集 3	0.98772	0.99384	0.57803	8.37267

表 9-20　三个数据集对比模型的运行时间

模型	预测模型的平均运行时间（秒）		
	数据集 1	数据集 2	数据集 3
CEEMDAN-J-MI-ES-DLNN	4.7282	6.1336	5.1233
Random Forest	12.0090	25.6544	35.2451
SVR	6.5464	23.6189	12.7108
BPNN	0.8537	2.5891	2.6770
BiLSTM	3.2505	22.2483	16.2190
CEEMDAN-BiLSTM	5.8260	9.4248	8.7622
CEEMDAN-J-MI-DLNN	5.4715	8.6260	6.5619
EMD-SVR-LASSO-ADD	24.3663	146.9716	125.2549
VMD-CovLSTM-Error	17.7193	51.5541	40.2375
WT-CNN-ADD	3.1615	8.9308	5.9662

（1）如表 9-18 和表 9-19 所示，该模型在分类效果和预测精度上都取得了较好的效果。同时在表 9-20 中可以发现，与传统的分解集成学习方法相比，该模型的运行时间更短，提高了预测效率。

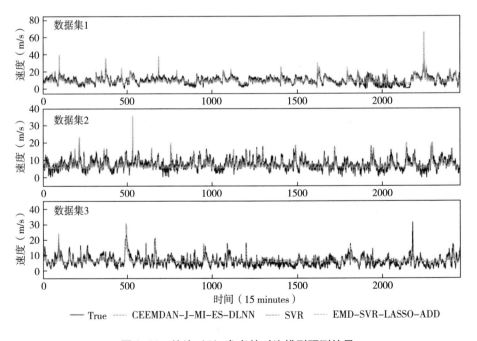

图 9-20　结论（2）参考的对比模型预测结果

（2）预测数据的分类精度反映了预测模型的性能。根据表 9-18，本章所提出的模型的分类效果在所有数据集上都是令人信服的，并且未来值对风电机状态的影响被精确地确定。值得一提的是，在众多模型中，该模型对切出风速的判断是最好的，它将确保在风速很高时及时控制风电机避免其遭受损坏。另外，只有一类风速被 SVR 和 EMD-SVR-LASSO-ADD 模型准确分类，这表明其预测的数据主要分布在运行速度分类的类别中，因此其他两类风速的分类精度较低。同时随着数据量的增加，误差变得越来越明显，这验证了支持向量回归难以有效地支持大数据量的时间序列预测。图 9-20 展示出了预测结果的细节。

（3）不同单一模型的预测能力也存在差异。在三个数据集上，RF、BPNN、BiLSTM 和 SVR 的平均 MSE 分别为 1.13835、1.0528、0.98377 和 4.03993，RF、BPNN 和 BiLSTM 的结果优于 SVR。参考图 9-21，可以发现 SVR 在预测极大值时存在明显偏差，这是其预测性能较低的主要原因。深度学习模型的精度是单个模型中最优的。值得注意的是，数据大小对模型精度影响不大，数据分布是影响模型精度和分类准确性的主要因素。根据表 9-18，单一模型缺乏预测极值的能力，这同时反映在单一模型在切入风速和切出风速上的分类精度较低。

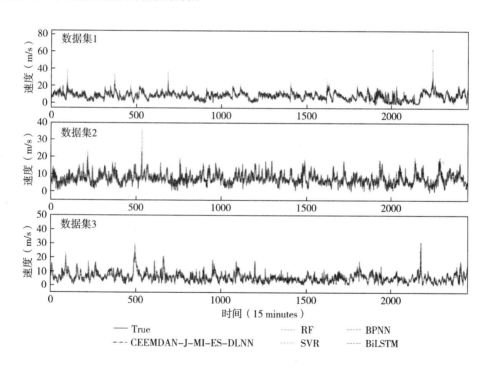

图 9-21 结论（3）参考的对比模型预测结果

（4）单一模型的预测精度略低于混合模型。以神经网络为例，比较了 BiLSTM、CEEMDAN-BiLSTM、CEEMDAN-J-MI-DLNN 和 CEEMDAN-J-MI-ES-DLNN 的预测结果。在 MAPE 中，混合模型的平均预测精度分别比 BiLSTM 提高了 43.6%、45.1% 和 47.51%。预测误差不仅小于 BiLSTM，而且混合模型的分类效果也优于 BiLSTM。由此可以推断，单一模型精度差的主要原因是模型不能拟合极值（异常值），图 9-22 展示了预测结果的细节。

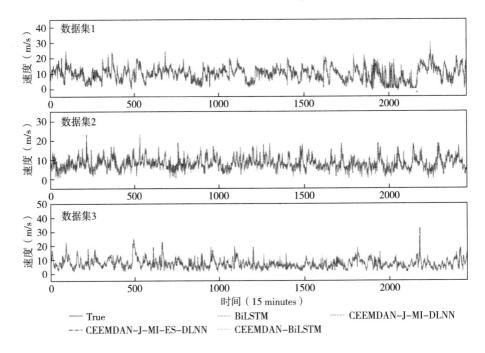

图 9-22　结论（4）参考的对比模型预测结果

（5）与传统的分解集成学习方法相比，该模型具有更好的工程应用能力。分解集成学习方法的思想是变复杂为简单：它将正则性差的复杂序列分解成正则性强、周期稳定性强的简单序列，预测算法学习简单序列并重组它们，使模型具有稳定的预测能力。根据 CEEMDAN-J-MI-ES-DLNN、CEEMDAN-BiLSTM、VMD-CovLSTM-Error 和 WT-CNN-ADD 的比较结果，CEEMDAN-J-MI-ES-DLNN 模型的精度最好，次优模型为 CEEMDAN-BiLSTM。CEEMDAN-J-MI-ES-DLNN 和 CEEMDAN-BiLSTM 都打破了传统分解集成学习方法的框架，删除了特征拟合，融合了特征拟合和非线性集成阶段，使两个模块之间的联系更加紧密，减少了预测阶段增加带来的误差积累。图 9-23 展示了预测结果的细节。此外，根据表 9-20，与传统模型相比，所提出的模型在运行时间方面也具有优势，并且随着数据量的增加，所提出的模型的优势更加明显。

（6）特征贡献方法与早停机制相结合是有效的。在表 9-20 中，本章比较了 CEEMDAN-J-MI-ES-DLNN、CEEMDAN-J-MI-DLNN 和 CEEMDAN-BiLSTM 的平均运行时间，其中 CEEMDAN-J-MI-ES-DLNN 花费的时间最少（5.328 秒），而 CEEM-DAN-BiLSTM 花费的时间最多（8.004 秒）。这表明，联合特征分量法和早停机制有效地降低了模型计算复杂度，提高了预测效率。同时，早停机制也抑制了过拟合或欠拟合现象。CEEMDAN-BiLSTM 和 CEEMDAN-J-MI-DLNN 在相同的训练条件下，CEEMDAN-

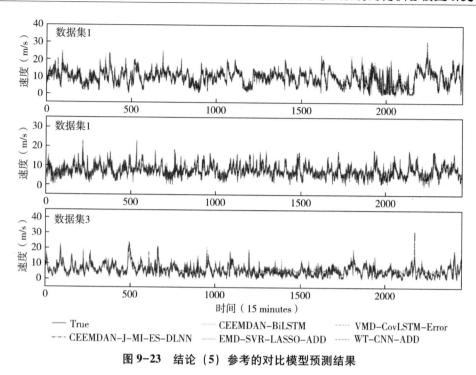

图 9-23　结论（5）参考的对比模型预测结果

BiLSTM 的低精度是由于所使用的复杂神经网络引起的严重超拟合现象。早停机制帮助 CEEMDAN-J-MI-DLNN 避免过度训练造成的损失。图 9-24 展示了预测结果的细节。

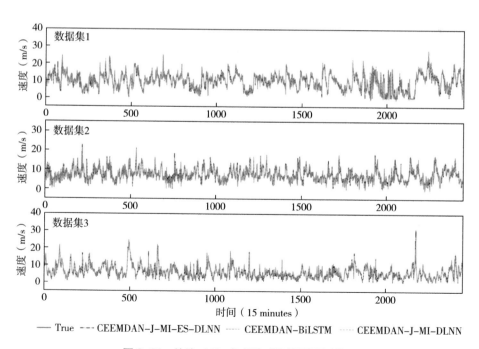

图 9-24　结论（6）参考的对比模型预测结果

（五）本部分小结

本部分提出了一种新颖的基于联合特征分量贡献和判别深度学习的风速预测集成范式 CEEMDAN-J-MI-ES-DLNN。它考虑分解分量的相关性，构造对原始序列贡献不同的两个特征分量组合，并创建具有两个接口的 DLNN 来接收这两个特征组合并获得预测结果。CEEMDAN-J-MI-ES-DLNN 模型具有良好的预测性能和自适应能力，能够及时完成风速的短期预测，及时为风电场提供有效的预测结果。从评价指标的结果来看，CEEMDAN-J-MI-ES-DLNN 在不同数据量的数据集中具有优异的性能，分类效果令人满意。所有数据集的 RMSE 分别为 0.63288、0.44041、0.55258，MAPE 分别为 4.66%、4.41%、4.45%。以数据集 1 预测结果为例，与 SVR、LSTM、WT-CNN-ADD 和 VMD-CovLSTM-Error 相比，所提出的模型在 RMSE 上分别降低了 71.67%、42.70%、44.57% 和 41.85%。准确有效的风速预测不仅确保了风力发电机的安全运行，还提高了风力发电的成本效益。此外，在多种分解集成学习方法中，该模型的运行时间较短，并且随着数据量的增加，其优势也越来越明显。总而言之，该模型拥有优越的预测性能和较低的计算复杂度，在风电系统中具有巨大的工程应用潜力。

五、结论与展望

（一）研究总结

由于风能和太阳能资源的波动性和间歇性，以及发电设备的低抗扰性和弱支撑性，大规模新能源发电并网给电力系统的规划、运行、控制等方面带来了巨大挑战。气象条件是影响两种资源转化为电能的关键因素，及时掌握未来的气象信息是准确预测发电功率和电网负荷的前提，也是辅助电力系统合理安排新能源发电和实现资源高效利用的基础。本章基于风电实际测量数据，改进数据驱动算法和深度学习技术，研究风电数据预处理技术和风速预测模型，以解决风速预测问题。主要研究成果如下：

（1）提出了基于自适应分解和智能去噪的数据预处理技术。基于先进的 CEEMDAN 自适应分解算法，该方法通过使用最大信息系数和 Savitzky-Golay 滤波拟合算法，实现智能识别分解分量中的高噪声分量并降噪。这不仅降低了噪声信号对预测过程的干扰，还保留了数据中更多的有效信息。

（2）提出了基于多尺度分析的特征重构算法。考虑到分解分量之间可能存在相似的复杂度，对所有分量进行建模使得模型的计算复杂度大幅增加。本章利用多尺度熵算法在不同尺度下对分解分量的复杂度进行了评估，并将重构复杂度相似的分解分量进行再预测，有效提高了模型的计算效率。

（3）提出了数据驱动的深度融合模型。开发了一种适用于风速预测的融合了卷积神经网络、长短期记忆神经网络和注意力机制的深度融合模型。其中，CNN 模块赋予了模型从数据中学习复杂表达的能力，从原始风速数据提取更深层特征并输入 LSTM。LSTM 模块进一步挖掘特征的潜在时序关系。注意力机制的融入提高了对重要信息的敏感度，提高了模型的学习能力，从而实现更准确的风速预测。最后随机森林算法作为非线性集成算法来代替简单的线性累加，进一步增强了模型的非线性预测性能。

（4）提出了基于联合互信息的数据分解与特征构造算法。本章将改进的互信息方法与贪婪算法相结合，用于计算和优化特征分量组合的贡献值。最后，生成贡献最大的联合特征分量，其余的作为低贡献特征分量。该方法同时考虑了各特征分量对原始信号的贡献和特征分量之间的相关性，从而简化了后续预测模型的结构，提高了模型的计算效率。

（5）提出了基于并行思想的判别预测神经网络结构。它具有多个输入通道，连接到不同结构的深度学习模型，对具有不同贡献程度的联合特征分量进行判别学习。该结构解决了复杂模型逐个学习简单序列所带来的大材小用问题。同时，该模型还可以完成集成工作，简化分解集成方法的计算步骤，减少传统分解集成模型的耗时问题。

（6）提出了多样的评估方法来验证预测模型的预测能力。本章针对所提出的模型，设计了大量对比实验，并结合风电场运行参数进行了实验分析，增加了实验模型的真实性和可操作性，证明了模型的预测性能和鲁棒性。匹配风电系统的应用环境，将高质量的预测方法嵌入风电系统的运行控制策略中。

（二）研究展望

本章开发了新颖的数据预处理和特征重构算法，设计基于深度学习技术的风速预测模型，实现短期风速的有效预测，并将预测方法嵌入风力发电机的运行控制过程中。为了进一步提高研究成果的工程应用价值，开发更加科学的风电预测技术，在未来的工作中，还需开展更加系统深入的研究。

（1）本章主要采用风电场测风塔和风电机 SCADA 系统采集的气象数据进行研究。然而这些数据的时间和空间分辨率较低，未来可以进一步利用气象站观测数据、卫星遥感数据和气象预报数据等数据，开发数据融合算法，构建均一化数据集以满足结构模式复杂的风电预测问题的研究需要。

（2）在现有风速预测模型的基础上，开发更加有效的数据预处理技术，进一步优化神经网络结构和参数配置，提高模型的预测准确率和收敛速度。

（3）本章构建的风电预测技术仍集中于数据本地化的静态离线模型，即离线采集至本地的历史风电数据和离线训练的静态模型，相关预测理论还有待进一步的丰富和发展。未来将对流数据环境下的在线学习风电预测模型进行更加深入的研究，以满足真实生产环境的技术需求。

（4）为了降低风电随机性、波动性和间歇性对风电电力系统调度的影响，未来需要继续开发嵌入电力系统调度的风电预测系统。为电力系统优化调度提供高质量高精度的风电预测服务，从而满足风电场的实际生产需求。

参考文献

［1］Abdeljaber O, Avci O, Kiranyaz S, et al. Real-time vibration-based structural damage detection using one-dimensional convolutional neural networks [J]. Journal of Sound and Vibration, 2017（388）：154-170.

［2］Amjady N, Keynia F, Zareipour H. A new hybrid iterative method for short-term wind speed forecasting [J]. European Transactions on Electrical Power, 2011, 21 (1): 581-595.

[3] Balat M, Ayar G, Oguzhan C, et al. Influence of fossil energy applications on environmental pollution [J]. Energy Sources, Part B: Economics, Planning and Policy, 2007, 2 (3): 213-226.

[4] Bessac J, Constantinescu E, Anitescu M. Stochastic simulation of predictive space-time scenarios of wind speed using observations and physical model outputs [J]. The Annals of Applied Statistics, 2018, 12 (1): 432-458.

[5] Cao J, Li Z, Li J. Financial time series forecasting model based on CEEMDAN and LSTM [J]. Physica A: Statistical Mechanics and Its Applications, 2019 (519): 127-139.

[6] Cassola F, Burlando M. Wind speed and wind energy forecast through Kalman filtering of numerical weather prediction model output [J]. Applied Energy, 2012 (99): 154-166.

[7] Castorrini A, Gentile S, Geraldi E, et al. Increasing spatial resolution of wind resource prediction using NWP and RANS simulation [J]. Journal of Wind Engineering and Industrial Aerodynamics, 2021 (210): 104499.

[8] Chang T, Wang L, Ma W. Wind speed prediction based on AR and ARIMA model [J]. East China Electr Power, 2010, 38 (1): 59-62.

[9] Chen J, Jönsson Per, Tamura M, et al. A simple method for reconstructing a high-quality NDVI time-series data set based on the Savitzky-Golay filter [J]. Remote Sensing of Environment, 2004, 91 (3/4): 332-344.

[10] Dai H, Huang G, Zeng H, et al. PM2.5 volatility prediction by XGBoost-MLP based on GARCH models [J]. Journal of Cleaner Production, 2022 (356): 131898.

[11] Erdem E, Shi J, She Y. Comparison of Two ARMA-GARCH Approaches for Forecasting the Mean and Volatility of Wind Speed [C]//Oral A Y, Bahsi Z B, Ozer M. Springer Proceedings in Physics. Cham: Springer International Publishing, 2014: 65-73.

[12] Erdem E, Shi J. ARMA based approaches for forecasting the tuple of wind speed and direction [J]. Applied Energy, 2011, 88 (4): 1405-1414.

[13] Flay R G J, King A B, Revell M, et al. Wind speed measurements and predictions over Belmont Hill, Wellington, New Zealand [J]. Journal of Wind Engineering and Industrial Aerodynamics, 2019 (195): 104018.

[14] Gu T, Guo J, Li Z, et al. Detecting associations based on the multi-variable maximum information coefficient [J]. IEEE Access, 2021 (9): 54912-54922.

[15] Guo Z, Wu J, Lu H, et al. A case study on a hybrid wind speed forecasting method using BP neural network [J]. Knowledge-Based Systems, 2011, 24 (7): 1048-1056.

[16] Hochreiter S, Schmidhuber J. Long short-term memory [J]. Neural Computation,

1997, 9 (8): 1735-1780.

[17] Hua S, Wang S, Jin S, et al. Wind speed optimisation method of numerical prediction for wind farm based on Kalman filter method [J]. The Journal of Engineering, 2017 (13): 1146-1149.

[18] Javed K, Gouriveau R, Zerhouni N, et al. Prognostics of proton exchange membrane fuel cells stack using an ensemble of constraints based connectionist networks [J]. Journal of Power Sources, 2016 (324): 745-757.

[19] Kavasseri R G, Seetharaman K. Day-ahead wind speed forecasting using f-ARIMA models [J]. Renewable Energy, 2009, 34 (5): 1388-1393.

[20] Ko M S, Lee K, Kim J K, et al. Deep concatenated residual network with bidirectional LSTM for one-hour-ahead wind power forecasting [J]. IEEE Transactions on Sustainable Energy, 2021, 12 (2): 1321-1335.

[21] Lecun Y, Bottou L, Bengio Y, et al. Gradient-based learning applied to document recognition [J]. Proceedings of the IEEE, 1998, 86 (11): 2278-2324.

[22] Li S, Wang P, Goel L. Wind power forecasting using neural network ensembles with feature selection [J]. IEEE Transactions on Sustainable Energy, 2015, 6 (4): 1447-1456.

[23] Liu H, Erdem E, Shi J. Comprehensive evaluation of ARMA-GARCH (-M) approaches for modeling the mean and volatility of wind speed [J]. Applied Energy, 2011, 88 (3): 724-732.

[24] Liu S, Zhao R, Yu K, et al. A novel real-time modal analysis method for operational time-varying structural systems based on short-time extension of multivariate VMD [J]. Structures, 2022 (37): 389-402.

[25] Liu Z, Jiang P, Zhang L, et al. A combined forecasting model for time series: Application to short-term wind speed forecasting [J]. Applied Energy, 2020 (259): 114137.

[26] Lyu H, Wan M, Han J, et al. A filter feature selection method based on the maximal information coefficient and gram-schmidt orthogonalization for biomedical data mining [J]. Computers in Biology and Medicine, 2017 (89): 264-274.

[27] Millot A, Maïzi N. From open-loop energy revolutions to closed-loop transition: What drives carbon neutrality? [J]. Technological Forecasting and Social Change, 2021 (172): 121003.

[28] Moriarty P, Honnery D. What is the global potential for renewable energy? [J]. Renewable and Sustainable Energy Reviews, 2012, 16 (1): 244-252.

[29] Ouyang T, Zha X, Qin L. A combined multivariate model for wind power prediction [J]. Energy Conversion and Management, 2017 (144): 361-373.

[30] Peng X, Li Y, Dong L, et al. Short-term wind power prediction based on wavelet

feature arrangement and convolutional neural networks deep learning [J]. IEEE Transactions on Industry Applications, 2021, 57 (6): 6375-6384.

[31] Sabzehgar R, Amirhosseini D Z, Rasouli M. Solar power forecast for a residential smart microgrid based on numerical weather predictions using artificial intelligence methods [J]. Journal of Building Engineering, 2020 (32): 101629.

[32] Salcedo-Sanz S, Pérez-Bellido A M, Ortiz-García E G, et al. Hybridizing the fifth generation mesoscale model with artificial neural networks for short-term wind speed prediction [J]. Renewable Energy, 2009, 34 (6): 1451-1457.

[33] Seyrek P, Şener B, Özbayoğlu A M, et al. An evaluation study of EMD, EEMD, and VMD for chatter detection in milling [J]. Procedia Computer Science, 2022 (200): 160-174.

[34] Shuku T, Ropponen J, Juntunen J, et al. Data-driven model of the local wind field over two small lakes in Jyväskylä, Finland [J]. Meteorology and Atmospheric Physics, 2022, 134 (1): 1-17.

[35] Sun Z, Zhao M. Short-term wind power forecasting based on VMD decomposition, ConvLSTM networks and error analysis [J]. IEEE Access, 2020 (8): 134422-134434.

[36] Tealab A, Hefny H, Badr A. Forecasting of nonlinear time series using ANN [J]. Future Computing and Informatics Journal, 2017, 2 (1): 39-47.

[37] Vidal A, Kristjanpoller W. Gold volatility prediction using a CNN-LSTM approach [J]. Expert Systems with Applications, 2020 (157): 113481.

[38] Wang H, Li G, Wang G, et al. Deep learning based ensemble approach for probabilistic wind power forecasting [J]. Applied Energy, 2017 (188): 56-70.

[39] Wang J, Gao D, Chen Y. A novel discriminated deep learning ensemble paradigm based on joint feature contribution for wind speed forecasting [J]. Energy Conversion and Management, 2022 (270): 116187.

[40] Wang J, Gao D, Zhuang Z, et al. An optimized complementary prediction method based on data feature extraction for wind speed forecasting [J]. Sustainable Energy Technologies and Assessments, 2022 (52): 102068.

[41] Wang J, Li Q, Zeng B. Multi-layer cooperative combined forecasting system for short-term wind speed forecasting [J]. Sustainable Energy Technologies and Assessments, 2021 (43): 100946.

[42] Wang K, Wang J, Zeng B, et al. An integrated power load point-interval forecasting system based on information entropy and multi-objective optimization [J]. Applied Energy, 2022 (314): 118938.

[43] Wang M D, Qiu Q R, Cui B W. Short-term wind speed forecasting combined time series method and arch model [J]. IEEE, 2012 (3): 924-927.

[44] Wang T. A combined model for short-term wind speed forecasting based on empiri-

cal mode decomposition, feature selection, support vector regression and cross-validated lasso [J]. PeerJ Computer Science, 2021 (7): e732.

[45] Wang X, Wang Y. A hybrid model of EMD and PSO-SVR for short-term load forecasting in residential quarters [J]. Mathematical Problems in Engineering, 2016 (2016): 1-10.

[46] Wu S D, Wu C W, Lin S G, et al. Analysis of complex time series using refined composite multiscale entropy [J]. Physics Letters A, 2014, 378 (20): 1369-1374.

[47] Wu S D, Wu C W, Lin S G, et al. Time series analysis using composite multiscale entropy [J]. Entropy, 2013, 15 (3): 1069-1084.

[48] Xu W, Wang J, Zhang Y, et al. An optimized decomposition integration framework for carbon price prediction based on multi-factor two-stage feature dimension reduction [J]. Annals of Operations Research, 2022: 1-38.

[49] Yin H, Ou Z, Huang S, et al. A cascaded deep learning wind power prediction approach based on a two-layer of mode decomposition [J]. Energy, 2019 (189): 116316.

[50] Young I R, Ribal A. Multiplatform evaluation of global trends in wind speed and wave height [J]. Science, 2019, 364 (6440): 548-552.

[51] Yu E, Xu G, Han Y, et al. An efficient short-term wind speed prediction model based on cross-channel data integration and attention mechanisms [J]. Energy, 2022 (256): 124569.

[52] Yuan L, Xi J. Review on China's wind power policy (1986-2017) [J]. Environmental Science and Pollution Research, 2019, 26 (25): 25387-25398.

[53] Zhang L, Wang J, Niu X, et al. Ensemble wind speed forecasting with multi-objective archimedes optimization algorithm and sub-model selection [J]. Applied Energy, 2021 (301): 117449.

[54] Zhang S, Wang C, Liao P, et al. Wind speed forecasting based on model selection, fuzzy cluster, and multi-objective algorithm and wind energy simulation by Betz's theory [J]. Expert Systems with Applications, 2022 (193): 116509.

[55] Zhang W, Qu Z, Zhang K, et al. A combined model based on CEEMDAN and modified flower pollination algorithm for wind speed forecasting [J]. Energy Conversion and Management, 2017 (136): 439-451.

[56] Zhang W, Zhang L, Wang J, et al. Hybrid system based on a multi-objective optimization and kernel approximation for multi-scale wind speed forecasting [J]. Applied Energy, 2020 (277): 115561.

[57] Zhang Y, Li C, Jiang Y, et al. Accurate prediction of water quality in urban drainage network with integrated EMD-LSTM model [J]. Journal of Cleaner Production, 2022 (354): 131724.

[58] Zhang Y, Li R. Short term wind energy prediction model based on data decomposi-

tion and optimized LSSVM［J］. Sustainable Energy Technologies and Assessments，2022（52）：102025.

［59］Zhang Y，Pan G，Chen B，et al. Short－term wind speed prediction model based on GA－ANN improved by VMD［J］. Renewable Energy，2020（156）：1373－1388.

［60］Zhang Y，Shang P. KM－MIC：An improved maximum information coefficient based on K－Medoids clustering［J］. Communications in Nonlinear Science and Numerical Simulation，2022（111）：106418.

［61］葛阳鸣. 基于集成学习的短期风力发电功率预测研究［D］. 南京：南京邮电大学，2019.

［62］梁耀光. 风电短期发电功率预测优化算法研究［D］. 南宁：广西大学，2016.

［63］吕鑫，祁雨霏，董馨阳，等. 2020 年光伏及风电产业前景预测与展望［J］. 北京理工大学学报（社会科学版），2020，22（2）：20-25.

［64］邵海见. 基于数据的风电场短期风速预测［D］. 南京：东南大学，2016.

［65］王永生. 基于深度学习的短期风电输出功率预测研究［D］. 呼和浩特：内蒙古农业大学，2021.

［66］王有禄，李淑华，宋飞. 风电场测风数据的验证和处理方法［J］. 电力勘测设计，2009（1）：60-66.

［67］王玉. 基于深度学习的风电场短期风速预测组合模型［D］. 合肥：中国科学技术大学，2021.

［68］薛禹胜，郁琛，赵俊华，等. 关于短期及超短期风电功率预测的评述［J］. 电力系统自动化，2015，39（6）：141-151.

［69］张楷楷，燕萍. 时间序列以及卡尔曼滤波在电力系统短期负荷预测中的应用［J］. 电气开关，2016，54（2）：91-96.

［70］周小晖，王意洁，徐鸿祚. 基于融合学习的无监督多维时间序列异常检测［J］. 计算机研究与发展，2023（3）：1-14.

第十章 低碳供应链管理与制造企业物流系统优化研究：以制造企业的横向绿色技术研发合作为视角

邱玉琢[*]

摘 要：低碳供应链的可持续发展离不开绿色技术创新。然而，由于绿色技术创新涉及产品设计、制造工艺、排污处理等多个领域的知识和技术，仅凭制造企业自身的技术经验和知识积累难以取得有效突破，因此，企业间的绿色技术研发合作成为低碳供应链可持续运营的重要手段。在实践中，甚至一些处于竞争关系的制造企业也会进行绿色技术的研发合作。然而，绿色技术研发合作也抑制了市场竞争，使得制造企业可以轻松获取庞大的利润，因此可能降低制造企业对绿色技术研发的投入，反而阻碍绿色技术的进步。此外，制造商的绿色技术研发合作也可能会削弱供应链其他环节的节点企业在供应链中的地位，使得供应链中的其他企业不能充分享受到绿色技术进步的收益，从而对绿色技术的可持续发展带来不利影响。因此，亟待研究供应链中制造商的绿色技术研发合作行为对绿色技术水平以及供应链中其他成员的影响。本章通过构建博弈模型，研究了不同供应链权利结构以及不同制造商绿色技术研发合作模式下供应链成员的决策变化，探讨了制造商之间的横向绿色技术研发合作对供应链的影响。最后，本章提出了一种改进的两部定价契约，用以同时协调低碳供应链的绿色技术投入决策与定价决策。

关键词：低碳供应链；绿色技术创新；技术合作；横向合作；契约协调

一、绪论

（一）研究背景

1. 碳供应链

人类活动产生的二氧化碳（CO_2）是温室气体的主要来源，也是气候变化和极端天气出现的主要源头。近年来，温室气体和全球变暖的影响逐渐成为事关环境保护的国际热点问题。全球变暖主要与温室效应有关，特别是与碳排放有关（Jiang and Shao，2014）。1995 年，政府间气候变化专门委员会（IPCC）指出，大气中温室气

---

* 作者简介：邱玉琢，南京信息工程大学教授，博士生导师，商学院院长，气候经济与低碳产业研究院执行院长。

体（GHG）浓度的增加是全球变暖的主要原因（Ghosh et al.，2020）。在过去的 150 年里，全球平均气温上升了约 0.8℃，造成了一系列的干旱、洪水、饥荒、海平面上升、气候反常、沙漠化面积增大等环境和社会问题（Nie et al.，2020）。全球变暖给人类的生存和发展带来了严峻的挑战（Field et al.，2014）。在所有的温室气体排放来源中，供应链活动产生的大量的二氧化碳气体，对环境的影响极大，减少供应链活动产生的碳排放迫在眉睫。随后，在各种压力下，基于低污染、低能耗、可持续发展理念的低碳经济发展模式成为国际社会关注的热点。最早对低碳经济思想进行探索的是美国著名学者莱斯特·R. 布朗，他在 1999 年提出了能源经济革命理论，认为人类面临地球温室化的威胁，必须尽快从以化石燃料为核心的经济转变为以氢能、太阳能等为核心的经济（莱斯特·R. 布朗，1999）。"低碳经济"一词最早出现在《我们能源的未来：创建低碳经济》这一文件中（Brandenburg，2015）。随后，世界上包括中国、美国在内的许多国家都开始高度关注这一新的经济形式，纷纷出台了相应政策，走低碳之路。2009 年哥本哈根世界气候大会隆重召开，使各国认识到只有发展低碳经济才是决胜于未来的不二选择（Zhang et al.，2021）。随着环境资源日益枯竭，经济增长与环境保护之间的冲突越来越大，低碳经济成为全球范围内的新趋势，选择最佳碳减排水平对企业来说，也越来越重要（Yang et al.，2017）。由于人们对环境认识的不断提高，以及对环境产品需求的不断上升，企业间的竞争已经从纯价格竞争转变为价格竞争和产品绿化水平的竞争。加上全球变暖带来的压力，迫使各供应链企业不得不走低碳、绿色转型发展道路（Nie et al.，2020）。通过减排技术提高产品绿化水平，符合规范已成为共识。绿色的目的是使产品从物料获取、加工、包装、运输、使用到报废处理的整个过程对环境产生的影响最小、资源利用效率最高（Sheu et al.，2005）。随后，绿色供应链管理成为许多利益相关者关注的重点，主要是在供应链创新管理下，减少供应商对最终用户的环境影响，以此提高企业核心竞争力、提升企业经济效益（Zhao et al.，2017）。随着技术的发展和经济的全球化，供应链之间的竞争对企业的生存和发展起着越来越重要的作用。一方面，如何选择正确的供应链决策结构，以保持其竞争优势尤为重要。另一方面，随着全球变暖带来的各种问题，低碳转型已然成为企业长远发展的关键因素。因此考虑竞争因素、绿色技术水平、碳减排的低碳供应链研究既具有理论意义，又具有重大现实意义。

2. 绿色技术创新

改革开放 40 多年来，我国实现了从"赶上时代"到"引领时代"的伟大跨越，经济发展进入创新驱动高质量发展的新阶段。为彻底解决经济高速增长背后的高排放、高能耗、高污染等严重问题（金永刚，2020），党的十九大报告中明确提出了推进绿色发展、加快生态文明建设的战略部署，国家"十四五"规划建议则进一步明确要"支持绿色技术创新""推进清洁生产"。创新发展往往伴随着资源能源节约、产业技术进步等，而绿色创新和经济发展之间则存在着长期的均衡关系（原毅军、陈喆，2019）。绿色技术创新作为实现绿色发展目标的重要支撑，是指研发有利于资源节约、污染防控、节能减排、提高能效、循环利用的产业技术体系，兼具创新和绿色两种特性。它会在推动传统产业升级、破解"三高"难题、实现生产模式资源耗费降低、污染控制与治理的过程中发挥重要作用。因此，为促进经济高质量发展满足人民日益增长的美好生活需要和良好生态环境需要，以绿色技术创新引领推动绿色发展和生态文明建设显得日趋紧迫。绿色技术创新遵循生态原理和生态经济发展规律，是对传统技术创新的拓展和提升，是生态文明视域下技术创新的崭新形态，实现了在发展中保护，在保护中发展的良性循环（Schiederig, 2012）。绿色技术的清洁性高效性及可持续性等特征决定了其在技术群中的占优趋势。推行绿色技术创新是从根本上实现经济发展与环境污染、资源消耗之间"脱钩"的关键途径，是推进生态文明建设和绿色发展，以及满足人民群众美好生活需要的重要保障（汪明月等，2019）。市场导向下的企业绿色技术创新，就是要借助市场机制来优化企业绿色技术创新要素配置效率，充分发挥市场的供求机制、竞争机制及价格机制来降低绿色技术创新的不确定性和多重外部性，提高企业绿色技术创新的投入（周晶淼等，2016）。

目前，我国企业在进行绿色技术创新的过程中大多会面临着资金短缺的问题，资金短缺会限制企业的创新力度，也会降低企业绿色技术创新的积极性与主动性。针对资金短缺问题，党的二十大报告中提出形成政府资本、金融资本、民间资本、外来资本共同支撑技术创新的新机制，进一步激发企业绿色技术创新的内部动力，加快绿色技术创新能力建设，加大技术创新投入。同时，政府针对企业绿色技术创新也提出了相应的激励政策。将财政补贴与税收优惠政策相结合，在企业发展的不同阶段下发挥政府补贴与税收政策的协同作用。将财政补贴与税收优惠政策相结合、价格补贴与环境税费政策相结合，为企业减轻绿色技术创新负担，提高企业主体的积极性。供应链中的企业包括制造商和零售商，都应承担起相应的环境保护责任，履行绿色创新的义务，不断创新绿色技术解决经济发展过程中的资源与环境问题。因此，供应链进行绿色技术创新具有实际意义。

3. 绿色技术合作

企业作为市场经济的主体，在面对瞬息万变的市场形势时，纷纷主动与其他企业建立合作关系。供应链管理专家马丁·克里斯托弗曾指出"21世纪的竞争不再是企业和企业之间的竞争，而是供应链和供应链之间的竞争"。单个企业很难做到面面俱到，往往仅在某些业务环节上拥有独特优势，企业间资源的异质性促使不同企业进行知识性和产权性资源的互补从而开展合作（杨发明等，1997）。当供应链上下游企业在发挥各自核心竞争力的基础上展开密切合作时，往往可以实现合作共赢、高效协同发展的局面。

近年来，工业化和城市化的快速发展使得生态环境遭受到严重破坏，其逐步成为制约可持续发展的重要因素，转变现存发展方式进行绿色发展是时代转型的必然选择。在环保意识崛起和生产资源短缺的联合推动下，越来越多的企业在加强自我内部管理的同时，与供应链上的其他企业开展密切合作以提高绿色发展水平。

由于绿色技术创新要求企业在设计和生产工艺等环节进行创新，其技术复杂性、集成性的特点需要企业投入大量的人力物力，且投资初期的产品难以产生预期收益，大部分企业难以实现绿色目标，依靠单个企业来进行绿色投资会造成企业过高的投资负担。开展绿色合作可以有效节省成本、共担风险、避免投资重复，使受资源与能力限制的企业双方实现优势互补和资源共享，从而提高资源利用率与竞争力，实现高利用率和低污染率的双重目标（Wong et al.，2012）。

目前，众多实力雄厚的大型企业与供应链上下游开展绿色合作。惠普公司根据环境许可证、污染防治和资源节约、空气污染排放物等关键条款评估供应商绩效，其绿色供应链管理总体目标表明，要致力于协助供应商到2025年相比2010年减少200万吨碳排放。针对废弃墨粉盒回收再利用技术，与其UPS主要供应商进行了"耗材回收计划"（HP Planet Partners）。联想注重对供应商的环境表现，对其进行绿色管理、评估和监督，并将此纳入公司采购流程，制定了全面的供应商操守准则。2017年，为加快工业绿色转型升级，助推绿色制造发展战略，首个国家级绿色制造联盟正式成立，实现联盟成员间资源共享、信息互通，提升中国制造绿色发展水平。然而，大部分中小企业依旧处于孤军奋战的状态，尚未跟上大型企业的步伐。另外，在政策规制与消费者绿色偏好等社会压力下，不少企业象征性地进行绿色技术合作从而获得资源支持，出现"脱耦"行为（Li et al.，2020），这将严重影响企业绿色战略的实施以及国家"双碳"政策。

当下，企业间的绿色合作作为以减少环境污染与环境和谐相融为目的的新型合作模式正在成为一种新趋势。同时，由于供应链管理以及绿色技术的相关理念发展较晚，企业间绿色技术合作尚未引起人们足够重视（宿丽霞等，2013）。因而，研究供应链绿色技术合作具有现实意义与理论意义。

（二）问题提出

1. 研究动机

随着生态环境的挑战日益严峻和可持续发展的理念被人们广泛接受，提升绿色生产效率已经成为制造企业保持竞争力的重要手段，而绿色技术创新则是企业可持续发展的前提与根本途径（Lanoie et al.，2011）。与一般的技术创新不同，一方面，绿色技术创新的成果并不能直接惠及供应链上的合作伙伴，因而往往缺乏供应链系统的支持（Kirchherr et al.，2018），甚至被视为传统产业价值系统稳定性的破坏者。另一方面，绿色技术创新涉及产品设计、制造工艺、排污处理等多个领域的知识和技术，仅凭企业自身的技术经验和知识积累难以取得有效突破（Strambach，2017）。此外，绿色技术创新与一般技术创新一样具有溢出效应。制造企业的绿色技术创新活动也会对其他企业的绿色技术的进步产生积极影响。虽然绿色技术的溢出效应可以使得绿色技术创新的总收益增加，但也会降低制造企业绿色技术创新带来的竞争优势，削减企业的绿色技术创新动力。

因此，突破组织边界并与其他制造企业进行绿色技术研发合作成为开展绿色技术创新的有效方式（Spena and Di Paola，2020）。企业间的绿色技术研发合作为企业将技术溢出的外部性内部化提供了解决方案。除此之外，制造企业间的绿色技术研发合作还可以使得企业接入专业技术网络，充分发挥自身的技术特长，大大降低研发的成本与风险，在实践中，甚至一些处于竞争关系的制造企业也会进行绿色技术的研发合作。例如，特斯拉和丰田在2010年签署了绿色技术研发的合作协议，共同合作开展新能源汽车的研发活动。

然而，绿色技术研发合作也抑制了市场竞争，使得制造企业可以轻松获取庞大的利润，因此可能降低制造企业对绿色技术研发的投入，反而阻碍绿色技术的进步（D'Aspremont and Jacquemin，1988）。此外，制造商的绿色技术研发合作也可能会削弱供应链其他环节的节点企业在供应链中的地位，使得供应链中的其他企业不能充分享受到绿色技术进步的收益，从而对绿色技术的可持续发展带来不利影响。因此，亟待研究供应链中制造商的绿色技术研发合作行为对绿色技术水平以及供应链中其他成员的影响。另外，由于供应链中的权利结构直接决定了供应链中的利润分配，因此，不同权利结构的供应链中制造商的绿色技术研发合作带来的影响也可能不同。具体而言，本章的研究问题如下：

（1）制造商的绿色技术创新合作是否可以提升绿色技术水平？其经济影响（包括供应链成员利润、消费者剩余以及社会福利）和环境影响（包括污染物总排放量和绿色生产效率）是什么？

（2）不同制造商的绿色技术研发模式下（即合作研发和独立研发），绿色技术的外部溢出效应对供应链带来的影响有何不同？

（3）上述影响在不同供应链权利结构下有何不同？

2. 问题界定

本章构建了一条包含两个竞争的制造商和一个共同的零售商的供应链模型，并考虑了制造商在制造流程中产生的污染排放所带来的外部影响。制造商可以通过绿色技术投入来降低污染排放，但需要支付一定的研发成本，同时，绿色技术的溢出效应也会为竞争对手带来技术改进。制造商可以通过绿色技术合作形成绿色技术战略联盟，也可以选择独立进行绿色技术研发。通过构建供应商领导、零售商领导以及权利对称的供应链模型对比不同模型的均衡解，本章揭示了绿色技术创新合作所带来的影响。最后，本章提出一种改进的两部定价契约，用以同时协调供应链的绿色技术研发决策和价格决策。

（三）研究意义

1. 理论意义

本章的理论意义在于，在绿色供应链的背景下考虑了竞争的制造商之间的绿色技术横向合作。过往研究大多聚焦于纵向一体化的制造业企业之间的绿色技术合作，或以供应链为背景的上下游企业之间的绿色技术合作。少数研究以供应链为背景研究制造商之间的绿色技术合作，但这些研究多是假设制造商处于两条竞争的供应链中。在本章的研究背景中，制造商处于同一供应链，形成了网络关系。在此基础上，本章研究制造商的竞合关系对整条供应链的影响。本章的研究丰富了对于绿色供应链以及企业绿色创新的研究。

2. 实践意义

本章的研究得到了一系列重要的管理学启示。例如，本章发现制造商之间的绿色技术合作可以缓和制造商之间的竞争，并提升制造商的利润。然而，对于零售商来说，制造商之间的绿色技术合作并不一定有利。当绿色技术的外部溢出效应较弱时，制造商之间的绿色技术合作反而削弱制造商对绿色技术的投入动机，并造成供应链效率的下降，进而对零售商和消费者带来不利影响，影响社会福利。此外，虽然制造商之间的绿色技术合作通常可以提升绿色生产效率，但也可能大幅提升产品的生产量，进而造成污染排放的增加。本章同时揭示了绿色技术溢出效应在制造商绿色技术合作决策中的关键作用。当制造商之间不进行绿色技术合作时，绿色技术溢出效应虽然可以使得供应链成本下降，但也会造成制造商之间"搭便车"的现象。根据上述两种影响的强弱，绿色技术溢出效应将对供应链产生不同影响。制造商在供应链中的地位影响其对绿色技术研发投入的资源，但不一定能确保制造商进行绿色技术研发合作时绿色技术合作投入的提升。相反，决定制造商绿色技术投入是否因制造商之间的绿色技术合作而改进的关键因素是供应链权利结构的对称性。最后，制造商的绿色技术合作也可能造成了供应链的渠道冲突。而在两部定价契约下，若零售商对制造商的绿色技术研发投入加以补贴，则可以实现供应链的协调。本章的研究成果可以对制造企业的绿色技术创新行为进行指导，也可以为企业进行供应链关系管理提供建议。

二、文献综述

2020 年 9 月，习近平主席在第七十五届联合国大会一般性辩论上宣布，中国力争于 2030 年前二氧化碳排放达到峰值，努力争取 2060 年前实现碳中和目标。中国应对全球气候变化的立场本就十分坚定，将碳达峰与碳中和作为未来 30 年内的长短期规划更是彰显了中国对全球气候变化的高度关切，同时也是中国担当大国责任的重要体现。近几年极端天气越来越多，应对全球气候变化刻不容缓，尤其是在 2022 年北半球温带大多数国家经历了有史以来最热夏天后，社会各界对温室气体排放的关注度也达到了前所未有的高度。然而，通过单个企业的努力难以有效地实现碳减排，只有通过供应链上下游企业的协同进行碳管理，才能真正实现碳排放的降低（吴隽、徐迪，2020）。

近几年，低碳供应链被国内外学者广泛研究，低碳供应链涉及多个研究领域，与社会各界密切相关。Shaharudin 等（2019）总结出了低碳供应链的六个主要领域——可持续性、气候变化、绿色供应链管理、供应链管理、创新、可持续发展和环境管理，他们将低碳供应链定义为一项战略性的、与环境一致的倡议，旨在通过关注能源效率和减少碳排放，实现卓越的运营和成本降低；并且通过文献计量分析的结果，得出中国学者贡献了最多的低碳供应链研究，其次是美国和欧洲国家的结论。此外，以"低碳供应链"为关键词在中国知网（China National Knowledge Infrastructure，CNKI）上进行检索，检索结果表明：与低碳供应链相关联的主题超过 30

个，主要包括低碳供应链、供应链、低碳经济、决策研究、消费者低碳偏好、闭环供应链、绿色供应链、策略研究、碳减排、低碳偏好、双渠道供应链、协调研究、供应链决策、绿色供应链管理、绩效评价、供应链管理、碳交易、碳排放、公平关切、制造商等。在上述这些主题中，总共有 1263 篇已发表文章，而低碳供应链、供应链、低碳经济、决策研究、消费者低碳偏好、闭环供应链、绿色供应链七个主题的发文数量占比达总检索结果的 57.72%。继续以"低碳供应链"为关键词，选择查看次要主题，查询结果显示：与低碳供应链相关联的次要主题超过了 10 个，主要包括协调研究、供应链、定价决策、低碳供应链、异质性消费者、消费者低碳偏好、利益协调、产能投资、公平关切、双渠道供应链、决策研究等，发文数量如图 10-1 所示。从图 10-1 不难看出，与低碳供应链相关的次要主题发文数量中，协调研究是数量最多的，而其他相关次要主题发文数量均较少。因此，低碳供应链目前还有很大的研究空间。低碳供应链 2018 年之前的详细的文献计量数据可以参考吴隽和徐迪（2020）、Shaharudin 等（2019）。

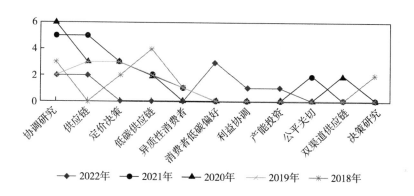

图 10-1　2018~2022 年低碳供应链的相关次要主题发文数量折线图

为了了解低碳供应链的应用领域，需要引用相关次要主题的分类。本部分将从四个方面来进行文献梳理，分别是定价决策、协调研究、渠道结构、绿色技术合作。

（一）定价决策

目前国内外已有许多与低碳供应链的定价决策相关的研究成果，这些学者在不同的情景和背景下探讨了低碳供应链下供应链成员的定价决策行为。在政府大力倡导低碳生产和低碳消费时，碳税政策的实施是否改变了供应链成员的定价决策和社会福利？事实上，相关产品的零售价格和批发价格都随着碳税税率的提高而提高（Zhou et al.，2018）。低碳供应链中谁作为主导方似乎也很重要。当处于制造商作为主导者零售商作为跟随者的碳交易机制下的二级供应链时，供应链双方的交叉持股能够改变碳交易价格对制造商减排量的影响，不同类型的制造商在面对碳交易价格变化时会有不同的反应（夏良杰等，2021）。当处于主导地位的零售商分担制造商减排成本的成本分担契约时，成本分担契约在增加制造商和零售商的减排量时，也会提高双方的定价和利润，而消费者环境意识对成本分担契约促进减排、提高定价和利润的作用是正向的（魏光兴和高婷婷，2022）。但后来 Liu 等（2022）针对需求模糊、不同质量水平的二手产品闭环供应链，提出了一个集中式和三个分散模型（分别为制造商主导、零售商主导和收集者主导）；他们发现，在三种分散模型中，新产品的最优价格随着不同质量水平的旧产品所占比例的增加而上升，而新产品和再造产品的最优价格和最优回收比随回收努力成本系数的增大而降低。也就是说，在 Liu 等（2022）的研究中，在分散模式下，谁作为主导方都会产生同样的结果。

供应链成员的合作方式会对低碳供应链决策造成影响。Liu（2019）选择了单个零售商和单个低碳制造商的低碳供应链，然后提出并分析了四种常见的成本分担模型及其定价规则，他们的结果表明，消费者偏好信息获取成本和碳减排成本等可以帮助零售商获得较低的批发价格，获得更多的效益。伍星华等（2021）在产品具有网络外部性的背景下研究了产品网络外部性对于低碳供应链中各节点企业的碳减排水平、产品定价及最优利润等的影响；他们发现，收益共享契约可以实现低碳供应链决策效率的 Pareto 优化，但无法达到完全协调状态，而两部定价契约可以实现低碳供应链决策的完全协调。Yu 等（2022）在同时考虑了两个制造商分开进行碳减排决策（垂直合作）和同时进行碳减排决策（水平合作）的两种情况后，发现只要碳税发生，供应链各成员的垂直合作将降低碳排放率和产品价格。

此外，这些学者研究低碳供应链的定价决策的方法也较为丰富，如 Khorshidvand 等（2021）在考虑定价、绿色质量和广告的情况下提供了一个两阶段的方法来建模和解决可持续的闭环供应链，第一阶段对定价、绿化和广告进行最优决策，第二阶段采用模糊多目标混合整数线性规划模型，通过算例分析结果说明了模型的适用性和效率，同时确认了在最优定价、绿色质量和广告下可持续目标的显著改进。邹浩和秦进（2023）利用均值方差法及 Stackelberg 博弈理论，对制造商风险规避行为下的低碳供应链成员定价决策过程进行分析，构建出了不同决策情景下的供应链产品定价决策模型；他们发现，制造商会为了规避因减排技术投资而产生的风险，从而采取降低产品批发价格和减排率的策略。

通过对上述文献的分析，可以发现目前研究存在的一些问题：首先，低碳供应链中谁作为主导方对低碳供应链的定价决策到底重要与否？后面的研究可以着重考虑这一点。其次，哪种供应链合作方式更加有利于低碳供应链各方做出更好的定价决策？最后，能否考虑用更多的数学方法来解决低碳供应链的定价决策？低碳供应链的定价决策研究有没有进入到实践中去？这些都是需要进一步研究考虑的。

（二）协调研究

有大量的研究证明，在低碳供应链的协调性研究方面，采用何种契约方式对协调低碳供应链有很大的影响。例如，Peng 等（2018）分析了目前流行的供应链数量折扣合同和收益分成合同，发现数量折扣契约能够有效协调低碳供应链，而收益分成契约则不能；然后在此基础上设计了一种新的收益分成与减排补贴契约来协调供应链，最后证明了提出的收益分成与减排补贴契约可以很好地协调低碳供应链与产量不确定性之间的关系，使得碳减排水平可以达到集中情况下的水平。Taleizadeh 等（2018）扩展了一个由单个制造商和单个零售商组成的两级供应链，销售一种碳排放较低的产品，市场需求取决于产品的价格和碳减排的速度。从合作和非合作两种形式分析该两级供应链；他们通过多种博弈分析方法发现，合作形式的供应链利润高于非合作形式的供应链利润，批发价格契约中的供应链具有最高的利润，并且能够协调供应链。Liu（2019）不仅研究了定价决策，还采用收益共享契约进行供应链协调研究，并且发现当收益分成系数大于 0.25 且小于 0.5 时，收益分成契约可以实现供应链的低碳协调。李友东等（2019）考虑分散决策、集中决策、合作决策模式三种决策结构，利用博弈理论分析了前两种情形的最优零售价格、销售努力和减排量，利用非线性规划方法构建了合作决策契约模型；他们得出在原有普通产品的基础上提供新的低碳产品使得双方都能够获得更多的利润和销量的结论，同时通过数值算例分析方法验证了合作决策协调模型能够使产品价格下降的同时使产品的减排水平提高，并使供需双方获得更好的收益。陈静（2020）等考虑了消费者低碳偏好，构造了由制造商和零售商构成的两级双渠道供应链中网络直销渠道和传统零售渠道的协调问题，通过算例证明了两方收益共享契约能够使低碳环境下双渠道供应链实现协调。伍星华和艾兴政（2022）通过博弈论在集中决策和分散决策两种模式下建立低碳供应链的决策模型，并设计收益共享—成本分担契约对规模不经济且分散决策下的供应链成员的决策行为进行协调；结果显示，当收益分享比例和成本分担比例满足一定条件时，实施收益共享—成本分担契约可以实现分散决策下生产商规模不经济的低碳供应链完全协调。Zhang 和 Yu（2022）从长期动态的角度研究了政府复合补贴下低碳闭环供应链的利他模式选择与协调；运用微分博弈论构建并求解不同情景下制造商、零售商和政府的均衡策略，最后基于集中式场景，设计了收益共享—双方成本共享契约，实现了不同场景下低碳闭环供应链的协调。Ebrahimi 等（2022）首先分析了分散和集中结构下的双层可持续努力，然后引入基于补偿的批发价格契约，以协调限额与交易制度下的可持续供应链，之后根据协调计划获得的剩余利润由制造商和零售商根据双方的议价能力进行分配，从社会、环境和经济的角度来看，他们开发的协调系统同时提高了整个供应链的可持续绩效。

也有从供应链各方合作模式以及决策模式方面进行考虑的低碳供应链协调研究，如 Yang 等（2017）同时考虑了限额与交易制度下的两个竞争性供应链，每个供应链由一个制造商和一个零售商组成，分别研究了制造商在 Stackelberg 博弈中作为领导者的情形（横向合作情形），以及制造商之间的减排决策存在纳什博弈的情形（纵向合作情形）；最后通过求和比较发现，纵向合作的碳减排率较高，零售价格较低。夏西强等（2022）基于外包制造下构建的由低碳产品制造商、普通产品制造商和零售商参与的分散决策博弈模型和集中决策博弈模型的最优解，剖析碳交易对两种产品最优定价、需求量等的影响；发现运用 shapley 值法可以根据低碳供应链成员的贡献有效分配低碳供应链成员利润，避免边际损失，实现低碳供应链的协调。

两部定价契约在供应链管理求解均衡解中应用广泛。两部定价契约的实质包含两个阶段：生产商首先向传统零售商收取固定的费用（可以视为加盟费或一次性收取的费用），然后再根据产品市场需求量确定单位产品的批发价格；传统的两部定价契约包括固定费用和单位批发价格两个部分。两部定价契约有许多优点：首先，当需求冲击不太持久时，两部定价契约通过产生更大的预期供应链利润，表现优于线性批发价格，同时也消除了牛鞭效应（Zhan and Horst，2022）；其次，相比于分散决策，两部协调定价机制能够提高供应链的整体利润（黄红伟等，2022）；最后，与另一种定价契约——数量支付合同相比，拥有私人信息和渠道的供应商都更喜欢两部定价契约（Lv et al.，2019）。但是，复杂的两部定价契约并不总是能协调供应链成员的利润，它还会受到外部横向竞争等多种因素的影响（李晓静等，2019）。因此，为了同时协调供应链中的价格决策与绿色技术投入决策，且考虑到绿色供应链的因素，本章在两部定价契约的基础上，加入零售商对制造商的绿色投入补贴。

（三）渠道结构

在低碳供应链渠道结构方面，大量的研究通过构建双渠道低碳供应链模型求解最优渠道决策。张喜征等（2016）针对传统零售渠道中存在的同类产品竞争，对Salop环形城市模型进行拓展，他们发现产品替代程度对替代产品的各渠道定价和零售渠道需求有正向影响，对直销渠道需求的影响应考虑网络购物带来的便利程度，而对已有产品的需求和定价影响为负。并提出了改进的收益共享契约协调策略去缓解渠道冲突，实现供应链成员的 Pareto 改进。杨仕辉和肖导东（2017）进一步提出并检验了"成本共担契约+收益共享契约"，通过构建生产商主导的双渠道低碳供应链博弈模型，研究结果显示，消费者对零售渠道的低忠诚度是生产商选择双渠道供应链的前提；传统零售渠道销售单位产品的碳排放成本决定双渠道供应链能否存在，碳排放成本越高，供应链总减排量和单位产品碳减排量越低。杨磊等（2017）建立了四种不同渠道结构的供应链分销模型，并采用逆向归纳法得到不同渠道结构下企业的最优定价决策、减排决策以及最优利润，并对模型的最优决策进行了对比分析；他们发现，新渠道的引入能够使得建立电子渠道的企业利润增加，但是对供应链另一成员的利润不一定造成损害。何新华等（2019）考虑到低碳约束与产品替代率，利用 Stackberg 博弈理论，对比分析标准产品、绿色产品和替代产品在有无碳限额交易政策下的集中渠道和分散渠道的供应链最优订货量和最优定价，进而得到最优利润和碳排放量。Ghosh 等（2020）基于双渠道供应链模型，考虑到排放敏感的随机需求、政府强制的总量管制和消费者的低碳偏好，他们发现在排放敏感的随机需求下，采用回购契约和减量任务分担契约可以成功协调分散式双渠道策略，从而为供应链所有成员带来双赢结果，当消费者低碳偏好较高且产品初始排放量较低时，引入双渠道策略是有利可图的。

范贺花等（2020）构建了双渠道低碳供应链模型，研究表明除消费者本身的渠道偏好外，制造商的边际生产成本、渠道需求的随机性和碳减排等因素也都会影响消费者的渠道选择。许以撒等（2021）讨论了低碳产品建立线下零售渠道、线上直销渠道以及双渠道的供应链决策模型，他们通过研究发现消费者低碳偏好和交叉价格弹性增加对供应商利润、零售商利润以及减排水平的提高都有促进作用。

此外，也有大量研究从零售商或制造商的角度分析各种经济因素对渠道决策造成的影响。Wang 等（2016）则探讨了渠道之间的运营成本的差异对零售商渠道选择策略产生的影响。考虑到线上销售渠道存在高退货率的问题，Chen 等（2017）分析零售商如何在实体渠道、线上渠道和双渠道中进行选择。李佩等（2018）通过算例分析潜在需求、自价格弹性、相同产品在不同渠道销售的交叉价格弹性和不同产品的交叉价格弹性等变动对零售商渠道策略的影响，得出零售商的最优渠道策略。万光羽等（2021）分析了渠道间碳排放差异和销售成本的差异对零售商最优渠道选择的影响，发现随着碳排放量的增加，零售商会依次选择完全线下渠道、双渠道和完全线上渠道。对于制造商渠道选择方面的研究，集中考虑到销售成本、消费者偏好、价格竞争系数等因素的影响。Erjiang 等（2016）研究了制造商分别对传统零售商和网上零售商采用相同批发价格、不同批发价格两种情况下，制造商为缓解渠道冲突所采取的渠道协调策略。梁喜等（2018）分析了三种不同双渠道结构下价格竞争系数、网上直销成本和佣金比例系数的影响，以及制造商的最优定价决策与渠道选择问题。研究发现制造商在保证一定网上直销单位成本和佣金比例系数的条件下，网上代销双渠道和网上直销双渠道中获取的利润高于网上分销双渠道；在网络代销双渠道中，制造商利润随着佣金比例系数增加而减少，而传统零售商和网络零售商的利润会随着佣金比例系数的增大而增加。Zhang 等（2021）跟踪研究了竞争对焦点制造商的渠道偏好的影响，研究阐明了竞争在市场中的作用。

供应链权力结构从多个角度影响着绿色供应链。Xia、Zhi 和 Wang（2021）的研究结果表明，在交叉持股的供应链中，制造商和零售商之间的碳减排比例会受到供应链权力结构的影响：在制造商主导的模型中，碳排放减少受到零售商所持有的制造商股份比例的积极影响，而在零售商主导的模型中，它会受到制造商所持有的零售商股份比例的负面影响。Agi 和 Yan（2020）认为制造商主导的供应链比零售商主导的供应链能更好地克服固定成本，推出绿色产品，并在其发展的早期阶段从绿色消费者细分市场的增长中获益。但刘名武等（2022）研究发现，制造商主导的权力结构相比零售商主导的权力结构更不利于产品绿色度的提高；供应链企业利润受到关税税率水平、供应链权力结构以及产品绿色成本系数的综合影响，供应链主导地位不能一直为主导者带来更多的利润。还有学者研究了不同性质的制造商主导对整个供应链的具体影响，陈克兵、孔颖琪和雷东（2023）发现，在绿色产品制造商主导时，绿色制造商为获得更多的利润，会增加绿色投入以吸引消费者；而当传统制造商主导时，绿色产品制造商会减少绿色制造投入以增强在价格上的竞争优势；并且发现，制造商是否在市场上占据主导与其自身可获得的最优利润之间并无必然联系；当绿色需求敏感度较大时，绿色制造商领导下的供应链总利润最大。但是上述研究没有回答绿色制造商在进行绿色技术合作时是否一定可以提升制造商的绿色技术合作的问题，也没有找到绿色制造商在何种情况下更倾向于投入资源进行绿色技术研发的答案。为此，本章也将考察不同供应链的权力结构对绿色技术投入和绿色技术合作带来的影响。

（四）绿色技术合作

绿色技术的创新与发展是低碳供应链管理的一项重要内容，供应商和制造商之间的绿色研发合作越来越普遍。Wu、Zhang 和 Chen（2021）认为，制造商的绿色技术合作的程度和深度会受到溢出率、研发效率、竞争水平等多种因素的共同影响，他们发现供应商的绿色投资水平不受制造商研发效率的影响，但其批发价格受各厂商研发效率的影响；且制造商的研发效率对每个低碳供应链成员的合作偏好有着至关重要的影响。在不考虑绿色技术创新的情况下，供应商会优先选择本身实力强劲的制造商作为合作伙伴，并且只在共享绿色技术成本较低时才会选择技术共享来增加整个低碳供应链的整体利润（段炼、袁柳洋，2022）。但与竞争对手的绿色技术合作并不总是能引导一个拥有劣质或优秀品牌的焦点公司生产出更绿色的产品，在选择合作关系时，不同品牌定位的影响不容忽视（Li et al.，2021）。Chen、Wang 和 Zhou（2019）研究探讨了企业在两级供应链中的绿色研发合作行为，他们发现研发合作对企业经济绩效的改善主要取决于企业自身的绿色贡献水平；这一水平取决于企业的绿色研发投资效率和溢出效应，以及它们与其供应链合作伙伴的相关权力关系；且在帕累托改善区域，绿色研发合作对企业、客户和环境都有积极的影响。此外，也有学者研究了合作情形下制造业企业绿色技术创新能力评价指标体系。例如，Yin、Zhang 和 Li（2020）通过实证研究绿色技术创新能力的衡量标准及其影响因素对于多智能体合作绿色技术创新能力和竞争力的提高；并且采用问卷调查的方法，构建了多智能体合作下制造业企业绿色技术创新能力评价指标体系。他们认为多智能体合作的绿色技术创新能力评价体系应考虑输入要素、技术产出、经济产出、绿色技术创新的社会效应四个方面。以上关于绿色技术合作的研究已经较为完备，但还没有研究绿色技术合作对低碳供应链各方会造成何种影响。为此，本章将在第四部分考察制造商之间的绿色技术合作对供应链成员决策（包括批发价、零售价等价格决策和绿色技术创新投入决策）的影响，分析制造商之间的绿色技术合作为供应链成员以及供应链带来的经济效应，讨论制造商之间的绿色技术合作的环境影响。此外，还将在第五部分分析绿色技术溢出效应对第四部分讨论的各方的具体影响。

三、模型及均衡解

（一）模型设定

考虑一条包含两个竞争的制造商和一个零售商的两级绿色供应链。制造商 i 生产产品，并将产品以一定的批发价 w_i 批发给零售商 $i(i=1, 2)$，零售商 i 再将产品以市场价格 p_i 销售给消费者。本章进一步将两条绿色供应链之间的竞争建立为单周期的价格竞争模型，并令零售商 i 的需求函数 $q_i=1-p_i+\theta p_{3-i}$，其中 $\theta \in (0, 1)$ 表示产品的替代程度，同时，θ 也可以表示市场的竞争激烈程度，当 $\theta=1$，两个制造商的产品对消费者来说是完全可以替代的，此时市场竞争最为激烈。为不失一般性，假设制造商的生产成本为0。

在实践中，大多数污染都源自生产制造过程。因此，假定制造商生产一单位产品将产生一单位的污染，制造商 i 的总污染排放与其产量 q_i 成正比。同时，制造商可以通过绿色技术创新降低污染排放量，假设制造商 i 的绿色技术水平为 X_i，则在进行绿色技术投入后，制造商的污染排放量将降低至 $E_i=(1-X_i)q_i$。制造商的污染行为产生的外部性将使得制造商承担一定的污染成本，如政府的惩罚、企业形象的下降等。假定污染为制造商带来的单位成本为 c，则污染排放的负外部性为制造商带来的总成本为 $c(1-X_i)q_i$。

制造商的绿色技术投入可以提升自身的绿色技术水平，同时也将产生溢出效应，并提升竞争对手的绿色技术水平。因此，若制造商的绿色技术投入为 x_i，其绿色技术水平 $X_i=x_i+\beta x_{3-i}$，其中 $\beta\in[0，1]$ 代表绿色技术的溢出率。最后，假设制造商的绿色技术投入的成本是凸的，并用 kx_i^2 来表示制造商的绿色技术投入成本。为了保证模型具有内点解，假定 $k>\underline{k}$（$\underline{k}$ 的表达式及推导过程见附录）；否则，制造商将对绿色技术进行最大投入。类似的假设被诸多文献采用，如 Gupta（2008）。

博弈的顺序如下：在第一阶段，两个制造商同时决定是否进行绿色技术合作，形成绿色技术联盟，并决定绿色技术投入水平 x_i；在第二阶段，制造商和零售商根据权利结构先后进行价格决策并确定产品的批发价格 w_i 和 p_i；在第三阶段，消费者观测到产品价格，并进行购买决策。

根据上述假设，制造商 i 和零售商的利润可以表示为：

$$\pi_{mi}=(1-p_i+\theta p_{3-i})(w_i-c(1-x_i-\beta x_{3-i}))-kx_i^2 \tag{10-1}$$

$$\pi_r=\sum_{i=1}^{2}(1-p_i+\theta p_{3-i})(p_i-w_i) \tag{10-2}$$

因此，供应链的利润可以表示为：

$$\pi_S=\sum_{i=1}^{2}\pi_{mi}+\pi_r \tag{10-3}$$

若制造商决定合作并形成绿色技术联盟，则该联盟的利润可以表示为：

$$\pi_c=\sum_{i=1}^{2}(1-p_i+\theta p_{3-i})(w_i-c(1-x_i-\beta x_{3-i}))-kx_i^2 \tag{10-4}$$

本章使用的数学符号如表10-1所示。

表10-1 数学符号

符号	说明
w_i	制造商 i 的产品批发价格
p_i	制造商 i 的产品零售价格
θ	产品的替代程度

符号	说明
q_i	制造商 i 的产品需求
X_i	制造商 i 的绿色技术水平
E_i	制造商 i 的污染物排放量
c	制造商生产每单位产品的污染成本
x_i	制造商 i 的绿色技术投入
β	绿色技术溢出率
k	绿色技术成本系数
π_{mi}	制造商 i 的利润
π_r	零售商的利润
π_S	供应链的总利润
π_c	当制造商进行技术合作形成绿色技术联盟时该联盟的利润
CS	消费者剩余
SW	社会福利
$EcoSW$	社会福利环境效率

(二)模型

根据供应链权利结构不同和制造商是否进行合作，分为制造商领导的非合作模型(MN)、零售商领导的非合作模型(RN)、纵向纳什非合作模型(NN)、制造商领导的合作模型(MC)、零售商领导的合作模型(RC)以及纵向纳什合作模型(NC)六种情况。

MN 模型：在第一阶段，两制造商同时决定绿色技术投入水平以最大化自身利润；在第二阶段，两制造商同时制定批发价格，紧接着零售商决定两制造商产品的零售价格。因此，MN 模型下的决策过程可以表示为：

$$\left.\begin{array}{l} \max\limits_{x_1} \pi_{m1}(w_1,\ x_1) \\ \max\limits_{x_2} \pi_{m2}(w_2,\ x_2) \end{array}\right\} \rightarrow \left.\begin{array}{l} \max\limits_{w_1} \pi_{m1}(w_1,\ x_1) \\ \max\limits_{w_2} \pi_{m2}(w_2,\ x_2) \end{array}\right\} \rightarrow \max\limits_{p_1,p_2} \pi_r(p_1,\ p_2)$$

RN 模型：在第一阶段，两制造商同时决定绿色技术投入水平以最大化自身利润；在第二阶段，零售商决定两制造商产品的零售价格，紧接着，两制造商同时制定批发价格。因此，RN 模型下的决策过程可以表示为：

$$\left.\begin{array}{l} \max\limits_{x_1} \pi_{m1}(w_1,\ x_1) \\ \max\limits_{x_2} \pi_{m2}(w_2,\ x_2) \end{array}\right\} \rightarrow \max\limits_{p_1,p_2} \pi_r(p_1,\ p_2) \rightarrow \left.\begin{array}{l} \max\limits_{w_1} \pi_{m1}(w_1,\ x_1) \\ \max\limits_{w_2} \pi_{m2}(w_2,\ x_2) \end{array}\right\}$$

NN 模型：在第一阶段，两制造商同时决定绿色技术投入水平以最大化自身利润；在第二阶段，零售商与两制造商同时决定产品批发价格和零售价格。因此，NN 模型下的决策过程可以表示为：

$$\left.\begin{array}{l} \max\limits_{x_1} \pi_{m1}(w_1,\ x_1) \\ \max\limits_{x_2} \pi_{m2}(w_2,\ x_2) \end{array}\right\} \rightarrow \left.\begin{array}{l} \max\limits_{w_1} \pi_{m1}(w_1,\ x_1) \\ \max\limits_{w_2} \pi_{m2}(w_2,\ x_2) \\ \max\limits_{p_1,p_2} \pi_r(p_1,\ p_2) \end{array}\right\}$$

MC 模型：在第一阶段，两制造商同时决定绿色技术投入水平以最大化制造商绿色技术联盟的利润；在第二阶段，两制造商同时制定批发价格，紧接着零售商决定两制造商产品的零售价格。因此，MC 模型下的决策过程可以表示为：

$$\left.\begin{array}{l} \max\limits_{x_1} \pi_{c}(w_1,\ x_1) \\ \max\limits_{x_2} \pi_{c}(w_2,\ x_2) \end{array}\right\} \rightarrow \left.\begin{array}{l} \max\limits_{w_1} \pi_{m1}(w_1,\ x_1) \\ \max\limits_{w_2} \pi_{m2}(w_2,\ x_2) \end{array}\right\} \rightarrow \max\limits_{p_1,p_2} \pi_r(p_1,\ p_2)$$

RC 模型：在第一阶段，两制造商同时决定绿色技术投入水平以最大化制造商绿色技术联盟的利润；在第二阶段，零售商决定两制造商产品的零售价格，紧接着，两制造商同时制定批发价格。因此，RC 模型下的决策过程可以表示为：

$$\left.\begin{array}{l} \max\limits_{x_1} \pi_{c}(w_1,\ x_1) \\ \max\limits_{x_2} \pi_{c}(w_2,\ x_2) \end{array}\right\} \rightarrow \max\limits_{p_1,p_2} \pi_r(p_1,\ p_2) \rightarrow \left.\begin{array}{l} \max\limits_{w_1} \pi_{m1}(w_1,\ x_1) \\ \max\limits_{w_2} \pi_{m2}(w_2,\ x_2) \end{array}\right\}$$

NC 模型：在第一阶段，两制造商同时决定绿色技术投入水平以最大化制造商绿色技术联盟的利润；在第二阶段，零售商与两制造商同时决定产品批发价格和零售价格。因此，NC 模型下的决策过程可以表示为：

$$\left.\begin{array}{l} \max\limits_{x_1} \pi_{c}(w_1,\ x_1) \\ \max\limits_{x_2} \pi_{c}(w_2,\ x_2) \end{array}\right\} \rightarrow \left.\begin{array}{l} \max\limits_{w_1} \pi_{m1}(w_1,\ x_1) \\ \max\limits_{w_2} \pi_{m2}(w_2,\ x_2) \\ \max\limits_{p_1,p_2} \pi_r(p_1,\ p_2) \end{array}\right\}$$

利用逆向归纳法可以求解以上模型：

引理 1 模型的均衡解由表 10-2 给出。

表10-2　模型均衡解

模型		制造商主导模型 ($j=M$)	零售商主导模型 ($j=R$)	纳什模型 ($j=N$)
非合作	x_i^{jN}	$\dfrac{(2-\beta\theta-\theta^2)(1-(1-\theta)c)c}{2(2+\theta)(2-\theta)^2k-(1+\beta)(1-\theta)(2-\beta\theta-\theta^2)c^2}$	$\dfrac{(2-\beta\theta-\theta^2)(1-(1-\theta)c)c}{4(2+\theta)(2-\theta)^2k-(1+\beta)(1-\theta)(2-\beta\theta-\theta^2)c^2}$	$\dfrac{(3-2\beta\theta-\theta^2)(1-(1-\theta)c)c}{(3+\theta)(3-\theta)^2k-(1+\beta)(1-\theta)(3-2\beta\theta-\theta^2)c^2}$
	w_i^{jN}	$\dfrac{2(4-\theta^2)(1+c)k-(1+\beta)(2-\beta\theta-\theta^2)c^2}{2(2+\theta)(2-\theta)^2k-(1+\beta)(1-\theta)(2-\beta\theta-\theta^2)c^2}$	$\dfrac{2(4-\theta^2)(1+(3-\theta)c)k-(1+\beta)(2-\beta\theta-\theta^2)c^2}{4(2+\theta)(2-\theta)^2k-(1+\beta)(1-\theta)(2-\beta\theta-\theta^2)c^2}$	$\dfrac{(9-\theta^2)(1+2c)k-(1+\beta)(3-2\beta\theta-\theta^2)c^2}{(3+\theta)(3-\theta)^2k-(1+\beta)(1-\theta)(3-2\beta\theta-\theta^2)c^2}$
	p_i^{jN}	$\dfrac{(4-\theta^2)(3-2\theta+(1-\theta)c)c)k-(1+\beta)(1-\theta)(2-\beta\theta-\theta^2)c^2}{(1-\theta)(2(2+\theta)(2-\theta)^2k-(1+\beta)(1-\theta)(2-\beta\theta-\theta^2)c^2)}$	$\dfrac{2(4-\theta^2)(3-2\theta+(1-\theta)c)c)k-(1+\beta)(1-\theta)(2-\beta\theta-\theta^2)c^2}{(1-\theta)(4(2+\theta)(2-\theta)^2k-(1+\beta)(1-\theta)(2-\beta\theta-\theta^2)c^2)}$	$\dfrac{(9-\theta^2)(2-\theta+(1-\theta)c)c)k-(1-\theta)(1+\beta)(3-2\beta\theta-\theta^2)c^2}{(1-\theta)((3+\theta)(3-\theta)^2k-(1+\beta)(1-\theta)(3-2\beta\theta-\theta^2)c^2)}$
合作	x_i^{jC}	$\dfrac{(1+\beta)(1-\theta)(1-(1-\theta)c)c}{2(2-\theta)^2k-(1+\beta)^2(1-\theta)^2c^2}$	$\dfrac{(1+\beta)(1-\theta)(1-(1-\theta)c)c}{4(2-\theta)^2k-(1+\beta)^2(1-\theta)^2c^2}$	$\dfrac{(1+\beta)(1-\theta)(1-(1-\theta)c)c}{(3-\theta)^2k-(1+\beta)^2(1-\theta)^2c^2}$
	w_i^{jC}	$\dfrac{2(2-\theta)(1+c)k-(1+\beta)^2(1-\theta)c^2}{2(2-\theta)^2k-(1+\beta)^2(1-\theta)^2c^2}$	$\dfrac{2(2-\theta)(1+(3-\theta)c)k-(1+\beta)^2(1-\theta)c^2}{4(2-\theta)^2k-(1+\beta)^2(1-\theta)^2c^2}$	$\dfrac{(3-\theta)(1+2c)k-(1+\beta)^2(1-\theta)c^2}{(3-\theta)^2k-(1+\beta)^2(1-\theta)^2c^2}$
	p_i^{jC}	$\dfrac{(2-\theta)(3-2\theta+(1-\theta)c)k-(1+\beta)^2(1-\theta)^2c^2}{(1-\theta)(2(2-\theta)^2k-(1+\beta)^2(1-\theta)^2c^2)}$	$\dfrac{2(2-\theta)(3-2\theta+(1-\theta)c)k-(1+\beta)^2(1-\theta)^2c^2}{(1-\theta)(4(2-\theta)^2k-(1+\beta)^2(1-\theta)^2c^2)}$	$\dfrac{(3-\theta)(2-\theta+(1-\theta)c)k-(1+\beta)^2(1-\theta)c^2}{(1-\theta)((3-\theta)^2k-(1+\beta)^2(1-\theta)c^2)}$

四、制造商绿色技术合作的影响

本部分首先考察制造商之间的绿色技术合作对供应链成员决策（包括批发价、零售价等价格决策和绿色技术创新投入决策）的影响。其次，本部分分析制造商之间的绿色技术合作为供应链成员以及供应链带来的经济效应。最后，本部分将讨论制造商之间的绿色技术合作的环境影响。

（一）制造商绿色技术合作对供应链的影响

通过比较制造商进行绿色技术合作以及不进行绿色技术合作时的均衡解，可以得到制造商绿色技术合作对供应链成员决策的影响，如命题1所示。

命题1（制造商绿色技术合作对供应链成员决策的影响）：

（1）若 $\beta > \dfrac{\theta}{2-\theta^2}$，$x_i^{jC} > x_i^{jN}$，$w_i^{jC} < w_i^{jN}$，$p_i^{jC} < p_i^{jN}$；否则，$x_i^{jC} < x_i^{jN}$，$w_i^{jC} > w_i^{jN}$，$p_i^{jC} > p_i^{jN}$，其中，$j = M$，$R$。

（2）若 $\beta > \dfrac{2\theta}{3-\theta^2}$，$x_i^{NC} > x_i^{NN}$，$w_i^{NC} < w_i^{NN}$，$p_i^{NC} < p_i^{NN}$；否则，$x_i^{NC} < x_i^{NN}$，$w_i^{NC} > w_i^{NN}$，$p_i^{NC} > p_i^{NN}$。

从命题1可以看出制造商的绿色技术合作并不一定能促进绿色技术创新。当制造商之间的技术溢出效应较低时，制造商的绿色技术合作反而会降低制造商的绿色技术投入。其原因在于技术溢出效应的存在使得制造商在进行绿色技术创新时也可以使对手获益，抑制了制造商绿色技术投入的意愿。因此，当技术溢出效应较强时，制造商将不愿过多地进行绿色技术投入，而制造商的绿色技术合作则可以缓解这一不利影响，使得制造商的绿色技术投入提高。此时，制造商的成本降低，使得供应链中的价格下降。当技术溢出效应较弱时，绿色技术投入则成为制造商的竞争武器，因此制造商的绿色技术投入意愿较强，此时制造商之间的绿色技术合作则可能缓和制造商之间的竞争，从而使得制造商的绿色技术投入降低，并使得供应链中的价格上升。

命题1还说明当供应链中的权利结构不对称时，制造商之间的绿色技术合作更可能导致绿色技术投入提高（见图10-2）。这是因为对称的供应链权利结构使得制造商需要加大绿色技术投入以与零售商进行竞争，此时绿色技术合作提高绿色技术投入的效果不显著。

命题2进一步考察了制造商的绿色技术合作对供应链成员利润以及供应链效率的影响。

命题2（制造商绿色技术合作对供应链利润的影响）：

（1）$\pi_{mi}^{jC} > \pi_{mi}^{jN}$，其中，$j = M$，$R$，$N$。

（2）当 $\beta > \dfrac{\theta}{2-\theta^2}$，$\pi_r^{jC} > \pi_r^{jN}$，$\pi_S^{jC} > \pi_S^{jN}$；否则，$\pi_r^{jC} < \pi_r^{jN}$，$\pi_S^{jC} < \pi_S^{jN}$，其中，$j = M$，$R$。

（3）当 $\beta > \dfrac{\theta}{3-2\theta^2}$，$\pi_r^{NC} > \pi_r^{NN}$，$\pi_S^{NC} > \pi_S^{NN}$；否则，$\pi_r^{NC} < \pi_r^{NN}$，$\pi_S^{NC} < \pi_S^{NN}$。

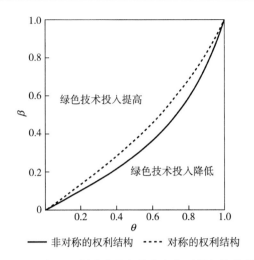

图 10-2　不同 β 和 θ 下制造商绿色技术合作对绿色技术投入的影响

　　由命题 2 可以看出，制造商之间的绿色技术合作总是可以缓和制造商之间的竞争，并提升制造商的利润，但不一定对零售商和供应链整体有利。为了更清晰地揭示命题 2 的内涵，图 10-3 绘出了不同 β 和 κ 下制造商绿色技术合作对零售商利润的影响。可以看出，当技术的溢出效应较弱时，制造商绿色技术合作将使得零售商的利润和供应链效率下降；否则，制造商的绿色技术合作将改进零售商的利润以及供应链的效率。这是因为如命题 1 所述，溢出效应较小时，制造商之间的绿色技术合作将降低制造商的绿色技术投入，并使得制造商因成本上升而提升批发价，从而导致零售商的成本上升。从供应链的角度来看，绿色技术投入的降低提升了供应链的整体成本，因此也会导致供应链效率的下降。由图 10-3 还可以看出，供应链权利结构的不同将使得制造商绿色技术合作对零售商利润和供应链效率的影响不同，其影响机制与命题 1 类似。

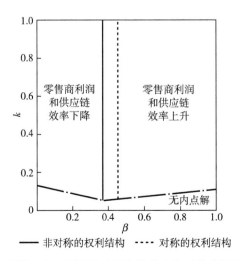

图 10-3　不同 β 和 κ 下制造商绿色技术合作对供应链利润的影响

　　注：$\theta=0.6$，$c=0.8$。

（二）制造商绿色技术合作对社会以及环境的影响

本部分将考察制造商之间的绿色技术合作对消费者、社会以及环境的影响。根据 Ouchida 和 Goto（2016）的研究，消费者剩余可以表示为：

$$CS = \frac{q_1^2 + 2\theta q_1 q_2 + q_2^2}{2(1-\theta^2)} \qquad (10\text{-}5)$$

则社会福利可以表示为：

$$SW = \pi_r + \pi_{m1} + \pi_{m2} + CS \qquad (10\text{-}6)$$

将进行绿色技术合作以及不进行绿色技术合作时的均衡解代入式（10-5）和式（10-6）并进行对比，可以得到绿色技术合作对消费者剩余以及社会福利的影响，如命题3所示。

命题3 （制造商绿色技术合作对消费者剩余以及社会福利的影响）：

（1）当 $\beta > \frac{\theta}{2-\theta^2}$，$CS^{jC} > CS^{jN}$，$SW^{jC} > SW^{jN}$；否则，$S^{MC} < CS^{MN}$，$SW^{MC} < SW^{MN}$，其中，$j = M$，$R$。

（2）当 $\beta > \frac{\theta}{3-2\theta^2}$，$CS^{NC} > CS^{NN}$，$SW^{NC} > SW^{NN}$；否则，$CS^{NC} < CS^{NN}$，$SW^{NC} < SW^{NN}$。

由命题3可知，制造商绿色技术合作对消费者剩余以及社会福利的影响也与绿色技术的溢出效应强弱有关。若溢出效应较强，由命题1可知，零售商将降低产品的价格，进而使得消费者受益。同时，由于供应链效率也上升（见命题2），因此社会福利也将上升。命题3还说明，供应链的权利结构可以调节外部效应对消费者剩余以及社会福利的影响。当供应链中制造商和零售商的权利相近时，制造商面对的竞争则更为激烈，此时制造商的绿色技术合作将降低制造商的绿色技术投入，从而损害了消费者剩余与社会福利。

命题4考察了制造商绿色技术合作对环境的影响。本章首先讨论制造商的绿色技术合作是否可以降低制造商的污染物排放量，然后，从生态效率的角度出发，引入社会福利的生态效率（EcoSW）（Sim et al.，2019），以衡量绿色技术合作对生态效率的影响。

$$EcoSW = \frac{SW}{E} \qquad (10\text{-}7)$$

将制造商进行绿色技术合作以及不进行绿色技术合作时的均衡解并进行对比，可以得到制造商绿色技术合作对环境的影响，即命题4。

命题4 （制造商绿色技术合作对环境的影响）：

（1）$E^{MC} > E^{MN}$ 当且仅当（a）$\beta < \frac{\theta}{2-\theta^2}$，$\theta > 1 - \frac{1}{2c}$；或（b）$\beta > \frac{\theta}{2-\theta^2}$，$\theta < 1 - \frac{1}{2c}$，$k > \bar{k}_1$；或（c）$\beta < \frac{\theta}{2-\theta^2}$，$\theta < 1 - \frac{1}{2c}$，$k < \bar{k}_1$。否则，$E^{MC} < E^{MN}$。

（2）$E^{RC} > E^{RN}$ 当且仅当（a）$\beta < \frac{\theta}{2-\theta^2}$，$\theta > 1 - \frac{1}{2c}$；或（b）$\beta > \frac{\theta}{2-\theta^2}$，$\theta < 1 - \frac{1}{2c}$，$k > \bar{k}_1$；

或（c）$\beta<\dfrac{\theta}{2-\theta^2}$，$\theta<1-\dfrac{1}{2c}$，$k<\bar{k}_2$。否则，$E^{RC}<E^{RN}$。

（3）$E^{NC}>E^{NN}$ 当且仅当（a）$\beta<\dfrac{2\theta}{3-\theta^2}$，$\theta>1-\dfrac{1}{2c}$；或（b）$\beta>\dfrac{2\theta}{3-\theta^2}$，$\theta<1-\dfrac{1}{2c}$，$k>\bar{k}_3$；

或（c）$\beta<\dfrac{2\theta}{3-\theta^2}$，$\theta<1-\dfrac{1}{2c}$，$k<\bar{k}_3$。否则，$E^{NC}<E^{NN}$。

（4）$EcoSW^{MC}>EcoSW^{MN}$ 当且仅当(a)$\beta>\dfrac{\theta}{2-\theta^2}$，$c<\dfrac{(1+\beta)(2+\theta)(7-4\theta)}{4(1-\theta)(4-\theta+2\beta-2\theta^2-2\beta\theta-\beta\theta^2)}$；或(b)$\beta>$

$\dfrac{\theta}{2-\theta^2}$，$c>\dfrac{(1+\beta)(2+\theta)(7-4\theta)}{4(1-\theta)(4-\theta+2\beta-2\theta^2-2\beta\theta-\beta\theta^2)}$，$k<\dfrac{2(1+\beta)^2(1-\theta)^2(2-\theta^2-\beta\theta)c^2}{(2-\theta)^2(-4(1-\theta)(4-\theta+2\beta-2\theta^2-2\beta\theta-\beta\theta^2)c+}$；或
$\qquad\qquad\qquad\qquad\qquad\qquad\qquad\qquad\qquad\qquad\qquad\qquad\qquad\qquad\qquad\quad(1+\beta)(2+\theta)(7-4\theta))$

(c)$\beta<\dfrac{\theta}{2-\theta^2}$，$c>\dfrac{(1+\beta)(2+\theta)(7-4\theta)}{4(1-\theta)(4-\theta+2\beta-2\theta^2-2\beta\theta-\beta\theta^2)}$，$k>\dfrac{2(1+\beta)^2(1-\theta)^2(2-\theta^2-\beta\theta)c^2}{(2-\theta)^2(-4(1-\theta)(4-\theta+2\beta-2\theta^2-2\beta\theta-\beta\theta^2)c+}$。
$\qquad\qquad\qquad\qquad\qquad\qquad\qquad\qquad\qquad\qquad\qquad\qquad\qquad\qquad\qquad\quad(1+\beta)(2+\theta)(7-4\theta))$

（5）$EcoSW^{RC}>EcoSW^{RN}$ 当且仅当（a）$\beta>\dfrac{\theta}{2-\theta^2}$，$c<\dfrac{(1+\beta)(2+\theta)(7-4\theta)}{2(1-\theta)(4-\theta+2\beta-2\theta^2-2\beta\theta-\beta\theta^2)}$；或

(b)$\beta>\dfrac{\theta}{2-\theta^2}$，$c>\dfrac{(1+\beta)(2+\theta)(7-4\theta)}{2(1-\theta)(4-\theta+2\beta-2\theta^2-2\beta\theta-\beta\theta^2)}$，$k<\dfrac{(1+\beta)^2(1-\theta)^2(2-\theta^2-\beta\theta)c^2}{2(2-\theta)^2(-2(1-\theta)(4-\theta+2\beta-2\theta^2-2\beta\theta-\beta\theta^2)c+}$；或
$\qquad\qquad\qquad\qquad\qquad\qquad\qquad\qquad\qquad\qquad\qquad\qquad\qquad\qquad\qquad\quad(1+\beta)(2+\theta)(7-4\theta))$

(c)$\beta<\dfrac{\theta}{2-\theta^2}$，$c>\dfrac{(1+\beta)(2+\theta)(7-4\theta)}{2(1-\theta)(4-\theta+2\beta-2\theta^2-2\beta\theta-\beta\theta^2)}$，$k>\dfrac{(1+\beta)^2(1-\theta)^2(2-\theta^2-\beta\theta)c^2}{2(2-\theta)^2(-2(1-\theta)(4-\theta+2\beta-2\theta^2-2\beta\theta-\beta\theta^2)c+}$。
$\qquad\qquad\qquad\qquad\qquad\qquad\qquad\qquad\qquad\qquad\qquad\qquad\qquad\qquad\qquad\quad(1+\beta)(2+\theta)(7-4\theta))$

（6）$EcoSW^{NC}>EcoSW^{NN}$ 当且仅当(a)$\beta>\dfrac{2\theta}{3-\theta^2}$，$c<\dfrac{(1+\beta)(3+\theta)(5-2\theta)}{2(1-\theta)(6-2\theta+3\beta-2\theta^2-4\beta\theta-\beta\theta^2)}$；或

(b)$\beta>\dfrac{2\theta}{3-\theta^2}$，$c>\dfrac{(1+\beta)(3+\theta)(5-2\theta)}{2(1-\theta)(6-2\theta+3\beta-2\theta^2-4\beta\theta-\beta\theta^2)}$，$k<\dfrac{2(1+\beta)^2(1-\theta)^2(3-\theta^2-2\beta\theta)c^2}{(3-\theta)^2(-2(1-\theta)(6-2\theta+3\beta-2\theta^2-4\beta\theta-\beta\theta^2)c+}$；
$\qquad\qquad\qquad\qquad\qquad\qquad\qquad\qquad\qquad\qquad\qquad\qquad\qquad\qquad\qquad\quad(1+\beta)(3+\theta)(5-2\theta))$

或(c)$\beta<\dfrac{\theta}{2-\theta^2}$，$c>\dfrac{(1+\beta)(3+\theta)(5-2\theta)}{2(1-\theta)(6-2\theta+3\beta-2\theta^2-4\beta\theta-\beta\theta^2)}$，$k>\dfrac{2(1+\beta)^2(1-\theta)^2(3-\theta^2-2\beta\theta)c^2}{(3-\theta)^2(-2(1-\theta)(6-2\theta+3\beta-2\theta^2-4\beta\theta-}$。
$\qquad\qquad\qquad\qquad\qquad\qquad\qquad\qquad\qquad\qquad\qquad\qquad\qquad\qquad\qquad\quad\beta\theta^2)c+(1+\beta)(3+\theta)(5-2\theta))$

其中，$\bar{k}_1$、$\bar{k}_2$ 和 $\bar{k}_3$ 的形式见附录。

为了更清晰地说明制造商的绿色技术合作对污染物总排放量的影响，图10-4绘出了不同 β、κ 以及 θ 下制造商绿色技术合作对污染物的总排放量的影响。一般来说，若技术的溢出效应较强，制造商之间的绿色技术合作可以提升制造商的绿色技术水平，进而降低制造商的污染物排放量。然而，当绿色技术的研发成本较大且制造商之间的竞争较低时，即便制造商之间的绿色技术合作提升了制造商的绿色技术水平，但也不一定会导致污染物的总排放量降低。这是因为过高的绿色技术研发成本会减少制造商

在绿色技术上的投入，而温和的竞争使得制造商可以生产更多的产品。此时，当制造商进行绿色技术合作时，即便制造商会更多地进行绿色技术合作，但也会大幅增加产品的生产，使得污染物的总排放量上升。同理，若制造商的绿色技术合作使得制造商降低了绿色技术投入，当绿色技术的研发成本较大且制造商之间的竞争较低时，则制造商的绿色技术合作会使得污染物的总排放量降低。同时，图 10-4 还说明供应链的权利结构将显著影响制造商的污染物排放量变化。除了对于制造商的技术投入增减的影响外，当绿色技术的研发成本较大且制造商之间的竞争较低时，供应链的权利结构不同也会对制造商的污染物排放变化产生影响。当溢出效应较大时，制造商的权利越大，供应链之间的绿色技术合作越可能使得制造商的排放量降低。这是因为当制造商处于主导地位时，其进行绿色技术投入的意愿较强，因此更有可能使得排放量降低。同理，当溢出效应较大时，制造商的权利越大，供应链之间的绿色技术合作越可能使得制造商的排放量增加。

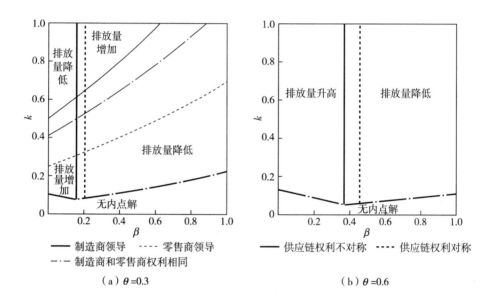

（a）θ =0.3　　　　　（b）θ =0.6

图 10-4　不同 β、κ 和 θ 下制造商绿色技术合作对供应链利润的影响

注：c = 0.8。

由命题 4 还可以看出，当绿色技术的溢出效应较大，制造商的绿色技术合作促使制造商提升绿色技术水平时，制造商的绿色生产效率通常也会提高。仅有在绿色研发成本高且环境污染的外部性强时，制造商的绿色技术合作才可能导致制造商的绿色生产效率降低。此时，制造商的排放量增加，而产量的提升却较为有限。同理，当制造商的绿色技术合作抑制制造商提升绿色技术水平时，除非绿色研发成本高且环境污染的外部性强，制造商的绿色生产效率则通常会降低。然而，数值实验显示，只有当 e 和 β 很小（小于 0.05），且 c 极大（大于 0.875）时，上述情况才可能发生。

五、绿色技术溢出效应的影响

从上述分析可以看出，绿色技术的溢出效应是决定制造商之间绿色技术合作影响的关键因素。本部分将进一步探讨绿色技术溢出效应的影响。

（一）绿色技术溢出效应对供应链的影响

首先研究绿色技术溢出效应对供应链的影响。命题5考察了绿色技术溢出效应对供应链成员决策的影响。

命题5（绿色技术溢出效应对供应链成员决策的影响）：

(1) $\dfrac{\partial x_i^{MN}}{\partial \beta} > 0$ 当且仅当 $\beta < \dfrac{2}{\theta} - \theta - \dfrac{2-\theta}{(1-\theta)\theta c}\sqrt{2\theta(1-\theta)(2+\theta)k}$。

(2) $\dfrac{\partial x_i^{RN}}{\partial \beta} > 0$ 当且仅当 $\beta < \dfrac{2}{\theta} - \theta - \dfrac{2(2-\theta)}{(1-\theta)\theta c}\sqrt{2\theta(1-\theta)(2+\theta)k}$。

(3) $\dfrac{\partial x_i^{NN}}{\partial \beta} > 0$ 当且仅当 $\beta < \dfrac{3}{2\theta} - \dfrac{\theta}{2} - \dfrac{3-\theta}{2(1-\theta)\theta c}\sqrt{2\theta(1-\theta)(3+\theta)k}$。

(4) $\dfrac{\partial w_i^{jN}}{\partial \beta} > 0$, $\dfrac{\partial p_i^{jN}}{\partial \beta} > 0$ 当且仅当 $\beta > \dfrac{(1-\theta)(2+\theta)}{2\theta}$，其中，$j = M$，$R$。

(5) $\dfrac{\partial w_i^{NN}}{\partial \beta} > 0$, $\dfrac{\partial p_i^{NN}}{\partial \beta} > 0$ 当且仅当 $\beta > \dfrac{(1-\theta)(3+\theta)}{4\theta}$。

(6) $\dfrac{\partial x_i^{jC}}{\partial \beta} > 0$, $\dfrac{\partial w_i^{jC}}{\partial \beta} < 0$, $\dfrac{\partial p_i^{jC}}{\partial \beta} < 0$，其中，$j = M$，$R$，$N$。

可以看出，当制造商进行绿色技术合作时，绿色技术溢出效应的增强总是可以使得制造商增加绿色技术投入，并降低供应链的批发价格和产品价格。这是因为绿色技术溢出效应可以使得制造商之间进行充分的技术交流，提高了绿色技术研发的效率。然而，当制造商不进行绿色技术合作时，虽然绿色技术溢出效应仍可以降低供应链的成本，但也可能给予制造商"搭便车"的机会，从而降低制造商的绿色技术投入意愿。当绿色技术溢出效应较弱时，其降低供应链成本的影响占据主导地位，此时制造商将随着绿色技术溢出效应的增强而进行更多的绿色技术投入，并使得供应链上的价格降低；当绿色技术溢出效应较强时，制造商则更倾向于坐享其成，因此会降低绿色技术投入，并使得供应链上的价格上升。命题5还反映了供应链权利结构在制造商不进行绿色技术合作时对绿色技术溢出效应影响的调节作用。可以看出，制造商的权利越大，绿色技术溢出效应对制造商的绿色技术投入的正向影响也越明显。其原因是在供应链中更强势的制造商更加愿意进行绿色技术投入。

命题6研究了绿色技术溢出效应对供应链成员利润以及供应链效率的影响。

命题6（绿色技术溢出效应对供应链利润的影响）：

(1) $\dfrac{\partial \pi_S^{MN}}{\partial \beta} > 0$ 当且仅当 $c < \dfrac{2-\theta}{2-\beta\theta-\theta^2}\sqrt{\dfrac{(2+\theta)(12-4\theta-9\theta^2-12\beta\theta+\theta^3+2\theta^4+4\beta\theta^3)k}{(1-\theta)(2-\beta\theta-\theta^2)}}$。

（2）$\dfrac{\partial \pi_S^{RN}}{\partial \beta}>0$ 当且仅当 $c<\dfrac{2(2-\theta)}{2-\beta\theta-\theta^2}\sqrt{\dfrac{(2+\theta)(12-6\theta-9\theta^2-12\beta\theta+2\theta^3+\beta\theta^2+2\theta^4+4\beta\theta^3)k}{(1-\theta)(2-\beta\theta-\theta^2)}}$。

（3）$\dfrac{\partial \pi_S^{NN}}{\partial \beta}>0$ 当且仅当 $c<\dfrac{3-\theta}{3-2\beta\theta-\theta^2}\sqrt{\dfrac{(3+\theta)(18-9\theta-7\theta^2-24\beta\theta+\theta^3+\theta^4+4\beta\theta^3)k}{(1-\theta)(3-2\beta\theta-\theta^2)}}$。

（4）$\dfrac{\partial \pi_{mi}^{MN}}{\partial \beta}>0$ 当且仅当 $c<\dfrac{2-\theta}{2-\beta\theta-\theta^2}\sqrt{\dfrac{(2+\theta)(4-2\theta-3\theta^2-4\beta\theta+\theta^3+\beta\theta^2+\theta^4+2\beta\theta^3)k}{(1-\theta)(2-\beta\theta-\theta^2)}}$。

（5）$\dfrac{\partial \pi_{mi}^{RN}}{\partial \beta}>0$ 当且仅当 $c<\dfrac{2(2-\theta)}{2-\beta\theta-\theta^2}\sqrt{\dfrac{(2+\theta)(4-2\theta-3\theta^2-4\beta\theta+\theta^3+\beta\theta^2+\theta^4+2\beta\theta^3)k}{(1-\theta)(2-\beta\theta-\theta^2)}}$。

（6）$\dfrac{\partial \pi_{mi}^{NN}}{\partial \beta}>0$ 当且仅当 $c<\dfrac{3-\theta}{3-2\beta\theta-\theta^2}\sqrt{\dfrac{(3+\theta)(9-6\theta-2\theta^2-12\beta\theta+2\theta^3+4\beta\theta^2+\theta^4+4\beta\theta^3)k}{(1-\theta)(3-2\beta\theta-\theta^2)}}$。

（7）$\dfrac{\partial \pi_r^{jN}}{\partial \beta}>0$ 当且仅当 $\beta<\dfrac{(1-\theta)(2+\theta)}{2\theta}$，其中，$j=M$，$R$。

（8）$\dfrac{\partial \pi_r^{NN}}{\partial \beta}>0$ 当且仅当 $\beta<\dfrac{(1-\theta)(3+\theta)}{4\theta}$。

（9）$\dfrac{\partial \pi_{mi}^{jC}}{\partial \beta}>0$，$\dfrac{\partial \pi_r^{jc}}{\partial \beta}>0$，$\dfrac{\partial \pi_S^{jC}}{\partial \beta}>0$，其中，$j=M$，$R$，$N$。

命题 6 说明当制造商进行绿色技术合作时，绿色技术溢出效应的增强可以提高供应链的效率并使得供应链中的每一个成员受益，其原理同命题 5。然而，当制造商选择不进行绿色技术合作时，由于制造商的"搭便车"行为，较强的绿色技术溢出效应则无法保证供应链效率和供应链成员利润的提升。对于零售商来说，过强的绿色技术溢出效应会使得制造商降低绿色技术投入，并提升批发价，造成零售商的成本上升。对于制造商来说，决定绿色技术溢出效应的关键因素则是污染排放的外部性。若污染排放会造成严重的后果，则制造商将倾向于加大绿色技术投入，此时过强的绿色技术溢出效应会导致更加严重的制造商"搭便车"行为，使得制造商的利润和供应链效率下降。同时，当制造商的权利更大时，制造商对绿色技术的投入会更高，绿色技术溢出效应对制造商和供应链效率的正向影响也越大。但对于零售商来说，调节绿色技术溢出效应影响的关键因素则是供应链的权利结构是否对称。这是因为零售商利润变化仅与制造商的绿色技术投入有关，而制造商的绿色技术投入变动则由供应链的权利结构决定（见命题 1）。

（二）绿色技术溢出效应对社会以及环境的影响

除了对供应链具有显著影响外，绿色技术溢出效应还会对消费者剩余以及社会福利产生影响，如命题 7 所示。

命题 7（绿色技术溢出效应对消费者剩余以及社会福利的影响）：

（1）$\dfrac{\partial CS^{jN}}{\partial \beta}>0$ 当且仅当 $\beta<\dfrac{(1-\theta)(2+\theta)}{2\theta}$，其中，$j=M$，$R$。

（2）$\dfrac{\partial CS^{NN}}{\partial \beta}>0$ 当且仅当 $\beta<\dfrac{(1-\theta)(3+\theta)}{4\theta}$。

（3）$\dfrac{\partial Sw^{MN}}{\partial \beta}>0$ 当且仅当 $c<\dfrac{2-\theta}{2-\beta\theta-\theta^2}\sqrt{\dfrac{(4-\theta^2)(14+3\theta-9\theta^2-14\beta\theta-4\theta^3-8\beta\theta^2)k}{2(1-\theta)(2-\beta\theta-\theta^2)}}$。

（4）$\dfrac{\partial Sw^{RN}}{\partial \beta}>0$ 当且仅当 $c<\dfrac{2-\theta}{2-\beta\theta-\theta^2}\sqrt{\dfrac{2(2+\theta)(28-12\theta-21\theta^2-28\beta\theta+3\theta^3+4\theta^4+8\beta\theta^3)k}{(1-\theta)(2-\beta\theta-\theta^2)}}$。

（5）$\dfrac{\partial Sw^{NN}}{\partial \beta}>0$ 当且仅当 $c<\dfrac{3-\theta}{3-2\beta\theta-\theta^2}\sqrt{\dfrac{(3+\theta)(15-2\theta-7\theta^2-20\beta\theta-2\theta^3-8\beta\theta^3)k}{2(1-\theta)(2-\beta\theta-\theta^2)}}$。

（6）$\dfrac{\partial CS^{jC}}{\partial \beta}>0$，$\dfrac{\partial SW^{jC}}{\partial \beta}>0$，其中，$j=M$，$R$，$N$。

可以看出，当制造商进行绿色技术合作时，除了供应链成员外，绿色技术溢出效应的存在使得消费者可以享受更加廉价的产品，使消费者受益，并提升整个社会的福利。然而，当制造商不进行绿色技术合作时，绿色技术溢出效应对消费者剩余的影响和零售商类似。这是因为绿色技术溢出效应对消费者剩余的作用主要通过降低产品的售价，而只有在成本降低时零售商才会考虑降低产品价格，此时零售商的利润也会提升。同时，绿色技术溢出效应对社会福利的影响则与对供应链效率的影响类似。若污染排放的后果严重，则制造商将加大绿色技术投入，此时过强的绿色技术溢出效应会导致更加严重的制造商"搭便车"行为，使得社会福利下降。

命题8探讨了绿色技术溢出效应对环境的影响。

命题8 （绿色技术溢出效应对环境的影响）：

（1）$\dfrac{\partial E^{MN}}{\partial \beta}>0$ 当且仅当（a）$\beta>\dfrac{(1-\theta)(2+\theta)}{2\theta}$；或（b）$\beta<\dfrac{(1-\theta)(2+\theta)}{2\theta}$，$c>\dfrac{1}{2(1-\theta)}$，

$k>\dfrac{(1+\beta)(1-\theta)(2-\theta^2-\beta\theta)c^2}{2(2+\theta)(2-\theta)^2(2(1-\theta)c-1)}$。

（2）$\dfrac{\partial E^{MC}}{\partial \beta}>0$ 当且仅当 $c>\dfrac{1}{2(1-\theta)}$，$k>\dfrac{(1+\beta)^2(1-\theta)^2c^2}{2(2-\theta)^2(2c(1-\theta)-1)}$。

（3）$\dfrac{\partial E^{RN}}{\partial \beta}>0$ 当且仅当（a）$\beta>\dfrac{(1-\theta)(2+\theta)}{2\theta}$；或（b）$\beta<\dfrac{(1-\theta)(2+\theta)}{2\theta}$，$c>\dfrac{1}{2(1-\theta)}$，

$k>\dfrac{(1+\beta)(1-\theta)(2-\theta^2-\beta\theta)c^2}{4(2+\theta)(2-\theta)^2(2(1-\theta)c-1)}$。

（4）$\dfrac{\partial E^{RC}}{\partial \beta}>0$ 当且仅当 $c>\dfrac{1}{2(1-\theta)}$，$k>\dfrac{(1+\beta)^2(1-\theta)^2c^2}{4(2-\theta)^2(2c(1-\theta)-1)}$。

（5）$\dfrac{\partial E^{NN}}{\partial \beta}>0$ 当且仅当（a）$\beta>\dfrac{(1-\theta)(3+\theta)}{4\theta}$；或（b）$\beta<\dfrac{(1-\theta)(3+\theta)}{4\theta}$，$c>\dfrac{1}{2(1-\theta)}$，

$k>\dfrac{(1+\beta)(1-\theta)(3-\theta^2-2\beta\theta)c^2}{(3+\theta)(3-\theta)^2(2(1-\theta)c-1)}$。

（6）$\dfrac{\partial E^{NC}}{\partial \beta}>0$ 当且仅当 $c>\dfrac{1}{2(1-\theta)}$，$k>\dfrac{(1+\beta)^2(1-\theta)^2c^2}{(3-\theta)^2(2c(1-\theta)-1)}$。

（7）$\dfrac{\partial EcoSW^{MN}}{\partial \beta}>0$ 当且仅当 $\beta<\dfrac{(1-\theta)(28+12\theta-9\theta^2+16\theta c-4\theta^3-8\theta^3 c)}{2\theta(14-\theta-4\theta^2+4\theta(1-\theta)c)}$，$k>$

$$\dfrac{2(1-\theta^2)(2-\theta^2-\beta\theta)^2 c^2}{(4-\theta^2)(8\theta(1-\theta)(2-\theta^2-\beta\theta)c+(2+\theta)(7-4\theta)(-2\beta\theta+(2-\theta)(1-\theta)))}。$$

（8）$\dfrac{\partial EcoSW^{RN}}{\partial \beta}>0$ 当且仅当 $\beta<\dfrac{(1-\theta)(28+12\theta-9\theta^2+8\theta c-4\theta^3-4\theta^3 c)}{2\theta(14-\theta-4\theta^2+2\theta(1-\theta)c)}$，

$k>\dfrac{(1-\theta^2)(2-\theta^2-\beta\theta)^2 c^2}{2(4-\theta^2)(8\theta(1-\theta)(2-\theta^2-\beta\theta)c+(2+\theta)(7-4\theta)(-2\beta\theta+(2-\theta)(1-\theta)))}。$

（9）$\dfrac{\partial EcoSW^{NN}}{\partial \beta}>0$ 当且仅当 $\beta<\dfrac{(1-\theta)(45+12\theta-7\theta^2+24\theta c-2\theta^3-8\theta^3 c)}{4\theta(15-\theta-2\theta^2+4\theta(1-\theta)c)}$，

$k>\dfrac{2(1-\theta^2)(3-\theta^2-2\beta\theta)^2 c^2}{(9-\theta^2)(8\theta(1-\theta)(3-\theta^2-2\beta\theta)c+(3+\theta)(5-2\theta)(-4\beta\theta+(3-\theta)(1-\theta)))}。$

（10）$\dfrac{\partial EcoSW^{jC}}{\partial \beta}>0$，其中，$j=M$，$R$，$N$。

由命题8可知，若污染排放的危害较大且绿色技术的研发成本较高时，制造商的产量较低，此时绿色技术溢出效应降低了制造商的成本，提升了产品产量，虽然制造商的排放量也会降低，但更多的产品制造过程仍然会导致污染物排放的升高。若制造商不进行绿色技术合作，制造商的绿色技术水平产量都很低，此时只要绿色技术溢出效应足够强，就可以使得制造商大幅提高产品的生产，并导致污染物排放的升高。同时，对比供应链不同权利结构下绿色技术溢出效应促使污染物排放量上升的条件可以发现，当制造商的权利越大，绿色技术溢出效应越可能使得污染物的排放量下降。这是因为当占据供应链主导地位时，制造商将提升绿色技术水平。

命题8还说明，当制造商进行绿色技术合作时，绿色技术溢出效应总是可以提升制造商的绿色制造效率；然而，若制造商不进行绿色技术合作，若绿色技术溢出效应较高、制造商的绿色研发成本较低，绿色技术外部溢出效应的增强则可能降低制造商的绿色技术效率。这是因为在上述条件下，制造商的绿色技术投入较高，制造商"搭便车"的现象较为严重。

六、供应链协调

由第五部分的分析可知，制造商的绿色技术合作虽然对制造商本身有利，但却有可能会对零售商带来损失，并进而损害供应链效率、消费者剩余和社会福利。其原因在于制造商仅关注自身的利润，忽略了供应链整体的绩效，因而造成了双重边际效应。过往研究认为解决供应链中的双重边际效应的重要方法就是设计合理的契约，以协调供应链中成员的利益（Cachon and Lariviere，2005）。本部分将针对制造商的绿色技术合作问题，提出一种改进的两部定价契约，以同时协调制造商的绿色技术投入和供应链中的定价决策。

（一）集中供应链

为了实现供应链的协调，首先需要研究集中决策下供应链的最优决策。集中决策下，供应链的决策顺序可以表示为：

$$\max_{x_1, x_2} \pi_S(x_1, x_2, p_1, p_2) \rightarrow \max_{p_1, p_2} \pi_S(x_1, x_2, p_1, p_2)$$

引理2给出了集中决策下供应链的均衡决策。

引理2 均衡时集中供应链的决策为：$p_i^i = \dfrac{2(1+(1-\theta)c+(1-\theta)(1+\beta)^2 c^2)k}{(1-\theta)(4k-(1+\beta)^2(1-\theta)c^2)}$，

$x_i^i = \dfrac{(1+\beta)(1+(1-\theta)c)c}{4k-(1+\beta)^2(1-\theta)c^2}$。

（二）改进的两部定价契约

为了同时协调供应链中的价格决策与绿色技术投入决策，本部分在两部定价契约的基础上，加入零售商对制造商的绿色投入补贴，提出改进的两部定价契约（w，s，l）。在该契约下，制造商和零售商的利润可以表示为：

$$\pi_{mi} = (1-p_i+\theta p_{3-i})(w-c(1-x_i-\beta x_{3-i})) - kx_i^2 + sx_i + l \tag{10-8}$$

$$\pi_r = \sum_{i=1}^{2}(1-p_i+\theta p_{3-i})(p_i-w) - sx_i - l \tag{10-9}$$

若该契约可以协调供应链，则在该契约下制造商的绿色技术投入决策和零售商的价格决策应与集中供应链时的最优决策相同。此外，也应保证制造商和零售商获得不小于批发价契约时的利润。命题9证明了该契约协调供应链的可行性，并给出了该契约需满足的条件。

命题9 （改进的两部定价契约）：

改进的两部定价契约（w，s，l）可以协调供应链的条件为：$w = \dfrac{(4k-(1+\beta)^2 c)c}{4k-(1+\beta)^2(1-\theta)c^2}$，$s = \dfrac{2(1-(1-\theta)c)\beta kc}{4k-(1+\beta)^2(1-\theta)c^2}$，$l \in [\underline{l^j}, \overline{l^j}]$，其中，$j=M$，$R$，$N$且$\underline{l^j}$和$\overline{l^j}$的形式见附录。

可以看出，改进的两部定价契约可以协调供应链，并同时提高制造商和零售商的利润。值得注意的是，在两部定价契约下，零售商如果对制造商进行绿色技术补贴，承担一部分绿色技术的研发成本，则可以改进零售商自身的利润。这与过往学者的研究结论类似（Chen et al.，2019）。本章的研究进一步说明，如果零售商可以参与制造商之间的横向绿色技术合作，并形成横向合作与纵向合作交错的供应链绿色技术创新网络，则可以提升供应链中的技术创新效率以及供应链绩效，实现帕累托改进。

七、结论

本章研究了供应链中竞争的制造商之间的绿色技术合作对供应链带来的影响。本章考虑了制造商在生产制造过程中污染排放产生的外部作用。制造商可以通过绿色技术研发来降低污染排放，但需要支付一定的研发成本，同时，绿色技术研发产生的技术溢出效应也会为竞争对手带来技术改进，削弱了制造商绿色技术投入的动机。制造商可以通过绿色技术合作，形成绿色技术战略联盟来解决这一问题。通过构建博弈模型，本章考察了制造商之间的绿色技术合作所带来的经济影响和环境影响。

研究发现制造商之间的绿色技术合作可以缓和制造商之间的竞争，并提升制造商的利润。然而，对于零售商来说，制造商之间的绿色技术合作并不一定有利，其原因在于制造商之间的绿色技术合作不一定会使得制造商的绿色技术投入增加。当绿色技术的外部溢出效应较强时，制造商出于竞争对手"搭便车"的顾虑，而不愿投资进行绿色技术创新。此时制造商之间的绿色技术合作消除了制造商的这一顾虑，并可以提升制造商的绿色技术研发投入。然而，当绿色技术的外部溢出效应较弱时，制造商之间的竞争使得制造商视绿色技术创新为竞争武器，因此会大力进行研发投入。此时制造商之间的绿色技术合作反而将削弱制造商对绿色技术的投入动机，并造成供应链效率的下降，使得零售商面对的成本上升，利润降低。此外，由于零售商将试图提高产品价格以抵消成本上升带来的影响，消费者剩余和社会福利也将降低。

此外，本章的研究发现，当绿色技术的外部溢出效应较弱，制造商的绿色技术合作降低制造商的绿色技术投入时，制造商的绿色生产效率也很可能降低。仅有在绿色技术研发成本较高、污染排放的外部效应较强时，才会因为制造商不愿过多生产产品而使得绿色技术生产效率提升。同理，当绿色技术的外部效应较强，制造商的绿色技术合作提升制造商的绿色技术投入时，除非绿色技术研发成本较高、污染排放的外部效应较强使得制造商仅生产少量产品，制造商的绿色生产效率将会提升。尽管如此，由于制造商在绿色技术投入上升（下降）时也将提高（下调）产品的产量，因此制造商的总排放量不一定会随着制造商的绿色技术改善而下降。如果制造商之间的竞争不强、绿色技术研发成本高而污染的后果严重，制造商对绿色技术投入较低，此时可能会出现制造商的绿色技术投入和污染物排放量同向变动的情况。

由于绿色技术溢出效应在制造商绿色技术合作决策中的关键作用，本章进一步针对绿色技术投入在制造商进行绿色技术合作和不进行绿色技术合作时的情况研究了其对供应链产生的影响。研究发现绿色技术溢出效应在制造商进行绿色技术合作和不进行绿色技术合作时对供应链的影响机制不同。当制造商进行绿色技术合作，绿色技术溢出效应的提高将对供应链产生正向影响，较强的绿色技术溢出效应将促使制造商进行更多的绿色技术投入，改进供应链的效率，提升制造商、零售商的利润，惠及消费者并改进社会福利。当制造商不进行绿色技术合作时，绿色技术的溢出效应将产生两种效应：一是绿色技术溢出效应使得供应链成本下降，进而对制造商带来正向影响；二是绿色技术溢出效应将使得制造商之间产生"搭便车"现象，对制造商带来负面影响。根据上述两种影响的强弱，绿色技术溢出效应将对供应链产生不同影响。当正向影响较强时，绿色技术溢出效应的增强将提升供应链的效率，并提升制造商、零售商和消费者的境况；而当负面影响超过正向影响时，绿色技术溢出效应将降低供应链的效率，使得制造商、零售商和消费者的境况下降。

本章同时考察了不同供应链的权利结构带来的影响。研究发现，当制造商在供应链中的地位较高时，其倾向于投入资源进行绿色技术研发。然而，这不一定能保证制造商进行绿色技术合作时一定可以提升制造商的绿色技术合作投入。本章的结果显示，决定制造商绿色技术投入是否因制造商之间的绿色技术合作而改进的关键因素是供应链权利结构的对称性。这是因为制造商不仅需要与其他制造商竞争，也需要与零售商进行利益博弈。因此，若供应链中制造商和零售商的权利对等，制造商面临的竞争最为激烈，此时制造商将大力对绿色技术进行投入，并使得制造商的绿色技术合作更可能降低绿色技术投入。

由于制造商的绿色技术合作不一定能提升供应链的效率，造成了供应链之间的渠道冲突。因此，本章进一步提出了一种改进的两部定价契约以协调供应链成员之间的决策。本章的结果显示，在两部定价契约下，若零售商对制造商的绿色技术研发投入加以补贴，则可以实现供应链的协调并改进自身的利润。此时，制造商和零售商的利润以及消费者剩余均上升，实现了帕累托改进。

参考文献

［1］Agi M A N, Yan X. Greening products in a supply chain under market segmentation and different channel power structures ［J］. International Journal of Production Economics, 2020, 223: 107523.

［2］Brandenburg M. Low carbon supply chain configuration for a new product-a goal programming approach ［J］. International Journal of Production Research, 2015, 53 (21): 6588-6610.

［3］Cachon G P, Lariviere M A. Supply chain coordination with revenue-sharing contracts: Strengths and limitations ［J］. Management Science, 2005, 51 (1): 30-44.

［4］Chen B, Chen J. When to introduce an online channel, and offer money back guarantees and personalized pricing? ［J］. European Journal of Operational Research, 2017, 257 (2): 614-624.

［5］Chen X, Wang X, Zhou M. Firms' green R&D cooperation behaviour in a supply chain: Technological spillover, power and coordination ［J］. International Journal of Production Economics, 2019, 218: 118-134.

［6］D'Aspremont C, Jacquemin A. Cooperative and noncooperative R&D in duopoly with spillovers ［J］. American Economic Review, 1988, 5: 1133-1137.

［7］Ebrahimi S, Hosseini-Motlagh S M, Nematollahi M, et al. Coordinating double-level sustainability effort in a sustainable supply chain under cap-and-trade regulation ［J］. Expert Systems with Applications, 2022, 207: 117872.

［8］Erjiang E, Geng P, Xin T, et al. Online cooperative promotion and cost sharing policy under supply chain competition ［J］. Mathematical Problems in Engineering, 2016 (1): 1-11.

［9］Field C B, Barros V R, Mastrandrea M D, et al. Summary for policymakers

［M］//Climate change 2014: Impacts, adaptation, and vulnerability. Cambridge: Cambridge University Press, 2014: 1-32.

［10］Ghosh S K, Seikh M R, Chakrabortty M. Analyzing a stochastic dual-channel supply chain under consumers' low carbon preferences and cap-and-trade regulation ［J］. Computers & Industrial Engineering, 2020, 149: 106765.

［11］Gupta S. Channel structure with knowledge spillovers ［J］. Marketing Science, 2008, 27 (2): 247-261.

［12］Jiang Z, Shao S. Distributional effects of a carbon tax on Chinese households: A case of Shanghai ［J］. Energy Policy, 2014, 73: 269-277.

［13］Khorshidvand B, Soleimani H, Sibdari S, et al. Developing a two-stage model for a sustainable closed-loop supply chain with pricing and advertising decisions ［J］. Journal of Cleaner Production, 2021, 309: 127165.

［14］Kirchherr J, Piscicelli L, Bour R, et al. Barriers to the circular economy: Evidence from the European Union (EU) ［J］. Ecological Economics, 2018, 150: 264-272.

［15］Lanoie P, Laurent-Lucchetti J, Johnstone N, et al. Environmental policy, innovation and performance: New insights on the porter hypothesis ［J］. Journal of Economics & Management Strategy, 2011, 20 (3): 803-842.

［16］Li G, Shi X, Yang Y, et al. Green Co-creation strategies among supply chain partners: A value co-creation perspective ［J］. Sustainability, 2020, 12 (10): 4305.

［17］Li Y, Huang L, Tong Y. Cooperation with competitor or not? The strategic choice of a focal firm's green innovation strategy ［J］. Computers & Industrial Engineering, 2021, 157: 107301.

［18］Liu P. Pricing policies and coordination of low-carbon supply chain considering targeted advertisement and carbon emission reduction costs in the big data environment ［J］. Journal of Cleaner Production, 2019, 210: 343-357.

［19］Liu W, Liu W, Shen N, et al. Pricing and collection decisions of a closed-loop supply chain with fuzzy demand ［J］. International Journal of Production Economics, 2022, 245: 108409.

［20］Lv F, Xiao L, Xu M, et al. Quantity-payment versus two-part tariff contracts in an assembly system with asymmetric cost information ［J］. Transportation Research Part E: Logistics and Transportation Review, 2019, 129: 60-80.

［21］Nie D, Li H, Qu T, et al. Optimizing supply chain configuration with low carbon emission ［J］. Journal of Cleaner Production, 2020, 271: 122539.

［22］Ouchida Y, Goto D. Cournot duopoly and environmental R&D under regulator's precommitment to an emissions tax ［J］. Applied Economics Letters, 2016, 23 (5):324-331.

［23］Peng H, Pang T, Cong J. Coordination contracts for a supply chain with yield uncertainty and low-carbon preference ［J］. Journal of Cleaner Production, 2018, 205: 291-

302.

[24] Schiederig T, Tietze F, Herstatt C. Green innovation in technology and innovation management: An exploratory literature review [J]. R&D Management, 2012, 42 (2): 180-192.

[25] Shaharudin M S, Fernando Y, Jabbour C J C, et al. Past, present, and future low carbon supply chain management: A content review using social network analysis [J]. Journal of Cleaner Production, 2019, 218: 629-643.

[26] Sheu J B, Chou Y H, Hu C C. An integrated logistics operational model for green-supply chain management [J]. Transportation Research Part E: Logistics and Transportation Review, 2005, 41 (4): 287-313.

[27] Sim J, Ouardighi F E, Kim B. Economic and environmental impacts of vertical and horizontal competition and integration [J]. Naval Research Logistics, 2019, 66: 133-153.

[28] Spena T R, Di Paola N. Moving beyond the tensions in open environmental innovation towards a holistic perspective [J]. Business Strategy and the Environment, 2020, 29 (5): 1961-1974.

[29] Strambach S. Combining knowledge bases in transnational sustainability innovation: Microdynamics and institutional change [J]. Economic Geography, 2017, 93 (5): 500-526.

[30] Taleizadeh A A, Alizadeh-Basban N, Sarker B R. Coordinated contracts in a two-echelon green supply chain considering pricing strategy [J]. Computers & Industrial Engineering, 2018, 124: 249-275.

[31] Wang W, Li G, Cheng T C E. Channel selection in a supply chain with a multi-channel retailer: The role of channel operating costs [J]. International Joural of Production Economics, 2016, 173: 54-65.

[32] Wong C W Y, Lai K, Shang K C, et al. Green operations and the moderating role of environmental management capability of suppliers on manufacturing firm performance [J]. International Journal of Production Economics, 2012, 140 (1): 283-294.

[33] Wu Y, Zhang X, Chen J. Cooperation of green R&D in supply chain with downstream competition [J]. Computers & Industrial Engineering, 2021, 160: 107571.

[34] Xia Q, Zhi B, Wang X. The role of cross-shareholding in the green supply chain: Green contribution, power structure and coordination [J]. International Journal of Production Economics, 2021, 234: 108037.

[35] Yang L, Zhang Q, Ji J. Pricing and carbon emission reduction decisions in supply chains with vertical and horizontal cooperation [J]. International Journal of Production Economics, 2017, 191: 286-297.

[36] Yin S, Zhang N, Li B. Enhancing the competitiveness of multi-agent cooperation for green manufacturing in China: An empirical study of the measure of green technology inno-

vation capabilities and their influencing factors［J］. Sustainable Production and Consumption，2020，23：63-76.

［37］Yu W，Wang Y，Feng W，et al. Low carbon strategy analysis with two competing supply chain considering carbon taxation［J］. Computers & Industrial Engineering，2022，169：108203.

［38］Zhan Q U，Horst R. Two-part tariffs，inventory stockpiling，and the bullwhip effect［J］. European Journal of Operational Research，2023，308（1）：201-214.

［39］Zhang Y，Hezarkhani B. Competition in dual-channel supply chains：The manufacturers' channel selection［J］. European Journal of Operational Research，2021，291（1）：244-262.

［40］Zhang Z，Yu L. Altruistic mode selection and coordination in a low-carbon closed-loop supply chain under the government's compound subsidy：A differential game analysis［J］. Journal of Cleaner Production，2022，366：132863.

［41］Zhang Z，Yu L. Dynamic optimization and coordination of cooperative emission reduction in a dual-channel supply chain considering reference low-carbon effect and low-carbon goodwill［J］. International Journal of Environmental Research and Public Health，2021，18（2）：539.

［42］Zhao R，Liu Y，Zhang N，et al. An optimization model for green supply chain management by using a big data analytic approach［J］. Journal of Cleaner Production，2017，142：1085-1097.

［43］Zhou Y，Hu F，Zhou Z. Pricing decisions and social welfare in a supply chain with multiple competing retailers and carbon tax policy［J］. Journal of Cleaner Production，2018，190：752-777.

［44］陈静，胡婷婷，韩燕，等. 基于收益共享的双渠道供应链低碳协调研究［J］. 统计与决策，2020，36（10）：176-180.

［45］陈克兵，孔颖琪，雷东. 考虑消费者偏好及渠道权力的可替代产品供应链的定价和绿色投入决策［J］. 中国管理科学，2023（5）：1-10.

［46］段炼，袁柳洋. 绿色供应链技术创新与合作伙伴选择决策研究［J/OL］. 计算机集成制造系统，2022：1-21［2022-11-20］. http：//kns. cnki. net/kcms/detail/11. 5946. TP. 20221011. 1525. 020. html.

［47］范贺花，张超，周永卫. 考虑随机需求环境下的低碳供应链渠道选择［J］. 统计与决策，2020，36（14）：166-170.

［48］何新华，卫佳茹，胡文发. 低碳约束与产品替代率情形下的供应链策略［J］. 南京工业大学学报（社会科学版），2019，18（1）：54-64+112.

［49］黄红伟，陈振颂，吴胜，等. 两部定价契约下基于销售努力的双渠道供应链定价与协调［J］. 计算机集成制造系统，2022，28（9）：2998-3008.

［50］金永刚. 关于能源效率问题的内涵、逻辑及影响因素的研究综述［J］. 辽宁

大学学报（哲学社会科学版），2020，48（2）：51-58.

［51］莱斯特·R. 布朗. 生态经济革命：拯救地球和经济的五大步骤［M］. 台北：扬智文化事业股份有限公司，1999：138.

［52］李佩，陈静，张永芬. 基于竞争性产品的零售商双渠道策略研究［J］. 管理工程学报，2018，32（1）：178-185.

［53］李晓静，艾兴政，马建华，等. 基于交叉销售供应链的两部定价契约决策［J］. 系统管理学报，2019，28（1）：192-200.

［54］李友东，夏良杰，王锋正. 基于产品替代的低碳供应链博弈与协调模型［J］. 中国管理科学，2019，27（10）：66-76.

［55］梁喜，蒋琼，郭瑾. 不同双渠道结构下制造商的定价决策与渠道选择［J］. 中国管理科学，2018，26（7）：97-107.

［56］刘名武，刘亚琼，付巧灵. 关税、权力结构与消费者偏好下的绿色供应链决策研究［J］. 中国管理科学，2022，30（3）：131-141.

［57］宿丽霞，杨忠敏，张斌，等. 企业间绿色技术合作的影响因素：基于供应链角度［J］. 中国人口·资源与环境，2013，23（6）：149-154.

［58］万光羽，曹裕，易超群. 考虑渠道碳排放差异的零售商渠道选择策略［J］. 系统工程理论与实践，2021，41（1）：77-92.

［59］汪明月，李颖明，毛逸晖，张浩. 市场导向的绿色技术创新机理与对策研究［J］. 中国环境管理，2019，11（3）：82-86.

［60］魏光兴，高婷婷. 零售商主导型低碳供应链的成本分担契约联合减排决策［J］. 生态经济，2022，38（8）：32-39+79.

［61］吴隽，徐迪. 基于文献计量的低碳供应链管理研究述评［J］. 经济管理，2020，42（3）：192-208.

［62］伍星华，艾兴政，李思寰. 产品网络外部性对低碳供应链减排与定价决策影响研究［J］. 中央财经大学学报，2021（6）：118-128.

［63］伍星华，艾兴政. 生产商规模不经济下低碳供应链的决策与协调［J］. 科技管理研究，2022，42（10）：186-193.

［64］夏良杰，孔清逸，李友东，等. 考虑交叉持股的低碳供应链减排与定价决策研究［J］. 中国管理科学，2021，29（4）：70-81.

［65］夏西强，朱庆华，路梦圆. 外包制造下碳交易对低碳供应链影响及协调机制研究［J］. 系统工程理论与实践，2022，42（5）：1290-1302.

［66］许以撒，刘名武，卢旭. 普通产品竞争下的低碳供应链渠道结构及决策研究［J］. 数学的实践与认识，2021，51（17）：11-21.

［67］杨发明，许庆瑞，吕燕. 绿色技术创新功能源研究［J］. 科研管理，1997（3）：57-62.

［68］杨磊，张琴，张智勇. 碳交易机制下供应链渠道选择与减排策略［J］. 管理科学学报，2017，20（11）：75-87.

［69］杨仕辉，肖导东．两级低碳供应链渠道选择与协调［J］．软科学，2017，31（3）：92-98.

［70］原毅军，陈喆．环境规制、绿色技术创新与中国制造业转型升级［J］．科学学研究，2019，37（10）：1902-1911.

［71］张喜征，刘琛，张人龙．基于可替代产品竞争的双渠道供应链定价与协调［J］．软科学，2016，30（3）：121-125.

［72］周晶淼，武春友，肖贵蓉．绿色增长视角下环境规制强度对导向性技术创新的影响研究［J］．系统工程理论与实践，2016，36（10）：2601-2609.

［73］邹浩，秦进．碳交易下考虑风险规避的低碳供应链定价决策研究［J］．铁道科学与工程学报，2023（2）：516-525.

附录

引理 1 的证明：

（1）MC 模型：构建 π_r 关于 p_1 和 p_2 的海塞矩阵。

$$H_r^{MC} = \begin{bmatrix} -2 & 2\theta \\ 2\theta & -2 \end{bmatrix} \tag{A-1}$$

由于 $\det(H_r^{MC}) = 4(1-\theta^2) > 0$，故 π_r 是关于 p_1 和 p_2 的凹函数，且零售商的最优反应函数可以由一阶条件确定，即：

$$p_i = \frac{1-(1-\theta)w_i}{2(1-\theta)} \tag{A-2}$$

将式（A-2）代入式（10-1），并对 π_{mi} 求关于 w_i 的二阶导数：

$$\frac{\partial^2 \pi_{mi}}{\partial w_i^2} = -1 < 0 \tag{A-3}$$

因此，π_{mi} 是关于 w_i 的凹函数，且制造商的最优反应函数可以由一阶条件确定，即：

$$w_i = \frac{2+\theta+2c(1-x_i)+\theta c(1-x_{3-i})-2\beta c x_{3-i}-\beta\theta c x_i}{4-\theta^2} \tag{A-4}$$

将式（A-4）代入式（10-4），并构建 π_c 关于 x_1 和 x_2 的海塞矩阵：

$$H_c^{MC} = \begin{bmatrix} h_{c1}^{MC} & h_{c2}^{MC} \\ h_{c2}^{MC} & h_{c1}^{MC} \end{bmatrix} \tag{A-5}$$

其中，$h_{c1}^{MC} = \dfrac{-2(4-\theta^2)^2 k + ((4-3\theta^2+\theta^4)\beta^2 - 4\theta(2-\theta^2)\beta + 4-3\theta^2+\theta^4)c^2}{(4-\theta^2)^2}$，$h_{c2}^{MC} = \dfrac{2(2-\theta^2-\beta\theta)(2\beta-\theta-\beta\theta^2)c^2}{(4-\theta^2)^2}$，且

$\det(H_c^{MC}) = \dfrac{(2(2+\theta)^2 k-(1-\beta)^2(1+\theta)^2 c^2)(2(2-\theta)^2 k-(1+\beta)^2(1-\theta)^2 c^2)}{(4-\theta^2)^2}$。因此，若 $\beta > \dfrac{\theta}{2-\theta^2}$，$\pi_c$ 是 x_1 和 x_2 的凹函数当

且仅当 $k>\dfrac{(1+\beta)^2(1-\theta)^2c^2}{2(2-\theta)^2}$；否则，$\pi_c$ 是 x_1 和 x_2 的凹函数当且仅当 $k>\dfrac{(1-\beta)^2(1+\theta)^2c^2}{2(2+\theta)^2}$。此时，制造商的均衡绿色投入可以由一阶条件确定，即 $x_i=\dfrac{(1+\beta)(1-\theta)(1-(1-\theta)c)c}{2(2-\theta)^2k-(1+\beta)^2(1-\theta)^2c^2}$，将上式代入式（A-4）和式（A-2），可以得到均衡时的供应链成员决策。

（2）MN 模型：构建 π_r 关于 p_1 和 p_2 的海塞矩阵可得式（A-1），可知 π_r 是关于 p_1 和 p_2 的凹函数，且零售商的最优反应函数可以由一阶条件确定，即式（A-2）。将式（A-2）代入式（10-1），并对 π_{mi} 求关于 w_i 的二阶导数，可得式（A-3），并知 π_{mi} 是关于 w_i 的凹函数，且制造商的最优反应函数可以由一阶条件确定，即式（A-4）。将式（A-4）代入式（10-1），并对 π_{mi} 求关于 x_i 的二阶导数：

$$\frac{\partial^2 \pi_{mi}}{\partial x_i^2}=\frac{(2-\theta^2-\beta\theta)^2c^2}{(4-\theta^2)^2}-2k \tag{A-6}$$

令式（A-6）小于 0，可得 $k>\dfrac{(2-\theta^2-\beta\theta)^2c^2}{2(4-\theta^2)^2}$。此时，$\pi_{mi}$ 是关于 x_i 的凹函数，因此制造商的均衡绿色投入可以由一阶条件确定，即 $x_i=\dfrac{(2-\beta\theta-\theta^2)(1-(1-\theta)c)c}{2(2+\theta)(2-\theta)^2k-(1+\beta)(1-\theta)(2-\beta\theta-\theta^2)c^2}$，将上式代入式（A-4）和式（A-2），可以得到均衡时的供应链成员决策。

（3）RC 模型：令 $p_i=w_i+m_i$，其中 m_i 表示零售商的边际收益。将上式代入式（10-1），并对 π_{mi} 求关于 w_i 的二阶导数：

$$\frac{\partial^2 \pi_{mi}}{\partial w_i^2}=-2<0 \tag{A-7}$$

因此，π_{mi} 是关于 w_i 的凹函数，且制造商的最优反应函数可以由一阶条件确定，即：

$$w_i=\frac{(2+\theta)(1+c)-(2-\theta^2)m_i+\theta m_{3-i}-(2c+\beta\theta)x_i-(2\beta+\theta)cx_{3-i}}{4-\theta^2} \tag{A-8}$$

将式（A-8）代入式（10-2），并构建 π_{ri} 关于 m_1 和 m_2 的海塞矩阵：

$$H_r^{RC}=\begin{vmatrix} -\dfrac{4-2\theta^2}{4-\theta^2} & \dfrac{2\theta}{4-\theta^2} \\ \dfrac{2\theta}{4-\theta^2} & -\dfrac{4-2\theta^2}{4-\theta^2} \end{vmatrix} \tag{A-9}$$

由于 $\det(H_r^{RC})=\dfrac{4(1-\theta^2)}{4-\theta^2}>0$，故 π_r 是关于 m_1 和 m_2 的凹函数，且零售商的最优反应函数可以由一阶条件确定，即：

$$m_i=\frac{1-(1-\theta)c+c(1-\theta)x_i+\beta(1-\theta)cx_{3-i}}{2(1-\theta)} \tag{A-10}$$

将式（A-8）和式（A-10）代入式（10-4），并构建π_c关于x_1和x_2的海塞矩阵：

$$H_c^{RC} = \begin{vmatrix} h_{c1}^{RC} & h_{c2}^{RC} \\ h_{c2}^{RC} & h_{c1}^{RC} \end{vmatrix} \qquad (A-11)$$

其中，$h_{c1}^{RC} = \dfrac{-4(4-\theta^2)^2 k + ((4-3\theta^2+\theta^4)\beta^2 - 4\theta(2-\theta^2)\beta + 4-3\theta^2+\theta^4)c^2}{2(4-\theta^2)^2}$，$h_{c2}^{MC} = \dfrac{(2-\theta^2-\beta\theta)(2\beta-\theta-\beta\theta^2)c^2}{(4-\theta^2)^2}$，且

$$\det(H_c^{RC}) = \dfrac{(4(2-\theta)^2 k - (1+\beta)^2(1-\theta)^2 c^2)(4(2+\theta)^2 k - (1-\beta)^2(1+\theta)^2 c^2)}{4(4-\theta^2)^2}$$

。因此，若$\beta > \dfrac{\theta}{2-\theta^2}$，$\pi_c$是$x_1$和$x_2$的凹函数当且仅当$k > \dfrac{(1+\beta)^2(1-\theta)^2 c^2}{4(2-\theta)^2}$；否则，$\pi_c$是$x_1$和$x_2$的凹函数当且仅当$k > \dfrac{(1-\beta)^2(1+\theta)^2 c^2}{4(2+\theta)^2}$。此时，制造商的均衡绿色投入可以由一阶条件确定，即$x_i = \dfrac{(1+\beta)(1-\theta)(1-(1-\theta)c)c}{4(2-\theta)^2 k - (1+\beta)^2(1-\theta)^2 c^2}$，将上式代入式（A-8）和式（A-10），可以得到均衡时的供应链成员决策。

（4）RN 模式：令$p_i = w_i + m_i$，其中m_i表示零售商的边际收益。将上式代入式（10-1），并对π_{mi}求关于w_i的二阶导数，即式（A-7）。因此，π_{mi}是关于w_i的凹函数，且制造商的最优反应函数可以由一阶条件确定，即式（A-8）。将式（A-8）代入式（10-2），并构建π_{ri}关于m_1和m_2的海塞矩阵，即式（A-9）。由于$\det(H_r^{RC}) = \dfrac{4(1-\theta^2)}{4-\theta^2} > 0$，故$\pi_r$是关于$m_1$和$m_2$的凹函数，且零售商的最优反应函数可以由一阶条件确定，即式（A-10）。将式（A-8）和式（A-10）代入式（10-1），并对π_{mi}求关于x_i的二阶导数：

$$\frac{\partial^2 \pi_{mi}}{\partial x_i^2} = \frac{(2-\theta^2-\beta\theta)^2 c^2}{2(4-\theta^2)^2} - 2k \qquad (A-12)$$

令式（A-12）小于0，可得$k > \dfrac{(2-\theta^2-\beta\theta)^2 c^2}{4(4-\theta^2)^2}$。此时，$\pi_{mi}$是关于$x_i$的凹函数，因此制造商的均衡绿色投入可以由一阶条件确定，即$x_i = \dfrac{(2-\beta\theta-\theta^2)(1-(1-\theta)c)c}{4(2+\theta)(2-\theta)^2 k - (1+\beta)(1-\theta)(2-\beta\theta-\theta^2)c^2}$，将上式代入式（A-8）和式（A-10），可以得到均衡时的供应链成员决策。

（5）NC 模式：令$p_i = w_i + m_i$，其中m_i表示零售商的边际收益。将上式代入式（10-1），并对π_{mi}求关于w_i的二阶导数，即式（A-7）。因此，π_{mi}是关于w_i的凹函数。将上式代入式（10-2），并构建π_{mi}关于m_1和m_2的海塞矩阵，即：

$$H_r^{NC} = \begin{vmatrix} -2 & 2\theta \\ 2\theta & -2 \end{vmatrix} \qquad (A-13)$$

由于 $\det(H_r^{NC}) = 4(1-\theta^2) > 0$，故 π_r 是关于 m_1 和 m_2 的凹函数，因此制造商和零售商的最优反应函数可以由一阶条件确定，即：

$$w_i = \frac{(3+\theta)(1+2c)-2(3+\beta\theta)cx_{3-i}-2(\theta+3\beta)cx_{3-i}}{9-\theta^2}, \tag{A-14}$$

$$m_i = \frac{(3+\theta)(1-(1-\theta)c)+(1-\theta)(3+\beta\theta)cx_i+(1-\theta)(3\beta+\theta)cx_{3-i}}{(1-\theta)(9-\theta^2)} \tag{A-15}$$

将式（A-14）和式（A-15）代入式（10-4），并构建 π_c 关于 x_1 和 x_2 的海塞矩阵：

$$H_c^{RC} = \begin{bmatrix} h_{c1}^{NC} & h_{c2}^{NC} \\ h_{c2}^{NC} & h_{c1}^{NC} \end{bmatrix} \tag{A-16}$$

其中，$h_{c1}^{NC} = \dfrac{-2(9-\theta^2)^2k+2((9-2\theta^2+\theta^4)\beta^2-8\theta(3-\theta^2)\beta+9-2\theta^2+\theta^4)c^2}{(9-\theta^2)^2}$，$h_{c2}^{NC} = \dfrac{4(3-\theta^2-2\beta\theta)(3\beta-2\theta-\beta\theta^2)c^2}{(9-\theta^2)^2}$，

且 $\det(H_c^{RC}) = \dfrac{4((3+\theta)^2k-(1-\beta)^2(1+\theta)^2c^2)((3-\theta)^2k-(1+\beta)^2(1-\theta)^2c^2)}{(9-\theta^2)^2}$。因此，若 $\beta > \dfrac{2\theta}{3-\theta^2}$，$\pi_c$ 是 x_1 和 x_2 的凹函数当且仅当 $k > \dfrac{(1+\beta)^2(1-\theta)^2c^2}{(3-\theta)^2}$；否则，$\pi_c$ 是 x_1 和 x_2 的凹函数当且仅当 $k > \dfrac{(1-\beta)^2(1+\theta)^2c^2}{(3+\theta)^2}$。此时，制造商的均衡绿色投入可以由一阶条件确定，即 $x_i = \dfrac{(1+\beta)(1-\theta)(1-(1-\theta)c)c}{(3-\theta)^2k-(1+\beta)^2(1-\theta)^2c^2}$，将上式代入式（A-14）和式（A-15），可以得到均衡时的供应链成员决策。

（6）NN 模式：令 $p_i = w_i + m_i$，其中 m_i 表示零售商的边际收益。将上式代入式（10-1），并对 π_{mi} 求关于 w_i 的二阶导数，即式（A-7）。因此，π_{mi} 是关于 w_i 的凹函数。将上式代入式（10-2），并构建 π_{mi} 关于 m_1 和 m_2 的海塞矩阵，即式（A-13）。由于 $\det(H_r^{NC}) = 4(1-\theta^2) > 0$，故 π_r 是关于 m_1 和 m_2 的凹函数，因此制造商和零售商的最优反应函数可以由一阶条件确定，即式（A-14）和式（A-15）。将式（A-14）和式（A-15）代入式（10-1），并对 π_{mi} 求关于 x_i 的二阶导数：

$$\frac{\partial^2 \pi_{mi}}{\partial x_i^2} = \frac{2(3-\theta^2-2\beta\theta)^2c^2}{2(9-\theta^2)^2} - 2k \tag{A-17}$$

令式（A-17）小于 0，可得 $k > \dfrac{(3-\theta^2-2\beta\theta)^2c^2}{4(9-\theta^2)^2}$。此时，$\pi_{mi}$ 是关于 x_i 的凹函数，因此制造商的均衡绿色投入可以由一阶条件确定，即 $x_i = \dfrac{(3-2\beta\theta-\theta^2)(1-(1-\theta)c)c}{(3+\theta)(3-\theta)^2k-(1+\beta)(1-\theta)(3-2\beta\theta-\theta^2)c^2}$，将上式代入式（A-14）和式（A-15），可以得到均衡时的供应链成员决策。

$\underline{k}$ 的推导过程：

由于当 $\beta>\dfrac{\theta}{2-\theta^2}$，$\dfrac{(1+\beta)^2(1-\theta)^2c^2}{2(2-\theta)^2}>\dfrac{(2-\theta^2-\beta\theta)^2c^2}{2(4-\theta^2)^2}$；当 $\beta<\dfrac{\theta}{2-\theta^2}$，$\dfrac{(1-\beta)^2(1+\theta)^2c^2}{2(2+\theta)^2}>$ $\dfrac{(2-\theta^2-\beta\theta)^2c^2}{2(4-\theta^2)^2}$。因此，MC 和 MN 模型均有内点解的充分必要条件为：当 $\beta>\dfrac{\theta}{2-\theta^2}$，$k>$ $\dfrac{(1+\beta)^2(1-\theta)^2c^2}{2(2-\theta)^2}$；否则，$k>\dfrac{(1-\beta)^2(1+\theta)^2c^2}{2(2+\theta)^2}$。同理可得，RC 和 RN 模型均有内点解的充分必要条件为：当 $\beta>\dfrac{\theta}{2-\theta^2}$，$k>\dfrac{(1+\beta)^2(1-\theta)^2c^2}{4(2-\theta)^2}$；否则，$k>\dfrac{(1-\beta)^2(1+\theta)^2c^2}{4(2+\theta)^2}$。NC 和 NN 模型均有内点解的充分必要条件为：当 $\beta>\dfrac{\theta}{3-2\theta^2}$，$k>\dfrac{(1+\beta)^2(1-\theta)^2c^2}{(3-\theta)^2}$；否则，$k>$ $\dfrac{(1-\beta)^2(1+\theta)^2c^2}{(3+\theta)^2}$。比较上述阈值，可得所有模型均有内电解的充分必要条件为 $k>\underline{k}$，且 当 $\theta<\sqrt2-1$，$\underline{k}=\dfrac{(1+\beta)^2(1-\theta)^2c^2}{2(2-\theta)^2}$当 $\beta>\dfrac{\theta}{2-\theta^2}$；$\underline{k}=\dfrac{(1-\beta)^2(1+\theta)^2c^2}{2(2+\theta)^2}$当 $\beta<\dfrac{\theta}{2-\theta^2}$。当 $\theta>\sqrt2-1$，

$\underline{k}=\dfrac{(1+\beta)^2(1-\theta)^2c^2}{2(2-\theta)^2}$当 $\beta>1-\dfrac{\sqrt2(6-4\theta-2\theta^2)}{4+2\theta-2\theta^2+\sqrt2(3-2\theta-\theta^2)}$；$\underline{k}=\dfrac{(1-\beta)^2(1+\theta)^2c^2}{(3+\theta)^2}$当 $\beta<1-$ $\dfrac{\sqrt2(6-4\theta-2\theta^2)}{4+2\theta-2\theta^2+\sqrt2(3-2\theta-\theta^2)}$。

命题 1 的证明：

$$x_i^{MC}-x_i^{MN}=\dfrac{2(2-\theta)^2(1-(1-\theta)c)(2\beta-\theta-\beta\theta^2)ck}{(2(2-\theta)^2k-(1+\beta)^2(1-\theta)^2c^2)(2(2+\theta)(2-\theta)^2k-(1+\beta)(1-\theta)(2-\theta^2-\beta\theta)c^2)},$$

令上式大于 0，可以得到 $x_i^{MC}>x_i^{MN}$ 的条件，即 $\beta>\dfrac{\theta}{2-\theta^2}$。

$$x_i^{RC}-x_i^{RN}=\dfrac{4(2-\theta)^2(1-(1-\theta)c)(2\beta-\theta-\beta\theta^2)ck}{(4(2-\theta)^2k-(1+\beta)^2(1-\theta)^2c^2)(4(2+\theta)(2-\theta)^2k-(1+\beta)(1-\theta)(2-\theta^2-\beta\theta)c^2)},$$

令上式大于 0，可以得到 $x_i^{MC}>x_i^{MN}$ 的条件，即 $\beta>\dfrac{\theta}{2-\theta^2}$。

$$x_i^{NC}-x_i^{NN}=\dfrac{(3-\theta)^2(1-(1-\theta)c)(3\beta-2\theta-\beta\theta^2)ck}{((3-\theta)^2k-(1+\beta)^2(1-\theta)^2c^2)((3+\theta)(3-\theta)^2k-(1+\beta)(1-\theta)(3-\theta^2-2\beta\theta)c^2)},$$

令上式大于 0，可以得到 $x_i^{MC}>x_i^{MN}$ 的条件，即 $\beta>\dfrac{2\theta}{3-\theta^2}$。

$$w_i^{MC}-w_i^{MN}=-\dfrac{2(1+\beta)(2-\theta)(1-(1-\theta)c)(2\beta-\theta-\beta\theta^2)c^2k}{(2(2-\theta)^2k-(1+\beta)^2(1-\theta)^2c^2)(2(2+\theta)(2-\theta)^2k-(1+\beta)(1-\theta)(2-\theta^2-\beta\theta)c^2)},$$

令上式大于 0，可以得到 $w_i^{MC}>w_i^{MN}$ 的条件，即 $\beta<\dfrac{\theta}{2-\theta^2}$。

$$w_i^{RC} - w_i^{RN} = -\frac{2(1+\beta)(3-\theta)(2-\theta)(1-(1-\theta)c)(2\beta-\theta-\beta\theta^2)c^2k}{(4(2-\theta)^2k-(1+\beta)^2(1-\theta)^2c^2)(4(2+\theta)(2-\theta)^2k-(1+\beta)(1-\theta)(2-\theta^2-\beta\theta)c^2)},$$

令上式大于 0，可以得到 $w_i^{MC}>w_i^{MN}$ 的条件，即 $\beta<\dfrac{\theta}{2-\theta^2}$。

$$w_i^{NC} - w_i^{NN} = -\frac{2(1+\beta)(3-\theta)(1-(1-\theta)c)(3\beta-2\theta-\beta\theta^2)c^2k}{((3-\theta)^2k-(1+\beta)^2(1-\theta)^2c^2)((3+\theta)(3-\theta)^2k-(1+\beta)(1-\theta)(3-\theta^2-2\beta\theta)c^2)},$$ 令

上式大于 0，可以得到 $w_i^{MC}>w_i^{MN}$ 的条件，即 $\beta<\dfrac{2\theta}{3-\theta^2}$。

$$p_i^{MC} - p_i^{MN} = -\frac{(1+\beta)(2-\theta)(1-(1-\theta)c)(2\beta-\theta-\beta\theta^2)c^2k}{(2(2-\theta)^2k-(1+\beta)^2(1-\theta)^2c^2)(2(2+\theta)(2-\theta)^2k-(1+\beta)(1-\theta)(2-\theta^2-\beta\theta)c^2)},$$

令上式大于 0，可以得到 $p_i^{MC}>p_i^{MN}$ 的条件，即 $\beta<\dfrac{\theta}{2-\theta^2}$。

$$p_i^{RC} - p_i^{RN} = -\frac{2(1+\beta)(2-\theta)(1-(1-\theta)c)(2\beta-\theta-\beta\theta^2)c^2k}{(4(2-\theta)^2k-(1+\beta)^2(1-\theta)^2c^2)(4(2+\theta)(2-\theta)^2k-(1+\beta)(1-\theta)(2-\theta^2-\beta\theta)c^2)},$$ 令

上式大于 0，可以得到 $p_i^{MC}>p_i^{MN}$ 的条件，即 $\beta<\dfrac{\theta}{2-\theta^2}$。

$$p_i^{NC} - p_i^{NN} = -\frac{(1+\beta)(3-\theta)(1-(1-\theta)c)(3\beta-2\theta-\beta\theta^2)c^2k}{((3-\theta)^2k-(1+\beta)^2(1-\theta)^2c^2)((3+\theta)(3-\theta)^2k-(1+\beta)(1-\theta)(3-\theta^2-2\beta\theta)c^2)},$$

令上式大于 0，可以得到 $p_i^{MC}>p_i^{MN}$ 的条件，即 $\beta<\dfrac{2\theta}{3-\theta^2}$。

命题 2 的证明：

$$\pi_{mi}^{MC} - \pi_{mi}^{MN} = \frac{2(2-\theta)^2(1-(1-\theta)c)^2(2\beta-\theta-\beta\theta^2)^2c^2k^2}{(2(2-\theta)^2k-(1+\beta)^2(1-\theta)^2c^2)^2(2(2+\theta)(2-\theta)^2k-(1+\beta)(1-\theta)(2-\theta^2-\beta\theta)c^2)^2}>0。$$

$$\pi_{mi}^{RC} - \pi_{mi}^{RN} = \frac{4(2-\theta)^2(1-(1-\theta)c)^2(2\beta-\theta-\beta\theta^2)^2c^2k^2}{(4(2-\theta)^2k-(1+\beta)^2(1-\theta)^2c^2)^2(4(2+\theta)(2-\theta)^2k-(1+\beta)(1-\theta)(2-\theta^2-\beta\theta)c^2)^2}>0。$$

$$\pi_{mi}^{NC} - \pi_{mi}^{NN} = \frac{(3-\theta)^2(1-(1-\theta)c)^2(3\beta-2\theta-\beta\theta^2)^2c^2k^2}{((3-\theta)^2k-(1+\beta)^2(1-\theta)^2c^2)^2((3+\theta)(3-\theta)^2k-(1+\beta)(1-\theta)(3-\theta^2-2\beta\theta)c^2)^2}>0。$$

$$\pi_r^{MC} - \pi_r^{MN} = \frac{2(1+\beta)(2-\theta)^2(1-(1-\theta)c)^2(2\beta-\theta-\beta\theta^2)c^2k^2f_1(k)}{(2(2-\theta)^2k-(1+\beta)^2(1-\theta)^2c^2)^2(2(2+\theta)(2-\theta)^2k-(1+\beta)(1-\theta)(2-\theta^2-\beta\theta)c^2)^2},$$

其中，$f_1(k)=4(2+\theta)(2-\theta)^2k-(1+\beta)(1-\theta)(4+2\beta-(2\beta+1)\theta-(2+\beta)\theta^2)c^2$。当 $k>\underline{k}$，必

有 $f_1(k)>0$。因此，当 $\beta<\dfrac{\theta}{2-\theta^2}$，$\pi_r^{MC}<\pi_r^{MN}$；否则，$\pi_r^{MC}>\pi_r^{MN}$。

$$\pi_r^{RC} - \pi_r^{RN} = \frac{8(1+\beta)(2-\theta)^3(1-(1-\theta)c)^2(2\beta-\theta-\beta\theta^2)c^2k^2f_2(k)}{(4(2-\theta)^2k-(1+\beta)^2(1-\theta)^2c^2)^2(4(2+\theta)(2-\theta)^2k-(1+\beta)(1-\theta)(2-\theta^2-\beta\theta)c^2)^2},$$

其中，$f_2(k)=8(2+\theta)(2-\theta)^2k-(1+\beta)(1-\theta)(4+2\beta-(2\beta+1)\theta-(2+\beta)\theta^2)c^2$。当 $k>\underline{k}$，必

有 $f_2(k)>0$。因此，当 $\beta<\dfrac{\theta}{2-\theta^2}$，$\pi_r^{RC}<\pi_r^{RN}$；否则，$\pi_r^{RC}>\pi_r^{RN}$。

$$\pi_r^{NC} - \pi_r^{NN} = \frac{2(1+\beta)(3-\theta)^2(1-(1-\theta)c)^2(3\beta-2\theta-\beta\theta^2)c^2k^2f_3(k)}{((3-\theta)^2k-(1+\beta)^2(1-\theta)^2c^2)^2((3+\theta)(3-\theta)^2k-(1+\beta)(1-\theta)(3-\theta^2-2\beta\theta)c^2)^2},$$

其中，$f_3(k)=2(3+\theta)(3-\theta)^2k-(1+\beta)(1-\theta)(6-3\beta-2(2\beta+1)\theta-(2+\beta)\theta^2)c^2$。当 $k>\underline{k}$，必有 $f_3(k)>0$。因此，当 $\beta<\dfrac{2\theta}{3-\theta^2}$，$\pi_r^{NC}<\pi_r^{NN}$；否则，$\pi_r^{NC}>\pi_r^{NN}$。

$$\pi_S^{MC} - \pi_S^{MN} = \frac{2(2-\theta)^2(1-(1-\theta)c)^2(2\beta-\theta-\beta\theta^2)c^2k^2f_4(k)}{(2(2-\theta)^2k-(1+\beta)^2(1-\theta)^2c^2)^2(2(2+\theta)(2-\theta)^2k-(1+\beta)(1-\theta)(2-\theta^2-\beta\theta)c^2)^2},$$

其中，$f_4(k)=4(2-\theta)^2(2+4\beta+\beta\theta(1-\theta))k-(1+\beta)^2(1-\theta)(4-3\theta+\beta(6(1-\theta)-3\theta^2+2\theta^3))c^2$。当 $k>\underline{k}$，$f_4(k)>0$ 的充分必要条件为 $\beta>\dfrac{\theta}{2-\theta^2}$。因此，当 $\beta<\dfrac{\theta}{2-\theta^2}$，$\pi_S^{MC}<\pi_S^{MN}$；否则，$\pi_S^{MC}>\pi_S^{MN}$。

$$\pi_S^{RC} - \pi_S^{RN} = \frac{8(2-\theta)^2(1-(1-\theta)c)^2(2\beta-\theta-\beta\theta^2)c^2k^2f_5(k)}{(4(2-\theta)^2k-(1+\beta)^2(1-\theta)^2c^2)^2(4(2+\theta)(2-\theta)^2k-(1+\beta)(1-\theta)(2-\theta^2-\beta\theta)c^2)^2},$$

其中，$f_5(k)=4(2-\theta)^2(8-\theta+10\beta-2\theta^2-3\beta\theta^2)k-(1+\beta)^2(1-\theta)(8-7\theta-2\theta^2+2\theta^3+\beta(6-8\theta-\theta^2+2\theta^3))c^2$。当 $k>\underline{k}$，$f_5(k)>0$ 的充分必要条件为 $\beta>\dfrac{\theta}{2-\theta^2}$。因此，当 $\beta<\dfrac{\theta}{2-\theta^2}$，$\pi_S^{RC}<\pi_S^{RN}$；否则，$\pi_S^{RC}>\pi_S^{RN}$。

$$\pi_S^{NC} - \pi_S^{NN} = \frac{2(3-\theta)^2(1-(1-\theta)c)^2(3\beta-2\theta-\beta\theta^2)c^2k^2f_6(k)}{((3-\theta)^2k-(1+\beta)^2(1-\theta)^2c^2)^2((3+\theta)(3-\theta)^2k-(1+\beta)(1-\theta)(3-\theta^2-2\beta\theta)c^2)^2},$$

其中，$f_6(k)=(3-\theta)^2(6+9\beta+2\beta\theta-\beta\theta^2)k-(1+\beta)^2(1-\theta)(6-4\theta+\beta(6-7\theta-2\theta^2+\theta^3))c^2$。当 $k>\underline{k}$，$f_6(k)>0$ 的充分必要条件为。因此，当 $\beta<\dfrac{2\theta}{3-\theta^2}$，$\pi_S^{NC}<\pi_S^{NN}$；否则，$\pi_S^{NC}>\pi_S^{NN}$。

命题 3 的证明：

$$CS^{MC} - CS^{MN} = \frac{(1+\beta)(2-\theta)^2(1-(1-\theta)c)^2(2\beta-\theta-\beta\theta^2)c^2k^2f_1(k)}{(2(2-\theta)^2k-(1+\beta)^2(1-\theta)^2c^2)^2(2(2+\theta)(2-\theta)^2k-(1+\beta)(1-\theta)(2-\theta^2-\beta\theta)c^2)^2},$$

当 $k>\underline{k}$，必有 $f_1(k)>0$。因此，当 $\beta>\dfrac{\theta}{2-\theta^2}$，$CS^{MC}>CS^{MN}$；否则，$CS^{MC}<CS^{MN}$。

$$CS^{RC} - CS^{RN} = \frac{4(1+\beta)(2-\theta)^2(1-(1-\theta)c)^2(2\beta-\theta-\beta\theta^2)c^2k^2f_2(k)}{(4(2-\theta)^2k-(1+\beta)^2(1-\theta)^2c^2)^2(4(2+\theta)(2-\theta)^2k-(1+\beta)(1-\theta)(2-\theta^2-\beta\theta)c^2)^2},$$

当 $k>\underline{k}$，必有 $f_2(k)>0$。因此，当 $\beta>\dfrac{\theta}{2-\theta^2}$，$CS^{RC}>CS^{RN}$；否则，$CS^{RC}<CS^{RN}$。

$$CS^{NC} - CS^{NN} = \frac{(1+\beta)(3-\theta)^2(1-(1-\theta)c)^2(3\beta-2\theta-\beta\theta^2)c^2k^2f_3(k)}{((3-\theta)^2k-(1+\beta)^2(1-\theta)^2c^2)^2((3+\theta)(3-\theta)^2k-(1+\beta)(1-\theta)(3-\theta^2-2\beta\theta)c^2)^2},$$

当 $k>\underline{k}$，必有 $f_3(k)>0$。因此，当 $\beta>\dfrac{2\theta}{3-\theta^2}$，$CS^{NC}>CS^{NN}$；否则，$CS^{NC}<CS^{NN}$。

$$SW^{MC} - SW^{MN} = \frac{(2-\theta)^2(1-(1-\theta)c)^2(2\beta-\theta-\beta\theta^2)c^2k^2f_7(k)}{(2(2-\theta)^2k-(1+\beta)^2(1-\theta)^2c^2)^2(2(2+\theta)(2-\theta)^2k-(1+\beta)(1-\theta)(2-\theta^2-\beta\theta)c^2)^2},$$

其中，$f_7(k) = 4(2-\theta)^2(6+\theta+10\beta+\beta\theta(3-2\theta))k - (1+\beta)^2(1-\theta)(12-7\theta-2\theta^2+14\beta(1-\theta)-7\beta\theta^2+4\beta\theta^3)c^2$。当 $k > \underline{k}$，必有 $f_7(k) > 0$。因此，当 $\beta > \dfrac{\theta}{2-\theta^2}$，$SW^{MC} > SW^{MN}$；否则，$SW^{MC} < SW^{MN}$。

$$SW^{RC} - SW^{RN} = \frac{4(2-\theta)^2(1-(1-\theta)c)^2(2\beta-\theta-\beta\theta^2)c^2k^2f_8(k)}{(4(2-\theta)^2k-(1+\beta)^2(1-\theta)^2c^2)^2(4(2+\theta)(2-\theta)^2k-(1+\beta)(1-\theta)(2-\theta^2-\beta\theta)c^2)^2},$$

其中，$f_8(k) = 8(2-\theta)^2(10+12\beta+\beta\theta-2\theta^2-3\beta\theta^2)k - (1+\beta)^2(1-\theta)(20-15\theta-6\theta^2+14\beta-18\beta\theta+4\theta^3-3\beta\theta^2+4\beta\theta^3)c^2$。当 $k > \underline{k}$，必有 $f_8(k) > 0$。因此，当 $\beta > \dfrac{\theta}{2-\theta^2}$，$SW^{RC} > SW^{RN}$；否则，$SW^{RC} < SW^{RN}$。

$$SW^{NC} - SW^{NN} = \frac{(3-\theta)^2(1-(1-\theta)c)^2(3\beta-2\theta-\beta\theta^2)c^2k^2f_9(k)}{((3-\theta)^2k-(1+\beta)^2(1-\theta)^2c^2)^2((3+\theta)(3-\theta)^2k-(1+\beta)(1-\theta)(3-\theta^2-2\beta\theta)c^2)^2},$$

其中，$f_9(k) = 2(3-\theta)^2(9+\theta+12\beta+\beta\theta(3-\theta))k - (1+\beta)^2(1-\theta)(18-10\theta-2\theta^2+15\beta-18\beta\theta-5\beta\theta^2+2\beta\theta^3)c^2$。当 $k > \underline{k}$，必有 $f_9(k) > 0$。因此，当 $\beta > \dfrac{2\theta}{3-\theta^2}$，$SW^{NC} > SW^{NN}$；否则，$SW^{NC} < SW^{NN}$。

命题 4 的证明：

$$E^{MC} - E^{MN} = \frac{2(1+\beta)(2-\theta)(1-(1-\theta)c)(2\beta-\theta-\beta\theta^2)ckf_{10}(k)}{(2(2-\theta)^2k-(1+\beta)^2(1-\theta)^2c^2)^2(2(2+\theta)(2-\theta)^2k-(1+\beta)(1-\theta)(2-\theta^2-\beta\theta)c^2)^2},$$

其中，$f_{10}(k) = 4(2+\theta)(2-\theta)^4(2c(1-\theta)-1)k^2 + 2(1+\beta)(1-\theta)^2(2-\theta)^2((\theta^2+2\theta-2)\beta-4+\theta+2\theta^2)c^3k + (1+\beta)^3(1-\theta)^3(2-\theta^2-\beta\theta)c^4$。因此，$E^{MC}$ 和 E^{MN} 的大小由 $f_{10}(k)$ 的符号决定。当 $\beta > \dfrac{\theta}{2-\theta^2}$ 且 $\theta > 1 - \dfrac{1}{2c}$，$f_{10}(k)$ 是一个开口向下的抛物线，此时当 $k > \underline{k}$，$f_{10}(k)$ 恒小于 0，因此，$E^{MC} < E^{MN}$。当 $\beta > \dfrac{\theta}{2-\theta^2}$ 且 $\theta < 1 - \dfrac{1}{2c}$，$f_{10}(k)$ 是一个开口向上的抛物线，且 $f_{10}(\underline{k}) < 0$，此时 $f_{10}(k) < 0$，即 $E^{MC} < E^{MN}$ 当且仅当 $k < \overline{k}_1 =$

$$\frac{(1+\beta)(1-\theta)\left(\begin{array}{c} -(1-\theta)(4-\theta+2\beta-2\theta^2-2\beta\theta-\beta\theta^2)c+ \\ \sqrt{(1-\theta)\left(\begin{array}{c}(1-\theta)(4-\theta+2\beta-2\theta^2-2\beta\theta-\beta\theta^2)c^2+ \\ 8(1+\beta)(2+\theta)(1-\theta)(2-\theta^2-2\beta\theta)c- \\ 4(1+\beta)(2+\theta)(2-\theta^2-\beta\theta)\end{array}\right)}c^2 \end{array}\right)}{(2+\theta)(2-\theta)^2(2c(1-\theta)-1)}$$

。当 $\beta < \dfrac{\theta}{2-\theta^2}$ 且 $\theta < 1 - \dfrac{1}{2c}$，$f_{10}(k)$ 是一个开口向上的抛物线，且 $f_{10}(\underline{k}) < 0$，此时 $f_{10}(k) > 0$，即 $E^{MC} < E^{MN}$，当且仅当 $k > \overline{k}_1$。当 $\beta < \dfrac{\theta}{2-\theta^2}$ 且 $\theta > 1 - \dfrac{1}{2c}$，$f_{10}(k)$ 是一个开口向下的抛物线，此时当 $k > \underline{k}$，$f_{10}(k)$ 恒小于 0，因此，$E^{MC} > E^{MN}$。

$$E^{RC} - E^{RN} = \frac{4(1+\beta)(2-\theta)(1-(1-\theta)c)(2\beta-\theta-\beta\theta^2)ckf_{11}(k)}{(4(2-\theta)^2k-(1+\beta)^2(1-\theta)^2c^2)^2(4(2+\theta)(2-\theta)^2k-(1+\beta)(1-\theta)(2-\theta^2-\beta\theta)c^2)^2},$$

其中，$f_{11}(k)=16(2+\theta)(2-\theta)^4(2c(1-\theta)-1)k^2+4(1+\beta)(1-\theta)^2(2-\theta)^2((\theta^2+2\theta-2)\beta-4+\theta+2\theta^2)c^3k+(1+\beta)^3(1-\theta)^3(2-\theta^2-\beta\theta)c^4$。因此，$E^{MC}$ 和 E^{MN} 的大小由 $f_{11}(k)$ 的符号决定。当 $\beta>\dfrac{\theta}{2-\theta^2}$ 且 $\theta>1-\dfrac{1}{2c}$，$f_{11}(k)$ 是一个开口向下的抛物线，此时当 $k>\underline{k}$，$f_{11}(k)$ 恒小于 0，因此，$E^{RC}<E^{RN}$。当 $\beta>\dfrac{\theta}{2-\theta^2}$ 且 $\theta<1-\dfrac{1}{2c}$，$f_{11}(k)$ 是一个开口向上的抛物线，且 $f_{11}(\underline{k})<0$，此时 $f_{11}(k)<0$，即 $E^{RC}<E^{RN}$ 当且仅当 $k<\bar{k}_2=$

$$\frac{(1+\beta)(1-\theta)\left(\begin{array}{c}-(1-\theta)(4-\theta+2\beta-2\theta^2-2\beta\theta-\beta\theta^2)c+\\ \sqrt{(1-\theta)\left(\begin{array}{c}(1-\theta)(4-\theta+2\beta-2\theta^2-2\beta\theta-\beta\theta^2)c^2+\\8(1+\beta)(2+\theta)(1-\theta)(2-\theta^2-2\beta\theta)c-\\4(1+\beta)(2+\theta)(2-\theta^2-\beta\theta)\end{array}\right)c^2}\end{array}\right)}{8(2+\theta)(2-\theta)^2(2c(1-\theta)-1)}$$

。当 $\beta<\dfrac{\theta}{2-\theta^2}$ 且 $\theta<1-\dfrac{1}{2c}$，$f_{11}(k)$ 是一个开口向上的抛物线，且 $f_{11}(\underline{k})<0$，此时 $f_{11}(k)>0$，即 $E^{RC}<E^{RN}$，当且仅当 $k>\bar{k}_2$。当 $\beta<\dfrac{\theta}{2-\theta^2}$ 且 $\theta>1-\dfrac{1}{2c}$，$f_{11}(k)$ 是一个开口向下的抛物线，此时当 $k>\underline{k}$，$f_{11}(k)$ 恒小于 0，因此，$E^{RC}>E^{RN}$。

$$E^{NC}-E^{NN}=\frac{2(1+\beta)(3-\theta)(1-(1-\theta)c)(3\beta-2\theta-\beta\theta^2)ckf_{12}(k)}{((3-\theta)^2k-(1+\beta)^2(1-\theta)^2c^2)^2((3+\theta)(3-\theta)^2k-(1+\beta)(1-\theta)(3-\theta^2-2\beta\theta)c^2)^2},$$

其中，$f_{12}(k)=(3+\theta)(3-\theta)^4(2c(1-\theta)-1)k^2+(1+\beta)(1-\theta)^2(3-\theta)^2((\theta^2+4\theta-3)\beta-6+2\theta+2\theta^2)c^3k+(1+\beta)^3(1-\theta)^3(3-\theta^2-2\beta\theta)c^4$。因此，$E^{NC}$ 和 E^{NN} 的大小由 $f_{12}(k)$ 的符号决定。当 $\beta>\dfrac{2\theta}{3-\theta^2}$ 且 $\theta>1-\dfrac{1}{2c}$，$f_{12}(k)$ 是一个开口向下的抛物线，此时当 $k>\underline{k}$，$f_{12}(k)$ 恒小于 0，因此，$E^{NC}<E^{NN}$。当 $\beta>\dfrac{2\theta}{3-\theta^2}$ 且 $\theta<1-\dfrac{1}{2c}$，$f_{12}(k)$ 是一个开口向上的抛物线，且 $f_{12}(\underline{k})<0$，此时 $f_{12}(k)<0$，即 $E^{NC}<E^{NN}$ 当且仅当 $k<\bar{k}_3=$

$$\frac{(1+\beta)(1-\theta)\left(\begin{array}{c}-(1-\theta)(6-2\theta+3\beta-2\theta^2-4\beta\theta-\beta\theta^2)c+\\ \sqrt{(1-\theta)\left(\begin{array}{c}(1-\theta)(6-2\theta+3\beta-2\theta^2-4\beta\theta-\beta\theta^2)c^2+\\8(1+\beta)(3+\theta)(1-\theta)(3-\theta^2-2\beta\theta)c-\\4(1+\beta)(3+\theta)(3-\theta^2-2\beta\theta)\end{array}\right)c^2}\end{array}\right)}{2(3+\theta)(3-\theta)^2(2c(1-\theta)-1)}$$

。当 $\beta<\dfrac{2\theta}{3-\theta^2}$ 且 $\theta<1-\dfrac{1}{2c}$，$f_{12}(k)$ 是一个开口向上的抛物线，且 $f_{12}(\underline{k})<0$，此时 $f_{12}(k)>0$，即 $E^{NC}<E^{NN}$，当且仅当 $k>\bar{k}_3$。当 $\beta<\dfrac{2\theta}{3-\theta^2}$ 且 $\theta>1-\dfrac{1}{2c}$，$f_{12}(k)$ 是一个开口向下的抛物线，此时当 $k>\underline{k}$，$f_{12}(k)$ 恒小于 0，因此，$E^{NC}>E^{NN}$。

$$EcoSW^{MC}-EcoSW^{MN}=\frac{(1-(1-\theta)c)(2\beta-\theta-\beta\theta^2)cf_{13}(k)}{2(1-\theta)(4-\theta^2)(2(2-\theta)^2k-(1+\beta)^2(1-\theta)^2c^2)},$$ 其中，$f_{13}(k)=$
$$(2(2+\theta)(2-\theta)^2k-(1+\beta)(1-\theta)(2-\theta^2-\beta\theta)c^2)$$

$(2-\theta)^2(-4(1-\theta)(4-\theta+2\beta-2\theta^2-2\beta\theta-\beta\theta^2)c+(1+\beta)(2+\theta)(7-4\theta))k+2(1+\beta)^2(1-\theta)^2(2-\theta^2-\beta\theta)c^2$。因此，$EcoSW^{MC}$ 和 $EcoSW^{MN}$ 的大小由 $f_{13}(k)$ 的符号决定。当 $\beta>\dfrac{\theta}{2-\theta^2}$ 且 $c<$

$$\dfrac{(1+\beta)(2+\theta)(7-4\theta)}{4(1-\theta)(4-\theta+2\beta-2\theta^2-2\beta\theta-\beta\theta^2)}，f_{13}(k) 恒大于 0，因此，EcoSW^{MC}>EcoSW^{MN}。当 \beta>$$

$\dfrac{\theta}{2-\theta^2}$ 且 $c>\dfrac{(1+\beta)(2+\theta)(7-4\theta)}{4(1-\theta)(4-\theta+2\beta-2\theta^2-2\beta\theta-\beta\theta^2)}，f_{13}(k)>0$ 即 $EcoSW^{MC}>EcoSW^{MN}$ 当且仅当 $k<$

$$\dfrac{2(1+\beta)^2(1-\theta)^2(2-\theta^2-\beta\theta)c^2}{(2-\theta)^2(-4(1-\theta)(4-\theta+2\beta-2\theta^2-2\beta\theta-\beta\theta^2)c+(1+\beta)(2+\theta)(7-4\theta))}。当 \beta<\dfrac{\theta}{2-\theta^2} 且 c<$$

$\dfrac{(1+\beta)(2+\theta)(7-4\theta)}{4(1-\theta)(4-\theta+2\beta-2\theta^2-2\beta\theta-\beta\theta^2)}，f_{13}(k)$ 恒大于 0，因此，$EcoSW^{MC}<EcoSW^{MN}$。当 $\beta<$

$\dfrac{\theta}{2-\theta^2}$ 且 $c>\dfrac{(1+\beta)(2+\theta)(7-4\theta)}{4(1-\theta)(4-\theta+2\beta-2\theta^2-2\beta\theta-\beta\theta^2)}，f_{13}(k)>0$ 即 $EcoSW^{MC}<EcoSW^{MN}$ 当且仅当

$$k<\dfrac{2(1+\beta)^2(1-\theta)^2(2-\theta^2-\beta\theta)c^2}{(2-\theta)^2(-4(1-\theta)(4-\theta+2\beta-2\theta^2-2\beta\theta-\beta\theta^2)c+(1+\beta)(2+\theta)(7-4\theta))}。$$

$$EcoSW^{RC}-EcoSW^{RN}=\dfrac{(1-(1-\theta)c)(2\beta-\theta-\beta\theta^2)cf_{14}(k)}{2(1-\theta)(4-\theta^2)(4(2-\theta)^2k-(1+\beta)^2(1-\theta)^2c^2)}，其中，f_{14}(k)=$$

$(4(2+\theta)(2-\theta)^2k-(1+\beta)(1-\theta)(2-\theta^2-\beta\theta)c^2)$

$(2-\theta)^2(-4(1-\theta)(4-\theta+2\beta-2\theta^2-2\beta\theta-\beta\theta^2)c+2(1+\beta)(2+\theta)(7-4\theta))k+(1+\beta)^2(1-\theta)^2(2-\theta^2-\beta\theta)c^2$。因此，$EcoSW^{RC}$ 和 $EcoSW^{RN}$ 的大小由 $f_{14}(k)$ 的符号决定。当 $\beta>\dfrac{\theta}{2-\theta^2}$ 且 $c<$

$$\dfrac{(1+\beta)(2+\theta)(7-4\theta)}{2(1-\theta)(4-\theta+2\beta-2\theta^2-2\beta\theta-\beta\theta^2)}，f_{14}(k) 恒大于 0，因此，EcoSW^{RC}>EcoSW^{RN}。当 \beta>\dfrac{\theta}{2-\theta^2}$$

且 $c>\dfrac{(1+\beta)(2+\theta)(7-4\theta)}{2(1-\theta)(4-\theta+2\beta-2\theta^2-2\beta\theta-\beta\theta^2)}，f_{14}(k)>0$ 即 $EcoSW^{RC}>EcoSW^{RN}$ 当且仅当 $k<$

$$\dfrac{(1+\beta)^2(1-\theta)^2(2-\theta^2-\beta\theta)c^2}{2(2-\theta)^2(-2(1-\theta)(4-\theta+2\beta-2\theta^2-2\beta\theta-\beta\theta^2)c+(1+\beta)(2+\theta)(7-4\theta))}。当 \beta<\dfrac{\theta}{2-\theta^2} 且 c<$$

$\dfrac{(1+\beta)(2+\theta)(7-4\theta)}{2(1-\theta)(4-\theta+2\beta-2\theta^2-2\beta\theta-\beta\theta^2)}，f_{14}(k)$ 恒大于 0，因此，$EcoSW^{RC}<EcoSW^{RN}$。当 $\beta<\dfrac{\theta}{2-\theta^2}$

且 $c>\dfrac{(1+\beta)(2+\theta)(7-4\theta)}{2(1-\theta)(4-\theta+2\beta-2\theta^2-2\beta\theta-\beta\theta^2)}，f_{14}(k)>0$ 即 $EcoSW^{RC}<EcoSW^{RN}$ 当且仅当 $k<$

$$\dfrac{(1+\beta)^2(1-\theta)^2(2-\theta^2-\beta\theta)c^2}{2(2-\theta)^2(-2(1-\theta)(4-\theta+2\beta-2\theta^2-2\beta\theta-\beta\theta^2)c+(1+\beta)(2+\theta)(7-4\theta))}。$$

$$EcoSW^{NC}-EcoSW^{NN}=\dfrac{(1-(1-\theta)c)(3\beta-2\theta-\beta\theta^2)cf_{15}(k)}{2(1-\theta)(9-\theta^2)((3-\theta)^2k-(1+\beta)^2(1-\theta)^2c^2)}，其中，f_{15}(k)=$$

$((3+\theta)(3-\theta)^2k-(1+\beta)(1-\theta)(3-\theta^2-2\beta\theta)c^2)$

$(3-\theta)^2(-2(1-\theta)(6-2\theta+3\beta-2\theta^2-4\beta\theta-\beta\theta^2)c+(1+\beta)(3+\theta)(5-2\theta))k+2(1+\beta)^2(1-\theta)^2$

$(3-\theta^2-2\beta\theta)c^2$。因此，$EcoSW^{NC}$ 和 $EcoSW^{NN}$ 的大小由 $f_{15}(k)$ 的符号决定。当 $\beta>\dfrac{2\theta}{3-\theta^2}$ 且

$c<\dfrac{(1+\beta)(3+\theta)(5-2\theta)}{2(1-\theta)(6-2\theta+3\beta-2\theta^2-4\beta\theta-\beta\theta^2)}$，$f_{15}(k)$ 恒大于 0，因此，$EcoSW^{NC}>EcoSW^{NN}$。当 $\beta>$

$\dfrac{2\theta}{3-\theta^2}$ 且 $c>\dfrac{(1+\beta)(3+\theta)(5-2\theta)}{2(1-\theta)(6-2\theta+3\beta-2\theta^2-4\beta\theta-\beta\theta^2)}$，$f_{15}(k)>0$ 即 $EcoSW^{NC}>EcoSW^{NN}$ 当且仅当 $k<$

$\dfrac{2(1+\beta)^2(1-\theta)^2(3-\theta^2-2\beta\theta)c^2}{(3-\theta)^2(-2(1-\theta)(6-2\theta+3\beta-2\theta^2-4\beta\theta-\beta\theta^2)c+(1+\beta)(3+\theta)(5-2\theta))}$。当 $\beta<\dfrac{2\theta}{3-\theta^2}$ 且 $c<$

$\dfrac{(1+\beta)(3+\theta)(5-2\theta)}{2(1-\theta)(6-2\theta+3\beta-2\theta^2-4\beta\theta-\beta\theta^2)}$，$f_{15}(k)$ 恒大于 0，因此，$EcoSW^{NC}<EcoSW^{NN}$。当 $\beta<$

$\dfrac{2\theta}{3-\theta^2}$ 且 $c>\dfrac{(1+\beta)(3+\theta)(5-2\theta)}{2(1-\theta)(6-2\theta+3\beta-2\theta^2-4\beta\theta-\beta\theta^2)}$，$f_{15}(k)>0$ 即 $EcoSW^{NC}<EcoSW^{NN}$ 当且仅当

$k<\dfrac{2(1+\beta)^2(1-\theta)^2(3-\theta^2-2\beta\theta)c^2}{(3-\theta)^2(-2(1-\theta)(6-2\theta+3\beta-2\theta^2-4\beta\theta-\beta\theta^2)c+(1+\beta)(3+\theta)(5-2\theta))}$。

命题 5 的证明：

$\dfrac{\partial x_i^{MN}}{\partial \beta}=\dfrac{(1-(1-\theta)c)((1-\theta)(2-\theta^2-\beta\theta)^2c^2-2\theta(2+\theta)(2-\theta)^2k)c}{(2(2+\theta)(2-\theta)^2k-(1+\beta)(1-\theta)(2-\beta\theta-\theta^2)c^2)^2}$，令上式大于 0，有

$\beta<\dfrac{2}{\theta}-\theta-\dfrac{2-\theta}{(1-\theta)\theta c}\sqrt{2\theta(1-\theta)(2+\theta)k}$。

$\dfrac{\partial w_i^{MN}}{\partial \beta}=\dfrac{2(4-\theta^2)(1-(1-\theta)c)(2\beta\theta-(1-\theta)(2+\theta))c^2k}{(2(2+\theta)(2-\theta)^2k-(1+\beta)(1-\theta)(2-\beta\theta-\theta^2)c^2)^2}$，令上式大于 0，有 $\beta>$

$\dfrac{(1-\theta)(2+\theta)}{2\theta}$。

$\dfrac{\partial p_i^{MN}}{\partial \beta}=\dfrac{(4-\theta^2)(1-(1-\theta)c)(2\beta\theta-(1-\theta)(2+\theta))c^2k}{(2(2+\theta)(2-\theta)^2k-(1+\beta)(1-\theta)(2-\beta\theta-\theta^2)c^2)^2}$，令上式大于 0，有 $\beta>$

$\dfrac{(1-\theta)(2+\theta)}{2\theta}$。

$\dfrac{\partial x_i^{MC}}{\partial \beta}=\dfrac{(1-\theta)(1-(1-\theta)c)((1+\beta)^2(1-\theta)^2c^2+2(2-\theta)^2k)c}{(2(2-\theta)^2k-(1+\beta)^2(1-\theta)^2c^2)^2}>0$。

$\dfrac{\partial w_i^{MC}}{\partial \beta}=-\dfrac{4(1+\beta)(1-\theta)(2-\theta)(1-(1-\theta)c)c^2k}{(2(2-\theta)^2k-(1+\beta)^2(1-\theta)^2c^2)^2}<0$。

$\dfrac{\partial p_i^{MC}}{\partial \beta}=-\dfrac{2(1+\beta)(1-\theta)(2-\theta)(1-(1-\theta)c)c^2k}{(2(2-\theta)^2k-(1+\beta)^2(1-\theta)^2c^2)^2}<0$。

$\dfrac{\partial x_i^{RN}}{\partial \beta}=\dfrac{(1-(1-\theta)c)((1-\theta)(2-\theta^2-\beta\theta)^2c^2-4\theta(2+\theta)(2-\theta)^2k)c}{(4(2+\theta)(2-\theta)^2k-(1+\beta)(1-\theta)(2-\beta\theta-\theta^2)c^2)^2}$，令上式大于 0，有

$\beta<\dfrac{2}{\theta}-\theta-\dfrac{2(2-\theta)}{(1-\theta)\theta c}\sqrt{2\theta(1-\theta)(2+\theta)k}$。

$$\frac{\partial w_i^{RN}}{\partial \beta} = \frac{2(3-\theta)(4-\theta^2)(1-(1-\theta)c)(2\beta\theta-(1-\theta)(2+\theta))c^2 k}{(4(2+\theta)(2-\theta)^2 k-(1+\beta)(1-\theta)(2-\beta\theta-\theta^2)c^2)^2}$$，令上式大于 0，有

$$\beta > \frac{(1-\theta)(2+\theta)}{2\theta}。$$

$$\frac{\partial p_i^{RN}}{\partial \beta} = \frac{2(4-\theta^2)(1-(1-\theta)c)(2\beta\theta-(1-\theta)(2+\theta))c^2 k}{(4(2+\theta)(2-\theta)^2 k-(1+\beta)(1-\theta)(2-\beta\theta-\theta^2)c^2)^2}$$，令上式大于 0，有 $\beta >$

$$\frac{(1-\theta)(2+\theta)}{2\theta}。$$

$$\frac{\partial x_i^{RC}}{\partial \beta} = \frac{(1-\theta)(1-(1-\theta)c)((1+\beta)^2(1-\theta)^2 c^2+4(2-\theta)^2 k)c}{(4(2-\theta)^2 k-(1+\beta)^2(1-\theta)^2 c^2)^2} > 0。$$

$$\frac{\partial w_i^{RC}}{\partial \beta} = -\frac{4(1+\beta)(1-\theta)(2-\theta)(3-\theta)(1-(1-\theta)c)c^2 k}{(4(2-\theta)^2 k-(1+\beta)^2(1-\theta)^2 c^2)^2} < 0。$$

$$\frac{\partial p_i^{RC}}{\partial \beta} = -\frac{4(1+\beta)(1-\theta)(2-\theta)(1-(1-\theta)c)c^2 k}{(4(2-\theta)^2 k-(1+\beta)^2(1-\theta)^2 c^2)^2} < 0。$$

$$\frac{\partial x_i^{NN}}{\partial \beta} = \frac{(1-(1-\theta)c)((1-\theta)(3-\theta^2-2\beta\theta)^2 c^2-2\theta(3+\theta)(3-\theta)^2 k)c}{((3+\theta)(3-\theta)^2 k-(1+\beta)(1-\theta)(3-2\beta\theta-\theta^2)c^2)^2}$$，令上式大于 0，有

$$\beta < \frac{3}{2\theta}-\frac{\theta}{2}-\frac{3-\theta}{2(1-\theta)\theta c}\sqrt{2\theta(1-\theta)(3+\theta)k}。$$

$$\frac{\partial w_i^{NN}}{\partial \beta} = \frac{2(9-\theta^2)(1-(1-\theta)c)(4\beta\theta-(1-\theta)(3+\theta))c^2 k}{((3+\theta)(3-\theta)^2 k-(1+\beta)(1-\theta)(3-2\beta\theta-\theta^2)c^2)^2}$$，令上式大于 0，有 $\beta >$

$$\frac{(1-\theta)(3+\theta)}{4\theta}。$$

$$\frac{\partial p_i^{NN}}{\partial \beta} = \frac{(9-\theta^2)(1-(1-\theta)c)(4\beta\theta-(1-\theta)(3+\theta))c^2 k}{((3+\theta)(3-\theta)^2 k-(1+\beta)(1-\theta)(3-2\beta\theta-\theta^2)c^2)^2}$$，令上式大于 0，有 $\beta >$

$$\frac{(1-\theta)(2+\theta)}{2\theta}。$$

$$\frac{\partial x_i^{NC}}{\partial \beta} = \frac{(1-\theta)(1-(1-\theta)c)((1+\beta)^2(1-\theta)^2 c^2+(3-\theta)^2 k)c}{((3-\theta)^2 k-(1+\beta)^2(1-\theta)^2 c^2)^2} > 0。$$

$$\frac{\partial w_i^{NC}}{\partial \beta} = -\frac{4(1+\beta)(1-\theta)(3-\theta)(1-(1-\theta)c)c^2 k}{((3-\theta)^2 k-(1+\beta)^2(1-\theta)^2 c^2)^2} < 0。$$

$$\frac{\partial p_i^{NC}}{\partial \beta} = -\frac{2(1+\beta)(1-\theta)(2-\theta)(1-(1-\theta)c)c^2 k}{((3-\theta)^2 k-(1+\beta)^2(1-\theta)^2 c^2)^2} < 0。$$

命题 6 的证明：

$$\frac{\partial \pi_S^{MN}}{\partial \beta} = \frac{4(1-(1-\theta)c)^2((2+\theta)(2-\theta)^2(12-4\theta-9\theta^2-12\beta\theta+\theta^3+2\theta^4+4\beta\theta^3)k-(1-\theta)(2-\beta\theta-\theta^2)^3 c^2)c^2 k}{(2(2+\theta)(2-\theta)^2 k-(1+\beta)(1-\theta)(2-\beta\theta-\theta^2)c^2)^3}$$，令上式

大于 0，有 $c<\dfrac{2-\theta}{2-\beta\theta-\theta^2}\sqrt{\dfrac{(2+\theta)(12-4\theta-9\theta^2-12\beta\theta+\theta^3+2\theta^4+4\beta\theta^3)k}{(1-\theta)(2-\beta\theta-\theta^2)}}$。

$$\frac{\partial \pi_S^{MC}}{\partial \beta}=\frac{4(1+\beta)(1-\theta)(1-(1-\theta)c)^2(2(2-\theta)^3k-(1+\beta)^2(1-\theta)^3c^2)c^2k}{(2(2-\theta)^2k-(1+\beta)^2(1-\theta)^2c^2)^3}，当 k>\underline{k}，上式$$

恒大于 0，因此，$\dfrac{\partial \pi_S^{MC}}{\partial \beta}>0$。

$$\frac{\partial \pi_S^{RN}}{\partial \beta}=\frac{\begin{array}{c}4(1-(1-\theta)c)^2(4(2+\theta)(2-\theta)^2(12-6\theta-9\theta^2-12\beta\theta+2\theta^3+\beta\theta^2+2\theta^4+4\beta\theta^3)k-\\(1-\theta)(2-\beta\theta-\theta^2)^3c^2)c^2k\end{array}}{(4(2+\theta)(2-\theta)^2k-(1+\beta)(1-\theta)(2-\beta\theta-\theta^2)c^2)^3}，$$

令上式大于 0，有 $c<\dfrac{2(2-\theta)}{2-\beta\theta-\theta^2}\sqrt{\dfrac{(2+\theta)(12-6\theta-9\theta^2-12\beta\theta+2\theta^3+\beta\theta^2+2\theta^4+4\beta\theta^3)k}{(1-\theta)(2-\beta\theta-\theta^2)}}$。

$$\frac{\partial \pi_S^{RC}}{\partial \beta}=\frac{4(1+\beta)(1-\theta)(1-(1-\theta)c)^2(4(5-3\theta)(2-\theta)^2k-(1+\beta)^2(1-\theta)^3c^2)c^2k}{(4(2-\theta)^2k-(1+\beta)^2(1-\theta)^2c^2)^3}，当 k>$$

$\underline{k}$，上式恒大于 0，因此，$\dfrac{\partial \pi_S^{RC}}{\partial \beta}>0$。

$$\frac{\partial \pi_S^{NN}}{\partial \beta}=\frac{\begin{array}{c}4(1-(1-\theta)c)^2((3+\theta)(3-\theta)^2(18-9\theta-7\theta^2-24\beta\theta+\theta^3+\theta^4+4\beta\theta^3)k-\\(1-\theta)(3-2\beta\theta-\theta^2)^3c^2)c^2k\end{array}}{((3+\theta)(3-\theta)^2k-(1+\beta)(1-\theta)(3-2\beta\theta-\theta^2)c^2)^3}，令上式大$$

于 0，有 $c<\dfrac{3-\theta}{3-2\beta\theta-\theta^2}\sqrt{\dfrac{(3+\theta)(18-9\theta-7\theta^2-24\beta\theta+\theta^3+\theta^4+4\beta\theta^3)k}{(1-\theta)(3-2\beta\theta-\theta^2)}}$。

$$\frac{\partial \pi_S^{NC}}{\partial \beta}=\frac{4(1+\beta)(1-\theta)(1-(1-\theta)c)^2((3-\theta)^3k-(1+\beta)^2(1-\theta)^3c^2)c^2k}{((3-\theta)^2k-(1+\beta)^2(1-\theta)^2c^2)^3}，当 k>\underline{k}，上式$$

恒大于 0，因此，$\dfrac{\partial \pi_S^{NC}}{\partial \beta}>0$。

$$\frac{\partial \pi_{mi}^{MN}}{\partial \beta}=\frac{\begin{array}{c}2(1-(1-\theta)c)^2((2+\theta)(2-\theta)^2(4-2\theta-3\theta^2-4\beta\theta+\theta^3+\beta\theta^2+\theta^4+2\beta\theta^3)k-\\(1-\theta)(2-\beta\theta-\theta^2)^3c^2)c^2k\end{array}}{(2(2+\theta)(2-\theta)^2k-(1+\beta)(1-\theta)(2-\beta\theta-\theta^2)c^2)^3}，令上式$$

大于 0，有 $c<\dfrac{2-\theta}{2-\beta\theta-\theta^2}\sqrt{\dfrac{(2+\theta)(4-2\theta-3\theta^2-4\beta\theta+\theta^3+\beta\theta^2+\theta^4+2\beta\theta^3)k}{(1-\theta)(2-\beta\theta-\theta^2)}}$。

$$\frac{\partial \pi_r^{MN}}{\partial \beta}=\frac{4(1-\theta)(4-\theta^2)^2(1-(1-\theta)c)^2(-2\theta\beta+(2+\theta)(1-\theta))c^2k^2}{(1-\theta)(2(2+\theta)(2-\theta)^2k-(1+\beta)(1-\theta)(2-\beta\theta-\theta^2)c^2)^3}，令上式大于 0，有$$

$\beta<\dfrac{(1-\theta)(2+\theta)}{2\theta}$。

$$\frac{\partial \pi_{mi}^{RN}}{\partial \beta}=\frac{\begin{array}{c}2(1-(1-\theta)c)^2(4(2+\theta)(2-\theta)^2(4-2\theta-3\theta^2-4\beta\theta+\theta^3+\beta\theta^2+\theta^4+2\beta\theta^3)k-\\(1-\theta)(2-\beta\theta-\theta^2)^3c^2)c^2k\end{array}}{(4(2+\theta)(2-\theta)^2k-(1+\beta)(1-\theta)(2-\beta\theta-\theta^2)c^2)^3}，令上$$

式大于 0，有 $c < \dfrac{2(2-\theta)}{2-\beta\theta-\theta^2}\sqrt{\dfrac{(2+\theta)(4-2\theta-3\theta^2-4\beta\theta+\theta^3+\beta\theta^2+\theta^4+2\beta\theta^3)k}{(1-\theta)(2-\beta\theta-\theta^2)}}$。

$\dfrac{\partial \pi_r^{RN}}{\partial \beta} = \dfrac{16(1-\theta)(2-\theta)(4-\theta^2)^2(1-(1-\theta)c)^2(-2\theta\beta+(2+\theta)(1-\theta))c^2k^2}{(1-\theta)(4(2+\theta)(2-\theta)^2k-(1+\beta)(1-\theta)(2-\beta\theta-\theta^2)c^2)^3}$，令上式大于

0，有 $\beta < \dfrac{(1-\theta)(2+\theta)}{2\theta}$。

$\dfrac{\partial \pi_{mi}^{NN}}{\partial \beta} = \dfrac{2(1-(1-\theta)c)^2((3+\theta)(3-\theta)^2(9-6\theta-2\theta^2-12\beta\theta+2\theta^3+4\beta\theta^2+\theta^4+4\beta\theta^3)k-(1-\theta)(3-2\beta\theta-\theta^2)^3c^2)c^2k}{((3+\theta)(3-\theta)^2k-(1+\beta)(1-\theta)(3-2\beta\theta-\theta^2)c^2)^3}$，令

上式大于 0，有 $c < \dfrac{3-\theta}{3-2\beta\theta-\theta^2}\sqrt{\dfrac{(3+\theta)(9-6\theta-2\theta^2-12\beta\theta+2\theta^3+4\beta\theta^2+\theta^4+4\beta\theta^3)k}{(1-\theta)(3-2\beta\theta-\theta^2)}}$。

$\dfrac{\partial \pi_r^{NN}}{\partial \beta} = \dfrac{4(9-\theta^2)^2(1-(1-\theta)c)^2(-4\theta\beta+(3+\theta)(1-\theta))c^2k^2}{((3+\theta)(3-\theta)^2k-(1+\beta)(1-\theta)(3-2\beta\theta-\theta^2)c^2)^3}$，令上式大于 0，有 $\beta <$

$\dfrac{(1-\theta)(3+\theta)}{4\theta}$。

$\dfrac{\partial \pi_{mi}^{MC}}{\partial \beta} = \dfrac{2(1+\beta)(1-\theta)^2(1-(1-\theta)c)^2c^2k}{(2(2-\theta)^2k-(1+\beta)^2(1-\theta)^2c^2)^2} > 0$。

$\dfrac{\partial \pi_r^{MC}}{\partial \beta} = \dfrac{8(1+\beta)(1-\theta)(2-\theta)^2(1-(1-\theta)c)^2c^2k^2}{(2(2-\theta)^2k-(1+\beta)^2(1-\theta)^2c^2)^3} > 0$。

$\dfrac{\partial \pi_{mi}^{RC}}{\partial \beta} = \dfrac{2(1+\beta)(1-\theta)^2(1-(1-\theta)c)^2c^2k}{(4(2-\theta)^2k-(1+\beta)^2(1-\theta)^2c^2)^2} > 0$。

$\dfrac{\partial \pi_r^{RC}}{\partial \beta} = \dfrac{32(1+\beta)(1-\theta)(2-\theta)^3(1-(1-\theta)c)^2c^2k^2}{(4(2-\theta)^2k-(1+\beta)^2(1-\theta)^2c^2)^3} > 0$。

$\dfrac{\partial \pi_{mi}^{NC}}{\partial \beta} = \dfrac{2(1+\beta)(1-\theta)^2(1-(1-\theta)c)^2c^2k}{((3-\theta)^2k-(1+\beta)^2(1-\theta)^2c^2)^2} > 0$。

$\dfrac{\partial \pi_r^{NC}}{\partial \beta} = \dfrac{8(1+\beta)(1-\theta)(3-\theta)^2(1-(1-\theta)c)^2c^2k^2}{((3-\theta)^2k-(1+\beta)^2(1-\theta)^2c^2)^3} > 0$。

命题 7 的证明：

$\dfrac{\partial CS^{MN}}{\partial \beta} = \dfrac{2(4-\theta^2)^2(1-(1-\theta)c)^2(-2\beta\theta+(1-\theta)(2+\theta))c^2k^2}{(2(2+\theta)(2-\theta)^2k-(1+\beta)(1-\theta)(2-\beta\theta-\theta^2)c^2)^3}$，令上式大于 0，有 $\beta <$

$\dfrac{(1-\theta)(2+\theta)}{2\theta}$。

$\dfrac{\partial SW^{MN}}{\partial \beta} = \dfrac{2(1-(1-\theta)c)^2((2+\theta)(2-\theta)^3(14+3\theta-9\theta^2-14\beta\theta-4\theta^3-8\beta\theta^2)k-2(1-\theta)(2-\beta\theta-\theta^2)^3c^2)c^2k}{(2(2+\theta)(2-\theta)^2k-(1+\beta)(1-\theta)(2-\beta\theta-\theta^2)c^2)^3}$，令上式大

于 0，有 $c < \dfrac{2-\theta}{2-\beta\theta-\theta^2}\sqrt{\dfrac{(4-\theta^2)(14+3\theta-9\theta^2-14\beta\theta-4\theta^3-8\beta\theta^2)k}{2(1-\theta)(2-\beta\theta-\theta^2)}}$。

$$\frac{\partial CS^{RN}}{\partial \beta} = \frac{8(4-\theta^2)^2(1-(1-\theta)c)^2(-2\beta\theta+(1-\theta)(2+\theta))c^2k^2}{(4(2+\theta)(2-\theta)^2k-(1+\beta)(1-\theta)(2-\beta\theta-\theta^2)c^2)^3}$$

，令上式大于 0，有 $\beta < \frac{(1-\theta)(2+\theta)}{2\theta}$。

$$\frac{\partial SW^{RN}}{\partial \beta} = \frac{4(1-(1-\theta)c)^2(2(2+\theta)(2-\theta)^2(28-12\theta-21\theta^2-28\beta\theta+3\theta^3+4\theta^4+8\beta\theta^3)k-(1-\theta)(2-\beta\theta-\theta^2)^3c^2)c^2k}{(4(2+\theta)(2-\theta)^2k-(1+\beta)(1-\theta)(2-\beta\theta-\theta^2)c^2)^3}$$

，令上式大于 0，有 $c < \frac{2-\theta}{2-\beta\theta-\theta^2}\sqrt{\frac{2(2+\theta)(28-12\theta-21\theta^2-28\beta\theta+3\theta^3+4\theta^4+8\beta\theta^3)k}{(1-\theta)(2-\beta\theta-\theta^2)}}$。

$$\frac{\partial CS^{NN}}{\partial \beta} = \frac{2(9-\theta^2)^2(1-(1-\theta)c)^2(-4\beta\theta+(1-\theta)(3+\theta))c^2k^2}{((3+\theta)(3-\theta)^2k-(1+\beta)(1-\theta)(3-2\beta\theta-\theta^2)c^2)^3}$$

，令上式大于 0，有 $\beta < \frac{(1-\theta)(3+\theta)}{4\theta}$。

$$\frac{\partial SW^{NN}}{\partial \beta} = \frac{2(1-(1-\theta)c)^2((3+\theta)(3-\theta)^2(15-2\theta-7\theta^2-20\beta\theta-2\theta^3-8\beta\theta^3)k-2(1-\theta)(3-2\beta\theta-\theta^2)^3c^2)c^2k}{((3+\theta)(3-\theta)^2k-(1+\beta)(1-\theta)(3-2\beta\theta-\theta^2)c^2)^3}$$

，令上式大于 0，有 $c < \frac{3-\theta}{3-2\beta\theta-\theta^2}\sqrt{\frac{(3+\theta)(15-2\theta-7\theta^2-20\beta\theta-2\theta^3-8\beta\theta^3)k}{2(1-\theta)(2-\beta\theta-\theta^2)}}$。

$$\frac{\partial CS^{MC}}{\partial \beta} = \frac{4(1+\beta)(1-\theta)(2-\theta)^2(1-(1-\theta)c)^2c^2k^2}{(2(2-\theta)^2k-(1+\beta)^2(1-\theta)^2c^2)^3} > 0。$$

$$\frac{\partial SW^{MC}}{\partial \beta} = \frac{4(1+\beta)(1-\theta)(1-(1-\theta)c)^2((2-\theta)^2(5-2\theta)k-(1+\beta)^2(1-\theta)^3c^2)c^2k}{(2(2-\theta)^2k-(1+\beta)^2(1-\theta)^2c^2)^3}$$

，当 $k > \underline{k}$，上式恒大于 0，因此，$\frac{\partial SW^{MC}}{\partial \beta} > 0$。

$$\frac{\partial CS^{RC}}{\partial \beta} = \frac{16(1+\beta)(1-\theta)(2-\theta)^2(1-(1-\theta)c)^2c^2k^2}{(4(2-\theta)^2k-(1+\beta)^2(1-\theta)^2c^2)^3} > 0。$$

$$\frac{\partial SW^{RC}}{\partial \beta} = \frac{4(1+\beta)(1-\theta)(1-(1-\theta)c)^2(12(2-\theta)^3k-(1+\beta)^2(1-\theta)^3c^2)c^2k}{(4(2-\theta)^2k-(1+\beta)^2(1-\theta)^2c^2)^3}$$

，当 $k > \underline{k}$，上式恒大于 0，因此，$\frac{\partial SW^{RC}}{\partial \beta} > 0$。

$$\frac{\partial CS^{NC}}{\partial \beta} = \frac{4(1+\beta)(1-\theta)(3-\theta)^2(1-(1-\theta)c)^2c^2k^2}{((3-\theta)^2k-(1+\beta)^2(1-\theta)^2c^2)^3} > 0。$$

$$\frac{\partial SW^{NC}}{\partial \beta} = \frac{4(1+\beta)(1-\theta)(1-(1-\theta)c)^2((4-\theta)(3-\theta)^3k-(1+\beta)^2(1-\theta)^3c^2)c^2k}{((3-\theta)^2k-(1+\beta)^2(1-\theta)^2c^2)^3}$$

，当 $k > \underline{k}$，上式恒大于 0，因此，$\frac{\partial SW^{NC}}{\partial \beta} > 0$。

命题 **8** 的证明：

$$\frac{\partial E^{MN}}{\partial \beta} = \frac{2(4-\theta^2)^2(1-(1-\theta)c)(2\beta\theta-(1-\theta)(2+\theta))(2(2+\theta)(2-\theta)^2}{((1-2(1-\theta)c)k+(1+\beta)(1-\theta)(2-\theta^2-\beta\theta)c^2))ck}{(2(2+\theta)(2-\theta)^2k-(1+\beta)(1-\theta)(2-\beta\theta-\theta^2)c^2)^3}$$

因此，当 $\beta < \frac{(1-\theta)(2+\theta)}{2\theta}$，$c<\frac{1}{2(1-\theta)}$，有 $\frac{\partial E^{MN}}{\partial \beta}<0$；当 $\beta<\frac{(1-\theta)(2+\theta)}{2\theta}$，$c>\frac{1}{2(1-\theta)}$，有 $\frac{\partial E^{MN}}{\partial \beta}<0$ 当且仅当 $k<\frac{(1+\beta)(1-\theta)(2-\theta^2-\beta\theta)c^2}{2(2+\theta)(2-\theta)^2(2(1-\theta)c-1)}$；当 $\beta>\frac{(1-\theta)(2+\theta)}{2\theta}$，$c<\frac{1}{2(1-\theta)}$，有 $\frac{\partial E^{MN}}{\partial \beta}>0$；当 $\beta>\frac{(1-\theta)(2+\theta)}{2\theta}$，$c>\frac{1}{2(1-\theta)}$，有 $\frac{\partial E^{MN}}{\partial \beta}>0$ 当且仅当 $k<\frac{(1+\beta)(1-\theta)(2-\theta^2-\beta\theta)c^2}{2(2+\theta)(2-\theta)^2(2(1-\theta)c-1)}$。然而，当 $\beta>\frac{(1-\theta)(2+\theta)}{2\theta}$，必有 $c>\frac{1}{2(1-\theta)}$，因此，$\frac{\partial E^{MN}}{\partial \beta}>0$ 当且仅当 $\beta>\frac{(1-\theta)(2+\theta)}{2\theta}$ 或 $\beta<\frac{(1-\theta)(2+\theta)}{2\theta}$，$c>\frac{1}{2(1-\theta)}$，$k<\frac{(1+\beta)(1-\theta)(2-\theta^2-\beta\theta)c^2}{2(2+\theta)(2-\theta)^2(2(1-\theta)c-1)}$。

$$\frac{\partial E^{MC}}{\partial \beta} = \frac{4(1+\beta)(1-\theta)(2-\theta)(1-(1-\theta)c)(2(2-\theta)^2}{((2c(1-\theta)-1)k-(1+\beta)^2(1-\theta)^2c^2)ck}{(2(2-\theta)^2k-(1+\beta)^2(1-\theta)^2c^2)^3}$$

若 $c<\frac{1}{2(1-\theta)}$，有 $\frac{\partial E^{MC}}{\partial \beta}<0$。若 $c>\frac{1}{2(1-\theta)}$，$\frac{\partial E^{MC}}{\partial \beta}<0$ 当且仅当 $k<\frac{(1+\beta)^2(1-\theta)^2}{2(2-\theta)^2(2c(1-\theta)-1)}$。

$$\frac{\partial E^{RN}}{\partial \beta} = \frac{4(4-\theta^2)^2(1-(1-\theta)c)(2\beta\theta-(1-\theta)(2+\theta))(4(2+\theta)(2-\theta)^2}{((1-2(1-\theta)c)k+(1+\beta)(1-\theta)(2-\theta^2-\beta\theta)c^2))ck}{(4(2+\theta)(2-\theta)^2k-(1+\beta)(1-\theta)(2-\beta\theta-\theta^2)c^2)^3}$$

因此，当 $\beta < \frac{(1-\theta)(2+\theta)}{2\theta}$，$c<\frac{1}{2(1-\theta)}$，有 $\frac{\partial E^{RN}}{\partial \beta}<0$；当 $\beta<\frac{(1-\theta)(2+\theta)}{2\theta}$，$c>\frac{1}{2(1-\theta)}$，有 $\frac{\partial E^{RN}}{\partial \beta}<0$ 当且仅当 $k<\frac{(1+\beta)(1-\theta)(2-\theta^2-\beta\theta)c^2}{4(2+\theta)(2-\theta)^2(2(1-\theta)c-1)}$；当 $\beta>\frac{(1-\theta)(2+\theta)}{2\theta}$，$c<\frac{1}{2(1-\theta)}$，有 $\frac{\partial E^{RN}}{\partial \beta}>0$；当 $\beta>\frac{(1-\theta)(2+\theta)}{2\theta}$，$c>\frac{1}{2(1-\theta)}$，有 $\frac{\partial E^{RN}}{\partial \beta}>0$ 当且仅当 $k<\frac{(1+\beta)(1-\theta)(2-\theta^2-\beta\theta)c^2}{4(2+\theta)(2-\theta)^2(2(1-\theta)c-1)}$。然而，当 $\beta>\frac{(1-\theta)(2+\theta)}{2\theta}$，必有 $c>\frac{1}{2(1-\theta)}$，因此，$\frac{\partial E^{RN}}{\partial \beta}>0$ 当且仅当 $\beta>\frac{(1-\theta)(2+\theta)}{2\theta}$ 或 $\beta<\frac{(1-\theta)(2+\theta)}{2\theta}$，$c>\frac{1}{2(1-\theta)}$，$k<\frac{(1+\beta)(1-\theta)(2-\theta^2-\beta\theta)c^2}{4(2+\theta)(2-\theta)^2(2(1-\theta)c-1)}$。

$$\frac{\partial E^{RC}}{\partial \beta} = \frac{8(1+\beta)(1-\theta)(2-\theta)(1-(1-\theta)c)(4(2-\theta)^2}{((2c(1-\theta)-1)k-(1+\beta)^2(1-\theta)^2c^2)ck}{(4(2-\theta)^2k-(1+\beta)^2(1-\theta)^2c^2)^3}$$

若 $c<\frac{1}{2(1-\theta)}$，有 $\frac{\partial E^{MC}}{\partial \beta}<0$。若 $c>\frac{1}{2(1-\theta)}$，$\frac{\partial E^{MC}}{\partial \beta}<0$ 当且仅当 $k<\frac{(1+\beta)^2(1-\theta)^2}{4(2-\theta)^2(2c(1-\theta)-1)}$。

$$\frac{\partial E^{NN}}{\partial \beta} = \frac{2(9-\theta^2)^2(1-(1-\theta)c)(4\beta\theta-(1-\theta)(3+\theta))((3+\theta)(3-\theta)^2}{(1-2(1-\theta)c)k+(1+\beta)(1-\theta)(3-\theta^2-2\beta\theta)c^2))ck}{((3+\theta)(3-\theta)^2k-(1+\beta)(1-\theta)(3-2\beta\theta-\theta^2)c^2)^3}$$

因此，当 $\beta < \frac{(1-\theta)(3+\theta)}{4\theta}$，$c<\frac{1}{2(1-\theta)}$，有 $\frac{\partial E^{NN}}{\partial \beta}<0$；当 $\beta<\frac{(1-\theta)(3+\theta)}{4\theta}$，$c>\frac{1}{2(1-\theta)}$，有 $\frac{\partial E^{NN}}{\partial \beta}<0$ 当且仅当 $k<\frac{(1+\beta)(1-\theta)(3-\theta^2-2\beta\theta)c^2}{(3+\theta)(3-\theta)^2(2(1-\theta)c-1)}$；当 $\beta>\frac{(1-\theta)(3+\theta)}{4\theta}$，$c<\frac{1}{2(1-\theta)}$，有 $\frac{\partial E^{NN}}{\partial \beta}>0$；当 $\beta>\frac{(1-\theta)(3+\theta)}{4\theta}$，$c>\frac{1}{2(1-\theta)}$，有 $\frac{\partial E^{NN}}{\partial \beta}>0$ 当且仅当 $k<\frac{(1+\beta)(1-\theta)(3-\theta^2-2\beta\theta)c^2}{(3+\theta)(3-\theta)^2(2(1-\theta)c-1)}$。

$$\frac{\partial E^{NC}}{\partial \beta} = \frac{4(1+\beta)(1-\theta)(3-\theta)(1-(1-\theta)c)((3-\theta)^2}{(2c(1-\theta)-1)k-(1+\beta)^2(1-\theta)^2c^2)ck}{((3-\theta)^2k-(1+\beta)^2(1-\theta)^2c^2)^3}$$

若 $c<\frac{1}{2(1-\theta)}$，有 $\frac{\partial E^{MC}}{\partial \beta}<0$。若 $c>\frac{1}{2(1-\theta)}$，$\frac{\partial E^{MC}}{\partial \beta}<0$ 当且仅当 $k<\frac{(1+\beta)^2(1-\theta)^2}{(3-\theta)^2(2c(1-\theta)-1)}$。

$$\frac{\partial EcoSW^{MN}}{\partial \beta} = \frac{(1-(1-\theta)c)((4-\theta^2)(8\theta(1-\theta)(2-\theta^2-\beta\theta)c+(2+\theta)(7-4\theta)}{(-2\beta\theta+(2-\theta)(1-\theta)))k-2(1-\theta^2)(2-\theta^2-\beta\theta)^2c^2)c}{2(1-\theta)(2+\theta)(2(2+\theta)(2-\theta)^2k-(1+\beta)(1-\theta)(2-\beta\theta-\theta^2)c^2)^2}$$

若 $\beta < \frac{(1-\theta)(28+12\theta-9\theta^2+8\theta c-4\theta^3-8\theta^3c)}{2\theta(14-\theta-4\theta^2+4\theta(1-\theta)c)}$，$\frac{\partial EcoSW^{MN}}{\partial \beta}>0$ 当且仅当 $k>\frac{2(1-\theta^2)(2-\theta^2-\beta\theta)^2c^2}{(4-\theta^2)(8\theta(1-\theta)(2-\theta^2-\beta\theta)c+(2+\theta)(7-4\theta)(-2\beta\theta+(2-\theta)(1-\theta)))}$；否则，$\frac{\partial EcoSW^{MN}}{\partial \beta}<0$。

$$\frac{\partial EcoSW^{MC}}{\partial \beta} = \frac{(1+\beta)(1-(1-\theta)c)(7-4\theta-4(1-\theta)^2c)ck}{(2(2-\theta)^2k-(1+\beta)^2(1-\theta)^2c^2)^2}>0$$

$$\frac{\partial EcoSW^{RN}}{\partial \beta} = \frac{(1-(1-\theta)c)(2(4-\theta^2)(4\theta(1-\theta)(2-\theta^2-\beta\theta)c+(2+\theta)(7-4\theta)}{(-2\beta\theta+(2-\theta)(1-\theta)))k-(1-\theta^2)(2-\theta^2-\beta\theta)^2c^2)c}{2(1-\theta)(2+\theta)(4(2+\theta)(2-\theta)^2k-(1+\beta)(1-\theta)(2-\beta\theta-\theta^2)c^2)^2}$$

若 $\beta < \frac{(1-\theta)(28+12\theta-9\theta^2+8\theta c-4\theta^3-4\theta^3c)}{2\theta(14-\theta-4\theta^2+2\theta(1-\theta)c)}$，$\frac{\partial EcoSW^{RN}}{\partial \beta}>0$ 当且仅当 $k>\frac{(1-\theta^2)(2-\theta^2-\beta\theta)^2c^2}{2(4-\theta^2)(4\theta(1-\theta)(2-\theta^2-\beta\theta)c+(2+\theta)(7-4\theta)(-2\beta\theta+(2-\theta)(1-\theta)))}$；否则，$\frac{\partial EcoSW^{RN}}{\partial \beta}<0$。

$$\frac{\partial EcoSW^{RC}}{\partial \beta} = \frac{2(1+\beta)(2-\theta)(1-(1-\theta)c)(7-4\theta-2(1-\theta)^2c)ck}{(4(2-\theta)^2k-(1+\beta)^2(1-\theta)^2c^2)^2}>0$$

$$\frac{\partial EcoSW^{NN}}{\partial \beta} = \frac{(1-(1-\theta)c)((9-\theta^2)(8\theta(1-\theta)(3-\theta^2-2\beta\theta)c+}{(3+\theta)(5-2\theta)(-4\beta\theta+(3-\theta)(1-\theta)))k-2(1-\theta^2)(3-\theta^2-2\beta\theta)^2c^2)c}{2(1-\theta)(3+\theta)((3+\theta)(3-\theta)^2k-(1+\beta)(1-\theta)(3-2\beta\theta-\theta^2)c^2)^2}$$

若

$$\beta < \frac{(1-\theta)(45+12\theta-7\theta^2+24\theta c-2\theta^3-8\theta^3 c)}{4\theta(15-\theta-2\theta^2+4\theta(1-\theta)c)}, \quad \frac{\partial EcoSW^{NN}}{\partial \beta} > 0 \text{ 当且仅当 } k >$$

$$\frac{2(1-\theta^2)(3-\theta^2-2\beta\theta)^2 c^2}{(9-\theta^2)(8\theta(1-\theta)(3-\theta^2-2\beta\theta)c+(3+\theta)(5-2\theta)(-4\beta\theta+(3-\theta)(1-\theta)))}; \text{ 否则，} \frac{\partial EcoSW^{NN}}{\partial \beta} < 0。$$

$$\frac{\partial EcoSW^{NC}}{\partial \beta} = \frac{(1+\beta)(3-\theta)(1-(1-\theta)c)(5-2\theta-2(1-\theta)^2 c)ck}{((3-\theta)^2 k-(1+\beta)^2(1-\theta)^2 c^2)^2} > 0。$$

引理 2 的证明：

构建 π_S 关于 p_1 和 p_2 的海塞矩阵：

$$H_S^I = \begin{bmatrix} -2 & 2\theta \\ 2\theta & -2 \end{bmatrix} \tag{A-18}$$

由于 $\det(H_S^I) = 4(1-\theta^2) > 0$，故 π_S 是关于 p_1 和 p_2 的凹函数，且供应链的最优反应函数可以由一阶条件确定，即：

$$p_i = \frac{1+(1-\theta)c-(1-\theta)cx_i-\beta(1-\theta)cx_{3-i}}{2(1-\theta)} \tag{A-19}$$

将式（A-19）代入式（3），并构建 π_S 关于 x_i 的海塞矩阵：

$$H_S^I = \begin{bmatrix} \dfrac{(\beta^2-2\beta\theta+1)c^2}{2}-2k & -\dfrac{(\beta^2\theta-2\beta+\theta)c^2}{2} \\ -\dfrac{(\beta^2\theta-2\beta+\theta)c^2}{2} & \dfrac{(\beta^2-2\beta\theta+1)c^2}{2}-2k \end{bmatrix} \tag{A-20}$$

因此，若 $\theta > \dfrac{2\beta}{1+\beta^2}$，$\pi_S$ 是关于 x_i 的凹函数当且仅当 $k > \dfrac{(1-\beta)^2(1+\theta)c^2}{4}$；若 $\theta < \dfrac{2\beta}{1+\beta^2}$，$\pi_S$ 是关于 x_i 的凹函数当且仅当 $k > \dfrac{(1+\beta)^2(1-\theta)c^2}{4}$。此时，供应链的均衡决策可以由一阶条件确定，即 $x_i = \dfrac{(1+\beta)(1+(1-\theta)c)c}{4k-(1+\beta)^2(1-\theta)c^2}$，将上式代入式（A-19），可以得到均衡时的供应链决策。

命题 9 的证明：

（1）制造商领导模型：构建 π_r 关于 p_1 和 p_2 的海塞矩阵，即式（A-1）。由于 $\det(H_r^{MC}) = 4(1-\theta^2) > 0$，故 π_r 是关于 p_1 和 p_2 的凹函数，且零售商的最优反应函数可以由一阶条件确定，即式（A-2）。若改进的两部定价契约可以协调供应链，必有 $p_i^i = \dfrac{1-(1-\theta)w}{2(1-\theta)}$，因此

$$w = \frac{(4k-(1+\beta)^2 c)c}{4k-(1+\beta)^2(1-\theta)c^2} \tag{A-21}$$

将式（A-21）和式（A-2）代入式（10-4），并构建 π_c 关于 x_1 和 x_2 的海塞矩阵，即：

$$H_c^{TT} = \begin{bmatrix} -2k & 0 \\ 0 & -2k \end{bmatrix} \tag{A-22}$$

故 π_r 是关于 p_1 和 p_2 的凹函数，且制造商绿色技术创新联盟的最优决策可以由一阶条件确定，即：

$$x_i = \frac{2(c-(1-\theta)c^2+2s)k-(1+\beta)^2(1-\theta)c^2s}{2k(4k-(1+\beta)^2(1-\theta)c^2)} \tag{A-23}$$

若改进的两部定价契约可以协调供应链，必有 $x_i^i = \dfrac{2(c-(1-\theta)c^2+2s)k-(1+\beta)^2(1-\theta)c^2s}{2k(4k-(1+\beta)^2(1-\theta)c^2)}$，因此

$$s = \frac{2(1-(1-\theta)c)\beta kc}{4k-(1+\beta)^2(1-\theta)c^2}$$

此时，制造商 i 的利润为 $\pi_{mi} = -\dfrac{(1-\beta^2)(1-(1-\theta)c)^2kc^2}{(4k-(1+\beta)^2(1-\theta)c^2)^2}+l$。若改进的两部定价契约可以协调供应链，必有 $-\dfrac{(1-\beta^2)(1-(1-\theta)c)^2kc^2}{(4k-(1+\beta)^2(1-\theta)c^2)^2} + l = \pi_{mi}^{NC}$，因此 $l =$

$$\frac{2(1-(1-\theta)c)^2(-8k^2+(1+\beta)((1-\beta)\theta^2-8\beta(1-\theta))c^2k+\beta(1+\beta)^3(1-\theta)^2c^4)k}{(4k-(1+\beta)^2(1-\theta)c^2)^2(2(2-\theta)^2k-(1+\beta)^2(1-\theta)^2c^2)}$$。

（2）零售商领导模型：构建 π_r 关于 p_1 和 p_2 的海塞矩阵，即式（A-1）。由于 $\det(H_r^{MC}) = 4(1-\theta^2) > 0$，故 π_r 是关于 p_1 和 p_2 的凹函数，且零售商的最优反应函数可以由一阶条件确定，即式（A-2）。若改进的两部定价契约可以协调供应链，必有 $p_i^i = \dfrac{1-(1-\theta)w}{2(1-\theta)}$，因此

$$w = \frac{(4k-(1+\beta)^2c)c}{4k-(1+\beta)^2(1-\theta)c^2} \tag{A-21}$$

将式（A-21）和式（A-2）代入式（10-4），并构建 π_c 关于 x_1 和 x_2 的海塞矩阵，即：

$$H_c^{TT} = \begin{bmatrix} -2k & 0 \\ 0 & -2k \end{bmatrix} \tag{A-22}$$

故 π_r 是关于 p_1 和 p_2 的凹函数，且制造商绿色技术创新联盟的最优决策可以由一阶条件确定，即：

$$x_i = \frac{2(c-(1-\theta)c^2+2s)k-(1+\beta)^2(1-\theta)c^2s}{2k(4k-(1+\beta)^2(1-\theta)c^2)} \tag{A-23}$$

若改进的两部定价契约可以协调供应链，必有 $x_i^i = \dfrac{2(c-(1-\theta)c^2+2s)k-(1+\beta)^2(1-\theta)c^2s}{2k(4k-(1+\beta)^2(1-\theta)c^2)}$，因此

$$s = \frac{2(1-(1-\theta)c)\beta kc}{4k-(1+\beta)^2(1-\theta)c^2}$$

此时，制造商 i 的利润为 $\pi_{mi}=-\dfrac{(1-\beta^2)(1-(1-\theta)c)^2kc^2}{(4k-(1+\beta)^2(1-\theta)c^2)^2}+l$，零售商的利润为 $\pi_r=$

$\dfrac{4(1-(1-\theta)c)^2(2k-\beta(1+\beta)(1-\theta)c^2)k}{(1-\theta)(4k-(1+\beta)^2(1-\theta)c^2)^2}-l$。若改进的两部定价契约可以协调供应链，需

保证供应链成员的利润在该契约下不降低，因此有 $-\dfrac{(1-\beta^2)(1-(1-\theta)c)^2kc^2}{(4k-(1+\beta)^2(1-\theta)c^2)^2}+l\geqslant\pi_{mi}^{jC}$，

$\dfrac{4(1-(1-\theta)c)^2(2k-\beta(1+\beta)(1-\theta)c^2)k}{(1-\theta)(4k-(1+\beta)^2(1-\theta)c^2)^2}-l\geqslant\pi_r^{jC}$，即 $l\in\left[\underline{l^j},\ \overline{l^j}\right]$，其中 $j=M$，R，N，且

$$\underline{l^M}=\frac{2(1-(1-\theta)c)^2(8k^2+(1+\beta)((1-\beta)\theta^2-8\beta(1-\theta))c^2k-\beta(1+\beta)^3(1-\theta)^2c^4)k}{(4k-(1+\beta)^2(1-\theta)c^2)^2(2(2-\theta)^2k-(1+\beta)^2(1-\theta)^2c^2)}，\quad\overline{l^M}=$$

$$\frac{2(1-(1-\theta)c)^2\left(\begin{array}{l}16(3-\theta)(2-\theta)^2k^3-8(1+\beta)(2-\theta)^2(1-2\theta+5\beta-6\beta\theta+\beta\theta^2)k^2-(1+\beta)^3\\(1-\theta)(4\theta-32\beta-3\theta^2+68\beta\theta-43\beta\theta^2+8\beta\theta^3)c^4k-2\beta(1+\beta)^5(1-\theta)^4c^6\end{array}\right)k}{(4k-(1+\beta)^2(1-\theta)c^2)^2(2(2-\theta)^2k-(1+\beta)^2(1-\theta)^2c^2)^2}，$$

$$\underline{l^R}=\frac{2(1-(1-\theta)c)^2(8k^2-(1+\beta)((1-\beta)\theta^2-2(3\beta-1)(1-\theta))c^2k+\beta(1+\beta)^3(1-\theta)^2c^4)k}{(4k-(1+\beta)^2(1-\theta)c^2)^2(4(2-\theta)^2k-(1+\beta)^2(1-\theta)^2c^2)}，$$

$$\overline{l^R}=\frac{4(1-(1-\theta)c)^2\left(\begin{array}{l}32(2-\theta)^3k^3-16(1+\beta)(2-\theta)^2(-1+3\beta-4\beta\theta+\beta\theta^2)k^2-2(1+\beta)^3(1-\theta)\\(7-10\theta-9\beta+5\theta^2+22\beta\theta-\theta^3-15\beta\theta^2+3\beta\theta^3)c^4k-\beta(1+\beta)^5(1-\theta)^4c^6\end{array}\right)k}{(4k-(1+\beta)^2(1-\theta)c^2)^2(4(2-\theta)^2k-(1+\beta)^2(1-\theta)^2c^2)^2}，$$

$$\underline{l^N}=\frac{(1-(1-\theta)c)^2(16k^2+(1+\beta)((1-\beta)\theta^2+1+2\theta-17\beta+14\beta\theta)c^2k+2\beta(1+\beta)^3(1-\theta)^2c^4)k}{(4k-(1+\beta)^2(1-\theta)c^2)^2((3-\theta)^2k-(1+\beta)^2(1-\theta)^2c^2)}，$$

$$\overline{l^N}=\frac{2(1-(1-\theta)c)^2\left(\begin{array}{l}4(5-\theta)(3-\theta)^2k^3-2(1+\beta)(3-\theta)^2(-4\theta+9\beta-10\beta\theta+\beta\theta^2)k^2\\-(1+\beta)^3(1-\theta)(5+2\theta-31\beta-3\theta^2+62\beta\theta-31\beta\theta^2+4\beta\theta^3)c^4k-2\beta(1+\beta)^5(1-\theta)^4c^6\end{array}\right)k}{(4k-(1+\beta)^2(1-\theta)c^2)^2((3-\theta)^2k-(1+\beta)^2(1-\theta)^2c^2)^2}$$

第十一章　碳价格与能源价格关联分析方法研究

方意　邵稚权　于渤[*]

摘　要： 本章从国际视角和中国视角展开分析，运用多种方法度量碳价格和能源价格的关联性。研究成果的核心观点与政策建议如下：①碳市场和能源市场间价格波动具有较强的关联性。稳定能源市场波动对于改善碳市场发展环境十分重要。②国际能源市场风险对中国能源市场风险具有较强的影响，风险会经中国能源市场传染至碳市场。应综合国际国内发展状况、潜在风险等建立国际能源风险预警指数，稳定我国能源市场，防止风险传染。③极端事件对碳市场和能源市场之间的风险传染具有不同的作用。应及时识别供给冲击及需求冲击，综合运用预期引导、风险隔离等政策来稳定能源市场和碳市场，以防风险传染至实体经济层面。

关键词： 碳价格；能源价格；关联分析；金融风险

一、引言

在气候变暖已严重影响人类生产和经济发展的现阶段，保持绿色低碳发展的关键在于控制温室气体排放、缓解温室效应。控制温室气体排放的核心在于减少化石燃料的使用，排放交易机制是遏制温室气体排放的重要交易机制。自 2005 年欧盟碳排放交易体系（European Union Emission Trading Scheme，EU ETS）建立以来，国际碳市场迅速扩大。随着碳市场的快速发展以及金融中介机构和国际政治的日益参与，碳市场的复杂性和波动性不断增强。碳价格和能源价格为何会发生联动关系？从共同敞口机制的角度看，首先，能源和碳的需求共同受到经济景气程度的驱动，进而使能源价格和碳价格产生关联性（Chevallier，2011；Doda，2014；Khan et al. ，2016）。其次，大宗商品金融化使碳和能源具备金融属性。碳和能源还共同受到金融因素的影响，从而使二者的价格波动产生联动关系。这一机制类似于系统性风险承担（Systemic risk-taking）。从生产成本的角度看，碳排放的外部性被内部化为企业生产成本后，碳价格变动会引起控排企业对化石能源需求量的变动，从而对能源价格产生影响（Fan et al. ，2021）。化石能源的燃烧是碳排放的主要来源。化石能源价格变化影响企业生产过程中

---

* 作者简介：方意，中国人民大学国家发展与战略研究院教授，杰出青年学者（A 岗），经济学博士；邵稚权，北京大学光华管理学院博士研究生；于渤，中央财经大学金融学院博士研究生。

对化石能源需求量和能源使用结构，进而影响碳配额需求，引起碳价格变动。这一机制类似于系统性风险领域的传染关系（Contagion）。

我国为了实现控制温室气体排放这一目标，先后建立深圳、广东、北京、上海、湖北、天津、重庆、福建等碳排放交易试点。2021 年 7 月 16 日，全国碳市场正式上线交易，成为全球覆盖温室气体排放量规模最大的市场。国际市场方面，从图 11-1 可以看出，除样本初期之外，国际碳价格和能源价格波动具有同步趋势。特别地，由图 11-1 可以看出，两者在发生地缘政治事件（2014 年克里米亚事件、2018 年美伊危机、2022 年俄乌冲突）时期和 2020 年新冠疫情全球蔓延时期具有较大波动。这说明，能源市场与碳市场之间可能存在风险共振效应，且价格波动可能受到极端事件共同风险冲击的影响。

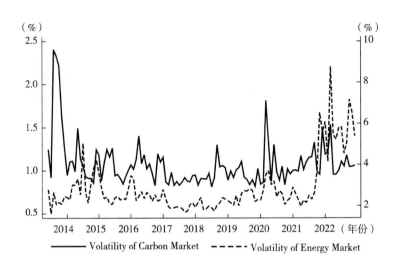

图 11-1　国际市场碳价格和能源价格波动

资料来源：笔者绘制。

然而，国际碳市场和能源市场之间以及国内碳市场和能源市场之间是否真的存在风险溢出效应？地缘政治、贸易摩擦、公共卫生等极端事件是否对碳市场和能源市场的价格波动产生影响？国内的碳市场和能源市场价格溢出之间是否存在动态关系？对于不同类型的冲击，国际碳市场和能源市场对于冲击的响应是否存在差异？国际市场碳价格与能源价格波动是否受到共同因素的影响？国际碳市场和能源市场之间风险影响的强弱是否不同？这些均是本章研究的重点。

在相关文献中，已有的研究证实，能源市场的价格变化与碳市场价格变化紧密相关，是碳市场价格变化的重要决定因素（Keppler and Mansanet-Bataller，2010；Kim and Koo，2010；Creti et al.，2012；Lutz et al.，2013；Aatola et al.，2013；Zhang and Sun，2016；Zhu et al.，2017；Batten et al.，2021），能源市场与碳市场之间存在风险溢出效应（Balcilar et al.，2016；Xu，2021）。为了衡量能源市场对碳市场的溢出效应，

以往的研究采用了不同的方法。例如，已有研究通过 DCC-GARCH 和 BEKK-GARCH 相结合（Zhang and Sun，2016）、基于向量自回归（VAR）模型的总溢出指数和定向溢出指数（Diebold and Yilmaz，2014）、Copula 方法和 CoVaR 方法相结合（Xu，2021）、EGARCH 模型（Dutta，2018）以及 MS-DCC-GARCH 模型（Balcilar et al.，2016）来研究不同能源市场与碳市场之间的溢出效应。

通过文献梳理，笔者发现，随着碳交易在全球范围内的迅速普及，学者对于国际市场碳价格与能源价格的相互作用的研究较多，但是从共同因素和特质性因素视角分析能源市场与碳市场的风险溢出的相关研究较少。相较于国际碳市场，国内碳市场起步较晚，所以针对国内的相关研究较少，且国内碳价格和能源价格的波动剧烈，值得被关注。本章以国际和国内碳市场和能源市场为研究视角，探究市场之间的价格关联机制以及市场之间的风险传导机制。本章能够全方位探究碳市场和能源市场之间的价格关联及风险传染，能够有效度量能源市场与碳市场之间的风险溢出效应，有助于深入考察碳市场与能源市场之间的价格关联规律，对于进一步推进碳市场与能源市场之间的内在价格传导机制的合理形成，防范国际市场碳价迅速波动带来的风险溢出，促进碳交易体系的稳定运行，推动碳市场的风险管理和我国碳市场制度的完善都具有十分重要的现实意义。

本章主要基于广义动态因子模型（Generalized Dynamic Factor Model，GDFM）从共同因素和特质性因素视角分析能源市场与碳市场的风险溢出，该方法可以将市场价格分解为不同的风险驱动因素（Barigozzi and Hallin，2020；Hallin and Trucíos，2019；Hallin，2022）。此外，对于国内碳市场和能源市场的价格波动情况，本章基于 Barndorff-Nielsen 等（2008）提出的已实现半方差分解方法（Realized Semivariance，RS）探究国内碳市场和能源市场之间的价格波动，半方差分解法能够从正向波动和负向波动双视角探究市场之间的溢出关系，曾用于研究股票市场的跨部门波动（Shahzad et al.，2021；李政等，2022）、地缘政治风险不确定性对石油期货价格波动的影响（Mei et al.，2020）、宏观经济不确定性对资产价格的影响（Segal et al.，2015）以及石油市场和股票市场之间存在的不对称的溢出效应等（Xu et al.，2019）。这两种主要方法均适用于本章的研究。

具体地，本章借鉴 Diebold 和 Yilmaz（2014）的研究框架，以国际和国内市场为视角，采用基于 Elastic-Net-VAR 模型的广义预测误差方差分解方法来构建碳市场和能源市场溢出关联网络（Demirer et al.，2018），探究国际和国内碳市场与能源市场之间的溢出效应。该模型曾被用于研究经济政策不确定性对电力市场的风险溢出（Ma et al.，2022）、新兴股票市场和加密货币之间的波动溢出（Balcilar et al.，2022）以及石油市场与 G20 国家股票市场的风险溢出（Liu et al.，2022）。相较于其他方法，该方法能够捕捉到市场之间的长短期关联性，更适用于本章的研究。同时，地缘政治、贸易摩擦及公共卫生等重大冲击事件也会对碳市场和能源市场价格波动产生影响（方意、邵稚权，2022）。为此，本章也将探究重大冲击事件对碳市场和能源市场价格波动的影响。

此外，在对于国内市场的研究中，因国内能源市场与碳市场价格波动剧烈，因此本章借鉴 Barndorff-Nielsen 等（2008）提出的已实现半方差将碳市场和能源市场的已实现波动率分解为正向波动和负向波动，以此探究正向波动和负向波动下碳市场和能源市场之间的相互作用。在此基础上，基于 VAR 模型的广义方差分解谱方法（Barunik and Křehlik，2018）构建碳市场—能源市场的有向风险溢出网络，使用滚动窗口法计算动态变化的能源市场和碳市场溢出指数，以此探究国内能源市场和碳市场之间的价格影响机制。

在对于国际市场的研究中，对于不同类型的冲击，市场参与者会对其形成不同持续期的预期，进而引发具有短期或长期效应的资产配置行为，在碳市场和能源市场之间形成不同持续期的风险关联，故本章运用广义方差分解谱（Baruník and Křehlík，2018）来探究不同持续期能源市场与碳市场对冲击的异质性频率响应。相较于传统方法，广义方差分解谱考虑了金融市场对冲击的异质性频率效应，能够考虑冲击溢出的短周期和中长周期影响。除此之外，本章借鉴 Forni 和 Lippi（2011）的研究方法构建广义动态因子模型（GDFM），将碳价格与能源价格波动分解为由共同风险敞口机制驱动的波动率共同成分和由风险传染机制驱动的波动率特质性成分，以此探究共同风险对能源市场和碳市场价格波动的关联规律和风险传染机制引发的碳价格与能源价格波动的关联机制，并以此为基础，运用静态溢出方法来构建碳市场与能源市场的波动率关联网络，探究不同市场之间风险传染作用的强弱关系。

基于此，本章从国际视角和中国视角展开分析，厘清碳市场和能源市场之间的价格关联机制，并在此基础上度量碳价格和能源价格之间的关联性。如图 11-2 所示，研究问题 1 和研究问题 2 依次度量我国碳价格与能源价格关联、国际碳价格与能源价格关联。研究问题 3 重点探讨碳价格与能源价格的关联机制。最后，在国际政治格局动荡和能源价格及碳价格波动的背景下，对我国碳市场防范来自能源市场的风险的监测和预警机制提出政策建议，旨在为我国制定低碳发展和能源安全政策提供重要启示。本章剩余部分安排如下：第二部分为本章的方法介绍；第三部分为能源市场和碳市场排放交易价格关联的理论机制分析；第四部分为国内能源市场与碳市场价格关联研究；第五部分为国际能源市场与碳市场价格关联研究；第六部分为研究结论和政策建议。

二、研究方法

（一）GJR-GARCH 模型（应用于研究问题 2）

本章采用 Glosten 等（1993）提出的 GJR-GARCH 模型计算碳市场和能源市场的日间动态波动率。其形式如式（11-1）所示。

$$\sigma_t^2 = c + a\varepsilon_{t-1}^2 + b\sigma_{t-1}^2 + d\varepsilon_{t-1}^2 I_{t-1} \tag{11-1}$$

其中，$I_{t-1} = \begin{cases} 1, & \varepsilon_{t-1} < 0 \\ 0, & \varepsilon_{t-1} \geq 0 \end{cases}$，$\varepsilon_{t-1}$ 为各市场收益率去除均值后的残差序列，σ_t^2 为 ε_t 的动态条件波动率。式中 $d > 0$ 则说明，负向冲击对波动率的影响大于正向冲击，体现了波动的非对称性。也即，相对于正面消息，负面消息更能导致波动率增加，这有利于更好地预测动态波动率。

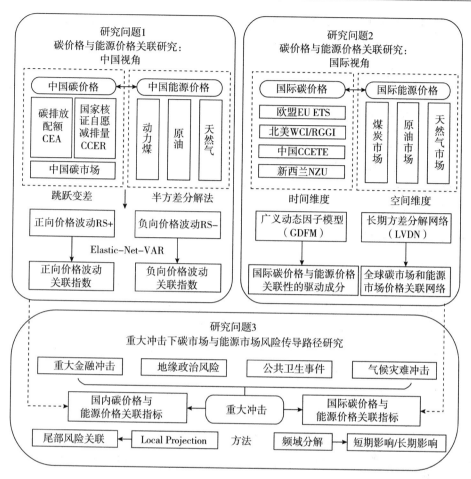

图 11-2　研究框架

资料来源：笔者绘制。

（二）Elastic-Net-VAR 模型（应用于研究问题 1、研究问题 2）

本章借鉴 Diebold 和 Yilmaz（2014）的研究框架，采用基于 Elastic-Net-VAR 模型的广义预测误差方差分解方法构建碳市场和能源市场溢出关联网络（Demirer et al.，2018）。弹性网方法的估计表达式如式（11-2）所示。

$$\underset{\mu,\ \Phi}{\arg\min} \sum_{t=1}^{T} \left\| X_t - \mu - \sum_{i=1}^{p} \Phi_i X_{t-i} \right\|_2^2 + \lambda \left(\alpha \|\Phi\|_1 + (1-\alpha)\|\Phi\|_2^2 \right) \tag{11-2}$$

其中，$\|A\|_F = \left(\sum_{i=1}^{m} \sum_{j=1}^{n} |A_{ij}|^F \right)^{1/F}$ 表示矩阵 A 的 Frobenius Norm（$F=1,\ 2,\ \cdots,\ n$），$\Phi=[\Phi_1,\ \cdots,\ \Phi_p]$，$\lambda$ 为惩罚参数，α 为调节参数，$\|\Phi\|_1$ 为 LASSO 的惩罚项，$\|\Phi\|_2^2$ 为岭回归的惩罚项。当 $\alpha=0$ 时，弹性网退化为岭回归；当 $\alpha=1$ 时，弹性网退化为 LASSO；当 $0<\alpha<1$ 时，弹性网为岭回归与 LASSO 的折中。本章参照现有研究设定参数 $\alpha=1/(N+1)$。λ 决定参数的压缩程度，本章通过滚动交叉验证（Rolling Cross Validation）对其进行最优选择。

根据广义方差分解（Generalized Variance Decomposition，GVD），在变量 i 的 H 步预测误差方差中，可由变量 j 解释的比例为 $\theta_{ij}(H)$：

$$\theta_{ij}(H) = \frac{\sigma_{jj}^{-1} \sum_{h=0}^{H-1} (e_i' \Psi_h \sum e_j)^2}{\sum_{h=0}^{H-1} (e_i' \Psi_h \sum \Psi_h' e_i)}, \quad i, j = 1, 2, \cdots, N \qquad (11\text{-}3)$$

以其为元素构建的 $N \times N$ 阶矩阵可识别碳价格和能源价格的关联结构。

（三）广义动态因子模型（应用于研究问题2）

本章借鉴 Forni 和 Lippi（2011）的研究方法构建广义动态因子模型（GDFM），将股市收益率矩阵 Y，分解成具有 q 个动态因子的组成形式，即：

$$Y_{it} = X_{it} + Z_{it} = \sum_{k=1}^{q} b_{ik}(L)\mu_{kt} + Z_{it} \qquad (11\text{-}4)$$

其中，X_{it} 是碳市场和能源市场收益率 Y_{it} 中由市场风险驱动的成分，因此可以被称为收益率共同成分。同理，Z_{it} 是碳市场和能源市场收益率 Y_{it} 中由个体特质性风险驱动的成分，因此可以被称为收益率特质性成分。q 维冲击向量 $\mu = \{\mu_t = (\mu_{1t}, \mu_{2t}, \cdots, \mu_{qt})' \mid t \in \mathbb{Z}\}$，遵从一个标准正交、零均值的白噪声过程。同时，$L$ 为滞后算子，对于所有的 $i \in \mathbb{N}$，$k = 1, 2, \cdots, n$，单边滤子 $b_{ik}(L)$ 具备平方可加的性质。因此，将上述广义动态因子模型（GDFM）的形式改写为：

$$Y_{nt} = X_{nt} + Z_{nt} = B_n(L)\mu_t + Z_{nt} \qquad (11\text{-}5)$$

在上述广义动态因子模型中，Forni 等（2015）指出可以通过对收益率向量 Y_n 的谱密度矩阵 $\sum_{Y;\,n}(\theta)$ 的动态特征值施加约束的方式，来识别收益率共同成分 X_{nt} 与特质性成分 Z_{nt} 的因子数量与结构。因此，进一步将收益率共同成分 X_{nt} 与特质性成分 Z_{nt} 转化为 p 阶 VAR 形式，即：

$$A_n(L)X_{nt} = \eta_{nt} = (\eta_{1t}, \cdots, \eta_{nt})' \qquad (11\text{-}6)$$

$$F_n(L)Z_{nt} = v_{nt} = (v_{1t}, \cdots, v_{nt})' \qquad (11\text{-}7)$$

其中，η_{nt} 与 v_{nt} 各自遵从一个 n 维的白噪声过程。$A_n(L)$ 与 $F_n(L)$ 代表具有平方可加性的 VAR 模型单边滤子，其形式为对角矩阵。并且，$F_n(L)$ 中的元素具备有限个数的非零项。因此，上述 VAR 模型具备稀疏 VAR 的特征。

（四）广义方差分解谱（应用于研究问题1、研究问题2）

广义方差分解谱（Baruník and Křehlík，2018）可用于研究冲击带来的中长周期影响。该方法基于 Diebold 和 Yilmaz（2014）的研究成果改进而来。

相对于传统方法，广义方差分解谱表示法考虑了金融市场对冲击的异质性频率响应。这种以异质性频率响应为基础分解的好处在于，可以考虑溢出的短周期和中长周期影响。异质性频率响应的逻辑基础为：对于不同类型的冲击，市场参与者会对其形成不同持续期的预期，进而引发具有短期或长期效应的资产配置行为。故而，在碳市场和能源市场之间形成不同持续期的风险关联。具体表现在，高频域上的溢出发生在短周期波段之间，碳交易市场和能源市场对冲击做出的反应较为迅速；低频域上的冲击则主要发生在具有高度不确定性的动荡时期，投资者预期会发生永久性改变，进而引发长周期波段之间产生关联性（Balke and Wohar，2002）。由此可知，相对于短周期溢出，长周期溢出的影响更加具有持续性，因此也更加值得关注（见图11-3）。

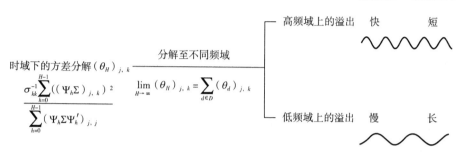

图11-3 广义方差分解谱表示法的思路

资料来源：笔者绘制。

广义方差分解谱表示法的思路为：①将时域上定义的溢出基于异质性频率响应分解为不同的部分，分别得到短周期波段、中周期波段和长周期波段的溢出。也即，利用 Diebold 和 Yilmaz（2014）给出的 Diebold 和 Yilmaz 溢出指数可以分解为三个周期波段的溢出，且满足可加性。②高频域上的溢出（也即短周期溢出）占主导，表示此时金融市场会迅速对信息做出响应，冲击影响的持续时间较短；低频域上的溢出（也即长周期溢出）占主导，则表示此时冲击产生的影响具有持续性，会传播较长的时间。模型的具体构建步骤如下：

第一步，建立各国能源变量与中国碳市场、化工市场风险及金融市场变量之间的向量自回归（VAR）模型。

VAR 模型的滞后阶数为 p，具体形式为：

$$X_t = \sum_{i=1}^{p} \Phi_i x_{t-i} + \varepsilon_t \tag{11-8}$$

其中，Φ_i 为系数矩阵，$\varepsilon_t \sim (0, \sum)$，$\sum$ 代表协方差矩阵。当该模型满足平稳条件时，可以转换为移动平均形式（VMA），即：

$$X_t = \sum_{i=0}^{\infty} \Psi_i \varepsilon_{t-i} \tag{11-9}$$

其中，系数 Ψ_i 满足递归形式 $\Psi_i = \sum_{i=1}^{\infty} \Phi_i \Psi_{t-i}$。当 $p>i$ 时，$\Psi_{i-p} = 0$ 且 $\Psi_0 = I_N$。此时，可在式（11-9）的基础上，对协方差矩阵进行广义方差分解，使单个变量的预测误差的方差可归因于其他变量的溢出。

根据广义方差分解，给定 t 期的信息，在变量 x_j 第 H 步预测误差的方差中，可以由变量 x_k 解释的比例为 $(\theta_H)_{j,k}$：

$$(\theta_H)_{j,\,k} = \frac{\sigma_{kk}^{-1}\sum_{h=0}^{H-1}\left(\left(\Psi_h\sum\right)_{j,\,k}\right)^2}{\sum_{h=0}^{H-1}\left(\Psi_h\sum\Psi'_h\right)_{j,\,j}},\ H = 1,\ 2,\ 3,\ \cdots,\ n \qquad (11\text{-}10)$$

其中，$\sum$ 是预测误差向量的方差矩阵，σ_{kk} 为 $\sum$ 的第 k 个方程误差项的标准差。

由于 $\sum_{k=1}^{N}(\theta_H)_{j,\,k} \neq 1$，将其标准化并转化为百分比形式，即：

$$(\widetilde{\theta}_H)_{j,\,k} = \frac{(\theta_H)_{j,\,k}}{\sum_{k=1}^{N}(\theta_H)_{j,\,k}} \times 100,\ H = 1,\ 2,\ 3,\ \cdots,\ n \qquad (11\text{-}11)$$

$(\widetilde{\theta}_H)_{j,k}$ 可用来度量在预测期 H 下变量 K 与变量 J 之间的风险溢出水平，以其为元素所构建出的 $N×N$ 邻接矩阵 $\widetilde{\theta}_H$ 可以帮助识别出风险关联结构。在此基础上，定义时域总溢出指数 $C(H)$：

$$C(H) = \frac{\sum_{k,\,j=1,\,k\neq j}^{N}(\widetilde{\theta}_H)_{j,\,k}}{\sum_{k,\,j=1}^{N}(\widetilde{\theta}_H)_{j,\,k}} \times 100 = \frac{\sum_{k,\,j=1,\,k\neq j}^{N}(\widetilde{\theta}_H)_{j,\,k}}{N} \times 100 \qquad (11\text{-}12)$$

时域总溢出指数 $C(H)$ 衡量了模型变量之间风险关联的总体水平。该值越大，代表变量之间的关联性越强。

第二步，将总溢出指数 $C(H)$ 进行频域分解。

首先，定义广义因果谱 $(f(\omega))_{j,k}$（Generalized Causation Spectrum）。广义因果谱表示在特定频率 ω 上 x_j 的方差贡献中可由 x_k 解释的比例，即：

$$(f(\omega))_{j,\,k} = \frac{\sigma_{kk}^{-1}\left|\left(\Psi(e^{-i\omega})\sum\right)_{j,\,k}\right|^2}{\left(\Psi(e^{-i\omega})\sum\Psi'(e^{+i\omega})\right)_{j,\,j}},\ \omega \in (-\pi,\ \pi) \qquad (11\text{-}13)$$

其中，$\Psi(e^{-iw}) = \sum_{h=0}^{\infty}e^{-iwh}\Psi_h$，由式（11-10）中的系数进行傅里叶变换得到。

其次，定义 $(\theta_d)_{j,k}$ 为 x_k 对 x_j 在频率带 d 上的方差分解。该方差分解可由对应频率下的方差分解 $(f(\omega))_{j,k}$ 加权求和得到，即：

$$(\theta_d)_{j,\,k} = \frac{1}{2\pi}\int_d \Gamma_j(\omega)(f(\omega))_{j,\,k}d\omega \qquad (11\text{-}14)$$

其中，权数 $\Gamma_j(\omega)$ 表示 x_j 中频率 ω 成分的方差占比。

$$\Gamma_j(\omega) = \frac{\left(\Psi(e^{-i\omega})\Psi'(e^{+i\omega})\right)_{j,\,j}}{\frac{1}{2\pi}\int_{-\pi}^{\pi}\left(\Psi(e^{-i\lambda})\sum\Psi'(e^{+i\lambda})\right)d\lambda} \qquad (11\text{-}15)$$

当 X_t 是宽平稳序列时，时域和频域上的方差分解存在如下关系：

$$\lim_{H\to\infty}(\theta_H)_{j,\,k} = \sum_{d\in D}(\theta_d)_{j,\,k} = \sum_{d\in D}\left[\frac{1}{2\pi}\int_{-\pi}^{\pi}\Gamma_j(\omega)(f(\omega))_{j,\,k}d\omega\right] \qquad (11\text{-}16)$$

其中，$\cap_{d\in D}d = \phi$ 且 $\cup_{d\in D}d = (-\pi,\ \pi)$，即当 $H\to\infty$ 时，时域方差分解 $(\theta_H)_{j,k}$ 可以分解到多个互不相交的频率带 d 上。

最后，将 $(\theta_d)_{j,k}$ 做标准化处理并表示成百分比形式，即：

$$(\widetilde{\theta}_d)_{j,k} = \frac{(\theta_d)_{j,k}}{\sum\limits_{k=1}^{N}\sum\limits_{d \in D}(\theta_d)_{j,k}} \times 100 \qquad (11-17)$$

本章使用 $(\widetilde{\theta}_d)_{j,k}$ 可以定义在特定频域 d 上的能源溢出指数（$Spillover_{j,k}^{d}$），即：

$$Spillover_{j,k}^{d} = (\widetilde{\theta}_d)_{j,k} \qquad (11-18)$$

溢出指数（$Spillover^{d}$）表示在频域 d 上，变量 k 对变量 j 的风险的溢出指数，用以衡量变量 k 对变量 j 的风险发起，也即变量 j 对变量 k 的风险接收。

更为具体地，对能源的溢出指数进行运算以求得国际能源市场对中国能源市场的溢出指数，碳市场对中国能源市场的溢出总指数，国际能源期货、国际能源现货市场对中国能源市场的溢出总指数等一系列溢出指数。

国际能源市场对中国能源市场的溢出总指数表示在频域 d 上，各类国际能源市场变量对中国能源市场风险的溢出指数总和，用以衡量中国能源市场总体收到的国际能源市场的风险溢出，用以衡量中国面对国际能源市场风险接收的总和。

$$Spillover^{d} = \sum\limits_{k=1}^{M}\sum\limits_{j=1}^{N}(\widetilde{\theta}_d)_{j,k} \qquad (11-19)$$

碳市场对能源市场的溢出指数表示在频域 d 上，碳市场对于能源市场的风险溢出水平，用以衡量碳市场对能源市场的风险溢出效果。

$$Spillover_{j,k}^{d} = \sum\limits_{j=1}^{N}(\widetilde{\theta}_d)_{j,k} \qquad (11-20)$$

中国能源市场对碳市场的溢出指数（$Spillover_{j,k}^{d}$）表示在频域 d 上，中国能源市场对碳市场的溢出水平，用以衡量碳市场的风险接受。

$$GPRSpillover_{j,k}^{d} = \sum\limits_{k=1}^{M}(\widetilde{\theta}_d)_{j,k} \qquad (11-21)$$

本章进一步使用滚动窗口法计算动态变化的能源市场和碳市场溢出指数，具体的计算步骤如下：

第一步，选取固定窗口期为 12 个月（1 年），计算该窗口期内的溢出指数（包括国际能源市场对中国能源市场的溢出指数、中国能源市场对碳市场的溢出指数等溢出指数），并将其作为该窗口期期末的值。

第二步，将原窗口期向后平移一期，得到新的窗口期，并计算新窗口期内的溢出指数，并将其作为新窗口期期末的溢出指数。

接下来，重复第二步计算，并取出每一新窗口期内的溢出指数进行排列，得到全样本期间溢出指数的动态序列。

（五）半方差分解法（应用于研究问题1）

Barndorff-Nielsen 等（2008）提出已实现半方差（Realized Semivariance，RS），并根据收益率的正负将其区分为上涨已实现半方差（RS$^+$）和下跌已实现半方差（RS$^-$）。本章借鉴 Patton 和 Sheppard（2015）的思路，将碳市场和能源市场的已实现波动率基于日收益率方向进行分解，表达式如下：

$$RS_{i,t}^{+} = \sum_{k=1}^{K_t} r_{i,tk}^2 I(r_{i,tk} > 0), \quad RS_{i,t}^{-} = \sum_{k=1}^{K_t} r_{i,tk}^2 I(r_{i,tk} < 0), \quad i=1, \cdots, N; \quad t=1, \cdots, T$$

（11-22）

其中，$RS_{i,t}^{+}$ 为市场 i 第 t 日的正向波动，$RS_{i,t}^{-}$ 为市场 i 第 t 日的负向波动；$r_{i,tk}$ 为市场 i 第 t 日中第 k 天的日收益率，K_t 为第 t 日的天数，$I(\cdot)$ 为示性函数。

因此，定义 N 个市场在 t 时期的正向波动序列为 $RS_t^{+} = (RS_{1,t}^{+}, RS_{2,t}^{+}, \cdots, RS_{N,t}^{+})'$，负向波动序列为 $RS_t^{-} = (RS_{1,t}^{-}, RS_{2,t}^{-}, \cdots, RS_{N,t}^{-})'$，则这 N 个市场在 t 时期的波动序列由正负向波动序列共同组成，即 $RS_t = (RS_{1,t}^{+}, RS_{2,t}^{+}, \cdots, RS_{N,t}^{+}, RS_{1,t}^{-}, RS_{2,t}^{-}, \cdots, RS_{N,t}^{-})'$。

（六）两阶段最小二乘法 2SLS

以下说明两阶段最小二乘回归的表达式与具体步骤。首先，用内生自变量 X_i 对工具变量 Z_i 进行回归，此即为第一阶段的回归，表达式为：

$$X_i = a + b \times Z_i + \epsilon_i$$

（11-23）

其中，X_i 为内生自变量，Z_i 为工具变量，ϵ_i 为一阶段回归的误差项，a 为回归的截距项，b 则为工具变量 Z_i 对应的回归系数。

其次，在利用 OLS 法对第一阶段回归进行估计之后，利用回归系数的估计值获得内生自变量 X_i 的预测值 $\hat{X}_i$：

$$\hat{X}_i = \hat{a} + \hat{b} \times Z_i$$

（11-24）

其中，Z_i 为工具变量，$\hat{a}$ 和 $\hat{b}$ 则分别为一阶段回归中回归系数 a 与 b 的估计值。通过以上处理，我们仅保留了内生自变量 X_i 中与工具变量 Z_i 相关的信息，而剔除了 X_i 中与 Z_i 无关的信息。

最后，用因变量 Y_i 对内生自变量的预测值 $\hat{X}_i$ 进行回归，此即为第二阶段的回归，表达式为：

$$Y_i = \alpha + \beta \times \hat{X}_i + \varepsilon_i$$

（11-25）

其中，Y_i 为因变量，$\hat{X}_i$ 为内生自变量的预测值，ε_i 为二阶段回归的误差项，α 为回归的截距项，β 则衡量了处理内生性后的 X_i 对 Y_i 的影响，可视为 X_i 对 Y_i 的因果效应。

三、碳排放权交易价格与能源价格关联机制

本部分首先运用经济理论阐述碳价格与能源价格关联机制，然后运用工具变量法对上述机制进行实证检验。研究结果有助于理解碳价格与能源价格之间的关联机制与风险传导路径。

（一）碳市场与能源市场供需机制分析

供需机制是能源市场和碳市场产生关联的最根本机制。供需机制是所有市场价格形成的基础。虽然作为大宗商品市场的能源市场的价格存在各类影响因素，但最根本的价格形成机制还是供需机制。碳价格及其波动主要受到能源市场和各类与碳排放有关的管制政策的影响。碳市场是绿色发展的必然产物，是"双碳"目标之下我国的重

要举措。因而，对于碳市场，能源市场的运行是其价格形成和波动的重要因素。

能源价格的形成机制具有特殊性，因此价格波动有其自身特性。本章中关注的是与碳市场密切相关的能源产品，如石油、天然气与煤炭等，均不可再生，是一次性的化石能源，因此具有稀缺性。与此同时，由于能源资源供给的地域比较有限，因此能源市场的价格在很大程度上会受到国际市场和产地供应量的影响。此外，能源市场的金融衍生品价格（能源的期货价格、现货价格）还受到实体经济整体运行情况和投资者情绪的影响。因此，在多种因素的作用下，能源市场的价格呈现出波动大、受极端事件影响强的特征。

因而，结合以上两点因素，供需机制为本章的研究提供了两条可供探究的路径。本章认为，碳价格和能源价格的波动具有一定的关联性。一方面，当能源行业的供给可能会收紧，若在此阶段，经济处在下行区域，从事生产的企业对能源的需求下降，则供给曲线和需求曲线的同时变化可能会导致能源价格的上涨。与此同时，生产性企业对于碳排放的需求下降，进而导致碳价格的下降。这类似于一种供给冲击。假定碳排放权的供给不变，在该机制的作用下，两者的价格会呈现出"此消彼长"的关系。另一方面，碳与能源共同受到宏观经济冲击的影响。当经济上行对于能源的需求增大时，对碳排放权的需求也会增大。此时，对于从事生产的企业而言，其在更多地运用能源进行生产的同时，也进一步增大了对碳排放权的需求。这类似于一种"需求冲击"，假定碳排放权的供给不变，在该机制的作用下，两者之间呈现出"同涨同跌"的关系。在两种机制的共同作用下，碳排放权价格和能源市场价格的风险溢出不断波动。如图 11-4 所示，本章直观地对"同涨同跌"和"此消彼长"进行了展示。

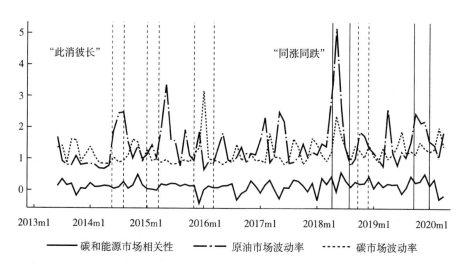

图 11-4　碳和能源市场相关性

资料来源：笔者绘制。

图 11-5 展示了碳价格与能源价格的关联机制。能源价格变动分为供给端驱动和需求端驱动两种情况。以能源价格上升为例，能源供给减少（能源供给曲线左移）或能

源需求上升（能源需求曲线右移）均可导致能源均衡价格上涨。能源的均衡数量决定碳排放权的需求。

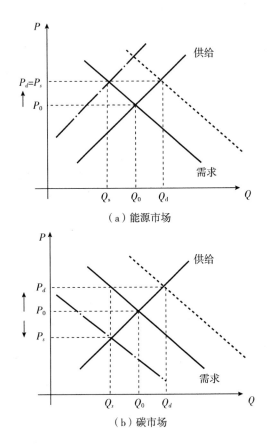

（a）能源市场

（b）碳市场

图 11-5　碳价格与能源价格关联机制

资料来源：笔者绘制。

在能源供给减少驱动能源价格上升的情况下，能源的均衡数量下降。因此，碳排放权的需求下降引发碳排放权的需求曲线向左移动，在供给曲线不变的情况下，碳市场的均衡价格下降。因此，在能源供给端驱动能源价格变动时，能源价格与碳价格之间的关系呈现负相关的特征。

在能源需求增多驱动能源价格上升的情况下，能源的均衡数量上升。因此，碳排放权的需求上升引发碳排放权的需求曲线向右移动，在供给曲线不变的情况下，碳市场的均衡价格上升。因此，在能源需求端驱动能源价格变动时，能源价格与碳价格之间的关系呈现正相关的特征。

表 11-1 展现了碳市场波动率对能源市场波动率的 OLS 回归结果。其中能源市场波动率为电力波动率、原油波动率、天然气波动率、煤炭波动率的均值。控制变量包括可能代表金融市场波动的变量 VIX 指数、TED 利差、标普 500 收益率与美元指数变化

率。回归结果表明，无论是波动率 Vol，还是共同因子波动率 Vol_{Common} 和异质性因子波动率 $Vol_{Idiosyncratic}$，在1%的显著性水平上，能源市场波动均对碳市场波动产生显著的正向影响。

表 11-1 能源市场对碳市场波动率溢出作用

	(1) $logVol$ OLS	(2) $logVol$ OLS	(3) $logVol_{Common}$ OLS	(4) $logVol_{Common}$ OLS	(5) $logVol_{Idiosyncratic}$ OLS	(6) $logVol_{Idiosyncratic}$ OLS
Energy	0.2035*** (13.6111)	0.2017*** (13.4740)	0.0177*** (10.7419)	0.0175*** (10.5819)	0.1858*** (12.7109)	0.1842*** (12.5881)
Controls	NO	YES	NO	YES	NO	YES
Market FE	YES	YES	YES	YES	YES	YES
R^2	0.0183	0.0199	0.0115	0.0133	0.0160	0.0174
N	9948	9944	9948	9944	9948	9944

注：＊表示 p<0.1，＊＊表示 p<0.05，＊＊＊表示 p<0.01。
资料来源：笔者计算。

表 11-2 展现了碳市场收益率对各能源市场收益率的 OLS 回归结果。控制变量包括代表金融市场波动的变量 VIX 指数、TED 利差、标普500收益率与美元指数变化率。回归结果表明，原油和天然气价格与碳价格之间正相关，电力和煤炭价格与碳价格之间负相关。根据理论分析，能源价格和碳价格之间存在两种相反的作用渠道，故下文进一步采用工具变量来识别碳价格和能源价格的关联机制。

表 11-2 能源市场对碳市场收益率溢出作用

	(1) Return OLS	(2) Return OLS	(3) Return OLS	(4) Return OLS	(5) Return OLS	(6) Return OLS	(7) Return OLS	(8) Return OLS
Crude_Oil	0.0549*** (6.9750)	0.0306*** (3.8006)						
Natural_Gas			0.0072** (2.0855)	0.0091*** (2.6825)				
Power					−0.0018 (−0.9216)	−0.0018 (−0.9475)		
Coal							−0.0256*** (−3.0443)	−0.0227*** (−2.7497)
Controls	NO	YES	NO	YES	NO	YES	NO	YES
Market FE	YES	YES	YES	YES	YES	YES	YES	YES

续表

	（1）	（2）	（3）	（4）	（5）	（6）	（7）	（8）
	Return	*Return*	*Return*	*Return*	*Return*	*Return*	*Return*	*Return*
	OLS	OLS	OLS	OLS	OLS	OLS	OLS	OLS
R^2	0.0061	0.0352	0.0017	0.0345	0.0013	0.0338	0.0022	0.0345
N	9952	9948	9952	9948	9952	9948	9952	9948

注：＊表示 $p<0.1$，＊＊表示 $p<0.05$，＊＊＊表示 $p<0.01$。

资料来源：笔者计算。

新冠疫情[1]期间停工停产对能源需求产生了较大冲击，地缘政治风险[2]往往对能源供给产生冲击，如 2022 年俄乌冲突时期，西方国家限制从俄罗斯进口原油和天然气、北溪二号管道被炸、俄罗斯对"不友好"国家和地区供应天然气时将改用卢布结算等均使得原油供给下降。由于工具变量估计具有局部处理效应（LATE）的性质，使用新冠疫情将度量能源市场需求变动时能源价格对碳价格波动的影响，使用地缘政治风险将度量能源市场供给变动时能源价格对碳价格波动的影响。表 11-3 展现了碳市场收益率对各能源市场波动率的 2SLS 的第一阶段回归结果。剔除相关性不显著的回归模型后，对通过相关性检验的模型设定进行第二阶段估计。

表 11-3 能源市场对碳市场收益率溢出作用

	（1）	（2）	（3）	（4）	（5）	（6）	（7）	（8）
	Crude_Oil	*Crude_Oil*	*Natural_Gas*	*Natural_Gas*	*Power*	*Power*	*Coal*	*Coal*
COVID-19	-0.0319＊＊＊ （-5.2197）		-0.0628＊＊＊ （-4.3122）		-0.0199 （-0.7839）		-0.0059 （-0.9951）	
GPR		0.0002 （0.4997）		0.0016＊＊ （2.1636）		0.0027＊＊ （2.0982）		0.0028＊＊＊ （9.3887）
Controls	YES	YES	YES	YES	YES	YES	YES	YES
Market FE	YES	YES	YES	YES	YES	YES	YES	YES
R^2	0.0740	0.0715	0.0050	0.0036	0.0114	0.0118	0.0008	0.0095
N	9948	9948	9948	9948	9948	9948	9948	9948

注：＊表示 $p<0.1$，＊＊表示 $p<0.05$，＊＊＊表示 $p<0.01$。

资料来源：笔者计算。

表 11-4 展示了能源市场对碳市场收益率溢出作用的 2SLS 第二阶段估计。

以新冠疫情为工具变量时，代表能源需求端发生变动。此时，能源市场收益率上

---

① 本章图表中采用"COVID-19"指代"新冠疫情"。

② 本章图表中采用"GPR"指代"地缘政治风险"。

升对碳市场收益率具有显著的正向影响。这与理论分析部分"在能源需求端驱动能源价格变动时，能源价格与碳价格之间的关系呈现正相关的特征"的结论相一致。

表 11-4　能源市场对碳市场收益率溢出作用

	IV：COVID-19		IV：GPR		
	（1） Return Second Stage	（2） Return Second Stage	（3） Return Second Stage	（4） Return Second Stage	（5） Return Second Stage
Crude_Oil	0.2748* (1.7060)				
Natural_Gas		0.1396* (1.6624)	−0.4574* (−1.7186)		
Power				−0.2712* (−1.7137)	
Coal					−0.2587*** (−2.8193)
Controls	YES	YES	YES	YES	YES
Market FE	YES	YES	YES	YES	YES
IV	COVID−19	COVID−19	GPR	GPR	GPR
N	9948	9948	9948	9948	9948

注：* 表示 $p<0.1$，** 表示 $p<0.05$，*** 表示 $p<0.01$。

资料来源：笔者计算。

以地缘政治为工具变量时，代表能源供给端发生变动。此时，能源市场收益率上升对碳市场收益率具有显著的负向影响。这与理论分析部分"在能源供给端驱动能源价格变动时，能源价格与碳价格之间的关系呈现负相关的特征"的结论相一致。

（二）碳价格与能源价格关联机制分析

1. 共同风险敞口机制

共同风险敞口机制主要从宏观视角出发，考察由各市场面临共同外部冲击而带来的市场之间的联动关系。当风险事件发生时，尤其是类似于新冠疫情这种大的外部冲击，会使得经济体系暴露于风险之下，产生同步共振。碳市场和能源市场均暴露于相同的风险源，因面临共同的风险因素而发生风险联动。

同时，各个市场具有特异性风险。结合上文梳理的供需机制可知，两者虽然关联性极强，但仍有部分风险是由于不同的因素所导致。因此，本章梳理共同风险敞口机制引起的风险，并分离出由特质性因素导致的风险。

2. 预期机制

预期机制是指投资者预期造成的价格变化。对于不同的经济运行状况或不同的冲击，市场参与者会对其形成不同持续期的预期，进而引发具有短期或长期效应的资产配置行为，在碳市场和能源市场之间形成不同持续期的风险关联。最直接体现预期机制的是期货的价格。价格发现功能是期货市场的基本功能之一，传统的期货价格形成理论中包含了理性预期理论，因此在探究能源市场与碳市场之间的风险传染过程中，纳入预期机制非常有必要。

3. 情绪机制

投资者情绪机制，该机制旨在考察投资者面对突发事件时的非理性反应对市场造成的影响。投资者情绪波动会造成投资者行为的变化。投资者的情绪会影响到投资者的事前关注和事后的资产配置。投资者关注这一概念，来源于行为金融学领域的相关研究，其意指在特定事件发生之后，投资者对事件曝光所产生的关注行为。在行为金融学中，投资者关注，通常意味着投资者基于新发生的事件而产生的非预期行为，主要指向由投资者情绪导致的市场异常波动，其本身具有较强的事件驱动特征。当某一事件发生时，投资者通常会结合相应的时间调整其资产配置，以实现收益最大化。面对不确定性因素，单个投资者调整资产是理性的，但若市场上众多投资者都做出相同的判断及操作，则会引起市场的异常波动（方意、贾妍妍，2020）。我国能源市场的期货和现货均会受到企业资产配置的影响，并导致风险在能源市场和碳市场之间传染。

四、碳价格与能源价格关联研究：国内视角

利用广义方差分解谱及滚动窗口方法，本部分对能源市场的溢出作用进行相关研究。具体地，本部分研究基于中国能源市场和碳市场构成的溢出网络来展开，分别从能源市场对碳市场的风险溢出及碳市场对能源市场的风险溢出两部分分析两者之间的关联性。在此基础之上，运用频域分解探究长短期影响的差异性。

（一）数据与变量

本章构建碳市场—能源市场网络，并分析能源市场与碳市场之间的关联性。为了保持网络的完整性，本部分仍旧将国际能源市场纳入其中，这样的好处是可控制国际因素对网络的影响。其中，本章参考已有文献对碳与能源问题的研究，将能源市场划分为国际能源市场和中国能源市场，并将国际能源市场划分为能源现货市场和能源期货市场。与现有研究类似，本章采用各省市碳排放权价格作为碳市场的代理变量。能源价格则综合已有文献中具有代表性的期货、现货价格进行整合，以代表主要的能源市场。

本章共选取碳市场、能源期货市场、能源现货市场三个市场共计30个变量来构建溢出网络。由于本章所采用的计算方法要求各变量的起止时期保持一致，但由于各省市碳排放权的交易市场开通时间不同，因此本章对碳排放权交易价格进行处理。具体而言，是采取加权平均的方式进行处理，用当期所开通的所有碳市场价格的加和除以当期的市场数量。鉴于好坏波动可有效地反映各市场在正负向冲击下的风险状况，本章利用日度收盘价计算对数，并进一步计算各市场的正负向波动水平。本章所采用的数据均来源于 Wind 数据库的公开数据。具体变量的选取如表 11-5 所示，数据的时间范围是 2017 年 7 月至 2022 年 7 月，构建网络的数据频率为月度频率。

表 11-5 变量选取

市场	指标	参考文献
碳市场	深圳碳排放权价格	莫建雷等，2018；宋亚植等，2018；余典范等，2023
	上海碳排放权价格	
	北京碳排放权价格	
	广东碳排放权价格	
	湖北碳排放权价格	
	重庆碳排放权价格	
	福建碳排放权价格	
	天津碳排放权价格	
期货市场	期货结算价活跃合约 IPE 布油	黄志强，2012；Tan and Wang，2017；Boubaker and Raza，2017；Paramati et al.，2018；宋亚植等，2018
	期货结算价活跃合约 IPE 轻质原油	
	期货结算价活跃合约 IPE 英国天然气	
	期货结算价活跃合约 NYMEX 迷你轻质原油	
	期货结算价活跃合约 NYMEX 轻质原油	
	期货结算价活跃合约 NYMEX 布油金融	
	期货结算价活跃合约 NYMEXRBOB 汽油	
	期货结算价活跃合约 NYMEX 取暖油	
	期货结算价活跃合约 MICEX 布伦特原油	
	期货收盘价连续 IPE 鹿特丹煤炭	
	美国原油 ETF 波动率指数	
现货市场	现货价原油阿联酋迪拜环太平洋	Hu and Wang，2006；魏楚和郑新业，2017；Boubaker and Raza，2017；Tan and Wang，2017；刘自敏等，2020
	现货价原油阿曼环太平洋	
	现货价原油马来西亚塔皮斯环太平洋	
	现货价原油印尼杜里环太平洋	
	现货价原油印尼米纳斯环太平洋	
	现货价原油印尼辛塔环太平洋	
	现货价原油中国大庆环太平洋	
	现货价原油中国胜利环太平洋	
	现货价原油科威特能源公司	
	现货价原油英国布伦特 Dtd	
	现货价原油布伦特 FOB 欧洲	

资料来源：笔者整理。

另外，为进一步探究重大冲击之下，能源市场和碳市场之间的风险溢出的变化情况，本章选取了一系列重大冲击事件，并通过比较冲击事件发生前后的溢出指数曲线走势进行分析。本章选择的冲击事件如表 11-6 所示。

表 11-6　冲击事件选取

时间	事件详情
2017~2018 年	特朗普政府相继出台的《国家安全战略报告》《国防战略报告》《核态势评估报告》首次以官方文件的形式将中国定义为"战略竞争者"
2018 年 3 月	美国总统特朗普宣布对钢铁和铝制品分别加征 25%和 10%的关税,美国贸易代表(USTR)公布《中国贸易实践的 301 条款调查》
2018 年 4 月	北约轰炸叙利亚
2019 年 5 月	美国政府将不再给予部分国家和地区进口伊朗石油的制裁豁免,以全面禁止伊朗石油出口
2020 年 1 月	2020 年 1 月 31 日世界卫生组织宣布,将新冠疫情列为国际关注的突发公共卫生事件
2020 年 10 月	美国商务部工业与安全局(BIS)发布最终规则对制造集成电路和半导体的工具及技术等六项"新兴技术"实施新的多边管制
2022 年 2 月	俄乌冲突

资料来源:笔者整理。

结合表 11-6 可知,本章选取的事件主要可分为三大类:第一类为地缘政治事件,这类事件主要包括地区性质的冲突和战争(如俄乌冲突、北约轰炸叙利亚等事件)。第二类事件为贸易事件,具体包括对进出口产品的限制,或直接针对能源市场进出口进行限制。第三类事件则为全球范围内的公共卫生事件,本章选取样本期内最重要的新冠疫情事件为代表展开相关研究。以上三类事件基本可包括主要的重大冲击事件类型,可为本章的分析提供有意义的支持。

(二) 中国能源市场与碳市场溢出网络分析

本部分结合实证框架,对能源市场和碳市场之间的溢出关系进行全面的分析。本部分从中国能源市场受到中国碳市场的影响及中国碳市场受到中国能源市场的影响两个方面对已有的实证结果进行归纳和总结。

图 11-6 展示了正向波动网络下碳价格对能源价格的总影响与负向波动网络下碳价格对能源价格的总影响。由图 11-6 可以看出,正向波动网络与负向波动网络中碳价格对能源价格的影响有所不同。

第一,正负向波动网络下的影响水平在时间维度上的演进差异较大,但水平值比较接近。整体而言,正负向波动溢出网络之下,碳价格对能源价格的总影响水平比较接近,两者在上涨和下跌的程度上比较一致。

第二,在极端事件的影响之下,两者水平变化差异较大。如图 11-6 所示,在极端事件发生后,负向波动溢出网络受到的影响相较于正向波动溢出网络变化更大。在极端事件发生的 1~3 个月,负向波动溢出网络关联性均有所上升。正向波动溢出网络关联性的上升相对而言受到极端事件影响较少。也即,对于碳和能源市场而言,当极端事件发生时,其关系更倾向于同时下跌。由于碳市场对于极端事件的敏感性不如能源市场,可以认为,在极端事件之下,风险更多由能源市场传染至碳市场。

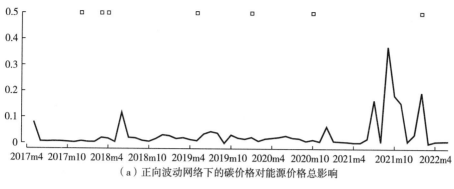

（a）正向波动网络下的碳价格对能源价格总影响

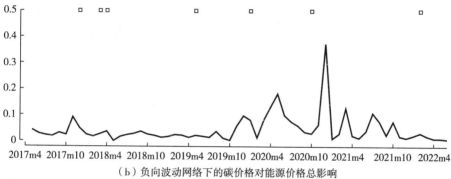

（b）负向波动网络下的碳价格对能源价格总影响

图 11-6　我国碳价格对能源价格的影响

资料来源：笔者计算。

　　进一步地，比较正负向波动网络的关联性可知，相比于负向波动网络，正向波动溢出网络下的能源市场和碳市场之间的关联性对于风险事件的响应有所滞后。结合以上对于碳市场和能源市场的网络分析可知，这类极端事件带来的风险更多是驱动能源市场价格下跌。具体而言，对于负向波动溢出网络影响最大的事件为突发公共卫生事件，而对于正向波动溢出网络影响最大的事件则是地缘冲突事件。两者之间的不同之处在于，全球范围内的突发公共卫生事件更多导致的是需求层面的收缩，从而原油市场价格以下跌为主；地缘政治事件导致的需求和供给情况变化更为复杂，原油市场的波动方向变化较大。

　　结合已有结果分析两者之间可能存在的机制可知，碳市场和能源市场之间存在双向的关联性。一方面，碳排放权价格会对能源市场的需求产生影响。能源的燃烧产生二氧化碳，因此当碳排放价格上升时，对能源的需求会降低，而对能源需求的下降会导致碳排放的降低，进一步导致碳排放权价格的下降。因此，在该机制的作用下，两者的价格呈现"此消彼长"的特征。

　　另一方面，当经济上行对于能源需求增大时，对碳排放权的需求也增大。此时，对于从事生产的企业而言，其在更多地运用能源进行生产的同时，也进一步增大了对碳排放权的需求。因此，两者之间的关系呈现"同涨同跌"的特征。在两种机制的作用下，碳排放权价格和能源市场价格的风险溢出不断波动。

图 11-7 为频域分解的结果。本章的第一层网络是碳市场价格对于能源市场的影响，如图 11-7 所示，根据该图可得以下分析结果。

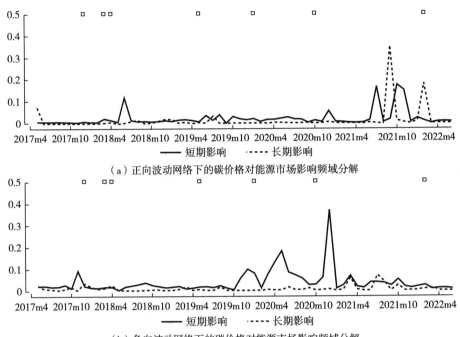

（a）正向波动网络下的碳价格对能源市场影响频域分解

（b）负向波动网络下的碳价格对能源市场影响频域分解

图 11-7　碳市场与能源市场频域分解

资料来源：笔者计算。

首先，对于正向波动溢出网络而言，长期影响是驱动总影响的主要因素，即低频波动主导了波动的走势。如图 11-7 所示，长期影响在图中的整体水平与短期水平类似，但在极端事件的影响之下，低频波动的变化趋势明显增大。对于负向波动溢出网络而言，短期影响是驱动总影响的主要因素，即高频的波动变化趋势更加显著且趋势更加明显。由此可知，在长期，碳市场和能源市场主要呈现正向波动的关联性；而在短期，碳市场和能源市场主要呈现负向波动的关联性。

其次，当冲击事件发生时，碳排放权价格对于能源市场的正向波动溢出呈现明显的上涨趋势，结合正向波动溢出网络的定义可知，当冲击发生时，碳市场价格与能源市场价格倾向于同时上涨。由此可以认为，从长期而言，碳价格与能源价格更多程度上呈一种同时上涨的趋势。对于负向波动网络，其风险溢出的短期影响则主导了总影响的走势。与正向波动溢出网络中各类事件几乎都起到了增大正向波动溢出网络关联性的情况不同，在负向波动溢出网络中不同事件的长短期影响有着明显的差异。如图 11-7 所示，贸易事件及公共卫生事件对于碳市场对能源市场的负向风险溢出主要呈现长期影响，而地缘政治事件对此则主要起到短期影响。

结合分析可知，碳市场价格与能源市场价格有两种不同的机制，分别是"供给冲击"导致的此消彼长，及"需求冲击"导致的同涨同跌。结合本部分的分析可知，在长短期起到作用的机制并不相同。如图11-7所示，对于正向波动溢出网络而言，起主导作用的是两市场需求同时增大而驱动的同时上涨。对于负向波动溢出网络而言，起主导作用则是对能源需求下降而驱动的此消彼长。由此可知，在长期，对能源的需求与对碳的需求最终会达到一种平衡。

（三）能源市场对碳市场的影响

本部分进一步分析溢出网络中能源市场对于碳市场的影响。结合图11-8可得到以下分析。

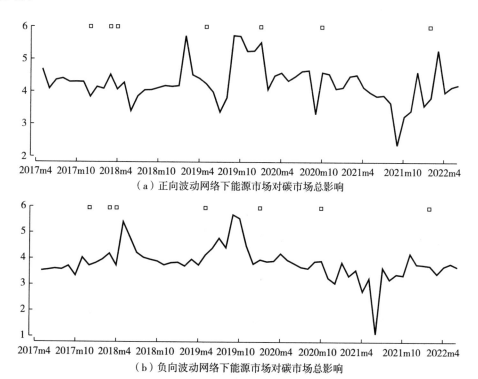

（a）正向波动网络下能源市场对碳市场总影响

（b）负向波动网络下能源市场对碳市场总影响

图11-8　能源市场对碳市场的溢出总趋势

资料来源：笔者计算。

第一，能源市场对于碳市场的溢出水平远高于碳市场对于能源市场的溢出水平。通常而言，价格水平由供需关系影响，但作为大宗商品市场，投资者的情绪及交易机制也会影响到价格水平。碳市场发展时间较短，且影响因素较为单一，因此由能源市场的供需关系变化而造成的能源市场对碳市场的风险溢出是碳市场的主要风险来源之一。相比较而言，能源市场受到的影响因素较多，除去碳市场的影响之外，能源市场作为活跃的大宗商品交易市场，受投资者情绪及交易机制的影响更大。而且，由上一部分的分析可知，本国能源价格水平还受到国际能源价格水平的较大影响。因此，碳市场受到的能源市场风险溢出水平更高。

第二，就时间趋势而言，能源市场与碳市场构成的正向溢出网络与负向溢出网络在整体的时间趋势上较为一致，水平也比较相似，且负向溢出网络下的溢出水平趋势相较于正向溢出网络下的溢出水平趋势具有一定的滞后性。如图11-8所示，当极端事件发生时，整体而言，正向风险溢出网络的波动方向与负向溢出网络的波动方向较为一致。因而，在风险事件的作用下，能源市场对碳市场的影响体现出较为一致的反应。

第三，就事件冲击而言，能源市场与碳市场构成的正向溢出网络与负向溢出网络受到不同类型事件的影响不同。总体来说，贸易事件会导致能源市场对碳市场的风险溢出上升，而地缘政治事件则导致能源市场对碳市场的风险溢出下降。结合第三部分中对能源市场和碳市场之间的价格关系的机制分析可知，贸易事件导致的能源市场对碳市场的风险溢出情况主要是：当部分企业生产受到限制时，对碳排放权的需求下降，进而导致对能源市场的需求下降，进一步的能源市场需求的降低会导致对碳排放权需求的降低。而在地缘政治事件影响下的能源市场对碳市场风险溢出下降的原因则是由于此时对能源的需求不仅受碳排放权价格影响，而且两者关联性下降，因此溢出水平降低。

进一步地，将网络模型下的能源市场对碳市场的影响进行频域分解，如图11-9所示，进而可得出以下结论：

第一，能源市场对于碳市场的影响以短期影响为主。这与碳市场对能源市场的影响不同。如图11-9所示，在正负波动溢出的网络中，短期影响水平均高于长期影响水

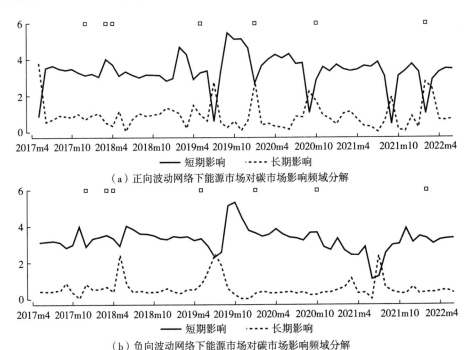

（a）正向波动网络下能源市场对碳市场影响频域分解

（b）负向波动网络下能源市场对碳市场影响频域分解

图11-9 能源市场对碳市场影响的频域分解

资料来源：笔者计算。

平，且差距较大。结合第三部分的分析可知，碳市场对于能源市场的溢出水平在长期和短期较为近似，但能源市场对碳市场的风险溢出则主要是短期影响。结合本章对机制的分析可以发现，碳市场对于能源市场的影响更多是基于生产方面的需求，而能源市场对于碳市场的影响主要受到情绪机制的影响。

第二，正向波动网络下，能源市场对于碳市场的长期和短期影响表现出此消彼长的特征，而在负向波动网络下，能源市场对于碳市场的长期和短期影响则表现出一定的滞后性。如图 11-9 所示，在正向波动溢出网络中，短期高频波动影响和长期低频波动影响的走势基本呈互补的趋势。在负向波动溢出网络中，事件影响的峰值在短期高频波动的影响中出现的通常早于长期低频波动的影响。

第三，结合具体的事件分析可知，能源市场对碳市场的影响在长期和短期有所不同。具体而言，地缘政治事件带来的影响通常为短期影响，而贸易事件和全球公共卫生事件则带来了长期的影响。在正向波动溢出网络中，地缘政治事件的发生增大了能源市场对碳市场的风险溢出水平，但在长期该影响并不持续。在负向波动溢出网络中，地缘政治事件的发生则降低了短期风险溢出水平，即地缘政治事件的发生，导致了能源价格和碳价格的同时上涨，这与第三部分的分析一致。贸易事件的发生则增大了负向溢出的网络关联性，即导致了能源价格和碳价格的同时下跌。

五、碳价格与能源价格关联研究：国际视角

本部分以国际主要碳市场和能源市场的波动风险关联作为研究对象，本部分的分析一方面能够从能源价格变动的角度来理解碳排放交易价格波动因素，从而有助于探讨并完善碳交易市场价格形成机制。另一方面以碳市场和能源市场波动风险关联作为研究对象，有助于理解重大冲击下风险从实体经济向金融市场传导的规律。

本部分基于广义动态因子模型（GDFM）可将碳排放权交易价格与能源价格波动分解为由共同风险敞口机制驱动的波动率共同成分（Common Component of Volatility）和由风险传染机制驱动的波动率特质性成分（Idiosyncratic Component of Volatility）。具体而言，本部分的研究步骤如下：首先，基于波动率共同成分探究共同风险敞口机制引发的碳价格与能源价格波动关联规律；其次，基于波动率特质性成分运用 Baruník 和 Křehlík（2018）提出的广义方差谱表示法探究风险传染机制引发的碳价格与能源价格波动关联。

（一）变量选取与数据说明

1. 变量选取

本部分选取国际主要碳市场与能源市场为样本，以分析碳价格与能源价格之间的波动关系。关于碳价格，本章希望尽可能囊括所有具有代表性的碳市场。根据 Refinitiv（2023）的研究，2022 年全球碳排放交易市场中，欧盟碳市场、北美碳市场、英国碳市场、中国碳市场、韩国碳市场和新西兰碳市场合计占全球碳排放权交易量的 99% 左右。由于英国碳市场成立较晚（2021 年成立）、韩国碳市场仅能获取月频数据，本章在综合考虑市场成立时间和交易活跃度的基础上选取欧洲（EU ETS）、新西兰（NZU）、中

国（CCETE）和北美（WCI 和 RGGI）碳排放权价格作为研究对象。碳价格数据来源于 Bloomberg 数据库中的 Rebalancing Aggregate Real Carbon Price。碳排放权的交易主体为生产过程中产生碳排放的企业，其中电力、原油、天然气与煤炭均为企业生产过程中所需的主要能源。因此，本章根据与碳排放市场之间的关联性，选取电力、原油、天然气与煤炭价格作为研究对象。电力价格数据选取 Bloomberg 数据库中的英国、法国和德国的 Power Baseload/Peakload/Off-Peak Forward Day Ahead 的平均价格。原油、天然气与煤炭价格选取 Wind 数据库中的 IPE 布油、IPE 英国天然气和 IPE 鹿特丹煤炭活跃合约的期货收盘价。各市场收益率的计算方式为：$r_t = \ln(P_t^i / P_{t-1}^i) \times 100$，其中 P_t^i 和 P_{t-1}^i 分别表示市场 i 在 t 时期的收盘价和在 $t-1$ 时期的收盘价，数据频率为日频。限于数据可得性，本部分样本区间为 2013 年 6 月至 2022 年 12 月。

2. 描述性统计

图 11-10 展示了四大碳排放交易市场的价格波动。新西兰和中国碳市场在 2013 年初建期存在较高波动。这说明碳价格波动与市场的成熟度有关。欧盟碳市场是欧盟应对气候变化政策的基石，正式启动于 2005 年 1 月。作为一项长期性政策工具，欧盟碳市场分阶段实施，目前已历经三个阶段（第一阶段：2005~2007 年，第二阶段：2008~2012 年，第三阶段：2013~2020 年），正处于第四阶段（2021~2030 年）之中。在市场

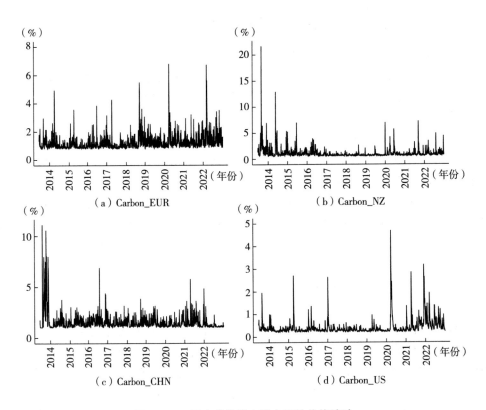

图 11-10　四大碳排放交易市场的价格波动

资料来源：笔者计算。

不断发展的过程中，欧盟碳市场也出现了一些风险事件，如配额盗窃、重复交易、以虚假或错误的碳市场信息误导投资等，欧盟的碳市场交易监管面临重重挑战。因此，欧盟不断地改进和完善碳市场交易监管体系，以更好地保障碳市场稳定有效运行。2013 年后，欧盟碳市场已经进入第三阶段，更加成熟的市场环境使得欧盟碳市场在样本期初未出现剧烈的价格波动，能够较好地反映碳排放权的真实供求关系。然而，包括欧盟碳市场在内的各碳市场均在发生地缘政治事件时期和 2020 年新冠疫情暴发时期具有不同程度的波动。这说明，地缘政治事件和 2020 年新冠疫情暴发对能源市场和碳市场的供求关系造成了冲击，使得能源市场的波动传导至碳市场。

　　图 11-11 展示了四大能源市场的价格波动。能源市场波动主要受到地缘政治事件和新冠疫情驱动。新冠疫情暴发期间停工停学、减少社交、社区隔离等措施会同时对基本面的供应端和需求端双方产生冲击。地缘政治冲突事件，如伊朗核危机以及俄乌冲突均涉及能源出口国。例如，俄罗斯是全球重要的油气生产国和出口国，同时也是欧洲天然气的主要供应来源。对俄罗斯的制裁，可能会限制俄罗斯对石油和天然气的出口，推升原油和天然气价格。欧洲对俄罗斯能源的高度依赖使得"能源武器"成为俄罗斯有力的反制裁手段。俄罗斯宣布，自 2022 年 4 月 1 日起，对俄"非友好国家"公司应当先在俄罗斯银行开设卢布账户，再经由此账户支付所购俄罗斯天然气。上述事件均可对能源供求关系产生巨大冲击。

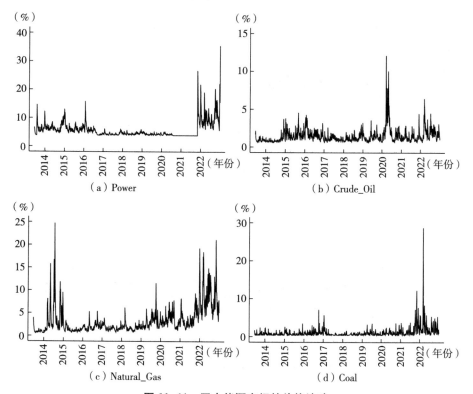

图 11-11　四大能源市场的价格波动

资料来源：笔者计算。

综上所述，能源价格和碳价格之间的联动关系，主要反映了经济基本面供求关系的变动。能源价格和碳价格之间的极端风险共振，往往由对经济基本面产生较大冲击的地缘政治冲突或公共卫生事件引发。在此基础上，本章进一步提取波动率共同成分，更深入探究各市场的波动规律。波动率共同成分反映了宏观经济因素对各市场产生的直接影响。当风险事件发生时，不同市场均暴露于事件冲击之下，各市场之间因此会发生风险联动。提取波动率共同成分，一方面可以体现共同风险敞口机制的作用，另一方面能够为后续分析市场之间的风险传染作用创造条件。

图 11-12 展现了碳市场和能源市场波动率共同成分的变动及其在波动率中的比重。由图 11-12 可以得出如下结论：碳市场和能源市场的波动率共同成分的变动与其所占的风险比重具有一致性。这说明碳价格和能源价格反映了类似的供求关系变化。从波动率共同成分水平值的角度来看，在 2018 年美伊危机、2020 年新冠疫情以及 2022 年俄乌冲突期间，碳市场和能源市场波动率共同成分水平值较高。从风险比重的角度来看，在 2014 年克里米亚危机、2018 年美伊危机、2020 年新冠疫情以及 2022 年俄乌冲突期间，波动率共同成分占市场总波动率的比重均比较高。这进一步说明，能源价格和碳价格之间的极端风险共振往往由对经济基本面产生较大冲击的地缘政治冲突或公共卫生事件引发。

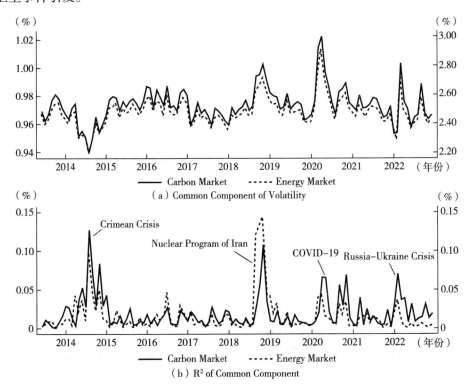

图 11-12 碳市场和能源市场波动率共同成分及其风险比重

注：碳市场波动率共同成分为欧洲、新西兰、中国和美国碳市场波动率共同成分均值，能源市场波动率共同成分为电力、原油、天然气和煤炭市场波动率共同成分均值。

资料来源：笔者计算。

地缘政治冲突和公共卫生事件是导致能源价格和碳价格共振的主要原因。地缘政治冲突会导致一些主要能源出口国的产量和出口受到影响，从而导致全球能源市场的供需关系发生变化，进而影响到能源价格和碳价格。例如，中东地区的战争或政治危机可能导致石油价格的急剧上涨，从而导致碳价格的波动。公共卫生事件也可能导致能源价格和碳价格共振。例如，2020年新冠疫情暴发导致全球能源需求下降，从而导致石油价格暴跌。这种价格波动也会影响碳市场价格的变化。综上可知，重大冲击事件对碳市场和能源市场的影响具有一致性。

（二）碳价格与能源价格波动关联：共同风险敞口机制

共同风险敞口机制，指的是碳市场和能源市场均暴露于相同的风险源，因面临共同的风险因素而发生风险联动。基于广义动态因子模型（GDFM）可将碳价格与能源价格波动分解为由共同风险敞口机制驱动的波动率共同成分（Common Component of Volatility）和由风险传染机制驱动的波动率特质性成分（Idiosyncratic Component of Volatility）。本部分基于各国的波动率共同成分探究共同风险敞口机制引发的碳价格与能源价格波动之间的关联规律，并进一步考察重大冲击对各国风险共同成分的影响规律。

1. 碳市场和能源市场波动率共同成分的变动趋势

图11-13展示了欧盟、新西兰、中国和美国四大碳市场的波动率共同成分。其中，欧盟、新西兰和美国碳市场的波动特征较为一致。2018年美伊危机、2020年新冠疫情以及2022年俄乌冲突期间，上述三个碳市场的波动率共同成分水平值较高。中国碳市场的波动率共同成分与其他碳市场差异较大。这反映出，在共同冲击发生之后，中国碳市场的供求关系变动与其他市场之间存在差异。

图11-14展示了电力、原油、天然气和煤炭四大能源市场的波动率共同成分。从中可以看出，四种能源波动率共同成分的变动趋势具有较高的一致性。这说明，全球各类能源的贸易关系较为类似。同时，各类能源市场对共同冲击的反应较为一致。上述结果也与现实情况相符，由于各类能源之间存在一定的互补替代关系，电力、原油、天然气和煤炭均容易受到地缘政治变动以及公共卫生事件引发的经济变动的影响。例如，中东、北非和俄罗斯等地的政治动荡、冲突和制裁都可能导致原油和天然气价格的波动；公共卫生事件可能导致全球能源需求下降，从而导致电力、原油、天然气和煤炭等能源资源的价格下跌。

2. 碳市场和能源市场波动率共同成分来源分析

本部分采用Jordà（2005）提出的局部投影模型（Local Projection）分析碳与能源市场波动率共同成分的来源，结果如图11-15所示。新冠疫情加剧后1~6个交易日内，其对碳与能源市场波动率共同成分产生显著的促进作用。地缘政治风险加剧后1~3个交易日内，其对碳与能源市场波动率共同成分产生显著的促进作用。上述结果说明，公共卫生事件和地缘政治冲击均通过共同风险敞口机制加剧碳与能源价格波动。

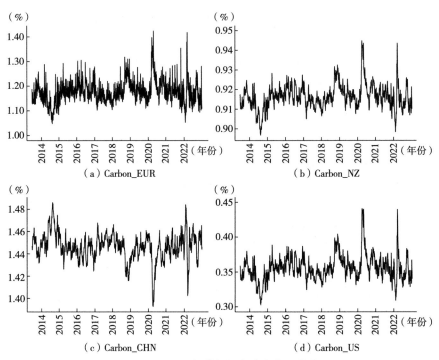

图 11-13　四大碳市场波动率共同成分

资料来源：笔者计算。

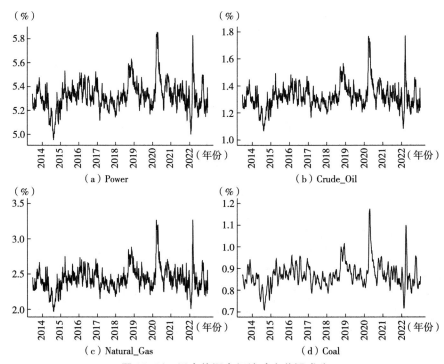

图 11-14　四大能源市场波动率共同成分

资料来源：笔者计算。

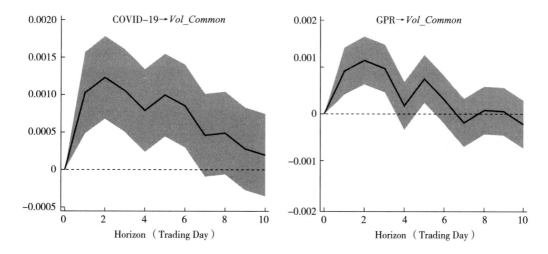

图 11-15　疫情冲击和地缘政治冲击对碳与能源价格波动的影响

注：阴影部分代表 90% 的置信区间。回归模型基于 Jordà（2005）提出的局部投影模型（Local Projection），其设定为 $\Delta_h y_{i,t+h} = \alpha_h + \beta_h shock_{i,t} + \psi_h(L)y_{i,t-1} + \theta_h(L)x_{i,t-1} + \mu_{i,h} + \varepsilon_{i,t+h}$（$h=0,1,2,\cdots,n$）。其中，$\Delta_h y_{i,t+h} = y_{t+h} - y_{t+h-1}$，$y_{i,t+h}$ 为碳与能源波动率共同成分，$shock_{i,t}$ 为疫情冲击或地缘政治冲击，$x_{i,t-1}$ 为控制变量，$\mu_{i,h}$ 为个体固定效应。

资料来源：笔者计算。

　　公共卫生事件和地缘政治冲击能够对碳与能源价格波动率产生直接影响，其原因主要有以下两个方面：①经济活动受到影响。公共卫生事件和地缘政治冲击都会对经济活动产生负面影响，导致经济活动减缓或停滞，从而导致能源和碳市场需求下降，价格波动率增加。②能源供应受到影响。地缘政治冲击往往会影响到能源供应，如石油、天然气等，导致供应缺口，从而推高能源价格。公共卫生事件也可能导致能源生产和供应链受到影响，导致供需失衡，进而导致能源价格波动率增加。结合本部分的分析结果可知，公共卫生事件对于共同成分的影响程度及其持续时间均高于地缘政治风险，由此可知，大规模经济活动受到影响导致的波动率变化水平更大。

　　（三）碳价格与能源价格波动关联：风险传染机制

　　本部分量化分析剔除共同风险敞口之后碳价格与能源价格通过风险传染机制产生的波动率关联机制。风险传染机制的含义是，不同市场的供求关系交互作用导致市场之间发生风险传染。基于广义动态因子模型（GDFM）可将碳价格与能源价格波动分解为由共同风险敞口机制驱动的波动率共同成分（Common Component of Volatility）和由风险传染机制驱动的波动率特质性成分（Idiosyncratic Component of Volatility）。本部分基于波动率特质性成分，运用 Baruník 和 Křehlík（2018）提出的广义方差谱表示法探究碳价格与能源价格波动关联，进一步探究特质性因素导致的风险传染。

　　模型的参数设定如下：首先，利用碳市场和能源市场的波动率特质性成分数据建立向量自回归（VAR）模型。通过平稳性检验之后，本章利用各个变量的平稳数据来建立 VAR 模型，模型的滞后阶数根据 Schwarz 信息准则设定为 2。其次，划分频率带研究风险传染的短期和长期效应。本章为将市场间的风险传染效应分解至不同持续期，需把区间［0，π］划分为若干条频域带。本章参照 Baruník 和 Křehlík（2018）的设置，设定［π/20，π］为高频率带，代表周期为 1 天至 20 个交易日（约 1 个月）的短周期波段溢出；设定［0，π/20）为低频率带，代表周期为 20 个交易日（约 1 个月）以上的长周期波段溢出。本章采用向前 125 个交易日（约半年）的滚动窗口以得到风险传染作用的动态时间序列。频域分解时理论上应将预测步长设置为无穷大，但在实际计算中只需设定足够大即可，本章采用向前 125 个交易日的预测步长，并采用弹性网络（Elastic-Net）方法解决高维 VAR 模型的估计难题。

1. 碳市场与能源市场波动风险的传染作用

图 11-16 展示了碳市场与能源市场之间的风险传染作用。由图 11-16 可得到如下结论：能源市场对碳市场的风险传染作用在 2020 年新冠疫情暴发时期较高，最高达到 30%附近。这代表碳市场约 30%的波动是由能源市场的风险传染作用引发的。能源市场风险是碳市场风险的主要影响因素之一，因为能源的生产和消费是二氧化碳排放的主要来源。2020 年新冠疫情对全球经济造成了巨大冲击，导致许多国家的经济增长放缓，

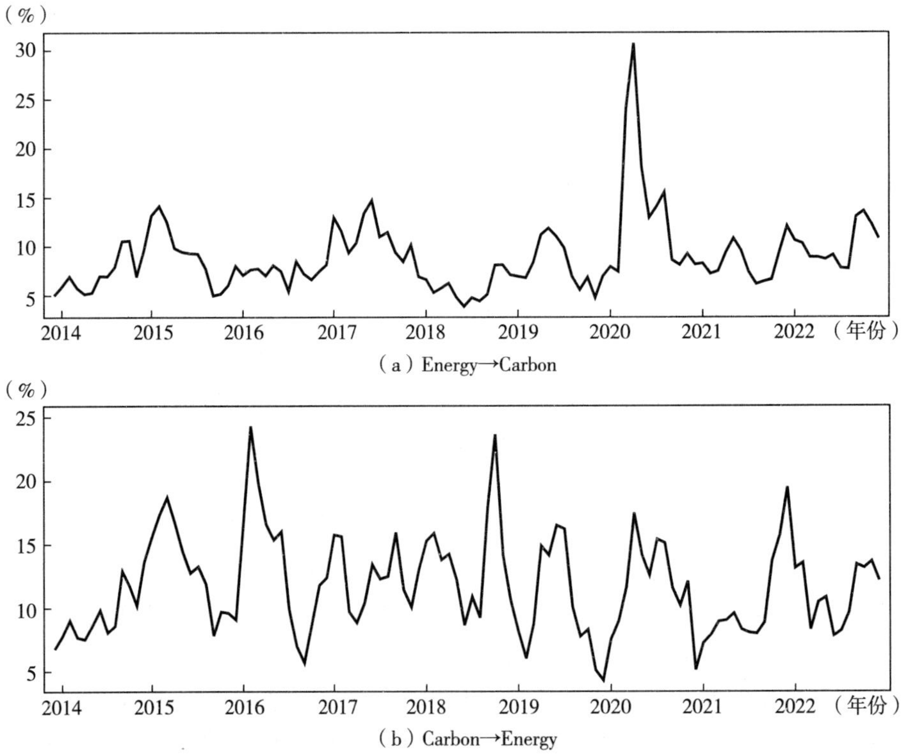

图 11-16 碳市场与能源市场之间的风险传染作用

注：碳市场对能源市场的风险传染作用为欧洲、新西兰、中国和美国四大碳市场对单个能源市场的风险溢出作用，能源市场对碳市场的风险传染作用为电力、原油、天然气和煤炭四大能源市场对单个碳市场的风险溢出作用。

资料来源：笔者计算。

能源需求下降。这导致了能源市场的波动，同时也影响了碳市场价格的波动。2020 年，一些地缘政治冲突和不稳定因素也影响了能源市场的波动，如美国和伊朗之间的紧张关系、沙特阿拉伯和俄罗斯之间的价格战等。这些因素也可能导致碳市场价格的波动。

总体来看，碳市场对能源市场的风险传染作用在 2020 年新冠疫情暴发时期和地缘政治事件（2014~2016 年克里米亚危机、2018 年美伊危机、2022 年俄乌冲突）发生时期较高，最高达到 25%附近。碳市场通过向碳排放量较高的企业征收碳排放成本，鼓励企业采取减排措施，从而减少二氧化碳排放。这些成本最终被转嫁到能源价格中，因此碳市场的价格波动也会影响能源市场的价格波动。碳市场的政策制定往往与能源政策有关，如政府对可再生能源和清洁能源的支持力度，以及对传统能源的限制等。碳市场政策的变化也会对能源市场产生影响，从而引起价格波动。地缘政治冲突往往会加快能源替代进程。在俄乌冲突持续之际，受能源价格剧烈波动和供应危机的影响欧洲出台了《欧洲廉价、安全、可持续能源联合行动》（*REPowerEU：Joint European Action for More Affordable，Secure and Sustainable Energy*），试图摆脱俄罗斯能源。2022 年 3 月 8 日，欧盟委员会发布能源独立路线图，力求从天然气开始，在 2030 年前摆脱对俄罗斯的能源进口依赖。这均表明，地缘政治冲突对能源市场的供求具有较大影响。

图 11-17 展示了碳市场与能源市场之间的短期和长期风险传染作用。结合图 11-17 可

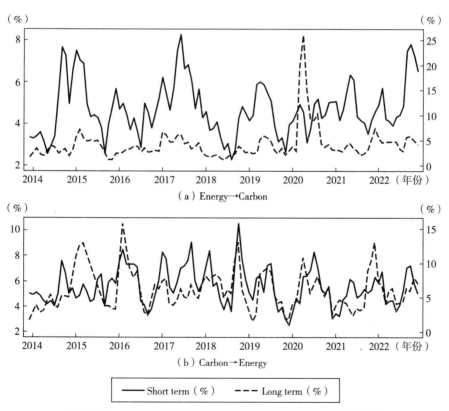

图 11-17　碳市场与能源市场之间的短期和长期风险传染作用

资料来源：笔者计算。

得如下结论：能源市场在地缘政治事件（2014~2016 年克里米亚危机、2018 年美伊危机、2022 年俄乌冲突）发生时期对碳市场具有较强的短期风险传染作用。在 2020 年暴发的新冠疫情对于能源市场对碳市场的风险传染作用具有长期效应。能源市场在地缘政治事件发生时期对碳市场具有较强的短期风险传染作用，这是因为地缘政治事件往往会导致能源市场的不确定性上升，从而影响到碳市场。例如，2014 年至 2016 年克里米亚危机期间，俄罗斯的天然气供应被中断，导致欧洲能源市场的价格上涨，这也影响到了碳市场的波动。

碳市场在 2020 年新冠疫情暴发时期和地缘政治事件（2014~2016 年克里米亚危机、2018 年美伊危机、2022 年俄乌冲突）发生时期对能源市场产生了较高的短期和长期风险传染作用。这是因为，碳市场的价格和运作方式与能源市场之间密切相关，两者之间存在着互动的关系。在新冠疫情暴发时期，碳市场的价格受到全球经济放缓和能源需求下降的影响，进一步将风险传导至能源市场，并导致能源市场价格下跌和供需关系的变化。同时，新冠疫情也加速了可再生能源的开发和应用，这也对传统能源市场产生了影响。这些因素都对能源市场产生了短期和长期的风险传染作用。在地缘政治事件发生时期，碳市场的价格也受到影响，从而导致能源市场的波动和不确定性。

2. 能源市场对四大碳市场的风险传染作用

图 11-18 展示了能源市场对四大碳市场的风险传染作用。从中可以得出如下结论：第一，能源市场对欧盟碳市场的风险传染作用在地缘政治事件（2014~2016 年克里米

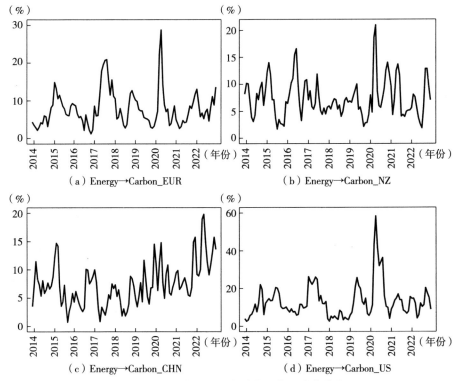

（a）Energy→Carbon_EUR

（b）Energy→Carbon_NZ

（c）Energy→Carbon_CHN

（d）Energy→Carbon_US

图 11-18　能源市场对四大碳市场的风险传染作用

资料来源：笔者计算。

亚危机、2018 年美伊危机、2022 年俄乌冲突）和 2020 年新冠疫情暴发时期较高，最高达到 30%。第二，能源市场对新西兰碳市场的风险传染作用在地缘政治事件（2014~2016 年克里米亚危机、2022 年俄乌冲突）和 2020 年新冠疫情暴发时期较高，最高达到 20%。第三，能源市场对中国碳市场的风险传染作用自 2018 年后呈现上升趋势，这可能与 2018 年后中国碳市场制度不断完善相关。2017 年 12 月，经国务院同意，国家发展改革委印发了《全国碳排放权交易市场建设方案（发电行业）》，这标志着中国碳排放交易体系完成了总体设计，并正式启动。2021 年 7 月 16 日，全国碳市场启动上线交易。我国碳市场将成为全球覆盖温室气体排放量规模最大的市场。第四，能源市场对美国碳市场的风险传染作用在 2020 年新冠疫情暴发时期较高，最高达到 60%。

图 11-19 展示了能源市场对四大碳市场的短期和长期风险传染作用。从中可以得出如下结论：第一，能源市场对欧盟碳市场的短期风险传染作用在地缘政治事件（2014~2016 年克里米亚危机、2018 年美伊危机、2022 年俄乌冲突）和 2020 年新冠疫情暴发时期较高。能源市场对欧盟碳市场的长期风险传染作用在 2020 年新冠疫情暴发时期较高。第二，能源市场对新西兰碳市场的短期和长期风险传染作用在地缘政治事件（2014~2016 年克里米亚危机、2022 年俄乌冲突）和 2020 年新冠疫情暴发时期较高。第三，能源市场对中国碳市场的风险传染作用自 2018 年后呈现上升趋势，这可能

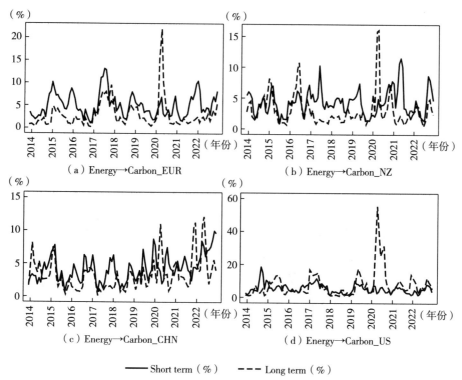

图 11-19 四大碳市场对能源市场的短期和长期风险传染作用

资料来源：笔者计算。

与 2018 年后中国碳市场制度不断完善相关。能源市场对中国碳市场的长期风险传染作用在 2022 年俄乌冲突和 2020 年新冠疫情暴发时期较高。第四，能源市场在 2020 年新冠疫情暴发时期对美国碳市场具有较高的长期风险传染作用。综合以上分析可知，能源市场对于碳市场的风险传染在市场间传染中占主导地位。

3. 碳市场对四大能源市场的风险传染作用

图 11-20 展示了碳市场对四大能源市场的风险传染作用。从中可以得出如下结论：第一，碳市场对电力市场的风险传染作用在 2018 年底较高，最高达到 40% 左右。欧盟于 2018 年正式通过实施市场稳定储备机制（Market Stability Reserve）。电力价格的波动主要是因为欧盟的碳排放定价机制发生了变化，导致了碳排放成本的增加。第二，碳市场对原油市场的风险传染作用在地缘政治事件（2014～2016 年克里米亚危机、2018 年美伊危机、2022 年俄乌冲突）和 2020 年新冠疫情暴发时期较高，最高达到 40% 左右。第三，碳市场对天然气市场的风险传染作用呈现出周期性波动，第四季度和第一季度碳市场对天然气市场的风险传染作用较高。第四，碳市场对煤炭市场的风险传染作用在地缘政治事件（2014～2016 年克里米亚危机、2018 年美伊危机、2022 年俄乌冲突）和 2020 年新冠疫情暴发时期较高，最高达到 25% 左右。综上所述，碳市场对于能源市场的风险传染受政策事件的影响较大。

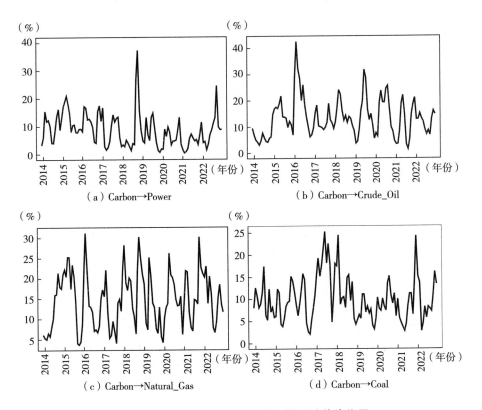

图 11-20 碳市场对四大能源市场的风险传染作用

资料来源：笔者计算。

图 11-21 展示了碳市场对四大能源市场的短期和长期风险传染作用。从中可以得出如下结论：第一，碳市场对电力市场的短期和长期风险传染作用在 2018 年实施市场稳定储备机制、地缘政治事件（2014~2016 年克里米亚危机、2018 年美伊危机、2022 年俄乌冲突）和 2020 年新冠疫情暴发时期较高。第二，碳市场对原油市场的短期和长期风险传染作用在地缘政治事件（2014~2016 年克里米亚危机、2018 年美伊危机、2022 年俄乌冲突）和 2020 年新冠疫情暴发时期较高。第三，碳市场对天然气市场的短期和长期风险传染作用呈现出周期性波动，第四季度和第一季度碳市场对天然气市场的风险传染作用较高。第四，碳市场对煤炭市场的短期和长期风险传染作用在地缘政治事件（2014~2016 年克里米亚危机、2018 年美伊危机、2022 年俄乌冲突）和 2020 年新冠疫情暴发时期较高。

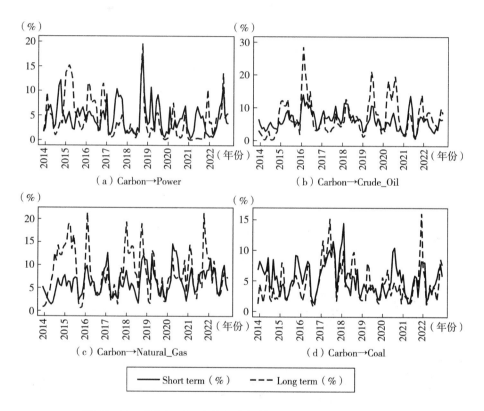

图 11-21 碳市场对四大能源市场的短期和长期风险传染作用

资料来源：笔者计算。

4. 碳市场与能源市场波动率关联网络：风险传染机制

本部分运用静态溢出的方法来构建碳市场与能源市的场波动率关联网络。具体而言，本章以该市场接受来自其他市场的风险溢出大小来刻画节点的大小，以市场的类别（碳市场、能源市场）来刻画节点的颜色。连接节点的有向线段代表有向的溢出路径，有向箭头的大小，代表溢出强度。

图 11-22 显示了全样本碳市场与能源市场的波动率关联网络。其中，美国碳市场对煤炭市场具有较强的风险传染作用。频域分解之后可以发现，美国碳市场对煤炭市场在短期和长期都具有较强的风险传染作用。美国碳市场对煤炭市场具有较强的风险传染作用的原因可能是多方面的。首先，美国是全球最大的煤炭生产国之一，而碳市场则是全球碳排放权的交易平台。碳市场的供需关系和价格波动会直接影响到煤炭市场的生产、销售和价格。其次，美国碳市场的政策和法规对煤炭行业的发展和运营也会产生重要的影响。例如，美国碳排放交易体系（Regional Greenhouse Gas Initiative）实施后，煤炭行业的碳排放减少了约 40%。再者，煤炭和碳排放被认为是环保和可持续发展的重要问题，政策制定者和投资者会将两者的风险传染作用纳入考虑范围，进一步增强了碳市场对煤炭市场的风险传染作用。

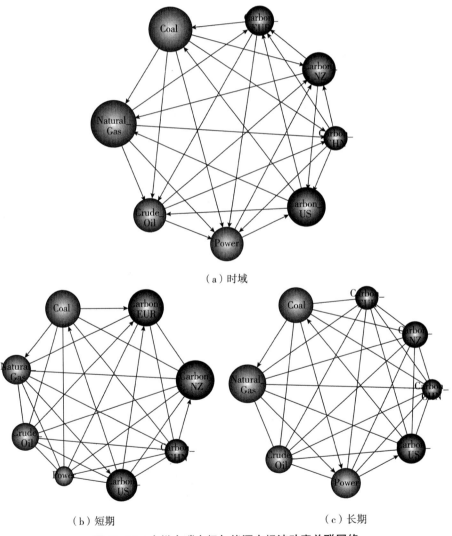

（a）时域

（b）短期　　　　　　　　　　　　　（c）长期

图 11-22　全样本碳市场与能源市场波动率关联网络

资料来源：笔者计算。

图 11-23 展示了 2020 年新冠疫情暴发期间碳市场与能源市场波动率关联网络。其中，2020 年新冠疫情暴发期间原油对美国碳市场具有较强的风险传染作用。频域分解后可以发现，原油市场和美国碳市场具有较强的短期和长期双向风险传染作用。新冠疫情暴发期间原油对美国碳市场具有较强的风险传染作用的原因可能是因为，2020 年新冠疫情暴发导致全球经济活动和能源需求大幅下降，同时油价暴跌，原油市场和碳市场的价格波动和供需关系变化对彼此产生了短期和长期的风险传染作用。此外，美国碳市场的政策和法规对石油行业的发展和运营也会产生重要的影响，原油市场的价格波动和供需关系变化也可能对碳市场产生反向的风险传染作用。

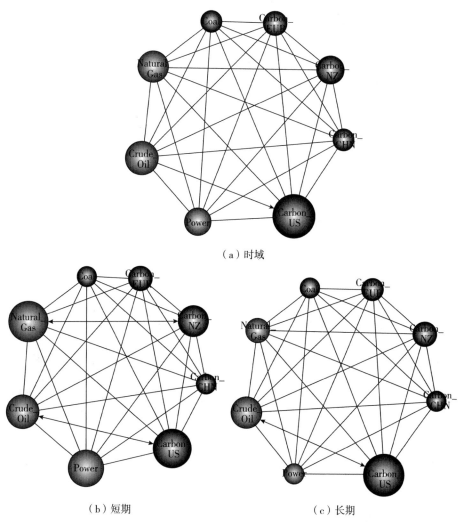

图 11-23　2020 年新冠疫情期间碳市场与能源市场波动率关联网络

资料来源：笔者计算。

　　原油市场和美国碳市场具有较强的短期和长期双向风险传染作用，可能是由于两者之间存在着相互影响和互动的关系。原油市场是能源市场的重要组成部分，与碳市场具有较强的关联性。此外，两者之间的政策和法规也会相互影响，从而进一步增强了双向风险传染的可能性。在频域分解的结果中，短期和长期的波动都表明了原油市场和美国碳市场之间的双向风险传染作用。

图 11-24 展示了 2022 年俄乌冲突期间碳市场与能源市场波动率关联网络。频域分解后可以发现，2022 年俄乌冲突期间原油市场和美国碳市场具有较强的短期双向风险传染作用，新西兰碳市场对天然气市场具有较强的短期风险传染作用。2022 年电力市场和天然气市场在俄乌冲突期间具有较强的长期风险溢出作用。综合以上分析可知，在重大事件的影响之下，各市场间的风险溢出显著增强，且在重大冲击事件的影响下，能源市场和碳市场的双向溢出会有所加强。

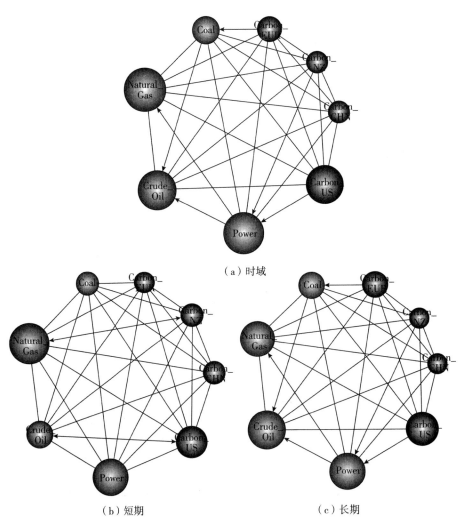

（a）时域

（b）短期　　　　　　　　　　　（c）长期

图 11-24　2022 年俄乌冲突期间碳市场与能源市场波动率关联网络

资料来源：笔者计算。

（四）国际能源市场与中国碳市场溢出网络

本部分将国际能源市场区别为国际能源期货市场和国际能源现货市场，综合两个市场对中国能源市场的溢出分析进行研究。具体地，将国际能源市场进一步细分为国际能源现货市场及国际能源期货市场，并探究不同类型市场对于中国能源市场影响的差异性，并挖掘其中的理论机制，形成风险传染的完整链条，为防范化解能源市场风险提供政策建议。

如图11-25所示，在将波动分为正向波动和负向波动并构建动态溢出网络的基础之上，本章对溢出的动态结果进行分析。如图11-25所示，正向波动溢出网络的总影响与负向波动溢出网络的总影响在时间演进上有所差异。

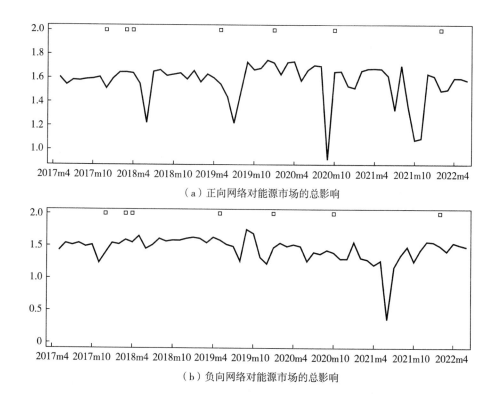

（a）正向网络对能源市场的总影响

（b）负向网络对能源市场的总影响

图11-25 波动网络下的中国能源市场风险总接收

资料来源：笔者计算。

第一，全球能源市场及碳市场对于中国能源市场的影响在正向波动方向和负向波动方向上具有较大的差异。如图11-25所示，在正向溢出波动上的关联性在水平上整体高于负向波动溢出，即中国市场受到国际能源上涨的影响要高于受到国际市场价格下降的影响，而这与我国的产业结果有关，我国工业占比较大。

第二，在冲击事件影响下，正向波动网络对能源市场的影响与负向波动网络对能源市场的影响在变化趋势上有较大的差异。整体而言，正向的波动关联性溢出更容易受到极端事件的影响，且受到影响后的变化会更加极端。具体而言，在冲击事件发生后，正向波动网络出现较为明显的下降趋势，负向波动溢出网络在部分事件下关联性上升。由此可知，在冲击发生时，实际上更容易表现出"同跌"而非"同涨"，即负向收益网络关联性增强，而正向收益网络关联性降低。

第三，在冲击事件的影响下，时间维度上，正向波动网络带来的影响与负向波动网络带来的影响有着较为明显不同的特质。在某些事件的影响下，负向波动网络关联性呈现上升的趋势，其余事件则呈现下降趋势。结合波动分解的特性可知，在正向波动的关联性可以理解为同涨，而负向波动的关联性则可以理解为同跌。在重大冲击发生后，各国反应差别较大。因此，同涨的关联性有所降低。而重大冲击的发生可能只是能源价格下降幅度较大，因此同跌的关联性可能有所上升。但是在部分事件的情况下，正向波动溢出网络关联性与负向波动溢出网络关联性均出现了下跌趋势。这说明，在这类冲击之下，全球能源的总体关联性下降。

进一步地，国际能源现货市场价格和期货市场价格对于中国能源市场价格的影响可能存在差异。国际能源现货市场对于中国能源市场价格的影响如图11-26所示，正负向波动溢出网络之下，国际能源现货市场对于中国能源价格总影响的趋势波动较大。

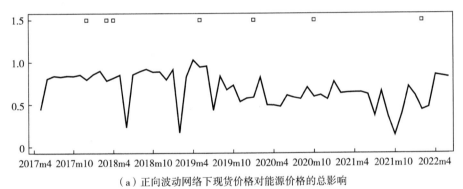

（a）正向波动网络下现货价格对能源价格的总影响

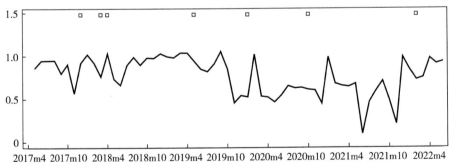

（b）负向波动网络下现货价格对能源价格的总影响

图11-26　现货市场对中国能源市场的影响

资料来源：笔者计算。

第一，就整体趋势而言，正向波动网络下的现货市场对于中国能源价格影响的波动性相较于负向波动网络下能源现货市场对于中国能源价格影响的波动性更大。

第二，就极端事件影响而言，二者之间表现出较大差异。但是，在大多数冲击之下，两者的表现比较一致，主要是幅度上的不同。结合本章的具体分析可知，当地缘政治事件发生时，负向波动网络下现货市场与中国能源市场的关联性倾向于上升，而正向波动溢出网络关联性则趋向于下降。当贸易事件发生时，正向关联网络和负向关联网络都倾向于上升，但正向关联网络上升的水平更大。当公共卫生事件发生时，两者都趋向于上升，但负向关联网络上升的幅度更大。

在现货市场之后，本章继续考察国际能源期货市场对于中国能源市场价格的影响。如图 11-27 所示，正负向波动溢出网络之下，国际能源期货市场对于中国能源价格总影响的差异更大。

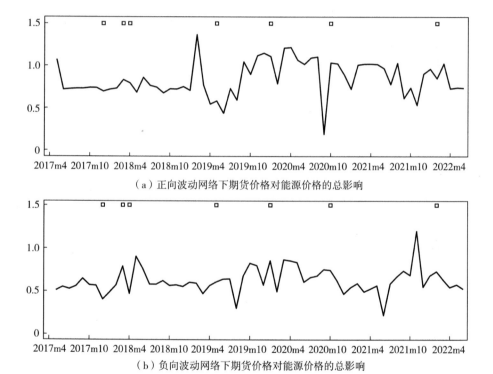

（a）正向波动网络下期货价格对能源价格的总影响

（b）负向波动网络下期货价格对能源价格的总影响

图 11-27　期货市场对中国能源市场的影响

资料来源：笔者计算。

第一，就整体趋势而言，正向波动网络下的期货市场对于中国能源价格影响的波动性相较于负向波动网络下能源期货市场对于中国能源价格影响的波动性更大，且其差异相较于现货市场更加明显。而且，纵向对比，正向波动溢出网络下的国际能源期货市场对于中国能源价格的风险溢出水平也高于能源现货价格对中国能源市场的影响。

因而，对于中国能源市场而言，国际能源期货市场是其主要的风险来源。

第二，就极端事件影响而言，正向波动溢出网络与负向波动溢出网络表现的情况比较类似。具体而言，在地缘政治事件的影响下，在正负向波动溢出网络中，国际市场期货对于中国能源市场的风险溢出均出现较大的增长。在贸易事件和公共卫生事件的影响下，正负向波动溢出网络中国际期货市场对于中国能源市场的风险溢出则出现明显的下跌。

结合国际能源现货市场和国际能源期货市场对中国能源市场的影响可知，两者表现出不同的特征。就影响水平而言，国际能源期货市场正向波动溢出在能源市场溢出网络中水平最高，其次是国际能源现货市场，最后是国际能源期货市场的负向波动溢出网络溢出水平。由此可见，中国能源市场主要与国际能源期货市场表现出"同涨"的趋势，与国际能源现货市场表现出"同跌"的趋势。中国能源市场价格的上涨主要由国际能源期货市场驱动，而下跌则主要由国际能源现货市场驱动。

就极端事件的影响而言，期货市场和现货市场表现出的性质特征也有所不同。具体而言，国际能源期货市场对于中国能源市场的溢出水平在极端事件呈现的趋势比较一致，即呈现出整体关联性的降低或上升，具体表现为正向波动溢出网络的溢出和负向波动溢出网络的溢出同时增高或降低。对于现货市场而言则更多地体现为"同涨"或"同跌"。具体表现为正向波动溢出网络关联性和负向波动溢出网络关联性的变化方向不同。具体事件造成的影响也有所不同，例如，贸易事件的影响之下，现货市场与中国能源市场的关联性上升，但期货市场与中国能源市场的关联性下降。在地缘政治事件的影响下，两类市场的负向关联性风险都上升。在公共卫生事件的影响下，国际能源期货市场对中国能源市场的风险溢出下降，能源现货市场对中国能源市场的风险溢出上升。

这说明，国际期货市场和国际现货市场对于中国能源市场的溢出机制有所不同，综合已有文献分析可知，现货市场的价格主要由市场情绪因素及当期的供求所决定，而期货市场则包含预期因素，具有价格发现的功能。因此，"预期"对于期货市场与中国能源市场间的关系影响是不容忽视的。以贸易事件为例，贸易事件的发生意味着进出口受到限制，就短期而言，更多是"情绪机制"发挥作用，但长期而言则是"预期机制"占主导。因而国际能源现货市场与期货市场表现出较大差异。而公共卫生事件则属于全球性质的需求冲击事件，因此供需机制起到主导作用，因此两类市场表现出的特征有所不同。

在此基础上，本部分继续对已获得的总影响结果进行频域分解，并基于此分析各网络关联性之间的长短期影响。

本部分首先对于国外能源市场对我国能源市场的影响进行分解。如图 11-28 所示，结合短期波动影响和长期波动影响的定义可知，高频波动带来短期影响，而低频波动带来长期影响。根据图 11-28 可得如下分析结果。

首先，正向波动溢出网络和负向波动溢出网络均表现出长短期影响水平和趋势不同的特点。具体而言，短期波动更多地驱动了波动的水平，而长期波动则主导了波动的趋势。对于正向波动溢出网络而言,国际能源市场对于中国能源市场的影响主要由短期影响驱动。如图 11-28 所示,长期影响和短期影响在图中表现为此消彼长的特征,但总体来说,长期波动的趋势与第一部分的总体趋势一致,且在部分极端事件的影响下,长期影响水平的峰值超过了短期波动水平,即极端事件的影响之下,低频波动的变化趋势明显增大。对于负向波动溢出网络而言,短期影响是驱动总影响的主要因素,即高频的波动变化趋势更加显著且趋势更加明显。由此可知,国际能源市场对于国内能源市场的影响总体而言是短期影响。

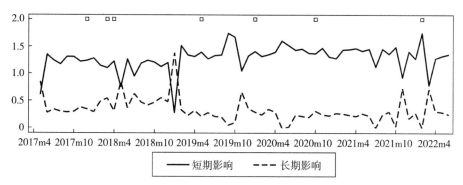

(a)正向网络下国外能源市场对我国能源市场的溢出分解

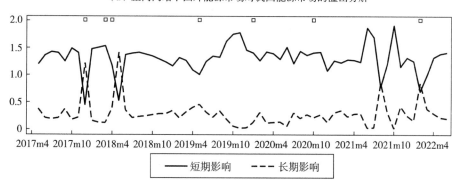

(b)负向网络下国外能源市场对我国能源市场的溢出分解

图 11-28 国际能源市场对我国能源市场的风险溢出

资料来源:笔者计算。

其次,在具体事件的影响下,除正负向网络表现出不同特征外,长短期波动溢出也分别表现出不同的特点。结合本章选取的三类事件分别进行分析可知正负向波动溢出网络均更易受到地缘政治事件的影响,在地缘政治事件发生时,正负向网络短期影响都出现了较大的下降。这表明,地缘政治事件在短期内降低了国际能源市场与我国能源市场之间的关联性。其中,负向网络事件的短期影响下降的幅度更大。但与此同时,长期低频波动风险溢出出现了大幅上升,即在长期,地缘政治事件增大了国际能源市场对中国能源市场的风险溢出水平。这主要与地缘政治事件往往指向能源的长期需求增长有关。相比于地缘政治事件，贸易事件和公共卫生事件对国际能源市场与中国能源市场间的风险溢出影响较小，且公共卫生事件的影响相比贸易事件更大。

本章第二层网络为国际能源市场对于国内能源市场的影响分析。与第一部分类似，本部分可分为国际能源现货市场与国际能源期货市场对中国能源市场的影响。如图11-29所示为国际能源现货市场与中国能源市场网络分解，结合图11-29可得以下结论。

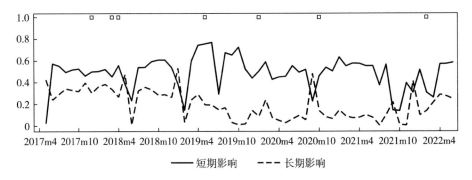

（a）正向网络下的现货影响频域分解

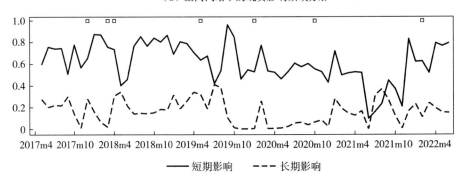

（b）负向网络下的现货影响频域分解

图 11-29　国际能源现货市场对中国能源市场频域分解

资料来源：笔者计算。

第一，对于国际能源现货市场与中国能源市场的正向波动溢出网络而言，主要是长期影响驱动了总溢出风险的走势，短期影响驱动了总溢出风险的水平。如图 11-29 所示，对于正向波动溢出网络而言，短期风险溢出水平明显高于长期风险溢出水平。但从趋势而言，长期风险溢出走势与总体风险溢出走势更为一致。对于国际能源现货市场与中国能源市场的负向波动溢出网络而言，主要是短期影响驱动了总溢出风险的走势和水平。

第二，在事件冲击之下，正向波动溢出网络分解和负向波动溢出网络分解表现出较大差异。如图 11-29 所示，在正向波动溢出网络分解中，除公共卫生事件外，整体而言事件对短期高频风险溢出和长期低频风险溢出的影响水平较为一致。公共卫生事件导致短期风险溢出水平下降，长期风险溢出水平上升，由此可见，全球公共卫生事件会造成长期影响。在负向波动溢出网络分解中，贸易事件和地缘政治事件则造成了负向波动溢出网络在短期风险溢出水平下降，但是长期风险溢出水平上升。结合国际能源现货市场和中国能源市场的总体走势及影响机制可知。在短期，国际能源现货市场和中国能源市场在冲击的作用下关联性会有所下降，而在长期则倾向于增大两者之间的关联性。

接下来，进一步考察国际期货市场对于国内能源市场的影响，结合图 11-30 可得以下结论。

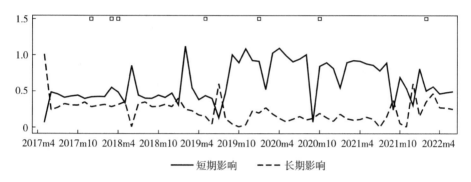

（a）正向网络下的期货价格影响频域分解

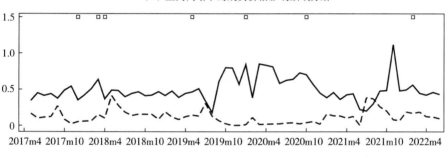

（b）负向网络下的期货价格影响频域分解

图 11-30　国际能源期货市场对中国能源市场影响频域分解

资料来源：笔者计算。

第一，国际能源期货市场与中国能源市场的正向波动网络而言，其水平和趋势由长短期共同作用。结合国际期货市场与中国能源市场波动的整体水平可知，部分事件虽对整体的波动网络产生了影响（如贸易事件），但整体影响并不大。根据本部分对波动网络的频域分解结果可知，影响水平有限的原因主要在于其事件作用的短期影响和长期影响不同。以 2018 年 4 月北约轰炸叙利亚事件为例，该事件对正向波动网络整体影响并不大。但在对整体影响进行频域分解之后可见，该事件在短期之内造成了正向波动溢出网络溢出的大幅上升，但在长期则造成了其大幅下降，也即该事件在短期增大了国际能源期货市场与中国能源市场间的正向关联性，而在长期则削弱了这种联系。因此结合而言，该事件事实上仅对整体的正向波动溢出网络关联性起到了较低的影响。

第二，国际能源期货市场与中国能源市场的短期影响表现出的规律较为复杂，但主要仍由短期的高频波动水平驱动。以 2018 年 4 月北约轰炸叙利亚事件为例，如图 11-30 所示，负向波动溢出网络的短期溢出水平在事件发生后立即上升，而长期溢出水平在事件发生后则立即下降。2019 年 5 月，美国政府将不再给予部分国家和地区进口伊朗石油的制裁豁免以全面禁止伊朗石油出口事件造成负向关联网络短期溢出的下降和长期溢出的上升。

第三，在各类事件冲击之下，正向溢出网络的短期影响呈现出的趋势并不相同，总体而言，其影响水平高于长期影响。由此可知，事件驱动下的期货市场对于能源市场价格上涨的影响主要是短期影响，但仍具有较强的持续性。在负向波动溢出网络之中，整体而言短期高频影响水平仍高于长期低频影响水平，但是从走势而言，短期影响虽占主导地位，但部分事件下，事件的长期影响仍产生了较高的峰值。例如，2018 年叙利亚轰炸事件其长期影响呈现上涨趋势，而短期关联性则以下降为主，二者同时作用下，负向波动溢出网络关联性在这一事件的影响下虽有所上升，但整体变化不大。总体而言，国际能源期货市场对于中国能源市场的影响虽以短期影响为主，但长期影响在国际能源期货市场与中国能源市场的期货网络中所占比重高于现货市场。

总结国际能源期货市场、国际能源现货市场与中国能源市场间有向溢出网络及其频域分解结果，可得到如下结论：

第一，综合而言，国际能源期货市场对中国能源市场的影响高于国际能源现货市场。这种影响不仅包含了影响水平因素，也包含在冲击之下，国际能源期货市场和国际能源现货市场与中国能源市场构建的风险溢出网络的变化。国际能源期货市场则包含预期因素，具有价格发现的功能，因此，当国际能源期货价格发生变化时，国内生产企业会预期中国能源市场价格上升，进一步造成需求的增大或降低。因此，"预期"对于国际能源市场与中国能源市场间的关系影响是不容忽视的，正确引导预期对于防范能源市场风险是非常重要的。

第二，从频域分解的视角出发，国际能源现货市场的短期影响水平更高。以贸易事件为例，贸易事件的发生意味着进出口受到限制，就短期而言，更多是"情绪机制"发挥作用，但长期而言则是"预期机制"占主导，因而国际能源现货市场与期货市场表现出较大差异。而公共卫生事件则属于全球性的需求冲击事件，在这类冲击事件下供需机制起到主导作用，因此两类市场表现出的特征有所不同。

六、主要结论与政策建议

本章运用国际能源主要市场数据、中国能源主要市场数据及碳市场数据计算市场的正、负向波动率，并以此为基础，构建动态风险溢出网络。在此基础上，本章进一步对风险溢出网络模型在频域上进行分解并得到长期影响及短期影响，并对潜在的机制进行分析。结合极端风险事件对网络的影响，本章可得以下结论：

第一，碳排放交易权市场和能源市场间的风险传染受到共同风险敞口机制影响，在共同敞口机制的影响之下，碳排放交易权市场和能源市场间的风险传染受到地缘政治冲突、公共卫生事件及贸易等事件影响。与此同时，两个市场也具有其各自的风险特征，从而在不同阶段，市场间风险传染表现出不同的性质。

第二，从本章构建网络的方式而言，正向波动风险溢出网络和负向波动风险溢出网络在风险演进、极端事件下的风险变化及长短期风险溢出性质上均有所不同。这一方面说明将市场波动率分为正向波动与负向波动对于风险溢出的分析具有重要的意义，另一方面说明各市场的正向波动和负向波动受到的影响机制不同。

第三，国际能源市场是我国能源市场的重要风险来源。在构建网络的过程中，本章着重分析国际能源市场对中国能源市场风险的影响，结合本章分析可知，相较于网络模型中的碳市场对中国能源市场的风险溢出，国际能源市场对中国能源市场的溢出水平和波动性均呈现较高水平。在将国际能源市场具体分为能源期货市场及现货市场后，本章发现，国际能源期货市场对于中国能源市场的影响以长期影响为主，而国际能源现货市场对于中国能源市场的影响则以短期影响为主。

第四，地缘政治事件、贸易事件及全球公共卫生事件均会造成国际能源市场对中国能源的风险溢出发生变化，但三者影响有差异。具体而言，相比之下，地缘政治事件造成的影响水平较大，全球公共卫生事件次之，贸易事件造成的影响最小。从影响持续时间而言，地缘政治事件影响主要为短期影响，贸易事件影响也以短期影响为主，全球公共卫生事件影响持续时间则较长。

第五，中国能源市场对碳市场的风险传染远高于碳市场对中国能源市场风险的传染，这主要是因为中国能源市场的风险来源具有多样性，能源市场是碳排放权的主要风险来源。结合这一实证结果，本章梳理了碳排放权市场与能源市场间风险传染的两类机制。分别是由能源需求增大驱动的二者风险关联上升和由于碳价格上升驱动的二者风险关联下降。

第六，碳价格和能源价格的关联机制在于，在能源供给端驱动能源价格变动时，能源价格与碳价格呈现负相关的特征。在能源需求增多驱动能源价格上升的情况下，能源的均衡数量上升。因此，碳排放权的需求上升引发碳排放权的需求曲线向右移动，在供给曲线不变的情况下，碳市场的均衡价格上升。因此，在能源需求端驱动能源价格变动时，能源价格与碳价格呈现正相关的特征。

结合以上结论，本章提出以下政策建议：

第一，碳市场和能源市场间价格波动具有较强的关联性。目前我国碳市场尚在发展之中，因此稳定能源市场波动，改善碳市场发展环境十分重要。结合本章的分析可知，能源市场风险对碳市场风险溢出水平整体而言处于较高水平。特别是在极端风险事件之下，传染机制更加复杂。因此，在我国碳市场发展初期，作为重要的风险来源，合理控制能源市场风险，是促进碳市场健康发展的重要举措。

第二，构建能源市场风险预警指标，及时隔离能源市场风险传染。结合本章分析可知，国际能源市场对我国市场有较大的风险溢出。且在极端风险事件下，国际能源市场对我国风险的溢出变化具有较强的不确定性。在供需机制的主导下，由于预期机制的作用导致国际能源市场的期货市场和现货市场对我国能源市场的溢出风险有所区别。因此，应全面考虑能源市场的影响因素，构建纳入国内国际综合风险来源的风险预警指标。结合本章提取的共同风险成分，并在其中纳入预期效应、投资者情绪机制导致的市场反应、国际国内宏观经济环境等因素，并合理设置阈值，及早发现中国能源市场风险变化，及时针对不同类型的冲击事件有意识地进行风险隔离，以降低我国能源市场发生大范围风险的可能。

第三，应及时识别供给冲击及需求冲击，综合运用预期引导、风险隔离等政策稳定能源市场和碳市场，以防风险传染至实体经济层面。结合本章分析可知，国际能源期货市场和国际能源现货市场对中国能源市场的风险溢出机制不同，碳排放交易市场与能源市场关系紧密，极易受到能源市场的风险溢出影响。能源市场、碳排放交易市场不仅受到需求的影响，也受到预期因素和投机因素的影响。在极端事件导致的预期和投机需求发生变化时，市场风险均出现较大的变化。因此，对预期的合理引导和对投机的有效限制对于维持能源市场和碳市场的稳定具有重要的价值。

参考文献

［1］Aatola P，Ollikainen M，Toppinen A. Price determination in the EU ETS market：Theory and econometric analysis with market fundamentals ［J］. Energy Economics，2013，36，380-395.

［2］Balcilar M，Demirer R，Hammoudeh S，et al. Risk spillovers across the energy and carbon markets and hedging strategies for carbon risk ［J］. Energy Economics，2016，54：159-172.

［3］Balcilar M，Ozdemir H，Agan B. Effects of COVID-19 on cryptocurrency and emerging market connectedness：Empirical evidence from quantile，frequency，and lasso networks ［J］. Physica A：Statistical Mechanics and Its Applications，2022，604：127885.

［4］Balke N S，Wohar M E. Low-frequency movements in stock prices：A state-space decomposition ［J］. Review of Economics and Statistics，2002，84（4）：649-667.

［5］Barigozzi M，Hallin M. Generalized dynamic factor models and volatilities：Consistency，rates，and prediction intervals ［J］. Journal of Econometrics，2020，216（1）：4-34.

［6］Barndorff-Nielsen O E，Kinnebrock S，Shephard N. Measuring downside risk-realised semivariance ［R］. CREATES Research Paper，2008.

［7］Baruník J，Křehlík T. Measuring the frequency dynamics of financial connectedness and systemic risk ［J］. Journal of Financial Econometrics，2018，16（2）：271-296.

［8］Batten J A，Maddox G E，Young M R. Does weather，or energy prices，affect carbon prices？［J］. Energy Economics，2021，96：105016.

［9］ Boubaker H, Raza S A. A wavelet analysis of mean and volatility spillovers between oil and BRICS stock markets ［J］. Energy Economics, 2017, 64: 105-117.

［10］ Chevallier J. Macroeconomics, finance, commodities: Interactions with carbon markets in a data-rich model ［J］. Economic Modelling, 2011, 28 (1/2): 557-567.

［11］ Creti A, Jouvet P A, Mignon V. Carbon price drivers: Phase I versus Phase II equilibrium? ［J］. Energy Economics, 2012, 34 (1): 327-334.

［12］ Demirer M, Diebold F X, Liu L, Yilmaz K. Estimating global bank network connectedness ［J］. Journal of Applied Econometrics, 2018, 33 (1): 1-15.

［13］ Diebold F X, Yilmaz K. Measuring financial asset return and volatility spillovers, with application to global equity markets ［J］. The Economic Journal, 2009, 119 (534): 158-171.

［14］ Diebold F X, Yilmaz K. On the network topology of variance decompositions: Measuring the connectedness of financial firms ［J］. Journal of Econometrics, 2014, 182 (1): 119-134.

［15］ Doda B. Evidence on business cycles and CO_2 emissions ［J］. Journal of Macroeconomics, 2014, 40: 214-227.

［16］ Dutta A. Modeling and forecasting the volatility of carbon emission market: The role of outliers, time-varying jumps and oil price risk ［J］. Journal of Cleaner Production, 2018, 172: 2773-2781.

［17］ Fan J L, Zhang X, Wang J D, et al. Measuring the impacts of international trade on carbon emissions intensity: A global value chain perspective ［J］. Emerging Markets Finance and Trade, 2021, 57 (4): 972-988.

［18］ Forni M, Hallin M, Lippi M, et al. Dynamic factor models with infinite-dimensional factor spaces: One-sided representations ［J］. Journal of Econometrics, 2015, 185 (2): 359-371.

［19］ Forni M, Lippi M. The general dynamic factor model: One-sided representation results ［J］. Journal of Econometrics, 2011, 163 (1): 23-28.

［20］ Glosten L R, Jagannathan R, Runkle D E. On the relation between the expected value and the volatility of the nominal excess return on stocks ［J］. The Journal of Finance, 1993, 48 (5): 1779-1801.

［21］ Hallin M, Trucíos C. Forecasting value-at-risk and expected shortfall in large portfolios: A general dynamic factor model approach ［J］. Journal of Business & Econometrics Statistics, 2019, 37 (1): 121-133.

［22］ Hallin M. Manfred deistler and the general-dynamic-factor-model approach to the statistical analysis of high-dimensional time series ［J］. Econometrics, 2022, 10 (4): 37.

［23］ Hu J L, Wang S C. Total-factor energy efficiency of regions in China ［J］. Energy Policy, 2006, 34 (17): 3206-3217.

［24］Jordà Ò. Estimation and inference of impulse responses by local projections ［J］. American Economic Review, 2005, 95（1）：161-182.

［25］Keppler J H, Mansanet-Bataller M. Causalities between CO_2, electricity, and other energy variables during Phase I and Phase II of the EU ETS ［J］. Energy Policy, 2010, 38（7）：3329-3341.

［26］Khan H, Metaxoglou K, Knittel C R, et al. Carbon emissions and business cycles ［J］. Journal of Macroeconomics, 2019, 60：1-19.

［27］Kim H S, Koo W W. Factors affecting the carbon allowance market in the US ［J］. Energy Policy, 2010, 38（4）：1879-1884.

［28］Liu B Y, Fan Y, Ji Q, et al. High-dimensional CoVaR network connectedness for measuring conditional financial contagion and risk spillovers from oil markets to the G20 stock system ［J］. Energy Economics, 2022, 105：105749.

［29］Lutz B J, Pigorsch U, Rotfuß W. Nonlinearity in cap-and-trade systems: The EUA price and its fundamentals ［J］. Energy Economics, 2013, 40：222-232.

［30］Ma R, Liu Z, Zhai P. Does economic policy uncertainty drive volatility spillovers in electricity markets: Time and frequency evidence ［J］. Energy Economics, 2022, 107：105848.

［31］Mei D, Ma F, Liao Y, et al. Geopolitical risk uncertainty and oil future volatility: Evidence from MIDAS models ［J］. Energy Economics, 2020, 86：104624.

［32］Paramati S R, Apergis N, Ummalla M. Dynamics of renewable energy consumption and economic activities across the agriculture, industry, and service sectors: Evidence in the perspective of sustainable development ［J］. Environmental Science and Pollution Research, 2018, 25：1375-1387.

［33］Patton A J, Sheppard K. Good volatility, bad volatility: Signed jumps and the persistence of volatility ［J］. Review of Economics and Statistics, 2015, 97（3）：683-697.

［34］Refinitiv. Carbon Market Year in Review 2022 ［R］. 2023.

［35］Segal G, Shaliastovich I, Yaron A. Good and bad uncertainty: Macroeconomic and financial market implications ［J］. Journal of Financial Economics, 2015, 117（2）：369-397.

［36］Shahzad S J H, Naeem M A, Peng Z, et al. Asymmetric volatility spillover among Chinese sectors during COVID-19 ［J］. International Review of Financial Analysis, 2021, 75：101754.

［37］Tan X P, Wang X Y. Dependence changes between the carbon price and its fundamentals: A quantile regression approach ［J］. Applied Energy, 2017, 190：306-325.

［38］Xu W, Ma F, Chen W, et al. Asymmetric volatility spillovers between oil and stock markets: Evidence from China and the United States ［J］. Energy Economics, 2019, 80：310-320.

［39］Xu Y. Risk spillover from energy market uncertainties to the Chinese carbon market ［J］. Pacific-Basin Finance Journal，2021，67：101561.

［40］Zhang Y J, Sun Y F. The dynamic volatility spillover between European carbon trading market and fossil energy market ［J］. Journal of Cleaner Production，2016，112：2654-2663.

［41］Zhu B, Han D, Chevallier J, et al. Dynamic multiscale interactions between European carbon and electricity markets during 2005-2016 ［J］. Energy Policy，2017，107：309-322.

［42］方意，贾妍妍．新冠肺炎疫情冲击下全球外汇市场风险传染与中国金融风险防控 ［J］. 当代经济科学，2021，43（2）：1-15.

［43］方意，邵稚权．重大冲击下我国输入性金融风险测度研究 ［J］. 经济科学，2022（2）：13-30.

［44］方意，于渤，王炜．新冠疫情影响下的中国金融市场风险度量与防控研究 ［J］. 中央财经大学学报，2020，396（8）：116-128.

［45］李政，石晴，温博慧，等．好坏波动、行业关联与中国系统性风险防范 ［J］. 财贸经济，2022，43（9）：53-68.

［46］刘自敏，朱朋虎，杨丹，等．交叉补贴、工业电力降费与碳价格机制设计 ［J］. 经济学（季刊），2020，19（2）：709-730.

［47］莫建雷，段宏波，范英，等．《巴黎协定》中我国能源和气候政策目标：综合评估与政策选择 ［J］. 经济研究，2018，53（9）：168-181.

［48］宋亚植，梁大鹏，宋晓秋．不同路径下能源价格对碳价格的传导关系研究 ［J］. 运筹与管理，2018，27（8）：109-115.

［49］魏楚，郑新业．能源效率提升的新视角——基于市场分割的检验 ［J］. 中国社会科学，2017（10）：90-111+206.

［50］余典范，蒋耀辉，张昭文．中国碳排放权交易试点政策的创新溢出效应——基于生产网络的视角 ［J］. 数量经济技术经济研究，2023，40（3）：28-49.

［51］中国银行国际金融研究所课题组．全球能源格局下我国的能源金融化策略 ［J］. 国际金融研究，2012，300（4）：32-41.

第十二章 碳市场与中国绿色全要素能源效率研究报告

袁华锡　封亦代　李佳馨*

摘　要：实现碳达峰、碳中和是党中央立足新发展阶段世情、国情做出的重大战略决策，是突破结构性矛盾和资源环境约束的必然选择，事关中华民族的永续发展和构建人类命运共同体。本章在对国内外碳市场制度背景梳理的基础上，从碳市场机制设计与碳价表现总结了国内外碳市场发展现状，并在此基础上基于 2003~2019 年中国城市面板数据，采用交错 DID 模型多维度考察了碳市场对中国绿色全要素能源效率的影响，并揭示了二者之间的作用机制。研究发现，我国碳市场通过减产造成的能源效率损失远大于通过减排带来的能源效率提升，从而导致了绿色全要素能源效率和传统能源效率的下降。项目研究成果对于进一步完善中国乃至全球新兴经济体碳市场建设提供了丰富的经验证据，为提高绿色全要素能源效率，实现碳达峰、碳中和目标，提供了新视角、新途径。

关键词：碳市场；绿色全要素能源效率；碳价；双重差分模型

一、研究背景与研究创新

（一）研究背景

探究中国碳市场影响绿色全要素能源效率的机理与政策优化策略，不仅可以厘清转型国家应用市场激励型环境规制促进经济高质量发展的内在逻辑与作用机制，还可以为中国乃至全球新兴国家的经济社会绿色转型提供经验启示。更重要的是，可以为全球新兴经济体设计适宜本国国情的碳市场机制提供理论依据与经验证据，对促进全球可持续发展和全球碳市场建设具有重要的理论价值和现实指导价值。

在应对全球气候变化严峻挑战与推进中国经济社会高质量发展的过程中，发展与降碳均是中国未来的重要目标。如何在高质量发展中降碳，如何在降碳中实现高质量发展是摆在决策层和理论界面前的现实难题。党的二十大报告指出，协同推进降碳、减污、扩绿、增长，推进生态优先、节约集约、绿色低碳发展，这为中国推进碳达峰、碳中和提供了根本遵循。中国既不能搞"运动式"减碳，也不能指标错位而仅专注于

---

* 作者简介：袁华锡，中南财经政法大学经济学院副教授，硕士研究生导师，中国社会科学院工业经济研究所应用经济学博士后；封亦代，武汉工程大学管理学院讲师，美国北卡罗来纳大学教堂山分校访问学者；李佳馨，中南财经政法大学经济学院国际商务专业在读硕士。

降碳指标。与发达国家不同的是，中国总体上仍然属于发展中国家，正处于工业化发展的转型期和二氧化碳排放的平台期。2021 年中国人均国内生产总值为 12556 美元，美国是中国的 5.5 倍，日本是中国的 3 倍。根据图 12-1 可知，1985~2021 年，人均国内生产总值的差距持续扩大。以上数据均表明，经济发展仍然是未来中国经济社会发展的中心任务。习近平总书记在不同场合多次反复强调，减排不是减生产力，也不是不排放，而是要走生态优先、绿色低碳发展道路。

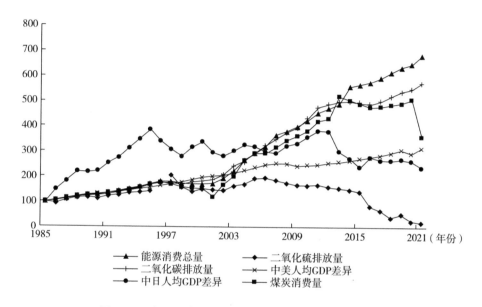

图 12-1　中国经济发展压力与节能减碳压力的演化趋势

注：人均 GDP 差异的测算方法为当年中国和日本或美国的实际人均 GDP 之差；所有数据以 1985 年为基期剔除价格数据的通胀影响，均以 1985 年为 100 进行标准化处理。

资料来源：国家统计局和世界银行数据库。

改革开放以来，以"高污染、高排放"为特征的粗放型经济增长模式给中国环境造成了严重污染和生态破坏。这与中国"富煤、贫油、少气"的能源结构特征密切相关。党的二十大报告指出，积极稳妥推进碳达峰、碳中和，必须立足我国能源资源禀赋，深入推进能源革命，加强煤炭清洁高效利用。国家统计局数据显示，煤炭消费占比连续数十年超过 65%，二氧化碳排放量占全球比重自 2005 年以来连续 15 年超过 20%，连续多年居世界首位。由此可见，在减排不减产的基本原则下，探索一条实现经济高质量发展与降碳协同的路径，已经迫在眉睫。事实上，在推进降碳、减污、扩绿、增长方面，中央和地方均制定了各种类型的命令控制型环境规制政策，但是效果不尽如人意，当前以碳排放权交易为代表的市场激励型环境规制手段正成为全球气候治理的重要政策工具（林伯强，2022）。国家林业和草业局公布的《中国森林资源普查报告》显示，2019 年中国全口径温室气体排放量为 140 亿吨，其中化石能源二氧化碳排放量为 102 亿吨，占温室气体排放总量的 70% 以上。由此可见，中国降碳的关键在于

应对气候变化与低碳经济发展研究

化石能源。然而，由于中国能源禀赋特征和经济发展阶段制约，化石能源消费不可能在短期迅速削减。Beattie 等（2022）指出，提高能源效率是中国推进降碳、减污、扩绿、增长协同的有效途径。原因在于在能源效率方面中国与发达经济体之间存在较大差距，根据世界银行统计数据测算，2010~2019 年中国国内生产总值能耗强度是世界平均值的 1.7 倍，分别是美国和日本的 2.4 倍、3.8 倍。因此，碳市场能否降碳的关键在于其能否提高能源利用效率。

中国一直以来都是承担大国责任和彰显大国担当的重要积极力量，更是应对全球气候变化和构建全球碳市场的中坚力量。中国是世界上最大的发展中国家，承担着全球 18% 人口的发展重任，现实国情民情决定了当前中国的核心任务仍然是发展。因此，在应对气候变化危机以及资源环境约束的背景下，如何推进中国经济高质量发展，实现人与自然和谐共生的中国式现代化目标是学术界与政府面临的科学难题和现实问题。基于中国样本，挖掘碳市场驱动中国全要素能源效率的影响机理与政策优化策略，既可以为中国经济高质量发展提供现实解决方案，又可以为全球新兴经济体提供政策启示。

本章利用中国碳市场的设立来考察碳市场建设对绿色全要素能源效率的影响机制，原因主要有以下几个方面：首先，中国是一个同时肩负经济发展与降碳双重目标的转型经济体，如何实现经济发展与降碳目标的协同是中国面临的紧迫现实问题。深入研究中国碳市场建设对绿色全要素能源效率的影响机理，可以为全球经济绿色转型和全球碳市场建设提供经验依据。尽管中国已经连续多年位居世界第二大经济体，近五年 GDP 平均约占全球 GDP 份额的 15% 以上，但是人均 GDP 仅为美国的 20%、日本的 30% 左右[1]。因此，中国将在很长一个时期内继续保持中高速增长，平均 GDP 增长率为 6.5% 左右，这势必导致能源消费与二氧化碳排放总量居高不下。根据国家统计局数据测算，2016~2020 年中国能源消费和二氧化碳排放量的年均增长率分别为 3.49% 和 3.28%[2]。其次，中国将成为全球最大的碳市场，中国碳市场建设关系着全球气候变化治理的成败。厘清中国碳市场对绿色全要素能源效率的影响机理，可以为全球管控温室气体提供新视角。2021 年中国国家级碳市场正式建立，电力行业是首批被覆盖行业，覆盖二氧化碳排放总量约为 45 亿吨，约占全球二氧化碳排放总量的 10%，超过了美国 2019 年全年总的二氧化碳排放量（Cao et al.，2021）。截至 2022 年 9 月 14 日，中国碳市场排放配额累计成交量达到 1.95 亿吨，累计成交额为 85.59 亿元[3]。最后，中国碳市场试点空间范围广、二氧化碳排放规模大、集中布局于经济发达省份。据不完全统计，迄今为止设立碳市场的国家或地区超过 40 个，但是除欧盟以外诸如英国、美国、日本等发达国家均只建立了区域性碳市场，且覆盖范围较小，而发展中国家碳市场建设则更为滞后，这也是现有文献很少从定量角度讨论发展中国家碳市场建设的重要原因。然而，截至 2022 年底，中国设立了 1 个全国性碳市场、9 个地方性碳市场。其中 9 个地方性碳市场的 GDP 总量约占中国的 35%，人口约占中国的 27%，覆盖了中国 18%

① https：//databank. worldbank. org/reports. aspx? source = 2&country = LMY&l = zh#.
② https：//data. stats. gov. cn/easyquery. htm? cn = C01.
③ 数据来源于 CSMAR 碳中和研究数据库。

的煤炭消费量和 19% 的二氧化碳排放量，这为识别转型经济体碳市场建设的节能降碳效果提供了准自然实验的机会。

（二）研究创新

相比于既有研究，本章的创新点和边际贡献主要体现在以下几个方面：第一，从绿色全要素能源效率的投入产出视角，识别了导致绿色全要素能源效率下降的具体途径，揭示了经济产出下降和二氧化碳减排的关键因素，为决策部门完善碳市场"减排不减生产力"的政策目标提供了具体抓手。尽管一些文献在中国省级尺度和城市尺度验证了碳市场存在波特效应，进而改善了区域能源效率（Chen et al.，2021；Zhou and Qi，2022；Hong et al.，2022）。然而，与命令控制型环境规制不同的是，市场激励型环境规制依赖于与之运行匹配的市场环境。对于中国碳市场究竟能否诱发波特效应，许多学者提出了相反观点（Allen et al.，2005；涂正革、谌仁俊，2015）。更重要的是，与之相关的研究均尚未从绿色全要素能源效率的投入端或产出端，揭示碳市场驱动绿色全要素能源效率的具体途径，导致相关政策建议难以有效落实。

第二，从市场价格机制和交易机制的视角，厘清了碳市场设立究竟如何影响绿色全要素能源效率，丰富了科斯定理在转型经济体方面的经验证据。从理论和实践角度而言，对于环境治理的外部性问题，具体解决途径主要以庇古税和科斯提出的市场交易机制为主（Acemoglu et al.，2012；Yamazaki，2017）。其中，市场交易机制因成本低、灵活性高在环境治理领域被广泛采用（Bushnell et al.，2013）。然而，市场交易机制发挥作用的前提是拥有与之相匹配的市场运行环境。早期研究主要集中分析了发达国家采用市场交易机制的政策效果（Fowlie et al.，2012；Martin et al.，2014），而很少研究转型经济体在市场化程度不高的条件下，如何制定市场交易政策工具以及评估其政策效果等。本章以世界上最大的转型经济体中国作为研究对象，分析中国碳市场设立的政策效果及其影响机理，对于完善中国碳市场和应对全球温室气体减排具有重要意义，尤其对广大发展中国家构建适宜的碳市场机制提供了翔实的经验支撑，丰富和拓展了科斯定理在发展中国家的经验证据。

第三，采取更为细致的识别策略全面考察了碳市场对绿色全要素能源效率的影响，为推动"有效市场"与"有为政府"更好结合提供了事实支撑。具体包括以下三个方面：①与既有研究只考察中国七个碳市场（Chen et al.，2021；Zhou and Qi，2022；Hong et al.，2022）不同的是，本章分析了包括福建在内的全国八个地方碳市场对绿色全要素能源效率的影响。[①] 鉴于八个碳市场设立的时间不同，本章利用交错 DID 模型进行实证检验。②与成熟的欧盟、北美碳市场（Convery，2009）相比，中国碳市场的实施程序略有不同，中国地方碳市场宣告成立时并未正式投入运营，存在一个公告窗口期，数年之后碳市场才正式启动市场交易。现有研究发现，中国碳市场存在典型的预期效应（公告效应），忽视公告效应必然导致碳市场效果被高估（Cui et al.，2021）。

---

① 没有考虑 2016 年 12 月成立的四川省碳交易市场的原因是：迄今为止，四川省碳交易市场的交易产品为 CCER，没有公布碳交易市场的信息。

因此，本章在模型中进一步控制了碳市场建立的公告效应。③考虑到中国碳市场尚处于发展阶段，各项制度设计与市场建设尚不完善。在此背景下，碳市场作用可能受到制约（涂正革、谌仁俊，2015；胡珺等，2020）。Abrell 等（2022）就发现，欧盟碳市场在第一阶段的假设效果明显不如第二阶段和第三阶段。吴茵茵（2021）指出，在碳市场建设初期，需要政府干预与市场机制协同，才能最大限度激发碳市场减排效果。因此，在考察中国碳市场建设效果时应该充分考虑地方官员的作用（Chen et al.，2018），本章进一步在模型中加入各城市党委书记的个人特征数据，从而缓解因忽视官员作用导致的系数高估问题。

二、国内外碳市场的制度背景梳理

（一）什么是碳交易市场

碳排放权交易，起源于 20 世纪 60 年代美国经济学家戴尔斯提出的排污权交易理论。碳交易是以一定的法律和规则为约束和依据，给高污染行业的碳排放量定价，把它包装成一种资产或者说"商品"，建立相应的市场进行交易买进卖出，以此来控制碳排放，它对应的市场环境叫作碳交易市场。

碳排放权交易体系（Emissim Trading Scheme，ETS）是一个基于市场的节能减排政策工具，排放者可以交易排放单位以满足其排放目标，纳入碳交易体系的公司每排放 1 吨二氧化碳，就需要有一个单位的碳排放配额。这些公司可以实施内部减排措施减少排放，也可以获取或购买这些配额，或是和其他公司进行配额交易，具体选择取决于每个方案的相对成本。通过创建碳排放单位的供需，形成碳排放的市场价格。ETS 有以下两种主要类型：

（1）总量控制与交易系统（Cap and trade）：遵循"总量控制与交易"原则，政府对一个或多个行业的碳排放实施总量控制，纳入交易体系的公司可以在这个限额内进行免费或拍卖交易。

（2）基准线与信贷系统（Baseline and credit）：该系统为纳入交易体系的公司规定各自的排放基准，并向已将排放量降至此水平以下的实体发放信用额度。这些信用额度可以出售给超过排放基准的其他实体。

全球首个主要的碳排放权交易体系（ETS）于 2005 年投入运营，即欧盟排放交易体系（EU ETS）。截至目前已有遍布四大洲的 24 个碳交易体系相继出现。随着越来越多的政府考虑采纳碳市场作为节能减排的政策工具，碳交易已逐渐成为全球应对气候变化的关键工具。大部分体系均涵盖工业和能源行业，部分碳交易体系也被用于减少其他行业部门的碳排放，如建筑、航空等。

（二）全球碳交易市场的发展过程与原因分析

近年来，气候变化的影响日益明显，气候变化的原因主要是人类生产活动增加了大气中二氧化碳的浓度，图 12-2 为 2000~2020 年全球和我国二氧化碳排放量及我国排放量占全球比重。产生大量二氧化碳的行业包括电力、石化、化工、建材、钢铁、有色金属、造纸、航空等。

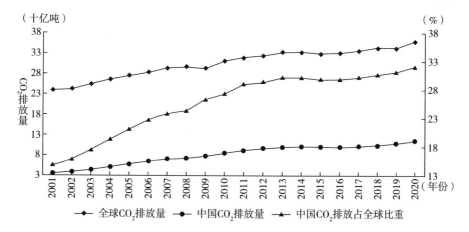

图 12-2　2001~2020 年全球和我国二氧化碳排放量及我国排放量占全球比重

资料来源：世界银行。

　　1997 年《京都议定书》把市场机制作为解决温室气体减排问题的新路径，把温室气体排放权当作商品，从而形成碳交易。中国 2007 年前后经历了国际碳交易的繁荣期，国际交易期间，中国的清洁发展机制（Clean Development Mechanism，CDM）项目总量占到全球 57% 之高，中国企业通过 CDM 项目直接获利超过千亿元。但随着 2008 年金融危机爆发，欧盟的履约企业由于减产轻松完成任务，不必再通过碳交易完成对《京都议定书》的承诺，国际碳交易逐渐进入低潮期。

　　目前世界上还没有统一的国际排放权交易市场。在区域市场中，也存在不同的交易商品和合同结构，各市场对交易的管理规则也不相同。

　　欧盟碳排放交易体系（EU ETS）依然是全球碳交易市场的引领者，自运行以来，碳产品交易量和交易额一直占全球总量的 3/4 以上。2013 年，EU ETS 第三阶段正式开始（2013~2020 年），多项重要改革开始执行。最引人注目的是 2014 年 3 月正式实施的"推迟拍卖方案"（Back-loading），该方案将 9000 万吨欧盟碳排放配额（EUA）进入市场的时间推迟。欧盟希望通过 EU ETS 将 2030 年的温室气体排放量在 2005 年基础上削减 43%，以实现其 2030 年气候变化控制目标。

　　美国目前还没有建立全国统一的碳交易体系，但已有芝加哥气候交易所、东部及中大西洋 10 个州区域温室气体减排倡议（RGGI）、加州全球变暖行动倡议等区域碳市场，进行配额交易和基于项目的自愿减排量交易。2013 年起，RGGI 提出了以缩紧配额总量和更改成本控制机制为核心的改革方案，该方案将 2014 年起每年的配额数量削减了 45% 以上。

　　澳大利亚最初设计的碳价机制分两个阶段实施：2012 年 7 月 1 日至 2015 年 6 月 30 日为固定碳价阶段；固定碳价机制实施三年后，2015 年 7 月 1 日自动过渡为温室气体总量控制和排放交易机制。2012 年 8 月，澳大利亚宣布其碳市场将与 EU ETS 进行链接。

　　亚洲地区碳交易起步较晚。2012 年 5 月 2 日，韩国国会通过了引入碳交易机制的法律，是第一个通过碳交易立法的亚洲国家。2015 年 1 月 1 日，韩国碳交易机制运行启动。日本的几个重要的碳交易市场（如东京、京都、同川）的特点和覆盖的范围都不太相同，但总体来说，市场比较有限。

通过碳交易实现减排，是最符合中国国情、对企业来说缓冲空间最大的减排方式。我国碳市场建设从地方试点起步。2011年10月，北京、天津、上海、重庆、广东、湖北、深圳7地区启动碳排放权交易地方试点工作；2013年起，试点碳市场陆续开始上线交易。2020年12月30日，生态环境部宣布发电行业率先开展全国范围内的碳排放权交易。2021年2月1日，随着《碳排放权交易管理办法（试行）》的发布，全国碳市场（发电行业）第一个履约周期正式启动。2021年7月6日，全国碳市场正式营业。

长期以来，清洁能源的供应一直伴随着高成本和高价格，一定程度上制约了清洁能源的推广和使用。市场制度的设计很大程度上就是为了解决这个问题。不过，在面临经济发展需要和支付碳价带来的较高发展成本的矛盾时，无论是政府还是企业，很难完全下定决心继续推进碳交易。碳达峰、碳中和目标的确立，成为加快碳市场形成的"催化剂"。

（三）中国碳交易市场发展及交易机制设计概况

作为实现中国二氧化碳减排目标的重大举措之一，2011年，国家发展和改革委员会（NDRC，强大的规划机构）提出了碳排放交易市场，并于2013年和2014年在京、津、沪、渝、深、鄂、粤开展了七个碳市场试点。前四个是直辖市，后两个是省，深圳是广东的经济特区。

我国碳市场发展的重要时间节点包括：2010年9月我国首次提出碳市场建设，2013年下半年及2014年上半年7个试点碳市场启动，2016年末2个非试点区域市场上线，2021年7月全国碳市场以电力行业为基础正式启动，具体见表12-1。

表12-1　我国碳市场建设重要事件

时间	部门	文件/会议/事件	主要内容
2010年9月	国务院	《国务院关于加快培育和发展战略性新兴产业的决定》	首次提出要建立和完善碳排放交易制度
2010年10月	全国人大	"十二五"规划	提出逐步建立碳排放交易市场
2011年10月	国家发展改革委办公厅	《关于开展碳排放权交易试点工作的通知》	批准京津沪渝粤鄂深七省市于2013年开展碳排放权交易试点
2012年11月	—	党的十八大报告	积极开展碳排放权交易试点
2013年下半年		北京、天津、上海、广东、深圳碳市场启动	
2014年4~6月		湖北、重庆碳市场启动	
2015年9月	中共中央、国务院	《生态文明体制改革总体方案》	逐步建立全国碳排放权交易市场，研究制定全国碳排放权交易总量设定与配额分配方案
2016年1月	国家发展改革委办公厅	《关于切实做好全国碳排放权交易市场启动重点工作的通知》	明确了参与全国碳市场的八个行业要求，对拟纳入企业的历史碳排放进行MRV
2016年12月	—	四川、福建碳市场启动	

续表

时间	部门	文件/会议/事件	主要内容
2017 年 12 月	国家发展改革委	《全国碳排放权交易市场建设方案（发电行业）》	在发电行业率先启动全国碳排放交易体系
2021 年 7 月	国务院	国务院常务会议	择时启动发电行业全国碳排放权交易市场上线交易
2021 年 7 月	—	全国碳市场启动	

资料来源：各省份生态环境主管部门官网。

这些碳市场试点中有五个在经济占主导地位的华东，湖北在华中，重庆在西部。电力和能源密集型制造部门（如水泥和石化产品）的企业是这些市场的主要参与者。交通、建筑和一些服务部门也包括在部分试点中。我们关注 ETS 试点对电力行业的影响，电力行业占中国每年二氧化碳排放量的 40% 以上，并计划成为即将到来的全国碳市场覆盖的第一个行业。受监管的公司被要求在每年 3 月提交一份二氧化碳排放量的报告。第三方机构在 4 月检查排放记录，7 月初将记录与公司持有的排放许可进行比较。如果排放量超过许可量，将受到各种处罚，包括但不限于对超额排放量处以 3 倍于现行 ETS 价格的罚款，并在下一年将配额减半。不合规的公司还会被禁止从中央和地方政府获得任何优惠政策。

三、国内外碳市场发展现状与比较

碳交易市场是由包括交易主体（控排企业）、交易产品（碳排放权）、交易流程、交易活动及监管活动（政府监督）等在内的核心要素所组成的规则化体系。因此，碳市场的核心机制和流程如图 12-3 所示。

图 12-3　碳市场核心机制与流程

资料来源：百瑞信托有限责任公司. 国外碳交易市场概述及中国统一碳市场展望［C］. 2021 年 8 月信托行业研究报告，2021：47-62.

据 *International Carbon Action Partnership*（ICAP）报告显示，自《京都议定书》生效后，碳交易体系发展迅速，各国及地区纷纷开始建立区域内的碳交易体系，以实现碳减排承诺的目标，2005~2015 年，遍布四大洲的 17 个碳交易体系建成；而在 2020 年中，碳排放权交易覆盖的碳排放量占比比 2005 年欧盟碳交易启动时覆盖的碳排放量占比高出了 2 倍多。

当前，约有 38 个国家级司法管辖区和 24 个州、地区或城市正在运行碳交易市场，呈现多层次的特点，碳交易已成为碳减排的核心政策工具之一，这些区域 GDP 总量占全球约 54%，人口占全球的 1/3 左右。当前全球范围内 24 个正在运行的碳交易体系已覆盖了 16% 的温室气体排放，还有 8 个碳交易体系即将开始运营。图 12-4 展示了碳交易体系的发展历程。

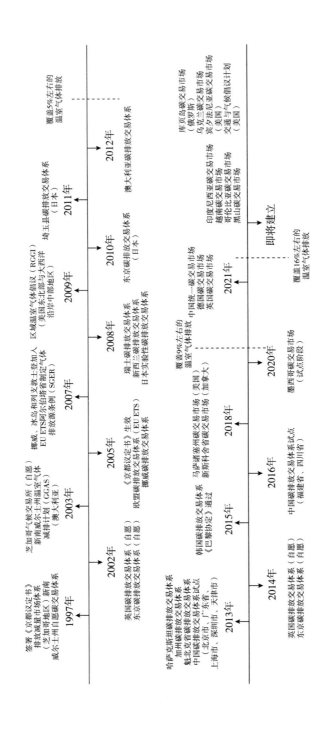

图 12-4 全球碳交易体系发展历程

资料来源：ICAP、华宝证券研究创新部。

（一）国外碳市场的发展现状

根据广州期货研究中心的调查数据，目前全球已投入运行的碳排放权交易市场包括 1 个超国家机构、8 个国家、18 个省份和 6 个城市（1 个超国家机构指欧盟；8 个国家指中国、德国、哈萨克斯坦、墨西哥、新西兰、韩国、瑞士和英国；18 个省份指加利福尼亚州、康涅狄格州、特拉华州、福建省、广东省、湖北省、缅因州、马里兰州、新罕布什尔州、新斯科舍省、埼玉县、魁北克省、罗得岛州、佛蒙特州、弗吉尼亚州、纽约州、新泽西州、马萨诸塞州；6 个城市包括北京、重庆、上海、深圳、天津、东京）。从覆盖温室气体排放的行业看，主要包括工业、电力和建筑业。其中，新西兰碳交易体系覆盖行业范围最为广泛，包含工业、电力、建筑业、交通业、航空业、废弃物、林业。从覆盖温室气体排放比例上看，加拿大新斯科舍省碳交易体系、魁北克碳交易体系、加州碳交易体系覆盖温室气体排放比例较高，但实际覆盖排放量较小。从覆盖温室气体排放量大小看，中国碳市场、欧盟碳市场、韩国碳市场覆盖的温室气体排放量较大。

1. 碳市场体制机制设计的现状

由于 EU ETS（欧盟碳排放交易体系）、RGGI［区域碳污染减排计划（美国）］、加州碳市场和韩国碳交易体系建立的时间相对较早，发展得相对成熟。因此，分析这几个具有代表性的碳交易体系是非常有必要的，本章用表 12-2 对上述这四个碳交易市场的机制设计进行了总结和归纳。

2. 碳市场的数据表现

碳排放权交易体系是一个基于市场的节能减排政策工具，排放者可以交易排放单位以满足其排放目标，纳入碳交易体系的公司每排放一吨二氧化碳，就需要有一个单位的碳排放配额。这些公司可以实施内部减排措施减少排放，也可以获取或购买这些配额，或是和其他公司进行配额交易，具体选择取决于每个方案的相对成本。通过创建碳排放单位的供需，形成碳排放的市场价格。

如图 12-5 所示，欧盟碳市场的碳价随着发展的阶段不同而有波动性变化，特别是2012 年之前都有较大的波动，主要是因为当时欧盟碳市场配额主要是以免费配额为主，而随着 2013 年以来（第三和第四阶段）拍卖占比显著增加，碳价的大幅波动减少，虽有小幅度上下起伏，但整体是上升水平。由于 RGGI 几乎是以拍卖的方式来分配配额，因此，价格相对稳定，且整体呈现上升趋势。其他碳市场的碳价表现也基本上呈现波动上升的态势。

为了更好地看出各个区域的碳价整体水平，整理了全球主要区域的碳交易平均价格，如表 12-3 所示。

从表 12-3 中我们可以看到，一些碳市场成立较早的国家或地区，也就是一些老牌碳市场所覆盖的二氧化碳排放量普遍较多，而且二氧化碳的平均成交价格也相对较高。

为了更好地展示老牌碳市场的状况，本章还整理了 2012 年 1 月 3 日至 2021 年 12月 20 日欧盟碳价及交易量，如图 12-6 所示。

表 12-2 世界主要碳市场机制设计

碳市场	启动时间	发展阶段	期初配额量（MtCO₂e）	配额分配方法	行业范围	履约期开始时排放上限（MtCO₂e）	上限严格程度（%）	是否存在 MSR	未履约处罚
EU ETS	2005年	第一阶段（2005~2007年）	2096	免费发放配额	发电厂和能源密集型工业	2096			未履约惩罚措施为 40 欧元/吨
		第二阶段（2008~2012年）	2049	降低配额上限，免费发放比例减至 90%，启动拍卖机制	新加入航空业	2049		2019 年实行市场稳定储备机制（MSR）流通配额总数（TNAC）作为衡量标准，在供应过剩时将配额纳入 MSR，在供应不足时从 MSR 中释放配额	未履约惩罚措施为 100 欧元/吨
		第三阶段（2013~2020年）	2084	电力行业实行 100% 拍卖，工业免费发放 80%，拍卖 20%，且发放比例逐年减小	纳入硝酸、碳捕与封存、管线输送等行业，扩大工业控排范围	2084（2013年） 1816（2020年）	1.70		未履约惩罚措施为 100 欧元/吨
		第四阶段（2021~2030年）	1610	50% 以上进行拍卖且配额上限每年递减 2.2%	无变化	1572	2.20		未履约惩罚措施为 100 欧元/吨
RGGI	2009年	第一阶段（2009~2011年）	511.8	完全拍卖 拍卖以季度为单位进行，3 年为一个控制期，每个控制期进行 12 次拍卖，采取的是统一价格、密封投标和单轮竞价的拍卖方法	仅限在电力行业	512	2.50	实行 MSR，必要时在拍卖中注入人额外配额（即如果所有实体配额），自 2014 年以来，RGGI 一直使用成本控制储备（CCR），包括上限之外的一定数量的配额，这些配额被保留在储备中，只有在达到一定的触发价格时才向市场释放	如果出现超额排放（即如果所有实体放出，没有交出配额，必须交出超额排放数量 3 倍的配额。此外，覆盖实体也可能受到其所在的 RGGI 州份的具体处罚
		第二阶段（2012~2014年）	449.1			374			
		第三阶段（2015~2020年）	409.1			351			
		第四阶段（2021~2030年）	2021 年为 0.75 亿吨，之后每年下降 227.5 万吨			264			

续表

碳市场	启动时间	发展阶段	期初配额量（MtCO₂e）	配额分配方法	行业范围	履约期开始时排放上限（MtCO₂e）	上限严格程度（%）	是否存在MSR	未履约处罚
加州碳市场	2013年	第一阶段（2013~2014年）	162.8	免费分配+标杆法（工业、配电企业等）、拍卖（电力生产、交通等），2020年约有58%配额进行了拍卖	电力、工业、电力进口、化石燃料燃烧固定装置、其他排放源（超过阈值）	394（2015年）	3.00	每个年度上限的配额被放在配额价格控制储备（APCR）中。尽管到目前为止还没有举行过储备的拍卖销售，但当上一季度的拍卖结算价格大于或等于最低价格层的60%时，加利福尼亚空气资源委员会（CARB）将提供储备销售。CARB还将储备销售义务截止日期之前提供第三季度的储备销售	若过期末履约，或配额短缺，每吨短缺的配额要支付4吨的配额作为惩罚
		第二阶段（2015~2017年）	394.5		增加天然气、汽油、柴油、液化石油气供应商（供应值），化石油气供应超过阈值），所有的电力进口商				
		第三阶段（2018~2020年）	358.3		无变化				
		第四阶段（2021~2023年）	321.1		无变化				
韩国碳交易体系	2015年	第一阶段（2015~2017年）	540.1	免费配额祖父法（大部分）	电力、工业、建筑、国内航空、废弃物	1686.3	2.00	额外拍卖储备（最高25%）；对实体数量设定持有的配额数量限制：合规年度最低（70%）或最高（150%）的配额	罚金不得超过特定履约年的平均市场价格的3倍或100000韩元（87.42美元）/吨
		第二阶段（2018~2020年）	601	免费配额+3%拍卖祖父法+标杆法	新增公共部门	1777			
		第三阶段（2021~2025年）	589.3	免费配额+10%拍卖祖父法+标杆法	新增国内交通	3048.3			

资料来源：ICAP。

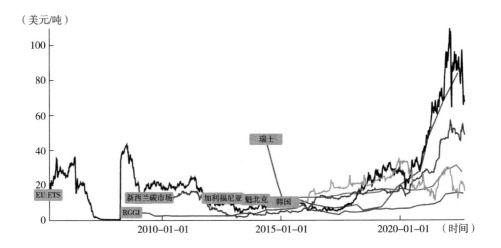

图 12-5   2005 年 3 月 16 日至 2022 年 9 月 27 日全球主要碳市场的碳价变化

资料来源：ICAP。

表 12-3   全球主要区域的碳交易平均价格

所属区域	国家/地区	覆盖总排量比例（%）	覆盖排放量（GtCO₂）	平均交易/拍卖价格（美元/吨）
欧洲和中亚	欧盟	36	15.7	64.8
	瑞士	10	0.1	57.5
	哈萨克斯坦	46	1.4	1.2
	英国	28	1.5	70.7
	德国	40	3.0	29.6
北美	RGGI	16	0.9	10.6
	加州	74	3.1	22.4
	魁北克省	78	0.5	22.4
	新斯科舍省	85	0.1	23.1
	麻省	8	0.1	8.4
	俄勒冈州	43	0.3	—
南美	墨西哥	40	2.7	—
亚太	新西兰	49	0.3	35.0
	东京市	20	0.1	4.9
	埼玉县	20	0.1	
	韩国	73	5.9	17.2
	中国	44	45.0	7.2
	北京市	24	0.4	9.5
	上海市	57	1.1	6.2

所属区域	国家/地区	覆盖总排量比例（%）	覆盖排放量（GtCO₂）	平均交易/拍卖价格（美元/吨）
亚太	天津市	55	1.2	4.7
	广东省	40	2.7	5.9
	深圳市	40	0.3	1.7
	重庆市	51	0.8	4.1
	福建省	51	1.3	2.6
	湖北省	27	1.7	5.3

资料来源：陈骁，张明. 碳排放权交易市场：国际经验、中国特色与政策建议［J］. 上海金融，2022（9）：22-33.

如图 12-6 所示，欧盟碳市场的市场活跃度是非常高的，且随着时间的推移，欧盟碳市场的碳价和交易量都呈波动上升的趋势，虽然近几年交易量有所减少，但整体上还是可观的。

（二）国内碳市场的发展现状

为积极参与全球环境治理，我国也开始进行碳交易市场的诸多尝试。2011 年 10 月，国家发展改革委发布《关于开展碳排放权交易试点工作的通知》，同意北京市、天津市、上海市、重庆市、湖北省、广东省及深圳市开展碳排放权交易试点，标志着我国的碳排放权交易工作正式启动。2013 年，深圳、上海、北京、广东和天津五个省份率先开始试点交易。2014 年，重庆、湖北开始试点碳交易市场。2016 年，福建也加入了试点碳市场的行列。

从 2013 年正式开始交易到 2020 年末，中国的试点碳交易市场经历了 7 个履约期，已成为配额成交量规模全球第二大的碳市场。根据生态环境部的初步统计数据，截至 2020 年 9 月，全国共有 2837 家重点排放单位、1082 家非履约机构和超过 1 万个自然人参与了交易，覆盖电力、钢铁等 20 多个行业。2021 年 1 月，天津排放权交易所披露的信息显示，截至 2020 年底，八个试点碳市场的配额共成交 4.55 亿吨，成交金额 105.5 亿元，平均交易价格为 23.2 元/吨。从 2019 年的全年数据可以看出，北京、湖北、上海和广东的成交更为活跃，而相较于广东、上海和湖北，北京的配额分配量最少，其平均成交价达到了 77 元/吨，比排在第二位的上海（39.66 元/吨）高出一倍。

2020 年 9 月 22 日，中国在第 75 届联合国大会上正式提出 2030 年前实现碳达峰、2060 年前实现碳中和的目标。"双碳"目标的提出表明了我国积极参与环境治理的决心，和作为发展中大国的责任与担当。为此，我国加大了对企业减排的管理和监督，不断增加碳市场纳入的行业和企业。

2021 年 7 月 16 日，全国碳排放交易市场正式启动上线交易，从试点到全国统一开市，是我国碳市场发展具有里程碑意义的一件大事。发电行业成为首个纳入全国碳市场的行业，纳入的发电行业重点排放单位超过 2000 家。根据生态环境部测算，纳入首批碳市场覆盖的企业碳排放量超过 40 亿吨二氧化碳，这意味着我国碳市场将成为全球覆盖温室气体排放量规模最大的市场。

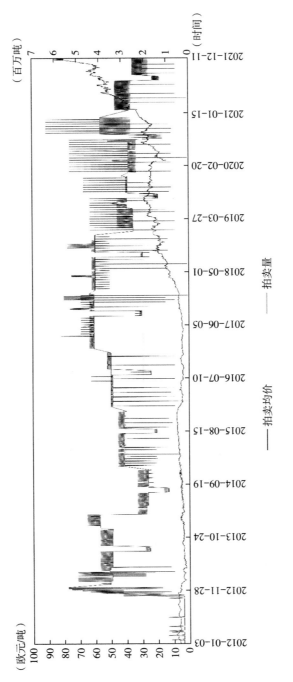

图 12-6　欧盟碳价及交易量

资料来源：欧洲能源交易所（EEX）。

中国碳市场进程发展速度较快，总体上可以分为三个阶段：地方试点启动阶段、全国统一市场准备及启动阶段、全国统一碳市场发展逐步成熟阶段。

第一阶段（2011~2013年）为地方试点启动阶段。2011年10月，国家发展改革委发布了《关于开展碳排放权交易试点工作的通知》，标志着我国正式启动碳排放权交易试点。2013年6月，我国首个碳排放权试点市场在深圳成立，随后相继成立北京、上海、天津、重庆、湖北以及广东共7个第一批碳试点市场，后续福建成为国内第8个碳市场交易试点。目前试点区域均能够有序且有效运行，继续为全国碳市场的技术创新和政策制度创新起领航作用。

第二阶段（2014~2019年）为全国统一碳市场准备及启动阶段。2013年，党的十八届三中全会明确，建设全国碳市场成为全面深化改革的重要任务之一。2014年12月，《碳排放权交易管理暂行方法》的发布从制度层面明晰了全国碳市场建设的总体框架。2015年9月，首次确认将于2017年开启全国统一碳市场交易体系。2017年12月，《全国碳排放权交易市场建设方案（发电行业）》的发布，标志着全国统一碳市场建设拉开帷幕。2018年，碳市场建设的具体技术性操作开始成为主要建设任务，数据报送、注册登记等系统建设工作加速跟进。2019年，随着相关基础工作的完成，以发电行业配额交易为主的全国统一碳市场进入重要的模拟、运行阶段。

第三阶段（2020年以来）为全国统一碳市场发展逐步成熟阶段。2020年全国碳市场建设进入深化完善阶段。经过近3年的准备与模拟运行，以电力行业为对象的全国统一碳市场于2021年7月正式上线，这对我国"双碳"目标的实现具有重大的现实意义。此外，除电力行业外，后续将逐步扩大行业覆盖范围，如钢铁、石化、化工、航空等重点行业，随着时间的推移，全国碳市场的交易产品和方式将进一步丰富，中国碳市场将成为全球最大的碳市场。

1. 碳市场体制机制设计的现状

碳排放权配额的分配方式可分为免费发放和有偿发放。目前我国绝大多数地方试点市场的配额都是采用免费的形式进行发放。其中湖北、重庆和福建的所有配额均通过免费的形式发放；深圳、北京和天津则在免费分配核定配额之外，将部分用于调节市场价格的储备配额向市场出售，以满足部分超排企业的履约需求；广东和上海碳市场更进一步，根据所属行业的不同，控排企业只能通过免费形式获得93%~99%的配额，其余配额需要通过竞价拍卖的形式获得。有偿发放通常采用的形式是不定期竞价拍卖。由于各个碳市场的配额总量设定和各行业配额分配方法略有不同，我们将各个碳市场的具体情况汇总至表12-4。

除了各行业的配额分配外，我国碳试点地区配额的整体分配如表12-5所示，我国的碳配额绝大多数都是以免费配额的形式发放，虽然用于拍卖的配额比重在逐年增加，但是占比还是偏小。除此之外，表12-5还展示了我国碳试点地区碳市场覆盖的行业范围、企业的纳入标准，以及企业若未完成履约时要受到的处罚。

表 12-4　各试点碳市场的配额设定及各不同行业的配额分配方法

省份	截至 2021 年覆盖排放占比（%）	截至 2021 年覆盖排放量（十亿吨）	配额总量设定（亿吨）	配额分配方法
北京市	24	0.4	2021 年：0.5	基准线法：火力发电（热电联产）、水泥制造、热力生产和供应、其他发电、电力供应行业、数据中心重点单位 历史总量法：石化、其他服务业（数据中心重点单位除外）、其他行业（水的生产和供应除外） 历史强度法：其他行业中水的生产和供应 组合方法：交通运输行业（历史总量法和历史强度法）
上海市	57	1.1	2021 年：1.09 2020 年：1.05 2019 年：1.58 2018 年：1.58 2017 年：1.56 2016 年：1.55	基准线法：发电企业、电网企业、供热企业 历史强度法：工业企业、航空港口及水运企业、自来水生产企业 历史排放法：对商场、宾馆、商务办公、机场等建筑，以及产品复杂、近几年边界变化大、难以采用行业基准法或历史强度法的工业企业
天津市	55	1.2	2021 年：0.75	历史强度法：建材、造纸行业 历史排放法：钢铁、化工、石化、油气开采、航空、有色、矿山、食品饮料、医药制造、农副食品加工、机械设备制造、电子设备制造行业企业
广东省	40	2.7	2021 年：2.65 2020 年：4.65 2019 年：4.65 2018 年：4.22 2017 年：4.22 2016 年：3.86 2015 年：4.08 2014 年：4.08	基准线法、历史强度法、历史排放法
深圳市	40	0.3	2021 年：0.25	基准强度法：供水、供电、供气、公交、地铁、港口码头、危险废物处理行业 历史强度法：其他行业
重庆市	51	0.8		历史强度法、历史排放法
湖北省	27	1.7	2021 年：1.82 2020 年：1.66 2019 年：2.70 2018 年：2.56 2017 年：2.57 2016 年：2.56 2015 年：2.81 2014 年：3.24	历史强度法：热力生产和供应、造纸、玻璃及其他建材（不含自产熟料型水泥、陶瓷）、水的生产和供应、设备制造（企业生产两种以上的产品、产量计量不同质、无法区分产品排放边界等情况除外）行业 标杆法：水泥（外购熟料型水泥企业除外） 历史排放法：其他行业

省份	截至 2021 年覆盖排放占比（%）	截至 2021 年覆盖排放量（十亿吨）	配额总量设定（亿吨）	配额分配方法
福建省	51	1.3		基准线法：水泥、电解铝、平板玻璃、化工、航空等行业 历史强度法：电网、铜冶炼、钢铁、化工（除主营产品为二氧化硅）、原油加工、乙烯、纸浆制造、机制纸和纸板、机场、建筑陶瓷、日用陶瓷及卫生陶瓷等行业

资料来源：各省份碳配额分配方案。

表 12-5　碳市场覆盖行业范围、纳入标准及处罚措施

省市	配额分配	覆盖行业	企业纳入标准	处罚措施
北京市	免费分配为主，储备配额以拍卖形式向市场发放	火电、热力、石化、水泥、航空及交运、服务行业和其他工业	固定设置和移动设置年排放总量 CO_2 5000 吨（含）以上	责令限期履行控制排放责任，按照市场均价的 3~5 倍予以处罚
上海市	各行业的免费发放比例在 93%~99%，无偿分配包括预分配配额和调整分配的配额。有偿分配的储备配额采用不定期有偿竞价方式分配	10 个工业行业（钢铁、石化、化工、有色、电力、建材、纺织、造纸、橡胶、化纤）和 8 个非工业行业（航空、港口、机场、铁路、商业、宾馆、金融、建筑）	工业：2 万吨 CO_2 非工业：1 万吨 CO_2 水运：10 万吨 CO_2	责令履行配额清缴义务，并可处以 5 万~10 万元罚款
天津市	配额分配以免费发放为主，拍卖或固定价格出售仅需在交易市场价格出现较大波动需稳定市场价格时使用	电力热力、钢铁、化工、石化、油气开采、建材、造纸、航空	2 万吨 CO_2 排放量以上	纳入企业未履行遵约义务，差额部分在下一年度分配的配额中予以双倍扣除（2020 年）
广东省	有偿与无偿发放结合，电力的免费比例为 95%，钢铁、石化、水泥、造纸的免费比例为 97%，航空为 100%	电力、水泥、钢铁、石化、造纸、民航、陶瓷、纺织、数据中心等行业及新建项目企业	年排放 1 万吨 CO_2 或年综合能源消费 5000 吨标准煤	责令履行清缴任务；拒不履行清缴义务的，在下一年度配额中扣除未足额清缴部分的 2 倍配额，并处以 5 万元罚款
深圳市	免费分配；拍卖（一小部分碳配额，不针对具体行业）	制造、电力、水务、燃气、公共交通、机场、码头等 31 个行业	工业：3000 吨 CO_2 排放量以上 公共建筑：10000 米 机关建筑：10000 米	强制扣除，不足部分从下一年度扣除，并履约当月之前连续 6 个月配额平均价格 3 倍的罚款

省市	配额分配	覆盖行业	企业纳入标准	处罚措施
重庆市	免费分配	发电、化工、热电联产、水泥、自备电厂、电解铝、平板玻璃、钢铁、冷热电三联产、民航、造纸、铝冶炼、其他有色金属冶炼及延压加工	2万吨CO_2	按照清缴期届满前一个月配额平均交易价格的3倍予以处罚
湖北省	免费分配	全部为工业，包括电力、热力和热电联产、钢铁、水泥、石化、化工、汽车、通用设备制造、有色金属和其他金属制品、玻璃及其他建材、化纤、造纸、医药、食品饮料、陶瓷共15个行业	综合能耗1万吨标准煤及以上的工业企业	对其未缴纳的差额，按照当年度碳排放配额市场均价的1~3倍处罚，但罚款最高不超过15万元，并在下一年度分配的配额中予以双倍扣除
福建省	免费分配，适时引入有偿分配制度，并逐步提高有偿分配的比例	电力、钢铁、化工、石化、有色、民航、建材、造纸、陶瓷9大行业	1.3万吨CO_2当量（综合能源消费量约5000吨标准煤）	责令履行清缴任务；拒不履行清缴义务的，在下一年度配额中扣除未足额清缴部分的2倍配额，并处以清缴截止日前一年配额市场均价1~3倍的罚款，但罚款金额不超过3万元

资料来源：《碳排放权交易管理暂行办法》。

2. 碳市场的数据表现

本章整理了八大碳市场开市以来的碳价及交易量的波动情况，如图12-7到图12-14所示。从图12-7到图12-14这八个碳市场的日度碳价和交易量的变化中我们可以看出，中国碳市场碳价波动是非常剧烈的，而且从波动上限中可以看出各个碳市场的碳价基本上维持在一个很低的水平。这与欧盟碳市场的前两个阶段的碳价表现相类似，都有水平较低、波动较大的特点，因此，我国碳市场如此表现的原因可以总结为：免费配额较多，拍卖比例较小，致使碳市场不够活跃。

由于每个碳市场的具体情况有所差异，因此我们将这八个碳市场的碳价及交易量整合起来进行分析，如图12-15和图12-16所示。

从图12-15中的碳价来看，深圳市碳市场由于发展时间较长，碳价和成交量都相对较高。碳价相对较高的还有北京市碳市场，但是由于北京市碳市场交易量较少，因此碳价的波动较小。

从图12-16中的交易量来看，除深圳市外，湖北省和广东省碳市场的交易量也相对较多，这与湖北省和广东省地理面积较大，工业企业较多有关。

从这八个碳市场的碳价和交易量的波动状况可以看出，一般在中期和末期履约期将至时交易量会增加，而碳价也会随着交易量的变化而上下起伏。

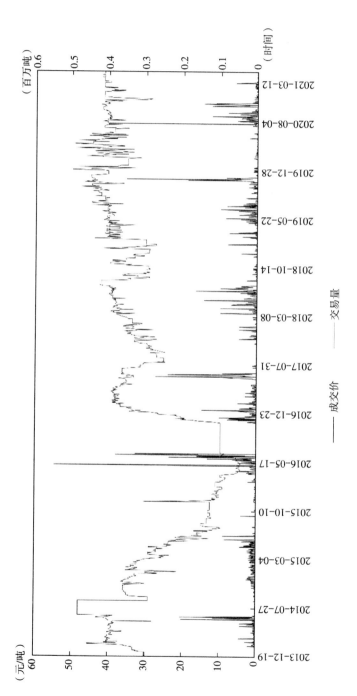

图 12-7 2013 年 12 月 19 日至 2021 年 3 月 23 日上海市碳市场日度碳价及交易量

资料来源：上海市碳交易所。

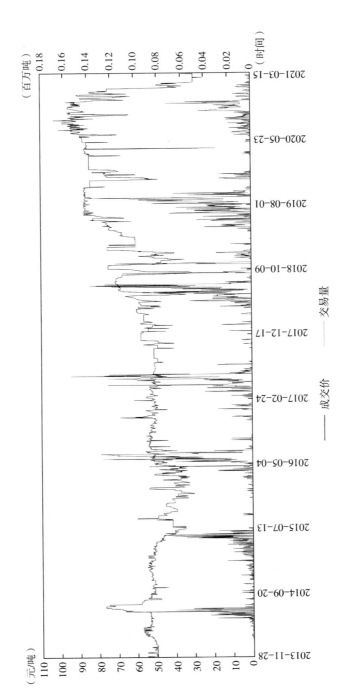

图 12-8　2013 年 11 月 28 日至 2021 年 3 月 23 日北京市碳市场日度碳价及交易量

资料来源：北京市碳交易所。

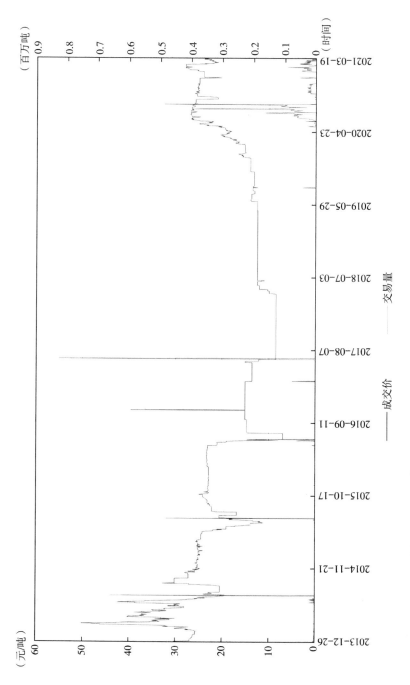

图12-9　2013年12月26日至2021年3月23日天津市场日度碳价及交易量

资料来源：天津市碳交易所。

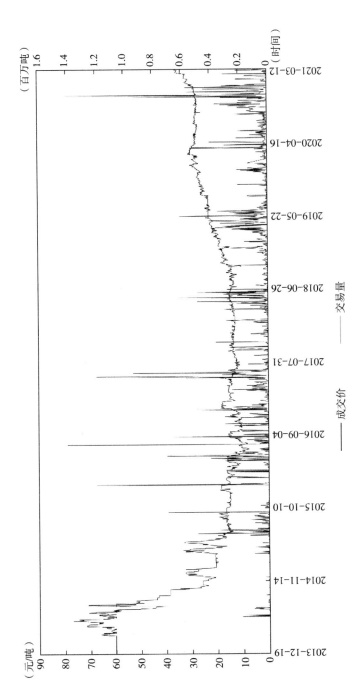

图 12-10 2013 年 12 月 19 日至 2021 年 3 月 23 日广东省碳市场日度碳价及交易量

资料来源：广东省碳交易所。

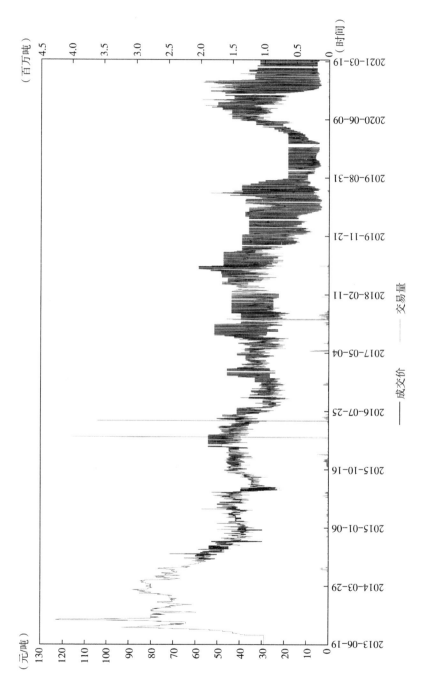

图 12-11 2013 年 6 月 19 日至 2021 年 3 月 23 日深圳市碳市场日度碳价及交易量

资料来源：深圳市碳交易所。

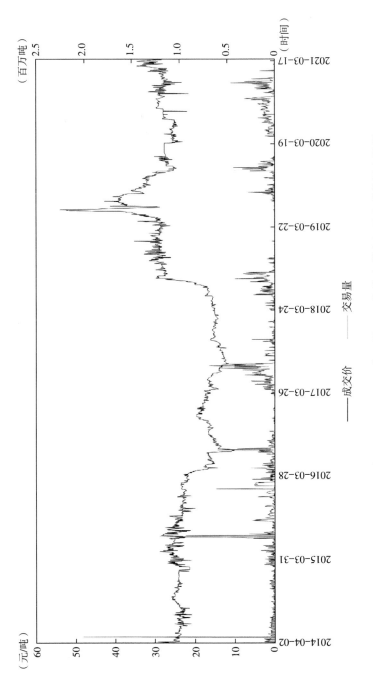

图 12-12　2014 年 4 月 2 日至 2021 年 3 月 23 日湖北省碳市场日度碳价及交易量

资料来源：湖北省碳交易所。

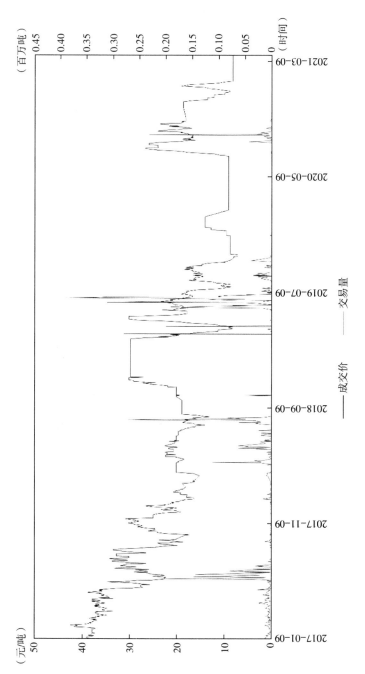

图 12-13 2017 年 1 月 9 日至 2021 年 3 月 22 日福建省市场日度碳价及交易量

资料来源：福建省碳交易所。

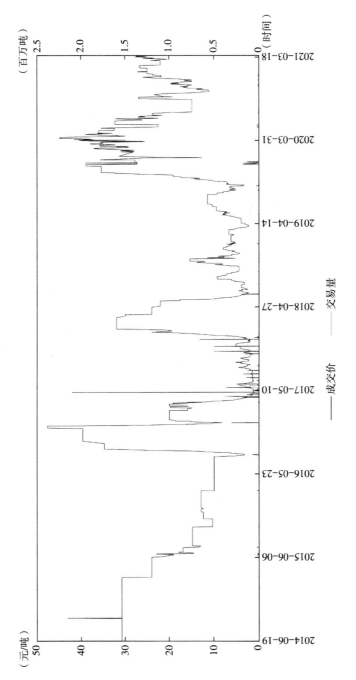

图12-14　2014年6月19日至2021年3月23日重庆市碳市场日度碳价及交易量

资料来源：重庆市碳交易所。

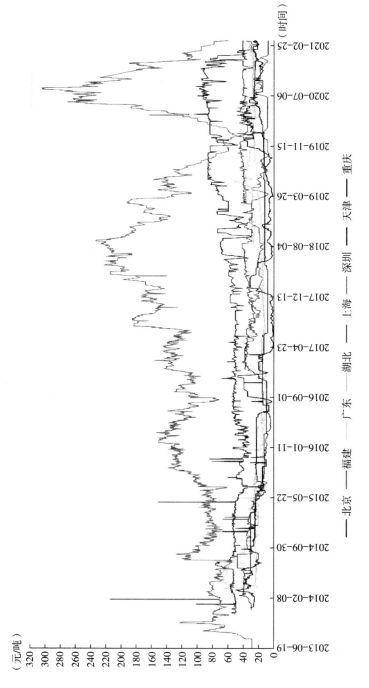

图 12-15　2013 年 6 月 19 日至 2021 年 3 月 22 日八大碳市场日度碳价

资料来源：各省份碳交易所。

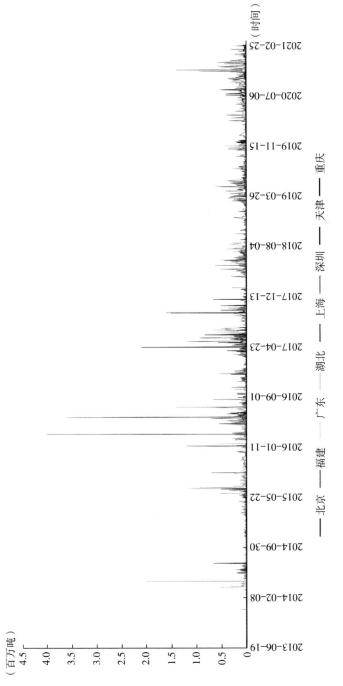

（百万吨）

北京 —— 福建 —— 广东 —— 湖北 —— 上海 —— 深圳 —— 天津 —— 重庆

图 12-16　2013 年 6 月 19 日至 2021 年 3 月 22 日八大碳市场日度交易量

资料来源：各省份碳交易所。

（三）国内外碳市场的比较

1. 起步差异

1997 年，《京都议定书》签署，随后越来越多的国家开始进行组建碳交易体系的诸多尝试，但是每个国家在建设碳市场的宏观背景层面存在着许多差异，例如，各个碳市场起步时，碳市场所在国家的经济发展状况、CO_2 排放量和人口总数等均不同，本章选取人均 GDP（美元）作为衡量国家经济发展状况的代表进行比较，见表 12-6。以下是主要碳市场建立时期，碳市场所在国家的人均 GDP（美元）、CO_2 排放量（千吨）和人口总数（亿）的具体情况。

表 12-6　碳市场建立时间及人均 GDP、CO_2 排放量和人口状况

年份	碳市场	人均 GDP（美元）	CO_2 排放量（千吨）	人口（亿）
1997	签署《京都议定书》			
	排放减量市场体系（芝加哥地区）	44267.91	5543350.00	2.73
	新南威尔士州自愿碳交易体系（澳大利亚）	41309.83	307850.00	0.18
2002	英国碳排放交易体系（自愿）	40563.34	530789.98	0.59
	东京碳排放交易体系（自愿）	31416.12	1206599.98	1.27
2003	芝加哥气候交易所（自愿）	50036.23	5658990.23	2.90
	新南威尔士州温室气体减排计划（GGAS）	47997.14	352579.99	0.20
2005	《京都议定书》生效			
	欧盟碳排放交易体系（EU ETS）			
	挪威碳排放交易体系	73036.74	36350.00	0.05
	日本自愿碳排放交易体系	33098.55	1212819.95	1.28
2007	挪威、冰岛和列支敦士登加入 EU ETS			
	阿尔伯塔省制定气体排放源条例（SGER）（加拿大）	42097.44	571630.00	0.33
2008	瑞士碳排放交易体系	82997.69	44960.00	0.08
	新西兰碳排放交易体系	35654.62	34170.00	0.04
	日本实验性碳排放交易体系	33557.65	1158219.97	1.28
2009	区域温室气体倡议（RGGI）	51996.18	5156430.18	3.07
2010	东京碳排放交易体系（日本）	32942.20	1156479.98	1.28
2011	埼玉县碳排放交易体系（日本）	33011.13	1213520.02	1.28
2012	澳大利亚碳排放交易体系	55254.61	386970.00	0.23

年份	碳市场		人均GDP（美元）	CO$_2$排放量（千吨）	人口（亿）
2013	哈萨克斯坦碳排放交易体系		10264.30	260010.01	0.17
	加州碳排放交易体系（美国）		54830.78	5092100.10	3.16
	魁北克省碳排放交易体系（加拿大）		42846.28	555659.97	0.35
	中国碳排放交易体系试点（北京市、广东省、上海市、深圳市、天津市）	全国	7056.41	9984570.31	13.63
		北京市	16149.96	86694.88	0.21
		广东省	8997.46	493087.73	1.13
		上海市	15375.45	181782.92	0.24
		深圳市	19946.04	4415910.16	0.03
		天津市	11457.00	151032.46	0.14
2014	中国碳排放交易体系试点（湖北省、重庆市）	全国	7532.77	10006669.92	13.72
		湖北省	7810.09	251823.68	0.58
		重庆市	7758.06	500648.49	0.30
2015	韩国碳排放交易体系		28732.23	607830.02	0.51
	《巴黎协定》通过				
2016	中国碳排放交易体系试点（福建省、四川省）	全国	8516.51	9874660.16	13.88
		福建省	11887.20	217151.74	0.40
		四川省	6471.13	250138.55	0.83
2018	马萨诸塞州碳交易市场（美国）		59600.05	4975310.06	3.27
	新斯科舍省碳交易市场（加拿大）		44917.48	580090.03	0.37
2020	墨西哥碳交易市场（试点阶段）		8922.61		1.26
2021	中国统一碳交易市场		11188.30		14.12
	德国碳交易市场		42526.55		0.83
	英国碳交易市场		46209.11		0.67

资料来源：世界银行、国家统计局、CSMAR数据库。

1997年美国芝加哥地区的排放减量市场体系成立，当年美国的人均GDP为44267.91美元；2005年欧盟碳排放交易体系（EU ETS）成立，同年挪威碳排放交易体系成立，挪威当年的人均GDP为73036.74美元；瑞士和新西兰的碳排放交易体系均于2008年成立，当年瑞士和新西兰的人均GDP分别为82997.69美元和35654.62美元；2009年区域温室气体倡议（RGGI）在美国通过，当年美国的人均GDP为51996.18美元；日本分别于2010年和2011年成立了东京碳排放交易体系和埼玉县碳排放交易体系，而这两年日本的人均GDP分别为32942.20美元和30311.13美元；2012年澳大利亚碳排放交易体系成立，当年澳大利亚的人均GDP为55254.61美元；2013年美国的加州碳排放交易体系和加拿大的魁北克省碳排放交易体系成立，当年美国和加拿大的人均GDP为54830.78美元和42846.28美元，同年，中国也开始碳市场的试点政策，在北京市、广东省、上海市、深圳市、天津市五个省份设立了碳市场，这五个省份当年的人均 GDP 分别为 16149.96 美元、8997.46 美元、15375.45 美元、19946.04 美元、11457.00 美元，而当年中国整体的人均 GDP 仅有 7056.41 美元；2014 年中国在湖北省、重庆市进行了碳市场试点工作，当年湖北省和重庆市的人均 GDP 为 7810.09 美元和 7758.06 美元，当年中国整体的人均 GDP 为 7532.77 美元；2016 年中国进一步扩大了碳市场的覆盖区域，在福建省和四川省也建立了碳市场，当年这两个省份的人均 GDP 为 11887.20 美元和 6471.13 美元，当年中国的整体人均 GDP 为 8516.51 美元；随后 2021 年中国建立了全国统一的碳交易市场，此时中国的人均 GDP 增长至 11188.30 美元，同年，德国和英国也相继成立碳交易市场，且其人均 GDP 分别为 42526.55 美元和 46209.11 美元。

就 CO_2 排放量而言，美国排放减量市场体系（芝加哥地区）成立时期，即 1997 年美国的 CO_2 排放量约为 5543350.00 千吨；2005 年挪威碳排放交易体系成立时期，挪威的 CO_2 排放量约为 36350.00 千吨；2008 年瑞士和新西兰的碳排放交易体系成立，当年两国的 CO_2 排放量为 44960.00 千吨和 34170.00 千吨左右；2009 年 RGGI 成立时美国的 CO_2 排放量约为 5156430.18 千吨；2010 年及 2011 年日本东京和埼玉县的碳排放交易体系成立时，日本的 CO_2 排放量分别为 1156479.98 千吨和 1213520.02 千吨左右；2012 年澳大利亚碳排放交易体系成立时，澳大利亚的 CO_2 排放量为 386970.00 千吨；2013 年美国和加拿大的 CO_2 排放量分别为 5092100.10 千吨和 555659.97 千吨左右，当年北京市、广东省、上海市、深圳市、天津市的 CO_2 排放量分别约为 86694.88 千吨、493087.73 千吨、181782.92 千吨、4415910.16 千吨和 151032.46 千吨，当年中国的 CO_2 排放总量约为 9984570.31 千吨，到了 2014 年湖北省和重庆市的 CO_2 排放量分别为 251823.68 千吨和 500648.49 千吨左右，此时中国整体的 CO_2 排放量约为 10006669.92 千吨，而 2016 年则减少到 9874660.16 千吨左右，当年福建省和四川省的 CO_2 排放量分别为 217151.74 千吨和 250138.55 千吨左右。

就人口而言，1997 年美国的人口总数约为 2.73 亿，2009 年约为 3.07 亿，2013 年约为 3.16 亿；2005 年挪威的人口总数约为 0.05 亿；2008 年瑞士和新西兰的人口总数分别为 0.08 亿和 0.04 亿左右；2010 年、2011 年日本的人口总数均约为 1.28 亿；2012 年澳大利亚的人口总数约为 0.23 亿；2013 年加拿大的人口总数约为 0.35 亿。2013 年中国的人口总数约为 13.63 亿，当年北京市、广东省、上海市、深圳市、天津市的年末常住人口分别为 0.21 亿、1.13 亿、0.24 亿、0.03 亿、0.14 亿左右；2014 年中国的人口总数约为 13.72 亿，湖北省和重庆市的年末常住人口分别为 0.58 亿和 0.30 亿左右；2016 年福建省和四川省的年末常住人口分别约为 0.40 亿和 0.83 亿，全国总体人口总数约为 13.88 亿，而到了 2021 年则增加到 14.12 亿左右。

从碳市场建立时期各国的人均 GDP、CO_2 排放量和人口总数数据的情况对比可知，中国作为上述建立碳市场的国家中唯一一个发展中国家，在起步阶段相较于其他发达国家来说人均 GDP 最少，CO_2 排放量最多，人口总数最大，且与其他国家均有较大差距。

2. 体制机制的区别

由于我国的碳排放交易市场起步相对较晚，和欧盟等国际老牌碳市场相比，经验稍显不足，从以下与其他国家碳市场对比可以看出，我国的碳市场还有很大的进步空间。为了更好地对比我国碳市场与国际其他碳市场之间在环境效益和市场管理方面的差异，我们运用表格的形式展示了全球碳市场的总体评价及评价标准，见表 12-7 和表 12-8。

表 12-7　全球主要碳市场的总体评价

总体评价	ETS 属性	EU ETS	瑞士	RGGI	加利福尼亚州	魁北克省	新西兰	韩国	中国试点
环境效益	主要排放部门的覆盖范围	中	高	低	高	高	低	中	低
	覆盖排放的排放上限	中	高	高	中	中	低	低/中	低
	上限的严格程度	中	中	中	高	高	低	中	低
市场管理	现行分配方法	高	中	高	高	高	低	低/中	低

资料来源：Easwaran N，Kelly S G，Stefan K. Carbon pricing in practice：A review of existing emissions trading systems［J］. Climate Policy，2018，18（6/10）：967-991.

表 12-8　指标对照

总体评价	ETS 属性	低	中	高
环境效益	主要排放部门的覆盖范围	ETS 符合整体气候政策，许多部门不受监管	ETS 符合整体气候政策，并有一些额外的碳减排政策；重大的 EITE 豁免	ETS 符合涵盖所有部门的整体气候政策，只有最低限度的 EITE 豁免；或替代保单下的 EITE 承保范围
	覆盖排放的排放上限	在履约期开始时，设定的上限等于或高于所涵盖的"一切照旧"的排放水平，不会随着时间的推移而进一步下降	在履约期开始时设定的上限低于所涵盖的"一切照旧"的排放水平，并随着时间的推移有所下降	在履约期开始时，设定的上限低于所涵盖的"一切照旧"的排放水平，并随着时间的推移明显减少
	上限的严格程度	没有每年收紧上限的情况	临时减少排放上限	预先确定每年收紧排放上限
市场管理	现行分配方法	免费分配，不受约束，没有明确的基线	免费分配，以基线年估计数为基准	完全拍卖或部分免费分配，以排放清单数据为基准

资料来源：Easwaran N，Kelly S G，Stefan K. Carbon pricing in practice：A review of existing emissions trading systems［J］. Climate Policy，2018，18（6/10）：967-991.

结合这两张表我们可以看出，中国的碳试点在环境效益和市场管理方面相对于欧盟等其他国外碳市场来说，都稍显不足。整体上来说，中国的碳市场还存在着以免费配额为主、排放上线管控不严格、排放范围覆盖面较小等问题，这些问题可能会导致中国的碳排放交易市场不能很好地起到限制国内企业碳排放的市场机制作用。

3. 碳市场的碳价差异

从前面的图表以及图 12-17 可知，我国的碳价相较于欧盟碳市场的价格来说是非常低的。那么，碳价作为碳市场机制的重要组成部分，将在很大程度上决定碳排放权交易制度如何影响企业的资源分配以及影响程度。而且结合成交量来说，我国碳市场的成交量相较于欧盟等碳市场而言，是十分细微的，这说明我国碳市场的活跃度还远远不够。图 12-18 至图 12-21 展示了欧盟碳市场发展的四个不同的阶段，同前文所述的欧盟各个阶段碳市场的特征相吻合：前两个阶段的碳价相对较低，波动相对较大，而这种情况到第三个阶段就有明显的好转，且呈现上升的趋势，但还是有很明显的小幅度波动，然而到了第四阶段，碳价的整体波动都趋于平缓，碳价水平整体较高且依旧呈现上升态势。

反观中国碳市场的发展阶段，图 12-22 展示了中国碳市场发展的第二个阶段，即试点开始时的阶段，这个阶段中国八大碳市场的碳价表现为波动较大且水平低。图 12-23 展示了我国碳市场发展的第三个阶段，也就是试点碳市场发展得相对成熟，全国碳市场开始起步，这个时候我国碳市场的碳价表现为波动幅度变小，水平相对上升，但上升幅度有限，全国碳市场碳价波动相对平稳但水平较低。

与欧盟碳市场的各个阶段进行对比，我国碳市场碳价发展阶段和欧盟碳市场发展的第一和第二阶段的特征相类似，但是我国碳价的整体水平相对于欧盟来说是很低的。

四、碳市场驱动中国绿色全要素能源效率的实证研究

（一）研究设计

1. 绿色全要素能源效率与全要素能源效率的测度模型

本章的被解释变量为绿色全要素能源效率，同时考察了碳市场建设对全要素能源效率的影响。因此，参考史丹和李少林（2020）与 Lv 等（2020）的研究，分别从能源约束和能源环境约束视角测度全要素能源效率和绿色全要素能源效率，用来刻画中国城市能源利用效率的现状。相关投入产出变量设定如下：选取劳动力、资本和能源作为投入，地区生产总值作为期望产出，工业二氧化硫、工业废水和工业烟尘（粉尘）排放量作为非期望产出。其中，全要素能源效率采用超效率 DEA 模型测算，其理论模型形式记为式（12-2）；绿色全要素能源效率采用超效率 SBM-DEA 模型测算，其理论模型形式记为式（12-3）。

$$\min\theta,$$

$$\text{s. t.}\begin{cases} \theta x_0 = \sum_{j=1,\ j\neq k}^{K} x_{ij}\lambda_j + s_i^-, & i = 1,\ 2,\ \cdots,\ m \\ y_0 = \sum_{j=1,\ j\neq k}^{K} y_{rj}\lambda_j - s_r^+, & r = 1,\ 2,\ \cdots,\ n \\ \lambda_j,\ s_r^+,\ s_i^- \geqslant 0 \end{cases} \quad (12\text{-}1)$$

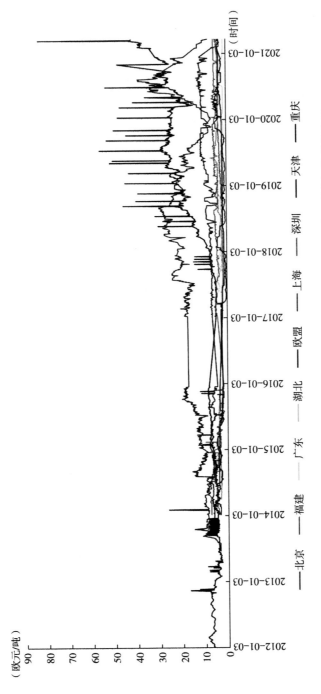

图 12-17 2012 年 1 月 3 日至 2021 年 3 月 22 日我国试点碳市场与欧盟碳市场的碳价表现

——北京 ——福建 ——广东 ——湖北 ——欧盟 ——上海 ——深圳 ——天津 ——重庆

资料来源：ICAP。

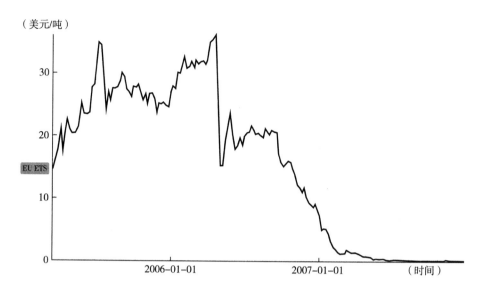

图 12-18　2005 年 3 月 16 日至 2007 年 12 月 27 日欧盟第一阶段碳价

资料来源：ICAP。

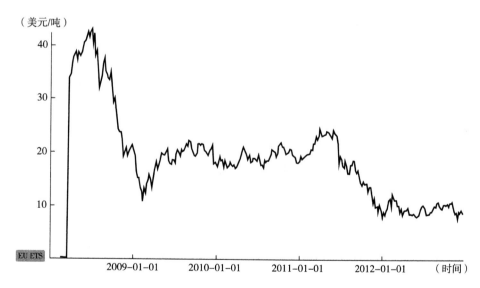

图 12-19　2008 年 1 月 4 日至 2012 年 12 月 28 日欧盟第二阶段碳价

资料来源：ICAP。

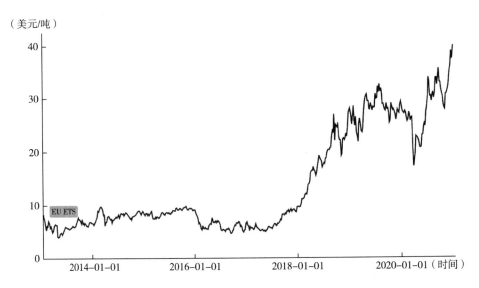

图 12-20　2013 年 1 月 7 日至 2020 年 12 月 31 日欧盟第三阶段碳价

资料来源：ICAP。

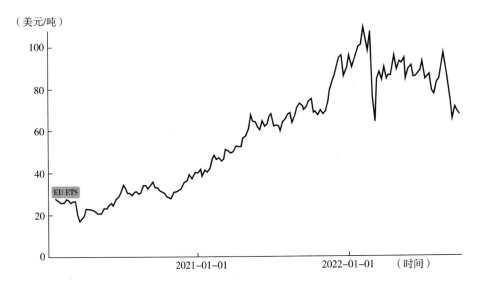

图 12-21　2021 年 1 月 1 日至 2022 年 9 月 30 日欧盟第四阶段碳价

资料来源：ICAP。

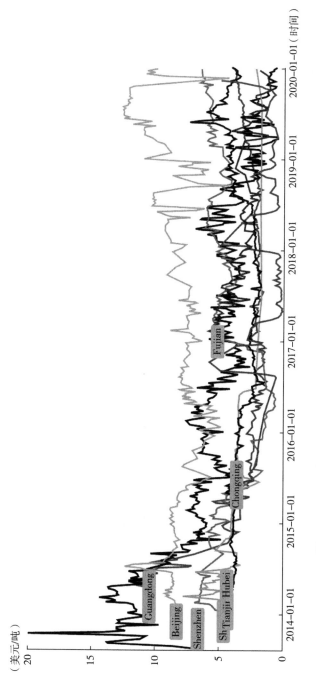

图12-22　2013年9月8日至2020年1月7日中国八大碳市场（第二阶段）碳价

资料来源：ICAP。

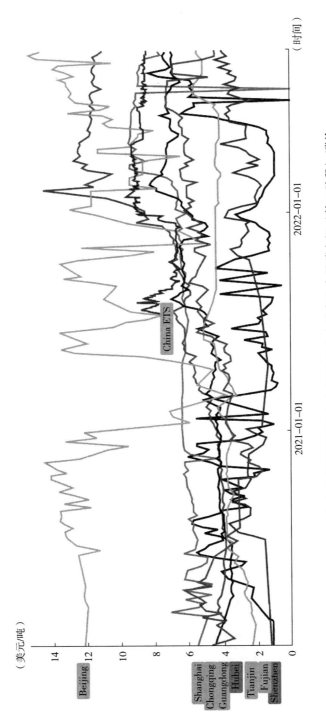

图 12-23　2020 年 1 月 7 日至 2022 年 9 月 30 日八大试点和全国碳市场（第三阶段）碳价

资料来源：ICAP。

式中，θ 表示第 k 个决策单位的全要素能源效率；x 和 y 分别表示投入和产出变量；m 和 n 分别代表投入和产出变量个数；λ 为决策单元组合比例，用来表示规模收益变化；s_r^+ 和 s_i^- 是松弛调整变量。

$$\theta^* = \min \frac{1 - \dfrac{1}{m}\sum_{j=1}^{m}\dfrac{s_j^-}{x_{j0}}}{1 + \dfrac{1}{s_1 + s_2}\left[\sum_{j=1}^{s_1}\dfrac{s_j^d}{y_{j0}^d} + \sum_{j=1}^{s_2}\dfrac{s_j^g}{y_{j0}^g}\right]}$$

$$\text{s.t.}\begin{cases} x_{j0} = \sum_{j=1,\,j\neq k}^{K}\lambda_j x_{ji} + s_j^-,\ i = 1,\ 2,\ \cdots,\ m \\[2mm] y_{j0}^d = \sum_{j=1,\,j\neq k}^{K}\lambda_j y_{sj}^d - s_j^d,\ j = 1,\ 2,\ \cdots,\ s_1 \\[2mm] y_{j0}^g = \sum_{j=1,\,j\neq k}^{K}\lambda_j y_{sj}^g + s_j^g,\ j = 1,\ 2,\ \cdots,\ s_2 \\[2mm] s_j^-,\ s_j^d,\ s_j^g,\ \lambda_j \geqslant 0 \end{cases}\tag{12-2}$$

式中，θ^* 表示绿色全要素能源效率；与式（12-2）不同的是，此时产出变量分为期望产出 y_{j0}^d 和非期望产出 y_{j0}^g，θ^* 关于 s_j^-，s_j^d 和 s_j^g 严格递减。其他变量定义同上。

本章采用序列 SBM-DEA 模型测算城市绿色全要素生产率，相关变量设定如下：①本章选取的投入指标包括劳动力、资本和能源消耗。鉴于单纯使用劳动力数量无法反映地区劳动生产率间的差距，以平均受教育年限[1]与城市总就业人数[2]之积来刻画劳动力投入（林伯强和杜克锐，2013）。②采用永续存盘法计算城市固定资本存量（张军等，2004），$K_{jt} = K_{jt-1}(1-\delta) + I_{jt}$，并以 2003 年为基期，利用全社会固定资产投资总额[3]来衡量资本存量。③考虑到城市层面没有公布能源消费数据，因此，以省级能源消费总量为基础数据，并以城市全社会年均用电量与所属省份之比为权重，从而折算城市能源消费数据（蔺鹏和孟娜娜，2021b）。④本章选取的产出指标包括期望产出和非期望产出[4]，选取城市实际 GDP 作为期望产出，采用城市二氧化碳排放量作为非期望产出。此外，考虑到中国城市之间污染排放存在显著差异。本章在稳健性检验中进一步选取工业二氧化硫排放量、工业废水排放量和二氧化碳排放量作为非期望产出，从而克服污染排放变量选择导致的估计偏误。

2. 基准回归模型的设定

鉴于全国 8 个碳市场启动时间存在差异，参考既有研究处理思路（吴茵茵，

---

[1] 按照现行学制，从业人员受教育程度可以大致分为小学教育、初中教育、高中教育和高等教育，各类受教育年限分别界定为小学 6 年、初中 9 年、高中 12 年、高等教育 16 年。

[2] 城市总就业人数为城镇单位年末从业人员数与城镇私营单位从业人员数之和。

[3] 由于国家统计局尚未公布 2018~2019 年全社会固定资产投资总额，因此这两年数据根据全社会固定资产投资总额的平均增长率进行推算。

[4] 考虑到 DEA 模型测算的需要，基于工业二氧化硫排放量、工业废水排放量、工业烟尘排放量、工业氮氧化物排放量和可吸入细颗粒物年平均浓度等，采用熵值法构建污染排放指数。

2021)，选择渐进双重差分方法考察碳市场对城市绿色全要素能源效率的影响效应。模型构建如下：

$$gee_{it} = \propto + \beta_1 carbon_{it} + \beta_2 announcement_{it} + \sum X_{it} + \mu_i + v_t + \varepsilon_{it} \qquad (12\text{-}3)$$

式（12-3）中，$i(i=1, 2, \cdots, 284)$ 为城市，$t(t=2004, 2004, \cdots, 2019)$ 为年份。gee_{it} 为城市 i 在第 t 年的绿色全要素能源效率。$carbon_{it}$ 表示碳市场交易效应，代表碳市场设立的虚拟变量，若城市 i 在当年设立碳市场，则 $carbon_{it}$ 当年及以后年份均赋值为 1，否则为 0。$announcement_{it}$ 表示碳市场公告效应，代表碳市场宣告成立的虚拟变量，若 i 城市在第 t 年宣布准备建立碳市场[①]，则赋值为 1，否则为 0。$\sum X_{it}$ 代表所有城市层面的控制变量。μ_i、$p_k v_t$ 分别表示城市固定效应、年份固定效应和省份固定效应。ε_{it} 是随机误差项。

核心解释变量：碳市场虚拟变量。根据前述分析可知，北京市、天津市、上海市、湖北省、广东省、深圳市、重庆市七大碳市场建成于 2014 年，福建碳市场建成于 2016 年。因此，北京市等七大碳市场的 carbon 在 2014 年当年及以后年份为 1，否则为 0。福建省碳市场在 2016 年当年及以后年份为 1，否则为 0。

控制变量：本章参考既有研究（史丹、李少林，2020；Wu and Wang，2022；潘健平等，2022），从城市经济发展特征和官员特征两个方面选择一系列可能影响城市绿色全要素能源效率的变量，并纳入模型予以控制。城市层面控制变量，具体包括产业结构的合理化与高级化、工业化程度、经济发展水平、能源消费结构、城镇化水平、市场化程度、政府对环保重视程度、经济增长压力、政府财政压力，详细测度方法见表12-9。官员层面控制变量，具体包括官员上任时年龄、官员在任时长、是否回到家乡任职、官员性别、是否为人文类专业、是否为社科类专业、是否为理工类专业、是否为农科类专业、是否为医科类专业、是否为经济师。

3. 样本选择与数据来源

本章主要基于 2003~2019 年中国 284 个地级以上城市的面板数据，考察碳市场对绿色全要素能源效率的影响，数据大体可以分为三部分：第一部分数据是来源于《中国城市统计年鉴》《中国统计年鉴》以及各省份统计年鉴的统计数据，具体包括绿色全要素能源效率与全要素能源效率投入产出的原始指标，产业结构、工业化程度、经济发展水平、能源结构、对外开放水平、城镇化水平、市场化程度等指标。第二部分数据是手工收集的一系列宝贵数据，具体包括碳市场试点数据集，中国城市市委书记个人特征数据，城市历年政府工作报告中提出的经济增长目标、财政增长目标以及环保词频数等。第三部分数据是地理信息数据集，具体夜间灯光数据来源于《中国长时间序列逐年人造夜间灯光数据集（1984—2020）》，中国人口空间分布公里网格数据集来源于中国科学院资源环境科学与数据中心。为了尽可能提高数据精度，还对数据进行

---

① 八大碳市场均在 2011 年宣告成立，但是北京市、天津市、上海市、湖北省、广东省、深圳市、重庆市七大碳市场建成于 2014 年，福建省碳市场则建成于 2016 年。因此，本章借鉴 Cui 等（2021）处理思路，设定 2011~2013 年为七大碳市场公告效应期，设定 2011~2016 年为福建省碳市场公告效应期。

了以下处理：①所有价格数据均以 2003 年为基期，剔除通货膨胀的影响；②所有变量均进行了 5% 的缩尾处理；个别变量如果存在轻微的缺失值，则采用插补法填充。

（二）实证结果分析

1. 基本回归

表 12-9 报告了模型（12-3）的估计结果，所有回归结果均控制了城市层面控制变量、官员特征变量、城市固定效应、年份固定效应和省份固定效应。第（1）列没有添加碳市场的预期效应，其他列均控制了碳市场的预期效应，所有列均汇报稳健性标准误。对比第（1）列、第（2）列可知，碳市场的政策预期效应为负，但没有通过显著性检验。无论是否控制政策的预期效应，碳市场的政策处理效应均显著为负。值得注意的是，如果不控制碳市场的预期效应，可能会导致碳市场的处理效应被低估。因此，在模型中控制碳市场的预期效应是必要的。此外，由第（3）列结果可知，碳市场在传统全要素能源效率方面的政策处理效应为-0.1151，通过了 1% 的显著性检验，而且预期效应也显著为负。

表 12-9　碳排放权交易对绿色全要素能源效率的影响

Varible	gee	gee	ee
	(1)	(2)	(3)
carbon	−0.1275**	−0.1400***	−0.1151***
	(0.0510)	(0.0526)	(0.0363)
annoncement		−0.0330	−0.0388*
		(0.0286)	(0.0201)
Constant	3.6732***	3.6995***	4.8475***
	(0.7050)	(0.7051)	(0.5280)
City controls	Yes	Yes	Yes
Officer controls	Yes	Yes	Yes
City FE	Yes	Yes	Yes
Province FE	Yes	Yes	Yes
Year FE	Yes	Yes	Yes
Observation	3315	3315	3315
Adj. R^2	0.7020	0.7020	0.6942

注：gee、ee 分别代表绿色全要素能源效率和全要素能源效率；City controls 为城市层面的控制变量，Officer controls 代表官员特征变量。City FE、Province FE、Year FE 分别代表城市固定效应、省份固定效应和时间固定效应。括号内数值为稳健标准误，*表示 p<0.1，**表示 p<0.05，***表示 p<0.01。下表同。

以上分析表明，碳市场建立显著降低了城市绿色全要素能源效率和传统能源效率。对于绿色全要素能源效率而言，尚未发现碳市场在公告阶段存在预期效应的经验证据。但是本章发现，碳市场的预期效应可能会降低传统全要素能源效率。可能的原因是，绿色全要素能源效率较之能源效率更为复杂，影响更具不确定性。这与 Chen 等（2021）、Hong 等（2022）以及 Zhou 和 Qi（2022）的研究结论不一致，他们基于中国城市面板或省级面板数据研究认为，碳市场通过促进技术创新显著提高了绿色全要素能源效率。对比以上文献可知，研究结论产生分歧主要可能有以下几个方面的原因：①绿色全要素能源效率的投入产出指标选择偏差，可能会导致测算结果与实际情况不符。由于受城市层面数据可获得性因素影响，Zhou 和 Qi（2022）、Hong 等（2022）在计算城市绿色全要素能源效率时，均没有在非期望产出中考虑二氧化碳排放指标。此外，Zhou 和 Qi（2022）选择使用工业用电量衡量城市能源投入可能也存在一定偏差。以上投入产出指标的选择偏差，会直接导致核心变量测算结果偏差进而影响结果的准确性。②交错 DID 模型的设定可能更适合用于评估碳市场政策效果（Chen et al.，2021；Zhou and Qi，2022；Hong et al.，2022），负权重问题可能是导致结果产生偏差的重要因素，如 Zhou 和 Qi（2022）基于中国 280 个地级市考察碳市场对绿色全要素能源效率的影响时，平行趋势假设并未完全满足。现有研究采用标准单期 DID 模型只考察了中国七大碳市场政策效果，忽视了 2016 年 12 月建立的福建碳市场。因此，本章认为采用交错 DID 模型并兼顾负权重问题考察碳市场政策效果可能更为适宜。③忽视碳市场建立的预期效应，可能会导致碳市场政策效果被低估。事实上，碳市场从宣告成立到正式落地存在一定时间差。从已有研究结论来看，碳市场从宣告成立起就会影响企业的节能减排决策（Cui et al.，2021），进而影响宏观层面的节能减排绩效。因此，在考察碳市场政策效果时，分离其预期效应是必要的。④中国官员在节能减碳的政策实践中扮演着至关重要的角色，忽视官员的作用可能导致估计结果产生较大偏误（Zhang et al.，2018；李俊青等，2022）。总体来看，当前中国碳市场活跃度较低，转手率不到 2%，而欧盟碳市场目前的转手率超过了 400%。碳价更是远低于欧盟碳市场，平均来看中国碳价大约为 60 元/吨，而欧盟为 90 欧元/吨。当碳市场尚处于建设阶段时，地方政府的环境管制作用变得更为重要（孙传旺、魏晓楠，2022）。

2. 稳健性检验

（1）平行趋势检验。

双重差分方法适用的前提条件是实验组与控制组在政策实施前具有相同的发展趋势，即实验组与控制组在政策实施前必须满足共同支撑假设。因此，借鉴事件研究法思路（Cantoni and Pons，2021），对碳市场与绿色全要素能源效率之间的平行趋势进行检验。模型设定如下：

$$gee_{it} = \alpha + \beta_1 carbon_{it} + \sum_{k \in [-7, 4], \, k \neq -1}^{3} \gamma_k canrbon_{it}^k + \beta_2 announcement_{it} + \sum X_{it} + \mu_i + v_t + \varepsilon_{it}$$

(12-4)

式中，k 表示政策实施的第 k 年，碳市场设立时间为 2014 年和 2016 年，样本区间为 2003~2019 年。借鉴赵仁杰等（2022）的处理思路，将政策实施前的第一年作为基期。此时，r_k 的系数就体现了第 k 年碳市场对中国绿色全要素能源效率的影响。

图 12-24 报告了模型（12-4）的估计结果，图中虚线为 95% 的置信区间，点实线

为估计系数。根据图 12-24 可知，在政策实施之前，碳市场并未对绿色全要素能源效率产生影响，满足平行趋势假设。此外，进一步观察发现，碳市场建立对地区绿色全要素能源效率的抑制作用是在第 3 年开始显现的，而且这种抑制效应不存在长期效果。

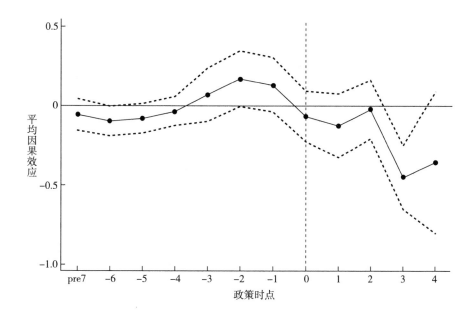

图 12-24　碳市场对绿色全要素能源效率的平行趋势检验

（2）安慰剂检验。

为了进一步验证基准回归结果的稳健性，进行了安慰剂检验。具体而言，首先，采用置换检验方法，将碳市场设立城市随机分配给不同城市；其次，基于样本研究宽度，为每个碳市场设立城市随机选取一个年份作为政策冲击年份，并纳入模型（12-3）估计。以上步骤重复 4000 次，从而得到 4000 个 carbon 的虚拟回归系数。最后，将 4000 次回归得到的系数分布及 p 值进行图形化表达。观察图 12-25 可知，绝大多数估计系数均集中在 0 点附近，且显著异于真实估计值-0.1400。同时，几乎所有估计系数的 p 值均处于 0.1 以上，说明碳市场设立在这 4000 次随机抽样中均没有显著效果。综上可知，碳市场对绿色全要素能源效率的影响与其他未知因素之间不具有明显的因果关系，说明基准结果较为稳健。

3. 作用机制检验

在厘清碳市场与绿色全要素能源效率之间因果关系后，进一步探索碳市场抑制绿色全要素能源效率的影响路径。根据绿色全要素能源效率的测度模型可知，绿色全要素能源效率降低主要存在三种可能的路径。①投入不变情况下降低好产出（GDP）；②投入不变情况下提高坏产出（污染排放量和二氧化碳排放量）；③产出不变情况下提高能源投入。因此，采用模型（12-3）对以上路径进行检验。

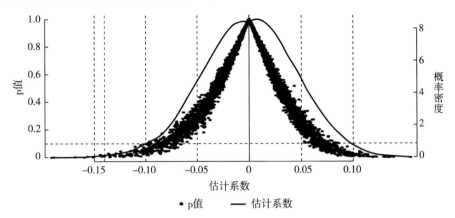

图 12-25 安慰剂检验估计系数的核密度分布

根据表 12-10 第（4）列可知，碳市场的政策处理效应和预期效应均显著为负，说明碳市场的政策处理效应和预期效应均会导致经济产出下降。其中，碳市场使得经济产出在公告阶段减少了 10.74%，在交易阶段减少了 17.69%。Cao 等（2021）利用工厂级电厂面板数据考察碳市场对电力行业减排效果时也发现，碳市场主要通过降低产出来降低煤炭消耗。第（6）列结果表明，碳市场在公告阶段和交易阶段对能源投入均无显著影响，即碳市场没有实现抑制能源消费总量增加的目标。第（7）和第（8）列结果表明，碳市场对二氧化碳排放总量和强度在公告阶段和交易阶段均呈现负向影响，且都通过了 1% 的显著检验。其中，碳市场在公告效应阶段和交易阶段分别降低了 7.45% 和 8.61% 的二氧化碳排放量。在公告阶段和交易阶段碳市场使得二氧化碳排放强度分别降低了 6.24% 和 3.16%。Martin 等（2016）基于欧盟企业面板数据考察欧盟碳市场效果时发现，欧盟碳市场有利于促进低碳技术创新，从而降低二氧化碳排放量。类似结论也出现在中国企业面板数据中（Cui et al.，2018）。综上分析可知，中国碳市场通过减产造成的能源效率损失远大于通过减排带来的能源效率提升，从而导致绿色全要素能源效率和传统能源效率下降。

表 12-10 碳排放权交易对绿色全要素能源效率的影响

Varible	lnEco_6	lnEco_2	lnEnergy	lnCO$_2$	lnCO$_2$_intensity	lnSO$_2$
	（5）	（4）	（6）	（7）	（9）	（8）
carbon	-0.0590***	-0.1853***	0.0587	-0.0882***	-0.0324***	-0.0673
	(0.0119)	(0.0382)	(0.0405)	(0.0102)	(0.0122)	(0.0614)
annonncement	-0.0078	-0.1010***	-0.0243	-0.0724***	-0.0624***	0.1565***
	(0.0055)	(0.0250)	(0.0247)	(0.0097)	(0.0088)	(0.0534)
Constant	5.6748***	1.4396**	2.5847***	14.4382***	-0.5653**	6.9458***
	(0.1775)	(0.6295)	(0.6636)	(0.1656)	(0.2194)	(0.9408)
City controls	Yes	Yes	Yes	Yes	Yes	Yes
Officer controls	Yes	Yes	Yes	Yes	Yes	Yes

续表

Varible	lnEco_6	lnEco_2	lnEnergy	lnCO$_2$	lnCO$_2$_ intensity	lnSO$_2$
	(5)	(4)	(6)	(7)	(9)	(8)
City FE	YES	YES	YES	YES	YES	YES
Province FE	YES	YES	YES	YES	YES	YES
Year FE	YES	YES	YES	YES	YES	YES
Observation	3315	3002	3315	3315	3315	3253
Adj. R^2	0.9904	0.9681	0.9214	0.9920	0.9734	0.8116

注：lnEco_6 表示城市实际国内生产总值的对数，lnEnergy 表示城市能源消费总量的对数，lnSO$_2$ 表示城市工业二氧化硫排放量的对数，lnCO$_2$ 和 lnCO$_2$_ intensity 分别表示二氧化碳排放量和二氧化碳排放强度。City controls 为城市层面的控制变量，Officer controls 代表官员特征变量。City FE、Province FE、Year FE 分别代表城市固定效应、省份固定效应和时间固定效应。括号内数值为稳健标准误，＊表示 p<0.1，＊＊表示 p<0.05，＊＊＊表示 p<0.01。

（三）拓展分析

碳交易机制凭借其灵活性和低成本等特征在欧美碳市场显现了巨大的制度红利（Fowlie et al.，2016；Löschel et al.，2019；Bartram et al.，2022），正如狭义的波特假说指出的，相较于命令控制型环境规制，市场激励型环境规制更有利于提高企业生产率（Albrizio et al.，2017）。但归根结底，碳市场的核心机制仍然是价格机制。合理的碳价有助于激励高碳企业自主减排，刺激非高碳企业通过减排和低碳技术创新获得碳市场红利（Cui et al.，2021；Ohlendorf et al.，2022）。尽管中国从 2011 年就开始筹建地方碳市场，然而，全国性的碳市场直到 2021 年 7 月才正式启动上线交易。目前，中国碳市场刚跨过首个履约期，进入第二履约期。根据图 12-26 可知，中国八个碳市场呈现以下两个特点：①碳价总体偏低，不同碳市场差距较大。总体来看，北京和深圳碳市场碳价较高，为 50~60 元/吨，其次是上海和湖北，平均在 30~40 元/吨，紧随其后的是福建和天津，平均在 20~30 元/吨，最后是重庆，大约在 15 元/吨，碳价波动较大。这与欧盟碳市场第一阶段（2005~2007 年）和第二阶段（2008~2012 年）的碳价特征十分相似，2005~2007 年欧盟碳市场初建，由于免费碳配额超过了实际的排放额，导致碳价降为 0。随后在第二阶段，免费配额减至 90%，启动拍卖机制，碳价回升，减碳效果超过预期。②碳交易量较低，履约期交易特征非常明显[①]。由图 12-27 可知，尽管八个地方碳市场价格持续上升，但是碳市场交易量和流转量较低，大额交易通常出现在 6 月末。根据全国碳市场交易数据可知，2021 年全国碳市场换手率不足 2%，而同期的欧盟碳市场的换手率已超过 400%，即使是欧盟碳市场建立之初也超过了 4%。由此可见，中国碳市场的机制可能尚未显现其效果，这与现阶段中国碳市场的管理模式、行业覆盖、碳配额方式等机制设计密切相关。从相关研究来看，碳价的高低直接影响着甚至决定了碳市场的表现，进而影响碳市场的减碳效果，以及对经济与社会等方面的冲击（Borghesi et al.，2020；Casey et al.，2022；Ohlendorf et al.，2022）。国内学者研究发现，较低的碳价和过高的免费碳配额不利于发挥碳市场的节能减碳效果，即使有效

---

① 各地碳市场履约到期日通常设定在 6 月 30 日之前。

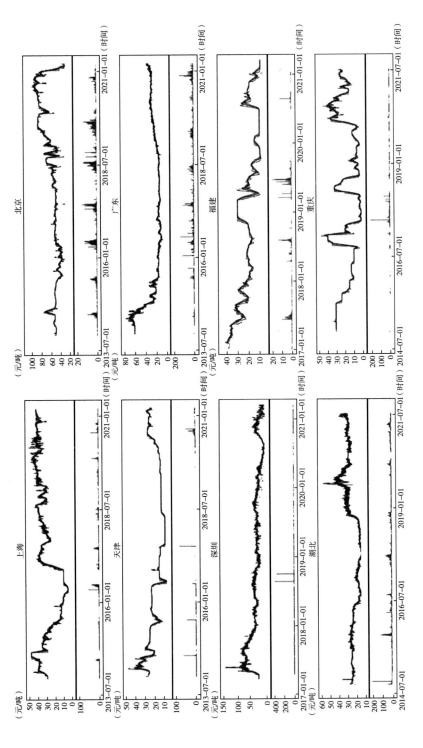

图 12-26 中国八个碳市场的日度收盘价与成交量

果也可能源自于政府决策的驱动而非市场机制的作用（Cao et al.，2021）。Cui 等（2021）在研究中国碳市场对企业减排效果时也发现，基于数量的配额分配规则、更高的碳价格和活跃的配额交易有助于更显著的减排效果。吴茵茵（2021）在考察中国碳市场的碳减排效应时也明确指出，中国碳市场的碳减排效应主要来源于政府干预而非市场机制的诱导。

基于上述分析，进一步采用双重差分模型从市场机制视角考察碳市场的表现。具体参考吴茵茵（2021）的研究思路，选取碳价刻画碳市场活跃度，同时利用碳市场流动性进行稳健性检验。模型构建如下：

$$gee_{it} = \propto + \beta_1 carbon_{it} + \beta_1 carbon_{it} \times mar_{it} + \beta_2 announcement_{it} + \sum X_{it} + \mu_i + v_t + \varepsilon_{it}$$

$$(12-5)$$

式中，mar_{it} 表示碳价或碳市场流动性，具体采用八个碳市场日度收盘价汇总至城市—年度层面，计算年平均收盘价的对数用以度量碳价水平。同时，采用八个碳市场一年内交易天数的对数值来衡量市场流动性。其他变量与模型（12-1）相同。

根据表 12-11 第（1）列和第（2）列可知，提高碳价和市场周转率有助于抑制现阶段碳市场对绿色全要素能源效率的负向作用。为了更加深入地从市场机制角度揭示碳市场影响绿色全要素能源效率的机理，本章进一步沿用模型（12-4）考察了碳价对经济产出、能源消费总量、污染排放量以及二氧化碳排放总量和二氧化碳排放强度的影响。根据表 12-11 汇报的估计结果，碳价并未直接导致经济产出减少，也没有起到降低二氧化碳排放总量和二氧化碳排放强度的效果，但是碳价显著降低了能源消费总量和工业二氧化硫排放量、工业烟尘排放量以及工业氮氧化物排放量。以上分析表明，提高碳价或碳市场流动性之所以能够抑制绿色全要素能源效率下降，主要通过节能减排途径得以实现，而非通过压缩产能或降低二氧化碳排放总量和二氧化碳排放强度实现。碳价之所以没有对经济产出和"双碳目标"产生预期冲击，根本原因可能是中国碳市场正处于培育发展阶段，碳价过低、免费配额过高、行业覆盖面较窄可能是直接原因。另外，由于大气污染治理自 20 世纪 80 年代以来就成为中国环境治理的重要领域，涉及的工业二氧化硫排放量、工业烟尘排放量等关键指标更是直接纳入了地方官员环保绩效考核的指标体系。譬如 1987 年颁布的《中华人民共和国大气污染防治法》中明确将抑制酸雨和二氧化硫污染浓度作为大气污染治理的直接目标，1988 年国家专门设置酸雨控制区和二氧化硫污染控制区来应对大气污染问题，2005 年首次将二氧化硫排放总量目标纳入官员绩效考评。由此可见，碳市场的建立进一步增强了企业对大气污染治理的决心和信心，驱动企业在显性节能减排指标方面努力（Chen et al.，2018；韩超等，2021）。

表 12-11　碳价机制的市场表现

Variable	(1)	(2)	(3)	(4)	(5)	(6)	(7)	(8)	(9)
	gee	gee	lnEco_6	lnEnergy	$lnSO_2$	lnSmoke	lnNitr	$lnCO_2$	$lnCO_2\_intensity$
carbon	-0.6688***	-0.1555***	-0.0310	0.3165*	0.6387**	0.6401**	0.7386**	-0.0403*	-0.0655
	(0.2442)	(0.0522)	(0.0339)	(0.1665)	(0.3154)	(0.2872)	(0.2927)	(0.0221)	(0.0412)

续表

Variable	(1)	(2)	(3)	(4)	(5)	(6)	(7)	(8)	(9)
	gee	gee	lnEco_6	lnEnergy	$lnSO_2$	lnSmoke	lnNitr	$lnCO_2$	$lnCO_2$_intensity
annoncement	0.0055	−0.0014	−0.0023	−0.0301	0.0868	0.0997	0.0985	−0.0609 ***	−0.0667 ***
	(0.0327)	(0.0327)	(0.0063)	(0.0286)	(0.0621)	(0.0702)	(0.0692)	(0.0091)	(0.0098)
carbon_price5	0.1559 **		−0.0101	−0.0874 *	−0.2644 ***	−0.1686 *	−0.1857 **	0.0100	0.0295 **
	(0.0749)		(0.0108)	(0.0510)	(0.0997)	(0.0934)	(0.0943)	(0.0075)	(0.0134)
lnprice5	0.0197		0.0021	0.0048	0.0286	0.0013	−0.0036	−0.0141 ***	−0.0179 ***
	(0.0160)		(0.0028)	(0.0117)	(0.0247)	(0.0350)	(0.0342)	(0.0030)	(0.0035)
carbon_trade1		0.1319 ***							
		(0.0295)							
lntrade1		0.0000							
		(0.0000)							
Control varible	Yes	Yes	Yes	Yes	Yes	Yes	Yes	Yes	Yes
Officer	Yes	Yes	Yes	Yes	Yes	Yes	Yes	Yes	Yes
N	3315	3315	3315	3315	3253	3208	3209	3315	3315
R^2	0.7315	0.7318	0.9913	0.9291	0.8302	0.7469	0.7495	0.9945	0.9760
adj. R^2	0.7028	0.7032	0.9904	0.9215	0.8116	0.7189	0.7217	0.9939	0.9734
Year	Yes	Yes	Yes	Yes	Yes	Yes	Yes	Yes	Yes
codecity	Yes	Yes	Yes	Yes	Yes	Yes	Yes	Yes	Yes
codepro	Yes	Yes	Yes	Yes	Yes	Yes	Yes	Yes	Yes
robust	Yes	Yes	Yes	Yes	Yes	Yes	Yes	Yes	Yes

注：lnEco_6 表示城市实际国内生产总值的对数，lnEnergy 表示城市能源消费总量的对数，$lnSO_2$ 表示城市工业二氧化硫排放量的对数，lnSmoke 表示城市工业烟尘排放量的对数，lnNitr 表示城市工业氮氧化物排放量的对数，$lnCO_2$ 和 $lnCO_2$_intensity 分别表示二氧化碳排放量和二氧化碳排放强度。

五、主要结论和政策建议

（一）主要结论

坚持"双轮驱动"战略，以有效市场和有为政府推进实现碳达峰、碳中和，是中国做好碳达峰、碳中和工作的总体方针和基本原则。在命令控制型环境规制政策以外，通过碳交易试点形成的碳市场来助力实现碳达峰、碳中和，是当前国内外最主流的政策工具和有效手段。厘清碳市场与绿色全要素能源效率之间的内在机理可以帮助人们较为全面地掌握和理解碳交易机制，为进一步完善碳交易机制提供经验依据。因此，本章在梳理全球碳市场制度背景的基础上，对比分析了国内外碳市场在体制机制、碳价等方面的差异，进而利用中国样本数据，实证检验了碳市场对绿色全要素能源效率的影响及作用机制。研究发现，国外发达国家的碳市场交易机制相对较为完备，突出表现为免费配额低、覆盖行业广、惩罚力度大、碳价水平高等特征，国内碳市场发展相对滞后，集中表现为免费配额高、覆盖行业窄、惩罚力度小、碳价水平低等特征。此外，基本回归结果表明，碳市场对传统能源效率和绿色全要素能源效率存在显著的负向影响。机制检验发现，中国碳市场通过减产造成的能源效率损失远大于通过减排带来的能源效率提升，从而导致绿色全要素能源效率和传统能源效率下降。

（二）政策建议

基于前述研究结论，得到如下政策启示：

（1）加快完善国内外碳市场体制机制与配套制度建设。通过制度背景与国内外碳市场现状分析可知，国内碳市场在交易机制设计和碳价等方面均显著滞后于发达国家碳市场，制约了碳市场效果。因此，提出如下政策建议：①分阶段逐步减少免费配额，增加拍卖份额，充分发挥碳市场对高碳企业的约束作用和对低碳企业的激励作用。②在现有电力行业基础上，不断拓宽碳市场行业覆盖范围。根据碳市场边际减排成本模型，分批次纳入其他高碳行业。③借鉴国外成熟碳市场经验，不断创新碳交易产品，盘活碳现货和期货市场，提高碳市场活跃度。

（2）培育并激发碳市场的"波特效应"，努力实现碳市场的"减排不减产"目标。实证结果表明，碳市场通过减产造成的能源效率损失远大于通过减排带来的能源效率提升。根据国外碳市场建设经验和"波特效应"理论可知，以碳市场为代表的市场激励型环境规制可以通过刺激企业技术创新，抵消环境规制带来的成本增加，进而提高企业全要素生产率，实现环境治理与经济增长的"双赢"。因此，提出如下政策建议：①通过对国内八大碳市场的现状比较与经验总结，不断理顺碳市场交易机制，提高碳市场交易水平。②借鉴国外成熟碳市场发展经验，结合地方实际情况，找出制约地方碳市场发展的主要障碍，并予以优化。最终，通过完善碳市场交易机制，提升碳市场活跃度，产生强波特效应。

（3）探索构建碳税与碳市场的协同互补机制，解决碳市场失灵问题。由于碳市场以覆盖高碳行业为主，忽视了许多行业和企业，可能会带来严重的碳泄漏问题。因此，提出如下政策建议：①借鉴国外碳税政策实施经验，制定适宜于中国现实情境的碳税政策，以弥补碳市场覆盖范围优先的不足。②考虑允许企业在碳市场与碳税两种政策之间进行有条件的自由选择，增强企业在减碳方面的自觉性和主动性。③探索碳市场与碳税的协同机制，通过优化两种政策的行业覆盖范围、实施策略，降低企业的监管成本，增强碳减排效果。

参考文献

［1］Abrell J, Cludius J, Lehmann S, et al. Corporate emissions-trading behaviour during the first decade of the EU ETS ［J］. Environmental and Resource Economics, 2022, 83 (1): 47-83.

［2］Acemoglu D, Aghion P, Bursztyn L, et al. The environment and directed technical change ［J］. American Economic Review, 2012, 102 (1): 131-166.

［3］Albrizio S, Kozluk T, Zipperer V. Environmental policies and productivity growth: Evidence across industries and firms ［J］. Journal of Environmental Economics and Management, 2017, 81: 209-226.

［4］Allen F, Qian J, Qian M. Law, finance, and economic growth in China ［J］. Journal of Financial Economics, 2005, 77 (1): 57-116.

［5］Bartram S M, Hou K, Kim S. Real effects of climate policy: Financial constraints and spillovers ［J］. Journal of Financial Economics, 2022, 143 (2): 668-696.

［6］Beattie G, Ding I, La Nauze A. Is there an energy efficiency gap in China? Evidence from an information experiment ［J］. Journal of Environmental Economics and Management, 2022, 115: 102713.

［7］Borghesi S, Franco C, Marin G. Outward foreign direct investment patterns of Italian firms in the European Union's emission trading scheme ［J］. The Scandinavian Journal of Economics, 2020, 122 (1): 219-256.

［8］Bushnell J B, Chong H, Mansur E T. Profiting from regulation: Evidence from the European carbon market ［J］. American Economic Journal: Economic Policy, 2013, 5 (4): 78-106.

［9］Cantoni E, Pons V. Strict ID Laws Don't stop voters: Evidence from a U. S. nationwide panel, 2008-2018 ［J］. The Quarterly Journal of Economics, 2021, 136 (4): 2615-2660.

［10］Cao J, Ho M S, Ma R, et al. When carbon emission trading meets a regulated industry: Evidence from the electricity sector of China ［J］. Journal of Public Economics, 2021, 200: 104470.

［11］Casey B, Gray W B, Linn J, et al. How does state-Level carbon pricing in the United States affect industrial competitiveness ［J］. Environmental and Resource Economics, 2022, 83 (3): 831-860.

［12］Chen Y J, Li P, Lu Y. Career concerns and multitasking local bureaucrats: Evidence of a target-based performance evaluation system in China ［J］. Journal of Development Economics, 2018, 133: 84-101.

［13］Chen Z, Song P, Wang B. Carbon emissions trading scheme, energy efficiency and rebound effect: Evidence from China's provincial data ［J］. Energy Policy, 2021, 157: 112507.

［14］Convery F J. Origins and development of the EU ETS ［J］. Environmental and Resource Economics, 2009, 43 (3): 391-412.

［15］Cui J, Wang C, Zhang J, et al. The effectiveness of China's regional carbon market pilots in reducing firm emissions ［J］. Proceedings of the National Academy of Sciences, 2021, 118 (52):e2109912118.

［16］Cui J, Zhang J, Zheng Y. Carbon pricing induces innovation: Evidence from China's regional carbon market pilots [J]. AEA Papers and Proceedings, 2018, 108: 453-457.

[17] Fowlie M, Holland S P, Mansur E T. What do emissions markets deliver and to whom? Evidence from Southern California's NOx trading program [J]. American Economic Review, 2012, 102 (2): 965-993.

[18] Fowlie M, Reguant M, Ryan S P. Market-based emissions regulation and industry dynamics [J]. Journal of Political Economy, 2016, 124 (1): 249-302.

[19] Hong Q, Cui L, Hong P. The impact of carbon emissions trading on energy efficiency: Evidence from quasi-experiment in China's carbon emissions trading pilot [J]. Energy Economics, 2022, 110:106025.

[20] Löschel A, Lutz B J, Managi S. The impacts of the EU ETS on efficiency and economic performance: An empirical analyses for German manufacturing firms [J]. Resource and Energy Economics, 2019, 56: 71-95.

[21] Lv Y, Chen W, Cheng J. Effects of urbanization on energy efficiency in China: New evidence from short run and long run efficiency models [J]. Energy Policy, 2020, 147: 111858.

[22] Martin R, Muûls M, De Preux L B, et al. Industry compensation under relocation risk: A firm-level analysis of the EU emissions trading scheme [J]. American Economic Review, 2014, 104 (8): 2482-2508.

[23] Martin R, Muûls M, Wagner U J. The impact of the European union emissions trading scheme on regulated firms: What is the evidence after ten years? [J]. Review of Environmental Economics and Policy, 2016, 10 (1): 129-148.

[24] Ohlendorf N, Flachsland C, Nemet G F, et al. Carbon price floors and low-carbon investment: A survey of German firms [J]. Energy Policy, 2022, 169: 113187.

[25] Wu Q, Wang Y. How does carbon emission price stimulate enterprises' total factor productivity? Insights from China's emission trading scheme pilots [J]. Energy Economics, 2022, 109: 105990.

[26] Yamazaki A. Jobs and climate policy: Evidence from British Columbia's revenue-neutral carbon tax [J]. Journal of Environmental Economics and Management, 2017 (83): 197-216.

[27] Zhang B, Chen X, Guo H. Does central supervision enhance local environmental enforcement? Quasi-experimental evidence from China [J]. Journal of Public Economics, 2018, 164: 70-90.

[28] Zhou C, Qi S. Has the pilot carbon trading policy improved China's green total factor energy efficiency? [J]. Energy Economics, 2022, 114 (10): 106268.

[29] 韩超, 王震, 田蕾. 环境规制驱动减排的机制: 污染处理行为与资源再配置效应 [J]. 世界经济, 2021 (8): 82-105.

［30］胡珺，黄楠，沈洪涛. 市场激励型环境规制可以推动企业技术创新吗？——基于中国碳排放权交易机制的自然实验［J］. 金融研究，2020（1）：171-189.

［31］李俊青，高瑜，李响. 环境规制与中国生产率的动态变化：基于异质性企业视角［J］. 世界经济，2022，45（1）：82-109.

［32］林伯强. 碳中和进程中的中国经济高质量增长［J］. 经济研究，2022，57（1）：56-71.

［33］林伯强，杜克锐. 要素市场扭曲对能源效率的影响［J］. 经济研究，2013（9）.

［34］蔺鹏，孟娜娜. 绿色全要素生产率增长的时空分异与动态收敛［J］. 数量经济技术经济研究，2021（18）：104-124.

［35］潘健平，马黎珺，范蕊，等. 央地交流与政策执行力：来自政策文件大数据的证据［J］. 世界经济，2022，45（7）：181-204.

［36］史丹，李少林. 排污权交易制度与能源利用效率——对地级及以上城市的测度与实证［J］. 中国工业经济，2020（9）：5-23.

［37］孙传旺，魏晓楠. 市场激励型环境规制、政府补贴与企业绩效［J］. 财政研究，2022（7）：97-112.

［38］涂正革，谌仁俊. 排污权交易机制在中国能否实现波特效应？［J］. 经济研究，2015，50（7）：160-173.

［39］吴茵茵. 中国碳市场的碳减排效应研究——基于市场机制与行政干预的协同作用视角［J］. 中国工业经济，2021（8）：114-132.

［40］赵仁杰，唐珏，张家凯，等. 社会监督与企业社保缴费——来自社会保险监督试点的证据［J］. 管理世界，2022，38（7）：170-184.

［41］张军，吴桂英，张吉鹏. 中国省份物质资本存量估算：1952—2000［J］. 经济研究，2004（10）：35-44.

第十三章　异质性环境规制政策与企业绿色创新

程中华[*]

摘　要：考察异质性环境规制如何影响企业绿色创新，对于促进经济环境协调发展和完善环境规制制度具有重要意义。本章使用 2011~2017 年中国 A 股上市公司的面板数据，将企业绿色技术创新分为源头管控类和末端治理类，分析了命令控制型和市场激励型环境规制政策对企业绿色技术创新的影响。研究结果表明，无论是命令控制型还是市场激励型环境规制，都可以显著促进企业的绿色技术创新。此外，还发现命令控制型环境规制主要促进末端治理的绿色技术创新，而市场激励型环境规制主要提升源头管控的绿色技术创新水平。机制检验表明，命令控制型环境规制通过增加环境治理成本和行政执法监督压力来促进企业绿色创新，而市场激励型环境规制则主要依赖内部和外部激励来推动企业创新。同时，当企业具有良好的环境管理意识时，企业的绿色创新效果更佳，且更愿意在源头管控方面进行创新。

关键词：环境规制；绿色创新；异质性

一、引言

中国经济在改革开放以来经历了持续的高速增长，长期保持 10% 左右的增长速度，到 2020 年 GDP 总量已经突破百万亿元。然而，经济不断发展、城市化程度不断加深的背后是中国碳排放量和能源消耗量的急剧上升。根据瑞士世界经济论坛发布的 2020 年环境绩效指数，在世界 180 个国家中，中国在其中排名第 120 位，在空气质量问题方面，中国排在倒数第四名。面对如此严峻的环境污染问题，中国政府逐步加强了对环境污染的管制（Jiang et al.，2018）。中央颁布和下达了日渐严苛的减排指令，建立了由中央及地方各级所形成的全方位、多层次的环境规制，包括命令控制型和市场激励型（Li and Ramanathan，2018；Zhang et al.，2018）。其中，命令控制型环境规制主要特征就是"强制性"，主要是通过建立不同方面的法律法规，对企业的污染排放行为进行约束。市场激励型环境规制采取"谁污染，谁付费"的原则，以排污费制度、可交易许可证等方式来实施。

环境资源具有消费的非排他性、非竞争性、稀缺性和破坏后的不可修复性等特征，

---

* 作者简介：程中华，南京信息工程大学管理工程学院教授。

市场本身的调节已不能使资源分配达到最优水平。同时，企业很难达到对环境有利的纳什均衡，因此，实施环境规制对出现的环境问题进行纠正并实现可持续发展是必要的。根据科斯定理，在企业生产过程中排放的污水、废气、废渣属于社会成本，需要社会付出代价，而对于企业而言，其私人成本却较低。因此，环境规制的实施可以很好地界定环境要素的产权，改变环境要素的非排他性属性。同时，环境规制可以不断抬高企业的私人成本，从而促使企业的私人和社会边际成本趋于相似。因此，对企业进行征税，实行污染者负担原则，解决企业污染的负外部性，使外部性成本内部化，进而保护环境并解决环境外部不经济问题（孔东民等，2022；曹倩文，2022）。

2023 年政府工作报告强调，推动经济社会发展绿色转型，完善循环经济，推进资源节约利用，落实"双碳"目标。实现经济增长与环境保护的关键因素在于绿色创新（Magat，1978），从而实现经济效率与环境保护的"共赢"。同时，企业可以凭借绿色创新能力获得竞争优势。绿色创新为企业带来一系列优势，从内部来讲，企业不断发展壮大和提升企业价值是进行绿色创新的根本动力。借助绿色市场的导向，绿色创新有助于企业发现新的市场机遇和投资机会，促进企业淘汰落后产能，带来成本降低和收益增加的"双赢"。同时，探索性绿色创新行为使企业获取绿色产品带来的"溢价效益"，并且为企业带来"技术补偿"效应。此外，绿色创新改善企业绿色形象并获得责任竞争力，从而有利于赢得政府、舆论和消费者的支持，获得一定的财政补贴。然而，现有研究多侧重于环境规制对企业排污行为（张明等，2022）、企业环境治理（胡珺等，2022）的影响，缺少环境规制对企业绿色创新影响的研究。部分文献研究环境规制对企业技术创新的影响，而非对企业绿色创新的影响（冯宗宪、贾楠亭，2021；张国兴等，2021）。

本章的边际贡献在以下三个层面：第一，为环境规制能否提升企业的竞争能力提供了中国的微观证据（Rugman and Verbeke，1998）。目前有关环境规制的影响研究还较少，特别是有关经济后果方面的，且大多数学者仅讨论了某一单一环境政策或某一类环境规制对企业绿色创新的影响，鲜有文献同时考虑两种环境规制政策对企业绿色创新的影响。因此，本章根据目前主要的环境规制类型，考察了命令控制型和市场激励型环境规制同时存在情况下对企业的绿色创新的影响，为环境规制能否促进企业创新提供了新的证据。

第二，明晰了不同环境规制类型促进企业绿色创新的微观作用路径，进一步丰富了波特假说的理论。目前学者们主要探讨了环境规制在地区层面是否带来大的影响和能否在整体水平上促进绿色技术创新，而对企业面对不同环境规制下的绿色创新类型的探讨明显不足。事实上，面对不同的环境规制类型，企业也许会选择不同的绿色创新方向。因此，本章将绿色创新进一步分为源头管控与末端治理两类，探讨企业对不同环境规制的异质性响应，丰富现有研究。

第三，为政府现阶段选择何种环境规制以及如何进行环境规制的搭配提供了一些理论依据。同时为企业如何应对规制带来的挑战提供了一些理论参考。根据实证结果，本章建议政府充分认识到环境收费对企业绿色创新的积极作用，应当设置合适的环境规制强度，充分释放市场机制对企业的正面影响作用；同时，政府还应注重不同类型环境规制工具的运用，根据不同的地区情况以及企业责任意识，因地制宜地使用不同环境规制工具组合。企业应当充分发挥自身资源优势，建立有效的内部激励措施，不断提高绿色创新水平，从而实现企业竞争力与环境保护的"共赢"。

二、文献综述

环境污染具有负外部性，因此，企业不能仅凭自身动力来开展绿色创新，政府行为也必须发挥作用来引导这一过程。环境规制是政府解决环境污染的有效途径。新古典经济学认为，环境规制迫使企业投入治理污染的资金，从而挤占了研发投入和研发活动的资源，抑制了企业创新（Jaffe and Palmer, 1995）。然而，波特假说从长期和动态的视角出发，认为环境规制反而会激发企业进行绿色创新以提升竞争力，抵消环境规制带来的额外成本，从而形成创新补偿效应（Porter and Linde, 1995）。随后学者围绕环境规制与企业创新展开了丰富的研究，但是没有得出明确的结论。

（一）命令控制型环境规制与绿色创新

对于命令型环境规制对企业创新的影响，学者们并未达成一致的结论。首先，部分学者认为，命令控制型环境规制能促进企业绿色创新。孙冰等（2021）基于氢燃料电池技术，将命令型环境规制作为要素投入纳入生产函数来构建计量模型，探究命令控制型环境规制与企业绿色创新的关系，结果表明命令控制型环境规制能促进企业绿色技术创新。而部分学者不仅研究了命令型环境规制对企业创新水平的影响，还发现在主导的命令型环境规制下，如果企业通过 ISO14001 认证，则企业的绿色创新水平将更好（王分棉等，2021）。还有部分学者探究不同类型环境规制对企业绿色创新的影响发现，不同的环境规制可以很好地提高企业的创新水平，从而打破企业转向高质量发展的阻碍（胡德顺等，2021）。还有部分学者认为命令型环境规制并不能推动企业进行绿色创新。例如，周迪等（2022）基于大气治理方面的环境规制发现，命令型环境规制对企业的研发创新活动没产生明显影响，这种结果不仅表现在整体上，也表现在逐年的动态效应上。其次，部分学者认为，命令控制型环境规制对企业绿色创新的影响是非线性的。一方面，学者发现短期的环境规制具有较强的监管效应，可以很好地发挥对企业的威慑作用从而实现短期的污染减排。但长期的环境规制因为执法不严以及政企勾结等，并没有发挥出实质的作用，对企业的绿色创新不具有明显的影响（李永友和沈坤荣，2008）。另一方面，学者发现命令型环境规制的实施短期内会给企业增加生产成本，从而挤占企业在研发支出以及人才引进方面的资源，对企业的绿色创新产生负面影响。当企业重视环境规制给企业生产成本带来的影响时，企业才会重视节能减排等技术创新（叶琴等，2018）。王珍愚等（2021）在探究环境规制对企业绿色创新的影响时，发现两者之间是先抑制后促进的"U"形关系，即在初期低水平条件下，环境规制的增强会降低企业绿色创新能力，达到特定水平后，环境规制的增强能激励企业绿色技术创新能力的提升。此外，部分学者研究发现环境规制与企业绿色创新并不具有一定的关系。环境的负外部性决定了企业不会主动进行减排，当实施环境规制后，严厉的行政处罚给企业生产带来负面影响时，企业会将注意力转移到短期的污染治理上。因此，当短期的环境规制没能形成长期的监管效果时，企业的环保投资也就不具有确定性。最后，部分学者认为，如果企业不具有一定的实力和没有充足的准备，短期内无法实现绿色生产或技术改进，环境规制的实施只会阻碍企业绿色发展。谢荣辉（2017）基于中国工业企业的分析得出，环境规制的强度和企业绿色创新呈负相关关系，因此，强制性的命令型环境规制对企业环保创新会产生抑制作用。同时，部分学者也基于更为微观的设备数据发现严格的环境规制产生的负面效应掩盖了创新补偿带来的正向效应，对企业的经营绩效产生负面影响，也证实了不分场合和条件的一刀切政策并不有利于企业的绿色创新（谢宜章等，2021；Lanoie et al.，2011）。同样，Cai等（2017）通过探究企业绿色创新的驱动因素，发现命令型环境规制会抑制企业的绿色创新。

（二）市场激励型环境规制与绿色创新

也有众多研究市场激励型环境规制对企业绿色创新的影响，主要存在三种观点：首先，部分学者认为，市场激励型环境规制能够通过节能减排型补贴、提高碳市场流动性并激励企业产生创新意愿等途径，使企业提高创新动力并关注绿色技术、工艺和产品的创新（王娟茹等，2018；胡珺等，2020；孙传旺、魏晓楠，2022）。一方面，有学者基于企业整体绿色转型视角研究发现，市场激励型环境规制促进工业绿色转型（彭星、李斌，2016）。也有学者着重关注激励型环境规制对能源企业的技术创新效应（Johnstone et al.，2008）。另一方面，有学者研究发现，市场激励型环境规制通过促进企业产生创新意愿，进而对其绿色技术创新行为产生很强的诱导性（王娟茹等，2018）。而有学者研究认为，市场激励型环境规制对企业技术开发、绿色工艺和产品创新都有显著的激励作用（张倩，2015；梁敏等，2021）。此外，有学者基于碳排放权交易政策的节能减排型补贴和碳市场流动性等视角，发现市场激励型环境规制对企业创新补偿产生激励效应（孙传旺、魏晓楠，2022），碳市场流动性的提高也能推动企业技术创新（胡珺等，2020）。其次，部分学者认为，市场激励型环境规制带来的压力对企业的绿色技术创新起阻碍作用（Ramanathan et al.，2017；叶琴等，2018；Petroni et al.，2019）。一方面，激励型环境规制抑制企业当期技术创新，滞后一期才呈现促进作用（叶琴等，2018）。另一方面，有学者指出，市场激励型环境规制通过增加企业的环境资本支出进而挤出企业创新投资（Kneller and Manderson，2012）。此外，Carrión-Flores 和 Innes（2010）通过分析环境创新和污染物排放两者的关系发现，环境规制诱导的技术创新对碳减排的长期贡献较小。最后，市场激励型环境规制对企业创新产生"U"形的非线性特征影响（范丹等，2020；肖仁桥等，2022）。有学者着重指出，时间维度上环境规制的不同强度对企业技术进步的影响呈现"U"形，负面效应往往在当期产生影响，而技术创新本身所需的时间相对较长（张成等，2011）。另有学者进一步研究发现，激励型环境规制对企业绿色科技研发效率的促进效应在跨越阈值后才显著（肖仁桥等，2022）。因此，在短期内由于环境规制低、污染治理成本挤占企业研发投入以及治污技术创新挤占生产技术创新资金等原因，会降低企业的绿色技术创新，但是在长期内，该环境规制水平能提高企业的技术创新（蒋伏心等，2013；范丹等，2020；王珍愚等，2021）。

（三）异质性环境规制与企业绿色创新

少数学者研究了异质性环境规制对企业绿色创新的影响，但是并未形成统一的观点（谢宜章等，2021；陶锋等，2021）。一种观点是，异质性环境规制均能促进企业绿色创新，具体体现为绿色技术创新、绿色产品创新以及绿色创新效率等（赵金国等，2022；卢建词、姜广省，2022）。命令型和激励型环境规制均能促进企业创新行为，并且这种创新行为主要体现为研发创新，但是命令型的激励作用在 2016 年后才起作用，激励型的促进作用呈现逐年递减。同时该学者也指出，碳交易市场对企业技术创新的促进作用主要体现为外部引进。有学者从高管环境支持视角出发研究发现，异质性环境规制均能通过高管环境支持对企业绿色创新产生积极影响，主要探究的是其对绿色技术创新和绿色产品创新的影响（赵金国等，2022；卢建词、姜广省，2022）。另有学者基于排污收费和环保补助的视角，发现排污收费促进企业绿色创新能力的提高，而环保补助呈现抑制作用（李青原、肖泽华，2020）。有学者进一步深入基于工业废水的排污收费视角，研究发现征收排污费用抑制末端治理型绿色技术创新，但是会促进企业工艺改进型创新，因此，征收排污费对企业绿色创新的影响体现为工艺改进（汪明月等，2022）。然而，另一种观点是，命令控制型环境规制对企业技术创新不存在显著影响，但激励型具有明显的促进作用（彭星、李斌，2016；范丹等，2020）。此外，有学者研究发现，异质性环境规制分别对企业绿色创新效率呈现"U"形或倒"U"形（肖仁桥等，2022）。因此，已有研究由于聚焦单一环境规制政策冲击、不同机制研究视角、未划分地区以及未体现政策的地区差异性等原因，在异质性环境规制对企业绿色创新的影响方面尚未进行系统全面的研究和得出一致的结论。

现有文献为本章的研究提供了宝贵的经验，但仍然存在两点需要完善的地方：第一，现有文献大多关注环境规制对企业绿色技术创新的影响，事实上，不同的环境规制对企业技术创新的影响是不同的，其作用路径也同样存在差异。因此，本章从命令型和市场激励型环境规制两种政策角度来分析其对企业绿色技术创新的影响。第二，小部分文献探究了环境规制对于不同种类的技术创新的影响，根据绿色技术创新不同的分类，环境所引发的技术创新有所不同。但是没有考虑不同类型的环境规制对不同类型的绿色技术创新的影响，导致影响机制不够清晰。因此，本章在探究对绿色技术创新的影响时，分别讨论了命令型和激励型环境规制对末端治理绿色创新和源头管控技术创新的影响，使环境规制对绿色技术创新的作用机制更加明了。

三、政策背景与理论分析

（一）政策背景

在高消耗和高排放的粗放型企业高速增长和经济发展的同时，我国的环境和资源付出了巨大的代价，为保持经济发展和环境保护之间的平衡，国家逐渐加大环境规制的实施力度，从追求绝对数量和利润的生产方式转变为追求绿色、环保、高质量的生产方式，改变"先污染，后治理"的污染处理模式，强调"预防在先，治理在后"以及从源头上控制污染的策略。现阶段的环境管制不但需要强有力的命令控制型环境规制，更需要市场进行调节和控制的激励型环境规制，从而达到环境保护的目标。命令控制型环境规制对污染发生和处理的各个阶段进行预防、控制和治理，以强制手段规范企业排污行为并进行处罚。市场激励型环境规制通过环境税、环保补贴和排放权交易等措施激励企业从产品设计、生产到回收利用全环节采用绿色技术，提高企业减排自主性。

命令控制型环境规制的实践主要分为环境管理和环境标准两个维度。如表 13-1 所示在环境管理制度方面，从 1989 年形成环境管理 8 项制度开始，随后 2000 年、2006 年、2013 年、2015 年以及 2016 年分别颁布或提出《中华人民共和国大气污染防治法》、"十一五"规划、《大气污染防治行动计划》、《水污染防治行动计划》和《土壤污染防治行动计划》。尤其 2016 年的"环保风暴"，国家印发和修正了十大环保政策，其中包括挥发性有机物削减行动计划、环保机构垂直管理制度等。2020 年，国家提出碳减排的"双碳"目标，旨在促进生态环境绿色发展。在环境标准方面，2017 年，环境保护部印发《国家环境保护标准"十三五"发展规划》，旨在改善环境质量和防范环境风险。在"十四五"开局之年的 2021 年，为促进经济发展绿色转型和实现生态环境质量的质变，国家印发生态环境标准 117 项。2022 年，生态环境部在《地下水质量标准》和《污水综合排放标准》等的基础上增加了关于水质、土壤和沉积物以及环境空气的五项国家生态环境标准。

表 13-1 命令型环境规制

名称	主要内容
环境管理制度	1989 年，国家颁布环境保护目标责任制度，落实环境保护目标责任，对环境保护情况进行考核评价； 1989 年，国家颁布城市环境综合整治定量考核制度，综合评价城市政府环境综合整治工作成效； 1989 年，国家颁布"三同时"制度，污染防治设施必须与主体工程同时设计、同时施工、同时投产
《中华人民共和国大气污染防治法》	2000 年，国家实行按照向大气排放污染物的种类和数量征收排污费的制度
"十一五"规划	2006 年，提出"十一五"期间主要污染物排放总量减少 10% 的要求
《大气污染防治行动计划》	2013 年，该计划提出到 2017 年全国地级及以上城市可吸入颗粒物浓度比 2012 年下降 10% 以上，重点行业排污强度比 2012 年下降 30% 以上
《水污染防治行动计划》	2015 年，该计划提出污染较重的企业应有序搬迁改造或依法关闭，推动污染企业退出，狠抓工业污染防治，取缔"十小"企业
《土壤污染防治行动计划》	2016 年，国务院颁布的《土壤污染防治行动计划》提出，到 2030 年，全国土壤环境质量稳中向好。到本世纪中叶，土壤环境质量全面改善
碳减排目标	2020 年国家提出"2030 年前实现碳达峰、2060 年前实现碳中和"的碳减排目标

资料来源：笔者整理。

此外，环保约谈和督察同样也是命令型环境规制的一部分。为推进国家监控并更有力地解决污染超标问题或未完成环境保护目标的企业，避免"一刀切"问题，国家在企业事态还没有发展到特别严重的时候进行点对点的环保约谈，从而提出整改要求并督促整改到位，该方法具有预防性、非强制性和公开性的特点。环保督察是指通过信访受理、现场核实以及下沉督察等方式，监察生态环境违法违规问题以及违规决策者和监管不力者存在的问题，从而形成警示震慑作用并实现标本兼治。

市场激励型环境规制主要有环境税、碳排放权交易、减排补贴政策以及二氧化硫排放权交易四个手段。首先，环境税，也称庇古税，是指社会将生态破坏和治理环境污染产生的费用内部化到企业成本和市场价格中，以税收的形式对企业超标污染排放物收取费用，然后再通过市场机制分配环境资源，进而激励企业减少污染排放。但就目前经济总量来看，环境税征收强度、规模以及范围不足。其次，碳排放权交易，是基于科斯定理发展起来的，是指政府通过招标和拍卖等方式将排污权有偿出让给排污者，排污者可对排放份额进行买入或卖出，从而完成本企业的减排目标要求。让碳排放权像商品一样买卖，从而充分发挥市场的调节作用。企业为达到法律强制减排要求进行交易的市场属于强制交易市场，而企业基于社会责任等相关协议和约定建立的市场属于自愿型碳交易市场。同时，随着碳价的提高，更有助于企业发展清洁技术。再次，减排补贴政策，主要为按年度完成列入减排任务项目的建设并稳定达标运行的企业，以及采用先进工艺、技术提升污染治理装备水平，将获得一定的补助。最后，二氧化硫排放权交易，是将排污权交易进一步深化的成果，政府通过分析和计算确定地区一段时间内合理的二氧化硫排放总量，之后，根据企业规模、效益等信息，将二氧化硫排放许可派发或有偿分配给企业，企业可将其在市场上转让交易，以此来控制企业二氧化硫排放量。具体进程见表13-2。

表 13-2　市场激励型环境规制

名称	主要进程
环境税	1982 年，国务院颁布《征收排污费暂行办法》，提出按照相关规定对超出排放标准的污染排放物收取费用； 2003 年，国务院颁布《排污费征收使用管理条例》； 2007 年，国家环境保护总局通过了《排污费征收工作稽查办法》，进一步加大了排污收费的管理与监督力度； 2018 年 1 月 1 日起，环境税的开征标志着排污费政策的正式结束
碳排放权交易	2002 年，国家环境保护总局下发《关于开展"推动中国二氧化硫排放总量控制及排污交易政策实施的研究项目"示范工作的通知》； 2011 年，国家发展改革委办公厅下发《关于开展碳排放权交易试点工作的通知》； 2014 年，国家发展改革委颁布《碳排放权交易管理暂行办法》，详细制定了碳排放权交易的实施细则； 2016 年，国务院公布《"十三五"生态环境保护规划》，提出全面推行排污权交易制度； 2020 年，国务院颁布《排污许可管理条例》，在排污许可证申请和排污环节规定了排污单位具体的责任和义务

名称	主要进程
减排补贴政策	2008 年，国家发布《环境保护专用设备企业所得税优惠目录（2008 年版）》等对税收优惠政策支持企业节能减排； 2008 年，国家发布《资源综合利用企业所得税优惠目录（2008 年版）》等对税收优惠政策支持企业节能减排； 2022 年，国家发展改革委、国家能源局发布《关于完善能源绿色低碳转型体制机制和政策措施的意见》后，各地出台相应的减排补贴政策
二氧化硫排放权交易	2002 年，国家环境保护总局下发《关于开展"推动中国二氧化硫排放总量控制及排污交易政策实施的研究项目"示范工作的通知》； 2005 年，国家发布《国务院关于落实科学发展观加强环境保护的决定》，提出"有条件的地区和单位"可实行二氧化硫等排污权交易； 2006 年，国家环境保护总局发布《二氧化硫总量分配指导意见》，旨在完成二氧化硫分配工作，确保按时完成"十一五"二氧化硫削减目标； 2014 年，国务院办公厅发布《关于进一步推进排污权有偿使用和交易试点工作的指导意见》，旨在推进排污权有偿使用和交易工作； 2016 年，七部委推出的《关于构建绿色金融体系的指导意见》中提出推动建立排污权交易市场，发展基于排污权的融资工具

资料来源：笔者整理。

（二）环境规制的优缺点

1. 行政命令型环境规制

行政命令环境规制，是指为了提高环境质量，根据法律、法规和部门规章，运用行政手段，对被规制的目标进行直接的管理，并强制被规制者满足一定的标准或要求。行政命令环境规制具有很强的强制力和很强的确定性。其目标的确立、政策的制定、规制的实施和监督，都必须得到法律的肯定，并必须有相关部门的参与。当企业不能满足环保要求时，环保主管部门可以对其采取罚款、限制生产、暂时停产、强制退出等措施。因此，行政命令型环境规制适用于解决一些严重、突发的环境问题。

命令型环境规制同样存在局限性。首先，这并不能从根本上解决不同企业差异问题。行政命令型环境规制对所有企业都实行了相同的环保标准，这就导致了企业不能根据自己的实际情况，自主地选择自己的技术路径，从而达到"最优排放"与"企业稳健发展"的目的。其次，在政策效果上，各部门存在很大程度上的"人为"因素。由于各地区对政绩的看法不一，以及对生态文明建设的看法也不统一，使得各地区的政策实施具有很强的随意性，难以保证政策的一致性与统一性。同时，由于命令控制型政策采用统一的环境标准，难以实现社会污染减排的成本最小化，且执法过程中存在"寻租"行为，导致规制效果大打折扣。最后，政府缺少对企业有效的激励和约束。政府在环境规制中扮演着决策者和实施者的角色。政府作为决策者，在其公共服务职能的基础上，以保护环境，维持生态平衡，推动经济绿色可持续发展为目的，与现实相结合，制定出了多种类型的环境规制制度。各国政府必须根据已有的体制机制来完成其任务。同时，由于政府具有双重身份，加之环境管制和监督制度的不健全，导致需要对政府行为进行制约。

2. 市场激励型环境规制

市场激励型的环境规制政策并没有对特定的环境标准作出明确的界定，它利用市场激励机制，对公司的污染排放行为进行了调整，相对于行政命令型环境规制由于信息不对称，搜寻、看管、惩罚等大量的人力物力带来的高昂成本，市场型环境规制在集中信息方面具有绝对优势，具有低成本的特点。以最具代表性的"环境税费"为例，它的产生机理是利用"税收"和"收费"等手段提高污染物的经济成本，从而实现了对污染物的削减。一般情况下，监管者会设定一个与污染相关的边际费用相匹配的税率，以达到最小化的目标。所以，政府为公司提供了很大的弹性和自治权，以便在减少排放与发展之间找到一个平衡点。而且，市场导向的环境管制政策往往表现出很强的一致性和连续性。就拿环保税来说，其征收标准的变动，必须由省级人大常务委员会来确定，不会因当地行政人员改变、环保政策倾向变化而变动。

但是市场激励型环境规制同样存在局限性。市场激励型环境规制的有效性的实现具有时间滞后性与不确定性，难以适应于对突发性环境问题的处理。本章认为，市场激励型环境规制并不是强制的，它主要是以企业的自主行为为基础，对其进行间接约束。因此，环境治理目标的实现通常会有滞后，对于一些重大和突发的环境问题，它并不是优先选择的政策手段。

基于对行政命令型和市场激励型环境规制的分析，我们认为两类规制政策对企业绿色技术创新的影响存在差异，因此，在实证分析中研究两者对绿色技术创新的异质性。

（三）理论分析

不同的环境规制对企业绿色技术创新的影响不同，其作用路径也不同。同时，根据企业创新的不同，绿色技术对于企业污染减排的作用方式也有所不同，分别为源头和末端绿色技术两种（见图13-1）。因此，本章探究命令控制型环境规制作为控制污染排放的重要手段，对企业的碳排放有严格的管理标准，对企业的绿色创新发展提出了更高的要求。因此，在污染治理实践中，企业可以多种方式减少最终污染物的排放，主要包括两大类：一是源头管控创新，即通过改进生产工艺或生产流程，从源头减少应税污染物排放的创新活动；二是末端治理创新，即不能在生产过程中减少污染物排放但可以通过改进、加装排放处理设备，在末端减少应税污染物排放的技术创新活动。面对不同类型的环境规制，企业选择污染治理的方式也会有所不同。命令型环境规制对企业进行强制性要求，企业需要选择快速降低碳排放量的方式来规避违规成本，因此，企业更偏向于通过末端治理技术创新来达到控制碳排放的目标。市场型环境规制的低成本的特点，使企业可以更充分地找到适合企业自身发展的创新方式，因此，企业更偏向于用源头管控技术创新来实现企业绿色长期发展。因此，本章基于两类环境规制，分别考察了环境规制对企业绿色创新的总体影响以及作用路径，并进一步讨论了对末端治理和源头管控绿色创新的影响。

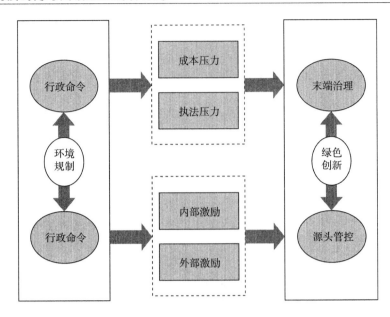

图 13-1　作用机理

资料来源：笔者整理。

1. 命令控制型环境规制与企业绿色创新

从内部压力来看，首先，随着命令型环境规制压力的加强，企业消极回应的成本越来越大，治污成本增加，部分资源转向污染治理而丧失机会成本，进而增加企业的成本压力，促使企业为了避免合规成本和遵循成本不断增加，进而改善生产经营中相关污染物产出数量，因此，会采取技术创新和生态技术创新来积极回应环境规制所带来的挑战（孔晓妮和邓峰，2016）。同时，波特假说认为，环境规制给企业的成本压力有助于"倒逼"企业绿色技术革新（曹勇等，2016；Porter，1991）。命令型环境规制规定的环境目标具有强制性，对排污主体的生产经营活动展开严格监管，不合规的行为将面临严厉的行政处罚，从而给企业带来较高的违规成本，倒逼企业投入资金进行绿色创新。其次，命令型环境规制限制企业污染排放，企业相关产出减少，进而利润减少。同时，企业放弃相关污染技术，增加购买相关清洁技术设备，进一步花费企业较多资金。随着企业污染处理及处罚成本高于技术创新投入，同时考虑到持续发展和利润最大化，企业会进行相关绿色创新活动，以保持企业长久发展。企业将研究成果应用于生产过程能够实现一定的绿色研发产出，引发"创新补偿效应"来弥补环境规制带来的高成本（曾义等，2016）。最后，部分企业通过向消费者传递成本以减少企业直接成本，然而，成本转嫁给消费者不利于企业保持竞争力和长久发展。

在外部压力方面，企业面对环境规制时，通常会采取规避、转移和技术创新等行为反应。随着规制强度的变化，企业的主要表现也会相应变化。当规制强度较低时，企业通常会选择遵循成本较低的方式，如增加排污费用或上交罚款等来满足规制标准，但这种做法并不能从源头上达到节能降耗的目的。随着规制强度的提高，规避成本也会随之增加，企业被迫以转变资金配置方向、增加研发投入等措施来满足更严格的规制标准（余东华、胡亚男，2016；李青原、肖泽华，2020）。通过绿色技术创新绿色来满足环境规制的要求，一来可以提高企业生产率和利润率，二来可以增强企业对环境规制的支付能力。因此，强制性的命令型环境规制带来的内部压力倒逼企业进行绿色技术创新。在命令型环境规制的背景下，如果企业未能达到环境规制所要求的污染标准，不仅要受到罚款的惩罚，同样也有损企业形象。媒体的负面评论可以使企业在短时间内丢失大量客户，不利于公司经营。因此，为确保企业的经营业绩，环境规制迫使企业形成绿色价值观和文化遵从，赢得社会公众的认可，将其经营活动与低碳减排的文化和社会规范相契合，形成节能减排的行为习惯和组织规范，从而有利于企业绿色创新（Díez-Martín et al.，2021；Díez-De-Costro and Peris-Ortiz，2018）。最后，环境规制的执法力度强时，低生产率企业的退出减少了"拥挤效应"，释放了资源和市场空间，形成新的集聚力，有利于吸引其他地区高生产率企业进入并形成竞争优势。因此，企业倾向于提升自身生产率，从而选择进行技术创新，一方面，能规避环境规制带来的成本，另一方面，能提升企业竞争力（王勇等，2019）。

H13-1：命令型环境规制通过增加成本压力、外部执法压力，进而倒逼企业绿色创新。

命令型环境规制主要通过末端治理促进企业绿色创新。末端治理在环境管理发展过程中是一个重要阶段，它有利于消除污染事件，也在一定程度上减缓了生产活动对环境污染和破坏的趋势。命令型环境规制为企业设置目标，但是不管这个目标如何实现，以强制性标准的形式出现，能较好地促进企业根据标准进行终端减排（孔晓妮、邓峰，2016）。然而，绿色技术创新往往具有投入大、风险高和回收期长等特征，企业要进行源头管控技术创新的周期较长，创新成果的显现也需要一定的时间，同时，源头管控措施具有一定的滞后性。命令控制型环境规制的强制性促使企业迫切需要解决环境问题，当企业环境绩效显著低于预期时，甚至可能限制重污染企业的投资行为。因此，相对于源头管控，命令型环境规制对企业末端治理见效更快（Hewitt-Dundas et al.，2010），末端治理对于企业来说能够有效消除污染事件，减缓企业对环境的污染和破坏。

H13-2：命令控制型环境规制促进企业末端治理的绿色技术创新。

2. 市场激励型环境规制与企业绿色创新

从内部激励的角度来看，首先，企业遵循利益最大化原则，在市场激励型环境规制的环境压力下，企业通过研发获得创新补偿，从而获得超额利润，所以市场激励型环境规制能对企业产生更直接的影响。其次，绿色发展是企业经营的长远追求。通过绿色创新，企业不仅能生产出差异化产品，还能实现节能减排的社会效益。因此，市场型环境规制激励企业通过积极参与绿色技术创新来全面提升其竞争力。最后，市场激励型环境规制中的环保补助对于企业绿色投资行为可以产生积极的作用，一定程度上缓解企业绿色投资活动导致的资源约束，对企业绿色投资产生正向的激励（李博等，2023）。

从外部激励的角度来看,首先,在市场激励型环境规制下,政府可通过资源奖励来确保相关环境规制的实施,如税收优惠、政府补贴等(Chen et al.,2018),税收优惠能够促使企业对污染物的治理技术进行创新,还能够驱动企业完善生产流程,加强清洁技术的创新(Smith,2020);政府补贴作为市场激励型环境规制的一种激励方式,能够激励污染企业采用清洁技术以及进行创新研发来治理环境,还会帮助企业贴上被政府认可的标签,提升企业形象,使企业有机会获得其他渠道的支持,对企业创新产生激励效应(刘相锋、王磊,2019)。其次,企业与政府在长期的互动过程中,企业响应政府环境规制要求可以获得政府对企业的"身份奖励",这种合法性能够使企业获得更多的外部资源,甚至在企业面对财务困境时,仍然能够获得政府支持。政府有承认或否定组织存在的权利,企业在面对市场激励型环境规制时,会通过进行技术创新做出积极的响应,以维持或提高企业的规制合法性(Chang and Gotcher,2020),这也能提升企业形象,从而带给企业一定的收益。最后,环境责任是企业应对环境法规和实施绿色创新的桥梁(Sl et al.,2019;刘光富、郭凌军,2019)。当生产不受强制性环境法规约束时,企业往往会选择牺牲环境效益来换取经济收益。企业的社会责任可以减少外部融资限制,扩大机构投资者的参与,进一步增加技术创新的成果(Han et al.,2021)。企业社会责任倡导的"绿色"创新理念,激励企业优化研发流程,深化企业整体创新,从而达到减少环境污染的目的(Porter and Linde,1995;李文茜等,2017;王站杰、买生,2019)。

H13-3:市场激励型环境规制通过内部和外部两方面来激励企业绿色创新。

市场型环境规制可以影响企业的源头管控技术创新(张平等,2016)。在此方面,企业的风险承担能力是一个关键因素。如果企业具有较高的风险承担能力,那么,即使技术创新失败,企业也能够承担相应的损失,或者这种损失不会对企业的经营活动产生太大的影响。因此,这些企业更加勇于进行创新,也更可能推动有益于源头管控的技术创新,从而提高企业的绿色技术创新水平。此外,市场激励型企业给企业带来的成本压力促进企业进行源头管控技术创新。因为它可以提高资源利用率,节约合规成本,为企业带来经济效益(宋瑛等,2019)。因此,源头管控技术具有环境和经济的双重优势。与源头管控技术创新相比,末端治理技术创新需要投入大量资金用于处理污染设施,并且需要支付高昂的运行费用,从而导致企业生产成本上升,经济效益下降。此外,末端治理往往不能实现彻底治理,而只是将污染物转移,例如,烟气脱硫、除尘会形成大量废渣,而废水集中处理则会产生大量污泥,因此,无法从根本上消除污染。此外,末端治理还未涉及资源的有效利用,不能有效制止自然资源的浪费。因此,真正解决污染问题需要实施过程控制,减少污染,需要从根本上解决环境问题。

H13-4:市场激励型企业能促进企业源头管控技术创新。

四、研究设计

(一)模型设定

本章采用如下双向固定效应模型来检验环境规制工具对企业绿色技术创新的影响:

$$GTI_{i,t} = \beta_0 + \beta_1 Adm\_decree + \beta_n Controls + \mu_i + \gamma_t + \delta_j + \varepsilon_{i,t} \tag{13-1}$$

$$GTI_{i,t} = \beta_0 + \beta_2 Mar\_incentives + \beta_n Controls + \mu_i + \gamma_t + \delta_j + \varepsilon_{i,t} \tag{13-2}$$

$$GTI_{i,t} = \beta_0 + \beta_1 Adm\_decree + \beta_2 Mar\_incentives + \beta_n Controls + \mu_i + \gamma_t + \delta_j + \varepsilon_{i,t} \tag{13-3}$$

在模型中 $GTI_{i,t}$ 代表上市重污染公司 i 在 t 年的绿色创新专利，其中包括总的绿色专利以及用于末端治理和源头管控的分类专利。Adm_decree 代表命令控制型的环境规制强度；$Mar\_incentives$ 代表市场激励型环境规制强度；μ_i 和 γ_t 分别表示个体和时间固定效应，同时我们进一步引入 δ_j 控制行业层面的差异。此外，在模型（13-3）中我们将命令控制型和市场激励性的环境规制强度放置于同一个模型进行回归检验。

（二）变量说明

1. 被解释变量

根据国家知识产权局的定义，绿色技术是有利于节约资源、提高能效、防治污染、实现可持续发展的技术。绿色发明专利是一种以绿色技术为主体，对一种产品、一种方法及其改良所产生的新的技术方案进行注册的一种专利。借鉴已有研究（Tang et al., 2021；Xu et al., 2021），我们以上市企业绿色发明专利的申请数量作为企业绿色技术创新的衡量指标。在实证过程中，我们采用绿色专利申请量加 1 的自然对数进行分析。此外，本章将企业绿色创新类型分为两类：一类是源头管控创新，即从源头减排的创新活动，包括使用风能、潮汐能、太阳能、地热能等清洁能源的相关技术创新活动或节能减排、替代能源生产以提升能源利用效率的技术活动。另一类是末端治理，即在生产过程中不能减少污染物，但可以在末端进行控制处理的创新活动，包括废物处理，处理有害或有毒废物、放射性污染材料，处理废纸废水等相关的技术创新活动。我们选取源头管控绿色创新专利和末端治理创新专利作为代理变量进行分析。具体做法是：利用上市企业绿色专利数据，将废物管理类的绿色专利归为末端治理绿色创新专利，将替代能源、运输、节能、农林、行政监管、核能发电等相关专利归为源头管控绿色创新专利。

2. 核心解释变量

核心解释变量环境规制分为命令型和市场激励型。我们采用综合指标法来测算命令型环境规制强度，通过对三种主要污染物的分析，得出了废水、二氧化硫和烟尘的计算结果。首先，以线性方式对每个城市的每一次污染排放做归一化处理：

$$P_{ij}^{\partial} = \frac{P_{ij} - \min(P_j)}{\max(P_j) - \min(P_j)} \tag{13-4}$$

其中，P_{ij} 为 i 城市 j 污染物的单位产值污染物排放量，$\max(P_j)$、$\min(P_j)$ 为各指标在所有城市中的最大值与最小值，P_{ij}^{∂} 为指标的标准化值。

其次，计算调整系数。在各个城市中，污染物的排放量所占的比例和排放强度都有很大的差别，所以我们可以采用一个修正系数来对污染物特征进行修正，它的计算公式是：

$$W_j = P_{ij} / \overline{P_{ij}} \tag{13-5}$$

其中，$\overline{P_{ij}}$ 为样本期间 j 每单位产出的污染排放量在 i 市的平均数。

最后，计算各城市规制强度：

$$Adm\_decree = \frac{1}{3}\sum_{j=1}^{3}W_jP_{ij}^{\partial} \tag{13-6}$$

Adm_decree 为命令控制型环境规制强度的代理指标。

市场激励型环境政策是指政府通过市场手段鼓励企业减少排放，在 2018 年启动了环境税收制度，目前，最具代表性的就是排污收费制度。在此基础上，提出了以排污收费衡量市场类型的环境管制力度的方法。2018 年启动了环境税收制度，目前，最具代表性的就是排污收费制度。因此，本章采用排污费来测度市场型环境规制强度。

3. 控制变量

选取的控制变量如下：

（1）企业规模（Size）：企业规模对于企业创新起着至关重要的作用。波特假说首先提出了公司创新效应。公司的研发活动需要大量的长期的研发投资，因此，只有公司规模大了，才能获得足够的资本或者可以获得更多的外部融资，并能承担更多的研发投入。此外，研究发现，研究与开发具有高风险、高收益的特征，研究结果具有很强的不确定性，如果研究失败，大量的研究与开发投入将会变为沉没成本，所以，只有大规模且多元化的企业能消化创新研发失败相关的风险。本章将企业总资产取对数作为衡量指标。

（2）杠杆水平（Lev）：在我国，上市公司的财务状况是影响上市公司经营状况的重要因素。另外，公司的杠杆作用可以发挥财务的放大作用，可以将有限的资金转化为更多的资金，为公司的技术创新提供必要的支持，因此，单纯的"去杠杆"只会降低公司的发展质量，企业杠杆水平对企业技术创新的影响也不容忽视。本章使用负债总额与资产总额的比值来表示企业的杠杆水平。

（3）现金流水平（Cfo）：企业内部的经营活动现金流也是影响企业创新的一个重要因素，当企业遇到良好的创新机会时，并不是简单地使用内部现金流对外投资，而是充分利用企业外源融资渠道来促进创新活动的顺利开展。当企业内部财务资金不充足时，企业会利用营运资本投资变现能力高、调整成本低的特点来进行调整，将企业有限的营运资金投入企业创新活动，促进企业创新活动的平稳进行。本章采用企业经营活动现金流量净额与资产总额之比作为现金流水平的代理变量。

（4）市场势力（Market）：由于市场实力的差异，公司对于不断增长的环境成本的承受能力不尽相同，因此，公司的运作策略也就不尽相同。在此背景下，具有强大市场实力的公司可能会采取两种应对策略：一是通过技术创新来降低环境污染，提升产品的竞争能力，从而提升利润。二是"费用转移"，将由于环境规制而增加的费用转移到下游消费者身上。但是，并非每个公司都具有这样的能力。通常情况下，垄断公司所提供的商品的需求弹性较低，通过自身的市场势力，可以在一定程度上将这些费用转嫁到其他公司，或者说，随着一家企业在市场中的影响力和垄断性的增强，它的合规成本就越来越容易向下游的公司或客户传递。同时，由于垄断性企业往往拥有一定的规模，而且其生产和运营模式也很多样，为规避研发费用，很有可能采取

"外包"制造模式。本章采用公司的营业收入与经营费用之比的自然对数来进行分析。

（5）资本密集度（Density）：资金密集产业通常使用相对先进的技术、装备，对高技术工人的需求是客观的。为提升劳动生产率，资本密集型产业会花更多的时间来选择并培养雇员，将高技术劳动力聚集到资本密集型产业，才有了更多的研发和创新，更有利于提高劳动生产率。另外，资金密集度会对雇员的工作风格及对待真实薪酬的态度产生影响。高资金密度的公司倾向于更多地使用雇员自我控制和全面管理，从而提升整体员工素质与创新意识。本章用固定资产总额与员工数量之比的自然对数来作为其衡量指标。

（6）管理层激励（Share）：当前，在我国企业中，股权激励对象都是公司的高级管理层，他们对公司的日常经营活动负有责任，公司的创新研发行为也被包含在经营活动的范围之内。因此，管理层的决策会对公司的创新行为产生直接影响。本章用管理层持股/公司总股本作为代理变量。

（7）企业成长性（Growth）：企业成长性是企业创新机会和企业家才能匹配和应用之后企业的外在表现，也是衡量企业发展的重要指标。不管是个人投资者还是机构投资者，他们对成长型企业的追逐使得这类企业的市场价值飙升，那些拥有更强成长性的企业的创新力被市场认可，对它们的创新估值也越高。本章用（本期营业收入-上期营业收入）/上期营业收入来表示企业成长性。

（三）样本选择与数据来源

为了最大限度减少其他环境政策对结果的干扰，基于 2011～2017 年中国 A 股上市企业的面板数据，研究不同类型的环境规制手段如何对中国公司的绿色创新行为产生作用。2010 年，环境保护部颁布的《上市公司环境信息披露指南》明确提出，要对重点污染源进行定期披露，其中包含对重点污染源排放费用支付情况的要求。因此，鉴于数据的完整性，本章将 2011 年作为样本期间的起始年份。此外，2018 年正式施行《中华人民共和国环境保护税法》，新环保税将"排污费"改为"环境税"，并对征收方式和标准进行了更为严格的调整，故以 2017 年为研究结束期限。在样本筛选过程中进行了以下处理：①剔除金融类企业的影响；②剔除被 ST 和 *ST 的企业；③对缺失的关联变量进行剔除。为了控制极值、异常值的影响，将连续变量以 1%、99% 的比例进行缩尾。本章企业绿色专利数据来自中国煤种资源数据库（CSRDS），其他金融数据来自国泰安（CSMAR）数据库。本章采用 Stata16.0 进行分析，变量的描述性统计如表13-3 所示。

表 13-3　变量描述性统计

变量	样本数	平均值	标准差	最小值	最大值
GTI_T	1722	0.2990	0.6414	0.0000	2.8904
GTI_Y	1722	0.1221	0.3621	0.0000	1.7918

变量	样本数	平均值	标准差	最小值	最大值
GTI_M	1722	0.2229	0.5406	0.0000	2.6391
Adm_decree	1701	0.8360	0.7732	0.0638	5.0834
Mar_incentives	1738	14.6019	2.5237	0.0000	18.2568
Size	1739	22.4782	1.2503	19.9410	25.8882
Lev	1739	0.5070	0.2110	0.0523	0.9796
Cfo	1739	0.0487	0.0670	-0.1364	0.2339
Market	1739	0.2361	0.2082	-0.0821	1.3437
Density	1739	13.2076	0.9239	10.9276	15.6648
Share	1739	6.8949	15.5541	0.0000	63.5180
Growth	1739	0.1691	0.4523	-0.4811	3.0990

资料来源：笔者整理。

五、实证结果及分析

（一）基准回归

表 13-4 列示了本章基于独立检验的基础回归结果，即将两类环境规制工具分别与企业绿色创新进行回归。可以发现，Adm_decree 和 Mar_incentives 的系数均显著为正，表明只考虑单个政策的影响时，两类工具均显著提高了企业的绿色创新能力。为了厘清创新靶向，本章将企业绿色专利划分为源头管控与末端治理，再进行上述回归时发现，命令型环境规制对企业末端治理的绿色创新有着积极影响，市场型环境规制主要是提升了企业源头管控的绿色技术创新水平。

表 13-4　异质性环境规制对绿色创新的影响：基于独立检验

	GTI_T		GTI_Y		GTI_M	
	（1）	（2）	（3）	（4）	（5）	（6）
Adm_decree	0.1376**		0.0262		0.0939*	
	(0.0642)		(0.0327)		(0.0535)	
Mar_incentives		0.0090**		0.0063*		0.0042
		(0.0036)		(0.0034)		(0.0039)
Size	0.0625*	0.0648*	0.0207	0.0197	0.0597*	0.0598*
	(0.0378)	(0.0352)	(0.0174)	(0.0168)	(0.0350)	(0.0334)
Lev	0.0261	-0.0408	0.1339	0.1158	-0.1397	-0.1840
	(0.1588)	(0.1568)	(0.0925)	(0.0913)	(0.1297)	(0.1274)

续表

	GTI_T		GTI_Y		GTI_M	
	(1)	(2)	(3)	(4)	(5)	(6)
Cfo	0.0997	0.1459	0.2117*	0.1954	0.0000	0.0582
	(0.1939)	(0.1922)	(0.1243)	(0.1232)	(0.1668)	(0.1689)
Market	0.1228	0.1183	0.1214	0.1222*	0.0124	0.0118
	(0.1193)	(0.1179)	(0.0767)	(0.0733)	(0.1021)	(0.1001)
Density	0.0141	0.0030	−0.0122	−0.0161	0.0186	0.0125
	(0.0317)	(0.0313)	(0.0168)	(0.0166)	(0.0288)	(0.0280)
Share	0.0034	0.0043*	0.0023	0.0026*	0.0011	0.0017
	(0.0022)	(0.0022)	(0.0015)	(0.0015)	(0.0015)	(0.0014)
Growth	−0.0397	−0.0406	−0.0303	−0.0293	−0.0278	−0.0291
	(0.0254)	(0.0249)	(0.0187)	(0.0180)	(0.0207)	(0.0203)
_cons	−1.4756*	−1.3614*	−0.3202	−0.3068	−1.3806*	−1.2612*
	(0.8174)	(0.7570)	(0.3327)	(0.3284)	(0.7592)	(0.7228)
Year FE	Yes	Yes	Yes	Yes	Yes	Yes
Company FE	Yes	Yes	Yes	Yes	Yes	Yes
Industry FE	Yes	Yes	Yes	Yes	Yes	Yes
R-square	0.7303	0.7329	0.6236	0.6277	0.7061	0.7079
Observations	1477	1477	1477	1477	1477	1477

注：括号里数值是标准误，*、**、***分别表示在10%、5%、1%水平上显著。
资料来源：笔者整理。

在上述独立检验的基础上，我们进行了共同检验再次回归，即将两类环境规制工具同时纳入模型进行回归，在同一时期同时考虑两种不同的环境规制工具与企业绿色创新的关系。表13-5列出了这一回归结果，从结果第（1）列可以看出，对于整体绿色技术创新水平，两类工具的解释变量（Adm_decree 和 Mar_incentives）系数均显著为正；第（2）、第（3）列的结果显示了命令型环境规制对源头管控绿色创新没有显著影响，对末端治理绿色创新有正向的提升效应，市场型环境规制主要是推动了企业的源头管控创新，这一发现与上文独立检验结果一致。

表13-5 异质性环境规制对绿色创新的影响：基于共同检验

	GTI_T	GTI_Y	GTI_M
	(1)	(2)	(3)
Adm_decree	0.1380**	0.0264	0.0940*
	(0.0642)	(0.0327)	(0.0536)

续表

	GTI_T	GTI_Y	GTI_M
	（1）	（2）	（3）
Mar_incentives	0.0078**	0.0049*	0.0044
	（0.0035）	（0.0017）	（0.0041）
Size	0.0035	（0.0034）	（0.0041）
	（0.0568）	0.0172	0.0565
Lev	0.0379	（0.0176）	（0.0351）
	（0.0325）	0.1381	−0.1362
Cfo	0.1593	（0.0928）	（0.1301）
	（0.0818）	0.2007	−0.0101
Market	0.1950	（0.1243）	（0.1682）
	（0.1285）	0.1250	0.0156
Density	0.1198	（0.0766）	（0.1028）
	（0.0123）	−0.0135	0.0177
Share	0.0319	（0.0169）	（0.0290）
	（0.0034）	0.0024	0.0011
Growth	0.0022	（0.0015）	（0.0015）
	−0.0397	−0.0303	−0.0278
_cons	−1.4431*	−0.3001	−1.3622*
	（0.0254）	（0.0187）	（0.0207）
Year FE	Yes	Yes	Yes
Company FE	Yes	Yes	Yes
Industry FE	Yes	Yes	Yes
R-square	0.7426	0.6331	0.7159
Observations	1441	1441	1441

注：括号里数值是标准误，*、**、***分别表示在10%、5%、1%水平上显著。

资料来源：笔者整理。

（二）稳健性检验

1. 倾向得分匹配检验

考虑到不是所有企业都缴纳排污费，上市企业的某些特征使其被纳入样本范围，成为处理组样本，造成样本划分的自选择问题。为了降低样本之间本身存在的系统性差异对分析结论产生的干扰，本章用倾向得分匹配法处理样本来缓解内生性问题。以前文定义的控制变量——市场势力（Market）、现金流水平（Cfo）、资本密集度（Density）、杠杆水平（Lev）、管理层激励（Share）、企业成长性（Growth）以及企业规模（Size）作为协变量，根据Logit模型回归得到倾向得分，采用最邻近1∶1匹配法得到 PSM 样本，并用筛选所得样本再次回归。表 13-6 的实证结果表明，在使用配对样本进行回归分析后，Mar_incentives 的回归系数依然显著为正；而且对于源头管控绿色创新，该变量的系数也显著为正。说明考虑了内生性问题，市场型环境规制工具仍然促进了企业绿色技术创新以及源头管控绿色技术创新，进一步说明本章结论稳健。

表 13-6　倾向得分匹配检验

	GTI_T	GTI_Y	GTI_M
	(1)	(2)	(3)
Adm_decree	0.0021 **	−0.0003	0.0005 *
	(0.0077)	(0.0030)	(0.0064)
Mar_incentives	0.0369 ***	0.0270 ***	0.0211
	(0.0148)	(0.0102)	(0.0130)
_cons	−1.1271	−0.3343	−0.9347
	(0.7325)	(0.3836)	(0.6947)
Controls	Yes	Yes	Yes
Year FE	Yes	Yes	Yes
Company FE	Yes	Yes	Yes
Industry FE	Yes	Yes	Yes
R-square	0.7337	0.6425	0.7082
Observations	1447	1447	1447

注：括号里数值是标准误，*、**、*** 分别表示在 10%、5%、1% 水平上显著。
资料来源：笔者整理。

2. Heckman 两阶段检验

考虑到处理组企业的选择可能不是完全随机的，那些管理层环保意识强、员工素质好、绿色创新热情高的企业更可能会积极缴纳排污费来树立良好社会形象，这部分企业可能会更有意识地响应国家环境政策，造成内生性问题，使得结果有偏不可信。为排除内生性问题对本章研究存在的干扰，使用 Heckman 两步法检验。第一步，构建 Probit 模型，将杠杆水平（Lev）、市场势力（Market）、资本密集度（Density）、管理层激励（Share）、现金流水平（Cfo）、企业成长性（Growth）、企业规模（Size）等因素，计算出每一个观测值的逆米尔斯比率。然后将所得的 IMR 纳入模型进行回归，从表 13-7 列出的结果可以看出。在 IMR 系数显著的情况下，核心解释变量的系数显著为正，表明在充分缓解了由于样本选择偏差造成的内生性干扰后，结论仍然是可信的。

表 13-7　Heckman 两阶段检验

	Heckman 第一阶段	Heckman 第二阶段
Adm_decree		0.0021**
		(0.0030)
Mar_incentives		0.0270***
		(0.0102)
IMR		0.0384**
		(0.0167)
_cons	-1.1271	-0.3343
	(0.7325)	(0.3836)
Controls	Yes	Yes
Year FE	Yes	Yes
Company FE	Yes	Yes
Industry FE	Yes	Yes
R-square	0.7337	0.6425
Observations	1447	1447

注：括号里数值是标准误，*、**、***分别表示在10%、5%、1%水平上显著。
资料来源：笔者整理。

3. 改变自变量度量方式

前文使用了排污费作为自变量，这里将更换自变量的度量方式，将排污费占企业营业收入的百分比（PW）作为新的代理指标，并将该指标纳入模型检验。如表 13-8 所示，PW 的系数在 10% 的水平上显著为正，表明改变自变量的度量方式后，市场激励型环境规制工具仍然能够正向促进企业的绿色技术创新。

表 13-8　更换自变量

	GTI_T	GTI_Y	GTI_M
	(1)	(2)	(3)
PW	0.0788*	0.0297	0.0600
	(0.0446)	(0.0210)	(0.0379)
_cons	-1.5434*	-0.5833	-1.42395
	(0.9124)	(0.5009)	(0.8798)
Controls	Yes	Yes	Yes
Year FE	Yes	Yes	Yes
Company FE	Yes	Yes	Yes
Industry FE	Yes	Yes	Yes

续表

	GTI_T	GTI_Y	GTI_M
	（1）	（2）	（3）
R-square	0.7406	0.6463	0.7159
Observations	1384	1384	1384

注：括号里数值是标准误，＊、＊＊、＊＊＊分别表示在10%、5%、1%水平上显著。

资料来源：笔者整理。

4. 改变计量模式

在上文的研究中，本章主要采用混合 OLS 模型进行回归。虽然企业绿色专利申请量总体分布于一个正数范围内，但仍有一部分企业专利申请量集中为 0。因此，为了使得研究更加具有说服力，选用 Tobit 模型再次进行检验。表 13-9 的结果表明，对于企业的整体绿色创新，Adm_decree 和 Mar_incentives 的系数均显著为正，与本章的研究结论保持一致。

表 13-9　改变计量模型

	GTI_T	GTI_Y	GTI_M
	（1）	（2）	（3）
Adm_decree	0.0116*	−0.0312	0.0064
	（0.0068）	（0.0502）	（0.0258）
Mar_incentives	0.0400*	0.0054	0.0319
	（0.0255）	（0.0293）	（0.0263）
_cons	−16.2810***	−17.1486	−13.9253***
	（2.9007）	（2.5677）	（2.8297）
Controls	Yes	Yes	Yes
Year FE	Yes	Yes	Yes
Company FE	Yes	Yes	Yes
Industry FE	Yes	Yes	Yes
Observations	1678	1678	1678

注：括号里数值是标准误，＊、＊＊、＊＊＊分别表示在10%、5%、1%水平上显著。

资料来源：笔者整理。

5. 改变因变量度量方式

自变量和控制变量保持不变，将上市公司绿色专利授权数量作为被解释变量对模型再次进行回归，因为绿色专利授权数量可作为公司创新成果的直观反映。同样地，本章将企业专利授权分为源头管控和末端治理两类，再分别对模型进行回归，结果见表 13-10。结果表明，更改了被解释变量的度量方式后，得出的结论依然和上文保持一致。

表 13-10　替换被解释变量

	GTI_T	GTI_Y	GTI_M
	(1)	(2)	(3)
Adm_decree	0.0107*	0.0096	0.0012*
	(0.0064)	(0.0061)	(0.0022)
Mar_incentives	0.0067**	0.0029*	0.0001
	(0.0093)	(0.0087)	(0.0060)
_cons	−1.7656	−1.2136	−0.90730
	(1.3485)	(1.2044)	(0.7478)
Controls	Yes	Yes	Yes
Year FE	Yes	Yes	Yes
Company FE	Yes	Yes	Yes
Industry FE	Yes	Yes	Yes
R-square	0.6984	0.6425	0.6594
Observations	1183	1183	1183

注：括号里数值是标准误，*、**、***分别表示在10%、5%、1%水平上显著。

资料来源：笔者整理。

6. 信息披露问题

随着公众环保意识的不断提高，企业所需要承担的环境责任日益增大，仅靠发布社会责任报告已难以满足人们对环境信息披露的需求，企业还应单独发布环境责任报告或环境年报来披露相关信息。在当今市场竞争十分激烈的大环境中，很多企业会为了保证自己的利益，在没有增加环境保护方面投入的同时，向社会公众隐瞒一些真实的情况，逃避社会责任；或者就算增加了环境保护方面的支出，也会避免披露企业的负面环境信息，以此获得良好的社会声誉。因此，环境信息披露避重就轻、环境信息披露不全面、环境信息不具有明晰性和透明性等现象频发。由于公司信息披露行为会对其未来盈利能力和后续发展产生影响，因此，它们会选择性地披露排污费信息。鉴于此，为了进一步检验排污费对企业绿色技术创新的影响，将排污费为0的样本剔除，仅保留排污费披露的样本，重新对模型进行回归。检验结果如表13-11所示，市场激励型环境规制工具的回归系数在5%的水平上显著为正，而且该类环境规制促进了源头管控的企业绿色技术创新。这与基准回归的结论保持一致。

表 13-11　考虑信息披露问题

	GTI_T	GTI_Y	GTI_M
	(1)	(2)	(3)
Adm_decree	0.0021	−0.0001	0.0004
	(0.0077)	(0.0030)	(0.0064)

续表

	GTI_T	GTI_Y	GTI_M
	（1）	（2）	（3）
Mar_incentives	0.0308**	0.0252***	0.0163
	(0.0143)	(0.0097)	(0.0124)
_cons	−1.6166**	−0.3916	−1.4813**
	(0.7840)	(0.3085)	(0.7547)
Controls	Yes	Yes	Yes
Year FE	Yes	Yes	Yes
Company FE	Yes	Yes	Yes
Industry FE	Yes	Yes	Yes
R−square	0.7341	0.6671	0.7008
Observations	1610	1610	1610

注：括号里数值是标准误，*、**、***分别表示在10%、5%、1%水平上显著。

资料来源：笔者整理。

（三）机制检验

基于前文的机理分析，运用如下中介效应模型来检验环境规制提高企业绿色创新水平的作用途径。具体模型如下：

$$GTI_{it} = \alpha_0 + \alpha_1 Adm\_decree_{it} + \alpha_2 Control_{it} + \mu_i + \gamma_t + \delta_j + \varepsilon_{i,t} \tag{13-7}$$

$$path_{it} = \beta_0 + \beta_1 Adm\_decree_{it} + \beta_2 Control_{it} + \mu_i + \gamma_t + \delta_j + \varepsilon_{i,t} \tag{13-8}$$

$$GTI_{it} = \gamma_0 + \gamma_1 Adm\_decree_{it} + \gamma_2 path_{it} + \gamma_3 Control_{it} + \mu_i + \gamma_t + \delta_j + \varepsilon_{i,t} \tag{13-9}$$

式中，$path_{it}$ 表示中介变量，包括机制分析中提到的成本压力、执法压力、内部激励与外部激励。本章用企业的营业成本（Cost）来衡量命令控制型环境规制为企业带来的成本压力，用环境行政处罚案件数（Pun）来衡量执法压力。针对市场激励型环境规制对企业绿色创新的影响，我们采用政府环保补助（Gov）作为外部激励的度量指标，用前三名高管薪酬来衡量内部激励，引入虚拟变量Salary，若企业当年前三名的高管薪酬水平大于中位数，Salary取1，否则为0。命令控制型环境规制的机制检验结果如表13-12所示，我们将成本压力和执法压力作为中介变量纳入模型进行回归，核心解释变量的系数均至少在10%的置信水平上显著为正，说明命令控制型环境规制可以通过增加企业的成本以及环境执法压力来推动企业绿色创新。市场型环境规制的机制检验结果如表13-13所示，检验结果也表明该类环境规制工具可以通过内部激励和外部激励两个渠道来提升企业的绿色技术创新水平。

原因可能是：一方面，政府部门规定了企业的排污上限，在此约束下，企业会尽可能地减少自身生产过程中废弃物和污染物的排放，这就需要企业安装相应的污染处理设施、改进生产设备或进行技术创新等，这些支出又会挤占企业的营利性生产或研发投入，给企业带来较高的机会成本。因此，企业有动机投入资金进行节能减排技术升级、环保设备系统改造等绿色创新活动，以改善现有生产技艺来应对环境规制带来的成本压力。如果企业排放超过规定上限，会受到相应的处罚措施，这不仅会增加企业的费用支出和环境成本，还会损害企业在环保投资者心中的形象。因此，企业会尽可能地节能减排，加大治污投入。另一方面，企业积极履行环境责任，能够提升其形象和声誉，降低企业经营风险。通过媒体的非负面报道进行信息传递，让企业履行环境责任的信息传播更快更广，以此得到利益相关者的青睐，使企业有更多机会获得资金，为企业实现绿色转型提供资金保障。

表 13-12　命令型环境规制对企业绿色创新的影响机制

	GTI	Cost	GTI	Pun	GTI
Adm_decree	0.1376**	0.1239**	0.1370**	0.0345*	0.1360**
	(0.0642)	(0.0610)	(0.0692)	(0.0174)	(0.0648)
Cost			0.0243*		
			(0.0123)		
Pun					0.0389*
					(0.0216)
_cons	-1.4756*	0.3343	-1.3478	0.0056	-1.2983*
	(0.8174)	(0.3836)	(0.8985)	(0.0037)	(0.6833)
Controls	Yes	Yes	Yes		
Year FE	Yes	Yes	Yes	Yes	Yes
Company FE	Yes	Yes	Yes	Yes	Yes
Industry FE	Yes	Yes	Yes	Yes	Yes
R-square	0.7303	0.6425	0.7289	0.6532	0.7218
Observations	1447	1447	1447	1447	1447

注：括号里数值是标准误，*、**、***分别表示在10%、5%、1%水平上显著。

资料来源：笔者整理。

表 13-13　市场型环境规制对企业绿色创新的影响机制

	GTI	Gov	GTI	Salary	GTI
Mar_incentives	0.0090**	0.0067**	0.0101**	0.0103**	0.0092**
	(0.0036)	(0.0030)	(0.0048)	(0.0052)	(0.0045)
Gov			0.0152*		
			(0.0077)		
Salary					0.0236*
					(0.0140)
_cons	-1.3614*	-3.3107	-1.1552	-3.2374	-1.2445*
	(0.7570)	(2.8674)	(0.8853)	(2.1583)	(0.6285)

续表

	GTI	Gov	GTI	Salary	GTI
Controls	Yes	Yes	Yes	Yes	Yes
Year FE	Yes	Yes	Yes	Yes	Yes
Company FE	Yes	Yes	Yes	Yes	Yes
Industry FE	Yes	Yes	Yes	Yes	Yes
R-square	0.7337	0.6443	0.7265	0.6839	0.7323
Observations	1447	1417	1417	1447	1447

注：括号里数值是标准误，$*$、$**$、$***$分别表示在10%、5%、1%水平上显著。
资料来源：笔者整理。

（四）异质性分析

1. 企业所有权异质性

国有企业与非国有企业在发展目标、受监管程度、政治职能等方面有不同的特征。因此，在讨论环境规制对企业绿色技术创新的影响时，按照所有制形式将样本划分为国有企业（SOE＝1）和非国有企业（SOE＝0），相关结果见表13-14。可以发现，只有市场激励型环境规制促进了非国有企业的整体绿色创新，而其他系数均不显著。

表13-14 企业所有权异质性回归结果

	GTI_T		GTI_Y		GTI_M	
	非国有企业	国有企业	非国有企业	国有企业	非国有企业	国有企业
	（1）	（2）	（3）	（4）	（5）	（6）
Adm_decree	0.0073	-0.0003	0.0062	-0.0023	0.0024	-0.0013
	(0.0136)	(0.0103)	(0.0046)	(0.0049)	(0.0108)	(0.0091)
Mar_incentives	0.0097*	0.0049	0.0028	0.0091	0.0078	-0.0001
	(0.0057)	(0.0056)	(0.0028)	(0.0063)	(0.0056)	(0.0064)
_cons	-1.7311	-3.1373*	-0.2963	-0.8452	-1.5789	-3.1886*
	(1.5834)	(1.7783)	(0.5563)	(0.6443)	(1.6220)	(1.7500)
Year FE	Yes	Yes	Yes	Yes	Yes	Yes
Company FE	Yes	Yes	Yes	Yes	Yes	Yes
Industry FE	Yes	Yes	Yes	Yes	Yes	Yes
R-square	0.5712	0.7951	0.4236	0.7459	0.5865	0.7444
Observations	707	849	707	849	707	849

注：括号里数值是标准误，$*$、$**$、$***$分别表示在10%、5%、1%水平上显著。
资料来源：笔者整理。

2. 企业规模异质性

考虑到不同规模的企业，其研发能力、发展模式、市场竞争优势等存在差异，可能规模较大、声誉较好的企业更加容易获得资金支持。因此，我们以企业总资产对数值的中位数为参照，将样本按规模划分，高于该值的企业被归为大规模样本，其余则为小规模样本。表 13-15 是分组检验的结果，可以发现，只有第（1）列大规模企业的整体绿色技术创新，其 Mar_incentives 的系数在 10% 水平上显著为正，其他系数均不显著，这说明市场激励型环境规制促进了大规模企业的整体绿色技术创新。可能的原因如下：一方面，大规模企业外部融资环境较为宽松，其规模优势为投资者注入信心，因此其参与绿色技术创新的积极性也就更高；另一方面，大型企业凭借资产优势和规模效应，从银行获得更低的贷款利率，有利于其进行绿色创新；而小规模企业融资约束更为严重，绿色创新的积极性稍逊于大规模企业。

表 13-15　企业规模异质性回归结果

	GTI_T		GTI_Y		GTI_M	
	大企业	中小企业	大企业	中小企业	大企业	中小企业
	（1）	（2）	（3）	（4）	（5）	（6）
Adm_decree	-0.0025	0.0363	-0.0019	0.0079	-0.0032	0.0302
	(0.0072)	(0.0253)	(0.0034)	(0.0065)	(0.0062)	(0.0212)
Mar_incentives	0.0169*	0.0026	0.0137	0.0016	0.0095	0.0010
	(0.0099)	(0.0020)	(0.0084)	(0.0016)	(0.0113)	(0.0016)
Size	0.3804***	0.0718	0.0965*	0.0776*	0.3816***	0.0106
	(0.1446)	(0.0545)	(0.0587)	(0.0410)	(0.1458)	(0.0389)
Lev	-0.4416	0.3397***	-0.0663	0.1770*	-0.4567	0.1863*
	(0.3838)	(0.1204)	(0.1955)	(0.0922)	(0.3456)	(0.1111)
Cfo	-0.2483	0.1367	0.1098	0.1260	-0.2777	0.0577
	(0.3207)	(0.1393)	(0.2261)	(0.0897)	(0.2554)	(0.1194)
Market	0.0926	0.0938	0.0526	0.0887	0.0429	0.0385
	(0.1039)	(0.1621)	(0.0472)	(0.0711)	(0.0935)	(0.1176)
Density	0.0414	0.0023	-0.0084	-0.0185	0.0576	0.0153
	(0.0660)	(0.0280)	(0.0252)	(0.0243)	(0.0648)	(0.0173)
Share	0.0037	0.0041	0.0029**	0.0033	0.0022	0.0009
	(0.0036)	(0.0027)	(0.0015)	(0.0026)	(0.0032)	(0.0014)
Growth	0.0032***	0.0001	0.0003	-0.0014	0.0031***	0.0020
	(0.0010)	(0.0028)	(0.0003)	(0.0020)	(0.0010)	(0.0018)
_cons	-9.0321**	-1.7392*	-2.1273	-1.5609**	-9.2633**	-0.4768
	(3.6821)	(1.0216)	(1.4041)	(0.7405)	(3.6551)	(0.7725)
Year FE	Yes	Yes	Yes	Yes	Yes	Yes
Company FE	Yes	Yes	Yes	Yes	Yes	Yes

续表

	GTI_T		GTI_Y		GTI_M	
	大企业	中小企业	大企业	中小企业	大企业	中小企业
	(1)	(2)	(3)	(4)	(5)	(6)
Industry FE	Yes	Yes	Yes	Yes	Yes	Yes
R-square	0.7625	0.6206	0.7015	0.4404	0.7309	0.6132
Observations	807	804	807	804	807	804

注：括号里数值是标准误，＊、＊＊、＊＊＊分别表示在10%、5%、1%水平上显著。

资料来源：笔者整理。

3. 企业资源基础异质性

资源基础理论认为，企业拥有的不同资源决定了企业竞争力的差异，这也是影响企业决策的重要因素。绿色创新项目需要大量新技术、新工艺的投入，而且这种高投入贯穿于绿色项目发展的全部过程，投资风险较大；此外，大量的绿色产业均属于中长期项目，由于其需要大规模基础设施建设或者技术研发，投资周期可能是十年、二十年甚至更长；绿色项目具有的风险大、周期长、收益低等特性使得其利润存在较强的不确定性，进而企业管理者的绿色创新积极性很容易受到影响，拥有相对薄弱资源的企业可能更加偏向于保守发展，维持原有生产研发，而不会进行绿色技术变革。因此，本章从资金资源和人力资源两个角度来识别在不同的企业资源基础条件下，异质性环境规制工具如何影响企业的绿色创新。

对于资金资源，一般来说，企业受到的融资约束越低，其财务资源实力越强。现有学者较多采用 KZ 指数和 WW 指数等来度量企业面临的融资约束，上述指数在计算过程中涉及如现金流、资本存量等内生性特性的融资变量，容易导致内生性问题，在使用上存在局限性。借鉴 Hadlock 和 Pierce（2010）的研究，选择 SA 指数作为该变量的代理指标。其计算公式为：

$$SA = -0.737 \times Size + 0.043 \times Size^2 - 0.04 \times age \tag{13-10}$$

SA 越小，企业受到的融资约束越低，参考李青原和肖泽华（2020）的研究，设置虚拟变量 capital，当 SA 小于中位数时，capital 取 1，否则取 0。人力资源使用管理者持股比例来衡量，由高阶梯队理论可知，管理层特质影响企业的战略选择，高层管理人员基于自身学历教育和就职经历，通常具备较强的创新意识，这种能力较强的管理者更容易持有企业较多股份。因此，设定另一虚拟变量 human，同上，当管理层持股比例大于中位数时，其值为 1，否则为 0。从表 13-16 的研究结果可以发现，capital × Adm_decree、human × Adm_decree 的回归系数不显著，capital × Mar_incentives、human × Mar_incentives 的回归系数均显著，表明在企业资金、人力等资源基础较强的条件下，市场型环境规制对企业绿色创新活动的影响更显著。

表 13-16　企业资源基础异质性

	GTI_T	GTI_Y	GTI_M
	(1)	(2)	(3)
Adm_decree	0.1380**	0.0264	0.0940*
	(0.0642)	(0.0327)	(0.0536)
Mar_incentives	0.0078**	0.0049*	0.0044
	(0.0035)	(0.0017)	(0.0041)
capital×Adm_decree	0.0129	0.0245	0.0056
	(0.0086)	(0.0163)	(0.0037)
human×Adm_decree	0.0235	0.0189	0.0145
	(0.0157)	(0.0126)	(0.0097)
capital×Mar_incentives	0.0075**	0.0079*	0.0059
	(0.0036)	(0.0044)	(0.0039)
human×Mar_incentives	0.0065**	0.0178*	0.0037
	(0.0031)	(0.0099)	(0.0025)
Size	0.0035	(0.0034)	(0.0041)
	(0.0568)	0.0172	0.0565
Lev	0.0379	(0.0176)	(0.0351)
	(0.0325)	0.1381	-0.1362
Cfo	0.1593	(0.0928)	(0.1301)
	(0.0818)	0.2007	-0.0101
Market	0.1950	(0.1243)	(0.1682)
	(0.1285)	0.1250	0.0156
Density	0.1198	(0.0766)	(0.1028)
	(0.0123)	-0.0135	0.0177
Share	0.0319	(0.0169)	(0.0290)
	(0.0034)	0.0024	0.0011
Growth	0.0022	(0.0015)	(0.0015)
	-0.0397	-0.0303	-0.0278
_cons	-1.4431*	-0.3001	-1.3622*
	(0.0254)	(0.0187)	(0.0207)
Year FE	Yes	Yes	Yes
Company FE	Yes	Yes	Yes
Industry FE	Yes	Yes	Yes
R-square	0.7426	0.6331	0.7159
Observations	1441	1441	1441

注：括号里数值是标准误，*、**、***分别表示在10%、5%、1%水平上显著。

资料来源：笔者整理。

4. 区域发展异质性

由于历史的发展，中国地域跨度较大，地理因素和环境因素使得各区域经济、政治、市场等方面存在较大差异。不同地区有着各自的优劣势，因此，有必要根据企业所处位置对样本进行分组，来探究两类环境规制工具对企业绿色创新的异质性影响。本章按照企业所在省份将企业划分为东部地区和中西部地区企业，来考察在不同地区，异质性环境规制工具对企业绿色技术创新的影响。回归结果如表13-17所示。结果显示，在东部地区，两类环境规制都显著提升了企业的整体绿色创新水平，对于中西部地区，Adm_decree的系数不显著，Mar_incentives的系数在10%的水平上显著为正，说明在该地区内，市场型环境规制对企业绿色创新的提升效应更加明显。这是由于：一方面，中西部地区企业受到地理位置的限制，交通运输不便，自然资源与发达地区同类的产品相比偏高，在市场竞争中处于劣势，企业决策者更加倾向于维持原有生产研发，而缺乏绿色创新的动力。另一方面，中西部地区由于经济增长缓慢，用人观念落后，高科技人才纷纷流向发达地区。与中西部地区相比，东部地区发展速度较快，人们对环境质量的要求逐渐提高，社会整体的环保意识更强，有利于环境规制发挥作用。而且，东部地区具有区位优势，人力资源丰富，产业体系也较为健全，中西部地区产业结构较为单一，较低的环境标准降低了企业的污染成本，企业的绿色创新意识薄弱，环境治理主要以行政命令型环境规制保障实施。

表13-17 区域异质性

	GTI_T		GTI_Y		GTI_M	
	东部	中西部	东部	中西部	东部	中西部
	（1）	（2）	（3）	（4）	（5）	（6）
Adm_decree	0.0568***	0.0383	-0.0028	0.0021	0.0072**	0.0030*
	(0.0050)	(0.0255)	(0.0073)	(0.0027)	(0.0034)	(0.0018)
Mar_incentives	0.0236**	0.0045*	0.0045**	0.0052*	0.0184	0.0003
	(0.0100)	(0.0024)	(0.0023)	(0.0028)	(0.0112)	(0.0040)
Size	0.2141***	0.0222	0.0705	0.0059	0.2259**	0.0155
	(0.0823)	(0.0276)	(0.0524)	(0.0145)	(0.0898)	(0.0236)
Lev	-0.0962	0.1756	-0.0300	0.0714	-0.0449	0.0952
	(0.2024)	(0.1568)	(0.1282)	(0.0765)	(0.1680)	(0.1491)
Cfo	0.2356	0.1545	0.3391	0.1712*	0.0638	0.0732
	(0.2993)	(0.1501)	(0.2315)	(0.0905)	(0.2597)	(0.1271)
Market	-0.0534	0.1383*	0.0558	0.0888**	-0.0638	0.0731
	(0.1746)	(0.0811)	(0.1961)	(0.0430)	(0.1699)	(0.0624)

	GTI_T		GTI_Y		GTI_M	
	东部	中西部	东部	中西部	东部	中西部
	（1）	（2）	（3）	（4）	（5）	（6）
Density	0.0338	−0.0095	−0.0274	−0.0118	0.0364	0.0024
	(0.0601)	(0.0239)	(0.0414)	(0.0107)	(0.0537)	(0.0225)
Share	0.0084	0.0032	−0.0003	0.0030	0.0096	0.0006
	(0.0069)	(0.0024)	(0.0013)	(0.0023)	(0.0070)	(0.0013)
Growth	−0.1367*	−0.0001	−0.1354*	0.0002	−0.0914	−0.0001
	(0.0732)	(0.0008)	(0.0718)	(0.0002)	(0.0697)	(0.0008)
_cons	−5.1867***	−0.3480	−1.0992	−0.0505	−5.5694***	−0.2822
	(1.8623)	(0.5895)	(1.0834)	(0.2927)	(2.0175)	(0.5096)
Year FE	Yes	Yes	Yes	Yes	Yes	Yes
Company FE	Yes	Yes	Yes	Yes	Yes	Yes
Industry FE	Yes	Yes	Yes	Yes	Yes	Yes
R−square	0.7885	0.7443	0.7358	0.6693	0.7602	0.7126
Observations	1089	550	1089	550	1089	550

注：括号里数值是标准误，*、**、***分别表示在10%、5%、1%水平上显著。

资料来源：笔者整理。

六、进一步讨论

（一）企业自身环境管理意识

ISO14001是国际标准化组织为了顺应环境保护发展而制定的环境管理体系认证规范标准，目的是帮助组织实现自身设定的环境标准，并持续改善企业的环境绩效。经验表明，企业通过认证后，能够证明其在环境管理方面达到要求，有利于树立良好的社会形象，还有利于企业对资源合理利用，减少清洁工作和废物治理的费用，从而降低企业成本。因此，考虑到企业可能进行了ISO14001环境管理体系认证会更有机会进行绿色技术创新，根据企业是否认证ISO14001环境管理体系将企业分为两个组分别进行回归，结果见表13-18。市场激励型环境规制工具对认证ISO14001环境管理体系的企业绿色技术创新产生显著影响。原因可能在于：一方面，企业通过ISO14001认证后，其企业绿色变革的积极性大大提高，通过制造"绿色产品"，改进工艺设备来减少污染物排放，避免了缴纳罚款和排污费。另一方面，通过认证后，企业减少对环境污染的信息传播出去，树立了良好的社会品牌形象，有利于企业产品得到大量环保投资者的青睐，扩大其市场份额。

表 13-18 考虑 ISO14001 环境管理体系认证

	GTI_T		GTI_Y		GTI_M	
	认证	不认证	认证	不认证	认证	不认证
	（1）	（2）	（3）	（4）	（5）	（6）
Adm_decree	0.0102	0.0046	−0.0028	0.0021	0.0077	0.0030
	(0.0138)	(0.0079)	(0.0073)	(0.0027)	(0.0129)	(0.0062)
Mar_incentives	0.0219*	0.0036	0.0045	0.0052	0.0184	0.0003
	(0.0124)	(0.0031)	(0.0100)	(0.0034)	(0.0112)	(0.0040)
Size	0.2141***	0.0222	0.0705	0.0059	0.2259**	0.0155
	(0.0823)	(0.0276)	(0.0524)	(0.0145)	(0.0898)	(0.0236)
Lev	−0.0962	0.1756	−0.0300	0.0714	−0.0449	0.0952
	(0.2024)	(0.1568)	(0.1282)	(0.0765)	(0.1680)	(0.1491)
Cfo	0.2356	0.1545	0.3391	0.1712*	0.0638	0.0732
	(0.2993)	(0.1501)	(0.2315)	(0.0905)	(0.2597)	(0.1271)
Market	−0.0534	0.1383*	0.0558	0.0888**	−0.0638	0.0731
	(0.1746)	(0.0811)	(0.1961)	(0.0430)	(0.1699)	(0.0624)
Density	0.0338	−0.0095	−0.0274	−0.0118	0.0364	0.0024
	(0.0601)	(0.0239)	(0.0414)	(0.0107)	(0.0537)	(0.0225)
Share	0.0084	0.0032	−0.0003	0.0030	0.0096	0.0006
	(0.0069)	(0.0024)	(0.0013)	(0.0023)	(0.0070)	(0.0013)
Growth	−0.1367*	−0.0001	−0.1354*	0.0002	−0.0914	−0.0001
	(0.0732)	(0.0008)	(0.0718)	(0.0002)	(0.0697)	(0.0008)
_cons	−5.1867***	−0.3480	−1.0992	−0.0505	−5.5694***	−0.2822
	(1.8623)	(0.5895)	(1.0834)	(0.2927)	(2.0175)	(0.5096)
Year FE	Yes	Yes	Yes	Yes	Yes	Yes
Company FE	Yes	Yes	Yes	Yes	Yes	Yes
Industry FE	Yes	Yes	Yes	Yes	Yes	Yes
R-square	0.7885	0.7443	0.7358	0.6693	0.7602	0.7126
Observations	542	1078	542	1078	542	1078

注：括号里数值是标准误，*、**、***分别表示在10%、5%、1%水平上显著。

资料来源：笔者整理。

（二）环境规制交互作用的影响

两种不同类型环境规制的交互作用实证结果见表 13-19，由第（1）列和第（2）列的结果看出，当不加入两类政策的交互项时，命令型环境规制对企业的绿色创新未产生显著的作用，市场型环境规制显著促进了企业的整体绿色技术创新以及源头管控绿色创新，这一结果与基准回归保持一致。当加入了两类环境规制交互项后，对于整体绿色创新来说，命令控制型环境规制与市场激励型环境规制工具均正向提升了企业的绿色创新水平；并且，两者的交互项系数在10%水平上显著为正，说明两类政策共同作用时效果更好，该协同作用可以弥补单一政策实施存在的不足，对整体绿色创新产生了积极的影响。源头管控绿色创新方面，市场激励型环境规制仍然展示出较好的显著性，而两类环境规制工具的交互项不显著，表明在现行环境规制框架下，两类政策之间还未发挥协同作用。在未加入两类规制交互项前，两类政策均未对末端治理绿色创新产生影响；而加入交互项后，两者系数均在10%水平上显著为正，说明行政措施与市场措施的配合可以更好地激励企业的末端绿色创新。

表 13-19　考虑交互作用

	GTI_T		GTI_Y		GTI_M	
	（1）	（2）	（3）	（4）	（5）	（6）
Adm_decree	0.0021	0.0819**	−0.0003	0.0101	0.0005	0.0696*
	(0.0077)	(0.0414)	(0.0030)	(0.0199)	(0.0064)	(0.0396)
Mar_incentives	0.0079**	0.0146***	0.0062**	0.0071**	0.0042	0.0100*
	(0.0038)	(0.0054)	(0.0031)	(0.0035)	(0.0042)	(0.0053)
Adm_Mar		0.0053*		−0.0007		−0.0046*
		(0.0029)		(0.0014)		(0.0028)
Size	0.0673*	0.0634*	0.0160	0.0155	0.0634*	0.0601*
	(0.0355)	(0.0354)	(0.0149)	(0.0148)	(0.0338)	(0.0338)
Lev	0.1000	0.1045	0.1056	0.1062	−0.0134	−0.0095
	(0.1316)	(0.1310)	(0.0785)	(0.0787)	(0.1212)	(0.1207)
Cfo	−0.0303	−0.0322	0.0830	0.0828	−0.0719	−0.0735
	(0.1294)	(0.1294)	(0.0816)	(0.0816)	(0.1112)	(0.1113)
Market	0.0702	0.0767	0.0643*	0.0651*	0.0156	0.0212
	(0.0644)	(0.0643)	(0.0381)	(0.0384)	(0.0545)	(0.0548)
Density	−0.0027	−0.0018	−0.0107	−0.0106	0.0043	0.0051
	(0.0214)	(0.0214)	(0.0106)	(0.0106)	(0.0203)	(0.0203)
Share	0.0037*	0.0037*	0.0026	0.0026	0.0014	0.0015
	(0.0021)	(0.0021)	(0.0019)	(0.0019)	(0.0014)	(0.0014)
Growth	0.0004	0.0004	0.0002	0.0002	0.0003	0.0003
	(0.0009)	(0.0009)	(0.0002)	(0.0002)	(0.0009)	(0.0009)
_cons	−1.3828*	−1.4120*	−0.2684	−0.2722	−1.3222*	−1.3475*
	(0.7492)	(0.7469)	(0.2976)	(0.2978)	(0.7168)	(0.7170)
Year FE	Yes	Yes	Yes	Yes	Yes	Yes
Company FE	Yes	Yes	Yes	Yes	Yes	Yes
Industry FE	Yes	Yes	Yes	Yes	Yes	Yes

续表

	GTI_T		GTI_Y		GTI_M	
	（1）	（2）	（3）	（4）	（5）	（6）
R-square	0.7370	0.7374	0.6680	0.6680	0.7043	0.7047
Observations	1639	1639	1639	1639	1639	1639

注：括号里数值是标准误，*、**、***分别表示在10%、5%、1%水平上显著。
资料来源：笔者整理。

七、结论与政策启示

本章理论分析了命令型环境规制与市场型环境规制对企业绿色创新的影响及其内在渠道，采用综合指标法对废水、二氧化硫、烟尘三类污染物计算了命令型环境规制强度。在理论分析的基础上进行了实证检验。研究发现：两类环境规制工具都有利于企业绿色技术创新水平的提升。将企业绿色专利划分为源头管控与末端治理回归时发现，命令型环境规制主要是促进企业末端治理的绿色技术创新，市场型环境规制主要是提升了企业源头管控的绿色技术创新水平。当我们做了倾向得分匹配检验、更换自变量度量方式、更换计量模型、考虑信息披露问题等一系列稳健性检验后，上述结论仍然保持不变。进一步检验异质性环境规制工具对企业绿色创新的影响机制时发现：命令型环境规制工具通过提高增强的成本压力、外部的执法压力来倒逼企业进行绿色创新；而市场型环境规制则通过内部激励与外部激励两个途径来推动企业绿色创新。进一步讨论得出结论：市场型环境规制工具对认证 ISO14001 环境管理体系的企业的绿色技术创新具有正向促进作用；市场型环境规制促进了非国有企业与大规模企业的整体绿色创新。根据研究结论，提出了以下政策建议：

第一，合理制定环境管理规则，有效整合各种环境规制工具。政策制定者应当根据绩效和市场导向来制定一套较为完善的环境管理体系。制定环境标准、强制规范排污等命令控制型环境规制具有强制性，这些措施对于绿色技术研发来说缺少充分激励；市场型环境规制，如环境税、排污费和排放权交易，能够给企业绿色清洁技术和污染防控技术带来强有力的发展动力，通过制定技术升级改造专项基金、税收减免、鼓励绿色创新等市场化措施，减少强制性环境规制对公司带来的影响；采用提高环境标准、加大监管强度等强制手段，使市场型环境规制充分发挥作用，实现两类环境规制工具的协同和互补。

第二，着力构建以市场激励型为主，以命令控制型为辅的环境规制体系。研究发现，命令控制型环境规制促进企业末端治理的绿色创新，在短期之内，执行效果比较显著，但由于其具有较大的强制性，在执行过程中灵活性较差；与此同时，随着监管的持续，企业负担越来越重，政策执行效果很难维持。而市场激励型环境规制促进企业源头管控绿色创新，从根本上解决污染排放问题。相比之下，应该提高市场型环境规制工具在应用中的比例，以市场的灵活性和敏捷性为基础，发挥各方的主观能动性，构建并健全更加灵活的市场激励机制，调动企业进行源头管控绿色创新的积极性，实现降低环境污染和提升绿色创新水平的双重目标。

第三，加大公众与企业环境知识的宣传教育力度，逐步提升社会的环保意识。一方面，扩大环保知识的宣传可以提高公众的环境治理参与度，社会公众能够通过电话举报、上访、新闻舆论等对排放企业产生监督压力，他们的协同监督治理行为是维护自身生活环境与利益的有效途径。加强环保宣传是提升公众参与度的前提基础，具体措施包括环保法制知识宣传，提升公民环保维权意识；媒体环保公益宣传，让公众获知环保维权的渠道、方式方法等。强化国民教育中的环保教育，扩大环保意识的传播范围，以提高公众参与率。另一方面，组织管理者要树立环保管理理念，引导企业积极认证 ISO14001；此外，对企业职工开展绿色教育培训，引导每一位员工形成安全、环保、健康的思想共识和行为自觉，从而在生产经营过程中主动地维护企业的"绿色"形象，增强企业人员整体的绿色创新意识。

第四，完善环保标准体系与法治建设，加大对主要污染企业与污染地区的排放监管力度。环保标准是环境规制政策约束力的重要抓手。针对空气、水源、声源、辐射和固体废弃物的环境保护标准的完善，能够让环境规制政策落在实处。相关部门应该制定更加合理的环境收费标准，加大对企业违规行为的惩罚力度，对减排工作落实不到位的企业进行公开通报批评，追究相关负责人的责任，充分发挥环境规制工具的"倒逼"效应，增强环境规制政策的约束力，实现企业对资源和能源的合理利用。

第五，政府要加大相应的政策支持力度，企业整体绿色创新水平的提升往往需要先进技术的引进和新设备的支撑，研发创新是一项投入高、周期长、风险高的活动，往往需要充足的资金作为保障。因此，离不开政府给予必要的财税政策支持，政府更好地把财政资金运用到减排工作中，除了采取能源强制政策以督促企业关闭高耗能工程外，还可以对设立清洁能源生产的企业提供资金支持，加大对节能减排技术改造和节能减排设备应用的扶持激励政策，或在生产环节进行补贴，鼓励企业更多地投入到减排工作中来。同时，减排目标也不仅局限于末端治理，还要进行更高层级的追求，增强企业对清洁能源的认知，使企业形成"学习效应"，以从根本源头实现绿色生产，促进企业更快、更好转型。

参考文献

［1］Brunnermeier S B, Cohen M A. Determinants of environmental innovation in US manufacturing industries ［J］. Journal of Environmental Economics and Management，2003，45（2）：278-293.

［2］Cai W, Li G. The drivers of eco-innovation and its impact on performance：Evidence from China ［J］. Journal of Cleaner Production，2018，176：110-118.

［3］Carrión-Flores C E, Innes R. Environmental innovation and environmental performance ［J］. Journal of Environmental Economics and Management，2010，59（1）：27-42.

［4］Chang K H, Gotcher D F. How and when does co-production facilitate eco-innovation in international buyer-supplier relationships? The role of environmental innovation ambidexterity and institutional pressures [J]. International Business Review, 2020, 29 (5): 101731.

[5] Chen X, Yi N, Zhang L, et al. Does institutional pressure foster corporate green innovation? Evidence from China's top 100 companies [J]. Journal of Cleaner Production, 2018, 188: 304-311.

[6] Díez-De-Castro E, Peris-Ortiz M. Organizational Legitimacy [M]. Berlin: Springer International Publishing, 2018.

[7] Díez-Martín F, Blanco-González A, Díez-de-Castro E. Measuring a scientifically multifaceted concept. The jungle of organizational legitimacy [J]. European Research on Management and Business Economics, 2021, 27 (1): 100131.

[8] Hadlock C J, Pierce J R. New evidence on measuring financial constraints: Moving beyond the KZ index [J]. Review of Financial Studies, 2010, 23 (5): 1909-1940.

[9] Han S, Pan Y, Mygrant M, et al. Differentiated environmental regulations and corporate environmental responsibility: The moderating role of institutional environment [J]. Journal of Cleaner Production, 2021, 313: 127870.

[10] Hewitt-Dundas N, Roper S W. Output additionality of public support for innovation: Evidence for Irish manufacturing plants [J]. European Planning Studies, 2010, 18: 107-122.

[11] Jaffe A B, Palmer K. Environmental regulation and innovation: A panel data study [J]. Review of Economics and Statistics, 1997, 79 (4): 610 -619.

[12] Jaffe A B, Peterson S R, Portney P R, et al. Environmental regulation and the competitiveness of US manufacturing: What does the evidence tell us? [J]. Journal of Economic Literature, 1995, 33 (1): 132-163.

[13] Jiang Z, Wang Z, Li Z. The effect of mandatory environmental regulation on innovation performance: Evidence from China [J]. Journal of Cleaner Production, 2018, 203: 482-491.

[14] Johnstone N, Hascic I, Popp D. Renewable energy policies and technological innovation: Evidence based on patent counts [R]. National Bureau of Economic Research, 2008.

[15] Kneller R, Manderson E. Environmental regulations and innovation activity in UK manufacturing industries [J]. Resource and Energy Economics, 2012, 34 (2): 211-235.

[16] Lange S, Wyndham V. Gender, regulation, and corporate social responsibility in the extractive sector: The case of Equinor's social investments in Tanzania [C]//Women's Studies International Forum. Pergamon, 2021, 84: 102434.

[17] Lanoie P, Laurent-Lucchetti J, Johnstone N, et al. Environmental policy, innovation and performance: New insights on the porter hypothesis [J]. Journal of Economics and

Management Strategy, 2011, 20 (3): 803-842.

[18] Lee J, Veloso F M, Hounshell D A. Linking induced technological change, and environmental regulation: Evidence from patenting in the US auto industry [J]. Research Policy, 2011, 40 (9): 1240-1252.

[19] Li R, Ramanathan R. Exploring the relationships between different types of environmental regulations and environmental performance: Evidence from China [J]. Journal of Cleaner Production, 2018, 196: 1329-1340.

[20] Magat W A. Pollution control and technological advance: A dynamic model of the firm [J]. Journal of Environmental Economics and Management, 1978, 5 (1): 1-25.

[21] Mamuneas T P, Nadiri M I. Public R&D policies and cost behavior of the US manufacturing industries [J]. Journal of Public Economics, 1996, 63 (1): 57-81.

[22] Martín-Herrán G, Rubio S J. Optimal environmental policy for a polluting monopoly with abatement costs: Taxes versus standards [J]. Environmental Modeling and Assessment, 2018, 23: 671-689.

[23] Moon H C, Rugman A M, Verbeke A. A generalized double diamond approach to the global competitiveness of Korea and Singapore [J]. International Business Review, 1998, 7 (2): 135-150.

[24] Palmer K, Oates W E, Portney P R. Tightening environmental standards: The benefit-cost or the no-cost paradigm? [J]. Journal of Economic Perspectives, 1995, 9 (4): 119-132.

[25] Porter M E, Linde C. Toward a new conception of the environment-competitiveness relationship [J]. Journal of Economic Perspectives, 1995, 9 (4): 97-118.

[26] Porter M E, Van der Linde C. Green and comparative: Ending the statement [J]. Harvard Business Review, 1995, 73: 120-134.

[27] Porter M E. America's green strategy [J]. Scientific American, 1991, 26 (4): 1-5.

[28] Ramanathan R, He Q, Black A, et al. Environmental regulations, innovation and firm performance: A revisit of the porter hypothesis [J]. Journal of Cleaner Production, 2016, 155 (2): 79-92.

[29] Rousseau S, Proost S. Comparing environmental policy instruments in the presence of imperfect compliance: A case study [J]. Environmental and Resource Economics, 2005, 32 (3): 337-365.

[30] Smith D. The effects of federal research and development subsidies on firm commercialization behavior [J]. Research Policy, 2020, 49 (7): 104003.

[31] Steger U. The greening of the board room: How German companies are dealing with environmental issues [M]// Kurt Fischer, Johan Schot. Environmental Strategies for Industry. Washington DC: Island Press, 1993.

［32］Tang C，Dou J. The impact of heterogeneous environmental regulations on location choices of pollution-intensive firms in China［J］. Frontiers in Environmental Science，2021，9：799449.

［33］Xiao W，Gaimon C，Subramanian R，et al. Investment in environmental process improvement［J］. Production and Operations Management，2019，28（2）：407-420.

［34］Xu L，Fan M，Yang L，et al. Heterogeneous green innovations and carbon emission performance：Evidence at China's city level［J］. Energy Economics，2021，99：105269.

［35］Zhang Y，Wang J，Xue Y，et al. Impact of environmental regulations on green technological innovative behavior：An empirical study in China［J］. Journal of Cleaner Production，2018，188：763-773.

［36］曹倩雯. 环境规制与企业税负——基于《大气污染防治行动计划》的研究［J］. 财政科学，2022（11）：133-145.

［37］曹勇，蒋振宇，孙合林，等. 知识溢出效应、创新意愿与创新能力——来自战略性新兴产业企业的实证研究［J］. 科学学研究，2016，34（1）：89-98.

［38］陈屹立，邓雨薇. 环境规制、市场势力与企业创新［J］. 贵州财经大学学报，2021（1）：30-43.

［39］杜运周，张玉利. 互动导向与新企业绩效：组织合法性中介作用［J］. 管理科学，2012，25（4）：22-30.

［40］范丹，孙晓婷. 环境规制、绿色技术创新与绿色经济增长［J］. 中国人口·资源与环境，2020，30（6）：105-115.

［41］冯宗宪，贾楠亭. 环境规制与异质性企业技术创新——基于工业行业上市公司的研究［J］. 经济与管理研究，2021，42（3）：20-34.

［42］韩先锋，宋文飞. 异质环境规制对OFDI逆向绿色创新的动态调节效应研究［J］. 管理学报，2022，19（8）：1184-1194.

［43］胡德顺，潘紫燕，张玉玲. 异质性环境规制、技术创新与经济高质量发展［J］. 统计与决策，2021，37（13）：96-99.

［44］胡珺，黄楠，沈洪涛. 市场激励型环境规制可以推动企业技术创新吗？——基于中国碳排放权交易机制的自然实验［J］. 金融研究，2020（1）：171-189.

［45］胡珺，阮小双，马栋. 环境规制、成本转嫁与企业环境治理［J］. 海南大学学报（人文社会科学版），2023，41（5）：187-198.

［46］江珂，卢现祥. 环境规制与技术创新——基于中国1997—2007年省际面板数据分析［J］. 科研管理，2011，32（7）：60-66.

［47］蒋伏心，王竹君，白俊红. 环境规制对技术创新影响的双重效应：基于江苏制造业动态面板数据的实证研究［J］. 中国工业经济，2013（7）：44-55.

［48］颉茂华，王瑾，刘冬梅. 环境规制、技术创新与企业经营绩效［J］. 南开管理评论，2014，17（6）：106-113.

［49］康志勇，汤学良，刘馨. 环境规制、企业创新与中国企业出口研究——基于

"波特假说"的再检验 [J]. 国际贸易问题, 2020 (2): 125-141.

[50] 孔东民, 韦咏曦, 季绵绵. 环保费改税对企业绿色信息披露的影响研究 [J]. 证券市场导报, 2021 (8): 2-14.

[51] 孔晓妮, 邓峰. 自主创新、技术溢出及吸收能力与经济增长的实证分析——基于东、中、西部地区与全国的比较 [J]. 研究与发展管理, 2021 (1): 31-39.

[52] 李博, 王晨圣, 余建辉, 等. 市场激励型环境规制工具对中国资源型城市高质量发展的影响 [J]. 自然资源学报, 2023, 38 (1): 205-219.

[53] 李广培, 李艳歌, 全佳敏. 环境规制、R&D 投入与企业绿色技术创新能力 [J]. 科学学与科学技术管理, 2018, 39 (11): 61-73.

[54] 李青原, 肖泽华. 异质性环境规制工具与企业绿色创新激励——来自上市企业绿色专利的证据 [J]. 经济研究, 2021 (9): 192-208.

[55] 李文茜, 刘益. 技术创新、企业社会责任与企业竞争力——基于上市公司数据的实证分析 [J]. 科学学与科学技术管理, 2017, 38 (1): 154-165.

[56] 李永友, 沈坤荣. 我国污染控制政策的减排效果——基于省际工业污染数据的实证分析 [J]. 管理世界, 2008 (7): 7-17.

[57] 梁敏, 曹洪军, 陈泽文. 环境规制、环境责任与企业绿色技术创新 [J]. 企业经济, 2021, 40 (11): 15-23.

[58] 刘钻扩, 王洪岩. 高管从军经历对企业绿色创新的影响 [J]. 软科学, 2021 (12): 74-80.

[59] 刘光富, 郭凌军. 环境规制、环境责任与绿色创新关系实证研究——一个调节的中介模型 [J]. 科学管理研究, 2019, 37 (4): 2-6.

[60] 刘相锋, 王磊. 地方政府补贴能够有效激励企业提高环境治理效率吗 [J]. 经济理论与经济管理, 2019 (6): 55-69.

[61] 卢建词, 姜广省. CEO 绿色经历能否促进企业绿色创新? [J]. 经济管理, 2022 (2): 106-121.

[62] 苗苗, 苏远东, 朱曦, 等. 环境规制对企业技术创新的影响——基于融资约束的中介效应检验 [J]. 软科学, 2019, 33 (12): 100-107.

[63] 彭星, 李斌. 不同类型环境规制下中国工业绿色转型问题研究 [J]. 财经研究, 2016, 42 (7): 134-144.

[64] 商波, 杜星宇, 黄涛珍. 基于市场激励型的环境规制与企业绿色技术创新模式选择 [J]. 软科学, 2021, 35 (5): 78-84+92.

[65] 宋瑛, 张海涛, 廖甍. 环境规制抑制了技术创新吗?——基于中国装备制造业的异质性检验 [J]. 西部论坛, 2019, 29 (5): 114-124.

[66] 孙冰, 徐杨, 康敏. 环境规制工具对环境友好型技术创新的区域性影响——以氢燃料电池技术为例 [J]. 科技进步与对策, 2021, 38 (9): 43-51.

[67] 孙传旺, 魏晓楠. 市场激励型环境规制、政府补贴与企业绩效 [J]. 财政研究, 2022 (7): 97-112.

[68] 谭瑾，徐光伟．"双轮"驱动下环境规制差异与企业绿色创新——基于信号传递理论 [J]．软科学，2022（12）：1-10．

[69] 谭瑾，徐光伟．"双轮"驱动下环境规制差异与企业绿色创新——基于信号传递理论 [J]．软科学，2023：1-10．

[70] 陶锋，赵锦瑜，周浩．环境规制实现了绿色技术创新的"增量提质"吗——来自环保目标责任制的证据 [J]．中国工业经济，2021（2）：136-154．

[71] 汪明月，李颖明，王子彤．异质性视角的环境规制对企业绿色技术创新的影响——基于工业企业的证据 [J]．经济问题探索，2022，43（2）：67-81．

[72] 王分棉，贺佳，孙宛霖．命令型环境规制、ISO14001 认证与企业绿色创新——基于《环境空气质量标准（2012）》的准自然实验 [J]．中国软科学，2021，369（9）：105-118．

[73] 王娟茹，张渝．环境规制、绿色技术创新意愿与绿色技术创新行为 [J]．科学学研究，2018，36（2）：352-360．

[74] 王勇，李雅楠，俞海．环境规制影响加总生产率的机制和效应分析 [J]．世界经济，2019，42（2）：97-121．

[75] 王芋朴，陈宇学．环境规制、金融发展与企业技术创新 [J]．科学决策，2022（1）：65-78．

[76] 王站杰，买生．企业社会责任、创新能力与国际化战略——高管薪酬激励的调节作用 [J]．管理评论，2019，31（3）：193-202．

[77] 王珍愚，曹瑜，林善浪．环境规制对企业绿色技术创新的影响特征与异质性——基于中国上市公司绿色专利数据 [J]．科学学研究，2021，39（5）：909-919+929．

[78] 吴力波，任飞州，徐少丹．环境规制执行对企业绿色创新的影响 [J]．中国人口·资源与环境，2021，31（1）：90-99．

[79] 谢乔昕．环境规制、绿色金融发展与企业技术创新 [J]．科研管理，2021，42（6）：65．

[80] 谢荣辉．环境规制、引致创新与中国工业绿色生产率提升 [J]．产业经济研究，2017（2）：38-48．

[81] 谢宜章，邹丹，唐辛宜．不同类型环境规制、FDI 与中国工业绿色发展——基于动态空间面板模型的实证检验 [J]．财经理论与实践，2021，42（4）：138-145．

[82] 熊航，静峥，展进涛．不同环境规制政策对中国规模以上工业企业技术创新的影响 [J]．资源科学，2020，42（7）：1348-1360．

[83] 徐雨婧，沈瑶，胡珺．进口鼓励政策、市场型环境规制与企业创新——基于政策协同视角 [J]．山西财经大学学报，2022，44（2）：76-90．

[84] 杨洪涛，李瑞，李桂君．环境规制类型与设计特征的交互对企业生态创新的影响 [J]．管理学报，2018，15（10）：1019-1027．

[85] 杨艳芳，程翔．环境规制工具对企业绿色创新的影响研究 [J]．中国软科

学，2021（S1）：247-252.

[86] 姚林如，杨海军，王笑. 不同环境规制工具对企业绩效的影响分析 [J]. 财经论丛，2017，228（12）：107-113.

[87] 叶琴，曾刚，戴劭勚，等. 不同环境规制工具对中国节能减排技术创新的影响——基于 285 个地级市面板数据 [J]. 中国人口·资源与环境，2018，28（2）：115-122.

[88] 余东华，胡亚男. 环境规制趋紧阻碍中国制造业创新能力提升吗？——基于"波特假说"的再检验 [J]. 产业经济研究，2016（2）：11-20.

[89] 曾义，冯展斌，张茜. 地理位置、环境规制与企业创新转型 [J]. 财经研究，2016，42（9）：87-98.

[90] 张成，陆旸，郭路，等. 环境规制强度和生产技术进步 [J]. 经济研究，2011，46（2）：113-124.

[91] 张国兴，冯祎琛，王爱玲. 不同类型环境规制对工业企业技术创新的异质性作用研究 [J]. 管理评论，2021，33（1）：92-102.

[92] 张明，黄孟，武文琪，等. 异质性环境规制对企业排污行为的影响差异研究 [J/OL]. 系统工程，https：//kns.cnki.net/kcms/detail/43.115.N.20221028.1014.002.html.

[93] 张平，张鹏鹏，蔡国庆. 不同类型环境规制对企业技术创新影响比较研究 [J]. 中国人口·资源与环境，2016，26（4）：8-13.

[94] 张毅，严星. 经济环境、环境规制类型与省域节能减排技术创新——基于异质性科研主体的实证分析 [J]. 科技进步与对策，2021，38（8）：41-49.

[95] 赵金国，王秀丽，李刚. 环境规制、高管环境支持与科技型中小微企业绿色创新——绿色资源获取能力的调节作用 [J]. 东岳论丛，2022，43（12）：111-120.

[96] 周迪，彭小玲，黄晴. 命令型环境规制能否推动企业研发创新活动？——以"大气十条"为例 [J]. 科研管理，2022，43（10）：81-88.

[97] 周燕，潘遥. 财政补贴与税收减免——交易费用视角下的新能源汽车产业政策分析 [J]. 管理世界，2019，35（10）：133-149.

第十四章 "双碳"约束下能源行业水资源—碳排放—经济效益耦合影响研究

汪峰　葛榛子[*]

摘　要： 能源行业作为中国现代经济发展的支柱，也是中国碳排放和水资源消费的重点行业。各省份分别提出了符合自身发展特征的可再生能源发展目标，可能对区域能源行业发展、碳排放和水资源消费产生差异化影响。基于此，本章通过构建多区域环境投入产出模型，评估中国 2007~2017 年不同地区能源行业水资源、碳排放和经济效益的耦合状况，并构建结构分解分析模型（SDA）分析各地区能源行业水资源、碳排放和经济效益的变化驱动因素，在此基础上设计并分析不同情景下中国未来能源行业发展可能带来的水资源消费、碳排放和经济效益等变化。结果表明，中国 2007~2017 年水资源—碳排放—经济效益总量呈现增长趋势，总体上主要呈现出由北向南、由西向东的转移趋势；人均最终需求是 2007~2017 年全国碳排放—取水量—增加值—就业数量变化最主要的驱动因素。情景分析结果表明，能源结构发展能够缓解当前资源环境要素分布不均的局面，经济增长的区域异质性会抵消由能源发展和效率提升带来的碳减排效应和节水效应，并带来更多的碳排放和用水需求。

关键词： 耦合；投入产出模型；结构分解分析模型；能源发展

一、研究背景

为如期实现"双碳"目标，中国已构建起目标明确、分工合理、措施有力、衔接有序的碳达峰碳中和"1+N"政策体系。2020 年 9 月 22 日，习近平主席在第七十五届联合国大会一般性辩论上宣布：中国将提高国家自主贡献力度，采取更加有力的政策和措施，二氧化碳排放力争于 2030 年前达到峰值，努力争取 2060 年前实现碳中和[①]。自此之后，中国出台了一系列政策措施，不断完善碳达峰碳中和"1+N"政策体系。其中，"1"是指 2021 年 10 月 24 日发布的《中共中央　国务院关于完整准确全面贯彻新发展理念做好碳达峰碳中和工作的意见》（以下称《意见》）。《意见》在推进经济社会发展全面绿色转型、深度调整产业结构、加快构建清洁低碳安全高效能源体系、加快推进低碳交通运输体系建设、提升城乡建设绿色低碳发展质量、加强绿色低碳重

---

* 作者简介：汪峰，南京信息工程大学商学院副研究员、硕士生导师，南京信息工程大学气候经济与低碳产业研究院副院长；葛榛子，南京信息工程大学商学院硕士研究生。

① 习近平. 在第七十五届联合国大会一般性辩论上的讲话 [N]. 人民日报，2020-09-23（003）.

大科技攻关和推广应用、持续巩固提升碳汇能力、提高对外开放绿色低碳发展水平、健全法律法规标准和统计监测体系、完善政策机制等方面提出了 30 多项重点任务①，在碳达峰碳中和"1+N"政策体系中发挥了统领全局的作用。2021 年 10 月 26 日，国务院印发《2030 年前碳达峰行动方案》，提出能源绿色低碳转型、节能降碳增效、工业领域碳达峰、城乡建设碳达峰、交通运输绿色低碳、循环经济助力降碳、绿色低碳科技创新、碳汇能力巩固提升、绿色低碳全民、各地区梯次有序碳达峰十大行动②，是"N"系列政策中总体性的文件。基于此，在分部门分领域方面，各部委重点面向能源、工业、城乡建设、交通运输、农业农村等领域和煤炭、石油、天然气、钢铁、有色金属、石化化工、建材等行业陆续出台了实施方案，提供了科技支撑、财政支持、统计核算、人才培养等保障方案③（见表 14-1）。此外，各地根据实际因地制宜、分类施策，31 个省区市的碳达峰实施方案相继出台。

表 14-1　碳达峰碳中和"N"系列政策

N 系列	时间	政策
能源绿色低碳转型行动	2022 年 1 月 30 日	《国家发展改革委　国家能源局关于完善能源绿色低碳转型体制机制和政策措施的意见》
	2022 年 1 月 29 日	《"十四五"现代能源体系规划》
	2022 年 3 月 23 日	《氢能产业发展中长期规划（2021-2035 年）》
	2022 年 4 月 9 日	《煤炭清洁高效利用重点领域标杆水平和基准水平（2022 年版）》
	2021 年 10 月 21 日	《"十四五"可再生能源发展规划》
节能降碳增效行动	2022 年 1 月 24 日	《"十四五"节能减排综合工作方案》
	2022 年 2 月 3 日	《高耗能行业重点领域节能降碳改造升级实施指南（2022 年版）》
	2022 年 6 月 10 日	《减污降碳协同增效实施方案》
工业领域碳达峰行动	2021 年 12 月 3 日	《"十四五"工业绿色发展规划》
	2022 年 1 月 30 日	《"十四五"医药工业发展规划》
	2022 年 2 月 7 日	《工业和信息化部　国家发展和改革委员会　生态环境部关于促进钢铁工业高质量发展的指导意见》
	2022 年 2 月 3 日	《水泥行业节能降碳改造升级实施指南》
	2022 年 3 月 28 日	《工业和信息化部　国家发展和改革委员会　科学技术部　生态环境部　应急管理部　国家能源局关于"十四五"推动石化化工行业高质量发展的指导意见》

---

① 中共中央　国务院关于完整准确全面贯彻新发展理念做好碳达峰碳中和工作的意见 [EB/OL]．（2021-10-24）．http：//www.gov.cn/zhengce/2021-10/24/content_5644613.htm.

② 国务院.2030 年前碳达峰行动方案 [EB/OL]．（2021-10-26）．http：//www.gov.cn/zhengce/content/2021-10/26/content_5644984.htm.

③ 陆娅楠．碳达峰碳中和"1+N"政策体系已构建"双碳"工作取得良好开局 [N]．人民日报，2022-09-23（002）．

续表

N 系列	时间	政策
工业领域 碳达峰行动	2022 年 4 月 21 日	《工业和信息化部 国家发展和改革委员会关于化纤工业高质量发展的指导意见》
	2022 年 4 月 21 日	《工业和信息化部 国家发展和改革委员会关于产业用纺织品行业高质量发展的指导意见》
	2022 年 6 月 17 日	《工业和信息化部 人力资源社会保障部 生态环境部 商务部 市场监管总局关于推动轻工业高质量发展的指导意见》
	2022 年 6 月 21 日	《工业水效提升行动计划》
	2022 年 6 月 29 日	《工业能效提升行动计划》
	2022 年 8 月 1 日	《工业领域碳达峰实施方案》
城乡建设 碳达峰行动	2021 年 7 月 3 日	《关于推动城乡建设绿色发展的意见》
	2022 年 1 月 19 日	《"十四五"建筑业发展规划》
	2022 年 2 月 11 日	《"十四五"推进农业农村现代化规划》
	2022 年 3 月 1 日	《"十四五"住房和城乡建设科技发展规划》
	2022 年 3 月 1 日	《"十四五"建筑节能与绿色建筑发展规划》
	2022 年 5 月 7 日	《农业农村减排固碳实施方案》
	2022 年 6 月 30 日	《城乡建设领域碳达峰实施方案》
交通运输 绿色低碳行动	2021 年 12 月 9 日	《"十四五"现代综合交通运输体系发展规划》
	2021 年 10 月 29 日	《绿色交通"十四五"发展规划》
	2022 年 6 月 24 日	《交通运输部 国家铁路局 中国民用航空局 国家邮政局贯彻落实〈中共中央 国务院关于完整准确全面贯彻新发展理念做好碳达峰碳中和工作的意见〉的实施意见》
循环经济助力 降碳行动	2021 年 7 月 1 日	《"十四五"循环经济发展规划》
	2022 年 1 月 27 日	《关于加快推动工业资源综合利用的实施方案》
绿色低碳 科技创新行动	2021 年 11 月 29 日	《"十四五"能源领域科技创新规划》
	2022 年 8 月 18 日	《科技支撑碳达峰碳中和实施方案（2022—2030 年）》
碳汇能力巩固 提升行动	2021 年 12 月 31 日	《林业碳汇项目审定和核证指南》
	2022 年 1 月 28 日	《林草产业发展规划（2021—2025 年）》
	2022 年 2 月 21 日	《海洋碳汇经济价值核算方法》
绿色低碳 全民行动	2022 年 4 月 24 日	《加强碳达峰碳中和高等教育人才培养体系建设工作方案》
保障政策	2021 年 11 月 27 日	《关于推进中央企业高质量发展做好碳达峰碳中和工作的指导意见》
	2022 年 3 月 10 日	《关于做好 2022 年企业温室气体排放报告管理相关重点工作的通知》
	2022 年 5 月 31 日	《支持绿色发展税费优惠政策指引》
	2022 年 5 月 25 日	《财政支持做好碳达峰碳中和工作的意见》

N 系列	时间	政策
保障政策	2022 年 6 月 1 日	《银行业保险业绿色金融指引》
各地区梯次有序碳达峰行动	各省份具体实施政策，以战略性指导文件、保障支撑文件、地方法规等形式出台	

　　能源行业作为中国重要的碳排放来源，承担着结构低碳化转型的重大责任。为推进降碳进程，实现"十四五"期间中国单位 GDP 二氧化碳排放五年累计下降 18% 的目标，各部委发布《"十四五"节能减排综合工作方案》《"十四五"现代能源体系规划》《"十四五"可再生能源发展规划》等文件，提出到 2025 年，全国单位国内生产总值能源消耗比 2020 年下降 13.5%，能源消费总量得到合理控制，非化石能源消费比重提高到 20% 左右，非化石能源发电量比重提高到 39% 左右。为实现全国总体目标，各地区依托当地发展实际因地制宜，制定了 2025 年能源发展目标（见表 14-2）。其中，东北三省、山西、河北、河南、陕西、宁夏等地区的经济支柱仍是高耗能产业，对煤炭依赖性强，能源结构调整困难，非化石能源发展空间有限，难以达到全国平均水平，因此这些地区设定的非化石能源消费比重的目标均低于全国总体目标。经济增长是能源需求增长的主要动力（李江龙、杨秀汪，2021），山东、江苏、河南、京津冀等地区能源消费基数庞大，当地非化石能源资源相对有限，难以满足能源结构低碳化转型的资源需求（周冯琦、尚勇敏，2022），而依托省外资源大规模替代煤炭的成本过高，因此这些地区能源结构调整面临较大阻力，相应目标设定均低于全国总体水平。云南、四川、甘肃、青海等地区可再生能源资源禀赋较好，可再生能源装机规模不断扩大；广西区位优势独特，是国家"西电东送""南气北输"的重要通道，新能源发展潜力突出；广东能源结构相对更为多元，2020 年其非化石能源消费比重约为 30%，结构升级步伐领先于其他地区。因此，上述区域均对非化石能源的发展制定了相对较高的目标。

表 14-2　各地区 2025 年能源发展目标

地区	能源消耗总量	单位地区生产总值能源消耗（与 2020 年相比）	非化石能源消费比重	煤炭消费比重	单位地区生产总值二氧化碳排放（与 2020 年相比）
北京	8050 万吨标准煤	下降 14%	14.4% 以上（可再生能源）	0.90%	降幅达到国家要求
天津	得到合理控制	下降 14.5%，规模以上工业单位增加值能耗下降 15%	力争达到 11.7% 以上	消费量下降 10%	完成国家下达目标
河北	—	降低 15%	13% 以上	—	降低 19%
山西	得到合理控制	下降 14.5%	12%	—	完成国家考核目标
内蒙古	—	下降 15% 以上	18%	降低到 74.1% 以下	达到国家要求

续表

地区	能源消耗总量	单位地区生产总值能源消耗（与2020年相比）	非化石能源消费比重	煤炭消费比重	单位地区生产总值二氧化碳排放（与2020年相比）
辽宁	2.69亿吨标准煤	下降14.5%	13.70%	—	完成国家下达指标
吉林	8270万吨标准煤	完成国家下达目标任务	提高到17.7%	下降到59.7%	完成国家下达目标任务
黑龙江	得到合理控制	下降14.5%	15%以上	下降到60%左右	完成国家下达目标
上海	合理控制	下降14%	20%左右	下降到30%以下	完成国家下达目标
江苏	—	下降14%左右，其中规模以上单位工业增加值能耗下降17%	18%	下降到52%左右	完成国家下达目标
浙江	2.69亿吨标准煤	到2025年降低15%，年均下降3.2%	24%	33.50%	完成国家下达指标
安徽	—	下降14%，力争下降14.5%，规模以上工业单位增加值能耗下降15%	15.5%以上	—	完成国家下达目标
福建	控制在国家下达指标内	下降14%	27.40%	48.20%	完成国家下达目标
江西	—	0.348吨标准煤/万元，下降14%，力争达到0.346吨标准煤/万元，下降14.5%	18.30%	降低到56.9%	完成国家下达目标
山东	4.54亿吨标准煤以内	降低14.5%	13%	下降到60%以内	下降20.5%
河南	—	下降15%以上	16%以上	降至60%以下	年均降低19.5%
湖北	—	下降14%以上	20%	降低至51%	完成国家下达目标
湖南	—	下降14%	22%	—	完成国家下达指标
广东	—	下降14%	32%以上	—	完成国家下达目标
广西	—	达到国家要求	30%以上	—	达到国家要求
海南	—	下降15%	22%左右	18%以下	比国家下达指标多5%
重庆	—	下降14%	25%	40%	完成国家下达目标任务
四川	得到合理控制	达到国家要求	42%左右	25%以下	达到国家要求
贵州	—	完成国家下达指标	达到20%，力争达到21.6%		完成国家下达指标
云南	—	完成国家下达指标	46%	—	完成国家下达指标
陕西	—	下降13.5%	16%		下降18%
甘肃	完成国家下达目标任务	完成国家下达目标任务	30%	46.10%	完成国家下达目标任务
青海	完成国家下达目标任务	完成国家下达目标任务	>56%		完成国家下达目标任务

地区	能源消耗总量	单位地区生产总值能源消耗（与 2020 年相比）	非化石能源消费比重	煤炭消费比重	单位地区生产总值二氧化碳排放（与 2020 年相比）
宁夏	得到有效控制	降低率达到国家要求	提高到 15% 左右	消费量基本目标1.67 亿吨，弹性目标 1.85 亿吨	完成国家下达目标任务
新疆	317 万吨标准煤以内	下降 14.5%	18% 以上	—	完成国家下达目标任务
西藏	—	国家核定范围内			国家核定范围内

注："—"表示未提及。

资料来源：各省级政府信息门户。

碳排放、水资源和经济效益在能源行业中相互影响、相互制约，联系紧密。能源行业是中国最主要的碳排放来源，是实现碳达峰、碳中和目标的关键领域。根据中国碳核算数据库（CEADs）统计，2019 年中国能源行业的碳排放占全国总量的 50.2%。能源的开采、运输、转化和终端使用过程中均需要消耗大量水资源（赵荣钦等，2016）。2021 年，中国火电用水量达到 507.4 亿立方米，在工业用水总量中的比重达到 48.3%。在电力行业中，火电的水消费主要来自于冷却技术（檀勤良等，2020），光伏、风电、核电等可再生能源的水消费主要来自于设备制造（Macknick et al.，2012；Liu et al.，2015）。同时，水的生产和供应会受到能源供给的限制，水资源的开发、运输、使用和最终处理过程中需要大量能源的投入。由于不同能源产业对水资源的消耗强度具有差异，能源结构的调整会导致水资源配置的变化。因此，在能源行业的低碳化发展中，需要充分考虑区域水资源禀赋的差异性，对能源发展和水资源配置顾此失彼会加剧部分区域水资源短缺的问题，学界对能源和水资源耦合关联的问题展开了大量研究（Hua et al.，2021；Ming et al.，2020；Trubetskaya et al.，2021；Chini and Peer，2021）。能源行业的发展和低碳化转型需要大量劳动力和资本的投入。区域支柱产业对能源发展有重大影响，以高能耗产业为支柱产业的重工业基地和依托煤炭等化石能源发展经济的资源型地区需要承担能源低碳化转型对经济发展的冲击，能源发展均需依托支柱产业的实际情况制定相应的计划。同时，为了调整能源结构，推动可再生能源替代传统化石能源的产能，新能源产业的发展空间需进一步扩大（张宏霞等，2022），使大量劳动力退出化石能源行业，而对可再生能源的开发利用、技术研发、设备制造等产生了新的就业机会（唐任伍、范烁杰，2022），创造出更多经济效益（常凯，2015），产业结构随之调整。2010~2019 年，中国可再生能源行业增加了 440 万个工作岗位。

考虑到区域发展的差异性，能源行业碳排放—水资源—经济效益的耦合影响（见图 14-1）需要从生产端和消费端两个角度进行探讨。由于不同地区的资源禀赋、发展方式、技术水平等具有显著异质性，各地区产业分工不同，区域间贸易在区域经济发展中的地位越来越突出。然而，贸易隐含的资源转移使区域的生产端与消费端被剥离开来（王安静等，2018）。一个地区的资源消耗以及生产过程中排放的二氧化碳，不仅由当地的生产消费需求导致，也是由为了满足其他地区的需求所致。以水资源消费为例，有研究表明2002~2012年中国虚拟水主要从东北和西北地区通过贸易流向东部和南部沿海地区，而东北地区和西北地区的大部分省份面临着水资源短缺的问题，因此跨区域贸易隐含的资源转移加剧了这些地区的缺水问题（Cai et al.，2020）。区域间贸易使区域资源供需压力发生变化，影响各地区资源管理措施的制定与实施。因此从生产端和消费端的双重角度出发，能够进一步考虑跨区域经济联系对资源配置的影响，探讨不同区域之间碳排放、水资源和经济效益的流动和耦合关系。

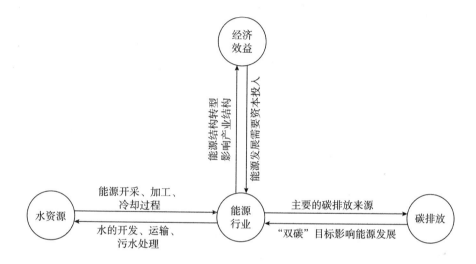

图 14-1 碳—水—经济效益耦合作用

本章拟通过构建多区域环境投入产出模型，基于生产和消费视角评估中国 2007~2017 年不同地区、行业碳排放—水资源—经济效益的耦合状况，并构建结构分解分析模型（SDA）分析各地区碳排放—水资源—经济效益变化的驱动因素。在此基础上，结合中国各地区"十四五"规划中的能源发展目标、碳排放强度目标以及经济发展目标等，设计能源发展、技术进步、经济增长三种情景，分析不同情景下中国未来发展可能带来的碳排放、水资源消费和经济效益等变化，为中国高质量、低碳发展提供政策支撑，助力中国"双碳"目标实现。

二、文献综述

（一）能源行业多要素耦合影响研究

作为中国最主要的碳排放部门，能源行业与水资源、碳排放、土地资源、粮食等多种关键要素联系紧密。能源的开采、加工到终端使用均需要用水清洗和冷却作用（王红瑞等，2023），且需要土地作为其活动的载体（王勇、孙瑞欣，2022）。玉米、木薯等粮食作物能够转化为生物能源（余家林、王秀杰，2022；郭长林等，2022）。能源的生产过程会产生污染水资源的有害物质并排放二氧化碳（郝林钢等，2023）。水资源的开发、运输、处理以及粮食的生产、加工、运输等过程需要大量能源的投入（王红瑞等，2023）。

对能源行业涉及的多种要素进行耦合影响研究，有利于综合管理能源行业中的资源配置，实现多要素协调发展。有关水—能耦合的研究已在区域（王菲，等，2022；Li et al.，2019；Yang et al.，2021；Zhang et al.，2022；Liu et al.，2016；Wu et al.，2018；Okadera et al.，2015）、国家（Yang et al.，2021；Zhang et al.，2022；Liu et al.，2016；Wu et al.，2018；王风初等，2022）、国际（Siddiqi and Anadon，2011；Hardy et al.，2012）等多个层面进行了探讨。投入产出模型能够全面刻画国民经济部门之间的生产联系，是当前多要素耦合研究中使用较为广泛的一种研究方法（Li et al.，2019）。Okadera 等（2015）、Liu 和 Sun 等（2018）运用投入产出法分别对辽宁、河北、陕西的水—能耦合情况进行了评估。基于多区域投入产出模型，Yang 等（2021）从生产端和消费端两个视角对中国 30 个省 27 部门的水—能系统压力进行了评估。Zhang 等（2022）、王菲等（2022）、Li 等（2019）分别以全国 31 个省、东北三省、京津冀地区为研究对象，分析了水—能系统耦合影响。

能源生产和污水处理是碳排放的两大主要来源（王红瑞等，2023），许多学者在水—能系统中引入碳排放要素，在重点行业（Vilanova and Balestieri，2015）、供应链（Hou et al.，2022）、土地利用类型（Feng et al.，2022）、空间特征（Tian et al.，2021）等多种视角分析水—能—碳系统的耦合情况。基于投入产出模型，Tian 等（2021）研究表明水—能—碳在生产和消费过程中具有协同性，且三者主要是从欠发达地区流向较为发达地区。Vilanova 和 Balestieri（2015）关注水的生产和供应部门对电力的使用情况，探究巴西供水系统中水和能源的浪费情况以及单位供水（包括水的生产和分配）的碳排放。Hou 等（2022）从不同区域高碳供应链视角切入，对水资源和能源的消耗进行核算，并基于此对水—能—碳协同关系进行了评估，结果表明供应链下游部门水—能—碳具有更大的协同潜力。Feng 等（2022）聚焦郑州市，评估了当地不同土地利用类型的水—能—碳关系，为当地碳减排潜力最大化提供了优化路径。

粮食生产需要大量水资源的投入，而其生产过程又会造成水污染，因此水—能源—粮食相互依赖、相互制约的关系也受到了广泛关注。Sun 和 Hao（2022）重点关注资源之间相互竞争和限制的关系，探讨了水—能—粮系统在不同区域间的差异性。张洪芬等多位学者运用耦合协调度评价指标体系分别对京津冀地区、辽宁省、甘肃省、江苏省等区域的水—能—粮协调发展趋势进行量化测度（张洪芬等，2019；王玉宝等，2020；汪振双等，2015；孙才志、阎晓东，2018；李成宇、张士强，2020；邓鹏等，2017；党锐等，2020；毕博等，2018）。基于对水—能—粮系统在空间维度上的分析，Liang 等（2020）研究表明，需求侧粮食和能源子系统的耦合关系更紧密，而供给侧粮食和水子系统的耦合关系更紧密。White 等（2018）从东亚全球价值链视角切入，分析了水—能—粮的虚拟流动和环境成果,并基于此评估了中国在东亚出口导向型经济增长战略的不可持续性。考虑到土地是水、能源、粮食及其活动的载体,王勇和孙瑞欣(2022)将土地因素引入水—能源—粮食系统,运用耦合协调模型对京津冀地区2005~2018年水—能源—粮食—土地系统的时空变化特征进行研究。

（二）资源环境要素驱动因素研究

在对资源环境要素耦合现状进行分析的基础上,进一步识别驱动因素受到了许多学者的关注,相关研究主要运用指数分解法(曹冲等,2019;马晶梅、赵志国,2018)和结构分解分析法(刘庆燕等,2019;光峰涛等,2019;李虹、王帅,2021;李玲等,2017;孙艳芝等,2017;Zhao et al.,2016;徐可等,2022;余谦、邱云枫,2021;袁国丽,2017;窦羽星、刘秀丽,2023;李昭华、汪凌志,2012)两类方法进行。指数分解法(IDA)包括LMDI、STIRPAT和IPAT等,其中LMDI使用最多。马晶梅和赵志国(2018)采用LMDI分解法,对2001~2011年中国向韩国出口隐含碳排放变化的影响因素进行分解,结果表明规模效应和结构效应是中国出口隐含碳排放增长的主要原因,技术效应和增加值效应则起抑制作用。曹冲等(2019)使用LMDI模型分解了大宗农产品贸易中隐含虚拟土净进口的影响因素,表明质量效应在虚拟土净进口的正向驱动因素中发挥了最大作用,只有强度效应是逆向驱动因素。

结构分解分析法(SDA)能够在投入产出模型的基础上体现部门、技术和需求之间的关联(刘庆燕等,2019),比指数分解法更适合与投入产出法相结合,从消费层面进行驱动因素研究。基于SDA方法,刘庆燕等(2019)发现不同因素对贸易隐含碳排放区域间转移的影响方式和影响程度存在显著差异,其中碳排放强度效应对山西省贸易隐含碳排放转移的减少发挥重要作用,而需求规模效应则对碳排放有显著的促进作用。徐可等(2022)将SDA模型应用于用水的驱动因素分解,表明北京市顺义区产业节水的主要驱动力已由结构调整逐渐转向技术提升,为当地节水路径提供了理论支撑。袁国丽(2017)基于对2002~2011年中国虚拟水进出口贸易量的核算,运用结构分解法探讨了强度效应、结构效应和规模效应对虚拟水净进口贸易量变动的驱动,结果表明规模要素对中国虚拟水净进口贸易量变动逐渐由负向驱动变成正向驱动,强度要素和结构要素对中国虚拟水净进口贸易起正向作用。窦羽星和刘秀丽(2023)从居民食物消费视角切入,对水—土—碳变化的影响因素进行分解,发现需求因素和结构因素逐渐成为环境足迹的主要影响因素。李昭华和汪凌志(2012)对生态足迹流向影响因素的研究表明,净出口规模增长是导致能源和土地净出口增长的主要因素。

（三）多路径下的耦合影响研究

基于资源环境要素现状,构建不同发展路径,对多要素耦合影响的演变进行预测,能够为要素发展规划的优化提供理论支撑。常用的模拟研究方法有投入产出分析(Cai et al.,2020;王亚菲,2010;Wang et al.,2019)、一般均衡分析(王佳邓等,2021)、系统动力学分析(Feng et al.,2022;王慧敏等,2019;李桂君等,2016)等。王亚菲(2010)基于投入产出模型,设计惯性模式和优化模式两种发展情景，对北京市生态足迹未来的变动情形进行了预测。Cai 等（2020）结合相关能源政策和经济增长目标设计情景，预测了农业用地、用水的变动趋势。Wang 等（2019）通过建立多区域投入产出模型，构建中国水—能系统的复杂网络体系，模拟了不同能源组合情景下水资源的消耗情况。王佳邓等（2021）通过构建包含环境保护税模块的 CGE 模型和江苏省 2018 年环境社会核算矩阵，模拟分析不同环境保护税税率对江苏省经济发展和碳排放的影响。Feng 等（2022）基于系统动力学模型，设计了水资源、能源消耗下降情景和水资源、能源、土地消耗下降情景与基准情景相比较，预测了郑州市 2010~2030 年的碳排放变动趋势。王慧敏等（2019）根据区域绿色发展政策设定情景，运用系统动力学模型对山东省 2017~2020 年水、能源、粮食的供需进行了仿真研究。

（四）综述小结

总的来说，针对能源行业中多种关键要素进行耦合影响分析，能够为综合管理能源行业的资源配置提供理论依据。相关研究基于不同的时间跨度和空间尺度，使用不同研究方法对相应要素之间的耦合关系进行探讨，其中能够全面刻画经济部门之间生产和消费关联的投入产出模型受到了广泛应用。在多要素耦合现状分析的基础上，大量研究对其中不同影响因素的驱动作用进行了识别。相关研究主要运用指数分解方法和结构分解法，而后者更适合与投入产出法相结合，从消费端反映需求、技术、结构等要素的影响方式和影响程度。基于资源现状与发展规划，许多学者分别运用投入产出分析、一般均衡分析、系统动力学分析等情景分析法，模拟不同发展路径下的多要素耦合关系，以预测不同时间跨度下多要素耦合关系的演变。

因此，考虑到"双碳"目标下各地区能源发展规划的异质性，以及可再生能源发展对水资源消费、碳排放、经济效益以及就业的综合影响，本章基于投入产出模型刻画了水资源—碳排放—经济效益—就业的时空变迁及虚拟流动格局，结合结构分解分析法识别年度变动的驱动因素。基于分解结果，本章还进一步进行了情景模拟预测分析，探寻"双碳"目标下能源发展对水资源—碳排放—经济效益—就业耦合关系的影响，并考虑到各地区"十四五"时期对控制并降低二氧化碳排放的目标，国家在《实行最严格水资源管理制度考核办法》中对 2030 年全国以及各地区用水总量的控制目标，以及国家信息中心对经济增速的预测值，构建效率提升情景和经济发展情景，综合刻画不同发展路径下水资源—碳排放—经济效益—就业耦合关系的变动情况。

三、研究方法

（一）多区域投入产出模型

投入产出模型是依据投入产出表开展的研究技术，能够刻画不同部门之间的经济联系和价值流动，被广泛应用于多要素耦合影响研究中，呈现要素的虚拟流动格局。在投入产出表中，生产投入被细分为中间投入和最初投入，产出部分被区分为中间产品和最终产品。

表14-3展示了一个基础的投入产出表，投入与产出行列交叉，构成了投入产出表的三个主要象限。第 I 象限为中间产品象限，假设第 I 象限中的一个元素为 z_{ij}，从列向看，表示 j 部门为生产产品而消耗 i 部门中间产品的价值量；从行向看，则代表 i 部门生产的产品分配给 j 部门作为中间产品使用的价值量。第 II 象限为最终产品象限，表示各部门生产的最终产品的数量及其构成。第 III 象限为最初投入象限，表示各部门最初投入（增加值）的数量及其构成，包括劳动者报酬、生产税净额、固定资产折旧以及营业盈余。第 IV 象限由最初投入和最终需求两部分交叉组成，表示各部门在第 III 象限的最初投入转变为第 II 象限最终需求的过程，目前编制的投入产出表一般不考虑该象限。在投入产出表中，有三个基本的等量关系，从行向来看，中间使用+最终使用=总产出；从列向来看，中间投入+最初投入=总投入；从总量来看，总产出=总投入。

表14-3 投入产出表

投入＼产出		中间需求			最终需求			总产出
		部门1	…	部门n	居民消费	资本形成	净出口	
中间投入	部门1	第 I 象限			第 II 象限			x_i
	⋮							
	部门n							
最初投入	劳动者报酬	第 III 象限			第 IV 象限			
	生产税净额							
	固定资产折旧							
	营业盈余							
总投入		x_j						

多区域投入产出模型（Multiple-Regional Input-Output Model，MRIO）基于多区域投入产出表可以对区域间产业关联和跨区域最终消费与总产出的关系进行刻画，从而体现不同区域各部门之间的供需关系。将多区域投入产出模型与资源环境数据相结合，可以揭示某区域最终产品消费所导致的其他区域二氧化碳和污染物排放、用水消耗、经济效益和就业的变动情况。多区域投入产出表的结构与常规投入产出表类似，只是在中间投入和最终需求部分会包含中间商品或服务以及最终产品或服务的区域间转移，即某区域生产的中间产品或服务以及最终产品或服务被其他区域用作中间商品或服务和最终产品或服务。本章所使用的多区域投入产出表是基于 30 个省份（不考虑西藏、港澳台地区）的原始投入产出表编制而成的，各省份之间依靠贸易往来而相互连接。其中，直接消耗系数矩阵 A 由直接消耗系数 a_{ij}^{pq} 组成。

$$a_{ij}^{pq} = z_{ij}^{pq} / x_j^q \tag{14-1}$$

式中，z_{ij}^{pq} 代表着 p 省份 i 部门分配到 q 省份 j 部门作为中间产品使用的价值量，x_j^q 表示 q 省份 j 部门的总产出。

Y 代表最终需求矩阵，由 y^{pq} 组成，象征着由 q 省份各个部门最终需求所消耗的 p

省份各部门产出。x 由 x^p 组成，x^p 表示的是 p 省份所有部门产出的向量。

$$A = \begin{bmatrix} a_{11}^{11} & a_{12}^{12} & \cdots & a_{1n}^{1n} \\ a_{21}^{21} & a_{22}^{22} & & a_{2n}^{2n} \\ \vdots & & \ddots & \vdots \\ a_{n1}^{n1} & a_{n2}^{n2} & \cdots & a_{nn}^{nn} \end{bmatrix} \tag{14-2}$$

$$Y = \begin{bmatrix} y^{11} & y^{12} & \cdots & y^{1n} \\ y^{21} & y^{22} & & y^{2n} \\ \vdots & & \ddots & \vdots \\ y^{n1} & y^{n2} & \cdots & y^{nn} \end{bmatrix} \tag{14-3}$$

$$x = \begin{bmatrix} x^1 \\ x^2 \\ \vdots \\ x^n \end{bmatrix} \tag{14-4}$$

总投入与总产出相等是投入产出分析中一个重要的概念，从投入产出表的行向上看：中间使用+最终使用=总产出，即：

$$\begin{bmatrix} x^1 \\ x^2 \\ \vdots \\ x^n \end{bmatrix} = \begin{bmatrix} a^{11} & a^{12} & \cdots & a^{1n} \\ a^{21} & a^{22} & & a^{2n} \\ \vdots & & \ddots & \vdots \\ a^{n1} & a^{n2} & \cdots & a^{nn} \end{bmatrix} \begin{bmatrix} x^1 \\ x^2 \\ \vdots \\ x^n \end{bmatrix} + \sum_q \begin{bmatrix} Y^{1q} \\ Y^{2q} \\ \vdots \\ Y^{nq} \end{bmatrix} \tag{14-5}$$

在本章中可表示为：

$$x = Ax + Y \tag{14-6}$$

该式可进一步写为：

$$x = (I-A)^{-1} Y \tag{14-7}$$

式中，I 表示单位矩阵，$(I-A)^{-1}$ 表示列昂惕夫逆矩阵。令 $L=(I-A)^{-1}$，其中各个元素 l_{ij}^{pq} 表示 q 地区 j 部门每生产一单位最终需求需要直接和间接消耗 p 地区 i 部门的产量。

为了探寻由于区域间贸易产生的能源使用和经济增长，本章使用基于环境拓展的多区域投入产出模型，引入强度系数来描绘体现在商品和服务中的碳排放、资源消耗和经济效益。

$$R = f(I-A)^{-1} Y \tag{14-8}$$

式中，R 表示各地区各部门最终需求使用的商品和服务中隐含的碳排放、资源消耗或经济效益，强度系数 f 代表某部门每单位总产出所产生的碳排放和经济效益以及消耗的水资源和劳动力。

（二）结构分解分析方法

结构分解分析（SDA）是一种通过比较一系列不同年份相关因素的静态变化来量

化该因素贡献程度的方法，从而揭示经济、环境或其他社会经济指标变化的主要原因，因此 SDA 模型被广泛应用于探讨二氧化碳和污染排放、资源消耗和经济增长的驱动因素（Zhang et al.，2015）。

为探寻碳排放、用水量、经济效益和就业变化的驱动因素，本章将式（14-8）拆分成五个部分，分别是资源强度 E（每单位总产出所产生的碳排放、资源使用或经济效益），列昂惕夫逆矩阵 L（代表生产结构），需求结构 Y_s（各部门最终需求占最终需求总量的份额），人均最终需求 Y_f（代表经济发展水平），以及人口 Y_p。基本模型可表示为：

$$R = E \times L \times Y_s \times Y_f \times Y_p \tag{14-9}$$

基于此，省际贸易隐含的碳排放、资源消耗或经济效益的变化可以近似表示为：

$$\Delta R = \Delta E \times L \times Y_s \times Y_f \times Y_p + E \times \Delta L \times Y_s \times Y_f \times Y_p + E \times L \times \Delta Y_s \times Y_f \times Y_p + E \times L \times Y_s \times \Delta Y_f \times Y_p + E \times L \times Y_s \times Y_f \times \Delta Y_p \tag{14-10}$$

式中，Δ 表示的是各因素的变化，如 ΔR 表示由各区域最终需求引起的碳排放、资源使用或经济效益的变化，式（14-9）展示了计算这种变化的方法，在保持其他影响因素不变的情况下对单个因素进行改变，便可得到该因素对整体变化的贡献程度。例如，$\Delta E \times L \times Y_s \times Y_f \times Y_p$ 表示在其他四种因素不变的情况下，资源强度改变引起的碳排放、资源消耗或经济效益的变化。在 SDA 模型中，不可避免地会遇到非唯一解的问题，在分解因素的个数为 n 时将有 $n!$ 种分解形式，在本章中会出现 120 种分解形式。为解决这个问题，本章对所有可能的分解形式进行平均化处理（Hoekstra et al.，2002），以计算资源强度变化带来的影响为例：

$$R(E) = \frac{1}{120}(24\Delta E \times L^0 \times Y_s^0 \times Y_f^0 \times Y_p^0 + 6\Delta E \times L^1 \times Y_s^0 \times Y_f^0 \times Y_p^0 + 6\Delta E \times L^0 \times Y_s^1 \times Y_f^0 \times Y_p^0 + 6\Delta E \times L^0 \times Y_s^0 \times Y_f^1 \times Y_p^0 + 6\Delta E \times L^0 \times Y_s^0 \times Y_f^0 \times Y_p^1 + 4\Delta E \times L^1 \times Y_s^1 \times Y_f^0 \times Y_p^0 + 4\Delta E \times L^1 \times Y_s^0 \times Y_f^1 \times Y_p^0 + 4\Delta E \times L^1 \times Y_s^0 \times Y_f^0 \times Y_p^1 + 4\Delta E \times L^0 \times Y_s^1 \times Y_f^1 \times Y_p^0 + 4\Delta E \times L^0 \times Y_s^1 \times Y_f^0 \times Y_p^1 + 4\Delta E \times L^0 \times Y_s^0 \times Y_f^1 \times Y_p^1 + 6\Delta E \times L^1 \times Y_s^1 \times Y_f^1 \times Y_p^0 + 6\Delta E \times L^1 \times Y_s^1 \times Y_f^0 \times Y_p^1 + 6\Delta E \times L^1 \times Y_s^0 \times Y_f^1 \times Y_p^1 + 6\Delta E \times L^0 \times Y_s^1 \times Y_f^1 \times Y_p^1 + 24\Delta E \times L^1 \times Y_s^1 \times Y_f^1 \times Y_p^1 \tag{14-11}$$

式中，$R(E)$ 表示由于资源强度变化而产生的影响，0、1 分别表示变化前的年份与变化后的年份，具体在本章中代表 2007~2012 年、2012~2017 年或 2007~2017 年。

（三）数据来源

为了对中国生产端和消费端的碳排放、用水量、经济效益和就业现状及其省份间转移情况进行有效刻画，本章使用的数据包括 2007 年、2012 年和 2017 年 30 个省份 32 个部门的投入产出表，以及对应年份的碳排放清单、用水量清单、增加值清单和就业清单。

其中，原始投入产出表来源于各省份人民政府公布的投入产出表，包含 27 个行业。为了对能源行业更好地进行刻画，进一步满足研究需求，本章对电力部门进行了拆分，将电力、热力生产与供应业细分为火电、水电、光电、风电、核电和其他。具体拆分方法如下：基于各省份对应年份不同能源类型的发电量，以及对应发电方式的单位发电成本，可以得到每种发电方式所需的成本占总发电成本的比例，再根据该比例对电力行业的产出进行拆分。其中，各省份发电量数据来源于《中国能源统计年鉴》，各省份的发电成本来源于国际能源机构（IEA）公布的中国2010年、2015年和2020年发电成本。原始的各省份投入产出表独立存在，为了实现对区域间贸易的刻画，本章采用基于最大熵和双约束重力模型的混合技术来描述各省份、各部门间的商品或服务的流动，并基于此技术完成对多区域投入产出表的编制。为更好地呈现区域间碳排放、资源流动和经济效益的转移情况，本章进一步基于区域间经济结构特征和空间位置将中国划为八个区域，如表14-4所示。

表14-4　中国八个区域与多区域投入产出表的省份匹配

八个区域	多区域投入产出表30省份
东北地区	辽宁、吉林、黑龙江
京津地区	北京、天津
北部沿海地区	河北、山东
东部沿海地区	上海、江苏、浙江
南部沿海地区	福建、广东、海南
中部地区	山西、安徽、江西、河南、湖北、湖南
西北地区	内蒙古、陕西、甘肃、青海、宁夏、新疆
西南地区	广西、重庆、四川、贵州、云南

清单数据，本章使用的中国2007年、2012年和2017年碳排放数据来自于中国碳核算数据库（CEADs），原始表格中包含了45个行业，本章将这些行业进一步合并为32个部门，详细合并情况如表14-5所示。其中，上文拆分出的水电、光电、风电、核电和其他，本章默认其作为清洁能源不会产生碳排放。2007年、2012年和2017年的取水量数据来自《中国水资源公报》。本章并未像其他研究一样选用消费用水来衡量用水量，而是选择了取水量。由于中国政府的水资源管理是基于取水量做出的，并且用水总量和效率目标也是以取水量为基础的，因此如果要为中国未来能源行业高质量发展做出政策建议，选用取水量比消费用水更加合适。代表经济效益的增加值来源于原始投入产出表，由表中的劳动者报酬、生产税净额、固定资产折旧和营业盈余相加得到。城镇就业数据取自《中国劳动统计年鉴》。各年份人口数据来源于《中国人口和就业统计年鉴》。

表14-5　部门合并过程

序号	本章部门分类	原始数据部门分类
1	农林牧渔产品和服务业	农林牧渔产品和服务业
2	煤炭采选业	煤炭采选业
3	石油和天然气开采业	石油和天然气开采业
4	金属矿采选业	黑色金属矿采选业
		有色金属矿采选业

续表

序号	本章部门分类	原始数据部门分类
5	非金属矿和其他矿采选业	非金属矿采选业
		其他矿物采选业
6	食品和烟草业	食品加工业
		食品制造业
		饮料制造业
		烟草加工业
7	纺织业	纺织业
8	纺织服装鞋帽皮革羽绒及其制品业	服装及其他纤维制品制造业
		皮革、毛皮、羽绒及其制品业
9	木材加工品和家具业	木材加工及竹、藤、棕、草制品业
		家具制造业
		树木与竹的砍伐和运输业
10	造纸印刷和文教体育用品业	造纸及纸制品业
		印刷业、记录媒介的复制
		文教体育用品制造业
11	石油、炼焦产品和核燃料加工品业	石油加工及炼焦业
12	化学产品业	化学原料及化学制品制造业
		医药制造业
		化学纤维制造业
13	非金属矿物制品业	橡胶制品业
		塑料制品业
		非金属矿物制品业
14	金属冶炼和压延加工品业	黑色金属冶炼及压延加工业
		有色金属冶炼及压延加工业
15	金属制品业	金属制品业
16	通用、专用设备制造业	普通机械制造业
		专用设备制造业
17	交通运输设备业	交通运输设备制造业
18	电气机械和器材业	电气机械和器材制造业
19	通信设备、计算机和其他电子设备	电子及通信设备制造业
20	仪器仪表	仪器仪表及文化、办公用机械制造业
21	其他制造产品和废品废料	其他制造产品业
		废品废料
22	电力、热力的生产和供应业	电力、热力的生产和供应业

续表

序号	本章部门分类	原始数据部门分类
23	燃气的生产和供应业	燃气的生产和供应业
24	水的生产和供应业	水的生产和供应业
25	建筑业	建筑业
26	交通运输及仓储业	交通运输及仓储业
27	其他服务业	批发零售贸易及餐饮业
		其他服务业

四、研究结果

（一）现状分析

1. 碳排放

2007~2017年，全国（不含西藏、香港、澳门、台湾）碳排放总量逐年增长，但增长率呈现下降趋势。2007~2012年，全国碳排放总量从65.5亿吨增长到93.4亿吨，增长了42.6%；而2012~2017年，碳排放总量从93.4亿吨增长到97.3亿吨，增长了4.2%。在碳排放的区域分布上，从生产端来看，碳排放主要集中于山东、河北和江苏（见图14-2），三个省份年均碳排放累计占比24%。山东作为碳排放最多的省份，2007年、2012年和2017年碳排放在全国碳排放中的占比分别为9.7%、9%和8.3%，呈现下降趋势。河北的碳排放比重较为稳定，基本维持在7.7%的占比水平。从消费端来看，山东和江苏依然是最主要的碳排放省份。2007~2012年，山东作为碳排放最多的省份，其排放从8.7亿吨增长到10.3亿吨，而在全国碳排放中的占比从13.3%减少到11%。江苏的排放占比从2007年的8.7%增长到2012年的9.1%，到2017年，其碳排放占比增长到9.6%（排放9.3亿吨），超越山东（2017年占比7.6%）成为排放量排名第一的省份。

2007~2017年，碳排放在部门层面的分布较为稳定，不同部门排放量的增长趋势与碳排放总量基本一致，如图14-3所示。从生产端来看，碳排放主要集中在火电、金属冶炼和压延加工品业以及非金属矿物制品业，累计占比75%。其中，火电部门排放最多，在2007年、2012年和2017年分别排放二氧化碳34.0亿吨（51.9%）、47.4亿吨（50.8%）和50.4亿吨（51.8%）；其次是金属冶炼和压延加工品业及非金属矿物制品业，在2007年、2012年和2017年占比分别为15.2%、15.4%、15.8%和9.2%、10.3%、9.9%。从消费端来看，碳排放主要集中于建筑业和其他服务业，累计贡献了近半数的碳排放。其中，建筑业的碳排放占比在2007年、2012年和2017年分别为28.1%、30.7%和37.5%，排放量保持着年均7.1%的增长，而其他服务业的碳排放占比则分别为15.2%、15.8%和17.3%。

2007~2017年，全国碳排放净转移总量从28.1亿吨增长至34.6亿吨，总体上呈现出由北向南、由西向东的转移趋势，且该趋势在研究期内始终没有改变，具体表现为中部地区、西北地区以及北部沿海是最主要的碳排放净流出地区,而东部沿海和南部沿海地区则是最主要的碳排放净流入地区(见图14-4)。在省份层面上,2007年最大的碳排放流出省份为河北,净流出量为2.50亿吨,占转移总量的8.9%,其次是内蒙古(占比6.3%)和河南(占比4.6%);最大的碳排放流入省份为浙江,净流入量为2.7亿吨,占比达到9.6%,其次是山东(占比8.1%)和江苏(占比6.1%)。2012年,内蒙古成为最大的碳排放净流出省份,净流出量为3.1亿吨,占转移总量

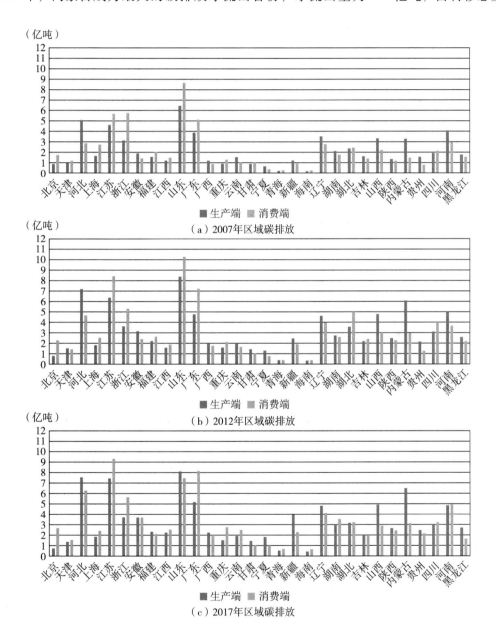

图 14-2　2007~2017 年碳排放空间分布

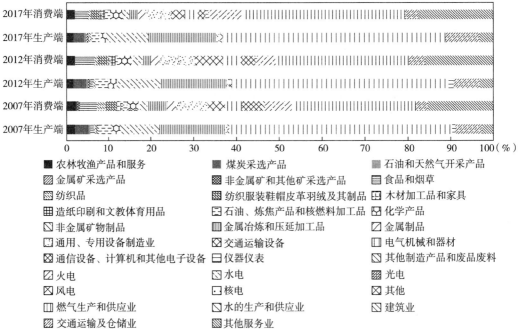

图 14-3　2007~2017 年碳排放部门分布结构

■ 农林牧渔产品和服务	▨ 煤炭采选产品	▩ 石油和天然气开采产品
▨ 金属矿采选产品	▨ 非金属矿和其他矿采选产品	▤ 食品和烟草
▧ 纺织品	▨ 纺织服装鞋帽皮革羽绒及其制品	▨ 木材加工品和家具
▦ 造纸印刷和文教体育用品	▱ 石油、炼焦产品和核燃料加工品	▨ 化学产品
▱ 非金属矿物制品	▥ 金属冶炼和压延加工品	▱ 金属制品
▱ 通用、专用设备制造业	▨ 交通运输设备	▯ 电气机械和器材
▨ 通信设备、计算机和其他电子设备	▱ 仪器仪表	▧ 其他制造产品和废品废料
▱ 火电	▱ 水电	▨ 光电
▨ 风电	▱ 核电	▨ 其他
▥ 燃气生产和供应业	▨ 水的生产和供应业	▱ 建筑业
▨ 交通运输及仓储业	▨ 其他服务业	

的 8.4%，其次是河北和山西，其净流出量分别占转移总量的 7% 和 5%；主要的净流入省份为广东、江苏和山东，占比分别为 7%、6.4% 和 5.2%。相似地，2017 年主要的碳排放净流出省份依然是内蒙古（占比 9.2%），其次为山西（占比 5.8%）和河北（占比 4.9%）；作为典型的碳排放净流入省份，广东净流入量为 3.0 亿吨，在转移总量中占比 8.7%，江苏和浙江分别以 6% 和 5.6% 排在广东之后。

2. 水资源

在用水方面，2007 年全国取水量约为 5118 亿吨，2012 年 5469 亿吨，而到了 2017 年降低至 5190.4 亿吨，其间曲折增长了约 1.4%。如图 14-5 所示，在用水的区域分布上，从生产端来看，新疆、江苏和广东是最主要的用水省份。2007 年，用水量最多的省份是江苏，其用水量达到了 504.4 亿吨，占全国总用水量的 9.9%，其次是新疆和广东，占比分别为 9.5% 和 7.5%。到了 2012 年，新疆成为最大的用水省份，其用水量增加至 584.7 亿吨，增幅约为 19.8%，占比跃至 10.7%，而江苏和广东的用水占比分别为 9.4% 和 6.9%。2017 年情况与 2012 年类似，新疆、江苏和广东的用水占比分别为 10.6%、8.2% 和 6.9%。消费端的用水量分布与生产端类似，主要集中于江苏、广东和新疆。2007 年，江苏作为用水量最大的省份，其用水量达到了 525.4 亿吨，占比为 10.3%，广东和新疆的占比分别为 9% 和 7%。2012 年，江苏依然是最大的用水省份，占用水总量的 9.5%，但是用水量有所减少，下降到了 518.5 亿吨，广东和新疆位居其后，占比分别为 9% 和 7.3%。到了 2017 年，整体的用水量呈减少的趋势，江苏用水量减少至 450.1 亿吨，占比 8.7%；广东用水量减少至 455 亿吨，占比 8.8%；新疆用水量减少至 370.5 亿吨，占比 7.1%。

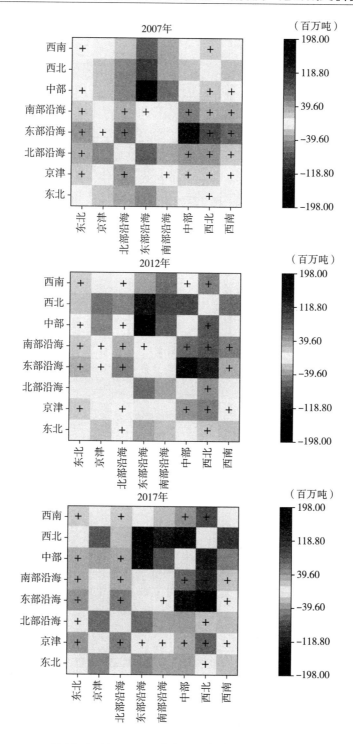

图 14-4 2007~2017 年贸易隐含碳排放转移情况

注：颜色的深浅表征贸易隐含的碳排放转移程度，+表征隐含碳排放净转出。

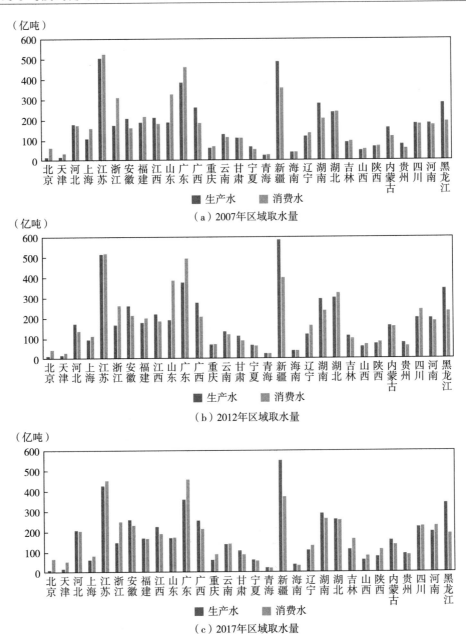

图 14-5 2007~2017 年取水量空间分布

在部门层面，从生产端来看，农林牧渔产品和服务业是最主要的用水部门，2007
年、2012 年和 2017 年用水量分别为 3565 亿吨、3875.6 亿吨和 3807 亿吨，分别占用水
总量的 70%、71% 和 73.3%（见图 14-6）。除此之外，火电的用水量相对较高，2007
年、2012 年和 2017 年占比分别为 13%、6%、6.1%，虽然总体上占比在逐年减少，但
仍是第二大用水部门。从消费端来看，用水主要集中于农林牧渔产品和服务业、食品

和烟草业以及其他服务业。与生产端类似，农林牧渔产品和服务业在消费端依然是最大的用水部门，2007 年、2012 年和 2017 年的水资源消费占比分别为 30.5%、28.1%、29.5%，有近三成的用水量。值得一提的是食品和烟草业，用水量快速增长，从 2007 年的 865 亿吨增长到 2017 年的 1016 亿吨，增幅约为 17.5%，占比也由 16.9% 增加到 19.6%，是第二大的用水部门。

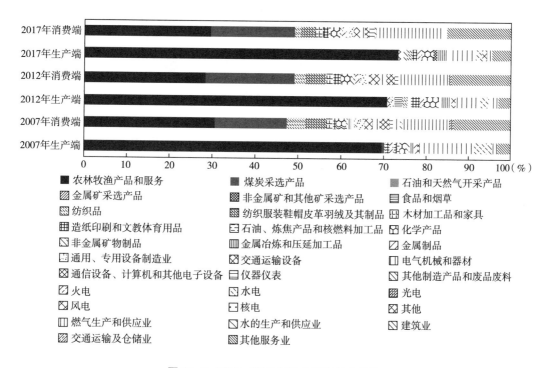

图 14-6 2007~2017 年取水部门分布结构

2007~2017 年，全国贸易隐含水资源净转移总量由 1627 亿吨曲折下降至 1437 亿吨。整体保持着由北向南、由西向东的转移方向，主要的贸易隐含水资源净流出地区为中部地区、西北地区和东北地区，东部沿海和南部沿海地区则是主要的净流入地区（见图 14-7）。2007 年，新疆作为最大的贸易隐含水资源净流出省份，净流出量达到了 130.1 亿吨，占净转移总量的 8%，其次是黑龙江和广西，占比分别为 5.78% 和 4.87%。此时，山东、浙江和广东是主要的贸易隐含水资源净流入省份，分别占净转移总量的 8.54%、8.47% 和 5.34%。到了 2012 年，新疆和黑龙江的贸易隐含水资源占比有所提高，达到 10.9% 和 7.2%，广西的占比略有下降，为 4.1%，山东、广东和浙江依然是主要的贸易隐含水资源净流入省份，其占比分别为 11.3%、6.9% 和 5.6%。2017 年，新疆、黑龙江的贸易隐含水资源转移占比进一步提高，分别为 12.4% 和 10.5%，广东和浙江作为排名前二的贸易隐含水资源净流入省份，其占比分别为 7.5% 和 7.3%，吉林以 4.7% 的占比超越山东，成为第三大贸易隐含水资源净流入省份。

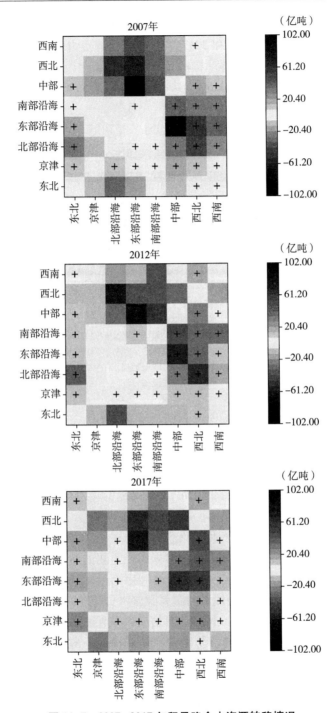

图 14-7　2007~2017 年贸易隐含水资源转移情况

注：颜色的深浅表征贸易隐含的水资源转移程度，+表征隐含水资源净转出。

3. 经济效益

增加值方面，2007 年全国增加值为 29.7 万亿元，2012 年增加至 48.4 万亿元，

2017 年为 68.4 万亿元,增幅为 130.3%,年均增长率达到了 8.7%。如图 14-8 所示,就增加值的区域分布而言,其结构较为稳定。从生产端来看,主要集中在广东、江苏和山东。在 2007 年、2012 年和 2017 年,三个省份增加值的合计占比分别为 30%、28.2% 和 29.5%。消费端的情况与生产端类似,广东、江苏和山东依然是增加值排名前三的省份,2007 年、2012 年和 2017 年其增加值的合计占比分别为 32.2%、31% 和 29.5%。其中,广东的增加值在三个年份中都位居首位,占比分别为 11.5%、10.8% 和 10.8%,同时保持着较为快速的增长,年均增长率为 8%。

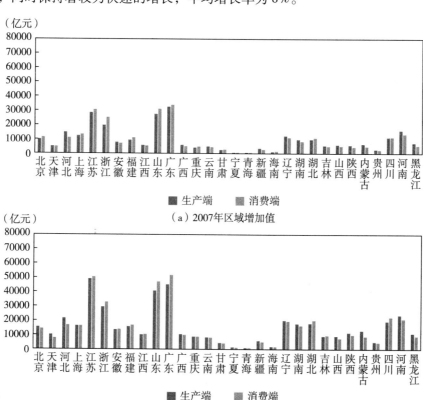

（a）2007年区域增加值

（b）2012年区域增加值

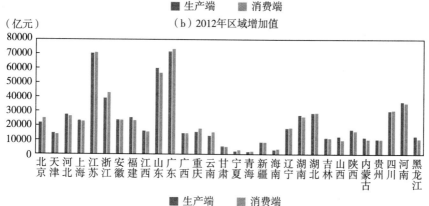

（c）2017年区域增加值

图 14-8 2007~2017 年经济效益空间分布

部门层面上，从生产端来看，其他服务业对于增加值的贡献最高，2007 年、2012 年和 2017 年的增加值分别为 9.8 万亿元、17.2 万亿元、32.1 万亿元，占比分别为 33.0%、35.5% 和 46.9%（见图 14-9），同时保持着高速增长态势，年均增长率达到了 12.6%。除此之外，农林牧渔产品和服务业也是重要的增加值贡献部门，2007 年、2012 年和 2017 年的占比分别为 10.8%、9.8%、8.1%。建筑业在 2017 年超越交通运输及仓储业，增加值占比为 6.9%。从消费端来看，其他服务业贡献了最多的增加值，占比分别为 31.2%、31.5% 和 40.3%，其次是建筑业，作为增加值占比排名第二的部门，其 2007 年、2012 年和 2017 年占比分别为 18.3%、20.4% 和 23.6%。这两个部门增加值合计几乎占到了增加值总量的半数，2017 年的合计占比约为 64%，是对增加值贡献最突出的两个部门。

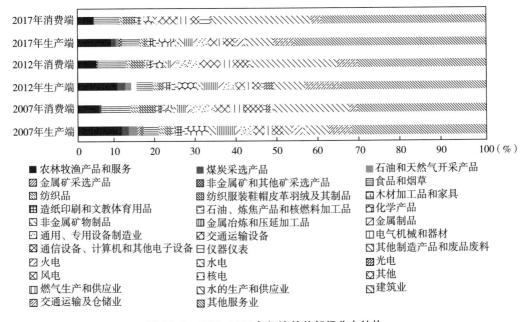

图 14-9 2007~2017 年经济效益部门分布结构

转移层面，2007~2017 年全国增加值转移总量由 5.1 万亿元增加至 6.3 万亿元，上涨了约 23.5%。从大区域的转移方向上看，中部、西北以及北部沿海地区是最主要的增加值净流出地区（见图 14-10）。2007 年，最大的增加值净流出省份为河北，净流出值为 3935 亿元，占增加值转移总量的 7.7%，其次是河南和黑龙江，分别占增加值转移总量的 5% 和 3.8%。净流入省份方面，浙江以 10.5% 的占比位居第一，其他主要净流入省份有山东（7.2%）和江苏（6.4%）。到了 2012 年，河北依然是最大的增加值净流出省份，但是占比有所下降，减少为 6.1%，内蒙古和河南也是主要的增加值净流出省份，分别占转移总量的 5.3% 和 4.9%。此时主要的增加值净流入省份为广东（9%）、山东（8.2%）和浙江（4.9%）。2017 年，山东成为最大的增加值净流出省份，占到了转移总量的 4.4%，其他主要的净流出省份有山西（4%）和河南（3.2%）。此时排名前三的增加值净流入省份分别为浙江（7.3%）、北京（6.6%）和广东（6.1%）。

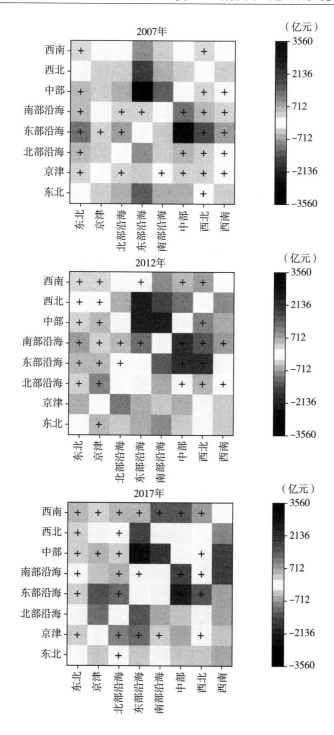

图 14-10 2007~2017 年贸易隐含经济效益转移情况

注：颜色的深浅表征贸易隐含的经济效益转移程度，+表征隐含经济效益净转出。

4. 就业

就业方面，2007 年全国城镇就业人数为 1.2 亿，2012 年增长至 1.5 亿，增长了 26.8%，到了 2017 年城镇就业人数又增加至 1.7 亿，增长了 14.8%。2007～2017 年劳动力的区域分布情况如图 14-11 所示。从生产端的角度来看，2007 年广东作为最大的就业省份，贡献了 1001.2 万的城镇就业，占比达到了全国总量的 8.3%。山东和河南也是占比较高的省份，占比分别为 7.5% 和 6.0%。从消费端来看，排名前三的就业省份是广东（9.0%）、山东（8.5%）和浙江（7.1%）。2012 年，广东、山东和浙江在生产端和消费端均为就业人数最多的三个省份，三个省份就业人数累计占比分别为 22.9% 和 25.8%。到了 2017 年，海南省增速迅猛，从生产端来看，海南省就业人数从 2012 年的 90.1 万迅速增加至 1963.1 万，在就业总人数中的占比增长到 11.2%；从消费端来看，其就业人数从 2012 年的 84.1 万增长到 1471.3 万，在全国就业总人数中比重达到 8.4%。山东省生产端和消费端就业人数均排第二，占比分别达到 8.5% 和 8.3%。

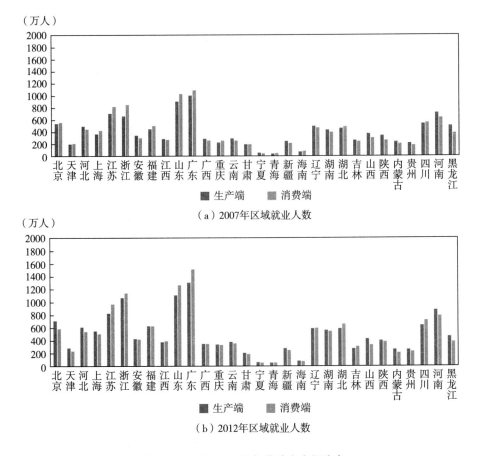

图 14-11 2007～2017 年劳动力空间分布

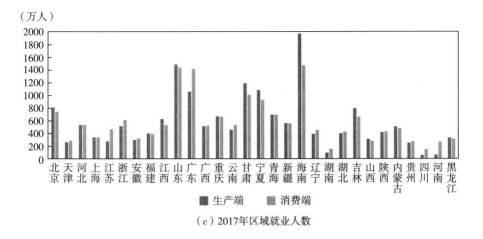

（c）2017年区域就业人数

图 14-11 2007~2017 年劳动力空间分布（续）

2007~2017 年，全国劳动力的部门分布如图 14-12 所示。从生产端来看，2007~2017 年其他服务业、建筑业和交通运输及仓储业始终是就业人数最多的部门，三者在就业总人数中的累计比重分别达到 60.6%、64.4% 和 68.1%。再从消费端的视角来看，其他服务业和建筑业始终是就业人数最多的部门，三个年份中的占比分别达到了 59.7%、61.7% 和 72.6%。2007~2012 年，通用、专用设备制造业在消费端就业人数较多，在总人数中占比从 4.9% 增长到 5.0%；而在 2017 年，消费端就业人数排名第三的部门转变成食品和烟草部门，在当年就业总人数中占比为 3.4%。

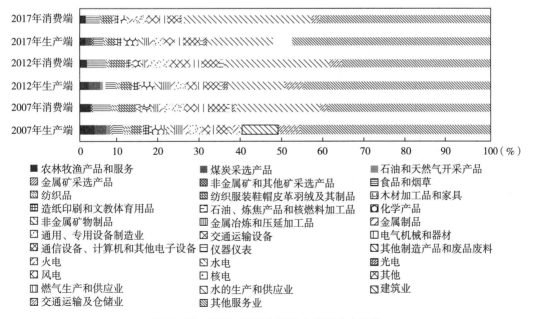

图 14-12 2007~2017 年劳动力部门分布结构

2007 年全国就业转移 1937.7 万，到 2017 增长至 3679.4 万，增长了约 89.9%。劳动力的区域转移情况如图 14-13 所示。2007 年，中部地区、西北地区、东北地区和西南地区是劳动力净流出地。从省份层面上看，2007 年最主要的就业净流出省份为黑龙江省、河南省和陕西省，分别占就业转移总量的 6.1%、4.6% 和 4.1%。净流入省份方面，浙江省作为最大的净流入省份，其占比来到了 9.6%。而江苏省和山东省也是主要的净流入省份，其占比分别为 6.1% 和 7.0%。2012 年，区域转移情况略有变化，京津地区从劳动力净流入省份转变成为净流出省份。此时，北京市、河南省和山西省是排名前三的净流出省份没有发生变化，在转移总量中的比重分别为 5.7%、5.0% 和 4.2%。主要的净流入省份是广东省、山东省和江苏省，占比分别为 9.3%、7.0% 和 6.9%。到了 2017 年，海南省成为最大的净流出省份，流出量达到 491 万人，在转移总量中占 13.4%；其次为甘肃省和宁夏回族自治区，占比分别为 5.0% 和 4.2%。主要的净流入省份是广东省、河南省和江苏省，三个省就业转移人数在转移总量中的比重分别为 10.4%、5.5% 和 5.2%。

5. 耦合现状分析

为了有效评估中国 2007~2017 年碳排放、水资源、经济效益和就业的耦合情况，本章采用相关性分析来表示各要素之间的耦合度。关于相关性分析，常用的两种指标是皮尔逊相关系数和斯皮尔曼相关系数。其中，皮尔逊相关系数是一种线性相关系数，用来反映两个符合正态分布的连续变量线性相关程度的统计量；斯皮尔曼相关系数属于非线性相关系数，参数无须服从正态分布，故本章采用斯皮尔曼相关系数来刻画各要素间的耦合度。

从生产端来看，2007 年碳排放—增加值、碳排放—就业和增加值—就业之间的斯皮尔曼系数分别为 0.822、0.802 和 0.913，说明这三者之间保持着较高的耦合度。到了 2012 年碳排放—增加值、碳排放—就业和增加值—就业之间的斯皮尔曼系数分别为 0.77、0.705 和 0.917，而在 2017 年，该数据分别变为 0.583、0.61 和 0.935，表明碳排放—增加值及碳排放—就业的协同程度有所降低，而增加值—就业一直保持着较高的耦合度（高于 0.9）。至于碳排放—用水、用水—增加值和用水—就业的斯皮尔曼系数分别为 0.517、0.498、0.578（2007 年），0.565、0.512、0.506（2012 年），0.654、0.479、0.53（2017 年）。再从消费端来看，斯皮尔曼系数相较于生产端普遍更高，其中碳排放—增加值、碳排放—就业和增加值—就业较为明显，其斯皮尔曼系数分别为 0.922、0.93、0.958（2007 年），0.898、0.856、0.947（2012 年）、0.847、0.8、0.96（2017 年），整体趋势与生产端类似，即碳排放—增加值、碳排放—就业的耦合度有所下降，而增加值—就业始终保持着较高的耦合程度。

在部门层面，从生产端来看，碳排放—增加值、碳排放—就业和增加值—就业的斯皮尔曼系数分别为 0.783、0.648、0.805（2007 年），0.838、0.65、0.812（2012 年）和 0.752、0.495、0.8（2017 年），相较于区域层面，部门层面的耦合程度有所降低。以碳排放—就业的协同程度为例，基于清单数据分析，就业较高的部门，如建筑业、交通运输及仓储业，2007 年、2012 年和 2017 年就业合计占比分别为 25.3%、34.4% 和 37.9%，但碳排放占比仅为 7%、7.2% 和 7.9%。碳排放较为集中的部门，如

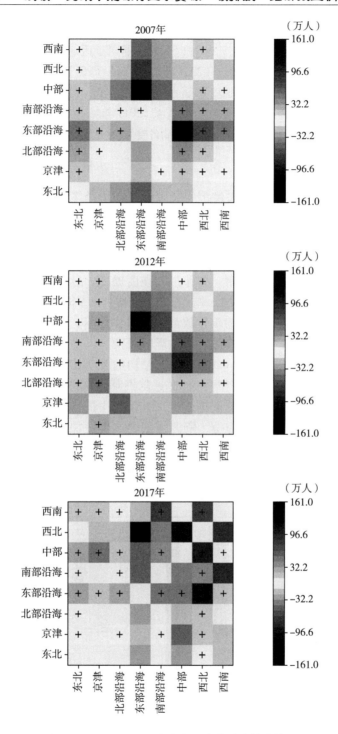

图 14-13 2007~2017 年贸易隐含劳动力转移情况

注：颜色的深浅表征贸易隐含的劳动力转移程度，+表征隐含劳动力净转出。

燃气生产和供应业及金属冶炼和压延加工品业，碳排放合计占比分别为 67%、66.1% 和 67.6%，就业占比仅分别为 7.5%、7.6% 和 5.9%。不同于区域层面的是，用水—增加值的斯皮尔曼系数更高，分别为 0.663（2007 年）、0.665（2012 年）和 0.687（2017 年），而碳排放—用水和用水—就业的斯皮尔曼系数相对较低，分别为 0.619、0.537（2007 年），0.638、0.451（2012 年）和 0.619、0.434（2017 年）。从消费端来看，各要素间斯皮尔曼系数普遍较高（高于 0.8），说明消费端各要素间关系更加密切，耦合程度更高。

（二）驱动因素分析

1. 碳排放

在碳排放方面，结果显示代表经济发展水平的人均最终需求和生产结构的变化是引起中国 2007 年到 2017 年碳排放变化的最主要因素。其中，人均最终需求水平的提高会使 2007 年到 2017 年的碳排放量增加 68.38 亿吨，即上涨了近 104%（在其他因素不变的情况下，以下结果皆基于此假设下）。生产结构的变化会使碳排放量减少 4586 亿吨，即减少近 70%。其他影响因素，如碳排放强度提高、最终需求结构改变和人口增长，会分别导致碳排放量增加 8.4%、减少 3.1% 和增加 8.9%。

从省份层面来看，对于主要的碳排放流入省，如江苏、广东、山东和浙江，人均最终需求和生产结构依然是碳排放最主要的影响因素。人均最终需求的增长使主要碳排放流入省份的碳排放增加了 76.6%，而生产结构的改变使碳排放减少了 50.5%，表明在主要的碳排放流入省份，生产结构的改变会产生更少的碳排放，而经济的发展又会带来更多的碳排放。对于主要的碳排放流出省，人均最终需求和生产结构的影响更加明显，并且相较于碳排放流入省份，资源强度会产生更加明显的影响。其中，人均最终需求水平的提高使碳排放量增加 109%，生产结构变化会使碳排放量下降 113%。此外，碳排放强度的提高会使碳排放量上涨约 74.6%（见图 14-14）。

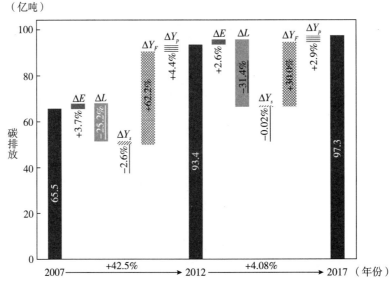

图 14-14 碳排放驱动因素分解

2. 水资源

根据 SDA 分解模型计算的结果，在用水量上，代表经济发展水平的人均最终需求依然是最大的影响因素。从 2007 年到 2017 年，随着人均最终需求水平的提高，用水总量增加了 4795 亿吨，增加了近 93.7%。此外，2007~2017 年人口的增长使用水总量增长约 7.6%，而用水强度、生产结构和最终需求结构的变化使用水量分别减少 65.2%、20% 和 14.7%。

2007~2017 年从区域层面上看，对于主要的用水净流入省份（广东、浙江和山东），用水强度成为最主要的影响因素，随着用水强度的降低，用水量减少约 70.1%。人均最终需求水平依然保持着较高的贡献率，但影响程度相较于全国水平有所下降。人均最终需求水平的改变使用水量增加 58.4%，并且最终需求结构的变化并不会使用水量减少，反而会略微增长，幅度约为 7%。其他因素，如生产结构改变和人口增长分别使用水量减少 14.9% 和增加 9.9%。而对于主要的用水净流出省份（黑龙江、新疆和广西），人均最终需求水平的变化依旧是用水量最主要的影响因素。随着人均最终需求水平的提高，用水量增加 1004.7 亿吨，增长了 97.3%。用水强度的降低将使用水量降低 56.6%，用水强度是用水量减少的首要因素。最终需求结构变化对区域的影响效果相较于全国更加明显，会使用水量减少 32.5%。生产结构改变、人口增长分别使用水量降低 5.6%、增加 7.9%（见图 14-15）。

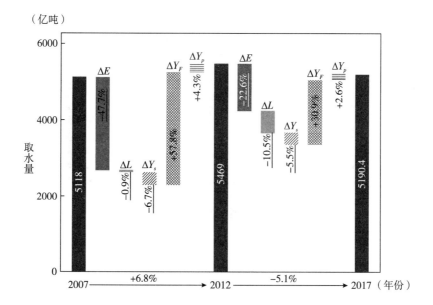

图 14-15 取水量驱动因素分解

3. 经济效益

SDA 结果显示，与碳排放和用水类似，影响增加值变化最主要的因素为人均最终需求。2007~2017 年由于人均最终需求水平的变动，增加值上涨 38.7 万亿元，增长了约 120.1%，驱动效果明显。其他因素影响较小，增加值强度提高以及生产结构的变化会使增加值分别减少 4.2% 和 4.6%，而最终需求结构的改变以及人口增长将使增加值分别上涨 7.9% 和 11.3%。

2007~2017 年在区域层面上，对于主要的增加值净流入省份（江苏、浙江、广东和山东），近乎所有影响因素的变化都趋向于使增加值上涨，其中人均最终需求水平的变化贡献最大。生产结构改变、最终需求结构改变、人均最终需求水平提高和人口增长分别使增加值上涨 5.5%、12.4%、93.6% 和 13%，只有增加值强度的变化会使增加值减少约 2.7%。而对于主要的增加值净流出省份（河南、黑龙江、山西和河北），生产结构的改变对增加值有着较为显著的影响，会使增加值减少约 32.4%；人均最终需求水平的影响更为显著，随着人均最终需求水平的提高，增加值将上涨近 117.8%。其他因素，如增加值强度提高、最终需求结构改变和人口增长对于增加值的影响分别为减少 2.3%、上涨 6.1% 和上涨 10%（见图 14-16）。

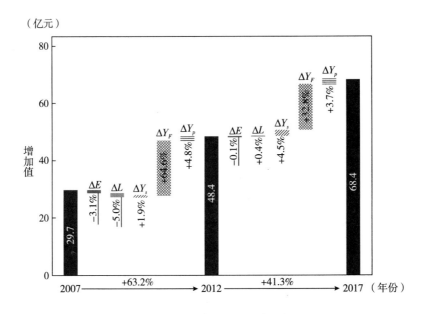

图 14-16　增加值驱动因素分解

4. 就业

根据 SDA 模型的结果，就业方面，代表经济增长的人均最终需求水平带来的影响最显著，同时就业强度的变化也会使就业产生较明显的变化。不同因素对 2007~2017 年取水量变动的影响如图 14-17 所示。SDA 结果显示，2007~2017 年，人均最终需求的变化将使得就业增加 1.22 亿，增长幅度约为 101.4%。就业强度的变化将使 2007~2017 年就业人数减少 4913.1 万，即减少 40.9%。生产结构、最终需求结构及人口的变化对于就业的影响分别为 -16.3%、-7.6% 和 8.8%。2007~2012 年，人均最终需求的变化将使就业人数增长 59.2%，而就业强度的变化则会使就业人数减少 43.0%；2012~

2017 年，人均最终需求仍是就业人数变化的最大影响因素，将使就业人数增长 33.3%，次要因素为生产结构的变化，这将使就业人数减少 14.4%。

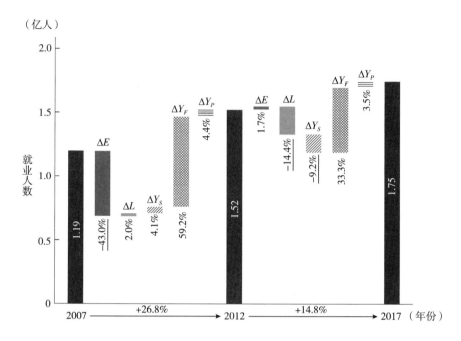

图 14-17　就业变动驱动因素分解

在区域层面上，对于主要的就业人口净流入省份（江苏、浙江和广东），人均最终需求和就业强度对就业都有较为显著的影响，两者的变化分别会使就业人数增长199.9%和减少 328.0%，同时人口的变化也会使就业人数增长 31.4%，生产结构和最终需求结构的变化分别会使就业增长 5.5%和 37.9%。

5. 分解结果总结

结合上述计算结果，我们发现代表经济发展的人均最终需求为最主要的影响因素。2007~2017 年分别使得碳排放量、用水量、增加值和就业增长约 104%、93.7%、120.1%和101.4%。但在第二大的影响因素方面，碳排放、用水、增加值和就业间存在着明显的差异。就用水强度和就业而言，用水强度和就业强度同样是重要的影响因素，两者降低会使用水量和就业人数分别减少 65.2%和 50.6%，而生产结构的变化会使用水量和就业人数减少 20%和 15.6%。不同于用水和就业，生产结构对于碳排放量的影响更为明显。随着生产结构的改变，碳排放量将减少约 70%，碳排放强度的提高仅使碳排放量增加8.4%。对于碳排放、用水和就业来说，其余的影响因素：最终需求结构和人口的影响程度都较为有限（均小于 20%）。增加值较为特殊，除人均最终需求外，其余因素的影响程度都较低，增加值强度提高、生产结构改变、最终需求结构改变和人口增长的影响分别减少 4.2%、减少 4.6%、上涨 7.9%和上涨 11.3%。

（三）情景预测

由驱动因素分解结果可得，人均最终需求和效率提升是对要素变动影响最大的两个因素，且具体影响方向相反，即效率提升将会带来显著的二氧化碳减排效益和节水效益，而最终需求变化则会抵消这部分效益甚至导致水资源—碳排放—经济效益—就业总体水平的增长。

本章以 2030 年为目标年份，通过设定 3 个层层递进的情景来探讨不同发展路径下水资源—碳排放—经济效益—就业的耦合变迁，并识别出资源综合管理的优化路径，具体情景设计如表 14-6 所示。首先，在情景 1 中，本章考虑到各省份为推动能源生产和消费结构的低碳化转型，助力实现碳达峰碳中和，结合地区发展方式与资源禀赋制定了"十四五"时期的能源发展规划。由于不同能源对水资源的消费强度以及二氧化碳的排放强度具有差异性，且不同能源行业所创造的经济效益和所需要的资本及劳动力数量有所不同，因此，能源结构的变化会对水资源—碳排放—经济效益—就业的总体水平和虚拟流动格局产生影响。基于各地区"十四五"能源发展规划设定的非化石能源占比的目标，本章在 2017 年投入产出表中对电力行业重新进行了拆分，保持风电、水电、核电、光伏和其他五种发电方式的结构不变，依据电力行业的总产出和非化石能源占比目标修正火电行业的比重。特别地，对于没有明确提出能源结构目标的省份，本章采用国务院印发的《2030 年前碳达峰行动方案》中的全国总体目标值代替。其次，在情景 2 中，本章进一步考虑到为如期实现"双碳"目标，各省份出台了各自的碳达峰实施方案，结合自身实际情况分期制定具体的碳减排目标；在用水规划方面，国务院于 2013 年 1 月通过了《实行最严格水资源管理制度考核办法》，对 2030 年全国以及各省、自治区、直辖市用水总量提出了明确的控制目标，要求到 2030 年，全国用水总量不超过 7000 亿吨。基于国家信息中心（SIC）对我国经济增长的预测，本章结合 2030 年总产出的预测值和各地区"十四五"时期的降碳目标与节水目标，模拟出 2030 年碳排放强度和用水强度的目标值（Wang et al.，2021）。特别地，由于缺乏关于经济效益和就业强度的目标数据，本章没有在资源强度变化情景中模拟这两个要素的强度变动情况。最后，基于能源结构变化和资源强度变化，本章在情景 3 中进一步考虑了最终需求变化。据世界银行预测，中国将于 2030 年超越美国成为世界最大的经济体，人均 GDP 将达到 16000 美元。基于国家信息中心对我国经济增长的官方预测，本章通过人均最终消费的变化表征 2030 年各省份经济发展潜在的异质性。需要注意的是，本章的情景分析仍有许多因素没能考虑完全，如技术进步带来的能耗减少、不同可再生能源发展的异质性、预期目标与实际情况的差距等。但本章旨在探寻未来能源行业发展的可能趋势，探寻不同情景下中国未来能源行业的发展可能带来的碳排放、水资源消费、经济效益与就业的变化，为中国社会高质量、低碳环保发展提供一定的政策支撑，助力中国碳达峰、碳中和目标的实现。

表 14-6 情景设计

资源	情景	能源结构变化	资源强度变化	最终需求变化
碳排放	S1	根据各省 2030 年碳达峰实施方案中的能源消费结构进行改变	保持 2017 年水平不变	保持 2017 年水平不变
	S2	根据各省 2030 年碳达峰实施方案中的能源消费结构进行改变	根据各省 2030 年碳达峰实施方案进行改变	保持 2017 年水平不变
	S3	根据各省 2030 年碳达峰实施方案中的能源消费结构进行改变	根据各省 2030 年碳达峰实施方案进行改变	根据国家信息中心预测的经济增速进行改变
水资源	S1	根据各省 2030 年碳达峰实施方案中的能源消费结构进行改变	保持 2017 年水平不变	保持 2017 年水平不变
	S2	根据各省 2030 年碳达峰实施方案中的能源消费结构进行改变	根据《实行最严格水资源管理制度考核办法》进行改变	保持 2017 年水平不变
	S3	根据各省 2030 年碳达峰实施方案中的能源消费结构进行改变	根据《实行最严格水资源管理制度考核办法》进行改变	根据国家信息中心预测的经济增速进行改变
经济效益	S1	根据各省 2030 年碳达峰实施方案中的能源消费结构进行改变	保持 2017 年水平不变	保持 2017 年水平不变
	S2	根据各省 2030 年碳达峰实施方案中的能源消费结构进行改变	保持 2017 年水平不变	根据国家信息中心预测的经济增速进行改变
就业	S1	根据各省 2030 年碳达峰实施方案中的能源消费结构进行改变	保持 2017 年水平不变	保持 2017 年水平不变
	S2	根据各省 2030 年碳达峰实施方案中的能源消费结构进行改变	保持 2017 年水平不变	根据国家信息中心预测的经济增速进行改变

1. 碳排放

在 S1 情景下，由于能源消费结构的改善，全国碳排放量由 2017 年的 97.26 亿吨略微减少至 2030 年的 96.68 亿吨，减少了约 0.6%。省份层面上，从生产端来看，此时最主要的碳排放省份依然是山东、河北及江苏，排放量分别为 8 亿吨、7.4 亿吨和 6.8 亿吨；消费端情况类似，江苏、广东和山东分别以 8.7 亿吨、7.9 亿吨和 7.2 亿吨成为排名前三的碳排放省份。从部门层面上看，2030 年生产端仅改变能源消费结构的碳排放量相较于 2017 年变化较小，火电、金属冶炼和压延加工品业及非金属矿物制品业的碳排放量分别为 49.9 亿吨、15.4 亿吨和 9.6 亿吨，占比分别为 51.6%、15.9% 和 9.9%，相较于 2017 年的变化率皆不足 1%；消费端的变化同样不大，最主要的碳排放部门依然是建筑业、其他服务业以及火电，碳排放量为 36.7 亿吨（38%）、16.7 亿吨（17.3%）以及 7.4 亿吨（7.4%），变化率依然不足 1%。

在 S2 情景下，碳排放强度进一步降低，使全国碳排放量在 2030 年减少至 38.4 亿吨，相较于 2017 年的 97.3 亿吨减少了 58.9 亿吨，减幅约为 61%，变化明显。省份层面上，从生产端来看，2030 年山东和江苏的碳排放量分别为 3.9 亿吨和 2.5 亿吨，相较于 2017 年分别减少了 51.7% 和 66.8%，但依然以 10.2% 和 6.5% 的占比成为碳排放排名前二的省份。湖北则以 2.3 亿吨成为排名第三的碳排放省份，占比为 6.0%，其减幅约为 26.4%，相较于其他省份变化较小。再从部门层面来看，生产端分布情况变化不大，最主要的碳排放部门为火电、金属冶炼和压延加工品业及非金属矿物制品业，2030 年排放量分别为 15.8 亿吨、4 亿吨和 5.5 亿吨，相较于 2017 年分别减少了 68.7%、73.9% 以及 43.2%；从消费端来看，碳排放依然主要集中于建筑业、其他服务业和火电，2030 年占比分别为 38.5%、17.8% 和 6%，排放量分别为 14.8 亿吨、6.8 亿吨和 2.3 亿吨，相较于 2017 年分别减少了 59.4%、59.5% 和 70%。

在 S3 情景下，引入经济增长来模拟最终需求的变化，此时的碳排放量为 77.1 亿吨，高于 S2 但与 2017 年相比降低了 20.8%。在省份层面上，从生产端来看，碳排放的集中程度有所下降，山东、江苏和湖北作为排名前三的碳排放省份，2030 年排放量分别为 6.7 亿吨、4.9 亿吨和 4.3 亿吨，相较于 2017 年，其中山东和江苏分别减少了 17.3% 和 33%，但湖北省不降反升，增加了近 38.4%；从消费端来看，江苏成为最大的碳排放省份，2030 年排放量为 6.4 亿吨，其次是山东和广东的 5.9 亿吨和 5.6 亿吨，相较于 2017 年分别减少了 31.2%、20.3% 和 30%。部门层面上，从生产端来看，火电、非金属矿物制品业及金属冶炼和压延加工品业依然是碳排放占比最高的三个部门，2030 年排放量分别为 31.6 亿吨、11.1 亿吨和 8.1 亿吨。其中火电与金属冶炼和压延加工品业相较于 2017 年分别降低了 37.3% 和 47.3%，而非金属矿物制品业的碳排放量则呈增加态势，由 2017 年的 9.6 亿吨增加至 11.1 亿吨，增幅约为 15.6%。在消费端，建筑业、其他服务业与火电业依然是碳排放大户，2030 年碳排放量分别为 30.4 亿吨、13.5 亿吨和 4.2 亿吨，相较于 2017 年分别减少了 16.7%、19.6% 和 41.5%。

2. 水资源

在 S1 情景下，仅改变能源消费结构，2030 年全国用水量为 5158 亿吨，相较于 2017 年的 5190.4 亿吨减少了仅 0.6%。区域层面上，从生产端来看，新疆、江苏和广东是用水量排名前三的省份，分别为 548.1 亿吨、427.1 亿吨和 361 亿吨，其占比变化相较于 2017 年皆不足 1%。在消费端，情况与生产端类似。广东、江苏和新疆依然是用水大省，2030 年用水量分别达到了 455.2 亿吨、450.8 亿吨和 370.4 亿吨，分别占比 8.9%、8.7% 和 7.2%，与 2017 年相比变化程度有限。部门用水方面，从生产端来看，我们将重点关注农林牧渔产品和服务业，由于其在 2017 年的用水占比就达到了 73.3%，而在 S1 情景下，该数值为 73.8%。火电作为用水量排名第二的部门，2030 年也仅有 302.5 亿吨，占比约为 5.9%。再看消费端，农林牧渔产品和服务业、食品和烟草业以及建筑业是最主要的用水部门，2030 年的用水量分别为 1528.1 亿吨、1015.3 亿吨和 803.6 亿吨。

S2 情景下，引入了用水强度的变化，由 SDA 分析结果可知资源强度的变化显著影响着用水量，所以此时的用水总量大幅减少至 3459.2 亿吨，相较于 2017 年减少了约 33.4%，变化明显。省份层面上，生产端江苏超越新疆成为最大的用水省份，2030 年用水量为 264.4 亿吨，相较于 2017 年减少了约 37.9%。随后是广东和新疆，用水量分

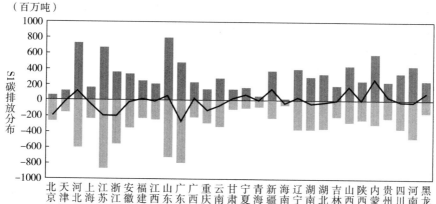

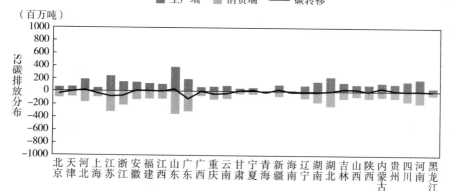

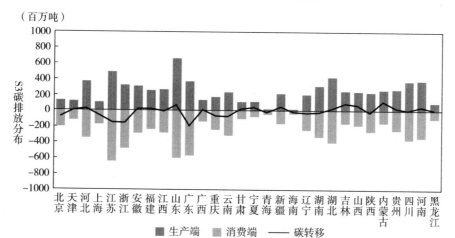

图 14-18 不同发展情景下碳排放变动特征

别为 250.8 亿吨和 233.3 亿吨,各自减少了 30.0%和 57.6%。而在消费端,用水的区域集中程度有所降低,广东、江苏和湖北作为最主要的用水省份,2030 年用水量分别为 307.1 亿吨、281.4 亿吨和 188.1 亿吨,合计约占用水总量的 22.5%,相较于 2017

年则分别减少了32.5%、37.5%和26.1%。部门层面上，从生产端来看，农林牧渔产品和服务业依然是绝对的用水大户，2030年用水量达到了2499.1亿吨，占比约为72.2%，相较于2017年减少了34.4%。此时火电的用水量为212.3亿吨，与2017年相比减少了约33.0%。从消费端来看，农林牧渔产品和服务业及食品和烟草业依然是排名前二的用水部门，2030年水资源消费量分别为980.9亿吨和681.7亿吨，与2017年相比分别减少了35.9%和32.9%。其他服务业为第三大用水部门，2030年用水量为551.8亿吨，相较于2017年减少了30.1%。

在S2的基础上，S3引入了经济增长来模拟最终需求的变化。SDA结果显示，最终需求的增长会使用水量显著上涨，此时全国的用水量为6922.8亿吨，相较于2017年的5190.4亿吨增加了约33.4%。在省份层面上，从生产端上看，江苏、新疆和广东是主要的用水省份，2030年用水量分别为533.4亿吨、509.9亿吨和469.1亿吨，其中江苏和广东相较于2017年分别增加了25.3%和31.0%。而新疆的用水量则有所下降，占比约为7%。在消费端，江苏和广东依然是用水大省，2030年水资源消费量分别为564.2亿吨和555.3亿吨，与2017年相比分别增加了约25.3%和22.0%。浙江成为第三大用水省份，2030年用水量为389.2亿吨，相较于2017年增加了近57%，增速明显。部门层面上，从生产端来看，农林牧渔产品和服务业继续作为最主要的用水部门，2030年用水量为4995.4亿吨，占比保持在72.2%，相较于2017年用水量增加了约31.2%。此时火电的用水量为421.9亿吨，增幅约为33.2%。再从消费端来看，农林牧渔产品和服务业、食品和烟草业以及建筑业依然是主要的用水部门，2030年用水量分别为2007.8亿吨、1322.6亿吨以及1117.5亿吨，与2017年相比各自增加了31.1%、30.2%和37.2%。

3. 经济效益

在S1情景下，仅有能源消费结构发生了变化，此时的增加值总额为68.4万亿元，与2017年相比基本无变化。省份层面上，生产端经济效益最明显的省份为广东、江苏和山东，2030年增加值分别为7.2万亿元、7万亿元和6万亿元，占比分别为10.5%、10.2%和8.8%，其变化相较于2017年皆不足1%。在消费端，情况与生产端类似，依然是广东、江苏和山东为增加值较高的省份，各自的增加值分别为7.4万亿元、7.1万亿元和5.7万亿元，占比分别为10.8%、10.4%和8.3%，相较于2017年变化率同样不足1%。在部门层面，从生产端来看，其他服务业作为经济效益最显著的部门，其增加值达到了32.1万亿元，占比约为46.9%。随后是农林牧渔产品和服务业以及建筑业，2030年增加值分别为5.6万亿元和4.7万亿元，占比分别为8.2%和6.9%。在消费端，增加值主要集中于其他服务业与建筑业，2030年增加值分别为27.6万亿元和16.1万亿元，占比分别为40.4%和23.5%，相较于2017年变化依然不足1%。

在S2情景下，引入经济增长来模拟最终需求的变化情况，此时全国的增加值为136.8万亿元，相较于2017年的68.4万亿元增长了近100%，变化十分显著。在省份层面上，从生产端来看，江苏超过广东，成为经济效益最显著的省份，其次是广东和山东，2030年这三个省份的增加值分别为14.1万亿元、13.3万亿元和10.3万亿元，

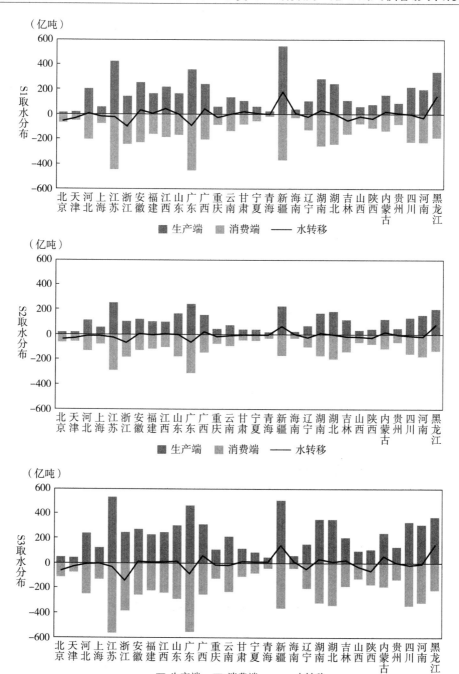

图 14-19 不同发展情景下取水量变动特征

与 2017 年相比分别增加了 101.1%、85.6% 和 72.3%；从消费端的角度来看，情况与生产端相似，广东的增加值占比有所下降，而江苏则成为经济效益最显著的省份，山东继续排在第三位，2030 年江苏、广东、山东的增加值分别为 14.2 万亿元、13.3 万亿元和 9.6 万亿元，相较于 2017 年分别增加了 100.5%、79.7% 和 69%。在部门层面上，先从生产端来看，其他服务业继续作为经济效益最显著的部门，贡献了约 46.8%（64 万亿元）的增加值，相较于 2017 年增幅达到了 99.4%。其次是农林牧渔产品和服务业，贡献了约 8.2%（11.2 万亿元）的增加值，与 2017 年相比上涨了 103.6%。再从消费端来看，经济效益主要集中于其他服务业与建筑业，2030 年增加值分别为 54.9 万亿元、32.9 万亿元，相较于 2017 年分别增加了 98.9% 和 104.3%。

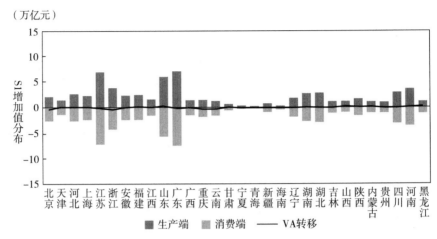

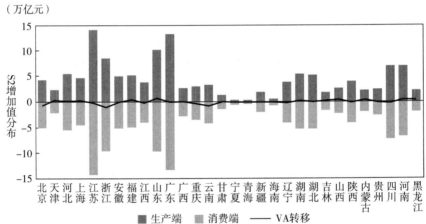

图 14-20　不同发展情景下增加值变动特征

4. 就业

就业方面，在 S1 情景下，由于能源消费结构的变化，就业也会发生些许改变，此时的城镇就业人数为 1.7 亿人，相较于 2017 年增长不到 0.1%。省份层面上，从生产端来看，海南省、山东省和甘肃省贡献了最多的就业人数，分别为 1963.1 万、1486.2 万和 1192.9 万，分别在就业总人数中占 11.2%、8.5% 和 6.8%。从消费端的角度来看，海南省、山东省和广东省是最主要的就业省份，就业人数分别为 1471.3 万、1434.2 万和 1411.8 万，分别占 8.4%、8.2% 和 8.1%。在部门层面上，其他服务业、建筑业和交通运输及仓储业贡献了最多的就业人数，其就业人数分别为 8405.8 万、2641.4 万和

843.0 万，分别占总就业人数的 48.2%、15.1% 和 4.8%。在消费端，其他服务业、建筑业以及食品和烟草业的就业数量最多，其就业人数分别为 7259.8 万、5413.1 万和 593.4 万，分别占就业总人数的 41.6%、31.0% 和 3.4%。

到了 S2 情景下，在引入了经济增长模拟最终需求的变化后，此时的就业人数为 3.5 亿，相较于 2017 年增长了 98.4%。在省级层面上，从生产端来看，海南省、甘肃省和山东省仍是最主要的就业省份，其就业人数分别为 3520.0 万、2933.8 万和 3544.9 万，与 2017 年相比各自增加了 79.3%、145.9% 和 71.4%。再从消费端来看，此时甘肃省、广东省和海南省是最大的就业省份，其就业人数分别为 2576.6 万、2552.7 万和 2544.8 万，在总就业人数中分别占 7.4%、7.4% 和 7.3%。在部门层面上，其他服务业、建筑业和交通运输及仓储业仍是生产端最主要的就业部门，其就业人数分别为 16806.7 万、5131.3 万和 1697.9 万，在就业总人数中分别占 48.5%、14.8% 和 4.9%。与 S1 类似，从消费端的视角来看，其他服务业、建筑业以及食品和烟草业的就业数量最多，分别为 14454.3 万、10782.7 万和 1181.6 万，在总就业人数中的比重分别达到 41.7%、31.1%、3.4%。

不同发展情景下就业变动特征如图 14-21 所示。

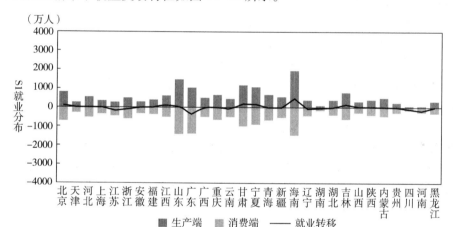

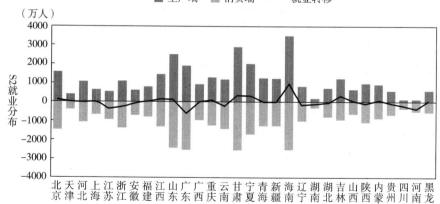

图 14-21 不同发展情景下就业变动特征

五、研究结论

本章通过构建多区域环境投入产出模型，基于生产和消费视角分析了中国2007~2017年不同地区、行业碳排放—水资源—经济效益的耦合现状。基于要素耦合现状，本章构建结构分解分析模型，识别并分析各地区碳排放—水资源—经济效益变化的驱动因素。在此基础上，结合中国各地区"十四五"规划中的能源发展目标、资源强度目标以及经济发展目标等，设计了能源发展、技术进步、经济增长三个情景，以模拟不同发展情景下中国未来发展可能带来的碳排放、水资源消费和经济效益等变化。结果表明，从总量上看，2007~2017年全国碳排放总量逐年增长，但增长率呈现下降趋势。其中，山东、江苏、广东、河北碳排放水平较高。通过比较生产端和消费端的碳排放量，结果表明欠发达地区生产端碳排放较高，而发达地区消费端碳排放更高。从部门分布来看，生产端碳排放主要集中在火电、金属冶炼和压延加工品业以及非金属矿物制品业，累计占比达到75%，其中火电部门排放最多，2007年、2012年和2017年占比均超过了50%。消费端碳排放主要集中于建筑业和其他服务业，两个部门累计占比从2007年的43.3%增长到2017年的54.8%，贡献了近半数的碳排放。2007~2017年，全国碳排放净转移总量从28.1亿吨增长至34.6亿吨，但在排放总量中的比重从42.9%下降到35.6%。其中，中部地区、西北地区以及北部沿海是最主要的碳排放净流出地区，而东部沿海地区和南部沿海地区则是最主要的碳排放净流入地区，总体上呈现出由北向南、由西向东的转移趋势。在水资源利用方面，2007~2012年全国取水量增长了6.9%，而在2012~2017年，取水量下降了5.1%。新疆、广东、江苏用水较多。总体来看，欠发达地区生产端取水量较高，而发达地区消费端取水量更高。从部门分布来看，生产端最主要的水资源消费部门是农林牧渔产品和服务业以及火电，前者2007年、2012年和2017年在总量中的比重超过70%。从消费端来看，农林牧渔产品和服务业依然是最大的用水部门，2007年、2012年和2017年水资源消费比重在30%左右。2007~2017年，全国贸易隐含水资源转移总量由1627亿吨下降至1437亿吨，在水资源消费总量中的比重从31.8%下降到27.7%。其中，中部、西北和东北地区是最主要的水资源净流出地区，而东部沿海地区和南部沿海地区则是最主要的水资源净流入地区，整体上呈现为由西向东的转移态势。在对经济效益的诠释中，本章使用了增加值和就业两个要素。从2007~2017年，全国生产总值与就业数量逐年增长，年均增长率分别达到8.7%和3.5%。广东、江苏、山东、浙江的经济效益水平较高。欠发达地区生产端经济效益较高，而发达地区消费端经济效益更高。在虚拟转移方面，2007~2017年全国经济效益净转移总量从5.1万亿元增加至6.3万亿元，在生产总值中的比重从17.2%下降到9.2%。中部、西北、北部沿海地区是最主要的经济效益净流出地区，而东部沿海地区和南部沿海地区则是最主要的经济效益净流入区域，总体上呈现为由欠发达地区向发达地区转移的趋势。全国劳动力净转移总量由2007年的1937.7万人增至2017年的3679.4万人，在就业总量中的比重从16.1%增长到21.1%。西北、东北地区是最主要的劳动力净流出地区，而东部沿海、南部沿海和北部沿海地区则是最主要的劳动力净流入区域,总体上也呈现出由欠发达地区向发达地区输送劳动力的趋势。在部门分布上,从生产端来看,其他服务业、农林牧渔产品和服务业、建筑业三个部门贡献了主要的经济效益。其他服务业增速较快,年均增长率达到12.6%。从消费端来看,其他服务业和建筑业依然是最主要的经济效益贡献者。其中建筑业在消费端的经济效益远大于生产端。对于就业而言,生产端劳动力主要集中于建筑业和交通运输及仓储业,消费端劳动力则主要集中于建筑业和其他服务业。

通过结构分解分析,结果表明人均最终需求是这些要素数量变化最主要的驱动因素,2007~2017年使碳排放、水资源消费、经济效益和就业分别增加了104%、93.7%、120.1%和101.4%。但对于不同要素而言,次要驱动因素有所不同。生产结构的变化是碳排放水平变动的第二驱动因素,且具体表现为负向影响,2007~2017年使碳排放减少了约70%。强度的变化是取水量和就业数量的第二驱动因素,具体表现为负向影响,使水资源消费和就业分别减少65.2%和40.9%。除了人均最终需求以外,其他因素对增加值变动的影响程度均很小。

基于驱动因素的分解结果的情景预测分析表明,以2017年为基准,在三种发展情景下,碳排放总量分别减少了约0.6%(S1)、61%(S2)以及20.8%(S3)。在对水资源的预测中,S1和S2情景下,水资源消费总量分别减少了约0.6%和33.4%,而S3情景下增加了约33.4%,这说明能源发展与效率提升带来的节水效应不足以抵消经济增长所带来的水消费的增加。对增加值而言,S1情景下,全国经济效益的变动有限,但在S2情景下增长了近1倍;对就业的预测结果与增加值相似,以2017年为基准,在S1情景下,全国就业数量增加了约1.9%,而在S2情景下增长了约105%。在不同发展情景下,水资源—碳排放—经济效益的空间分布和部门分布在结构上变化均较小。在S2情景下,从生产端来看山东和江苏依然保持着较高的碳排放占比,湖北则超越河北,成为第三大碳排放省份。从消费端来看,广东、江苏和山东作为碳排放大省的情形在S2和S3情景下均保持不变。S2情景下生产端碳排放最高的部门仍然是火电部门,但其占比下降到41.1%;从消费端来看,建筑业和其他服务业依然贡献了近半数的碳排放,这种情形在S3情景下保持不变。就水资源利用而言,S2情景下从生产端来看,广东、江苏和新疆依然保持着较高的水资源消费水平。相对地,在消费端湖北取代新疆成为第三大水资源消费省份。部门层面上,生产端农林牧渔产品和服务业在S2和S3背景下都保持着超过70%的取水量。在消费端,农林牧渔产品和服务业、食品和烟草业是最主要的水资源消费部门。到S3情景下,建筑业超越其他服务业,成为排名第三的取水部门。

由此可见,2007~2017年中国能源行业水资源—碳排放—经济效益具有耦合关系,且在总量变动、空间分布、虚拟转移以及部门分布上协同程度较高。因此,应当兼顾降碳进程中水资源与经济效益的协调发展,建立跨区域跨部门的资源管理机制。人均最终需求是中国水资源—碳排放—经济效益变动的主要驱动因素,资源强度、生产结构、最终需求结构和人口增长对不同要素的影响具有异质性,因此应当推动产业结构和能源结构低碳化转型升级,提升产业部门技术效率。最后,能源结构发展、技术进步以及经济发展的混合情景下能够有效实现降碳进程与经济效益的协调发展，但增加了水资源的消耗，因此应当建立健全节水规划，提升用水效率。

参考文献

［1］ Cai B M, Hubacek K, Feng K S, et al. Tension of agricultural land and water use in China's trade：Tele-Connections, hidden drivers and potential solutions ［J］. Environmental Science & Technology, 2020, 54（9）：5365-5375.

［2］ Chini C M, Peer R A M. The traded water footprint of global energy from 2010 to 2018 ［J］. Scientific Data, 2021, 8（1）：7.

［3］ Feng M Y, Zhao R Q, Huang H P, et al. Water-energy-carbon nexus of different land use types：The case of Zhengzhou, China ［J］. Ecological Indicators, 2022, 141：109073.

［4］ Hardy L, Garrido A, Juana L. Evaluation of Spain's water-energy nexus ［J］. International Journal of Water Resources Development, 2012, 28（1）：151-170.

［5］ Hoekstra R, Van Den Bergh J. Structural decomposition analysis of physical flows in the economy ［J］. Environmental and Resource Economics, 2002, 23（3）：357-378.

［6］ Hou J J, Wang Z, Zhang J T, et al. Revealing energy and water hidden in Chinese regional critical carbon supply chains ［J］. Energy Policy, 2022, 165：112979.

［7］ Hua E, Wang X Y, Engel B A, et al. Water competition mechanism of food and energy industries in WEF Nexus：A case study in China ［J］. Agricultural Water Management, 2021, 254：106941.

［8］ Li X, Yang L L, Zheng H R, et al. City-level water-energy nexus in Beijing-Tianjin-Hebei region ［J］. Applied Energy, 2019, 235：827-834.

［9］ Liang Y, Li Y, Liang S, et al. Quantifying direct and indirect spatial Food-Energy-Water（FEW）nexus in China ［J］. Environmental Science & Technology, 2020, 54（16）：9791-9803.

［10］ Liu J G, Zhao D D, Gerbens-Leenes P W, et al. China's rising hydropower demand challenges water sector ［J］. Scientific Reports, 2015, 5：11446.

［11］ Liu S Y, Han M Y, Wu X D, et al. Embodied water analysis for Hebei Province, China by input-output modelling ［J］. Frontiers of Earth Science, 2018, 12（1）：72-85.

［12］ Macknick J, Newmark R, Heath G, et al. Operational water consumption and withdrawal factors for electricity generating technologies：A review of existing literature ［J］. Environmental Research Letters, 2012, 7（4）：189-190.

［13］ Ming J, Liao X W, Zhao X. Grey water footprint for global energy demands ［J］. Frontiers of Earth Science, 2020（1）：201-208.

［14］ Okadera T, Geng Y, Fujita T, et al. Evaluating the water footprint of the energy supply of Liaoning Province, China：A regional input-output analysis approach ［J］. Energy

Policy, 2015, 78: 148-157.

［15］ Siddiqi A, Anadon L D. The water-energy nexus in Middle East and North Africa ［J］. Energy Policy, 2011, 39 (8): 4529-4540.

［16］ Sun C Z, Hao S. Research on the competitive and synergistic evolution of the water-energy-food system in China ［J］. Journal of Cleaner Production, 2022, 365 (12): 132743.

［17］ Sun Y Z, Shen L, Zhong S, et al. Water-energy nexus in Shaanxi province of China ［J］. Water Supply, 2018, 18 (6): 2170-2179.

［18］ Tian P, Lu H, Reinout H, et al. Water-energy-carbon nexus in China's intra and inter-regional trade ［J］. Science of the Total Environment, 2021, 806 (Pt 2):150666.

［19］ Trubetskaya A, Horan W, Conheady P, et al. A methodology for industrial water footprint assessment using energy-water-carbon Nexus ［J］. Processes, 2021, 9 (2): 393.

［20］ Vilanova M R N, Balestieri J A P. Exploring the water-energy nexus in Brazil: The electricity use for water supply ［J］. Energy, 2015, 85: 415-432.

［21］ Wang F, Cai B M, Hu X, et al. Exploring solutions to alleviate the regional water stress from virtual water flows in China ［J］. Science of the Total Environment, 2021, 796: 148971.

［22］ Wang S, Fath B, Chen B. Energy-water nexus under energy mix scenarios using input-output and ecological network analyses ［J］. Applied Energy, 2019, 233-234: 827-839.

［23］ White D J, Hubacek K, Feng K, et al. The water-energy-food nexus in East Asia: A tele-connected value chain analysis using inter-regional input-output analysis ［J］. Applied Energy, 2018, 210: 550-567.

［24］ Yang L, Li Y M, Wang D, et al. Relieving the water-energy nexus pressure through whole supply chain management: Evidence from the provincial-level analysis in China ［J］. Science of the Total Environment, 2021, 807 (Pt 2): 150809.

［25］ Zhang K, Zhang Y Y, Xi S, et al. Multi-objective optimization of energy-water nexus from spatial resource reallocation perspective in China ［J］. Applied Energy, 2022, 314: 118919.

［26］ Zhang K, Lu H W, Tian P P, et al. Analysis of the relationship between water and energy in China based on a multi-regional input-output method ［J］. Journal of Environmental Management, 2022, 309: 114680.

［27］ Zhang W, Wang J N, Zhang B C, et al. Can China comply with its 12th five-year plan on industrial emissions control: A structural decomposition analysis ［J］. Environment Science & Technology, 2015, 49 (8): 4816-4824.

［28］ Zhao Y H, Wang S, Zhang Z H, et al. Driving factors of carbon emissions embodied in China-US trade: A structural decomposition analysis ［J］. Journal of Cleaner Production, 2016, 131: 678-689.

[29] 毕博, 陈丹, 邓鹏, 等. 区域水资源—能源—粮食系统耦合协调演化特征研究 [J]. 中国农村水利水电, 2018 (2): 72-77.

[30] 曹冲, 夏咏, 陈俭. 虚拟土视阈下中国重点大宗农产品贸易流的驱动因素研究——基于 LMDI 模型的再检验 [J]. 农业技术经济, 2019 (8): 133-144.

[31] 曹永强, 王菲, 范帅邦. "双碳"目标下东北三省水—能源纽带关系及网络特征分析 [J]. 生态学报, 2022 (14): 1-17.

[32] 常凯. 基于成本和利益视角下可再生能源补贴政策的经济效应 [J]. 工业技术经济, 2015, 34 (2): 98-105.

[33] 党锐, 张军, 周冬梅, 等. 2000-2016 年甘肃省水资源—能源—粮食耦合协调特征研究 [J]. 水资源与水工程学报, 2020, 31 (1): 115-123.

[34] 邓鹏, 陈菁, 陈丹, 等. 区域水—能源—粮食耦合协调演化特征研究——以江苏省为例 [J]. 水资源与水工程学报, 2017, 28 (6): 232-238.

[35] 窦羽星, 刘秀丽. 居民食物消费变化引致的环境足迹测算 [J]. 中国环境科学, 2023, 43 (1): 446-455.

[36] 光峰涛, 何永秀, 尤培培, 等. 基于结构分解模型的中国电力消费驱动因素研究 [J]. 中国电力, 2019, 52 (12): 123-131.

[37] 国务院. 2030 年前碳达峰行动方案 [EB/OL]. (2021-10-26). http://www.gov.cn/zhengce/content/2021-10/26/content_5644984.htm.

[38] 郝林钢, 于静洁, 王平, 等. 面向可持续发展的水—能源—粮食纽带关系系统解析及其研究框架 [J]. 地理科学进展, 2023, 42 (1): 173-184.

[39] 李成宇, 张士强. 中国省际水—能源—粮食耦合协调度及影响因素研究 [J]. 中国人口·资源与环境, 2020, 30 (1): 120-128.

[40] 李桂君, 李玉龙, 贾晓菁, 等. 北京市水—能源—粮食可持续发展系统动力学模型构建与仿真 [J]. 管理评论, 2016, 28 (10): 11-26.

[41] 李虹, 王帅. 中国行业隐含能源消费及其强度的变动与影响因素 [J]. 中国人口·资源与环境, 2021, 31 (5): 47-57.

[42] 李江龙, 杨秀汪. 聚焦"新常态": 中国能源需求变化的驱动因素分解 [J]. 厦门大学学报 (哲学社会科学版), 2021 (4): 43-56.

[43] 李玲, 张俊荣, 汤铃, 等. 我国能源强度变动的影响因素分析——基于 SDA 分解技术 [J]. 中国管理科学, 2017, 25 (9): 125-132.

[44] 李昭华, 汪凌志. 中国对外贸易自然资本流向及其影响因素——基于 I-O 模型的生态足迹分析 [J]. 中国工业经济, 2012 (7): 31-43.

[45] 刘庆燕, 方恺, 丛建辉. 山西省贸易隐含碳排放的空间—产业转移及其影响因素研究——基于 MRIO-SDA 跨期方法 [J]. 环境经济研究, 2019, 4 (2): 44-57.

[46] 陆娅楠. 碳达峰碳中和 "1+N" 政策体系已构建"双碳"工作取得良好开局 [N]. 人民日报, 2022-09-23 (002).

［47］马晶梅，赵志国．中韩双边贸易及贸易隐含碳的重新估算［J］．生态经济，2018，34（3）：14-17+30.

［48］孙才志，阎晓东．中国水资源—能源—粮食耦合系统安全评价及空间关联分析［J］．水资源保护，2018，34（5）：1-8.

［49］孙艳芝，沈镭，钟帅，等．中国碳排放变化的驱动力效应分析［J］．资源科学，2017，39（12）：2265-2274.

［50］檀勤良，姚洵睿，艾柄均．考虑生命周期的中国煤电水足迹评估［J］．华北电力大学学报（社会科学版），2020（5）：41-50.

［51］唐任伍，范烁杰．"双碳"战略推动共同富裕实现的价值理念、内在机理与路径选择［J］．贵州师范大学学报（社会科学版），2022（6）：78-90.

［52］汪振双，赵宁，苏昊林．能源—经济—环境耦合协调度研究——以山东省水泥行业为例［J］．软科学，2015，29（2）：33-36.

［53］王安静，冯宗宪，孟渤．中国30省份的碳排放测算以及碳转移研究［J］．数量经济技术经济研究，2017，34（8）：89-104.

［54］王菲，曹永强，范帅邦．"双碳"目标下东北三省水—能源纽带关系及网络特征分析［J］．生态学报，2022（14）：5692-5707.

［55］王风初，曹建军，王宁，等．近20年我国虚拟水、能消耗及耦合和需求预测［J］．中国环境科学，2022，42（10）：4919-4930.

［56］王红瑞，李晓军，张力，等．水—能源—碳排放复杂关系研究进展及展望［J］．南水北调与水利科技（中英文），2023（1）：13-21.

［57］王慧敏，洪俊，刘钢．"水—能源—粮食"纽带关系下区域绿色发展政策仿真研究［J］．中国人口·资源与环境，2019，29（6）：74-84.

［58］王佳邓，孙启宏，李小敏，等．环境保护税对经济和碳排放影响研究——以江苏省为例［J］．生态经济，2021，37（5）：51-56.

［59］王亚菲．北京市生态足迹的变动与预测分析［J］．城市发展研究，2010，17（11）：82-89.

［60］王勇，孙瑞欣．土地利用变化对区域水—能源—粮食系统耦合协调度的影响——以京津冀城市群为研究对象［J］．自然资源学报，2022，37（3）：582-599.

［61］王玉宝，蒲傲婷，闫星，等．新疆水—能源—粮食系统安全综合评价［J］．农业机械学报，2020，51（6）：264-272.

［62］习近平．在第七十五届联合国大会一般性辩论上的讲话［N］．人民日报，2020-09-23（003）.

［63］徐可，范海燕，潘兴瑶，等．基于SDA的北京市顺义区用水驱动因素分析［J］．水电能源科学，2022，40（9）：56-60.

［64］余家林，王秀杰．中国玉米支持保护政策实施效果与优化策略研究［J］．价格理论与实践，2022（11）：79-83.

［65］余谦，邱云枫．基于SDA分解技术的中国数字经济增长因素分析［J］．管理

现代化，2021，41（1）：21-25.

［66］袁国丽．基于IO-SDA中国虚拟水贸易格局及驱动因素分析［J］.节水灌溉，2017（5）：102-107.

［67］张宏霞，张衍杰，马茜，等．"双碳"目标下新能源产业发展趋势［J］.储能科学与技术，2022，11（5）：1677-1678.

［68］张洪芬，曾静静，曲建升，等．资源高强度流动区水、能源和粮食耦合协调发展研究——以京津冀地区为例［J］.中国农村水利水电，2019（5）：17-21+28.

［69］赵荣钦，李志萍，韩宇平，等．区域"水—土—能—碳"耦合作用机制分析［J］.地理学报，2016（9）：1613-1628.

［70］中共中央 国务院关于完整准确全面贯彻新发展理念做好碳达峰碳中和工作的意见［EB/OL］.（2021-10-24）.http：//www.gov.cn/zhengce/2021-10/24/content_5644613.htm.

［71］周冯琦，尚勇敏．碳中和目标下中国城市绿色转型的内涵特征与实现路径［J］.社会科学，2022（1）：51-61.

第十五章　能源产业链低碳化协同研究[*]

李鹏

摘　要：增强能源供应链稳定性和安全性、推动能源绿色低碳变革、提升能源产业链现代化水平是《"十四五"现代能源体系规划》的核心要义。本章首先对能源产业链低碳化协同的概念进行界定，回顾了能源绿色低碳协同发展的相关研究，总结和提炼出本研究的创新点。其次，分析国内能源绿色低碳协同发展的总体现状以及不同能源行业上中下游的绿色低碳发展水平，基于产业链的视角构建不同能源行业绿色低碳协同发展指标体系并进行综合评价和比较分析。研究发现，"十三五"时期我国能源产业链低碳化总体的耦合协调度持续提高，由勉强协调逐步提升至良好协调，表明能源产业链内部以及之间的低碳协同发展水平不断提升，但不同产业链环节之间的协同度存在较大差异。其中，煤炭、电力、油气技术创新的协同度相对较高，但清洁生产的协同度有待提升。能源行业上游和中游的低碳化协同度相对较好，而下游的低碳化协同度有待进一步提升。最后，结合上述结果和发展实际，分析当前能源产业链低碳化协同面临的主要问题，并提出促进能源产业链低碳化协同的政策建议。

关键词：能源产业链；低碳化协同；清洁生产；技术创新

　　当前，全球积极推进低碳发展、发展清洁能源技术，许多国家已提出碳中和目标。作为目前最大的能源生产国与消费国，我国传统能源在一次能源中仍占有较高比重，能源绿色低碳转型迫在眉睫。党的十八大以来，习近平总书记从保障国家能源安全的全局高度出发，提出"四个革命、一个合作"的能源安全新战略。我国在2020年提出了二氧化碳排放力争于2030年前达到峰值、努力争取2060年前实现碳中和（简称"双碳"）的目标。"四个革命、一个合作"和"双碳"目标的提出对能源绿色低碳转型和能源安全提出了更高的要求。党的二十大报告指出，推动绿色发展，促进人与自然和谐共生，协同推进降碳、减污、扩绿、增长，推进生态优先、节约集约、绿色低碳发展。在能源绿色转型背景下，清洁能源将加速替代传统能源，终端电气化水平快速提升，清洁能源技术不断增加，能源效率水平持续改善，经济社会对清洁能源的依赖程度逐步提升。

　　能源行业是碳减排的重点领域，占全社会碳排放的80%以上，其中，电力行业的

---

　　[*]　作者简介：李鹏，中国社会科学院工业经济研究所助理研究员、编辑。

碳排放在能源行业中的占比超过 40%①。其中，除了生产侧外，降低能源传输中的耗能和提升加工转换效率也是减少能源行业碳排放的重要途径。近年来，为了协同推进能源绿色低碳转型和能源行业高质量发展，我国相继出台了一系列重要政策和规划文件。《"十四五"现代能源体系规划》提出，增强能源供应链稳定性和安全性，推动能源绿色低碳变革，提升能源产业链现代化水平。国务院印发的《2030 年前碳达峰行动方案》提出，多措并举、积极有序推进散煤替代；推动建立光热发电与光伏发电、风电互补调节的风光热综合可再生能源发电基地；大力推动天然气与多种能源融合发展，因地制宜建设天然气调峰电站；推动西南地区水电与风电、太阳能发电协同互补；对能源消费和碳排放指标实行协同管理、协同分解、协同考核。国家发展改革委、国家能源局发布的《关于完善能源绿色低碳转型体制机制和政策措施的意见》也强调，在规划编制及实施中加强各能源品种之间、产业链上下游之间、区域之间的协同互济；加强煤电机组与非化石能源发电、天然气发电及储能的整体协同；完善油气与地热能以及风能、太阳能等能源资源协同开发机制。此外，其还提出建立清洁低碳能源重大科技协同创新体系、建立清洁低碳能源产业链供应链协同创新机制、探索建立清洁低碳能源产业链上下游企业协同发展合作机制等。在新一轮科技革命和产业变革背景下，数字化、智能化为打造行业壁垒提供了契机，国家能源局于 2023 年发布的《关于加快推进能源数字化智能化发展的若干意见》提出，以数字化智能化转型促进能源绿色低碳发展的跨行业协同。同时，2023 年国家能源局编写的《新型电力系统发展蓝皮书》提出，电力系统发展应逐渐向跨行业、跨领域协同转变；新型电力系统具备安全高效、清洁低碳、柔性灵活、智慧融合四大重要特征，其中，智慧融合是基础保障。由此，在保障国家能源安全的前提下，结合当前数字化、智能化的发展契机，需要从产业链的视角全面和系统审视能源行业的绿色低碳协同发展现状和突出问题，进而为推动能源行业绿色低碳发展、构建现代能源体系、促进实现"双碳"目标提供针对性的政策建议。

一、概念与定义

（一）产业链概念与内涵

产业链是指各个产业部门之间基于一定的技术经济联系而客观形成的链条式关联形态，包含价值链、企业链、供需链和空间链四个维度，是一种介于市场与企业之间的新型产业组织结构与形态，涵盖产品生产或服务提供全过程（吴金明和邵昶，2006）。其目标在于推进基础产业高级化，强化企业间技术经济联系，提高产业链与创新链、资金链和人才链嵌入的紧密度，以此构建现代产业体系。基础能力决定了产业发展高度，产业链水平则关系产业整体质量效益和国际竞争力的提升。

（二）低碳化概念与内涵

低碳化是一种逐渐兴起的经济形态，是在市场经济的基础上，通过一系列政策措

---

① http://www.chinapower.com.cn/zk/zjgd/20221017/170856.html。

施推进制度改进和创新，提高资源的利用效率，同时开发新能源，减少温室气体及有害气体的排放，促进整个社会向高能效、低排放的模式转变。英国于 2003 年正式提出了低碳经济的概念，其实质是能源效率的提高和能源结构的优化，核心是能源技术创新、制度创新以及人类生存发展观念的根本性转变，终极目标是实现人类的可持续发展。国内学者普遍采用付允等（2008）对低碳化经济概念的描述。另外，潘家华等（2010）认为低碳化经济既是一种发展理念也是一种发展模式，既是科学问题也是政治问题，涉及能源、环境、经济系统的综合性问题，这一界定也具有一定的代表性。目前，我国已进入高质量发展阶段，促进经济低碳化完全顺应我国经济高质量发展的目标；在经济发展过程中注重碳排放的减少将有利于能源效率的提高、产业结构的优化、技术进步和制度创新，从而形成引领我国经济发展的新的增长点，即绿色产业和高新技术产业，提高我国整体的产业竞争力。可以认为，低碳化将是引领我国未来经济的发展模式。

（三）能源产业链低碳化协同概念与内涵

2022 年，国家发展改革委和国家能源局发布了《"十四五"现代能源体系规划》，提出了我国"十四五"时期现代能源体系建设的主要目标，并要求从三个方面推动现代能源体系建设，即增强能源供应链稳定性和安全性、推动能源绿色低碳变革、提升能源产业链现代化水平。该文件明确提出了能源产业链。能源产业链是由能源资源开发转换传运各个环节的物理化学及生产经营活动过程所构成的一系列环节，在国民经济产业分类中主要属于资源开采和加工业，还包括消费端。能源产业链通常分为上游、中游、下游，对于化石能源而言，上游一般指能源的勘探、生产，中游为运输环节，下游为使用环节；对于电力而言，上游指发电，中游为输配电，下游为用电。以绿色低碳为目标，不同能源行业的不同环节通过加强产业链协作，优势互补，共同推动能源行业绿色低碳转型。

本章认为，能源产业链低碳化协同是指在深刻把握新一轮科技革命和产业变革新机遇的条件下，以能源开采、加工、传运、消费等全产业链全生命周期为对象，通过技术创新、政策规制等一系列途径和手段，加强各能源行业之间、产业链上下游之间、区域之间的协同共济，从而降低能源行业总体以及各产业链环节的能耗、减少温室气体以及污染物排放，同时能够为社会提供更多绿色能源产品，推动能源行业绿色低碳协同发展的一种可持续状态。

二、研究现状

相关的文献主要分为三类，具体如下：

（1）传统能源之间的低碳协同。为了应对严重的大气污染问题，"煤改气""煤改电"政策相继实施，创造了巨大的经济和环境价值，有力地推动了大气环境质量改善和经济社会高质量发展。有学者对"煤改气""煤改电"能源替代政策的污染减排效果进行测算，采用减排系数法计算了北方地区"煤改气"和"煤改电"工程对大气污染物和温室气体的协同减排效果（夏伦娣和杨卫华，2019；谢伦裕等，2019）。经济模型方法也多被用来讨论"煤改气""煤改电"能源替代政策对经济和环境的影响，如利用综合评价模型和主成分分析法分析估算不同情景下实施"煤改电"政策对环境质量和经济效益的影响（张翔等，2019；张红斌等，2021）；利用双重差分模型和倾向得分匹配-双重差分模型评估得到"煤改电""煤改气"政策对空气质量改善有一定的影响，尤其是对工业烟粉尘的排放量（李少林、陈满满，2019）；利用松弛变量的方向距离函数，评估测算出"煤改气"工程可促进绿色综合效率，提高绿色净效益（岳鸿飞、施川，2019）；利用回归模型验证"煤改气""煤改电"政策对减少空气污染的正向促进作用（熊艳等，2021）。这些研究均聚焦于政策实施后对经济及环境的影响效果，而鲁传一等（2022）则关注"煤改气"项目投资阶段对宏观经济的正向拉动作用。此外，除了良好的经济和环境效应外，"煤改电""煤改气"政策还有效避免了 PM2.5 污染导致的个体过早死亡，保证了人民的健康效益（张茹婷等，2023）。为了缓解石油供应紧张的状况，煤制烯烃已成为拓展非石油资源转化为基本石油化工原料的新途径（刘中民，2022）。需要指出的是，虽然电力替代煤炭和油品、天然气替代燃煤等可以有效促进大气污染物和温室气体减排（高庆先等，2021），实现经济和环境的双赢，但是政策的实施并不顺利，政府主导下的天然气替代在一定程度上扭曲了能源市场配置，阻碍了能源转型进程，影响了能源转型安全（Zhang et al.，2017）。因此，需要探索出天然气对传统化石能源的最优替代路径（王小林等，2021）。而技术创新作为核心推动力，能有效降低替代成本，加快能源替代进程（仓定帮等，2020）。

（2）传统能源与可再生能源之间的低碳协同。能源转型已成为必然趋势，传统能源与可再生能源的容量占比是焦点问题，其主要取决于两种能源发电预期收益、两种类型的政府补贴及其带来的环境效益等因素（柴瑞瑞、李纲，2022）。在供给侧，要在加速清洁能源技术研发、创新和扩散的基础上，低成本、高质量推动可再生能源的总量供应和结构布局，建立以可再生能源为主体的能源系统，促使煤电等能源有计划地退出。一是转变传统化石能源的角色和利用方式。将火电由发电主力军转变为承担基荷、调峰和储能需求的调节、补充能源。对传统化石能源的利用与负排放技术充分结合，由负排放技术的应用、处理规模倒推传统化石能源消费规模。二是发展可再生能源电力和核电制氢，逐步提升氢能在终端部门的利用。这一过程实现了可再生能源"资源—电力—储能—供能"的形式转换，提升了可再生能源的利用水平。需求侧变革的核心是通过电气化满足终端能源消费需求，尤其是以电力替代终端能源消费中对传统化石能源的直接利用，改变市场主体（企业、消费者等）的用能方式（如煤改气、煤改电等）和用能结构，塑造或形成新的能源需求格局（庄贵阳、窦晓铭，2021；张增凯等，2021）。现阶段，我国能源供需两端的问题主要表现为以煤为主的能源供应结构与过快增长的能源消费需求之间的矛盾。从产业融合发展视角来看，注重上下游产业链衔接、能源供应侧和消费端匹配以及能源流与信息流的双向反馈，推动上下游产业链形成相互嵌套的耦合机制，是实现能源产业链条在传统能源转型发展与清洁能源规模利用上的融合与平衡的重要思路（林伯强等，2022）。

同时，关于如何推进天然气与可再生能源低碳协同发展的研究日益增多。天然气作为清洁低碳高效能源，与可再生能源融合互补，有助于实现可再生能源电力的高水平消纳（黄冀、赵文轸，2021）。天然气发电具有启停快、运行灵活、清洁低碳、燃烧效率高的特点，是构建新型电力系统的重要途径之一（徐东等，2023）。但现阶段，我国依然面临着资源整合程度不够、技术创新方式有限、政策保障力度不足等问题（段言志等，2021）。有学者提出了"天然气+水电""天然气+风光电""天然气+氢能"的横向发展模式和"天然气+余压发电""天然气+伴生资源""天然气+CCS/CCUS"的纵向发展模式（李森圣等，2022）；以天然气和氢能两种清洁能源为主线，将电能、天然气和氢能有机结合起来的"天然气+氢能"双清洁低碳能源体系（侯建国等，2022）。少数学者从产业链的视角进行分析，指出在上游天然气开发环节，应加强对新能源的利用和整合，在非常规天然气开发过程中，可引用CCUS技术，实现零碳排放；在中游储集运输环节，应充分利用"电转气+天然气管网""电转气+储气库"等技术，完成运输工作；在下游消费环节，应因地制宜，将燃气发电部署在可再生能源分布比较集中和电网灵活性较差的区域，推动气电与新能源发电融合发展（侯正猛等，2023）。在众多可再生能源中，氢能作为高比例可再生能源消纳、储能、融入能源体系的重要工具，是联通可再生能源和传统能源的关键枢纽（单彤文等，2020），而天然气是制造氢能的主要原料，两者混输混用，相互转化、互为补充。

　　（3）可再生能源之间的低碳协同。可再生能源的创新发展不仅仅意味着节能减排和减少对环境的冲击，更深层次的意义在于可再生能源产业和低碳技术发展将是拉动经济增长的重要引擎之一，是实现能源高质量发展，重塑全球产业竞争力的重要途径（马丽梅、王俊杰，2021）。有学者从供需平衡的角度分析，认为应在能源生产端构建以可再生能源为主体的新型能源生产系统，在能源消费端构建以电—氢为主体的新型能源消费系统，逐渐形成风电—氢—电转换及储能模式、风电—氢—煤化工模式、风电—氢—GTL模式等多种低碳协同的发展模式（宋鹏飞等，2022）。在多种可再生能源融合方面，冯升波等（2020）提出，通过市场化机制构建多品种能源一体化解决方案，可实现横向多种能源之间，纵向"源—网—荷—储"能源各环节之间的协同和互动发展，主要表现为协同生产、协同配送、协同消费和协同运营四个特征。

　　随着我国可再生能源发电量和装机量占比不断提升，"可再生能源+储能"模式将在电力系统的调节和保障方面发挥越来越重要的作用。"可再生能源+储能"协同的根本目标是最大限度地消纳可再生能源电量和实现电网平稳运行。因此，"可再生能源+储能"的协同模式也是研究重点，研究方向也不尽相同。有学者关注到配电网中可再生能源电源及储能的选址和定容问题，确定了分布式电源的安装位置和容量（Kanwar et al.，2017）。有学者关注到氢储能也是重要的消纳方式，综合分析了电解水制氢、氢储能调峰电站、氢电综合能源服务站、燃料电池热电联供、氢电综合能源管道等氢能与电力系统典型的融合发展场景（张彦等，2021）。另外，在生物质能发电领域，逐渐形成了生物质能与太阳能联合发电、生物质能与垃圾联合发电和生物质能与煤联合发电的三种利用方式，进一步开阔了生物质能发电的发展空间（王双等，2019）。生物质能与光伏的多功能（发电、储能等）协同发展，为生态农业创造了巨大价值（李明莉等，2015；姜飞等，2022）。同时，生物质能替代化石燃料能够有效降低供应能耗，带来显著的碳减排效应（耿爱欣等，2020）。

综上所述，已有研究针对能源行业绿色低碳协同发展问题进行了初步的定性描述和分析，主要关注某一能源行业内部或能源行业之间的互补融合，且产生了一些有参考价值的研究成果，研究对象逐渐从宏观层面、中观层面延伸至微观层面，对后续研究的展开具有良好的借鉴作用。然而，现有文献仍然存在一些不足：一是已有研究多停留在定性描述和分析，尚未构建一个符合实际的理论分析框架来深入研究能源产业链低碳化协同的利益相关者之间的互动关系。二是现有研究尚未以产业链的视角对能源行业低碳化协同水平进行系统评估。对能源产业链低碳化协同水平进行评估无疑有助于明确产业链环节低碳发展的短板和不足，为决策者提供定量研究参考。本章尝试弥补上述不足。

三、能源产业链低碳化协同理论基础

低碳化是构建现代能源体系的内在要求。本章基于低碳经济视角，尝试构建能源产业链协同分析框架，以"要素协同—过程协同—结果协同"的三阶段研究范式进行理论分析。按照经济学产业分工理论，基于低碳化的能源产业链协同发展，一方面可以较好地整合能源资源，打破不同能源品种独立运行的局面；另一方面又可以整合不同能源品种的经济活动，加强其内在联系。能源产业链的低碳协同还表现为能源产业链在全产业、区域空间上的延伸，最终推动整个经济社会的低碳化。

（一）理论框架构建

能源产业链低碳化协同发展是一个以能源为主的众多要素相互联系、互相匹配以及互动的过程，其关键是通过知识创新和技术创新主体深入合作、促进优势资源整合，产生边际收益递增的非线性效应。本章以高质量发展理念以及上述政策文件为指导，尝试从低碳经济视角，借鉴要素流动、制度创新以及协同创新理论，系统构建能源产业链低碳化协同发展的理论分析框架。该分析框架以能源产业链内部协同和能源产业链外部协同为研究重点，涵盖宏观、中观、微观三个层面。"六位"是指政府部门、零碳或低碳园区、高校和科研院所、行业协会、能源企业、绿色能源消费者，"一体"是指能源产业链低碳一体化。其中，政府部门是能源发展战略的制定者和决策者，属于宏观层面；零碳或低碳园区是能源产业链的集聚区，涉及原料供给、绿色产品加工以及相关服务等，属于中观层面；行业协会是联系政府、能源企业之间的纽带，是加强能源行业管理和引导服务的重要力量，也属于中观层面。高校和科研院所、能源企业以及绿色能源消费者属于微观层面，三者分别承担了技术研发、能源生产、能源消费的功能。在制度创新条件下，这一体系内各主体相互联系、相互作用，劳动、土地、能源、数据、管理、技术、知识等各类要素能够实现双向流动，不仅形成了传统能源内部、传统能源与新能源之间、新能源内部的网状产业链内部协同，还形成了其他产业、区域的外延网状产业链外部协同，最终实现能源产业链的内外部协同发展。传统能源与新能源二者之间通过低碳技术、先进电网技术、数字技术等强化低碳协同，推动形成安全高效、清洁低碳的现代能源体

系。图15-1展示了能源产业链绿色低碳协同分析框架。

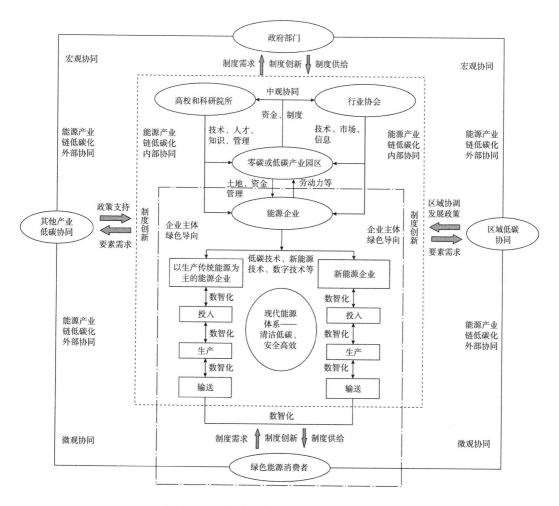

图 15-1 能源产业链绿色低碳协同分析框架

（二）理论框架分析

本章借鉴 Barnes（2002）提出的"要素—过程—结果"分析方法，将能源产业链低碳化协同发展划分为三个阶段，即创新要素协同、过程协同和结果协同。其中，创新要素协同是前提，作用于过程协同和结果协同，同时也是结果协同的基础。本章在理论上阐释能源产业链低碳化协同发展如何实现，在要素层面提炼出制度创新、外部创新环境（如能源规划、新型电力系统规划、能源基础设施建设等）以及公共服务（如就业、住房、医疗等保障），在过程层面提炼出创新要素双向流动，在结果层面实现能源产业链低碳化协同发展。

一是基于能源产业链低碳化内部协同理论分析。"双碳"目标的提出对能源产业链低碳化内部协同起到了重要的促进作用。能源产业链低碳化内部协同涉及能源类高校和科研院所与零碳或低碳产业园区、能源与低碳类行业协会、能源企业之间的协同，低碳类行业协会与零碳或低碳产业园区、能源企业之间的协同，零碳或低碳产业园区与能源企业之间的协同。能源相关高校和科研院所属于能源产业链的上游环节，技术、人才、知识等资源优势突出，零碳或低碳产业园区属于中游环节，市场、管理、信息等资源优势明显，能源企业和绿色能源消费者具有原料、劳动、资本等优势，绿色导向作用明显。零碳或低碳产业园区与行业协会是其中的核心，依据市场动态以及能源行业低碳发展趋势向产业链各环节的主体发出低碳需求信息，各主体通过信息平台获取信息后，基于绿色低碳的前提和目标达成合作意愿，构建资源和利益共享、风险共担的协同发展机制，促成全方位分工协作。例如，在传统能源与可再生能源的低碳协同发展方面，天然气在制氢和电解水制氢方面优势十分明显，在天然气丰裕地区天然气企业与制氢生产企业可深度合作。

二是基于能源产业链低碳化外部协同理论分析。产业绿色发展与区域绿色发展是能源产业链低碳化协同的外在表现，能源产业链低碳化内部协同需要良好的外部环境才能实现，包括政策环境、绿色能源产品需求等。能源产业链低碳化外部协同包括宏观和微观层面的协同，即零碳或低碳产业园区、高校和科研院所、行业协会、能源企业、绿色能源消费者与政府部门之间的协同，而微观层面则包括零碳或低碳产业园区、高校和科研院所、行业协会、能源企业与绿色能源消费者之间的外部协同。具体而言，政府部门不仅提供资金、项目申报方面的支持，还提供公共服务以及财政税收、金融信贷等产业政策上的配套支持。作为协同发展的引领主体，政府发挥着宏观调控作用，通过制度创新促进公共服务均等化，让市场在资源配置中发挥决定性作用。绿色能源消费者是能源产业链的终端用户，发挥着市场导向作用。然而，现实中，由于信息不对称，能源产业链往往存在技术创新与市场需求脱节、绿色产品供给与需求不匹配的问题，导致市场失灵。消费者不能有效识别绿色能源产品的质量，影响其购买决策。为了保证绿色能源产品应用，其他主体需要与绿色能源消费者共享信息资源、紧密协作，确保绿色能源的稳定性、可靠性，推动其他产业和区域用能的低碳化、绿色化，实现经济效益、社会效益和生态效益的有机统一，进而促进能源产业链低碳化的内外部协同。

四、能源产业链绿色低碳发展现状及趋势

(一) 能源产业链总体低碳发展现状

本章根据《"十四五"现代能源体系规划》的总体要求，从技术创新、能源供给、能源消费等方面分析能源行业整体的绿色低碳发展水平。

1. 加快协同创新机制建设，能源创新不断取得新突破

近年来，围绕产业链布局创新链，依托国家能源科技创新体系，通过探索"揭榜挂帅""赛马"、建立行业创新联盟等协同创新机制，大力推进产学研深度融合，我国能源科技创新能力不断提升。一是煤炭清洁利用技术创新快速推进，不断取得新成效。2012年以来，在党中央的重大战略部署下我国已形成一批具有自主知识产权的煤炭清

洁高效利用技术,培育了大批创新人才,燃煤机组全部完成了超低排放和节能改造;建成全球最大的现代煤化工技术体系,实现了百万吨级煤炭直接液化装备长周期安全稳定运行;建立了拥有自主知识产权的高效低成本煤气化技术、煤制氢工业化生产装备。煤制油、煤制烯烃、煤制气等煤制产品领域已基本建立了完整的现代煤化工技术体系。二是新能源和电力装备制造能力全球领先。低风速风力发电技术、光伏电池转换效率不断取得新进展,我国已全面掌握第三代核电技术,成功研制出全球最大单机容量100万千瓦水电机组,超大规模电网建设持续推进。总体上,我国能源领域的技术创新具备一定优势。从发电设备看,2022年7月,国电电力双维内蒙古上海庙能源有限公司2号机组顺利通过168小时满负荷试运行,现在正式投入运营,标志着国内在建最大百万千瓦火电项目一期工程两台超超临界百万千瓦机组全部投产运行,说明我国百万千瓦超超临界煤电机组技术达到全球先进水平;水轮机组全部由我国自主研发,全球单机容量最大的百万千瓦水轮发电机组在白鹤滩水电站顺利投产,是当今世界在建规模最大、技术难度最高的水电工程;"华龙一号"是我国研发设计的具有完全自主知识产权的三代核电技术,已形成一套完整、自主的三代核电型号标准体系及技术规范,全面实现我国核电核心关键设备自主可控。另外,从输配技术装备看,依托工程、业主主导的产学研用深度协同的创新实践模式,我国在特高压技术方面处于遥遥领先地位,是拥有特高压输电线路最长、技术最为完备、专利数量最多的国家,2016年开工建设的准东-皖南"西电东送"工程是当时世界上电压等级最高、输送容量最大、输送距离最远、技术水平最先进的特高压输电工程。这些技术成果说明我国在电力部分领域的创新已达到世界前沿。根据WIPO的统计,2012~2020年我国每年绿色能源专利申请量稳步增长,由6万余件增至22万余件,增长了3倍多[①]。

2. 持续优化能源供给结构,多种能源协同互济能力不断提升

2012年以来,我国能源供给结构不断优化,能源转型效果十分显著。根据国家统计局数据,2021年我国一次能源生产总量达43.3亿吨标准煤,较2012年增长23.2%。在能源供应保障能力稳步增强的同时,我国清洁能源占比不断提升,2021年我国非化石能源发电装机容量为11.2亿千瓦,超过煤电,占发电装机总容量的比重为47%,其中,水电、风电、太阳能发电装机均在3亿千瓦以上,清洁能源在生产结构中的比重提升至26.4%。在现阶段大规模储能技术尚不成熟的条件下,我国积极推动清洁煤炭能源用于调峰,促进可再生能源能发尽发。在油气领域,根据自然资源部的数据,2021年我国石油剩余探明技术可采储量36.89亿吨,新增探明储量超过16亿吨,连续16年新增探明储量超过6亿吨,资源基础进一步夯实。同时,天然气剩余探明技术可采储量6.34万亿立方米,新增探明储量1.63万亿立方米,连续14年超过4000亿立方米,保持了快速增长态势。非常规油气正日益成为我国油气产量的主力。2022年,我国页岩气产量240亿立方米,较2018年增长122%,在国产气中的地位进一步提升,

① Wang Y. Has China established a green patent system? Implementation of green principles in patent law [J]. Sustainability, 2022, 14 (18): 11152.

占比超过 10%，页岩气产能位居世界第二位。

与此同时，产业链上下游之间、区域之间的多种能源协同互济能力不断提升，推动能源供给低碳化。传统能源之间，我国充分利用天然气等清洁能源的优势，在短中期推动多渠道的煤炭替代，大幅降低了二氧化硫等污染物的排放，空气质量明显改善，也产生了碳减排的协同效应。传统能源与新能源之间，许多能源央企具有发展新能源的优势，推进煤炭与新能源组合，如内蒙古鄂尔多斯利用丰富的风光资源，布局发展分布式光伏电站；油气上游企业与新能源也在加快融合，在横向融合方面，川渝地区的天然气与水电存在明显的互补性、耦合性，水电具有季节性、区域性特征，依托该地区丰厚的天然气资源和地下储气库，能够解决四川水电存在的"丰多枯少"问题，实现气水风光一体化提升（李森圣等，2022）；在中游储运环节，可以充分利用天然气管道的余压余热，提升附加值，还可以掺氢，拓展业务领域。新能源之间，鉴于氢能具备质量能量密度高、绿色无污染等一系列优势（蒋东方等，2020），内蒙古正在推进"风光氢储"互补发展，推动可再生能源电解水制氢项目有序落地，利用可再生能源（风、光等）电解水制氢可以将无污染、零排放贯穿氢气从制备到使用的全过程，能够在一定程度上解决风能、太阳能开发利用中的弃风、弃光问题（荆涛等，2022）。

3. 完善能源消费结构，能源利用效率大幅提升

党的十八大以来，我国能源消费方式同样发生明显变化，趋于清洁化、低碳化，能效大幅提升，社会节能意识不断提升。2012~2021 年非化石能源消费的比重由 9.1% 提升到 16.6%，提升了 7.5 个百分点；煤炭占一次能源消费的比重由 68.5% 下降到 56%，能源消费增量有 2/3 来自清洁能源。

煤炭清洁高效利用水平不断提升，目前，煤炭一方面是"双碳"目标下减排的重点领域，另一方面也发挥着能源供应的压舱石作用。这意味着，煤炭清洁高效利用是重点方向。2012 年以来，我国煤电机组完成超低排放改造 10.3 亿千瓦，占煤电总装机容量的 90% 以上。2021 年火电平均供电煤耗相对于 2012 年下降约 7%。同时，我国大力推进散煤治理和煤炭减量替代，截至 2021 年底，我国减少散煤消费量超过 6000 万吨，北方地区清洁取暖率达 73.6%，累计替代散煤超过 1.5 亿吨，对于降低 PM2.5 浓度、改善空气质量具有重要贡献。此外，我国还大力实施煤电节能降碳、灵活性、供热改造，2021 年已完成改造 2.4 亿千瓦。

能源利用效率实现大幅提升。2012~2021 年，尽管能源需求稳步增长，但我国单位 GDP 能耗累计下降了 26.4%，相当于少排放 29.4 亿吨二氧化碳，规模以上工业单位增加值能耗累计下降 36.2%，年均下降 4.9% 左右，能源加工转换效率有所提升。2020 年我国单位 GDP 产值二氧化碳排放量较 2005 年下降 48.4%，完成 40%~45% 的温室气体控制排放目标。2021 年，我国单位 GDP 二氧化碳排放量同比下降 3.8%，取得了积极成效。此外，能耗"双控"制度不断完善，由能耗"双控"制度转变为碳排放总量和强度"双控"制度，更加突出控制化石能源消费的政策导向，加快了可再生能源的发展。

（二）不同能源产业链低碳化协同发展现状

由于不同品种的能源产业链特征存在一定差异，且各个环节的能耗和排放水平存

在较大差异，由此本章区分不同能源品种进行分析。

1. 电力产业链低碳化协同发展现状

电力行业是我国节能减排的重点领域，是实现碳达峰碳中和目标的重中之重。根据中国电力企业联合会发布的《电力行业碳达峰碳中和发展路径研究》，电力行业碳排放占比约41%。针对电力行业节能减排，我国出台了一系列政策和措施，包括《煤电节能减排升级与改造行动计划（2014—2020年）》《全面实施燃煤电厂超低排放和节能改造工作方案》。近年来，我国火电在节能减排方面取得了突破性进展。当前，电力领域节能减排的措施和途径包括技术创新、调整电源结构和推动可再生能源的开发、推广热电联产、提升燃煤质量、提升锅炉燃烧效率、提升汽轮机效率、推动电力系统节能以及建立机组经济评价指标体系等。特别是在新型电力系统建设背景下，以企业为主体、市场为导向，产学研用深度融合的技术创新体系加快形成，在国家发展改革委等部门指导下，2022年31家单位携手组建了新型电力系统技术创新联盟，构建协同创新网络，统筹联动推进新型电力系统构建①。

从技术创新看，电力领域科技创新日新月异。2016~2020年，电力行业每万名就业人员中研发人员由77.64人增至110.69人，研发经费强度由0.15%稳步提升至0.25%，每万人有效发明专利数增长明显，由44.75件增加至152.79件，这表明电力行业的技术创新取得了较大成效。数字化转型是推动行业节能减排的重要途径，电力行业也不例外。理论上，电力行业可通过与云计算、大数据、物联网等新一代信息技术融合，推动不同能源品类互联互通，优化能源配置。但实际中，电力行业的数字化水平还有待提升。根据中关村信息技术和实体经济融合发展联盟与中国企业联合会发布的《2021国有企业数字化转型发展指数与方法路径白皮书》，我国发电行业国有企业的数字化转型指数为35.81，约有70%的发电企业数字化转型指数在40以下，反映了发电行业的数字化转型仍处于初步探索阶段，推进智慧发电监测的企业占比仅为8.1%，实现设备设施智能化检修维护的企业占比为45.8%。同时，电力供应行业国有企业数字化转型指数为51.73，明显高于发电行业，表明电力供应行业在推动数字化转型方面的力度更大，其中实现了对关联设备设施间的数字化过程控制和集成优化的电网行业国有企业的占比为49%。

从生产侧看，我国发电领域清洁能源占比稳步提升，超低排放机组占比不断提升，污染物排放强度明显下降。当前，五大发电集团在我国发电市场中占据绝对优势地位，均在不同程度地发展新能源。其中，国家能源集团在风电领域遥遥领先，截至2021年底装机总容量达5000万千瓦。结合水电装机量看，2021年国家电投风光水装机容量占装机总容量的53.33%。从污染物排放绩效看，"十三五"时期，电力行业二氧化碳排放强度、二氧化硫排放强度、化学需氧量排放强度、氮氧化物排放强度均表现为下降，其中，后三者降幅相对显著；供电标准煤耗由312.1克/千瓦时降至304.9克/千瓦时。在电力各品种的协同互济方面，煤电与新能源的协同互济发展是构建新型电力系统的

① https：//baijiahao.baidu.com/s？id=1731214198943060430&wfr=spider&for=pc。

一大难题，这是因为以风光为代表的新能源具有波动、随机以及间歇的特点，煤电灵活性更好，仍发挥着"压舱石"和"稳定器"的作用。针对煤电与新能源协调发展的难题，我国出台了一些指导性文件，如《国家发展改革委国家能源局关于推进电力源网荷储一体化和多能互补发展的指导意见》（发改能源规〔2021〕280号）、《全国煤电机组改造升级实施方案》以及《关于促进新时代新能源高质量发展的实施方案》等，充分体现了国家推动能源绿色低碳发展的决心。

从电力输配环节看，我国形成了以国家电网和南方电网为主的电网结构。国家电网在积极应对电力供需矛盾的同时，还推动自身节能降耗。推动"绿色行动"，国家电网最大限度增发新能源，"十三五"以来青海新能源装机年均增速32%。2017年6月国家电网在青海首开清洁能源供电先河，践行生态环保、节能环保理念，2022年6月至7月继续开展了为期35天的"绿电5周"，清洁能源发电99.75亿千瓦时，相当于减排二氧化碳816.1万吨。推动智能化转型，国网青海省电力公司通过在330千伏花丁双回线上安装120个测温单元、4台通道可视化设备，实现了数据接入输电全景监控。同时，国家电网创新开展绿色电力交易，18个省份累计达成交易电量76.4亿千瓦时，新能源利用率97.4%，清洁能源减排量由2019年的12.6亿吨增至2021年的14.6亿吨。就南方电网的措施和成效看，南方电网印发了《2021年线损管理专项提升工作方案》《管理线损降损三年行动方案》等文件，开展线损"日监测、周发布、月复检"，加强智能化排查，同时还印发了《南方电网系统经济运行管理指导意见》，完成了南方电网系统经济运行管理提升工作方案编制。2021年南方电网全网线损率同比下降0.51个百分点，5个重点帮扶对象减少损耗电量3.57亿千瓦时，通过降低线损率全年减少企业自身碳排放350万吨左右。与国家电网类似，南方电网也在深入实施清洁能源调度，制定了新能源调度运行管理提升工作方案，全年清洁能源占比超过87%，南方区域跨省区市场化交易电量672亿千瓦时，可再生能源电力消纳量交易折合电量329.5万千瓦时，37家市场主体成交绿色电力10.37亿千瓦时。

2. 煤炭产业链低碳化协同发展现状

作为我国的基础能源和工业原料，煤炭是确保我国能源安全的基石。为了解决燃煤引起的环境问题，提升燃煤效率和治理污染，我国特别成立了"国家洁净煤技术推广规划领导小组"。党的十八大以来，我国深入推进"四个革命，一个合作"能源安全新战略，先后颁布了《关于促进煤炭安全绿色开发和清洁高效利用的意见》《煤炭清洁高效利用行动计划（2015—2020年）》《能源技术革命创新行动计划（2016—2030年）》等政策文件，将煤炭清洁利用上升至国家能源发展战略。国务院印发《"十四五"节能减排综合工作方案》，要求实施煤炭清洁高效利用工程，国家发展改革委等部门发布《煤炭清洁高效利用重点领域标杆水平和基准水平（2022年版）》，一系列文件的出台和颁布标志着煤炭清洁利用是煤炭产业链的发展要求。

在煤炭科技创新方面，我国高度重视煤炭领域的协同创新，积极推进以煤炭企业与高校、科研院所及行业龙头企业为代表的产学研协同创新机制，将煤炭产业链各环节集合在一起。2012年国内成立了首个煤炭安全绿色开采协同创新中心，之后众多协同创新联盟不断涌现，如煤炭智能化技术创新联盟等。在协同创新的推动下，我国煤炭安全绿色高效开发取得了跨越式发展，煤炭科技领域创新由跟踪、模仿逐步升级为并跑、领跑。大型矿井、绿色矿山开采和建设、智能化技术应用等许多领域达到世界先进水平。国家统计局数据显示，"十三五"时期，煤炭行业研发人员总体上不断提升，2016~2020 年每万名就业人员中 R&D 人员由 133.74 人提升到 177.41 人，表明煤炭行业的创新投入水平日益提高。同时，R&D 经费强度保持在 0.5%~0.6%的水平，每万人有效发明专利数由 6.47 件提升至 12.28 件。当前，推动互联网、大数据、人工智能与实体经济融合已成为我国经济社会发展的要求，习近平总书记在多种场合对发展人工智能和数字经济作出了重要论述。煤炭的智能化建设是推动我国智能化转型的重要组成部分，也是提升煤矿安全开采效率、降低能耗和排放的途径之一。2020 年 3月，国家发展改革委、国家能源局、应急管理部等 8 部委联合印发了《关于加快煤矿智能化发展的指导意见》，从政策上保障了我国煤矿智能化水平不断提升。2017~2021年，我国煤矿智能化采掘工作面数量由 47 个增至 813 个。全国目前约有 400 座煤矿正在推动智能化建设，约占煤矿总数的 1/5。"少人巡视、无人操作"智能采煤工作面日益常态化，大型煤矿智能化建设发挥了良好的示范效应（见表 15-1）。同时，在智能化推动下，我国煤炭安全水平不断提升，2021 年原煤生产百万吨死亡率为 0.044，较2010 年下降 94%，部分大型煤矿安全生产水平已与发达国家同等开采煤矿持平。此外，针对行业存在数据壁垒、数据孤岛的问题，中国煤炭工业协会发起了"煤智云"大数据中心建设项目，涉及基础设施层、平台支撑层、应用层以及运营体系等模块，为打通行业信息交互链条提供了条件。

表 15-1　大型煤炭企业智能化推进状况

企业	智能化建设
国家能源集团	已掌握 5 类智能采煤、5 类智能掘进、3 类卡车无人驾驶、5 类机器人等关键核心技术，应用机器人 200 余台（套），替代 800 余名操作人员；已建成智能化采煤工作面 41 处，智能掘进工作面 25 处、智能选煤厂 41 处
中煤能源集团	建成 220 余个智能化辅助生产系统，自主研发的智能井筒巡检机器人、智能喷浆机器人等在王家岭煤矿等 8 处煤矿应用
晋能控股集团	已建成 43 个井下无人值守变电所、10 个无人值守水泵房，20 部带式输送机实现了集中控制，5 处煤矿应用了智能巡检或捡矸机器人
山东能源集团	投入 63 亿元实施智能化建设，建成 133 个智能化采掘工作面、24 个 5G+智能矿山应用场景，9处首批国家级智能化示范矿井具备验收条件。金鸡滩煤矿建成国内一流的智能化综放工作面，日产煤炭 5 万吨以上，而单班人数只有 80 人左右，采煤工作面只有 5 人
陕煤集团	所属煤矿 13 类 792 个生产辅助系统全面实现智能集控，自动化控制率达到 100%，累计完成巡检机器人、选矸机器人、管路拆卸安装和气体移动监测机器人等不同类型机器人的应用实践

资料来源：国家能源局以及各企业网站，数据截至 2021 年底。

从煤炭生产过程看，我国原煤生产能效不断提升，根据《煤炭行业社会责任蓝皮书（2022）》，2016~2021 年大型煤炭企业原煤生产综合能耗由 11.82 千克标准煤/吨降至 10.4 千克标准煤/吨,下降了 1.42 千克标准煤/吨;同时,大型煤炭企业原煤生产综合电耗大致经历了先升后降的趋势,2021 年为 20.7 千瓦时/吨。原煤入洗率不断提升,由 2016 年的 68.9% 提升至 2021 年的 71.7%,提升了 2.8 个百分点,但仍然显著低于英国、法国、日本等发达国家 90% 的水平。煤矸石综合利用率、矿井水综合利用率由 2016 年的 64.2%、70.6% 分别提升至 2021 年的 73.1%、79%,分别提升 8.9 个百分点、8.4 个百分点,2021 年粉煤灰利用率达到 71.4%。我国粉煤灰利用率相对于日本(100%)、荷兰(100%)、意大利(92%)等发达国家仍然偏低。规模以上煤炭工业企业二氧化碳排放强度不断下降,由 2016 年的 1.72 吨/亿元降至 2020 年的 1 吨/亿元以下,化学需氧量排放量由 2016 年的 1.25 吨/亿元降至 2020 年的 0.48 吨/亿元。煤炭行业固体废物综合利用率不断提升,2020 年为 59.06%。从与其他能源的协同互济看,煤炭承担着重要的兜底和保供功能,我国部分重点产煤省区以及宁夏、山东等主要煤炭产地,均已发布氢能产业发展专项规划,"煤制氢+氢能"有条件成为煤炭清洁高效利用的新方向。

从中游运输环节看,铁路是煤炭运输的主要方式。近年来,我国铁路运输能耗不断下降,2016~2021 年我国铁路能源消耗量呈现先升后降再升的趋势,其中 2021 年铁路能源消耗折算标准煤为 1580.74 万吨,同比增加 85.86 万吨,单位运输工作量综合能耗为 4.07 吨标准煤/百万换算吨公里,较 2016 年降低了 0.64 吨标准煤/百万换算吨公里,单位运输工作量主营综合能耗为 4.02 吨标准煤/百万换算吨公里,同比下降 0.15 吨标准煤/百万换算吨公里。与此同时,从相关污染物排放状况看,2021 年铁路化学需氧量排放量 0.16 万吨,同比下降 0.7%;二氧化硫排放量 0.2 万吨,较 2016 年降低 91.7%。总体上,我国铁路运输能耗与节能减排工作成效明显。此外,煤炭的运输需求也为氢动力机车发展带来机会。

从下游产品端看,煤炭清洁高效、低碳能源化的途径之一是发展煤化工。煤化工行业需要含碳量较高的煤炭作为燃料和原料,耗煤量约占我国煤炭总消耗量的 1/4,仅次于电力,也是我国二氧化碳排放的重要来源。根据《中国煤化工行业二氧化碳排放达峰路径研究》,我国煤化工行业中的二氧化碳排放量约为 5 亿吨,约占国内碳排放总量的 5%,单位煤化工产品的二氧化碳排放量为 3~11 吨。目前,煤制烯烃的单位碳排放量相对最高,为 10.8 吨(见表 15-2)。比较传统煤化工和新型煤化工,新型煤化工的碳排放总量低于传统煤化工,规模技术更低,也是未来的重要发展方向,对石油化工产品具有一定的替代性,从产品生命周期的视角看其经济效益和能源安全优势更加明显。

表 15-2　煤化工子行业单位产品碳排放系数　　　　　　　　　　单位:吨

类别	子行业	原料煤	燃料煤	合计
传统煤化工	煤制合成氨	2.4	0.9	3.3
	煤焦化	0.1	0.1	0.2
	煤制甲醇	2.4	0.8	3.2

续表

类别	子行业	原料煤	燃料煤	合计
新型煤化工	煤直接液化	3.7	2.1	5.8
	煤间接液化	4.4	2	6.4
	煤制天然气	2.7	2.1	4.8
	煤制烯烃	6.3	4.5	10.8
	煤制乙二醇	3.2	1.9	5.1

资料来源:《中国煤化工行业二氧化碳排放达峰路径研究》。

3. 油气产业链低碳化协同发展现状

油气行业是我国能源领域的短板,也是保障国家能源安全的关键。其中,天然气在我国能源转型和"双碳"目标实现的过程中扮演着重要角色。国家能源局制定了《2022年能源工作指导意见》,提出加快油气先进开采技术开发应用。《"十四五"现代能源体系规划》提出加快国内油气勘探开发,坚持常非并重、海陆并重,强化重点盆地和海域油气基础地址调查和勘探,夯实资源接续基础。2021年国家发展改革委、财政部、自然资源部联合发布的《推进资源型地区高质量发展"十四五"实施方案》提出建设安全可靠的资源能源储备、供给和保障体系。除了国家层面外,中石油、中石化、中海油作为我国最重要的三大油气勘探开发企业,也分别出台了促进油气勘探开采领域可持续发展的文件和措施[①]。

从技术创新能力看,我国积极推动组建体系化、任务型创新联合体,构建研发、生产、应用协同发展机制,促进油气技术创新水平不断提升。根据国家统计局数据,2016~2020年研发经费投入占主营业务收入的比重不断提升,由0.99%提升至1.46%;每万人有效发明专利数大幅增长,由28.28件提升至76.47件。从重点企业看,中国石化2021年科技研发投入247亿元,积极推动科技成果转化和应用,推行"揭榜挂帅""赛马"制,不断加强关键核心技术研发,在油气勘探开发技术方面,多种地质类型油气藏开发理论取得突破,高温MWD系统、旋转导向核心技术取得积极进展;炼油技术方面,新型分子筛催化裂化催化剂实现首次工业应用;在国内率先成功开发出具有自主知识产权的医用PGA合成技术,攻关绿色环保汽车轻量化材料技术。同时,油气数字化智能化水平不断提升。2016~2021年,我国石油机采井数字化覆盖率由12.94%提升到51.85%[②],提高了约39个百分点。值得一提的是,随着机采系统数字化快速发

① 例如,中石油依托《页岩气等非常规油气开发环境检测与保护关键技术》《低碳与清洁发展关键技术研究及应用》等重大专项研究形成一体化科技成果;安排部署《绿色油气田污染防治及生态保护研究》《炼化企业绿色智能化污染防治系统建设研究》等基础性超前性重大科技项目,依托《二氧化碳规模化捕集、驱油与埋存全产业链关键技术研究及示范》等重大科技专项,开展CCUS产业链技术、油气资源开发HSE风险防控与生物多样性保护技术攻关。

② 郑新权,师俊峰,曹刚,等. 采油采气工程技术新进展与展望 [J]. 石油勘探与开发,2022,49(3):565-576.

展，我国已研发了抽油机井示功图在线数字计量、工况诊断、生产优化等技术，具备了电参智能工况诊断、数字计量等核心技术，大幅降低了物联网建设投资成本，提升了油气产业链现代化水平。从重点企业看，截至 2021 年末，中石油累计有 95 个油气田入选国家、省级绿色矿山名录，773 个重点污染源实现在线监测联网，较 2020 年增加 93 个，在线监测数据完整率 100%；中国石化大力推进产业智能化和数字化转型，打造"石化智云"工业互联网平台，围绕石油石化上中下游核心业务，推进建设智能化"田厂站院"，实现油气勘探智能决策云应用，截至 2022 年 9 月累计建成 15 个智能炼化工厂，在 3 万余座加油站推广站级一体化系统和"石化钱包""一键加油""数字人民币"等网络化智能化应用，推进"工业互联网+安全生产"试点建设，优化提升安全管理信息系统，开展 5G 基础设施建设及应用，推进安全数字化转型。

从生产过程看，油气行业二氧化硫排放强度不断下降，根据国家统计局数据测算，2016~2020 年由 3.48 吨/亿元降至 1.69 吨/亿元，降幅约为 50%；化学需氧量也呈现明显下降趋势，由 1.25 吨/亿元降至 0.48 吨/亿元，行业清洁生产水平稳步提升。从重点企业看，中石油化学需氧量、氨氮、二氧化硫、氮氧化物排放量持续减少，2021 年分别排放 0.57 万吨、0.016 万吨、1.36 万吨、10.8 万吨。同年，中国石化废气综合达标率接近 100%，二氧化硫、氮氧化物排放总量同比降低 4% 以上，化学需氧量总量降低 2% 以上，固体废物合格处置率 100%；开展"能效提升"项目 544 项，实现节能 96.7 万吨标准煤；碳交易量不断提升，2019~2021 年由 269 万吨提高到 970 万吨，碳交易额由 0.65 亿元增至 4.14 亿元。同时，中国石化不断发展新能源，氢能年生产能力超过 350 万吨，占全国总产量的 14% 左右，绿氢实现年减排二氧化碳 1000 万吨以上。从地区看，川渝地区利用天然净化尾气硫化氢气体制氢，既增加了清洁能源，又减少了碳排放，同时加油站网络为加氢站提供了用地、运营方面的基础；在青海地区，气电与光伏联合开发逐步替代煤电，有望实现打捆输送至东中部地区；新疆塔里木油田分类施测，开展井场分布式光伏发电、余热利用，满足部分油气装置和生活用电，降低了生产过程中的能耗。另外，油气企业在 CCUS 方面进行了多维度的探索，且优势十分明显。"十四五"期间，油气行业将会涌现出更多百万吨级 CCUS 示范项目。

从产品端看，部分产品能耗形成了一定的行业标杆，根据国家发展改革委等部门制定的《高耗能行业重点领域能效标杆水平和基准水平（2021 年版）》，煤制烯烃、煤制乙二醇的单位产品能耗标杆水平分别为 2800 千克标准煤/吨、1000 千克标准煤/吨。重点产品能耗下降明显，根据国家统计局数据，2021 年，烧碱、电石、合成氨生产单耗相对于 2012 年分别下降 17.2%、13.3%、7.1%。从发展方向看，提高石脑油等石化原料的产出比重是推动炼化产业结构升级的方向之一。

（三）能源产业链低碳化协同发展评价

1. 指标构建过程

本章将科学性、系统性、动态性、可比性作为指标体系构建的原则。《"十四五"现代能源体系规划》要求，增强能源供应链稳定性和安全性、推动能源绿色低碳变革、提升能源产业链现代化水平。这说明清洁低碳、安全高效是现代能源体系的核心内涵，也是推动能源系统实现现代化的总体要求。本章将"能源产业链"作为评价指标体系的构建依据。由于不同能源品种的特征存在一定差异，本章重点对煤炭、电、油气三个能源行业单独分析。技术创新用以反映行业层面的绿色技术创新，只有从根本上加大绿色资金投入，推动绿色工程建设，提升绿色科技人员比重，才能实现经济效益和生态效益"双赢"。除了绿色投入，在中游生产过程中，需要增强低碳发展意识，坚持清洁生产，推进重点行业和重要领域绿色化改造。从下游看，能源行业更多的是为其他非能源类行业提供中间投入品，如电力、煤炭、油气等，其提供的产品绿色化程度越高，则表明绿色低碳发展的速度越快，成效越好。此外，持续盈利是行业发展的基础，在绿色低碳发展的过程中也需要考虑经济因素，这直接表现为行业绿色低碳发展的效果。新型电力系统建设和"双碳"目标战略为不同能源产业链低碳协同发展提供了契机，以风光为代表的可再生能源具有显著的低碳、清洁特征，但易受季节性因素和极端天气的影响，导致电力系统的不稳定性加大，在此背景下煤电的定位由主力型电源向调节型电源转变，灵活性改造后的煤电机组具备可靠的系统调峰能力，形成风光火储最优组合。在低碳化协同衡量方面，本章采用耦合协调度方法来分析各能源品种产业链上中下游之间的协调程度。表 15-3、表 15-4、表 15-5 分别是煤炭、电力、油气行业的绿色低碳协同发展评价指标体系。

表 15-3　煤炭行业绿色低碳协同发展评价指标体系

	指标	指标属性	权重
技术创新	煤炭行业每万人就业 R&D 人员全时当量（人年）	正	7.50
	R&D 经费强度（%）	正	2.52
	每万人有效发明专利数（件）	正	3.91
	智能化采掘工作面（个）	正	6.28
	大型煤炭企业采煤机械化程度（%）	正	4.90
清洁生产	大型煤炭企业原煤生产综合能耗（千克标准煤/吨）	负	6.99
	大型煤炭企业原煤生产电耗（千瓦时/吨）	负	3.06
	原煤入洗率（%）	正	3.65
	煤矸石综合利用率（%）	正	3.07
	矿井水综合利用率（%）	正	4.74
	废水治理设施处理能力（万吨/日）	正	7.51
	行业二氧化碳排放强度（吨/万元）	负	2.99
	行业二氧化硫排放强度（吨/亿元）	负	2.72
	化学需氧量排放强度（吨/亿元）	负	2.59
	氮氧化物排放强度（吨/亿元）	负	2.50
	一般工业固体废物综合利用率（%）	正	5.71

续表

	指标	指标属性	权重
经济效益	全员劳动生产率（万/人）	正	3.18
	总资产增长率（%）	正	9.19
	总资产报酬率（%）	正	2.64
	销售利润率（%）	正	4.94
	成本费用利润率（%）	正	3.64
	资产负债率（%）	负	3.24
	净资产收益率（%）	正	2.54

表 15-4 电力行业绿色低碳发展评价指标体系

	指标	指标属性	权重
技术创新	电力行业每万人就业 R&D 人员全时当量（人年）	正	5.56
	R&D 经费强度（%）	正	8.13
	每万人有效发明专利数（件）	正	3.92
清洁生产	风电发电量占比（%）	正	2.56
	光伏发电量占比（%）	正	2.63
	风电增速（%）	正	3.04
	光伏增速（%）	正	3.25
	发电厂用电率（%）	负	3.38
	线路损失率（%）	负	5.38
	发电标准煤耗（克/千瓦时）	负	2.45
	电力行业综合能耗强度（吨标准煤/万元）	负	2.93
	供电标准煤耗（克/千瓦时）	负	2.46
	废水治理设施处理能力（万吨/日）	正	3.71
清洁生产	行业二氧化碳排放强度（吨/万元）	负	3.34
	行业二氧化硫排放强度（吨/亿元）	负	2.26
	化学需氧量排放强度（吨/亿元）	负	2.17
	氮氧化物排放强度（吨/亿元）	负	2.23
	单位火电发电量烟尘（克/千瓦时）	负	2.42
	单位火电发电量二氧化硫（克/千瓦时）	负	2.20
	单位火电发电量氮氧化物（克/千瓦时）	负	2.18
	一般工业固体废物综合利用率（%）	正	5.06

续表

指标		指标属性	权重
经济效益	全员劳动生产率（万/人）	正	2.67
	总资产增长率（%）	正	3.25
	总资产报酬率（%）	正	8.91
	销售利润率（%）	正	4.44
	成本费用利润率（%）	正	3.33
	资产负债率（%）	负	2.55
	净资产收益率（%）	正	3.58

表 15-5 油气行业绿色低碳发展评价指标体系

指标		指标属性	权重
技术创新	油气行业每万人就业 R&D 人员全时当量（人年）	正	7.36
	R&D 经费强度（%）	正	5.60
	每万人有效发明专利数（件）	正	6.76
	机采井数字化覆盖率（%）	正	7.72
清洁生产	石油和天然气行业综合能耗强度（吨标准煤/万元）	负	5.27
	废水治理设施处理能力（万吨/日）	正	3.90
	行业二氧化碳排放强度（吨/万元）	负	7.96
	行业二氧化硫排放强度（吨/亿元）	负	5.79
	化学需氧量排放强度（吨/亿元）	负	3.88
	氮氧化物排放强度（吨/亿元）	负	4.26
	一般工业固体废物综合利用率（%）	正	5.65
经济效益	全员劳动生产率（万/人）	正	8.47
	总资产增长率（%）	正	4.96
	总资产报酬率（%）	正	4.00
	销售利润率（%）	正	5.43
	成本费用利润率（%）	正	3.94
	资产负债率（%）	负	5.13
	净资产收益率（%）	正	3.92

一是技术创新。节能降耗是从源头上减少污染物排放量的有效途径，而绿色技术创新是其中的关键。2022 年的《政府工作报告》明确提出"推进绿色低碳技术研发和推广应用"。党的二十大提出"必须坚持科技是第一生产力、人才是第一资源、创新是第一动力，深入实施科教兴国战略、人才强国战略、创新驱动发展战略"。在行业层面，工业企业在创新活动中的研发投入、专利申请、成果转化等方面发挥着主体作用，

是技术创新活动的主要承担者。在科技经济发展与环境污染的矛盾日益激烈的背景下，引导工业企业在提高创新资源利用效率的同时，大力开展绿色技术创新活动，是深化源头治理、推进清洁生产的重要保障。例如，在煤炭生产行业，洁净煤技术、无人开采技术、产业链深加工技术、固液气废弃物循环利用技术、清洁生产技术等层出不穷，为该行业产业链的绿色低碳协同发展提供了较好的技术条件。技术创新主要包括创新投入和创新产出两个方面：技术创新投入以规上工业企业研发（R&D）经费支出占主营业务收入比重、规上工业企业 R&D 研发人员全时当量来表示，创新产出以每万人有效发明专利数来表示。此外，考虑到数字技术对行业绿色低碳发展的重要作用，本章收集了不同行业的数字化、智能化水平相关测度指标。

二是清洁生产。清洁生产是指以节能、降耗、减污为目标，以管理和技术为手段，实施工业生产全过程能耗和污染控制，使污染物的产生量最少化的一种综合措施。习近平总书记深刻指出："保护生态环境，要更加注重促进形成绿色生产方式和消费方式。保住绿水青山要抓源头，形成内生动力机制。"党的十九届五中全会明确提出，到 2035 年广泛形成绿色生产生活方式。形成绿色生产方式，根本在于聚焦发力节能、降耗、减污，以科学管理和先进技术为手段，实施生产全过程污染控制，大力推行清洁生产、使用清洁能源、发展绿色产业。在指标选取上，本章主要考虑清洁能源供给、生产过程中的能耗和排放。一方面，清洁能源供给占比越高、发展越快，说明该行业低碳转型的力度越大；另一方面，只有降低生产过程的能耗和排放，才能提高能效和低碳发展水平，确保产品在全生命周期范围内更加绿色、清洁。

三是低碳产品。低碳产品是具备节能、减排作用的产品，这里指的主要是企业为下游的用户提供低能耗、低污染、低排放要求的商品。根据《中共中央　国务院关于完整准确全面贯彻新发展理念做好碳达峰碳中和工作的意见》和《2030 年前碳达峰行动方案》有关要求，国家发展改革委等多个部门联合印发了《促进绿色消费实施方案》，要求进一步激发全社会绿色电力消费潜力。这说明能够提供更多清洁产品供给的企业将更有优势。例如，相比油气，按单位热值的含碳量计算的煤炭含碳量更高。因此，煤炭通过煤化工转变为油气等其他产品，从产品的角度看更加低碳。

四是经济效益。经济效益是开展一切生产经营活动的源头，也是评价一个行业以及企业实力强弱较为重要的方面。本章将经济效益分为效率、收益以及成本状况三个部分，其中效率状况以总资产增长率和全员劳动生产率来衡量。总资产增长率是在一定时期内企业年末总资产的增长额同年初资产总额之比，是用以反映企业可持续发展状况的重要内容；全员劳动生产率是考核企业经济活动的重要指标，是企业生产技术水平、经营管理水平、职工技术熟练程度的综合反映。关于收益状况，参考现有研究并结合数据可得性，以总资产报酬率、销售利润率、成本费用利润率、净资产收益率来反映企业收益。资产报酬率反映企业运用全部资产的总体获利能力。销售利润率反映企业营业产生的利润，是衡量企业获利能力的指标。成本费用利润率反映企业单位成本所产生的利润，该值越大说明企业能够以较少的投入产生越大的回报。本章以资产负债率来反映企业的成本状况。

需要说明的是，在行业层面上，低碳产品数据难以获取，本章重点考察技术创新、清洁生产、经济效益三个方面。关于数据来源，能源行业绿色低碳发展指标来自中国煤炭工业协会网站、Wind、CEIC 数据库、《中国环境统计年鉴》、《中国统计年鉴》、《中国工业统计年鉴》等。在评价方法上，本章采用极值熵权法来客观赋权，并进一步借鉴张红凤和曲衍波（2018），采用耦合协调度方法分析能源行业之间以及不同产业链环节的协调程度。

2. 能源行业产业链低碳化评价结果与协同分析

（1）评价结果。

测算结果显示，不同能源行业产业链低碳化发展一级指标的权重存在一定差异，对于煤炭行业而言，技术创新、清洁生产、经济效益的权重分别为 25.11%、45.53%、29.37%，表明清洁生产在煤炭产业链低碳化发展中具有较大的作用。同样的结果反映在电力行业上，三个指标的权重分别为 17.61%、53.65%、28.73%。相比而言，油气行业三个指标的权重分布较为均衡。从不同行业产业链的低碳化趋势看，煤炭和电力行业产业链低碳化水平均表现为明显的上升趋势，油气行业总体表现为先升后降的倒U形特征。在"十三五"初期，油气行业产业链低碳化发展水平最好，但在"十三五"中后期被反超，电力于 2019 年超过煤炭成为三大行业中低碳化水平最高的行业。

从分项指标看，对于煤炭行业，如图 15-2 所示，清洁生产是行业上中下游绿色低碳发展的重要来源，该指数由 2016 年的 0.1043 提升到 2020 年的 0.3424，技术创新指数提升幅度最大，由 2016 年的 0.0227 提升到 2020 年的 0.2410，经济效益指数提升幅度相对较小，仅提升 37% 左右。对于电力行业，如图 15-3 所示，清洁生产同样是行业产业链绿色低碳发展的重要来源，技术创新指数提升幅度也较大，由 2016 年的 0.0105 提升至 2020 年的 0.1761，经济效益指数也表现出一定程度的提升。对于油气行业，如图 15-4 所示，技术创新指数提升幅度相对于前两个行业较小，经济效益指数和清洁生产指数发生了一定倒退，清洁生产指数由 2016 年的 0.2283 大幅降至 2020 年的 0.1241。比较考察期内不同行业，煤炭行业的技术创新水平相对较高，煤炭与电力行业的清洁生产水平大致相当，油气行业的经济效益表现相对较差。

图 15-2 煤炭行业产业链低碳化指数变动状况

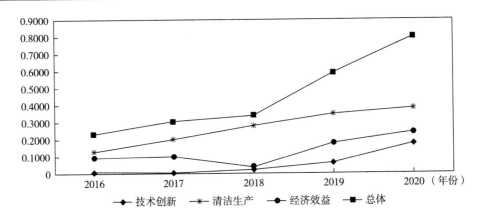

图 15-3　电力行业产业链低碳化指数变动状况

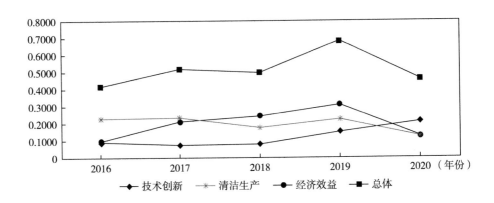

图 15-4　油气行业产业链低碳化指数变动状况

（2）协同度分析。

耦合协调关系涉及由小到大的演变过程和协同发展的过程。耦合协调度计算步骤为：

1）计算耦合度 C。

耦合度 C 的计算公式为：$C = 3\sqrt{(U_1 \times U_2 \times U_3)/(U_1 + U_2 + U_3)^3}$

其中，U_1、U_2 与 U_3 分别表示同一年度三个行业的有序度，即三个行业同一年度各自的发展水平，也就是利用熵权法计算的三个行业发展的评价得分。

2）计算综合协调指数 T。

综合协调指数 T 的计算公式为：$T = a \times U_1 + b \times U_2 + c \times U_3$

其中，$a + b + c = 1$，a、b、c 分别表示三个系统的重要程度，这里假设三个行业同等重要，分别取 1/3。

3）计算三个行业发展的耦合协调度 D：

三个行业发展的耦合协调度 D 的计算公式为：$D = \sqrt{C \times T}$

本章的耦合协调度等级划分标准如表15-6所示。

表15-6 耦合协调度等级划分标准

耦合协调度 D 值区间	协调等级	耦合协调程度
(0.0~0.1)	1	极度失调
[0.1~0.2)	2	严重失调
[0.2~0.3)	3	中度失调
[0.3~0.4)	4	轻度失调
[0.4~0.5)	5	濒临失调
[0.5~0.6)	6	勉强协调
[0.6~0.7)	7	初级协调
[0.7~0.8)	8	中级协调
[0.8~0.9)	9	良好协调
[0.9~1.0)	10	优质协调

表15-7为煤炭、电力、油气行业产业链低碳化总体的耦合协调度。可以看出，"十三五"时期，三大行业产业链低碳化总体的耦合协调度持续提高，由勉强协调逐步提升至良好协调，表明能源产业链内部以及之间的低碳协同发展水平不断提升，在数值上由0.5344增至0.8053。这也体现了近年来我国在推动能源产业链低碳协同发展工作方面的成效不断显现。然而，不同产业链环节之间的协同度存在较大差异。其中，煤炭、电力、油气行业技术创新的协同度改善效果较为明显，考察期内由0.3487提升至0.9504，协同度由轻度失衡变为优质协调，反映了能源行业高度重视技术创新在低碳转型方面的作用，行业间形成了齐头并进的发展态势。煤炭、电力、油气行业在清洁生产和经济效益方面的协同度相对不高，清洁生产的耦合协调度在考察期内由0.5698提升至0.7519，协调度由勉强协调变为中级协调；经济效益耦合协调度在考察期内由0.5683提升至0.7354，协调度总体同样由勉强协调变为中级协调。通过比较不难发现，能源行业上游的低碳化协同度相对较好，而中下游的低碳化协同度有待进一步提升。

表15-7 "十三五"时期煤炭、电力、油气行业产业链低碳化总体的耦合协调度

年份	总体		技术创新		清洁生产		经济效益	
	耦合协调度 D	协调程度	耦合协调度 D	协调程度	耦合协调度 D	协调程度	耦合协调度 D	协调程度
2016	0.5344	勉强协调	0.3487	轻度失衡	0.5698	勉强协调	0.5683	勉强协调
2017	0.6145	初级协调	0.3415	轻度失衡	0.6464	初级协调	0.6834	初级协调
2018	0.6521	初级协调	0.4941	濒临失衡	0.7044	中级协调	0.5827	勉强协调
2019	0.7852	中级协调	0.664	初级协调	0.8043	良好协调	0.8147	良好协调
2020	0.8053	良好协调	0.9504	优质协调	0.7519	中级协调	0.7354	中级协调

综上所述，技术创新是推动能源产业链绿色低碳发展较为重要的环节，清洁生产的地位同样举足轻重，尤其对于煤炭产业链和电力产业链。总体上，能源行业产业链上游和中游的低碳发展协同度相对较高，但是在下游应用环节仍有一定的提升空间。这说明，基于产业链视角推动能源行业低碳协同发展仍需要有效市场和有为政府更好地结合才能实现。

五、制约能源产业链低碳化协同的主要问题

（一）能源低碳相关法规缺失，体制机制协同性不足

绿色低碳已成为我国经济社会发展的核心要求。我国现行的能源法有《中华人民共和国电力法》《中华人民共和国煤炭法》《中华人民共和国节约能源法》《中华人民共和国可再生能源法》《中华人民共和国矿产资源法》等。由此可见，现行法律体系有不少单行能源法律法规，但尚未出台综合性的能源法规和专门针对气候变化的低碳发展法等。德国等发达国家不仅制定了专门的气候变化法，还对现行的可再生能源法进行修订，法国有专门的《能源法典》，还有专门的《绿色增长能源转型法》和能源领域应对气候变化的《能源与气候法》。相比而言，我国在能源低碳法律法规制定方面存在一定缺失，现行的单行能源法律与"双碳"政策出现断层，并没有体现减碳的要求，内容上不相协调，时段较为滞后。

能源发展目标涉及面较广，不仅涵盖低碳目标，还涉及能源转型、污染控制以及战略性新兴产业发展，因此是一个多目标博弈过程。由于不同目标模块分属不同部门和机构管理，如能源管理职能相对分散，国家发展改革委、国家能源局、自然资源部、商务部、水利部等均有涉及，低碳发展管理涉及国家发展改革委、生态环境部、工业和信息化部、科技部等部门，导致能源产业的低碳和发展目标难以同步和协调，甚至出现不一致或者矛盾的结果。不清晰的目标也会造成能源领域低碳发展存在政策和措施的不协调问题，这主要体现为中央和地方政策之间的不协调、市场手段与行政手段的不协调等。例如，电网与电源发展之间的不协调导致可再生能源无序发展，资源浪费和资源错配现象、弃风弃光现象仍然存在，节能减排要求反复变化。

（二）绿色技术集成性协同性不足，关键核心技术亟待突破

研究结果显示，尽管技术创新在能源产业链低碳协同发展中发挥着重要作用，但不同能源行业间仍存在一定差异。同时，我国低碳技术战略储备不足，绿色低碳关键核心技术对外依赖度较高，处于萌芽发展阶段的低碳技术还面临着资源不足、协同乏力、技术转移难度大等突出问题。低碳技术应用方面存在市场需求不足、标准体系不健全、政策支持力度不够大等短板。总体上，低碳技术自主创新能力不强，成熟技术面临低端锁定的困境，配套体系不完善，绿色低碳技术不能有效支撑能源行业绿色转型。尤其是，清洁生产涉及的能源、设备、工艺流程等研究存在明显的分化问题，适应性和匹配性不足，协调集成不足，绿色技术的推广应用受到一定制约。原因在于，新能源科研力量分散在高校和科研院所中，缺乏领军性的具备高度集成性协同性的创新平台。

绿色关键核心技术仍有不少短板。煤炭领域，我国在部分高参数、大容量煤电机组的能效和污染物减排方面处于领先水平，但需要进一步研发应用绿氢替代煤炭技术、分级液化成套技术、煤化工废水协同治理技术、煤电污染物一体化脱碳技术、大宗固废综合利用技术、煤气化联合循环发电系统。碳封存碳捕捉等负碳技术与煤炭的耦合工艺不成熟，尚处于初期或示范阶段，研发成本较高，且碳封存碳捕捉技术面临高耗能、高风险问题，存在潜在的泄漏风险。高精度煤炭分选技术工艺普及程度不高，相关模型和控制算法仍处于理论探索阶段，分选产品的稳定性不足，亟须开展联合攻关，提升污染控制效率、降低成本和能耗。电力领域，我国在电网特高压输电领域具有领先优势，重点技术涉及发电、储能、消纳技术。火电是节能减排的重点领域，节能控制点涉及汽轮机系统的运行方式，锅炉系统的设备燃烧，环保系统的脱硫脱硝及除尘节能技术、废热利用技术等，需要进一步研制、推广应用。电网侧适应大规模高比例新能源友好并网先进电网技术有待进一步提升，如新能源预测精度、开放交互先进仿真与镜像系统、源网荷储一体化和多能互补集成设计及运行技术亟待突破。油气领域，我国在常规油气勘探开采技术方面已达到世界领先水平，油气长输管线技术取得重大突破。然而，在不少领域仍存在短板，如纳米驱油、CO_2驱油、精细化勘探、智能化注采等关键核心技术。炼化领域关键瓶颈技术以及下游炼化高端产品研发体系仍存在不足。现有油气开发相关技术标准对非常规油气领域的适用性有限，非常规油气开发领域的环保技术与当前行业规模快速扩大的现状不相适应。

　　（三）数字化转型进展不一，信息孤岛现象明显

　　定量结果表明，能源行业的数字化程度不一，数字化尚未在能源行业全产业链的绿色低碳协同发展中发挥应有的突出作用。从煤炭领域看，传统钻机自动化程度较低，劳动强度大，现场施工人员多，钻进操作过程烦琐，严重影响施工现场的安全保障和效率提升，已经成为智慧矿山建设的一大障碍。煤矿智能化建设仍处于初级阶段，煤岩识别、支护自动化以及智能传感器等部分关键核心技术亟待突破；矿山装备原始创新能力不足，特别是大型装备仍然依赖于进口。煤炭产业链推进智能化转型涉及"产、运、储、销、用"全生命周期的技术，存在煤矿厂家多、信息化系统多、信息标准多以及井下无线网络能力弱等问题，导致智能化设备结构尚未实现统一，存在匹配、融合等突出难题，行业标准建设迟缓，核心场景数字化难度较大。

　　发电侧数字化智能化转型较慢，数据联通难度大，对绿色低碳发展尚未形成有效支撑。当前，相对其他环节，发电侧设备智能化水平相对较低。对于电力行业而言，实现业务数字化、数字服务化，首先需要实现数据融通，打破数据信息孤岛，破除壁垒。然而，当前不仅在能源行业以及各企业之间，甚至在企业内部都不同程度地存在数据壁垒，制约了数字化转型的速度。从国家电网内部看，其业务部门实现垂直化管理，营销、调度以及客服均有自身的数据中心，彼此之间存在业务壁垒，各部门存在异构数据，模型、标准均存在差异，应用系统的安全分区管理也增加了数据联通的难度。从行业内部看，不少央企均开启了数字化转型，产生了海量用电数据、设备数据，但不同能源品种的央企数字化发展程度不一，导致行业整体协调度不高。在"双碳"

目标背景下，电力行业正在转向以风电、光伏等清洁能源为主的低碳能源结构，但由于新能源发电的随机性、波动性等特点，大规模并网会影响电力系统的平衡调节和稳定性，电力产业链不同环节的企业存在业务壁垒，信息共享程度低，不能为决策提供前瞻性预警服务。

油气领域，关键业务数字化转型较慢，产业链运行效率不高。由于油气地震勘探各环节数据孤立、单体价值低、共享程度低，资源开发企业无法充分挖掘和利用数据价值。面对高速的技术迭代及日趋激烈的市场竞争压力，油气田开发面临准确而敏捷地测算储量信息、选择开采方式以及量化环境影响等问题。在管道运输环节，相较于欧美发达国家，我国的油气管网铺设普及率仍然较低，智能化程度低，负荷率高，参与主体较少。随着成熟区块产量触顶逐渐下降，新老油田都面临生产成本升高与效益降低的问题。油气开发难度日益增加，能耗相应增大。

（四）绿色低碳产品需求不足，交易机制不完善

研究结果显示，能源行业产业链下游低碳化协同度不高。这一方面体现为绿色低碳产品需求不足的问题，另一方面也反映了市场交易机制不完善。以绿色电力为例，2021年以来，我国发布促进用户购买和消费绿色电力的相关政策措施。然而，我国仍然面临绿电消费动力不足、市场作用尚未充分发挥等问题。绿色消费激励约束机制不完善、市场活跃度较低，原因在于我国对可再生能源保障机制缺少法律确认，部门规章规定的激励和惩罚力度不足，市场主体认购绿证的积极性不高。绿电作为一种绿色产品，市场主体购买绿电并未与税收、金融优惠等政策衔接，企业购买的驱动力主要在于提升品牌形象以及履行社会责任，证书不具有金融属性，吸引力不足，且绿证之间缺乏互认。同时，跨省交易困难，我国绿电资源主要分布在需求较小的"三北"地区，而绿电需求量较大的地区主要为沿海发达地区，不同省份市场规则、准入标准差异较大，跨区跨省绿电交易存在壁垒。另外，绿电市场化交易机制缺失，我国主要存在通过电力交易直接购买绿电和向电网企业购买绿电两种模式，两种模式都需要市场化的定价机制确保绿色市场的可持续发展。然而，国内绿电高度依赖补贴，导致供需错配和价格失灵。而且，绿电市场与其他交易市场（如碳交易市场）存在冲突，衔接机制不完善，存在重复支付环境费用等问题。

（五）相关定价机制不完善，碳定价与电价未形成有效互动

价格是市场机制的核心，通过完善交易市场，形成价格信号，能够推动资源优化配置。然而，电力市场由于自身的高度管制特征，其定价机制与碳市场并未实现有效互动。我国对可再生能源政策的支持主要通过上网电价来实现，已取得了显著效果。同时，补贴也会产生不利影响，会导致市场信号扭曲，可能造成过量投资。我国已开展了以火电企业为覆盖对象的碳交易市场，碳定价政策能够为低碳技术的发展提供一定的经济激励，但是在当前的电价定价机制下，碳价并不能反映电力生产的边际成本，发电厂商面对碳价的改变并不会改变发电量，价格信号也不会及时传递给消费者，进而不能推动消费侧节能减排，大大削弱了碳市场的有效性。如果碳价格信号缺失，与低碳技术相关的研发投资就会受到影响，降低减排的积极性。在"双碳"目标下，电

力部门的主要任务应是在保障安全供应的前提下推动自身"低碳化",进而促进整个能源体系低碳转型。随着可再生能源发电比例的提升,当前相对固定的上网电价已不能为调峰提供足够的经济激励,上网电价与销售电价还存在进一步改革空间。另外,用能权交易市场和节能量交易市场对象重叠,两个市场都通过控制能源消费总量实现节能减排,然而,二者都与碳市场存在重复核算的问题:节能量交易市场核算与碳排放核算方法类似,同种核算方法应用于两个市场,导致重复交易;用能权交易属于前端治理,碳交易市场属于后端治理,但排放量和能源消耗量之间可以互相换算,本质上属于同一指标,重复计算会增加经济主体负担,降低节能减排的积极性。

六、促进能源产业链低碳化协同的政策建议

(一)完善能源低碳法律法规体系,构建统一高效的协同管理体制

坚持系统观念,将低碳革命、"双碳"战略融入我国现行能源法制体系中。正如《中共中央　国务院关于完整准确全面贯彻新发展理念做好碳达峰碳中和工作的意见》所要求的"全面清理现行法律法规中与碳达峰、碳中和工作不相适应的内容,加强法律法规间的衔接协调。研究制定碳中和专项法律,抓紧修订节约能源法、电力法、煤炭法、可再生能源法、循环经济促进法等,增强相关法律法规的针对性和有效性"。然而,能源低碳涉及领域较广,需要在赋予整个法律体系"低碳化"功能的基础上,重点就能源体系进行更加系统性的"低碳化"塑造。对于能源领域的"低碳"目标,必须从政策或行动方案走向法律调整,通过法律引导、激励、规制,在能源法制中嵌入"低碳化"的目标、理念、原则等内容。突出协同原则,不仅包括能源系统外的协同,能源与"低碳化"目标协同以及与社会经济发展的协同,还包括能源系统内的协同,如能源科技、能源低碳转型、能源供给和需求、能源安全等之间的协同。

构建统一高效的协同管理机制,建立推进能源绿色低碳发展的制度体系。积极改革能源管理体制,由分散式向集中统一式转变,完善能源协同管理体制,将分散的能源规划、低碳发展等宏观管理职能整合在一起,强化能源发展和低碳转型集中统一管理,形成以部门规章为基本内容的能源法律体系。强化顶层设计,处理好发展和减排、整体和局部、短期和中长期的关系,推动不同能源品种的互补、协调;在保障能源安全的前提下,逐步实现化石能源安全可靠替代。完善能源领域创新体系和激励机制,增强能源系统运行和资源配置效率;充分发挥市场在资源配置中的决定性作用,营造良好的发展环境。强化能源战略和规划的引导约束作用,充分考虑不同能源品种、产业链上下游的协同互济。加强能源绿色低碳转型监测评价,持续完善能源绿色低碳转型组织保障和协调机制。完善能源绿色低碳发展考核机制,健全能源行业自然垄断环节的考核机制,加强对重点企业的能源安全供应、生态环保等约束性指标考核工作。

(二)加快推进绿色技术协同攻关,培育绿色关键核心技术

促进绿色技术创新协同。推动能源行业创新主体协作融合,促进绿色共性技术研发和成果转化应用。构建优势互补、利益共享、风险共担的产学研金介合作机制,加快建设一批绿色技术公共服务平台。完善绿色技术融资合作中心相关管理机制,发挥

其在推进金融资源与绿色技术创新协同方面的作用，加快在符合条件的地区开展绿色技术融资合作试点工作。强化金融服务平台功能，鼓励能源相关产业绿色升级改造。强化财税政策对绿色技术的保障，积极支持应用绿色技术创新成果的企业。完善动态调整机制，推进绿色技术转化应用，健全绿色技术交易市场机制，提升绿色技术交易服务水平。支持绿色技术产品应用，继续推进能源领域首台（套）重大技术装备保险补偿试点建设。优化绿色技术评价体系，健全绿色技术标准体系建设，推进绿色技术评价。鼓励能源类企业和科研院校共同实施产业合作协同育人项目，联合培育绿色技术技能人才。

大力培育绿色关键核心技术。具体在煤炭领域，加快发展新型煤与有机废弃物协同气化技术、煤制油工艺升级及产品高端化技术、低阶煤分质利用关键技术以及多种污染物协同控制技术。围绕煤炭绿色开发、煤炭液化开展产品深加工"延链""补链"，发展特种燃料。促进原料和工艺路线多元化，终端产品多元化，发展煤基特种材料等战略性低碳产品。建设环境友好型绿色煤电企业，高标准实施碳封存碳捕捉示范工程，探索低功耗二氧化碳捕集和综合利用路径，集中攻关零碳、负碳等颠覆性技术。推动源头减碳、过程减碳，充分利用产品固碳减碳，开发合成气一步法制烯烃、高碳醇等短流程低碳技术，推动绿电、绿氢与现代煤化工耦合发展。加快形成煤炭绿色智能高效开发利用技术体系。在电力领域，突破燃气轮机瓶颈技术，提升燃气发电技术水平，加快战略性电网核心技术攻关。加快发展先进高参数超超临界燃煤发电技术，研制高效超低排放循环流化床锅炉发电技术，大幅降低污染物控制成本。集中应用灵活性发展技术，研究系统集成优化等关键技术，适时开展工程示范。研发新一代二氧化碳捕集技术和装置，降低碳捕集系统的成本。开展电网智能调度运行控制，发展源网荷储协同的低碳调度技术，推行输电线路及设施无人机一键巡检，实现设备故障智能研判和不停电作业。发展储能电池共性关键技术，研发长寿命、低成本、高安全的新型电池。在油气领域，增强油气安全保障能力。推动深层页岩气、非常规天然气等勘探开发技术攻关，加快研发脱水净化技术装备和突破输运、炼化关键瓶颈技术。开展低渗透油田纳米驱油工业化示范，提升低渗透油田原油采收率；发展智能分层注采技术、深层油气勘探目标精准描述和评价技术。研制海洋智能化节点地震采集系统，实现智能化、网络化高效作业管理。在管输环节，研发新一代大输量天然气管道工程建设关键技术和装备。发展绿色炼化环保技术。

（三）重视能源与数字融合体系建设，推动能源全产业链智能化协同转型

能源产业与数字技术融合发展。加快以数字化智能化为特征的新型基础设施建设，强化网络安全保障能力，推动能源数字经济与绿色经济融合发展。逐渐打通不同行业、环节间的信息壁垒，推动能源网络互联互通，提升能源行业整体的运行效率。依托能源工程因地制宜拓展数字化智能化应用，推动多元化应用场景试点示范，建立试点示范成效评价机制，加快建设一批能源数字化智能化研发创新平台。

推动煤炭行业全产业链数字化转型顶层设计，编制行业数字化转型战略规划。打造智能化煤矿综合管控平台，以煤矿核心生产场景为重点，促进信息化、智能化建设。

加快煤矿 5G 融合应用，探索可复制、可推广的 5G 应用新模式。借助智能技术，实现井下主运皮带智能调速，减少设备空载；加快建设智能化黑灯选煤厂，促进自动化闭环生产；发展智能调度，减少物流等待时间，提升单车周转效率，降低能耗。培养既懂煤炭又懂信息技术的复合型人才，完善行业数字化生态构建。

以数字化智能化技术推进新型电力系统建设。加快推进发电侧工业互联网应用，构建网络化的电力生产体系，加快推进全产业链数字化、信息化、标准化。借助工业互联网技术，实现发电信息监测和反馈、发电侧智能巡检、成本管理决策以及节能管控一体化。构建现代电力服务模式和电力安全保障模式，加快构筑安全可靠、互促共进、开放共享的智能化供电平台体系。加快发电侧数字化改造，推动相关设备和生产线自动化，加快建设有关应用基础信息、新技术方针模拟等数字化系统平台。加快新能源微网和高可靠性数字配电系统发展，提高负荷预测和智能协同优化管理水平。发展电碳核算监测体系，推动双方数据交互耦合。推动电网数字化升级、数据中心升级改造，促进跨业务数据互联互通、共享应用，构建分布广泛、快速反应的电力物联网；开发智慧环保电力大数据产品，利用数字技术构建多维精益管理体系，实现经营管理全过程实时感知、精益高效，污染源企业排污在线监测。加速构建能源信息互联网、重点领域数据模型，挖掘电力数据价值，实现数据资源共享，加快推进跨企业、跨层级、跨领域数据资源共享共用。推动用户侧精细化管理，优化用电结构，降低碳排放量。

对于油气行业，促进全产业链开发大量智能应用，推动油气勘探开发等数据库建设。扩大二氧化碳驱油技术应用范围。充分利用以"云""AI"为核心的智能化技术，构建智能生产系统。在云侧，建立统一、集中、弹性的云底座，打造标准化、免维护的云环境，加快标准化、开放的油气智能化平台建设。在端侧，以感知、融合为基础，推动油田生产、原油炼化等生产过程"实时监控、智能诊断、智能优化"。打破数据孤岛，解决研发与生产的协同难题，实现勘探、开发、储量以及矿权的线上综合研究。优化勘探业务效率，推动数字化智能化炼厂升级建设。

（四）建立绿色产品消费激励机制，健全市场交易机制

完善绿色交易市场机制，推动更多、更高效的绿色电力进入绿电交易市场，推动绿电交易市场多元化发展，提升绿电交易双方的活跃度。适时启动配额制下绿电证书强制约束交易，形成灵活多样的、多种交易方式并存的绿证交易市场。厘清电价、输配损害等计算规则，建立公平透明的绿电交易环境。推进统一的绿电认证与标识体系建设，完善和推广绿电证书交易。探索绿电交易新机制和新模式，实现绿电就近消纳和跨区域绿电交易的协同运行，完善绿电交易价格机制和绿电追踪配套机制。促进绿电交易与碳市场交易协同发展，完善环境价值转移机制，建立绿电交易和绿证核发的唯一对应关系，加强认证监督；加快建立统一规范的碳排放核算体系，完善电碳之间的对应核算关系，将绿电减少的碳排放量予以扣减。强化政策引导，鼓励行业龙头、国有企业率先参与绿电交易，发挥示范带头作用；鼓励产业园区或企业通过电力市场购买绿电。

（五）建立健全能源协同发展机制，突出目标、政策等协同要求

推动不同能源品种协同融合。促进传统化石能源与新能源的耦合发展，强化生产用能的新能源替代。煤电是电力安全保障的"压舱石"，未来应推进节能降碳改造、供热改造、灵活性改造，向清洁、高效、灵活转型。支持煤化工与新能源耦合发展，鼓励发展"风光互补新能源—电解水制氢/储能/电网—现代煤化工"一体化模式，对于积极发展新能源的企业在给予政策支持的同时，核减其综合能源消费量。进一步优化电网格局，加快推进西部地区的大型风电光伏基地建设，发挥电网资源优化配置作用，扩大跨省跨区清洁电力的输送规模。促进新能源就近就地开发利用，满足分布式电源等的接入需求，积极发展分布式智能电网。推动分布式可再生能源与油气产业链融合发展，建设零碳油田、加油站等示范基地，开展可再生能源制氢业务，提高源网荷储一体化智能调控水平，打造多能互补、灵活联供的高效功能体系。借鉴美国新能源与化石能源的协调发展经验，拓展新能源在化石能源生产中的应用场景，壮大发展基础。当前，我国不少油气田处于地热资源丰裕地区，可以推行地热和油气勘探开发一体化，实现范围经济。另外，注重不同种类新能源开发之间的协同发展，将不同新能源开发统筹起来，在零碳或低碳园区内建立产业集群，避免单一能源在某一时段出现不稳定现象，通过多种能源调剂，实现新能源发展的总体稳定。在下游，充分挖掘用户侧消纳新能源的潜力。

（六）完善定价机制，促进电碳市场价格信号有效传导

继续推动电力市场化改革，按照"管住中间、放开两头"的总体思路，逐步放开竞争性环节价格，促进形成能够反映市场供求、实现资源优化配置的价格机制，科学合理定价，完善政府定价成本监管。推动电力用户或售电主体与发电企业直接参与交易，形成市场化交易价格。持续优化燃煤发电上网定价机制，考虑更大弹性范围的"基准价+上下浮动"的市场化定价机制，进一步扩大电价浮动范围，促使电价能够真正将碳价传导至下游，实现各方良性互动。优化新能源上网电价，以竞争性招标方式确定光伏发电上网电价。完善绿电市场化交易机制，按照"风险共担、利益共享"原则，稳步形成跨省跨区送电价格。完善成品油和天然气价格形成机制，缩短成品油调价周期，逐步放开非常规天然气价格。推动实施居民阶梯电价、气价制度。

针对碳市场与电力市场价格传导不畅的问题，应坚持系统观念，进一步理顺价格传导机制，完善电力市场，充分体现电力的商品属性。推动市场在新能源开发利用中发挥更大作用，各地区应根据可再生能源禀赋制定相应措施，形成有利于电力系统整体优化的动态调整机制。构建各类市场主体承担清洁能源消纳责任的机制，降低消纳成本。在碳市场中纳入更多行业，完善配额核算及分配原则，形成碳信号，追求"碳减排成本等于边际收益"的原则，尽量避免行业间出现"碳泄漏"。

（七）加强绿色能源国际合作机制，共同推动全球绿色低碳转型

积极开展能源外交，保障国家能源安全。构建多元化进口格局，充分发挥"一带一路"、上海合作组织以及东、中亚地区的能源保障优势，扩大与非洲、美洲、亚太等地区的合作，加强清洁低碳资源开发和基础设施建设，推动清洁低碳合作向更宽领域、

更深层次、更高水平的方向发展。围绕增加储备、共享油气资源等，适时组建发展中国家的国际能源合作机制；重视天然气进口问题，大力发展天然气市场化交易。探索建立清洁低碳能源产业链上下游企业协同发展合作机制，引导企业积极开展清洁低碳能源对外投资。

同时，加强与欧美等发达国家在先进能源技术和新能源领域的合作，共同开展可再生能源大规模平价上网、下一代核电、可燃冰、储能等前沿领域的技术研发和合作。扩大能源领域对外开放，持续优化营商环境，打造市场化法治化国际化的营商环境；全面取消煤炭、油气、电力、新能源的外资准入限制，推动有条件的自贸区油气全产业链开放发展。广泛开展可再生能源合作，与国际能源机构、国际可再生能源机构、石油输出国组织等国际组织建立交流机制。鼓励能源装备、投资、技术、服务标准"走出去"，提升能源领域的国际话语权。加强跨国、跨地区能源清洁低碳技术创新和标准合作，完善国际协同的知识产权保护，促进能源资源高效配置。

参考文献

［1］Barnes P G. Effective university－industry interaction：A multi－case evaluation of collaborative R&D projects ［J］. European Management，2002，20（3）：272-285.

［2］Kanwar N，Gupta N，Niazi K R，et al. Simultaneous allocation of distributed energy resource using improved particle swarm optimization ［J］. Applied Energy，2017，185（2）：1684-1693.

［3］Wang Y. Has China established a green patent system? Implementation of green principles in patent law ［J］. Sustainability，2022，14（18）：1-20.

［4］Zhang W，Yang J，Zhang Z，et al. Natural gas price effects in China based on the CGE model ［J］. Journal of Cleaner Production，2017，147：497-505.

［5］仓定帮，魏晓平，曹明. 我国化石能源消费多因素分析——基于新能源替代与能源技术进步视角 ［J］. 数理统计与管理，2020，39（1）：1-11.

［6］柴瑞瑞，李纲. 可再生清洁能源与传统能源清洁利用：发电企业能源结构转型的演化博弈模型 ［J］. 系统工程理论与实践，2022，42（1）：184-197.

［7］单彤文，宋鹏飞，李又武，等. 制氢、储运和加注全产业链氢气成本分析 ［J］. 天然气化工（C1 化学与化工），2020，45（1）：85-90+96.

［8］段言志，郭焦锋，李森圣，等. 天然气与其他绿色能源高质量融合发展的预期实现途径 ［J］. 国际石油经济，2021，29（1）：64-71.

［9］冯升波，王娟，杨再敏，等. 完善创新体制机制　促进多能源品种协同互济发展 ［J］. 中国能源，2020，42（11）：4-8.

［10］付允，马永欢，刘怡君，等. 低碳经济的发展模式研究 ［J］. 中国人口·资源与环境，2008（3）：14-19.

［11］高庆先，高文欧，马占云，等. 大气污染物与温室气体减排协同效应评估方法及应用 ［J］. 气候变化研究进展，2021，17（3）：268-278.

［12］耿爱欣，潘文琦，杨红强．中国林木生物质能源替代煤炭的减排效益评估［J］．资源科学，2020，42（3）：536-547.

［13］侯建国，姚辉超，王秀林，等．"天然气+氢能"双清洁低碳能源体系构建和技术路径选择［J］．天然气化工（C1化学与化工），2022，47（6）：1-5.

［14］侯正猛，罗佳顺，曹成，等．中国碳中和目标下的天然气产业发展与贡献［J］．工程科学与技术，2023，55（1）：243-252.

［15］黄骥，赵文轸．推进中国天然气与可再生能源融合发展的思考［J］．世界石油工业，2021，28（4）：38-43.

［16］姜飞，肖昌麟，易子木，等．含光伏与生物质能的生态农业综合能源系统多能协同及低碳运行策略［J］．中国电机工程学报，2021，12（12）：1-15.

［17］蒋东方，贾跃龙，鲁强，等．氢能在综合能源系统中的应用前景［J］．中国电力，2020，53（5）：135-142.

［18］荆涛，陈庚，王子豪，等．风光互补发电耦合氢储能系统研究综述［J］．中国电力，2022，55（1）：75-83.

［19］李明莉，吴卫，刘元俊．分布式光伏与生物质能协同发电在养殖场的应用研究［J］．通讯世界，2015（22）：199-200.

［20］李森圣，何润民，王富平，等．"双碳"目标下川渝地区天然气与新能源融合发展对策研究［J］．天然气技术与经济，2022，16（1）：60-66+72.

［21］李少林，陈满满．"煤改气""煤改电"政策对绿色发展的影响研究［J］．财经问题研究，2019（7）：49-56.

［22］林伯强，占妍泓，孙传旺．面向碳中和的能源供需双侧协同发展研究［J］．治理研究，2022，38（3）：24-34+125.

［23］刘中民．以多能融合思维促进煤化工与石油化工协调发展［J］．中国石油企业，2022（12）：12-13.

［24］鲁传一，鲁玉成，魏永杰．"煤改气"投资对宏观经济的拉动效应：基于北京市可计算一般均衡模型分析［J］．环境科学研究，2022，35（4）：1082-1090.

［25］马丽梅，王俊杰．能源转型与可再生能源创新——基于跨国数据的实证研究［J］．浙江社会科学，2021（4）：21-30+156.

［26］潘家华，庄贵阳，郑艳，朱守先，谢倩漪．低碳经济的概念辨识及核心要素分析［J］．国际经济评论，2010（4）：88-101+5.

［27］宋鹏飞，侯建国，王秀林．可再生能源氢储能与氢转化利用技术及发展模式分析［J］．天然气化工（C1化学与化工），2022，47（3）：26-32.

［28］王双，任红梅，曹琼，等．生物质能与多种能源协同发电［J］．能源技术与管理，2019，44（2）：3-5.

［29］王小林，成金华，陈军，等．天然气消费替代效应与中国能源转型安全［J］．中国人口·资源与环境，2021，31（3）：138-149.

［30］吴金明，邵昶．产业链形成机制研究——"4+4+4"模型［J］．中国工业经

济，2006（4）：36-43.

［31］夏伦娣，杨卫华."煤改电"对温室气体与大气污染物的协同减排效益评估［J］.节能，2019，38（11）：142-145.

［32］谢伦裕，常亦欣，蓝艳.北京清洁取暖政策实施效果及成本收益量化分析［J］.中国环境管理，2019，11（3）：87-93.

［33］熊艳，廖文军，王岭."煤改气、电"政策的空气污染治理效应研究［J］.财经论丛，2021（3）：103-112.

［34］徐东，冯敬轩，宋镇，等.天然气发电与可再生能源融合发展研究综述［J］.油气与新能源，2023，35（1）：17-25.

［35］岳鸿飞，施川."煤改气"工程绿色净效益评估及政策优化措施［J］.河北经贸大学学报，2019，40（5）：86-91.

［36］张红凤，曲衍波.我国城镇化发展与土地集约利用的时空耦合及调控格局［J］.经济理论与经济管理，2018（10）：44-54.

［37］张翔，戴瀚程，靳雅娜，等.京津冀居民生活用煤"煤改电"政策的健康与经济效益评估［J］.北京大学学报（自然科学版），2019，55（2）：367-376.

［38］张彦，陶毅刚，张韬，等.氢能与电力系统融合发展研究［J］.中外能源，2021，26（9）：19-28.

［39］张增凯，彭彬彬，解伟，等.能源转型与管理领域的科学研究问题［J］.管理科学学报，2021，24（8）：147-153.

［40］郑新权，师俊峰，曹刚，等.采油采气工程技术新进展与展望［J］.石油勘探与开发，2022，49（3）：565-576.

［41］庄贵阳，窦晓铭.新发展格局下碳排放达峰的政策内涵与实现路径［J］.新疆师范大学学报（哲学社会科学版），2021，42（6）：124-133.

［42］庄贵阳.我国实现"双碳"目标面临的挑战及对策［J］.人民论坛，2021（18）：50-53.

第十六章　低碳城市建设试点对制造企业能源强度的影响研究

张三峰　吴雪平　陈强远[*]

摘　要： 降低中国制造企业能源消耗强度是实现"双碳"目标和企业高质量发展的必由之路。同时，促进企业提升能源利用效率，降低能源消耗强度，也需要多措并举。基于此背景，本章以 2010 年和 2012 年两批低碳城市试点政策为准自然实验，利用 2008~2015 年全国税收调查数据，采用交错型双重差分模型考察了低碳城市建设试点对制造企业能源消耗强度的影响与内在机制。研究发现，保持其他条件不变，低碳城市建设试点显著降低了样本制造企业能源消耗强度，使样本企业能源消耗强度平均下降了 5.29%，即每个样本企业约减少了 21.92 吨标准煤。这一回归结果经识别条件检验和一系列稳健性检验未发生改变。影响机制表明，低碳城市建设试点通过促进企业研发投入和促使试点城市采取市场型的政策工具降低企业能源消耗强度。进一步对异质性分析还发现，试点政策产生的效应会因企业规模、所有制、所属行业，以及企业所在城市的环境规制强度而异，对于规模大、非国有、属于传统行业和处于环境规制强度较高的城市中的企业而言，低碳城市建设试点产生了更大的能源消耗降低效应。本章为探索降低制造企业能源消耗强度的新途径提供了经验证据，对政府完善低碳城市建设政策提供了重要参考。

关键词： "低碳城市"建设试点；制造企业；能源强度；能源消耗

一、引言

改革开放以来，中国制造业发展突飞猛进，不仅取得了举世瞩目的成就，也使中国成为"制造大国"。随着经济发展，制造业的煤炭、石油、天然气等能源消费大幅增长。然而，这些化石燃料的使用造成了严重的环境污染（林伯强和杜克锐，2013；王班班和齐绍洲，2016；陈钊和陈乔伊，2019）。根据《中国统计年鉴》数据测算，2000~2021 年中国制造业能源消耗占能源消耗总量的比例平均达到 57.36%，占工业能源消耗总量的比例平均高达 81.3%。因此，在资源环境约束趋紧的情况下，积极推进制造业节能降耗，提升其能源效率迫在眉睫。世界各国纷纷通过鼓励绿色技术创新，

---

[*] 作者简介：张三峰，南京信息工程大学商学院副教授，硕士生导师；吴雪平，南京信息工程大学商学院硕士研究生；陈强远，中国人民大学国家发展与战略研究院副研究员，硕士生导师。

加速完善低碳产业体系等途径，降低制造业能耗（Popp，2001）。

近年来，中国政府也采取了多种措施降低能源消耗。例如，颁布《中华人民共和国节约能源法》、实施重点用能单位"百千万"行动，并在"十一五"规划中将节能减排作为约束性指标，2020年又明确提出"双碳"目标，这是中国政府应对全球气候变化挑战的又一项重要举措。尽管国内外早期的相关研究文献发现，技术进步（Popp，2001；Fisher-Vanden et al.，2004；樊茂清等，2009；王班班、齐绍洲，2014；Tan and Lin，2018）、政府干预（林伯强、杜克锐，2013；潘雄锋等，2017；魏楚、郑新业，2017）、能源价格（魏楚、沈满洪，2009；樊茂清等，2012）等诸多因素对能源消耗具有显著影响。但上述这些文献中，除Fisher-Vanden等（2004）的研究外，其他已有文献均为行业或地区层面上的分析，尚未触及微观企业能源消耗问题。

随着微观企业数据可获性的提升，国内外文献开始探究企业能源消耗的影响因素，如Bloom等（2010）、Martin等（2012）、Boyd和Curtis（2014）、Fernando和Hor（2017）在对美国、英国和马来西亚等国家的研究中，发现管理水平越高的企业，其能源消耗越低；Bagayev和Najman（2014）使用东欧等国家企业数据发现地区金融发展水平可以显著降低企业能源消耗；张三峰和魏下海（2019）发现制造企业在生产运营中应用信息与通信技术的频率越高，能源消耗强度就越低；Du等（2022）对中国"千家企业节能行动"的研究发现，碳减排政策可以显著降低高耗能企业的能源消耗。以上研究针对企业内部能源消耗进行了分析，但陈钊和陈乔伊（2019）更进一步分析了细分行业内企业能源效率问题，结果发现企业间能源效率存在巨大差异，且未出现缩小的趋势。

本章关注的低碳城市建设试点的研究文献主要采用地级市层面数据，对该试点政策实施后是否产生了经济社会效益（宋弘等，2019；王锋、葛星，2022），以及其是否提升了区域或上市公司技术创新能力进行实证检验，结果发现这一试点能显著促进试点地区或上市公司的绿色技术创新（徐佳、崔静波，2020；赵振智等，2021；邵帅、李嘉豪，2022），并能提升城市全要素生产率（张兵兵等，2021）。但是，这些文献在宏观层面上忽视了对微观内在影响机制的挖掘，而采用上市公司微观数据进行的研究，在数据代表性方面存在不足，无法获知低碳城市建设试点对中小型制造企业能源消耗的影响。

为此，本章在借鉴已有研究的基础上，使用国家税务局提供的2008~2015年全国税收调查数据中的中国制造企业数据，运用交错型双重差分模型，考察低碳城市建设试点对企业能源消耗强度的影响，在对模型进行识别检验及一系列稳健性检验的基础上，进一步探讨低碳城市建设试点影响企业能源消耗强度的机制。结果发现，对比于非试点城市，低碳城市建设试点能使制造企业的能源消耗强度降低5.29%（对整个制造业而言，全行业将减少12956.3万吨标准煤），这在整体上产生了巨大的经济与环境收益。同时，低碳城市建设试点因企业和城市的异质性，对企业能源消耗强度具有不同的影响效应，对于规模大、非国有、属于传统行业和处于环境规制强度较高的城市中的企业而言，试点政策将产生更大的降低效果，但对不同污染强度的企业而言，试点政策的效果并无差异，都产生了显著的降低作用。本章还发现，低碳城市建设试点会通过促进企业研发投入和促使城市采用市场型政策工具两种渠道降低企业的能源消耗强度。

相比已有文献，本章可能的边际贡献体现在三个方面：①使用企业层面的行政调查数据，较为全面和准确地评估了低碳城市建设试点对企业能源消耗强度的影响，揭示了弱激励弱约束的政策同样可以对企业的节能减排产生正向激励效应，丰富了环境政策的准自然变化激励企业节能减排的研究文献。这也有别于现有单独从技术进步、能源价格、政府干预或企业内部管理水平等方面探讨如何使企业降低能源消耗强度的研究。②从促进企业技术创新和政府采取不同政策工具两个方面，厘清并验证低碳城市建设试点降低企业能源消耗强度的机制，为理解宏观政策变化对接微观企业环境行为的机制提供了独特视角。③采用交错型双重差分模型，在企业和区域两个层面探讨了低碳城市建设试点产生的节能减排效应的异质性，加深了学界对企业节能减排行为的认识，为政府推进环境规制政策的改革提供了借鉴，这也拓展了有关低碳城市建设试点对节能减排和中国制造业绿色转型的影响研究。

本章的后续结构安排如下：第二部分是相关文献回顾，主要从四个方面对已有相关文献进行归纳梳理；第三部分是低碳城市试点政策的背景及内在影响机制分析；第四部分是本章的研究设计，包括数据来源、回归模型构建、变量设定和测度及描述性统计；第五部分是回归结果与分析，包括基准回归、识别条件检验、稳健性检验与影响机制检验；第六部分是进一步的异质性分析；第七部分是研究结论和政策含义。

二、相关文献回顾

根据本章研究的目标，与本章研究紧密相关的文献可以归纳为四个方面：一是制度与价格对宏观层面能源消耗强度的影响；二是研究技术进步（如数字化、信息化）对宏微观层面能源消耗的影响；三是从企业管理视角分析企业能源消耗强度；四是在宏观层面评估低碳城市建设试点政策的经济与社会效果。

（一）制度与价格对宏观层面能源消耗强度的影响

诸多国内学者从不同角度证实了能源要素市场扭曲是阻碍我国地区能源效率提升的最主要因素。魏楚和沈满洪（2009）的研究发现，中国地区能源利用低效主要是由较低的规模效率和要素配置效率所致，应通过完善要素市场、改革能源价格等方式来提高地区能源效率。更进一步，林伯强和杜克锐（2013）认为要素市场扭曲会通过锁定效应、寻租行为和价格歧视对宏观层面的能源效率产生抑制作用，要素市场扭曲造成的能源损失占总能源损失的 24.9%～33.1%，消除要素市场扭曲能源效率年均可提高10%，进而可减少 1.45 亿吨标准煤的能源浪费。针对能源的回弹效应和要素市场的不完善，邵帅等（2013）提出通过市场化改革提升要素配置效率来削弱能源的回弹效应。上述研究也意味着，应继续推进市场化改革，充分发挥市场在能源配置中的作用（张三峰、吉敏，2014）。不过上述研究主要关注的是单个要素市场的扭曲，对其影响能源效率的机制的分析也有所欠缺。其实，除要素市场扭曲之外，魏楚和郑新业（2017）认为市场分割造成的规模效率、技术效率和配置效率低下也会抑制我国地区能源效率的提升，他们以电力市场为例进行模拟发现，建立全国统一的电力市场，能实现能源效率的提升。

制度因素影响企业能源消耗的微观证据较少。不过，随着中国政府越来越重视气候变化问题，学界也开始关注市场化机制对降低能源消耗和减少温室气体排放的作用。这方面代表性的文献是 Cui 等（2021）对中国碳排放交易系统（ETS）的研究，他们将中国的区域 ETS 试点作为一个准自然实验，基于 2009~2015 年全国税收调查数据，通过匹配的差分法全面评估了 ETS 对企业碳排放和经济产出的影响。结果发现，区域 ETS 试点在减少企业碳排放方面是有效的，平均而言，试点可以导致总排放量减少 16.7%，排放强度降低 9.7%。在具体的影响机制方面，受政策影响的企业通过节约能源和改用低碳燃料实现减排。他们的研究还发现，ETS 在不同的试点中表现出明显的异质性。以质量为基础的配额分配规则、较高的碳价格和积极的配额交易有助于 ETS 在减排方面产生更明显的效果。

此外，还有学者关注能源价格因素对能源消耗的影响。樊茂清等（2012）、Cao 和 Karplus（2014）采用中国企业层面的数据发现，能源价格提升会显著降低工业企业能源消耗强度。同样的结论也出现在印度工业行业与企业的分析中（Golder，2011）。因此政府提高能效降低能源消费的政策思路，不仅需要有改进能效的政策，还需要引入价格、税收等市场导向型政策组合才能实现节能效果的最大化（邵帅等，2013；魏楚和郑新业，2017）。

其实，影响工业或地区能源消耗的各因素并不是孤立地发挥作用，往往同时产生影响。潘雄锋等（2017）发现单纯的技术进步不一定可以降低能源消耗，还需要完善的能源市场机制来优化资源配置。Fisher-Vanden 等（2004）采用 1997~1999 年中国工业企业层面数据，发现煤炭价格改革、能源部门研发支出、所有制改革和工业结构的调整都可以降低企业能源消耗强度，这与 Cornillie 和 Fankhauser（2004）使用东欧及苏联加盟国家数据得到的研究结论相同。樊茂清等（2012）则同时研究了能源价格、技术变化和信息化投资对部门能源消耗强度的影响，发现能源价格上涨、信息与通信技术资本投入及其体现的技术进步有效降低了中国 33 个工业部门中大部分部门的能源消耗强度，但这三者在不同部门之间的影响也存在差异。总之，已有研究偏向关注制度和价格两个方面对能源消耗的作用，但忽视了企业自身技术禀赋的重要性，也缺乏对微观企业异质性行为的分析。

（二）技术进步对宏微观层面能源消耗的影响

技术进步被认为是降低能源消耗的另一个重要因素（邵帅等，2013；潘雄锋等，2017；Tan and Lin，2018）。王班班和齐绍洲（2014）在要素替代的框架下探讨了不同来源的技术进步对能源消耗强度的影响，发现 R&D 和 FDI 水平溢出效应每增加 1%，能源消耗强度将分别下降 0.194% 和 0.166%，并认为有偏技术进步的要素替代效应是技术进步影响能源消耗强度的主要渠道。这与樊茂清等（2009）、林伯强和杜克锐

（2013）的研究相一致，他们也都认为投入要素之间的替代会使部门能源消耗强度降低。

总的来看，在生产制造中降低能耗最终要归结为技术创新问题（庄贵阳，2020）。因为，企业欲将新的技术融入生产制造环节，就需要在技术设备、基础设施乃至企业的组织结构方面进行相应的调整，进而不仅降低了企业生产制造过程中的协调成本（Bloom et al.，2010），还减少了各生产环节的资源浪费，有助于实现企业能耗的降低。目前，以数字化技术（如信息与通信技术）为代表的技术进步推动了生产设备能效的提升，进而生产相同数量的产品或服务所需的能源就会减少，从而降低单位生产成本。代表性的文献是张三峰和魏下海（2019）关于信息与通信技术（ICT 技术）应用对企业能源消耗强度影响的研究，他们利用 2012 年世界银行提供的制造企业调查数据，基于工具变量法的回归结果发现，企业在生产运营中应用 ICT 技术的程度每增加 1 倍的标准差，企业能源消耗强度就会降低 0.23 倍的标准差。他们的研究结论也得到后来研究者的证实，如余畅等（2023）也发现，工业企业数字化转型可以显著降低企业的能源消耗强度。

（三）企业管理能力等资源禀赋对能源消耗的影响

有研究表明，不同国家企业管理水平的差异是各国企业生产率存在差异的主要原因（Bloom and van Reenen，2007）。采用世界管理调查数据，Bloom 等（2010）对 300 家英国制造业企业的管理质量与企业能源消耗强度的关系进行了检验，结果表明，管理质量越高，企业能源消耗强度就越低，如果管理质量从 25% 分位变化到 75% 分位，则企业能源强度将下降 17.4%。沿着这一思路，Boyd 和 Curtis（2014）将全球管理调查数据与美国非上市公司数据进行合并，分析了不同管理目标实践对企业能源消耗强度的影响，结果显示，尽管大部分管理实践有助于企业能源消耗强度的降低，但通用的管理目标反而会增加能源消耗，这与采用英国企业数据所得结论有所不同。他们认为这是企业由"能源管理差距"造成的。更进一步，Martin 等（2012）分析了 190 家英国制造业企业的气候友好型管理与能源消耗强度之间的关系，发现气候友好型管理可以显著降低企业能源消耗强度，影响机制是通过增加气候友好型的 R&D 提升能源效率，这一发现类似于"能源效率悖论"。研究还发现，气候友好型管理实践与企业高管行为也存在相关性。在针对发展中国家的研究中，Fernando 和 Hor（2017）对马来西亚制造业企业的分析表明，该国制造业企业能源管理实践仍处于初级阶段，尽管能源管理实践和能源效率的边际提升非常有价值，但企业环境友好管理普遍较为落后。

除此之外，Bagayev 和 Najman（2014）则另辟蹊径从金融视角分析了企业能源效率差距问题，采用东欧和中亚国家的企业环境与绩效调查数据，发现金融发展水平会显著降低企业能源消耗强度，而且小规模企业的能源消耗受企业所在地金融发展水平的影响更大。

（四）低碳城市试点政策的经济社会效应研究

低碳城市试点政策作为一项综合性的环境规制政策，旨在促进绿色技术进步，加快城市产业结构优化升级和能源消费结构清洁转型，并最终实现节能减排。国内已有文献也表明低碳城市建设试点产生了显著的社会经济效果。由于该项试点政策的特殊性，这里主要梳理了国内文献，代表性文献可以从以下三个方面进行归纳：

首先，低碳城市建设试点的技术创新效应。总体而言，低碳城市建设试点对城市技术创新具有显著促进作用（庄贵阳，2020）。基于2005~2015年中国沪深A股上市公司绿色专利数据，徐佳和崔静波（2020）发现，低碳城市试点政策在一定程度上可以促进企业整体层面的绿色技术创新，且主要是通过命令控制型政策发挥激励作用。他们的研究结论也证实了熊广勤等（2020）研究结论的可靠性。更进一步，邵帅和李嘉豪（2022）采用2005~2020年中国绿色发明专利授权数据构建了专利引证网络，发现低碳城市建设试点对试点城市绿色技术进步和绿色技术的溢出存在显著影响，这一结论意味着，低碳城市建设试点不仅能促进试点城市绿色技术创新，同时也会产生空间溢出效应，进而促进绿色技术应用的扩散。他们的研究具有重要的理论价值，溢出效应也说明在灵活的政策环境中，个别低碳建设试点城市积极探索适合自身低碳发展的差异化路径，将有可能通过"先行先试"形成较好的示范效应，带动其他城市协同减碳降污。

其次，低碳城市建设试点对试点城市在减污降碳等能源环境方面的影响。代表性文献包括，宋弘等（2019）对低碳城市建设试点的空气污染防治效应进行了研究，基于2005~2015年城市面板数据，通过双重差分估计发现低碳城市建设试点显著降低了城市空气污染，主要的影响渠道是企业污染排放的减少和工业产业结构升级与创新。基于中国地级市城市数据，张兵兵等（2021）进一步考察了低碳城市建设试点对城市全要素能源效率的影响，交错双重差分估计结果表明，试点政策显著提升了城市全要素能源效率，其作用机制与宋弘等（2019）的发现较为吻合。

最后，低碳城市建设试点的企业经济社会效益研究。赵振智等（2021）使用2008~2019年沪深A股上市公司数据，考察了低碳城市建设试点对企业全要素生产率的影响，结果发现这一试点政策显著提升了企业全要素生产率，其主要作用是缓解了企业融资约束、提升了企业技术创新及企业资本配置效率三个方面。同样采用上市公司数据，王锋和葛星（2022）考察了低碳城市建设试点对就业的影响。双重差分估计结果发现，总体而言，低碳城市建设试点使试点城市中上市公司的就业人数平均增加5.11%。王贞洁和王惠（2022）则同时考察了低碳城市建设试点对企业经济效率和社会效益的双重影响，结果发现，该试点政策不仅可以提升企业全要素生产率，而且还能促进企业可持续发展，实现了经济与社会效益的"双赢"。

对国内外已有文献的梳理发现：一方面，已有关于能源消耗强度的研究主要集中在宏观及行业层面，这其实是将企业行为及所用技术都视为同质的，从而难以解释同一行业中不同企业间能源消耗强度的差异（魏楚、郑新业，2017）。这就非常有必要从企业层面，在考虑企业自身技术禀赋的基础上，探究企业能源消耗问题。另一方面，有关低碳城市建设试点的经济社会效应研究，主要从城市能源消耗、绿色技术创新，或上市公司全要素生产率方面展开研究。在实证研究中，对交错型双重差分模型存在的异质性处理效应考虑不足，更是缺少微观企业层面上的能源消耗强度研究。

三、政策背景与影响机制分析

（一）政策背景

当前，在经济高质量发展与资源环境矛盾日益突出的背景下，"绿色化"和"数字化"成为新时代中国推进经济发展的必然趋势。面对资源消耗严重和环境污染加剧的双重压力，持续推进降碳、减污等污染防治是中国环保攻坚战的重中之重。党的二十大报告强调，要协同推进降碳、减污、扩绿、增长，推进生态优先、节约集约、绿色低碳发展。然而，中国在推进经济绿色转型中仍面临着巨大挑战，生态环境部发布的《2021 年中国生态环境状况公报》显示，在 465 个监测降水的城市（区、县）中，酸雨频率平均为 8.5%，全国出现酸雨的城市比例占 30.8%。与此同时，中国能源消费结构仍然以煤炭等化石能源的高消耗为主，使中国碳减排压力较大（庄贵阳，2020；邵帅和李嘉豪，2022）。根据《bp 世界能源统计年鉴 2021》，中国 2020 年 CO_2 排放量为 98.99 亿吨，在全球占比为 30.7%。因此，加快推动降碳、减污协同增效，实现中国经济绿色转型，成为各地区兼顾经济持续健康发展与环境保护亟待解决的重要议题。

21 世纪以来，气候变化与温室气体排放问题逐渐成为人类面临的重大挑战。中国资源环境生态问题的治本之策是建立健全绿色低碳循环发展经济，促进经济社会发展全面绿色转型。为建立可持续的低碳发展模式，实现经济低碳转型，2009 年 11 月国务院提出中国控制 2020 年温室气体排放行动目标后，许多地方提出发展低碳经济、倡导低碳生活，积极探索我国工业化、城镇化发展阶段的做法和经验，完善低碳机制。2010 年国家发展改革委发布《关于开展低碳省区和低碳城市试点工作的通知》，确定五省八市作为第一批低碳试点省区和城市，5 个低碳试点省区分别是广东、辽宁、湖北、陕西和云南，8 个低碳试点城市分别是天津、重庆、深圳、厦门、杭州、南昌、贵阳和保定，第一批试点城市主要采用地方自主申报和发展改革委遴选确定。紧接着，2012 年 11 月 26 日，《关于开展第二批低碳省区和低碳城市试点工作的通知》又在低碳省区和城市中纳入了海南、北京、上海、石家庄等 29 个省区和城市。2017 年 1 月 7 日，国家发展改革委又公布了第三批低碳试点名单，根据《关于开展第三批国家低碳城市试点工作的通知》，可以发现全国低碳城市又增加了南京、合肥、济南等 45 个城市。薛冰等（2012）认为低碳城市建设，就是在可持续发展目标约束下，始终将城市经济活动和社会活动导致的区域温室气体净排放量维持在相对较低水平。

低碳城市试点政策要求各试点地区根据自身经济条件、资源禀赋等动态调整产业结构，编制低碳发展规划，探索本地区低碳发展模式和路径。按照国家发展改革委的政策文本，低碳城市建设的任务主要有以下几个方面（薛冰等，2012）：第一，编制低碳发展方案。因地制宜按照各不同地区的自然环境和资源禀赋，研究制定本地区低碳发展试点省、试点市规划，要求各省市在规划中明确重点减排行业，以及具体的降低碳排放措施。第二，鼓励试点区域制定配套政策，探索区域低碳绿色发展模式。国家发展改革委要求试点地区积极探索有利于节能减排和低碳产业发展的体制机制，如通过政府引导和激励，落实控制温室气体排放目标责任制。第三，以低碳排放为特征的产业体系加快建立。试点地区要加大研发投入进行低碳绿色技术创新，利用外资引入先进技术，加快低碳交通发展，积极发展低碳新兴产业。第四，积极倡导低碳绿色生活方式。大力开展宣传教育普及活动，鼓励低碳生活方式和行为，推广使用低碳产品，弘扬低碳生活理念，推动全民广泛参与、自觉行动。

（二）影响机制分析

1. 技术创新效应

低碳城市试点政策的核心是探索低碳与经济共赢的路径（庄贵阳，2020），其目的是依靠科技进步，通过鼓励绿色技术创新，发展低碳产业，进而推动城市产业结构升级和能源结构优化（邵帅、李嘉豪，2022）。

一方面，低碳城市建设作为一项城市层面的环境规制政策，会对辖区内的企业创新行为产生影响。"波特假说"认为，适宜的环境规制有助于"倒逼"企业进行绿色技术革新，并对企业的生产成本产生创新补偿效应，弥补生产成本增加带来的损失，甚至可以产生净收益（Porter and Van der Linde，1995）。另一方面，在低碳城市建设中，试点城市会根据当地的产业结构、经济社会发展状况制定适合本地的低碳城市建设规划，对工业、交通业等高耗能高排放行业或企业，采取有针对性的措施激励这些行业或企业低碳化转型，这一过程会诱发企业绿色技术创新（庄贵阳，2020；徐佳、崔静波，2020）。

此外，在各地低碳城市建设的实践中，地方政府为缩小不同行业间能源效率的差距，会根据不同行业的发展阶段和特点建立行业碳排放标准，企业为满足这一标准，将不得不进行技术改造升级，提升企业能源效率（宋弘等，2019；王贞洁、王惠，2022），如传统高耗能行业的企业纷纷通过技术改造，提升数字化程度，减少本行业的能源消耗，这也促进了城市产业结构的优化升级。同时，目前的低碳城市建设具有弱激励和弱约束的特点，建设主要是以地方政府为主，地方政府对低碳发展的内生追求会使其主动为企业绿色技术创新提供支持，从而促进企业绿色发展。

2. 不同政策工具的影响

在低碳城市建设中，各试点城市会根据当地经济社会发展状况、技术和行业优势等采取相应的政策工具，以此推动经济的低碳化发展，实践中的各种政策工具分为三种：命令控制型、市场型和自愿型（徐佳、崔静波，2020），不同的政策工具会对企业能源消耗强度产生差异化影响。

首先，命令控制型的政策主要指地方政府通过淘汰落后产能、对高耗能行业企业的发展进行限制、提高污染排放标准等措施降低企业污染排放和能源消耗，这些措施在增加企业排污成本的同时，也会倒逼企业积极进行技术改造升级，转向低碳化发展。已有研究也发现，命令控制型的政策会显著促进企业的专利发明（王班班、齐绍洲，2016）。其次，市场型政策工具在应用中具有灵活性，且在一定程度上可以产生相应的经济效益，因此在实践中的应用越来越广泛。在低碳城市建设中，为促进企业绿色转型，试点城市通常会通过企业环保投资减免税等措施，激励企业加大环保投资支出。同时，中国政府也启动了碳排放交易市场建设，这也会激励企业节能减排（Cui et al.，

2021）。最后，自愿型政策以企业自愿接受第三方监管机构、社会公众等多方监督为特征，这是一种多元参与、良性互动的环境治理方式。由于第三方监督能准确了解并及时反馈当地企业的环境信息，因此可以提高政府环境政策有效性，从源头实现污染控制。同时，公众等第三方在企业环境管理中的广泛参与也有助于约束企业环境行为，促使企业重视生产中的节能减排。

四、研究设计

（一）数据来源

本章所使用的数据来自于 2008～2015 年全国税收调查数据库，相较其他企业层面数据，全国税收调查数据样本量大，包含一定比例的中小规模企业的数据，提高了样本的完整性。但该数据也存在一定的缺憾，如企业行业代码缺失等。根据研究的目的，本章对使用的全国税收调查数据做如下处理：①本章根据企业的纳税人识别号，分离出企业的组织机构代码；然后根据企业的组织机构代码，将 2008～2015 年企业数据进行纵向匹配；对于未能匹配的企业，进一步根据企业名称进行再次匹配。在数据匹配中，对于组织机构代码重复或不一致的企业，本章通过比较企业不随时间变化的指标（如企业所在城市代码）进行修正。剩下无法通过上述方式匹配和修正的企业，本章根据天眼查网站进行人工搜索，然后手动修正其组织机构代码。②参照范子英和王倩（2019）、刘秉镰和孙鹏博（2023）的做法，剔除了违背正常数值逻辑的样本，如接受的财政补贴为负数、企业总资产为零、固定资产超过资产总额、营业利润大于营业收入、存货超过资产总额以及固定资产小于 0 等情况的样本。③对回归中使用的连续变量，在 1% 和 99% 分位进行缩尾处理，以缓解极端值对回归结果的影响。④由于大兴安岭地区样本观测值缺失较多，因此参考徐佳和崔静波（2020）的做法，剔除了被列入低碳城市试点名单的大兴安岭地区的样本。⑤借鉴宋弘等（2019）的做法，将进入低碳试点名单的省份所包含的城市均视作低碳试点城市。同时，在两批低碳城市试点名单中，2010 年第一批名单中的广东省、湖北省、云南省和陕西省，已经分别包含了 2013 年第二批名单中的广州市、武汉市、昆明市和延安市。所以，对这四个城市，以第一批试点时间 2010 年为试点起始年份。

此外，由于某地是否能成为低碳试点城市由该城市一系列的经济社会发展因素决定，因此将城市层面的一些控制变量与年份固定效应的交互项纳入回归模型中，数据来自相关年份《中国城市统计年鉴》。

（二）回归模型构建

本章以低碳城市试点政策为外生冲击，考察该政策的实施对企业能源消耗强度的影响。鉴于不同城市实施该政策的时间不同，为获得无偏有效的估计结果，本章参考王锋和葛星（2022）的模型，构建交错型双重差分模型，就低碳城市建设试点政策对企业能源消耗强度的影响效果进行检验。具体的模型构建如下：

$$\ln ecug_{it} = \alpha + \beta_1 implement\_city_{ict} + \lambda X_{it} + S_{ct} \times \mu_t + \varphi_i + \mu_t + \gamma_{ht} + \tau_{ci} + \varepsilon_{it} \qquad (16-1)$$

其中，i、c、h 和 t 分别表示企业、城市、行业和年份，被解释变量 $\ln ecug_{it}$ 代表企

业 i 在 t 年的能源消耗强度。$implement\_city_{ict}$ 是本章重点关注的核心解释变量，以 t 年企业 i 所在城市 c 是否被纳入低碳城市建设试点范围来判断，如果企业 i 所在的城市 c 在 t 年属于国家发展改革委公布的试点城市，就赋值为 1，否则为 0。X_{it} 代表 t 年影响企业 i 能源消耗强度的一系列企业层面的控制变量，$S_{ct} \times \mu_t$ 表示城市层面的控制变量与年份固定效应的交互项。φ_i 表示企业个体固定效应，用以控制企业个体不随年份变化的不可观测因素。μ_t 表示年份固定效应，用以控制不同年份宏观因素对估计结果的影响。γ_{ht} 表示三位代码行业–年份固定效应，用以控制行业随时间变化的影响因素。τ_{ci} 表示三位代码行业–城市固定效应，用以控制城市随行业变化的影响因素。ε_{it} 表示随机扰动项。β_1 是本章重点关注的系数，其衡量了低碳城市建设试点政策对企业能源消耗强度的影响，如果该系数显著为负，则表明低碳城市试点政策可以显著降低企业能源消耗强度，意味着该试点政策具有显著的经济与社会效益。此外，为缓解模型中随机误差项在同一城市内同一行业上的相关问题，在具体的估计中，在城市–两位代码行业上对标准误进行聚类。

（三）变量的选取与测度

1. 被解释变量

被解释变量为企业能源消耗强度（lnecug），采用电力、煤炭、石油三种能源消耗总量与企业总产值之比的自然对数衡量。需要强调的是，制造企业在生产时所耗费的能源虽然种类繁多，但考虑到企业的能源消耗大都以电力、煤炭以及石油为主，然而这三类能源的消耗量不能直接进行汇总，需要进行相应的换算，因此本章借鉴已有文献的做法，在进行换算时只对煤炭、电力和石油这三类能源数据进行测算（刘啟仁和陈恬，2020）。对于具体的换算系数，根据《中国能源统计年鉴》公布的标准煤折算系数，将电力、煤炭以及石油不同的计量单位统一换算成标准煤。另外，由于能源统计年鉴中的石油包括汽油、煤油、柴油、燃料四种类型，因此本章先计算出这四种不同类型的油料转换为标准煤的系数的均值，然后再进行折算。具体而言，本章的折算方式分别为：对电力进行折算，采用电力消耗总量×1.229 的方法；对煤炭进行折算，采用煤炭消耗总量×0.7143 的方法；对石油进行折算，采用石油消耗总量×（1.4714+1.4714+1.4571+1.4286）/4 的方法。

2. 核心解释变量

核心解释变量是城市是否实施低碳城市试点政策（$implement\_city_{ict}$）。借鉴已有文献的处理方式，如果政策文件在当年的 6 月 30 日之前发布，那么就将实施试点政策的当年及以后年份赋值为 1，如果政策文件在 7 月 1 日至 12 月 31 日期间发布，则将政策发布的下一年及之后赋值为 1。就低碳城市建设试点而言，《国家发展改革委关于开展低碳省区和低碳城市试点工作的通知》的发布时间是 2010 年 7 月 19 日，因此将 2011 年以前各年赋值为 0，2011 年及之后各年赋值为 1；《国家发展改革委关于开展第二批低碳省区和低碳城市试点工作的通知》的发布时间是 2012 年 11 月 26 日，因此将 2013 年以前各年赋值为 0，2013 年及之后各年赋值为 1。

3. 控制变量

为缓解混杂因素和反向因果问题对估计结果的干扰，本章从企业和城市两个层面选取控制变量。

城市层面的控制变量主要包括：①是否为省会城市（*province_city*）。一般而言，省会城市是区域内的经济文化中心，如果企业位于省会城市，那么企业在经济技术资源的获取方面就存在较大优势，从而对企业能源消耗强度产生影响。本章将是否为省会城市这一变量纳入回归模型，以缓解省会城市因素产生的影响。②是否为经济特区（*eco_city*）。企业所处的城市是经济特区的优势之一是可以利用外资引进先进技术，提高产品质量，加大研发投入，提高能源效率。③是否为二氧化硫控制区（*so$_2$_city*）。如果企业处于二氧化硫控制区，那么已有的环境规制会对企业的能源消耗产生影响，促使企业形成低碳发展的绿色机制。④城市产业结构（*industry*），用第二产业占全市GDP 的比重表示。以制造业为主的第二产业能源消耗总量是全国能源消耗总量的主要来源，在生产的能源产出效率较低的情况下，企业可以通过改变生产方式、革新生产设备和技术升级等方法，提高能源效率。⑤城镇化率（*urban*），用全市非农人口与全市年末总人口的比值表示。一般而言，城镇化率越高则该地区就越可能拥有更完善的配套设施，同时城镇化也能为企业研发创新提供充足的资金来源。⑥人口规模（*pop*）。本章使用人口密度衡量，用全市每平方公里人口数的自然对数表示，用以控制由城市发展差异导致的估计结果偏误。

企业层面的控制变量包括：①企业规模（*size*），用样本企业年末资产数的自然对数值衡量，用以控制规模经济对企业能源消耗及效率的影响。②企业人均资本存量（*lnpercap*），用固定资产净值与职工人数之比的自然对数表示。一般而言，人均固定资本存量越高，则企业的生产技术越先进，从而企业能源消耗就越低。③企业资本密集度（*capital*），用固定资产净值与年末总资产的自然对数表示。资本密集度越高，越有助于企业在生产运营中提升工作效率，进而降低企业的能源消耗（张三峰和魏下海，2019）。

在具体的回归中，本章参考赵仁杰和陈彪（2023）的做法，采用上述这些控制变量的基期值（2008 年为基期）与年份固定效应进行交乘，通过这种方式克服企业和城市层面的因素随时间变化对估计结果的影响。

（四）变量的描述性统计

从表 16-1 可以看出，企业能源消耗强度的最大值为 1.393，而最小值为负，说明不同的制造企业的能源消耗强度存在较大的差别。再从企业层面控制变量的分布看，企业规模、企业人均资本存量和企业的资本密集度这三个变量的标准差都小于均值，意味着样本企业在这三个变量上的分布较为集中。

表 16-1　变量的描述性统计

变量	观测值	均值	标准差	最小值	最大值
企业能源消耗强度	1084177	-4.791	2.109	-9.716	1.393
低碳城市建设试点	2042579	0.230	0.421	0	1
是否为经济特区	2042579	0.0530	0.224	0	1

变量	观测值	均值	标准差	最小值	最大值
是否为省会城市	2042579	0.258	0.437	0	1
是否为二氧化硫控制区	2042579	0.283	0.450	0	1
城市产业结构	2042439	0.496	0.0890	0.235	0.673
城镇化率	2042579	1.094	0.491	0.938	3.594
城市人口规模	2042579	6.187	0.695	4.200	7.700
企业规模	2035122	9.785	2.010	5.438	14.86
企业人均资本存量	1447325	3.903	1.711	0	8.129
企业资本密集度	2020428	0.239	0.208	0	0.878

五、实证结果与分析

（一）基准回归结果与分析

在采用微观企业层面数据进行回归分析时，除了前文提及的异方差问题，各变量之间可能存在的多重共线问题也会对回归结果产生影响，本章通过对模型中各变量之间的相关系数进行检验，发现模型中各变量之间相关系数的绝对值绝大多数都小于0.5，而且在回归后进行方差膨胀因子（VIF）检验也发现，核心解释变量及所有控制变量的方差膨胀因子数值都小于多重共线检验临界标准10[①]。这就意味着不必过于担心多重共线问题对回归结果造成的影响。

表16-2汇报了低碳城市试点政策对企业能源消耗强度的影响。回归模型（16-1）的估计结果表明，相对于未实施低碳城市试点政策的区域，实施低碳城市试点政策的区域内的工业企业的能源消耗强度在一定程度上有所降低。表16-2中列（1）~列（4）分别考察了控制不同固定效应对估计系数的影响，列（1）单独控制企业和年份固定效应，未控制三位代码行业与城市、年份的交互固定效应，结果发现双重差分项 $implement\_city_{ict}$ 的系数在5%的水平上显著为负。列（2）在列（1）的基础上进一步控制三位代码行业与年份的交互项，结果发现双重差分系数也在5%的水平上显著为负，影响程度略微增大。列（3）同时控制企业和年份固定效应以及三位代码行业和城市的交互项，双重差分项系数的符号与显著性与前两列一致，但影响效应变大。列（4）严格控制上述几类固定效应，结果表明双重差分系数在1%的水平上依然显著为负且数值略微增加，这也表明行业层面和地区层面的确存在影响企业能源消耗强度的其他因素，如果不在模型中加以控制，会低估政策试点使企业能源消耗强度降低的程度。这也意味着本章基准回归模型同时控制四种固定效应的设置是有必要的，能够更准确地评估政策实施产生的影响。综合上述可以看出，低碳城市试点政策可以显著降低企业能源

---

① 各解释变量和被解释变量相关系数的检验结果，汇报在附录的附表1中。各变量方差膨胀因子数值未在文中汇报，作者留存备索。

消耗强度这一结论非常稳健。由于基准回归中列（4）控制了尽可能多的固定效应，后文的所有估计结果均以此为参照。

表16-2　基准回归结果

	（1） 企业能源消耗强度	（2） 企业能源消耗强度	（3） 企业能源消耗强度	（4） 企业能源消耗强度
低碳城市建设试点	-0.0366**	-0.0411**	-0.0433**	-0.0529***
	(0.0185)	(0.0178)	(0.0204)	(0.0190)
城市、企业层面控制变量	控制	控制	控制	控制
常数项	-0.8409	-0.8107	-5.0566***	-5.8122***
	(3.4699)	(3.5123)	(1.2297)	(1.4860)
样本观测数	613581	613522	606156	606128
企业固定效应	控制	控制	控制	控制
年份固定效应	控制	控制	控制	控制
三位代码行业—年份固定效应	否	控制	否	控制
三位代码行业—城市固定效应	否	否	控制	控制
F值	18.5429	19.2117	217.6372	21.7050
调整后的 R^2	0.5364	0.5382	0.5376	0.5391

注：①*、**和***分别表示在10%、5%和1%的水平上显著；②括号内的数据是经城市-两位代码行业调整后的聚类标准误。

基于表16-2中列（4）的估计系数，低碳城市建设试点使样本制造企业能源消耗强度平均降低了5.29%，借鉴Li等（2016）的方法可以计算出该试点政策的经济意义，即相对于样本企业能源消耗强度的平均值425.5吨标准煤而言，低碳城市建设试点使样本企业能源消耗强度平均降低了5.15% [$(e^{\ln 425.5 - 0.0529} - 425.5)/425.5$]，也就是每个样本企业平均约减少21.92吨标准煤。相对于2015年中国制造业全行业能源消耗总量244920万吨标准煤而言，低碳城市建设试点使制造业能源消耗降低的幅度是非常巨大和可观的[①]。

（二）识别的假设检验

1. 平行趋势检验

双重差分模型有效的核心前提是平行趋势假设，即在政策实施前，实验组和控制组的发展趋势必须一致，也就是试点城市与非试点城市之间不存在系统性差异。反之，如果不满足这一条件，那么两次差分得出的政策效应结果就不能代表政策的净效应，其中有一部分是由处理组和控制组本身的差异所带来的，极有可能存在其他因素干扰

---

① 对于2015年中国制造业全行业而言，低碳城市建设试点将使制造业全行业的能源消耗量降低12956.3（244920×（-0.0529））万吨标准煤。

估计结果。由此，本章使用 Jacobson 等（1993）提出的采用事件分析法，对处理组和对照组的变化趋势进行考察。具体模型为：

$$\ln ecug_{it} = \alpha + \sum_{t=-3}^{3} \delta_t D_{it} + \lambda X_{it} + S_{ct} \times \mu_t + \varphi_i + \mu_t + \gamma_{ht} + \tau_{ci} + \varepsilon_{it} \qquad (16\text{-}2)$$

其中，D_{it} 是一组虚拟变量，表示低碳城市试点政策第 t 期的前置项，若系数 δ_t 均不显著，说明在政策实施之前，处理组与参照组之间无显著系统性差异。其余各变量的符号意义同式（16-1）中的符号意义。本章重点关注该式系数 δ_t，该系数反映了低碳城市建设试点政策实施的第 t 年中，试点城市和非试点城市企业的能源消耗强度差异。考虑到政策实施前 3 年的数据较少，借鉴余林徽和马博文（2022）的方法，将政策实施前 3 年的数据汇总到第-3 期。另外，本章以低碳城市试点政策实施前的第 1 期（2009 年）为基期。平行趋势检验结果显示，低碳城市试点政策实施前各期的系数估计值均不具有统计学显著性。这意味着，在低碳城市建设试点政策实施之前，处理组和参照组之间不具有系统性差异，平行趋势假定得以验证（见图 16-1）。本章认为，政策实施后总体的系数呈现显著上升的趋势，意味着政策效果存在一定的滞后性。

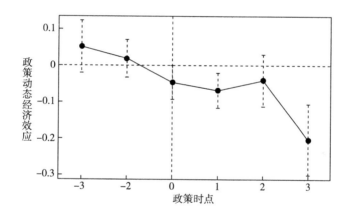

图 16-1　平行趋势检验

2. 安慰剂检验

尽管在基准模型中已加入多个控制变量和多重固定效应以缓解其他因素所带来的影响，但仍可能存在其他不可观测因素干扰政策效果评估。在理想情况下，如果我们的政策是外生的，不受不可观测因素的影响，此时可以直接通过两次差分得到政策的净效应。然而，在现实情况下，我们的政策会受到各种可观测因素与不可观测因素的影响，而对所有控制变量进行控制都不能消除这些影响，所得到的结果也可能是有偏差的。为此，本章借鉴 La Ferrara 等（2012）、宋弘等（2019）的做法进行安慰剂检验。根据式（16-1）可以得出系数 $\hat{\beta}$ 的表达式为：

$$\hat{\beta} = \beta + \gamma \times \frac{cov(implement\_city_{ict},\ \varepsilon_{ict} \mid W)}{var(implement\_city_{ict} \mid W)} \qquad (16\text{-}3)$$

其中，W 包括所有其他控制变量和固定效应，γ 为其他不可观测因素对被解释变量的影响。只有当 $\gamma=0$ 时，其他不可观测因素才不会影响到估计结果，即 $\hat{\beta}$ 是无偏的。但是，这一点却无法直接验证，因为这一项本身是不可观测的。所以只能通过间接手段来验证其是否等于 0。因此，本章采用间接安慰剂检验的方法，其逻辑是找到一个理论上不会对结果变量产生影响的错误变量 $implement\_city_{fake}$，以其替代真实的 $implement\_city$。由于 $implement\_city_{fake}$ 是随机产生的，因此实际政策效应 $\beta=0$。在此前提下，如果估计出的 $\hat{\beta}=0$，则可以逆推出 $\gamma=0$。如果 $\hat{\beta}\neq0$，则说明 $\gamma\neq0$，本章的估计结果是有偏的，未观测的因素确实会影响估计结果。具体而言，本章随机产生一个低碳城市建设试点名单，从而产生一个错误的估计量（$\hat{\beta}^{random}$），然后将这一过程重复 300 次，从而产生 300 个 $\hat{\beta}^{random}$。

图 16-2 呈现了安慰剂检验回归系数的累计概率密度函数，可以看出模拟随机冲击得到的 $\hat{\beta}^{random}$ 估计值分布在 0 附近，并且呈正态分布，这说明通过随机设定模拟处理组和控制组得到的回归系数落在远离 0 值的概率很小，不显著异于 0，与基准回归模型得到的 $\hat{\alpha}$（-0.0529）相去甚远，符合安慰剂检验预期。综上可以认为，本章的估计结果受到不可观测因素的影响较小，本章的基准估计结果稳健。

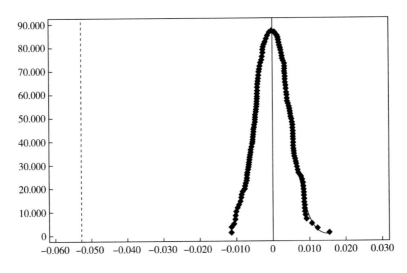

图 16-2　安慰剂检验结果

3. 预期效应

采用双重差分方法进行估计还需要考虑预期效应对估计结果的影响。因为 2010 年 7 月国家发展改革委发布《关于开展低碳省区和低碳城市试点工作的通知》之前，各省区市已经根据 2009 年 11 月国务院提出的 2020 年控制温室气体排放行动目标，主动采取发展低碳产业、建设低碳城市和倡导低碳生活等措施，落实国务院的决策部署，同时一些省区市开始积极申报试点。这就可能导致企业对所在城市纳入低碳城市建设试点范围形成预期，进而根据预期调整其生产和能源使用结构。为控制企业预期对估计结果的影响，参考盛丹等（2021）研究，本章在模型（16-1）中将2010年和2012年发布的两期相关政策分别提前一年，以此构建一个虚拟试点政策变量（预期效应），然后进行双重差分法估计。

估计结果汇报在表16-3中，可以发现预期效应项的系数较小且不显著。与表16-2中列（4）基准回归中的系数相比，低碳城市建设试点政策的估计系数与显著性都未发生实质性的变化，说明前文所担心的预期效应的影响不存在。

表 16-3 试点政策的预期效应回归结果

	预期效应
低碳城市建设试点	-0.0470^{**}
	(0.0198)
预期效应	-0.0210
	(0.0248)
城市、企业层面控制变量	控制
常数项	-5.8141^{***}
	(1.4864)
样本观测值	606128
企业固定效应	控制
年份固定效应	控制
三位代码行业-年份固定效应	控制
三位代码行业-城市固定效应	控制
F 值	21.1486
调整后的 R^2	0.5391

注：①*、**和***分别表示在10%、5%和1%的水平上显著；②括号内的数据是经城市-两位代码行业调整后的聚类标准误。

（三）稳健性检验

1. 替换被解释变量

为进一步验证结果的稳健性，本章参考陈钊和陈乔伊（2019）的做法，采用企业的能源生产率对企业的能源利用效率进行测度。具体而言，企业的能源生产率（efficiency）使用企业单位能耗的工业产值来表示，也就是企业总产值与能源投入总消耗量之比的自然对数。然后再基于回归模型（16-1）进行估计，结果如表16-4中列（1）所示。结果发现，本章的核心解释变量低碳城市建设试点变量的系数显著为正，据此说明低碳城市试点政策可以显著提高企业能源利用效率，从而降低企业能源消耗强度。

2. 替换聚类标准

一般而言，采取不同的固定效应与标准误聚类方式会对模型的估计系数产生影响。例如，同一试点区域内不同企业之间的关联性及同一企业在不同年份内某些共同的因素都可能影响前文的基准估计结果。为此，本章尝试替换聚类标准，将标准误在城市和企业个体两个维度上进行聚类，结果汇报为表16-4中列（2）。结果表明，改变标准误的聚类标准后，本章关注的核心解释变量的回归系数值及显著性没有改变，基准回归结果稳健。

表 16-4　替换被解释变量和替换聚类标准的稳健性回归结果

	（1） 替换被解释变量	（2） 替换聚类标准
低碳城市建设试点	0.0589***	−0.0529***
	(0.0199)	(0.0129)
城市、企业层面控制变量	控制	控制
常数项	5.6162***	−5.8122***
	(1.5268)	(2.2604)
样本观测值	606128	606128
企业固定效应	控制	控制
年份固定效应	控制	控制
三位代码行业−年份固定效应	控制	控制
三位代码行业−城市固定效应	控制	控制
F 值	20.6783	33.0814
调整后的 R^2	0.5242	0.5468

注：①*、**和***分别表示在10%、5%和1%的水平上显著；②第二列回归系数下的括号内的数据为经城市—两位代码行业调整后的聚类标准误，第一列回归结果的系数标准误与基准回归相同。

3. 排除同期其他政策干扰

考虑到低碳城市试点政策实施期间，中央政府同时也有其他有关降低企业能源消耗的政策出台，那么基准回归结果可能包含其他政策的干扰。通过对 2008~2015 年政府相关政策进行梳理，我们发现存在两项试点政策可能也会对企业能源消耗产生影响，这两项试点政策是：碳排放权交易试点政策和建设低碳交通运输体系城市试点政策。对于前者，2011 年，根据"十二五"规划纲要，国家发展改革委在北京、天津、上海、重庆、湖北、广东及深圳 7 个省市启动了碳排放权交易试点工作，自 2013 年起，上述 7 个省市试点碳市场陆续开始上线交易，有效促进了试点省市企业温室气体减排（Cui et al.，2021），这有可能在一定程度上降低企业能源消耗强度。对于建设低碳交通运输体系城市试点工作，交通运输部决定 2011~2013 年在天津、重庆、深圳、厦门、杭州、南昌、贵阳、保定、无锡、武汉 10 个城市开展低碳交通运输体系建设首批试点工作，此项试点政策对建设低碳交通基础设施等有显著成效。为排除这两项政策干扰，本章将这两项试点政策纳入基准回归模型（16-1）中，具体的回归结果汇报在表 16-5 中。列（1）和列（2）的结果表明，在分别单独控制这两项试点政策后，核心解释变量依然显著为负。为保证结果的可靠性，本章将这两项试点政策变量同时纳入基准回归模型，结果表明，低碳城市建设试点变量的系数继续保持显著为负，这一结果意味着表16-2中的基准估计结果受到其他政策因素的干扰较弱，基准估计结果稳健。基于这一估计结果，我们可以较为有信心地认为低碳城市试点政策在降低企业能源消耗强度上确实产生了显著效果。

表16-5 排除同期其他政策干扰的稳健性检验结果

	（1）	（2）	（3）
	排除同期其他政策干扰		
低碳城市建设试点	-0.0552***	-0.0450**	-0.0476**
	（0.0189）	（0.0186）	（0.0187）
碳排放权交易试点	0.1200***		0.1479***
	（0.0281）		（0.0276）
低碳交通运输体系城市试点		-0.3175***	-0.3309***
		（0.0357）	（0.0354）
城市、企业层面控制变量	控制	控制	控制
常数项	-5.7141***	-5.7430***	-5.6191***
	（1.4888）	（1.4778）	（1.4802）
样本观测值	606128	606128	606128
企业固定效应	控制	控制	控制
年份固定效应	控制	控制	控制
三位代码行业-年份固定效应	控制	控制	控制
三位代码行业-城市固定效应	控制	控制	控制
F 值	21.8308	22.4410	22.6047
调整后的 R^2	0.5392	0.5396	0.5397

注：①*、**和***分别表示在10%、5%和1%的水平上显著；②括号内的数据是经城市-两位代码行业调整后的聚类标准误。

4. 考虑样本选择偏误

前文中，回归模型（16-1）分析了低碳试点建设城市与非试点城市对企业能源消耗强度的影响。然而，已有文献及实践经验都表明，政府相关部门在选择某项政策试点城市时，综合考虑的是城市初始的研发能力与经济发展状况，同时各地方为获得试点地区资格、进入试点范围展开"竞争"。是否能成为政策试点城市与其区位及经济社会发展状况有关，即低碳试点城市的确定并非随机的。政府部门在选择试点城市时，综合考虑城市初始的经济社会发展状况，随着时间的流逝，有可能使试点城市与非试点城市企业能源消耗强度出现差异，进而使回归模型（16-1）的估计结果存在偏误。

为此，借鉴 Li 等（2016）研究省直管县改革对县域经济影响效果的做法，本章尽可能控制城市是否被纳入试点的选择变量，即前文中的城市层面控制变量，同时考虑到这些是否纳入建设试点的变量也会随时间推移而发生改变，在模型中纳入了这些变量与时间的交互项。具体而言，在模型（16-1）的基础上，控制试点与否的选择变量与时间 $[f(t)]$ 的一次、二次和三次项的交互项，从而控制试点城市随时间推移的差异。具体回归模型如下：

$$\ln ecug_{it} = \alpha + \beta_1 implement\_city_{ict} + \varphi S_{ct} \times f(t) + \varphi_i + S_{ct} \times \mu_t + \mu_t + \tau_{ci} + \varepsilon_{it} \qquad (16-4)$$

其中各变量的定义与模型（16-1）相同。表16-6中列（1）是回归模型（16-4）的估计结果，本章关注的核心解释变量——低碳城市建设试点变量的系数依然显著为负，表明考虑到试点与非试点城市之间固有的差异影响后，基准估计结果依然稳健，进而可推测城市固有的差异对本文的估计影响较小。这进一步说明，在模型估计中样本选择偏误不会对结果造成严重影响。

表16-6 纳入时间、企业平衡面板数据和更换回归样本的回归结果

	（1） 考虑样本选择偏误	（2） 考虑企业的退出	（3） 剔除直辖市样本
低碳城市建设试点	-0.0640 ***	-0.0658 **	-0.0338 *
	(0.0199)	(0.0331)	(0.0184)
城市、企业层面控制变量	控制	控制	控制
常数项	-26.734 ***	1.5460	-2.4569 *
	(3.1236)	(0.9482)	(1.3757)
样本观测值	606128	87834	558687
企业固定效应	控制	控制	控制
年份固定效应	控制	控制	控制
三位代码行业-年份固定效应	控制	控制	控制
三位代码行业-城市固定效应	控制	控制	控制
城市层面控制变量×T	控制	否	否
城市层面控制变量×T^2	控制	否	否
城市层面控制变量×T^3	控制	否	否
F 值	16.6315	8.2281	20.2123
调整后的 R^2	0.5383	0.6042	0.5399

注：①＊、＊＊和＊＊＊分别表示在10%、5%和1%的水平上显著；②括号内的数据是经城市-两位代码行业调整后的聚类标准误。

5. 考虑企业的退出

在市场经济中企业的进入或退出有助于经济资源的有效配置，资源配置高的企业会在市场中持续经营，还会进入新的市场以增强企业竞争力。市场中存续时间较长的企业，其内部管理体系较为完善，经营管理经验较丰富，在创新和技术升级方面的积

极性较高，从而在减少污染、降低能源成本上更具有优势。持续经营的企业与退出市场的企业相比，在管理方面可能更具降低能源消耗的可能性（Bloom et al.，2010），从而导致这两类企业在研发投入支出方面存在差异，考虑退出的企业可能对估计结果造成偏误。因此本章剔除了样本期退出市场的企业，进而构造了2008~2015年连续8年都存在于市场的企业的平衡面板数据，然后采用回归模型（16-1）进行估计。具体的估计结果汇报在表16-6列（2）中，结果表明，考虑样本企业的退出因素后，估计结果依然稳健。

6. 更换回归样本

一般来说，处于直辖市的企业在技术水平及相关环境信息的获取方面具有相对优势，而且根据试点城市的遴选要求，纳入试点与否与城市的经济社会发展状况存在关系。这些因素可能导致基准回归存在样本选择偏差。考虑到直辖市在经济社会发展等方面可能与其他地级市存在较大差异，本章对处于直辖市的企业样本予以剔除，进而缓解由于样本选择偏误造成的内生性问题。

表16-6中列（3）为剔除直辖市的企业样本后的估计结果，可以发现，核心解释变量的估计系数在10%水平上显著为负，且与基准估计结果数值差别不大。这表明，上文基准回归中即使纳入了直辖市样本企业，也不会对估计结果产生影响。

7. 异质性处理效应

本章的识别策略是交错型双重差分方法，前文我们进行了多种稳健性检验，并对识别的条件进行了检验，表明本章的估计结果具有相当好的稳健性。但本章的识别策略仍可能导致结果的偏误，因为在交错型双重差分模型中，回归模型要满足的一个基本假定是处理效应同质（Homogeneous Treatment Effect）：一是处理效应在不同处理组之间是同质的；二是处理效应在时间维度上是同质的。如果这一基本假定不能满足，那么采用双向固定效应模型的估计量可能面对异质性处理效应问题，即对某一企业而言，低碳城市建设试点政策可能对所在地区企业的能源消耗强度产生异质性影响，从而导致系数的估计产生偏误。

为避免交错型双重差分模型中存在的异质性处理效应问题，有必要对上述双向固定效应估计量进行Goodman-Bacon分解，以确保"坏对照组"的系数大小和权重不会明显影响平均处理效应（ATT）。根据Chaisemartin和D'Haultfoeuille（2020）与Goodman-Bacon（2021）研究，当处理组样本被处理的开始时间不同时，传统的估计系数可视为各受处理样本在每个时间点上处理效应的加权平均和，尽管权重总和为1，但可能出现负权重的现象。如果负权重数量过多，会造成传统的估计系数与真实的估计系数的符号相反，导致回归结果不稳健。

为此，本章首先应用Goodman-Bacon（2021）提出的分解法对处理效应异质性是否使本章的估计结果产生了严重的偏误问题进行检验。先将双向固定效应估计量拆分为若干个2×2的双重差分组合，得到每个组合双重差分所对应的处理效应和权重，然后再对处理效应异质性问题的严重程度进行评估。本章的Goodman-Bacon分解结果汇报在表16-7中。从表16-7的第三行可以看出，以"从未接受处理组"作为控制组的比重较大，且其对应的平均处理效应符号与使用"较早接受处理组"为控制组的符号相同。而且，根据分解的图形也可以看出（见图16-3），权重为负的观察较少，这也说明本章所担心的异质性处理效应对结果造成的偏误较小。此外，本章借鉴 Chaisemartin 和 D'Haultfoeuille（2020）的方法讨论负权重的占比，发现负权重占比仅为11.9%，因此本章认为基准回归的结果是稳健的。

表 16-7　Goodman-Bacon 分解结果

2×2 DID 控制组类别	权重	平均处理效应
以"较晚接受处理组"为控制组	0.047	0.101
以"较早接受处理组"为控制组	0.047	−0.032
以"从未接受处理组"为控制组	0.906	−0.343

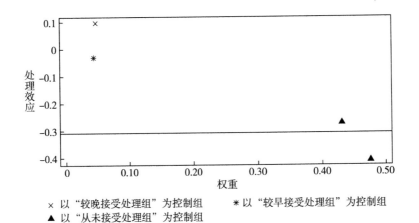

图 16-3　Goodman-Bacon 分解结果图

（四）影响机制检验

前文基准回归及一系列稳健性检验结果表明，低碳城市试点政策能够显著降低企业能源消耗强度，但是政策对企业能源消耗强度产生激励效应的具体机制是什么，即政策通过影响哪些中介变量来降低企业能源消耗强度。通过对已有文献的梳理和各地在试点中的实践，本章发现作为以城市为单位的综合性环境治理手段，低碳城市试点政策在实施过程中一方面通过促进企业进行技术创新，提高企业能源利用效率，从而降低企业能源消耗强度；另一方面采用不同类型的政策工具推动当地低碳发展，而不同的政策工具会不同程度地促进企业能源消耗强度的降低。综合以上分析，为了进一步探讨低碳城市试点政策通过何种机制影响企业能源消耗强度，本章从技术创新和政策工具类型两个视角进行影响机制分析。

1. 技术创新机制

低碳城市建设的目的是努力建设以低碳排放为特征的产业体系和消费模式，已有的文献也发现，当企业面临严格的环境规制时，企业主要通过末端治理、技术升级、污染异地转移三种途径减少排放（蒋伏心等，2013）。陶锋等（2021）认为小企业由于资金和技术上的约束，无法将环境规制引致的成本内部化，污染异地转移成为其应对环境规制的常见手段；有一定资金和技术基础的企业，以节能减排为目标，针对生产线安装末端排放治理设备辅以技术改造，进而走上升级之路；实力较强的大企业，则可以在技术及产业等多个领域进行全方位的资源再配置，以达到节能减排目的。但与之相伴的是，政府为达到节能减排的目的，将会加大管制力度，强制性排放标准对企业来说，逐渐变成一种常态化的约束，致使企业外部生产成本内部化，因此一般企业会通过购买或吸收引进新的技术等途径促进企业绿色技术创新，降低资源消耗和污染排放，进而降低企业能源消耗强度。汪佩洁等（2022）等认为衡量企业创新能力的重要指标是研发强度。因此本章对技术创新采用研发强度进行测度，研发强度变量＝（当年企业研发支出+1）/当年企业总产值。

回归结果呈现在表16-8列（1）中，结果发现核心解释变量的系数显著为正，这说明低碳城市建设试点政策可通过提升企业的研发强度来优化生产流程，提升能源利用效率，进一步降低企业能源消耗强度。

2. 不同政策工具机制

本章参考 Wang 等（2015）对于中国低碳城市试点政策的划分标准，构造政策工具变量，然后分别与制造业各个行业的能源消耗总量的交互项，探究试点政策降低企业能源消耗强度的政策工具机制。借鉴徐佳和崔静波（2020）的模型设置方式，建立的回归模型如式（16-5）所示：

$$\ln ecug_{it} = \beta + \beta_1 cmdtools_{rt} \times energe + \beta_2 mkttools_{rt} \times energe + \beta_3 vlttools_{rt} \times energe + \lambda x_{it} +$$

$$S_{ct} \times \mu_t + \varphi_i + \mu_t + \gamma_{ht} + \tau_{ci} + \varepsilon_{it} \qquad (16\text{-}5)$$

其中，$cmdtools_{rt}$ 表示试点城市或地区采取的命令控制型政策工具，用该地区所采取的命令控制型政策数量的对数值表示；$mkttools_{rt}$ 表示试点地区采取的市场型政策工具，$vlttools_{rt}$ 为试点地区采取的自愿型政策工具，两者的衡量方法均与命令控制型政策一致。

回归结果汇报在表16-8列（2）中，估计结果表明，在同时考察三种政策工具时，只有市场型政策工具表现出显著的降低企业能源消耗强度的效应，其系数在10%水平上显著为负，但其他两种政策工具的效应均不显著，这意味着随着行业能源消耗总量的增长，市场型政策能产生更大的降低能源消耗强度的效应。本章的这一结论，与已有研究所得结论相一致。例如，王班班和齐绍洲（2016）认为在当前经济增速换挡、企业成本转嫁能力减弱的背景下，市场型政策工具有助于实现"去产能"和工业生产方式绿色升级的"双赢"。市场型政策工具与命令控制型政策工具不同的是，市场型政策工具对排放制定价格，如碳税、碳交易等，而命令控制型政策工具则为直接的政府环境规制，同时市场型政策工具摒弃了以强制手段进行监管的方法，借助经济手段引导企业进行绿色技术创新。

表 16-8　低碳城市建设试点对企业能源消耗强度影响机制检验结果

	（1）企业研发强度	（2）企业能源消耗强度
低碳城市建设试点	0.0010***	
	（0.0002）	
命令控制型政策工具		0.0861
		（0.1845）
市场型政策工具		−0.5359*
		（0.2881）
自愿型政策工具		0.1065
		（0.1752）
城市、企业层面控制变量	控制	控制
常数项	0.0149***	−0.4116
	（0.0031）	（3.4072）
样本观测值	375300	171438
企业固定效应	控制	控制
年份固定效应	控制	控制
三位代码行业–年份固定效应	控制	控制
三位代码行业–城市固定效应	控制	控制
F 值	8.3465	16.5781
调整后的 R^2	0.3002	0.5321

注：①*、** 和 *** 分别表示在 10%、5% 和 1% 的水平上显著；②括号内的数据是经城市–两位代码行业调整后的聚类标准误。

六、进一步的异质性分析

上述实证检验结果证实低碳城市建设试点能显著降低企业能源消耗强度，改善企业环境绩效，但低碳城市试点政策涉及不同城市及不同企业，企业能源消耗强度可能会因行业或企业特征而产生异质性。因此，进一步从企业的规模、企业所属行业类型、企业所有制类型、企业所属行业的污染程度，以及企业所属城市的环境规制强度五个角度探讨低碳城市试点政策对企业能源消耗强度的异质性影响。

（一）企业规模的异质性

企业规模的异质性会显著影响其创新意愿（Cohen and Klepper，1996），一般而言，规模以上制造企业拥有较高的资源禀赋、技术研发实力，也具备较好的管理水平。与规模以下制造企业相比，规模以上的制造企业更容易形成规模经济效应，为降低企业能源消耗强度奠定基础。

为此，参考已有文献的做法，根据企业雇佣员工数量的中位数设定企业规模变量，如果企业雇佣员工数量在中位数以上，就将其定义为大规模企业，否则定义为中小规模企业，然后基于基准回归模型进行估计。估计结果汇报在表16-9列（1）和列（2）中，从估计结果中可以发现，在大规模企业组中，核心解释变量的系数显著为负，但在中小规模企业组中变量的系数在统计上不显著。本章认为可能的原因是：一方面大规模企业在生产上具有比较优势，能形成规模经济，从而有助于降低企业能源消耗强度；另一方面大规模企业经济实力更为雄厚，科研基础较好、设备设施比较完善，与优秀人才的优势相结合，能够更快速地研发出高效低能技术，进一步降低能源消耗强度。

（二）企业所属行业的异质性

根据国家试点政策目的，清洁生产是低碳城市建设的关键环节。相对于传统制造行业（主要是指劳动力密集型行业，如纺织业、服装业等），新兴战略性行业在生产技术上具有先天优势，那么两种不同的行业在试点政策的推动下，可能会在能源消耗强度方面产生异质性。因此本章根据行业代码将企业所属行业分为传统行业和新兴行业，分别放入基准回归模型进行回归，结果汇报在表16-9列（3）和列（4）中，结果发现，传统行业企业核心解释变量的系数显著为负，新兴行业企业的系数不显著，可能的解释是新兴行业在科技技术上更胜一筹，其技术以及机器能效已经达到较高水平，而传统行业企业在低碳城市建设试点政策的推进下，会积极研发新技术以及新产品，降低能源消耗强度。

表16-9　低碳城市建设试点影响企业能源消耗强度的异质性检验结果

	（1）中小规模企业	（2）大规模企业	（3）传统行业企业	（4）新兴行业企业
低碳城市建设试点	−0.0201	−0.0657***	−0.0679***	0.0054
	（0.0313）	（0.0201）	（0.0244）	（0.0300）
城市、企业层面控制变量	控制	控制	控制	控制
常数项	2.1258*	1.0268	−2.2793	3.0997***
	（1.1209）	（0.8527）	（1.3921）	（1.0985）
样本观测值	226508	338884	330702	204778
企业固定效应	控制	控制	控制	控制
年份固定效应	控制	控制	控制	控制
三位代码行业-年份固定效应	控制	控制	控制	控制
三位代码行业-城市固定效应	控制	控制	控制	控制
F值	7.5557	16.7607	14.9577	10.0070
调整后的 R^2	0.4450	0.5965	0.5296	0.5547

注：①*、**和***分别表示在10%、5%和1%的水平上显著；②括号内的数据是经城市—两位代码行业调整后的聚类标准误。

（三）企业所属城市环境规制强度的异质性

政府的正式环境规制是改善环境质量的必然要求，是提升环境保护与经济发展协调性的重要手段。对于幅员辽阔的中国而言，各地区经济社会发展水平不同步，因此，各地区在执行环境规制时存在地区差异，这也可能会对企业的能源消耗产生影响。为此，本章参考张中元和赵国庆（2012）的做法，采用工业二氧化硫去除率（SO_2）衡量不同城市的环境规制强度，具体而言，采用各地区工业二氧化硫去除量与工业二氧化硫产生量（工业二氧化硫去除量与排放量之和）的比值衡量。如果某试点城市的二氧化硫去除量高于均值，此试点城市就定义为高环境规制强度城市，否则定义为低环境规制强度城市。然后基于基准回归模型（16-1）进行回归，结果汇报在表16-10中。结果发现，当企业所在城市为高环境规制强度城市时，核心解释变量的系数显著为负，而在低环境规制强度的城市中该变量的系数不显著，可能的解释是企业所属城市环境规制强度不同，在高环境规制强度的城市中，企业会更加重视节能减排，同时也会加大科研投入，采用新的生产工艺从而进一步提升能源效率，降低能源消耗强度。

表 16-10　城市环境规制强度的异质性检验结果

	（1） 低环境规制强度城市	（2） 高环境规制强度城市
低碳城市建设试点	−0.0477	−0.0602***
	(0.0334)	(0.0222)
城市、企业层面控制变量	控制	控制
常数项	5.2363*	0.7422
	(3.1399)	(0.9307)
样本观察值	283745	322301
企业固定效应	控制	控制
年份固定效应	控制	控制
三位代码行业—年份固定效应	控制	控制
三位代码行业—城市固定效应	控制	控制
F 值	12.6526	11.2908
调整后的 R^2	0.5320	0.5466

注：①*、**和***分别表示在10%、5%和1%的水平上显著；②括号内的数据是经城市-两位代码行业调整后的聚类标准误。

（四）企业所有制的异质性

对中国企业而言，企业所有制性质决定着企业治理结构和资源配置方式等一系列重要制度安排，从而对企业的能源消费及能源消耗强度产生影响。这可能导致低碳城市试点政策对不同所有制企业的能源消耗强度的影响存在差异。参照张杰（2021）的分组思路，本章将企业分为国有企业和非国有企业两组分样本进行回归比较[①]。

由表 16-11 的回归结果发现，在非国有企业样本组中，核心解释变量的系数在1%水平上显著为负，在国有企业样本组中，该变量的系数尽管为负，但不具统计上的显著性。本章的发现与 Eaton 和 Kostka（2017）对中国企业能源消耗的研究结论一致。

表 16-11　企业所有制形式的异质性检验结果

	（1）	（2）
	非国有企业	国有企业
低碳城市建设试点	-0.0493^{***}	-0.2168
	（0.0190）	（0.1733）
城市、企业层面控制变量	控制	控制
常数项	-3.2069^{**}	-1.8914
	（1.3385）	（2.2180）
样本观察值	587178	7312
企业固定效应	控制	控制
年份固定效应	控制	控制
三位代码行业—年份固定效应	控制	控制
三位代码行业—城市固定效应	控制	控制
F 值	21.5025	1.7681
调整后的 R^2	0.5394	0.0739

注：①*、**和***分别表示在10%、5%和1%的水平上显著；②括号内的数据是经城市-两位代码行业调整后的聚类标准误。

（五）企业所属行业污染强度的异质性

由于生产技术和工艺的差异，因此企业在能源消耗上也存在较大差别。例如，金属冶炼业、化学品的制造可能会消耗更多的能源，从而受到政府更严格的环境规制。在国家统计局发表的《中华人民共和国 2010 年国民经济和社会发展统计公报》

[①]　根据全国税收调查数据，本章将企业登记注册类型代码为 110、120、130、141、142、143 和 151 的企业界定为国有企业，剩余其他的代码企业都定义为非国有企业。分组后，发现国有企业的样本仅有 7312 家。

中，中国政府认定了"化学原料及化学制品制造业等 6 个制造行业为高耗能行业"[①]。据此，如果样本企业属于这 6 个行业，本章就将其界定为高耗能企业，否则界定为低耗能企业。

回归结果展示在表 16-12 中，结果表明，企业无论属于高耗能行业还是非高耗能行业，核心解释变量系数都显著为负，对高耗能行业的企业而言，低碳城市试点政策使其能源消耗强度平均降低 5.13%，而非高耗能行业企业的能源消耗强度降低 5.58%，从回归系数上看，低碳城市建设试点政策会对非高耗能行业产生更大的节能效果。

表 16-12 企业所属行业能源消耗强度的异质性检验结果

	（1） 高耗能行业 企业能源消耗强度	（2） 非高耗能行业 企业能源消耗强度
低碳城市建设试点	−0.0513 [*]	−0.0558 [**]
	（0.0302）	（0.0253）
城市、企业层面控制变量	控制	控制
	（0.0795）	（0.0609）
常数项	0.4770	2.0539 [**]
	（1.1841）	（1.0206）
样本观察值	222533	345897
企业固定效应	控制	控制
年份固定效应	控制	控制
三位代码行业-年份固定效应	控制	控制
三位代码行业-城市固定效应	控制	控制
F 值	8.8860	19.9808
调整后的 R^2	0.5956	0.4552

注：①[*]、[**]和[***]分别表示在 10%、5% 和 1% 的水平上显著；②括号内的数据是经城市-两位代码行业调整后的聚类标准误。

七、研究结论与政策含义

低碳城市试点政策在推动企业开展低碳生产、转变城市经济结构、降低中国能源

[①] 国家统计局在统计公报中认定的六个高耗能行业分别为：一是化学原料及化学制品制造业；二是非金属矿物制品业；三是黑色金属冶炼及压延加工业；四是有色金属冶炼及压延加工业；五是石油加工炼焦及核燃料加工业；六是电力热力的生产和供应业。本章根据全国税收调查数据中企业填报的二位行业代码进行确定。

消耗强度上发挥了重要作用,是中国实现"双碳"目标的重要举措。本章将低碳城市试点政策的实施视作一项"准自然实验",基于2008~2015年中国税收调查数据,运用交错型双重差分模型评估了低碳城市试点政策对制造企业能源消耗强度的影响。

在进行识别条件检验、一系列稳健性检验、异质性分析及机制检验后,本章得出如下结论:①控制其他条件不变的情况下,相对于非试点城市,低碳城市试点政策可以使制造企业的能源消耗强度显著降低5.29%,这一结论在进行了平行趋势检验、安慰剂检验以及一系列稳健性检验后依然成立。②低碳城市试点政策对降低制造企业能源消耗强度的影响存在显著差异性。本章的研究发现,在企业规模异质性中,低碳城市试点政策对大规模企业的影响效果强于中小规模企业;在不同的行业中,传统行业的企业在低碳城市试点政策的推动下所表现出的能源消耗强度降低的效果比新兴行业更为显著;在不同的环境管制强度中,低碳城市试点政策显著影响高环境规制强度城市中的企业,而对低环境规制强度城市中的企业没有产生显著影响。③更进一步,本章发现低碳城市试点政策将从技术创新和政策工具类型两种途径降低企业能源消耗强度。一方面试点政策能够通过企业创新,提升其能源利用效率,进一步降低企业能源消耗强度;另一方面从不同试点政策工具的作用看,市场型政策工具表现出显著的降低企业能源消耗强度的效应,而其他两种政策并未发挥出有效作用。

基于上述研究结论,本章的政策含义也显而易见:

第一,要凝练低碳城市试点政策经验,持续扩大试点范围,把此政策推广至全国。考虑中国当前的基本国情,由于不同区域的城市之间在自然条件和经济基础方面存在差异,这就需要结合各地区与城市的自身条件,因地制宜地制定不同的节能减排计划、目标。低碳城市建设试点作为一项城市层面的环境治理政策,运用综合性环境治理手段,允许各个试点城市在结合地区产业结构和经济发展情况的基础上自行拟定低碳发展实施方案,达到节能减排目的,是一种弱约束力的政策手段。在凝练和总结试点经验的基础上,可持续不断扩大试点范围,进一步扩展至全国范围,这必将为中国承诺的力争在2030年前实现碳达峰、力争在2060年前实现碳中和的气候行动目标做出重大贡献。鉴于低碳城市建设试点政策具有弱约束特点,政府在试点方案的实施过程中应对试点城市进行有效监督和指导,从而更有效地促进城市低碳发展,引导企业进行技术革新和设备升级,加速推进试点政策的有效实施。

第二,提升环境规制强度是发展低碳城市的重点,环境规制与绿色创新紧密相关,环境管制会影响能源价格,引导企业进行绿色技术创新。基于异质性分析的结果,相比于较低的城市环境规制强度,较高的环境规制强度能够更好地促进政策实施,降低企业能源消耗强度。因此,政府应加大城市环境规制力度,形成绿色低碳机制,监督城市实施和遵守环境保护目标责任制,促使城市进行产业结构和生产布局调整。由于各试点城市的经济基础和自然环境存在异质性,因此各试点应根据自身的产业结构和发展优势制定更加明确的转型方案,以提升试点政策实施的有效性。

第三,在低碳城市试点政策推行的过程中,需充分发挥不同政策工具的协同创新作用。基于机制检验结果，相较于命令控制型和自愿型政策两种工具，市场型政策工具能够辅助低碳城市试点政策，在降低企业能源消耗强度上发挥出更显著的作用。在国家管控和监督下，命令控制型政策工具具有强制性和严格性特征，迫使企业通过增加生产成本达到政策目的，但长此以往，利润降低，企业会因为无法支付运营成本而宣告破产。市场型政策作为一项具有激励效应的政策工具，赋予企业更高的自由选择权，使企业能够根据自身资源禀赋动态调整方案，减少成本损耗，充分调动企业积极性，促进企业进行技术创新，降低企业能源消耗强度。自愿型政策是企业根据自身对可持续发展的认知，自觉进行清洁生产和低碳发展，可以有效减少政府监管成本，然而在制度缺失的情况下，企业难以按照自身认知水平推动社会可持续发展，使自愿型政策成为"空中楼阁"。

参考文献

［1］Bagayev I, Najman B. Money to fill the gap? Local financial development and energy intensity in Europe and Central Asia［R］. University Library of Munich, Germany, No. 55193, 2014.

［2］Bloom N, Genakos C, Martin R, et al. Modern management: Good for the environment or just hot air［J］. Economic Journal, 2010, 120（544）: 551-572.

［3］Bloom N, Van Reenen J. Measuring and explaining management practices across firms and countries［J］. Quarterly Journal of Economics, 2007, 122（4）: 1351-1408.

［4］Boyd G A, Curtis E M. Evidence of an "Energy-Management Gap" in US manufacturing: Spillovers from firm management practices to energy efficiency［J］. Journal of Environmental Economics and Management, 2014, 68（3）: 463-479.

［5］Cao J, Karplus V J. Firm-level determinants of energy and carbon intensity in China［J］. Energy Policy, 2014, 75: 167-178.

［6］Chaisemartin C D. D'Haultfoeuillex. Two-way fixed effects estimators with heterogeneous treatment effects［J］. American Economic Review, 2020, 110（9）: 2964-2996.

［7］Cohen W M, Klepper S. Firm size and the nature of innovation within industries: The case of process and product R&D［J］. Review of Economics and Statistics, 1996, 78（2）: 232-243.

［8］Cornillie J, Fankhauser S. The energy intensity of transition countries［J］. Energy Economics, 2004, 26（3）: 283-295.

［9］Cui J B, Wang Ch, Zhang J J, et al. The effectiveness of China's regional carbon market pilots in reducing firm emissions［J］. Environmental Sciences, 2021, 118（52）: e2109912118.

［10］Du W, Li M, Wang Z. Open the black box of energy conservation: Carbon reduction policies and energy efficiency of microcosmic firms in China［J］. Energy Strategy Reviews, 2022, 44: 100989.

［11］Eaton S, Kostka G. Central protectionism in China：The "central SOE problem" in environmental governance［J］. The China Quarterly, 2017, 231：685-704.

［12］Fernando Y, Hor W L. Impacts of energy management practices on energy efficiency and carbon emissions reduction：A survey of Malaysian manufacturing firms［J］. Resources, Conservation and Recycling, 2017, 126：62-73.

［13］Fisher-Vanden K, Jefferson G H, Liu H, et al. What is driving China's decline in energy intensity?［J］. Resource and Energy Economics, 2004, 26（1）：77-97.

［14］Fisher-Vanden K, Jefferson G H, Ma J K, et al. Technology development and energy productivity in China［J］. Energy Economics, 2006, 28（5/6）：690-705.

［15］Golder B. Energy intensity of Indian manufacturing firms：Effect of energy prices, technology and firm characteristics［J］. Science, Technology and Society, 2011, 16（3）：351-372.

［16］Goodman-Bacon A. Difference-in-differences with variation in treatment timing［J］. Journal of Econometrics, 2021, 225（2）：254-277.

［17］He L Y, Chen K X. Does China's regional emission trading scheme lead to carbon leakage? Evidence from conglomerates［J］. Energy Policy, 2023, 175：113481.

［18］Jacobson L S, Lalonde R J, Sullivan D G. Earnings losses of displaced workers［J］. American Economic Review, 1993（83）：685-709.

［19］La Ferrara E, Chong A, Duryea S. Soap operas and fertility：Evidence from Brazil［J］. American Economic Journal：Applied Economics, 2012, 4（4）：1-31.

［20］Li C S, Qi Y, Liu S H, et al. Do carbon ETS pilots improve cities' green total factor productivity? Evidence from a quasi-natural experiment in China［J］. Energy Economics, 2022, 108：105931.

［21］Li P, Lu Y, Wang J. Does flattening government improve economic performance? Evidence from China［J］. Journal of Development Economics, 2016, 123：18-37.

［22］Martin R, Muûls M, De Preux L B, et al. Anatomy of a paradox：Management practices, organizational structure and energy efficiency［J］. Journal of Environmental Economics and Management, 2012, 63（2）：208-223.

［23］Popp D C. The effect of new technology on energy consumption［J］. Resource and Energy Economics, 2001, 23（3）：215-239.

［24］Porter M E, Van der Lindec. Toward a new conception of the environment-competitiveness relationship［J］. Journal of Economic Perspectives, 1995, 9（4）：97-118.

［25］Tan R, Lin B. What factors lead to the decline of energy intensity in China's energy intensive industries?［J］. Energy Economics, 2018, 71：213-221.

［26］Wang Y, Song Q, He J, et al. Developing low-carbon cities through pilots［J］. Climate Policy, 2015（15）：81-103.

［27］陈钊，陈乔伊．中国企业能源利用效率：异质性、影响因素及政策含义

[J]. 中国工业经济, 2019 (12): 78-95.

[28] 樊茂清, 任若恩, 陈高才. 技术变化、要素替代和贸易对能源强度影响的实证研究 [J]. 经济学 (季刊), 2009, 9 (1): 237-258.

[29] 樊茂清, 郑海涛, 孙琳琳, 等. 能源价格、技术变化和信息化投资对部门能源强度的影响 [J]. 世界经济, 2012 (5): 22-45.

[30] 范子英, 王倩. 财政补贴的低效率之谜: 税收超收的视角 [J]. 中国工业经济, 2019 (12): 23-41.

[31] 蒋伏心, 王竹君, 白俊红. 环境规制对技术创新影响的双重效应: 基于江苏制造业动态面板数据的实证研究 [J]. 中国工业经济, 2013, 304 (7): 44-55.

[32] 李春涛, 宋敏. 中国制造业企业的创新活动: 所有制和 CEO 激励的作用 [J]. 经济研究, 2010 (5): 55-67.

[33] 林伯强, 杜克锐. 要素市场扭曲对能源效率的影响 [J]. 经济研究, 2013 (9): 125-136.

[34] 刘秉镰, 孙鹏博. 开发区"以升促建"如何影响城市碳生产率 [J]. 世界经济, 2023 (2): 134-158.

[35] 刘冲, 沙学康, 张妍. 交错双重差分: 处理效应异质性与估计方法选择 [J]. 数量经济技术经济研究, 2022, 39 (9): 177-204.

[36] 刘啟仁, 陈恬. 出口行为如何影响企业环境绩效 [J]. 中国工业经济, 2020 (1): 99-117.

[37] 潘雄锋, 彭晓雪, 李斌. 市场扭曲、技术进步与能源效率: 基于省际异质性的政策选择 [J]. 世界经济, 2017 (1): 91-115.

[38] 邵帅, 李嘉豪. "低碳城市"试点政策能否促进绿色技术进步? 基于渐进双重差分模型的考察 [J]. 北京理工大学学报 (社会科学版), 2022, 24 (4): 151-162.

[39] 邵帅, 杨莉莉, 黄涛. 能源回弹效应的理论模型与中国经验 [J]. 经济研究, 2013 (2): 96-109.

[40] 盛丹, 张慧玲, 王永进. 税收激励与企业的市场定价能力 [J]. 世界经济, 2021, 44 (7): 104-131.

[41] 宋弘, 孙雅洁, 陈登科. 政府空气污染治理效应评估: 来自中国"低碳城市"建设的经验研究 [J]. 管理世界, 2019, 35 (6): 95-108+195.

[42] 陶锋, 赵锦瑜, 周浩. 环境规制实现了绿色技术创新的"增量提质"吗: 来自环保目标责任制的证据 [J]. 中国工业经济, 2021 (2): 136-154.

[43] 汪佩洁, 蒙克, 黄海, 黄炜. 社会保险缴费率与企业全要素生产率和创新 [J]. 经济研究, 2022, 57 (10): 69-85.

[44] 王班班, 齐绍洲. 市场型和命令型政策工具的节能减排技术创新效应: 基于中国工业行业专利数据的实证 [J]. 中国工业经济, 2016, 339 (6): 91-108.

[45] 王班班, 齐绍洲. 有偏技术进步、要素替代与中国工业能源强度 [J]. 经济研究, 2014 (2): 115-127.

［46］王锋，葛星．低碳转型冲击就业吗：来自低碳城市试点的经验证据［J］．中国工业经济，2022（5）：81-99.

［47］王贞洁，王惠．低碳城市试点政策与企业高质量发展：基于经济效率与社会效益双维视角的检验［J］．经济管理，2022，44（6）：43-62.

［48］魏楚，沈满洪．规模效率与资源配置：一个对中国能源低效的解释［J］．世界经济，2009（4）：84-96.

［49］魏楚，郑新业．能源效率提升的新视角：基于市场分割的检验［J］．中国社会科学，2017（10）：90-111.

［50］吴延兵．中国哪种所有制类型企业最具创新性？［J］．世界经济，2012（6）：3-25.

［51］熊广勤，石大千，李美娜．低碳城市试点对企业绿色技术创新的影响［J］．科研管理，2020，41（12）：93-102.

［52］徐佳，崔静波．低碳城市和企业绿色技术创新［J］．中国工业经济，2020（12）：178-196.

［53］薛冰，鹿晨昱，耿涌，刘竹，张伟伟．中国低碳城市试点计划评述与发展展望［J］．经济地理，2012，32（1）：51-56.

［54］余畅，马路遥，曾贤刚，等．工业企业数字化转型的节能减排效应研究［J］．中国环境科学，2023，43（7）：3755-3765.

［55］余林徽，马博文．资源枯竭型城市扶持政策、制造业升级与区域协调发展［J］．中国工业经济，2022，413（8）：137-155.

［56］张兵兵，周君婷，闫志俊．低碳城市试点政策与全要素能源效率提升：来自三批次试点政策实施的准自然实验［J］．经济评论，2021，231（5）：32-49.

［57］张杰．中国政府创新政策的混合激励效应研究［J］．经济研究，2021（8）：160-173.

［58］张三峰，吉敏．市场化能改善环境约束下的能源效率吗？基于2000~2010年省际面板数据的经验研究［J］．山西财经大学学报，2014，36（1）：65-75.

［59］张三峰，魏下海．信息与通信技术是否降低了企业能源消耗：来自中国制造业企业调查数据的证据［J］．中国工业经济，2019，371（2）：155-173.

［60］张中元，赵国庆．FDI、环境规制与技术进步：基于中国省级数据的实证分析［J］．数量经济技术经济研究，2012，29（4）：19-32.

［61］赵仁杰，陈彪．税制扭曲对企业社保缴费的影响：基于增值税留抵的研究［J］．数量经济技术经济研究，2023，40（2）：181-201.

［62］赵振智，程振，吕德胜．国家低碳战略提高了企业全要素生产率吗？——基于低碳城市试点的准自然实验［J］．产业经济研究，2021，115（6）：101-115.

［63］庄贵阳．中国低碳城市试点的政策设计逻辑［J］．中国人口·资源与环境，2020，30（3）：19-28.

附录

附表 1　变量的相关系数矩阵

	①	②	③	④	⑤	⑥	⑦	⑧	⑨	⑩	⑪
企业能源消耗强度	1										
低碳城市建设试点	-0.071***	1									
城市产业结构	0.030***	-0.046***	1								
城镇化率	-0.052***	0.173***	-0.058***	1							
城市人口规模	-0.109***	0.130***	-0.106***	0.262***	1						
是否为经济特区	-0.053***	0.208***	-0.079***	0.827***	0.291***	1					
是否为省会城市	-0.052***	0.078***	-0.454***	-0.117***	0.328***	-0.120***	1				
是否为二氧化硫控制区	0.101***	0.021***	-0.088***	-0.130***	0.039***	-0.148***	0.186***	1			
企业人均资本存量	0.102***	-0.005***	0.054***	-0.112***	-0.065***	-0.093***	0.007***	-0.007***	1		
企业资本密度	0.195***	-0.064***	0.039***	-0.078***	-0.094***	-0.067***	-0.074***	-0.016***	0.602***	1	
企业规模	-0.060***	0.105***	0.057***	0.009***	0.047***	0.019***	0.025***	-0.078***	0.570***	0.092***	1

注：①为企业能源消耗强度；②为低碳城市建设试点；③为城市产业结构；④为城镇化率；⑤为城市人口规模；⑥为是否为经济特区；⑦为是否为省会城市；⑧为是否为二氧化硫控制区；⑨为企业人均资本存量；⑩为企业资本密度；⑪为企业规模。*、**和***分别表示在10%、5%和1%的水平上显著。